U0314861

共和国钢铁脊梁丛书

中国冶金地质总局成立70周年系列丛书

中国冶金地质
黑色金属勘查 70 年

铁矿卷

主编 牛建华

北 京

冶金工业出版社

2022

内 容 提 要

本书对我国铁矿资源现状和铁矿资源安全保障进行了分析研究，全面总结了中国冶金地质70年铁矿勘查的辉煌成就和勘查历程，详细列举了中国冶金地质具有代表性的8项铁矿调查成果、179处重点铁矿床勘查成果和32项重要科研成果，客观反映了中国冶金地质铁矿勘查成果史实，真实记录了中国冶金地质几代人铁矿勘查工作历程，是中国冶金地质几代铁矿勘查工作者辛勤劳动和智慧的结晶。

本书涉及范围广，时间跨度大，内容丰富，资料详实，可供地质领域科研相关人员参阅。

图书在版编目（CIP）数据

中国冶金地质黑色金属勘查70年. 铁矿卷/牛建华主编. —北京：冶金工业出版社，2022.12

（共和国钢铁脊梁丛书）

ISBN 978-7-5024-9321-9

Ⅰ. ①中… Ⅱ. ①牛… Ⅲ. ①铁矿床—地质勘探—中国—纪念文集 Ⅳ. ①P618.3-53

中国版本图书馆 CIP 数据核字（2022）第 202733 号

中国冶金地质黑色金属勘查70年　铁矿卷

出版发行	冶金工业出版社	**电　话**	(010)64027926
地　址	北京市东城区嵩祝院北巷 39 号	**邮　编**	100009
网　址	www.mip1953.com	**电子信箱**	service@mip1953.com

责任编辑　王梦梦　张熙莹　美术编辑　彭子赫　版式设计　郑小利
责任校对　王永欣　责任印制　禹　蕊
北京捷迅佳彩印刷有限公司印刷
2022 年 12 月第 1 版，2022 年 12 月第 1 次印刷

787mm×1092mm　1/16；39.25 印张；949 千字；612 页

定价 259.00 元

投稿电话　(010)64027932　投稿信箱　tougao@cnmip.com.cn
营销中心电话　(010)64044283
冶金工业出版社天猫旗舰店　yjgycbs.tmall.com
（本书如有印装质量问题，本社营销中心负责退换）

本书编委会

主　　编：牛建华

副 主 编：琚宜太

执行主编：易　荣　　陈　伟　　田郁溟

总撰稿人：周尚国　　胥燕辉　　张月峰

编　　辑：于秀斌　　王　勇　　王泽华　　王英发　　王华青

　　　　　王福臣　　牛向龙　　卢　琪　　冯永佳　　江　飞

　　　　　江善元　　吕叶辉　　刘国忠　　刘志云　　孙　芳

　　　　　刘晓波　　刘　元　　齐世卿　　任　瑞　　李巨宝

　　　　　李继宏　　李　鹏　　李爱兵　　李朗田　　李腊梅

　　　　　李帅值　　李晓亮　　成建功　　杜荣学　　张乙飞

　　　　　张之武　　张志华　　张　宇　　张　奇　　张　昊

　　　　　张青杉　　张建寅　　张振福　　张亚春　　宋雨航

　　　　　陈贺起　　陈喜财　　陈　熙　　陈　斌　　吴继兵

　　　　　苗宇宽　　邱晓峰　　罗　恒　　杨　敏　　周　燃

　　　　　胡兆国　　胡兴优　　胡雅菲　　赵小涛　　高宝龙

　　　　　徐剑波　　唐林静　　寇昭娟　　梅贞华　　黄　华

　　　　　梁　敏　　阎　浩　　温　岫　　韩　雪　　戴进玲

　　　　　郑　杰

承担单位：中国冶金地质总局一局

总　序

党的二十大报告指出，增强国内大循环内生动力和可靠性，提升战略性资源供应保障能力，确保粮食、能源资源、重要产业链供应链安全。2022年10月2日，习近平总书记给山东省地矿局第六地质大队全体地质工作者回信，强调了矿产资源是经济社会发展的重要物质基础，矿产资源勘查开发事关国计民生和国家安全。习近平总书记系列重要讲话和指示批示精神，深刻阐明了构建我国矿产资源安全保障体系的紧迫性和重要性，为推进我国资源安全保障工作指明了前进方向、提供了根本遵循，进一步增强了全国地矿工作者的使命感和责任感。

为实现战略性矿产资源从高度依赖进口到生产自给支撑托底，我国已启动新一轮找矿突破战略行动，铁、锰、铬为本轮找矿突破行动中确定的紧缺战略性矿产。系统梳理冶金地质在铁、锰、铬勘查中形成的理论成果，全面总结冶金地质铁、锰、铬勘查成就，对进一步开展我国黑色金属深勘精查，实现找矿突破与安全保障，具有重要的指导意义。

黑色金属是大宗战略性矿产资源，是我国国民经济发展的基础，事关国计民生与国家安全。铁、锰、铬在紧缺战略性矿产中分别位列第二、第五、第六，据有关数据统计，铁、锰对外依存度超过80%，铬矿对外依存度超过99%。我国铁矿资源富矿少，贫铁矿多，难选矿多，自产铁矿石严重不足，供需矛盾突出，对外依存度居高不下。我国锰矿资源较丰富，但小矿多，大矿少；贫矿多，富矿少；难选矿多，优富矿少；开采利用条件差的多，易采的少，绝大部分仍为资源量，尚需开展详查、勘探及开发利用可行性研究工作。我国铬矿资源十分匮乏，区域分布差异明显，查明资源储量少；矿床类型单一，优质资源少，供需关系失衡导致严重依赖进口，进口量逐年上涨。铁、锰、铬资源安全保障形势十分严峻。

中国冶金地质总局在黑色金属勘查方面有着悠久的历史，为国民经济建设提交了丰富的黑色金属矿产资源，为形成鞍本铁矿、冀东及邯邢铁矿、鲁中铁矿、桂西南锰矿、桂中锰矿、湘中锰矿、西昆仑锰矿等一批矿产资源基地作出了重要贡献。截至目前，累计提交的铁矿、锰矿、铬矿分别占我国查明总资源储量的 49.1%、55.3%、33%，为我国成为钢铁大国和以鞍山、包头、马鞍山、黄石、莱芜、淄博等为代表的工业城市的崛起作出了历史性贡献。冶金地质在长期的地质勘查工作中，通过实践和验证建立了铁矿向斜（形）控矿找矿模式，模式的应用累计提交的铁矿资源量超 100 亿吨；建立了"内源外生"锰矿成矿说，构建了中国南方锰矿地质学框架，丰富了全球锰矿地质学科的理论体系；铬矿提出西藏铬铁矿形成—分布受走滑型陆缘构造控制的新认识。

2022 年是中国冶金地质总局成立 70 周年，70 年来，一代代冶金地质人栉风沐雨、薪火相传，发扬"三光荣、四特别"精神，为我国资源安全保障和经济建设作出了重要贡献。尊重历史、尊重事实、总结成果，真实记录冶金地质几代人勘查历程，是冶金地质工作者的殷切期盼，为此，总局党委组织开展了本次《中国冶金地质黑色金属勘查 70 年》的编写工作，旨在全面梳理总结冶金地质黑色金属勘查与科研工作的历史，纪念广大冶金地质工作者的丰功伟绩，激励鞭策当代地质工作者发扬老一辈的奉献精神，为我国地质工作再创佳绩。全书分为铁矿卷、锰矿卷、铬矿卷，每一卷的编纂，都经过编写组、专家顾问组的反复研讨推敲，同时充分吸收原冶金地质系统属地化后兄弟单位的成果及建议，尽管统计工作不完全，文字表达欠华丽，但力争做到资料全面真实、据典可查、简练易懂、图文并茂。

不忘初心，方得始终，《中国冶金地质黑色金属勘查 70 年》作为中国冶金地质总局成立 70 周年特别编纂的图书，凝聚了冶金地质老、中、青三代人的智慧和心血，是冶金地质 70 年来一代代地质工作者无私奉献和突出贡献的重要体现，其资料翔实、内容丰富，综合研究和系统分析科学客观、条理清晰。谨以此序向本书编纂者、顾问组、研阅者及属地化的冶金地质兄弟单位致以崇高的敬意和谢意。

希望冶金地质广大青年技术工作者以老一辈地质人为榜样，坚定理想信念、彰显时代本色、践行初心使命；希望冶金地质广大工作者深刻领悟习近平总书记关于"大力弘扬爱国奉献、开拓创新、艰苦奋斗的优良传统，积极践行绿色发展理念，加大勘查力度，加强科技攻关，在新一轮找矿突破战略行动中发挥更大作用，为保障国家能源资源安全、为全面建设社会主义现代化国家作出新贡献"的重要指示，发挥中央企业初级产品托底作用，全面提升支撑服务国家能源资源安全保障的能力水平。

中国冶金地质总局党委书记、副局长

2022 年 11 月

前　　言

本书全面系统地反映了冶金地质70年来铁矿勘查历史与铁矿勘查成果。

冶金地质黑色金属勘查历经重工业部、冶金部、冶金会战指挥部直至当前中国冶金地质总局的领导。70年来，冶金地质在铁矿勘查方面取得了举世瞩目的成就。全面地、历史地总结这些成绩，客观地反映铁矿勘查成果和史实，真实地记录冶金地质几代人铁矿勘查工作的历程，这是冶金地质工作者的殷切期望。本书的编纂就是以实现这一期望为基本目的和任务的。

本书共分为两篇：第一篇为绪论，概括了我国铁矿资源现状，综述了冶金地质70年铁矿勘查取得的辉煌成就和勘查历程，阐述了冶金地质在铁矿勘查和科研技术方面的发展与展望；第二篇为冶金地质70年铁矿勘查重要成果，分别阐述了铁矿调查成果、重点铁矿勘查和科研成果。

本书第一篇以"我国铁矿成因类型"为开篇，扼要叙述铁矿成因类型，对我国铁矿的资源现状进行了概略介绍，同时对我国铁矿资源安全保障进行了分析，使读者对我国铁矿的资源概况和形势形成整体的认识，这对了解冶金地质在我国铁矿资源勘查开发中发挥的作用，认识冶金地质在保障国家资源安全中的地位是有益的。

冶金地质的铁矿地质勘查事业是在新中国成立后发展起来的。本篇重点叙述了冶金地质成立以来铁矿地质勘查工作的发展历程和成就，70年来冶金地质累计提交铁矿资源储量占全国累计探明铁矿资源储量近一半，冶金地质总局提交铁矿资源储量比例远高于国内其他地勘队伍，为我国钢铁工业建设作出了巨大贡献。同时，对未来铁矿勘查与科研技术的发展趋势进行了展望。鉴于我国铁矿供需矛盾突出，对外依存度居高不下，受制于人和安全风险持续增大，加大铁矿勘查力度将是保障我国铁矿资源安全的重要手段，在此总结以往铁矿勘查工作中的成败与得失，对今后的找矿工作仍具有重要的借鉴意义。

本书第二篇是主体部分。本篇详细叙述了70年来冶金地质在铁矿调查、铁矿勘查和铁矿科研方面有代表性的成果。首先介绍了冶金地质在全国范围内开展的铁矿调查成果，涉及冀东、鄂东南、北山—祁连、阿尔泰山、东天山及西昆仑等多条重要的铁矿成矿区带。铁矿调查成果对区内的下步找矿具有现实指导意义。

本篇重点介绍了冶金地质进行铁矿勘查的主要典型铁矿床基本地质特征、勘查成果和勘查史。冶金地质 70 年来提交铁矿勘查报告 1500 多份，本次主要按照东北、华北、华东、中南、西南、西北分区，根据矿床规模、矿床类型和矿区位置等选取了涉及 27 省市具有代表性和典型性的 179 处铁矿床进行详细叙述。

本篇同时对冶金地质 70 年来形成的一系列科研成果和专著进行了梳理，选择有代表性的科研成果和专著进行了详细叙述，冶金地质在铁矿勘查科学研究方面取得的成果和研究水平也体现了冶金地质在国内铁矿方面的领先地位。冶金地质 70 年形成科研成果近 300 份，其中在国内地质界或冶金地质系统有较大影响和作用的获奖项目就有 30 多项。

大事记着重记录了冶金地质 70 年来铁矿勘查相关的重大活动和发展成果，给人们一个铁矿勘查历史纵向发展线索。

本书是中国冶金地质几代铁矿地质勘查工作者辛勤劳动和智慧的结晶。它力求融往昔峥嵘于风华正茂，于百年未有看未来可期，全景展现了冶金地质 70 年的奋斗与辉煌。

编 者
2022 年 6 月

目　　录

第一篇　绪　　论

第二篇　冶金地质 70 年铁矿勘查重要成果

第一篇

绪　论

第一章　我国铁矿资源概况

铁是地球上占比最多的元素，为地球外核和内核的主要成分，在地壳中含量位居第四。纯铁在地壳中十分稀少，基本上只存在于陨石中。铁是一种银白色的金属，具延性和展性。按其晶体结构不同，可以分为 α、β、γ、δ 等多种同质异象体和同素异形体。其中 α 铁与 δ 铁具有强磁性。来源于自然界的主要铁矿物种类繁多，目前已发现的铁矿物和含铁矿物有 300 余种，其中常见的有 170 余种。但在当前技术条件下，具有工业利用价值的主要有磁铁矿、钛铁矿、赤铁矿、镜铁矿、褐铁矿和菱铁矿等。

铁的发现和大规模使用，是人类发展史上的一个里程碑，它把人类从石器时代和青铜器时代带到了铁器时代，推动了人类文明的发展。铁至今仍然是现代化工业的基础，是人类进步所必不可少的金属材料。铁是人类用量最大、用途最广的金属，是国家工业发展和国防建设最重要的资源之一。在工农业生产中，铁是最重要的基本结构材料，铁合金用途广泛。钢铁产量依然是衡量一个国家经济和军事实力的重要指标，铁矿石的稳定供应是保障国家钢铁产业可持续发展的首要因素。中国是世界上主要的铁矿石生产国和最主要的消费国。中国积极实施对外开放，已成为世界最大的矿产品贸易国，为世界矿业发展作出了巨大贡献。钢铁是工业建设的"脊梁"，铁矿是关系到国家经济命脉的钢铁工业"口粮"，是涉及国家资源安全的大宗紧缺战略性矿产。我国铁矿资源储量虽较丰富，但多为 30% 左右的贫铁矿，我国自产铁矿石严重不足，供需矛盾突出，对外依存度居高不下，受制于人，安全风险持续增大，铁矿资源安全保障形势严峻。

第一节　我国铁矿成因类型

铁矿床可以在极不相同的地质-地球化学环境中形成。我国幅员辽阔，地质构造条件复杂多样，为不同类型铁矿的形成创造了条件。我国铁矿床类型复杂多样，按其成因类型可分为岩浆晚期铁矿床、接触交代-热液铁矿床、与火山-侵入活动有关的铁矿床、沉积铁矿床、沉积变质铁矿床、风化淋滤型铁矿床等，主要成因类型的地质特征分述如下。

一、岩浆晚期铁矿床

岩浆晚期铁矿床是一类与基性、基性-超基性岩浆作用有关的矿床，以其铁矿物中富含钒和钛为特征，通常称为钒钛磁铁矿矿床。主要分布于攀枝花—西昌、承德—张家口等地区。按照成矿方式可以分为两类。

（一）岩浆晚期分异铁矿床

岩浆晚期分异铁矿床为由岩浆结晶晚期分异作用形成的富含铁、钒、钛等残余岩浆冷凝而成的矿床。我国首先发现于四川省攀枝花地区，故国内常称之为"攀枝花式"铁矿床。

　　矿床产于辉长岩、橄辉岩等基性、超基性岩体中。而岩体多分布于古陆隆起带的边缘，受深大断裂的控制。含矿岩体延长可达数千米至数十千米，宽一千米至数千米。岩体分异良好，相带明显，韵律清楚。

　　铁矿体多呈似层状，分布于岩体的中下部或下部、韵律层底部暗色相带内，与岩韵律层呈平行互层。矿床常由数层至数十层平行矿体组成，累计厚度由数十米至二三百米，延深可达千米以上。主要矿石矿物有粒状钛铁矿、磁铁矿、钛铁晶石、镁铝尖晶石等，另含少量磁黄铁矿、黄铁矿及钴、镍、铜的硫化物。脉石矿物主要为辉石、基性斜长石、橄榄石和磷灰石等。矿石具陨铁结构、固溶体分解结构。矿石呈致密块状、条带状和浸染状构造。矿石含 TFe 20% ~ 45%，TiO_2 3% ~ 16%、V_2O_5 0.15% ~ 0.5%、Cr_2O_3 0.1% ~ 0.38%。伴生微量的铜、钴、镍、镓、锰、磷、硒、碲、钪和铂族元素，可综合利用。这类矿床的规模多属大型，是铁、钒、钛金属的重要来源，在我国主要分布于四川省的攀（枝花）—西（昌）地区。

　　（二）岩浆晚期贯入铁矿床

　　岩浆晚期贯入铁矿床为岩浆晚期分异的含铁矿液沿岩体内断裂或接触带贯入而成。我国首先发现于河北省大庙，故常称之为"大庙式"铁矿床。

　　铁矿床产于斜长岩、辉长岩岩体中。基性岩体沿东西向断裂呈带状分布。矿体沿岩体裂隙或上述两种岩浆岩接触带贯入形成。

　　矿体形态不规则，多呈扁豆状或脉状，成群出现，雁行式排列。矿体与围岩界线清楚，产状陡立。从地表到深部，矿体常见分枝复合现象，多有盲矿体。单个矿体长数米至数百米，厚数米至数十米，延深数十米至数百米，主要矿物有磁铁矿、钛铁矿、赤铁矿、金红石和黄铁矿等。脉石矿物有斜长石、辉石、绿泥石、阳起石、纤闪石和磷灰石。矿石结构均匀，常见陨铁结构，浸染状和块状构造，贫、富矿石均有，含钒、钛及镍、钴、铂等硫化物。

　　近矿围岩常见纤闪石化、绿泥石化和黝帘石化等蚀变。有用矿物颗粒粗大，矿石易选，可露天开采，剥离量小。矿床规模一般为中-小型。主要分布于河北省承德地区大庙、黑山一带。

二、接触交代-热液铁矿床

　　接触交代矿床，常称为矽卡岩型矿床。主要是中酸性-中基性侵入岩类与碳酸盐类岩石（含钙镁质沉积岩）的接触带或其附近，由含铁气水溶液进行交代作用而形成。这类矿床一般具有典型的矽卡岩矿物组合（钙铝-钙铁榴石系列、透辉石-钙铁辉石系列），而在成因和空间分布上，都与矽卡岩有一定关系。

　　接触交代型铁矿大部分形成于接触带，有的矿体可延伸到非矽卡岩的围岩之中。矿体常成群出现，形态复杂，多呈透镜状、囊状、不规则状和脉状等。矿体一般长数十米至数百米，少数达千米以上，厚数米至数十米，延深数百米。铁矿石以块状构造为主，其次为浸染状、斑点状、团块状和角砾状构造。矿物成分复杂。金属矿物以磁铁矿为主，其次为假象赤铁矿、赤铁矿等。常共生有黄铜矿、黄铁矿、磁黄铁矿、辉钼矿、方铅矿、闪锌矿等。非金属矿物主要为钙铁榴石、透辉石、钙铁辉石、钙铝榴石、绿帘石、阳起石、方柱石、符山石等，其次为白云石、方解石、黑云母、绢云母、绿泥石、角闪石、蛇纹石和石英等。有的含硼镁石或硼镁铁矿，有的含锡石或胶态锡。接触交代型铁矿常伴生有可综合利用的钴、金、银、钨、铅、锌等，甚至构成铁铜、铁铜钼、铁硼、铁锡、铁金等共（伴）生矿床，铁矿石含 TFe 30%~70%。含磷低，但含硫较高，矿床规模以中小型为主，也有大型。

这类铁矿在我国分布十分广泛，主要集中在河北省邯（郸）—邢（台）地区、鄂东、晋南、豫西、鲁中、苏北、闽南、粤北、川西南、滇西等地，是我国富铁矿石的重要来源。

按岩浆岩和围岩条件，在工业上常分为"邯邢式""大冶式"和"黄岗式"铁矿。"邯邢式"铁矿围岩主要是中奥陶统马家沟组灰岩，矿体常呈似层状。"大冶式"铁矿围岩主要为三叠系大冶灰岩，矿体形态不规则。"黄岗式"铁矿成矿岩体为花岗岩及白岗岩，围岩为古生代碳酸盐岩夹火山岩系。矿石成分复杂，常含锡、铅、锌、铜等。

热液型铁矿床常与矽卡岩型铁矿有密切的关联。矿床明显受构造控制，有的是断裂控矿，有的是褶皱控矿，还有断裂与褶皱复合控矿。热液铁矿床与岩浆岩的关系常因地而异，多数矿体与岩体有一定距离。高温热液磁铁矿、赤铁矿矿床常与偏碱性花岗岩、花岗闪长岩、闪长岩类有关。中低温热液赤铁矿矿床常与较小的中酸性侵入体有关，两者多保持一定的距离。中低温热液菱铁矿矿床与侵入体无明显关系，或与辉绿岩类有空间联系。围岩条件对热液型铁矿的控制作用不甚明显，从钙质岩到砂质岩、火山岩都可成矿。围岩蚀变是热液型铁矿的显著特征。高温矿床常见透辉石化、透闪石化、黑云母化、绿帘石化等；中低温矿床多见绿泥石化、绢云母化、硅化、碳酸盐化等。

大多数热液铁矿矿体规模较小，常成群出现，作雁行式排列。矿体呈脉状、透镜状、扁豆状，多见分枝复合、膨胀收缩、尖灭再现现象。矿石组合简单，矿石品位一般较富。

热液型铁矿床规模以中小型为主，也有大型矿床。在内蒙古、吉林、山东、湖北、广东，以及云南、贵州各省（区）都有分布。

三、与火山-侵入活动有关的铁矿床

与火山-侵入活动有关的铁矿床指与火山岩、次火山岩有成因联系的铁矿床，成矿作用与富钠质的中性（偏基性或偏酸性）、基性火山岩侵入活动有关。以成矿地质背景为基础，按火山喷发环境，可分为陆相火山-侵入型铁矿床和海相火山-侵入型铁矿床。

（一）陆相火山-侵入型铁矿床

在我国东部陆相安山质火山岩分布区，发育着一套与辉石闪长玢岩-次火山岩或火山侵入岩有空间、时间和成因联系的、以铁为主的矿床。典型矿床产于宁（南京）—芜（湖）地区的中生代陆相火山岩断陷盆地中，同偏碱性玄武安山质火山-侵入活动有密切的成因关系。国内有人称之为"玢岩铁矿"，它实际包括由岩浆晚期-高温、中温，直至中低温一系列成因类型。按矿床在火山机构中的产出特点，大致可分为三类：一是产于玢岩体内部、顶部及其周围火山岩接触带中的铁矿床，如"陶村式""凹山式""梅山式"等；二是产于玢岩体与周围接触带中的铁矿床，如"姑山式"等；三是产于火山碎屑岩中的火山沉积矿床，如"龙旗山式"等。其中以第一类矿床规模最大，矿石较富。

陆相火山-侵入型铁矿床，矿体常呈似层状、透镜状、囊状、柱状、脉状等。在第三类矿床中常见层状、似层状矿体，矿体规模大小不一。大型矿体长可达千米以上，厚数十米至二三百米，宽数十米至近千米。矿石矿物以磁铁矿为主，假象赤铁矿、赤铁矿次之，可见少量菱铁矿。脉石矿物有透辉石、磷灰石、阳起石、碱性长石等。矿石构造有块状、浸染状、角砾状、斑杂状、条纹条带状等。含 TFe 17%～57%、P 0.01%～1.34%、S 0.03%～8%、V_2O_5 0.1%～0.3%。围岩蚀变发育，并有明显的垂直分带，下部为弱碱质交代——钠柱石化、钠长石化；中部为深色钠长石化和辉石阳起石化；上部为浅色蚀变，以黄铁矿化、硅化和黏土化为主，有时中带上部、下带中部可见硬石膏化。这类矿床的磁铁矿以富含钛、钒为特征，铁矿化外围常见铜多金属矿化。

(二) 海相火山-侵入型铁矿床

海相火山-侵入型铁矿床多产于地槽褶皱带海底火山喷发中心附近，铁矿床的形成与火山作用有直接的关系，主要分布于云南大红山、新疆阿勒泰东和天山等地区，典型矿床以云南大红山铁矿为代表。

铁矿体赋存于由火山碎屑岩-碳酸盐岩-熔岩（细碧岩和角斑岩）组成的一套含矿建造中。下部为石英砂岩、钙质或硬砂质粉砂岩，夹泥灰岩、白云质灰岩和粉砂岩薄层；富钠质的浅色岩是主矿体的容矿岩层。上部为厚层大理岩。

矿体常呈层状、似层状、透镜状，少数呈脉状或囊状，常成群成带出现。单个矿体延长数十米至千余米，厚度数米至数十米，延深数百米至上千米。矿体一般产状平缓，中小型矿体产状较复杂。矿石构造主要有块状、浸染状、角砾状、条带状、杏仁状和定向排列构造等。矿石矿物主要为磁铁矿、赤铁矿，次有假象赤铁矿、菱铁矿和硫化物。脉石矿物有石英、钠长石、绢云母、铁绿泥石等。矿石含 TFe 35%～57%，伴生铜、钴、钒、硫、磷可综合利用。

四、沉积铁矿床

沉积铁矿床主要分布于张宣、湘中、鄂西、云南等地区。它是出露地表的含铁岩石或铁矿体，在风化作用下，被破碎、分解、搬运到盆地中，有的经过机械沉积，有的经过沉积分异作用（包括化学分异作用）沉积下来。当铁矿物或铁质富集达到工业要求时，即形成沉积铁矿床。

(一) 海相沉积型铁矿床

中元古代早期沉积铁矿床以河北省庞家堡铁矿为代表。矿体产于长城系串岭沟组底部。矿体底板是细砂岩或砂质页岩，顶板为黑色页岩夹薄层砂岩。矿体一般有 3～7 层，与砂岩互层，构成厚数十米的含矿带。矿体顶板之上为大红峪组灰岩和钙质砂岩，底板之下为长城系石英砂岩夹层，常见波痕及交错层。矿体厚度变化小。单层厚 0.7～2m，走向延长数千米至数十千米，矿体呈层状、扁豆状或大透镜体状。矿石主要由赤铁矿组成，还有镜铁矿、石英、方解石、黄铁矿、鲕绿泥石、磷灰石等。最上一层矿顶部常见有菱铁矿，矿石具鲕状、豆状、肾状构造。鲕粒中心为碎屑石英颗粒，粒径数毫米，鲕粒间为土状赤铁矿和石英碎屑胶结。矿石含铁中等，一般 TFe 品位 30%～50%，硫、磷含量较低，

SiO_2含量高。矿床储量规模大、中、小型均有。主要分布于河北省宣化、龙关一带。

中元古代晚期沉积铁矿床为海相沉积含锰赤铁矿、菱铁矿矿床。产于蓟县系上部铁岭灰岩与页岩互层的上部层位。铁矿体呈层状、似层状或囊状，厚1~2m。矿石由粒状赤铁矿、角砾状赤铁矿、褐铁矿和锰菱铁矿组成。有些地区渐变为铁锰矿或含锰质铁矿，甚至相变为燧石层。铁矿石品位中等，规模为中-大型。主要分布于河北省北部地区，俗称"四海式"铁矿。

寒武-奥陶纪沉积铁矿床其含矿层位主要包括寒武系张夏组、凤山组，中奥陶统马家沟组以浅海相细屑-碳酸盐为主的含铁岩系。矿体多呈层状、似层状或透镜状，经改造者呈脉状。矿体长几百米至数千米，厚数米，累计厚度可达百米以上。矿石成分有菱铁矿、赤铁矿、镜铁矿、水赤铁矿、含锰矿物和硫化物。地表及浅部可氧化成褐铁矿。主要分布于鲁中淄河一带，如黑旺、文登、店子等铁矿床。

奥陶纪沉积铁矿床产于中奥陶统下部巧家层中，为海相沉积赤铁矿矿床。含矿带长数十千米，宽1~2km。矿层顶板为灰色、深灰色厚层状虎皮纹状微晶质灰岩和砂质泥灰岩，底板为厚层状不规则泥质条带状微晶灰岩。有两层矿：上矿层为赤红色鲕状赤铁矿，被铁质和碳酸盐胶结，含铁较富，厚数米；下矿层为紫红色、暗紫色鲕状赤铁矿和鲕绿泥石，由碳酸盐和泥质胶结而成，含铁贫，厚仅数十厘米。下矿层底部有时见致密赤铁矿层，含铁品位较高，但层位不稳定。主要分布于四川省宁南县，因而常称为"宁南式"铁矿。

晚志留世海相沉积铁矿床产于志留系上部的新滩页岩中，为海相沉积赤铁矿矿床。矿层有3~6层，多者可达十余层。矿体呈似层状、层状或透镜状。矿石为鲕状赤铁矿。含铁品位TFe 30%~50%，SiO_2百分之十几。主要分布于四川省龙门山一带，以产于江油县者为代表，常称之为"江油式"铁矿。

早泥盆世沉积铁矿床产于新疆南天山冒地槽中，包括下泥盆统中的梧桐沟铁矿和帕尔岗铁矿。梧桐沟铁矿产于绿泥片岩、千枚岩和大理岩中。帕尔岗铁矿产于砂砾岩、板岩中。矿石矿物有菱铁矿、赤铁矿、含锰菱铁矿（梧桐沟）和赤铁矿、磁铁矿（帕尔岗）。主矿体长1300~1950m，厚8~25m。矿石含TFe 33.07%~42.23%，S 0.19%~0.42%，P 0.02%~0.03%。远景规模为中-大型。

中晚泥盆世海相沉积铁矿床赋存于中上泥盆统砂页岩中，矿体呈层状。主要含矿层有1~4层，层间夹绿泥石页岩或细砂岩，矿体厚0.5~2m，厚度变化比较稳定。矿体延长数百米至数千米。矿层常递变为绿泥石质砂岩或粉砂岩。矿石矿物以赤铁矿、菱铁矿为主，其次为鲕绿泥石，常含石英、碳酸盐矿物等。具鲕状构造，鲕粒为碎屑石英、绿泥石、磁铁矿、胶状赤铁矿、海绿石等；由白云石、方解石和菱铁矿胶结而成。含铁品位TFe 25%~50%，一般含SiO_2和磷较高，而含硫较低，矿床规模以大中型为主。主要分布于我国长江以南各地，如湖北长阳火烧坪、官庄等铁矿床。因首先发现于湖南省宁乡县，故称之为"宁乡式"铁矿。

此外，在湘南地区跳马涧组砂岩之上及棋子桥组中，广泛分布有沉积铁锰矿及铁锰多金属矿，如玛瑙山、后江桥等。矿石类型为褐铁矿、氧化铁锰矿石和锰菱铁矿石等。

早石炭世沉积铁矿床首先发现于新疆和靖县，常称为"和靖式"铁矿。它是海相沉积赤铁矿矿床。赋存于下石炭统地层中，矿体呈层状，长数百米，厚10~20m。矿石具鲕状和条带状构造。矿石矿物以赤铁矿为主,褐铁矿、磁铁矿、镜铁矿次之。非金属矿物有石英、方解石、碧玉、重晶石和云母等。矿石品位中等,规模一般不大。

中晚石炭世沉积铁矿床赋存于奥陶系侵蚀面上,中上石炭统底部黏土岩中。矿体形态不规则,常呈豆荚状、囊状、团块状和灰岩中的细脉状。单个矿体长、宽数米、数十米至百余米。矿石为致密块状和带孔洞的赤铁矿、褐铁矿。矿石含铁中-高品位,含硫、磷低;分布面积大,而储量规模小,常见于山西、河北等地。矿床成因有人认为是浅海相沉积铁矿,也有人认为是古风化成因,还有人认为是沉积黄铁矿经氧化作用而成。

石炭-二叠纪沉积铁矿床产于扬子坳陷及江南古陆周边的石炭-二叠纪海区,主要代表矿床有黄梅、七宝山和观音山等矿床。黄梅马鞍山铁矿的含矿层为中石炭统黄龙群和下二叠统栖霞组的碳酸盐类沉积。此外,新发现的产于下二叠统栖霞组的新桥菱铁矿矿床也可能属于此类。矿床规模一般为中型。

二叠纪沉积铁矿床产于我国南方的四川、贵州等地,赋存有下二叠统铜矿溪层页岩、砂岩中的海相沉积铁矿床。矿层薄,一般厚几十厘米至2m,可相变为豆状硬页岩或含锰铁矿层。矿石具鲕状、豆状或块状构造。主要矿物为赤铁矿,有时含菱铁矿和黄铁矿。矿石品位贫富都有,含硫、磷较高,规模小,以产于四川涪陵者为代表,常称为"涪陵式"铁矿。

晚三叠世沉积铁矿床主要分布于滇西、川西一带,如滇西维西—德钦的楚格扎铁矿、勐腊新山铁矿和川西盐源—木里一带的褐铁矿、菱铁矿矿点。

(二) 湖相沉积铁矿床

二叠纪沉积铁矿床主要分布在我国北方山西等省,有产于二叠系石盒子组中部的黄绿色砂页岩内或底部紫色页岩中的湖相沉积铁矿床。矿体呈透镜状、板状或扁豆状,有1~4层矿,单层矿体厚0.5~0.7m,厚度不稳定,常变薄或尖灭。矿体浅部氧化矿石由致密块状硬锰矿、软锰矿、褐铁矿和结核状、片状褐铁矿、软锰矿组成;深部为含锰菱铁矿,常共生有绿泥石和磷灰石。矿石中含Fe小于40%,含Mn百分之几至百分之十几,含S0~0.01%,含P低。矿床一般为小型,以产于山西省寿阳县为代表,常称之为"寿阳式"铁矿。

侏罗纪沉积铁矿床是我国四川綦江一带和贵州北部分布的一种湖相沉积铁矿床。矿体赋存于侏罗系煤系砂页岩中,呈层状或似层状、透镜状。长数十米至数百米,厚一般小于2m。矿石矿物为赤铁矿、菱铁矿,有时为褐铁矿,另含少量黄铁矿、黄铜矿。矿石构造主要为鲕状或块状。矿体可相变为含铁砂岩。大部分为富铁矿石,硫、磷含量较低,以中小型矿为主。通常称作"綦江式"铁矿。

白垩纪沉积铁矿床分布在甘肃省六盘山以东的华亭一带,赋存有白垩系黏土岩或砂页岩中的湖相沉积铁矿床。矿体呈层状,矿层延展大而厚度小。厚度一般小于1m。矿石为含较多黏土等杂质的赤铁矿,矿石品位低,矿体规模小,一般称为"华亭式"铁矿床。

第三纪沉积铁矿床在我国广西右江流域分布,产于第三系渐新统煤系中的湖相沉积菱铁矿矿床。矿体呈豆荚状、结核状,矿石含铁38%,含SiO_2 6%~8%。以小型矿床、矿点为主。通常称为"右江式"铁矿床。

（三）第四纪沉积型铁砂矿床

第四纪沉积型铁砂矿床是由于水流、浪流作用，在沿海和河湖滨岸地区使磁铁矿、钛铁矿等重砂矿物聚集而成的铁砂矿床。在广东龙门、普宁、徐闻、河源等县，福建省厦门黄厝一带，常有磁铁矿、钛铁矿砂矿堆积，构成铁砂矿床或钛砂矿床。砂矿体长数千米，厚数米至数十米，宽数十米至千余米，延绵呈带状、层状或似层状。目前国内常作为钛砂矿勘探，可获数十吨至十余万吨储量。这类矿床埋藏浅，采选容易。

五、沉积变质铁矿床

沉积变质型铁矿分布范围广泛，但主要集中分布于华北克拉通的辽宁鞍（山）—本（溪）地区、辽西地区、冀东—密云地区、白云鄂博地区、五台—吕梁地区、舞阳—霍邱地区、鲁中地区；此外，吉林东部—黑龙江东部地区、赣中—湘中地区、祁连镜铁山地区、云南北部地区、东天山地区、西昆仑地区等也有分布。这种类型铁矿是沉积或火山沉积铁矿床受区域变质或混合热液变质而成，无论在我国，还是在世界铁矿床中，均是储量和规模最大的重要类型。

（一）受变质硅铁建造型铁矿床

该种典型矿床分布于我国辽宁鞍山—本溪一带，因此，一般称为"鞍山式"铁矿。铁矿体赋存于太古界鞍山群中，矿床规模大，矿石贫，有少数矿床中含有可直接入炉的富铁矿，如弓长岭二矿区。这类矿床的成矿时代，或为老于3000Ma的太古代，或为新于1800Ma的元古代，矿石物质成分简单，以铁硅质为主。原生矿物为赤铁矿-磁铁矿、赤铁矿-菱铁矿、磁铁矿-菱铁矿等组合。由于经受了较强烈的区域变质作用，大都变成了磁铁矿。但经地表氧化或热液作用，常有假象赤铁矿。在冀东司家营、山西袁家村、鞍山樱桃园等地区，形成厚达几十米至300多米的氧化带"红帽子"。矿石中铁矿物与石英组成黑白相间的条带和条纹状构造。

根据成矿时代可以分为以下几类：

（1）中太古代受变质铁矿床。以河北省迁安县水厂铁矿为代表，是目前世界上最古老的受变质铁矿典型代表之一。矿床赋存于迁西群三屯营组二段的含矿古老变质岩系中。经近年研究，认为矿区是一个统一的复式大向斜，含铁岩系自下而上可分6层，其中有3个主矿层。下主矿层由辉石磁铁石英岩和含磁铁辉石石英岩、含铁辉石岩组成，厚20～150m，产有水厂南山矿体等；中主矿层由辉石磁铁石英岩组成，产有铁炉山矿体、姑子山矿体及达峪沟矿体；上主矿层由辉石磁铁石英岩、含铁石英岩、含铁辉石岩组成，产有北山鱼脊矿、小西山矿体。矿体呈层状、似层状、大透镜体状。受后期褶皱及混合岩化作用，矿体形态比较复杂。矿体厚数十米至200m，延深300～500m。矿石具条纹、条带状构造。含铁品位30%左右，含硫、磷低。磁铁矿颗粒较粗，易选。主要分布于河北省东部的水厂、大石河一带。

（2）太古代受变质铁矿床。以辽宁省鞍山市弓长岭铁矿为代表，是我国典型的"鞍山式"铁矿。铁矿赋存于太古界鞍山群变质岩中。

含铁层可分为上、下两个含铁带，由角闪岩、云母片岩、钠长石片岩、绿泥石片岩和多层含铁石英岩组成。以弓长岭为例，其剖面自下而上为混合岩、角闪岩；绿泥石-角闪片岩、云母片岩；第一铁矿层；角闪岩；第二铁矿层；石英-云母片岩、钠长岩；第三铁矿层；石英-云母钠长片岩；第四铁矿层；角闪岩；第五铁矿层；角闪岩；第六铁矿层；绿泥石片岩、混合岩。

矿体具多层性，呈层状、似层状，延长数十米至数百米，大者可达 1~2km；厚数米至 30m，厚者可达 50~80m。矿石主要为含铁石英岩，个别地段为含铁角闪岩。矿石具致密块状和条带状构造，条带宽 1mm 至 20~30mm。由磁铁矿、赤铁矿、假象赤铁矿、石英、角闪石及少量菱铁矿、白云母等组成。矿石类型有角闪石-磁铁矿-石英、磁铁矿-石英、赤铁矿-石英等类型。矿石品位 TFe 30%左右，硫、磷含量低。矿物颗粒粗，易选。如鞍山地区的弓长岭、南芬，冀东地区的石人沟、豆子沟等铁矿床。

"鞍山式"铁矿在我国绝大部分为贫矿，但在鞍（山）—本（溪）地区却有混合热液交代型富矿。矿体呈似层状、脉状、柱状、团块状、鞍状或不规则状产出，长几十米至千余米，厚 1m 至数十米，延深几十米至千米。矿石以块状构造为主，由磁铁矿、假象赤铁矿、赤铁矿和石英等组成。有时含角闪石和绿泥石。矿石含硫、磷很低。富矿周围有绿泥石化、镁铁闪石化和白云母化等蚀变。

晚太古代至早元古代受变质铁矿床。矿体赋存于以绢云母、绿泥石、千枚岩和片岩为主的绿片岩相岩层中，变质较浅。矿层一般 1~2 层，单层厚度可达 200~300m，走向延长数百米至数千米，延深 200~600m。矿石具条纹-条带状构造。主要矿石矿物为磁铁矿、假象赤铁矿，其次为赤铁矿。脉石矿物以石英为主，其次为阳起石、透闪石、镁铁闪石，另有少量角闪石、黑云母和绿泥石等。含 TFe 0~35%，硫、磷含量低。地表受氧化后可变为赤铁石英岩，氧化带深度可达 300m，品位高者可达 45%~50%。这类铁矿主要分布于鞍本地区的大孤山、东鞍山，河北省东部的司家营、马城、大贾庄、柞栏杖子等地。

(二) 受变质碎屑-碳酸盐建造型铁矿床

成矿时代以元古代为主，含矿岩系主要由陆源碎屑-碳酸盐岩组成。铁矿常赋存于千枚岩、大理岩、白云质大理岩和板岩等各类岩层中或接触面上，受区域变质作用较浅。典型矿区如大栗子铁矿。矿体赋存于元古界辽河群千枚岩和碳酸盐类岩层中，矿体平行产出，呈层状、似层状、扁豆状或不规则状。单个矿体长 100~300m，厚 1~5m，延深大于延长，矿石矿物有赤铁矿、磁铁矿、菱铁矿、褐铁矿等。脉石矿物有石英、绿泥石、绢云母和碳酸盐矿物。矿石以块状构造为主，条带状、鲕状次之。矿石类型有赤铁矿型、磁铁矿型、黄铁矿型和混合型。磁铁矿型、赤铁矿型矿石围岩为千枚岩，而菱铁矿石围岩多为大理岩。前两种矿石类型含铁富，含锰、硫低，可达炼钢或炼铁富矿石。菱铁矿型矿石含TFe 30%~40%，含锰、硫较高。该类铁矿石主要分布于吉林省南部等地区。

(三) 受变质的海底喷气-沉积矿床

内蒙古白云鄂博式沉积变质型铁铌稀土矿床形成时代和成因虽有较大争论，但其主体可能形成于中新元古代。位于内蒙古地轴与兴蒙地槽的过渡带上，含矿地层为元古代白云鄂博群浅变质岩系。主要岩石为石英岩、板岩、白云夹云母片岩。铁矿产于白云岩或白云岩与硅质板岩接触带。矿体呈似层状、透镜状。含矿带东西长 16km，南北宽 1~2km，包括主矿、东矿、西矿 3 部分。主矿长 1250m，厚 99m，最宽 415m，沿倾斜控制最大延深 1030m。东矿形态复杂，呈扫帚状，西窄东宽，长 1300m，最宽 390m，最大延深 870m。西矿分南北两矿带，组成向斜状矿体，矿体最长 1300m，最厚 199m，最大延深 855m。

矿石矿物以磁铁矿、赤铁矿为主，并含微量硫化物，已发现 71 种元素，构成 114 种矿物，以含稀土、稀有矿物为特征，包括铌铁矿、锰铌铁矿、黄绿石、易解石、铌易解石、钛易解石、钛铁金红石、硅钛铈钇矿、镧石、磷镧镨矿等。脉石矿物有萤石、钠辉石、钠闪石、重晶石、云母、石英等。近矿围岩中含稀有、稀土元素，有时构成单独矿体。含铁平均品位 TFe 31%～36%，富矿品位 TFe 45%～55%，含 TR_2O_3 2%～8%，$(Nb, Ta)_2O_5$ 0.05%～0.1%，P 0.3%～1%，F 2%～10%。矿石成分复杂，属难选矿石。

20 世纪 50 年代末期，曾认为该矿床成因为特种高温热液型铁矿床。现在多数认为此矿床为与碱性岩-碳酸岩有关的火山喷气沉积矿床，在后期的变质变形过程中，原始沉积的赤铁矿等发生重结晶变为磁铁矿，同生成矿物质向褶皱的轴部（主要为向斜核部）集中，形成厚大铌稀土铁矿体。

（四）受变质的火山-碎屑-碳酸盐建造型铁矿床

海南石碌沉积式变质型铁矿，矿床位于华南地槽褶皱系南缘、海南隆起的西北部。含矿地层为石碌群，石碌群为被后期花岗岩岩浆冲破、支解和部分吞噬的残留体，三面被岩体包围，像一叶孤舟漂浮在印支—燕山期岩体中。岩石建造是一套变质程度达低绿片岩相、局部达到角闪岩相的浅海相、浅海-泻湖相含铁火山-碎屑沉积岩和碳酸盐建造，由海相沉积的泥岩、粉砂岩、碳酸盐岩和铁、铜、钴矿层经区域变质和接触变质作用，变为板岩-千枚岩、变粉砂岩-石英岩、大理岩-白云岩和透辉透闪石岩等。

铁矿体主要赋存于白云岩、白云质结晶灰岩中透辉石-透闪石岩内。矿体呈层状或似层状，产于复式向斜两翼或一翼。共有大小铁矿体 38 个，钴矿体 17 个，铜矿体 41 个。

最大铁矿体为北一矿体，全长约 2.6km。地表见矿长度达 1.1km，宽 0.32km。矿石主要由鳞片状赤铁矿和石英组成。铁矿 TFe 平均品位 51.15%，最高可达 68%。铜钴矿体赋存于铁矿体的底板，平均品位 Cu 1.53%，Co 0.32%。铁矿石含硫高，含磷低。

石碌铁矿的成因争论颇多。早期勘探时，大部分认为是矽卡岩型铁矿；20 世纪 70 年代初，沉积变质成因的观点开始占优势，但也有人认为是火山沉积铁矿，有人认为是沉积变质热液加富，个别认为是热液或热液倒贯矿床；80 年代初，又提出受变质的"渗流热卤水"沉积矿床。对铁质来源，先后提出"远源火山"和"陆源"两种看法。目前研究认为原始的石碌铁矿是一套化学沉积的硅铁建造，后经过了区域变质期、矽卡岩期、石英-硫化物期和表生期叠加改造。该矿床成因类型为沉积变质型铁矿床。

六、风化淋滤型铁矿床

风化淋滤型铁矿床是在外生作用条件下，各类原生铁矿床、含铁质岩石或硫化物矿床，经风化、淋滤作用而形成的铁矿床。如含铁石英岩的去硅作用、菱铁矿矿床的去碳酸作用、多金属硫化矿床裸露地表破大气降水淋滤而残留或再沉淀的铁质堆积体等。

矿床多产于铁矿露头附近的低凹处或山坡上，由风化作用形成的铁矿碎块、颗粒在原地或短距离搬运、堆积或淋积而形成。矿体形态多不规则。矿石质量多取决于原生矿石的贫富和所含杂质的多寡。组成矿石的矿物有褐铁矿、假象赤铁矿等。矿床规模以中小型为主，宜于露采。

多金属硫化物及菱铁矿矿床风化淋滤后形成所谓铁帽型铁矿床。多金属硫化矿床或黄铁矿矿床经风化淋滤作用，将原矿石中的硫、铜、铅、锌等淋失而在原地或附近形成以褐铁矿为主的铁矿床。矿体常呈层状或被状覆盖在地表浅部或原生矿体的顶部。矿体大小因原生矿体规模、地形及气候等条件而异。矿石品位35%~60%，常可达富矿标准，但残留的多金属元素常超过规定指标。矿石矿物以疏松多孔状褐铁矿为主；脉石矿物有石英、碳酸盐类矿物和黏土矿物等。矿石构造有块状、蜂窝状、葡萄状和土状等。一般为中、小型矿床。在我国两广、福建、贵州等省区都有分布。如广东大宝山铁矿、大降坪铁矿，江西分宜含铁硫化物、矽卡岩风化淋滤褐铁矿等。

国外前寒武纪铁硅质建造形成的风化壳型富铁矿和红土型铁矿床是当今铁矿石的重要来源。我国虽经多年找矿，但未见成效。

第二节　我国铁矿资源现状

我国铁矿资源丰富，根据2020年全国矿产资源储量通报，2019年勘查新增查明铁矿资源储量5.34亿吨，查明铁矿资源储量852.97亿吨，其中基础储量196.64亿吨，占查明资源储量的23.1%。

一、我国铁矿资源特点

我国铁矿资源特点如下。

(1) 铁矿矿产分布广泛，且成群成带产出，表现了相对集中的格局。全国31个省(市、区) 均探明有铁矿资源储量，铁矿主要分为36个成矿区。全国已探获资源储量主要分布于我国中东部地区，表明中东部地区铁矿勘查工作程度高于西部。但是，这些铁矿查明资源储量 (据2020年储量通报) 主要集中于辽宁 (216.37亿吨)、河北 (95.82亿吨) 和四川 (95.61亿吨)，三者合计占全国总量的47.8%；如果加上山东 (61.79亿吨)、安徽 (53.34亿吨)、内蒙古 (42.31亿吨)、云南 (40.63亿吨)、山西 (38.03亿吨)、湖北 (31.9亿吨)、新疆 (29.29亿吨)，10省区总计占全国的82.7%。其他省份查明资源较少。我国铁矿资源储量虽较丰富，但多为30%左右的贫铁矿，查明资源储量中富铁矿占比少于3%，难以满足经济社会发展的需要。

我国铁矿床较为分散。矿床数量多，小型矿床居主导地位，按2014年全国探明铁矿区4556个统计，查明资源储量843.5亿吨。其中，大型182个，占4%；中型638个，占14%；小型3736个，占82%。大型铁矿区查明资源储量占总量71%，为596.76亿吨；中型铁矿区查明资源储量占总量22%，为191亿吨；而矿区数占82%的小型铁矿区查明资源储量仅占总量7%，为55.74亿吨。

我国铁矿资源在整体分布很散的状况下，局部又相对集中在十大矿集区，这十大矿集区合计资源储量占总资源储量的64.8%。其中，鞍本矿集区占总资源储量的23.5%，冀密矿集区占11.8%，攀西矿集区占11.5%，五 (台山) —吕 (梁山) 矿集区占6.2%，宁芜矿集区占4.12%，包白矿集区占2.2%，鲁中矿集区占1.74%，邯邢矿集区占1.6%，鄂东矿集区占1.34%，海南矿集区占0.8%。这种整体分散、局部集中的特点，使我国铁矿资源开发利用形成了以大中型矿山为主，中小矿山为辅的格局。

（2）矿床类型及矿石类型多种多样。国外所有类型的铁矿床，在中国均有不同程度的发现，并探获了一定的资源储量。具有工业价值的矿床类型主要是鞍山式沉积变质型铁矿、攀枝花式岩浆钒钛磁铁矿、大冶式矽卡岩型铁矿、梅山式火山岩型铁矿。沉积变质型铁矿是最重要铁矿类型，分布范围广泛，主要分布于辽宁鞍本、河北冀东、山西五台—吕梁、鲁中地区、内蒙古中部、海南、藏南等地区，此外吉林东部—黑龙江东部地区、赣中—湘中地区、祁连镜铁山地区、云南北部地区、东天山地区、西昆仑地区等也有分布。矽卡岩型铁矿富铁矿居多，主要分布在长江中下游、邯邢、鲁中、新疆等地区。岩浆型铁矿富含钒、钛，又称为钒钛磁铁矿，主要分布于攀枝花—西昌、承德—张家口等地区。火山岩型铁矿中陆相火山型铁矿主要分布于宁芜—庐枞地区，海相火山型铁矿主要分布于云南大红山、新疆阿勒泰东和天山等地区。沉积型铁矿主要分布于张宣、湘中、鄂西、云南等地区。

占世界铁矿资源总量60%~70%的沉积变质型铁矿，在中国同样占主导地位，其探获的资源储量占各类型铁矿之首。接触交代-热液型铁矿及岩浆晚期形成的钒钛磁铁矿所占比例比国外同类型铁矿要高。就矿床数而言，接触交代-热液型铁矿床最多，其次为沉积变质型和沉积型，风化淋滤型、火山岩型和岩浆型铁矿床数最少。

但是，就大型矿区而言，沉积变质型和岩浆型最多。说明接触交代-热液型铁矿床虽然数量多，但以中小型居多；而岩浆型铁矿床虽然数量少，但以大型居多。

就查明资源储量而言，我国以沉积变质型铁矿查明资源储量最多（占全国总量55%），其次为岩浆型铁矿（占16%）、接触交代-热液型铁矿（占12%）、火山岩型铁矿（占7%），这四类铁矿也是我国富铁矿石的主要来源；沉积型铁矿（占8%）属难选冶类型；风化淋滤型铁矿仅占1%。这和国外以风化淋滤型铁矿床为主有很大不同。

我国铁矿查明资源储量以磁铁矿石最多，占64%，沉积变质型、火山岩型、接触交代-热液型铁矿床多为磁铁矿石；其次为钒钛磁铁矿石，占18%，这类铁矿石主要来自岩浆型铁矿床；赤铁矿石、褐铁矿石、菱铁矿石、混合铁矿石及镜铁矿石合计不足20%，主要来自沉积型铁矿床，少数来自风化淋滤型铁矿床。

（3）矿石品位偏低，多数矿石易选。我国铁矿石品位普遍较低。矿石含铁品位平均只有34%左右，远低于巴西和澳大利亚等国的水平，也明显低于世界平均水平。贫矿石占全部矿石资源储量98.8%。炼钢和炼铁用富铁矿石的保有储量仅约10亿吨，占全国铁矿保有资源储量的1.2%，绝大部分铁矿石须经过选矿富集后才能使用。而形成一定开采规模，能单独开采的富铁矿数量更少。

全国铁矿已查明资源品位35%左右的数据最多，反映了我国铁矿以贫铁矿为主的特点。我国铁矿资源以TFe品位30%~35%之间的贫矿累计查明资源储量最大，大于35%的铁矿资源储量急剧减少，小于20%的铁矿资源储量很少。

我国沉积变质型铁矿平均品位31.43%，富矿少；岩浆型铁矿的平均品位为31.56%，40%以上的较富矿很少；接触交代-热液型铁矿平均品位为41.14%，大于45%的富矿占较大比例，我国为数不多的富铁矿约50%来自该类型；火山岩型铁矿平均品位为35.21%，大于45%的矿区占一定比例；沉积型铁矿品位较集中，平均品位为26.20%，为贫铁矿；风化淋滤型铁矿品位较富，平均品位为43.35%，大于45%的富矿占较大比例，但数量太少。

我国铁矿石虽然总体较贫，但绝大多数可以采用磁法选矿，属于易选矿石。易于采用磁性方法选矿的铁矿石大于80%。

（4）铁矿床中共（伴）生组分多，综合利用价值大。多元素共生的复合矿石较多，矿体复杂，利用难度大，成本高。我国不同程度地含有铜、铅、锌、金、钨、锡、钼、钴、钒、稀土等有用元素的铁矿资源储量近150亿吨。岩浆型铁矿中除铁可利用外，钛、钒均为主要组分可加以利用，另外还伴生有磷、铬、镍、铜、铂族元素、钪等多种组分可以综合利用；矽卡岩型铁矿共生有铜、铅、锌、钨、锡、钼、钴、金等组分可以综合利用；火山岩型铁矿共生有铜、金、稀土等多种组分可以综合利用。有些共（伴）生组分的经济价值超过铁矿石本身的价值，白云鄂博铁矿床中的铌、稀土和攀枝花地区钒钛磁铁矿中的钒、钛的资源储量均居世界之首。

（5）暂难利用铁矿多，限制了国内铁矿石的供给。全国暂难利用铁矿资源储量约122亿吨，其中储量约57亿吨。这些铁矿一般是难采、难选，多组分难以综合利用，以及铁矿品位低、矿体厚度薄，矿山开采技术条件和水文地质条件复杂，矿区交通不便，矿体分散难以规划，开采经济指标不合理，矿产地属自然环境保护区等。上述资源未包括近十年探明的一批大深度、低品位铁矿。总之这类铁矿潜在资源量很大。加强铁矿采选冶技术、设备和工艺及环境保护技术研究，解决好这些难利用矿石的开发和利用，也是今后铁矿工作的一个重要课题。

（6）太古代到新生代均有产出。中生代铁矿床最多占32%，查明资源储量占15%；太古代-古元古代、晚古生代的矿床分别占27%和20%，查明资源储量占55%和22%。中新元古代、早古生代、第四纪矿床数和查明资源储量均较少。

（7）资源潜力较大，查明资源量稳步增长，但储量逐年下降。根据全国矿产资源潜力评价项目对全国26个重要铁矿成矿带的58个重点铁矿找矿远景区铁矿资源潜力进行的系统的评价，预测我国铁矿资源量1960亿吨，其中500m以浅775亿吨，1000m以浅1280亿吨，2000m以浅1960亿吨。按目前技术经济评价指标，预测资源量中可利用的铁矿资源量1382亿吨。查明资源量稳步增长，但储量逐年下降，在自然资源部的全国勘查找矿计划下，我国铁矿查明资源储量逐年上升，从2005年的593.85亿吨上升至2019年的852.97亿吨，增加了43.6%，仅2016年有小幅下降，但储量升级工作滞后，储量逐年下降。据2022年7月自然资源部公布的2021年全国矿产资源储量统计表中我国铁矿储量仅为161.24亿吨，这其中还含一定量难以开采的铁矿。我国采矿如按当前开采量计算，2021年国内生产铁矿石原矿9.8亿吨，当前铁矿储量保障已不足15年。

二、我国铁矿勘查现状

根据2020年储量通报，统计矿区4843个，查明铁矿资源储量852.97亿吨，其中基础储量196.64亿吨，占查明资源储量的23.1%，2019年比2010年查明资源储量增长了17.3%。2011～2020年找矿突破行动以来勘查取得了重大进展。铁矿勘查成果主要来自东部老的铁矿基地，进一步提高了资源接续，稳定和扩大了已有产能，发挥了铁矿资源的压舱石的作用。找矿突破行动以来，铁矿投入勘查资金 188 亿元，投入钻探 1301 万米，围绕我国中东部，加大了航磁异常查证力度，加强富铁矿和深部矿勘查。新增查明铁矿石资源储量 167.6 亿吨，相当于以往 60 年查明总量的 21%，新发现矿产地 186 处，其中大型 15 处、中型 73 处。但 2016 年后由于铁矿整装勘查退出，铁矿勘查明显减弱，2018 年铁矿投入钻探 24 万米，投入 2.84 亿元，同比下降 37.0%，2018 年勘查新增查明铁矿资源储量 9.93 亿吨；2019 年铁矿投入钻探 17 万米，投入 2.24 亿元，同比下降 21.1%，2019 年勘查新增查明铁矿资源储量 5.34 亿吨；2021 年有明显增加，投入钻探 35 万米，投入资金 4.34 亿元。

我国铁矿勘查程度东部高，西部总体较低，西部的大部分地区勘查程度极低或者是空白。与此相对应，占我国国土面积 40% 以上的西北地区，其查明铁矿资源储量仅占全国 10%；占国土面积 40% 的东部地区，查明资源储量超 60%。

我国主要铁矿勘查深度一般在 600m 以浅，近些年铁矿勘查深部明显加大，深部找矿也取得重大突破，部分大型铁矿勘查深度明显加大，已有少量大型铁矿勘查深度超过了 1500m。

截至 2018 年底，我国已发现铁矿床（点）9000 处左右，统计上表矿产地 3381 处，其中，预查 13%、普查 39%、详查 26%、勘探 22%，还有部分未上表铁矿床在做了少量勘查工作后未正式提交，主要为小型矿床，少量达到中型，尚有 5000 多处铁矿点未作勘查评价，但多数为小型规模，部分为资源前景不明或当前开发利用条件受限铁矿。下一步可加大勘查评价力度，也是下一步除新区或深部与外围找矿突破的又一重点方向。

我国已有勘查开发基地资源较为集中，已建成了 10 个铁矿勘查开发基地，分别为鞍山—本溪、西昌—攀枝花、冀东—密云、五台—吕梁、宁芜—庐枞、包头—白云鄂博、鲁中、邯邢、鄂东和海南地区。

三、我国铁矿开发利用情况

我国已建成 10 个铁矿勘查开发基地，是我国主要铁矿生产基地。我国铁矿石产量以沉积变质型铁矿占主导，主要集中在河北、四川、辽宁、山西、安徽等省。

我国原矿生产规模世界第一，2014 年最高达 15.13 亿吨，2019 年 8.44 亿吨，2020 年 8.67 亿吨，2021 年 9.8 亿吨。从区域产量来看，华北、东北和西南三个铁矿资源丰富的地区产量较高，2020 年三个地区产量占全国总产量的 80.9%，其中华北地区铁矿石产量占全国产量的 49.4%；2021 年三个地区产量 79906.15 万吨，占全国总产量的 81.5%，其中华北地区铁矿石产量 51175.66 万吨，占全国产量的 52.19%。河北、辽宁、四川三省铁矿产量多年位居前列，2020 年分别为 32117.6 万吨、13311.26 万吨和 10796.36 万吨，占全国总产量的 64.9%；2021 年分别为 40109.74 万吨、14154.49 万吨和 11258.09 万吨，占全国总产量的 66.8%。

据 2014 年统计，开采矿山 2151 处，露天 597 处，占 28%，产量占 58%；地下 1230 处，占 57%，产量占 26%；露天+地下 324 处，占 15%，产量 16%。铁矿生产企业 1544 家，年产高于 100 万吨的企业占 18.4%，产量占 78%。其中，原矿年产大于 1000 万吨的企业数占 1.4%，产量占 30%；500 万~1000 万吨占 2.5%，产量占 16.7%；300 万~500 万吨占 2.5%，产量占 10%；200 万~300 万吨，占 3.5%，产量占 9%；100 万~200 万吨占 8.5%，产量占 12%；小于 100 万吨，企业数占 81.6%，产量占 22%。

我国铁矿石开采矿山中大型矿床占 3.47%，中型矿床占 16.16%，小型矿床占 79.91%。已被占用铁矿资源储量占查明保有总量仅 45%。可由国家规划利用的未被采矿权占用的铁矿查明资源储量占查明总量的 33%，难利用矿产资源占 22%。根据上轮全国资源利用现状调查数据，铁矿未占用的 1408 个矿床中有 496 个已达勘探程度，占 35%，保有资源储量 79.35 亿吨；386 个已达详查，占 28%，保有资源储量 74.21 亿吨；526 个已达普查，占 37%，保有资源储量 60.37 亿吨。

根据钢联数据统计，2016 年全国重点统计的 27 家铁矿石企业中，鞍钢矿业以 5450.54 万吨的产量成为国内第一大铁矿企业，河钢矿业和北京华夏建龙分别以 3838.78 万吨和 3757.16 万吨的铁矿产量名列第二、第三位。国内前四大铁矿企业产量为 16412.04 万吨，占国内铁矿产量（CR4）的 12.81%。据中国冶金矿山企业协会统计，2021 年全国重点统计的 24 家铁矿石企业中，生产矿石合计 35059.52 万吨，鞍钢矿业以 6287.88 万吨的产量成为国内第一大铁矿企业，北京华夏建龙矿业、河钢矿业、攀钢矿业分别以 3817.83 万吨、3573.32 万吨、3422.21 万吨的铁矿产量名列第二位至第四位，国内前四大铁矿企业产量为 17101.24 万吨，占国内铁矿产量的 17.44%，较前些年有所上升。但从全球铁矿石行业集中度来看，2016 年，四大矿山（特指淡水河谷、力拓、必和必拓（BHP）、FMG，下同）产量合计为 10.25 亿吨，占世界铁矿石行业产量的 48.67%，2018 年，四大矿山产量合计为 11.9 亿吨，占世界铁矿石行业产量的 55%，远高于中国水平。

目前，我国开采深度达到或超过 1000m 的金属矿山近 20 座，主要为有色金属矿山和金矿，只有一座铁矿（鞍钢弓长岭铁矿）。但是，近几年铁矿进入深部开采的建设力度最大。目前在建或计划建设的大型地下金属矿山，绝大多数是铁矿，如辽宁本溪大台沟铁矿，超千米竖井正在施工；同处本溪地区的思山岭铁矿，目前主体基建工程已完成，竖井最深开挖深度达 1355m；首钢马城铁矿，已经完工最深竖井达 1200m；五矿集团矿业公司陈台沟铁矿，超千米竖井已经开始建设；山钢集团莱芜矿业公司济宁铁矿，超千米竖井已投入建设。由此可见铁矿的深部开采开发在技术上已经有成熟的方案，但在矿石成本上与国外的超大型露天开采矿山比我们仍有较大差距，只能依靠铁矿石价格来弥补。

根据中国冶金矿山企业协会统计，2019 年，国产成品矿完全成本为 494.89 元/吨（约合 70.7 美元/吨），铁精粉制造成本 369.93 元/吨（约合 52.8 美元/吨），2020 年国产成品矿完全成本为 500.64 元/吨，铁精粉制造成本 365.11 元/吨，2021 年有明显提升，国产成品矿完全成本为 555.15 元/吨（约合 87.2 美元/吨），铁精粉制造成本 411.03 元/吨（约合 64.53 美元/吨）。我国国产铁矿石的成本与全球平均成本相比有较大差距。根据 AME 的统计数据，2019 年全球成本最低的前十位矿山均隶属于四大矿山，这十座铁矿山的矿石生产成本均低于 20 美元/吨，仅相当于 2019 年全球平均铁矿石生产成本的 2/3。从全国平均生产成本上看，根据 AME 的统计数据，2019 年中国 2.12 亿吨国产铁矿石平均 FOB 成本高达 69.4 美元/吨，位列全球 26 个铁矿石生产国的最后一位，高出当年全球平均 32.3 美元/吨的铁矿石 FOB 生产成本近 115%。

据统计，2019 年全球粗钢产量达 18.699 亿吨，其中，中国粗钢产量 9.963 亿吨，占全球粗钢产量 53%，2020 年我国粗钢产量 10.65 亿吨，2021 年我国粗钢产量 10.33 亿吨。而我国自产铁矿石在 2014~2018 年逐年减少，2014 年最高（15.13 亿吨），2018 年降至

7.63亿吨，2019年以后稍有增长，2019年为8.44亿吨，2020年为8.67亿吨，2021年为9.8亿吨。但我国铁矿石缺口巨大，同时铁矿石进口量逐年不断攀升，四大矿山在全球的市场份额则继续上升，我国钢铁产业大部分依赖国外进口。2018年我国进口约10.38亿吨铁矿石，其中澳大利亚和巴西是中国铁矿石的主要进口渠道，数据显示，2018年我国从澳大利亚进口的铁矿石高达7.24亿吨，从巴西进口的铁矿石约为2.05亿吨。2019年我国进口铁矿10.96亿吨，2020年进口铁矿11.7亿吨，2021年进口铁矿11.24亿吨，其中澳大利亚和巴西仍是中国铁矿石的主要进口渠道，数据显示，2021年我国从澳大利亚进口的铁矿石高达6.93亿吨，从巴西进口的铁矿石约为2.37亿吨。

第三节　我国铁矿资源安全保障程度分析

我国已进入高质量发展阶段，具有多方面优势和条件，面对当前的国内外环境，为了争取更大发展主动权，习近平总书记提出要构建集政治安全、国土安全、军事安全、资源安全等于一体的国家安全体系，加快构建以国内大循环为主体、国内国际双循环相互促进的新发展格局，中央高度重视矿业安全，矿业安全直接影响到国家安全。铁矿是关系到国家经济命脉的钢铁工业"口粮"，是涉及国家资源安全的大宗紧缺战略性矿产。中国是世界上主要的铁矿石生产国和最主要的消费国，铁矿资源储量虽较丰富，但多为30%左右的贫铁矿，自产铁矿石严重不足，供需矛盾突出，对外依存度居高不下，受制于人，安全风险持续增大，铁矿资源安全保障形势严峻。

一、铁矿资源需求分析

我国将继续长期引领全球钢铁行业的发展。2011年后，由于我国粗钢产量的迅猛增长，我国钢铁工业带动了全球粗钢产量的上升。2017年，我国粗钢产量全球占比首次超过50%。近年来，全球粗钢产量呈缓慢增长态势。2018年全球粗钢产量18.14亿吨，2019年全球粗钢产量18.69亿吨，2020年全球粗钢产量18.78亿吨，2021年全球粗钢产量19.505亿吨。2019年中国粗钢产量9.96亿吨，全球占比上升至53.3%；2020年中国粗钢产量达到10.53亿吨；2021年中国粗钢产量为10.33亿吨，全球占比为52.96%。以2019年全球粗钢产量18.69亿吨为例，顶级钢铁生产企业粗钢产量达10.602亿吨，其中进入前十的企业中国公司超半数。可以说，中国钢铁工业的快速增长是全球钢铁工业发展的主要动力，尤其是2010年之后，全球粗钢产量增量的绝大部分均由中国贡献。

在中国长流程钢铁生产的带动下，全球钢铁冶金工艺仍以铁矿石为主要生产原料，这种生产工艺还将在未来较长时间内存在。中国因素推动全球对铁矿石的需求持续旺盛，预计未来较长时间，中国在全球钢铁工业的地位不可动摇。中国粗钢产量或在2025~2030年见顶，年粗钢产量将在8.8亿~10亿吨的平台区持续震荡。届时全球粗钢产量增速或将主要由印度、东盟等其他新兴国家或地区贡献，但中国粗钢产量占全球一半左右份额和占比的绝对比例将在未来30~50年长期持续，没有任何一个国家或地区可以替代。

全球铁矿石需求趋稳，随着中国等新兴经济体钢铁工业的迅猛发展，对铁矿石的需求也达到空前高度。铁矿石需求广泛，年消费量大，2015年全球铁矿石消费量达到32.17亿吨，而中国为最大消费国。2017年后中国钢材产品正规化市场带来铁矿石消费趋于平衡，也大幅减轻了全球铁矿石供应过剩的局面。尤其是在 2019 年 1 月巴西淡水河谷矿难及澳大利亚恶劣飓风气候影响下，2019 年的铁矿石市场供应减少，供需平衡趋于基本平衡。但随后由于国际金融市场的"多方"炒作，促成了 2019~2022 年铁矿石价格的上行，甚至铁矿石价格呈现非理性大涨大跌，尤其是 2021 年 5 月，价格突破历史新高，达到每吨 233 美元。

短期来看，我国铁矿石消耗持续处于高位。从 1996 年开始，我国成为全球粗钢第一生产大国，同时也成为全球铁矿石第一消费大国。但随着中国经济增长动力由传统转为新型经济增长，动能由固定资产投资拉动转为扩大内需拉动，工业化进程从高速发展向平稳发展过渡，交通等基础设施建设将基本完善、生产行业产能建设开始过剩，房地产投资、冶金行业陆续达到投资高峰，社会对钢材消费强度开始下降，钢铁需求下降，从而导致对铁矿的消费量降低，至"十四五"后将缓慢降低。中国未来的铁矿石需求会呈现稳中趋降的态势，预计到 2040 年，中国每年将需要 8.56 亿吨铁矿石。以发达国家产能利用率 78%~83% 作为合理产能区间来计算，得出至 2025 年合理产能应为 9.91 亿~10.54 亿吨；至 2040 年，合理产能应为 8.78 亿~9.35 亿吨。

随着我国工业化的逐步完成与产业升级，我国钢铁需求已经达到高峰，对铁矿石总需求将会逐步减少。"十三五"期间，我国钢铁工业去产能工作成绩显著，超额完成了 1.5 亿吨的去产能目标任务，同时出清了 1.4 亿吨的"地条钢"产能，供给侧改革成效显著，钢铁行业发展环境和经营形势持续好转，钢铁产量延续了上涨态势。2016~2020 年，生铁产量和铁矿石需求量分别增加了 1.87 亿吨和 3 亿吨，增幅达到了 26.7%。

另外，铁矿石的替代品——废钢，未来在中国利用率将大幅提高。钢铁是一种无限循环使用的资源，废钢是目前唯一可以代替铁矿石的优质炼钢原料。随着国家化解钢铁行业过剩产能工作的持续推进，特别是"地条钢"产能被依法取缔后，原来属于灰色地带的废钢资源回归到正规流通领域，因此我国废钢资源供应出现统计数量上的大幅增长。2018~2020 年，随着我国钢铁积蓄量的不断累积，社会废钢供应量稳步增长，年增量在 1500 万~2000 万吨，2020 年我国废钢市场可统计的废钢供应量约为 2.6 亿吨。

由于中国废钢资源储量和用量的双增加，生铁产量增幅比粗钢产量增幅低了 5.1 个百分点，铁钢比由 0.87 下降至 0.83，废钢代替生铁（铁矿石）的比例在增加。今后钢材利用循环周期将陆续到来，预计 2025 年我国废钢供应总量将达 3.45 亿吨；到 2035 年，估算我国废钢产生量将达 4.5 亿吨，超过废钢需求量。估计到 2035 年废钢铁可以支撑 40% 以上。到 2060 年前后我国废钢铁和自身铁矿石基本能保障 70% 以上的需求。

二、国内铁矿资源供应情况

从 2000 年开始，受经济持续发展刺激，铁矿石需求增长，我国铁矿石产量保持快速上升趋势，2006 年铁矿石产量增速达 40%，为历史最高点，2014 年产量达历史最高 15.14 亿吨，2015 年开始产量逐年下降。2015 年，国际铁矿石价格大幅下跌，由于国内铁矿石品位不高，生产成本居高不下，国内矿山面对亏损持续减产，小型矿山 85% 以上处于关停状态，具一定规模的矿山产能利用率也只有 65% 左右，铁矿石原矿产量由 2014 年的 15.1 亿吨降低到 2015 年的 13.8 亿吨。2016 年 2 月，国务院发出《关于钢铁工业化解过剩产能实现脱困发展的意见》，首次指出钢铁工业明确的改革目标：5 年将压减 1.5

亿吨产能。2017 年我国铁矿石原矿产量下降至 12.29 亿吨，同比降低 4.02%。2018 年全国铁矿石产量为 7.63 亿吨，同比下降 38.1%。到 2019 年全国铁矿石产量为 8.4 亿吨，同比增长 4.9%，2020 年全国铁矿石产量为 8.67 亿吨，略有增长，2021 年全国铁矿石产量为 9.8 亿吨，增长明显。

根据国家统计局的统计，1999~2014 年中国原矿的总产量逐年增加，2015 年之后高位小幅回落，但是观察转换成世界平均含铁量后的铁矿产量，1998~2015 年其产量并没有呈同步增加，2014 年铁矿石原矿产量同比增加 4%，转换为世界平均含铁量后的产量却同比下降 38%。综合来看，2015 年我国原矿产量相较于 1998 年增加 5.7 倍，但是换算成世界铁矿平均品位后，仅增加了 0.1 倍，而我国粗钢表观需求量增加了 4.5 倍，因此以含铁量来计，我国铁矿产量增速远远低于我国钢铁需求。

我国作为全球第一钢铁生产大国，也是铁矿石等大宗原材料全球最大的消费市场。近年来，四大矿山不断扩建铁矿石产能，用低成本产能取代高成本产能，压低铁矿石开采成本并扩大市场份额。而我国生态文明建设对铁矿勘查开发要求日益严格，随着各类生态红线的划定，生态环境保护要求进一步严格，且国内铁矿石开采成本较高，矿山纷纷陷入困境，投资持续下降，必将导致国内铁矿发展后劲不足，制约了铁矿勘查开发，进一步降低了我国铁矿资源保障。虽后期铁矿价格有明显上升，但受前期效应和多种因素影响铁矿勘查开发增速较缓，我国铁矿资源保障形势仍然十分严峻。

我国国产铁矿石的成本与全球平均成本相比有较大差距。根据中国冶金矿山企业协会统计，2019 年以来，受铁矿石及各类原材料的价格波动，国产成品矿完全成本保持在每吨 70 美元以上，铁精粉制造成本保持在每吨 50 美元以上，并持续攀升。相比之下，四大矿山的矿石生产成本均低于 20 美元/吨，仅相当于 2019 年全球平均铁矿石生产成本的 2/3。根据 AME 的统计数据，2019 年中国 2.12 亿吨国产铁矿石平均 FOB 成本高达 69.4 美元/吨，高出当年全球平均 32.3 美元/吨的铁矿石 FOB 生产成本近 115%。我国铁矿石生产失去竞争力。

但另一方面也具有一定优势，我国铁矿大型矿床占资源储量绝对主导地位，易于集中开发；我国铁矿石总体品位虽普遍较低，但绝大多数可以采用磁法选矿，属于易选矿石；且铁矿床中共（伴）生组分多，综合利用价值大。

近年来由于中国环保的持续高压，督促钢厂偏向高品位铁矿石的采购以获得更高的得铁率。球团、高品质铁矿、直接还原铁都成为中国钢厂青睐的铁资源。高品位铁矿石的受追捧程度高。中国对铁矿石需求的结构变化正在悄然改变全球铁矿石的供给结构格局。由于四大矿商对优质铁矿资源的垄断，未来更多的非主流铁矿供应商将会采用选矿的方式生产高品位铁矿资源以满足中国市场的需求。预计未来随着高品位铁矿石资源的高度垄断，铁矿石加工成本或将成为铁矿石行业定价的重要参考依据，也将成为未来铁矿石生产商参与市场竞争的重要手段之一。

我国铁矿产业集中度较低，开采矿山以中小型矿床占绝对主体，2016 年国内前四大铁矿企业产量仅占国内铁矿产量的 12.81%，2021 年达 17.44%，较前些年有所上升。但从全球铁矿石行业集中度来看，2016 年，四大矿山产量合计为 10.25 亿吨，占世界铁矿石行业产量的 48.67%，2018 年，四大矿山产量合计为 11.9 亿吨，占世界铁矿石行业产量的 55%，四大矿山产量超世界铁矿石行业产量的一半，远高于中国水平。较低的产业集中度导致落后产能和结构性矛盾突出，无法形成合力与世界四大铁资源供应巨头抗衡，致使我国对国际铁矿石市场竞争和议价能力较弱，受制于人。

同时四大矿山在全球的市场份额则继续上升，国内产能有限，铁矿产量（折 62% 品位）不足 3 亿吨/年，我国铁矿权益矿不足 1 亿吨，权益矿量占进口量比重很小。由于国内铁矿大多贫矿多、富矿少、含铁量低、杂质多，迫使我国钢企不得不从国外大量进口高品位铁矿石。自产和权益铁矿远不能满足国内需求，铁矿对外依存度持续保持高位，多年持续在 80% 以上，四大矿山在全球的市场份额则继续上升，我国钢铁产业大部分依赖国外进口，2018 年底，我国进口铁矿 10.38 亿吨，铁矿对外依存度达 88.3%，其中从澳大利亚进口的铁矿石高达 7.24 亿吨，从巴西进口的铁矿石约为 2.05 亿吨。2019 年我国进口铁矿 10.96 亿吨，2020 年我国进口铁矿 11.7 亿吨，铁矿石对外依存度超过 83%。2021 年进口铁矿 11.23 亿吨，矿石对外依存度超过 80%，其中从澳大利亚进口的铁矿石高达 6.93 亿吨，从巴西进口的铁矿石约为 2.37 亿吨。同时铁矿石价格总是呈现非理性大涨大跌，尤其是 2021 年 5 月，价格突破历史新高，达到 233 美元/吨，钢铁行业铁矿石供应链脆弱不稳定问题更加凸显，再次引起行业的高度关注。

面对当前我国地缘政治变得更加严峻，当前全球大国战略竞争更加激烈，尤其是局部冲突和中美博弈日趋白热化。国际贸易环境严重恶化，疫情使国际秩序的变革进一步深化。中央提出逐步形成以国内大循环为主体、国内国际双循环相互促进的新发展格局，培育新形势下我国参与国际合作和竞争新优势。这是中央根据国内国际形势发展的新变化、全球产业链-供应链重构的新趋势、我国经济社会发展面临的新挑战，及时提出的重大战略部署，为我国统筹国内国际两个大局，在危机中育新机，于变局中开新局指明了方向，是今后一个时期做好国内经济社会发展工作的重要遵循。为继续深化钢铁行业供给侧结构性改革，切实推动钢铁工业由大到强转变，新出台了《钢铁冶炼项目备案管理的意见》《钢铁行业产能置换实施办法》《关于推动钢铁工业高质量发展的指导意见》。同时，国家发展改革委、工信部、生态环境部正在围绕"碳达峰碳中和"目标任务和时间节点，抓紧研究出台钢铁行业碳达峰行动方案和路线图。总体来看，我国推进钢铁行业转型升级和高质量发展进入深水区，进一步从严的行业调控政策环境已初步形成。

三、我国钢铁行业存在的主要问题

我国钢铁行业存在的主要问题如下。

（1）我国铁矿石消耗持续处于高位，自产严重不足，集中度低，完全受制于人。我国是全球粗钢第一生产大国，也是全球铁矿石第一消费大国，我国产业结构决定短期内铁矿石消耗仍将持续处于高位。而在铁矿石价格大幅波动和国内生态环保双重压力下，小型矿山数量持续减少，国内铁矿产能呈下降趋势，自产严重不足；低品位的原矿造成选矿成本高，成品矿生产成本较国外高品位矿山不具竞争力，开发成本高；中方投资的海外铁矿大部分为低品位矿，需增加选矿、电厂、取水等设施的建设投资，造成矿山投资及生产成本增加，境外矿产资源生产基地建设进展比较缓慢，权益矿占比低；我国铁矿产业集中度较低，较低的产业集中度导致落后产能和结构性矛盾突出，由于供应高度集中，而我国钢铁行业集中度低，原料定价话语权缺失，价格波动剧烈；我国依赖对全球优质铁矿石资源的垄断，淡水河谷、必和必拓、力拓和 FMG 四大矿商的生产规模不断扩大，通过扩大资本开支，投产低成本产能，压降全球矿价，导致成本高的部分矿山亏损停产，四大矿商对非主流矿市场的挤占效应越发明显，垄断地位进一步确立。我们无法形成合力与世界四大铁资源供应巨头抗衡，致使我国对国际铁矿石市场竞争和议价能力较弱，受制于人。

（2）对外铁矿依存度居高不下，来源国较单一，严重影响资源保障安全。由于我国钢铁生产持续强劲，而我国自产铁矿石逐年减少，铁矿石缺口巨大，同时我国的铁矿石进口量逐年不断攀升，四大矿山在全球的市场份额继续上升，国内的铁矿石对外依存度多年超80%以上。而我国铁矿石进口来源主要为澳大利亚、巴西两国，进口数量占进口总量80%以上。2017年我国进口铁矿石10.75亿吨，其中澳大利亚就占比62.18%。2018年我国从澳大利亚进口的铁矿石高达7.24亿吨，从巴西进口的铁矿石约为2.05亿吨。2019年我国进口铁矿10.96亿吨，2020年进口铁矿11.7亿吨，铁矿石对外依存度超过83%。2021年进口铁矿11.23亿吨，矿石对外依存度超过80%，其中从澳大利亚进口的铁矿石高达6.93亿吨，占比61.7%，从巴西进口的铁矿石约为2.37亿吨，占比21.1%。同时铁矿石价格总是呈现非理性大涨大跌，尤其是2021年5月，价格突破历史新高，达到233美元/吨。根据海关总署数据，2021年我国铁矿石进口额首次突破1万亿元，达1.2万亿元，占当年我国进口总额的7%，同比增长39.6%。钢铁行业铁矿石供应链脆弱不稳定问题更加凸显，再次引起行业的高度关注。如不尽快建立多来源保障体系，随着国际形势不断变化，资源安全保障形势将更加严峻。

（3）我国钢铁双循环体系局面被动，企业利润极低。当前中国钢铁以内循环为主，中国拥有最全最完整的产业体系，为钢铁工业健康可持续发展提供了保障，钢铁工业支撑了中国经济快速发展，提供基础结构材料和重要功能材料，是经济高质量发展的主力军。中国钢铁是我国最具国际竞争力的产业之一，也是保供应、稳就业、促发展的压舱石。未来一段时期内，我国钢铁仍将以长流程为主，长短流程相结合的结构短期内不会发生改变。据统计，2018年以来公告的钢铁产能置换新建项目中，涉及炼钢产能20592万吨，其中电炉产能3035万吨，占比14.7%。随着置换项目的陆续投产，电炉炼钢产能和产量将进一步增加，预计2025年我国电炉钢产量占比将达到15%~20%，2035年电炉钢比达30%左右。中国钢铁生产始终以满足国内经济发展需求为主，坚持国内循环为主，2019年中国钢材出口比例仅6.6%，中国净出口钢材仅5%，与2020年进口均价105.6美元/吨相比大幅提升。同时，在铁矿石供应方面，淡水河谷、FMG铁矿石产量不仅没有上升，反而下降，导致供应紧张，出现供需矛盾。2021年铁矿石价格再次非理性大幅上涨，尤其是2021年5月，价格突破历史新高，达到233美元/吨，钢铁行业铁矿石供应链脆弱不稳定问题更加凸显。而四大公司原矿生产的吨矿成本仅30美元左右，四大公司通过出售原矿获取暴利，但我国钢铁企业获取原矿成本过高，严重压缩我国钢铁企业利润，国家经济安全风险进一步加大。

（4）作为铁矿石替代品的废钢利用存在多种不利因素。

1）我国废钢利用水平和国际平均水平还有较大差距。我国炼钢平均废钢比远低于国际平均水平。根据中国废钢铁应用协会数据，我国废钢比稳步持续提升，"十二五"期间我国炼钢废钢比为11.3%，"十三五"期间达18.9%，2020年已达到21.9%；但与废钢比国际平均水平（36%）和废钢比高的国家（如土耳其84.1%、美国68.8%）相比还有很大差距。适用废钢的短流程炼钢比例远低于发达国家，电炉钢占比增长缓慢，"十二五"期间我国电炉钢比例为 8.2%，"十三五"期间为 9.5%，2020 年为 10.37%；我国短流程炼钢占比远低于世界平均水平，与已完成工业化的美国、日本、德国、英国等国家差距较大（如美国电炉钢的比例高达 63%），废钢供给不能满足电炉产能，规范回收比例仍然偏低。由于废钢资源供应不足，大量电炉由原本以废钢为原料转变为补充铁水生产，电炉的废钢比目前仅为 30%~40%，其余 60% 的铁元素来自铁水，无法充分发挥短流程炼钢的资源环境优势。

2）我国废钢资源结构有待进一步优化。我国废钢进口来源集中，从废钢出口大国进口的废钢比例较小；我国在国际废钢市场上话语权较小，以自产自销为主。

3）我国废钢利用产业链政策存在多方面短板。当前废钢资源占比较小，仍未与铁矿石资源国内开发、进口形成一定的联动效应，主要原因是废钢行业缺乏国家层面的顶层战略设计。废钢行业缺乏统筹协调机制，导致产业链各个环节发展相对割裂，企业无序竞争。废钢行业扶持政策有待进一步优化，我国当前对废钢利用产业的税收优惠力度不大，执行效果不佳，影响企业积极性，废钢期货市场政策有待进一步完善，废钢进口存在政策障碍。

四、提高我国铁矿石自给率的重点方向

建设高质量铁矿保障体系是保障我国产业安全和国家安全、维护产业链和供应链稳定的迫切要求。优化和稳定产业链和供应链，要充分发挥我国超大规模市场优势和内需潜力，构建国内国际双循环相互促进的新发展格局。构建钢铁行业原料供应保障体系，形成国内国外双循环铁矿保障格局。

（1）加大政策支持。多部委统筹研究国家铁矿产业链发展战略、产业政策等重大问题，通过战略合作，打造铁矿勘查、采选、钢铁生产一体化产业链。对国内铁矿山实施分类规范管理，实现国内铁矿资源的科学、高效、绿色可持续发展。破解矿业权整合难点，重点引导和支持铁矿基地建设，着力培育世界级矿业公司，提高行业集中度。进一步简化铁矿项目审批程序，缩短审批期限，降低铁矿业投资风险，吸引投资者进入。进一步优化废钢铁税收体系，支持废钢产业发展。加快国内矿业资本市场建设，丰富矿业项目融资渠道，促进新项目建设进度。鼓励有条件的钢铁企业，通过合资、参股、控股等模式，加大权益矿开发，提升资源自主权，为矿石资源长期稳定供应提供保障，确保我国钢铁原材料供应安全，国家适当出台配套政策和金融政策支持。

（2）全面提高集中度，优化产业结构，夯实铁矿资源开发基地。通过限制供给侧产能增长调控钢材市场，有利于钢铁市场长期的健康发展。在产能较大的同时，由于我国工业化发展历程较短，我国钢铁行业企业单体规模相对较小、分布较散、行业秩序较乱，这预示着未来中国钢铁行业的兼并重组还将继续深化。只有提高钢铁产业集中度，同时加大勘查开发基地建设，应重点加强沉积变质型铁矿及火山岩型和矽卡岩型富铁矿资源基地的建设和优化，突出资源聚集原则，优化可利用资源勘查和开发，确定合理开发能力，提升我国铁矿自给能力；以中央地勘单位和国有企业为主整合铁矿资源，形成集中供应商，提高原矿生产供应集中度。改变产业集中度较低所导致的落后产能和结构性矛盾，中国钢铁行业才能逐渐形成与四大矿商高度垄断格局相抗衡的市场话语权，提高在钢铁冶金原料市场的谈判地位。通过金融市场的影响力获取市场的影响力也是我国谋求铁矿石市场话语权

的重要途径。

我国应加快国内铁矿石供应。在进口铁矿石价格如此高的情况下，国内铁矿石价格具有非常大的竞争力。对于国内矿生产，我们应该给予长期高度重视，投资方面要有保障。尽管过去几年，由于政策等原因，国内铁矿石投资明显下降，不利于我国铁矿石资源长期稳定供应，但是国内铁矿石仍然具有增长潜力。

在当前形势下，我们必须提高国内铁矿资源保证程度，并增加战略储备，加大资源聚集区基地建设，对稳定国内铁矿资源产能，实现综合开发利用，以防止国际上强权政治、霸权主义可能对我国的经济封锁、制裁、破坏，以及国际市场突如其来的变化。大型基地已有矿山深部和周边找矿将是提高我国铁矿资源保障的最主要方向，形成后备资源储备。

随着国际铁矿石贸易价格的下降与企稳，我国很多铁矿山处于亏本或维持的境地，中小矿山更是举步维艰。我国铁矿开采成本远远高于南美、澳大利亚、非洲、印度、加拿大、瑞典等国家和地区。不但成本高，而且付出的环保代价大。总体来说，我国矿山规模偏小，单位矿山开发产能的恢复成本高、治理难度大，因此，在绿色矿山理念要求下，在国际铁矿石未来将长期处于企稳、我国铁矿石需求跨过了峰值预期下降的形势下，必须坚持关停小矿山，限制中等矿山数量，优化铁矿山布局。应保留一批优质规模矿山，对一些大型没有经济效益的矿山可以从战略储备视角上维护保留。在利用国际海运铁精粉的同时，进一步加强大型铁矿山勘查开发；西部应继续开展铁矿勘查，寻找优质大型铁矿。

科学制订矿产资源"技术、经济、环境"三位一体评价体系，允许紧缺战略性矿种在生态环境保护区进行勘查评价，提高战略储备。加强矿产资源节约与综合利用的科技研发和成果转化工作，实现难利用资源开发利用规模化和产业化，促进资源节约型和环境友好型社会建设，引导和带动矿产资源领域循环经济发展。

进一步优化税费和矿业权政策，降低开发成本。紧缺型矿产资源特别是被国外个别国家寡头垄断的铁矿资源必须采用不同于一般矿种的矿业政策，实行鼓励型地矿政策，减免税费，鼓励投资；对现有的矿业权权益金制度进行改革，建立全国矿山环境恢复治理专项基金，集中使用矿山环境恢复治理保证金，加强绿色矿山建设；矿业权管理应服从战备需求，从急从快处理；空白地矿业权获取应采取更加灵活机制。

（3）加大国内铁矿勘查投入，提高铁矿资源保证程度。多渠道加大国内铁矿勘查投入，投入重点方向是富铁矿区和大型铁矿资源勘查开发基地。在当前形势下，我们必须提高国内铁矿资源保证程度，并增加战略储备，新增一批铁矿资源储量是当务之急，新增一批富铁矿资源储量更是急中之急。坚持铁矿资源接替战略既是对解决矿产资源自身耗竭性问题的必然选择，又是实现矿产资源可持续供应，化解我国经济风险，提高经济社会效益的重要保证。一是加强国内富铁矿找矿部署，对保障国家资源安全战略意义重大。二是加强大型铁矿资源基地综合评价，加大资源聚集区基地建设，对稳定国内铁矿资源产能，实现综合开发利用，提高国内铁矿资源自给自足保障能力具有重要战略意义，应重点加强沉积变质型铁矿资源基地及火山岩型和矽卡岩型富铁矿资源基地的建设，突出资源聚集原则。三是以深部找矿和新区突破为重点，突出可利用资源为主原则，进行找矿预测和勘查，同时兼顾接替资源勘查，以提高资源保障能力，具有重要战略意义。深部找矿将是提高我国铁矿资源保障的最主要方向，对生产矿山开展探边摸底，形成后备资源储备。

（4）深度实施"两种资源、两个市场"战略，持续支持走出去。中国虽然铁矿资源较丰富，但有矿石先天贫而杂的特点。我国又是发展中的大国，钢铁工业快速发展，不可能完全依靠本国铁资源进行建设，但依赖进口铁矿石和钢铁将受到极大限制。我国脆弱的生态环境也决定了工业化中期阶段必须有效大量地利用国外大宗优势矿产。全球铁矿资源分布的不均匀性、铁矿资源质量的差异性及矿山开采条件等因素决定了某一地区或某一国家范围内，一定时期铁矿可能不足或短缺。世界上几乎不存在一个工业化国家的矿产资源完全能自给自足，这就决定了任何一个工业国家不可避免地要进口别国的矿物原料。矿业全球化的实质是以跨国矿业公司为主体，在全球范围内进行矿产勘查、开发、加工和矿产品营销活动，按照市场机制下的比较利益原则，在全球范围内获得较低价格、较低成本的矿物原料。

因而在提高国内资源保障的同时，我们要依托"一带一路"和"金砖"国家，以巴西、俄罗斯、哈萨克斯坦、印度、南非和西非相关国家和地区为重点，继续深化国际合作。实施国家资源战略，全方位服务企业参与全球资源开发，为了保障铁矿供应链稳定安全，尽可能获取境外优质铁矿资源。积极扩大对境外矿业权市场运营，大幅提高份额矿在进口铁矿中的比重。通过合资、合作，或者独资方式，在资源条件优越、法律法规健全、社区环境良好的国家，开展铁矿勘查开发活动，在国外建立稳定的铁矿资源基地，弥补国内优质铁矿石资源的不足；工作程度高的区域开展股权投资等，加大力度获取国外铁矿山开发份额，大幅提高份额矿在进口量中的比例，保障我国铁矿资源国外供应的稳定和安全。逐步提升铁矿资源全球控制力，推进我国企业走出去，延伸钢铁产业链，提升我国铁矿资源利用战略安全。

谋划在境外合作建立钢铁企业，积极谋划在海上丝绸之路沿线有铁矿资源的非洲地区和国家建立钢铁生产合作基地，通过钢铁企业全产业链的产能合作，推进我国企业走出去，延伸钢铁产业链，提升我国铁矿资源利用战略安全。

（5）建立并夯实铁矿多元化来源体系。当前为打破铁矿石垄断，保证我国铁矿石供应安全，应建立并夯实境外铁矿资源多元化来源体系。对于国外铁矿石供应，进一步扩大铁矿石进口地域来源的多样化，除了主动谋划好从澳大利亚、巴西两大主要铁矿进口国的铁矿贸易外，要加强对非洲（尤其西非）、南美地区铁矿资源的中长期布局，继续关注中东、北欧、加拿大等地的优势铁矿资源，逐步分散铁矿石进口的风险。

从战略上讲，我国应该建立多元化长期稳定高效的铁矿石保障体系。所谓"高效"，不仅是要保证铁矿石供应，还要保证铁矿石价格合理。铁矿石价格暴涨对市场情绪影响很大，主要是因为62%品位进口铁矿石运至国内的成本不足40美元/吨，但市场价格却达到150美元/吨以上，属于超额利润，这是钢铁企业包括社会都难以接受的。从铁矿石供应格局来看，中国消费了全球几乎70%的铁矿石，我国铁矿石对外依存度达到80%，而进口矿中又有80%依赖于巴西和澳大利亚的四家矿商。因此，无论是国家战略还是企业战术，都必须加大铁矿石多元化供应，只有这样才能保证我国钢铁行业健康稳定发展。

积极扩大对境外矿权市场运营，大幅提高份额矿在进口铁矿中的比重，目前我国进口铁矿石中的份额矿只有15%左右。在实施铁矿资源全球化配置的各种方式中，我国矿业公司可以通过战略联盟、联合风险协议、选择权协议、购置矿山股权等，加大力度获取国外铁矿山开发份额，大幅提高份额矿在进口量中的比例，保障我国铁矿资源国外供应的稳定和安全。建立铁矿石资源战略储备可参考美国等建立的石油资源战略储备，我国可通过全球铁矿资源市场配置建立半年左右的战略储备，以保障我国国防安全或经济安全。

（6）优化钢铁产业结构，提高废钢利用占比，降低铁矿资源消费。在中国钢铁生产中，以铁矿石为原料的炼铁—炼钢的长流程生产工艺占据了绝对的主导地位。随着我国工业化的逐步完成与产业升级，我国钢铁需求已经达到高峰，我国对铁矿石总需求将会逐步减少。但仍需提升钢铁产业集中度，扩大规模，实现冶炼技术创新，优化钢产品结构，提高优质钢比例，合理控制粗钢产量。2020 年 1 月 23 日，国家发改委发布了《关于完善钢铁产能置换和项目备案工作的通知》，有利于通过限制供给侧产能增长调控钢材市场，有利于钢铁市场长期的健康发展。

另外，还需提高废钢利用水平，今后钢材利用循环周期将陆续到来，未来在中国利用率将大幅提高，钢铁是一种无限循环使用的资源，废钢是目前唯一可以代替铁矿石的优质炼钢原料。我国与全球平均水平相比，中国废钢利用还存在着较大的差距，发展空间巨大。要加大废钢利用占比，包括通过工艺提升充分利用自产废钢、加工废钢和折旧废钢，同时加大外购优质废钢。未来随着中国废钢产出和利用的不断增加，废钢将成为降低我国铁矿资源消费，降低对海外铁矿石依赖程度和平抑进口矿价格的重要砝码。

（7）加强科技创新，提高贫矿、尾矿综合利用率。加强矿产资源节约与综合利用的科技研发和成果转化工作，实现难利用资源和尾矿综合开发利用规模化和产业化，促进资源节约型和环境友好型社会建设，引导和带动矿产资源领域循环经济发展。

突出资源节约与综合利用原则，开展采选技术革新，提高"三率"，实现无尾矿化生产。我国较多铁矿组分复杂，综合利用价值大，有的矿石伴生组分的价值甚至超过主成分铁的价值。因而加强开采和综合利用技术应用研究非常重要，降低开采和选冶成本，提高综合利用效率，以确保节约铁矿资源，以期提高国内铁矿资源保障能力具有重要战略意义。

第二章 冶金地质铁矿勘查70年回顾

第一节 冶金地质铁矿勘查取得的辉煌成就

冶金地质队伍成立70年来，从无到有，从小到大，从单一工种到多工种，逐步发展成为一支具有综合找矿能力和掌握现代化地质科学技术的专业队伍，自始至终把为发展我国国民经济，特别是钢铁、有色工业生产建设服务，作为自己的神圣职责。70年来，坚持发扬"以献身地质事业为荣、以找矿立功为荣、以艰苦奋斗为荣"的"三光荣"精神，跋山涉水、战天斗地、顽强拼搏，在各级党政部门和广大人民的关怀支持下，在兄弟部门的地质队伍相互协作，紧密配合下，完成了大量的地质勘查和科研任务，为发展冶金工业，特别是钢铁工业提交了丰富的矿产资源储量和地质资料。几代冶金地质工作者的辛劳和智慧，为社会主义现代化建设作出了巨大的贡献。冶金地质勘查工作70年的主要成就体现在五个方面，即探明了大量的铁矿资源，为国家建设提供了众多的工业矿物原料基地，获得了一大批地质科技成果，取得了比较明显的地质勘查经济效益，完成了由单一地质找矿向"大地质"的转变。冶金地质70年来提交各类铁矿勘查评价报告1500余份、科技成果报告近300份、提交各级别资源储量达323亿吨。

一、探获了大量的铁矿资源储量

探获了大量的铁矿资源储量，为国家经济建设提供了众多的钢铁工业矿物原料基地，基本满足了我国钢铁工业生产建设的需要。

70年来，冶金地质队伍紧紧围绕矿山及其外围进行找矿勘探工作，在全国除个别省区外的广大地区，开展了铁矿地质勘查工作。据不完全统计，各时期累计探明铁矿资源储量达323亿吨，为铁矿工业建设提供了众多的工业矿物原料基地。不仅挽救了一大批资源濒临危机的老矿山，还依托矿山的勘查开发形成了一大批矿业城镇，如鞍山、本溪、大冶、舞阳等，并建成中小城镇达40多个。冶金地质队伍是我国当前钢铁工业格局形成和铁矿勘查开发基地建成最主要的贡献者，为钢铁工业的稳步发展奠定了坚实的资源基础和物质基础。

各时期冶金地质查明铁矿资源储量见表2-1，其中1957年以前累计探明铁矿资源储量达50.9亿吨，占全国当时累计探明铁矿资源储量54.89亿吨的92.7%；1970年以前累计探明铁矿资源储量达136.3亿吨，占全国当时累计探明铁矿资源储量267.69亿吨的51%；1980年以前累计探明铁矿资源储量达222.3亿吨，占全国当时累计探明铁矿资源储量453.6亿吨的49%。1983年之后随着冶金和有色分家，以及2000年之后部分队伍分离和属地化，冶金地质总局队伍规模明显缩减，冶金地质总局探明铁矿资源储量在全国占比有所减少，但相对于队伍规模冶金地质总局提交铁矿资源储量远高于国内其他地勘队伍；其中1990年以前冶金地质总局累计探明铁矿资源储量达252.1亿吨，占全国当时累计探明铁矿资源储量531.4亿吨的47.4%；2000年以前冶金地质总局累计探明铁矿资源储量达268.4亿吨，占全国当时累计探明铁矿资源储量671亿吨的40%。

表2-1　各时期冶金地质查明铁矿资源储量统计表

序号	时期	查明资源储量/万吨
1	1950~1952年	44078
2	1953~1957年	464808
3	1958~1962年	545274
4	1963~1965年	84883
5	1966~1970年	225196
6	1971~1975年	386226
7	1976~1980年	472465
8	1981~1985年	176122
9	1986~1990年	122968
10	1991~1995年	94465
11	1996~2000年	68114
12	2001~2010年	263297
13	2011~2022年	285958
合计		3233854

工业矿物原料基地和生产矿区的形成与地质勘查部门的地质勘查工作密切相关。70年来，由冶金地质主导或参与探明的铁矿资源而形成的钢铁工业矿物原料基地和生产矿区上千处，其中突出的铁矿生产基地和矿区主要集中于9个地区：即鞍山—本溪、冀东—北京密云、攀枝花—西昌、五台—吕梁、宁芜—庐枞、鄂东南、包头白云鄂博、鲁中、邯郸—邢台。这9个地区现保有资源储量达640亿吨，占全国保有资源储量的75%以上，已成为我国钢铁企业的重要原料基地。

（1）鞍山—本溪地区。该区是我国当前最大的铁矿原料基地。矿床类型系鞍山式沉积变质型铁矿床。以鞍山冶金地质队伍为主在几十年的艰苦工作中，共发现和勘查大、中型矿区55处。截至2020年底规模以上矿床（矿山）累计查明资源储量226亿吨，保有资源储量191亿吨，其中冶金地质队伍探明储量占一半以上。已开发的中大型矿山34个，目前开采的大型铁矿有齐大山、大孤山、东鞍山、眼前山、弓长岭、南芬、歪头山、北台铁矿等。另外，还有一批可供开发的大中型铁矿，为鞍钢、本钢和地方钢铁企业提供了可靠的铁矿原料基地。

（2）冀东—北京密云地区。该区矿床类型多属鞍山式沉积变质型铁矿床。20世纪50年代以来，共发现和勘查大、中型矿区131处，截至2020年底规模以上矿床（矿山）累计查明资源储量131亿吨，保有资源储量117亿吨。其中冶金地质队伍探明储量占一半以上。已开发的中大型矿山27个，现开采的重点矿山有水厂、大石河、常峪、张庄、马城、石人沟和庙沟等，是首钢、河北钢铁的重要铁矿原料基地。

（3）攀枝花—西昌地区。该区矿床类型多为岩浆晚期分异型钒钛磁铁矿矿床。20世纪50年代初期，经初步调查，估算该区铁矿储量在1亿吨以上。从1955年起共发现和勘查大、中型铁矿区90处，截至2020年底规模以上矿床（矿山）累计查明资源储量168亿吨，保有资源储量153亿吨。冶金地质队伍探明了部分铁矿。已开发的中大型矿山28个，目前开采的重点铁矿有攀枝花朱家包包、兰尖和西昌太和铁矿等。为攀钢和地方采矿业的生产发展作出了一定贡献。

（4）五台—吕梁地区。该区矿床类型多属鞍山式沉积变质型铁矿床。1955年以来，共发现和勘查大、中型矿区38处，截至2020年底规模以上矿床（矿山）累计查明资源储量43亿吨，保有资源储量35亿吨，其中冶金地质队伍探明储量占60%。已开发的中大型矿山21个，目前开采的包括峨口、尖山在内10多处中大型铁矿的储量基本上是冶金地质队伍探获的，为太钢和地方采矿业的生产发展作出了贡献。

（5）宁芜—庐枞地区。该区铁矿以陆相火山岩中的玢岩铁矿床为主。从1954年以来，共发现和勘查大、中型矿区67处，截至2020年底规模以上矿床（矿山）累计查明资源储量65亿吨，保有资源储量56亿吨，其中冶金地质队伍探获储量约占50%。已开发的中大型矿山35个，目前正在开采与在建的重点矿山有梅山、凹山、姑山、桃冲和高村等及一大批地方中小型矿。该区是上海、梅山和马鞍山钢铁企业铁矿原料基地，同时为南京、芜湖等地方钢铁企业提供了铁矿资源。

（6）鄂东南地区。该区铁矿以接触交代型、热液型铁矿床为主，还有石炭-二叠系地层中的黄梅式沉积改造型铁矿床。从1952年以来，共发现和勘查大、中型铁矿区12处，截至2020年底累计探明资源储量8.5亿吨，保有资源储量2亿吨，其中冶金地质队伍探获资源储量占70%。目前开采的重点矿山有铁山、程潮、金山店、灵乡、刘家畈及一大批地方开采的铁矿，为武钢和地方钢铁企业提供铁矿资源。

（7）包头白云鄂博地区。该区共发现和勘查大、中型矿区20处，截至2020年底规模以上矿床（矿山）累计查明资源储量27亿吨，保有资源储量20亿吨。其中冶金地质队伍探获资源储量约占50%。已开发的中大型矿山11个，目前正在开采的重点矿山有白云鄂博铁矿、石宝铁矿等。其中白云鄂博矿系世界上著名的特大型铁-稀土-铌矿床，分主矿、东矿和西矿；从1952年开展勘查以来，经多年努力，基本上探清主矿和东矿，评价了西矿，共获得铁矿储量9.27亿吨，并计算稀土氧化物和铌氧化物的远景储量，为包钢生产建设提供了可靠铁矿资源，也是我国稀土工业基地。1978年，根据包钢扩大生产建设规模的需求，冶金工业部组织冶金地质队伍对西矿进行勘探，经过两年多的奋斗在西矿原有2.68亿吨储量的基础上，增长到8.08亿吨。

（8）鲁中地区。该区包括济南、淄博、莱芜3个铁矿区，多属接触交代型铁矿床。从20世纪50年代以来，共发现和勘查大、中型矿区71处，截至2020年底累计查明规模以上矿床（矿山）资源储量70亿吨，保有资源储量65亿吨，其中冶金地质队伍探获储量占一半。已开发的中大型矿山34个，目前正在开采的重点矿山张家洼、莱新、小官庄、金岭、会宝岭铁矿及一大批地方开采的铁矿，是济钢、莱钢、张店钢铁企业铁矿石主要供应基地。

（9）邯郸—邢台地区。该区矿床类型属接触交代型矿床。共发现和勘查大、中型矿区24处，截至2020年底规模以上矿床（矿山）累计查明资源储量8亿吨，保有资源储量5亿吨，其中冶金地质队伍探获储量占80%以上，为邯钢、邢钢铁矿石原料供应基地。已开发的中大型矿山9个，目前正在开采的重点矿山有中关铁矿、北洺河铁矿等。

除上述重要铁矿地区外，冶金地质队伍还先后在晋南、张家口、承德、舞阳、朝阳、通化、汉中、柞水、酒泉、哈密、阿勒泰、滇中、粤北、新余、闽南、湘东、海南等铁矿区进行地质勘查工作，探明了一定资源储量，为发展这些地区的钢铁工业作出了重要贡献。

70年来，冶金地质发扬艰苦奋斗、无私奉献的精神，开展了相当规模的铁矿勘查工作，提交了一大批勘查成果，为从战略上建立我国钢铁工业的合理布局和提高矿产勘查的经济社会效益作出了重大贡献。新中国成立前的钢铁工业约有80%的钢产量集中在东北地区，主要是辽宁省境内，新中国成立后钢铁生产迅速恢复，但主要集中在沿海地区，而西北、西南地区不足5%，冶金地质队伍首先集中力量为保证鞍钢、武钢、包钢建成大型钢铁基地所需资源进行了大量的地质勘查工作，保障了三大钢铁企业的原料供应。为改变钢铁工业布局不合理的现状，冶金地质队伍本着"大中小矿一起找"的方针，从东北抽调大批冶金地质力量进入华北、中南、华东、西南、西北等地区开展铁矿勘查工作，逐步形成了全国九大钢铁生产基地。同时也加强了其他地区铁矿勘查工作，实现钢铁工业的大中小相结合，沿海与内地发展相结合，改善钢铁工业的战略布局。

二、获得了一大批铁矿地质科技成果

获得了一大批铁矿地质科技成果，提高了铁矿勘查和产业经济的技术水平，大大推动了地勘经济和各项事业的迅速发展。

（一）地质矿产研究成果

70年来，冶金地质提交了铁矿地质勘查科学技术研究报告近300份。有多个科技成果获得省部级及以上的科技进步（成果）奖。

铁矿研究成果对我国地质界或冶金地质系统有较大影响和作用的科研获奖项目主要有：迁安铁矿区井中三分量磁异常研究，晋北五台地区硅铁建造型铁矿资源总量预测，白象山矿区铁物相化学分析，铁矿物相国家级标准物质研究，华北地台北缘铁、金矿床成矿规律及成矿预测，长江中下游铁、铜、金、银成矿规律及成矿预测，国土普查卫星在京津唐地区铁矿资源调查中的应用研究，冀东迁安沉积变质铁矿磁异常综合研究，晋北地区沉积变质铁矿磁异常研究，鞍本地区太古界铁矿层位成矿特征及成矿预测，鞍本弧形构造的发现及其地质找矿，鄂东地区上古生界菱铁矿床成矿条件及找矿方向，岩矿磁性研究方法及其应用，川西南地区铁铜、铅、锌、镍成矿规律及成矿预测，首钢秘鲁马科纳矿区铁（铜）矿地质研究，冀东早寒武纪变质铁矿水厂矿床地质研究多源化学信息图像处理与综合方法研究，河北迁安水厂铁矿露天矿边坡工程研究，冀东沉积变质铁矿成矿规律和综合找矿方法研究。

进入20世纪90年代，冶金地质科技工作在加强资源危机矿山找矿研究的同时，为了适应找矿难度加大的需要，重点加强对铁、锰、金成矿区带的研究，集中各科研院、所的主要力量，开展铁矿相关的"华北地台北缘铁、金矿床成矿地质背景及找矿方向"和

"长江中下游铁、铜、金成矿规律及预测"两大系列课题研究。历时 5 年，对两大成矿域成矿条件和成矿规律的研究取得了突破性的进展，不但在找矿地质理论而且在找矿勘探实践都获得了显著成果，也为今后开展找矿指明了方向。为此，分别获得冶金工业部科技进步奖一、二等奖。

在铁矿研究方面，加强了对铁矿床成因和成矿规律的研究，在认识上出现了几次飞跃，扩大了找矿思路，指导了找矿实践，获得了矿量丰收。建立了不同类型的铁矿成矿模式和找矿模型。如"向斜（形）"控矿模式、"邯邢式"铁矿找矿模型、"大冶式"铁矿找矿模型和"玢岩铁矿"成矿模式等。

1. 沉积变质型铁矿"向斜（形）"控矿模式和找矿模型

沉积变质型铁矿床作为我国分布广泛、矿床规模大、最为重要的铁矿类型，这类铁矿床在变质岩系中呈多层状产出，早期被认为是产于单斜构造中的层状矿体。20 世纪 70 年代初开展了沉积变质型铁矿的矿田和区域构造研究，首钢地质勘探公司对冀东地区迁安宫店子铁矿、水厂铁矿等进行构造研究分析，突破了铁矿产于单斜构造的认识。1973 年 11 月，首钢勘探队刘煦在全国前寒武纪沉积变质铁矿地质科技协作会议上发表了题为《河北省迁安铁矿地质特征》的论文，首次明确指出："前震旦系的主要褶皱形式是一系列复杂的线状紧密褶皱为主，而不是过去认为的简单单斜构造"，首先建立了水厂南山、北山向斜构造模型及矿区矿床褶皱构造模式。1974 年 5~10 月，以首钢勘探队刘煦为首联合多个科研院所进行地质研究，由刘煦、孙未君执笔于 1975 年联合发表了《河北省迁安铁矿区地质构造含矿岩系特征及成矿规律探讨》，进一步丰富了向斜构造模型。之后首钢勘探队在此理论基础上对水厂铁矿进行了多次勘探和补充勘探，基本证实了向斜构造模型。1978 年探明铁矿资源储量 6.73 亿吨，并于 1982 年提出"统一大向斜"模型，在之后的勘查中证明水厂铁矿存在上、中、下三层矿，也证实了"统一大向斜"核部存在厚大矿体。水厂铁矿经历了由单斜至向斜的漫长认识过程后，于 1988 年探明铁矿资源储量 9.02 亿吨，成为冀东地区一个大型铁矿基地。之后首钢地质勘查院马国钧又提出了"环体构造"控矿理论，将水厂"统一大向斜"分解成北山、姑子山、南山-孟家沟、磨石庵 4 个近于平卧的梭状环体。

从 70 年代开始，在提出了"前震旦系的主要构造形式是一系列复杂的线状紧密褶皱的认识"后，在冀东地区通过反复实践和反复研究否认了过去"单斜构造"控矿的传统观念，根据紧密褶皱控矿的新认识指导找矿勘探。姚培慧等提出：沉积变质型铁矿主要富集在向斜构造中，轴部矿体厚，两翼矿体薄，在紧密向斜的翘起端通常矿体厚大，品位较高，而开阔的向斜倾伏部位，矿体往往分散，有变薄、变贫的趋势。上述现象的出现，其基本原因是铁矿层在其初始阶段即沉积于构造凹陷地带，随着凹地的缓慢下沉而形成了多层矿体；之后，由于受水平应力作用，发生褶皱，使原来沉积于凹地中的铁矿体，继承性地富集于向斜褶皱构造中；在褶皱过程中，受挤压力的作用，温度逐渐增高，发生塑性流动；遂使矿体在褶皱两翼变薄，核部加厚；至于背斜核部，一般不利于赋存较大型沉积变质铁矿床，其原因是在其初始阶段，该地带处于相对隆起部位，没有或很少有铁矿层的沉积，在后期构造变动中，背斜核部遭到了侵入作用和侵蚀作用的破坏，以致矿体没有完整的保存下来。在此基础上建立了向斜控矿模式，铁矿体以多层状分布于向斜（形）构造内，在向斜（形）构造的两翼中的铁矿体层数较少，厚度不大，形态复杂，在向斜核部矿体层数增多，厚度变大，品位增富（部分地段可达富矿），产状平缓。并以此模式进行勘查，促进了此类型铁矿床的勘查工作，发现了一大批大型和超大型隐伏铁矿，大幅度地增加了储量。随着沉积变质岩系中向斜（形）构造控矿模式的建立，物探工作也开展了相应的研究。过去在物探工作中，把沉积变质型铁矿简单地归结为磁性板状体，呈单斜状产出。1976年开始研究向斜产状铁矿磁异常特征，建立了斜磁化理论模型，有两条大致平行的磁异常带（由于磁各向异性，磁异常强度不高），两条磁异常带之间有一宽大的低缓磁异常（由于铁矿埋深较大，且产状平缓，所形成的磁异常较弱），提出正演计算程序，打开了沉积变质型铁矿向斜控矿的磁异常推断解释新局面。斜磁化模型的建立和完善，进一步推动了沉积变质岩型铁矿的勘查工作，为此类型铁矿储量的巨大增长作出了重要贡献。80年代之后应用上述规律性认识，冶金地质人在甘南桦树沟铁矿、晋北赵村铁矿、娄烦县尖山铁矿、白云鄂博铁矿和本溪北台铁矿等矿区的找矿中都取得了显著成果，以及21世纪在冀东马城、长凝铁矿、杏山铁矿等深部找矿取得重大突破，进一步深化了向斜（形）控矿理论。向斜（形）控矿模式的建立和应用，使铁矿储量增长了百亿吨以上。

2. 接触交代-热液铁矿床成矿模式和找矿模型（"邯邢式"和"大冶式"）

接触交代型矿床主要产于中-酸性侵入体与碳酸盐类岩石接触带内。矿床规模一般为中小型，少数为大型。矿体的形态及分布受接触带控制，有似层状、扁豆状、巢状等，常有盲矿体存在。邯邢地区及长江中下游的鄂东等接触交代型铁矿成矿模式的建立，以及物探工作对低缓次级磁异常模型的建立和应用，使得接触交代型铁矿找矿取得一系列进展，发现了一批深部大中型隐伏铁矿，找矿工作取得重大突破。初步统计，以此理论为指导新发现接触交代型铁矿床的储量增长约30亿吨。

（1）"邯邢式"找矿模型。20世纪60年代开始冶金518队在邯邢地区通过找矿实践和对成矿规律的研究，打破了成矿母岩闪长岩体的"岩基论"观念，提出了似层状侵入体、多层接触面成矿的新认识，并建立了向三个接触带、三个含矿层位找矿的新思路，结果在很多地区先后发现新的接触带，找到新矿体，使邯邢地区铁矿储量翻番，建立了"层状岩体"成矿新理论，总结了中性（偏基、偏碱性）岩体形态、侵入层位、接触带形式和铁矿体特征等地质规律。"邯邢式"铁矿矿层产状平缓，闪长岩与奥陶系、石炭系、二叠系灰岩接触，形成层状岩体，为多接触交代，建立了"邯邢式"接触交代型铁矿多层位、多接触带成矿的"三层楼"模式。同时建立了低缓磁异常找矿模型，60年代中期首先对上郑低缓磁异常进行验证并见矿；1965年6月中关低缓磁异常经验证为一大型隐伏铁矿，此类铁矿床的储量呈几十倍的增长。"邯邢式"找矿模型为接触带+低缓磁异常+次级磁异常。在"邯邢式"铁矿模式和低缓磁异常模型建立和逐步完善的过程中，相继在一批低缓异常中实现了找矿突破，发现了一批"邯邢式"接触交代铁矿，使此类铁矿床的储量呈几十倍的增长。最为典型如山东张家洼铁矿，利用"邯邢式"成矿模式找矿取得重大突破，是我国目前找到最大的"邯邢式"接触交代矿床。

（2）"大冶式"铁矿找矿模型。在研究总结鄂东"大冶式"接触交代型铁矿成矿条件，舒全安等人提出了"一体多式复合型"成矿模式基础上，以王永基为主提出与接触交代型铁矿有关的中酸性岩体的接触带受褶皱构造控制的认识，认为在平面上及剖面上向斜构造的围岩多伸入岩体，形成舌状体和残留体；背斜构造部位，中酸性岩体多凸入到围岩中形成岩舌。这些向斜和背斜所控制的中酸性岩体的接触带，是厚大铁矿体赋存的部位，这就对鄂东地区接触交代型铁矿常沿中酸性岩体凹凸相间的接触带在不同标高形成富厚矿体的现象从理论上做了解释。逐步建立和完善其成矿模式并指导找矿的同时，物探工作者发现一批次级剩余磁异常研究，建立次级剩余磁异常模型，为寻找隐伏矿体提供了科学依据。60年代中期以后，随着地质工作的深入和对铁矿地质规律认识不断深化，促进了铁矿找矿及成矿预测理论的发展。通过地质与物探工作紧密结合，根据成矿模式和次级磁异常模型特征，提出了找矿意见，经验证，发现了一批隐伏矿体，把一些中小型规模的铁矿扩大为大、中型矿床。在程潮、张福山和铁山矿区深部发现隐伏矿体，使程潮和张福山铁矿储量由中型扩大成大型。

3. "玢岩铁矿"成矿模式

1958年发现梅山铁矿后，加强了对宁芜地区北段火山岩中的玢岩铁矿的研究，建立了"一叉""二带""三层楼""四标志"的矿床空间赋存模式，打开了宁芜地区找矿工作的局面。梅山铁矿的发现及地质和物探规律的总结，形成了"玢岩铁矿"成矿模式，推动了我国陆相火山岩铁矿找矿工作，在而后的铁矿找矿中，先后发现和扩大了一批铁矿床，找矿有了重大突破，如安徽泥河、罗河、白象山铁矿等。初步统计，以此理论为指导，新发现的玢岩型铁矿床的储量增长超20亿吨。

在地质新技术新方法方面，首先是物化探技术在铁矿勘查中发挥了极其重要的作用。以物探磁法为主，与其他化探方法相结合，一方面逐步形成了地面、地下与航测相结合的综合探测体系；另一方面又通过推断解释水平的提高，从高磁异常、低磁异常向低微异常、复杂异常找矿发展，适应了找矿难度越来越大的需要。1958年，采用地质、物探、化探三结合的方法，首次在辽宁红透山找到红透山铜矿之后，陆续在宁芜陆相火山岩地区找到梅山铁矿和在邯邢地区的低磁异常区找到中关铁矿，这是冶金地质找矿史上的重大突破。这一新技术新方法的推广应用，促进了全国冶金地质找矿获得丰硕的成果。

(二) 矿产志编撰成果

1991年4月~1996年7月，由冶金地质总局、冶金部矿山司提出并组织编写，由冶金工业出版社出版的《中国铁矿志》问世。这是新中国成立以来，也是我国有史以来首次按矿种编撰的矿产志，作为系列专著荣获1998年冶金部科技进步奖二等奖。并于2021~2022年编撰了新一版的《中国铁矿志》总论。

(三) 国际科技合作和交流的成果

改革开放以来，为了促进冶金地质科技进步，加强了国际科技合作和交流工作，并取得了一批项目的研究和开发成果，以及学术理论研究、矿业法规研究成果。在矿床地质方面，同美国地质调查所合作，开展了白云鄂博铁-铌-稀土矿床的成因研究。利用美方实验室的设备条件和测试技术，取得了珍贵的测试数据，对揭示床成因、成矿时代和成矿机理具有重要作用；与欧共体合作，开展了冀东铁金矿床地质与遥感地质研究，总结了常规地质方法与遥感地质技术相结合进行地质勘查的经验。在矿物利用方面，与乌克兰地质研究所合作，开展了超纯铁精矿粉的开发应用研究。此项目研究成果好，应用开发经济效益高。

第二节 冶金地质铁矿勘查历程

冶金地质70年的历史，是一部为我国冶金工业发展服务的历史，也是一部为国家经济和社会发展服务的历史。整个铁矿勘查历程大体可以分为两个阶段。

第一阶段是在国家计划经济管理体制下开展工作的时期。

忆往昔峥嵘岁月稠。回首这一段历史，冶金地质工作者每每感慨万千、心潮澎湃。这是冶金地质一段有所发现、有所创造，艰苦奋斗而又硕果累累的创业史。

新中国成立前夕，党中央指示要尽快恢复鞍山的钢铁生产。作为我国最大的钢铁生产基地，鞍钢的建设和发展对即将诞生的新中国关系重大。但是，敌伪统治时期只顾对我国资源进行掠夺性开采，根本不管查清资源情况，鞍本地区像弓长岭那么大的铁矿，只打了4个钻孔，直至新中国成立前，整个鞍本地区的钻探工程量还不到500m，只估算铁矿储量4.4亿吨。抗战胜利后发现，国民党政府统治下的鞍山没有一个高炉生产。就是在这种情况下，刚刚组建起来的年轻的冶金地质队伍，就担负起了保鞍钢生产建设的重任。地质和探矿人员一边接受培训，一边进行野外找矿实践，夜以继日，边干边学。经过几年的努力，至1957年，在鞍本及其外围地区共施工钻探工程18万米，提交可供生产建设利用的地质报告45份，其中铁矿报告22份，各种辅助原料报告23份。探明铁矿资源储量28亿多吨，以及一批菱铁矿、耐火黏土、锰矿等矿产资源。为鞍钢、本钢的发展奠定了资源基础。

"一五""二五"时期，我国展开了大规模的社会主义经济建设，包括苏联援建的156个重点项目，其中钢铁工业就有鞍钢、武钢、包钢等8个项目。重工业部还提出了建设3个大型、5个中型、18个小型钢铁企业和一大批有色工业企业项目。为完成如此众多项目的巨大系统工程必须组建工种齐全的，包括地质勘查、冶金工业设计、冶金工业建设在内的基本建设大军。同时，这么多原材料企业建成投产，也需要有储藏丰富的矿产资源作保障。当时急于要解决的黑色金属矿产和有色金属矿产的矿种较多，工作量很大，时间要求紧迫，必须迅速扩大找矿队伍。1952年7月，重工业部从东北抽调大批地质队进关，开展华北、中南、华东、西南地区冶金矿产地质勘探工作。此后几年，全国又陆续在几乎所有的省、市、自治区都成立了冶金（有色）地质勘探公司（或总队）。一支冶金地质队伍活跃在祖国四面八方的崇山峻岭之中。在地质行业的分工中，国家明确冶金地质的服务方向，就是主要寻找和勘探可供生产建设利用的黑色、有色金属和辅助原料矿产地，以满足冶金工业生产和发展的需要，为冶金工业服务。从此"找矿"成为冶金地质长期的工作方针并贯彻始终。

1955年12月，重工业部地质局华北分局普查队在山西发现山羊坪（峨口）铁矿，后经华北勘探公司504队探明为一个特大型矿床，成为太原钢铁公司最重要的矿石基地。1955年重工业部派地质队到冀东地区为解决石景山钢铁公司（首钢前身）的资源问题而展开持久的找矿工作。截至1985年底，在迁安矿区共发现和探明大中小型铁矿35处，收获资源储量20.5亿吨，使其储量达到自给。1957年，冶金地质物探总队第三区队与江苏807队发现梅山磁异常，经分析研究认为系矿体引起。进行钻探验证，遂探明一处特大型铁矿床，在冶金地质找矿史上开创了用地质物化探方法寻找地下隐伏盲矿的先例。1961

年，按照党中央"调整、巩固、充实、提高"的八字方针精神，冶金部要求地质工作要提高资源保证程度，努力实现黑色矿山资源配套成形，有色资源基本过关，由"保基建再生产"转至"保生产、保基建"并举阶段。工作范围的重点放在老矿山及其外围找矿，加快评价勘探的步伐。为冶金工业服务的方针，于是又简称为"保生产保建设"的"双保"方针。

经过较长时间的野外工作实践，大家总结出不少好的工作经验，如按照"先本区、后外围、再新区"的步骤和原则安排工作，找矿方法上采取"以点为主，由点到面，点面结合""就矿找矿""从已知到未知进行找矿"。当时，在广大地质勘探队员中形成了学技术、学先进的良好风气，涌现出了不少先进单位和先进人物。

野外地质勘探工作和生活是十分艰苦的，在当年物质基础条件还相当差的情况下更是如此。地质队员们远离繁华的都市，告别温暖的家庭，忍受寂寞，在穷乡僻壤风餐露宿，在荒山野岭披荆斩棘。出门净是山，归来满身汗；走路靠脚板，搬迁靠肩膀。地质人员白天累得筋疲力尽，晚上还要在昏暗的油灯下整理资料、绘图和学习。钻探工人自己动手在山上修简易公路，人抬肩扛将钻机设备、油料器材一点点搬上山，住的临时工棚就搭在山腰或山脚下。冬去春来，岁月流逝，尽管艰苦，但大家没有一句怨言，把火热的青春毫无保留地奉献给国家火热的经济建设。"是那山谷的风，吹动了我们的红旗，是那狂暴的雨，洗刷了我们的帐篷……为祖国寻找出富饶的矿藏。"就是那个时期的真实写照。冶金地质人无愧于"工业尖兵"的光荣称号。正是凭着这种艰苦奋斗顽强拼搏的精神，年轻的冶金地质队伍在国民经济恢复时期和"一五""二五"共 13 年的时间里，就创下了辉煌的业绩，提交的铁矿资源储量达 105 亿吨，此外还有一大批有色金属、贵金属、化工与建工非金属原料的矿产资源，国家在此基础上建设起了一大批矿区和众多的矿城。新中国经过这 13 年的建设，初步形成了自己的工业体系，冶金工业是这个体系中的重要支柱。在工业体系特别是钢铁和有色工业的建设中，冶金地质作出了不可磨灭的贡献。冶金地质的旗帜飘扬在祖国的大江南北、万水千山之中。

1963~1965 年是国民经济调整时期。冶金地质队伍历经多年的磨砺，变得更加成熟、更有战斗力，地质找矿也有了重大突破。

1965 年 7 月，华北地质勘探公司 518 队在邯郸地区，选择了只有 860 伽马的中关低缓磁异常进行钻探验证，在地下 300m 深处钻到 193m 厚的铁矿体，突破低缓磁异常的找矿。这是冶金地质找矿史上的又一大成果，把找矿的技术方法提高到了一个新水平。1966 年 7 月，山东冶金地质勘探公司二队运用 518 队的经验，对张家洼地区的低缓磁异常进行钻探验证，第一钻打下去就见到 323m 厚的磁铁矿，其中大部分为平炉富矿。后来探明为一特大型矿床。1975 年 12 月，鞍山地质勘探公司 404 队同样用这一经验，在独木山、八盘岭、哑巴岭三个孤立的铁矿点上，探明了在混合岩下面是一个隐伏相连的矿床，使 3 个大中型矿合并成了一个特大型矿床，新增储量近 8 亿吨。

由于众所周知的原因，我国地质工作遭遇到两次大的干扰和损失。一次是"大跃进"，一次是"文化大革命"。即使在这样混乱的时期，冶金地质绝大多数职工还是心系国家兴衰安危，坚守工作岗位。三年调整和"三五""四五"时期，冶金地质尽管受到两次大的干扰和冲击，仍然为国家作出了很大的贡献，提交了大量的矿产资源储量，其中铁矿达 70 亿吨。

第二阶段是冶金地质与时代同行，一个由计划经济逐步向市场经济转变的阶段。

粉碎"四人帮"以后，特别是党的十一届三中全会以后，我国经济建设进入有史以来最好的发展时期。改革开放的实行，使我国经济工作从僵化的计划经济，逐步迈上充满活力的社会主义市场经济的轨道。一切都在变，地质工作也在变，传统的地质工作面临着一个重大的转折，地质科学发展也面临着一个重大的转折。冶金地质勘查工作在新的阶段里，顺应了改革开放这一历史大潮，以变应变，为冶金工业为经济建设与社会发展作出了新的显著贡献。

铁矿勘查工作也经历了多次大的变化。在改革的准备阶段，从 1978 年 8 月开始，至 1980 年 9 月，冶金地质分别在白云鄂博西区、梅山、石碌新源等矿区组织了地质勘查会战。有些公司也自行组织了一批矿区的会战。白云鄂博铁矿西矿会战成果较明显，新增铁矿储量 6 亿吨，并完成了大量钻探、地形、地质、地面物化探测量、航空磁测及有关科研工作。1983 年中南局 608 队完成湖北鄂州程潮铁矿 VI 号矿体的详勘，在 −900m 以下探明该矿体储量达 7800 多万吨，使程潮矿储量增长到 2 亿多吨，成为武钢重要的铁矿石生产基地。此外，1983 年 11 月 14 日国家决定冶金地质黑色和有色分家。从此冶金地质勘查工作转到以黑色金属矿为主。

1984 年，党的十二届三中全会发布《中共中央关于经济体制改革的决定》之后，随着找矿与养人的矛盾越来越突出，队伍生存受到威胁，改革势在必行。在贯彻中央决定精神的过程中，冶金地质部门也从自身的实际出发，在同年 11 月重庆改革工作会议上讨论通过了"一业为主，多种经营"的工作方针。1988 年 7 月 15 日的蓬莱会议，又进一步将工作方针调整为"地质找矿与多种经营并重"，冶金地质在调整地质队伍的布局、扩大工作范围的同时，调整矿种比重，压缩地质工作规模，加强了黑色与黄金的找矿。大力加强基础地质工作的同时，启动了以"三大课题"为代表的地质科研，重点加强铁、锰、金成矿区带的研究和地质找矿工作。

黄山会议确定了"效益为中心，加速企业化"的十字方针。根据对国内外矿产资源市场需求的预测，结合冶金地质勘查工作实际，选择富铁矿为部署地质铁矿勘查工作的主要矿种，为地矿业开拓了新的工作领域。

纵观冶金地质勘查工作 70 年的风雨历程，不难看出，冶金地质对国家的重大贡献，最主要也是最集中地体现在为我国冶金工业的建设和发展服务上。据《中国铁矿志》记载，到 1990 年，新中国成立 40 多年用于铁矿地质勘查的事业费投入约达 30 亿元，完成钻探工程量 3000 万米，约占全部金属矿产勘查钻探工程量的 40%，其中绝大部分工程量由冶金地质完成。1996 年，我国钢铁产量突破亿吨大关，并连续多年保持了世界第一的地位，至 2021 年我国钢铁产量突破 10 亿吨，成为世界钢铁生产大国。这一巨大成就的取得，也凝结了一代又一代冶金地质数万职工 70 载不懈努力所洒下的辛勤汗水和付出的心血，有的甚至献出了自己的生命。为冶金工业发展服务，为国家经济和社会发展服务，冶金地质工作者们做到了"献了青春献终身，献完终身献子孙"。

70 年来，铁矿勘查一直是冶金地质的主要工作，其发展是随着我国钢产量由几十万吨增长到 10 亿吨的过程而发展，并出现了两个高峰期。铁矿勘查工作经历了由露头找矿到深部隐伏矿的找矿，由经验找矿到理论找矿，由单一方法到综合技术方法的过程。在 70 年中，冶金地质铁矿勘查经历可细分为七个发展时期。

一、1952~1957 年

根据我国国民经济发展"一五"计划安排和钢铁工业建设的需要，冶金地质首先开展了鞍山、本溪、宣化等地区已生产建设的铁矿山的评价和勘探工作。先后勘探了东鞍山、大孤山、弓长岭、庞家堡等重要铁矿床，保证了矿山生产建设的需要。同时对河北大庙、符山、石人沟、山东金岭、江苏凤凰山、安徽南山、云南王家滩等铁矿区开展找矿评价工作。通过普查找矿，发现了鄂西官店、湖南大坪和山西羊坪等铁矿床。这时期冶金地质累计提交铁矿资源储量 50.89 亿吨，占全国这时期累计提交铁矿资源储量 54.89 亿吨的 92.7%。

这一时期铁矿勘查处于"就矿找矿"阶段，以露头矿为主要勘查对象，矿床类型主要为沉积变质型（"鞍山式"）、接触交代型（"大冶式"）和海相沉积型（"宣龙式"和"宁乡式"）铁矿。

二、1958~1965 年

此阶段是我国铁矿勘查的第一个高峰期，是铁矿储量增长最多的时期。冶金地质在此阶段发现并勘查了鞍山胡家庙子、本溪北台、北票宝国、吉林大栗子，山西狐姑山，山东张马屯，河北西石门、符山，江苏梅山，安徽姑山，湖北官店、程潮，湖南大坪，云南王家滩、惠民，陕西鱼洞子，新疆天湖等铁矿。这时期冶金地质累计提交铁矿资源储量 63.02 亿吨，占全国这时期累计提交铁矿资源储量 140.08 亿吨的 45%。

这一时期的铁矿勘查工作是在评价和勘探露头矿的基础上，开展了物探磁法找矿，验证了一批高值磁异常，发现了浅部隐伏矿体，扩大了已知铁矿床的储量。随着物探磁法测量覆盖面的扩展和找矿深度的加大，以及对铁矿地质规律和磁异常特征的认识和总结，使得铁矿勘查取得了重大突破。1958 年，通过验证磁异常，发现了江苏梅山铁矿，开辟了我国陆相火山岩分布区铁矿找矿的新局面。1965 年，河北中关低缓磁异常的成功验证，为隐伏铁矿的发现提供了科学依据。在此阶段初步形成地质与物探紧密结合，并充分发挥综合物探作用的铁矿勘查方法，取得了好的找矿成果。

三、1966~1975 年

这一时期包括"三五"和"四五"两个五年计划时期。此阶段是我国铁矿储量增长的重要时期。

20 世纪 60 年代中期，随着大量露头铁矿地质勘查的基本结束，以及高值磁异常的查明，我国东部地区转入深部隐伏矿的勘查阶段。50 年代以来，随着铁矿地质规律认识的深化和找矿经验的总结，大量地磁和航磁资料的积累，以及物探资料数据处理和解释水平的提高，为寻找深部隐伏矿奠定了坚实基础。

中关低缓磁异常的突破，推动了邯邢、鲁中、晋南、鄂东、宁芜和淮北等地深部隐伏矿的找矿，相继发现了莱芜张家洼、金岭王旺庄、当涂白象山、晋南二峰山、鄂东程潮等一批大、中型深部隐伏铁矿，实现了铁矿找矿的第二次突破。同时，在鞍山地区的深变质岩、混合岩区找到了深部隐伏的独木山、哑叭岭和八盘岭等铁矿。这时期冶金地质累计提交铁矿资源储量 61.14 亿吨，占全国这时期累计提交铁矿资源储量 173.12 亿吨的 35.3%。

航磁测量及航磁异常检查，对确定区域成矿带，发现新的铁矿床发挥了重要作用。20世纪 60 年代中期以来，通过航磁异常的分析和查证，圈出了一些重要的铁矿区（带），发现了许多重要铁矿床，如新疆天湖、陕西大西沟等铁矿区。

在此期间勘查或探明的主要铁矿床有：鞍山黑石砬子、西鞍山，邯邢玉石洼，山东北金召北、张家洼，安徽钟山、南山，云南鹅头厂，陕西杨家坝，鄂东刘家贩、程潮，四川太和，山西山羊坪、二峰山，甘肃陈家庙等铁矿床。

四、1976~1980 年

1976~1980 年是我国铁矿找矿工作的第二高峰期，即富铁矿找矿期。"富铁矿找矿会战"是根据国家计委的要求，由地质部、冶金部、中国科学院及有关单位，组织生产、科研和院校的地质力量开展铁矿找矿、科研攻关工作。其主攻方向是风化壳型、火山岩型及海南"石碌式"富铁矿。首先确定皖北、西昌、许昌、宁芜、冀西、冀东、鞍本、哈密、五台岚县、海南、鄂东和邯邢等 12 片作为重点会战区，以后又将澜沧惠民、山东淄河、新疆西天山、滇西和集（宁）—二（连）沿线地区列为新的找矿区。后期又进一步将菱铁矿矿床作为一个主攻方向，布置了大规模的铁矿找矿和科研工作。

"富铁矿会战"自 1976 年开始，1978 年达到高潮，到 1979~1980 年结束。富铁矿找矿没达到原定目标，其基本原因在于没有充分分析我国具体地质条件，把主攻方向放在风化壳型铁矿上。但富铁矿找矿会战时期投入的大量工作，加速了各重点区的铁矿地质勘查工作进程，完成了一批铁矿区的勘探工作，发现和评价了新的铁矿产地，掌握了我国铁矿资源和远景状况。这一时期在鞍本、冀东、邯邢、宁芜、白云鄂博等地区铁矿储量增长较大。冶金地质发现、扩大和探明的主要铁矿床有：鞍本地区的西鞍山、贾家堡子，黑龙江双鸭山南段，宣化近北庄，冀东水厂，山西玉石洼、尖山、狐姑山、塔尔山、尖兵山，山东金岭侯家庄，莱芜西尚庄，鄂东大广山、黄梅，安徽马鞍山，四川太和，广东大顶、大宝山，云南鹅头厂、滇滩，内蒙古白云鄂博西矿等矿床。这时期冶金地质累计提交铁矿资源储量 47.25 亿吨，占全国这时期累计提交铁矿资源储量 85.81 亿吨的 55.1%。

富铁矿找矿突出了重点区（带）的找矿和研究，在 12 片重点区集中了大批的科研力量进行专题攻关，除常规地质找矿、研究方法外，还开展了同位素、遥感、数学地质、矿物包裹体、成岩（矿）实验技术及综合物探手段，对重点区（带）进行了区域成矿条件、矿田构造、矿体富集规律、矿床成因及找矿标志的系统研究。成矿特征的研究开拓一批新类型铁矿的找矿，控矿构造的查明促进了新矿体的发现和储量大幅度增加。如冀东宫店子、密云沙厂向斜状厚大矿体的发现和研究，推动了沉积变质岩或"哑地层"区控矿构造的分析，使一系列矿区，如水厂、歪头山、白云鄂博西矿等矿床的铁矿储量成倍增长。

五、1981~1990 年

这一时期铁矿地质勘查工作有所减弱。随着富铁矿找矿会战的结束，铁矿地质勘查的经费减少，从事铁矿勘查的人员也有所下降。同时在这期间有色和冶金分家，冶金地质从事铁矿勘查的人员也相应大幅减少。在此阶段的前期，即"六五"期间，主要是富铁矿找矿时期余下工作的继续，到后期即"七五"期间，铁矿地质勘查工作只在少部分地区开展工作。此时，国家大规模投入铁矿地质勘查工作已基本结束，铁矿勘查工作基本停顿。在这一阶段冶金地质铁矿勘查的矿床有：辽宁东鞍山、西鞍山、歪头山、碇子山、张家山、祁家沟、西大背，冀东马兰庄、水厂、达峪沟、西峡口、赵庄子，宣化近北庄，山东金岭北金召，山西尖山东、半山里、狐姑山，鄂东程潮西、李万隆，绍兴漓渚西，闽西潘田、德化阳山东，广东大顶，四川太和南、凤山营，云南鹅头厂、滇滩、上厂，甘肃桦树沟，陕西杨家坝等矿床。这时期冶金地质累计提交铁矿资源储量29.91亿吨，占全国这时期累计提交铁矿资源储量77.82亿吨的38.4%。

六、1991~2000 年

这一时期是我国地质工作发生深刻变革的时期。在此阶段，我国东部地区铁矿地质勘查工作国家投入大量减少，但随着经济发展的需要，企业投入铁矿勘查的项目增多了；另外，由于铁矿地质勘查停顿了近十年，而铁矿山开采量却随着钢产量的提高而逐年增加，矿山储量锐减，一些老矿山闭坑，造成铁矿石满足不了钢铁生产的需求，我国进口铁矿石逐年增加。在这种情况下，地方中小型铁矿山及民营铁矿采掘业迅速发展，铁矿勘查工作的方向侧重中、小型铁矿，勘查经费来源由以往只由国家投入，变成为多渠道投入。这一变化，促进了地勘队伍的改革。在这一阶段冶金地质铁矿勘查的矿床有新疆蒙库铁矿、卡拉东铁矿、巴利尔斯铁矿、契列克其铁矿、百灵山铁矿、雅满苏铁矿、磁海铁矿、多头山铁矿，山西香峪铁矿、初裕沟—山羊坪铁矿、尖山铁矿，河北上郑铁矿、白马山铁矿，陕西杨家坝铁矿、毕机沟铁矿，辽宁锅底山铁矿、三道岭铁矿、红旗堡子铁矿、弓长岭铁矿，湖南太平锰铁矿、三合圩—桂阳流峰矿段等。这时期冶金地质累计提交铁矿资源储量16.24亿吨。

90年代中期，为解决铁矿资源不足，国家在矿产资源补偿费中安排了一定的铁矿勘查工作，以满足钢铁工业建设的需要。此外，为促进铁矿山的开发和勘查，国家在税收政策上作了重大调整，减少铁矿石的税收，这一政策促进了矿山的发展，也推动铁矿地质勘查工作。

西部大开发的进程促进了西部钢铁工业的发展，同时也推动了西部铁矿地质勘查工作的开展。新疆钢铁公司和甘肃酒泉钢铁公司，为了自身的发展，由企业出资，开展了多个铁矿补勘工作。

新一轮国土资源大调查把我国西部作为重点工作地区，从1999年开始，中国地质调查局对西部铁矿调查进行了安排，并下达了"西部铁铜资源调查评价"实施项目，此项工作由中国冶金地质勘查工程总局承担，并编制了总体设计。通过分析研究，认为我国西部地区铁矿勘查程度低，地质成矿条件好，有较大的找矿潜力。而且西部铁矿较富，是开展富铁矿勘查最有希望的地区。之后在新疆富蕴县蒙库铁矿、西昆仑北段切列克其铁矿等取得重大突破，同时通过研究分析认为西天山是富铁矿找矿的有利地带，在冈底斯和唐古拉地带有找富铁矿的巨大潜力。这些认识和发现，为今后在我国西部地区进一步开展铁矿勘查工作提供了依据。

七、2001 年以后

随着我国经济的飞速发展，铁矿石需求迅速高涨，带动了铁矿石价格快速上升及全球性铁矿石供不应求。这一阶段我国铁矿地质勘查投入进入一个新的阶段，国家政策引导铁矿勘查投入的大幅增加。2008 年底，原国土资源部发布实施《全国矿产资源规划（2008~2015 年)》，继续将铁矿列为鼓励勘查和开发的重要短缺矿种，并要求实现铁矿找矿的重大突破，新增铁矿资源储量 90 亿吨。随后国土资源部又积极部署了"358"项目、青藏专项、危机矿山和地质矿产保障工程等，使得我国铁矿勘查投入呈逐年大幅增加趋势，2011 年 12 月国务院审议通过，并转发了国土资源部等部门《找矿突破战略行动纲要（2011~2020 年)》。但随着我国铁矿石新增产能达到顶峰，而后受中国经济转型、城镇化与工业化进程日趋成熟、人口红利逐渐衰减等影响，钢材需求趋于收缩，前期钢铁产能过度扩张，产能过剩格局由此而形成，受此影响，我国铁资源需求增长趋缓达到顶点并开始逐渐下降，铁矿石价格震荡走低，2014 年以后勘查投入持续下行。

据《中国国土资源年鉴》数据，2002~2010 年，铁矿勘查投入从 2325 万元增加至35.8 亿元，增长 156 倍，年均增长 87.9%；与此同时，铁矿石价格大幅上涨是推动国内勘查投入逐年增长的另一个重要原因，社会资本迅速进入找矿勘查领域，投资比重从2005 年的 43% 提高至 2008 年的 78%，成为找矿投入的主力。根据《全国矿产资源储量通报》数据统计，2005~2011 年间，我国新发现的大中型铁矿（资源量超过 5000 万吨）的矿产地有 46 处，总资源量为 129.77 亿吨。2011 年找矿突破战略行动实施以来，我国新增铁矿资源 167.6 亿吨。

2001 年以后随着冶金部分队伍分离和属地化，冶金地质总局队伍规模明显缩减，但相对于队伍规模，冶金地质总局提交铁矿资源储量比例远高于国内其他地勘队伍。冶金地质在这期间找矿成果突出，一局在冀东地区通过开展厚覆盖区航磁异常查证和低缓异常查证，利用财政和社会资金加大铁矿勘查，新发现了一批隐伏铁矿。先后提交了滦南县马城超大型铁矿，以及昌黎县闫庄、滦南县长凝、滦县常峪、滦县青龙山—庆庄子等一批大型铁矿床；三局在五台地区提交了应县北林庄、代县初裕沟、代县崔家庄、岚县北村铁矿等多个大中型铁矿床；山东局在山东省莱芜市张家洼铁矿深部取得重大找矿成果突破，新增矿石量超亿吨，并提交了莱州大涅河铁矿、东平县彭集铁矿等；中南局通过实施老矿山和接替资源勘查专项，在黄石大冶铁矿深部、黄石金山店铁矿深部、鄂州程潮铁矿深部取得找矿重大突破，并提交了蓝山县毛俊矿区锰铁矿、新疆尼勒克县哈勒尕提铁铜矿等矿床；西北局提交了新疆富蕴县蒙库铁矿、富蕴县铁木里克铁矿、富蕴县巴特巴克布拉克铁矿、富蕴县铁西铁矿、哈密市沙垄铁矿、阿克陶县孜洛依铁矿、甘肃肃北县红山铁矿、陕西洋县毕机沟钒钛磁铁矿、陕西省略阳县阁老岭铁矿等一批大中型铁矿床；昆明院提交了云南腾冲县铁帽山铁矿、晋宁县洗澡塘铁矿、富宁县平法钛铁矿砂矿、大关县天星堡—漂坝铁矿等。这时期冶金地质累计提交铁矿资源储量 54.71 亿吨。

第三章　冶金地质铁矿勘查及科研技术进展与展望

第一节　找矿方法发展过程

在过去 70 年的漫长岁月里，冶金地质铁矿勘查大致经历了老硐查证—露头找矿—找隐伏矿床—深部找矿这样发展的一个过程，每一个时期都有其特点，总体是从简到繁、从易到难、从浅入深的发展过程。

一、老硐查证

在国民经济恢复与头一个五年计划时期里，冶金地质找矿勘查工作主要是对老硐的查证。即对前人挖采过的老窿、旧硐、旧坑进行找矿勘查，以适应冶金工业建设对矿物原料的急需。新中国成立前，已有挖掘的一些老矿山大都是资源不清、缺乏正规开采的"老窿""旧硐""旧坑"等。铁是当时急于开展地质勘查工作的矿种，找矿勘查工作是本着由表及里、由浅入深循序渐进的方法进行的，并很快就探明了一批重点矿山浅部的矿体储量，提交了可供矿山建设利用的地质勘查报告。

老硐查证时的地质工作方法和基本理论主要是学习和引用苏联的。地质技术人员以铁锤、罗盘、放大镜 3 件工具，采用槽探、井探揭露地表和浅部矿体，并进行综合编录，绘制大比例尺的地质图件；然后，再选择有利地段开展钻探、坑探工作，取样，化验，获得矿石品位数据，根据这些数据，圈定矿体，计算储量，编写地质勘查报告。在地质找矿实践中，也逐渐积累了一些找矿经验，为以后开展地质找矿工作打下了一定基础。

二、露头找矿

第二个五年计划及 3 年调整时期，随着我国冶金工业生产建设的发展和矿产资源的需求日益增大，冶金地勘单位除继续进行老矿山及其外围的找矿勘查工作外，开始步入新区，开展新区的找矿工作。由于当时找矿理论和技术方法还处于较低水平，在新区找矿主要是寻找出露地表或有明显找矿标志的矿床。在找矿理论方面，主要应用"岩株"成矿论及岩浆期后热液成矿理论。在进行找矿时，往往是通过路线地质调查或编制不同比例尺的地质草测图去发现矿化露头或铁帽或找与成矿有关的"岩株"，尤其是燕山期的中、小型花岗岩岩体。然后，再围绕岩体的接触带进行详细调查，确定有无以矽卡岩为标志的矿化蚀变带。"岩株"论和热液蚀变（矽卡岩化）理论的应用，确实找到了一批矿床。例如，河北涉县符山铁矿、晋南塔儿山铁矿等，是这一理论指导找矿的实例。

在找矿技术方法方面，除继续使用地质勘查方法（槽井、坑、钻）外，物探方法在铁矿找矿工作中开始运用，并取得了一些效果。总结了地质、物探结合的找矿勘查经验，为以后应用多学科、多技术的综合找矿勘查工作奠定了基础。

三、找隐伏矿床

随着找矿勘查工作的发展，地质勘查工作者的找矿理论水平有了很大的提高，地质、物探、化探、遥感、测试、钻探等新技术新方法也有长足的进步，在实践中积累了丰富的找矿经验。在此基础上开始探索寻找埋藏在地表以下没有露头的隐伏矿床，把找矿勘查工作推向一个新的领域。

在沉积变质型鞍山式铁矿的找矿勘查实践中，逐步认识到向斜构造是重要的控矿构造。据此在一些地区深部的向斜轴部找到了厚大的盲矿体或隐伏矿床。河北宫店子铁矿、水厂铁矿、密云沙厂铁矿、山西尖山铁矿、赵村铁矿、辽宁查头山铁矿、老岭铁矿及产于元古界地层中内蒙古白云鄂博铁矿西矿等都是向斜构造控矿的典型例子。

在陆相火山侵入岩型铁矿床的找矿实践中，总结出宁芜"玢岩铁矿"成矿模式，对寻找隐伏矿床有着重要的指导意义。实践证明，此类矿床的形成，往往围绕辉石闪长玢岩，在同一成矿作用条件下在不同岩性的围岩中形成不同类型的矿床。这种对成矿规律性的认识对指导找矿特别是对预测隐伏矿床有着极为重要的使用价值。

物探磁法找铁矿大体经历了高磁异常—低磁异常—低缓磁异常—复杂磁异常和剩余磁异常等几个阶段。1965 年 6 月，邯邢地区中关低磁异常经钻探验证为一大型隐伏铁矿床，引起国内地勘部门和专家的高度重视。此后在邯邢地区找到了一批隐伏铁矿床，使这个地区的保有储量从 1.9 亿吨增加到 7 亿吨，山东、江苏、河北等地一批铁矿床都是经过验证低磁异常发现的。

四、深部找矿

进入 21 世纪以来，铁矿找矿难度越来越大，铁矿找矿工作主要是在深覆盖的低缓磁异常区和深部找矿，经过对控矿构造和成矿条件分析，在低缓磁异常区及岩体深处盲接触带和已有矿床深部找矿，主要是结合地质、磁法、重力、电法、钻探等综合找矿手段进行综合找矿。如滦南县马城、滦南县长凝、滦县常峪、大冶铁矿深部、莱芜市张家洼铁矿深部、新疆富蕴县蒙库铁矿深部等。

第二节　铁矿地质勘查工作经验做法

70 年来，冶金地质勘查为冶金工业及国家经济建设和社会发展服务，积累了一些好的方法和宝贵的经验。

一、始终坚持铁矿勘查工作为经济建设服务

在长期的计划经济时期，冶金地质铁矿勘查始终贯彻执行的是坚持为冶金工业尤其是钢铁工业生产建设服务的方针，这是由冶金工业生产建设发展的需要和冶金地质队伍的性质所决定的。这一方针指导冶金地质铁矿找矿取得了一个又一个的胜利。随着党的十一届三中全会作出了把党和国家的工作重点转移到以经济建设为中心的轨道上来的战略决策，冶金地质铁矿勘查工作是以提高地质成果和经济效益为目的，努力为冶金工业生产和建设服务，使铁矿地质工作更好地服从和服务于经济建设，为钢铁工业生产建设作出了重要贡

献。冶金地质 70 年的历史一再证明，地质工作只有与经济建设紧密结合，并主动地为经济建设和社会发展服务，它才能够在发展先进的社会生产力中作出应有的贡献。

二、加强地质科学研究，不断提高铁矿地质工作水平

铁矿资源埋藏在地下，它的形成与分布是有一定规律的，只有按照客观地质规律办事，反复实践、反复认识，才能取得较好的地质效果。这里的关键在于自始至终加强科学研究工作，运用多学科综合多工种集成，不断提高地质工作水平。在矿床地质研究方面，1958 年发现梅山铁矿以后，加强了对宁芜北段火山岩型铁矿的找矿科研工作，建立了玢岩铁矿成矿模式，应用这种成矿模式开展找矿勘查，很快打开了宁芜地区找铁矿的前景。

60 年代，在邯邢地区通过找矿实践和成矿规律研究，否定了成矿母岩——闪长岩呈岩基状的观念，提出了似层状侵入体、多层接触面成矿的新认识，在很多矿区先后发现了新的接触带，找到了新的矿体、矿床，使邯邢地区铁矿储量成倍增长。

70 年代，在冀东迁安地区通过深入实践和反复研究，否定了单纯单斜构造控矿的传统观点，根据紧密褶皱特别是向斜构造控矿的新认识指导找矿勘探，使迁安地区铁矿储量成倍增长。80 年代，应用上述规律性的认识，在甘肃桦树沟铁矿、晋北赵村铁矿和本溪北台铁矿等矿区的找矿工作中都获得显著的成果。前人认为白云鄂博铁矿床是特种高温热液成矿，出露在地表的矿体在空间上是孤立存在的，在深部是互不相连的。1978～1983年，通过大量的野外调查和科学研究，认为矿床属于沉积变质成因，又具有后期热液改造的特征。矿体与围岩组成协调一致的同步褶皱，矿体均赋存于复式向斜中。根据这些新的认识指导找矿勘探，使白云鄂博西矿铁、铌、稀土的储量增长了两倍。

进入 90 年代以来，冶金地质科技工作在加强资源危机矿山找矿研究的同时，为了适应找矿难度增大的状况，重点加强铁成矿区带的研究，集中各科研院所的主要力量，"华北地台北缘铁、金矿床成矿地质背景及找矿方向""长江中下游铁铜、金成矿规律及预测"系列研究，对其成矿区域成矿条件和成矿规律的认识取得了突破性的进展。

实践反复证明，地质工作具有科学与技术一体化、调查与研究一体化、室外工作与室内工作一体化、宏观思维与微观认识一体化的特点，只有按照这样内在的特点开展地质找矿，才能不断有新的发现和新的成果。

三、加强新技术研究和开发，不断提高铁矿找矿效果

在铁矿地质新技术新方法研究方面，70 年来也取得了明显的效果。

（一）物质成分研究方面

20 世纪 50 年代，岩矿分析主要是采用传统的化学分析方法，以元素含量的高低圈定工业矿体。岩矿测试主要使用为数不多的显微镜，鉴定岩矿的矿物组分和结构构造，结合野外调查确定矿物的名称。60 年代，各冶金地勘单位逐步装备了发射光谱差热分析、X射线分析等仪器设备，提高了分析能力和精确度。70 年代以来，引进了原子吸收光谱、X荧光光谱、等离子光谱、大型直读光谱等仪器，提高了多种元素一次性快速联测的能力，加快了找矿进程。在测试技术上也有很大发展，电子探针、电镜扫描、激光光谱、X 光衍射等测试仪器和技术已形成力量，在实际工作中发挥了很大作用。

70 年代末到 80 年代初，天津冶金地质调查所等单位对白云鄂博西矿的稀土和铌等物质成分进行了研究。在国内首次采用了岩矿—化学物相方法扫描电镜—图像分析法，对稀土-铌和其他矿物进行定量分析和赋存状态的研究，取得了速度快、定量准、精度高的良好效果。经过研究查明，白云鄂博西矿不仅是一个特大型铁矿，还是一个特大型的铌矿床。同时也查明了矿石中稀土矿物的嵌布特征和稀土元素以铈族为主，还发现了一批稀土新矿物。

（二）物探技术方面

以物探磁法为主，在铁矿勘查中始终发挥着极其重要的作用。尤其是冶金地质在航空物探方面为我国铁矿找矿工作作出了突出贡献，冶金航空物探对我国鞍本、辽西、冀东、张宣、邯邢、白云鄂博、五台、吕梁、晋中南、宁芜、鲁南、鄂东、陕南、海南、天山、阿勒泰等主要铁矿区带进行了大比例尺的航空物探测量。冶金地质系统及其他地质系统运用这些航空物探资料在铁矿找矿方面取得了相当明显的效果。如冀东地区从 1970 年起前后进行了 6 年的航空磁测飞行测量，共用了近千飞行小时，1：2.5 万和大于 1：2.5 万比例尺资料的控制面积达 23257km²，这些航空物探资料已成为该地区寻找沉积变质铁矿的重要依据；在邯邢地区，1972 年在该地区完成 1：2.5 万 13600km 测线和 1：5 万 8910km 测线，1974 年在该地区完成 1：5 万航磁测量 22716km，累计控制面积 19213km²，为该区寻找矽卡岩型铁矿提供了重要依据；在江苏南通地区，1978 年以前地质上认为该地区第四系覆盖下面是大面积火山岩分布，所以一直是找寻铁矿的空白区，1978 年在该地区通过 1：5 万航空磁测，发现了 22 处异常，经研究指出了这些异常中的大多数是由侵入岩或与侵入岩有关的磁铁矿引起，并圈出了找寻铁矿的远景区，后经钻探验证，找到多个品位较富的矽卡岩型磁铁矿床，使原来的长江中下游成矿带再向东延长了 200km，为在苏北厚覆盖区找寻铁矿打开了新局面。

物探技术在寻找铁矿历史中，一方面逐步形成了地面、地下与航测相结合探测体系；另一方面又通过推断解释水平的提高，从高磁异常、低磁异常向低微异常、复杂异常找矿逐步发展适应了找矿深度和难度越来越大的局面。1958 年，使用地质、物探、化探三结合的方法，在宁芜陆相火山岩地区找到梅山铁矿和 1965 年在邯邢的低磁异常区找到了中关铁矿是冶金地质找矿史上的重大突破，经过组织推广应用，使全国冶金地质找矿工作取得了丰硕成果。1987 年引进的航空物探综合站在推断解释上有了较大提高。目前可以用磁法、磁梯度和放射性磁异常的各种比值初步圈定不同时代的岩体，还可以应用甚低频法来确定构造线。进入 90 年代以来，高精度的观测仪器提高了对铁矿的勘查预测能力。IGSMP-4 型、G858 质子磁力仪灵敏度达到 0.1nT，增加了弱磁、微磁的信息量和可靠程度，扩大了磁法的应用领域。近些年结合电法、重力，在勘查弱磁性铁矿和深部铁矿取得了良好的找矿效果。2010 年物勘院在冀东迁安铁矿区又做了 300 多平方千米的航磁 ΔT 和 ΔT 三维梯度测量，利用实测 ΔT 三维梯度资料做出了我国第一张实测斜导数图，斜导数清晰地反映磁性体的上顶边界，为该区深部找矿提供了信息。

（三）遥感地质技术方面

遥感地质与数学地质方法相结合，在五台地区成功地进行了硅铁建造型铁矿资源总量预测。近几年来，研制了一套适用于不同阶段遥感图像处理的微机软件，建立了地质构造、含矿岩系有关的找矿标志。

（四）选矿提纯技术方面

选矿提纯引进国外技术，在我国冀东、鞍本地区原"鞍山式铁矿"中通过提纯选矿实验，筛选出一批可作为生产粉末冶金用超纯矿粉原料基地，填补了国内一项资源空白。

四、严格科技管理，不断提高铁矿勘查队伍素质

在铁矿勘查的全过程中，大多数时间里都坚持严格抓好以下几个带有关键性的环节：

（1）严格原始资料编录。原始资料是综合资料的基础，对地表槽探、井探索描图、坑道索描图及钻孔柱状图等原始资料必须认真编制，才能保证综合图件和储量计算的可靠性。

（2）严格铁矿勘探程序。铁矿勘探的过程就是对地质矿产资源调查研究不断深化认识的过程。因此，必须遵循由已知到未知，由地表到地下，由浅入深，由疏到密，循序渐进的原则。违反程序就会给地质勘查工作带来不应有的损失。20世纪50年代，冶金地质工作主要是学习苏联的经验，按照初步普查、详细普查、初步勘探、详细勘探四个阶段进行工作。经过10多年的实践，证明这种阶段划分目的任务不明确，难以掌握运用，更突出的是拖延了勘探周期。

60年代初，冶金部地质局在调查研究和广泛征求第一线地质技术人员意见的基础上，决定将"四分法"改为"三分法"，即划分为普查找矿、矿区（点）评价、矿区勘探3个阶段。实践证明，这个"三分法"的阶段划分是符合实际的，达到了以最省的投资在最短的时间内提交合乎建设要求的地质勘探报告的目的，并取得了显著的效果。1986年，全国矿产储量委员会在编写矿产储量规范总则时，基本上采纳了冶金部地质局的做法，将"三分法"写入总则，在地质勘查行业全面推行。

（3）严格采样、加工、化验管理。采、加、化是确定矿石质量级别、品位高低的主要手段，是圈定矿体的基本依据，其质量如何对矿床的正确评价有着决定性的影响。在实际工作中始终强调采、加、化的代表性、准确性和及时性，在保证质量的前提下，缩短周期及时提交化验结果。

（4）严格地质勘探报告编写。地质勘探报告是地质勘查工作结果的全面系统总结，是矿山建设的前提和依据。因此，必须在核查原始资料和采、加、化数据的基础上认真编制综合图件，正确计算不同级别的储量，并按规定要求写出文字报告。

第三节　展　望

进入21世纪，尤其是进入社会主义新时代，我国地质工作进入一个重大转变时期。随着经济全球化的迅速发展，科学技术突飞猛进，我国进入全面建成社会主义现代化强国，实现中华民族伟大复兴的新阶段。全球低通胀环境正在发生明显变化，经济全球化遭遇逆流，各国内顾倾向强化，外部环境更趋复杂严峻，也必将对全球战略性矿产资源供应链形成巨大冲击，后工业化时期资源能源开发面临的环境约束更加严格，全球资源需求仍

持续保持高位，矿产品价格仍持续上涨。我国经济还面临许多结构性矛盾，但我国经济韧性强，长期向好的基本面不会改变。党中央也高度重视矿业安全，我国铁矿资源面临着需求总量大，对外依存度高，已越过安全底线，供应链产业链易受冲击等风险挑战。地质工作作为经济社会发展的基础和先行的地位没有变，全面建成社会主义现代化强国要求地质工作提供能源资源保障。实现中华民族伟大复兴的战略全局和应对世界百年之大变局，要求对新时代地质工作结构、内容和方式作出重大调整；地质工作面临支撑服务能源资源安全保障和生态文明建设的双重需求压力，已呈现传统与现代交织，守正与转型相融的新局面；国家重大战略需求日益强劲与中央财政投入持续减少矛盾加剧。地质工作要聚焦国家重大战略需求，坚定不移推进三大转变，地质工作必须找准切入点，加大能源、矿产、水等战略性资源供给。新一轮找矿战略行动已开始，铁矿作为战略性大宗矿产，铁矿勘查提高到了新的高度，也将给铁矿勘查开发带来新的转机，我国铁矿勘查工作也提出了更新、更高的要求。要求地质工作改变传统的思维方式与工作方式，自觉地融入世界经济之中，适应资源全球化发展的趋势；要求铁矿勘查地质工作面对新时代、新形势，自觉地定位于聚焦国家重大战略需求，解决社会面临的资源和环境问题，以适应全面建成社会主义现代化强国和实现经济社会的可持续发展的需要。应当说，这种新的形势，对每一支铁矿地勘队伍都是一种挑战，也是一种新的发展机遇。展望未来，冶金地质铁矿勘查开发任重道远。能否把握机遇，迎接挑战，与时俱进，采取正确的对策，关系到冶金地质铁矿勘查的发展前途和命运。

面向未来，首先必须认真分析自身的有利条件和不利因素，以树立信心，兴利除弊，再立新功。有利的一面，一是冶金地质经过70年发展，特别是近些年来经济实力有了一定增强，体制和机制有了明显改善。二是队伍经过70年的磨砺，培育了不怕艰苦、敢打硬仗、顽强拼搏、善于应变、特别能战斗等许多优良作风，不仅能承担公益性铁矿地质工作，而且有从事商业性铁矿勘查地质工作的经历和经验。三是冶金地质体制改革正在加快企业化和建立现代企业集团改革步伐，精兵加现代化正在推进，集团勘查平台正在打造，也使铁矿勘查技术队伍更加精炼，同时也有了更广阔的活动空间，也有利于争取更多公益性和商业性铁矿勘查。

当然不利因素和存在的问题仍存在：综合性高端专业技术人才缺乏和年轻技术骨干短缺问题较突出。科研和技术攻坚团队力量薄弱，创新引领创新驱动活力动力不足，铁矿勘查理论、技术、方法、装备优势已不明显，也不适应商业性地质工作发展；公益性铁矿勘查中冶金地质当前所占份额已很小。已掌握的目前有价值的铁矿矿权很少，不利于进一步筹资勘查和开发，通过社会筹资的渠道也比较有限，自主投资经营和项目运营能力严重不足。

随着中国特色社会主义进入新时代，生态文明建设和绿色发展提升到前所未有的战略高度，地质工作正在经历一场前所未有的革命性变化。面对当前严峻形势，地质勘查不能放弃，更不能丢弃。这些年的实践也充分证明地质勘查是我们冶金地质的安身立命之本。我们要牢记地质人的使命，我们负有确保国家资源战略安全和国家经济安全的神圣使命，我们要始终保持"冶金是根、地质是魂"战略定力，我们的安身立命之本不变，在坚守传统地质根基、履行资源保障职责、打造"大地质"产业板块创新发展中心的过程中，继续保持技术优势和品牌优势，逐渐转变发展方式，不断增强内生动力，着力打造好

"精兵+现代化"的生产科研创新型地勘队伍。要认清形势和任务，迎难而上，攻坚克难，围绕总局"双一流"战略目标，坚守地质勘查根基，积极应对地质行业形势深刻变化，主动应对地勘单位生存发展的新挑战，不断巩固和完善坚守职能。要继续和弘扬"三光荣"精神，履行提供资源保障，实现产业报国的责任使命，不断提高重要矿产资源保障能力和水平，努力成为一支经得起各种风浪考验，各种困难挑战的高素质地质队伍。

钢铁为国家工业发展和国防建设最重要的资源。铁矿石的稳定供应是保障国家钢铁产业可持续发展的首要因素。铁矿是关系到国家经济命脉的钢铁工业"口粮"，是涉及国家资源安全的大宗紧缺战略性矿产。鉴于我国铁矿供需矛盾突出，对外依存度居高不下，受制于人和安全风险持续增大，在当前形势下，必须提高国内铁矿资源保证程度，并增加战略储备，以防止国际上强权政治、霸权主义可能对我国的经济封锁、制裁、破坏，以及国际市场突如其来的变化。因此，新增一批铁矿资源储量是当务之急，新增一批富铁矿资源储量更是急中之急。坚持铁矿资源接替战略既是对解决矿产资源自身耗竭性问题的必然选择，又是实现矿产资源可持续供应，化解我国经济风险，解决"四矿"问题、稳定矿工队伍、提高经济社会效益的重要保证。解决我国铁矿资源紧缺，加强我国铁矿资源勘查力度是有效的途径。铁矿勘查也将大有作为，我国新一轮找矿战略行动已启动。在新一轮铁矿地质勘查工作中主要思路是突出资源聚集原则，以资源聚集区为重点，主攻沉积变质铁矿和接触交代型铁矿；加强国内富铁矿找矿部署，提高重点区原有矿床储量比例，提高已有开发基地资源保障，在较易开发的已有矿山深部周边或邻区增加资源储量，为后续生产提供保证；并兼顾可形成新的或正在形成的开发基地储备；总体应以东部为主，辅之西部开辟新区；坚持科技创新和综合利用。

重点工作方向如下：

（1）全面开展大型铁矿资源基地综合调查评价工作。一是以经济技术评价为重点全面开展铁矿资源潜力动态评价，综合分析我国铁矿石资源保障程度，为国家制定资源战略提供依据。二是科技引领找矿突破。以典型矿床开展典型示范，加强铁矿深部找矿预测工作，优选出一批预测区，尤其以富铁矿为重点预测区，拓展富铁矿找矿空间，推动"产、学、研"三结合，有效指导找矿突破。三是在全国范围内筛选重点成矿区开展矿产地质调查评价工作，为进一步开展铁矿勘查提供基地。四是对大型铁矿资源基地开展"三位一体"综合调查评价工作，为勘查开发一体化，典型铁矿生产基地资源整合，规模开发，集中生产，形成产业集群提供规划依据。

（2）以深部找矿和新区突破为重点，进行找矿预测和勘查示范，同时兼顾接替资源勘查，以提高资源保障。当前我国主要铁矿产区勘查工作相对较高，浅部基本已无找矿潜力，但勘查深度一般在700m以浅或更浅，大多数铁矿主产区深部矿体都未控制，且近些年多个铁矿深部找矿都取得重大突破，也充分表明我国深部铁矿找矿潜力巨大，尤其是主要勘查开发基地的深部找矿将是提高铁矿资源保障的最主要方向。

当前我国许多铁矿山都出现资源危机，虽上一轮接替资源勘查取得了丰硕成果，也说明接替资源勘查能有效延长矿山服务年限，但上一轮进行接替资源勘查的矿山有限，且随着铁矿资源的大量开发，新的危机矿山不断涌现，在现有矿山深部和周边进行新一轮接替资源勘查势在必行。对生产矿山开展探边摸底，形成后备资源储备。

在加强深部找矿的同时，进一步提高原有勘查程度，目前多个大中型矿床勘查程度较低，仅勉强达普查，尤其是深部勘查程度更低，因而在我国主要勘查开发基地中提高原有勘查程度较低的大中型矿床的勘查程度，也是资源保障的一个重要方面。

另外要积极开拓新区，抓紧对一些有望异常性质的评价工作，还要对一些成矿条件较好、异常集中，但目前探明储量不大，或工作程度较低且开发条件较好的地区，运用新的找矿理论和有效的物探、地质数据处理方法，对其成矿规律和找矿前景进行详细的研究后开展勘查工作，为铁矿提供后备资源基地。

针对我国重点地区和主要铁矿类型，对找矿靶区明确、资源潜力明朗、找矿潜力大的地区，实施找矿预测和勘查示范，重点突破，指导找矿，带动铁矿的商业性勘查。

（3）分区域进行工作部署。总体应以东部为主，辅之西部开辟新区。

东北地区铁矿勘查主要以鞍本地区为重点。鞍本地区工作程度和开发程度高，深部勘查程度较低，主要为沉积变质铁矿，是我国探明铁矿资源最大的地区，其资源潜力巨大，主要以深部找矿工作为主。辽西成矿区是我国东北除鞍本地区外，铁矿比较集中，并具有较好远景的成矿区，工作程度相对鞍本地区要低一些，应加强异常较好地区的找矿和深部找矿工作。

河北至山西地区是我国铁矿的主要产区。冀东铁矿矿集区是我国重要的铁矿基地之一，以往的勘查研究工作主要针对浅部矿体，相应的勘查研究程度较高，而对于隐伏矿体、深部矿体、复杂异常、低缓异常及构造复杂区的研究程度还不够，近年来冀东地区一些低缓异常、大矿体周边或深部均有较大找矿突破，充分说明冀东地区具有非常大的找矿潜力；下步重点要加强矿床深部和隐伏矿床的勘查工作，同时由于经济条件较好，也应对勘查程度不够的矿床尽快提高勘查程度。邯邢地区铁矿较富，为隐伏矿体，矿床深部和周边仍有较大找矿空间，实施找矿战略突破，对邯邢地区矿业的可持续发展，具有重要意义。山西地区铁矿勘查主要以五台、吕梁、临汾地区为重点，主要以已有矿山深部和周边找矿为主。

西南地区主要以攀西—滇中为主要区域，特别是以川西地区为主要找矿勘查重点区域，川西地区探明铁矿资源丰富，其资源潜力巨大，以具有多种共伴生元素的铁矿为主，主要以深部和矿床周边找矿工作为主，适当加大其他地区和其他类型的找矿工作。

西部地区有很好的铁矿资源成矿前景，但这些地区自然条件恶劣，西部地区铁矿找矿主要寻找富铁矿资源，其中阿尔泰和西天山富铁矿资源较丰富，应以阿尔泰和西天山为重点区域。

华东和中部地区铁矿资源丰富，矿床较多，矿床类型也较多，总体勘查程度较高，但主要是在浅部，深部找矿仍有较大找矿空间，这些铁矿区外围和深部有巨大的找矿潜力。主要以鄂东南、鲁中、宁芜等富铁矿为重点，多数矿区深部铁矿资源尚未查明，外围尚有众多重磁异常未解剖、未验证，铁矿找矿潜力大，且都位于我国重要经济区，因此，在这些地区开展新一轮铁矿找矿工作（包括老矿山深边部及外围）具有重要的战略意义。同时也要兼顾湘鄂西、鲁西、长江中下游、江南、秦岭等矿集区和区内其他类型的铁矿找矿工作。

华南地区以"海相火山沉积-热液叠加改造型"铁矿床为主攻类型，以寻找大中型矿床为目标。主要部署于福建已知大中型铁矿床外围和周边具航磁异常反应的成矿有利区域，寻找大中型"沉积-热液叠加改造型"铁矿床。以广东北部、海南西部的已知大中型铁矿区外围和周边为重点区域，寻找大中型"沉积型"及"沉积-热液叠加改造型"和"矽卡岩型"铁矿床。

内蒙古地区主要以白云鄂博—狼山矿集区为主要勘查区域，尤其是白云鄂博铁铌稀土矿床，其矿山经济价值巨大，扩大远景和周边找矿同样具有较高的经济意义。

（4）分类实施：

1）我国富铁矿资源较少，新增富铁矿资源储量更是急中之急，富铁矿以接触交代型铁矿为主要类型，并且大多富含铜等高附加值元素，经济价值大。突破主要以邯邢、鲁中、鄂东南、宁芜、海南石碌铁矿周边、阿尔泰和西天山为重点区域，同时也包括西部的昆仑至天山富铁矿地区及其他少量存在富铁的区域如鞍本的富铁矿层等。

2）沉积变质铁矿规模大，我国资源潜力最大的也是沉积变质型铁矿，因而沉积变质铁矿深部找矿也是提高资源保障的重点主攻矿床类型。

3）钒钛磁铁矿，其具有较好的附加经济价值，以岩浆型铁矿为主，资源丰富，主要钒钛磁铁矿以川西（攀枝花）、河北大庙等区域为主，川西地区作为我国钒钛磁铁矿的主要资源基地，探明铁矿资源量丰富，但资源潜力和找矿空间仍非常巨大，河北大庙地区也仍有较好的资源潜力和找矿空间。因而也是下一步找矿对象之一。

4）白云鄂博铁铌稀土类型矿床，其经济价值巨大，扩大远景和周边找矿同样具有较高的经济意义。

（5）坚持地质勘查体制创新与技术创新战略，培育地质勘查业的核心竞争能力。体制创新和技术创新是经济社会进步的主旋律，地质勘查工作也不例外。创新是推进地质勘查工作的动力。地质勘查技术创新要以提高国内铁矿资源勘查与开发的技术水平为目标，加强新技术、新方法、新工艺的开发与研究、改造，淘汰落后的工艺和技术。加强理论技术综合研究和我国主要铁矿成矿区带研究，尤其是富铁矿成因和找矿研究，建立矿床模式作为成矿理论研究的重点和主攻的方向。大力开发共伴生多金属资源、矿山尾矿、废渣等的综合利用的研究，我国较多铁矿组分复杂，综合利用价值大；岩浆型铁矿中除铁可利用外，钛、钒均为主要组分加以利用，另外还伴生有磷、铬、镍、铜、钪、铂族等多种组分可以综合利用；矽卡岩型铁矿共生有铜、铅、锌、钨、锡、钼、钴、金、硼等组分可以综合利用；火山岩型铁矿共生有铜、金、稀土等多种组分可综合利用。有的矿石伴生组分的价值甚至超过主成分铁的价值；沉积变质-热液改造型铁矿中共生稀土的价值远远超过主成分铁的价值。因而对铁矿难选冶、共伴生矿种的采选技术研究推广示范与应用非常重要，重点研究内容为采选冶技术突破的问题，提高综合利用效率。

铁矿勘查无论争取国家项目还是市场地质项目，都必须具备核心技术能力。重视人才，广纳人才，将尽可能多的有野外工作经验、学历较高的中青年地质技术人员充实到铁矿勘查一线队伍。抓好学术交流、专业培训和再教育工作，努力培养出一批多学科交叉的复合型人才，以提高地质矿产勘查效果、地质科研成果和市场经营效益。按照"精兵+现代化"的要求，高起点加快武装先进的地质技术装备，加强人才梯队建设。

（6）紧随铁矿深部勘查的趋势。当前我国主要铁矿床的勘探开发深度较浅，平均为500m，少数大型矿床勘探开采深度达到1000m。在500m以下还有很大找矿空间，500～2000m深度的第二找矿空间应作为今后勘查开发的重点。第二找矿空间是第一找矿空间的自然延伸，往往处于矿业基础较好的矿业开发基地，发现的资源可直接为稳定和扩大矿业产能提供支撑。第二空间矿产资源开发利用技术要求高、投资规模大，适合大企业进行规模勘查开发，便于政府实行监管，可有效防止掠夺式开采，从而提高资源综合利用水平，促进资源利用和环境保护，推进生态文明建设。无论从资源还是从环境角度，第二找矿空间矿产资源勘查开发利用已成必然趋势。

（7）地物化遥综合勘查技术的应用。中国铁矿具有分布广泛、相对集中于华北克拉通及其周缘、康滇、长江中下游等地区的空间分布规律。在铁矿勘查程度上，西部地区铁矿找矿勘查工作程度低，东部铁矿勘查深度浅，找矿潜力巨大。随着找矿深度的加大，盲矿体成为主要的目标体，以往单一的找矿方法已经无法适应，深部探测及综合勘查技术是今后一个时期铁矿勘查的主要手段。

近年来，随着卫星传感器的发展，遥感技术得到快速发展。遥感数据不但空间分辨率越来越高，光谱分辨率也进一步细化，从而促进遥感技术在地球科学领域得到深入的应用。其中的高光谱遥感技术不仅可以更准确地分类识别地物，同时也大大推进了遥感从定性到定量化发展的进程。针对沉积变质型铁矿，利用高光谱遥感铁染异常信息提取和遥感影像的最佳波段组合并进行增强处理，能够很好地指示铁矿带的位置及规模。

重磁结合是相对传统但成果丰富的找矿方法组合，无论是沉积变质型磁铁矿还是矽卡岩型磁铁矿，其重磁异常主要呈现高磁、高密度的"两高"特征。运用航地磁异常综合分析，以及利用重、磁、电相结合的方式，有较好的找矿效果。

岩石矿物分析测试手段近年来得到了极大发展，主微量元素分析、放射成因同位素分析、稳定同位素分析等都由定性分析到定量化分析发展。地球科学研究已经由宏观的概略研究向微观精细化研究转变，而铁矿床成因分析及矿床预测方法研究作为地球科学的一个分支，理论水平和技术水平均得到了极大的提高。

综合勘查技术需要强化技术支撑；提高勘查技术和方法的研究水平；重点研究提高勘查深度，探索寻找深部隐伏铁矿床和盲矿体的新技术、新方法；研发和推广先进有效的大深度、高精度、高分辨率的深部探测技术和仪器设备，总结有效方法技术组合，推广运用地质体三维模拟技术等，为深部找矿提供先进的工作平台。空地一体化装备、大深度多功能探测设备、车载钻机、测井及井中物探设备等高端设备的配备，加强数据综合处理综合解释能力建设，在装备水平、施工水平、研究水平等方面建立系统勘查的高度。

（8）绿色勘查与开发。2018年中国冶金地质总局发布《固体矿产绿色勘查技术标准（试行）》（CMGB-DZ/B-0001—2018），标志着铁矿绿色勘查工作已开始进入制度化、规范化的新阶段。铁矿勘查中环保泥浆材料、合理规划钻探占地面积、植被及土壤恢复及相关规章制度的建设都取得了明显的进步，轻型钻机、无人机测量等先进技术设备提升了绿色勘查水平。2021年7月1日自然资源部颁布实施《绿色地质勘查工作规范》（DZ/T 0374—2021），全国地质勘查行业进入了绿色环保勘查的新时代。

而绿色矿山建设示范项目也在2019~2020年两年内对850余家矿山进行了遴选公示，体现了我国绿色矿山建设的速度与质量。经过近几年的绿色勘查及绿色矿山建设相关政策推行，绿色勘查、绿色矿山建设取得了可喜的成效：绿色矿山建设标准相继建立，因地质勘查、矿山建设造成的生态环境破坏得到了迅速缓解，新技术、新方法得到了大范围的应用，无人机监督、遥感执法对违法行为形成了有效遏制。

发达国家经过多年的发展，已经建立了一整套相关的标准与规范，在规范和限制矿产资源勘查和开发对环境造成的破坏等方面，对矿业企业形成了有效约束。相较于发达国家而言，我国的铁矿勘查与开发还处于一个相对粗放的水平，亟须优化与创新地质矿产的勘查与开采技术，弥补传统工作方法的不足。今后一段时期，必须坚持"绿色为本、科学合理、综合评价、有效衔接"的原则，运用现代化技术方式来不断降低铁矿勘查与开发对环境的扰动。合理避让重点区域，在勘查技术规范允许范围内，以达到地质目的的基础上，尽量避让自然保护区、生态脆弱区、重要水源地、重要旅游区、重要建构筑物、基本农田、保护性动植物等影响范围，尽量避让勘查活动可能遭受或诱发地质灾害的区域。对于地形、地质条件复杂，施工难度大，环境影响较严重的工作区域，适当调整或优化勘查设计，强化施工场地相关要求，有效控制"三废"排放，采用先进钻探技术，恢复治理，恢复原貌，达到避让或减轻工程活动对生态环境的扰动破坏。实施铁矿勘查降碳途径，通过减少勘查占用土地面积，减少人为扰动，复垦复绿，需要技术和设备的革新进行动力转换，从而降低化石燃料的利用比例。

第二篇

冶金地质 70 年
铁矿勘查重要成果

第四章 主要铁矿调查成果

冶金地质 70 年的历程中，在我国主要铁矿成矿带实施了近 40 项铁矿调查项目（见表 4-1），取得了丰硕成果，为后期该地区铁矿进一步勘查工作奠定了基础。本章重点叙述 8 项近年来铁矿成果显著的调查项目，涉及冀东地区、鄂东南地区、北山—祁连成矿带、阿尔泰山、天山及西昆仑等多条重要的铁矿成矿区带。

表 4-1 冶金地质基础地质调查项目成果表

序号	报告成果名称	主要参与人员	提交单位	报告提交时间	提交资源储量/万吨
1	陕西省韩城县崖岔、上峪口、竹园一带铁矿调查总结报告		陕西冶金矿山渭北队	1959 年	
2	陕西省略阳县接官亭一带铁矿床物理探矿成果报告书		陕西冶金物探队	1959 年	
3	陕西省府谷柳林碛—清水河口一带铁铝矿床 1958 年地质工作总结报告		陕西冶金矿山渭北队	1959 年	
4	湖南省双丰井字中学一带变质磁铁矿地质调查报告		湖南冶金 234 队	1961 年	
5	山西省晋北小矿山调查资料	郝竹梁、李传德、冯秉恒等	山西省冶金地质勘探公司 604 队	1960 年	261.00
6	山西省晋南小矿山调查资料		山西省冶金地质勘探公司 602 队	1961 年	17.10
7	四川永川西山背斜中南段綦江式铁矿矿点检查报告		四川冶勘 607 队	1978 年	
8	新疆新源—巴仑台地区富铁矿成矿条件及找矿远景考察报告（1978~1980）		西北公司	1980 年	
9	河北省迁西县董家口—宽城县北大岭磁异常研究报告		冶金一公司地测综合队	1986 年	
10	山西省云中山北段 1∶5 万铁矿普查找矿地质报告书		冶金会战普查二队	1976 年	57.00
11	闽西南龙岩地区镜铁矿勘查工作报告		冶金部第二地勘局地矿院	1998 年	
12	新疆东疆地区富铁矿普查总结		冶金西北地质勘查局地质勘查开发院	2000 年	2192.50

续表 4-1

序号	报告成果名称	主要参与人员	提交单位	报告提交时间	提交资源储量/万吨
13	湖南湘南氧化铁锰矿评价	傅群和、赵志祥、张殿春、赵银海、匡清国、严启平、张守德、颜家辉、陈军宝、张贵玉	中南地勘局地勘院	2005 年	
14	冀东地区铁锰矿资源潜力评价		一局物探队	2000 年	
15	甘肃祁连山西段以镜铁山式矿床为主的铜铁金矿资源调查报告	李生全、王兴保、裴跃真、崔志春、张洪发、杨海兵、姚养利	中国冶金地质勘查工程总局西北地质勘查院	2002 年 3 月	8548.25
16	新疆西天山铁木里克—卡克扎（备战）富铁矿调查地质报告		中国冶勘总局西北地勘院	2002 年 12 月	
17	新疆西南天山以铁、铜为主的矿产资源调查与评价		中国冶勘总局新疆地勘院	2003 年 4 月	
18	新疆阿勒泰—富蕴富铁矿锰矿资源调查评价成果报告	厉小钧、仇仲学、王恩贤、蒲耀辉、王建业、张彬、张建新、闫卫军、刘晓宁、王猛、全孝勤、杨少华	中国冶金地质勘查工程总局西北地质勘查院	2005 年	12370.90
19	新疆哈密百灵山—阿拉塔格一带富铁矿资源调查评价报告	蔡永胜、李建新、苏雅拉吐、赵小健、程乾博、尹宪辉、全孝勤、杨少华	中国冶金地质总局西北地质勘查院	2008 年 3 月	415.30
20	河北省秦皇岛市超贫铁矿地质调查	赵明川、张惠文、侯彦晖	中国冶金地质总局第一地质勘查院秦皇岛分院	2008 年	
21	新疆红十井—矛头山一带富锰铁矿资源调查评价报告	武兵、王长青、苏大勇、董志辉、袁清自、王海鸿、王弘毅、王德智、季魁	中国冶金地质总局新疆地质勘查院	2009 年	300.00
22	甘肃玻子泉—通畅口铁矿资源潜力调查评价报告		山东正元地质资源勘查有限责任公司	2009 年 9 月	
23	遵化—长凝一带铁矿调查评价	胥燕辉、江飞、王郁柏、孟兆涛、杨正宏、贾开国、王兴文、刘俊、赵长军、张卫民、胡兴优、梁敏、张运昕、李晓军、刘太、许涛、李金柱	中国冶金地质总局第一地质勘查院	2012 年	76043.20
24	甘肃省北山红山地区铁矿调查成果报告	王猛、刘元、蔡伟胜、张义斌、刘程、李保辉、任杰、王利伟、李磊佳、白哲	中国冶金地质总局西北地质勘查院	2013 年	2701.49

序号	报告成果名称	主要参与人员	提交单位	报告提交时间	提交资源储量/万吨
25	甘肃北山营毛沱—大豁落井一带铁锰矿资源调查评价报告	王吉秀、张洪发、王军、殷建民、吴江	中国冶金地质总局西北地质勘查院	2008 年	1184.00
26	新疆阿克陶县阿克萨依地区铁铜矿调查评价	陈传庆、赵德怀、王海鸿、张永辉、田继鹏、刘勇、景钦明、毛红伟、曹俊伟、江荣鹏、唐龙元、吴浩、唐魏子	中国冶金地质总局新疆地质勘查院	2017 年	
27	湖北鄂州莲花山—黄石铁山铁多金属矿整装勘查区矿产调查与找矿预测	陈旭、许杨、张旦、赵晨、罗恒、于炳飞、岑志辉、李旭成、杨龙彬、肖明顺、黄幼平、龚强、孙芳、李颜、陶德益、刘丽	中南地勘局地勘院	2019 年	
28	山西省晋中一带调查报告	薄绍宗	山西省工业厅工矿研究所	1954 年 11 月	1317.00
29	山西省阳曲县阳兴镇神林山炭沟子一带地质矿床调查报告	薄绍宗	山西省工业厅工矿研究所	1952 年 6 月	240.00
30	山西省宁武县东西山铁矿调查报告	薄绍宗、耿文圃、郝作樑、王傲	山西省工业厅工矿研究所	1952 年 9 月	200.00
31	山西省古交地区铁矿资源简况	杜继胜、冯秉恒	山西省冶金地勘公司	1972 年 8 月	1849.40
32	山西省兴县铁矿点踏查简报		山西省地勘公司地研室	1976 年 7 月	130.00
33	山西省河津县铁矿地质调查报告	武文来	山西省冶金工业地质研究所	1985 年 6 月	
34	山西省隰县三区牛槽沟红窳山平垣一带铁矿调查报告	薄绍宗	山西省工矿研究所	1952 年 8 月	
35	山西省隰县堡子团一带勘查铁矿简要说明	李光宾、郭增芝	山西省工矿研究所	1952 年 12 月	6413.28
36	山西省汾西第三区礼义掌村一带铁矿调查	蒲县勘探队	山西省工矿研究所蒲县勘探队	1953 年 5 月	441.00
37	山西省襄汾县第三区塔儿山矿产调查报告		山西省工矿研究所蒲县勘探队	1953 年 7 月	
38	山西省汾西县二区西坪一带铁矿概况		山西工矿研究所蒲县勘探队	1953 年 4 月	350.00
39	山西省汾西县三区南岭一带铁矿调查报告		山西工矿研究所蒲县勘探队	1953 年 6 月	1200.00

第一节 河北遵化—长凝一带铁矿调查评价

一、项目基本情况

中国冶金地质总局第一地质勘查院执行"河北遵化—长凝一带铁矿调查评价"项目，该项目为中国地质调查局 2010 年批复的地质调查工作项目，归口管理部室为资源评价部，所属计划项目为晋冀成矿区地质矿产调查。项目起止日期为 2010~2012 年，经费为 3500 万元。

研究目的及任务：在深入研究冀东地区沉积变质型铁矿成矿地质特征的基础上，针对河北省滦南县马城、长凝、滦县古马—张各庄、青龙山—庆庄子、遵化市曹各庄、遵化—三屯营、迁安隆起西缘、宽城县梓罗台—上板城 8 个勘查区累计约 850km² 的范围，开展铁矿调查评价工作，通过高精度磁、重测量，并进行约束条件下的重、磁联合反演，指导深源异常和已知矿区的深部及周边钻探验证，圈定找矿靶区，发现新的矿产地。预期提交铁矿产地 1 处。

项目完成的主要实物工作量包括：磁法测量 531.1km²，重力测量 178.8km²，并完成部分重磁电联合剖面。施工钻孔 13711.9m（14 个孔）。

项目负责人为胥燕辉，主要参与人员为江飞、王郁柏、孟兆涛、杨正宏、贾开国、王兴文、刘俊、赵长军、张卫民、胡兴优、梁敏、张运昕、李晓军、刘太、许涛、李金柱等。

二、项目主要成果

该项目对冀东地区深源低缓异常通过化极、延拓、滤波、小波多尺度分解、正反演等方法进行磁法数据处理，并提取前期钻探所控制的矿体来建立初始地质模型，作为重磁解释的约束条件，进行重磁联合反演，推测矿体的赋存特征，并进行验证；结合工程揭露的矿体，利用计算机模拟矿体空间模型，建立了矿体三维模型，进行矿体形态研究；对冀东地区的铁矿成矿地质条件、控矿因素、成矿规律进行综合研究，通过对典型矿床成矿条件的重点解剖和分析，在冀东低缓异常、叠加异常及已有矿床深部及外围的研究取得了突破性进展，建立了相关矿床模式和找矿模型，并进一步深化冀东铁矿向形控矿理论。通过不断运用和丰富矿床模式和找矿模型，在冀东铁矿多个工作区深部发现新的厚大矿体，取得了深部找矿的重大突破。

共圈定磁异常 47 处，重力局部异常合计 19 处。重磁异常基本吻合的有 11 处，均为矿致异常。针对规模较大、查证程度低的重磁异常进行了钻探验证，提交青龙山—庆庄子新发现具大型规模的矿产地 1 处，古马—张各庄和马城外围具中型规模的矿产地 2 处，并在马城深部发现厚大铁矿体。提交铁矿资源量 7.72 亿吨。

经过此次工作，取得了很好的社会经济效益，发现新矿产地古马—张各庄，青龙山—庆庄子矿区、马城深部及外围已有成果显示具备寻找大中型规模的矿产地。后期古马—张各庄铁矿、长凝铁矿、马城铁矿及外围、青龙山—庆庄子铁矿均开展了进一步工作。

第二节 湖南湘南氧化铁锰矿评价

一、项目基本情况

中国冶金地质勘查工程总局中南地质勘查院承担"湖南湘南氧化铁锰矿评价"项目。该项目为 1999 年新开中国地质调查局国土资源大调查项目（任务书编号：0400210040、70401210078、资〔2002〕045-03 号，项目编码：199910200222）；工作起止时间：1999～2002 年；项目经费：210 万元。

项目总体目的任务：以湘南地区受邵阳、永州、桂阳、蓝山、城步盆地控制的泥盆系、二叠系层位中的氧化铁锰矿为主要目标，通过地质填图、遥感地质等工作，进一步划分成矿盆地，并对氧化铁锰矿赋存的新构造进行分类；用地、物、化等有效方法圈定矿化集中区，调查地表氧化铁锰矿出露情况，确定氧化铁锰矿的分布范围；施工浅部及深部工程，确定氧化铁锰矿的富集部位，探求资源量；对全区的氧化铁锰矿进行总体评价。预期成果：提交氧化铁锰矿 333+334₁ 资源量 1 亿吨，提交可供普查的铁锰矿矿产地 2 处。

工作区范围：湖南湘南氧化铁锰矿评价区自郴州—邵阳一线以南，止于湖南省与广东、广西之省界，面积约 50000km^2，地理坐标：东经 110°30′00″～113°30′00″，北纬 24°40′00″～27°20′00″。属郴州、永州、邵阳三地市所辖。评价区内交通比较发达，京广、湘桂铁路和国道 107、207、322 通过评价区，各评价矿床（点）内均有公路通往县城，与省道、国道相连。

项目完成主要实物工作量：1∶5 万遥感地质解译 28800km^2，1∶5000 实测剖面 30km，槽探 2763m^3，浅井 637m，钻探 850m，工业利用扩大试验 1 项。

项目负责人：傅群和，主要完成人员：赵志祥、张殿春、赵银海、匡清国、严启平、张守德、颜家辉、陈军宝、张贵玉。

二、项目主要成果

（1）在综合分析研究以往工作成果基础上，总结了湘南地区成锰沉积盆地对矿源层的控制作用，划分了城步、蓝山、永州、桂阳、邵阳等 5 个成锰沉积盆地，并对各成锰沉积盆地的形成、成锰沉积盆地对氧化铁锰矿的成矿控制作用进行了论述。

（2）大致查明了区内第四系含矿地层特征、矿体规模、产状、厚度及其变化规律，总结了结核状铁锰矿、土状铁锰矿分布规律，对矿床成矿地质背景、控矿因素、矿床特征、成矿机理进行了归纳和总结。

（3）对蓝山盆地的毛俊、锡镂、楠市、皱山、骊马桥—洪塘营、永州盆地的高峰—石岩头等矿区进行了比较详细的调查评价工作。对毛俊矿区下矿层土状铁锰矿控制程度比较高，圈定土状铁锰矿工业矿体 5 个，估算铁锰矿 333+334 资源量 10400.13 万吨，其中 333 资源量 1439.72 万吨。高峰—石岩头矿区共圈定了 8 个结核状铁锰矿工业矿体，骊马桥—洪塘营矿区圈定了 2 个褐铁矿工业矿体。

（4）评价区累计估算氧化铁锰矿 333+334₁ 资源量 1.04 亿吨，提交了毛俊矿区和高峰—石岩头矿区 2 处可供普查的氧化铁锰矿矿产地，取得了较好找矿成果，完成了项目预期资源量目标任务。

（5）大致了解了矿床开采技术条件，属简单类型。对蓝山盆地毛俊矿区土状氧化铁锰矿石进行工业利用扩大试验并取得初步成功，获得的"珠铁"产品可作为炼钢原料，具有很强的竞争力。经对毛俊矿区土状氧化铁锰矿开发利用进行概略经济研究，开发利用该矿产资源，可获得较好的经济效益和社会效益。

第三节 湖北鄂州莲花山—黄石铁山铁多金属矿整装勘查区矿产调查与找矿预测

一、项目基本情况

中国冶金地质总局中南地质勘查院实施"湖北鄂州莲花山—黄石铁山铁多金属矿整装勘查区矿产调查与找矿预测"项目，该项目是 2016 年新开中国地质调查局"整装勘查区找矿预测与技术应用"示范项目（任务书编号：121201004000150017-72（2016 年）、121201004000160901-20（2017 年）、121201004000172201-20（2018 年））。项目起止时间：2016～2018 年。项目经费：510 万元。

项目总体目的任务：在系统收集和综合分析已有地、物、化、遥、矿产等资料基础上，采用数字填图技术，开展铁山幅（H50E011004）、金牛镇幅（H50E012003）、高桥幅（H50E013003）1：5 万矿产地质专项填图、综合检查，开展找矿预测，圈定找矿靶区 3～6 处，评价资源潜力，提出调查区下一步找矿工作部署建议，并建立原始及成果资料数据库，开展整装勘查区进展跟踪与成果综合，提交整装勘查区矿产调查与找矿预测报告。

项目区位于长江中下游成矿带中亚带（Ⅲ-52-2）西端鄂东南矿集区内。勘查区范围北起鄂州莲花山—石头嘴，南至大冶灵乡白烟袋，东起黄石铁山严家湾，西到大冶灵乡金盆山，面积 1046km²。包括铁山幅、黄石市幅东部、鄂城县幅南部、大冶幅西部、金牛镇幅南部、高桥幅北部及殷祖幅、保安镇幅和巴河镇幅小部分。

项目完成主要实物工作量：1：5 万专项地质测量 1299km²，1：5 万重力测量 393.3km²，1：1 万地质填图 53.6km²，1：1 万重力测量 14.34km²，1：5000 磁法剖面测量 35.2km，1：2000 重力剖面测量 10.1km，1：5000 重力剖面测量 43.44km，1：5000 土壤剖面测量 20km，1：5000 地质剖面测量 35.2km，1：2000 地质剖面测量 29km，1：2000 土壤剖面测量 13.58km，1：2000 磁法剖面测量 22.1km，CSAMT（可控源）138 点，激电中梯剖面（点距 20m）31.58km，激电测深 69 点，钻探 867.1m，槽探 185m³。

2019 年 6 月 13 日，中国地质调查局发展研究中心组织专家对子项目分图幅报告、总报告和数据库进行了评审（中地调发（评）〔2019〕029 号）。子项目总报告评分 87 分，为良好级。

项目负责人：陈旭，主要参与人员：许杨、张旦、赵晨、罗恒、于炳飞、岑志辉、李旭成、杨龙彬、肖明顺、黄幼平、龚强、孙芳、李颜、陶德益、刘丽。

二、项目主要成果

（1）通过此次调查，大致了解了调查区成矿地质背景，对主要成矿地质体进行了圈定，较系统地总结了区域控矿因素、成矿规律及成矿作用特征，建立了铁山幅、金牛镇幅和高桥幅原始及成果资料数据库，编制了铁山幅、金牛镇幅、高桥幅矿产地质图、成矿规律图和矿产预测图。新发现矿（化）点5处，其中热液型铜（金）矿点1处，金矿化点1处，热液型锌矿化点1处，膨润土矿点2处。

（2）通过在铁山幅开展1：5万重力测量工作，圈定了46个重力异常（重力高异常28个，重力低异常18个）。剩余重力异常形态基本上反映了测区不同岩性地层、断裂破碎带、岩浆岩、隐伏大理岩等地质体的分布特征。根据区内已知矿体的分布特征，显示矿体大多分布于剩余重力梯度带上，这一规律可作为本区找矿预测的依据。同时通过重力测量工作，对铁山幅内构造和隐伏地质体进行了推断，对下一步工作具有指导意义。

（3）系统收集整理了调查区主要矿产种类、数量、规模及分布情况，编制了矿床（点）登记表。开展了区内典型矿床的研究，确定本区主要矿产预测类型为矽卡岩型铁（铜）矿、次火山热液型铜多金属矿和破碎蚀变岩型铜金多金属矿，总结了成矿要素、预测要素和区域成矿规律。在此基础上开展了矿产预测，共圈定了预测区22处，其中A类4处，B类7处，C类11处。预测铁矿石量5.5亿吨，铜金属量89.38万吨。

（4）通过综合检查，并结合前人已有的勘查成果，合计提交找矿靶区5处，分别为：付家铜多金属矿找矿靶区、碧石渡向斜深部铁矿找矿靶区、叶家垄铜金矿找矿靶区、毛岭下铜多金属矿找矿靶区和红峰铜多金属矿找矿靶区。

（5）通过开展整装勘查区进行跟踪和成果综合，对区内取得的最新找矿成果进行了总结，提交了整装勘查区进展跟踪报告。

第四节 甘肃省北山红山地区铁矿调查

一、项目基本情况

中国冶金地质总局西北地质勘查院执行"甘肃省北山红山地区铁矿调查"项目。该项目是西安地质调查中心下达的地质矿产调查项目，隶属中国地质调查局计划项目"北山—祁连成矿带地质矿产调查"。任务书编号：资〔2011〕2-4-11；资〔2012〕2-2-11；资〔2013〕1-4-11。工作年限：2011~2013年。

目的任务：在全面分析研究工作区已有地、物和矿产、科研资料的基础上，以沉积-变质型铁矿为主攻目标，以地面高精度磁测为先导，结合深部钻探验证，开展红山地区深部及外围铁矿资源调查，分析研究区域含矿层位空间分布，总结调查区铁矿成矿规律，对其资源潜力进行评价。预期成果：提交矿产地1处。

工作区跨1：20万星星峡幅（编号K-46-ⅩⅩⅣ）、牛圈子幅（编号K-47-ⅩⅨ）两幅。工作区范围：东经95°50′00″~96°13′00″；北纬41°25′30″~41°34′00″，面积503km²。

调查区位于东天山古陆系统南缘晚古生代增生褶皱构造带内，庙庙井—双鹰山大断裂北侧，罗雅楚山复式向斜南翼及向斜东转折端部位。区内出露地层有青白口系大豁落山群，为一套富镁碳酸盐夹凝灰质细碎屑岩及少量火山岩建造，赋存热水沉积型铁矿床（红山铁矿床），寒武系下统双鹰山群和上统西双鹰山群，为一套陆缘滞流海湾相含炭泥-硅质岩夹泥灰岩建造，产沉积型磷钒铀矿化（砂井南磷化点），奥陶系罗雅楚山组，为一套浅-半深海相砂岩-浊积岩建造,产蚀变岩型金(白石滩锑金矿),震旦系洗肠井群零星出露于五矿区北矿带。其中以寒武-奥陶系最发育,占罗雅楚山复式向斜基岩出露面积90%。青白口系含铁细碎屑岩系沿砂井次级背斜和七角井次级背斜两翼断续分布,出露厚度10~200m不等。

项目完成的主要实物工作量:1:1万磁法测量44.45km²,1:1万地质草测60.15km²,1:2000地质剖面测量26.416km,1:2000磁法剖面测量20.3km,1:1000地质剖面测量19.92km,1:1000磁法剖面测量13.18km,可控源音频电磁测深100点,槽探3996.9m³,钻探2585.94m。

项目负责人:王猛,主要参与人员:刘元、蔡伟胜、张义斌、刘程、李保辉、任杰、王利伟、李磊佳、白哲等。

二、项目主要成果

(1)大致查明了该地区出露的地层、岩浆岩、构造特征。基本了解了调查区铁矿成矿规律、含矿地层、含矿岩石等特征。该地区铁矿主要含矿地层为青白口系大豁落山群第四岩组,含矿岩石为磁铁石英岩,由于含矿地层后期受双鹰山复向斜控制的次级背斜及断裂构造影响,以致地表矿体呈多条状分布在背斜构造的两翼等特征。矿体围岩主要蚀变透闪石化、绿泥石化。

(2)此次调查对已知矿区外围开展高精度磁法测量,圈定磁异常25个,对16个磁异常进行查证均发现磁铁矿(化)体。且部分异常规模较好,异常中心极值较大,如四矿区西异常C43、四矿区西异常C47、五矿区西异常C58等规模较大的低缓磁异常认为是隐伏磁铁矿体引起的,经钻探验证均得到证实。认为该地区高精度磁测在找铁矿方面是一种很有效的方法。通过对工区内4条CSAMT勘查测线的剖面成果进行综合分析,推断解译了深部构造特征,指导了该地区的深部找矿工作。

(3)通过此次调查新发现铁矿产地1个,对区内铁矿资源进行了估算,新增333+334资源量1407.80万吨,圈定找矿靶区5处,其中A类靶区2个、B类靶区2个、C类靶区1个,概算新增铁矿石资源量1.99亿吨,认为该地区铁矿资源潜力巨大,找矿前景广阔。

(4)通过已知矿区深部钻探验证,在深部均见到磁铁矿体,且控制深度达到控制矿体约400m,为原有矿体控制深度的两倍,使得已知矿区资源量翻一番,根据已知矿区原有资源量估算结果,四矿区956.46万吨,五矿区3468.16万吨,因此已知矿区资源量概算可达8867.24万吨,概算新增资源量4433.62万吨,故认为已知矿区深部资源潜力巨大。

第五节 甘肃北山营毛沱—大豁落井一带铁锰矿资源调查评价

一、项目基本情况

中国冶金地质总局西北地质勘查院实施"甘肃北山营毛沱—大豁落井一带铁锰矿资源调查评价"项目。该项目为"西部铁锰多金属资源调查评价"的子项目,项目编码:1212010732708,任务书编号:资〔2007〕27-8号,工作起止年限:2007年1~12月。

总体目标任务：重点对同昌口—巴格棱太铁铜成矿带、草呼勒哈德铁锰成矿带开展成矿地质条件研究，总结成矿规律及找矿标志；利用取样工程控制矿体，估算资源量。对全区铁锰矿资源潜力进行总体评价。通过项目实施预期提交铁矿石 333+334$_1$ 资源量 1000 万吨，锰矿石 333+334$_1$ 资源量 200 万吨，提交《甘肃北山营毛沱—大豁落井一带铁锰矿资源调查评价》成果报告。

工作区地理坐标为：东经 96°00′00″~97°00′00″，北纬 41°25′00″~41°48′00″。实际工作区在该范围内呈北西向带状展布，北西长 85km，北东宽 26km，面积约 2200km^2。工作区位于兰新铁路柳园火车站（瓜洲县柳园镇）北东方向，直距 80~110km，行政区划属肃北蒙古族自治县马鬃山镇管辖，从柳园镇至矿点有简易公路相通，交通方便。

工作区处于天山—蒙古褶皱系北山褶皱带近中央部分的公婆泉地背斜中。区内出露地层主要有志留系、二叠系、第三系、第四系。工作区包括三个 III 级构造单元：草呼勒哈德复背斜（III$_2$）、双井—同昌口山间凹陷（III$_3$）和双鹰山复背斜（III$_4$）；六个 IV 级构造单元，其中勒巴泉背斜褶皱束（IV$_5$）、营毛沱中间凸起（IV$_7$）、泽鲁木—大豁落山背斜褶皱束（IV$_{10}$）位于工作区内。营毛沱—同昌口大断裂带、泽鲁木—大豁落山大断裂带纵贯工作区，其内以震旦、奥陶、志留系中浅变质岩系为主体，有受地层、构造、岩浆岩等因素控制的成矿远景区 2 处，即同昌口—巴格棱太铁铜成矿带、草呼勒哈德铁锰成矿带。在区域的中西部及东部分布有大量的岩浆岩，主要有华力西期的钾长花岗岩、花岗岩、斜长花岗岩、二长花岗岩、花岗闪长岩、闪长岩及加里东期的斜长花岗岩、花岗岩、辉长岩、辉绿岩、辉石岩、蛇纹岩等，另有少量的酸性岩脉、中性岩脉及基性岩脉分布。

项目主要对平头山北铁锰矿、草呼勒哈德铁锰矿、巴格棱太铁矿三个重要矿点进行调查评价。

项目完成的主要实物工作量：1：1 万地质测量 21.8km^2，1：1 万磁法扫面 21.8km^2，1：5000 地质剖面测量 7.35km，1：2000 地质测量 4km，1：1000 地质、物探磁测剖面测量 6.57km，探槽 1859m^3。

项目负责人：王吉秀，主要参与人：张洪发、王军、殷建民、吴江等。

二、项目主要成果

（1）系统收集了区域地质资料，根据区域成矿特征及成矿条件综合分析研究，工作区地处北山巨型成矿带中。从成矿地质背景、蚀变组合、矿产分布特征，又划分了两个成矿带，即同昌口—巴格棱太铁铜成矿带、草呼勒哈德铁锰成矿带。并优选了其中的平头山北铁矿点、草呼勒哈德铁锰矿点、巴格棱太铁矿点为主攻目标进行了调查地质工作。

（2）通过对平头山北铁矿点、草呼勒哈德铁锰矿点、巴格棱太铁矿点地质填图及物探磁法、外围剖面综合调查，发现物探磁异常 12 个（其中平头山北 1 个，草呼勒哈德 3 个，巴格棱太 8 个），并进行了异常查证及槽探工程揭露，除巴格棱太 C$_8$ 异常为非矿异常外，其他暂定为矿致异常。

（3）针对地质、物探测量综合圈定的异常范围，依据项目调查阶段规范要求，合理布置槽探进行揭露，共圈定铁矿体 11 个，锰矿体 4 个。估算经济意义未定的预测资源量，铁矿石 334$_1$ 资源量 1184 万吨，锰矿石 334$_1$ 资源量 0.62 万吨。

第六节 新疆阿勒泰—富蕴富铁矿锰矿资源调查评价

一、项目基本情况

中国冶金地质总局西北地质勘查院执行"新疆阿勒泰—富蕴富铁矿锰矿资源调查评价"项目,该项目为"西部铁铜资源调查评价"的子项目,工作性质属资源评价。项目执行期间为2002~2005年。项目总费用380万元。

项目总体目标任务是:在充分收集、研究该区带已有地、物、化、遥等资料,尤其是高精度航空综合测量资料基础上,确定找矿有利地段,筛选异常、矿点,并进行全面检查和查证工作,初步查明铁(铜)矿产资源潜力,并对重点区段内重要靶区分层次进行工程揭露和控制,提交资源量。同时对区内典型大、中型铁矿床已有资料进行分析研究,进一步查明该区铁(铜)矿成矿地质背景、主要控矿因素、含矿建造特征及找矿标志,指导区域铁(铜)矿评价工作。

工作区位于阿勒泰市—富蕴县一带,分属阿勒泰市、福海县、富蕴县管辖,长约120km,宽约25km,面积3000km²,呈北西—南东向。拐点坐标:E88°15′,N47°57′;E88°04′,N47°44′;E89°35′,N47°19′;E89°23′,N47°08′。

阿尔泰铁、多金属成矿带西起哈巴河县北,东至青河县,长约400km,宽约25km,呈北西—南东向带状展布。工作区为该成矿带的中段,即西起阿勒泰市,东至富蕴县北。构造上属阿尔泰褶皱系Ⅱ级构造单元克兰华力西地槽褶皱带。

出露地层为古生界(其中缺失寒武系、二叠系)海相地层和新生界陆相地层。下古生界分布广,主要分布在北部Ⅱ级构造喀纳斯—可可托海地槽褶皱带内,有中上奥陶统和中上志留统。上古生界主要分布在克兰地槽褶皱带内,以泥盆系为主,有少量石炭系。区属阿尔泰褶皱系克兰华力西地槽褶皱带,在地质史上经历了多期多次构造运动,形成的构造形迹相当复杂。一系列的冲断层及侵入岩体分布都呈北西—南东向展布,并具有向西撒开和向东收敛的趋势。并相伴着北东、北北西向断裂,在区域上呈现出以北西向构造为主体的构造构架。其多期多次的构造运动,对区内的地层发育、岩浆活动和矿产分布起着重要的控制作用。区内侵入岩十分发育,分布广泛,约占总面积的40%。主要为华力西期花岗岩类,印支期-燕山期有少量酸性小岩体侵入。

区内出露地层主要有中-上志留统库鲁姆提群($S_{2-3}k^1$)、下泥盆统康布铁堡组(D_1k)、中泥盆统阿勒泰组(D_2a)和第四系(Q)。区内褶皱构造主要为北西向,与区域断裂构造方向一致。该区主要的褶皱构造有阿勒泰复向斜与麦兹复向斜,均为复式倒转(北东翼)向斜,两翼地层发育层间褶皱,对蒙库、可可塔勒铁、多金属成矿带的形成与展布起了关键作用。区内断裂十分发育,各个方向均有,其中以北西向压扭性断裂最为发育,控制了地层的分布和岩浆活动。其次为北东向张扭性和北北西向扭性断裂。区内主要断裂有巴寨断裂、大喀拉苏—库尔提断裂、阿巴宫(康布铁堡)—库尔提断裂和蒙库—铁热克萨依断裂等。区内岩浆活动强烈,具有多期多次活动,分布广泛,以侵入岩为主,火山岩次之,它们的分布严格受区域构造控制。岩浆岩大多数为华力西期,分布面积占全面积的60%以上。华力西期可划分为早、中、晚三期。

项目负责人：厉小钧、仇仲学，主要参与人员：王恩贤、蒲耀辉、王建业、张彬、张建新、闫卫军、刘晓宁、王猛、全孝勤、杨少华等。

二、项目主要成果

（1）找矿成果显著，共新发现矿产地3处，分别为巴利尔斯铁矿、乌吐布拉克铁矿、加尔巴斯岛铁矿。另外还发现一批矿点及矿化线索，具有进一步找矿潜力。

（2）对蒙库铁矿床东段进行了评价，矿区铁矿资源量成倍扩大，成为一个中-大型规模的矿区，并已开发利用，进一步确立了八钢资源新基地的地位。

（3）对阿巴宫铁矿重新作了评价，扩大了资源量，延长了矿山的服务年限，为国家、地方、企业的经济增长作出了贡献。

（4）达到了综合找矿和综合评价的目的，在铁矿带的上部层位（康布铁堡上亚组），为铅锌矿找矿的有利层位；蒙库铁矿及外围其他铁矿具有寻找可综合利用的铜矿；加尔巴斯岛铁矿南部的铜矿化点具有找矿远景。

（5）大致了解了阿尔泰铁矿成矿带铁矿成矿地质背景、含矿建造特征、主要控矿因素、找矿标志，确定下泥盆统康布铁堡组是一个区域性含矿层位，与物探磁法异常共同组成了明显的找矿标志。

（6）通过对典型矿床的解剖，以点带面，点面结合，提出了阿尔泰铁矿带成矿模式，较好地指导了地质找矿工作，也为今后在该带地质找矿指明了方向，初步确定该铁矿成矿带具有进一步找矿前景。

（7）实践证明，采用地质与磁法相结合的工作方法，在该区铁矿勘查中具有良好的效果，是一种切实可行的找矿方法。

（8）获得了可观的铁矿资源量，共提交铁矿石 $333+334_1$ 资源量（新增）12370.9万吨。其中蒙库铁矿床东段新增7119.0万吨，阿巴宫铁矿床新增1496.9万吨，巴利尔斯铁矿1864.0万吨，乌吐布拉克铁矿1264.6万吨，加尔巴斯岛铁矿626.4万吨。

除以上估算的铁矿石资源量外，通过远景分析，工作区铁矿石资源预测总量大于43400万吨。最有远景的矿区是蒙库铁矿床、阿巴宫铁矿床、乌吐布拉克铁矿、巴拉巴克布拉克铁矿。

第七节　新疆哈密百灵山—阿拉塔格一带富铁矿资源调查评价

一、项目基本情况

中国冶金地质总局西北地质勘查院执行"新疆哈密百灵山—阿拉塔格一带富铁矿资源调查评价"项目，本项目为"西部铁锰多金属资源调查评价"的子项目。项目编码：1212010632705，任务书编号：资〔2006〕27-4、资〔2007〕27-2。工作年限：2006～2007年。

本区范围地理坐标：东经 $91°00'00''\sim93°00'00''$，北纬 $41°20'00''\sim42°00'00''$。呈东西向带状展布，长168km，宽74km，面积12432km²。行政区划属新疆鄯善县，哈密市管辖。

调查区涉及 1 : 20 万图幅两幅，分别为卡瓦布拉克幅（图幅编号 K-46-XX）、喀拉塔格幅（图幅编号 K-46-XXI）。

调查区处在阿拉塔格—天湖沉积变质型铁矿成矿带上，成矿带西起新疆红云滩南东，东至肃北马鬃山镇北，东西长 520km，南北宽 15～50km，面积为 15600km²。调查区属于中天山加里东岛弧带的东段，主要出露中元古界结晶变质岩及大量花岗岩。

目的任务：全面分析研究工作区内已有的地质、物探资料，以沉积-变质型和火山岩型铁矿为主攻对象，兼顾矽卡岩型铁矿。重点解剖区内主要的航磁异常，对发现的矿（化）体进行工程揭露、控制，估算资源量，并对铁矿资源潜力进行总体评价。

项目完成的主要实物工作量：1 : 1 万地质草测 35km²，1 : 1 万磁法扫面 35km²，1 : 1 万地质剖面测量 35.6km，1 : 1 万物探剖面测量 35.6km，1 : 5000 地质测量 7.35km，1 : 2000 地质测量 6.17km，1 : 1000 地质剖面测量 23.26km，槽探 1800m³，钻探 1379.54m。

项目负责人：蔡永胜，主要参与人员：李建新、苏雅拉吐、赵小健、程乾博、尹宪辉、全孝勤、杨少华等。

二、项目主要成果

（1）在求方 301、401、402 航磁异常区内共圈定了 20 处形态好、规模大的高值异常。经异常检查，其中由铁矿（化）体引起的异常 3 处，由磁铁矿化岩石（含磁铁矿黑云母石英片岩、辉长岩等）引起的异常 11 处，属性质不明的负异常 3 处，非矿异常 3 处。

（2）在求方 301 航磁异常区，圈定 5 个局部异常（N1、N2、S1、S2、S3）均分布在环形构造中，位于环形构造中的含矿辉长岩，普遍含有磁铁矿，同时伴生有钒钛矿，资源潜力巨大。圈定了 7 条铁矿体，其中有 5 条矿体全铁含量 20%～25%，属低品位铁矿体，另外 2 条矿体厚度小于 2m。

（3）在求方 301 异常的中西部，新发现一条晶质石墨矿体，呈带状分布于大理岩与钾长花岗岩的接触带上，矿体平均厚 11.82m，长 670m，固定碳平均品位 9.10%。估算晶质石墨 334_1 矿物量 25 万吨，晶质石墨矿石量 274.9 万吨。

（4）在求方 401 异常内共圈定了磁铁矿体 10 条，其中有 6 条铁矿体厚度大于 2m，品位大于最低工业品位要求，对求方 401 异常内的 6 条工业矿体进行了资源量估算，共获得铁矿 334_1 资源量 32 万吨。

（5）在求方 402 异常所圈定的 6 处异常，共圈定大小磁铁矿体 17 条，大致了解了该区铁矿体的地质特征。在 C402-4 异常共圈定大小磁铁矿体 7 条，矿体编号 Fe_8～Fe_{14}。其中 Fe_8、Fe_9 矿体的厚度和品位达到了规范中的最低工业要求，初步估算铁矿 334_1 资源量 5.8 万吨。在 C402-6 异常南部，分布着一条透辉石绿帘石蚀变带，蚀变带宽 200～300m，长 5km，总体走向 65°。沿此蚀变带断续分布着 10 条磁铁矿体，矿体编号 Fe_1～Fe_7、Fe_{15}～Fe_{17}，其中 Fe_2、Fe_3、Fe_6、Fe_{15}、Fe_{16}、Fe_{17} 六条矿体达到了最低工业品位要求，初步估算铁矿 333+334_1 资源量 415.3 万吨，其中 333 资源量为 76.4 万吨，334_1 资源量为 338.9 万吨。

求方 402 异常透辉石绿帘石蚀变带，正处在阿拉塔格—天湖沉积变质型铁矿成矿带中，与已知的阿拉塔格铁矿、库木塔格铁矿、卡瓦布拉克铁矿处于同一成矿带上，有着相同的成矿环境和成矿条件，因此求方 402 异常蚀变带蕴含着较大的资源潜力。

（6）通过对异常区外围矿点检查，发现一条赤铁矿（化）体，宽 20~40m，长 100~200m，TFe：17.33%~28.68%，mFe：0.73%，具有进一步工作的价值。

第八节　新疆阿克陶县阿克萨依地区铁铜矿调查评价

一、项目基本情况

中国冶金地质总局新疆地质勘查院组织执行"新疆阿克陶县阿克萨依地区铁铜矿调查评价"项目，该项目属中国地质调查局西安地质调查中心组织实施"西昆仑铁铅锌资源基地调查与勘查"示范项目的子项目。子项目编码：12120115019801。该项目实施期为2015~2017 年。

目的任务：全面收集调查区内已有地、物、化、遥等资料，以铁铜矿为主攻矿产，兼顾铅锌矿等矿产。在调查区内开展 1:5 万矿产地质调查、1:5 万水系沉积物测量及 1:5 万遥感解译，并在此基础上圈定铁、铜、铅锌矿找矿靶区。优选找矿靶区利用大比例尺地质草测和适量的槽探工程揭露结合钻探工程验证，圈定矿（化）体，大致了解矿（化）体的形态、产状、规模。对矿床成因及成矿模式开展综合研究，综合找矿信息开展成矿预测研究，进行资源潜力评价。提交找矿靶区 5 处。

调查区位于新疆昆仑山西段，阿克陶县克孜勒陶乡五大队阿克萨依一带，隶属克孜勒苏柯尔克孜自治州阿克陶县管辖，地理坐标东经 75°30′~76°15′；北纬 38°10′~38°30′，面积约 1600km²。

调查区位于昆仑成矿省西北段，主要位于恰尔隆—库尔浪—塔木（大陆边缘裂谷）铜多金属成矿带与木吉—布仑口—桑株塔格（中昆仑隆起）铁铜金矿床成矿带。北昆仑（裂谷带）Fe-Cu-Au-硫铁矿矿带（Pz2）西段，中昆仑（中央地块）Fe-Cu-Pb-Zn-硫铁矿-水晶-白云母-玉石-石棉矿带（Pt，Pz2）东段，成矿带内铜、铅、锌、锰、铁矿点分布广泛，并具有一定规模，是铜、铁、铅、锌、锰多金属找矿的有利地区。

项目负责人：陈传庆，主要完成人员：赵德怀、王海鸿、张永辉、田继鹏、刘勇、景钦明、毛红伟、曹俊伟、江荣鹏、唐龙元、吴浩、唐魏子、王海鸿等。

二、项目主要成果

（1）编制了阿克萨依地区 1:5 万地质矿产图，对主攻矿床的重要地层进行岩性段划分，共划分 14 个岩性段，对调查区内空贝利—木扎岭断裂重点进行调查，并对重要含矿层位进行重点解剖。

（2）通过 1:5 万化探普查共圈定综合异常 28 个，其中甲类异常 5 个、乙类异常 6 个、丙类异常 17 个。圈定单元素异常 250 个，其中 Au 元素异常 20 个、Ag 元素异常 19 个、Cu 元素异常 15 个、Pb 元素异常 25 个、Zn 元素异常 16 个、W 元素异常 21 个、Mn 元素异常 11 个、As 元素异常 23 个、Sn 元素异常 13 个、其他元素异常 87 个。总结了调查区主要成矿元素 Cu、Fe、Mn、Pb、Zn、Ag 等元素的分布规律，为异常查证和今后的矿产普查工作提供翔实可靠的地球化学依据。

（3）通过 1:5 万遥感解译建立了全区岩石、地层、构造、地表环境等地质解译标志，圈出了 2 处铁染异常，提高了填图精度。

（4）1:5 万矿产地质调查对恰特幅、琼布斯萨依沟幅等四幅的地层、构造、岩浆岩等地质要素进行调查，对区域主要的含矿地层进行详细划分，结合以往资料认为，区域上主要的铅锌赋矿地层是上石炭统库尔良群第二岩性段，铜赋矿层位是下古生界布伦阔勒群，锰赋矿层位是下石炭统他龙群中段。调查区主攻矿床类型主要是以与老地层（Pt_1B）有关的沉积改造型铁、铜矿，矿床式为赞坎铁矿，以碳酸盐台地相（C_1T）的锰矿，矿床式为玛尔坎苏锰矿及构造热液型铅锌矿。

（5）初步圈定了 10 处成矿远景区，其中圈定 2 个 B 类找矿靶区、4 个 C 类找矿靶区，分别为苏盖特找矿靶区、阿克萨依找矿靶区、克斯麻克找矿靶区、布鲁木萨找矿靶区、主乌鲁克找矿靶区、恰特找矿靶区。

（6）新发现矿化点 4 处：主乌鲁克锰矿点、恰特锰矿点、苏盖特铜矿点及布鲁木萨铜矿点；检查评价前人发现矿点 2 处：阿克萨依铁铜矿点和克斯麻克铅锌矿点。

（7）开展了成矿预测研究，进行了资源潜力评价，预测了调查区的预测 334 级铜金属量 11952.53t。

第五章　重点铁矿勘查成果

冶金地质 70 年在全国开展了多次铁矿会战，足迹遍布全国，提交了 1500 多份铁矿勘查资料（见本章后附表），超过 323 亿吨的铁矿资源。

本章按照东北、华北、华东、中南、西南、西北分区，选择典型矿床进行论述，重点是对冶金地质进行铁矿勘查时期的成果和勘查史论述。本章主要根据矿床规模、矿床类型和矿区位置等选取了具有代表性和典型性的 179 处铁矿床进行详细叙述，重点分布于 9 个地区，即鞍山—本溪、冀东—北京密云、攀枝花—西昌、五台—吕梁、宁芜—庐枞、鄂东南、包头白云鄂博、鲁中、邯邢地区。涉及 27 省区市，其中，北京 1 处，河北 60 处，山西 12 处，内蒙古 2 处，辽宁 20 处，吉林 3 处，黑龙江 1 处，陕西 5 处，甘肃 4 处，青海 1 处，西藏 1 处，新疆 15 处，山东 12 处，江苏 2 处，安徽 6 处，江西 1 处，福建 2 处，河南 3 处，湖北 9 处，湖南 3 处，广东 1 处，广西 1 处，海南 1 处，四川 3 处，重庆 1 处，贵州 1 处，云南 8 处。

第一节　东北地区重点铁矿床

东北地区铁矿主要分布于辽宁、吉林、黑龙江三省，以辽宁省为主，依据 2020 年全国资源储量通报，截至 2019 年底，东北地区保有铁矿资源量 232.14 亿吨，其中特大型 8 处（均在辽宁），大型 28 处。

其中冶金地质在该区工作过的特大型矿床包括 6 处，分别为弓长岭铁矿、齐大山铁矿、东鞍山铁矿、西鞍山铁矿、胡家庙子铁矿、南芬铁矿。

区内具有经济意义的铁矿床类型主要为沉积变质型铁矿，即"鞍山式"铁矿。该类型矿床在中国绝大部分为贫矿，但在鞍（山）—本（溪）地区却有混合热液交代型富矿，在鞍山地区的上鞍山群樱桃园组地层内主要产出的是特大型铁矿。在鞍山地区存在东西向铁矿带和南北向铁矿带，东西铁矿带从东到西依次有眼前山铁矿、黑石砬子铁矿、东鞍山铁矿和西鞍山铁矿。南北铁矿带北起樱桃园，经齐大山、胡家庙子，向南东延长至眼前山，连续延长可达数千米，铁矿厚度达 100~300m。

一、辽宁辽阳市弓长岭铁矿

（一）矿床基本情况

弓长岭铁矿是我国最早发现、最早开采的铁矿之一，其位于鞍本地区的中部，华北板块的东北端，以鞍山式铁矿，尤其是富铁矿而闻名。经过不断的勘探，发展为一个超 20 亿吨的超大型铁矿。现为鞍山钢铁集团重要的铁矿生产基地之一。

弓长岭铁矿位于辽宁省辽阳市弓长岭区，沈阳以南 40km 左右，区内有铁路穿过，有国道、省道相通，交通极为便利。弓长岭矿区按照矿体出露位置共分4个矿区，即一矿区、二矿区、三矿区、老岭—八盘岭矿区（包括老弓长岭、独木、哑叭岭和八盘岭）。其中弓长岭二矿区矿体呈北西走向的狭长条带，长约4.5km，分为西北区、中央区和东南区三部分。

弓长岭铁矿床位于鞍本地区的太古代绿岩带内，在大地构造上位于鞍山凸起。区内出露地层有太古界鞍山群、下元古界辽河群、上元古界震旦系、古生界寒武系、奥陶系、中生界侏罗系及新生界第四系。区内鞍山群出露主要为茨沟组，是鞍山式铁矿主要的赋存层位。茨沟组呈残留体形式出露于大片片麻状花岗岩中，岩性组成为角闪石、含铁石英岩、钠长石片岩（变粒岩）、石英岩。辽河群在本区出露三个组，分别为高家峪组、里尔峪组、浪子山组。为一套浅变质的沉积建造，岩性组成为碎屑岩、黏土岩、碳酸盐岩。辽河群与鞍山群呈不整合接触，青白口系呈不整合接触覆盖在辽河群和鞍山群之上，出露三个组分别为：桥头组、南芬组、钓鱼台组。主要岩性组成为页岩、石英岩、泥灰岩、砂岩。震旦系出露康家组，岩性以泥灰岩为主，其间夹杂钙质页岩、粉砂质页岩等。寒武系出露上中下三统，主要岩性有页岩、石英砂岩、灰岩、泥灰岩，平行不整合于震旦系之上。奥陶系出露中下两统，岩性主要有竹叶状灰岩、薄层状灰岩、白云质灰岩。不整合于寒武系之上，与震旦系平行不整合接触（见图5-1）。

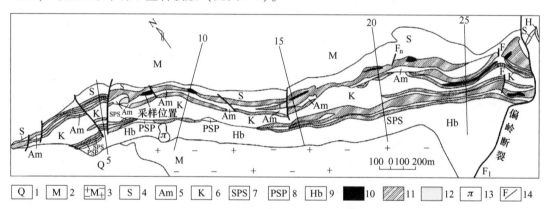

图 5-1 弓长岭铁矿床二矿区地质

1—第四系；2—上混合岩；3—下混合岩；4—石英岩层；5—斜长角闪岩层；6—黑云变粒岩（K层）；
7—钠长角闪岩、绿泥角闪片岩；8—绿泥云母片岩、绿泥角闪片岩；9—底部角闪岩；10—磁铁富矿；
11—条带状磁铁石英岩；12—类矽卡岩、绿泥片岩；13—长英岩脉；14—实测及推测断层

区内岩浆岩主要有侵入岩和混合岩，其中侵入岩主要包括辉绿岩和花岗岩。混合岩体主要包括麻峪混合岩体、三道岭—下马塘混合岩体、老爷岭—泉眼背混合岩体。

该区地质构造复杂，断裂和褶皱构造比较发育。矿区内内动力地质作用强烈，地质构造强烈发育，褶皱构造与断裂构造十分见常。鞍山群和辽河群构造层中的褶皱构造经过多期活动，总体形成了一个东西走向波浪形的复背斜，复背斜的北部受到寒岭大断裂的切割。区内主要的褶皱有弓长岭背斜和三道岭—下马塘背斜，主要断裂为寒岭断裂、偏岭断裂、三道岭—陈家岭子断裂、汤河沿—南芬断裂等，其中寒岭断裂和偏岭断裂控制了弓长岭二矿区的地层。

弓长岭铁矿分为 Fe_1、Fe_2、Fe_3、Fe_4、Fe_5、Fe_6 六个主要铁矿层，其中 Fe_6 铁矿层为

矿区规模最大的矿层,该层储量占总储量一半以上。铁矿层大致呈 SE 走向,倾向 NE,倾角 75°左右,各铁矿层由贫矿体和富矿体组成(见图 5-2)。

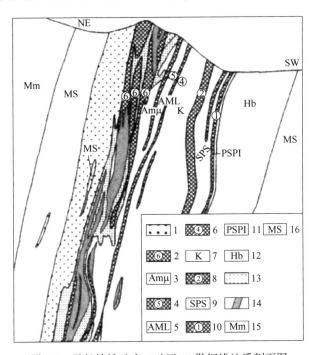

图 5-2 弓长岭铁矿床二矿区 15 勘探线地质剖面图

1—硅质岩层;2—第六层铁矿;3—上角闪岩;4—第五层铁;5—下角闪岩;6—第四层铁;
7—中部钠长石变粒岩;8—第二层铁;9—中部片岩;10—第一层铁;11—底部岩层;12—角闪岩层;
13—蚀变岩;14—磁铁富矿;15—麻峪花岗岩;16—弓长岭花岗岩

贫矿体呈层状、似层状赋存在两个含铁带之中,在各矿层内均有分布,单个矿体最大厚度可达 140m,延长 1700~4800m,延伸可达 1000m。贫矿的赋矿围岩以斜长角闪岩、绿泥片岩、黑云角闪变粒岩为主。

贫矿石以磁铁贫矿为主,此外还可见少量的假象赤铁贫矿。磁铁贫矿呈条带状构造,细粒结构,主要由 20%~30%的磁铁矿和 65%左右的石英组成。磁铁贫矿中金属矿物主要有磁铁矿,此外还有少量的赤铁矿、褐铁矿;非金属矿物以石英为主,此外还有少量的角闪石、黄铁矿及碳酸盐矿物等,磁铁贫矿平均品位 31%~35%。

富矿体在 6 个铁矿层内均有分布,但主要分布在 Fe_6 铁矿层。富矿体的水平厚度不等,最大可达 30m,延长 120~2800m,延伸 150~530m。在矿区已探明 138 个富矿体中,一半以上分布在 Fe_6 铁矿层,储量占富矿总储量的 77.1%,主要集中在 10 线、15 线、25 线附近。富矿体产状大致与贫矿体产状一致,多呈似层状、透镜状、脉状,局部为复杂的脉状,有时见分枝现象。富矿体内部可见交代残余的磁铁贫矿及蚀变岩夹层,围岩以贫矿、蚀变岩为主。

富矿石主要为磁铁富矿,构造主要为块状,结构为细粒或粗粒结构,磁铁富矿石中金属矿物主要有磁铁矿,少量的赤铁矿、黄铁矿、磁黄铁矿;非金属矿物有角闪石、阳起石、绿泥石、石英及少量的石墨,磁铁富矿的平均品位可达 TFe 70%。

截至 2020 年（辽宁省储量平衡表），弓长岭一、二矿区探明铁矿资源储量 21.59 亿吨，保有铁矿资源储量 15.28 亿吨。

弓长岭铁矿远在古代即已开采，以后历代均有开采。20 世纪初，日本侵略者开始觊觎辽阳弓长岭铁矿，后于 1913 年在二矿区开凿第一个矿井，并修筑了安平到辽阳的准轨铁路。1938 年又开凿第二个竖井，进行掠夺式开采，最高年采矿石 100 万吨。

弓长岭井下铁矿是鞍钢钢铁生产的主要原料基地之一。井下铁矿随着逐年的开采，其开采深度也逐年在下降。在井下铁矿全面实施无底柱分段崩落法开采工艺，提高了资源的利用率。

（二）矿床勘查史

弓长岭铁矿的开采冶炼可追溯至唐代。大约在 20 世纪 20 年代就有人在该区进行局部地方的地质调查工作，30~40 年代，日伪侵占我国东北时期为了配合开采铁矿，也做了一些零星的地质工作和地质研究工作。20 世纪 50~80 年代，在该区进行了全面深入的地质普查勘探工作，查明了该区的铁矿资源，并对该区进行了太古宇地质及"鞍山式铁矿"的地质基础理论研究。

1950 年 5~9 月，中央地质调查所及东北科研地质调查所程裕祺、李毓英等对弓长岭二矿区进行了地质调查，于 1951 年 4 月编制了《鞍山市弓长岭铁矿地质》，获得矿石储量 38367.9 万吨。

1952~1954 年，东北地质调查所和鞍钢地质处对二矿区进行了详细的地质勘探工作，主要参与人员为郑宝鼎、巴庆廉、门广珠、田长山、陈玉成、白玉璋、孙焕坤、王永治、刘沛林、徐显缘、徐长生、张金学、曹大曾，完成的主要工作量有钻探 10870.45m。提交了《弓长岭矿床二矿区地质勘探总结报告书》，全矿区共获得矿石储量 15395.1 万吨，其中富铁矿 2257.4 万吨。

1952 年，鞍钢地质处第二勘探队对多口峪区进行过调查，编写《弓长岭地区石灰窑附近新铁矿发现经过报告》。

1956 年 4~7 月，鞍钢地质公司原 401 队对多口峪区进行了详细普查，地质填图 126km²，槽探 738.4m³，获得磁铁矿和赤铁贫矿 C_1 级 43 万吨，C_2 级 159 万吨，共计 202 万吨。

1955~1957 年，鞍山地质分局 401 队在 1954 年勘探工作的基础上，继续对二矿区进行勘探，完成的主要工作量有：1:1000 地质填图 1.5km²，钻探 29130.72m，槽探 4121m³，坑探 281m。提交了《弓长岭二矿区与老弓长岭区详细地质勘探总结报告书》，获得全矿床保有储量 77356.4 万吨，其中富铁矿 10949.1 万吨、贫铁矿 66407.3 万吨。

1958~1963 年，鞍山冶金地质勘探公司 405 队对弓长岭一矿区进行了地质勘探，主要参与人员为赵家华、王永治、庄仁山、关显廷、韩宗照、伏晓凯、张殿春、李新民、王行仁、孙克俭、郝云岫、张云鹏、倪善金、朴文在、李秀堂、李凤文、刘显臣、张雅新、潘任连、刘凤义、李懿芳、王文平、王业芳、周志椿、杨政厅、彭义升、张国均、张广文、梁宗显、潘涌飞，项目施工钻探工作量 25178m（112 个孔），槽井探 5858m³。项目提交了《鞍山市弓长岭铁矿床一矿区详细地质勘探总结报告书（1958~1963 年）》。报告提交各类型矿石 B+C_1+C_2 级矿量总计 42400.33 万吨。

1973 年，鞍钢地质公司 401 队在多口峪区做了 1∶5000 磁法测量 14km²，发现一个半弧形异常带，总长 2000m，近东西向。

1976~1977 年，鞍钢地质勘探公司 404 队对弓长岭铁矿多口峪区做了进一步工作，该次完成主要工程：钻孔 8 个，2371.25m，地质填图（1∶2000）0.2km²，获得贫铁矿 C₂级 758.5 万吨。提交报告《辽宁省辽阳市弓长岭铁矿床多口峪区评价总结报告》。

1976~1981 年，鞍山冶铁地质勘探公司 404 队对二矿区进行了二期勘探，投入的工作量为钻探 28046.96m。提交了《弓长岭二矿区第二期地质勘探报告》，该报告经国家储委审批，截至 1978 年末保有储量总计 79292.6 万吨，其中富铁矿 8748.8 万吨，贫铁矿 70543.8 万吨。

1977 年，404 队提交了《辽宁省辽阳市弓长岭铁矿老岭—八盘岭矿区详细地质勘探总结报告（1972~1976 年）》，该报告 1978 年 2 月 17 日由冶金工业部地质司审批，审批书〔1978〕冶地字 274 号，并提出补做工作的意见。批准铁矿石表内储量：B 级 5946.2万吨，B+C 级 33712.7 万吨，B+C+D 级 51920.6 万吨，表外储量 D 级 357.3 万吨。

1978 年，404 队完成补充工作，1980 年提交了《辽宁省辽阳市弓长岭铁矿老岭—八盘岭铁矿区详细地质勘探总结报告补充说明（1978）》，于 1980 年 5 月 28 日，经鞍山冶金矿山公司地质勘探公司矿地字〔1980〕66 号文审查批准。该补充报告表内储量修正为B 级 5946.2 万吨，B+C 级 35278.0 万吨，B+C+D 级 53787.7 万吨，表外储量仍为 D 级357.3 万吨。

1983~1984 年，鞍山冶铁地质勘探公司 405 队对二矿区西北区进行了补充勘探，完成的主要工作量有：钻探 6739.29m（26 个孔），槽探 124.38m³。提交了《辽宁省辽阳县弓长岭铁矿床二矿区西北区补充地质勘探报告》，截至 1984 年末保有储量总计 78025.9 万吨，其中富铁矿 8589.6 万吨，贫铁矿 69436.3 万吨。

二、辽宁本溪市歪头山铁矿

（一）矿床基本情况

歪头山铁矿位于辽宁省本溪市溪湖区歪头山镇境内，地处本溪市北端，与沈阳、抚顺、辽阳接壤，西北距沈阳 35km，东南距本溪 30km。交通便捷，矿内有铁路公路与矿外相连接。

歪头山铁矿出露地层主要是太古界鞍山群，由斜长角闪岩、黑云片麻岩、阳起石磁铁石英岩、阳起石片岩及阳起石英岩等组成。矿区混合岩化作用比较普遍，变质程度为绿帘角闪岩相-角闪岩相，以带状混合片麻岩为主，遍布整个矿区。由于遭受混合岩化作用，鞍山群变质岩呈残留体分布于混合岩中。

矿区主要存在两期褶皱构造，是矿区主要的控矿构造，铁矿体多赋存于向斜轴部。矿区发育三条韧性剪切带，同样具有控矿作用，可使矿体加厚及运移上升，也可拉薄或拉断矿体，甚至造成矿体尖灭。

歪头山铁矿床中矿体呈层状、似层状产出，走向近南北，倾向西，倾角 20°~50°。由磁铁石英岩构成的铁矿体及其围岩呈向斜构造产出，一般在向斜核部和转折端矿体加厚，在轴部往往受挤压形成透镜状矿体（见图 5-3）。

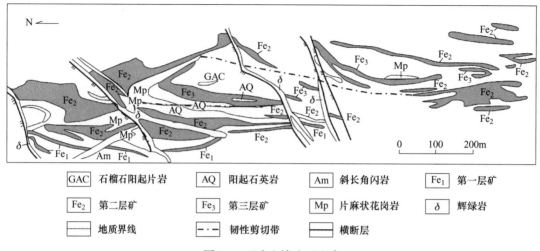

| GAC | 石榴石阳起片岩 | AQ | 阳起石英岩 | Am | 斜长角闪岩 | Fe₁ | 第一层矿 |

图 5-3 歪头山铁矿区地质

区内铁矿层有6层，其中第1、6层，2、5层，3、4层为褶皱重复的同一层矿体；矿体呈薄层状，单层厚5~125m，延长1000~2400m，为大型矿床。其中以第二层矿最厚，是歪头山铁矿床的主矿层，长2400m，最宽处达190m，最窄仅25m。矿层最小厚度为5m，最大厚度为125m，平均46.70m，埋深由地表至250m，矿石品位30%左右（见图5-4）。富铁矿分布零星，呈层状、似层状和透镜体状分布于贫铁矿层中，其中以第二层铁矿中最多，沿走向长150m，厚3~25m，倾斜延伸470m，倾角27°~45°，矿石品位为50.51%。

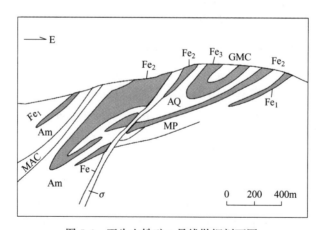

图 5-4 歪头山铁矿1号线勘探剖面图

Fe₁，Fe₂，Fe₃—第一、第二、第三层铁矿；Am—斜长角闪岩；AQ—阳起石英岩；
σ—煌斑岩脉；GMC—石榴阳起石英片岩；MP—混合片麻岩；MAC—黑云阳起石英片岩

歪头山铁矿床矿石类型按工业品位分为较贫铁矿石和富铁矿石，以贫铁矿石为主。贫铁矿石主要由石英（55%）、磁铁矿（30%）和闪石类矿物组成，呈中细粒变晶结构。矿石主要为条带（纹）状构造；富铁矿石为块状构造，磁铁矿约占55%，石英约25%，角闪石（阳起石）约20%。磁铁矿主要为八面体形，粒度较大，约0.4mm，石英充填在磁铁矿间隙，可见黄铁矿、黄铜矿。围岩蚀变以绿泥石化、镁铁闪石化、黄铁矿化及黑云母化为主，在矿体两侧、褶皱转折端及断裂附近最为发育。

根据历次矿山地质勘探成果，截至 2020 年，歪头山区及花岭沟区探明铁矿储量 31842.48 万吨，保有资源储量 11517.07 万吨。

目前，歪头山铁矿是本溪钢铁公司的重要原料基地之一，是由露天采矿、选矿、铁路运输、汽车、机修等车间组成的现代化大型矿山。

采矿为露天水平分层开采，中间掘沟扩帮，上盘方向进车，向下盘方向推进。目前已接近深部开采。选矿为一段粗碎、两段磨矿、单一磁选的工艺流程，是我国第一座采用湿式自磨进行生产的年处理量为 500 万吨的选厂，也是至今国内最大的湿式自磨选厂。

歪头山铁矿采剥总量已突破 2100 万吨大关，铁精矿三次被评为部优、省优产品，歪头山铁矿积极依靠科技进步，大力开展科技攻关，不断采用新技术、新工艺、新设备，在深部开采、边坡稳定性、复合油乳化炸药、提高炸药爆破利用率、露采合理边界品位优化、大块矿石干式磁选等研究方面取得了可喜的科研成果和突破性进展，有的达到了国内外先进水平，创造了极其可观的经济效益和社会效益。

(二) 矿床勘查史

歪头山铁矿早在清朝道光年间就进行开采，距今已有 100 多年的历史，当时是手工露天开采。

1912 年，日本取得了歪头山铁矿的开采权（日本大仓财阀与清政府，1912 年又与奉天当局合办 "本溪湖煤铁有限公司"），1932 年都留一雄通过地表地区调查，编著有《歪头山附近地质及矿床》一文。

1937 年，七七事变后，日本帝国主义为了大规模发动侵华战争，对东北地区的铁矿资源进行疯狂掠夺，歪头山铁矿也难逃一劫。1937 年，内野敏夫在歪头山地区进行地质调查，他采集 61 件试样，确定矿石平均品位为 31.3%，估计储量为 1.1 亿吨。

1948 年，东北解放后，歪头山铁矿回到人民的手中。1952 年，中国地质工作指导委员会沙光文等同志开展地质调查，并于该区施工了 5 个钻孔。这 5 个钻孔由于质量低劣，且无资料记载，岩心也未保存，因此这批钻孔已无法利用。在该次工作中他们曾采集了 4 个选矿试验样品运往苏联列宁格勒米哈诺布尔学院做磁选矿试验，但其成果未曾收集到。

1952 年，曹国权、沙光文等来此进一步工作。共挖探槽 12 条，采样 403 件，绘制 1:2000 地形地质图一张，并编制《本溪歪头山铁矿地质报告》。在报告中设计了 24 个钻孔及 2 条坑探。

1953 年，本溪钢铁公司根据上述设计进行了钻探施工，主要参与人员为白忠恕、戴自良、冯树勋、金宽一、杨春波、孙玉财、杨自宇、管世安、门广珠、安玉金等，共挖槽 25 条，辅助探槽 3 条，坑道两条，并于 1954 年编写了《歪头山铁矿床地质勘探总结报告》。探获贫矿储量 C_1 级 12590.16 万吨，C_2 级储量 7666.34 万吨。

1957~1958 年，鞍山冶金地质勘探公司 401 队在该区进行勘探工作提交歪头山铁矿床地质勘探总结报告。在此期间完成下列工作量：钻探 6183.70m（43 个孔），采样 741 件，槽探 6824m³，1:1000 地形地质测量 3.1km²。该报告于 1960 年提交，并于同年经省储委批准（决议书 14 号）后于 1962 年又经储委复审核实（复审核实决议书〔1962〕辽地储办字 26 号）被批准。

在 1963 年 12 月 10 日全国储委对省储委复审提出意见（〔63〕储委字 51 号），由鞍山冶金地质勘探公司对该报告进行补充修改，并于 1964 年 8 月编制歪头山铁矿床地质勘探总结报告（1957～1958 年）的修改说明书。经修改后获得储量为：B 级 4782.0 万吨，C_1 级 9343.1 万吨，C_2 级 5572.4 万吨，$B+C_1+C_2$ 共计 19697.5 万吨。

1969 年，鞍山冶金地质勘探公司 404 队根据矿山设计院意见，为了解南区矿体延长及延深情况打了 6 个钻孔，进尺 1323.52m，采样 84 个。并编写了简要总结，获 C_1+C_2 级储量 1767.0 万吨。

1975～1976 年，鞍山冶金地质勘探公司 405 队对歪头山铁矿床进行补充勘探。其目的是使南北区勘探深度基本达到一致，增长部分工业级储量和扩大矿床远景。共施工 15 个钻孔，进尺为 6333.63m，新获储量 C_1+C_2 级为 6438.6 万吨。

1979～1981 年，鞍山冶金地质勘探公司 405 队对歪头山区进行了二期勘探，并提交了二期勘探报告。该报告除包括歪头山区的地质勘探资料外，还包括了花岭沟区和阎家岭区的地质评价资料。探明能利用保有储量 B+C 级 21537.3 万吨，B+C+D 级 33333.4 万吨，暂不能利用储量 B+C+D 级 4210.0 万吨。

三、辽宁鞍山市齐大山铁矿

齐大山铁矿床位于辽宁省鞍山市东北部，地处风景秀丽的千山脚下，是一个规模巨大的"鞍山式"沉积变质铁矿床，开采已有百年历史，其前身是樱桃园铁矿，现为鞍山钢铁集团重要的铁矿原料基地之一。

（一）矿床基本情况

齐大山铁矿床位于辽宁省中东部，行政区划属鞍山市管辖。区内交通较方便，以鞍山为中心，公路、铁路交织成网，各乡镇间、村屯间也有简易公路相连，交通较为方便。整个矿区由北部 0 线剖面到南部的 4657 线剖面所控制，其中 0 线剖面到 1380 线剖面为齐大山北采区，1380 线剖面到 3850 线剖面为齐大山南采区，3850 线剖面到 4657 线剖面为王家堡子矿区，全长近 4650m，规模巨大。

齐大山铁矿大地构造位置位于中朝准地台（Ⅰ级）胶辽台隆（Ⅱ级）太子河—浑江台陷（Ⅲ级）辽阳—本溪凹陷（Ⅳ级）的西部。该区按构造单元由西向东划分可分为鞍山凸起、辽阳向斜、歪头山凸起、本溪向斜、南芬—连山关凸起，齐大山铁矿位于鞍山凸起之中。

矿区出露地层主要为太古界鞍山岩群和元古界辽河岩群的古老变质岩系，其上覆有第四系。太古界鞍山岩群樱桃园岩组是鞍山地区铁矿层的主要赋矿层位，由上部斜长角闪岩、变粒岩层、中部条带状铁矿层和下部片岩层组成。古元古界辽河岩群浪子山岩组与下伏鞍山岩群为不整合接触。由底部砾岩、石英岩和千枚岩组成。新生界第四系以冲积、坡积层为主，由砂、砾石、黏土组成，主要分布在山前平原及河床中。

矿区东北侧有大面积太古宙花岗岩出露，分布范围较大。岩石类型以斜长花岗岩和二长花岗岩质片麻岩为主，具有岩相分带特征，其边缘相为细粒结构，中心相为中粗粒结构。矿区内脉岩不发育，仅见闪长岩、玢岩、辉绿岩、斜长角闪岩。

区内古老岩层在漫长的地壳演化过程中经历了多期的运动，区内构造显示出多期性、继承性的叠加改造，现只能进行大致划分，包括北北西向断裂和北东向到东西向横断裂，其时代早于辽河群或大规模花岗岩化作用之前。北北东向斜交断裂晚于辽河群，但其上限不清。而较新构造可能属燕山期产物，如受区域性东西向寒岭断裂影响所产生的羽状断裂或入字形构造。前者表现在古老的北北西向断裂的复活及北东东到东西向横断裂的复活及叠加，除断裂构造外本区地层沿走向、倾向两个方向都显示出舒缓波状的褶皱。

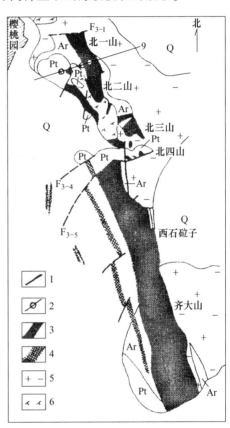

齐大山铁矿床矿层产于鞍山群樱桃园岩组，区域变质程度为绿片岩相–低角闪岩相。矿层呈北北西向分布全区，虽然受断裂构造破坏及晚期脉岩和混合岩化作用的影响，但矿体仍基本相连。矿体大部分裸露地表，经露天开采，较高处已被剥露，矿体上盘及上部千枚岩中的平行矿体被辽河群、第四系不整合覆盖。矿体呈厚大近直立的板状，全长近4900m，规模巨大，产状稳定，平面表现为舒缓波状。矿层走向为305°~335°，地表倾向南西，深部倾角陡立70°~90°，并有倒转。北部的60~860线间倾角较缓，在60°~70°之间向南逐渐变陡。矿体倾斜延深大于800m，厚100~350m，一般厚在150~250m。北区厚度在130~210m，平均厚度在174m；南区厚度在200~350m，平均厚度在224m。齐大山铁矿体的围岩一般为绿泥石英片岩和花岗岩，贫矿体与绿泥石英片岩呈整合接触，与花岗岩呈构造接触。贫矿体中富矿仅仅局部产出，与贫矿呈渐变接触，且与富矿相联系的围岩（绿泥石英片岩和花岗岩）发生强烈的绿泥石化、黄铁矿化、白云母化等蚀变。区内矿床分布多个工业矿体，以Ⅰ、Ⅱ号矿体为主矿体，齐大山铁矿地质如图5-5所示，剖面图如图5-6所示。

图5-5　齐大山铁矿地质图

Q—第四系；Pt—元古界辽河群；Ar—太古界鞍山群；

1—断层；2—勘探线及钻孔；3—条带状矿体；

4—隐伏矿体；5—混合岩；6—闪长玢岩

Ⅰ号矿脉位于矿区西北部，主要分布于660~1580线间，由F_{3-3}和F_{3-4}断层切割所形成的矿块，走向332°左右，南西倾，倾角70°~82°，由北向南逐渐变陡。核实矿区内矿体长度超过800m，厚150~220m，上盘围岩主要为闪长岩和绿泥石英片岩，下盘为花岗岩，矿体中有7~32m厚的磁铁阳起岩、花岗岩夹石。此条矿体控制深度可达−400m，主要的两种矿石类型为磁铁贫矿和假象赤铁贫矿，矿石中TFe含量为31.02%。

Ⅱ号矿脉位于矿区中部，厚度波动在80~240m之间，平均在120m左右。走向310°~330°，倾角近直立，局部反倾，倾向北东，倾角83°~86°，上盘围岩为含铁石英岩，下盘为千枚岩、花岗岩。矿体中有含铁石英岩夹石，夹石厚度5~17m。矿石主要由假象赤铁贫矿和磁铁贫矿两种类型矿石组成，矿石中TFe含量为30.21%。

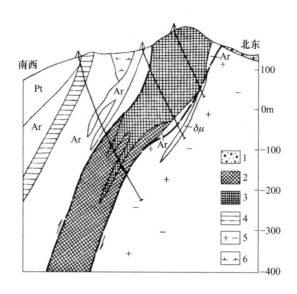

图 5-6　齐大山铁矿剖面图

δμ—玢岩脉；1—第四系；2—磁铁矿贫矿；3—赤铁矿贫矿；

4—含铁石英岩（Fe<20%）；5—混合岩；6—闪长玢岩

　　齐大山铁矿床主要有 3 类矿石：（1）铁闪磁铁石英岩，这是最主要的矿石类型，常见两种条带类型，一种是富硅条带，主要由结晶较大的石英和细小的磁铁矿组成；另一种是富铁条带，主要由结晶较大的磁铁矿、角闪石和少量石英组成，角闪石常与磁铁矿共生。（2）磁铁石英岩，较为少见，矿物组合单一，不同含量的石英和磁铁矿分别组成富硅和富铁条带。（3）方解石磁铁石英岩，极少见，与上述两种不同的是，方解石常与磁铁矿共生，根据其产出形式判断其应为原始碳酸盐矿物变质形成的产物，而不是后期热液作用的产物。

　　矿石结构主要为区域变质过程形成的各种不等粒粒状变晶结构，其次是后期在变质结晶结构基础上形成的各种复杂氧化交代结构，主要为自形-半自形结构、他形粒状结构、残斑碎裂结构、交代假象及交代残余结构、纤维粒状变晶结构。矿石构造有条带状、条纹状、细纹状、片麻状、揉皱状、块状、角砾状及细脉状等，以条带状构造为主，次为块状及揉皱状构造。

　　截至 2020 年底，齐大山区及王家堡子区累计探明资源储量 16.69 亿吨，保有资源储量 10.64 亿吨。

　　鞍钢齐大山采选扩建工程是国家"八五"乃至"九五"期间重点工程项目，工程的酝酿论证工作自 1986 年开始。随着国家工业经济的发展，国内钢铁的需求量与日俱增，冶金部将"利用外资增产 1000 万吨钢"的设想提到重要议事日程并上报国务院审议。1986 年 11 月 1 日，时任国务院总理李鹏同志及冶金部有关领导亲临鞍钢听取可行性研究汇报后，李鹏总理表示："条件很好，原则同意。"

　　1987 年 7 月国家计委明确："同意鞍钢公司利用外资进行扩建，纳入利用外资加快发展钢铁工业 1000 万吨的规划"，并在主要建设内容中同意进行齐大山采选扩建。扩建工程于 1992 年正式动工，1997 年主体工程建设完毕，1997 年 10 月 9 日采选全线试车，1998 年 4 月开始试生产，1999 年 1 月 1 日正式投产。

截至 2020 年，齐大山铁矿已发展成为铁矿石产量可达 1064.49 万吨，铁精矿产量 367.79 万吨的超大型铁矿生产基地之一。

（二）矿床勘查史

齐大山铁矿历史悠久，前身为樱桃园铁矿。该矿远在战国时期即已开采利用，其中鞍钢地质勘探公司 402 队对齐大山铁矿床进行了多次勘探工作。

1954~1955 年，重工业部钢铁工业管理局鞍山地质勘探公司 401 队承担了樱桃园铁矿床的勘探任务。此次完成钻探 590.09m，槽探 13496m³，并编制《辽宁省鞍山樱桃园铁矿床地质勘探工程总结报告书（1954~1955 年)》，主编周世泰。报告提交铁矿石资源储量 A+B+C 级 54166 万吨，D 级 36505 万吨。

1954~1958 年，冶金工业部地质局鞍山分局 402 队在鞍山地区进行了以槽探、钻探为主的勘探工作，主要参与人员为张国祯、张礼泉、王世称、甘克新、赵秀德、曾纯、李肇芬、庄仁山、姜佩林、熊光楚、李志樑、刘逢金、高香苓、姚启嵩、袁本先、载自良、唐泽光、姜长生、赵廷璧、赵家华、李世雄、方华亭、侯端章、李同印、费世金、巴素华、白永新、金占元、丛富山、佟国芳、杨学思、王国财等，完成钻探 19080m，槽探 22460m³，提交了《樱桃园至王家堡子三矿区铁矿床地质勘探总结报告》。报告共获得储量 90671.1 万吨，其中 A_2+B+C_1 级 54165.5 万吨，占储量的 59.74%，C_2 级 36505.6 万吨。

1973~1976 年，鞍钢地质勘探公司 402 队在 1954 年工作的基础上，对齐大山北采区、王家堡子三矿区和一、二矿区进行了以地质钻探为主的补充勘探工作。于 1976 年 11 月提交了《辽宁省鞍山市王家堡子铁矿区地质勘探总结报告》和《樱桃园铁矿区补充勘探说明书》，主编曹景宪。报告共获保有储量 73637.25 万吨，其中 A_2+B+C_1 级 39711.0 万吨，占储量的 53.93%，C_2 级 33926.25 万吨，该报告于 1978 年 2 月由中华人民共和国冶金工业部以"〔1978〕冶地字 273 号"文审批通过。

1978 年，鞍钢地质勘探公司收集整理该区以往的勘查资料，重新计算齐大山铁矿的保有储量，并于 1978 年 5 月提交了《齐大山铁矿床地质勘探总结报告》，主编袁本先。此报告统计表内、表外合计总储量为 154942.1 万吨，其中 A_2+B+C_1 储量 83550.7 万吨，C_2 储量 71391.4 万吨。

1979 年，鞍山冶金矿山公司地质勘探公司 402 队对矿床进行了补充勘探，主要参与人员为王振荣、张礼泉、陈宝仁、尚世佩、王秀珍、胡纯英、崔洪臣、曹桂复、乔永满、王国久、宋族永，完成钻探工作 4130.62m，并提交《辽宁省鞍山市齐大山铁矿床王家堡子一矿区补充勘探地质总结报告》，报告累计提交 C_1+C_2 级资源量 23840 万吨，本次报告新增 2193 万吨。

1980 年，冶金工业部地质局鞍山分局 402 队对齐大山铁矿床深部进行了评价，并提交《辽宁省鞍山市齐大山铁矿床深部评价报告》，主编尚世佩。报告提交铁矿储量 152624 万吨。

四、辽宁鞍山市东鞍山铁矿

(一) 矿床基本情况

东鞍山铁矿床于鞍山市南郊距市中心 7km，行政区划隶属鞍山市千山区东鞍山镇管辖，地理坐标为：东经 122°57′5″~122°58′2″，北纬 41°02′45″~41°03′25″。该区交通较为便利，西侧不足 1km 处有长春—大连铁路通过，有柏油马路与鞍山至海城一级公路相连。

东鞍山铁矿位于东西铁矿构造带的西部，东西鞍山铁矿的东端。东西鞍山铁矿地下深部相连，由于杨柳河从两山之间穿过，再加上公路、铁路等工程人为分开，习惯上分为东鞍山和西鞍山两个铁矿床。

矿床位于华北地台北缘，辽东台隆西部太子河—浑江凹陷西端，鞍山凸起，西鞍山—大孤山—眼前山东西向铁矿带的中西部。

矿区出露的地层主要有太古宙鞍山群樱桃园组和新元古界震旦系钓鱼台组，新生界第四系覆盖于太古界和元古界地层之上（见图5-7）。

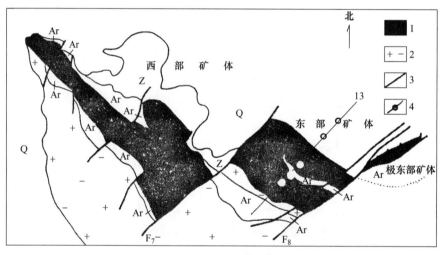

图 5-7 东鞍山铁矿区地质图

Q—第四系；Z—中元古界震旦系钓鱼台组石英岩；Ar—太古界鞍山群；
1—条带状铁矿；2—混合岩；3—断层；4—勘探线及钻孔

矿床位于鞍山复向斜西南翼，呈走向北西 30°~40°，倾向北东，倾角 30°~80°单斜构造。次级褶皱不发育，规模最大的褶曲仅见于矿体西端，其轴面走向北西 65°，倾向北东，倾角 80°，枢纽向南东倾伏，倾伏角 20°~30°。断裂带附近可见规模不大的牵引褶曲。

该矿具有一定规模的断层有 18 条，可分为走向断层、横向断层和斜交断层，而以横向断层最发育，对矿体破坏也大。横向断层又可分为正断层和逆断层，其中以 F_7 和 F_8 规模最大。西部矿体和东部矿体即被 F_7 错开。断层走向北东，倾向北西，局部倾向南东，倾角 70°~85°，控制延长 800m，断裂带宽度 8~10m，最宽 20m。断裂带被石英脉和煌斑岩脉充填。西部矿体被断层斜切逆推，水平错距达 365m，属压扭性成矿后断层。F_8 使东部矿体与极东部矿体水平位移超过 290m。断层走向北东，倾向南东，上部倾角 80°，深部 65°~70°。控制长度约 760m，断层宽 15~30m。

　　矿区出露大面积太古宙混合花岗岩和少量燕山期千山花岗岩，混合花岗岩分布于矿层下盘，燕山期千山花岗岩广泛分布于矿区外围，矿区内仅零星出露，花岗岩与上盘千枚岩具混合岩化现象，界线不清，呈渐变过渡，局部呈断层接触。脉岩主要是云辉煌斑岩和闪斜煌斑岩，受北西向和北东向断裂控制。安山玢岩多见于钻孔中，最宽 8m，最大延深340m。钻孔中还可见到辉绿玢岩、闪长玢岩和霏细斑岩，另外还有石英脉、含铁碳酸盐脉及含铜、铅、锌的石英方解石脉等。

　　矿体下盘为灰绿色千枚岩或花岗岩，上盘为灰色千枚岩，地表局部被青白口系钓鱼台组石英岩不整合覆盖。矿体地表出露长度 1610m，控制延长 2170m。矿体水平厚度 70~420m，沿倾向厚度最小 40m，一般 120~340m。矿体走向北西，倾向北东，倾角 50°~85°，上缓下陡，下部近于直立。矿体西端隐伏于千山河谷之下，并与西鞍山矿体相连。矿体总体为一个褶皱轴近水平的复杂褶皱。

　　沿走向矿体被 F_7 和 F_8 两条横断层斜切成 3 段，并伴有较大的水平位移。F_1~F_7 称西部矿体；F_7~F_8 之间称东部矿体；F_8 以东称极东部矿体。

　　西部矿体总体上呈上盘倾角缓，下盘倾角陡的趋势。西起西鞍山 2 线，东至 F_7 断层，形态复杂多变，地表矿体长 1100m，工程控制长 1335m，厚度 70~440m。深部由于混合岩化作用强烈，矿体遭受吞蚀，厚度变薄。控制深度为 −600m 标高（见图 5-8）。

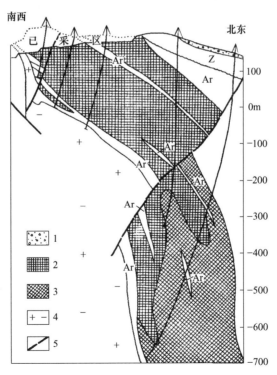

图 5-8　东鞍山铁矿地质剖面图

1—第四系；2—赤铁贫矿；3—磁铁贫矿；4—混合岩；5—推测断层

　　东部矿体为一厚大的单斜层与一向斜复合体，矿体下盘为北西窄南东厚的单斜层，上盘为北西宽，南东窄的向斜，地表走向长460m，工程控制长795m，地表厚度200~300m。工程最深控制到-730m标高。

极东部矿体在F_8以东浅部，规模较小，走向延长50m，水平厚度330m，呈楔形，至-90m标高尖灭。

在上述条带状贫铁石英岩中尚有数个热液型富矿体，不具工业价值。

该区的矿石类型复杂，以假象赤铁石英岩和磁铁石英岩为主，此外还有磁铁假象赤铁石英岩、假象赤铁磁铁石英岩、绿泥磁铁石英岩和透闪-阳起磁铁石英岩，局部可见少量电气石假象赤铁石英岩。此外，在热液富矿脉中尚有赤铁富矿和磁铁富矿块状矿石。

矿石中主要金属矿物有磁铁矿、假象赤铁矿和赤铁矿，另有菱铁矿、铁白云石和铁方解石。深部有少量黄铁矿和黄铜矿。表生矿物以褐铁矿为主，呈蜂窝状、粉末状和葡萄状等。沿矿石裂隙充填有细脉状、网脉状镜铁矿。脉石矿物以石英为主，次为绿泥石、透闪-阳起石、角闪石，局部可见电气石。

矿石结构有半自形等粒状变晶结构、残留结构、边缘交代结构、纤维粒状变晶结构、显微鳞片粒状变晶结构和显微棒状结构，热液富矿石中尚可见到显微网格状结构。矿石构造有条带状构造、条纹状构造、角砾状构造、褶曲状构造、显微脉状-网脉状构造，局部可见球状构造。

截至2020年年底，东鞍山铁矿床累计探明资源储量13.02亿吨，保有资源储量1.87亿吨。

（二）矿床勘查史

新中国成立前，日本曾在该区开展数次地质调查工作。

1949~1950年，鞍钢采矿部李鸿业和金田政一及中国科学院顾功叙先后在东鞍山铁矿做过地表调查和磁法工作。

1952年1~12月，李鸿业等对东鞍山矿床西部矿体进行了详细勘探。

1952~1954年，鞍钢地质处物探队，在鞍山附近（包括东鞍山）范围内做了磁法测量，共14km^2。

1953~1955年，鞍山冶金地质分局401队对东鞍山铁矿床西部矿体再次进行详细勘探。总共完成钻探789.10m，槽探6905m^3，坑探4549.6m。1952~1954年，由周世泰主编《东鞍山铁矿床西部矿体详细勘探地质总结报告书》，并经全国储委批准。

1955~1957年，鞍山冶金地质分局406队，对东鞍山铁矿床东部矿体进行了勘探，同时对覆盖在铁矿层之上的大片震旦系钓鱼台组石英岩（硅石矿）做了初步评价工作，并提交了由赵芳庭主编的《东鞍山铁矿床东部矿体详细勘探地质总结报告书》。

1969~1973年，鞍钢地质勘探公司404队和402队，对东鞍山铁矿床进行了补充勘探，完成钻探4129.07m。通过工作基本查明了-90m标高以上的矿体形态、构造及矿石质量变化，获A+B+C+D级储量24536.6万吨，并由王振荣主编《东鞍山铁矿床补充勘探地质总结报告书（1969~1973年）》。

1976年，冶金部在鞍山—本溪地区组织了为期5年的冶金地质会战。此间，吉林省冶金地质勘探公司607队、603队和609队，先后对该矿床深部进行了勘探，以满足矿山二期扩建的要求。

1976 年 4 月~1977 年 12 月，吉林省冶金地质勘探公司 607 队，负责东鞍山铁矿区二期扩建勘探工作，查明二期扩建露天底−300m 标高的矿体边界和断层对矿体的破坏情况。本期勘探投入钻探 12151m，获储量 102914.3 万吨，其中，B 级 15018.7 万吨，C₁ 级 40744.1 万吨，C₂ 级 47151.5 万吨，并于 1978 年 12 月提交了陈子诚主编的《东鞍山铁矿区二期扩建勘探地质报告书》。

1979 年 3 月~1980 年 6 月，吉林省冶金地质勘探公司 603 队和 609 队针对东鞍山铁矿区二期扩建露天底标高由−300m 延至−350m 和弥补原勘探范围工程控制不足等问题，重新布置了 10 个孔，工程量为 7197.57m。从 1976 年二期扩建勘探到 1979 年深部补充勘探，总共投入钻探 19348.89m（31 个钻孔），获总储量 126986 万吨，其中，B 级 25329 万吨、C₁ 级 54485 万吨、C₂ 级 47172 万吨；保有储量 115472 万吨，其中，B 级 13815 万吨、C₁ 级 54485 万吨、C₂ 级 47172 万吨。并于 1981 年 6 月提交了韦钧主编的《东鞍山铁矿区地质勘探总结报告书》。冶金部储委于 1984 年 1 月以〔1984〕冶储字 5 号文批准。

五、辽宁鞍山市西鞍山铁矿

（一）矿床基本情况

西鞍山铁矿位于鞍山市东南约 17km 处，北距沈阳市 90km。西鞍山铁矿床为生产矿区东鞍山铁矿的西延部分，两矿区矿体是相连的，以 2 剖面线为划分界线，2 剖面线以西为西鞍山铁矿，2 剖面线以东为东鞍山铁矿。区内交通方便，矿区北 1km 处为旧堡火车站，长大铁路在矿区东部穿过，哈尔滨到大连公路与铁路平行穿过矿区。

西鞍山铁矿床产于鞍山复向斜南翼（近东西向展布）的西端，矿床本身构成了受后期纵向褶曲和断裂强烈破坏的单斜构造，矿区南部分布有混合岩和千枚岩，矿区北部被震旦系覆盖。

矿区内的地层主要为太古界鞍山群、元古界震旦系、下古生界寒武系、新生界第三系和第四系地层。太古界鞍山岩群樱桃园岩组是鞍山地区铁矿层的主要赋矿层位，由下部千枚岩层、铁矿层和上部千枚岩层组成。鞍山群地层与上覆地层为不整合接触关系，普遍受到了不同程度的混合岩化作用。元古界震旦系地层主要出露在矿区的北部，它不整合地覆盖在太古界鞍山群之上，分别为钓鱼台组黄绿色硅质页岩，南芬组硅质页岩、泥灰岩透镜体、紫色页岩和桥头组泥砂质沉积物。

矿区内岩浆岩不发育，只有古老的变质基性岩脉，有与混合岩化有关的长英岩脉和石英脉，还有与花岗斑岩活动有关的基性-酸性岩脉。但它们的数量不多，多与断裂构造有关。

西鞍山铁矿床位于鞍山复向斜南翼西端，与东鞍山毗邻，两矿床的矿体是相连的。由于太古界鞍山群经历了鞍山运动、吕梁运动，受到了区域变质作用、混合岩化作用，以及后期各次构造运动和岩浆活动的干扰，使西鞍山铁矿床的地质构造相当复杂。太古代鞍山群构造层为矿区内的基底构造层，它由下部千枚岩、铁矿层及上部千枚岩层组成。其展布方向东部为北西 290°，西部为北西 315°，呈一向南西凸的弧形。断裂构造在铁矿层经历的历次构造运动中均有体现，在生成发展过程中老断裂受新的构造运动的影响又具有继承性。早期走向断层和晚期横断层、斜交断层对矿层连续性的破坏，致使上部矿层披露于山顶和山脊，而呈鞍型地貌，并与下部矿层分开，下部大部分矿层埋于地下。

西鞍山铁矿床为特大型赤（磁）铁贫矿床，位于东鞍山矿体向西延伸部分，铁矿体呈层状。受断层切割将矿层分成三个自然矿段，即东部矿体、中部矿体和西部矿体。

矿体为层状，矿层东部近东西向，西部呈北西315°方向展布。矿层倾向北东10°～45°，倾角上部矿体15°～25°，下部矿体40°～55°，局部可达60°。矿层东西延长达4593m，向东与东鞍山矿层相连接，向西隐没于冲积平原之下。矿层延深：东部8线勘探至-689m，倾斜延深已达1000m，矿体厚度（真厚，下同）355m；西部38线勘探至-659m，矿体厚度为230m。整个矿层平均勘探到-600m（矿体下盘），一般倾斜延深为800m左右。矿层的厚度由上向下不仅没有减薄反而有加厚的趋势，可以推测矿层向下延深可达-1000m以下，倾斜延深将超过1500m。在磁铁贫矿顶部假象赤铁贫矿呈楔形和漏斗状展现，是由于表生氧化作用结果。在震旦系底砾岩中砾石多为假象赤铁贫矿砾石，说明假象赤铁矿形成时代是在震旦系前，为鞍山式铁矿顶部的古风化壳。

西鞍山铁矿床矿石物质组成简单，主要是由铁氧化物、氢氧化物和石英组成，次为碳酸盐类和硅酸盐类，硫化物类和硫酸盐类极少。矿床主要的矿石类型都具有黑白相间的条带状构造。全矿区共发现矿石矿物、脉石矿物和黏土矿物23种，从矿物共生组合和形成顺序来看，氧化带的铁矿物具有多期多阶段的特点，反映出表生地球化学的复杂性。全矿床铁品位33%，二氧化硅为56.73%，硫为0.078%，磷为0.031%。

截至2020年底，西鞍山铁矿床累计探明资源储量13.28亿吨，保有资源储量13.05亿吨。

2021年，全国最大单体铁矿山地下开采项目——西鞍山采选联合项目落户千山区，目前该项目已进入实体推进阶段。据了解，西鞍山铁矿采选联合项目总投资突破200亿元，投产后年产值将超过150亿元。项目统筹资源开发和环境保护，采用行业领先的地下开采工艺和选矿联合流程，建成后将成为世界规模最大、技术领先、绿色、智能、无废、无扰动的地下铁矿山，增强钢铁产业链及供应链安全自主可控和风险防范能力，为推动矿产资源事业发展提供重要支撑，也将对拉动地区经济发展发挥重大作用。

（二）矿床勘查史

西鞍山铁矿在新中国成立前仅做过多偏重于学术研究的零星地质工作。

1952～1954年，鞍钢地质处物理探矿队在鞍山附近（包括东、西鞍山）500km²范围内进行了磁法测量。

1955～1957年，冶金工业部地质局鞍山分局406队赵芳庭等人，在勘探东鞍山铁矿同时对西鞍山铁矿区也进行了评价工作。投入槽探工程量1932m³，钻探工程量293.17m（2个孔）。获得贫铁矿C₁级储量1528.9万吨、C₂级储量34632.9万吨，高炉富铁矿C₁级5.2万吨、C₂级188.5万吨。

1958～1960年，鞍钢地质勘探公司408队王玉美等人，对西鞍山铁矿区以百米间距进行槽探，其工作量为2324.7延米。钻探工程量为1540.89m（6个孔）。并填制了西鞍山铁矿床地质图，但没有编制地质总结报告。同期东鞍山铁矿也在本区打了4个孔，工作量为365.40m，也未提交储量报告。

1971～1972年，鞍钢地质勘探公司402队根据有关部门要求尽快勘探，以作为"四五"规划中拟建矿山，于该区投入下列工作量：1:5000 磁法测量 5.8km²；1:2000 地质填图 6km²；水文地质填图 25km²；槽井探 1378.30m；钻探 4897.00m（25 个孔，其中包括 2 个小孔 79.98m）。

徐福盛等同志综合了 1958~1961 年的地质工作成果，于 1973 年 2 月编写了《辽宁省鞍山市西鞍山铁矿床中间勘探总结报告（1959~1972 年)》，最终计算储量，获得了鞍山式贫铁矿石 C+D 级 66955.5 万吨，品位 33.02%；C 级储量 15466.6 万吨，品位 34.20%；D 级富铁矿 35 万吨，品位 47.88%。

1975 年初，冶金部为了加强富铁矿的找矿工作，组成了北方富铁矿领导小组，确定在西鞍山及以西地区约 188.4km²，作为找风化壳型富铁矿的重点区，采用地质、物探（磁、重）配合钻探验证的综合方法，由鞍钢地质勘探公司 401 队、402 队、403 队、404 队等部分力量，在该矿区西部，主要寻找风化壳型富铁矿；同时兼顾贫铁矿勘探。完成重力测量 188.4km²。其中 1:1 万为 28km²，1:2 万为 115.2km²，1:5 万为 45.2km²。磁法测量 93.2km²，其中 1:2 万为 48km²，1:5 万为 45.2km²。电测深为 102 个物理点。共施工验证钻孔 9 个，工程量 3044.73m。工作结果于 1977 年 1 月提交了《辽宁省鞍山市西鞍山—獐子窝一带风化壳富铁矿找矿工作总结》。

六、辽宁鞍山市眼前山铁矿

(一) 矿床基本情况

眼前山铁矿地处辽宁省鞍山市东部，东经 123°10′06″~123°11′19″，北纬 41°04′09″~41°04′36″，行政区划隶属于鞍山市千山区千山镇管辖。矿区距鞍山市主城区 16km，距千山风景区 7km，北侧为砬子山铁矿，西面为关门山铁矿，东部靠谷首峪铁矿。眼前山露天采场北、东、南三面山岭环绕，西侧为山间平地，山岭海拔 200~386m，采场平均海拔约 93m。

华北克拉通是中国大陆主要构造格局之一，北接阴山—燕山造山带，南接秦岭—大别山造山带。工作区所处的鞍山—本溪地区处于华北克拉通东部陆块北缘，胶—辽—吉活动带以南，区内包括齐大山、胡家庙子、弓长岭、东西鞍山、南芬、歪头山等多个大中型铁矿床，是中国最重要的含铁岩系富集区。整个鞍山地区自太古宙起，历经了漫长的构造运动演化过程，现阶段形成一个以铁架山花岗杂岩体为中心的三角形构造格局，东部和南部分布有南北成矿带和东西成矿带，西北部被新生代辽河沉降断裂带所切断。

眼前山铁矿位于鞍山复向斜北部的胡家庙子向斜东南翼区域出露地层以震旦系变质岩系为主，并有震旦系、寒武系及第四系，同时还有不同时期的火成岩侵入。该矿区与齐大山、王家堡子、胡家庙子及关宝山等铁矿床构成了 1 条走向东西、长约 14km 的狭长铁矿带。

受区域构造的影响，矿区基本构造格局为陡倾斜单斜构造，在此格局上产生一系列断裂构造，矿区规模较大的断裂构造有：走向断层 F_{13}、斜交断层 F_{20} 及横断层 F_{19} 和 F_{m-1}。

眼前山铁矿总体走向为近东西—北西西向，由 Fe_1、Fe_2、Fe_3 等三个矿体组成，以 Fe_1 矿体为主，整个矿体在三维空间上呈现麻花形 S 状构造，1 号矿体赋存于鞍山群中部，下部为薄层千枚岩和混合岩，上部千枚岩及 2 号、3 号薄层矿体，总体呈直立的单斜构造，主要有磁铁石英岩型铁矿体和夹有各种片岩、脉岩及少量的富铁矿组成。3个矿体彼此间平行分布，均呈直立单斜构造走向270°~300°，倾向北东，倾角一般为70°~90°各矿体分述如下。

Fe_1 矿体东西控制延长1686m，南北向宽55~194m，在 F_{m-1} 断裂以西的矿体倾向北东，倾角70°~85°，在 F_{m-1} 断裂以东矿体倾向南西，倾角74°~86°，局部矿体直立，沿走向由东向西厚度由厚变薄。

Fe_2 矿体分布在 Fe_1 矿体上盘千枚岩中，与 Fe_1 矿体呈平行展布，距 Fe_1 矿体5~21m，东西走向，长430m，似层状或扁豆状产出，倾向北东，倾角50°~79°。

Fe_3 矿体分布在东部的千枚岩层中，矿区范围内东西长达976m，呈薄层状产出。与 Fe_1 矿体产状基本一致，倾向北东，倾角65°~75°。

眼前山铁矿床矿石的工业类型按矿石的用途不同可划分为富铁矿、贫铁矿和低品位矿；按矿石的选矿工艺不同可划分为未氧化矿（磁铁贫矿、磁铁低品位矿）、半氧化矿（假象赤铁磁铁贫矿、假象赤铁磁铁低品位矿）和氧化矿（假象赤铁贫矿、假象赤铁低品位矿），同时该区还存在碳酸铁矿石。

截至2020年底，眼前山铁矿床眼前山区、关门山区、砬子山区及首峪区累计探明资源储量共计16.09亿吨，保有资源储量10.63亿吨，其中，关门山区探明资源储量达9.20亿吨。

（二）矿床勘查史

1958~1959年，鞍钢地质勘探公司402队对该矿床进行地质勘探，主要参与人员为赵家华、袁本先、何美珠、李凤彦、庄仁山、张素云、杨宝良、马成祥、王国才、刘永玉、王修政、石维珍、赵锦章、赵德祥、赵秀德，投入钻探工作量6291.28m，并提交了《眼前山至关门山铁矿床地质勘探总结报告书（1958~1959年）》，报告提交 A_2+B+C_1 级储量14678万吨。

1962~1966年，鞍钢地质勘探公司402队，对前述工作进行补充勘探，投入钻探工作量6568.55m，并编制最终勘探报告，提交工业储量21110万吨。

1976年，黑龙江省冶金地质勘探702队郭富森、杨振清、顾帮才、张福才、依喜奎、孙彦飞、徐锡南、魏宝龙等人，在矿区开展二期勘探，投入钻探工作量3652.24m（8孔），并提交《辽宁省鞍山市眼前山铁矿床二期地质勘探总结报告》。通过勘查，在矿区海拔-617.5m以上共获得储量43745.9万吨，表外矿2118.8万吨。

1986~1987年，冶金部东北地质勘探公司四公司王秀珍、才玉民、李秀堂、张文祥、黄弦冬、王辽宁、陆海等人，对该矿床进行二期勘探的补勘工作，施工3个钻孔，共911.21m，并提交《辽宁省鞍山市眼前山铁矿床二期勘探补充地质报告（1986~1987年）》。通过补勘，B+C_1+C_2 级储量增加185.2万吨，并证实了原报告对XV线以西矿体逐渐尖灭的认识是对的。

七、辽宁鞍山市大孤山铁矿

（一）矿床基本情况

矿区位于鞍山市南东12km，地理坐标为东经122°58′00″，北纬41°04′00″，矿区公路铁路均有，交通方便。

华北克拉通北临中亚造山带，南邻中央造山带，整体呈倒三角形，是全球最古老的克拉通之一。前寒武纪主要由太古宙—古元古代变质基底及上覆古元古代末期—新元古代早期盖层组成。鞍山—本溪地区位于华北克拉通东北缘，整体呈弧形分布。

区内广泛出露太古代表壳岩和花岗杂岩体，同时还发育太古宙后岩浆岩及古元古代辽河群、震旦系、古生界、中生界、新生界地层。鞍本地区主要赋矿岩层为新太古代鞍山群表壳岩，但鞍山和本溪地区的岩石组合、变质及变形程度有所差异。区域内主要构造为轴向东西并向西倾伏的大向斜，受多次火成岩的侵入及后期断层切割，区域构造复杂。

矿区内出露的岩系主要为新太古代鞍山群樱桃园组变沉积岩、古元古代辽河群千枚岩及震旦系钓鱼台组石灰岩。其中樱桃园组变沉积岩，整体走向北西—南东，倾向北东，倾角40°~70°，矿床即赋存于该套地层中。矿区内发育大量褶皱构造及断裂构造，其中断裂构造可划分为东西走向的斜交逆断层和北东—北北东向的直交逆断层。区内岩浆岩较为发育，主要为太古代东鞍山花岗岩、白垩纪千山花岗岩及花岗斑岩、闪长玢岩和辉绿岩脉。

铁矿层产于前震旦纪变质岩系中的条带状含铁石英岩层。矿床中岩层呈单斜构造。走向300°~320°，倾向北东，倾角60°~80°。矿层长970m，厚120~300m，向下延深400~800m。矿石主要由氧化铁矿和石英组成。可分成氧化矿石和未氧化矿石两种。前者多分布于地表，为贫矿石。含硫、磷极少对冶炼无影响。

经后期勘查，查明矿体地表出露长1000m，厚160~275m，控制延深到-480m水平矿仍未尖灭。全铁含量全矿床平均为33.64%。

截至2020年底，大孤山铁矿床累计探明资源储量7.61亿吨，保有资源储量0.56亿吨。

（二）矿床勘查史

新中国成立前，东北地区长期被日本占领，同时由于该区资源禀赋优越，因此前期地质勘查工作主要为日本人所做，主要为地质调查、矿石研究及成因研究。

1950年，以高文泰为首的地质工作者们按东北工业部鞍山钢铁公司指示，到大孤山铁矿进行了详查工作。并根据地质外推法，推测320m水平标高以上矿量为3.57亿吨。

1952~1953年，前鞍钢地质队受鞍山钢铁公司指示，福久茂、粟颜俅及黄傅坧等人，对该矿床进行地质勘探工作。此次投入钻探4415.71m，并提交了勘探总结报告。

1953~1955年，重工业部地质局401队继续开展地质勘查。主要参与人为陈煊、黄傅坧、黄崇香、刘连升、周世泰、杨致深、张国祯、王林芳、梁世奎等。1952~1955年，共投入钻探工作量10952.71m，并提交《大孤山铁矿床地质勘探工程总结报告书》，勘探获得工业总储量 A_2+B+C_1 级2.4亿吨，C_2 级2.23亿吨。

1963~1965年，鞍山冶金地质勘探公司402队张礼泉、钟守春等人对矿区进行详细勘探，投入钻探18619m。编制了《大孤山铁矿床详细勘探地质总结报告》。此次总结计算了截至1964年9月1日的保有储量为 A_2+B+C_1+C_2 级26482万吨，其中 A_2+B级5258万吨，C_1 级17329万吨。

1982~1985年，冶金部东北地质勘探公司404队先后对大孤山主矿体和小孤山铁面进行了勘查。胡纯英等人提交了《辽宁省鞍山市大孤山铁矿床补充勘探地质报告》，累计探明储量增至4.03亿吨。截至1984年底，保有储量2.78亿吨，其中，A+B+C级2.2亿吨；王金广等提交《辽宁省鞍山市大孤山铁矿床小孤山矿区地质评价报告》，获远景D级铁矿石储量0.95亿吨。

八、辽宁鞍山市胡家庙子铁矿

（一）矿床基本情况

胡家庙子铁矿（即红旗铁矿）位于辽宁省鞍山市东南15~20km。地理坐标东经123°07′~123°08′，北纬41°06′~41°08′。交通便利，汽车可由鞍钢直达矿区。

矿区在区域地质上位于由太古代鞍山群变质岩系组成的鞍山复向斜的东北翼，该翼走向由樱桃园至西大背呈北西—南东向，形成一个全长10.4km的铁矿带，该矿区位于铁矿带的中南部。

区内出露的地层主要为前震旦纪鞍山群、辽河群变质岩系及混合岩和第四系。其中鞍山群分布广泛，主要由含铁石英岩和片岩、千枚岩组成，辽河群广泛分布于浅部，大多数分布在铁矿层的南西侧，岩性以千枚岩为主，石英岩和砾岩较少。矿区内地质构造较简单，基底鞍山群大致呈北东倾斜的倒转单斜构造，而在鞍山群不整合面上的辽河群则形成开阔的褶皱。断裂构造较发育，按其与矿体产状的关系可划分为走向断层、斜交断层和横向断层。

区内主铁矿层只有一个，呈近直立的单斜构造，走向延长4263m，平均厚度199m，矿体延深很大，至-368m水平标高以下仍有矿体赋存，走向145°~165°，倾向大多数向北东倒转，只有少数向南西倾斜。矿体主要为含铁石英岩，并夹有各种片岩、脉岩及少量富铁矿。矿石具有明显的条带状构造，少量为残余条带构造、揉皱状构造、网脉状构造及角砾状构造、块状构造。矿石结构变晶结构。

截至2020年年底，胡家庙子铁矿床累计探明资源储量12.54亿吨，保有资源储量10.46亿吨。

（二）矿床勘查史

该区在日伪时期，曾被进行过掠夺性开采富铁矿，但资料已毁。

新中国成立后，1950~1969年，多家地质单位先后对该区进行过普查、评价和研究工作。

1950年，葛春魁等编制了《樱桃园铁矿厂富矿量概况调查表》，确定矿量3万吨，推定矿量3万吨，可能矿量4万吨。

1950年，政务院财经委员会计委东北地质调查队，于樱桃园—眼前山一带进行了系统地质调查，编制了《辽宁鞍山樱桃园至眼前山铁矿地质》简报。

1956年，鞍山地质分局402队在胡家庙子至眼前山一带进行普查。对该区旧采矿坑道进行了修复和调查，编写有《胡家庙子至眼前山铁矿床地质普查简报》。

1958~1969年，鞍钢地质勘探公司402队在401队、407队、公司研究室、长春地质学院、北京地质研究所等单位的配合下，先后三次进行"找富兼贫"的深部评价找矿工作，共投入钻探工作量4206.63m（20个孔），成果不佳。

1970~1971 年，鞍钢地质勘探公司 402 队与 404 队共同对该区开展勘探工作，投入钻探工作量 5326.28m，并提交了《鞍山市红旗铁矿床地质勘探总结报告（炮台山—东小寺矿段）》。共获得贫铁矿石储量 11.14 亿吨，其中工业级 6.13 亿吨。

1972~1974 年，鞍钢地质勘探公司 402 队曹景宪等人对该矿区进行地质勘探，并提交了《辽宁省鞍山市胡家庙子铁矿区地质勘探总结报告书（1972~1974 年）》。通过工作，共获得 -400m 标高以上 B+C+D 级储量 10.75 亿吨，其中 B 级储量 2.36 亿吨。

九、辽宁本溪市南芬铁矿

（一）矿床基本情况

南芬铁矿（即庙儿沟铁矿）位于本溪市立新区（现更名为南芬区）南芬车站以东 7.5km。行政区划隶属辽宁本溪市立新区管辖。

该区位于阴山—天山东西构造带与新华夏系第二隆起带的交汇处，即华北地台辽东台背斜营口—宽甸隆起的北缘太子河凹陷之中。

区域广泛发育有太古界鞍山群、元古界辽河群及古生界、中生界地层。区域岩浆活动频繁，鞍山群地层混合岩化强烈，褶皱构造形态复杂。

矿区盖层由新生界第四系、寒武系、震旦系、青白口系组成，呈角度不整合接触于主要由古元古界辽河群、太古宙鞍山群组成的结晶基底之上。寒武系分布于矿区东南角，由下而上分别为碱厂组、馒头组、毛庄组、徐庄组、张夏组，主要为条带状灰岩、竹叶状灰岩、页岩、粉砂岩、石英砂岩等组成；震旦系岩性主要为桥头组磁铁石英岩夹页岩与康家组的页岩，青白口系岩性包括钓鱼台组的石英岩、砾岩与南芬组的页岩、泥灰岩，辽河群浪子山组与上覆青白口系不整合接触，岩性主要为绿片岩、白云石大理岩、千枚岩和石英岩。

区内构造复杂，构造线方向基本为北东向，北东 40°~50°压扭性断层发育，大部分在该矿区通过。基底构造轮廓为向斜构造，控制着思山岭铁矿体形态。

区内岩浆岩仅见辉绿玢岩、闪长玢岩、花岗闪长玢岩、花岗斑岩及石英斑岩，时代可能属燕山期。其中辉绿玢岩及闪长玢岩分布广泛，前者主要分布于矿区南东部，后者地表出露较少，钻孔中发育，局部成群出现。

根据工程钻孔见矿情况，矿床自下而上圈定了 I ~ V 号 5 个矿体，其中 IV 矿体为主矿体。矿体形态呈北缓南陡椭圆型向斜构造，长轴方向约 290°，赋存于鞍山群含铁石英岩建造中。推测铁矿带东西长 1500m，南北平均宽度 960m，最大深度 1580m，埋藏深度为 404~1934m。含铁岩系基本上为条带状磁（赤）铁石英岩。赤铁矿体主要由 I、II、V 3 个矿体组成，主要位于矿床上部或呈互层状分布于磁铁矿体中，与磁铁矿体平行整合接触，呈层状、厚层状、透镜状产出；磁铁矿体由 III、IV 两个矿体组成，位于赤铁矿体下部或呈互层状分布于赤铁矿体中。

矿石结构为粒状变晶结构，矿石构造为条纹状、条带状构造。磁铁矿和石英一般呈他形粒状，局部可见呈团块状磁铁矿，磁铁矿也呈微小尘染状分布于石英等颗粒中。

截至 2020 年年底，南芬铁矿露天矿、思山岭区及徐家堡子区累计探明资源储量共计达 36.89 亿吨，保有资源储量 35.60 亿吨。其中思山岭区探明资源储量达 24.87 亿吨。

(二) 矿床勘查史

1950 年，政务院财政经济委员会杨搏泉、沙光文、谢继哲、王前统、周凤彩等人，对矿区进行了初步调查，并编制《辽东省本溪县庙儿沟铁矿初步调查报告》。报告指出，区内大部分为前震旦纪变质岩系，小部分震旦纪地层，铁矿赋存于前震旦纪鞍山统，矿体呈层状，共 3 层，厚 18~54m，该区铁矿分贫矿、富矿两种，贫矿品位平均为 30%，富矿品位平均为 45%，矿石成分为磁铁矿及石英。储量约为 6.46 亿吨。

1975~1976 年，辽宁省冶金地质勘探公司 107 队王子臣、丛立泉、葛传令、孙贵文、廖希云、吴德森、齐恩波等人针对该矿床进行二期扩建勘探工作，并提交《本溪南芬铁矿二期扩建地质勘探报告》。通过工作进一步查清南芬铁矿是由三层矿体组成，呈厚层状稳定的板状体，在标高 −300m 仍很稳定，以第三层矿体为主，矿体长 2900m，平均厚度 87.88m，垂深已控制 1145m；第二层矿体长 2500m，厚 21.29m，垂深控制 1130m；第一层矿体长 2200m，厚度 10.66m，垂深控制 1130m。报告经冶金部审批，批准 C+D 级储量 82482.5 万吨。

1978~1979 年，辽宁省冶金地质勘探公司 104 队蒋子良等人对南芬铁矿黄柏峪区进行评价工作，投入钻探工作量 1234.26m（7 个孔），提交《辽宁省本溪市南芬铁矿黄柏峪区富铁评价报告》。经工作查明富铁矿体赋存于磁铁石英岩贫矿中，受构造控制，与 "S" 形波状挠曲构造产生的虚脱空间有关，富矿往往赋存于含铁石英岩的尖灭顶部。富铁矿体周围有广泛的绿泥石化和黄铁矿—石英脉体。该区一、二层铁矿在黄柏峪区已趋于尖灭，富铁矿规模小，且分散，工业价值不大。报告经冶金地质勘探公司审查批准，批准富铁矿 155.8 万吨，其中 C_1 级 49.7 万吨，较二期勘探报告中纯增加 102.9 万吨。

十、辽宁本溪市大汪沟铁矿

(一) 矿床基本情况

大汪沟铁矿区位于辽宁省本溪市北西 50° 方向，直距 16km。地理坐标为东经 123°36′25″，北纬 41°22′46″，隶属辽阳市灯塔区鸡冠山乡。矿区北 11km 处有本溪钢铁公司歪头山铁矿，有山间公路通至该矿区。交通不甚方便，沈（阳）丹（东）线路经矿区东侧，火连寨车站距矿区 13km。长（春）大（连）铁路灯塔车站到铧子煤矿有矿山专用线，可通火车。由此向东 16km 即至该矿区，可通汽车。路基不良，雨雪季节难行。

该区大地构造位置处华北地台辽东台背斜，居歪头山—北台隆起（含铁带）的中段。大汪沟铁矿区主要由小汪沟、腰接子，佟家西沟、炭城沟等矿床组成。矿区及其外围所出露的地层有太古界鞍山群变质岩系大峪沟组、烟龙山组（相当于歪头山组二段或茨沟组二段）属中部鞍山群。区内外混合岩化较强，变质岩石多呈大小不等的残留体分布于混合杂岩体之中，其间赋存鞍山式铁矿，共同组成区域古老结晶基底，地层走向近南北，其上覆盖层有震旦系、寒武系、奥陶系、石炭系、二叠系、第四系等。矿区外围有歪头山、棉花卜子、梨树沟、大河沿、北台等铁矿床近南北向展布。

矿区内分布的地层除第四系冲积、洪积、坡积层外，均属太古界中鞍山群大峪沟组和烟龙山组变质岩系。

该区无大规模岩浆侵入体，仅以沿断裂带注入的脉岩为主，如闪长岩、闪长玢岩、闪斜辉斑岩、正长斑岩，均为成矿后期脉岩，如与矿体发生关系，则起穿切破坏作用。

该区处歪头山—北台古隆起含铁变质岩系中段，由于受多次构造运动的影响和制约，使区内地层走向不大一致。如小汪沟北北东向、炭城沟南北向、佟家西沟东西向，但是鞍山群基底构造线方向近南北向，烟龙山组上部（含第Ⅳ~Ⅵ铁矿层）构成小汪沟向斜，烟龙山组下部（含第Ⅰ~Ⅲ铁矿层）构成大汪沟背斜和炭城沟单斜。铁矿层和变质岩层呈残留体分布于混合杂岩体之中。纵向断裂和脉岩较发育。

该矿区小汪沟铁矿床属中型贫铁矿床，腰接子、佟家西沟、炭城沟为小型矿点。小汪沟铁矿床第Ⅰ、Ⅱ铁矿层是具一定工业意义的两个主要矿体，较区内其他矿体产状变化稳定，延长延深厚度均较大，连续性较好，内部结构简单，储量较多。第二铁矿层走向北东25°~50°，倾向南东，沿走向由北至南倾角由陡变缓（60°~30°）。最大水平延长1176m，倾向最大延深410m，最小延深176m，厚度20~90m。尖灭于-150m水平标高之上。第Ⅱ铁矿层走向北东25°~50°，倾向南东。沿走向由北向南倾角由陡变缓（50°~20°），最大水平延长916m。倾向最大延深330m，最小延深30m。厚度30m左右，尖灭于-50m标高之上。二矿层储量为5115.5万吨，占全区总储量的70.37%。但因矿体沿走向由北向南侧伏，致使主要矿段埋藏较深，覆盖层最大垂深208~350m，影响其经济意义。

各矿床矿石类型简单。以阳起磁铁石英岩为主，透闪磁铁石英岩为次，它们化学性质差异不大，均属原生磁铁贫矿。

截至2020年底，大汪沟铁矿床累计探明资源储量1.87亿吨，保有资源储量5653万吨。

（二）矿床勘查史

1958年6月，鞍钢地质勘探公司403队曾对该区进行初步工作，填制有1∶2000和1∶5000地质图，同时推测铁矿储量可达1亿吨。

1958年10月~1961年，鞍钢地质勘探公司401队在403队工作基础上继续工作，提交《辽宁省歪头山至大河沿—带铁矿床普查勘探地质总结报告》，在该区投放工作量有1∶1000地形测量11km²，1∶1000地质草测4km²，钻探13个孔，共2396.00m。共获磁铁贫矿C₁级267.4万吨，C₂级1008.5万吨，磁铁富矿C₂级8.3万吨，共计1284.2万吨。

1973年，鞍钢地质勘探公司401队在改区进行了比例尺为1∶2.5万的综合性普查找矿工作，编有《歪头山—北台一带地质普查总结报告》。

1977年8月，鞍山冶金矿业公司地质勘探公司402队对该区开始评价勘探工作，因时间紧迫，在设计未编制之前即行施工，如ZK31、ZK32、ZK25三个钻孔就是按401队精测剖面布设的，后经进行地表踏勘和物探精测剖面（仅限于布设勘探工程之剖面），重新编制设计，之后正式执行设计。本着先重点后一般的原则，将大汪沟区列为重点评价勘探区，根据大汪沟区的施工情况，后经公司决定盘道沟地区本期不继续施工。1977年8月~1978年12月由402队二分队负责施工，1979年4~8月由402队一分队负责施工。参加此次野外地质工作的地质人员有郑良华、曹景宪、孙国和、宫凌新、崔洪臣、李善通、刘生石，测量人员石维珍、王振信、王永志、吴复生等，水文人员王凤玉，物探人员崔丁旭，岩矿鉴定由周铭浩、史亚梅、洪学宽担任。此次测量工作一节由乔永满执笔，水文地质条

件一章由王凤玉执笔，物探工作一节由刘相义执笔。此次主要完成了 1∶2000 地质填图
10km²，探槽 3171.16m³，岩心钻探 15756.80m（58 个孔），该区表内储量由原来 1284.2
万吨增加到 6921.4 万吨，储量主要集中于小汪沟区（6151.7 万吨）。

十一、辽宁本溪市梨树沟铁矿

（一）矿床基本情况

梨树沟铁矿位于本溪市溪湖区火连寨街道梨树沟下堡村，隶属于火连寨街道梨树沟下
堡村管辖。沈丹铁路和 304 国道，位于矿区东部 2.5km 处，矿区有柏油公路通往市区，
矿区距沈丹铁路火连寨车站 4km，距本溪火车站 15km，矿区至市内有公共汽车相通，交
通十分方便。矿区地理坐标：东经 123°40′2″；北纬 41°22′36″。

矿区大地构造位于华北地台辽东地块，太子河浑江古凹陷的西端。从地质力学观点分
析位于阴山东西复杂带的东延部和新华夏构造体系的交汇部位。区域构造位于火连寨帚状
构造的外旋层，即位于该构造西南部边缘。

区域范围所出露的地层有太古界鞍山群，古生界震旦系、寒武系、奥陶系、石炭系、
二叠系及第四系。太古界鞍山群广泛地分布在区域的中部，构成本区结晶基底，古生界零
星地分布在区域的东部与西部，属沉积盖层。

该区的基底构造的方向大致为南北向，由于基础构造受后期多次构造运动的影响，又
叠加上新的构造形迹，使矿区构造变得非常复杂，既有褶皱构造，又有断裂构造。

梨树沟铁矿体产于透闪阳起岩和石榴石英黑云片岩含矿段中，有四层铁矿体，以第
一、三层铁矿为主体，矿床属沉积变质成因的中型鞍山式铁矿。该区大部分矿埋藏在第四
系松散沉积物之下，呈隐伏状态。该矿为一残破的向斜构造，主要保留有向斜的北东翼—
东翼。由于在矿区中部的 2100~2200 线间出现斜冲断层，使矿区矿体形成两个明显的矿
段，即南北两个矿段。南段产状较缓，北段稍陡；南段延深小，北段较开阔。北段矿体在
2400 线被 F_1 断层重迭，又形成了两截，即所谓北段下盘矿体和上盘矿体。

三层铁矿由 2100 线向北忽然尖灭，北端一层矿体向北呈断失特征。矿体变化总的规
律是矿体厚度由南向北逐渐增厚，由浅到深逐渐增厚；与此同时矿体倾角由南向北有些变
陡，由浅到深则有逐渐变缓的趋势。四个矿层主要为石英云母阳起岩、石榴石英黑云片岩
层。矿层自南向北沉积幅度变厚，作为主体矿层的 Fe_1、Fe_3 厚度在 1800 线分别为 15m 和
24m，到 2100 线则逐渐增加到 37m 和 43m。各铁矿层（体）主要为似层状、层状，并有
的呈透镜状。

1 号矿体包括 Fe_1 和 Fe_{1-1} 两层矿，间距一般在 1.5~12m。矿体南起 1200 线到北部的
2500 线止，矿体延长 1388m。矿体主要为似层状、层状，并有的呈透镜状。矿体总体走
向为北西 340°，倾向南西，倾角一般为 42~53°。矿体产状沿走向变化较大，南段矿体走
向北东 5°，倾向北西，倾角 25°~43°；中段矿体走向北西 320°，倾向南西，倾角 20°~
63°；北段矿体走向转为北东 5°，倾向北西，倾角 22°~62°。矿体厚度由南向北逐渐增厚；
南段矿体厚度 2~11m，中段厚 5~43m，北段则增至 29~78.5m。矿体沿倾向方向变化也
较大，矿体厚度向深部逐渐变厚，矿体倾角逐渐变缓。南段变化不太明显，中段矿体厚度
由地表的 2~9m 增至 5~43m，矿体倾角由 43°~56°变为 17°~44°；北段矿体厚度由 7~

80m 增至 35~87m，矿体倾角由 39°~63°变为 10°~35°。

Fe_2 号矿体比较小，主要分布在 2000~2300 线，是盲矿体。南部矿体长 249m，走向北西 343°，倾向南西，倾角 23°~60°北部矿体长 158m，走向北西 320°，倾向南西，矿层厚度南段矿体厚度一般为 9.3~11.5m，平均厚度 10.5m。北部矿体厚度一般为 2.5~17.5m，平均厚度 9.5m，南部矿体埋藏的最大深度为 2100 线，标高 9m，垂深达 211m。最浅处为 2000 线，标高 40m。垂深达 176m。北部矿体埋藏最大深度为 2300 线，标高 51.5m，垂深 142m，最浅处为 2300 线，标高 112m。该矿层主要为透镜状产出。

Fe_3 号矿体是梨树沟主要矿层，它占该区总储量的 14.54%。南起 1400 线，北至 2100 线，总长 794m，总的走向为北西 346°，倾向南西，倾角 55°~14°。按其产状形状可将矿体分成两部分，南部 1400~1600 线间为次要部分，北部 1700~2100 线间为主要部分。南部长 299m，走向北西 335°，倾向南西，倾角 31°~25°；北部长为 495m，走向北西 352°，倾向南西，倾角 55°~14°。该矿体厚度特征是南部薄而倾斜缓，北部厚而倾斜稍陡；矿的厚度在倾斜特征向北西深部逐渐变厚，而倾角由浅到深也逐渐变缓。该矿埋藏最大深度在矿区南部的 1400 线，深度在 231m，埋藏最浅部位在北部的 2100 线，深度为 200m 水平标高，矿体最大垂深为 167m。该矿呈层状、似层状产出。

Fe_4 号矿体已采，目前铁矿层仅分布在 2200 线的浅部，矿体延展小，延伸有限，矿体内部较复杂是其特征。剩余的矿体全长仅 100m，走向为南北向，倾向西，倾角 30°~35°。矿体厚度变化大，形态复杂。矿体在深部的变化是迅速变薄至尖灭，为不稳定的透镜状。

截至 2020 年底，梨树沟铁矿床累计探明资源储量 7451 万吨。

（二）矿床勘查史

1958~1959 年，鞍钢地质勘探公司原 401 队对该矿做了找矿评价工作。工作后对梨树沟区（原松树坟区）估算 C_2 级储量 109.3 万吨，北大山区估算地质储量 112.4 万吨。

1958 年，全民大办钢铁时，沈阳军区第二直属工程兵某部在梨树沟区（原松树坟区）打了一个钻孔，同时进行了人工开采。

1973 年，鞍钢地质勘探公司 401 队在歪头山—北台一带进行了比例尺 1:2.5 万综合性普查找矿工作，指出枣树沟、梨树沟区为有希望地区。

1974 年，冶金部物探公司航测队进行了比例尺 1:2.5 万航磁测量工作。

1975 年，鞍钢地质勘探公司 401 队根据以往工作成果对枣树沟、梨树沟一带开展了详查评价工作。

1976~1978 年，鞍钢地质勘探公司 405 队在前人工作基础上，对梨树沟铁矿梨树沟区进行了详细勘探，并提交了《辽宁省本溪市梨树沟铁矿地质勘探报告》，获得磁贫铁矿储量 B+C_1+C_2 级 4577.5 万吨，B+C_1 级 2657.9 万吨。

十二、辽宁本溪市孟家堡子铁矿

（一）矿床基本情况

本溪孟家堡子铁矿位于本溪市南西 48km，辽溪铁路线北台车站南西 1.5km。矿床所在处，属本溪市桥头公社河北大队（现为平山区桥北街道）管辖。其地理坐标：东经123°36′24″，北纬41°13′44″。矿区交通水电条件较好。

孟家堡子铁矿区位于华北地台辽东地块，太子河古凹陷的西端。从地质力学来看，居于阴山东西向复杂构造带的东延部分和新华夏构造体系第二巨型隆起带的复合交接地带，寒岭断裂带的北侧。

区内前震旦系鞍山群、辽河群地层组成结晶基底大片分布，震旦系、寒武系、奥陶系、石炭系组成沉积盖层同样分布甚广，而侏罗系在寒岭断裂带上呈狭长状断续分布。区内基底构造为近东西向，北西向构造也很发育，由于后期构造的影响改造，使构造形态趋于复杂化。后期构造主要表现为北东向、北北东向的断裂构造，其对老期构造形态的影响，也表现为北东向或北北东向构造形态，构成华夏或新华夏构造体系。区内岩浆岩分布面积不大，主要有燕山期马鹿沟花岗岩体西端，其岩性主要为花岗岩、角闪花岗岩、花岗斑岩。另外有花岗伟晶岩和燕山晚期各类脉岩。

孟家堡子矿区处于歪头山—贾家堡子单斜构造之南端。矿区出露地层主要由前震旦系中鞍山群歪头山组的中、上部，仅在矿区西北部冲沟中见到少量寒武系馒头组岩石。区内构造以断裂构造为主，均与区域性北东向寒岭断裂有成生联系，为北东向断裂组，呈平行雁列式排列。对矿体有影响的断裂有 F_1、F_2 两条。

孟家堡子铁矿呈多层透镜状产于前震旦系中鞍山群歪头山组的角闪石英片岩和黑云变粒岩中。矿体规模一般不大，已探明的矿体有 5 个矿体，沿北东方向呈斜列式展布。较大矿体均呈北东 40°~45°。各矿体普遍具有北东端抬起，南西端侧伏的特征。10 号矿体走向延长达 900m，矿体厚度 20~50m 不等，中间大、两端小，平均厚度 36m。

孟家堡子铁矿属磁铁贫矿，矿石构造主要为条纹状和条带状构造，少数为块状构造。矿石结构为半自形-他形粒状变晶结构。

截至 2012 年底，孟家堡子铁矿床累计探明资源储量 1.06 亿吨（2020 年上表资源量偏差较大，经确认，采用 2012 年储量平衡表数值）。

（二）矿床勘查史

该矿床前期主要由辽宁省地质局开展工作，并提交了《辽宁省本溪县宁家乡孟家堡贾家堡铁矿普查报告》，共获 C_1+C_2 级矿石量 24305817t，其中，C_1 级储量占 48.70%，平均品位 24.06%~30.92%。C_2 级表外矿石量 20966615t，表外储量品位 20%。

1977~1979 年，辽宁冶金地质勘探公司 104 队对矿床进行地质勘探，主要参与人为李修凌、吴周林、陈复君、詹锡鸿、何美珠、冯德庆、孙海贵、朱永祥、樊德州等，此次投入钻探 15012.11m（48 个孔），并提交了《本溪孟家堡子铁矿地质勘探报告（1978 年）》。此次工作查明了矿体规模、产状、形态、空间位置、分布范围及断裂构造对矿体的破坏情况。报告共提交矿量 5531.1 万吨，其中，B 级储量 605.07 万吨，全铁 26.94%；C_1 级储量 3763.19 万吨，全铁 26.22%；C_2 级储量 1162.86 万吨，全铁 26.02%。

十三、辽宁鞍山市西大背铁矿

（一）矿床基本情况

矿床位于鞍山市东郊千山镇，距长大铁路线鞍山站 15km，西南距鞍钢环市铁路七岭子站 4km，从矿区至鞍山市有公路相通。

矿区在区域地质上位于由太古代鞍山群变质岩系组成的鞍山复向斜的东北翼，该翼走向由樱桃园至西大背呈北西—南东向，形成一个全长 10.4km 的铁矿带，该矿区位于铁矿带的东南部。

区内出露的地层主要为前震旦纪鞍山群、辽河群变质岩系及混合岩和第四系。其中鞍山群分布广泛，主要由含铁石英岩和片岩、千枚岩组成。辽河群广泛分布于浅部，大多数分布在铁矿层的南西侧，岩性以千枚岩为主，石英岩和砾岩较少。矿床位于鞍山复向斜北东翼的东南端，为一单斜层。西大背矿区断裂构造发育，按构造与矿体关系分为：走向断层、斜交断层和横向断层。矿区混合岩分布于西大背矿体以东及张家湾矿体西侧，鞍山群及辽河群地层均遭受了强烈的混合岩化作用。岩性为条痕状混合岩或混合质花岗岩，大部分与主矿体下盘片岩呈混合交代接触，局部与铁矿直接接触。

矿床由西大背铁矿和张家湾铁矿构成，是鞍山地区的两个大型矿床，矿体呈层状。西大背铁矿由 4 个矿体组成，其中 Fe_{I-1} 出露较好，呈单斜状，其他三个矿体为隐伏矿体。张家湾铁矿（Fe_{II}）为盲矿体。

Fe_{I-1} 矿体为西大背铁矿主矿层，即胡家庙子（红旗）铁矿体向东南方向的延伸部分，全长 1700m，水平厚度 10～130m，沿倾斜矿体厚度变化不大，矿体延深大于 600m。

西大背矿区矿石类型比较简单，矿石自然类型有假象赤铁石英岩（氧化矿）、磁铁假象赤铁石英岩（混合矿）和磁铁石英岩（原生矿），以氧化矿和原生矿为主，混合矿少量。

张家湾矿区的矿石主要是磁铁石英岩，少量透闪磁铁石英岩及绿泥透闪磁铁石英岩，均为原生矿石。

金属矿物以磁铁矿、假象赤铁矿为主，并有穆磁铁矿、赤铁矿、褐铁矿、针铁矿、镜铁矿，偶见少量黄铁矿、黄铜矿。非金属矿物以石英为主，另有阳起石、透闪石、绿泥石、绿帘石等，还有极少量碳酸盐矿物。

矿石为粒状变晶结构、鳞片变晶结构、氧化交代结构和纤维花岗变晶结构。矿石构造为条带状和块状。

截至 2012 年年底，西大背铁矿床累计探明资源储量 1.72 亿吨，保有资源储量 1.72 亿吨（2020 年辽宁省铁矿储量平衡表中未列出该矿）。

（二）矿床勘查史

该区系统地质工作是新中国成立后开始的。1950 年，李春昱等人在矿区进行了地质调查，编有《樱桃园至眼前山铁矿地质简报》，附有 1∶5000 地形地质图，认为在该区找富铁矿希望不大。

1953～1954 年，重工业部钢铁工业管理局物探总队熊光楚等人，在鞍山附近，包括该区在内，完成约 500km² 的磁力勘探工作，并提交了《鞍山市附近磁力勘探工作报告》。

1957 年，重工业部地质局鞍山地质分局 401 队，在胡家庙子至眼前山矿区进行了地表地质工作，以 400～600m 间距布置了 16 条勘探线（该区 3 条），槽探 418.3m，并由叶仁奢主编《胡家庙子至眼前山铁矿床普查简报》。

1960~1962 年, 冶金部矿山研究院熊光楚、王振平等人, 先后在陈台沟及张家湾矿区做过少量重力及磁法工作, 计算陈台沟矿体埋深 670m, 张家湾铁矿 871 剖面矿体埋深 46m, 厚 96m, 9033 剖面矿体埋深 80m。

1961~1962 年, 鞍山冶金地质勘探公司 402 队在张家湾铁矿进行了普查工作, 投入钻探工作量 1631.86m, 获得 C_2 级储量 7260.82 万吨, 并于 1962 年 12 月由姚晓众主编《张湾铁矿床普查找矿地质总结报告》。

1965~1966 年, 由鞍山冶金地质勘探公司 402 队开展了富铁矿找矿工作, 以 400m 间距施工 3 条探槽 (568.23m^3), 并填绘 1:1000 地质平面图。

1979~1982 年, 鞍山冶金地质勘探公司 402 队, 对西大背至张家湾矿区进行了系统的普查评价工作, 共投入钻探 8137.38m, 槽探 986.53m^3, 西大背铁矿获 D 级储量 15914.8t (其中, 氧化矿石 6288.7 万吨, 混合矿石 4837.0 万吨, 原生矿石 4789.1 万吨)。张家湾铁矿原生矿石 D 级 16436.7 万吨。并于 1984 年 4 月由王秀珍主编了《西大背至张家湾铁矿床找矿评价地质报告》。

十四、辽宁本溪市北台铁矿

(一) 矿床基本情况

北台铁矿是辽宁省北台钢铁厂露天铁矿, 南北长 1.6km, 东西宽 2.8km, 面积 4.5km^2。年产铁矿石 120 万~150 万吨。供给北台钢铁厂和新抚钢。北台铁矿由大顶子、张家沟、北台沟、老榆树沟—新榆树沟和东庙山几个矿段组成。

矿区大地构造单元处于中朝准地台 (Ⅰ) 胶辽台隆 (Ⅱ) 太子河—浑江台陷 (Ⅲ) 本溪—辽阳凹陷 (Ⅳ) 东西南部。

区域出露的地层主要是太古界鞍山群茨沟组, 其次为零星分布的青白口系钓鱼台组、奥陶系和第四系。

区域内断裂构造发育, 而褶皱构造主要是一些小的褶皱, 比较大的褶皱有大顶子区和张家沟区的纵向褶皱。大顶子区褶皱比较明显, 褶皱表现矿体由陡变缓。褶皱轴在 150m 标高。张家沟的纵向褶皱轴在 50~100m 标高。褶皱表现在矿体由北东倾斜而转向南西倾斜。

张家沟矿段和北台沟矿段上含矿层地表浅部薄层矿与主矿体呈 Y 字形, 矿体产状相同倾斜, 其原因是褶皱和断裂两种作用所致。其断裂又被花岗伟晶岩所充填。

区域内花岗岩呈大面积出露, 分布面积较大, 白云花岗岩、黑云花岗岩和花岗伟晶岩。脉岩类有辉绿岩、闪长岩、煌斑岩和石英脉。

该矿床规模较大。矿体成层状, 并且延长较远, 矿带总长 3060m, 厚度也较大, 一般厚度在 30~80m, 最大倾向延伸 600m 以上。矿体厚度沿走向和沿倾向都有变化, 这是由于成矿后构造变动所致, 并不是原始形态。

根据变质岩的原岩恢复结果表明, 角闪质岩石是海底基性火山岩, 变粒岩和浅粒岩是中酸性火山岩, 片岩类则是碎屑沉积岩。铁矿形成过程是在海底火山喷发过程中硅铁质与海水发生过化学作用, 形成硅铁质络合物, 当海水变为碱性时, 硅铁质沉积生成条带状铁矿, 再经过长期的地质构造作用生成了变质的铁矿床。根据上述特征, 北台铁矿应属

"火山-沉积变质"矿床。

先后由不同单位进行 5 次勘探的北台铁矿床，被认为是一个弓形向斜，大顶子与张家沟为东翼，大顶子矿层倾向南西，张家沟矿段的钻探工程均布置在北东部，开孔方位 264°，其结果是深部工程落空，结论是矿体延深不大，深部无矿，所求矿量有限。前人还根据老榆树沟区施工的几个钻孔见矿厚度不大，认为深部矿体更要变薄或尖灭。

北台铁矿由 4 个矿段组成，主要矿层有 7 层，上部 4 层薄层状，下部 3 层厚度较大（30~60m）且分布稳定，为矿山主要开采对象，呈层状或似层状。以第 5 层铁矿为主，全长 3060m，厚度 2~150m。倾斜延深 70~600m，矿区岩层走向大顶子和张家沟为北东，倾向北西，倾角 40°~80°，东庙山区奥陶系灰岩之上，矿层破碎，产状紊乱。

矿石以磁铁石英岩、透闪（阳起）磁铁石英岩为主，仅在老榆树沟—新榆树沟、东庙山区地表有很少量的假象赤铁石英岩。矿体中极贫矿和暂不能利用的矿石极少。矿床内富铁矿石也极少，不具备工业价值。

截至 2020 年年底，北台铁矿床累计探明资源储量 1.77 亿吨，保有资源储量 1690 万吨。

（二）矿床勘查史

1951 年，前政务院财政经济委员会东北地质调查队李毓英、潘廓祥在北台矿区进行了地质调查，填制了 1:2000 矿床地形地质草图。在地表露头和部分坑内采取了样品，著有《辽宁省本溪北台铁矿地质报告》。计算全矿床储量 8120 万吨。此次地质调查确定北台铁矿床是"鞍山式"铁矿，矿床成因为"沉积变质"铁矿，此次地质工作为以后在该区地质工作打下了良好的基础。

1959~1967 年，该矿床主要由本溪地质大队及地质部等单位开展地质工作，并提交了《辽宁省本溪县北台铁矿详细勘探报告》。

1978~1979 年，辽宁冶金地质勘探公司 104 队对北台铁矿床大顶子和张家沟段深部进行找矿及新榆树沟压矿地段磁异常进行了验证。104 队于 1979 年 5 月提交《辽宁省本溪市北台铁矿深部找矿及新树榆沟压矿地段磁异常验证总结》。大顶子和家沟区段 104 队投入钻探工程量 2608.16m（7 个孔），新榆树沟压矿地段投入钻探 773.15m（3 个孔）。大顶子和张家沟探获远景储量 884.8382 万吨。其中，大顶子探获 780.7420 万吨，张家沟区 103.6962 万吨。新榆树沟压矿地段获远景储量 170.07 万吨。

1984~1986 年，冶金工业部东北地质勘探公司 405 队提交《辽宁省本溪市北台矿床第二期勘探地质报告》，报告中探明保有储量 B+C+D 级 12951.4 万吨，其中，B+C 级 7836.8 万吨。

十五、辽宁辽阳亮甲二道河子铁矿

（一）矿床基本情况

辽宁省辽阳县二道河子铁矿矿区位于辽宁省中部，辽阳市东南 45km 处，行政辖属辽宁省辽阳县（寒岭镇二道河子村）；矿区位于鞍山钢铁公司所在地鞍山之东北约 40km，本溪市西南 39km，距离鞍钢弓长岭铁矿约 20km，矿区范围面积 0.74km²。

该矿区的山系属长白山系西南部支脉——千山山脉的东北部分。

该区从大地构造位置来看，位于华北地台胶辽地块营口—宽甸古隆起之西北，边级地带、西邻五级构造单元之下辽河中新断陷带，北接辽东地块之太子河古拗陷。区域内出露的岩石有沉积岩、变质岩、火成岩及广泛发育的混合岩类岩石。

区域内的沉积岩系除古生代之上奥陶纪、志留纪、泥盆纪以及中生代二叠纪因构造运动缺失外，其余自古老基底的第一个盖层——震旦纪至第四纪均有出露。沉积岩系主要沿东西向太子河沉降带分布，并为沉降带之主体岩系。

变质岩分布于太子河沉降带之南缘之营口古隆起，均为前震旦纪之沉积变质岩系。包括不同变质程度的黏土质、半黏土质岩石、碳酸盐类及硅质岩石。其时代为前震旦纪之辽河群与鞍山群。

伴随不同时期的构造运动，有各种岩浆岩侵入，包括前震旦纪之基性混杂岩、吕梁期及燕山期的花岗岩，以及各时期脉岩。

该区出露地层有前震旦系、震旦系、中生界白垩系及第四系，并以前震旦系为主。震旦系主要分布在两个区域，其一是河拦沟—青石岭—三道岭—高家沟一带，呈北北东向，另一个是自樱桃园—石桥子及大安平一带，呈北西及北东向分布。震旦系与下伏前震旦纪地层为不整合接触。

钓鱼台组主要由厚层石英岩及砾岩所组成。南芬组为杂色页岩及泥灰岩组成，并夹有小房身式赤铁矿。桥头组主要由泥砂质页岩及薄层石英岩组成。

该矿区构造主要以褶皱构造及断裂构造为主。褶皱构造一般以密集的复褶曲为主，褶皱轴方向一般为东西向，显然与区域褶皱有着密不可分的关系。断裂构造包括北东走向断裂及横断裂，两种走向断裂显然是随褶皱作用产生的。横断裂包括北东与北西向两组，以前者为主。

矿区出露正常的岩浆岩较少，多为一些受到不同程度的同化混杂的混杂岩，正常的岩浆岩仅包括一些脉岩，如花岗细晶岩、长英岩等脉岩多分布于矿区之东北部的和尚沟一带。

亮甲式铁矿的产状形态特点，是异常复杂变化多端，但是并非无规律可循，铁矿产状形态特征严格的受到构造围岩条件，以及混杂岩的产状形态所控制，因此从成因上看，其规律性就比较明显。

矿床产于辽河群大石桥组碳酸盐中，可分为三个矿体 Fe_I、Fe_{II}、Fe_{III}，各层厚一般为 $1\sim25m$、$0.5\sim12m$、$1\sim30m$，沿走向长 $750m$、$380m$、$360m$，延深为 $-170m$、$-125m$、$-125m$。矿体大致呈似层状，矿石由于含硫太高，属高硫磁铁矿石，除部分富矿外，其余均是自溶矿石与贫矿。

（二）矿床勘查史

该矿床前期主要由地质部、长春地质学院开展地质和物探等工作。

1960～1961年，鞍山钢铁公司地质勘探公司401勘探队对该区进行地质勘探工作，项目参与人员主要为冯树勋、韩宗照、张广文、徐显源、韩国品等人，完成钻探工作量3958m（32孔），并提交《辽宁省辽阳亮甲山二道河子铁矿床地质勘探总结报告书》。此次获得 C_1+C_2 级铁矿储量683.2万吨，其中 C_1 级369.4万吨。

十六、辽宁灯塔县棉花堡子铁矿

(一) 矿床基本情况

该区位于辽宁中部，沈阳市东南，辽阳市东北，本溪市的西北三市交界处，行政隶属灯塔县柳河镇所辖，矿区纵横跨越棉花、前堡及银匠三个村，南北长5000m，东西宽3000m，总面积为15km²。地理坐标为东经123°34′14″~123°36′20″，北纬41°24′35″~41°27′17″。

东距沈丹线歪头山车站9km，西距长大线灯塔车站30km。本溪至灯塔二级公路通过矿区中部，尚有客运班车来往，交通方便。

矿区山脉属长白山系，丘陵地带，山脊走向多为北东向，与矿体走向近似一致。

棉花堡子铁矿床位于辽宁省灯塔市柳河镇，大地构造位置位于华北地台、辽东台背斜、太子河凹陷、歪头山—北台隆起的中段，该区是具有"底辟"侵位性质的隆起地带，鞍山变质岩系与盖层接触均为高角度断裂相接处。全区古构造的基本格局是残破复式向斜，褶皱端位于达子北台一带，而其核部则位于山城子一带，复向斜北端为同斜式，南端为对称式。区内古断裂大致与褶皱纵断裂轴向平行，多为片麻状花岗岩与伟晶岩所充填，前震旦系的古构造基本特点是以塑性变形为主，区内的岩浆岩从基性到酸性均呈脉体产出。

矿区范围北起小东沟，南至腰岗子，东始银匠沟，西到棉花堡子，南北长5000m，东西宽3000m，面积为15km²。

矿区内出露地层为太古界中鞍山群烟龙山组变质岩系和第四系。区内变质岩系由于强烈的混合岩化及构造作用，使变质岩系形成大小不等、形态不一的变质岩残块。第四系覆盖在变质岩及混合岩之上。

第一含铁层分布在银匠水库南北山的东坡及腰岗子山的南坡。组成该含铁层的岩石有阳起石英岩、阳起磁铁石英岩及云母片岩等。第二含铁层呈复式褶皱构造，由于断裂构造破坏及混合岩化作用被分割形成三个不同形态的矿体。

矿区构造比较复杂，紧密的褶皱构造伴随着一系列断裂构造。早期断裂发生在岩层塑性变形的末期，伴随褶皱构造而生，破坏了已形成的紧密褶皱构造格局，其中走向断裂为挤压张性或逆冲断裂，横向断裂多为压扭性断裂。

晚期断裂发生在混合岩化之后。继承叠加在早期断裂构造之上，对早期形成的褶皱构造形态进一步切割破坏。走向断裂方向与岩层走向或褶皱轴方向一致为25°~35°，倾向北西或南东，倾角45°~80°，北西倾的多被中酸性侵入岩贯入，南东倾的多被中基性侵入岩贯入，断裂宽度一般5~30m，延长80~1600m，多分布在褶皱脊线或翼部。横向断裂方向斜交或横切岩层走向和褶皱轴面的断裂，走向65°~78°，倾向南或南南东和北西西，倾角70°~80°。断裂宽5~50m，延长数十米至千余米。多被中基性侵入岩贯入。

矿区内除沟谷被第四系覆盖外，出露岩石80%为太古代花岗岩，20%为鞍山群变质岩残留体和脉状火岩占据。

根据矿体的规模形态、产状、矿石质量特征、近矿围岩及夹石特征，可将矿体划分为6个隐伏矿体，其中FeP_3、FeP_4、FeP_6属于第一层铁矿，FeP_1、FeP_2、FeP_5为第二层铁矿。

FeP₁矿体位于小东沟的北部，赋存于变质岩层中，呈紧密褶皱构造，轴向北东25°，北东段翘起以25°～30°角，向南西侧伏并向褶皱形态逐渐开阔（见图5-9）。FeP₂赋存于变质岩残块中，呈盲矿体赋存于花岗岩中，矿头标高0～70m，距地表垂深100～200m，矿体南端矿头距地表300m左右。FeP₃分布在银匠水库北山，主要分布在变质岩残块中，部分被银匠水库淹没呈褶皱形态。FeP₄位于银匠水库南山，呈薄层状、扁豆状零星分布，出露宽2～10m，延长10～300m，最大倾向延深数十米尖灭。FeP₅分布在扫树沟南、北山上，由2～16m厚的两个薄层矿体组成呈复式褶皱构造，被后期断裂构造破坏。矿体沿走向或倾向都互不相连，呈薄层扁豆体状分布。FeP₆位于腰岗子山的南坡，是本区地表出露最佳矿体，呈单斜层构造矿体东端抬起，向西侧伏。

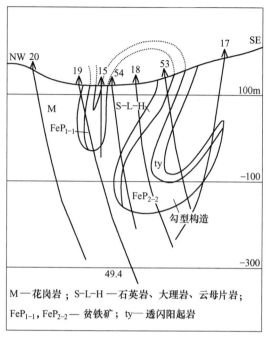

图5-9 FeP₁ 200线剖面简图

截至2020年年底，棉花堡子铁矿床累计探明资源储量6511.52万吨，保有资源储量6472.91万吨。

（二）矿床勘查史

该区矿产资源丰富，地质工作历史悠久，早在20世纪30年代就有日本人进行过工作。

1958年，冶金部东北地质勘探公司401队对银匠堡子—腰岗子一带填绘了1:2000的地形地质草图0.98km²，槽探283m³，钻探521.76m（4孔）。钻探工程质量低，最高岩芯采取率为36%。

1973～1974年，冶金部东北地质勘探公司401队于该区进行了1:1万的地质物探磁法综合性的普查找矿工作，并填制了1:1万的地形地质草图16km²，在东沟区施工探槽220m³（2条），并圈出磁异常6个，即C₁～C₆。

1974年，冶金部东北地质勘探公司403队于小东沟区施工了CK1号孔，孔深300.55m，分别于37.88～55.91m、72.30～90.8m、190.34～198.67m等三处见矿，其矿层采取率依次为65.45%、82.54%、84.36%。采样10件。

1977～1980年，冶金部东北地质勘探公司405队对棉花堡子铁矿床进行了评价工作。工作范围：南北长5000m，东西宽3000m，面积15km²。完成1:2000地形地质测量15km²，钻探36144.27m。

1985年7月，冶金部东北地质勘探公司405队提交报告《辽宁省灯塔县棉花堡子铁矿床评价地质报告（1977～1980年）》，项目参与人员为周世泰、权贵喜、郑宝鼎。报告计算储量为：表内矿 D 级 15464 万吨，TFe 35.06%，SFe 31.07%，表外矿 D 级 221 万吨，TFe 33.32%，SFe 22.46%。

十七、辽宁清原县小莱河铁矿

(一) 矿床基本情况

小莱河铁矿，位于清原县敖家堡乡，地理坐标：北纬 41°52′55″，东经 124°41′15″。矿区至抚顺市 74km，有清原县经敖家堡公社至矿区为 37km，由南口前火车站经暖泉大队至矿区为 14km，均通汽车，故交通较为便利。

辽宁清原地区位于华北克拉通东部陆块（或胶辽陆块）东北缘。前人研究认为，太古宙基底被浑河断裂分成新太古代浑南高级区和中太古代浑北绿岩带（见图 5-10）。

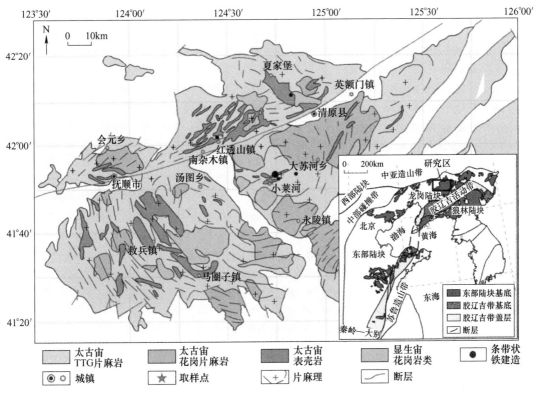

图 5-10 辽宁清原地区地质简图

矿区位于浑河入字型构造南侧，其范围东起敖家堡大东沟，西至罕阳沟四十余平方千米。现已发现有小莱河、大东沟、莱河背、罕阳沟等铁矿床或矿点。围岩为太古界鞍山群变质杂岩及混合杂岩。矿区东北两侧又被清原花岗岩所包围，矿区内的变质岩系遭到不同程度的混合岩化作用，矿床和矿点多分布在大小不同规模的变质岩残留体中，矿体呈似层状或透镜状，受围岩控制。矿区以单斜构造为主，岩层总走向近东西，倾向北，局部呈复式褶曲。岩层被后期断裂构造切割也比较厉害，断层走向一般为北东或北东东，大部分被中酸性岩脉所充填。

小莱河铁矿床位于矿区中部，是一个较大规模的残留体分布于混合岩中。

矿床围岩以角闪斜长片麻岩为主，角闪花岗混合岩为次。矿体顶板岩石为角闪片麻岩（局部见苏辉麻粒岩）和少量角闪花岗混合岩，底板岩石为角闪斜长片麻岩、黑云斜长片麻岩和部分角闪花岗混合岩。

矿床内主要褶曲有"乙"字形构造，岩层与矿体产状受"乙"字形构造的控制。"乙"字形构造表现为北部Ⅲ矿号体走向为北西，中部Ⅰ号矿体北端近南北，南端走向则转为南东东，构成明显的"乙"字形。在矿体顶部岩层中局部可见一些与上述褶曲相应的一些小复式褶曲，这些褶曲的形成可能是变质作用、混合岩化作用等柔性变形的产物。

褶皱构造以后的形变，以断裂为主，主要有压扭和压性断层。较早期断层为北东至北东东走向，都被岩脉所充填，这些岩脉有花岗斑岩、煌斑岩、辉绿岩等，其中以辉绿岩规模最大，宽十几米，长数百米。

较晚期的断层，矿床内出现4条，表现为压扭性和压性。

该区共有5条矿体，其中以Ⅰ号矿体规模最大，储量最大，占全矿床总储量的93.4%，是最主要矿体。Ⅰ号、Ⅱ号矿体出露于矿床东部与北部。在Ⅱ号矿体上盘和Ⅰ号矿体下盘，有Ⅳ号、Ⅴ号矿体，Ⅴ号为盲矿体。

Ⅰ号矿体：矿体呈似层状或透镜状，长1800m。沿走向有较明显的膨缩现象，呈一弧型弯曲，转弯处矿体最厚，垂直厚度钻孔最大80m，槽探最大138m，平均垂直厚度为33m，矿体倾向延深最大450m，平均延深150m，呈自然尖灭。可溶铁平均品位为27.54%。矿体产状由东南端起，走向为102°，倾向12°，倾角45°~72°，中部转为走向165°，倾向75°，倾角34°，北端则走向为230°，倾向为140°，倾角28°。

矿石自然类型可分为两类，以角闪石、辉石、磁铁石英岩型为主（苏辉麻粒岩型），其次为条带状磁铁石英岩型。矿体中的夹石则由透闪石、阳起石、磁铁石英岩组成。但以上分类在钻孔中不甚明显。

矿石构造有致密块状、条带状及浸染状3种，以致密块状为主。经大量氧化亚铁分析证明，矿石氧化程度很低（比值均小于2）都属原生矿石，没有氧化矿。

矿石矿物组成：金属矿物以磁铁矿为主，含褐铁矿、少量磁黄铁矿及微量黄铜矿等。脉石矿物以角闪石、辉石（紫苏辉石、顽火辉石）、绿泥石、石英为主，含少量辉硅铁矿及微量磷灰石等矿物。

截至2020年底，小莱河铁矿床累计探明资源储量4136万吨，属中型铁矿床。

（二）矿床勘查史

该铁矿是1958年由当地找矿所发现的。同年101队进行过部分槽探工作，并概算铁矿石量5000万吨。当时县工业局和公社进行小规模露天开采。

1964年，鞍山勘探公司401队投入了部分槽探和剖面性工作，工作结果概算铁矿石量1800万吨，认为"品位低，硅铁高，矿体产状缓，不能开采"。

1970年，辽宁省冶金地质勘探公司101队为查明矿区远景，进行了部分槽探和磁测面积性的找矿评价工作，重新认识了地质矿床规律，肯定了工业价值，分两个方案概算了地质储量，第一方案4600万吨，第二方案2800万吨。

1971年，辽宁省冶金地质勘探公司101队根据省、市冶金局指示精神，又进行

0.9km² 1：2000 地质草测和磁法测量工作，投入槽探 2568m，地表采样 336 个，概算铁矿石量 3300 万吨，全铁平均品位 36.58%，可溶铁平均品位 27.96%。从而为深部勘探提供了依据。

1972~1973 年，辽宁省冶金地质勘探公司 101 队开展系统的评价和勘探工作，主要参与人员为张宏业、邓延垣、纪天宪、张士权、梁继凯、李傅山、杜春辉、裴尚坤、宵树华、马耀坤、蒋振山、毕万昌、王太新、郎运良、焦永臣等。项目提交《河北省清原县小莱河铁矿地质勘探报告书》，计算了铁矿石量 4620 万吨，其中工业储量 3658 万吨，占 79.2%；B 级 918 万吨，占 19.9%；C_1 级 2740 万吨，占 59.3%；C_2 级 962 万吨，占 20.8%。

十八、辽宁建平县富山乡牛和梁铁矿

（一）矿床基本情况

牛和梁铁矿区范围北起郭家营子，南至马家沟，东起小和睦沟，西止霍家营子，面积 18km²。矿区地理坐标为东经 119°29′55″~119°32′05″，北纬 41°19′38″~41°22′50″。

牛和梁铁矿床分牛和梁矿段和司家沟矿段，同属辽宁省建平县富山镇管辖。牛和梁矿段中心地理坐标为东经 119°31′08″，北纬 41°20′04″。司家沟矿段中心地理坐标为东经 119°31′15″，北纬 41°21′41″。

牛和梁铁矿床东距锦承与沈赤铁路交汇的叶柏寿站 21km，国家级公路 101 线与铁路并行从矿区南部通过。交通极为便利。

矿区所处大地构造位置为内蒙古地轴东段，建平台拱老虎山穹断束之南西。矿区范围北起祁家营子，南至马家沟，东起小和睦沟，西到霍家营子，面积 18km²。

矿床属沉积变质型（鞍山式）铁矿。矿体赋存于太古界建平群小塔子沟组黑云斜长片麻岩、角闪斜长片麻岩夹似层状、扁豆状磁铁石英岩地层中，呈层状产出。矿区内未见岩浆岩。

矿区主要有三组断裂构造，按断裂性质及走向分为北西西、北东和北北西断裂。

牛和梁铁矿床矿体呈层状平行产出。矿床主要由混合岩及磁铁石英岩、含辉石磁铁石英岩组成。近矿围岩为条带状、片麻状混合岩。矿体与围岩产状一致，呈整合接触，界线清楚。

矿床内共有 6 个工业矿体，其中牛和梁段 2 个（Ⅰ号、Ⅱ号）。其产状为走向 70°，倾向北西，倾角 70°~75°；司家沟段 4 个（Ⅲ号、Ⅳ号、Ⅴ号、Ⅵ号），产状走向 50°~60°，倾向北西，倾角 30°~75°（见图 5-11）。Ⅰ号矿体控制长 330m，控制最大延深 89.90m，平均厚度 16.70m，平均品位 TFe 31.03%，mFe 17.91%；Ⅱ号矿体控制长 137m，控制最大延深 114.50m，平均厚度 15.69m，平均品位 TFe 29.51%，mFe 17.02%。Ⅰ号、Ⅱ号矿体为矿床的主矿体，储量占总储量的 70.7%。全矿床平均品位 TFe 30.11%，mFe 19.89%。

矿床矿石矿物成分简单，主要金属矿物以磁铁矿为主，少量的褐铁矿、黄铁矿。非金属矿物以石英为主，次为辉石及少量的石榴子石、磷灰石等。

矿石结构均为他形中粗粒变晶结构。构造以条带状、似片麻状、条纹状为主，次为浸染状、斑杂状构造。

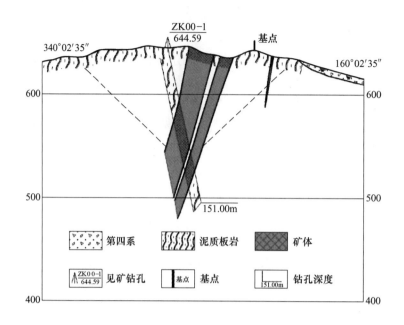

图 5-11 牛和梁矿段 0 线综合地质剖面图

(二) 矿床勘查史

早期，辽宁省地质局数次对该区进行矿点检查及普查工作，并投入少量槽探及物探等工作。

1991 年，冶金部第一地质勘查局一队在该地区开展铁矿普查工作，发现了牛和梁、司家沟矿点具有一定工业价值，并于 1992 年转入详查地质工作。详查工作于 1992 年 5 月开始野外地质工作，同年 10 月结束，1993 年 6 月提交《辽宁省建平县富山乡牛和梁铁矿床详查地质报告》，编制人员主要有辛二利、党凤书、芦清娥、于年有等。获铁矿 C+D 级储量 403.13 万吨，其中 C 级 51.39 万吨、D 级 351.74 万吨。

十九、辽宁建平县深井镇锅底山铁矿

(一) 矿床基本情况

锅底山铁矿位于辽宁省建平县深井镇小马厂村西 0.3km 处，矿区中心地理坐标为东经 119°41′20″，北纬 41°31′30″。矿区距锦承与沈赤铁路交汇的叶柏寿站 18km，有叶柏寿—敖汉国家正式公路通过小马厂村，交通方便。

矿区所处大地构造位置为内蒙古地轴东段，建平台拱老虎山穹断束之南西。矿区范围北起卧龙岗，南至三座庙，西起柳家营子，东至下马厂，面积为 42km²，锅底山铁矿位于矿区东南部，南北长 600m，东西宽 410m，面积 0.25km²。

区内出露的地层除第四系外均为太古界建平群小塔子沟组，岩石变质程度较高，已达到辉石麻粒岩相。主要岩性为黑云角闪斜长片麻岩、斜长角闪片麻岩、辉石斜长片麻岩、辉石角闪斜长片麻岩夹斜长辉石岩及含辉石磁铁石英岩。由于混合岩化作用，原变质岩呈残留体存于混合岩中。

矿区内岩浆岩及脉岩不甚发育，在图幅西部为前震旦纪旋回的黑云石英正长岩分布，另外在混合岩中有零星分布的细粒花岗岩，闪长岩及伟晶岩脉。

矿区内主要褶皱构造有平顶山向斜和锅底山向斜。矿区内断裂构造不发育，规模较小，多被脉岩充填。

矿区内除大南沟、锅底山铁矿床外，还有平顶山、柳家营子、窦家洼三个矿点。

矿床内共有5个矿体。编号为Ⅰ号、Ⅱ号、Ⅲ号、Ⅳ号、Ⅴ号，以Ⅰ号矿体规模最大，Ⅱ号矿体次之，两矿体分别占全矿床储量的70.20%和28.28%，其余矿体规模均较小。

Ⅰ号矿体严格受倒转向斜控制，呈倒转向斜形态，在平面上呈不规则的环带状向斜，长295m，宽度一般在45~73m，轴向19°，轴面北东倾，倾角65°~75°，枢纽向北东扬起，形成内倾转折，总体向南西倾伏，倾伏角为50°~64°。矿体形态由于受多期褶皱变形，造成其方位形态在剖面上的不一致性，在4线剖面其形态呈直立向斜，2线剖面呈似斜歪向斜（见图5-12），0线剖面为倒转向斜。

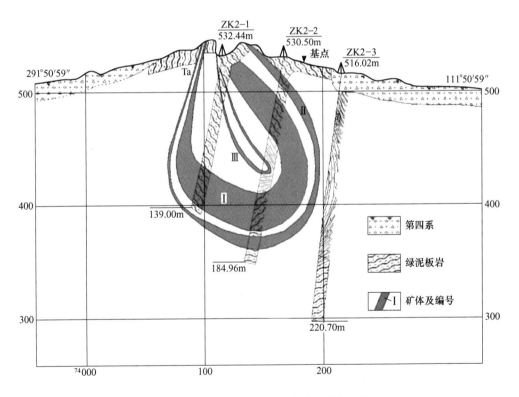

图5-12　锅底山铁矿床2线综合地质剖面图

矿体由0~4线剖面控制，地表呈环带状出露，在向斜西翼地表出露长295m，环带长605m，西翼宽一般在9.68~18.65m，最宽为28.72m，最窄为2.13m，平均宽18.04m；东翼矿体宽度一般在10.00~24.00m，最宽为36.09m，最窄为2.35m。平均宽度为16.00m，矿体总平均厚度为 17.19m。矿体倾斜延伸：西翼为 88.00~173.00m，平均 130.70m；东翼为 86.00~159.00m，平均为 124.70m，矿体底板埋深 86.00~165.00m，矿石主要类型为辉石磁铁石英岩，平均品位：TFe 31.95%，mFe 25.70%。品位变化系数 TFe 为 13.97%，mFe 为 28.9%，属于变化均匀类型。

矿床矿石矿物成分简单，主要金属矿物以磁铁矿为主，少量的褐铁矿、黄铁矿及黄铜矿。非金属矿物以石英为主，次为辉石及少量的磷灰石。

矿石结构均为中~粗粒他形粒状变晶结构，从矿物间的相互接触关系可分 4 种结构：缝合线结构、包含变晶结构、碎裂结构和交代残余结构。矿石构造以似片麻状、条纹状构造为主，有少量条带状及浸染状，斑杂状构造。

（二）矿床勘查史

1958 年，辽宁省地质局凌源地质大队做过矿点检查。

1970 年，辽宁省地质局区域地质测量第四分队进行过矿点检查，认为该矿呈薄层多层产出，形态复杂，规模有限。

1978 年，冶金部第一地质勘查局物探二队 204 分队做过 1:1 万磁法扫面。

1986 年，辽宁省地质局第三地质大队进行过 1:2000 地质草测，估算该矿储蓄量为 30 万吨。

1987~1989 年，深井乡在大南沟（距该矿床北西 1km 处）建有年产 15 万吨的铁选厂，对该矿床进行开采，现地表有 7 个大的采坑，一般采深为 10~20m，日采矿石量300~400t。

1990~1991 年，冶金部第一地质勘查局一队在该地区开展铁矿普查及详查工作，于 1990 年 8 月开始野外地质工作，至 1991 年 8 月结束。1992 年 1 月，提交《辽宁省建平县深井乡锅底山铁矿床详查地质报告》，主要参与人员有于年有、辛二利、刘永吉、柏少民、芦清娥、周瑞芳、汪晓燕、王宗兰、韩振才。截至 1992 年 1 月底，获铁矿 C+D 级储量 526.9 万吨，其中，C 级 107.2 万吨、D 级 419.7 万吨，C 级比例为 20.34%。

二十、辽宁北票县宝国老铁矿

（一）矿床基本情况

该矿床位于辽宁省西北部的北票县的北面 50km 处。矿区所在位置行政区划属于北票县（现为北票市）宝国老镇，地理坐标为东经 120°48′15″，北纬 42°06′08″。

该区大地构造位置属于内蒙古陆南缘，接近燕山准地槽的地方。区域地层有太古代五台系（或鞍山系）、元古代震旦系、中生代的侏罗系、白垩系及第四系。区域岩浆岩主要为海西期及燕山期花岗岩基，其次是比较小的中生代中基性侵入岩和火山岩类。区域构造线方向为北东方向，总体呈一个大单斜构造。

构成该矿床的地层为鞍山系的变质岩层。出露的主要为斜长角闪岩和混合岩。该矿床地层显示一个单斜构造，走向北东 40°，向东南倾斜。中生代的安山岩、闪长岩主要在矿区的南部侵入地层中，发育两组走向北东、北西向断层，断层主要在矿床中部的黑山区特别发育。矿区内发育一些斜交矿层走向的平推断层，还有一些走向断层。

该矿床中，铁蛋山矿区为中等，黑山及边家沟矿区是最小的。总的来说，各矿床主要矿层的厚度一般为 5~25m，延长一般为 400~800m，延深可达 470m 以上（见图 5-13）。铁蛋山矿区主要矿层为 4 层，即 Fe_1、Fe_2、Fe_3、Fe_4，其中 Fe_1 最大，矿层厚度 7~22m，平均为 17m，延长 813m，延深达到 -63m 水平标高。矿体沿倾向延深长度达 470m。

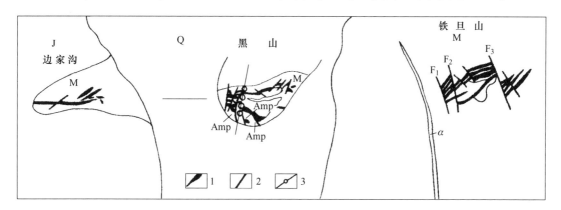

图 5-13　宝国老铁矿区地质平面图（《中国铁矿志》）

Q—第四系；α—安山岩；M—混合岩；Amp—角闪岩；J—侏罗系；
1—矿体；2—断层；3—勘探线及钻孔

（1）铁蛋山区。铁蛋山区由 4 个矿体组成，其中 Fe_1、Fe_2、Fe_4 矿体为主要矿体，呈单一的板状体产出，局部有分枝复合和显著的膨缩现象。Fe_1、Fe_4 矿体相连。

Fe_1 矿体长 830m，地表出露宽度 3.94~26.20m，平均 16.28m，控制深度 600m。Fe_2 矿体长 455m，地表出露宽度 2.42~21.38m，平均 11.57m，最大控制深度 605m。Fe_4 矿体长 1020m，厚度 2.95~21.75m，平均 10.30m，最大控制深度 420m。向深部矿体有增厚趋势。矿体形态较简单，呈层状产出。

（2）边家沟区。边家沟区由 8 个矿体组成，以Ⅲ-1 号和Ⅱ-2 号矿体规模最大。除Ⅱ和Ⅲ号矿体地表延长较大外，其他矿体地表延长均小于延深。矿体呈似层状，具明显的膨缩现象。Ⅲ-1 号矿体地表出露长度 510m，厚度 2.12~19.41m，平均 8.64m，延深 305m。Ⅱ-2 号矿体地表出露长度 343m，宽度 6.41~14.60m，平均 10.04m，延深 250m。矿体走向为北东—北西，倾向南东或北东，倾角 55°~88°。

（3）黑山区。黑山区由 10 个矿体组成，以Ⅰ和Ⅱ号矿体规模最大。矿体长 380~840m，水平宽度 2~52.13m。Ⅰ号矿体平均宽度 20.97m，Ⅱ号矿体 15.29m。控制深度 35~470m。除上述两个矿体外，其余矿体规模均较小。矿体为似层状，厚度变化大，在向斜轴部矿体明显增厚。矿体走向为北东—北西，倾角变化大，北西翼 80°~90°，南东翼 40°~50°。向斜轴部矿体近于水平产出，如图 5-14 所示。

该矿床的铁矿石按其工业类型来说是一种贫铁矿石。再按其中铁矿物的种类分为以磁铁矿为主的假象赤铁矿磁铁矿石英岩和以假象赤铁矿为主的磁铁矿假象赤铁矿石英岩。

矿石结构主要为粗粒结构和中粒结构。矿石构造主要为片麻状构造，其次为条带状和散点状构造。

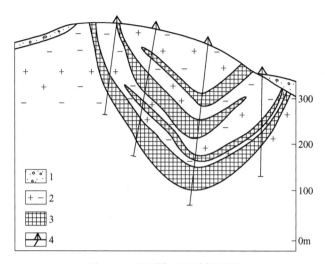

图 5-14 宝国铁矿地质剖面图

1—第四系；2—混合岩；3—磁铁矿贫矿体；4—钻孔

（二）矿床勘查史

1958 年，在全民办地质的高潮中当地的劳动人民向政府报矿，并提请政府派人来勘探和开采该矿床。同年度鞍山地质公司 407 队进行了踏勘，估计地质储量 5000 万吨。

1958~1960 年，鞍山地质公司 407 队对该区进行勘探，主要参与人包括徐福盛、杜振华、周世泰、周中美、史玉华、张世绵、庞永士、刘守义、董俊奎等。勘查范围包括了铁蛋山、黑山及边家沟矿区。投入钻探工作量 3002.56m（16 孔），提交《辽宁省北票县宝国老铁矿床详细地质勘探工作总结报告书（1958~1960 年）》，查明矿区出露层位主要太古代鞍山群、震旦系、侏罗系、白垩系。矿区主要为鞍山群磁铁石英岩，分 3 个矿区，即铁旦山矿区含矿四层，厚 2~22m；黑山矿区含矿二层，厚 7~23m；边家沟矿区含矿四层，厚 6~22m。磁铁矿平均品位 25%，赤铁矿平均品位 30%，最小可采厚度 2m。共获矿量 5479.44 万吨。

1966 年，鞍钢地勘公司 403 队戴国泰等人对矿区进行了补充勘探，并提交了《辽宁省北票县宝国老铁蛋山铁矿床补充勘探报告书》。通过补充勘探和储量计算获全矿工业储量 1866 万吨，远景储量 1202 万吨。其中 200m 标高以上工业储量 927 万吨，远景储量 265 万吨。报告经辽宁省矿产储量委员会审查认为，通过补充工作已达到了预期目的。该报告 200m 标高以上部分可以作为矿山设计的地质依据，故决定批准该报告及报告的储量。

1973~1974 年，辽宁省冶金地质勘探公司 105 队为了满足该区生产能力由年产 50 万吨扩建到年产 70 万吨的要求，再次进行了补充勘探，投入钻探工程量 10643.27m（58 个孔），槽探 5885m，提交了由李广德主编的《辽宁省北票县宝国铁矿区补充地质勘探报告》。

1975~1976 年，辽宁省冶金地质勘探公司 105 队对该区又进行了补充工作。投入钻探工程量 10834.96m，槽探 343.22m，并提交了由李广德主编的《辽宁省北票县宝国铁矿区铁蛋山和边家沟分区补充地质勘探报告书》。该报告连同前次补充报告，于1976年经省冶金局冶矿字〔1976〕37号文批准，作为扩建设计的依据。截至1975年底，累计探明储量10698.6万吨，保有储量10609.7万吨。

二十一、黑龙江双鸭山市羊鼻山铁矿

(一)矿床基本情况

羊鼻山铁矿区地理坐标为东经131°01′30″~131°05′00″，北纬46°32′00″~46°35′28″。矿区位于黑龙江省双鸭山市西南约10km，矿区有公路和双鸭山市区相通，并由双鸭山铁路连结各地，交通十分方便。

羊鼻山铁钨矿床大地构造位置位于佳木斯地块桦南隆起内，东邻双鸭山凹陷，南接红卫凹陷。佳木斯地块位于我国黑龙江省东部，处于华北克拉通、太平洋板块之间，它向北延伸至布列亚地块，向东延伸到兴凯地块，东部为那丹哈达地体的增生混杂岩，西以牡丹江断裂与松辽地块相邻。

佳木斯地块主要发育的前寒武结晶基底有兴东群、麻山群及黑龙江群。其中兴东群为主要的含矿地层，自下而上分别厘定为大马河组、大盘道组和建堂组。佳木斯地块花岗质岩石广泛发育，主要包括太古代花岗岩和新元古代片麻状花岗岩，前者个别经历麻粒岩相变质作用，而后者则经历角闪岩相变质。近年来高精度的年代学研究表明，区域上还广泛发育早古生代和晚古生代花岗质岩石。佳木斯地块上的断裂发育，主要表现为北西及北东东向或近东西向断裂，总体构成了研究区构造格架，尤其是近东西向的边界断裂，控制了佳木斯隆起周缘盆地的形成与演化，后期由于挤压变形，在地表出露多条次级断裂。其中近东西向断裂包括兴农—裴德断裂、三江盆地南部边界断裂、平阳—麻山断裂及双鸭山盆地南缘断裂，而北西向断裂则主要为勃利—依兰断裂。

在矿区内主要见下元古界大盘道组地层及小面积出露的下白垩统城子河组、中新统宁安玄武岩及第四系。矿区内构造主要为单斜构造，地层走向由320°渐变为340°，略呈弧形，向南西倾，倾角70°~90°。断以北西向为主，多见逆断层和平移断层，长度可达1200m，层面破碎带发育，多数倾向南西，倾角50°~90°。北东向断裂不发育，而近东西向断层虽规模较小，但对矿体破坏较大。总之矿区内断裂构造发育，影响矿体的连续性。

羊鼻山铁矿床已圈定铁矿体14条，集中产于大盘道组的第一岩组内，可划分为南北两个矿段，南北矿段控制总长约6200m。北矿段包括Ⅰ~Ⅶ号矿体，南矿段包括ⅩⅢ~ⅩⅣ号矿体。单个矿体长度80~2169m，平均厚度2.00~28.40m，平均品位（TFe）27.15%~32.75%。矿体倾向绝大多数在230°~350°间，倾角60°~90°。北矿段除Ⅴ、Ⅶ号矿体为盲矿体外，其余为出露于地表，是露天开采的主要矿体。南矿段除Ⅸ号出露外，其余为城子河组的砂岩、页岩所覆盖。

矿石主要为深灰色条带状磁铁石英岩，以条带状矿石为主，部分呈块状构造。条带状矿石具明暗相间，条带宽0.8~3mm，暗色条带约占总体积的60%~70%，部分条带发生微弯曲变形。显微镜下观察，矿石岩性主要为夕线石黑云母石英片岩，暗色条带主要为磁铁矿与黑云母，半自形-他形结构，可见磁铁矿被少量后期黄铁矿交代。浅色条带则主要为石英和矽线石，矽线石约占白色条带的40%~45%，并呈竹节状或呈毛发状定向排列，方向与条带平行，可见矽线石及解理中含有磁铁矿包体。块状矿石中则主要由石榴石、磁铁矿与石英组成，含少量矽线石与黑云母，其中石榴石粒度较粗，可达 5~10mm，裂隙和孔隙十分发育，镜下观察无明显分带；磁铁矿与石榴石关系较为密切，侵蚀交代石榴石边缘或沿石榴石的裂隙和孔隙生长，矿石中主要金属矿物为磁铁矿与少量黄铁矿，磁铁矿大多具定向排列，部分磁铁矿呈浸染状分布或被少量黄铁矿交代。

羊鼻山铁矿位于佳木斯地块中部，铁建造主要产于兴东群大盘道组第一岩段，含铁建造为一套由石榴石云母石英片岩、矽线石黑云母石英片岩和片麻岩等组成的孔兹岩系，其原岩形成于浅海陆棚沉积环境。矿石中金属矿物主要为磁铁矿，并被少量后期黄铁矿交代，非金属矿物主要为石英与矽线石，两者均呈定向排列，矿石构造以条带状构造为主，少量呈块状构造。据成矿地质条件和矿床特征，结合区域矿床对比研究，认为羊鼻山铁矿成因属 BIF 型铁矿。

（二）矿床勘查史

1956~1960 年，先后有黑龙江省工业局地质队、完达山地质四队和冶金厅地质公司普查队在该矿区进行铁矿普查找矿工作。

1971~1973 年，黑龙江省冶金地质勘探公司 701 队对羊鼻山铁矿进行勘探（第一期），主要参与人员有邓翔云、何月全、张焕然、张广文、钟明治、王洪翱、高廷和、刘善芳、陈福祥、荆国章、戴福林、唐吉星、张裕信、赵国成、姚文安。此次完成钻探 19123.34m。并提交《黑龙江省双鸭山市羊鼻山铁矿地质勘探报告》，报告查明磁铁矿床主要赋存于上元古界羊鼻山群片岩及片麻岩中，属沉积变质型铁矿床。经审查批准铁矿石储量：表内 B+C+D 级 4141.70 万吨，其中，B 级 116.70 万吨，C 级 2649.20 万吨；表外 B+C+D 级 630.20 万吨。石墨矿表内 C+D 级矿石量 1784.80 万吨，矿物量 156.70 万吨。

1973~1976 年，黑龙江省冶金地质勘探公司 701 队对矿区开展地质勘探工作（第二期），主要参与人员有邓翔云、王洪翱、戴福林、张焕然、荆国章、刘善芳、王荣基、辛延生、姚文安、沈增锦、唐吉星、何月全、赵国成、李文平、周辑。项目提交《黑龙江省双鸭山市羊鼻山铁矿地质勘探报告》，报告核准表内磁铁矿石 C+D 级 8001 万吨；在铁矿体下部发现矽卡岩型钨矿，很有远景。

1976~1977 年，黑龙江省冶金地质勘探公司 701 队对矿区开展地质勘探工作（第二期），主要参与人员有邓翔云、戴福林、王瀚等。项目提交《黑龙江省双鸭山市羊鼻山铁钨矿床地质勘探报告》，探获资源量：磁铁矿 B+C+D 级储量 8072.2 万吨，白钨矿 C+D 级矿石储量 962.46 万吨；表外磁铁矿 B+C+D 级 1434.5 万吨，赤铁矿 B+C+D 级 570 万吨，白钨矿矿石储量 C+D 级 561.9 万吨。

二十二、吉林浑江市大栗子铁矿

（一）矿区基本情况

大栗子铁矿床位于吉林省白山市临江市西南 17.5km 处，行政区划隶属吉林省白山市临江市大栗子街道。地理坐标为东经 126°4′，北纬 41°51′。矿区内有简易的公路可通汽车，并与大栗子镇、临江市相通，交通较为方便。

大地构造位置为老岭变质核杂岩的南东侧、鸭绿江断裂的北缘、本溪—通化—抚松断裂的南侧。区域内出露的地层主要有元古界前震旦系、古生界震旦系、中生界侏罗系和白垩系和新生界第三系、第四系，其中以元古界地层最为发育。区域内总体构造格架为老岭变质核杂岩、鸭绿江断裂和本溪—通化—板石—抚松断裂。区域内岩浆活动频繁、强烈，侵入岩分布面积较大，多在老岭成矿带中和鸭绿江断裂附近及其断陷盆地中，沿断裂生成各种沿脉。

矿区内出露的地层主要为前震旦系辽河群、震旦系、侏罗系岩系和第四系堆积层。

矿区内构造主要为褶皱和断裂，确定本溪—通化—抚松断裂为古元古界地层与太古界地层的边界断裂。矿床位于区域构造中的老岭背斜之东南翼的一个轴向北东向南西倾没，轴面向北西倾斜之向斜构造。

岩浆活动较弱，主要有花岗岩、玢岩及闪长岩。

铁矿赋存于辽河群之中（大栗子式铁矿），按自然类型可分为赤铁矿、菱铁矿、磁铁矿，按工业类型可分为平炉富铁矿及富炉富铁矿。

大栗子铁多金属矿床由东风、太平和小栗子三个矿区组成。东风矿区矿石类型以赤铁矿型矿石为主，有少量的磁铁矿型矿石，赋矿围岩主要为千枚岩；太平矿区矿石类型以菱铁矿和少量赤铁矿型矿石为主，赋矿围岩为大理岩和少量千枚岩；小栗子矿区矿石类型多为赤铁矿和磁铁矿型矿石，赋矿围岩为千枚岩和少量变质砂岩。

矿体产于大栗子组地层中，矿体形态主要呈层状、似层状，赋矿围岩为千枚岩和大理岩。在主矿体下部见脉状、网脉状矿化。矿石矿物主要有赤铁矿、磁铁矿、菱铁矿、方铅矿、闪锌矿、黄铜矿、黄铁矿、斑铜矿，脉石矿物主要有方解石、石英、绢云母、绿泥石、铁白云石。

矿石结构主要为粒状结晶结构、交代结构、固溶体分离结构、斑状压碎结构。矿石构造主要为层状构造、块状构造、层纹构造、放射状构造。

（二）矿床勘查史

1895 年，朝鲜人发现大栗子铁矿，并于 1933 年被日本人进行开采，但尚未进行系统的地质勘查工作。

1950 年和 1953~1954 年，东北地质调查队临江分队和鞍山冶金地质勘探公司先后在矿区进行地质勘查工作。

1957~1964 年，冶金部鞍钢地质勘探公司 404 队诸衡山、施振明、赵芳廷、魏文业、张祖英、王乐亭、邢凤祥、袁再和、才玉民、历周荣、王惠民、李芳福、周中美、苏宝珍、李玉良等人对大栗子矿区的中部—东中部区段地表至 390m 中段进行详细勘探，并提交了《大栗子铁矿床地质勘探总结报告书》，完成钻探 92092.31m。1965 年保有储量：平炉富铁矿中 $A_2+B+C_1+C_2$ 级 40.73 万吨，含锰磁铁矿 16.97 万吨，铁矿 1639.81 万吨。

1976~1998 年，吉林省有色金属地质勘查局 602 队对东山区、小栗子一区、二区、四区、东风区进行地质勘查工作，探获铁矿 111b+122b 资源储量 1241.9 万吨。

1980~1981 年，吉林省冶金地质勘探公司 601 队在小栗子地区进行了 1∶1 万和 1∶5000 磁法工作，发现了磁异常 M21-4。

1982~1983 年，吉林省冶金地质勘探公司 608 队在大栗子—苇沙河一带做了 1∶1 万、

1：5000、1：2000等不同比例尺的磁法测量，发现磁异常35个，经重新编号磁异常共22处，主要在大栗子矿区外围。经钻探验证M21-1、M21-2、M21-4等磁异常均为大栗子式铁矿所引起。发现了小栗子铁矿床。

二十三、吉林浑江市板石沟铁矿床上青沟李家堡矿段

(一) 矿区基本情况

板石沟铁矿位于吉林省浑江市（现为白山市）西北10km。其地理坐标为东经126°19′33″~126°28′16″，北纬42°03′06″~42°00′24″，在K-52-XIV（靖宇幅）的南部边缘，行政区划属吉林省浑江市管辖。

矿区交通比较方便，南距通化—白河铁路线浑江火车站10km，由矿区去浑江火车站时，矿山有专用轻便小铁路与浑江火车站相通，浑江市距通化钢铁公司52km，有铁路和公路直通。另自矿区到浑江市尚有公路，汽车畅通。

该区所处大地构造单元，属中朝准地台的辽东台块铁岭靖宇古隆起的北东部龙岗背斜南缘，与太子河—浑江拗陷带的浑江上游凹陷衔接处。区内地层发育较全，广泛出露太古界鞍山群，元古界老岭群的达台山组和珍珠门组，构成本区古老的结晶基底，并且发生强烈褶皱—龙岗复背斜，伴随一系列断裂构造—浑江断陷及次一级的上青沟—二道江逆断层。还伴有混合岩化作用，控制了后期构造的发展。

除前震旦系地层外，还有震旦系下部细河群的钓鱼台组、南芬组、桥头组，上部浑江的万龙组和八道江组及部分古生界寒武系、奥陶系与中生界长白组和石人组及新生界地层。

区内变质岩可分为斜长角闪岩、角闪黑云片岩、黑云角闪片麻岩、变粒岩及磁铁石英岩。

矿区位于龙岗复背斜古老褶皱基底上，由鞍山群变质岩系所组成。地层走向为北东或北东东向的带状分布，倾向由区域的南东向变为北西向，倾角一般为60°~80°。区内经受多次构造运动，发育着复杂的断裂及线状褶曲。

断裂构造按构造线方向归并分东西向断裂、南北向断裂、北西向断裂、北东向断裂。其中，东西向断裂：如构成区内鞍山群与老岭群接触界线的F_{101}，从属于区域上二道江—板石沟断裂的东端。总体向南倾斜，地表倾角70°~75°，到深部倾角变缓。

岩浆岩在区内不发育，只有脉岩分布。有辉绿岩脉、辉石正长斑岩脉、安山玢岩脉、石英脉等。

板石沟铁矿床东西长8000m，南北宽3000m，分北含矿带与南含矿带，此次补勘区位于北含矿带的东段和西段，两区总面积为2.4km²。

矿区位于龙岗复背斜南部边缘，与浑江断陷带接触处。出露地层为半黏土质岩石和中基性火成岩及富含铁质石英岩。经区域中-深变质作用形成一套富含镁铁质铝硅酸盐为主的变质岩石，划归鞍山群杨家店组。在其南部有元古界老岭群地层分布（达台山组和珍珠门组）。

矿床产于太古宙鞍山群杨家店组上部岩性段中，主要岩石为云斜片麻岩、斜长角闪岩、变粒岩磁铁石英岩。矿区构造比较复杂，上青沟区为单斜构造，岩层走向北东

60°~70°，倾向北西，倾角 48°~83°，有 1~3 矿组，1 矿组有 5 个矿体，长 185~210m，厚 1~40m；李家堡区为复式褶皱构造，由 An101、An102 倒转背斜和 Sy101、Sy102 向斜组成，岩层走向南西，倾向北西，倾角 50°~75°，有 14 和 15 矿组，矿体规模较小。

该区矿石的矿物成分较为简单，以磁铁矿、石英、角闪石为主。其他矿物含量很少，有益有害成分、种类及含量均不多。

矿石结构较单一，为粒状变晶结构。矿物结晶呈自形、半自形及他形颗粒均匀分布。

截至 2020 年底，板石沟铁矿上青矿区累计探明资源储量 9491.4 万吨，保有资源储量 4074.6 万吨。

（二）矿床勘查史

1956 年，吉林省冶金局编制 1:50 万区域地质图。同年长春地质学院在区域内开展 1:20 万地质测量工作，较详细的划分区域地层，初步建立了区域地层层序及构造轮廓，为找矿工作提供了地质依据。

1958 年，通化地质大队对板石沟铁矿进行地表揭露。磁法及地质测量工作确定其为有工业价值的铁矿床，因而在 1959 年 3 月转入勘探，到 1962 年底结束。获 B+C$_1$+C$_2$ 级矿量 7582.4 万吨。

1978~1980 年，通化地质队对上青沟区 4~8 矿组补勘。1983 年 3 月~1984 年 8 月又对 8 和 18 矿组进行补勘，并分别于 1981 年和 1985 年提交补勘报告。

自 1987 年 4 月起，冶金部东北地质勘探公司五公司开展对上青沟区 1~3 矿组和李家堡 14、15 矿组的补勘工作，至 1987 年 10 月野外工作结束。同年 12 月开始编制补勘地质报告。通过此次补充勘探工作，1 矿组累计探明储量 621.4 万吨，新增储量 293.4 万吨；2 矿组累计探明储量 8.2 万吨；2 北矿组 0.6 万吨；3 矿组累计探明储量 77.4 万吨，新增储量 47.3 万吨；14 矿组累计探明储量 239.0 万吨，新增储量 127.0 万吨；15 矿组累计探明储量 244.7 万吨，新增储量 137.3 万吨。截至 1987 年底全矿床累计探明表内储量为 12909.24 万吨，其中保有储量为 11422.3 万吨。

二十四、吉林通化县七道沟铁矿

（一）矿床基本情况

七道沟铁矿床位于吉林省南部，行政区划属吉林省通化县七道沟镇。矿床在通市东南约 50km 处，距吉林省省会长春市约 441km，距沈阳市 405km，而距鞍山市为 505km，该区的地理坐标是位于北纬 41°28′41″，东经 126°18′15″。矿区有长 11km 标准轨距的铁路，其中果松站与梅辑铁路线（梅河口—辑安）相连，沿此站或中转可与全国各主要城镇联络。此外，铁矿尚有一条长 11km、宽约 5m 的土石基础起伏不平的山间公路至果松车站，该路可通行汽车，但路况较差，雨雪后行车困难，但沿此公路通过中转仍可抵达辑安、通化、沈阳等地，该区交通尚为便利。

区域地层主要由一套简单划分的前震旦系及震旦系、白垩系—侏罗系、第四系等组成。

构造主要为一走向北东—南西的背斜，这一背斜应属老岭范畴，是燕山期造山旋回的产物（吕梁运动的构造轮廓不显著），背斜轴部为花岗岩侵入，南缓北陡，其轴面略倾向南东。七道沟铁矿床即位于上述背斜的南翼西端，其北翼的冰沟山一带也有同一类型的磁铁矿产出，但规模不大。在该区的东南，因几个横断层的作用，将石英岩割成数段位移，因而千枚岩（含矿层）向东发展受到限制。该区在前震旦系与震旦系之间，存在显著的不整合，不可能有震旦系的基底砾岩。

出露在七道沟铁矿区的岩层，主要有前震旦系辽河群的千枚岩，震旦系的钓鱼台石英岩及成矿后的一些火成脉岩。

矿床地质构造很复杂，成矿后不同时期的各种大小断裂很多，褶皱也发育，矿体常遭其破坏产生弯曲，移位或消失，因东西两山在构造特点上略有不同。东山区，构造以断裂为主；西山区，除断层外，褶曲也很常见。断层在西山不如东山发育，也是一些正断层，其延伸性小，开口小且隐蔽，不易目睹。

矿床中诸矿体圈定为上、中、下三个矿群。上部群分布于西山，是由一些长 50 ~ 200m 扁豆状、囊状及长囊状磁铁矿体组成，矿群走向近东西与围岩略作斜交，倾向南，倾角 35° ~ 60°，因构造影响向东又转向北东，向西有扭成南西走向之势。中部群分布于东西两山，其层位居于上部与下部矿群之间，该群由赤铁、磁铁及菱铁矿组成，矿体主要呈长囊及扁豆状，延长一般为 50 ~ 150m、宽 5 ~ 15m。矿体产状因地制宜，东北端较稳定延伸与围岩略一致，和上部群相似。矿群中部呈北东 60° 方向，倾向南东，倾角 30° ~ 50°，矿群两端呈东西走向，倾向南，倾角 35° ~ 45°，该群的主要特点是中部矿体大，分散集中，构造复杂，两端矿体小、分散、质量逐渐变坏。矿群总的方向与围岩斜交，但单个矿体与围岩交角不大。

矿石类型按自然分类有磁铁矿、赤铁矿及菱铁矿。其中以磁铁矿为主，赤铁矿次之，菱铁矿又次之。按其矿石工业类型多属于高炉富铁矿。该矿床在生成上是复杂的，同时也是多期性的，该矿床是属于中温中-深热液交代类型的铁矿床，矿床中的赤铁矿生成在先，而菱铁矿与磁铁矿体生成在后。因生成的时间及环境上的不同，各种矿体生成后的产状与形态表现出彼此不同的特征。

（二）矿床勘查史

1954 年，冶金部地质局鞍山分局在七道沟铁矿勘探的工作基础上进行，起初为指导矿山生产的急需，工程多分布开采区附近的边缘及深处，后来由于矿山探矿设备及探矿工作量的增加，着重对矿床的远景评价进行了找矿勘探工作，即沿矿群的走向延长方向的外围和倾向延长的深处追索矿体。

在 1956 ~ 1957 年的工作基础上，1958 年由冶金部鞍山钢铁公司地质勘探公司诸衡山、张景宣、赵芳廷、才裕民等人又继续勘探了一年，对七道沟铁矿床投入了钻探 12000m，共 37 个钻孔，基本摸清了矿体的赋存规律，对诸矿群做了一定程度的延长和延深的控制，个别主要矿体做了空间位置的圈定，远景矿量也进行了一定的控制和计算，从而对该类型的矿床来讲，满足了生产基本要求，并提交了《冶金工业部鞍山钢铁公司地质勘探公司七道沟铁矿床地质勘探总结报告书（1956 ~ 1958 年）》。共提交 $C_1 + C_2$ 级的矿量 325 万吨，表外矿量约占 55 万吨。

第二节　华北地区重点铁矿床

华北地区铁矿主要分布于河北、山西、内蒙古、北京，以河北、内蒙古、山西三省区为主，依据 2020 年全国资源储量通报，截至 2019 年底，华北地区保有铁矿资源量 185.51 亿吨，储量超 10 亿吨的特大型铁矿 4 处，冶金地质全部参与勘查，大型铁矿有 32 处。

区内重要的成矿带包括冀东、承德、五台—吕梁、邯邢、白云鄂博等。成矿类型也多以沉积变质型铁矿为主。

该区具有经济意义的铁矿床类型主要有 4 种：

（1）沉积变质型铁矿。包括"鞍山式"和"白云鄂博式"铁矿，是最重要的铁矿床类型。主要分布在冀东唐山地区、五台—吕梁地区、内蒙古白云鄂博地区。

（2）接触交代型铁矿床。主要是"邯邢式"铁矿。邯邢地区的矽卡岩型铁矿在河北省具有重要的工业意义。该区铁矿资源丰富，矿石质量好、品位高，具有重要的工业价值。冶金地质队伍在区内相继发现了符山铁矿、武安西石门铁矿、北洺河铁矿、沙河中关铁矿、白涧铁矿等一批大、中型铁矿床，为河北省邯邢钢铁生产基地提供了丰富的铁矿资源。

（3）沉积型铁矿床。主要是"宣龙式"铁矿。张宣地区是我国沉积型铁矿主要类型之一，赋存于中元古界长城系串岭沟组底部，属典型的海相沉积型矿产，铁矿沉积在燕辽坳陷陆表海—宣龙湾内。铁矿主要分布于河北省西北部张家口地区的宣化—龙关—赤城一带，大致呈北东东向展布。

（4）岩浆型钒钛磁铁矿矿床。主要指承德"大庙式"铁矿，主要分布在承德地区。

一、河北滦南县马城铁矿

（一）矿床基本情况

马城铁矿是 20 世纪 80 年代以来中国探明的单矿床规模最大的铁矿资源地。马城铁矿的发现对于减少河北省钢铁工业对国际矿石的依赖、提高河北钢铁企业在国际铁矿价格谈判的话语权具有积极的影响，缓解了河北省铁矿供需紧张的局面和后备资源不足的问题，对河北省乃至全国钢铁产业都将起到重要的资源支撑和保障作用。

矿区地处阴山—天山纬向构造带东段—燕山南亚带山海关台拱西南边缘，西南为蓟县坳陷，南为黄骅坳陷。隶属河北省滦南县马城镇所辖。矿区中心点坐标为东经 118°48′30″，北纬 39°37′30″，面积 9.7624km^2。

区域出露的基底地层由老至新为太古界迁西群、单塔子群，下元古界朱杖子群；沉积盖层依次为中元古界长城系及古生界寒武系、奥陶系，中生界石炭系、二叠系、侏罗系，新生界第三、第四系地层。

矿床位于滦河冲积平原区，地表为第四系松散沉积物所覆盖，基底为太古界单塔子群白庙子组地层，也是该区的含矿地层。矿区地处司—马—长复式褶皱带中，现工程控制范围总体为走向近南北、西倾的单斜构造。区内断裂发育，在工程控制范围内查明的主要有 3 条断裂，对矿体均造成一定的破坏作用。

　　区内矿层的顶底板围岩以变粒岩、片麻岩或经过混合岩化作用改造的混合岩和混合花岗岩为主。矿石的矿物成分主要为磁铁矿，次为少量假象赤铁矿（＜5%）。铁的来源则主要是火山喷发供给，故该区属（陆源及火山）沉积-变质铁矿，即"鞍山式"铁矿床。

　　马城铁矿产于太古界单塔子群白庙子组地层中，均为第四系所覆盖。走向近南北，北西倾。全区共 17 条矿体，依次编号为Ⅰ～ⅩⅦ，其中Ⅰ号、Ⅱ号、Ⅴ号为主矿体。各矿体水平相距 50～400m 不等，在平面上从北向南各矿体呈右行斜列式展布，波浪形弯曲，形成由向形、背形组成的复式褶皱，根据矿体曲线形态特征推测，向形、背形轴面总体走向近东西，倾向南或南西。矿体在背斜脊部变薄，甚至间断，在向斜核部增厚，延伸大。各矿体总体呈北北西走向，层状产出，倾向北西或南西，倾角 39°～56°，矿带总体走向长 6km（见图 5-15）。

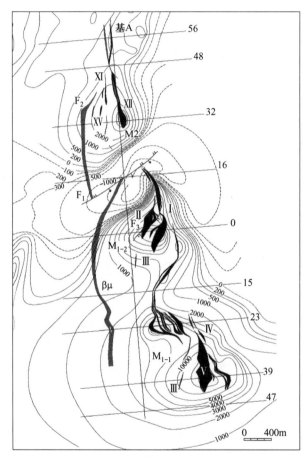

图 5-15　马城铁矿地质平面图

　　全区以Ⅰ号、Ⅱ号、Ⅴ号矿体规模最大，走向长分别为 1750m、1210m、2100m，平均厚分别为 35.80m、120.88m、80.20m，最大见矿厚度为 299.50m，控制矿体最大倾斜延伸 1956m。Ⅴ号矿体为区内最大的矿体，铁矿资源储量为 64558.8 万吨。出露于基岩面，位于Ⅲ号矿体下盘，距Ⅲ号矿体水平间距 120～224m。埋深 64～680m，矿体赋存标高 -47～-1663m，在 -1663m 标高处，矿体厚度为 117.64m。矿体走向长 2050m，现控制矿体最大倾斜延伸 1956m，最大厚 160.19m，最小厚 0.32m，平均厚 81.89m。TFe 平均品位为 36.02%，mFe 平均品位为 30.56%。

矿床工业类型为高硅低硫磷易选磁性铁矿石，成因类型属鞍山式沉积变质铁矿，勘查区内估算铁矿石 111b+122b+331+332+333 资源储量 122457.60 万吨，TFe 平均品位为 35.55%，mFe 平均品位为 29.11%。

马城铁矿为一特大型鞍山式沉积变质铁矿床，矿石为需选磁性铁矿石，根据选矿实验为易选矿石。矿床埋藏于厚 60~180m 的第四系之下，矿床属于水文地质条件复杂，工程地质条件复杂，地质环境质量中等矿床。马城铁矿 39 线剖面图如图 5-16 所示。

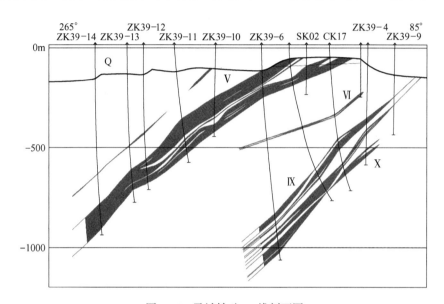

图 5-16　马城铁矿 39 线剖面图

目前首钢集团正在开发马城铁矿，建设生产规模为年处理矿石 2400 万吨。

(二) 矿床勘查史

马城铁矿是一个隐伏磁铁矿床，上覆 60~170m 的第四系地层，自 20 世纪 60 年代圈定异常到提交最终勘探报告历时 50 余年。

1960~1964 年，地质部 901 队对唐山、承德地区进行航空磁法测量，提交 1∶20 万航磁平面图，圈定了马城（143 号）异常。

1971 年，华北冶金地质勘探 514 队对该区进行地面磁法检查和验证，证实该异常为鞍山式沉积变质铁矿所引起。

1972 年，519 队在南区进行 1∶5000 地面磁法测量，面积 26km²，圈定磁异常 14 个。

1973~1974 年，原冶金部物探公司以山海关隆起为背景进行 1∶2.5 万航磁测量，工作范围东起山海关，西至唐山，北起宽城、平泉一带，南至渤海，面积 7000km²，将马城异常编为 9-12 号、9-13 号异常。同年华北冶金地质勘探公司 519 队以马城 9-12、9-13 航磁测量成果和 1∶5000 地面磁测成果为依据，在该区开展了 1∶1 万地面磁法工作，完成工作量 303km²，圈出磁异常 18 个，除一个异常为非矿引起，其余全为矿致异常。

1971~1977 年，在上述工作开展的基础上，华北冶金地质勘探 514 队和 515 队先后在该区投入钻探 34 孔，钻探总进尺 19848.03m，初步形成（400~600）m×400m 控制网度，局部形成了 400m×200m、600m×200m、200m×200m 网度，控制矿体最低标高−800m，一般控制标高−250~−500m，达到普查程度。1977 年 10 月 31 日由杨自宇编制了《河北省滦南县马城铁矿找矿评价总结报告》，获得 C_2 级远景矿石量 8.51 亿吨，TFe 平均品位 32.85%。

2003 年 12 月，根据国土资源部第 16 号令《地质资料管理条例实施办法》，冀国土资发〔2003〕18 号文、国土资储字〔2003〕44 号文，关于《河北省国土资源厅转发国土资源部关于做好〈地质资料管理条例实施办法〉贯彻实施的通知》精神，为满足资料的汇交要求，中国冶金地质勘查工程总局第一地质勘查院在对前人资料系统整理基础上编制了《河北省滦南县马城铁矿区地质普查报告》，获得推断的 333 氧化矿+原生矿内蕴经济资源量 42133 万吨，预测的原生矿+氧化矿 334 经济资源量 37081 万吨。2004 年 4 月 1 日汇交备案（冀地资汇〔2004〕47 号）。

2008 年，中国冶金地质总局第一地质勘查院利用河北省地质勘查专项资金，在以往工作基础上，对马城铁矿进行了详查工作，完成钻探 37 个，总进尺 25967.70m。项目负责人为胥燕辉，主要参与人员有赵明川、胡兴优、梁敏、刘凤阁、崔胜、陈斌、蒙永雷、张金玉、任志良、张卫民、田会先、徐娇艳、李广林、许涛、王行知等。2009 年 6 月提交了《河北省滦南县马城铁矿详查地质报告》，全区查明 332+333 资源量为 104476 万吨，TFe 平均品位为 34.98%。其中，控制的 332 内蕴经济资源量 22266 万吨，推断的 333 内蕴经济资源量 82210 万吨。该报告通过国土资源部、省评审中心联合审查，批准文号为国土资矿评储字〔2009〕133 号。

2011~2012 年，河北钢铁集团矿业有限公司委托中国冶金地质总局第一地质勘查院为主导，河北省地矿局第五地质大队、华北有色工程勘察院有限公司参与，对马城铁矿进行了勘探工作。由胡兴优、刘凤阁、刘大金、郭东、刘航、韦文国等人提交了《河北省滦南县马城铁矿勘探报告》。该报告通过国土资源部、省评审中心联合审查，批准文号为国土资矿评储字〔2012〕175 号，批准铁矿保有资源量 95442.70 万吨。备案文号为国土资储备字〔2013〕75 号。

2012~2013 年，河北钢铁集团矿业有限公司委托中国冶金地质总局第一地质勘查院、华北有色工程勘察院有限公司承担矿区"−1150m 标高以上"补充勘探工作。2013 年 10 月由胡兴优、刘大金、刘航、孟兆涛、江飞等人提交了《河北省滦南县马城铁矿补充勘探报告》，该报告通过国土资源部、省评审中心联合审查，批准文号为国土资矿评储字〔2014〕36 号，批准全区共求得铁矿石 111b+122b+331+332+333 资源储量 122457.60 万吨，TFe 平均品位 35.55%，mFe 平均品位为 29.11%。矿区范围内求得铁矿石 111b+122b+331+332+333 资源储量 99538.40 万吨，TFe 平均品位 35.45%，mFe 平均品位为 29.07%。备案文号为国土资储备字〔2014〕62 号。

二、河北滦南县长凝铁矿

（一）矿床基本情况

矿区位于河北省东部，滦南县北侧与滦县的马城与司家营铁矿接壤，为冀东司马长铁矿带一部分，长凝铁矿是在航磁异常基础上，以 1∶1 万地磁测量圈定磁异常，通过钻孔验证而发现。

该区属中朝准地台（I_2）燕山台褶带（II_2^2）山海关台拱（III_2^8）。经历了多次构造运动，地层褶皱强烈，断裂构造发育。

区域出露的地层为双层结构，基底地层由老至新为太古界迁西群、单塔子群；盖层依次为上元古界长城系及古生界寒武系、奥陶系、蓟县系、青白口系、新生界新近系、第四系地层。区内主要有奔城—昌黎大断裂，位于该区南 1~2km，断层走向大致为北东东向，倾向南东，性质为正断层。另一长凝断裂在该区北部，从重磁异常反映有一近东西向断裂，其性质与奔城—昌黎大断裂相似，由于受两条断裂的影响地层出现阶梯状错落。该区处于两条断裂构造的下陷部位，次一级断裂主要有北北东向断裂 F_1、F_2，北西向的 F_3 断裂（见图 5-17）。F_1 断裂大致位于任格庄到西沙窝，F_2 断层位于南套村—北套村，上盘下降，倾向南东。该断层截断III号矿体。F_3 断裂位于前麻地与北套之间，是根据磁异常推测的一条隐伏断裂，走向北西向，有可能截断前麻地—张庙庄与北套两个区段的矿体。

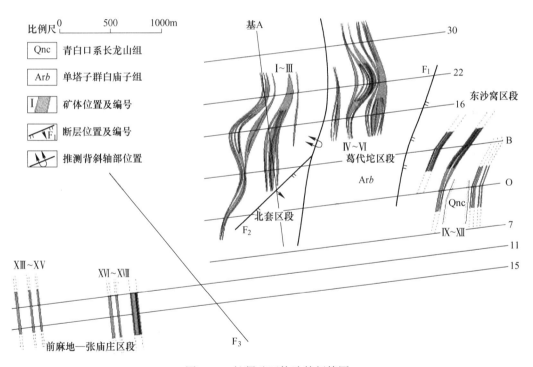

图 5-17 长凝矿区构造特征简图

长凝铁矿处于滦河冲洪积平原区，区内铁矿体被 361~661m 的第四系冲洪积物所覆盖，铁矿体大都出露于基岩面。矿体总体呈北北东向，倾向北西，倾角为 36°~70°。

全区共圈定 20 条矿体，各矿体相互平行集中分布，自西向东分别编号为 XIII~XVIII，I~XII。其中，I~III号矿体位于北套区段，IV~VIII号矿体位于葛代坨区段；IX~XII号位于东沙窝区段；XIII~XVIII位于前麻地—张庙庄区段。其中II号矿体较大，为主矿体，其资源量占全区总资源量的 43%（见图 5-18）。

铁矿体分布于 30~15 线间，总体呈北北东向，呈平行板状产出，倾向北西，倾角为

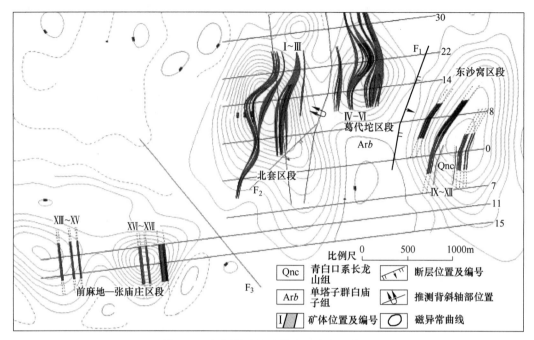

图 5-18 长凝铁矿各矿体位置分布示意图

36°~70°。各矿体近平行分布，矿体多夹石，具膨胀窄缩，分层尖灭现象。矿体北端较平缓，倾角 36°，南端变陡，倾角 70°。

各区段矿体水平间距 30~110m。矿体由单层或多层铁矿层组成，埋藏深度为 361~1757m，赋存标高为 -350~-1450m，矿体真厚度 1.39~103.18m。倾向延伸较稳定，最大控制倾斜延伸 1560m。从纵剖面上看，矿体南北向呈现出宽缓复式背斜形态（见图 5-19）。

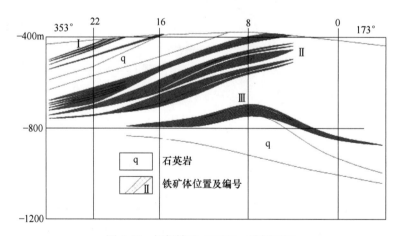

图 5-19 长凝铁矿 AW100m 纵剖面图

该区主要含铁矿物为褐铁矿、赤铁矿、假象赤铁矿、磁铁矿。少量褐铁矿及赤铁矿赋存在风化残坡积层中，其厚度 10~15m 不等，赤铁矿、假象赤铁矿石赋存基岩面以下 60~184m，-500~625m 标高以上部位，以下为原生磁铁矿石。按矿石中主要脉石矿物种类分为石英岩型、闪石型（透闪石-阳起石）、普通角闪石型、石榴石型及辉石型。以闪石型为主体，石英岩型分布普通，但规模小，石榴石型、辉石型分布零星，多沿Ⅰ、Ⅱ、Ⅴ、Ⅵ号矿体下部分布。

截至 2015 年底，全区求得铁矿石（氧化+原生）333+334 资源量 64374.7 万吨；其中，氧化矿 9287.8 万吨，TFe 平均品位 32.36%，mFe 平均品位 11.34%；原生矿 55086.9 万吨，TFe 平均品位 30.76%，mFe 平均品位 25.42%。原生矿占总资源量的 86%。

（二）矿床勘查史

1956 年，华北勘探公司普查五队进行 1:5 万地面磁测发现了该异常区；1959 年进行了 1:1 万磁法测量；1973 年，冶金部物探公司航测队在该区进行了 1:2.5 万航磁测，华北勘探公司 519 队在该区进行了 1:1 万地磁测量，再次证实了该异常的存在；1973~1978 年，519 队又在该区进行了 1:1 万重力和磁法面积测量，完成工作量 33km^2，并完成部分电测深剖面。并于异常中心做了重磁及电精测剖面测量，获幅值约 1.8mγ（1.8×10^{-8}Oe）的剩余重力异常。

钻探工程施工在 1973~1978 年，累计施工有效钻孔 15 个，钻探进尺 8117.96m，当时未提交成果。2003 年，中国冶金地质勘查工程总局第一地质勘查院在以往工作的基础上编写了普查报告，获预测的 334 内蕴经济资源量 17496.056 万吨，其中氧化矿 8307.707 万吨，TFe 平均品位 28.32%，原生矿 9188.349 万吨，TFe 平均品位 30.82%，但未进行评审。

2010 年，中国冶金地质总局第一地质勘查院执行"河北遵化—长凝一带铁矿调查评价"项目，在该区进行了 1:1 万重力测量 30km^2 及 1:5000 重磁联合剖面测量 18km。

2008~2010 年，根据河北省国土资源厅以冀国土资勘〔2008〕17 号《关于下达 2008 年矿产资源补偿费地质勘查专项项目计划的通知》，中国冶金地质总局第一地质勘查院对长凝铁矿进行普查。2010 年 11 月，由胡兴优、胥燕辉、刘凤阁等人提交《河北省滦南县长凝铁矿普查 2010 年度总结报告》，获 333+334 资源量 25868.7 万吨，通过了河北省国土资源厅地勘处的评审，评审文号冀国土资勘便字〔2010〕120 号。

2012 年，河北省国土资源厅以冀国土资勘〔2011〕68 号《关于下达 2010 年追加超收结转预算项目计划的通知》批准该项目续做。2012 年 9 月，由刘航、江飞、王自学等人提交《河北省滦南县长凝铁矿普查 2012 年度总结报告》，获 333+334 资源量 49734.3 万吨，通过了河北省国土资源厅地勘处的评审，评审文号冀国土资勘便字〔2012〕99 号。

2013 年，河北省国土资源厅以冀国土资勘便字〔2013〕2 号《关于下达 2013 年度地质勘查专项资金项目计划的通知》批准该项目续做。2014 年 7 月，由江飞、王慧博、王自学等人提交《河北省滦南县长凝铁（金）矿普查 2013 年度总结报告》，提交铁 333+334 资源量 70874.908 万吨，通过了河北省国土资源厅地勘处的评审，评审文号冀国土资勘便字〔2015〕2 号。

2015 年，由江飞、王慧博、王自学等人提交的《河北省滦南县长凝铁（金）矿普查报告》通过河北省国土资源厅评审通过，评审文号冀国土资储评〔2015〕88 号。提交铁矿石（氧化+原生）333+334 资源量 64374.7 万吨。

三、河北滦县司家营铁矿

(一) 矿床基本情况

矿区位于滦州市城区南部 10km，属于滦州市响堂、李兴庄和滦南县大马庄三个乡镇所辖。矿区北端距（北）京—山（海关）铁路线滦县站 9km。矿区南北长 10km，分布面积约 36km²。

司家营铁矿位于中朝准地台—燕山台褶带—山海关抬拱西南边缘，其西南为蓟县坳陷，南部为黄骅坳陷。该区经过了多期构造运动和变质作用，褶皱和断裂构造发育。

区域上出露地层主要为双层结构。基底地层主要为新太古界滦县岩群，盖层地层包括中-上元古界长城系、蓟县系、青白口系，古生界寒武系、奥陶系、石炭系、二叠系，新生界第四系，其中滦县岩群是冀东地区最重要的铁矿赋矿层位之一。区内基底构造以褶皱构造为主，基本构造格局自东向西由近南北向的阳山复背斜、司马复向斜构成。该褶皱带规模较大，控制着"司马长"地区主要沉积变质铁矿床的形态、空间分布、规模和产状。断裂构造按走向不同可分为北北东向、北北西向、北东东向。北北东走向的青龙河断裂是大地构造三级构造单元马兰峪复式背斜和山海关抬拱的划分界线。区域岩浆岩不发育，主要为燕山期形成的中酸性岩体和一些脉岩，少量穿切矿体的中基性脉岩。

矿区出露地层有新太古代滦县岩群阳山岩组，长城系大洪峪组和第四系。第四系黄土层大面积覆盖，厚度 0～180m，北薄南厚，东薄西厚。与铁矿有关的地层为滦县岩群阳山岩组。区内褶皱有司家营—大贾庄复式倒转向斜构造，断裂发育。

阳山岩组岩石类型为黑云斜长变粒岩、斜长角闪岩、二云石英片岩、磁铁石英岩，混合岩化作用弱而普遍，局部可见混合花岗岩。大洪峪组由石英砂岩和少量燧石条带白云岩及燧石岩组成，走向北北东向，倾向北北西向，倾角 10°～25°。

复式倒转向斜构造轴向近南北，轴面西倾。其东翼为正常翼，产状较缓而稳定；西翼为倒转翼，产状较陡。矿区变质地层呈单斜产出，片麻理走向近南北，倾向西，倾角 40°～50°。局部有小规模向斜。区内有 3 组断裂构造，走向为北北东向、北北西向和东西向。北北东向断层中以 F₄ 断层规模最大，长 2700m，属压扭性走向逆断层，主要分布在 Ⅲ 号矿体中，其产状与矿体产状相近，断距 20～70m，使 Ⅲ 号矿体西部向上错动，矿体厚度增大。东西向断层有 F₂ 和 F₃ 两条横断层，均使 Ⅰ 号矿体相对位移，因规模小，对矿体破坏也小。北北西向断层有 F₁ 正断层，使 Ⅰ 号矿体在 S4 线重复出现。

岩浆岩不发育，未发现大规模侵入体，仅见一些中基性脉岩，有黑云霓辉正长岩脉、变质辉长岩脉、伟晶岩脉、橄榄玄武玢岩脉、闪斜煌斑岩脉、花岗斑岩脉等。岩脉大多顺层产出，有的斜切矿体，破坏矿体的连续性。

矿区南北长 13km，东西宽 2～4km，面积 40km²，有 4 个主要矿体，长 1600～8350m，以 S6 线为界分为北区和南区（见图 5-20）。北区有 4 个主要矿体，北部小部分出露地表。南区分布在 S6 线以南，全长 8km，为北区Ⅰ号、Ⅱ号矿体的南延部分。矿体走向近南北，倾向西，倾角 40°～50°。各矿体呈平行带状排列，多呈层状或似层状，层位稳定，厚度变化大，具膨缩和分枝复合现象，矿尾多分枝尖灭部分，有的为透镜状或扁豆状。由于构造影响，沿走向和倾向厚度变化较大，形态较复杂。

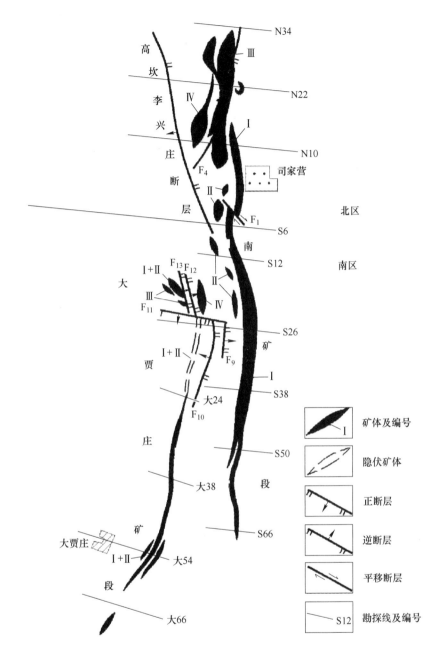

图 5-20 司家营铁矿地质及矿体分布

矿区的贫铁矿中赋存着一部分小富铁矿体，多集中在矿体的中部，多呈似层状，透镜状或脉状顺层产出，走向上不连续，多为单线工程控制，沿倾斜延深北区 20～200m，南区一般为 100～200m，个别富铁矿体延深 200～800m，平均厚度 3.47m，最厚 10.83m。富铁矿石以磁铁矿为主，次为假象赤铁矿、镜铁矿，可分为磁铁富矿和赤铁富矿两大类。

司家营铁矿北区矿体呈层状或似层状平行带状排列，层位稳定，厚度变化不大，向斜核部矿体加厚。其中 I 号矿体长 2150m，南延为南区主要矿体，最大厚度 213m，最薄 25m，一般 40～50m，平均厚度 55m。沿倾斜延深 200～300m。

司家营铁矿南区大贾庄矿段，Ⅰ+Ⅱ号矿体长度 7150m，厚度一般 10～90m，平均厚度近 40m。最大厚度 145m，最薄 3m。矿体最大延深 2500m，最小延深 275m。矿体产状呈近南北展布，变化较大，倾向西，倾角 20°～50°，具有明显上陡下缓现象，局部矿体呈平卧状，倾角 5°～10°（见图 5-21）。

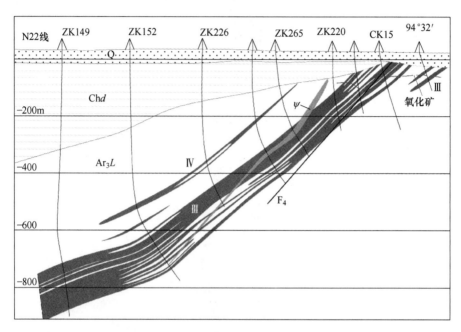

图 5-21 司家营铁矿 N22 勘探线剖面图

Q—第四系；Chd—大洪峪组；Ar$_3$L—滦县岩群；Ⅲ，Ⅳ—矿体编号；ψ—变质辉长岩

矿石自然类型可分为磁铁石英岩及赤铁石英岩两大类。矿石物质成分简单，矿石矿物主要为磁铁矿、假象赤铁矿，次为赤铁矿。矿石结构以细粒变晶结构为主，其次为纤维粒状变晶结构、交代残余结构。矿石构造分 4 种：细纹状构造、条纹状构造、条带状构造和致密块状构造。该矿床成因为沉积变质型铁矿床，属海底火山喷发沉积—变质作用形成。

截至 2018 年底，矿区查明资源储量 31.65 亿吨，深部尚有远景资源量 3 亿～5 亿吨，磁铁矿石总储量占 85.8%，赤铁矿石仅占 14.2%。

（二）矿床勘查史

1914 年，瑞典人安特生与英国人丁格兰曾开展过调查研究，得出结论，认为铁矿品位很低，平均含铁量在 30%。初步计算储量为 1237.5 万吨。

1941 年，日本开始进行调查研究，施工钻孔 1 个，计算矿量为 2.8 亿吨。之后日本人进行了掠夺性开采。

1945 年，黄春江开展调查，认为该矿床为水成矿层受动力变质作用而生成的鞍山式铁矿，常呈层状，夹于云母片岩中，延长达 4km 以上。包括 3 个矿体，最大矿体延长约 1300m，总平均厚度约 40m。矿石为磁铁-赤铁-石英片岩，平均品位约为 43%。推算矿量 205.4 万吨。

1955 年，冶金部地质局华北分局第一普查队王运昌、刘泰兴、谢坤一等人在此进行普查评价工作，先后共调查大小铁矿 27 个。得出结论为：矿床成因为鞍山式铁矿，全区获得贫矿总储量 2.1 亿吨，另有表外储量 2 亿吨。

1956～1958 年，冶金部华北勘探公司 503 队陈世萱、陈宏楚、杜开荣等人对该区开展了地质勘探工作。经勘查，全区共获得 $B+C_1+C_2$ 级矿量为 609015375t、其中，B 级矿量为 19627907.5t、C_1 级 91612767t。矿床属鞍山式铁矿，规模大，厚度稳定，南部盲矿体往南还可延长 1200m，估计远景储量 8000 万吨左右，因此，司家营铁矿储量可接近 7 亿吨。全区共完成钻探工作量 10285m（50 个孔），其中水文孔工作量为 1006m。

1960 年，石钢勘探队又在司家营铁矿北区进行了补充勘探工作，并编写《滦县司家铁矿区地质勘探补充工作报告》，新增储量 1053 万吨。

1969 年，河北省地质局第 8 地质大队继续对矿区进行勘探。1974 年 6 月提交《河北省淤县司家营铁矿北区地质勘探报告》，计算 $B+C_1+C_2$ 级储量 4.13 亿吨。

1976 年 1 月，冀东地质指挥部第一队再次对北区进行补充勘探后，提交《河北省滦县司家营铁矿北区最终地质勘探报告》，计算储量 B+C+D 级 6.49 亿吨。

1976～1977 年，为进一步查明深部矿体的规模，扩大矿区远景，又继续对深部矿体进行勘探，并在 1976 年勘探报告基础上，由河北省地质局第 15 地质大队于 1978 年 4 月编写《河北省滦县司家营铁矿北区地质勘探总结报告》，经河北省地质局〔1978〕冀革地资字 336 号文批准为详细勘探，批准 B+C+D 级储量 8.38 亿吨。

1981 年 10 月，河北省地质局第 15 队、第 7 队、第 8 队对南区进行勘探，提交《河北省滦县司家营铁矿南区详细勘探地质报告》，经河北省储委冀储决字〔1986〕4 号文批准为详勘，批准 B+C+D 级储量 8.64 亿吨。

四、河北滦县常峪铁矿

（一）矿床基本情况

常峪铁矿区位于河北省滦县（现为滦州市）响堂镇境内，距滦县南 6km 处，北距京山铁路滦县站 8km，南距京唐港 60km，平青大（平泉、青龙、大青河）省级公路从矿区东侧通过，交通便利。常峪铁矿区与司家营铁矿北区毗邻，属司家营铁矿的一部分。

矿区位于山海关隆起的西南边缘，司马长复式向斜的次级构造司家营复式向斜的西北部。区域出露的地层为双层结构，基底地层由老至新为太古界迁西群、单塔子群；下元古界朱杖子群；盖层依次为上元古界长城系及古生界寒武系、奥陶系、新生界第三、第四系地层。滦县常峪铁矿断裂构造分布如图 5-22 所示。

矿区内地层为双层结构，基底为太古代地层，盖层为第四系及第三系。其中太古界单塔子群白庙子组（Arb）是该区主要地层，主要为白庙子组三段。下部为黑云变粒岩为主，夹少量磁铁石英岩；中部为磁铁石英岩与变粒岩互层；上部为片麻岩、黑云变粒岩和角闪变粒岩为主夹少量磁铁石英岩，经受了较强的混合岩化作用。它是冀东重要的含矿层之一，也是该区含矿层位。

矿区构造特点是区内以褶皱为主，而周围被断裂切割成一个近似方形的断块，褶皱和断裂都具有多次叠加的特点。

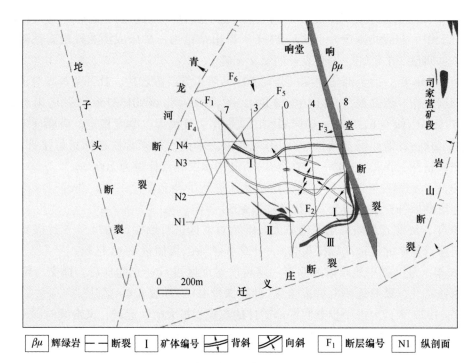

图 5-22　滦县常峪铁矿断裂构造分布

　　该区矿体由多层铁矿组成，夹石较多，矿层分支复合现象显著。由于褶皱及断裂构造对矿层形态的改造，矿层形态比较复杂，呈近平行层状或大透镜状，单层难以对应。根据矿层的空间位置和相对集中情况，将相对集中、总体对应较好的多层矿层或难以和其他矿层对应的单层矿层分别单独圈为矿带（矿体），全区从上到下共分为 14 个矿体，编号依次为Ⅰ-1~Ⅹ，其中Ⅰ-1、Ⅱ、Ⅲ-1 号矿体为主矿体。分布在响堂断裂（F_3）与 11 线之间，走向总长度为 950m，全区全铁平均品位为 29.26%，矿体平均厚度 6.29~41.68m，矿体埋深 70~810m，其中主矿体埋深 70~76m，矿体赋存标高在 -33~-803m 间，最大延深达 621m。每个矿体都是由单层或多层铁矿组成，夹石多，在 F_2 断层错动造成重叠部位和褶皱核部矿体加厚，翼部变薄，尤其"向斜"转"背斜"的中间翼，矿体常被拉断。该区铁矿剖面如图 5-23 所示。

　　该区矿物成分简单，矿石矿物主要为磁铁矿，次为少量假象赤铁矿（小于 5%），赤铁矿仅在个别地段如近基岩面、构造破碎处见到。脉石矿物以石英为主，其次为透闪石、阳起石，再次为角闪石、透辉石、黑云母、绿泥石、黄铁矿，有时可见绿帘石、金红石、碳酸盐等。微量矿物磷灰石，个别钻孔偶见少量黄铜矿、方铅矿。

　　矿石基本为中细粒变晶结构，少量纤维粒状变晶结构，铁矿物粒度较细时和脉石矿物常具镶嵌结构。磁铁矿、假象赤铁矿均以半自形、自形为主，次为他形粒状。矿石构造主要为条纹-条带状构造，少量呈致密块状和片麻状构造。

　　区内矿层的顶底板围岩以变粒岩或经过混合岩化作用改造的混合片麻岩为主，其原岩为陆源碎屑及火山沉积岩。铁矿呈层状，具清晰的层理，硅、铁形成黑白相间的韵律层，矿物成分简单，以石英和磁铁矿为主。矿体夹层为变粒岩和少量绿片岩，尤其铁矿层与钾

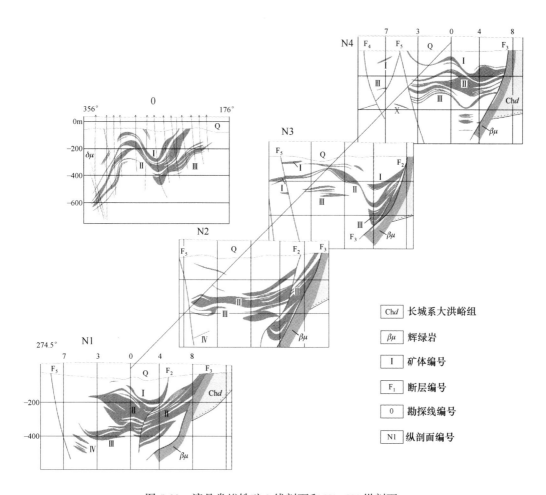

图 5-23　滦县常峪铁矿 0 线剖面和 N1～N4 纵剖面

长变粒岩形成互层，有的仅呈 0.1mm 厚的韵律层，钾长变粒岩具明显的砂状结构。以上种种特征说明当时沉积环境是不稳定的。铁的来源则主要是火山喷发供给，故该区应是（陆源及火山）沉积-变质铁矿，即鞍山式铁矿。

（二）矿床勘查史

1971 年华北冶金地质勘探公司 519 队在司家营、马城、长凝地区进行 1：1 万地磁测量时，圈出常峪异常，并提出了验证孔位，同年 12 月华北冶金地质勘探公司 514 队进行了验证，证实了异常为磁铁矿引起。1972 年 7 月，对矿区做出评价；1974 年，华北冶金地质勘探公司 514 队再次进入矿区施工；1975 年 1 月，移交华北冶金地质勘探公司 515 队继续施工，为了研究矿体产状 1975 年又进行了 1：5000 地面磁测 3.06km²；同年 11 月因找风化壳富矿撤出矿区，前后施工了 13 个孔 6487.42m，提出了矿体产状为东西走向的认识。1977 年 9 月，515 队再次进入矿区，针对矿区长期存在的产状问题，收集了各方面的资料进行分析对比研究，统一了认识，确定了矿体的产状形态。1979 年 12 月，结束了勘探工作，并于 1980 年 5 月前提交勘探报告初稿。经过部和公司初审，对报告和勘探工作提出了一些改进意见，根据多条意见进行了修改，重新计算了储量，于 1980 年 11 月完成《河北省滦县常峪铁矿区地质勘探报告书》，技术负责工程师为杨子宇，编写者包括张彦俊，参加者：刘凤阁、闻九一、崔胜、王作恭、吴建华、彭浩、孙新建、郑守勤、吴春、马增田、孙金旭。常峪矿区在 1971~1979 年两出三进，于 1977 年 9 月正式转入勘探工作，1979 年 12 月结束勘探工作，全区共施工有效孔 82 个，37432.26m。全区共获得铁矿石 C+D 级储量 13555 万吨，平均品位 29.27%。该区虽无 B 级储量，但 C 级储量的控制程度部分地段是高于 200m×100m 的网度的，如矿区南部近地表部分已达到 100m×100m 的工程间距，实际已是 B 级储量，该区的 C 级储量所占比例为 75%。

2003 年，为满足地质资料汇交要求，中国冶金地质勘查工程总局第一地质勘查院在对前人资料系统整理基础上编制了《河北省滦县常峪铁矿区普查地质报告》。2003 年 11 月 18 日，河北省国土资源厅储量评审中心"冀国土资储审〔2003〕37 号文"，批准地质块段法估算的 333 内蕴经济资源量 9988.5 万吨，全铁平均品位 29.78%。2003 年 11 月 20 日经河北省国土资源厅"冀国土资备储〔2003〕26 号文"，关于《河北省滦县常峪铁矿区地质普查报告》由河北省国土资源厅矿产资源储量评审中心组织评审，经对其报送的评审意见书及相关材料进行合格性检查，评审机构聘请的评审专家及评审符合有关规定，予以矿产资源储量评审备案。

中国冶金地质总局第一勘查院自 2006 年 4 月初至 9 月底进行野外施工及相应技术性工作，10 月初全面转入室内资料整理，2007 年 4 月，完成《河北省滦县常峪铁矿详查报告》，报告主编为赵明川、胥燕辉、崔胜、佟建伟，参加人员包括刘凤阁、王作功、段晓冰、焦文生、吉庆斌、刘太、王郁柏、马曙光、田会先、孙文国、许瑞华、李晓军、张金玉、徐姣艳、任志良、蒙永雷、冯少龙。全区查明 121b+122b+332+333 资源储量为 12500.5 万吨，TFe 平均品位为 29.26%；勘查许可范围内 121b+122b+333 资源储量 1200.08 万吨，TFe 平均品位 29.24%，占全区资源储量的 96.00%。其中，探明（预可研）的 121b 经济基础储量 531.5 万吨，占勘查许可范围内资源储量 4.43%；控制的 122b 经济基础储量 9030.0 万吨，TFe 平均品位 29.14%，占 75.24%；推断的 333 内蕴经济资源量 2439.3 万吨，TFe 平均品位 29.38%，占勘查许可范围内资源储量 20.33%。

五、河北滦县青龙山—庆庄子铁矿

（一）矿床基本情况

矿区位于滦县（现为滦州市）城西北 30km 处，从矿区到县城有公路相接。矿区地层为双层结构，基底地层为太古界单塔子群，盖层为上元古界长城系大红峪组和高于庄组及新生界第四系地层（见图 5-24）。白庙子组是该区主要地层，也是冀东重要的含矿层之一。

区内经历了多期构造活动，矿区位于青龙山背斜核部，背斜枢纽走向北西，西翼南西倾，倾角 25°~50°，东翼北东倾，倾角 25°~70°，背斜两翼为长城系地层，核部出露白庙子组变质岩系（见图 5-25）。矿床遭受晚期混合岩化作用破坏，造成现今形态复杂，分布零星；另一方面使铁质相对富集形成分布不均的富矿。

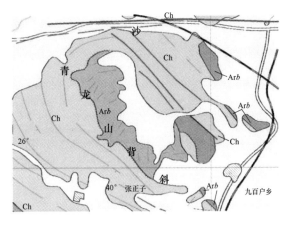

图 5-24　青龙山—庆庄子铁矿区域地质图

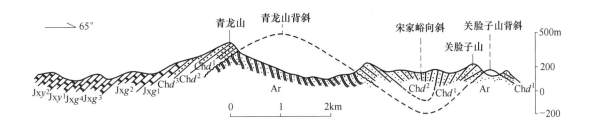

图 5-25　青龙山一带构造剖面图

铁矿体赋存于太古界单塔子群白庙子组变质岩系中，从矿体产状及分布位置的不同，可以大致把各矿体划分为两个区段（见图 5-26）。青龙山区段各矿体位于基底背斜西翼，由单层或多层铁矿层组成，呈似层状或大透镜状产出，各矿体呈多层近于平行分布，水平间距 10~170m 不等，总体呈北北西向带状产出，倾向南西，倾角 30°~44°；庆庄子区段各矿体位于基底背斜核部，由于受早期东西向褶皱影响，各矿体产状不稳定，总体走向呈近东西向，近于水平略向南倾。矿体一般由多层平行铁矿层组成，多数呈大透镜状产出，少数为似层状，倾向南，倾角 5°~15°。其中规模最大的矿体走向长约 1000m，最大倾斜延伸超 1200m，平均厚 17.96m。

全区铁平均品位 32.25%，最高品位 51.01%。矿石中主要铁矿物为磁铁矿，次为少量赤铁矿，赤铁矿仅在个别地段如变质岩与盖层接触部位附近、裂隙发育处见到，其形成是交代磁铁矿生成，赤铁矿在磁铁矿颗粒间或沿其颗粒边缘分布，晶形为磁铁矿假象晶形，呈不规则颗粒状存在。偶见少量黄铁矿、黄铜矿。脉石矿物以石英为主，其次为透闪石，再次为透辉石、阳起石、黑云母、绿泥石等。区内铁矿石成分偏复杂，仍以磁性铁矿

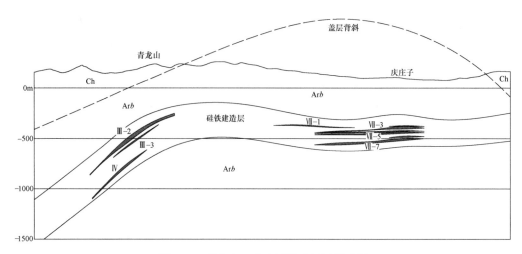

图 5-26 青龙山—庆庄子铁矿剖面示意图

石为主，并分布有较不均匀的氧化铁，硅酸铁在部分矿体中偏高，总体属磁性铁矿石。截至 2015 年 6 月，全区查明铁矿石 333 + 334 资源量 1.39 亿吨，矿床发现至今未被开发利用。

（二）矿床勘查史

1975~1978 年，华北冶金地质勘探公司 515 队李永贤、徐志高、陶景明、孙守信、闻久一等人在张庄铁矿（Ⅲ-1 号异常）勘查期间，针对该区Ⅳ（青龙山）、Ⅷ（庆庄子）号异常各投入一条勘探线的钻孔验证，施工钻探 6 孔（4134.77m），首次在该区发现有工业矿体。

2010~2012 年，中国冶金地质总局第一地质勘查院胥燕辉、江飞、王郁柏等人在执行"河北遵化—长凝一带铁矿调查评价"项目时，在该区完成控制测量 5 点，1 : 1 万高精度磁法测量 15km²，钻探 6 孔（4646.9m）。利用深源磁异常的研究，加强钻探验证工作，在原有工作成果基础上沿异常走向根据物探联合反演结果施工钻孔，在深部揭露到规模较大的铁矿体，证明矿带走向延长大且埋藏深，从而为该区进一步开展铁矿勘查奠定了基础。

2013~2015 年，中国冶金地质总局第一地质勘查院进行地质普查工作，主要人员为梁敏、李振隆、张卫民、张金玉等人，施工钻探 15 孔（12940.6m）。2020 年提交了《河北省滦县青龙山—庆庄子铁矿普查报告》，并通过了河北省自然资源厅组织评审，评审文号冀矿储评〔2020〕138 号，提交铁矿石 333 + 334 资源量 13911.50 万吨，TFe 平均品位 32.25%。

六、河北滦县八里桥铁矿

（一）矿床基本情况

矿区位于滦县（现为滦州市）西南高坎乡（现为滦城街道）境内，东邻八里桥村，西邻高官营村。距滦县火车站 6km，东南距司家营 3km。区内有滦县—张各庄公路通过，交通方便。八里桥铁矿区是冀东司马长铁矿带的一部分，为中型鞍山式沉积变质铁矿床。

矿区位于燕山台褶带山海关台拱的南部。区内地层主要为太古界的老变质岩系，共分两个群。一个为迁西群，主要分布在迁安及以北地区，主要岩性为麻粒岩相的含辉石的变质岩。著名的迁安铁矿带即产于该地层中。另一个为单塔子群，见于滦县卢龙一带，滦县以北为白庙子组下部地层，含角闪石为主的变粒岩，滦县以南为白庙子组上部地层，富含黑云母的变粒岩，司马长铁矿带产于上部层位中。司马长铁矿带为一轴向南北的复式向斜，八里桥矿区位于复式向斜的西部。矿区地质图如图 5-27 所示。

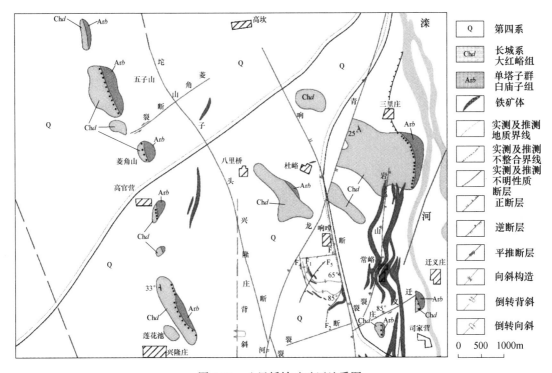

图 5-27　八里桥铁矿矿区地质图

该矿床为隐伏矿体，埋藏于平均厚 55.85m 的第四系以下，矿床类型为鞍山式沉积变质铁矿，铁矿呈似层状赋存于粗粒混合片麻岩与细粒黑云变粒岩过渡地段，铁矿体呈薄层、多层板状体、透镜体出现，矿带控制总长度 1150m，总体产状近南北，南北两端矿带略向南西偏移，中部近南北，呈弧形弯曲，倾向北西，倾角 30°～40°，共划分两个矿体（编号为 Ⅰ、Ⅱ），矿体长度分别为 560m、1100m，矿体厚度（伪厚）3.61～57.07m，平均厚度分别为 9.54～15.94m。矿石矿物成分简单，由磁铁矿、少量赤铁矿、褐铁矿、黄铁矿和脉石矿物组成。磁铁矿以半自形粒状为主，粒度大部分在 0.2～0.5mm，少数 0.01～0.06mm。脉石矿物石英呈半自形-他形粒状集合体，与磁铁矿穿插交生，粒径 0.2～0.4mm，角闪石稍粗，粒径 0.3～0.5mm。磁铁矿和石英或其他脉石矿物相间排列成条纹-条带状构造。矿石类型为原生磁铁石英岩型。

八里桥铁矿区 3 号勘探线地质剖面图如图 5-28 所示。

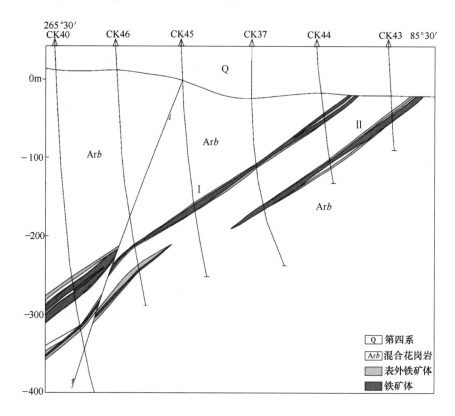

图 5-28 八里桥铁矿区 3 号勘探线地质剖面图

(二) 矿床勘查史

1972 年，原华北冶金地质勘探公司 519 队检查 1∶2.5 万航磁异常时发现该矿床，华北冶金地质勘探公司 519 队根据 1∶2.5 万航磁异常，进行了 1∶1 万地面磁测，面积 13km²。

1973~1974 年，华北冶金地质勘探公司 514 队进行钻探验证和找矿评价工作，施工钻孔 10 个 3286.93m（其中包括报废 4 孔 1393.67m），有效钻孔 6 个，有效进尺 1893.26m，于 1975 年 4 月 20 日由刘思球编写《河北省滦县八里桥铁矿区普查调查评价简报》，获 C_2 级储量（远景储量）表内 1787.86 万吨，表外 224.51 万吨，共 2012.4 万吨。

1975 年 4 月，华北冶金地质勘探公司 514 队撤离该区，同年将该矿区资料移交给华北冶金地质勘探公司 515 队，经检查后发现原始资料不全和一些问题，储量计算图件不合格。于 1978 年 9 月 12 日由刘凤阁编写《河北省滦县八里桥铁矿区评价简报及下步地质勘探工作设计》，探明 C_2 级储量（远景储量）表内 1980.47 万吨，表外 72.96 万吨，总储量 2053.43 万吨。

1979~1981 年，华北冶金地质勘探公司 515 队进行了普查评价工作，由杨自宇负责，投入 5 秒控制、四等水准测量，1∶2000 地形图测量工作 5.98km²，槽探 41.5m³，施工钻孔 15 个，进尺 7030.63m，于 1981 年 7 月由刘凤阁编制了《河北省滦县八里桥铁矿区找矿评价报告说明书》，获 D 级储量 4165.04 万吨，其中表内储量 3816.57 万吨，表外储量 348.47 万吨。

1984 年，冶金部第一地质勘探公司 515 队对该区铁矿进行地质勘查工作，由刘凤阁担任矿区负责人，施工钻孔 21 个，进尺 4758.83m，全区累计施工有效钻孔 42 个，累计钻探进尺 13682.74m，于 1984 年 12 月由刘凤阁编制了《河北省滦县八里桥铁矿区评价报告》，报告未通过任何单位评审，探明 C+D 级矿石量 4279.61 万吨，其中，C+D 级表内 3577.37 万吨、C 级表内 673.38 万吨、D 级表内 2903.99 万吨、C+D 级表外 702.24 万吨、C 级表外 225.31 万吨、D 级表外 476.93 万吨。

七、河北滦县沈官营—半壁店铁矿

（一）矿床基本情况

沈官营—半壁店铁矿位于河北省滦县（现为滦州市）北西 5km 平原地带，交通便利，矿区面积达 10km²，矿区地质图如图 5-29 所示。

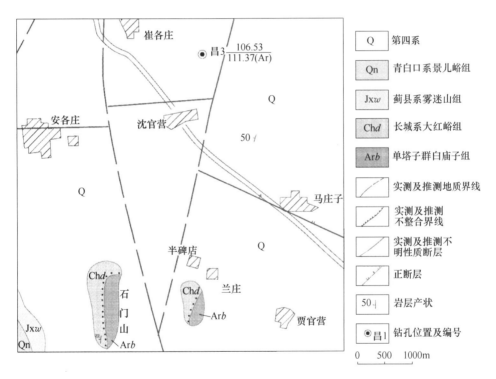

图 5-29　沈官营—半壁店铁矿矿区地质图

区内大地构造位置位于燕山台褶带的山海关台拱西侧。该区为大面积第四系覆盖区，局部出露长城系地层，下伏地层主要是太古界变质岩系，层位为双山子群茨榆山组混合质黑云斜长片麻岩、混合花岗岩。该区属单斜构造，受近南北向的雷庄断裂和北东东向的昌黎断裂影响，在该区形成较发育的次级小断裂。

该区可分沈官营、半壁店两个铁矿，均赋存于混合花岗岩中。

沈官营铁矿矿体隐伏于第四系覆盖层之下，磁异常为多层矿体叠加而成。现已揭露的矿体共 5 层，每层间隔 10~16m，矿体呈似层状或透镜状，共圈定矿体 14 个。矿体总体走向与异常走向一致，为10°~15°，倾向北西，倾角较陡50°~80°。工业类型为需选磁性铁矿石，自然类型主要为磁铁石英岩型原生矿，少量为透闪石磁铁石英岩型原生矿。粒状变晶结构，条纹状、条带状构造。主要矿物为磁铁矿、石英，次为赤铁矿、角闪石、斜长石、黑云母及方解石等。磁铁矿含量一般为30%~45%，石英40%~50%，全区全铁平均品位34.21%。

沈官营矿区矿石加工、选冶未进行专门性实验工作，与西2.5km的东安铁矿处一个含矿层位，矿石的选冶性能可以类比，选矿流程拟采用三段磨矿五段磁选流程，最终产品为铁精粉。矿石入选品位32.46%，铁精粉品位65.80%，回收率89.95%。

沈官营铁矿33线剖面图如图5-30所示。

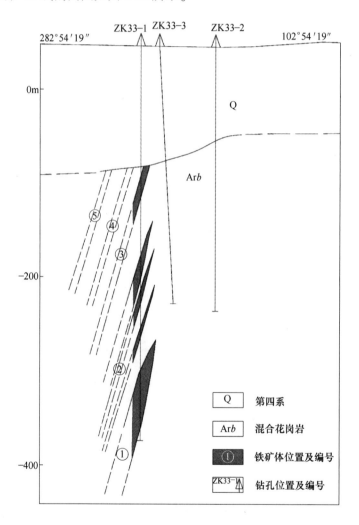

图5-30 沈官营铁矿33线剖面图

半壁店铁矿：地表矿层露头长50m，宽20m，矿层走向北东20°~30°，倾向北西，倾角30°。通过钻孔和磁测井表明，矿层沿深较大，形状呈长条透镜状，长度和深度因钻孔少没控制，控制加外推长度600m，厚度23.48~31.20m。矿石构造以条带状为主，结构为细粒，矿石成分以磁铁矿、石英为主，少量赤铁矿、黑云母、角闪石、斜长石、方解石、绿泥石，局部见黄铁矿。矿石全铁平均品位34.29%。

（二）矿床勘查史

1973年，冶金物探公司对该区进行了1∶10万航磁工作，圈定了沈官营异常（编号M14-21）。新疆物探队相继开展1∶1万地面磁测，以200ηT等值线圈定了由3个峰值组成的异常区。异常整体形态为近南北向、长约1700m、幅宽约550~900m。

1973~1975年，华北冶金地质勘探公司515队对该磁异常进行了钻孔验证工作，由王民生任技术负责，陆树群、郑守勤、李树森、刘凤池、韩丙辉等人参与工作，共施工钻孔6个，累计进尺3152.98m，于1975年10月由王作恭编写了《河北省滦县沈官营—半壁店铁矿普查评价地质报告》，获得C_2级矿石量3927.0589万吨，金属量1344.0463万吨。

2001~2002年，中国冶金地质勘查工程总局一局515队分别在Ⅰ号、Ⅱ号两个异常的中心部位施工了7个孔，累计进尺2101.30m，并同时投入地形测量、水文地质调查等相应的技术性工作。于2003年9月，由佟建伟、胥燕辉、马凤变编写了《河北省滦县沈官营铁矿普查地质报告》，全区共获铁矿石推断的333内蕴经济资源量353.89万吨，2S22次边际经济资源量17.68万吨。

八、河北滦县油榨铁矿

（一）矿床基本情况

油榨矿区属于海底火山-沉积-变质铁矿床。油榨矿区按行政区划属河北省滦县（现为滦州市）油榨镇管辖。油榨铁矿矿区地质图如图5-31所示。

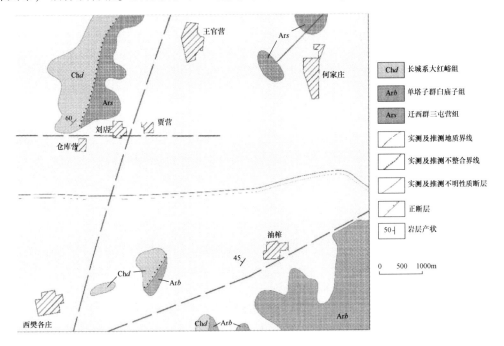

图5-31 油榨铁矿矿区地质图

该区位于中朝准地台（I_2^1）燕山台褶带（II_2^2）马兰峪复式背斜（III_3^7）遵化穹褶束（IV_2^{25}）的东南端，东邻山海关台拱（II_2^{28}），地质构造条件较复杂。区域范围内出露地层不齐全，主要为太古界迁西群、单塔子群，中上元古界、古生界及新生界第四系部分地层。矿区内地表无基岩出露，全部被第四系所覆盖，下伏地层为太古界单塔子群白庙子组。区内基底褶皱大体上呈以北东东向转向北东乃至近南北向，向北陡倾斜的弧形带。断裂构造主要为北东东向正断层，具张扭性特征。区内广泛发育花岗伟晶岩，呈不规则脉状，规模不等。

该区经异常验证，除 3 号、6 号、9 号异常未见矿外，其他 1 号、2 号、32 号异常均属矿异常。1 号异常属多层薄层矿，划分为 3 个矿体，其中 1 号矿体伪厚度分别为 22.69m、9.12m，长度 300m，呈透镜体，近南北走向，倾向西，倾角 60°。2 号矿体由两个小薄层矿组成，伪厚度 6.95m，长度 200m；3 号矿体伪厚度 28.90m，长度 300m。2 号、3 号矿体均属小透镜体状，近南北走向，倾向西，倾角 60°。2 号异常的主矿层分为东西两段，西段矿层伪厚度分别为 8.94m、15.25m，长度 400m，呈透镜体状，北东东向走向，倾向北，倾角 60°；东段矿层伪厚度为 18.60m，长度 300m 形态与产状与西段相同。32 号异常属多层薄层矿，划分为 4 个矿体，其中 1 号矿体伪厚度为 7.40m，走向延伸 100m。2 号矿体伪厚度分别为 18.60m、5.70m，走向延伸 200m；3 号矿体伪厚度分别为 6.60m、14.95m，走向延伸 200m；4 号矿体伪厚度为 6.60m，走向延伸 100m。矿体呈层状和透镜体状，走向为北西，倾向南西，倾角 50°左右。

矿物组合主要为斜长石、石英、黑云母、角闪石、透镜石和磁铁矿，次要矿物有透闪石、磷灰石、绿泥石、绿帘石、锆石、黄铁矿、白云母等。除磁铁石英岩外，都遭受不同程度的混合岩化作用，原岩仅呈残体出现。

该区铁矿普遍含有透闪石，故详称为透闪石磁铁石英岩，粒状变晶结构，条纹状构造。磁铁矿为自形粒状，粒度 0.1~0.4mm，含量 45%左右；透闪石为长柱状，沿条纹方向延长，含量 50%；石英为他形粒状，含量 5%左右。该区矿石类型为单一透闪石磁铁石英型，全铁品位在 30%~35%之间，属贫矿，全铁与可溶性铁之差不大于 3%，磁化率小于 2.7，属易磁选的原生矿。

（二）矿床勘查史

1978~1980 年，华北冶金地质勘探公司 515 队对油榨一带进行 1：5000 地面磁测 74.31km²，选择 1 号、2 号、3 号、6 号、9 号、32 号主要异常地段进行远景评价。

1980 年，华北冶金地质勘探公司 515 队由苑文杰任矿区负责人，刘彦、王来文、王嘉勖、赵炳杰、马英贤等人参与工作，完成钻探工作 5043.39m，于 1981 年 4 月由苑文杰编写了《滦县油榨铁矿区远景评价报告》，分别对 1 号、2 号、32 号异常计算远景储量，获得 D 级储量 803 万吨，其中，1 号异常 445 万吨，2 号异常 284 万吨，32 号异常 74 万吨。

油榨矿区主要选择具有代表性异常地段进行远景评价工作，2 号异常按一定网度布孔，基本查明了矿体规模、形态、产状及有用组分等矿床基本特征。6 号、9 号异常在前人经验的基础上扩大远景。3 号异常经验证为非矿异常。1 号异常为叠加异常，经分析具有一定规模。32 号异常按网度布孔，基本控制其远景。在油榨矿区 75km² 范围内虽然地磁异常成群成带出现，经验证含矿地段空间分布杂乱，矿体规模较小，距离较远。

九、河北滦县张庄铁矿

（一）矿床基本情况

矿区位于滦县（现为滦州市）九百户镇，从矿区到县城有公路相接。

矿区大地构造属青龙山—坨子背斜的轴部。该矿区内广泛出露前震旦系的变质岩系——花岗岩系。有的地段直接与震旦系岩层如角砾岩、砂砾岩、石英岩、硅质白云岩接触。铁矿层便赋存在混合花岗岩中，属鞍山式沉积变质铁矿床。

矿区地层主要有第四系、震旦系、前震旦系地层。矿区位于青龙山—坨子头背斜北西端，背斜两翼不对称，为一斜歪倾伏背斜，走向 N50°~65°，倾角 50°~60°。

该区铁矿石以条带状为主，根据条带细密程度不一，可分为条带状、条纹状构造。当含铁品位大于 40% 时，可成块状构造。矿石成分以磁铁矿为主。氧化矿石中含赤铁矿、褐铁矿，偶尔可见黄铁矿。非金属矿物则以石英为主体，闪石（角闪石、透闪石、纤闪石、阳起石），绿泥石此等次之，有时局部地段出现磁铁闪石片岩。张庄铁矿区域地质图如图 5-32 所示。

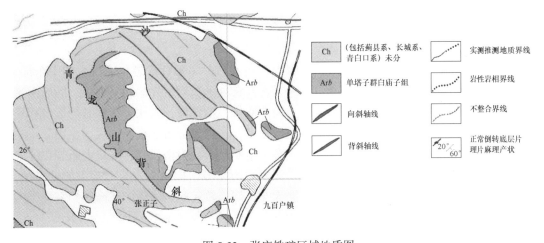

图 5-32 张庄铁矿区域地质图

矿区铁矿体产于前震旦系地层中，矿石由磁铁矿组成暗色条带。石英、闪石类组成浅色条带，矿床呈薄层，扁豆状、不规则透镜状。与围岩界线清晰，质量稳定，规模小。矿床遭受晚期混合花岗岩化作用破坏，造成现今形态复杂，分布零星，另外却使铁质相对富集与磁铁矿种结晶作用造成该区品位较无混合花岗岩化的鞍山式铁矿品位略高。

（二）矿床勘查史

1958~1989 年全民大钢铁时期，地方曾一度进行开采，1972 年唐钢建立张庄铁矿进行开采。1958~1980 年间，华北冶金地质勘探公司 515 队对矿区内的铁石山、小秃山、高家峪、南椅山等几个主要矿区进行了评价工作，提交了储量报告。

1971~1973 年间，先后有河北省地质八队、华北冶金地质勘探公司 514 队，根据矿山生产的需要和要求，对该区的Ⅲ号异常进行了深部验证和评价，提供矿山所需要的工业储量 C_1+C_2 级 746 万吨，其中 C_1 级为 440 万吨。

1975 年，华北冶金地质勘探公司 515 队进入张庄矿区，对Ⅲ-1 异常西段、南椅山、Ⅱ号异常进行了详细的勘探工作，1978 年 7 月 15 日，由李永贤、徐志高、陶景明、孙守信、闻久一编制了《河北省张庄铁矿区南椅山Ⅱ号异常地质勘探报告》《河北省张庄铁矿区Ⅲ-1 号异常地质勘探报告》。其中，南椅山Ⅱ号异常获得 C_1+C_2 级矿石量 209.39 万吨，其中 C_1 级储量 203.81 万吨。Ⅲ-1 号异常区获得 C_1+C_2 级矿石量 2128.29 万吨，其中 C_1 级储量 1386.85 万吨。

1978 年 2 月，华北冶金地质勘探公司 515 队编制了《河北省滦县张庄铁矿区 1∶1 万地质报告》。

1980 年 11 月，华北冶金地质勘探公司 515 队由杨自宇、闻久一编制《河北省张庄铁矿区南椅山Ⅱ号异常地质勘探报告补充说明书》，经补充工作后南椅山和Ⅱ号异常区矿体变化不大，对矿石储量和品位影响很小。

十、河北迁西县大关庄—大黑石铁矿

（一）矿床基本情况

大关庄—大黑石铁矿位于河北省迁西县城北偏西直距 24km，洒河桥镇北 3.5km 处，行政隶属洒河桥镇大关庄村、汉儿庄乡鸽子峪村等。

大关庄—大黑石铁矿地处中朝准地台燕山台褶带马兰峪复背斜遵化穹褶束的中东部。区域内出露的地层主要为太古界迁西群、中元古界长城系及新生界第四系地层。区域褶皱构造为马兰峪复背斜，为一个轴向近东西、向西倾伏大型背斜，其次一级褶皱构造多而复杂。断裂构造发育，以东西向和北东向两组较为发育，主要分布在变质岩区，少数分布在盖层区。断裂规模一般几千米至十几千米，多为逆断层。其中密云—喜峰口大断裂在区域北侧通过，由西到东经过喜峰口横贯全区。该断裂为宽城凹褶束与遵化穹褶束的分界线，控制着本区的构造格局。岩浆活动以燕山期为主，规模较大的岩体为矿区南侧的高家店闪长杂岩体。

大关庄—大黑石铁矿共分为 18 个矿体，其中Ⅰ、Ⅲ号矿体为主矿体。矿体由单层或多层铁矿层组成，各矿体呈层状、似层状、透镜状，呈薄层似层状平行产出，沿走向断续再现。矿体控制长度在 100~869m，单矿体真厚度在 1~3m，最大真厚度为 3.72m。矿体顶底板围岩以黑云角闪斜长片麻岩为主。大关庄—大黑石铁矿 9 线地质剖面图如图 5-33 所示。

矿石矿物成分主要为磁铁矿，少量黄铁矿。脉石矿物成分主要为石英，次为角闪石，少量辉石，少量蚀变矿物（绿帘石），极少量副矿物（磷灰石）。矿石中有害组分主要是 SiO_2、硫、磷。组合分析和矿石化学全分析表明，矿石为高硅、低磷、低硫铁矿石。含铁矿物以磁性铁、硅酸铁、氧化铁、硫化铁、碳酸铁五种状态赋存，以磁性铁为主。矿石自然类型为角闪磁铁石英岩型，工业类型为需选磁性铁矿石。该矿床属太古代沉积变质铁矿。矿山为一生产矿山，依据设计，对矿石可选性进行了调查，大关庄铁矿选厂选矿工艺为两次磨矿—四次磁选工艺，实行阶段磨矿、阶段选矿流程。

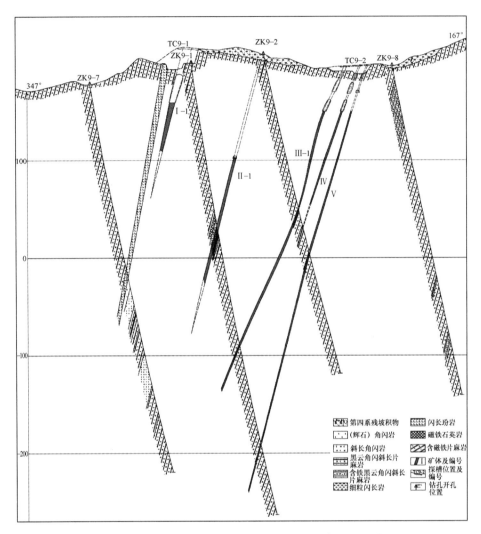

图 5-33 大关庄—大黑石铁矿 9 线地质剖面图

（二）矿床勘查史

1991 年，河北省地质矿产局第二地质大队在该区鸽子峪进行地质普查工作，1992 年 4 月转入详查，1992 年 10 月结束野外工作。1993 年 3 月提交了《河北省迁西县鸽子峪铁矿详细普查地质报告》，共探求表内 C+D 级矿石储量 138.7 万吨，其中 C 级储量 30.9 万吨、D 级储量 107.8 万吨、表外矿 4.5 万吨。

2011 年 4 月首先由河北省地勘局第五地质大队开展了野外地面控制测量、地面磁法测量、地质简测、坑道调查工作，并在工作区北部的大黑石区段投入钻探工程。

2012 年 8 月至 2013 年 1 月 5 日，中国冶金地质总局第一地质勘查院在矿区中南部大关庄、小韦庄一带投入地质工作。主要完成 1∶2000 地形测量 6.10km²、1∶1 万磁法测量 20.30km²、1∶1000 剖面测量 18.90km² 等，共计施工钻孔 85 个，总计进尺 25372.06m。至 2013 年 1 月 5 日，完成主要野外工作。2013 年 2 月底，由刘航、江飞、梁敏、王自学、张卫民、蒙永雷等编制《河北省迁西县洒河桥镇大关庄—大黑石铁矿详查报告》，通过此次工作，求得详查区内保有 122b+332+333 资源储量 809.5 万吨，TFe 平均品位 28.31%，mFe 平均品位 24.57%。其中，122b 经济基础储量 138.3 万吨，占资源储量的 17%；332 资源量 37.9 万吨，占资源储量的 5%；333 资源量 633.3 万吨，占资源储量的 78%。另外，此次详查圈出 20%>mFe≥15% 贫铁矿 332+333 资源量 43.9 万吨，TFe 平均品位 22.96%，mFe 平均品位 18.90%。其中，332 资源量 8.7 万吨；333 资源量 35.2 万吨。经统计，全区累计查明铁矿石 122b+332+333 资源储量 1022.2 万吨，另有 20%>mFe≥15% 铁矿石 332+333 资源量 44.4 万吨。

十一、河北迁西县高家店乡王寺峪铁矿

（一）矿床基本情况

王寺峪铁矿位于迁西县高家店乡（现为三屯营镇）王寺峪村北 200m。中心地理坐标为东经 118°09′30″，北纬 40°18′20″，有宽城—遵化、迁西公路及唐山—潘家口简易铁路相通，交通方便。截至 1988 年年底，获铁矿表内矿 D 级储量 1297.1471 万吨，全铁品位 TFe 31.91%，表外矿 D 级储量 144.6131 万吨，全铁品位 TFe 22.17%。

矿区属于三屯营—喜峰口铁矿成矿带，位于马兰峪复背斜中段。地层以古老结晶基底出露，极为普遍。构造形迹比较复杂，形成一系列北东向褶皱和断层。岩浆岩活动比较强烈，以燕山期为主。

区内已知矿产有金、铜、铁等。矿床和矿点的分布多数集中在三屯营组层位中，部分在马兰峪层位中，矿体形态多为薄层状，多层带状分布。褶皱发育地段（向斜）有利矿体集中，形成大工业矿体，是工业矿床形成的重要因素。

王寺峪铁矿，为一埋藏深度较大的隐伏矿床，产于迁西群三屯营组二段地层之中。从地表上看，矿带走向 40°左右，北西倾，倾角在 60°～70°，与地层产状相吻合。矿带的岩性组合为铁硅质建造含矿带，主要岩性为黑云角闪斜长片麻岩及磁铁石英岩，矿带内相变明显，片麻岩与磁铁石英岩有时呈过渡状态，沿走向和倾向都有分布，是矿体尖灭和不连续主要演变形式。带内外地层的差异性，在于含铁量的变化，带内地层铁染明显（地表），同时在片麻岩中也有铁硅质条带和结核存在。

矿带由五条主矿体组成，分别为Ⅰ、Ⅱ、Ⅲ、Ⅳ、Ⅴ号矿体，Ⅰ号矿体地表出露，其余矿体均为盲矿体，其中Ⅱ、Ⅲ号矿体是矿带中主要矿体（见图 5-34）。

Ⅱ、Ⅲ号矿体相距Ⅰ号矿体 50~60m，其间距变化也有一定规律性，由南向北逐渐加大。区内 4 条主勘探线 7 个孔都见到Ⅱ、Ⅲ号矿体。矿体厚度在 3.08～12.22m。矿体沿走向和倾向都有所变化。矿体控制长度 600m，最大延深 350m（4.5 线）。矿体埋深在 100m 标高以下，最大延深至-200m。与地表最短距离 200m 左右。

矿石矿物成分比较简单。含铁矿物主要是磁铁矿，极少量赤铁矿和黄铁矿。脉石矿物主要是石英，少量角闪石和辉石。磁铁矿呈不规则粒状，与石英相间排列，磁铁矿约占 25%。石英呈粒状，颗粒较大，无色透明，含量可达 65%以上。矿石一般呈中细粒变晶结构，条纹状、条带状构造为主。

矿石类型属于磁铁石英岩和辉石磁铁石英岩。化学成分比较稳定，地表与地下矿石没

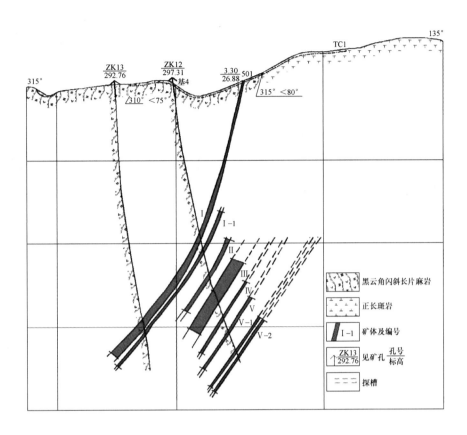

图 5-34　王寺峪铁矿第 4 勘探线地质剖面图

有明显变化。矿石中有害元素含量不高，对矿山开发无影响。

（二）矿床勘查史

地质、冶金等地质单位先后都到区内开展普查找矿工作（地质五队、普查队、冶金航测队一公司综合队）。

1984 年年末，冶金航测队一公司综合队提交了该区磁异常，迁安一队当年进行了验证，见到了工业矿体。

1985 年，迁安一队进一步做深部找矿工作，取得了远景储量 2000 万吨的验证结果。

1988 年，冶金部第一冶金地质勘探公司第七分公司在该区进行了详查工作，并提交了《河北省迁西县高家店乡王寺峪铁矿区详查地质报告》，编制人员关异翘等。截至 1988 年年底，获铁矿表内矿 D 级储量 1297.1471 万吨，全铁品位 TFe 31.91%，表外矿 D 级储量 144.6131 万吨，全铁品位 TFe 22.17%。

十二、河北迁西县滦阳铁矿区史家庄铁矿

（一）矿床基本情况

滦阳铁矿区横跨迁西的喜峰口、滦阳两乡（现合并为滦阳镇），东起喜峰口乡的宋庄子村的峪盛店，西到栾阳乡亮甲峪村南沟。东西长 4.5km，南北宽 1km。史家庄铁矿中心地理坐标为东经118°02′18″，北纬 40°01′10″。矿区地形标高在 233~534.5m，矿体出露标高 250~510m。地貌类型属于低山剥蚀区。第四系覆盖厚度一般不超 1m。

矿区内所出露地层为三屯营组二段（Ars^2），岩性以黑云角闪斜长片麻岩为主，夹有角闪斜长片麻岩、斜长花岗片麻岩、辉石斜长片麻岩以及磁铁石英岩。上述地层总体走向近东西，倾向 160°~200°，倾角 55°~80°，最常见的在 70°左右，产状较陡，与区域上对比，产状发生了反倾。

矿区内岩浆活动比较强烈，岩性比较复杂，从酸性到基性都有分布。矿区东部、南部有贺家山花岗岩体（西延部分），矿区内也有小的岩株和岩脉分布，岩性为粗粒花岗岩。细晶闪长岩脉广布全区，规模不等，产状不一，一般缓倾斜产出。岩脉对矿体有明显的切割穿插等现象，对矿体的连续性起破坏作用。岩石一般呈致密块状，细粒到隐晶质结构。矿区北部有一近东西走向的基性岩脉（辉长岩），长达千余米，宽 20~30m，有铬矿化现象。

矿区构造以断裂为主，形成规模不等、产状不一的断层。断层多呈北东走向，倾向各异，与矿带交角在 40°左右。从矿带走向变化情况和磁异常分布状态，呈蛇曲状左右摆动，可能为小断层错动引起，反映了北东向小断裂存在的普遍性。

史家庄铁矿由北向南，有六条矿带分布，为规模不等的铁硅质建造含矿带。矿带总体走向 80°左右，南倾，倾角 55°~80°，与地层产状相吻合。矿区西部较东部深度大，各矿带的分布间距大体相等，距离在 150~200m。

各带的岩性组合基本一致，主要由黑云角闪斜长片麻岩、辉石角闪斜长片麻岩及磁铁石英岩组成。矿带内相变明显，片麻岩与磁铁石英岩有时呈渐变过渡状态，沿走向和倾向都有分布，这也是造成矿体沿走向和倾向不连续的主要演变形式（见图 5-35）。

Ⅰ矿带：是矿区内较大矿带之一，主要由两条矿体组成。矿带中间Ⅰ-1 线 10m 左右范围内，矿体厚度达不到工业要求。矿带西侧和东侧分别存在两个膨大部位（矿段），西侧见矿厚度达 18.4m，东侧见矿体厚度达 13.0m。

Ⅱ矿带：是区内赋存最大的一条矿带，也是由两条主要矿体组成。由于 F_1 断裂的影响，矿带中间被错断，造成矿带沿走向不连续，矿带错距达 40~50m。总体上看，矿带的稳定性好于Ⅰ矿带。Ⅱ矿带是区内钻探主要施工区，从孔内见矿情况，反映了矿体延深变化也较大，带内各个部位延深不一，地表地下厚度变化较大，深部出现较厚大矿体。如 12 线 ZK1201 孔，地表矿体厚度只有 2~3m，孔内却见到了厚达 26.67m 的矿体，矿体沿倾向变化较大（见图 5-36）。

Ⅲ、Ⅳ、Ⅴ、Ⅵ：这几个矿带是遭受构造破坏，岩浆岩影响最严重的。上述几带，原来可能本为一条或两条，由于北东断裂的错动，矿带（体）遭到了破坏，造成矿带（体）零星分布状态，矿体分散，产状杂乱。

矿石矿物成分比较简单，含铁矿物主要是磁铁矿，极少量的赤铁矿和黄铁矿，脉石矿物主要是石英，少量辉石、角闪石等。

矿石一般呈细粒变晶结构，有时局部出现粗粒变晶结构。条纹状、条带状构造为主，致密块状，片麻状构造分布不广。

化学成分比较稳定，全铁的品位比较均匀，一般在 30%~35%。影响矿石品位变贫的

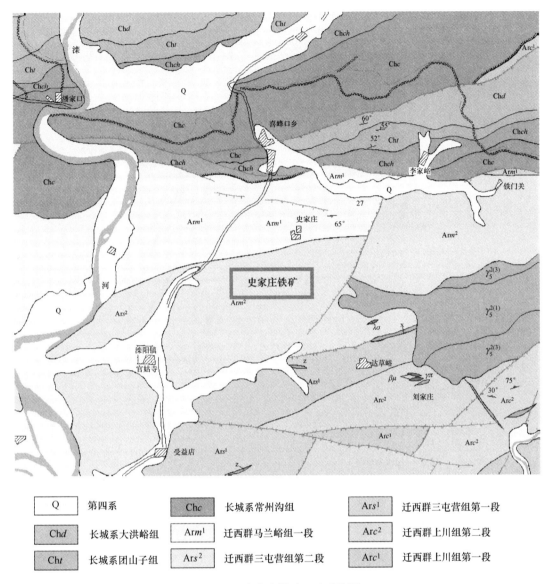

Q	第四系	Chc	长城系常州沟组	Ars¹	迁西群三屯营组第一段
Chd	长城系大洪峪组	Arm¹	迁西群马兰峪组一段	Arc²	迁西群上川组第二段
Cht	长城系团山子组	Ars²	迁西群三屯营组第二段	Arc¹	迁西群上川组第一段

图 5-35　史家庄铁矿区地质简图

原因主要是围岩成分的混入，纯矿石的品位变化很小。

矿石化学成分简单且稳定，矿石类型均为原生矿。地表与地下矿石品位变化没有明显规律性。

（二）矿床勘查史

该区先后有河北地质局五队、十队、区测队等到该区开展综合普查找矿工作，对栾阳—喜峰口的铁矿远景曾推测储量可达 7000 万吨以上。

1971 年，冶金物探公司航测队做了 1∶1 万航磁测量，测得史家庄铁矿列为 M47 号异常。同年 522 队在区内做过铁矿普查工作，做了 1∶1 万地质草图。

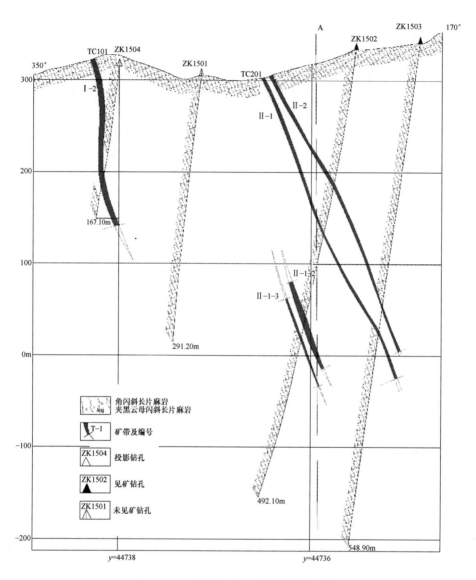

图 5-36 史家庄铁矿 15 号勘探线剖面图

1985 年年初，522 队进入矿区开展普查找矿工作。

1986~1987 年，522 队对该区进行了普查和详查工作，完成钻探 23 个孔计 6675.6m。查明该矿区处于马兰峪复背斜中段。铁矿主要赋存于迁西群三屯营组上段，次为马兰峪组。史家庄铁矿由南向北可分 6 个矿带，其中以 2 号矿带规模最大，长 2400m，平均厚 7.90m，全铁品位 29.91%，矿石量占总储量的 54.2%。1987 年，关异乔等人提交《河北省迁西县栾阳铁矿区史家庄铁矿详查地质报告》，全区共提交表内 C+D 矿石量 1369.6 万吨，全铁品位 30.69%，表外 D 级矿石量 13.4 万吨，全铁品位 21.99%。该区矿石质量较好，但矿体厚度较小，勘探程度较低，所提交的铁矿储量适于地方开采。

十三、河北昌黎县闫庄铁矿

(一) 矿床基本情况

矿区位于河北省昌黎县城西南，隶属昌黎县靖安镇管辖。矿区北距石门火车站15km，北西距滦县县城25km，北东距昌黎县城30km，北距205国道和京哈铁路15km。乡级公路从矿区东侧通过，交通较便利。

该区属华北地台燕辽台褶带 (Ⅱ) 东段山海关隆起 (Ⅲ) 西南部，经历了五台、吕梁、加里东、华力西及燕山等多次构造运动，区域出露的地层自老至新主要为太古界单塔子群白庙子组，中上元古界长城系及古生界寒武系、奥陶系，新生界第四系地层。

矿区为第四系覆盖区，经钻孔揭露覆盖层厚180~220m，上部为含砾冲积砂、细砂层，一般厚20~30m；中部为粗砂、砾石层夹少量黏土层，一般厚70~90m；下部为巨砾砾石层或卵石层，一般厚60~70m。

区测及钻孔验证表明，该区地层为太古界单塔子群白庙子组，由一套中-深变质岩系组成。岩性主要为黑云变粒岩、角闪斜长片麻岩、黑云斜长片麻岩、混合花岗岩，并夹有多层磁铁石英岩 (矿体)。岩石普遍遭受混合岩化作用，岩石中长英质脉体较发育。矿区主要构造为褶皱构造。褶皱构造控制着本区铁矿 (带) 体的空间位置、形态和展布方向，磁异常走向、规模、形态受构造控制较为明显 (见图5-37)。

矿区内岩浆活动较弱，只零星见到脉状伟晶岩穿插于混合花岗岩。

该区共见矿体3条，编号分别为Ⅰ、Ⅱ、Ⅲ。平行产出，呈似层状或多层状。为"鞍山式"沉积变质铁矿。Ⅰ、Ⅱ号矿体近平行，产状相近，平面形态为弓形。走向自南向北，由北北东转为近南北，西倾，倾角均具南缓北陡、深缓浅陡之特征，两矿体夹层厚约5~30m，浅部夹层厚，深部夹层薄，矿体规模均较大。结合磁异常分析，矿体仍有延长、延深的趋势。Ⅲ号矿体位于Ⅰ号矿体上部，与Ⅰ号矿体间距约120m，由三层似层状薄层矿体组成，规模较小 (见图5-38)。

矿区矿石呈灰黑至钢灰色，粒状变晶结构，条纹状、条带状构造，主要矿物成分为磁铁矿、石英，次为透闪石、角闪石等，偶见黄铁矿。

根据岩矿鉴定结果，磁铁矿和石英一般呈他形粒状，磁铁矿粒径0.5~1mm占20%~25%，0.2~0.5mm占35%~40%，0.1~0.2mm占20%~25%，小于0.1mm的占5%~10%。由于混合岩化作用，局部可见呈团块状磁铁矿。矿石的构造为条带状和条纹状。条带宽一般为4~6mm，分别由石英、磁铁矿、角闪石相间排列而成。条纹一般宽1~3mm，由石英与磁铁矿构成。

组成矿石的主要矿物：矿石矿物为磁铁矿，少量赤铁矿；脉石矿物为石英、角闪石、斜长石、黑云母及方解石等。磁铁矿含量一般30%~45%，石英40%~50%。矿石的化学成分主要为Fe_3O_4、SiO_2，次为FeO、CaO、MgO、Al_2O_3、MnO及微量元素P、S等。

(二) 矿床勘查史

中国冶金地质勘查工程总局第一地质勘查院秦皇岛分院自2003年3月进入矿区。2004年在取得了初步探矿成果基础上，中国冶金地质勘查工程总局第一地质勘查院与建

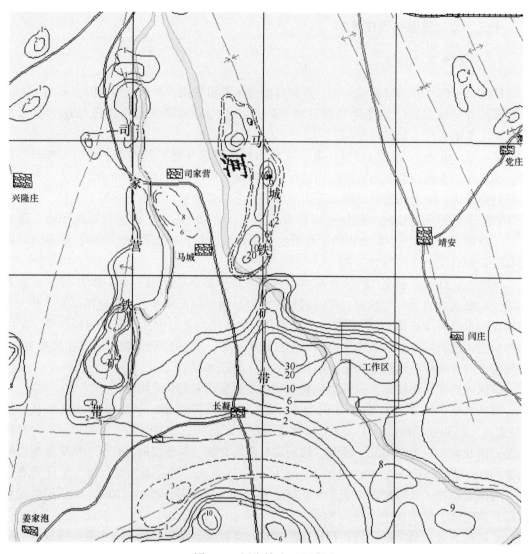

图5-37　闫庄铁矿区地质图

龙矿业科技有限公司达成合作勘查协议，投入较为系统的钻探工程。同年8月，提交《河北省昌黎县闫庄铁矿区详查报告》，报告编写人员为佟建伟、胥燕辉、冯庆民等。共获332+333内蕴经济资源量4904万吨，TFe平均品位33.09%。

十四、河北昌黎县刘官营铁矿

（一）矿床基本情况

工作区位于河北省昌黎县安山镇刘官营村北，隶属昌黎县安山镇管辖，L83省道从矿区通过，北东距昌黎县城20km，北距205国道和京哈铁路7km，南东距沿海高速20km，交通便利。

矿区地处中朝准地台、燕山台褶带、山海关隆起的西南边缘。矿床位于滦河冲积平原区，上部为第四系松散沉积物，下部为太古界单塔子群白庙子组地层，铁矿体就赋存于太

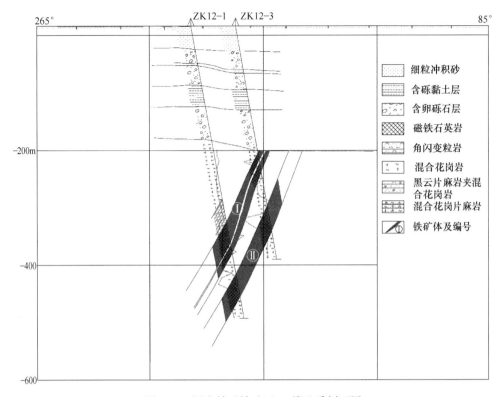

图 5-38　闫庄铁矿铁矿区 12 线地质剖面图

古界单塔子群白庙子组变质岩系，主要岩性为黑云变粒岩、黑云角闪变粒岩、角闪斜长片麻岩、黑云角闪斜长片麻岩夹薄-厚层磁铁石英岩。矿区处于阳山复式倒转背斜的西翼，现工程范围内整体为单斜构造，地层走向近南北，西倾，倾角 55°~65°。区内断层不发育，仅见到少量小型破碎蚀变带，对矿体形态无影响。区内岩浆岩主要以基性岩类为主，岩石类型为辉绿岩、辉石岩。区内大部分铁矿为隐伏盲矿体，少部分出露于基岩面，区内铁矿体以透镜状为主，次为似层状，具清晰的层理，硅、铁形成黑白相间的韵律层。矿物成分简单，以磁铁矿为主。矿体夹层为混合岩、混合花岗岩、变粒岩、片麻岩和少量片岩。该区应为陆源及火山沉积—变质铁矿，即鞍山式铁矿床。

全区共划分 18 条矿体，分别依次编号，其中 3 条矿体为主矿体，各矿体总体呈北北西走向，倾向南西，矿体以透镜状为主，次为似层状，矿体沿走向倾向连续性较差，走向长为 50~270m，控制矿体倾斜延伸为 36~173m，厚度为 1.15~21.54m，倾角 57°~63°。

昌黎刘官营矿区航磁异常分布如图 5-39 所示。刘官营铁矿 45 号勘线地质剖面图如图 5-40 所示。

矿石平均品位：TFe 平均品位 25.89%，mFe 平均品位 22.49%，无其他共伴生矿产。

矿石自然类型有磁铁矿石和混合矿石两种。矿石工业类型为高硅低硫、低磷，需选磁性铁矿石，赤铁矿仅在个别地段如近基岩面、构造破碎处见到，在矿石中含量较少，偶见黄铁矿、黄铜矿。矿石矿物以中细粒半自形-他形粒状变晶结构为主。磁铁矿常呈浸染状、稠密浸染状分布。

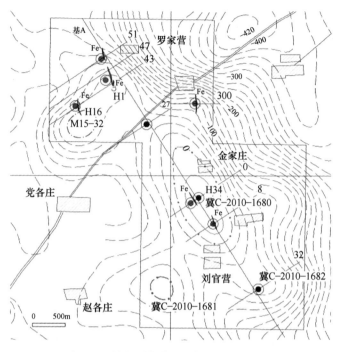

图 5-39 昌黎刘官营矿区航磁异常分布图

矿石可选性良好。经选矿可产生精矿 TFe 品位 66.84%，尾矿 TFe 品位 9.26%，回收率达 78.03%，选矿比为 3.03，属易选铁矿石。

(二) 矿床勘查史

刘官营铁矿自 2002 年 8 月设立探矿权以来，第一地质勘查院秦皇岛分院首先通过 1∶5000 地磁扫面，在矿区内共圈定出 5 个磁异常，后相继施工 12 个钻孔，进尺 3203.60m，大致查明铁矿体 5 个。并于 2006 年 5 月由胥燕辉、佟建伟编制了《刘官营铁矿普查地质报告》，该报告通过河北省国土资源厅矿产资源评审中心审查，评审备案文号：冀国土资备储〔2006〕35 号，批准文号：冀国土资储评〔2006〕168 号，获得推断的 333 内蕴经济资源量 47.6 万吨，TFe 平均品位 28.10%，mFe 平均品位 24.33%。该报告于 2007 年 5 月 21 日汇交备案，备案文号为冀地资汇〔2007〕016 号。

2014~2015 年，受昌黎县国鑫商贸有限公司委托，第一地质勘查院秦皇岛分院对该区进行详查工作，开展相应矿区水文地质、工程地质、环境地质等工作。共计施工钻孔 21 个，总计进尺 8717.30m，2015 年 3 月由胡兴优、李振隆、韩业尚编制了《河北省昌黎县刘官营铁矿详查报告》，全区共求得工业铁矿石 332+333 资源量 253.171 万吨，TFe 平均品位 25.89%，mFe 平均品位 22.49%。其中，332 资源量 84.035 万吨，TFe 平均品位 25.34%，mFe 平均品位 22.03%；333 资源量 169.136 万吨，TFe 平均品位 26.17%，mFe 平均品位 22.72%。低品位矿石 333 资源量 36.932 万吨，TFe 平均品位 23.27%，mFe 平均品位 18.89%。该报告通过河北省国土资源厅审批，评审文号为冀国土资储评〔2015〕59 号，河北省国土资源厅冀国土资备储〔2015〕52 号进行矿产资源储量评审备案。

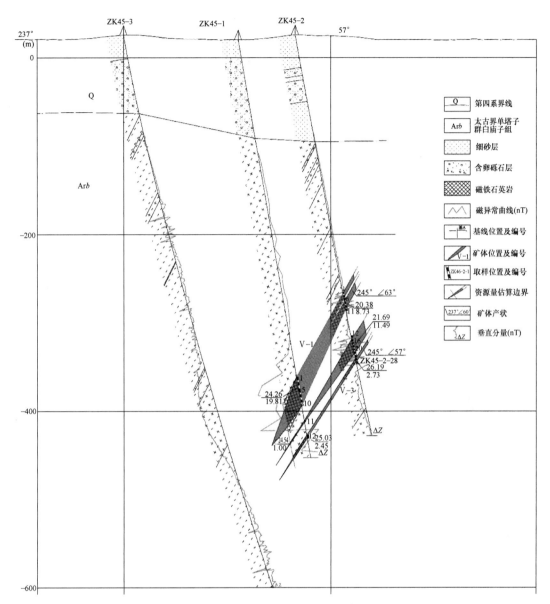

图 5-40 刘官营铁矿 45 号勘线地质剖面图

十五、河北青龙满族自治县大宾沟铁矿

(一) 矿床基本情况

矿区位于河北省青龙满族自治县茨榆山乡大宾沟一带,隶属茨榆山乡管辖。矿区北距青龙县城 18km,有简易公路相通,交通方便。

矿区所处大地构造单元属于中朝准地台燕山台褶带山海关台拱与马兰峪复式背斜的交接部位。

矿区内主要出露了太古界单塔子群南店子组（Arn）地层。走向北东,倾向北西,倾角 55°~75°。岩性主要由灰白色黑云二长变粒岩及二云变粒岩、云母片岩、斜长角闪岩夹磁铁石英岩组成。矿区南及东部有元古界长城系串岭沟组角度不整合于南店子组地层之上，岩性为海相沉积石英砂岩。矿区中部为第四系覆盖区。矿区总体构造线为北东向。北东向朱杖子—厂房子正断层（F_1）从勘查区南东角经过，矿区位于断层的下盘，勘查区南西边部有北西向的老爷庙等平移断层（F_2）经过。断层距区内矿体较远，对矿体无破坏作用。区内岩浆活动较强烈。东见娄子山燕山期斑状花岗岩和晚期花岗斑岩脉，中部见一条花岗斑岩脉，呈岩枝状产出，走向 75°~80°，倾向北西，倾角 65°~75°，走向长 4000余米，宽 60~100m，自东向西贯穿全区。该岩脉距矿体最近距离 100m，对矿体无影响（见图 5-41）。

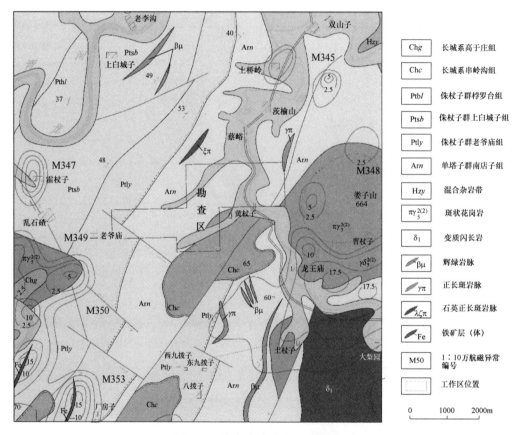

图 5-41　大宾沟铁矿矿区地质图

通过坑探及钻探施工，勘查区共见 7 个矿层，编号分别为Ⅰ~Ⅶ。矿层总体走向与区内主构造线方向一致，即北东向，倾向北西。杨台子区段见矿 6 层，呈似层状或透镜状产出，近平行展布。Ⅰ、Ⅱ矿层为该区的主要含矿层位。Ⅳ、Ⅴ矿层位于Ⅱ矿层北西 200~250m，与Ⅱ矿层平行产出，呈透镜状。Ⅵ矿层位于矿区中北部大宾沟内，呈透镜状。Ⅶ矿层产于矿区东北边部韭菜山村北西 1000m 山坡上，呈透镜状。每个矿层中根据有用组分的分布，划分矿体，全区共划分 11 个矿体。

Ⅰ矿层控制走向长约 1030m，总体走向北东，倾向北西，倾角 58°~74°。由共生的 3 个平行矿体组成，两个贫铁矿体编号为 I-1、I-2，一个超贫铁矿体编号为 I-3。I-1 号矿体控制走向长约 460m，倾向 312°~320°，倾角 72°~74°，矿体平均真厚 13.69m。I-2 号矿体控制走向长约 280m，倾向 316°，倾角 72°~75°，矿体平均真厚 10.69m。I-3 号矿体控制走向长约 350m，倾向 315°，倾角 56°，矿体平均真厚 16.80m（见图 5-42）。

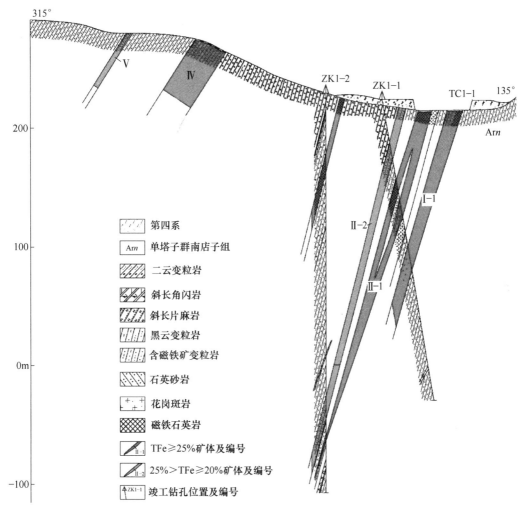

图 5-42　大宾沟铁矿 1 线地质剖面图

矿石矿物以磁铁矿为主，少量赤铁矿、假象赤铁矿、菱铁矿、黄铁矿；脉石矿物以石英为主，其次为辉石、角闪石、透闪石、黑云母。有害组分为 SiO_2、S、P，矿石属低磷低硫铁矿石。全区铁矿石（贫铁矿石+超贫铁矿石）平均品位 TFe 23.59%，mFe 12.23%。该矿床成因类型属于变质铁硅质建造-沉积变质铁矿床。矿石工业类型为需选贫铁矿。自然类型按矿物成分可划分两种，即辉石磁铁石英岩型和含磁变粒岩型。

（二）矿床勘查史

2006~2007 年，中国冶金地质总局第一地质勘查院在该区进行地质勘查工作，完成

1∶2000 地面磁法测量 3.5km^2、1∶2000 地形测量 1km^2、1∶2000 地质测量 2km^2，施工钻孔 9 孔，累计进尺 2116.30m，坑探 450m。于 2007 年 10 月由刘航、王郁柏、孙文国编制了《河北省青龙满族自治县大宾沟铁矿详查报告》，共获 TFe≥25% 贫铁矿 332+333 资源量 600.72 万吨；25%>TFe≥20% 贫铁矿 332+333 资源量 239.46 万吨；超贫磁铁矿 333资源量 376.47 万吨。全矿床共获铁矿 332+333 资源量 1216.65 万吨。经河北省国土资源厅审批，批准文号为冀国土资储评〔2008〕47 号，河北省国土资源厅冀国土资备储〔2008〕18 号进行矿产资源储量评审备案。

十六、河北青龙满族自治县蒲杖子铁矿

（一）矿床基本情况

矿区位于青龙满族自治县马圈子镇蒲杖子村，南距青龙县城 35km，至青龙县城有简易公路相通，交通较方便。

勘查区所处大地构造单元属于中朝准地台燕山台褶带马兰峪复背斜东端。区内主要出露了太古界迁西群三屯营组（Ars）地层。走向北东，倾向北西，倾角 55°~75°。第四系分布于山前坡地及沟谷中。受密云—喜峰口—青龙大断裂影响，区域断裂构造发育。矿区南东 2.5~3km，发育有北东向的马圈子—杨杖子正断层（F$_1$）、马圈子—北草碾正断层（F$_2$）。区内岩浆岩活动强烈，以燕山期中酸性花岗岩及各类脉岩为主，勘查区西部紧邻都山岩体边缘相斑状花岗岩体。区内见有少量闪长玢岩、煌斑岩脉，顺层充填于片麻岩中，局部充填于铁矿体裂隙中。

矿区位于 M321 号航磁异常的北部边缘，区内航磁异常大于 250nT 长轴方向为北东 60° 左右，长 2230m，宽 300~660m，异常强度 250~500nT。

通过地质填图、采场（坑）地质调查及钻探施工，该区共见 6 个矿带，编号分别为Ⅰ、Ⅱ、Ⅲ、Ⅳ、Ⅴ、Ⅵ，呈似层状或透镜状产出。Ⅰ、Ⅳ、Ⅴ 矿带为该区的主要矿带。Ⅴ、Ⅵ 矿带位于 Ⅱ 矿带北西 200~250m，与 Ⅱ 矿带平行产出。每个矿带中根据有用组分的分布，划分 1~3 层矿体。全区共划分 14 个矿体。

Ⅰ 矿带位于矿区北西部，控制走向长约 720m，总体走向北东，倾向北西，倾角 65°~78°，分支成 I-1、I-2 两个矿体。Ⅰ号矿体真厚 24.77~60.38m，平均 40.75m（见图 5-43）；I-1 号矿体真厚 2.91~24.09m，平均 10.45m；I-2 号矿体真厚 5.01~26.77m，平均 11.86m。

矿石矿物以磁铁矿为主，含量 10%~35%，少量赤铁矿、假象赤铁矿、菱铁矿、黄铁矿；脉石矿物以石英为主，含量 20%~50%，其次为角闪石、辉石、透闪石、黑云母（见图 5-43）。铁矿石化学成分主要为 SiO$_2$、Fe$_2$O$_3$、FeO，其次为 Al$_2$O$_3$、MgO、CaO，微量 MnO、TiO$_2$、K$_2$O、Na$_2$O。有益组分主要为 MnO、TiO$_2$，含量很低，无综合利用价值，有害组分为 SiO$_2$、S、P，矿石属低磷低硫铁矿石。全区铁矿石平均品位 TFe 28.21%，mFe 22.53%。矿床成因类型属于铁硅质建造-沉积变质铁矿床，工业类型为需选贫铁矿。自然类型按矿物成分为磁铁石英岩型。

（二）矿床勘查史

2003~2004 年，青龙满族自治县矿产开发服务中心兴隆沟铁矿进行了地质勘查工作，

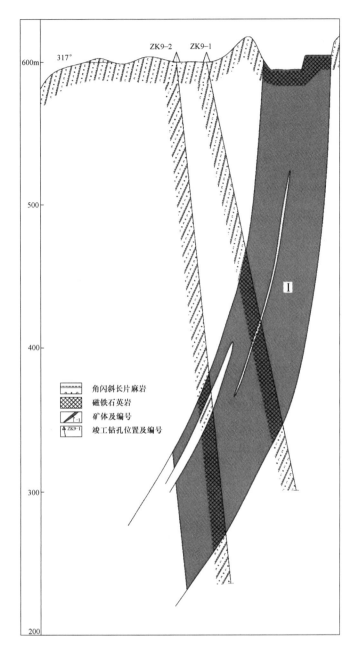

图 5-43　蒲杖子铁矿 11 号勘探线地质剖面图

提交了《河北省青龙满族自治县马圈子镇蒲杖子铁矿地质勘查报告》。求得该矿 122b 经济基础储量 68.1 万吨，TFe 平均品位 30.39%。此报告为该矿区办理采矿许可证的地质依据。

2006~2008 年，中国冶金地质总局第一地质勘查院在该区进行补充详查工作，施工钻孔 8 个，累计进尺 3137m。于 2008 年 3 月由刘航、王郁柏编制了《青龙满族自治县天驰矿业有限公司蒲杖子铁矿蒲杖子区段补勘地质报告》，共获铁矿 122b+333 资源量 2057.15

万吨，其中 122b 资源量 199.12 万吨；333 资源量 1858.03 万吨。

十七、河北青龙满族自治县豆子沟铁矿

（一）矿床基本情况

豆子沟铁矿位于河北省青龙县九区峪耳崖西约 6km。地理坐标东经 118°10′，北纬 42°20′15″。距青龙县 59km，距滦县火车站 155km，距平泉火车站 57km，交通较为方便。

区域地层主要为前震旦系桑干群片麻岩系，震旦系长城群石英岩，第四系地层及火山岩。该区域属于前震旦系褶皱带的冀东隆起构造单元，为一个后背斜构造的一翼，轴向为 NE50°~60°。构造中多为前震旦系片麻岩系，是造成鞍山式铁矿的好条件，在此构造的两翼是寻找鞍山式铁矿的很好标志之一。区内火成岩甚为发育，主要以花岗岩侵入体为主，同时在各时期侵入岩脉较为发育。

矿区地层较为简单，出露地层为震旦系和前震旦系地层。震旦系地层为长城群石英岩、高于庄组石灰岩。前震旦系地层为桑干片麻岩系，该系岩层以各种片麻岩组成，其次以黑云母二长片麻岩、花岗片麻岩和角闪斜长片麻岩为主。该系岩层是该矿区内的主要范岩，分布较广，呈北东向分布。其走向一般为北东 40°~60°，倾向北西 60°~80°。岩性主要为黑云母斜长片麻岩、黑云母二长片麻岩、石榴子石变粒岩、含石榴子石辉石岩、磁铁石英岩。该区火成岩较为发育，种类也繁多。主要的火成岩有花岗岩、花岗伟晶岩、煌斑岩、正长岩等。尤以花岗伟晶岩较发育，分布也较广泛。火成岩体或岩脉对矿体均起破坏作用，伟晶岩和石榴子石辉石岩及煌斑岩对矿体破坏强烈，切穿矿体的现象到处可看到。该区的构造较为简单，多以逆断层和正断层为主，其次是一些小的横切断层。主要断层有豆子沟大逆断层、小野鸡峪正断层、小西沟逆断层。该区构造均起了破坏矿体连续性的作用。

该区石英磁铁矿主要产在前寒武系的变质岩系内，围岩多以黑云母斜长片麻岩及绿泥云母片麻岩中，矿体一般呈平行产出。其矿体的产状与围岩的产状是一致的，走向为北东 40°-60°-80°，倾向北西，倾角 75°~85°，局部矿体直立，甚至有倒转现象（见图 5-44）。

该区矿体形状较为简单，主要有似层状、凸镜状。矿石中矿物成分以石英和磁铁矿为主。

该区矿体有 22 条，2 号矿体和 4 号矿体是该区最长的矿体，其长度达 1200m，7 号矿体、8 号矿体是全区中部的主要矿体，矿体长为 900m，由 20 号勘探线一直延到 32 号勘探线之间。9~12 号矿体在地表出露得均较短，一般为 500m。

大野鸡峪铁矿：以金鸡沟、大野鸡峪、小野鸡峪、大小西沟及苏城沟组成，分布在 31 号勘探线至 80 号勘探线，以 31 号勘探线至 32 号勘探线之间为该区的主要矿体分布地带。该区有 18 条较为主要的矿体，均产于片麻岩中，其产状与围岩产状一致，走向多为北东 60°，倾向北西 330°，倾角多为 75°左右，厚度较薄，长度不一，沿矿体倾斜 300m 左右处仍有石英磁铁矿的延展。

豆子沟铁矿：矿层也产在片麻岩内，走向北东 80°，倾向北西 350°，倾角 85°左右，局部直立，以致倒转。矿体向北东方向延长，因受逆断层破坏，同时又受引张作用，矿体

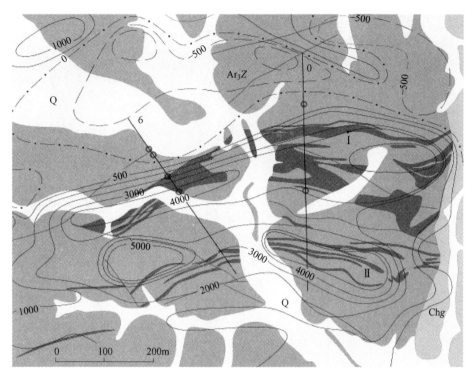

图 5-44　宽城古道沟—豆子沟—带磁异常平面图（地面 ΔZ 异常）

Chg—长城系高于庄组；Ar_3Z—遵化岩群；Ⅰ—矿体编号；0—剖面编号

延长方向由北东转为南东方向，向北则逐渐尖灭，矿体长达 500~700m 不等，该区共有四层矿系（19~22 号矿体），其 21 号矿体和 22 号矿体各包括 3 小条矿体，其厚度、长度都很小，20 号矿体因分叉较多，沿矿体倾斜 300m 处仍有此矿体的延伸，其矿体特点均与大野鸡峪铁矿相同（见图 5-45）。

该矿床属鞍山式变质贫铁矿类型，矿体生于片麻岩系中，形状多为楔形状及半扁豆体状，延伸不大。共有 22 条矿体，平均厚为 1.5~4m，长 55~345m，全铁平均品位 30.18%。

（二）矿床勘查史

1956 年，华北地质局 225 队在豆子沟铁矿区做过矿区的普查检查工作。

1958 年 5 月，地质部所属高板河队以原有华北地质局 225 队的资料为设计依据，来豆子沟进行检查。

1968 年 6 月，河北省承德地质勘探队 565 队普查小组在此区检查。

1959 年 5 月，冶金工业部河北冶金局地质勘探公司 511 队杨殿奎、付维山、及保昌、彭浩、张志成等人，对矿床开展了勘查评价工作，此次工作完成：1∶5000 地形地质测量 8.45km^2；钻孔 23 个，总进尺 3008.33m；槽探 3020m^3；采样 565 个；化验分析样 76 个及其他部分样品的物理试验和岩矿鉴定等，并提交了《河北省青龙县豆子沟铁矿地质勘探报告书》，共获得计算铁矿 C_1+C_2 级储量 4740.89 万吨。

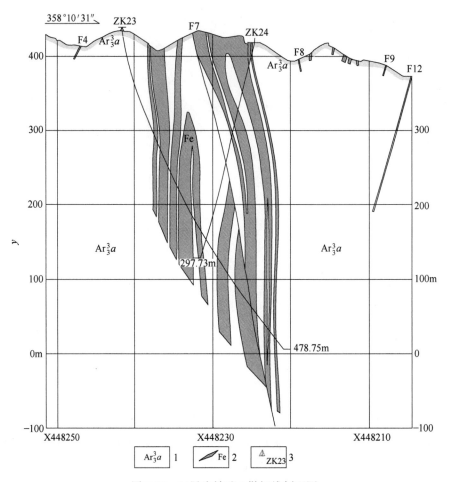

图 5-45 豆子沟铁矿 0 勘探线剖面图
1—遵化岩群变质岩；2—铁矿体；3—钻孔及编号

十八、河北宽城县娄台子铁矿

(一) 矿床基本情况

娄台子铁矿隶属宽城满族自治县峪耳崖乡娄台子村管辖，矿区距宽城至青龙公路 2.5km，交通方便。

该区位于华北地台山海关古陆北侧，豆子沟—下板城复式背斜中部，复式背斜的轴线走向为北东65°左右，轴面倾向340°，倾角70°~80°。复式背斜受后期断裂切割及岩体穿插已不规整，区域地层褶皱强烈，断裂发育，形态复杂。

矿区出露地层主要为长城系常州沟组和太古界迁西群三屯营组。长城系常州沟组出露在矿区北两侧，呈不整合接触或断层接触，覆盖于老地层之上。迁西群三屯营组分布全区，为该区的主要含矿岩系。

矿石多为他形粒状变晶结构，磁铁矿为他形粒状，一般沿片麻理方向都有一定的拉长，常几个晶体沿片麻理方向连生。矿石构造为片麻状磁铁矿和石英均呈拉长状，黑白相间嵌布，极少数为条带状。矿物成分简单，主要为磁铁矿，含量25%~38%，其次为微量的黄铁矿。脉石矿物以石英为主（含量55%以上），其次为普通角闪石，少量的普通辉石、斜长石，微量矿物有磷灰石、榍石等（见图5-46）。

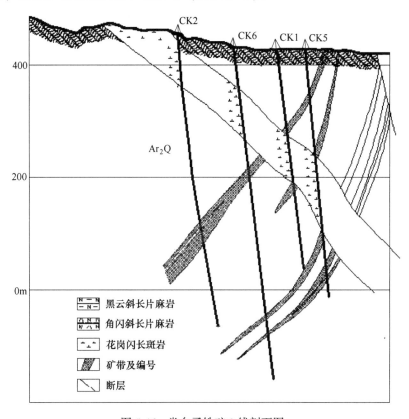

图5-46 娄台子铁矿0线剖面图

（二）矿床勘查史

1987年，冶金部第一地质勘探公司515队进入矿区对宽城县娄台子铁矿进行矿区评价工作，同年12月由孙秀林、崔胜、张仁编制《河北省宽城县娄台子铁矿区评价地质报告》，全区共获得铁矿石D级储量2263.79万吨，平均品位32.19%。

十九、河北宽城县宽城古道沟铁矿

（一）矿床基本情况

古道沟铁矿位于宽城县梓罗台乡古道沟村，西距宽城—遵化公路2.5km。

矿区位于山海关古陆北侧，豆子沟—下板城复式背斜的西南端。出露地层主要有长城系常州沟组和太古界迁西群上川组，全区分布主要岩石为中-中粗粒的黑云斜长片麻岩类、角闪斜长片麻岩类，夹斜长角闪岩及磁铁石英岩。受到较强烈的区域变质作用，是一套变质程度较深的铁铝榴石角闪岩相岩石，片麻理走向北东60°~70°。倾向南东，倾角60°~75°。褶皱构造、断裂构造极为发育，区内含矿系为含辉石、铁铝榴石黑云角闪斜长片麻岩、角闪黑云斜长片麻岩、斜长角闪岩夹磁铁石英岩等一套岩石（见图 5-47）。其原岩为钙碱性，基性-中性火山沉积岩。铁矿呈薄层状，具有清晰的层理，硅铁形成黑白相间的韵律层。矿物成分简单，石英和磁铁矿占 90% 以上，显示胶体沉积特征，铁矿石沉积形成，铁的主要来源则主要是火山喷发。故该区应是火山喷发—沉积—变质铁矿床。

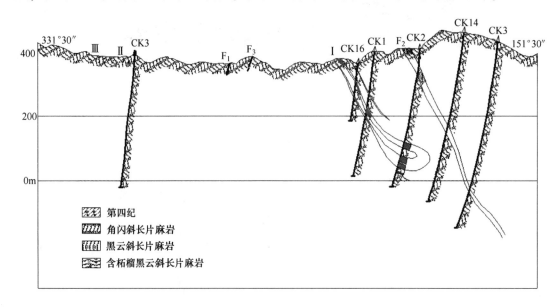

图 5-47　古道沟铁矿 0 线地质剖面图

矿物成分较简单，矿石矿物主要为磁铁矿，次为极少量的黄铁矿，脉石矿物以石英为主，其次为普通角闪石、透辉石，再次为少量的普通辉石、后柘榴石及角闪石类矿物，微量矿物为磷灰石。矿石多为他形粒状变晶结构，磁铁矿主要为他形粒状，少量半自形粒状，一般沿片麻理方向都有一定的拉长。

（二）矿床勘查史

1984～1986 年，冶金部第一地质勘探公司 515 队进入矿区进行地表找矿、深部找矿、矿区评价工作，并于 1987 年提交由孙秀林、李树森、杨来昌、张瑞基编写的《河北省宽城县古道沟铁矿地质评价报告》，全区共获得铁矿石 C+D 级储量 1681.34 万吨，平均品位 29.25%，其中 C 级储量 72.86 万吨。

二十、河北宽城县李家窝铺铁矿

（一）矿床基本情况

该区铁矿成因类型为沉积变质型铁矿床。矿区位于宽城满族自治县县城 75° 方位，直距 40km 处，行政隶属于汤道河镇李家窝铺村管辖，东部与辽宁省衔接，矿区距郭杖子—凌源公路较近，至汤道河站运距约 3km，有乡村公路与之衔接，交通较便利。

大地构造位置处于华北地台燕山造山带的三级构造单元——马兰峪复式背斜的北部、宽城凹褶束的东部。

矿区主要出露大片太古界基底变质岩，按岩相组合分为表壳岩、花岗质片麻岩，其中又可分为若干岩相组合段，各岩相组合大致呈北东—南西排列，分界不清晰，常以暗色矿物含量多寡而呈岩性渐变，无新老时代生成关系。该区磁铁矿体赋存于变质岩系中，以表壳岩中居多。另在矿区北西缘分布有中元古界长城系常州沟组（Chc）、南东缘为中元古界蓟县系雾迷山组（Jxw），二者为基底变质岩之沉积盖层。

矿区位于区域上孟子岭—李家窝铺复式倒转背斜北东部倾伏端，背斜北翼近核部位置，矿区小断层、节理裂隙比较发育，区内未见大面积岩浆岩出露，主要为印支期—燕山期侵入，少数属五台期产物，五台期侵入岩脉已被改造为变质脉岩。

矿体赋存于古老基底变质岩群中。矿体的形态及产状受片麻岩产状控制。矿体呈层状、似层状、透镜状、似板状等，受构造影响矿体有侧现现象，走向及倾向上矿体有间断。矿体厚度变化较大（见图5-48）。

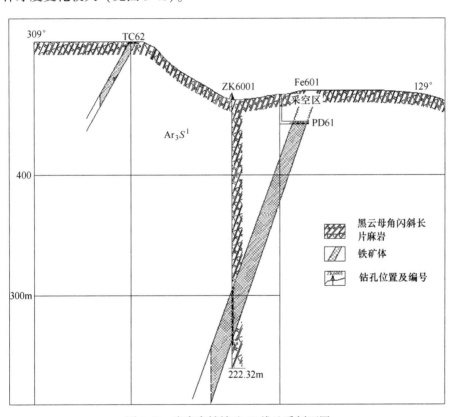

图5-48　李家窝铺铁矿60线地质剖面图

磁铁石英岩（矿体）一般产于矿化片麻岩中，二者整合产出，矿化片麻岩以含磁铁矿角闪斜长片麻岩、含磁铁矿黑云母斜长片麻岩为主。矿化层中常夹有多层薄层长扁透镜状磁铁石英岩（矿体），局部磁铁石英岩膨大，单层磁铁石英岩延伸规模不大，但矿化层较连续。矿化层走向延长一般小于600m，延深可达300m，品位分布不均匀，矿化层产状总体趋势稳定，一般倾向北西，倾角稍陡。矿层顶、底板标志特征不明显，围岩通常也有弱矿化。

矿石成分相对简单，矿石中铁的独立矿物主要为磁铁矿，矿物含量多为15%~25%，另见少量赤铁矿、褐铁矿、黄铁矿及极少量的黄铜矿，以上矿物含量均小于 3%；脉石矿物由石英、斜长石、角闪石、黑云母、石榴子石、辉石、绿泥石、阳起石和少量磷灰石组成，其中石英、斜长石含量合计约占 60%。

矿石结构主要以半自形-他形变晶结构为主，另外有柱状变晶结构、他形粒状变晶结构、交代格架结构、交代假象结构等。矿石构造主要以条纹状-条带状构造为主，磁铁矿呈不规则粒状集合体较为均匀地分布在脉石矿物中，构成条纹状或条带状，次有块状构造。地表矿石受氧化、淋滤生成假象赤铁矿、褐铁矿，黄铁矿流失形成不规则黄褐色蜂窝状流失孔。

（二）矿床勘查史

2012 年 1 月，中国冶金地质总局第一地质勘查院秦皇岛分院编制《河北省宽城玉山矿业有限公司李家窝铺铁矿详查报告》，技术负责人：佟建伟，报告编写人：段晓冰。其中估算 332+333 资源量 4621.74 万吨，TFe 平均品位 25.94%，其中控制的内蕴经济 332 资源量 1608.44 万吨，TFe 平均品位 25.94%，占资源量的 34.8%；推断的内蕴经济 333 资源量 3013.30 万吨，TFe 平均品位 24.02%，占总资源量的 65.2%。

二十一、河北遵化市东留村铁矿

（一）矿床基本情况

东留村铁矿位于遵化市南 2km 处，为西留村乡东留村所辖。其地理坐标为东经 117°55′45″~117°57′15″，北纬 40°08′30″~40°09′30″。112 国道自矿区东部通过，唐承高速自矿区东 5km 通过，铁路有京秦、大秦线在矿区南面穿过，交通便利。

工作区大地构造位置位于华北地台（Ⅰ）燕山台褶带（Ⅱ）马兰峪复式背斜（Ⅲ）遵化穹褶束（Ⅳ）中部。

矿区内大部分为第四系地层覆盖，基岩出露很少。根据钻孔揭露所取得的地质资料，矿区地层均属太古界迁西群马兰峪组一段（Arm^1）。

矿区各种断裂构造痕迹不明显，无大的断裂构造，但在钻孔中见有一些挤压破碎带及被后期充填伟晶岩脉等，对矿体影响不大。

该区未见大规模岩浆岩，仅在钻孔中见少量花岗岩岩脉等。

区内属老地层分布地区，混合岩化作用普遍而强烈，钾质交代明显，形成大范围的混合岩，甚至混合花岗岩。

通过工作，发现较大规模磁异常 2 处，由东向西依次编号为 MⅠ、MⅡ号。MⅠ号异常由 ΔZ 平面等值线图分析：以 2000nT 圈定异常长 2000m，宽 360~250m，走向 55°~65°，呈长椭圆状，向西异常低缓，向东异常变化陡变，垂直磁场强度峰值为 3000nT 的高值异常，区内异常长 1000m。MⅡ号异常以 1200nT 圈定异常长 1200m，宽 260m，走向 55°~65°，呈长椭圆状，垂直磁场强度峰值为 2000nT 的高值异常，区内异常长 800m（见图 5-49）。

该区根据矿体分布位置及范围，分两个矿段，Ⅰ矿段位于 MⅠ号异常范围内，Ⅱ矿段位于 MⅡ号异常范围内。其中Ⅰ矿段Ⅰ-6 矿体、Ⅱ矿段Ⅱ-2 矿体规模较大，矿体特征

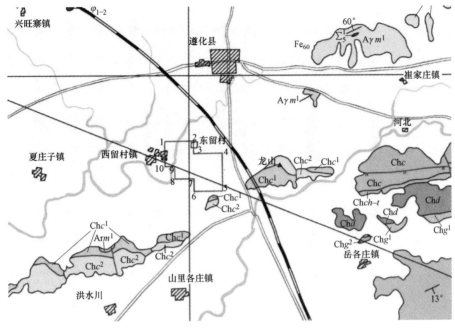

图 5-49　东留村铁矿区域地质图

如下。

（1）Ⅰ矿段分为 30 个矿体。其中 I-6 号矿体呈单斜形态，矿体产状 285°~288°∠50°~
60°，推断长度 500m 左右，倾斜延伸 100~400m，赋存在 -50~-400m 标高之间，矿体厚
度 1.53~18.96m，平均 4.36m，矿石平均品位 TFe 28.85%，mFe 26.25%。

（2）Ⅱ矿段位于区内西部，对应Ⅱ号磁异常，分为 3 个矿体：Ⅱ-1、Ⅱ-2、Ⅱ-3，矿
体埋深于 100~130m 厚第四系下。Ⅱ-2 号矿体呈单斜形态，Ⅱ-1 号矿体下部，与Ⅱ-1 号
矿体相距 10~40m，与Ⅱ-3 号矿体相距 20m，为两层矿体，矿体产状 285°∠35°~45°，推
断长度 300m，倾斜延伸 200m 左右，赋存标高 -70~-250m，矿体厚度 2.27~17.68m。矿
石品位 TFe 30.95%，mFe 27.78%（见图 5-50）。

（二）矿床勘查史

1974 年 4~10 月，河北省地矿局第八地质大队对 M32-164 航磁异常进行钻探验证，于
1975 年 1 月提交《遵化县白坊寺铁矿普查报告》，1975 年 10 月 8 日经河北省地质局以
〔75〕冀革地科便字第 107 号文通过评审，19~21 线间估算 C_2 级储量 102.1 万吨，与此次
工作区 19~21 线重叠，为此次工作提供了勘查依据。

2005 年 7~9 月，河北省地勘局秦皇岛矿产水文工程地质大队对本区 M2 异常进行钻
探验证。与此次工作范围 MⅡ号异常重叠。

2008 年 4 月，中国冶金地质总局第一地质勘查院开始进行勘查工作，2010 年 6 月，
提交了《河北省遵化市东留村铁矿普查地质报告》，报告通过河北省国土资源厅储量评审
中心评审，评审文件冀国土资储评〔2010〕123 号。截至 2010 年 3 月 31 日估算推断的内
蕴经济的 333 资源量 12.80 万吨，平均品位 TFe 26.39%，预测的 334 资源量 141.14 万吨，

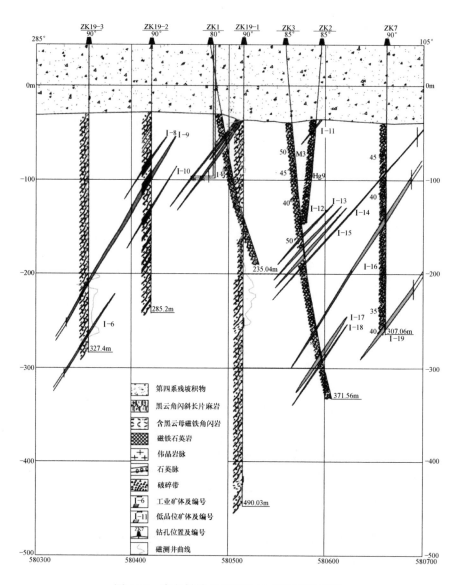

图 5-50　东留村铁矿Ⅰ矿段19线剖面示意图

平均品位 TFe 28.36%，合计 333+334 资源量 153.94 万吨；另有低品位矿体资源量 64.53 万吨，平均品位 TFe 21.97%，总计 218.47 万吨。

中国冶金地质总局第一地质勘查院在普查基础上组织地质、物探、钻探等技术人员季文、刘强、王明、何永红、赵树东等于 2010 年 6 月中旬进驻矿区，开展详查工作，截至 2011 年 5 月 31 日，求得控制的内蕴经济 332 资源量 193.44 万吨，平均品位 TFe 29.53%，mFe 26.81%，推断的内蕴经济 333 资源量 179.93 万吨，平均品位 TFe 30.41%，mFe 27.01%，合计 332+333 资源量 373.37 万吨，平均品位 TFe 29.95%，mFe 26.91%；低品位矿体 333 资源量 95.32 万吨，平均品位 TFe 21.45%，mFe 17.22%。全区总计 332+333 资源量总计 468.69 万吨，平均品位 TFe 28.22%，mFe 24.94%。该详查报告经河北省国土资源厅备案，备案文号：冀国土资备储〔2012〕4 号。

二十二、河北迁安市杨官营铁矿

(一) 矿床基本情况

杨官营铁矿矿区距迁安市 16km，隶属于河北省迁安市管辖，距京沈高速公路野鸡坨入口 28km，迁安—迁西公路自矿区东侧通过，交通十分便利。

该矿区位于中朝准地台燕山台褶带山海关台拱迁安穹隆西部。区内出露地层主要有太古界迁西群，中上元古界、中生界、侏罗系和新生界第四系。断裂构造在区内主要有北北东向、北东东向和北西向三组。滦河断裂为本区最大的一条北北东向断裂，西盘上升并向南推移，倾向北西，倾角 60°~70°（见图 5-51）。

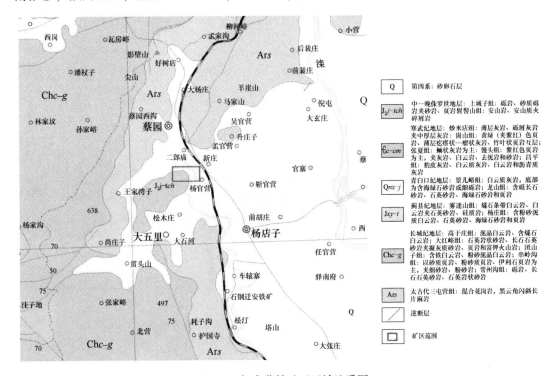

图 5-51 杨官营铁矿区区域地质图

矿区内基岩出露较少，只在矿区西南横山出露侏罗系砾岩、砂质砾岩、页岩及安山质火山碎屑岩。大部分被第四系覆盖，根据钻孔揭露所取得的地质资料，结合区域地质图，确定下伏地层为太古界迁西群三屯营组。

区内岩浆岩不发育，仅呈小规模的岩脉产出，主要岩性为中性-中酸性-酸性岩石。

该区矿产以变质铁矿为主，有马兰庄铁矿、首钢水厂铁矿等大、中型铁矿。其他矿产还有石灰石、石英砂岩和河砂。

区内属老地层分布地区，混合岩化作用普遍而强烈，钾质交代明显，形成大范围的混合岩，甚至混合花岗岩。

矿区内查明 3 个矿体，编号为Ⅰ、Ⅱ、Ⅲ。现将矿体特征描述如下：

（1）Ⅰ号矿体位于 19~33 线间，位于最上部，由 6 个钻孔控制，矿体走向 78°，倾向南东168°，倾角20°~30°，走向长约375.00m，倾斜延伸190.00m，赋存标高+60~-30m，矿体呈透镜体，矿体平均厚29.36m，最大厚44.55m，最小厚14.57m，平均品位TFe 31.12%、mFe 27.02%。332+333资源量164.36万吨，占全区总量的16.50%。

（2）Ⅱ号矿体位于3~27线间，Ⅰ号矿体底部，距Ⅰ号矿体底板5~16m，由12个钻孔控制，矿体走向76°，倾向南东166°，倾角20°~35°，走向长约500m，倾斜延伸270m，赋存标高+40~-120m，矿体呈透镜体，有分枝复合现象，向下有尖灭趋势，矿体平均厚26.16m，最大厚51.01m，最小厚12.64m，平均品位TFe 31.01%，mFe 25.06%。332+333资源量480.30万吨，占全区总量的48.08%（见图5-52）。

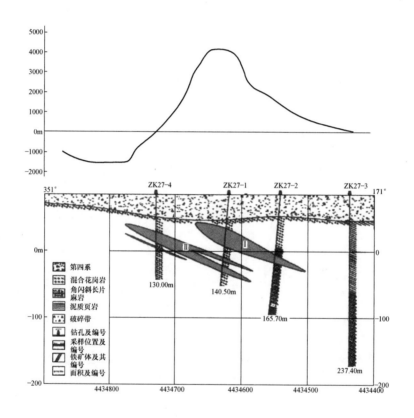

图5-52　杨官营铁矿27线地质剖面示意图

（3）Ⅲ号矿体位于4~19线间，Ⅱ号矿体底部，距Ⅱ号矿体底板4~14m，由12个钻孔控制，矿体走向80°，倾向南东170°，倾角25°~30°，走向长约500m，倾斜延伸470m，赋存标高0~-220m，矿体呈上下平行的3个透镜体，上下间距在5~10m，向下有尖灭趋势，矿体平均厚22.29m，最大厚35.43m，最小厚6.25m，平均品位TFe 29.63%、mFe 23.98%。332+333资源量354.36万吨，占全区总量的35.42%。

截至2008年3月8日，矿区共求得控制的内蕴经济332资源量485.90万吨，推断的内蕴经济333资源量513.12万吨，共计332+333资源量999.02万吨。

矿山2013年首次取得采矿许可证，2014年年初开始基建工程，矿山现阶段处于地下采矿系统基础建设期，未对矿体进行开采。

（二）矿床勘查史

1973 年，首钢地质综合大队进行过矿点检查。

1976 年，首钢综合地质队投入 100m×20m 测网的地面磁测，因规模较小，开采条件复杂，未进行深部验证。

2007 年 5～9 月，中国冶金地质总局第一地质勘查院对本区进行普查工作，编制了《河北省迁安市杨官营铁矿普查报告》，报告经国土资源部以国土资储备字〔2007〕304 号文备案。截至 2007 年 9 月 1 日，普查提交控制的内蕴经济 332 资源量 53.27 万吨，推断的内蕴经济 333 资源量 251.16 万吨，共计 332+333 资源量 304.43 万吨。

2007 年 9～12 月，中国冶金地质总局第一地质勘查院开始由季文、张铁明、刘强等人对杨官营铁矿进行详查工作，按 100m×100m 网度布置工程，至 2007 年 12 月中旬结束野外工作。2008 年 7 月详查报告经国土资源部以国土资储备字〔2008〕130 号文备案。截至 2008 年 3 月 8 日，矿区共求得控制的内蕴经济 332 资源量 485.90 万吨，推断的内蕴经济 333 资源量 513.12 万吨，共计 332+333 资源量 999.02 万吨。

二十三、河北迁安市兴云大杨庄铁矿

（一）矿床基本情况

矿区位于迁安市西北 14km，行政隶属迁安市蔡园镇管辖，西侧有首钢—卑家店铁路及马兰庄—沙河驿公路通过，另有简易道路与之相通，交通便利。矿区中心点地理坐标为东经 118°33′11″，北纬 40°04′29″。

工作区位于中朝准地台（I_2）燕山台褶带（II_2^2）马兰峪复背斜（III_2^7）遵化穹褶束（IV_2^{25}）的东部（见图 5-53）。

该区主要出露的是太古界地层，部分为第四系堆积物。

矿床总体受紧闭倒转向斜构造控制，断裂构造发育。矿床主体褶皱是羊崖山倒转向斜，倒转向斜两翼最大距为 250.0m，最小为 60.0m，一般为 100.0m。倒转向斜轴面产状 305°∠50°～60°，轴面走向上略有摆动。倒转向斜的北东端仰起，向南西方向倾伏，枢纽具有每 100.0m 标高下降 10.0m 的规律。倒转向斜两翼产状，其东翼倾角一般在 40°～50°；其西翼倾角 20°～60°。受断裂构造影响，东翼呈多个透镜体，西翼呈钩形。局部转折部位被断层或岩脉破坏。

断裂构造主要为 F_{2-4} 断层、F_{2-5} 断层、F_{5-1} 断层。其中 F_{2-4} 断层位于 S900～N700 线，为逆断层，产状 305°∠60°～80°，垂直断距 10.0～30.0m，与橄榄辉长岩脉在深部交汇，切断矿体转折部位。

矿区岩浆岩不甚发育，主要为橄榄辉长岩脉、煌斑岩脉、伟晶岩脉。

矿区内 4 条矿体由南至北进行编号，编号分别为 III、III-1、III-2、IV，其中 III 号矿体为勘查区主要矿体。

III 号矿体：勘查区主要矿体，矿体形态受羊崖山倒转向斜控制。赋存于 N100～N500 线、N700～N900 线，位于勘查区中南部，由钻孔 ZKN100-1 等工程控制。西翼矿体走向连续性较好，整体形态似钩状，产状 319°∠42°；东翼受断层、岩脉影响，形态呈多个透镜

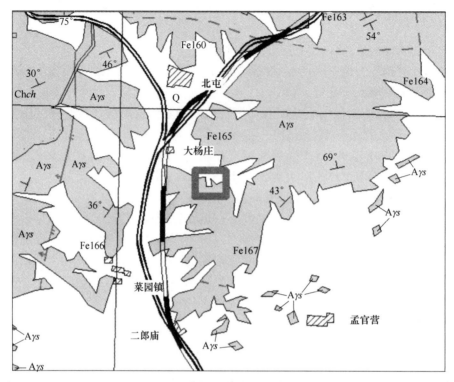

图 5-53　大杨庄铁矿区域地质简图

体状，产状 319°∠18°～42°。矿体最低赋存标高－293.45m，真厚度 1.67～78.30m，平均真厚 23.18m，真厚变化系数为 71.89%；TFe 平均品位 28.60%，mFe 平均品位 23.51%，TFe 品位变化系数为 8.06%，mFe 品位变化系数为 9.81%。

目前，该矿山已投入生产。

（二）矿床勘查史

1970 年 9 月，首都钢铁公司地质勘探队提交《河北省迁安铁矿大杨庄矿区地质勘探总结报告》。

1971 年 11 月，首都钢铁公司地质勘探队提交《河北省迁安县羊崖山铁矿勘探总结报告》，1982 年 6 月，该公司又进行了二期勘探工作，并提交了《河北首钢迁安铁矿区羊崖山铁矿床二期地质勘探总结报告》，该报告于 1983 年 1 月 19～22 日以〔83〕首发计字第 29 号文批准通过，二次勘探工作所投入钻探 25444.44m，共计求得该矿床表内外铁矿石 B+C$_1$+C$_2$ 级储量 5975 万吨，全矿床平均品位 SFe 26.38%，极贫矿石储量 334 万吨，平均品位 SFe 18.54%。

2010 年 12 月，河北省地矿局第五地质大队提交了《河北省迁安市羊崖山—前裴庄铁矿深部地质普查报告》，经冀国土资备储〔2011〕5 号文备案。该报告在 1982 年提交的羊崖山二期地质报告 N700 线通过钻探工程（ZKS16001）在深部发现盲矿，为Ⅶ号矿体，并估算资源储量为 10.1 万吨。

2013 年 7 月 20 日～2014 年 7 月 25 日，中国冶金地质总局第一地质勘查院由刘会来、李博林、季文、王明、刘强、牛瑞川等开展补充详查工作，于 2014 年 10 月底，编制了《河北省迁安市兴云大杨庄铁矿深部详查地质报告》。此次工作，求得证内及证外：工业矿体 122b 保有量增加了 48.1 万吨，332 保有量增加了 625.4 万吨，333 保有量增加了 711.9 万吨；消耗量 18.4 万吨；合计工业保有量增加了 1385.4 万吨，累计查明工业矿体 122b+332+333 资源储量 2031.0 万吨。羊崖山铁矿二期地质勘探总结报告与此次深部详查重叠范围资源储量 146.5 万吨，故此次通过工程增加的资源储量为 1238.9 万吨。报告于 2015 年 7 月 23 日通过河北省国土资源厅备案，备案文号为冀国土资备储〔2015〕50 号。

二十四、河北迁安市西峡口铁矿

(一) 矿床基本情况

西峡口铁矿床行政区划隶属于河北省迁安市阎家店镇管辖。地理坐标东经 118°37′10″，北纬 40°06′55″。矿区东南距迁安县城约 13km，有简易公路可通汽车，并与滦迁公路相接，交通较为便利。

区域大地构造位置属于天山—阴山东西向复杂构造与华夏系、新华夏系复合部位，该区位于燕山沉降带中部（即马兰峪—山海关复式背斜），矿区位于背斜南部。

区域出露的地层主要是前震旦系变质岩系，主要为上川组、三屯营组、拉马沟组，另外震旦系地层分布也比较广，而古生界及中生界侏罗系地层仅零星出露。自迁西县喜峰口以西，其构造线呈东西向展布，以东呈北东向展布。区内褶皱及断裂构造发育，主要分为东西向、北东向、南北向、北西向及扭动复杂构造带。火成活动比较频繁，主要有吕梁期和燕山期。

矿区范围内，由于混合岩化作用比较强烈，出露的地层大多数为混合岩和混合花岗岩，矿区地层属早太古界三屯营组二段下部层位。组成岩性主要为斜长片麻岩类、斜长角闪岩、辉石岩、石英岩、黑云变粒岩等。矿区内岩浆活动微弱，仅见少量基性、酸性脉岩，主要为闪长玢岩、辉绿玢岩、伟晶岩脉、长英岩脉等。矿区总体褶皱形态为一同斜紧密倒转的复式向斜构造，其主要由 3 个次级向斜和两个次级背斜组成。矿区范围内主要有 F_1、F_2、F_3 三条断层。断层主要为成矿后断裂，破坏了矿体的完整形态及连续性。

西峡口铁矿床为一中型贫铁矿床，作为西峡口—宫店子、二马矿带的一部分，其主要赋存于三屯营组二段下部含矿岩系中。将矿区内的含矿岩系划分为 Ⅰ、Ⅱ 两个含矿层，共计矿体 11 条。其中 Ⅱ 号含矿层规模较大，为多层矿群，控制长度 2600m。地表最大出露宽度 486m，单层厚度约 40m。其中，$Ⅱ_1$、$Ⅱ_4$、$Ⅱ_5$ 等矿体为主要矿体。矿体走向为 31°～40°，倾向北西，倾角一般为 30°～60°，最大者近 90°。

矿石矿物成分比较简单，金属矿物主要为铁的氧化物，少量为硫化物、碳酸盐矿物。非金属矿物主要是硅酸盐矿物及石英。

矿石构造主要为条纹状、细纹状、条带状及片麻状构造，局部少量为块状构造。矿石结构主要为他形粒状变晶结构。

磁铁石英岩为层状、似层状，与围岩呈整合关系，产状一致，矿石化学成分单一，同时磁铁石英岩上下盘还可以见到石榴云斜片麻岩残留体。以上特征显示西峡口铁矿床属于海底火山喷发沉积变质矿床。

（二）矿床勘查史

1974～1975年，冶金部冶金地质会战指挥部第四地质勘探队四分队马德民、张儒铜、常福渠、陈献策、徐身玲、杜海城、周兴义等人，针对该矿区开展地质勘探，投入钻孔工作量47036.16m，并提交《迁安县西峡口铁矿床地质勘探报告书（1974～1975）》，提交B+C+D级平衡表内储量3933.1万吨，B+C+D级平衡表外储量258万吨。

1981年，河北省储量委员会对原报告书进行了初审，并提出重新编制，冶金部冶金地质会战指挥部第四地质勘探队地质科组织石延东等人，对原报告进行了重新梳理编制，提交《河北省迁安县西峡口矿区铁矿地质勘探报告1981年3～8月（重编）》，最终提交C+D级平衡表内储量2802.5万吨，D级平衡表外储量302.6万吨。

二十五、河北迁安市彭店子铁矿

（一）矿床基本情况

彭店子铁矿床位于河北省迁安市城东南21km之青龙河西岸，属彭店子乡管辖。地理坐标：东经118°50′04″～118°50′45″，北纬39°52′44″～39°54′29″。矿区至卢龙县城1.5km，矿区有简易公路直通迁安县城，交通便利。

该区处于燕山沉降带至东段。区域地层主要由一套深变质和混合岩化作用的前震旦系三屯营组及第四系等组成。构造形态以线型褶皱为主，走向近南北，向西倾斜，向东倒转。区内断裂较发育，以北北东向和北东向压扭性断裂为主，北西向和北西西向扭张性断裂次之（见图5-54）。

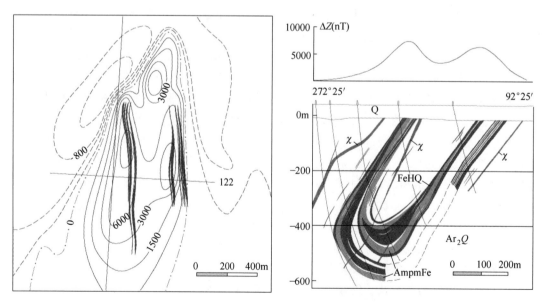

图5-54　迁安彭店子铁矿地面 ΔZ 和122线剖面图

Q—第四系；Ar_2Q—迁西岩群；X—煌斑岩；FeHQ—磁铁石英岩；AmpmFe—含磁铁闪石石英岩

区内出露地层仅见前震旦系三屯营组，岩性主要为黑云斜长片麻岩、黑云角闪斜长片麻岩夹磁铁石英岩。岩层分为上部层、含矿层、下部层，岩层为渐变过渡关系，走向近南北，倾向西，倾角为 55°~65°。岩浆岩主要以脉岩形式产出，主要有花岗伟晶岩、煌斑岩。该区褶皱构造以含矿层为标志，矿床整体即为一近南北延伸、向西倾斜、向东倒转的向斜构造。该区施工地段未见较大破坏矿体之断层，推测矿区可能存在走向断层，局部见到构造角砾岩。

矿体空间分布范围为北起 132 线、南至 116 线，长约 1600m，矿体水平宽度最大 630m，埋深在 -600~630m。

矿体以角闪石磁铁石英岩为主，呈多层薄层状产出，走向近南北，倾向西，倾角为 55°~65°，磁铁大理岩及磁铁闪石岩呈透镜状产出，仅在局部出现。

矿石结构以中细粒变晶结构为主，矿石构造以条带状、条纹状构造为主，有少量片麻状构造。

矿体一般呈层状、薄层状。矿石由磁铁矿、暗色矿物与石英构成黑白相间之条纹-条带状构造。对比该区同类矿床，该矿床应属鞍山式沉积变质铁矿床。

（二）矿床勘查史

1972 年，首钢地质队在该区开展过地面磁法工作。1973 年，施工钻孔 11 个，对该矿床做过深部评价。

1977 年，冶金部冶金地质会战指挥部第一地质勘探队二分队张俊明、杨锋、潘金玉、赵恒才、潘洪仁、闵海涛、杨长顺、任少裕、王澜等人，对矿床开展了勘查评价工作，并编制《河北省迁安县彭店子铁矿床评价报告》。探获远景矿量 11674 万吨，其中表内矿量 7665 万吨，表外矿量 4009 万吨。

二十六、河北迁安市包官营铁矿

（一）矿床基本情况

包官营铁矿床，位于河北省迁安市夏官营镇包官营村东 1km，地理坐标东经 118°49′43″，北纬 39°57′23″。距迁安县城 12km，离棒槌山铁矿 3km，均有简易公路，交通方便。

区域地层主要由一套深变质和混合岩化作用的前震旦系及震旦系、寒武系、奥陶系、侏罗系、第三系、第四系等组成。区域构造主要为东西向、北北东向、南北向三组构造体系。其中在东西向构造带中，火成活动频繁，从超基性-基性-酸性都有出露，对该区铜、铅、锌、金等矿产的生成创造了有利条件。区内火成活动频繁，超基性-基性-酸性岩体均有。除长城北的肖营子和五道沟有较大的岩体群外，在长城以南均无较大岩体出露。

矿区地层主要可分为 5 个岩性段，自下而上为含石榴石黑云角闪斜长片麻岩—含辉石黑云斜长片麻岩—黑云斜长片麻岩、角闪黑云斜长片麻岩—黑云斜长片麻岩—黑云角闪斜长片麻岩。矿床产于包官营—磨盘山向斜构造的北端，以磁铁石英岩为标志层组成一个不对称的向斜构造，轴向北东，轴面东倾，倾角约 70°，向北扬起，向南倾伏。断裂构造可分为两组：其一，走向北东 50°~60°，北西倾，倾角 70°~75°，规模大，属压扭性；其二，走向北西 310°~320°，北东倾，陡倾近直立，规模较小。

　　该矿床分为 4 个矿体，分别为 Ⅰ、Ⅱ、Ⅲ、Ⅳ，其中 Ⅰ、Ⅱ 号为主矿体。Ⅰ号矿体控制长度 300m，矿体宽度 47~101m，控制标高均在 -100m 以上。

　　矿石结构为粒状变晶结构，条纹状、条带状及片麻状构造。

（二）矿床勘查史

　　1972 年，冶金部物探公司做 1:1 万地面磁测时包括了该区。

　　1974 年，冶金部冶金地质会战指挥部第一地质勘探队一分队对地表进行了地质草测，对深部进行了验证。

　　1977 年，冶金部冶金地质会战指挥部第一地质勘探队一分队庞文波、张正璧、潘金玉、徐正和、陈俊骥、崔甲利、杨长顺等人，对该矿床进行调查评价，并提交了《河北省迁安县包官营铁矿床地质评价报告》。此次工作，获得 C_1 级矿量 463 万吨，C_2 级储量 2080 万吨，平衡表外矿量 40 万吨，总计 2583 万吨。

二十七、河北迁安市棒槌山铁矿

（一）矿床基本情况

　　棒槌山铁矿床位于河北省迁安市东夏官营镇。地理坐标为东经 118°47′15″，北纬 89°57′50″。矿区经迁安距京山线的滦县车站 44km，交通便利。

　　区域地层主要由一套深变质和混合岩化作用的前震旦系及震旦系、寒武系、奥陶系、侏罗系、第三系、第四系等组成。区域构造主要为东西向、北北东、南北向三组构造体系。其中在东西向构造带中，火成活动频繁，从超基性-基性-酸性都有出露，对该区铜、铅、锌、金等矿产的生成创造了有利条件。区内火成活动频繁，超基性-基性-酸性岩体均有。除长城北的肖营子和五道沟有较大的岩体群外，在长城以南均无较大岩体出露。

　　区内出露地层仅见震旦系三屯营组一段上部及下部的一小部分，岩性主要为黑云角闪斜长片麻岩夹磁铁石英岩。该区经受多次构造活动，区内有三个向斜和两个背斜，复式褶皱轴向已转为北北东向。区内断裂成组出现，主要可见三组断裂，其中第一组断裂走向为北西—北西西向，北东或南西倾，倾角 70°，少数较缓，局部可见有断层擦痕和角砾。区内脉岩比较发育，主要可分为角闪正长斑岩脉、红色伟晶岩脉、闪斜煌斑岩脉、闪长玢岩脉等。

　　棒槌山铁矿共有 4 个矿体，分别为 Ⅰ、Ⅱ、Ⅲ、Ⅳ，其中 Ⅰ号矿体为主矿体，分布在 4-1 线，总体看矿体形态为一不规则的椭球体。工程控制总长度为 400m，平均宽度 108m，平均延深 173.8m。矿体长轴 0m 水平面以上走向南北，0m 以下走向 NE30°，东倾，倾角为 50°~60°。

　　矿石矿物成分简单，金属矿物以磁铁矿为主，少量赤铁矿、黄铁矿、磁黄铁矿、黄铜矿。非金属矿物以石英为主，次为辉石，极少量的角闪石、黑云母、石榴石、方解石、磷灰石。

　　矿石构造以细纹状、条纹状构造为主，条带状构造较少。矿石结构为粒状变晶结构。

（二）矿床勘查史

棒槌山铁矿发现较早，当地居民采矿石作建材。

1957年，冶金部原物探大队在做1:5万地面磁测时，做过检查。

1958年，地质部十三地质队将该矿床编入矿产资源汇编中。

1959年，唐山专区地质队再次进行普查性检查，估计储量563万吨。

1973年，首钢地质队投入地面磁测及探槽揭露。

1974~1975年，冶金部冶金地质会战指挥部第一地质勘探队一分队庞文波、吴德明、张俊朋、张正璧、王跃忠、张振发等人，在该区开展地质勘探。完成钻探工作8244.37m（87孔），共获工业矿量2536万吨，工业加远景2729万吨，其中B级556万吨，C级2082万吨，D级125万吨。

二十八、河北迁安市白马山铁矿

（一）矿床基本情况

白马山铁矿床位于迁安铁矿区宫店子—二马矿带北段，东北与宫店子铁矿床相接，西南与前裴庄铁矿及柳河峪铁矿床接壤。行政区划隶属河北省迁安市马兰庄镇管辖。地理坐标为东经118°34′57″~118°35′56″，北纬40°05′42″~40°06′34″。矿区公路、铁路均在附近，交通便利。

迁安铁矿区位于华北地台北缘燕山沉降带中部马兰峪一山海关复式背斜的迁安隆起的西部边缘褶皱带中。宫店子—白马山铁矿床位于迁安铁矿区的北区，并以北端（宫店子）仰起，向南倾伏的向斜构造形态赋存于西峡口—宫店子—二马复向斜之内。

矿区地层主要为太古界迁西群三屯营组和第四系。第四系堆积物分布于矿床东部及中部沟谷内。太古界迁西群三屯营组自上而下划分为两段。该矿床为一复式倒转向斜构造模式，是以宫店子—白马山主体倒转向斜及爱玉山次级倒转向斜与背斜组成。矿床内，N100~N1200线间未发现破坏矿体的断裂构造。但N100线以南，断裂构造较发育且集中。按断裂构造的方位可分北东向、近东西向、北西向、北北西向四组。较大断层有8条，其中F_6断层将矿体分为宫店子和白马山两个矿体，该断层倾向北东，倾角80°~85°，为正断层。

该区矿体以F_6断层为界，以北为宫店子区，出露连续，不存在破坏矿体的断层；以南为白马山区，该区断裂构造发育，矿体被断裂破坏而表现零乱。矿区含矿层位厚约270m，计有大小不等的38个矿体组成，其中有9个较大矿体，其储量占全部储量的92%。

矿体走向北东55°~60°，倾向北西，倾角南东翼较缓30°~40°，北西翼较陡70°~80°，局部直立。矿体枢纽向南西倾伏，倾伏角5°~10°。

矿石结构较简单，多为半自形-他形粒状变晶结构，伴生结构有海绵陨铁结构、变斑晶结构、筛状变晶结构、交代残留结构等。矿石构造主要由块状构造、片麻状构造、条带状构造及条纹状构造和细条纹状构造。

白马山铁矿主要矿石类型为磁铁石英岩及辉石磁铁石英岩，主要金属矿物为磁铁矿，矿石硫化铁平均品位为 26.98%。

（二）矿床勘查史

该矿床于 20 世纪 60 年代，曾有长春地质学院、唐山综合队及首钢钢铁公司地质勘探公司（以下简称首钢地质勘探公司）在此进行普查找矿。

1973~1974 年，首钢地质勘探公司刘振亚等人对该矿床进行勘探，初步确定了爱玉山为一向斜构造，并认为白马山向斜已被断层破坏，深部已无完整向斜，并于 1975 年提交《河北省迁安铁矿白马山矿床地质勘探总结报告》。探求 B+C_1+C_2 级表内储量 4263.25 万吨。

1975~1979 年，首钢地质勘探公司继续投入地质勘查及科学研究工作，并揭示出深部确有厚大盲矿体。

1982~1985 年，首钢地质勘探公司刘怀昌、卢浩钊、赵宗森、霍万富等人对矿区进行地质勘探，投入钻探工作量 27704m（91 孔），并提交了《河北省迁安铁矿区白马山铁矿床二期地质勘探总结报告》。工作查明：矿区出露地层主要为迁西群三屯营组，含矿层位厚约 270m，由大小不等的 38 个矿体组成，其中有 9 个较大矿体，其储量占全部储量的 92%。主要矿石类型为磁铁石英岩及辉石磁铁石英岩，主要金属矿物为磁铁矿，矿石硫化铁平均品位 26.98%。提交 B+C_1+C_2 级储量 9254.3 万吨。

二十九、河北迁安市松木庄铁矿

（一）矿床基本情况

松木庄—赤甲山铁矿床位于河北省迁安市西部，行政区划隶属于迁安市大五里乡。矿体在松木庄村东侧通过，地理坐标为东经 118°31′45″~118°32′41″，北纬40°00′30″~40°01′40″。矿床东南距大石河采矿场不足 1km，京山县卑家店车站至水厂的矿山专用铁路线在矿床东侧约 500m 处通过，交通极为便利。

迁安铁矿区位于华北地台北缘燕山沉降带中部马兰峪—山海关复式背斜的迁安隆起的西部边缘褶皱带中。

冀东地区地层出露较全。太古界、元古界地层分布最广。迁安隆起平面呈卵形，主轴方向为近南北向，可分为陆核及边缘褶皱带，迁安铁矿区位于隆起西侧的边缘褶皱带中。区域出露广泛的是太古界三屯营组变质岩系，西部高山地带分布有中上元古界长城系地层，北部及中部有侏罗系后城组砾岩分布，第四系则广泛分布于平地及沟谷中。褶皱为大石河—耗子沟—塔山复式向斜。断裂构造以北东、东西、北北东、南北及北西向断裂。

矿区位于弧形构造带的北东向矿带与北西向矿带的转折部分附近。弧形构造带北部的几条矿带矿体往南逐渐收拢，矿体变薄拉长。

矿区出露地层主要为前震旦系水厂组变质岩和震旦系下部地层，构成走向近南北，倾向西的单斜层，局部矿体早期小褶曲极为发育。火成活动不发育，区内主要见到一些基性及超基性岩脉。该矿床为一单斜构造层，走向 0°~10°，倾向南西，倾角 40°~60°，与区域构造形态基本一致。矿区内有 F_1、F_2、F_3、F_4 等四条断层，均为成矿后断层。

矿床由南向北矿体长 2000m，基本为一条矿体。矿体出露地表部分长度 580m，其余都为浮土覆盖矿体，工程揭露有用矿体见矿厚度 25.71m。矿体产状稳定，受一定层位控制。无论沿走向还是倾向，从地表到地下均无突变现象。

矿石的矿物成分简单。金属矿物以磁铁矿为主，假象赤铁矿较少；脉石矿物以石英、紫苏辉石、普通辉石为主。

（二）矿床勘查史

1956~1957 年，原 503 队（首钢钢铁公司地质勘探队前身），曾在此一带进行普查找矿，提交了相应的报告。

1958~1960 年，河北省地质局唐山综合地质大队，对该区投入 4 个钻孔进行深入了解。

1974~1975 年，首钢钢铁公司地质勘探队吴惠康、金世翔等人对该矿床进行了地质勘探，并提交了《河北省迁安铁矿区松木庄—赤甲山铁矿床地质勘探总结报告》。提交 B+C+D 级总储量 3090 万吨，其中 B 级储量 714 万吨、C 级储量 1594 万吨、D 级储量 676 万吨、平衡表外储量 106 万吨。

三十、河北迁安市柳河峪铁矿

（一）矿床基本情况

柳河峪铁矿床位于迁安矿区北区东矿带的中北段，北与白马山铁矿床相邻，南与四道沟铁矿床、大杨庄铁矿床相接，东起前裴庄矿，西至柳河峪村。行政区隶属于河北省迁安市马兰庄镇，其地理坐标为东经 118°32′28″~118°35′59″，北纬 40°04′32″~40°06′42″。

矿带内出露的地层为太古界迁西群三屯营组二段变质岩系，地层普遍遭受了早期麻粒岩相和晚期角闪岩相的两次变质作用，混合岩化作用在时间上与变质作用相吻合，主要为两期，即在麻粒岩相基础上发育的早期以重熔为特征，在角闪岩相基础上发育的晚期以注入交代为特征的混合岩化作用。伴随两次混合岩化作用和多期褶皱构造叠加作用。

矿带断裂构造也较发育，主要有北东向、东西向和北西向，断裂大都经早期韧性和晚期脆性两个变形过程，对铁矿体都起着一定的破坏作用。

矿带位于迁安铁矿区北区的东部，东北自宫店子，经白马山、柳河峪、前裴庄、羊崖山、红石崖、大杨庄、二郎庙—蔡园以南为止，南北长约 10km，东西宽约 2km，总体走向为北东 40°~50°，倾向北西，呈一紧密复式向斜。

矿床除受原始沉积环境控制外，还受褶皱构造及韧-脆性断裂所控制。该矿床受东矿带复式向斜及柳河峪大断裂，即一系列 NE 向韧-脆性断裂控制，还有 EW 向及 NNW 向脆性断裂破坏了矿体的连续性。

柳河峪铁矿区地质简图如图 5-55 所示。

矿床由 163 个大小不等的铁矿体和 136 个硬石膏矿体组成。铁矿体在空间上呈叠瓦式或雁行排列，依次呈北西西向展布，赋存于 60~1000m 标高范围内。较大的铁矿矿体有Ⅱ、Ⅲ、Ⅵ、Ⅶ号 4 个矿体，多呈透镜状、似层状，并有分枝复合现象。

矿体倾向南南西，倾角 30°~47°，整个矿体向北西西倾伏约 4°~12°。主矿体中以Ⅵ号矿体规模最大，全长 1500m，厚度 1.59~257.8m，平均厚 72.95m，埋深 585~985m。

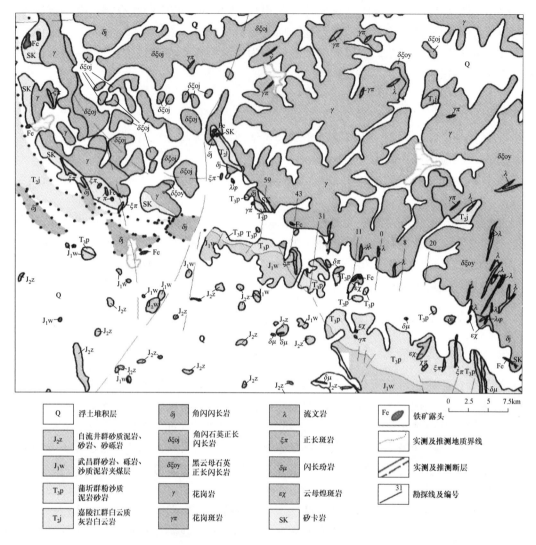

图例:

Q	浮土堆积层	δj	角闪闪长岩	λ	流文岩	Fe	铁矿露头

J_2z　自流井群砂质泥岩、砂岩、砂砾岩

$\delta \xi oj$　角闪石英正长闪长岩

$\xi \pi$　正长斑岩

实测及推测地质界线

J_1w　武昌群粉砂岩、砾岩、沙质泥岩夹煤层

$\delta \xi oy$　黑云母石英正长闪长岩

$\delta \mu$　闪长玢岩

实测及推测断层

T_3p　蒲圻群粉沙质泥岩砂岩

γ　花岗岩

$\varepsilon \chi$　云母煌斑岩

31　勘探线及编号

T_2j　嘉陵江群白云质灰岩白云岩

$\gamma \pi$　花岗斑岩

SK　砂卡岩

图 5-55　柳河峪铁矿区地质简图

其次是Ⅲ号矿体，长 87m，平均厚度 71.78m。Ⅶ号矿体长 870m，厚度 71.18m，埋深 930～1080m。

矿石矿物主要为磁铁矿，次为赤铁矿、褐铁矿、穆磁铁矿、镜铁矿和少量黄铁矿、黄铜矿、磁黄铁矿、铜蓝、孔雀石。脉石矿物有方解石、白云石、透辉石、绿泥石、石英、钾长石、金云母、石膏等。磁铁矿具有自形-半自形粒状结构，以块状、浸染状构造为主。矿石平均品位含全铁 45.05%，二氧化硅 10.17%，硫 2.7%，磷 0.031%。属高硫低磷伴生钴的富铁矿石。钴以类质同象赋存于黄铁矿中。

矿石可选性良好，入选原矿品位含铁 39.62%，经磁选—浮选联合流程，获得铁精矿含铁品位 63.24%，铁回收率 85.18%；硫精矿品位 39.47%，其中含钴 0.24%，硫回收率 88.19%。

迁安矿区柳河峪铁矿床几经勘探，其范围已经包括了裴柳盲矿体，柳河峪西部小矿体及深部矿体,一直向南延到红石崖村,整个矿床已经探明表内外 B+C+D 级总储量 16557 万吨(若加上极贫矿则已达 17068 万吨)。

由于柳河峪矿床的铁矿体受到构造形态的限制使得很大一部分储量处于深部位置,而能够按现有露天开采经济技术指标做出合理评价的可采矿量,仅占整个矿床总量的 36.6%,达不到整个迁安矿区的平均资源利用率。

(二) 矿床勘查史

1971 年,首钢地质勘探公司普查队首次进行勘探,同年提交了《柳河峪铁矿床地质勘探报告》。投入钻探工程量为 8169.90m,共 47 个钻孔。获得储量为 3481 万吨。

1974 年,首钢地质勘探公司普查队进行第二次勘探,并对一期报告中的问题进行了补充工作,于 1975 年提交了《柳河峪铁矿床第二期地质勘探报告》。技术负责为窦鸿泉。经冶金部储委审查,批准储量为 6831 万吨。投入钻探工程量为 15441.17m,共 56 个钻孔。

1975 年,首钢地质勘探公司普查队对该矿床西部及东侧裴柳异常进行了初步验证,投入钻探 8531.25m,26 个钻孔,于 1976 年提交了《柳河峪铁矿床三期普查找矿报告》。

1977 年,根据首钢地质勘探公司党委 77-1 号文件要加强对地层研究的指示精神,普查队与长春地质学院张贻侠等师生合作,在北矿区通过对矿区 1:1 万地质图的修测工作进行地层构造的研究,在此基础上,1978 年在红羊裴柳地段以 400m 的大跨度用钻探手段对控矿构造进行验证,虽然没有达到预期的效果,但获得了深部找矿的重要信息。1979 年便开始了对柳河峪深部找矿工作,1980 年因转移羊崖山二期勘探,在此期间共投入钻探工程量 22769.15m,46 个钻孔。

1981~1982 年,首钢地质勘探公司普查队根据矿山公司要求,对该矿床西部小矿体进行找矿评价,队长为韩秀清,技术负责为卢浩钊。1983 年提交了《柳河峪铁矿床西部矿体找矿评价总结报告》,经审查批准储量 1319.9 万吨。此次找矿评价工作投入钻探工程 42 个孔,有 6741.17m,加上利用原来的钻孔工程量 21 个孔,6591.07m,共计为 63 个孔,合计 133332.24m,实际上仅获得 B+C_1+C_2 级储量 1319.6 万吨。

1984~1988 年,首钢地质勘探公司地质调查队根据矿山公司要求,对矿床深部进行地质详查。1989 年提交了《河北迁安铁矿区柳河峪铁矿床深部地质详查总结报告》,提交资源量 15898.00 万吨。

三十一、河北迁安市蔡园铁矿

(一) 矿床基本情况

蔡园铁矿床位于河北省迁安市西部,隶属迁安市蔡园镇蔡园村管辖,地理坐标为东经 118°30′42″~118°31′37″,北纬 40°02′53″~40°04′27″。

蔡园村北距迁安铁矿水厂选厂 10km,南距大石河选厂 11.5km。京山线卑家店车站至水厂的矿山专用铁路线及滦县至遵化、滦县至马兰庄的公路连贯大石河—蔡园—水厂,交通条件极为便利。

蔡园铁矿床在大地构造位置中处燕山沉陷带昌黎台凸的西部边缘。矿区内所有矿床均产出于迁滦铁矿带中的二条南北走向含矿带内。矿区内出露地层主要为前震旦系水厂组变质岩和震旦系下部地层，构成走向北东、倾向北西的单斜层，火成活动不发育，所有铁矿床均为产出于前震旦系片麻岩中的"鞍山式"铁矿。

蔡园铁矿床内出露地层主要为前震旦系水厂组紫苏斜长片麻岩、黑云斜长片麻岩，内夹磁铁石英岩。由于受区域混合岩化作用，而使变质岩在成分、结构、构造等方面都发生了很大改变。按其混合岩化程度不同可分为混合花岗岩和混合质片麻岩。两种岩类无明显层位关系。其走向为10°~30°，倾向北西，倾角40°~70°，与区域构造线方向基本一致。

围岩有前震旦系变质岩系的混合花岗岩、混合片麻岩、辉闪岩、含铁石英岩。第四系多分布在沟谷平地中，矿体部分有1/3以上为第四系覆盖。

脉岩：基性的橄榄辉长岩脉，地表见于N1600线，钻孔见于CK50、CK64、CK63。岩脉走向40°~57°，倾向NW，倾角80°，厚度5~15m，仅在N1700线切穿矿体，岩石呈灰黑色，块状构造，球状风化，矿物成分主要为斜长石、普通辉石、紫苏辉石、橄榄石及微量磁黄铁矿、黄铁矿、磁铁矿。

伟晶岩脉：分布普遍，规模较小，一般斜切片麻理方向，岩脉倾角陡，常在80°以上，规模以S200线附近为最大，对矿体破坏性不大。

该矿床为一单斜构造层。走向北北东。倾向北西，倾角40°~60°，次一级褶皱不发育。矿层产状与岩层产状基本吻合，这与区域构造形态基本一致。由于受混合岩化影响，局部产状紊乱，存在一些小褶曲。矿床内见有四条断层，二条走向正断层，两条横断层，皆为成矿后断层。

该矿床的构造形态有以下特点：

（1）构造线方向有NNE、NWW、NEE三组；

（2）NNE方向一组见于F_4断层走向，与褶皱轴走向、矿体走向一致，形成时间最早，有多次复活，从F_4断层被两条NWW小断层所切，可认为其早于NWW一组；

（3）NWW方向一组见于F_1、F_2断层，与部分岩脉走向一致，形成时间较晚；

（4）NEE方向一组见于F_3断层，与部分岩脉走向一致，推测与NWW方向一组同时形成。

矿石的矿物成分简单。金属矿物以磁铁矿为主，假象赤铁矿较少；脉石矿物以石英、紫苏辉石为主，少量普通辉石、角闪石；副矿物有黄铁矿、磷灰石等，此外，还有少量蚀变矿物如滑石、绿泥石、碳酸盐类矿物等。

（二）矿床勘查史

蔡园铁矿床曾被多次调查研究，但工作程度均在普查阶段。1956年，冶金部华北冶金地质勘探公司503队（首都钢铁公司地质勘探队前身）在对前裴庄铁矿床普查时对此进行过踏查。1960年上半年，河北省地质局唐山综合地质大队曾在0号线打过一个钻孔。同年7至9月首都钢铁公司地质勘探队曾对此普查，投入了200m间距探槽，进行了1:2000地质磁法测量工作，提交了《河北省迁安县王家湾、蔡园铁矿地质勘探设计报告》。其后，河北省地质局第三物探分队在此一带进行了1:1万地面磁法测量工作。

1972年，矿区进行了详细地质勘探工作，以100m×100m网度投入深部钻探67个孔，获得工业储量4488万吨，远景储量3317万吨。1973年，首钢勘探队提交《河北省迁安县迁安铁矿区蔡园铁矿床地质勘探总结报告》，技术负责人窦鸿泉，编写人张建斌。全矿体经本次勘探求得储量：平衡表内总储量 7805 万吨，其中，工业储量 4488 万吨、远景储量 3317 万吨、平衡表外储量 20 万吨。

三十二、河北迁安市蔡园西沟铁矿床

（一）矿床基本情况

蔡园西沟铁矿床，位于迁安铁矿区的西矿带中段偏南，属迁安市蔡园镇蔡园西沟管辖。

矿区地理坐标为东经 118°30′50″~118°31′15″，北纬 40°01′13″~40°03′11″。矿床东侧有衔接京山铁路的支线——卑水铁路。公路也很发达，交通方便。矿床范围为南北长约1200m，东西宽 1100~1500m，面积为 1.52km²，为一中型沉积变质型铁矿床。

该区大地构造位置处于燕山台褶带（Ⅱ）马兰峪复式背斜（Ⅲ）遵化穹褶束（Ⅳ）的中南部迁安穹隆的西部边缘褶皱带中。

该区属深变质岩区，区域变质作用具有多期性，且相互叠加，再加上混合岩化作用的影响，使得该区变质岩相较复杂。

区内出露地层主要为中太古界迁西（岩）群三屯营组变质岩，其次为中元古界长城系常州沟组及第四系地层。其间经常出现磁铁石英岩和辉石磁铁石英岩，形成规模不等的矿体。

迁安矿区含矿变质岩系处在古迁安隆起的西缘，其形态为一向西突出的弧形构造带。区内的基本褶皱形态呈同斜箱状，复式背斜呈 M 形，复式向斜呈 W 形。而复式向斜内，控矿褶皱多为两向斜一背斜组合，背斜脊状凸起，向斜翼陡底平，许多大、中型铁矿均聚集于向斜褶皱带中，且矿体向深部均有较大延深。

区内构造复杂，但主要以褶皱构造和断裂构造为主。蔡园西沟铁矿床整体受"孟家沟—北屯—蔡园西沟复式向斜"中的蔡园西沟复式向斜构造控制，主体褶皱构造以紧密倒转为特点，断裂构造韧性断层呈带状展布为特征，由于两者双重作用，使矿床地层及矿体在平面上呈一向西突出的弧形展布，同时使矿体呈现牵引和拖拉现象。

铁矿床复式向斜构造形态是经历次勘探证实的，其中 N1600~N1800 线褶皱地段是可以对比的。

矿区内无大的岩浆岩体出露，只分布有数量不多、规模较小的岩脉产出：橄榄辉长岩脉、辉斑岩、伟晶岩脉。

该矿床的矿石的矿物成分简单，金属矿物以磁铁矿为主，假象赤铁矿较少；非金属矿物以石英、紫苏辉石为主，少量普通辉石、角闪石、石榴石；副矿物有黄铁矿、磷灰石等。此外，还有少量蚀变矿物，如滑石、绿泥石、碳酸盐类矿物等。矿石结构比较简单，主要为粒状变晶结构，次要有镶嵌结构、似海绵陨铁结构、变余筛状结构等。矿石构造为条纹状构造、条带状构造、片麻状构造、块状构造。

蔡园西沟铁矿床，处于首钢迁安铁矿区范围内，作为大石河铁矿的接续矿山已列入开发规划中。矿床开发可利用现有的技术力量和设备，增加少量的投资即可得到较好的经济效益。该矿床埋藏不深，矿量集中，矿石物质组分简单，工程及水文地质条件属简单类

型，为易采易选型矿石。运输、水、电等外部条件早已齐备，不存在影响开发的不利因素。

（二）矿床勘查史

1964 年，河北省地质局第三物探分队和唐山综合地质大队分别对该区做过 1∶1 万磁法和地质调查，工作程度较低。

首都钢铁公司地质勘探队于 1972～1973 年对蔡园西沟铁矿床进行过勘探，1974 年提交过《河北省迁安铁矿区蔡园西沟铁矿床地质勘探总结报告》，技术负责为窦鸿泉。该报告提交 B+C 级工业储量 5844 万吨，D 级远景储量 1028 万吨。

1986～1987 年，首都钢铁公司地质勘探队又进行了补充地质勘探。1988 年 6 月，高云凤提交了补充地质勘探总结报告，共获得 B+C+D 级平衡表内外铁矿石储量 7300.8 万吨，其中 B 级为 1075.8 万吨，占总储量的 14.7%；C 级为 2933.6 万吨，占总储量的 40.2%；D 级为 3291.4 万吨，占总储量的 45.1%，其中红矿为 7.1 万吨，占总储量的 0.1%。全矿床平均品位（SFe）为 27.01%。另外还有极贫矿石 596.5 万吨，SFe 平均品位为 18.23%。

1989 年 2 月，首钢地质勘探公司普查队完成并提交《河北省迁安铁矿区蔡园西沟铁矿床经济评价报告》。

三十三、河北迁安市杏山铁矿

（一）矿床基本情况

卑水铁路为迁安铁矿山专用线，在矿区东经过，相距约 2.5km，有简易公路可通，至矿山选矿厂不足 4km，向南至卑家店 27km，与京山线相衔接，西去北京 296km，东至山海关 122km。

杏山铁矿位于迁安铁矿区南部区域，矿床面积 1.8km²，属低山丘陵地貌。矿体位于杏山上，总体上呈西陡东缓的向斜构造展布，由于 F_1 断层的存在，分为大小杏山矿体，向斜构造总体呈南东倾伏。区内地势西北、西南、南东高，东北低的簸箕形地形。

矿区内出露地层有太古界迁西群三屯营组、中元古界长城系和第四系。太古界迁西群三屯营组分布在矿区中部，岩性为古老变质岩和磁铁石英岩，厚度较大；中元古界长城系分布在矿区的西北部和南部，岩性为底砾岩、页岩、长石石英砂岩夹灰岩，厚度约 400m；第四系分布于采场周围、山间沟谷和矿区东部。

基底构造为一向西凸出多褶曲弧形构造，岩层产状走向北北西，倾向南西西，倾角一般为 50°～75°，南端覆于震旦系之下，震旦系地层于矿东南部呈一单斜构造。岩层走向北西，倾向南西，倾角 30°～36°，区内由于受区域大断裂的影响，矿体产生一系列的褶曲和次一级的断裂，这些断裂多为横断层。

由于 F_1 断层将大小杏山铁矿分割成两个独立矿体，且因震旦系覆盖将大杏山两端盲矿体掩盖，所以矿体分为三部分。

（1）小杏山矿体。全长 300m，由 F_1 断层将其与大杏山矿体分开，矿体西厚东薄，呈似层状自然尖灭于东南端。矿体沿倾斜方向延伸较大，A3 线 CK211 孔，探矿深度达

-177m，由地表向下控制矿体延深394m。矿体呈近东西向分布，走向105°，倾向南偏西，倾角东缓西陡，倾角为71°，沿倾斜方向倾角由陡变浅，沿倾向同地表相似也有东缓西陡的趋势。

（2）大杏山矿体。由 F_1 断层向西至震旦系盖层，出露长度300m，为褶曲似层状矿体，形态复杂，矿体厚度随形态而异，地表矿体东薄西厚，矿体平均厚度为82.98m。矿体向深部的厚度与地表大致相同，由于产状近乎直立，其厚度变化在每条勘探线上多与地表的厚度变化相吻合。大杏山矿体品位变化较为稳定，据地表工程统计沿走向品位为35.37%，品位变化系数为±6.1%。倾向变化是各剖面的 SFe 含量均沿延深方向变化，一般低于地表2%~6%。据715个钻孔试样统计，SFe 平均含量为32.15%，硅酸铁比 SFe 高2.19%。沿其走向产状呈弧形弯曲，由 NE 向 SW 地表走向分别为 NE64°、NE36° 至 14 号线走向变化为 NW349°，倾向与倾角变化与走向变化一致，其倾角为 SE∠60°、SEE∠77° 和 SW∠80°。矿体底板倾角由缓变陡，其变化在83°~88°近乎直立，矿体倾角在各水平面的变化也不一致。

矿石的矿物成分比较简单，以磁铁矿及假象赤铁矿为主，脉石以石英为主，次之为辉石，并可见少量角闪石、碳酸盐及少量蚀变次生矿物。矿体边部多含辉石类和铁铝石榴子石。副矿物有磷灰石、黄铁矿和碳酸盐等。

矿石化学成分较为简单，所含大量元素为铁、硅、氧，少量元素为镁、铝、钙，微量元素锰、钛、硫、磷含量也很低，假象赤铁矿和赤铁矿仅有很少一部分，硅酸铁为硅酸盐矿物成分，不能为工业利用。

杏山采区原来是一座露天的生产矿山。到 2004 年年底，杏山矿区的露天开采已经接近尾声，但是-33m 水平以下的深部还有较为丰富的矿产资源。为充分利用这部分资源，决定将露天开采转为地下开采。

历时 5 年后，杏山铁矿全流程重负荷在 2011 年 8 月试车成功。这标志着由杏山铁矿露天开采向地下开采的转型取得成功。到当年 9 月 15 日，该矿的日提升总量达到了10030t，从投产、达产到稳产仅用了 40 天时间，在 16 项主要技术经济指标中，有 1 项名列全国同行业第一，10 项进入前十名，创造了同行业较好水平。

杏山铁矿地下开采一期工程投产后，年设计产矿石 320 万吨。其生产工艺流程集开拓掘进、回采爆破、破碎运输、提升干选、通风排水等为一体，一举成为矿业公司中新兴的全流程主力矿山。

（二）矿床勘查史

该矿区早于 1959 年由河北综合大队进行普查，在深部用钻探进行初步了解，同年提交报告。

1961 年 3 月~1965 年 9 月，经历 4 年 6 个月，冶金部石景山钢铁公司勘探实践 2 年 6 个月完成杏山最终地质勘探，1965 年 12 月提交《河北省迁安县迁安铁矿区杏山铁矿床地质勘探总结报告》，勘探部门为石景山钢铁公司地质勘探队，队长丑之骅，总工程师王学茂，技术负责人窦鸿泉，区段技术负责人韩锡奎，报告编写人韩锡奎。参加储量计算的矿体总长 788.39m，平均厚度：小杏山 38.4m，大杏山 82.98m；矿石平均品位 32.71%，矿石磁性率为 2.2，夹石率为 3.07%，夹层剔除率为 23.1%。获得 B+C_1+C_2 级储量 4180 万吨，其中 B 级 925 万吨，C_1 级 2180 万吨，C_2 级 1073 万吨，表外矿石储量 336 万吨，氧化矿石储量 72 万吨。

1972 年，首钢地质队对东山地区开展地质工作，并提交《河北省迁安县杏山铁矿区东山地质工作评价报告》，获得储量 348 万吨。

1973～1984 年，首钢院普查队对杏山铁矿床深部进行地质勘查，并由高云凤主笔，提交《河北迁安铁矿区杏山铁矿床深部找矿评价总结报告》，获得储量 9294 万吨。

2003 年，首钢地勘院对杏山铁矿床进行补充地质勘查，并提交《河北迁安铁矿区杏山铁矿补充勘探报告》。此次勘探新增储量 83 万吨。

三十四、河北迁安市孟家沟铁矿

（一）矿床基本情况

该矿区位于河北省迁安市西北部约 20km，属马兰庄镇管辖。其地理坐标：东经 118°32′30″～118°33′45″，北纬 40°05′56″～40°07′41″。矿区交通便利。公路在矿床东 1.75km，为沥青路面。向西经迁西、遵化、蓟县、三河直达北京；向南经野鸡坨可达滦县。另外向南经杨店子向东可达迁安市区。

矿床内出露的地层属前震旦系水厂组第三段（ArS^3）上部地层（据河北地质局第五地质大队划分），主要是黑云母、紫苏辉石、奥长石斜长石片麻岩，夹磁铁石英岩，由于受不同程度的混合岩化作用，而形成了各种混合岩。岩层产状，走向一般在 36°～62°，倾向 NW，倾角一般在 15°～70°，局部走向近 EW，倾向 SSE，可能受构造影响所致。

震旦系地层分布于矿床的西北侧，角度不整合于前震旦系地层之上，属长城系黄崖关组。岩性自下而上为变灰碎屑岩、含铁砾岩、长石石英砂岩、长石砂岩等，构成矿床西北侧陡峻高山。南东侧陡峻，北西侧较缓。岩层产状，走向 40°～55°，倾向 NW，倾角 29°～41°。

第四系以沉积、残积为主，次为沟谷中的冲积层，并有少量的砂状黄土。

孟家沟铁矿床内出露的地层除西部长城系和东侧沟谷中的第四系外，主要出露的是太古界迁西群变质岩系。具体岩性由老至新为黑云斜长角闪层、角闪辉石斜长片麻岩层、下紫苏黑云斜长变粒岩层、下部矿层、黑云二辉斜长片麻岩层、上紫苏黑云变粒岩层、上部矿层、紫苏黑云变粒岩层、黑云变粒岩层。上覆第四系。

孟家沟铁矿床南段混合岩化作用普遍，但不均匀，其混合岩化程度一般属于中-高级。

孟家沟铁矿床矿体主体构造为一平缓开阔的向斜构造。东侧被断裂破坏，西侧又被上覆的长城系不整合面所截而不完整。中部被 NW 向的 F_{12} 断层、南端被 F_9、F_0 等东西向的断裂分割成几个断块。

该向斜全长 2500m，幅宽为 400～600m；走向 45°～50°，轴面向 NW 倾，倾角 80°～85°；向斜北西翼倾向 SE，倾角 50°～60°。但南东翼被断裂构造所破坏，与主体部分连续性较差，常形成一些断块。向斜枢纽向 SW 倾伏，倾伏角 N1300 线至 0 线为 7°，0～S600 线为 3°，S600～S800 线为 28°，南段（S800～S1200 线）为 10°。

该向斜南端与北屯复向斜接壤处有一个东西走向横跨褶皱——火石岭背斜。该背斜叠加在平缓的向斜之上。背斜位置处在 F_0 和 F_{32} 断层之间，其核部表现为向西突出的构造鼻，呈外倾转折，使 NE 向构造线和地层呈"S"形扭曲，构造线理产状比较零乱。该背斜使 10 号矿体抬高，并使孟家沟 2 号矿体向西偏转。

孟家沟铁矿床南段和其北段（N1300~S800 线）一样，断裂构造发育、复杂。按方向及生成顺序可分成三个系统：NE20°~50°、EW270°~280°、NW342°。

脉岩只有伟晶岩脉及石英脉，这两种岩脉数量少，规模不大，主要穿插在各类变质岩石中，对矿体无任何影响。

该区构造岩有压碎状混合花岗岩和断层角砾岩、碎裂岩。

矿石中金属矿物以磁铁矿为主，假象赤铁矿次之。脉石矿物以石英、透辉石、紫苏辉石为主，角闪石、黑云母、碳酸盐类矿物次之。副矿物有磷灰石、锆石，次生矿物有褐铁矿、黑云母、次闪石、绿泥石、皂石及滑石等。另外还有黄铁矿、黄铜矿及磁黄铁矿等硫化物。

矿石的结构主要有三种：（1）他形粒状变晶结构；（2）海绵陨铁结构；（3）筛状嵌晶结构。

次要的结构有：交代残余结构、闪烁结构、自形-半自形结构。矿石的构造按暗色矿物和浅色矿物组成的黑白相间的条带宽度和连续性划分。

（二）矿床勘查史

前期主要是河北地质局在此进行地质普查，对孟家沟 1 号、2 号矿体进行了初步评价；又于 1964 年继续对矿床进行评价，提交铁矿储量 3332 万吨。

原首钢地质勘探公司于 1971 年进入该区开展地质勘探工作，全区的勘探工作可分为四个阶段：

（1）第一阶段：1972~1974 年。1973 年 6 月提交了孟家沟 1 号、2 号矿体的地质勘探报告，获得 B+C+D 级铁矿储量 2185 万吨。1974 年 6 月提交了孟家沟主矿体北部（N1300~S400 线）地质勘探中间报告，获得铁矿储量 11483 万吨。

（2）第二阶段：1975~1976 年。对孟家沟主矿体北部（N1300~S400 线）进行了补充勘探，以期达到查清主矿体及提交最终总结报告的目的，但因唐山大地震的影响而中止。此次补充勘探工作新增铁矿储量 5900 万吨。至此，孟家沟铁矿床主矿体铁矿储量达到 17383 万吨。

（3）第三阶段：1978 年。此次地质勘探工作是在第二阶段工作基础上进行的，可以说是第二阶段工作的继续，其勘探工作的重点是查清主矿体的关键部位（S400~S1200 线），以提交最终报告。此次勘探工作于 1979 年 3 月提交勘探总结报告，在 N1300~S1200 线间，获得 B+C+D 级平衡表内外铁矿储量 26072 万吨。冶金部储委于 1982 年对该报告进行审查，认为 S800~S1200 线间勘探工程质量存在问题。但 1984 年下文批准的储量为 26035 万吨（仍包括了原孟南 1807 万吨）。

（4）第四阶段：1988~1989 年。孟家沟铁矿床主矿体虽经三个阶段的勘探工作，但对矿床的整体控制仍然是不完整的，特别是矿床的南部控制的更差，还不能满足此次详查工作，于 1990 年 4 月提交详查报告，获得 S800~S1200 线间 C+D 级表内外铁矿储量 1654 万吨。

1990 年 4 月，首钢地质勘查院综合地质调查队提交《河北省迁安铁矿区孟家沟铁矿床南段地质详查报告》，队长为赵宪敏，编者为许景昌、陈占泉、李振。此次投入岩芯钻探 6603.25m（14 个孔），在充分研究和利用上期地质勘探成果的基础上，提交的这份报告对孟家沟铁矿床西南端边界给予了圈算，完善了对矿床南段的控制。

这次在矿床南段获表内外磁、赤铁矿石 C+D 级储量 1654 万吨，SFe 平均 26.62%。另获极贫矿石 C+D 级储量 212 万吨，SFe 平均 18.39%；此次详查工作后孟南矿段储量较前期 1807 万吨的储量减少了 153 万吨。

至此，孟家沟全矿床平衡表内外磁、赤铁矿石 B+C+D 级总储量为 25882 万吨，SFe 平均 25.85%。

三十五、河北迁安市水厂铁矿

（一）矿床基本情况

水厂铁矿中心地理坐标为东经 118°33′00″，北纬 40°07′30″，隶属河北省迁安市马兰庄镇管辖，是首都钢铁集团主要的铁矿原料基地。矿区位于迁安市城区西北约 15km，东南距（北）京—哈（哈尔滨）铁路线卑家店站 48km，有矿山专用铁路相通。矿体分布于低山丘陵区。

区域大地构造位置在华北地台燕辽沉降带中部，相当于马兰峪—山海关复式背斜及兴隆复式向斜、蓟县复式向斜的部分地区，属天山—阴山纬向构造体系东段南亚带与华夏构造体系复合部位。区域地层出露较全，太古界、元古界分布最广，是我国最古老的变质岩区，次者为中生界侏罗系。

矿区位于燕山台褶带马兰峪复式背斜遵化穹褶束东北迁安隆起西北部。矿区出露地层为太古界迁西岩群，中元古界长城系常州沟组，中生界侏罗系后城组，新生界第四系。变质岩系与上覆地层均呈角度不整合接触。含铁变质建造为紫苏黑云变粒岩—二辉麻粒岩—磁铁石英岩建造，紫苏黑云斜长变粒岩夹二辉麻粒岩、次透辉石岩建造。

矿区位于迁安隆起西缘水厂—磨石庵复式向形构造中东部，为由"两向一背"次级褶皱组成的"W"形复式向斜，北起侯台子，南至水厂矿尾矿库坝南端，全长约 4km，总体走向北东 45°~50°，轴面倾向北西，倾角 60°。两翼不对称，北西翼陡，东南翼缓，向南西倾伏，倾伏角 12°~15°。

区内仅见规模不等的基性岩脉沿断裂构造带分布，岩性主要为橄榄辉绿岩、辉长岩，其次为辉石闪长岩、辉绿玢岩。其产状、规模受断裂构造控制，常交切矿体。

矿体赋存于南、北两个向斜之中，均北东端翘起，翘起端部矿体基本上呈似层状或透镜状，厚 20~200m，向斜核部和转折端处，矿体加厚，两翼变薄甚至拉断，变化较大，共有 4 个大矿体，即北山、南山、小西山、落洼矿体，其中北山、南山矿体为主矿体。

其中北山矿体，规模最大。北起侯台子南至小西山一带，全长 2600m。矿体严格受北山向斜的控制，由上下主矿层和零星的小矿体组成。矿体受向斜底部枢纽倾伏控制，北东端仰起，向南西倾伏，倾伏角 20°。矿体走向北东 40°~50°，倾向北西，倾角两翼陡而轴部缓，北西翼 70°~80°，南东翼 50°~60°。上主矿层组成向斜核部，全长 2200m，平均厚 150m，最厚处达 500m；下主矿层组成向斜两翼，全长 2600m，北西翼平均厚 30m，南东翼 65m。

迁安水厂铁矿区地质图如图 5-56 所示。迁安水厂铁矿区地质剖面图如图 5-57 所示。

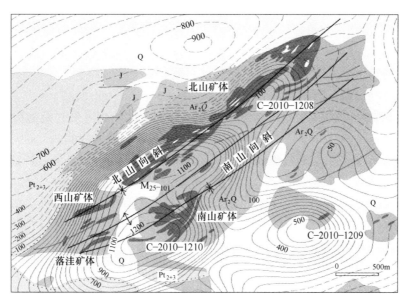

图 5-56 迁安水厂铁矿区地质图

Q—第四系；J—侏罗系后城组；Pt_{2+3}—中、上元古界；Ar_2Q—迁西岩群；M_{25-101}—航磁异常编号

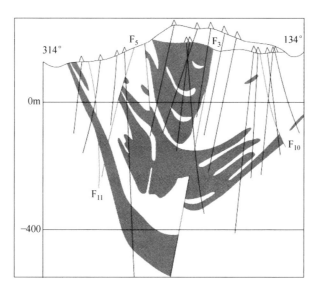

图 5-57 迁安水厂铁矿区地质剖面图

矿石结构主要有他形粒状变晶结构、自形-半自形粒状结构、筛状嵌晶结构、交代残留结构。矿石构造有条纹状、条带状、片麻状、块状等，不同方向褶皱构造的叠加，还可以出现条带构造的环形体。

水厂铁矿床为沉积变质型铁矿床。成矿经历了原生成矿期和区域变质作用 2 个阶段。

（二）矿床勘查史

1964~1965年，河北省地质局在该矿床进行勘探及补充勘探工作。

1967年，冶金部首都钢铁公司在该区开展基建勘探。施工钻探10孔，1154.38m；泥矿体重2个。工作查明了地表红矿石的分布。计算红黏土储量583486t，为水洗车间规模提供了依据。经首钢公司审查认为：矿石储量升级，增加B级矿量为赤铁石英岩88.5万吨，磁铁石英岩1029.5万吨。

1978年，首钢地质勘探公司金世翔、刘振亚等人针对矿床开展二期地质勘探，投入主要工作量：钻探88333.23m（共239孔）工作查明矿体赋存于南北两个向斜之中，呈似层状或透镜状。矿石自然类型有磁铁石英岩、辉石磁铁石英岩、磁铁辉石岩、赤铁石英岩4种。探获B+C级铁矿石储量64224.9万吨，D级6652.6万吨，铁平均品位26.71%。

1980~1982年，首钢地质勘探公司第一勘探队对落洼矿体进行基建勘探。1982年5月提交《首钢迁安铁矿区水厂铁矿床落洼矿体补充基建勘探报告》，完成钻探2718m。这次储量计算范围从0~20线之间，从地表0~-160m标高。可获得表内外矿石量B+C_1+C_2级4212万吨及极贫矿石373.4万吨。队长：姜润田；技术负责：卢浩钊；编写者：柳润丰。

1987年，首钢地质勘探公司地质普查大队丛树本等人针对姑子山矿段进行地质勘查，投入钻探22906.44m（40孔）。工作查明：主要出露地层为迁西群，矿体多为盲矿体，延深有限，并有多层矿组成，划分为6个小矿体，矿石矿物以磁铁矿、假象赤铁矿为主，表内外矿段硫化铁平均品位为26.53%。此次工作探获表内外铁矿石量17169万吨。

1988年，首钢地质勘探公司地质普查队侯宝森、陈振泉、李珍等人对达峪沟矿体深部进行地质详查，并提交《河北省迁安铁矿区水厂铁矿床达峪沟矿体深部地质详查报告》，投入钻探2321.63m（3个孔）。此次详查使姑子山地段和水厂北山的含矿层位统一起来，使F_3之北西盘从北到南在全矿床内通贯一体，为研究探索F_3之南东盘打下了基础。此次计算新增储量10168.7万吨。

三十六、河北迁安市耗子沟铁矿

（一）矿床基本情况

耗子沟铁矿床位于河北省迁安市木厂口镇松汀村—耗子沟村之间，北邻大石河铁矿选矿车间，南至松汀村，西起大石河选矿车间—杏山铁路，东到卑杨公路，面积为1.7km²，隶属迁安县店子镇和木厂口乡管辖，其地理坐标为东经118°32′40″~118°33′34″，北纬39°57′56″~39°58′38″。矿区公路和铁路均较便利。

迁安铁矿区位于华北地台北缘燕山沉降带中部马兰峪—山海关复式背斜之迁安隆起的西部边缘褶皱带中。

冀东地区地层出露较全。太古界、元古界地层分布最广。迁安隆起平面呈卵形，主轴方向为近南北向，可分为陆核及边缘褶皱带，迁安铁矿区位于隆起西侧的边缘褶皱带中。区域出露广泛的是太古界三屯营组变质岩系，西部高山地带分布有中上元古界长城系地层，北部及中部有侏罗系后城组砾岩分布，第四系则广泛分布于平地及沟谷中。褶皱为大石河—耗子沟—塔山复式向斜。断裂构造以 NE、EW、NNE、SN 及 NW 向断裂。

矿区出露的地层主要为太古界迁西群三屯营组变质岩系及第四系。岩性主要由黑云变粒岩、黑云浅粒岩、透辉角闪变粒岩等。矿床受"大石河—耗子沟—塔山向斜"中的耗子沟向斜控制，其主体为一倒转复式向斜构造。经钻探证实，发现 F_0、F_1 断裂构造。其中 F_0 构造位于矿床中部，所处位置全为第四系，断裂走向 70°，倾向南东，倾角 75°，为一平移逆断层。

主矿体北起 N650 线，向南过 S500 线。大部分矿体出露地表，少部分为盲矿体。其中主要矿体 II 1 矿体，总体呈大透镜状、板状体，在 S100～S500 线之间有分支复合现象，矿体被 F_0 断裂切割成南北两部分。矿体全长大于 1200m，平均厚度为 10.17m，倾向上延深最大为 500m，赋存标高在 186m 标高以上。

矿石结构较简单，主要为粒状变晶结构，次要结构有似海绵陨铁结构、糜棱结构和缝合线结构等。矿石构造主要由块状构造、片麻状构造、条带状构造及条纹构造和细条纹状构造。

（二）矿床勘查史

1958 年，河北省地质局在该矿区做了少量地表地质工作。

1960 年，首钢地质勘查院的前身首钢地质勘探队首次投入地质勘探工作，提交了《迁安铁矿区耗子沟及塔山地段地质勘探总结报告》，获得 $B+C_1+C_2$ 级储量 2824 万吨。1961 年，补充了部分地质工作，提交了《迁安铁矿区耗子沟铁矿床详查地质报告》，获 C_2 级矿石储量 2409 万吨，地质储量 870 万吨。

1970 年，冶金部首钢公司地勘队对矿区再次进行了地质勘探，以 100m×100m 的网度布设钻孔，并于 1970 年年末提交了《河北省迁安铁矿区耗子沟铁矿床地质勘探总结报告》，获得工业储量：表内 894 万吨，表外 6 万吨，地质储量 227 万吨。

进入 20 世纪 70 年代以后，生产单位、各地质院校及科研单位对该矿床进行研究，取得了丰硕的地质成果。

1989～1992 年，首钢地质勘查院综合地质调查队陈志敏、许景昌、杜润峰、陈振泉、李凤月、谢梅新及马春台等人针对该矿床开展了地质勘探，投入钻探工程 8791.67m（46 个孔），提交了《河北省迁安铁矿区耗子沟铁矿床勘探地质报告》。通过此次工作，查明了耗子沟铁矿床地层层序及褶皱构造形态，基本查明了断裂构造及其对矿床的破坏程度，查明了矿床内矿体规模、形态、产状及矿石质量情况和矿床水文地质条件。获得 B+C+D 级表内外磁、赤铁矿石储量 1787.83 万吨，其中表内磁、赤铁矿石储量 1140.88 万吨，B+C 级表内矿石储量 738.98 万吨，占表内矿石总量的 64.8%。

三十七、河北迁安市羊崖山铁矿

（一）矿床基本情况

该矿床行政区隶属河北省迁安市马兰庄镇管辖，其地理坐标为东经 118°35′，北纬 40°39′。矿区交通方便，公路都为沥青路面，向西经过迁西、遵化、三河等县直达北京，向东经野鸡坨可达滦县城和迁安县城，向南经沙河驿直达唐山市。铁路有水厂至卑家店的首钢矿区专用线，分别在卑家店站和沙河驿站与京山线、通坨线相接。

羊崖山铁矿床位于迁安铁矿区宫店子—二马矿带的中部，东北端与前裴庄铁矿床相接，西侧与柳河峪铁矿床红石崖地段、大杨庄铁矿床北山矿体相邻，西南端与二马铁矿床接壤。

区内大部分为太古界水厂组变质岩及岩脉地层，构造属昌黎台凸西部边缘，第四系黄土少量。

矿床赋存在古老的深变质岩区，属迁西群三屯营组二段地层中；混合岩化作用普遍强烈，主要岩石为紫苏混合片麻岩。

矿体主要为磁铁石英岩，共计 5 个矿体，走向 30°~50°、北西倾，倾角 40°~70°，形态复杂，厚度变化大，磁铁矿品位 28.57%。

矿床长 2000m，主要矿石是磁铁石英岩，主要矿物为磁铁矿，铁平均品位 26.40%，有害元素磷、硫很低，二氧化硅虽高，但易分离。区内断裂构造较发育，对矿床有一定影响。矿床成因类型属火山-沉积变质铁矿床。

（二）矿床勘查史

1970~1971 年，首都钢铁公司地质勘探队对矿厂开展了勘查评价工作，完成钻探 49 孔 7896.66m。1971 年 11 月，提交《河北省迁安县迁安铁矿区羊崖山铁矿床地质勘探报告》，全区工业储量 B 级 1803.31 万吨，地质储量 C 级 844.52 万吨，B+C 级 2647.84 万吨。

1980~1981 年，首钢地质勘探公司窦鸿泉、禚成方、谢坤一、卢浩钊、刘振亚、丛树本等人对羊崖山铁矿床进行二期勘探工作。完成工作量：1：2000 地质测量 3.1km²，钻探 25444.44m，槽探 5500m³。1982 年 6 月，提交《河北首钢迁安铁矿区羊崖山铁矿床二期地质勘探总结报告》，全矿床区获得表内外磁铁矿石量为 5975 万吨，其中 B 级为 737 万吨、C₁ 级 3026 万吨、C₂ 级为 2212 万吨，同时还获得极贫矿 344 万吨。

三十八、河北迁安市磨盘山铁矿

（一）矿床基本情况

磨盘山铁矿位于河北省迁安市彭店子乡。地理坐标东经 118°49′21″，北纬 39°57′15″。矿区距迁安市区 18km，离卢龙县城 5km，和棒槌山铁矿相距 4km。公路、铁路均在矿区附近通过，交通便利。

区域地层主要由一套深变质和混合岩化作用的前震旦系及震旦系、寒武系、奥陶系、侏罗系、第三系、第四系等组成。区域构造主要为东西向、北北东、南北向三组构造体系。其中在东西向构造带中，火成活动频繁，从超基性-基性-酸性皆有出露，对该区铜铅锌金等矿产的生成创造了有利条件。区内火成活动频繁，超基性-基性-酸性岩体均有。除长城北的肖营子和五道沟有较大的岩体群外，在长城以南均无较大岩体出露。

区内出露地层仅见前震旦系三屯营组一段，岩性主要为黑云角闪斜长片麻岩夹磁铁石英岩。由于强烈的混合岩化及花岗岩化作用，使变质岩呈残留体、扁豆体残存于混合岩、混合花岗岩中。

该区经受了多次构造运动，加上次级褶皱构造很发育，致使该区构造形迹复杂化。断裂构造发育。区内有3个向斜和2个背斜，复式褶皱轴向已转为北北东向。区内断裂成组出现，主要可见3组断裂，其中第1组断裂走向为北西—北西西向，北东或南西倾，倾角70°，少数较缓，局部可见有断层擦痕和角砾。区内脉岩比较发育，主要可分为角闪正长斑岩脉、红色伟晶岩脉、闪斜煌斑岩脉、闪长玢岩等。

矿区地层有前震旦系三屯营组一段上部和第四系，主要岩性为斜长片麻岩类及角闪岩类。矿区构造特征受区域地质构造所制约，在具体形态与规模方面，又完全决定了矿体的地质构造特点。矿区内可见有平行的紧密倒转复式向斜，两个向斜之间为一开阔的背斜，轴部位于西沟附近。其共同的特点是，褶皱轴面走向近北东20°，向北西倾斜，倾角60°~80°。断裂构造以F_1断层规模较大，横切矿体，其他断层多分布于矿体外侧，规模较小。

矿区共有15个工业矿体，其中东部向斜内有9个矿体，是该矿床主要矿体分布密集地段，西部向斜有3个矿体，核部和两翼共有3个矿体。其中东部向斜矿带长1500m，最宽达144m。内部Ⅰ号矿体控制长度1400m，推断长度1500m，一般宽度80m，最大宽度144m。一般延深200~300m，最大延深400m。矿体形态为倒转紧密复式向斜，并由两向一背组成，向南倾伏，倾伏角20°。

矿石矿物为中细粒变晶结构，以条带、条纹状构造为主，有少量片麻状构造。

（二）矿床勘查史

1958年，"大炼钢铁"期间，首钢地质队曾在此地开展过铁矿普查找矿工作，配合有少量的轻型山地工程。

1959~1960年，唐山地质综合大队普查队做过地表地质工作，提交过普查简报。

1972年，物探公司做过地面磁测。

1973年，首钢地质队四分队进行地表评价，并编制了普查评价设计。

1974~1975年，冶金部第一地质勘探队二分队于年有、黄世乾、张俊明、杨超群、王兴运、智永久、肖朝会、晏汝逊等人对磨盘山铁矿床进行地质勘探，投入钻探22695.25m（65个孔），并提交了《河北省迁安县磨盘山铁矿床地质勘探总结报告书》。获得铁矿石B+C+D级储量6012万吨，其中B级687万吨、C级3826万吨。表外铁矿储量406万吨。

三十九、河北迁安市王家湾铁矿

（一）矿床基本情况

王家湾铁矿区位于河北迁安铁矿区大石河铁矿选矿厂的西北方向，约8.5km，王家湾村正北约1km，交通较方便。王家湾铁矿床地理坐标为东经118°30′30″，北纬40°02′00″。

迁安铁矿区内主要分布的地层为太古界迁西群三屯营组，其下部为上川组，上部为上元古界震旦系所覆盖，新生界第三系则零星分布。矿区内太古界含矿变质岩系，是以一套黑云斜长片麻岩为主，夹有角闪石和紫苏辉石的各种片麻岩及紫苏麻粒岩，其中有磁铁石英岩和辉石磁铁石英岩。混合岩化作用强烈，它一般严格受原变质岩成分的控制。

迁安铁矿区的大地构造位置，处于燕山沉降带中的山海关台凸与蓟县凹陷的过渡地带。从地质力学观点看，该区位于阴山巨型纬向构造带东端的南缘，并与新华夏系第二沉降带的复合部位。

该区基底构造，应属于山海关台凸中的迁安隆起的西缘，其形态为一向西突出的弧形构造带。这个弧形构造带实际上是个复杂的褶皱带，在矿区北部分为东、西两个矿带，它是由两个平行的复式向斜和一个复式背斜所组成的"W"形复向斜带，在矿区南部也是个复杂的褶皱带。

王家湾矿床则处于向西突出的弧形构造带的顶端及南北褶皱带的交界部位。

矿区除受褶皱的控制外，还受 NE 及 EW 向的断裂控制，还有 SN、NW、NEE 向等构造的互相叠加影响，它们也影响着迁安铁矿的赋存规律。

该矿床出露地层为震旦系下震旦统常州沟组褐紫色及黄褐色长石砂岩及长石石英砂岩。前震旦系迁西群三屯营组二段地层。

矿床早期构造主要是褶皱构造。比较简单，不甚发育。晚期构造主要为断裂构造。断裂构造以 NE 及近 EW 向两组为主。后期断裂构造尚属简单，两条走向断层斜切，顺劈矿体，并都被橄榄辉绿岩脉所充填，横向断层切割矿体。

该矿床的含矿岩系由一套黑云斜长片麻岩、辉石斜长片麻岩及斜长角闪岩夹有磁铁石英岩等组成。按其空间赋存部位及相互关系，共分为 6 个矿体，其编号分别为 Ⅰ、Ⅱ、Ⅲ、Ⅳ、Ⅴ、Ⅵ号矿体。其中以 Ⅰ 号矿体为主，占储量的 68%。

分布于 S100~N900 线间，全长 1100m，走向 NE40°，倾向 NW，倾角 50°~75°。矿体厚度最大 60m，一般多在 30m，地表出露宽度最大达 70m。倾向上最大延深为 220m，最小延深为 4m，大部分为 120m 左右。矿体最低点标高+50m，而绝大部分都在标高+100m以上。

该矿床各矿体顶底板围岩为受混合岩化作用的前震旦系变质岩质片麻岩类。

该矿床矿石的矿物成分简单，其主要矿物为磁铁矿、石英、少量辉石、角闪石、黑云母等，局部地段出现赤铁矿。品位稳定，全矿床硫化铁品位为 27.08%（不含极贫矿）。

（二）矿床勘查史

该矿床曾于 1960 年进行地质与物探普查评价，认为可以勘探，又于 11 月底完成该矿床的找矿勘探设计，由于当时施工力量的限制，没有投入勘探工作。

1962 年 4 月，经石钢矿山技术处复审认为：王家湾矿床工作程度达不到勘探设计的技术要求，所获储量应为 C_2 级，经核实后的储量为 3567.3 万吨。

1974~1975 年，首钢地质勘探公司窦鸿泉、禚成方、谢坤一、方继伟、丛树木等人对王家湾铁矿床进行地质勘探工作，完成钻探 43 个孔 9018.68m。1980 年 7 月提交《河北首钢迁安铁矿区王家湾铁矿床地质勘探总结报告》，经首钢地勘公司审查：本次共获得B+C_1+C_2级表内外储量为 1237 万吨，另外尚获得极贫矿 201.8 万吨。

四十、河北宣化区庞家堡铁矿

（一）矿床基本情况

庞家堡铁矿属张家口市宣化区，矿区包括下仓、田家窑坝口及庞家堡。根据 1954 年

的天文测量，在矿区东端陈家窑村卧虎山上天文点：东经 115°31′45.38″，北纬
40°40′4.72″。庞家堡至宣化间有铁路和公路相通，交通便利。

矿区大地构造位于华北陆块中元古代—中三叠世燕山—辽西裂谷带宣化—易县盆地宣
龙复式向斜中部。

矿区长城系地层出露齐全，从老到新自左到右分布，地层总体产状为 130°~
160°∠4°~27°，总厚度达 1510m。矿区构造发育，以断裂为主。断裂构造对矿体有破坏作
用，常错断矿体。岩浆活动较为强烈，岩浆岩类型为酸性和中基性岩石，为燕山期产物。

矿区地层呈单斜产出，构成区域褶皱一翼。中元古代长城系地层走向北东 50°，倾向
南东，倾角 25°~35°，向南东倾角变缓。西端受花岗岩侵入和断层影响，局部地层和矿层
的走向、倾向变化较大。矿区西部构造简单，东部断裂较发育，全区共 71 条断层，多为
正断层，走向南北至北北东向，断距一般为 20~40m，对矿层破坏性较大。

区内岩浆岩以花岗岩类、花岗斑岩、长石斑岩及伟晶花岗岩脉为主。矿区西端有花家
梁花岗岩，走向北西，长约 5km，宽约 3km。13 线附近见红色粗粒花岗岩露头，东部分
布有燕山期花岗斑岩、正长斑岩脉，辉绿岩、煌斑岩中基性浅成岩脉也有分布。岩浆岩热
变质作用使部分赤铁矿被改造为磁铁矿。

庞家堡铁矿区地质略图如图 5-58 所示。

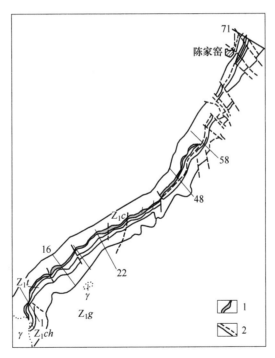

图 5-58 庞家堡铁矿区地质略图

Z_1g—高于庄组白云岩；Z_1t—团山子组白云岩；Z_1ch—串岭沟组砂页岩；Z_1c—常州沟组石英岩；γ—燕山期花岗岩；
1—矿体；2—实测与推测断层

含铁矿带赋存于长城系串岭沟组下部砂页岩中，由矿上砂页岩系，含铁矿层及矿下砂
页岩系构成，贯穿全区，延长 12.5km，沿倾向宽 2000m，厚 20~25m，其中含铁矿层 5~

7m。矿化带有共 5 层铁矿，自上而下铁矿号为层 0、Ⅰ、Ⅱ、Ⅲ、Ⅳ，其中Ⅰ、Ⅱ、Ⅲ矿层连续稳定，合计厚度 6.33m，是主要矿层。矿层走向北东 60°左右，倾向南东，倾角 25°～35°，与地层产状一致，向南倾角变缓。矿体呈层状、似层状产出。

矿石金属矿物以赤铁矿为主，其次是磁铁矿、菱铁矿、镜铁矿和褐铁矿，脉石矿物有石英、长石、阳起石、鲕绿泥石、金红石、磷灰石等。

矿石结构以他形粒状结构为主，另有自形或半自形粒状结构。鲕粒的核心多是结晶较好的菱铁矿，胶结物则是他形铁质碎粒。矿石构造有鲕状、肾状、块状、豆状、角砾状。鲕状赤铁矿的核心为石英，极少数为长石，胶结物为碳酸盐类矿物，多见于矿带上部。肾状赤铁矿也有石英圆粒充填，见于矿带底部，矿带中部上述两种构造均有，且以鲕状构造为主。受后期岩浆热液作用影响形成的磁铁矿为块状构造。

（二）矿床勘查史

该矿床 1911 年由当地农民发现露头，1914 年瑞典人 T. G. Andersson 和北洋政府新常富、郑宝善等人对该区开展地质勘查工作，计算"确实可采"矿量为 1486.3 万吨，"大概可采"矿量 5756.1 万吨。

1934～1944 年，日本持续在该区开展地质工作，1939 年日伪满铁调查部对矿区中部进行"精查"。但获得的资料多缺乏实际根据，精确度不高。

1952～1956 年，地质勘探局联合当时重工业部钢铁工业管理局派王日伦、陈晋镳、范金台、姜洙祺对矿区开始钻探，至 1954 年转入详细勘探，于 1956 年 7 月完成。最终提交《庞家堡铁矿最后地质勘探报告（1953～1956 年)》，报告编写人为曹国权、王赞化、金一萍、贺伟建。此次工作岩心钻探 64830m，提交矿石 A_2+B+C_1 级储量 9439.80 万吨。

四十一、河北宣化区四方台铁矿

（一）矿床基本情况

矿区位于宣化城区中心西北 5km 处，隶属宣化区春光乡管辖。具体位置位于王河湾村南。

京包铁路支线宣化站—宣化化工厂线斜穿矿区东北角，县道 410 线崇礼—宣化公路也自矿区东北角通过，矿区有简易公路与县道相连，距离 2km，交通十分方便。

该区大地构造位置位于中朝准地台（I_2）燕山沉陷带（II_2^3）冀西陷褶断束（III_2^3）宣龙复向斜（IV_2^6）中部。

矿区内出露地层主要有震旦亚界长城系常州沟组的砂页岩、石英岩段，串岭沟组的页岩段（矿层即产于该组地层），大红峪组的硅质灰岩段及钙质砂岩段，高于庄组的灰岩段，中生界白垩系宣化砾岩及新生界第四系。另外矿区的北部零星出露太古界桑干群变质岩。

矿区位于宣龙复向斜中部的崇礼凸起与宣后向斜的结合部，区内构造简单，主要表现为单斜构造和断层。地层总体走向 290°～320°，倾向 SW，倾角 45°～78°，局部层位倒转，倾向 NE。该单斜构造延伸长，产状稳定，控制了矿层的空间位置和展布方式，是该区的控矿构造。

矿区内断层、裂隙发育，主要有两组。其中 NW—SE 向的断层有 F_0、F_1、F_2 断层，它们规模大且对矿体的破坏作用强。NE—SW 的断层主要为 F_3 断层。另外尚有与 F_3 近于平行的一系列裂隙或断距很小的断层，它们规模小，对矿体的破坏作用弱。

区内未见岩浆岩出露。

四方台铁矿为"宣龙式"沉积赤铁矿，其赋存于长城系的串岭沟组地层内，呈层状产出。矿体（未分层）赋存情况如图 5-59 所示。

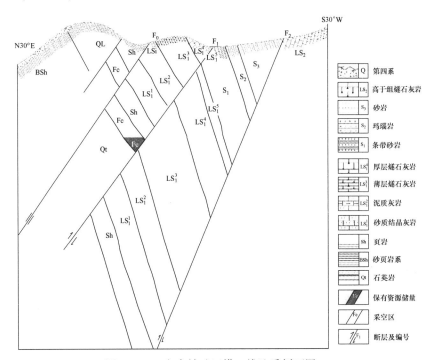

图 5-59　四方台铁矿区横 1 线地质剖面图

四方台铁矿由Ⅰ、Ⅱ、Ⅲ、Ⅳ号四个矿体组成，其中以Ⅰ号矿体厚度大，产状稳定，为该区的主要矿体。Ⅱ、Ⅲ号呈层状产出，Ⅳ号矿体呈似层状产出，极不稳定。

Ⅰ号矿体分布于横 0 线至横 4 线，大部分被第四系所覆盖，矿区范围内断续出露长1600 余米，矿体在横 4 线至横 0 线之间倾向在 198°~239° 变化，倾角在 50°~63° 变化。矿体平均真厚度 1.96m，矿石平均品位 TFe 52.81%。

（二）矿床勘查史

日伪时期，曾在小西山区（黑山沟—柳川河间）进行了掠夺式的开采，开采坑道长约 300m，斜深约 30m，地质资料不详。

1958 年，大炼钢铁期间，河北省冶金工业局地质勘探公司 516 勘探队（中国冶金地质勘查工程总局一局 516 队前身）在柳川河以西开展了勘查工作。于 1959 年 4 月由李景昌、刘长令、刘志敏提交了《河北省宣化镇四方台铁矿最终地质勘探报告》，共获得 C_1 级矿石量 136.5 万吨，C_2 级矿石量 390.2 万吨。

1959 年 10 月，冶金部华北冶金地质勘探公司指示 516 队对四方台铁矿加密工程、探求高级储量。516 队于 1959 年 11 月~1960 年 5 月开展了勘查工作，主要参与人为李景昌、刘长令、刘志敏。于 1960 年 6 月提交《河北省宣化四方台铁矿区地质勘探补充报告》。求得 B 级矿石量 59.7 万吨，C_1 级矿石量 78.0 万吨，C_2 级矿石量 17.8 万吨（原补充报告中储量计算深部边界线为 650m 标高）。1963 年 11 月，华北冶金地质勘探公司以《华北冶金地质勘探公司地质报告审批书（第 5 号）》批准 B 级 59.7 万吨，C_1 级 78.0 万吨，C_2 级 17.8 万吨。其中横 0~4 线储量：B 级矿石量 59.7 万吨，C_1 级矿石量 31.7 万吨（650m 标高之上）。

四十二、河北龙关县辛窑铁矿

（一）矿床基本情况

辛窑铁矿位于东经 115°27′51″，北纬 40°38′21″，在行政位置上隶属于河北省龙关县管辖，位于龙关县城东北 8km，为庞家堡铁矿段家沟—三岔口间的一段。

区域地层主要是古老的前震旦系结晶片麻岩和分布在宣龙大向斜两翼的含铁矿的震旦系石灰岩、石英岩、砂岩及页岩，其次为分布在大向斜中部的中生界砾岩、煤系和火山岩系与第四系沉积物，局部还有寒武系地层以飞来峰形式，逆掩于中生代地层之上。"宣龙式"铁矿沉积于震旦系底部，属海进层序，其上为页岩及石灰岩，其下为石英岩。结晶片麻岩系分布于宣化城以北，向东经庞家堡矿区至龙关、赤城呈一狭长地带。在赤城以东则为中生界地层所盖。

宣龙区的岩浆活动，除中生代喷出岩相外，还有两期花岗岩，一期称红色粗粒花岗岩，二期称灰色黑云母花岗岩。

区域构造受震旦系古地理影响，为一近东西向的宣龙大向斜，大向斜两翼受燕山运动的影响形成第二级褶皱，同时产生一些断裂，使两翼复杂化。

该矿区地层主要由前震旦系片麻岩系与震旦系及第四系现代堆积物组成。该区位于第一级褶皱：燕山准地槽的北翼，口北地障的南端由于受第二级构造干扰与破坏的影响，地层倾角变化较大，但向深部延伸，倾角则逐渐平缓。

矿床为"宣龙式"浅海沉积铁矿，赋存于震旦系下部，长城群石英岩与大红峪组石英岩之间，相当于串岭沟组页岩的下部层位，矿层顶板为砂质页岩，底板为石英岩。该区含矿层层位稳定，厚度多在 2.5~3m，其中矿层厚度质量变化较大，同时矿层分散，夹石较多。

矿石质量沿走向倾向变化均较大，矿石以赤铁矿为主，还有少量的菱铁矿。矿石结构一般为鲕状，大豆粒状，肾状。矿石品位一般不高，平均 36%，同时有害组分含量很低。经过 1957 年勘探，共提交 A_2+B+C_1 级平衡表内矿石储量共计 2691.5 万吨。

（二）矿床勘查史

1949 年前，该矿区经历了少量的调查研究，包括日本曾开展过调查研究，提交相关报告，提交矿石储量 2719 万吨，品位 52.24%。

1954 年 1 月，地质部 221 地质队梁向明、王日伦等人开展了少量的地质勘查工作。

1954~1957 年，冶金部地质局华北分局开展了地质勘探工作，主要参与人为李明、王素芬、李景昌。项目投入钻探 17826m，查明矿层产于震旦系浅海海进层序中，沉积形成。

矿体为层状、透镜状,矿层整齐,共3层,但厚度、质量变化大,矿带长50~4400m,层厚0.1~2m,求得A_2+B+C_1级铁矿储量2691.5万吨,平均品位36%。

2009年,中国冶金地质总局第一地质勘查院邢台分院对该矿进行了储量核实,主要参与人为张玉洲、梁镒、周武全、李飞。截至2009年年底,全区累计查明铁矿产资源储量6578.849万吨(其中低品位矿石为1108.794万吨)。

四十三、河北赤城县近北庄铁矿

（一）矿床基本情况

矿床西南起于近北庄,经苹果园至尤家沟,呈北东向展布,延长8.0km以上。由西向东将该矿床分为三个矿段:近北庄铁矿段、苹果园铁矿段、尤家沟铁矿段。

矿床位于河北省赤城县,近北庄铁矿段和苹果园铁矿段隶属赤城县田家窑镇管辖,尤家沟铁矿段隶属赤城县龙关镇管辖。

矿床位于赤城县城南西25km处,112国道由矿区北西2.0km处通过,南西50km为京包铁路宣化站,矿区有简易公路与112国道相通,交通十分便利。

矿区位于尚义—赤城深断裂南侧,宣龙复式向斜东端的龙关—近北庄—杨家营构造带内。

矿区地层以太古界桑干群谷嘴子组变质岩系为主,其次是中元古界长城系及少量中生界张家口组地层。地层产状一般走向北东60°,倾向北西,倾角45°~65°不等。

褶皱构造是近北庄铁矿的主要构造形式,以龙关—近北庄Ⅰ级背斜（基底褶皱）和矿区西段向斜（盖层褶皱）为主,其次是组成Ⅰ级背斜的Ⅱ级复式褶皱,包括东西段向斜（Ⅱ$_2$）、尤家沟段向斜（Ⅱ$_4$）、西水泉背斜（Ⅱ$_1$）和近北庄背斜（Ⅱ$_3$）。另外还有一些反映矿区构造复杂的小型褶皱构造。

矿区断裂构造比较发育。大小断层约70条,大部分发育于谷嘴子组变质岩中,可分为:（1）纵向断裂,北东—南西向,如东段F_{56}断层,长600m,错断矿体,为正断层;（2）斜向断裂,北西—南东向,偶有近南北向,如东段F_{57}、F_{58}、F_{59}及尤家沟F_{69}断层等,长100~300m,多数为正断层,个别为平移断层,一般对矿体破坏不明显;（3）横向断层,走向北西—南东向,与区域构造线垂直,主要有东段F_{60}、苹果园段F_{61}、尤家沟段F_{70}等,延长700~1800m,为正断层、平移断层,均属成矿后断裂,对矿体有不同程度破坏。另外还有一些其他深部断裂和小断裂。

区内岩浆活动不强烈,仅见一些规模很小的正长斑岩脉、辉绿玢岩脉及伟晶岩脉。

铁矿体产于太古界桑干群谷嘴子组地层上段,含矿层岩性组合为:黑云角闪斜长片麻岩、角闪斜长片麻岩、斜长角闪片麻岩、含石榴石斜长角闪岩、含石榴石角闪辉石岩、石榴石黑云角闪变粒岩、黑云母片岩和石榴石浅粒岩、磁铁石英岩、角闪辉石磁铁石英岩等组成。矿体呈层状、似层状、透镜状、扁豆状,多层平行产出,与围岩产状基本一致。

矿体特征分矿段描述如下:

（1）近北庄矿段。近北庄矿段根据勘探工作顺序划分为东段（0~27线）、西段（0~46线）,实际上二者是一个统一的矿床。矿体延长在2000m以上,矿区内主要矿体3个,分矿体21个，其中Ⅰ号矿体为单个独立矿体，Ⅱ号矿体包括6个分矿体，Ⅲ号矿体包括14个分矿体。西段矿体大多数被长城系和第四系覆盖，为盲矿体；东段矿体大部分出露地表，部分被第四系覆盖。

Ⅰ号矿体分布在矿区中部的向斜核部，矿体分布宽度一般60~120m，最宽142m，矿体厚度一般为10~20m，平均厚14m，最厚达42m。矿体延深220~340m，最大延深375m。矿体赋存标高890~1285m。矿体总体产状为北东—北北东向，倾向北西，倾角40°~70°，不同地段产状略有变化。矿体总的形态呈向斜形态，较规则，两翼对称性强，延伸较稳定（见图5-60）。

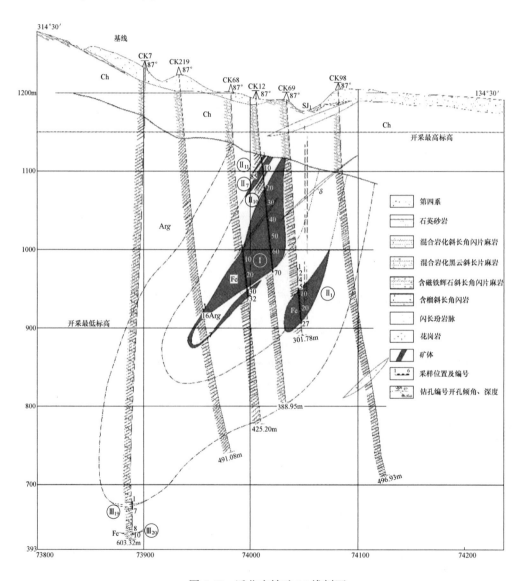

图5-60 近北庄铁矿36线剖面

（2）苹果园矿段。矿区包括主矿体2个，分矿体15个。主矿体编号为Ⅳ、Ⅴ。

Ⅳ号矿体分布在F_{60}断层以东至104线F_{61}之间，主要赋存在900~1200m标高范围内。矿体走向长 840m，倾向延深一般 100~250m，最大延深 417m，矿体最大厚度 22.0m，一般厚度 5~10m，平均厚度 8.0m。矿体产状走向近东西，倾向北，倾角一般为 40°~45°，个别达 60°。V 号矿体西起 F_{61} 断层，东至 III 基线西端。走向长 410m，最大厚度 36m，平均厚度 17m，变化较大。倾斜延深一般 100~300m，最大在 102 线，为 430m。埋深在 800~1130m 标高内。矿体走向东西向，倾向北，倾角 45°左右（见图 5-61）。

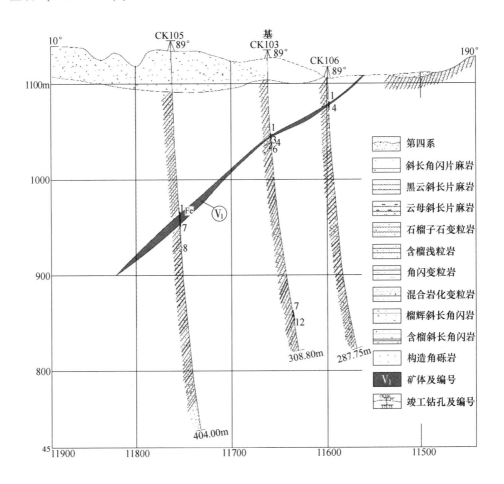

图 5-61　苹果园铁矿 103 线剖面图

（3）尤家沟矿段。该区矿化带面积 1.26km，东西长 1.4km，南北宽 0.9km，共有 14 条矿体。以 I、II 号矿体为主。矿体总体走向北东 60°，倾向北西，倾角 50°左右，局部倾角 25°或 65°。

I 号矿体走向延长 1050m，赋存标高在 800m 以上，控制最大斜深 800m，平均 323m，矿体最大假厚度 29.94m，平均 10.71m。

II 号矿体走向延长 1050m，赋存标高在 750m 以上（主矿体在 750~1150m 标高），控制最大斜深 720m，平均 341m，矿体最大假厚度 48.30m，平均 10.51m（见图 5-62）。

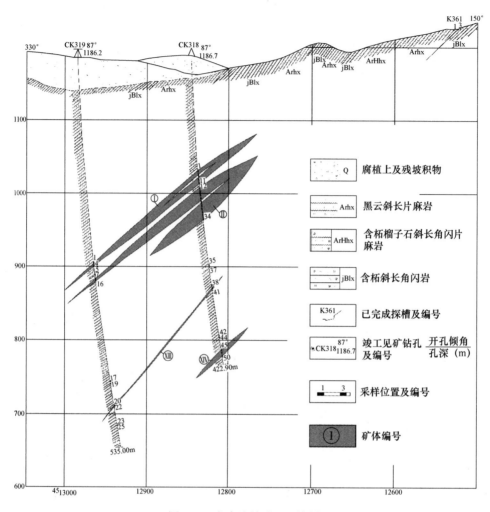

图 5-62　尤家沟铁矿 301 线剖面

（二）矿床勘查史

1. 河北省赤城县近北庄铁矿东段地质勘探

1977 年，冶金 516 队根据 1976 年保定物探公司的 1：5 万航测资料，对近北庄一带的航磁异常进行地面检查，为矿致异常，初步确定了矿床远景。

1978 年，会战指挥部党委要求对近北庄铁矿东段转入勘探，年底提交勘探报告，同时对西段做出初步评价。516 队根据上级指示精神，成立了项目部进行勘探工作，于 1979 年 6 月提交了《河北省赤城县近北庄铁矿东段地质勘探报告》，提交储量 3827 万吨。承担单位为第一冶金地质勘探公司 516 队，项目负责人：张景琛，主要人员：邓庆德、顾瑄、孙书秀、陈玉录、尹湘江、徐志彤、姚其俊、刘奎仁、刘培德。

2. 河北省赤城县近北庄铁矿西段地质勘探

1977～1983 年，对西段 0～14 线进行地质勘探，于 1985 年 12 月提交了《河北省赤城县近北庄铁矿区西段地质勘探报告》，提交储量 3025.1 万吨；1986 年，对西段 14～46 线进行地质勘查，并提交《河北省赤城县近北庄铁矿区西段（14~46 线）评价报告》，获 C+D 级储量 1632.7 万吨。承担单位为第一冶金地质勘探公司 516 队、水文地质勘查大队。项目负责人：徐志彤，主要人员：杨耀兴、吕海、孙书秀、张存、龙正武、刘奎仁、周在其（水文）、宋立军（水文）。

3. 河北省赤城县近北庄铁矿苹果园段地质评价（含东段 19~27 线范围）

1977 年，在近北庄铁矿东段勘探时，在苹果园段开展找矿评价工作。

1979~1985 年，在近北庄铁矿东段 19~27 线，苹果园段以 200m×100m 或 100m×50m 网度施工工程控制矿体。于 1986 年 11 月提交了《河北省赤城县近北庄铁矿区苹果园段地质评价报告》，提交 C+D 级储量 1128.2 万吨。承担单位为第一冶金地质勘探公司 516 队，项目负责人：徐志彤，主要人员：杨耀兴、吕海、李琪、龙正武、刘奎仁。

4. 河北省赤城县龙关镇尤家沟铁矿详查

1979~1990 年，冶金部第一地质勘查局 516 队在矿区开展了普查工作，1991 年转入详查，项目主要参与人员为孙书秀、张树宝（水文）、于栋江、牛瑞宝、卢锦平、于秀斌、王秀丽。于 1992 年 4 月提交了《河北省赤城县龙关镇尤家沟铁矿详查地质报告》，提交储量 2676.7 万吨，保有储量 2616.6 万吨。报告备案文号为"冶金地勘冀字〔1993〕214 号"。

3 个矿段已经开发利用。其中近北庄铁矿东段采用露天开采，2020 年申请政策性关闭；近北庄铁矿西段采用地下开采，竖井开拓；苹果园段采用露天地下开采，已申请政策性关闭；尤家沟段采用露天地下开采，竖井开拓。

四十四、河北涿鹿县口前铁矿

（一）矿床基本情况

矿区位于河北省涿鹿县城 168°方位，直线距离约 22.6km，地处涿鹿县吉庆堡村西约 2.18km 处，行政区划隶属涿鹿县卧佛寺乡管辖。北距下花园火车站 65.7km，东距官厅火车站 30km。矿区东南有 109 国道经过，从矿区到国道有简易公路相通，交通方便。

该区在大地构造单元上位于燕山沉陷带（II_2^3）西段的冀西陷褶断束（III_2^3）的军都复式背斜（IV_2^8）北部的涿怀背斜（V_2^{14}）。

矿区出露地层，自下而上有中元古界蓟县系、上元古界青白口系、侏罗系上统张家口组、第四系。

矿区为一单斜构造。岩层走向北 35°~46°东，倾向北西，倾角 30°~45°左右。靠近花岗斑岩体西侧，走向偏北，倾角变缓，这与断层和岩体向北侵入的牵引应力有关。区内次一级平缓背斜褶曲仅见 3 处，延长很小。断裂构造极为发育。和成矿有关的成矿前断裂规模较大的横断层有三号铁矿和二号铁矿间的 F_{42} 及二号铁矿和一号铁矿间两处。断层走向均呈北西向。前者断距 500m，后者约在 100m 以内。一、三号铁矿均相对向南推移，破坏了铁岭组岩层的连续性。两断层所构成的较大脆弱带为花岗斑岩的侵入形成了通道。断层形成的时间晚于石英正长斑岩和闪长岩，这从 F_{42} 断层切割石英正长斑岩和发现硅化角砾状闪长岩可以说明。一号铁矿东段 F_7 为走向正断层，致使下马岭组角页岩覆盖于铁岭组白云岩之上。

该区为一中酸性岩浆剧烈活动区，侵入岩有闪长岩和花岗斑岩。脉岩类有基性、中性及酸性几类。

该区为一矽卡岩型的以铁、钼、铜为主的多金属矿床。铁矿带主要有 4 处，铜矿带 1 处，钼多聚集于铁矿带顶底板矽卡岩中。

该区所谓的铁矿带是指工业含矿部分——矿石带及夹石两部分组成。其范围：二号铁矿带包括全部绿云母蛇纹石矽卡岩；一、三号铁矿带基本以矿石带的密集或较集中区间为界限，包括绿云母蛇纹石矽卡岩、透辉石或石榴石矽卡岩及白云大理岩；四号铁矿带包括含铁的白云大理岩部分。

区内铁矿床的全部矿体，均产于元古界碳酸岩地层中。一、二、三号铁矿带中的矿体位于闪长岩、花岗斑岩与铁岭组白云大理岩的接触部位或该沉积岩层相接触的铁岭组的中、上部。四号铁矿带中的矿体位于上述岩浆岩西侧的景儿峪组白云大理岩中，矿体与花岗斑岩侵入体相距 300m，之间分布着下马岭组角页岩及石英砂岩（见图 5-63）。

岩石中主要的蚀变作用有绿云母化、蛇纹石化及透辉石石榴石矽卡岩化，主要矿体均产于上述蚀变岩石中。

铁矿床由大小不同的数十个矿体组成，分布在北东向长 1500m、宽 400m 的范围内。4 个铁矿带中均有矿体聚集。矿体的排列方向与区域构造方向一致，大体近于北东向。只有二号和四号铁矿带中的矿体向北转折近于南北向形成矿体群的折线分布，矿体与矿体之间不连续。在每一个铁矿带中，矿体之间均有不同程度的矿化带或与成矿有关的蚀变带将矿体联系起来。矿体的分隔是矿石的贫化造成的。

二号铁矿带基本为一个铁矿体，长 240m，推断矿体向下延深 450m。矿体厚度一般为 14.31~58.74m，矿体平均厚度为 36.63m。

一号和三号铁矿带中矿体并不受接触带的制约，而矿体产于外接触带白云岩层的中上部。含矿溶液沿白云岩层的层间破碎，层理和裂隙交代成矿，形态较简单。矿体一般均呈北东向延长的长条带状、板状或豆荚状。一般倾角在 30°~45°。一号铁矿带的深部基本为一个铁矿体，长 520m，平均厚 6.56m，矿体最大延深 345m（0 线）。一号铁矿的两端和三号铁矿的东段，各有 14 个矿体，一般长几米至 30m。一号铁矿带中矿体厚度在 0.8~3.9m（见图 5-64）。三号铁矿带中矿体厚度在 0.3~5.93m。矿体呈条带状或豆荚状，据采矿资料，矿体延深数米即尖灭。此外，该区钼矿化较为广泛，局部还见有锌、铜、硫铁矿体及铅矿体。

（二）矿床勘查史

1969 年，冶金部华北地质勘探公司 516 队进入该区，对该区磁异常进行钻探验证，并对矿床进行综合评价。项目负责人许小峯，参与人包括张海滨、谭作霖、杨长恕、纪效义、王国英、邓庆德。

1974 年 12 月，提交了《河北省涿鹿县口前铁矿地质评价报告》。通过开展地质调查工作，提交 C_1+C_2 级铁矿储量 1105.7 万吨，其中 C_1 级富矿 26.5 万吨，贫矿 44.3 万吨；C_2 级富矿 247.2 万吨，贫矿 787.5 万吨；远景钼金属量 1633.94t，远景锌金属量 3173.98t。

目前，该矿山正由河北省涿鹿县吉庆矿业有限责任公司开发利用。

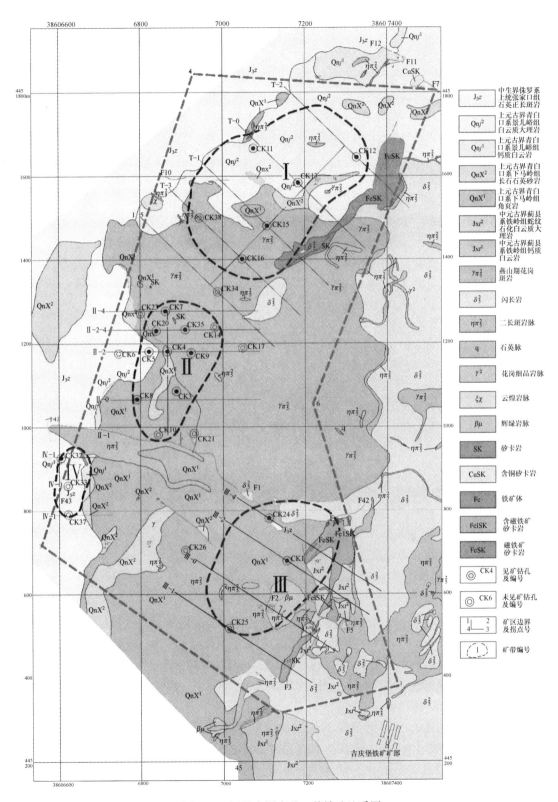

图 5-63　河北省涿鹿县口前铁矿地质图

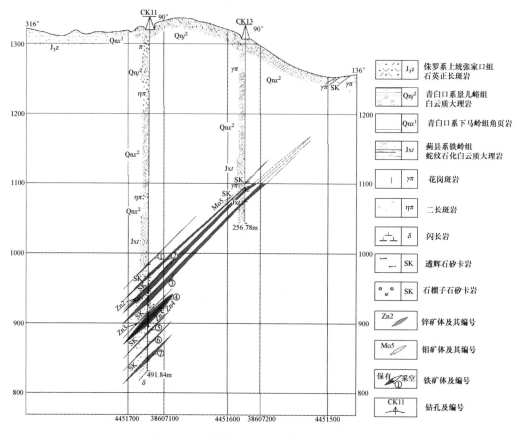

图 5-64　口前铁矿Ⅰ号铁矿带Ⅰ-0 线剖面图

四十五、河北承德市大庙铁矿

(一) 矿床基本情况

河北承德大庙钒钛磁铁矿床位于我国东北部，隶属承德市双滦区管辖。位于承德市西北方 38km，西北距隆化县政府所在地 30km。地理坐标为东经 117°45′，北纬 41°01′。

矿区位于燕山台褶带承德拱断束大庙穹断束构造单元内，赤城—平泉深断裂北侧的大庙—乌龙素沟和龙潭沟—压青地两个剪切带中，大庙—黑山基性杂岩体的东南部。

区域地层主要为太古界片麻岩系、上元古界-震旦系地层、中生界-侏罗白垩系地层及第四系。区内岩浆岩主要为斜长岩系及花岗岩系。该区基底褶皱特别是燕山期非常强烈，构造线与燕山的褶皱轴向相符合，一般是 EW 或 EES 向。

大庙矿区的铁矿体主要分三种：(1) 产于苏长岩中，与苏长岩呈渐变过渡关系，矿石呈浸染状，品位低，实际上就是苏长岩的一部分，矿体往往产于苏长岩下部，呈透镜体状、不规则状、团块状、囊状，具有明显分凝式成矿作用特点；(2) 产于苏长岩与斜长岩的接触带或斜长岩中，矿体与围岩之间常形成十分清楚的破碎蚀变带，靠近矿体常为钒钛磁铁矿胶结的角砾岩（角砾为斜长岩）或绿泥石片岩，远离矿体的围岩则为绿泥石化-阳起石化斜长岩，产于斜长岩围岩中的矿体矿石一般呈致密块状，品位较富，构成富矿体，属铁矿浆贯入型矿床；（3）产于斜长岩和晚太古代单塔子群变质岩之间的断裂破碎带中的矿体，一般规模小，以脉状和透镜体状为主，走向呈 EW 向，矿石有致密块状和浸染状，矿石中常见有小块角砾岩捕房体，表明矿浆的贯入晚于破碎带的形成。矿区内苏长岩体的延长方向往往呈 NE 走向，呈带状，矿体呈典型的雁行状排列，并具有明显的等距性及成群出现的特点，推测矿体分布主要受控于 NE 向的大庙—韩麻营断裂。

大庙矿区的矿体形状与产状为构造裂隙所控制，其矿化带延伸方向为 NE 向，铁矿体倾斜方向均为 SE。其中大矿体 7 个，中矿体 6 个，走向上小于 100m 的小矿体 23 个。

该区矿石主要分为两种类型，致密型与浸染型。

（二）矿床勘查史

早在 1929 年，北平地质调查所派孙健初、王日伦等人对大庙区调查。

1933~1945 年，日本曾多次派遣地质、探矿、选矿及冶炼等各项专业人员对该区进行调查研究。同时分别在大庙、黑山、双塔山及锦州女儿河建立了探矿所、选矿厂及铁合金厂。

新中国成立后，1954~1955 年，重工业部地质局沈阳地勘公司曹执庸、程玉明、何启昆等人，对大庙钒钛磁铁矿床进行地质勘探，完成工作量：探槽 16833m³，坑探 2693m，钻探 5584m。查明大庙区矿床，主要成两个矿化带分布，其一走向延长大致 30°~40°，倾向南东，倾角 40°~80°；另一组走向北西，倾向南西，倾角 60°。大庙区大矿体个数为 37 个，零散小矿体有 15 个。10 号矿体呈扁豆状，长 135m，平均宽 13m，含五氧化二钒 0.33%，二氧化钛 10.01%，铁 36.17%，围岩为辉长岩。该区计算金属量铁 3254116t，二氧化钛 832386t，五氧化二钒 32915t。

1956 年，重工业部沈阳公司曹执庸、程玉明、王民生等人对大庙及黑山区进行储量核查。投入钻探 8504.28m。矿体呈不规则脉状，走向 NE40°，延长 318m，宽 43m，有多个矿体组成。矿石分析表明，全铁含量 42.34%，五氧化二钒 0.393%，二氧化钛 10.92%，硫 0.46%，共有 18 种元素。大庙和黑山两地获得 B+C₁ 级工业储量 3569.2 万吨。

1957 年，冶金部地质局东北分局 104 队程玉明、周邮裕、孙帮禄等人对大庙及黑山区开展储量计算。工作查明：大庙区致密型矿体为岩浆晚期-热液期过渡期生成；黑山区致密型矿体一部分是岩浆晚期分结型贯入式生成，另一部分是伟晶期成因的产物。获得全区保有矿量为 B+C₁ 级 0.67 亿吨，其中，铁金属量 0.22 亿吨、钛金属量 0.057 亿吨。

四十六、河北沙河市綦村矿区凤凰山铁矿

（一）矿床基本情况

矿区位于沙河市綦村，距邢台市 30km。有铁路专线和公路从矿区附近通过，交通方便。

矿区大地构造位置为华北地台（Ⅰ）山西中台隆（Ⅱ）太行拱断束（Ⅲ）武安凹断

束（Ⅳ）单元内；按地质力学观点属新华夏系第三隆起带中的太行山隆起带与华北沉降带的过渡地段，即太行山复式背斜的东翼。

区域出露地层由老至新依次为新太古界赞皇群放甲铺组、中元古界长城系大红峪组、古生界寒武系、奥陶系、石炭系、二叠系及新生界第四系地层。地层走向基本与太行山背斜走向平行，走向北北东，倾向大体向东或东南，倾角一般在 10°~20°。

区域内构造复杂，经历了不同时期的多次构造运动，形成了不同规模及不同性质的构造体系，以新华夏系为主，次为南北构造和华夏式的多种构造体系，主要表现为近东西向、北东向的隆起和凹陷。燕山运动基本奠定了该区的构造轮廓，其以强烈的断裂为主，褶皱为辅；区内尤以燕山运动早、中期最重要，其与接触交代型铁矿关系密切。

区域内岩浆活动剧烈频繁，分布广泛，大体分为吕梁期、燕山期和喜马拉雅期。其中燕山期活动强烈，经过多阶段、多期次的侵入，形成了一套以中性岩为主体的岩石类型，是该区接触交代型铁矿及多金属矿床的成矿母岩。受北北东向构造控制，岩体分布上从西向东分为北东向三个岩性带，西部为符山岩体；中部为綦村、矿山、武安、磁山、固镇岩体，它们在地下断续相连；东部岩带主要为新城、洪山、鼓山岩体。

区内出露地层主要为奥陶系中统地层，所见岩性为灰岩、花斑灰岩、白云质灰岩等。属浅海相沉积。地层走向呈弧形，向南南东方向突出，地层自北西向南东由老到新。

该区构造以褶皱为主，特别是小褶皱，断层次之。深部见平卧褶皱，该褶皱与成矿关系密切，控制了主矿体的形态产状（见图 5-65）。

断层在该区不明显。较明显、规模较大的有黑山桥断层和黑山南断层。

黑山桥断层位于东部，长达 870m 以上。断层走向分为两段，北段为 NNW 向，南段为 NNE 向。断层面陡，断层于灰岩边部与火成岩接触处倾向东，但局部因扭动而倾向西，致使 CK75 和 CK66 两孔见较厚的破碎带。倾角 83°~88°，断层以压扭性为主，在断层面上可见到擦痕，擦痕角度大。东翼向北移，西翼相对向南移，形成平推断层。但断层中部局部可见断层角砾，角砾直径一般为 2~3cm，角砾大小相差不大，角砾的长轴方向具有定向排列。有些角砾被劈为两半，显压性断层特征。断层两侧具有次一级羽毛状断裂，沿断层断续出露闪长玢岩和矽卡岩，并有矿化现象。

黑山南断层位于黑山南部，断于灰岩中，地表可见到断续出露、宽窄不一的断层角砾，角砾棱角清楚，大小相差不大，钙质胶结，局部方解石脉发育，断层面倾向南东，倾角为 70°~80°。因断层面产状较陡，所以钻孔中未见此断层迹象。断层以北和断层以南的水位相差悬殊。断层性质为压扭性，长约 200m。

该区的断层均属成矿前断层。如黑山桥断层及其羽毛状小断层往往被闪长玢岩所充填，可见断层早于闪长玢岩，为控岩断层。

该区岩浆活动强烈，岩石种类繁多，产状多变，形态复杂，岩体出露零星，大部分分布于测区的北半部，多被浮土覆盖，仅有两处出露面积较大，一处是坡山采坑，岩性为次生角闪石化闪长岩和蚀变闪长岩，另一处是凤凰山西侧，为钠化闪长岩。

该矿床由 4 个隐伏矿层组成，从上到下分别为 Fe_1、Fe_2、Fe_3、Fe_4。其中 Fe_1 分成 Fe_{1-1} 和 Fe_{1-2}，Fe_2 分为 Fe_{2-1} 和 Fe_{2-2}，Fe_3 和 Fe_4 为主矿层。

全矿床走向长 910m，钻孔见矿最厚为 3 线 CK6 号钻孔，总厚度为 108m，分别见

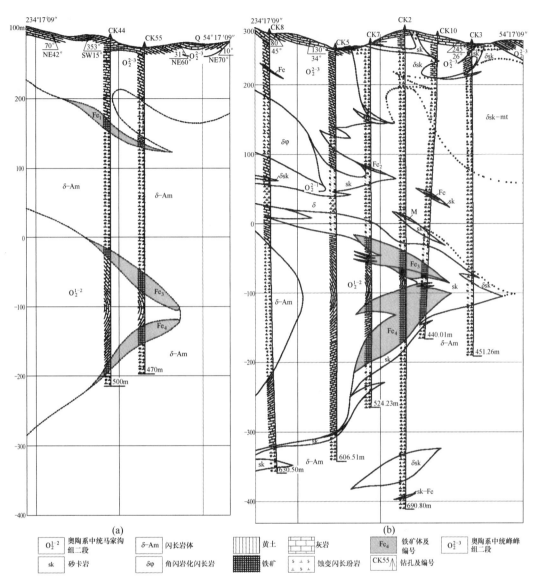

图 5-65 凤凰山铁矿典型剖面图（比例尺为 1∶1000）

（a）凤凰山铁矿 8 线地质剖面图；（b）凤凰山铁矿 0 线地质剖面图

Fe_{1-1}、Fe_3、Fe_4 三层矿。Fe_3、Fe_4 两主矿体的矿石量占全矿总储量 94.9%，其中 Fe_4 占总储量的 60.02%。全矿主要储量分布在 7 线至 4 线间，集中于矿床的中部即岩体上隆部位，沿走向南北两端逐渐变薄，沿倾向两侧迅速尖灭。4 个矿层均为隐伏矿体，只有 Fe_{1-1} 局部出露地表，位于 CK32 号钻孔附近。但仍被人工堆积所覆盖。主矿体埋深约在 300m 以下，最大埋深 625m 仍未控制住。该矿床矿层较厚，矿量集中，便于开采。全矿最大的矿体是 Fe_3、Fe_4，其次是 Fe_2、Fe_1。

该矿床属于典型的接触交代形成的矽卡岩型铁矿床，其找矿标志有：（1）从构造条件分析，应寻找复式背斜倾没部位或枢纽凹下部位；（2）找次级背斜的倾没端；（3）次生角闪岩化闪长岩也是该区的找矿标志，矿体越大，次生角闪岩化越强；（4）钠化闪长岩是找矿的间接标志，矿体大小与钠化的强度和幅度关系密切；（5）矽卡岩是直接的找矿标志，矿床与矽卡岩紧密共生，该区石榴子石矽卡岩与矿体关系密切，较大的矿体与绿色透辉石矽卡岩关系密切。

凤凰山铁矿提交铁矿资源量超千万吨，为当时的邢台钢铁厂提供了优质的铁矿资源。

（二）矿床勘查史

凤凰山铁矿为典型的"邯邢式"铁矿床，为华北冶金地质勘探公司 520 队在 20 世纪 70~80 年代"邯邢大会战"的成果。

该矿从 1975 年开始勘探，于 1980 年 9 月结束野外工作，并于 1980 年 11 月提交《河北省沙河县綦村矿区凤凰山铁矿地质勘探报告》。提交铁矿资源量 C+D 级 1380.46 万吨。凤凰山铁矿的找矿过程在当时是一个反复认识，掌握规律，大胆求证的过程。当时，凤凰山铁矿的发现，实现了"在綦村深部找綦村，在綦村外围找綦村"的宏伟设想，坚定了找矿信心。

1991 年通过评审，冶勘一局 520 队提交《河北省沙河县綦村矿区凤凰山铁矿勘探地质报告》，评审文号冀储决字〔91〕2 号，提交铁矿资源量 1407.83 万吨，其中 A+B+C 铁矿资源量 548.19 万吨，D 级 859.64 万吨。

四十七、河北沙河市上郑铁矿

（一）矿床基本情况

河北省沙河市上郑铁矿位于沙河市北西 8.5km。行政区隶属沙河上郑村管辖。

大地构造位置位于天山—阴山和秦岭—昆仑两纬向构造体系之间，新华夏构造体系第三隆起带的中段，邢台—安阳深大断裂约西侧。

区域内第四系和第三系地层分布于冲沟、河床和低凹地，东部和西部分布石炭、二叠系地层，奥陶系地层主要分布在区域的中部和北部。寒武系地层分布在区域的南西侧。区域地层产状大体依附于大的构造线方向，呈北北东走向，倾向南东，倾角一般为 20°~30°。

整个邯邢地区位于山西断隆的东部边缘，太行山南段东麓。区域构造线呈近南北和北北东向展布。该区以断裂构造为主，褶皱构造不甚发育。区域断裂基本分为三组，以北北东和北东向两组最为发育。其次为北北西向断裂，多为高角度的正断层，一般断层倾角为 70°~80°，断距不大，有几十米到百余米。区域内最大的断层为紫山断层，断距达 1200m，矿区位于该断层的东翼部分。区域地层产状与大构造线方向基本一致。走向北东，倾向南东，倾角较缓为 10°~30°。

区域岩浆活动大体分为三期，即吕梁期、燕山期及喜山期。其中以燕山期岩浆活动最为强烈，是接触交代型铁矿床的成矿母岩。据现有资料，该区域岩浆岩为邯邢地区八大岩体之一的新城岩体。新城岩体为燕山期闪长岩和二长岩、角闪二长岩、黑云母闪长岩及脉岩类组成。其中以闪长岩和二闪长岩出露最多。

上郑铁矿床为隐伏矿床，矿体赋存在燕山期闪长岩与奥陶系中统，峰峰组灰岩（O_2^3）的接触带及其近侧，矿床属中等规模。通过历次地质工作控制矿体走向长 1000m，水平宽度 465m，矿体埋藏深度 160~360m，赋存标高 -124~204m，按空间的赋存位置分为两层矿。Fe₁ 矿为上层矿，是该区的主矿层，Fe₂ 矿为下层矿。

Fe₁ 矿：在空间上位于 Fe₂ 矿层之上 37.55m，产于蚀变闪长岩与奥陶系中统峰峰组灰岩的接触处，顶板岩石多为结晶灰岩和大理岩，底板岩石为蚀变闪长岩及绿泥石矽卡岩和透辉石矽卡岩等，矿体走向长 1000m，水平宽度 465m，平均厚度 7.95m，矿体总体走向北西，3 线以北矿体走向渐变为北北东向（10°）总体倾向北东，倾角 10°~30°，Fe₁ 矿探明铁矿石储量为 1178.3 万吨，占全区铁矿石储量的 80%。TFe 平均品位 41.62%，S 平均品位 0.422%，另探明平衡表外铁矿石储量 193.3 万吨，TFe 平均品位 24.31%，S 平均品位 0.011%。

（二）矿床勘查史

1958 年，冶金部物探队发现该矿床磁异常。

1959 年，518 队施工 CK51 验证孔，随即 518 队进行地质普查工作，开展了 1：5000 比例尺地球物理测量、水文地质测量，投入钻探工程及采样测试等项工作。提交铁矿石储量：D 级平衡表内储量 855.61 万吨；D 级平衡表外储量 183.49 万吨。

1992~1993 年，与沙河市矿山开发公司组成拼盘项目，518 队施工。新增铁矿石储量 D 级平衡表内储量 616.6 万吨；D 级平衡表外储量 35.7 万吨。

通过上述工作，累计探明铁矿石储量 D 级 1691.4 万吨。其中，D 级平衡表内储量 1472.2 万吨，D 级平衡表外储量 219.2 万吨，平均品位 TFe 42.19%，S 0.624%。

四十八、河北沙河县綦村铁矿

（一）矿床基本情况

河北省沙河县（现为沙河市）綦村铁矿寺山后坡矿体位于河北沙河县綦村西南，东经 114°17′~114°18′，北纬 36°56′~36°57′，行政区隶属沙河綦村镇管辖。

綦村铁矿区大地构造位置为山西台背斜东南边缘，太行长垣的东翼中段。区域构造方向则主要依附于太行大构造方向，綦村为太行长垣东翼的一小部分。该区地层主要产状呈 NNE 走向，SEE 倾斜，倾角 20°~30°。矿区内因有燕山期火成活动侵入，使地层产状局部发生变化。

矿区内出露地层非常简单。由老到新有：中奥陶系马家沟组灰岩、第三系砾石层、第四系黄土。

寺山矿体，为产在闪长岩、二长岩中楔状灰岩捕房体上下接触带间的近乎水平的似层状或大型豆荚状矿体。矿体共分两层，产在上接触带间的矿体称为"上层"矿体，产在下接触带间的矿体称为"下层"矿体。

"上层"矿体是寺山矿体的主体，走向南北，呈近于水平的似层状，局部略呈波状起伏。矿体走向延长达 450 余米，矿体宽最大 340m，一般 200m 左右。矿体顶板为闪长岩、底板为结晶灰岩。矿体赋存标高 105~175m。

"下层"矿体，主要分布于下接触带西侧，少数零星分布，走向也近乎南北，向西缓倾斜，倾角在 15°~30°，沿延长方向向北略有倾伏，倾角 30° 左右，矿体呈凸透镜状。矿体延长570余米，矿体宽最大125m，一般50~60m。矿体顶板为结晶灰岩、大理岩，底板为闪长岩、二长岩类，矿体赋存标高28~128m。

龟山矿体：分为浅部矿体和深部矿体两部分。

浅部矿体基本上有两层矿体组成，分为上层矿体和下层矿体。矿体产在复杂的大理岩与闪长岩交错的接触带上及其附近围岩：闪长岩或大理岩中。上层矿体为主要矿体，为近乎水平的大型透镜状矿体。长225m，宽55~141m，厚13~23m。走向延长呈南北向，倾角由北部的急倾斜，倾角70°，向南部逐渐变为近乎水平矿体。矿体顶板岩石大部分为大理岩，底板基本上为蚀变闪长岩。上层矿体埋藏标高143~210m，顶部出露于地表。

深部矿体由两层矿体组成，距离地表较浅的为Ⅰ层矿体，距离地表较深的为Ⅱ层矿体。其中Ⅱ层矿体是深部矿体的主要矿体。走向南北，西倾，倾角60°~75°，矿体长110m，延深68~175m，厚6.1~9.2m，呈扁长透镜状，底板闪长岩，顶板大理岩。埋藏标高140~161m，为盲矿体。

（二）矿床勘查史

1956~1961年，矿区完成普查、勘探工作。1956年，冶金部地质局华北分局普查队及河北省第一工业厅561队，先后在此进行普查工作。随后，561队转入勘探工作，至1958年9月，完成綦村8个主要矿体（寺山、龟山、后坡、南洼、铁牛坡、马蹄洼、秦村脑当、禁阳脑当）的详细勘探，同时提出了《河北省沙河县綦村铁矿床地质勘探总结报告》。后由于矿山需要，该队于1960年又对龟山、寺山两矿体进行补充勘探，同时对后坡矿体进行了少数控制钻探，此时提出了綦村铁矿第一次补充报告（后坡矿体未提出报告）。1961年11月，又提出修改后的第二次补充报告（最后报告），计算綦村8个主要矿体 $B+C_1+C_2$ 级储量为1004.8万吨，其中寺山矿体 $B+C_1+C_2$ 级储量为203.9万吨（内 $B+C_1$ 级储量为145.7万吨）。上述各报告均未获得批准。

1961~1963年，由公司所属521队及518队，对该区龟山矿体进行生产勘探。518队生产勘探后，重新计算储量，共计 C_1+C_2 级储量235.30万吨，其中 C_1 级储量60.80万吨，占25.8%。在总储量中浅部矿体 C_1+C_2 级储量为204.2万吨。C_1 级储量60.80万吨，占29.8%，而561队没有勘探，为518队此次新发现的深部矿体 C_2 级储量为31.1万吨。截止生产勘探结束时，矿山已勘探量为52.7万吨。于1963年6月编制《河北省沙河县綦村铁矿龟山矿体生产地质勘探总结报告》，编写人：刘春吉、左书培。同时对寺山矿体进行补充勘探，对后坡矿体进行详细普查工作。

1963年内，寺山后坡矿体的勘探工作，主要是根据设计在寺山矿体之东、西、北部边缘和后坡矿体之南部地段进行钻探施工，部分地段返工了以往质量低劣的钻孔，相应地进行编录和采样。获得了对寺山后坡矿体范围、边界线等更详细的控制，增加了储量和进一步了解两矿体关系的新成果。此外，初步验证了后坡1号异常为火成岩所引起。

1963年11月，根据上级指示为保证重点矿区勘探工作的完成，该区勘探工作暂时中止，因而当年设计的勘探工程并没有全部完成。綦村寺山及后坡的勘探工作至此暂告一段落。该年度报告，于1964年4月编制《河北省沙河县綦村铁矿寺山后坡矿体1963年度地质勘探总结报告》，报告由刘春吉、刘书德编制。

四十九、河北沙河县中关铁矿

（一）矿区基本情况

河北省沙河县（现为沙河市）中关铁矿位于沙河县褡裢镇西 20km。行政区隶属沙河褡裢镇管辖。

中关铁矿位于武-涉-沙矽卡岩型磁铁矿成矿区的北部，界于綦村矿田及矿山村矿田之间，矿区附件构造简单，主要分布有一系列北北东向张性断裂及部分以水平位移为主的横向断裂，以及因断裂牵引或火成岩侵入拱抬而形成的小型短轴隆起，及相对的凹陷构造，但以总体倾向东南的单斜构造为主。以上构造控制了该区的地层分布、火成活动及矿化特征。区内广泛覆盖第四系，其下则广布有因受侵蚀而厚度不等的石炭二叠系含煤碎屑岩系及中奥陶统灰岩。矿区东部下关附近见闪长玢岩的小型岩体。

中关矿体由两个断续衔接的矿体组成，长约 1.8km，宽 250~450m，轴向 NE10°，倾向东，倾角从北部到南部有较大的变化。

北部矿体以 OK3 号孔为中心（根据物探资料认为矿体厚度最大的中心位于 OK3 号孔南）长 500m，宽 250m，走向 NE13°，最大厚度可达 50m 以上，分为两层，Fe_1 为主矿层产于近接触带的碳酸岩层间，并呈透镜状产出，产状平缓，但其边部或上部则多呈厚度不大的薄层状或脉状分叉，插入碳酸岩内，Fe_2 层产于接触带，厚度薄且贫并向北渐变为含铁矽卡岩，矿体埋藏深度一般为 350~450m，标高-100~-200m，矿石储量 708.9 万吨。

南部矿体以 OK1 号孔为中心，长 1300m，宽 250~450m，分为两个矿层，Fe_1 层走向 NE10°，倾向东，倾角 10°~20°，标高-150~-300m，主要产于碳酸岩层间，厚度变化较大，最大厚度可达 150m（包括夹石），边部常迅速分叉，矿石量 3151.9 万吨，Fe_2 层则产于接触带，但有的部分也插入碳酸岩层间，走向 NE20°，倾向东，倾角 20°~70°，向东南倾伏，层厚（包括夹石）可达 90m，埋深 350~700m，标高-100~-500m，矿石储量 3098.7 万吨。

（二）矿床勘查史

1965 年 518 队进行勘探。于 1966 年 8 月提交《河北省沙河县中关铁矿地质评价勘探报告》，共计获得矿石储量：北部矿体 708.9 万吨，南部矿体 3098.7 万吨。

五十、河北涉县符山铁矿

（一）矿床基本情况

矿区距河北省涉县北东 20km，行政区隶属涉县西戌镇管辖。

矿区大地构造位置属中朝准地台（Ⅰ级）山西断隆（Ⅱ级）太行拱断束（Ⅲ级）武安凹断束（Ⅳ级）的西部。

区域内出露地层为寒武系、奥陶系和第四系。地层一般从西至东呈单斜层序分布，地层产状与区域构造线方向一致，倾向东或南东，倾角一般在 0°~15°。区域构造以断裂为主，主要存在近南北向、北东向断层。区域岩浆岩为符山侵入岩体，岩性为中酸性闪长岩体，岩体出露呈一直径约 10km，南北稍长，东西较短的不规则圆形。岩体的围岩为下古生界寒武系及奥陶系地层，岩体内部常捕获有许多大小不等的灰岩捕虏体，其与火成岩的接触带发育有矽卡岩并富集有铁矿。

第一矿体位于矿区之北侧边部，矿体总的走向为 NW 向。矿体总储量 1083 余万吨，属中型矿床。走向长约 700m，延深 350m，垂厚最大 80m。矿体产状受下伏灰岩产状控制，倾角上陡下缓，埋藏标高 1110~880m，埋深小于 180m。

第二矿体位于矿区之中心部位稍偏北部，在第一矿体的西南部，矿体位于 21~25 勘探线间，倾角较陡，一般均在 81°~85°，往深部有变缓趋势，倾角 45°~30°。矿体顶板为结晶灰岩，底板为闪长岩，矿体厚度变化较大，一般在 2~20m，矿体的顶端与末端均变薄，中间厚度大，矿体平均厚度 8m，向矿体东部逐渐尖灭。向矿体深部呈透镜状或似层状的楔形尖灭，顶端标高为 1100~1050m，末端标高 900~1030m。

第四矿体总储量 1771 万吨，属中型矿体。走向长约 1km，宽 150m，主矿层走向近于东西，倾角变化大。埋藏标高 850~900m。

第五矿体羊三角矿体位于 800m 巷道西侧，矿体共分 3 层，上层较大，顶板闪长岩，底板灰岩，垂厚 11.5m，延伸 97m，水平宽度 50m，稍向东南倾，倾角 15°，透镜体状，规模极小，产状简单，赋存标高 851~871m。矿体总储量 10.3 万吨。TFe 品位 50.73%。

第六矿体位于矿区之北东侧边缘，是该区中等矿体之一，矿体地表灰岩捕虏体与闪长岩所构成的接触带大部分无矿，仅局部有较小的磁铁矿及褐铁矿较多的铁矿露头，价值不大。

矿体属多层次，共 4 层，由上至下矿层编号为 Fe_1、Fe_2、Fe_3、Fe_4。矿体总长度达 51m，延伸长度达 80~305m。总体走向北东 85°，倾向近似正北。倾角 0°~30°。其中 Fe_1 层走向长度 510m，延伸 150~290m。

第七矿体呈北东 45°走向，倾向南东，倾角平缓，且变化不大，倾角一般在 5°~30°。分上下两层，上层规模较小，走向长约 204m，倾向延伸 100m，最大厚度 15m，一般厚度 6~10m，倾角 2°~5°。下层矿体规模较大，走向长 300m，延伸 250m，厚度 25m，倾角 2°~25°。

符山窑区共由 4 层矿体组成，自南至北大致成一直线分布。自北向南，编号为 a、b、c、d。其中 c 矿体规模最大，矿体延长 220m，最大延深 50m，矿体厚度在 0.5~8m，一般在 4~5m。

(二) 矿床勘查史

1959 年 6 月，河北省冶金工业局地质勘探公司 518 队选择第一、二矿体进行施工。于 1959 年 11 月末完成野外工作。并编制了《河北省涉县符山铁矿第一、二矿体地质勘探总结报告》。报告编制人：史庆富。

1959~1960 年，518 队对符山铁矿第七矿体进行勘探，并提交《河北省涉县符山铁矿第七矿体快速勘探地质总结报告》，获得储量 2037518.66t。报告编写人：姜义。

1960 年，518 队勘探富铁矿储量为 9000 万吨。至 1960 年 7 月全部投入开展地下深层水工作，提交《河北省涉县符山铁矿第六矿体 1960 年度地质勘探总结报告》，提交工业 C_1+C_2 级储量 372 万吨。报告编制人：史庆富。

1962~1963 年，根据〔62〕河储办便字第 46 函，518 队完成第一、四矿体野外工作，于 1964 年 2 月提交《河北省涉县符山铁矿区一、四矿体详细勘探地质总结报告》，编写人：李黎明、张庆林。获得储量：第一矿体 B+C$_1$ 级 860.3 万吨，第四矿体 B+C$_1$ 级 1369.9 万吨。

符山窑矿体于 1958 年发现，1959 年 518 队对矿床进行了地表工作，1960 年初 518 队进行了深部勘探，于 1960 年 8 月提交《河北省涉县符山矿区符山窑矿体地质勘探总结报告》，编写人：姜义。获得 C$_1$+C$_2$ 级储量 10.56 万吨。

1964 年，518 队对第二、七矿体进行了详细勘探。并提交《河北省涉县符山铁矿区第二、七矿体详细地质勘探总结报告》，编写人：张庆林。获得 B+C$_1$+C$_2$ 级铁矿储量 805.2 万吨，其中 B 级 69 万吨，C$_1$ 级 517 万吨，C$_2$ 级 219.2 万吨。

1964 年 7 月，针对第五矿体羊三角矿体施工一个钻孔，见矿厚度 0.63m。1971 年 5 月施工钻孔，未见明显矿化。

1964~1971 年，针对符山第六矿体，分两期施工钻孔，其中第一期 1964 年施工 3 个钻孔；第二期在 1970~1971 年，施工 13 个钻孔。全矿体共施工 32 个钻孔。1971 年 6 月 518 队提交《河北省涉县符山铁矿第六矿体地质勘探总结报告》，获得不同类型铁矿石储量共计 5068787t。

1983~1984 年，518 队对符山铁矿第二矿体进行找矿评价工作，并提交《河北涉县符山铁矿第二矿体地质评价报告》，获得储量 751.6 万吨。主要完成人为梁田、李作君、郭宝元等。

五十一、河北武安市玉泉岭铁矿

(一) 矿床基本情况

河北省武安市午汲镇玉泉岭铁矿位于河北武安市午汲镇玉泉岭村村南约 500m 处，行政区划属武安市午汲镇管辖。

玉泉岭铁矿矿区之内，地层较简单，仅有中奥陶系灰岩，第四系黄土层，矿区外围部分有石炭二叠系煤系地层出现。岩浆岩主要为燕山期中酸性岩浆侵入中奥陶系灰岩中而形成的岩株和岩盖，矿体位于接触带间。接触带走向近东西，接触面倾向南，倾角陡，变化大。矿体倾角也较陡，变化也较大，矿体倾向与接触面倾向一致。

中奥陶系马家沟组灰岩：中奥陶系马家沟组灰岩从平面看分布于矿区的东西两侧及北部矿体与南部矿体的东西头，垂直分布于矿体的底板或矿体的顶板。该矿区灰岩产状为东西走向，倾向南，倾角 40°~50°。局部可见小褶皱，分布极少。

上石炭系砂岩、页岩、灰岩互层：上石炭系地层与奥陶系灰岩地层呈假整合接触，于接触带间广泛分布有一层耐火黏土及铝土矿，其矿物成分经室内鉴定主要为高岭石及水铝石，当火成岩侵入，与其接触的地方变质为含红柱石耐火黏土及铝土矿，呈球状结构。

第四系黄土层：黄土于矿区范围内分布甚广，岩石除沟谷中断续出露外，其余全为黄土及砾石层覆盖。

矿区构造较为简单，矿床分布于侵入体中灰岩尖端，呈 EW 延伸。

该区矽卡岩铁矿矿体主要富存于火成岩与灰岩接触带间，接触带分南北两带，呈东西向延长，接触面的倾角很陡，与矿体产状几乎一致，向南倾没，倾角一般为 60°~70°。

矿床类型为矽卡岩型铁矿，矿石自然类型一般可分为致密块状铁矿石，松散状软矿，含矽卡岩铁矿及含铁矽卡岩矿。该区矿体氧化带分布较深且普遍。一般质量分布规律是上部磷含量较高，硫含量低，往深部恰好相反，硫含量高磷含量低。矿石主要为高炉富矿，部分为平炉富矿，贫矿较少。主要的矿物共生组合，金属矿物为磁铁矿、假象赤铁矿、黄铁矿，非金属矿物为透辉石、绿帘石、柘榴石。

（二）矿床勘查史

1958 年，华北分局〔57〕华分计字第 91 号文指示，要求于武安涉县一带在 1958 年第一季度内提交 A_2+B+C_1 级富铁矿工业储量 200 万吨，按照任务，冶金部华北分局对河北省武安市玉泉岭地区开展勘查工作，项目勘探部门主要负责人为李步云，施工部门主要负责人为王兰庭，报告编写为李晓峰、李复晔。

经过勘查工作，冶金部华北分局于 1958 年 6 月提交了《河北省武安市玉泉岭铁矿矿区勘探总结报告》，圈定平炉富矿 82.0902 万吨，高炉高硫富矿 141.5583 万吨，高炉低硫富矿 230.8644 万吨，贫矿 79.3801 万吨。

五十二、河北武安市西石门—锁会铁矿

（一）矿床基本情况

西石门-锁会铁矿位于邯郸市西北 47km 处，行政区划属武安市（原为武安县）矿山村管辖，锁会矿段行政区划属武安县锁会村管辖。

矿区处于"祁、吕、贺兰"山字形构造东翼边缘弧东侧，西临太行隆起带，东与华北沉降带相接，为二者过渡带。成矿母岩系燕山期中-偏酸性岩浆岩，围岩系中奥陶统钙镁碳酸盐岩，矿体位于 NNE 向压性构造及隆起处，属接触交代型磁铁矿床（见图 5-66）。

矿体形态简单，呈背斜状，似层状或透镜状，西侧平缓，向东倾伏，沿纵、横方向均有起伏。局部地段有尖灭再现现象。矿床为大型隐伏矿体，按空间赋存位置，分为大小不等 28 个矿体。编号为 $Fe_1 \sim Fe_{28}$。其中 Fe_1 为主要矿体，占总储量 95%以上。

Fe_1 矿体赋存于闪长-二长岩与中奥陶统中组接触处。矿体沿长轴方向长 5020m，横向宽约 1255~1076m，平均宽度 360m，矿体最大厚度 103.42m，一般 1.2~32m，平均厚度 15.13m，矿体埋深 10~491m，赋存标高 278~186m。

锁会一矿体产于灰岩与火成岩的接触带上，产状平缓，矿体走向近于东西，倾向南东，倾角 5°~15°，分布于 3~15 线。长约 65.0m，最大水平宽度 457m，最大延深 124.25m，矿体产于标高在 250~400m，矿石以贫矿为主，其次是低硫富矿及高硫富矿，平炉富矿仅占少数，获得储量 397.22 万吨。

锁会二矿体主要产于闪长岩与灰岩接触带上，少量产于灰岩层间，根据产出地段不同，分为 4 层，即 Fe_{2-1}、Fe_{2-2}、Fe_{2-3}、Fe_{2-4}，其中 Fe_{2-1} 层矿体规模最大。

Fe_{2-1} 层矿体位于 9~-2 号剖面线之间，走向为北东 20°，倾向南东，倾角 10°~15°，总长 800m，最大宽度 320m，最大厚度 60m，一般厚 10~15m，西部出露地表，东部插入灰岩层间，埋藏深度 33~50m，矿层产于标高 150~350m 处，矿石以贫矿为主，平均品位为 31.27%。

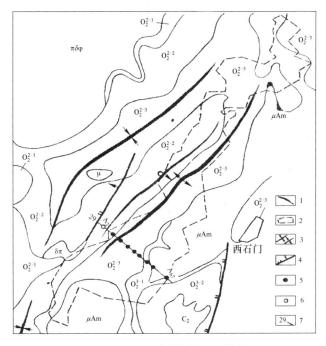

图 5-66 西石门铁矿区地质图

C$_2$—中石炭统页岩；O$_2^{3-1}$，O$_2^{3-2}$—峰峰组一、二段灰岩；O$_2^{2-1}$，O$_2^{2-2}$，O$_2^{2-3}$—上马家沟组一、二、三段灰岩；

μAm—角闪二长岩；πδφ—斑状正长闪长岩；δπ—闪长玢岩；μ—二长岩；

1—铁矿露头；2—矿体水平投影边界；3—向斜及背斜；4—断层；5—见矿钻孔；6—未见矿钻孔；7—勘探线及编号

矿体在 3 号、7 号剖面呈"火炬状"，是矿液沿成矿前构造裂隙充填形成，矿石以平炉富矿及低硫富矿为主，平均品位为 61.48%~49.48%，矿体在其他剖面间呈大小不同的"织布棱状"，仅在 9 号剖面呈细带状尖灭，矿石以贫矿为主，其平均品位为 31.27%，获得储量 587.56 万吨。

矿床总的形态为似层状透镜体。局部地段呈现膨胀突变。矿体走向为 NE 29°~32°，倾向 SE，倾角在 5°~60°之间变化。矿体呈似层状透镜体，走向 NE 30°，倾向随两翼变化，倾角 5°~45°。

（二）矿床勘查史

1959 年，河北省冶金工业局地质勘探公司 518 队对矿区进行勘探，矿区共两个矿体，共计储量 27124132t，报告编写人：真允庆、张永交。

1966~1967 年，518 队对矿区进行了勘探，获得储量 5881 万吨，提交了西石门—锁会铁矿地质勘探总结报告。

1968~1969 年，518 队在 1966 年的验证基础上，对西石门北区进行勘探，提交西石门—锁会铁矿北段地质勘探总结报告。

1959~1969 年，518 队对锁会铁矿二矿体进行地质勘探，提交铁矿储量 694.2 万吨。并提交《河北省武安县锁会铁矿二矿体地质勘探总结报告》。经邯邢基地办公室（批复）基办〔1974〕14 号文件审查批准铁矿储量：549.5 万吨。

1971 年，518 队对锁会矿段进行勘探，在勘探工作中，破除了勘探类型、网度及储量级别的规定，根据矿体及地形具体情况布置勘探工程，共施工 24 个孔，工程量 2829.82m，1971 年 3 月 518 队提交《河北省武安县锁会铁矿床地质勘探总结报告》，经〔78〕华冶勘地字第 64 号文件批准，获得储量如下：C_1+C_2 级 397.22 万吨，其中 C_1 级 192.90 万吨，C_2 级 204.32 万吨。

1973 年，经过对西石门铁矿 4 次勘探工作，共计 7 年时间，提交了《河北省武安县西石门铁矿详细地质勘探总结报告》，获得储量 10618.9 万吨。报告编写人：史庆富。

2007 年 10 月，全国危机矿山接替资源找矿项目管理办公室以〔2007〕001 号文下发了全国危机矿山接替资源找矿项目 2007 年任务书。中国冶金地质总局第一地质勘查院对西石门铁矿进行接替资源勘查工作。对 Fe_1 矿体东南翼进行资源储量估算，获得铁矿石 332+333 资源储量 926.43 万吨。项目负责人：邱晓峰。

五十三、河北邯郸市武安矿区尖山铁矿

（一）矿床基本情况

矿区位于东经 114°12′，北纬 36°47′，距邯郸市约 40km，行政区划属武安矿区管辖。

该区位于华北地块太行山背斜东麓，地层出露与华北各地完全相仿，系属地台型。地层岩系很发育，岩浆活动主要是中生代燕山期中性闪长岩侵入，构造多为 SN、NNE、NW 方向，大部分属正断层。

尖山铁矿区共有 6 个矿体组成：云驾岭矿体、燕山矿体、五家子矿体、黑石头坡矿体、玉石洼矿体、玉皇庙矿体，后两个属中大型矿体，其他属小型矿体。

玉皇庙矿体产于尖山北缘，东西分布，延长约 320m，露头部分形如蠕虫，中部较厚达 100m，两端东部及西部逐渐尖灭。矿体向南倾斜，由直立而趋于平缓，底板标高约在 400m。

玉石洼矿体，按其空间位置可划分为三层，其编号由上而下为 Fe_1、Fe_2、Fe_3，其中储量最大的为 Fe_3 矿体，为主矿体。

Fe_3 矿体平面图上呈"新月形"，走向 130°，最厚达 48.37m，宽度最大 730m，矿化较连续。剖面图上矿体沿接触带呈似层状分部，埋深标高在 150~250m，由北向南呈 5°倾斜，总长 1657m。平均宽度 360m，矿体顶板为大理岩，底板为矽卡岩。

云驾岭矿体与玉石洼、玉皇庙、燕山等矿体相邻近，赋存在同一个北西向的接触带上。矿体形态受接触带控制。

云驾岭矿体共由两层矿组成，即 Fe_1、Fe_2。

Fe_2 矿体为主要矿体，顶板为灰岩，底板为闪长岩，南北走向，呈短轴背斜透镜体，北部高南部低，逐渐延伸，矿层南端分叉，矿体总长 1522m，宽度北部 645m，南部 400m，矿体平均厚度 14.5m，幅度变化小，稳定。

（二）矿床勘查史

1958 年，由河北省冶金工业局地质勘探公司 518 队进行勘探工作，于 1959 年 5 月提交了《河北省邯郸市武安矿区尖山铁矿地质勘探总结报告》，获得 B+C_1+C_2 级矿石量共计

18580283t。报告编写人：真允庆。

玉石洼矿体于 1960~1966 年，518 队分两次投入勘探工作共获得储量工业 2432 万吨，远景 255 万吨。

1969 年，518 队对矿体进行了勘探，提交了《河北省武安县尖山铁矿区云驾岭矿体评价勘探报告》，获得远景储量 2302.03 万吨。

1979~1980 年，518 队进行补充地质工作，于 1980 年 9 月提交《河北省武安县云驾岭铁矿补充地质工作说明书》，编写人李玺安。经华北冶金地质勘探公司〔83〕华冶勘地字第 82 号审查，批准铁矿表内储量 D 级 339 万吨，平均品位 46.24%。

五十四、河北武安县崔石门铁矿

（一）矿床基本情况

矿区位于矿山铁矿东 3km，行政区划属河北省武安县（现为武安市）矿山镇管辖。

崔石门铁矿位于矿山矿田的东部，矿区附近构造简单。以南东倾之单斜构造为主，伴有一系列北东向，部分北西向张性断裂，及因断裂牵引或火成岩侵入而形成的小型隆起及相对凹陷构造。

就矿区内而言，仅见有北西向为主的块状断裂，均为断距不大，延长不远的小型断裂及受牵引而形成的小褶曲，对矿体无影响。区内广泛分布第四系沉积物，出露地层有中奥陶统灰岩、石炭二叠系含煤碎屑岩系，其岩性与区域岩性基本一致，不多述及。矿区西部分布有较大面积的矿山侵入岩体，与矿区内深部火成岩同属，闪长岩-正长闪长岩-二长岩系列。

崔石门铁矿据目前钻孔控制情况来看，由不连接的两个矿体组成。

该区分东西两个矿体，东部一号矿体又分上、下两层，上部主矿层产于灰岩层间，储量 1668.1 万吨，占总储量的 53.73%，下部接触带上矿层薄，储量为 586.1 万吨。西部二号矿体产于灰岩层间，储量 791.9 万吨，以贫矿为主，占总储量的 25.51%。下部接触带上无矿体赋存。

一号矿体以 OK111 号孔为中心，长 600m，宽 500m，最大厚度达 66m（不包括夹层）。走向近东西。体呈穹隆状产出。Fe_1 为主矿层，产于近接触带的碳酸岩层间，其北部及边部变薄并有分叉现象。Fe_2 层产于接触带上，厚度薄且贫（最大厚度 16.8m），往往渐变为含铁矽卡岩。矿体埋藏深度一般为 350~470m，标高 20~120m。

二号矿体以 OK202 孔为中心，产于碳酸盐层间。长约 600m，宽近 500m，最大厚度为 22.08m（不包括夹层）。走向近东西略偏北，倾向南东倾伏，矿体呈队叉字形，向北分叉，于 OK202 号孔以南合并一起。矿体埋深一般为 26~400m，标高 50~200m。

（二）矿床勘查史

1960~1962 年，河北省冶金工业局地质勘探公司 518 队、517 队曾先后进行过验证工作，施工了 7 个孔，投入钻探工作量为 2667.50m。

1965~1966 年，河北省冶金工业局地质勘探公司 518 队、517 队进行了评价工作，共施工 10 个孔，工作量为 5165.17m。初步查明了矿体规模、产状、形态变化情况，1966 年

9 月 10 日提交《河北省武安县崔石门铁矿地质评价勘探报告》经〔78〕华冶勘第字第 128 号文件审查意见，获得 C_2 级储量 3046.1 万吨（其中富矿 2216.5 万吨）；平均品位：一矿体 TFe 47.10%，S 2.09%；二矿体 TFe 40.08%，S 0.96%。

五十五、河北武安县上泉铁矿

(一) 矿床基本情况

矿区位于武安西 7km，在玉泉岭铁矿北 4km，行政区划属河北省武安县（现为武安市）上泉村管辖。

矿床位于磁山—武安矿田东北部，属武安凹折断范畴。出露岩石为中奥陶系灰岩，石炭系砂、页岩，以及燕山期闪长岩等。因受矿山-磁山断裂束之影响，断裂构造比较发育。

该矿为矽卡岩型铁矿。受次一级断裂构造和节理构造所控制。因而矿体赋存在矽卡岩中及外接触带。依据矿体产状和相对位置分 3 个矿段，每个矿段都由多矿体组成。

第一矿段：由大小不等的 4 个矿体组成，露出地表，产于柘榴石矽卡岩中，矿体产状、走向与闪长岩之节理构造方向一致。为北东—南西方向、倾向南东。倾角 40°~50°，矿体形态极端复杂，呈不规则形状。埋深比较浅，最深者仅有 110m，矿段长 200m，宽 60m。总计储量为 36 万吨，以赤贫矿为主。全铁平均含量 40%。

第二矿段：由两个矿体组成，呈上下雁叠式产于矽卡岩中，走向近于南北，倾向西，倾角 50°。II$_1$ 矿体规模比较大，有露头，矿体形态似透镜体状，长 130m，最大埋深 135m。II$_2$ 为小透镜体状，潜伏在 II$_1$ 矿体之下。总计储量 64 万吨，全为高炉富矿，全铁平均含量 51.73%。

第三矿段：南北长 950m，宽 250m，由大小 8 个矿体组成，为上下雁叠式分布，其中 III$_1$、III$_2$ 两矿体最大，总计储量 1048 万吨，全铁平均含量 48.1%。

III$_1$ 矿体，除在 5~6 勘探线间隐伏地下外，其余部分均露出地表产于矽卡岩中，走向近于南北，倾向西，倾角 50°~20°。矿体形态极端复杂，产状变化也很大。沿倾向延伸起伏，变化异常。在 17 线以北，倾角缓，埋藏浅，17 线以南，除 13 线埋藏浅外，均沿倾向延深比较深，倾角比较陡，最大埋深 220m。矿体厚度变化也很大，时厚时薄，变化幅度 2~58m，在 6~8 线间矿体比较稳定，7 线矿体最厚，可达 58m。矿体长 950m，储量 362 万吨，其中平炉富矿 93 万吨，全铁平均含量 48%。

III$_2$ 矿体，位于 III$_1$ 矿体之下，矽卡岩与大理岩之接触带，除在 9 线因地形切割见露头之外，其余部分均潜伏地下，为盲矿体，走向近于南北，倾向西，倾角 60°~80°，矿体形态也很复杂，在 11~17 线间比较稳定，沿倾向延伸深，矿体厚度大，13 线矿厚可达 50m，埋深 300m。11 线以南矿体形态更为复杂，矿体薄、埋藏浅。矿体长 730m，储量 670 万吨，其中平炉富矿 173 万吨，全铁平均含量 48.72%。

第三矿段其他矿体，规模小，矿体特征和 III$_1$ 类似。

(二) 矿床勘查史

上泉铁矿于 1959 年、1965 年及 1966 年由河北省冶金工业局地质勘探公司 518 队、

517 队先后进行了普查勘探和水文地质工作，共完成探矿孔 45 个，工程量 6981m，并提交《河北省武安县上泉铁矿地质勘探报告》，经〔1978〕华冶勘地字 65 号文件审查，探明铁矿储量 1146 万吨，其中平炉富矿 273 万吨，全区铁矿石平均含 TFe 47.33%。

五十六、河北武安县北洺河钴、铁矿床

（一）矿床基本情况

矿区位于武安县（现为武安市）上团城村北的北洺河河床中，行政区划属河北省武安县上团城村管辖。

北洺河钴、铁矿床位于Ⅳ级构造——武安凹折断束范畴。区内主要以褶皱为主，断裂次之。东部 300m 处有一组近南北向正断层通过，火成岩沿构造脆弱地带呈舌形由东向西侵入，并构成几个重叠式接触带。由于火成岩隆起和侵入上冲动力作用使之上覆地层形成短轴背斜。7 线以西背斜两翼倾斜较缓，以东则倾斜较陡。矿体受背斜构造控制，赋存于接触带或近接触带背斜轴部的火成岩中，Fe_7 层矿也见呈犬牙型插入灰岩中，与接后带呈角度接触尖灭。由于火成岩侵入的多枝现象，控制了在几个重叠接触带上矿体的多层性。

区内被黄土及河床卵石掩盖。黄土分布在河床两岸即矿体西北和北部，从钻孔中见其厚度一般为 1~1.5m。卵石主要由石英岩、灰岩组成，最厚者达 143.21m，最薄者十几米。其中，流砂石 0~15m，含砂红泥砾石层 15~143.21m。基岩上部有一层 2~10m 的红泥，黏度大，隔水性好，但不稳定。

该区火成岩属于燕山期岩浆活动产物。沿构造脆弱地带呈舌形侵入。矿区内表现形态不规则的多枝性，顺层插入灰岩层间，并构成接触带的复杂性。岩体有明显的分相现象，由中心到边部为：二长岩—正长闪长岩—闪长岩—闪长玢岩—蚀变闪长玢岩。

北洺河钴、铁矿床埋藏标高为 142~-399m，走向近东西，形态"月牙形"，总长 1637m，最大宽 362m，厚度大，宽度窄，按矿体空间赋存状态划分为 8 层。编号由浅至深为：Fe_1、Fe_2、Fe_3、Fe_4、Fe_5、Fe_6、Fe_7、Fe_8。矿体规模及储量以 Fe_7 层为最大，Fe_6 层次之。其中 Fe_1 层分布在 2、3、4 线上，呈透镜体，近水平状。埋藏标高 100~143m，沿走向长 255m，最大宽度 157m，最大垂直厚度 22m。于 2 线上分叉，3 线上又合为一体。矿层比较稳定，赋存在接触带上，底板以矽卡岩为主，以高硫矿为主。

（二）矿床勘查史

1959 年，由华北地质勘探公司物探队发现该区异常。

1965 年，河北省冶金工业局地质勘探公司 518 队进行了验证评价工作，提交《河北省武安县北洺河铁矿地质工作总结报告》。

1969~1970 年，518 队对北洺河矿体进行了地质勘探工作，并提交《河北省武安县北洺河钴、铁矿床地质勘探总结报告》，1970 年 9 月 5 日经汇审，获得富铁矿石储量 9502.34 万吨。

1974 年，518 队提交《河北省武安县北洺河钴、铁矿床地质勘探总结报告（补充报告）》，编写人李景昌，获得铁矿 $B+C_1+C_2$ 级储量 7909.71 万吨，平均品位 TFe49.78%，

其中 B 级 1810.45 万吨，C_1 级 4571.25 万吨，C_2 级 1528.01 万吨。

五十七、河北武安县磁山铁矿磁山村矿体

(一) 矿床基本情况

矿区位于磁山铁矿南 300m 处南洺河北岸，磁山村东，行政区划属河北省武安县（现为武安市）磁山镇管辖。

磁山村矿体位于磁山至徘徊断裂北侧，磁山侵入体南部边缘，中奥陶系马家沟组灰岩在该区为向 SE 倾斜的单斜构造，倾角 20°左右。

地层可见中奥陶统马家沟组灰岩和第四系黄土及砾石。岩浆岩主要为燕山期闪长岩体，分布面积较广，除矿体以北有较大面积出露外，其余均已被黄土砾石掩盖。

该矿体属矽卡岩型接触交代铁矿床。石灰岩呈俘虏体存在于火成岩中，造成了上、下接触带成矿的有利条件，该矿体以上接触带矿层为主，其矿层编号为 Fe_1，下接触带矿层极小，其编号为 Fe_2。

Fe_1 层，矿体走向 NW—SE，沿走向长 345m，倾向 S，倾角 30°~47°。矿体水平最大宽度 180m。最大延伸 235m，最大厚度 20.78m，形似透镜体，埋深 56~287m。

1 号剖面矿体产于接触带上，北端插于火成岩中，呈弯月形，延伸 200m，倾角 30°左右，最大厚度 4.70m，埋深 56~158m。

2 号剖面矿体产于火成岩中，呈透镜体，延伸 225m，倾角 35°左右，最大厚度 20.78m，埋深 77~214m。

(二) 矿床勘查史

磁山村铁矿经河北省冶金工业局地质勘探公司 518 队勘探，投入钻探 11 个孔，工程量 2478m。1971 年 3 月提交《河北省武安县磁山铁矿磁山村矿体地质勘探总结报告》经〔78〕华冶勘第字第 55 号文件审查意见，获得铁矿储量 174.26 万吨，伴生钴 256.45t，伴生铜 1469.56t。

五十八、河北武安县胡峪铁矿

(一) 矿床基本情况

矿区位于邯郸、武安两县交界处（现为邯郸市境内）。东距邯郸钢厂 15km，行政区划属河北省武安县（现为武安市）胡峪村管辖。

矿田出露地层，自西往东始于早古生界之下寒武系七庄组，终于晚古生界之上二叠系的石千峰组。地层走向 NNE，向东倾为主。

矿田构造属新华夏式构造体系，表现为：构造线以 NNE 向占主导地位。早古生界地层褶皱明显，断裂构造次之，晚古生界之石炭二叠系地层断裂发育，褶皱较不显著。构造线均以 NNE 走向为主，构成新华夏式构造体系。

燕山晚期岩浆活动在该区侵入频繁，是铁矿床的成矿母岩，其露头仅在白沙和胡峪南李庄处见到，一般顺层侵入在围岩中，侵入层位除寒武系外，其余 O_2、D、P 均见有出露，岩性属中偏酸性的闪长岩类。

该矿床属于接触交代型磁铁矿床，扩及空间范围长 720m，宽 411m，埋深 247~678m，埋藏标高 7.68~-415m。赋存方式：有在灰岩和大理岩层间的，也有在接触带上的。

胡峪矿体是一个层次多、形态复杂的矿体。为便于对它进行研究和了解，选取了 OK1 孔为解剖孔，并且通过 OK1 孔作横剖面和纵剖面（即第 5 号勘探线和 1-1 纵剖面线）进行矿层划分和对比。

划分时再根据"矿层出露标高、矿层顶底板所属层位，以及矿层受哪一层火成岩接触带控制，然后结合矿层产状和自然延伸形态"进行归类划分。按上述原则把胡峪铁矿体划分成三大段九个矿层。其中第一大段位于第一层闪长玢岩上接触带成矿，包括 4 个矿层分别编号 Fe_1、Fe_2、Fe_3、Fe_4。

（二）矿床勘查史

1972 年，河北省冶金工业局地质勘探公司 518 队对该矿进行地质评价，施工 19 个钻孔，共 12015m。于 1972 年 12 月提交《河北省武安县胡峪铁矿地质评价报告》，报告编写人周水生，经〔78〕华冶勘地字第 61 号文件审核，批准铁矿储量 C_2 级 2304.8 万吨，伴生石膏矿石量 1500 万吨。

1977 年，518 队进行验证及评价工作，并于 1978 年 8 月提交《河北省武安县胡峪东南铁矿及硬石膏矿床评价地质报告》，编写人李作君等。铁矿石 C_2 级储量 2187.93 万吨，石膏矿储量 10601.6 万吨。

五十九、河北武安县杨二庄铁矿

（一）矿床基本情况

矿区位于河北省武安县（现为武安市）庄晏公社杨二庄村北，行政区划属河北省武安县庄晏公社（后并入伯延镇）管辖。

矿区位于京广线以西；邯郸、邢台地区之武安县、涉县、沙河县境内。

区域地质所属范围为太行山东麓，武-涉-沙地区位于"祁、吕、贺兰"山字形构造东翼边缘弧的东侧。西临太行山隆起带，东与华北沉降带相接，处于两个不同构造单元的过渡带。由于南北构造带与新华复系的复合，区内构造多作 SN 及 NE—NNE 向展布。区内地层、岩浆岩及矿田均受此构造体系控制。

区内出露地层由下至上为寒武系、奥陶系、石炭系、二叠系、第三系及第四系。在区内，西部及中部主要为下古生界地层，东部为上古生界地层。区域内成矿围岩主要是中奥陶统，共分为三组八段。区内构造以新华夏系为主体，另有南北构造带、华夏式的多种构造体系。

新华夏系：为该区主要构造体系，分布全区。特点是东部武安盆地石炭-二叠系地层出露区较为发育，构造线方向为 NE5°~30°。形成的构造形迹以断裂为主，另有规模较小的褶皱及派生的低序次褶皱和断裂。较大的构造形迹有涉县、玉泉岭、郭二庄、紫山断裂带及南洺河断裂带。前四者为走向 NNE，以高角度正断层形式出现，具压性及压扭性结构面的特征。而南洺河断层，则是 NWW 向张性及张扭性高角度正断层。

岩浆岩以燕山期最为强烈，分布广泛，与成矿关系密切，其次，仅见喜马拉雅期玄武岩零星露头在南阳邑一带分布。

该矿床为隐伏矿体,按赋存位置,分为 Fe_1、Fe_2、Fe_3、Fe_4、Fe_6 五个矿层,Fe_6 为主矿层。

Fe_6 矿层为一储量 3914.86 万吨中型矿体,占全矿床总储量 99.81%,东西延长 2078.96m,延深达 765m,宽 700~61m,平均宽 351m,平均厚 12.6m,埋深 837~80.6m,埋藏标高 -535.6~159.5m。矿体走向 NE、倾向 SE,倾角 20°。

(二) 矿床勘查史

1959 年,河北省冶金工业局地质勘探公司 519 队进行了物探工作。

1969~1972 年,518 队进行了地质勘探工作,于 1973 年 7 月提交《河北省武安县杨二庄铁矿地质勘探总结报告》,编写人张竹如。经冶金部〔73〕冶地字第 1771 号文件审查,批准铁矿总储量为 3922 万吨,其中 B 级 754 万吨,C_1 级 2537 万吨,C_2 级 631 万吨。

六十、河北武安县崇义东铁矿

(一) 矿床基本情况

矿区位于武安县 (现为武安市) 崇义村东南 0.5km,行政区划属河北省武安县上团城乡管辖。

区内除沟谷有零星的基岩露头外,其他大部分为第四系黄土及砾石覆盖。崇义东矿区位于林县隆起与武安凹陷两个Ⅲ级构造单元的邻接部位。崇义一带的岩浆岩属于武安岩体的一部分,具同一构造条件控制而多次活动特点,同属燕山期。

崇义东铁矿具有层次较多、分布分散、规模不大、形态复杂的特征。各矿体从平面分布略呈环状排列。其剖面形态为囊状、透镜状、似层状及其他复杂的不规则状。矿体产于 O_2 碳酸盐岩与“筒状岩体”复杂的接触带,也有呈捕房体产于岩体之内。

根据平面分布,崇义东铁矿划分为一、二、三 (1Fe、2Fe、3Fe) 三个矿体,总储量 1904.36 万吨。每个矿体再根据平面及空间位置又划分为若干矿层,崇义东三个矿体共包括 11 个较大的矿层 (主矿层),编号分别为 $1Fe_{1-1}$、…、$1Fe_4$,$2Fe_1$、…、$2Fe_4$,$3Fe_1$ 及 $3Fe_2$,合计储量为 1650.12 万吨。

一矿体 (1Fe) 在 1~10 线间,矿体产于“筒状岩体”岩体内,矿体长 555m,宽 40~155m,走向近东西,埋深为 45~440m。一矿体储量 506.82 万吨,占全区储量的 26.6%。它是由 5 个 ($1Fe_{1-1}$、$1Fe_{1-2}$、$1Fe_2$、$1Fe_3$、$1Fe_4$) 较大的矿层和 4 个小矿层组成。其中 $1Fe_{1-1}$ 和 $1Fe_3$ 两个矿层占矿体储量的 85.8%。$1Fe_{1-1}$ 位于 1~6 线,矿层走向近东西,长 340m,中间较狭,两侧较宽,最宽处 120m。矿层储量 287.03 万吨,占一矿体储量的 56.6%。矿体产于 O_2^{2-3} 灰岩捕房体周边,其形态、产状受灰岩捕房体表面形态的控制,矿层包裹灰岩体而形成“外壳”,因而矿层形态复杂,在剖面上显弧形及其他形态。

二矿体 (2Fe) 在 13~27 线间,“筒状岩体”的南侧。近南北向的二矿体背斜直接控制着矿体形态和产状。矿体北部产于背斜之东翼,南部转为西翼。矿体走向北东,其倾向、倾角,由于所处背斜部位不同而有异。二矿体包括 4 个较大的矿层 ($2Fe_1$、$2Fe_2$、$2Fe_3$、$2Fe_4$) 和 14 个小矿层,合计储量 734.56 万吨,占全区储量的 38.6%。其中 $2Fe_1$、$2Fe_3$ 占二矿体储量的 56.9%。

三矿体（3Fe）在 30~38 线间。三矿体由大致上下重叠的两个主矿层（3Fe$_1$、3Fe$_2$）和 6 个小矿层组成，储量 662.98 万吨，占全区储量的 34.8%。3Fe$_2$ 矿层长度为 600m，宽 75~185m，储量 606.44 万吨，占三矿体储量的 91.5%，占全区储量的 31.8%，是崇义东铁矿最大的矿层。3Fe$_2$ 矿层主要部位其剖面形态为釜形、薯形的囊状矿层，厚度较大，最大见矿工程厚度为 60.38m。

（二）矿床勘查史

1971~1979 年，河北省冶金工业局地质勘探公司 518 队进行勘探工作，于 1979 年 3 月提交《河北省武安县崇义东铁矿初步地质勘探总结报告》，编写人刘怀智。获得铁矿石储量 1904.36 万吨，其中 C$_1$ 级 330.19 万吨，C$_2$ 级 1574.17 万吨。

六十一、北京怀柔区安岭西沟铁矿

（一）矿床基本情况

安岭西沟铁矿床位于北京市怀柔区北 40km 的琉璃庙乡和汤河口乡交界处。其范围：北起桐木沟，南到羊奶沟，西起安岭西沟村，东到正岔沟门。南北长 1100m，东西宽 600m，面积 0.66km^2。地理坐标：东经 116°37′37″~116°38′28″，北纬 40°40′07″~40°41′18″。怀柔到河北丰宁柏油公路在矿区东侧约 2km 处通过，北可直达丰宁。

怀柔北部铁矿区，是指云蒙山花岗岩体以北、青石岭断裂以西，北部和西部以中元古界所围限的半弧形的地带。该区域大地构造位置为阴山—燕山东西向复杂构造带与新华夏系的联合部位。

该区太古界地层，以崎峰茶断裂为界，以东属于张家坟群山神庙组，以西属于密云群大漕组。中元古界长城系主要出露在该区北部和西部，系为常州沟组至大红峪组的产物。该区岩浆岩从超基性岩、基性岩到中、酸性岩均有发育。

安岭西沟铁矿床位于华北地台北缘燕山隆褶带中密怀隆起区的西北角，云蒙山穹窿的西北部，因此区内褶皱构造及断裂构造都很发育，断裂构造主要为崎峰茶断裂、青石岭断裂和桐木沟断裂为主。

安岭西沟铁矿床出露地层主要为太古界，其次为元古界长城系及新生界第四系。该矿床内，岩浆岩主要由辉长辉绿岩、正长（二长）斑岩，其次为花岗岩及石英脉。该矿床所处构造部位复杂，构造很发育。其中褶皱构造总体格架为两向一背。断裂构造发育，对矿体影响较大的有 F$_{1-1}$、F$_{2-2}$、F$_{3-1}$ 和桐木沟断裂，这些断裂构造为后期断裂，破坏了矿体的连续性和完整性，使矿体复杂化。

安岭西沟铁矿床，南起 S450 线，北至 N600 线，全长 1050m，东西宽 600m，包括大小矿体 15 个，总体走向 330°~340°。按所处含矿层位及构造部位，可划分为 3 个矿带（体）。其中 I 号矿带为主要矿带，由 5 个矿体组成。单个矿体最大出露长度 575m，厚度在 1~10m，最大埋深标高 285m，层状产出。

该矿床矿石主要结构为半自形-他形粒状、粒状集合体或粒状变晶结构。矿石主要构造为片麻状构造，个别的呈条纹状或块状构造。

（二）矿床勘查史

1959 年，北京市地质局密怀平勘探队，对矿区进行了地质详查，共施工钻孔 20 个，并提交了《北京市怀柔县马圈子铁矿地质勘探报告》，但实际没有达到详查程度。此次工作中涉及马圈子铁矿床储量共计 348.3 万吨，其中物探工作涉及安岭西沟部分矿体。

1961 年，石钢地质勘探队，在琉璃庙地区进行地质工作后，提交了《北京市怀柔县琉璃庙地区鞍山式铁矿初步勘探报告》。

1976 年，陕西省地质局第二物探队三分队在琉璃庙—马圈子范围内做了 1：5000 磁法普查，提交了《北京市怀柔县琉璃庙马圈子工区物化探普查报告》。

1987~1988 年，首钢地质勘查院综合地质调查队在矿区附近开展普查找矿工作，主要参与人为孙正夫、宣兴华、侯效钦、王继先及冷振峰等，并确定安岭西沟铁矿床为详查工作重点之一，并开展了较为详细的地表地质和物探工作，并提交了《北京市怀柔县琉璃庙乡安岭西沟铁矿床地质详查设计》。

1989~1991 年，首钢地质勘查院综合地质调查队对矿区开展详查工作，主要参与人为侯宝森、李宪君、汤绍合、杨艳忠等，报告编写人主要为李宪君、陈振泉、于芳、杜效明、高晓军等。对 I 号矿带按 200m×200m，II、III 矿带按 100m×100m 网度进行控制。此次详查共投入钻探工程量为 5286.83m（34 孔），并最终提交《北京市怀柔县玻璃庙乡安岭西沟铁矿床地质详查报告》。此次提交表内、外 C+D 级铁矿储量 740.30 万吨，TFe 品位 27.59%，其中表内储量 731.62 万吨。

六十二、山西代县山羊坪铁矿

（一）矿床基本情况

山羊坪铁矿位于代县县城 89° 方向，直距 28km 处，行政区划隶属于代县聂营镇管辖。地理位置为东经：113°14'10"~113°16'05"，北纬：39°03'22"~39°04'57"。西距 G239 国道运距 6km；北距 G108 国道运距 24km，距 S40（广）灵河（曲）高速繁峙西高速口运距 30km，距京-原（平）铁路线枣林站运距 33km，均为 G239 国道相通。

山羊坪铁矿分山羊坪东和山羊坪西，山羊坪东为峨口铁矿，是山羊坪铁矿的典型代表，该矿是太原钢铁公司主要铁矿石基地之一。

矿床产于太古界五台群石嘴亚群文溪组，岩性主要为绿泥云母片岩、绿泥角闪片岩，各类角闪片岩、云母石英片岩、绿泥云母片岩及磁铁石英岩，总厚 800m 以上。磁铁石英岩，区内共有三层，呈北东东向展布，长达 7000m，宽达 3500m，上层厚度最大，中、下层厚度小常合并成一层，下层位柏枝岩组底部。

矿区内褶皱十分发育，含铁建造因多期褶皱叠加，致使同一层位的铁矿层多次重复出现，总体呈现为一马蹄形的复式向斜构造（即山羊坪复向斜）。

矿区褶皱对矿体的影响主要表现在对矿层形态产状及厚度的控制，呈"无根钩状体"形态产出。由于矿区受多期叠加褶皱作用的影响，致使矿层的产状、形态、厚度变化异常复杂。

山羊坪铁矿床 22 号勘探线剖面如图 5-67 所示。

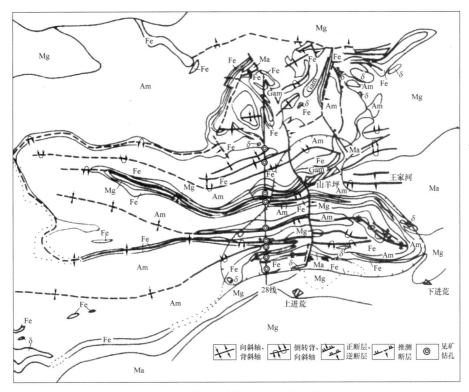

图 5-67 代县山羊坪铁矿地质示意图

Gam—五台群石榴子石石英片岩；Am—五台群角闪片岩；Ma—五台群绿泥角闪片岩；

Mg—五台群石英片岩；Fe—五台群含铁石英岩（矿体）；δ—角闪岩

区内岩浆活动主要为五台期、吕梁期及燕山期，岩浆岩均不发育。吕梁期岩浆岩主要为斜长角闪岩小岩体，该岩体对矿层的厚度、完整性、矿层的原来位置均有较大的破坏影响，但对矿层的品位影响不是很大。

山羊坪铁矿床 28 号勘探线剖面如图 5-68 所示，山羊坪铁矿床 22 号勘探线剖面如图 5-69 所示。

矿床分东、西两部分。东部矿床面积 1.8km²，已勘探，属目前正在开采的峨口铁矿。西部矿床面积 20.2km²，只部分达到详查程度。

主要有 3 个含矿层，最上层（Fe_1）是矿山生产的主要矿层。矿体呈稳定的似层状，规模大，约占矿区储量的 80%，矿体东西长约 7000m，南北宽 3500m，最厚达 230m，平均厚 57.82m。矿体埋深 500m，赋矿标高 1430~2185m。矿体走向 50°~110°，总体倾向南东，倾角 60°~70°。受褶皱控制，矿体有陡倾-直立-倒转现象。

中、下矿层（Fe_2+Fe_3）有时合并为一层矿体呈似层状或透镜状。受复向斜制约，两翼不对称。南翼自 42 线向东，长约 1000m，厚 420m；北翼自西向东，长约 1000m，厚 4~40m，最厚 63m，向深部逐渐尖灭。

矿石矿物成分较复杂。原生矿物以磁铁矿、镁菱铁矿为主。脉石矿物主要有石英、绿泥石和镁铁闪石。

矿石主要呈他形或自形粒状变晶结构，局部见交代结构，以条带状构造为主，多由一种或多种矿物相对集中成条带。矿床成因类型属沉积变质型（鞍山式）铁矿床。

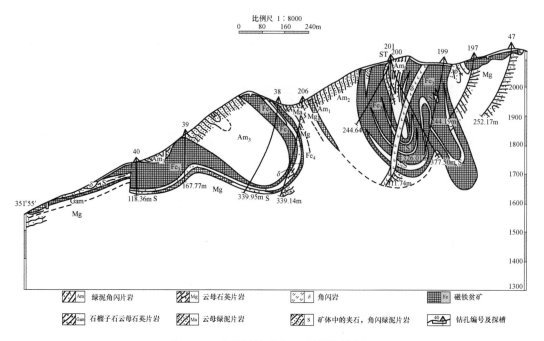

图 5-68 山羊坪铁矿床 28 号勘探线剖面

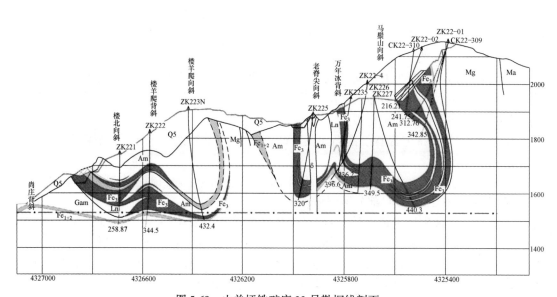

图 5-69 山羊坪铁矿床 22 号勘探线剖面

Am—绿泥角闪片岩；Mg—云母石英片岩；δ—角闪岩；Gam—石榴子石云母石英片岩；Ma—云母绿泥片岩

全矿区矿石平均品位 TFe 30.10%，mFe（磁性铁）19.70%，CFe（碳酸铁）3.47%，GFe（硅酸铁）3.80%，SiO_2 平均 45.19%，S 平均 0.102%，P 平均 0.059%。

截至 2009 年 12 月 31 日，全区累计探明储量 52016.31 万吨，其中，东部矿区累计查明储量 44110.76 万吨；西部矿区累计查明储量 7905.55 万吨。

峨口铁矿矿山1970年恢复建设，1977年7月投产，采用露天开采方式，至2021年上半年共开采矿石大约1.7亿吨。露天采场划分为南、北两区，南区划分为南东、南西露天采场；北区划为北东、北西露天采场。目前南东、北东露天采场已经闭坑，正在生产的露天采场有南西、北西两个露天采场。

南东露天采场已于2016年闭坑，作为内排土场；南西露天采场最低开采标高1660m，最高开采标高1684m，境界内剩余矿量460万吨；北东露天采场已于2012年闭坑，作为内排土场；北西露天采场最低开采标高1648m，最高开采标高1672m，境界内剩余矿量790万吨。

峨口铁矿累计消耗资源储量10118.01万吨。山羊坪西累计消耗资源储量1460.55万吨。

（二）矿床勘查史

1955年，重工业部地质局华北分局第二普查队唐绍武、罗承、王浩铨等人根据群众报矿首次踏查时发现此矿，并进行了普查评价工作。

1955~1957年，重工业部地质局华北地质勘探公司第二普查找矿分队及冶金工业部太原钢铁公司504队刘天命等人在该区进行了普查找矿。504队提交了《山西省五台铁矿山羊坪矿区一九五七年度总结报告书》，获B+C+D级储量23360万吨。

1958年，冶金部华北地质勘探公司504队在该区进行了初步勘探，并于1958年10月31日提交了《山西省五台铁矿山羊坪矿区初步勘探地质总结报告》，计算得贫铁矿储量48659万吨，其中C_1级33583万吨，C_2级15076万吨。

1962~1963年，冶金部华北地质勘探公司504队进行勘探工作，提交《山羊坪铁矿初步物探补充地质报告》。

1962~1963年，冶金部华北冶金地质勘探公司504队进行补充勘探工作，于1964年3月提交《山西省五台铁矿山羊坪矿区初步勘探补充地质报告书》，获C+D级资源量29726万吨，表外矿15519万吨。

1964~1965年，由504队进行补充勘探。1965年12月，提交了《山羊坪铁矿东部矿区地质勘探储量计算报告》，获得贫铁矿工业储量37484万吨，品位TFe 30.31%，SFe 28.50%；贫矿远景储量12566万吨，品位TF 30.78%，SFe 28.52%。

1965年12月，冶金部华北冶金地质勘探公司提交《山西省代县山羊坪铁矿东部矿区地质勘探储量计算报告》，获工业储量37484.0万吨，表外矿6087.8万吨；远景储量12565.9万吨，远景表外矿5684.3万吨。

1967~1968年，太钢504队再次进行补充勘探，提交了《山羊坪铁矿东部矿区地质勘探储量计算说明书》，由于历史原因，上述报告没有及时审查，延至1974年才由冶金部对1965年和1968年提交的储量计算报告和说明书进行了审查，以〔1974〕冶地字1660号文批准报告储量为：表内B+C+D级48938.2万吨，表外B+C+D级12221.8万吨。

1978~1979年，由冶金部太原钢铁公司地质勘探队进行补充地质勘探工作。1980年1月提交了《山羊坪矿区补充勘探地质总结报告》，获得以mFe为主要衡量指标的B+C级工业储量7509.746万吨，远景储量3748.355万吨。

以上各时期的勘查和储量计算，均采用TFe和SFe来圈定矿体，但矿石中CFe和GFe含量较高，对mFe的含量、储量和空间分布未做系统研究。

1980年3月至1982年9月，冶金部第一冶金地质勘探公司第五地质勘探队、第一地质勘探队先后进行补充地质勘探工作。1983 年 8 月提交了《山西省代县峨口铁矿山羊坪矿区补充勘探地质报告》，探明磁性铁贫矿总储量 26593. 8 万吨（TFe 30. 10%，mFe 19. 70%），其中工业储量 4868. 7 万吨（TFe 30. 30%，mFe 20%），远景储量 21725. 1 万吨（TFe 30. 05%，mFe 19. 63%）。1983 年 4 月以前参加补充勘探及资料整理工作的有：刘君贵、刘芳、杨文华、刘振廷、王秉诚、韩世库、潘厚满、赵延军、雷荣珍、石延东；1983 年 4 月后，参加报告编制工作的有：罗继伦、杨文华、卢青娥、颜素杰、石延东。

1994 年，冶金部第三地质矿产局 312 队对西部矿床进行普查，提交了《山西省代县初裕沟—山羊坪西区铁矿普查地质报告》。获 D+E 级资源量 22200 万吨，表外矿 18. 81 万吨；其中 D 级资源量 1417. 06 万吨，E 级资源量 20782. 94 万吨。2010 年 10 月，中国冶金地质总局第三地质勘查院提交了《山西省代县山羊坪西矿区铁矿核查区资源储量核查报告》，核实截至 2007 年 12 月 31 日，全区累计查明铁矿 122b+332+333 资源储量 7905. 55 万吨，消耗 1460. 55 万吨，保有资源量 6445 万吨，mFe 平均品位 22. 69%。

六十三、山西代县初裕沟铁矿

（一）矿床基本情况

工作区位于代县县城 90°方向，直距 23km 处的初裕沟村，行政隶属代县聂营镇、繁峙县岩头乡管辖。中心地理坐标：东经 113°14′00″，北纬 39°05′00″，面积 6. 50km。北距 108 国道直距 11km，运距约 17km；距京原铁路下社火车站直距 9km。矿区与 108 国道、京原铁路有公路相通，交通十分便利。

矿床赋存在太古界五台群金刚库组中，金刚库组地层为区内沉积变质铁矿的赋矿层位，主要由角闪片岩及绢云石英片岩及磁铁石英岩组成。

区内褶皱构造发育。初裕沟向形轴分布于工作区中部偏南，核部地层主要为绢云母石英片岩，两翼主要为角闪片岩，北翼地表倾向北，向下延深变为倾向南。两翼地层倾角均在 70°~85°。向形北翼被五台期片麻状花岗岩以逆断层接触的形式覆盖。向形轴近东西向横贯全区，褶皱轴向西侧伏，推测侧伏角 25°左右，向形轴近直立，向南微倾，倾角 75°左右。

断裂构造：区内主要断裂为初裕沟逆断层 F_1，断层从工作区中部横贯整个工作区，断层上盘为五台期片麻状花岗岩，下盘为文溪组角闪片岩、绢云石英片岩，断层走向近东西向，倾向北，经地表测量及钻孔验证，倾角 42°，对区内铁矿体具有破坏作用。逆断层 F_1 使得五台期片麻状花岗岩超覆于金刚库组含矿地层之上。

区内岩浆岩主要为五台期片麻状花岗岩及少量斜长角闪岩，片麻状花岗岩大面积分布于工作区北部，初裕沟逆断层 F_1 以北，与区内含矿地层接触关系为断层接触，形成时间早于区内沉积变质铁矿床。

区内共铁矿体均赋存于金刚库组地层中，呈层状、似层状、透镜体状产出，顶底板岩性为角闪片岩和二云母石英片岩。区内地层包括矿体受区域变质构造影响，局部发生了不同程度的弯曲，形成了一系列挠曲、褶皱，矿体局部的形态、倾向、倾角变化较大，但区内含矿层位整体上是连续的，产出层位较稳定（见图 5-70）。

区内共发现铁矿体 9 条，其中仅 Fe_1 矿体地表出露，Fe_{2-9} 号矿体均隐伏于片麻状花岗岩体之下。Fe_1 号矿体以赤褐铁矿为主，其余矿体以磁铁矿为主。Fe_3 号为主矿体，

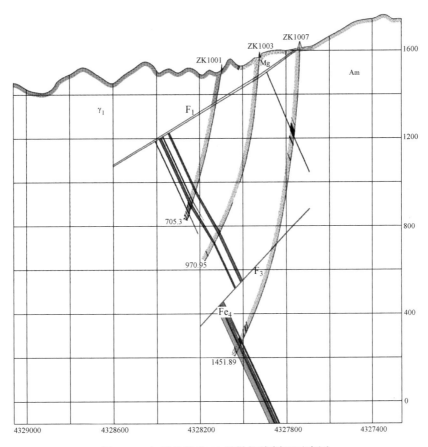

图 5-70　初裕沟铁矿 10 号勘探线剖面示意图

Am—五台群金刚库组角闪片岩；Mg—五台群金刚库组绢云石英片岩；γ₁—五台期花岗岩；F—逆断层；Fe—磁铁石英岩或铁矿

Fe₄、Fe₅ 号规模较大。矿体倾向 170°~190°，倾角 65°~72°。

矿物成分简单，矿石矿物以磁铁矿为主，含量 15%~30%，其次为褐铁矿、赤铁矿等，与脉石矿物石英形成的条纹条带相间排布。脉石矿物主要有石英、角闪石（镁铁闪石、铁闪石及普通角闪石），其次是碳酸盐类矿物（方解石、铁白云石）及少量绿泥石、黑云母。区内矿石多为中-细粒变晶结构，条纹条带状构造。矿床成因类型属沉积变质型（鞍山式）铁矿床。

截至 2019 年 6 月，全区探明及保有 D 级储量均为 20937 万吨。TFe 平均品位 31.36%；mFe 平均品位 21.58%。（CaO+MgO）/（SiO₂+Al₂O₃）= 0.13。

（二）矿床勘查史

1975 年 4~11 月，冶金部地球物理探矿公司航测大队三分院在五台地区 11000km² 范围内进行了 1:5 万航磁测量，在该区发现 M51-5（26）号航磁异常。

1978~1979 年，山西省地质局 216 队对该区西侧界外黑山庄铁矿区进行了普查，主要进行了地表工程的揭露及少量的钻探工程，于 1979 年 12 月提交了《山西省代县黑山庄铁矿区铁矿普查评价报告》，提交 D 级储量 7594.9 万吨。

2010年10月，杜荣学、邢福林等人提出初裕沟一带航磁异常与黑山庄铁矿带延深位置相吻合，杜荣学赴野外踏查证实 F_1 断裂构造倾角42°，提出 F_1 使得五台期片麻状花岗岩推覆于金刚库组含矿地层之上，区内航磁异常为矿致异常。同年11月杜荣学、王永明赴野外测制2条磁法剖面，发现地磁异常范围大，强度高，两条剖面大于1000nT的磁异常宽度均为750~1000m，极大值4300nT，极小值-1800nT左右。

2012年3月~2013年12月，中国冶金地质总局第三地质勘查院进行以钻探为主（2025.1m）的普查工作，2014年3月由刘超、杜荣学等人提交了《山西省代县初裕沟矿区铁矿普查地质报告》（因经费所限，工作程度未达到普查），估算334资源量30000万吨，山西省国土资源厅评审通过。

2016~2019年，中冶三院进行以钻探为主的普查（续作）工作，2019年6月由高少阳、倪倩、刘超、魏儒友等人提交了《山西省代县初裕沟矿区铁矿普查（续作）地质报告》，估算333+334资源量20937万吨，其中333资源量8485万吨。TFe平均品位31.36%，mFe平均品位21.58%。山西省国土资源厅评审通过。

六十四、山西五台县柏枝岩铁矿

（一）矿床基本情况

矿区位于五台县台山乡柏枝岩村北，矿区南经五台线可至五台县运距74km，北经砂石线可至繁峙县砂河镇运距42km，砂河镇有108国道及京原铁路五台山火车站，交通便利。

矿床赋存在新太古界五台群柏枝岩组中，该组地层可划分为6个岩性层，由新至老为：含砾绿泥片岩、绢云石英片岩和绿泥绢云石英片岩、绿泥片岩、磁铁石英岩及绿泥斜长角闪岩、绢云石英片岩和绿泥石英片岩、绿泥片岩、绿泥斜长片麻岩。

矿床产于草地—鸿门岩向斜北翼，为一走向70°、倾向160°的单斜构造。区内断裂发育，共有断裂15条，除 F_1 断层外，其余断层走向330°~350°。所有断裂横切地层，对矿体都有不同程度的破坏。

F_1 平移正断层，走向北东10°，倾向280°，倾角80°，南北向贯穿全区，为区内最大的断裂构造。其两侧地层平移400m，对矿体的连续性破坏较大。

矿区南侧分布有光明寺片麻状复式花岗岩体。岩体呈北东东向带状延展，长12km，宽1~3km，面积15km²。矿区北侧大面积出露中-中粗粒片麻状黑云奥长花岗岩，为北台片麻状复式花岗岩体的一部分，属五台运动产物（见图5-71和图5-72）。

区内还分布有吕梁期变辉绿岩、燕山期辉绿岩、正长斑岩和石英脉，均以岩脉状产出。

矿体赋存于五台群柏枝岩组第4层中部的绿泥片岩中，矿体成群出现。按工业指标可圈出25个矿体，大者长达4300m，小者仅200m，呈似层状和透镜状产出，矿体走向北东70°，倾向150°~160°，局部倾向北西，倾角65°~85°。

矿物成分简单，金属矿物以磁铁矿为主，其次为赤铁矿、褐铁矿、镜铁矿、黄铁矿和菱铁矿；非金属矿物以石英为主，其次为闪石类、绿泥石、方解石、铁白云石、黑云母、石榴子石、绿帘石等，其中磁铁矿和石英占80%~90%。

矿石呈半自形、自形、他形粒状全晶质结构。磁铁矿为粒状齿形镶嵌或包含镶嵌结构，局部见有赤铁矿交代磁铁矿，呈交代假象结构。矿石主要呈条纹状和条带状构造。矿

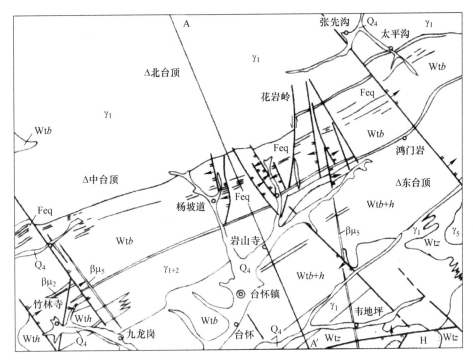

图 5-71　柏枝岩铁矿地质平面示意图

Q—第四系；H—滹沱群；Wth—五台群鸿门岩组；Wtb—五台群柏枝岩组；Wtb+h—五台群鸿门岩组和柏枝岩组（未分）；Wtz—王台群庄旺组。Feq—磁铁石英岩或铁矿；βμ₅—燕山期辉绿岩，γ₅—燕山期黑云母花岗岩；βμ₂—吕梁期变辉绿石；γ₁₊₂—吕梁期和五台期片麻状花岗岩；γ₁—五台期片麻状黑云奥长花岗岩

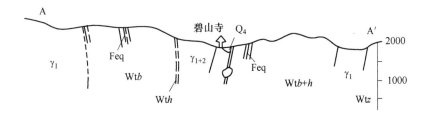

图 5-72　柏枝岩铁矿 A—A′地质剖面示意图

Q—第四系；Wth—五台群鸿门岩组；Wtb—五台群柏枝岩组；Wtz—五台群庄旺组；Wtb+h—五台群鸿门岩组和柏枝岩组（未分）；Feq—磁铁石英岩或铁矿；γ₁₊₂—吕梁期和五台期片麻状花岗岩；γ₁—五台期片麻状黑云奥长花岗岩

床成因类型属沉积变质型（鞍山式）铁矿床。

截至 2020 年年底，全区探明及保有 D 级储量均为 17967.8 万吨。矿石 TFe 平均品位 33.47%，其中 3 号矿体 TFe 平均 34.53%，地表略高于深部，SFe 平均 33.13%，S 平均 0.26%，P 平均 0.06%。

（二）矿床勘查史

1956~1957 年，重工业部地质局华北分局 504 队唐绍武等人首次在该区开展地质勘查，按 400m 间距布置了 12 条勘探线，施工探槽 28 个，计 4085m³，取样分析 216 件，获铁矿储量 13498.7 万吨，1962 年，太原钢铁公司复审，批准表内铁矿储量 5198 万吨。

1973 年，省地质局 211 队在局部地段加密槽探工程，测制 1：5000 地形地质草图 10km²。

1977~1978 年，省冶金地质勘探公司 2 队侯松年等人在该区施工部分槽探，并施工 2 个钻孔，1978 年 7 月~1981 年 8 月，以省地矿局 211 队为主开展详查工作，于 1981 年 12 月提交《山西省五台县柏枝岩铁矿区详细普查地质报告》，提交 D 级储量均为 17967.8 万吨。

六十五、山西代县赵村铁矿

（一）矿床基本情况

矿区位于代县新高乡和原平县苏龙口乡。地理位置：东经 112°55′40″，北纬 38°57′20″。东北距代县县城 20km，西距原平县城 35km，均有公路相通。矿区北距（北）京原（平）铁路阳明堡站 8km。

矿区出露地层为太古界五台群金刚库组和零星分布的第四系。

金刚库组由底部变粒岩，中部硅铁岩和角闪质岩互层，顶部变粒岩组成，该层厚度大于 450m。中部角闪质岩和硅铁岩互层，是该区含矿层位，角闪质岩石主要是斜长角闪片岩、斜长黑云母角闪片岩和少量铁闪片岩，属与拉斑玄武岩相近的岩石。

矿区为一复式向斜，次级构造发育，北部为同斜倒转向斜，中部为背斜，南部为 W 形向斜，构成"两向一背"的构造轮廓。

北部向斜东西长 2500m，出露宽 250m，倾向北西，倾角 60°~65°。中部背斜紧闭，东西长约 800m，枢纽平缓。南部向斜东西长 2800m，南北宽 50~300m，南翼倾向北西，倾角 55°~80°，北翼倾向南东，倾角 60°~85°。

矿区只有两期脉岩。早期为斜长角闪岩，呈岩脉或小岩株沿矿床底板变粒岩侵入，延长一般数十米至近千米，边部常有片理化带。晚期为变辉绿岩，长数千米，宽 20~30m，于矿区边部穿过矿带，对矿床无大影响。两期岩脉侵入时代为元古代和前元古代（见图 5-73）。

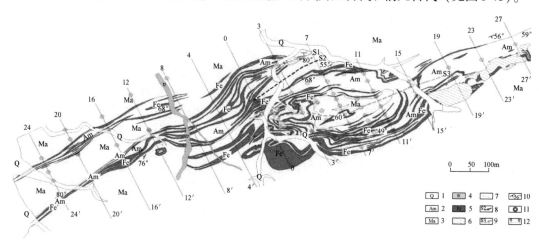

图 5-73　代县赵村铁矿床地质略图

1—第四系；2—斜长角闪片岩；3—变粒岩；4—变辉长岩；5—铁矿、磁铁石英岩；6—采场；

7—地质界线；8—背斜及编号；9—向斜及编号；10—产状；11—钻孔位置；12—勘探线位置及编号

矿带长 5000 余米，宽 100~600m，厚 70~240m，分为 7 个铁矿层，分布于南、北向斜中。其中 Fe_1、Fe_3、Fe_6 为主要矿层。

南部向斜矿带长 2800m，宽 100~400m，矿层多达 4~7 层，厚大于 200m，产状陡缓不一，埋藏浅。北部向斜矿层一般 2~3 层，产状陡，埋藏深（见图 5-74）。

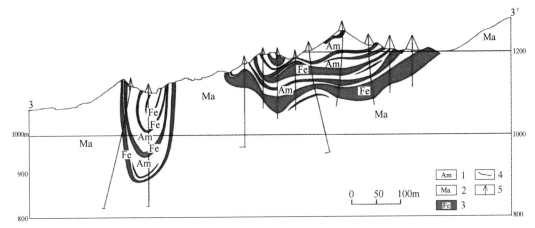

图 5-74 代县赵村铁矿床第 3 勘探线剖面示意图

1—斜长角闪片岩；2—变粒岩；3—铁矿、磁铁石英岩；4—地质界线；5—钻孔位置

3 个主要矿层情况如下。

Fe_1：位于含矿层底部，层位稳定，呈不规则的似层状。南部向斜中矿体连续延长 1970m，北部向斜矿体长 1700m，总平均厚度 12.88m，平均品位 mFe 21.69%。

Fe_3：层位较稳定，呈不规则的似层状。位于南部向斜中，走向连续长 1600m，层总平均厚 11.62m，平均品位 mFe 22.32%。

Fe_6：矿层较稳定，连续性好，呈不规则层状。北部向斜北翼矿体走向连续长 1390m，南翼延长 2180m，矿层总平均厚 11.97m，平均品位 mFe 22.16%。

矿石矿物主要为磁铁矿，其次有少量赤铁矿、褐铁矿和硫化物。硫化物有磁黄铁矿、黄铁矿和黄铜矿。脉石矿物主要为石英和闪石类矿物。矿石具有粒状变晶、镶嵌变晶、纤维变晶结构。主要为条带状构造，条带以 0.5~5mm 者居多。矿石自然类型 90% 以上属闪石型磁铁贫矿，石英型磁铁贫矿较少。

矿床成因类型属沉积变质型（"鞍山式"）铁矿床。

截至 2009 年 12 月 31 日，全区累计查明 122b+331+332+333 资源储量 13352.50 万吨，mFe 平均品位 21.85%；消耗资源储量 611.56 万吨；保有资源储量 12740.94 万吨。

依托该找矿成果，建成代县金泰矿业有限公司、代县泰丰矿业有限公司、代县金升铁矿有限公司、山西砾瑶铁矿选矿有限公司等矿山。截至 2009 年 12 月 31 日，消耗资源储量 611.56 万吨。

（二）矿床勘查史

1956 年，重工业部地质局华北分局 504 队王浩铨等人在赵村普查，做 1:5000 地形地质测量 3km²，1:1 万磁法测量 8km²，以及实测地质剖面、槽探、采样等工作，获铁矿石地质储量 7234.5 万吨, 其中, D 级 3513.5 万吨。

1960 年, 山西省冶金厅地质勘探公司 604 队李传德等人在此普查, 施工 5 个钻孔, 进尺 1437.9m, 并进行 1∶5000 地质测量 6km², 获地质储量 5564 万吨, 其中, D 级 4699.4 万吨。

1980 年, 山西冶金地质勘探公司 2 队重新开展普查, 1983 年以 mFe 为主要指标重新圈定矿体, 认为该矿区虽然铁矿矿层多, 但厚度大而稳定, 可露采。1985 年转入勘探, 打孔 106 个, 进尺 26619.55m, 于 1987 年 8 月结束。1990 年 11 月朱克胜等人提交《山西省代县新高乡赵村铁矿地质勘探报告》, 由全国矿产储量委员会于 1991 年 9 月 12 日以 "全储决字〔1991〕284 号" 审查批准 B+C+D 级表内+表外铁储量 13070.5 万吨, 平均品位 mFe 21.80%。

2003 年, 中国冶金地质勘查工程总局第三地质勘查院在赵村铁矿东侧一带进行详查工作, 于 2004 年 4 月杜荣学等人提交《山西省代县皇家庄砾瑶矿区铁矿详查地质报告》, 由山西省国土资源厅以 "晋国土资储备字〔2004〕172 号" 批复 122b+333 资源储量 1555.17 万吨, 新增 333 资源储量 282.00 万吨。

六十六、山西代县板峪铁矿

(一) 矿床基本情况

矿床位于代县正东, 直距 30km, 山羊坪矿区东 3km 处。行政区划隶属于代县聂营镇管辖。地理位置: 东经: 113°19′00″, 北纬 39°03′45″。西距 G239 国道运距 1km; 北距 G108 国道运距 24km, 距 S40 (广) 灵河 (曲) 高速繁峙西高速口运距 30km, 距京—原 (平) 铁路线枣林站运距 33km, 均为 G239 国道相通, 交通较为方便。

矿体赋存于太古界五台群文溪组 (柏枝岩组) 地层的中下部, 为山羊坪矿床的东延部分, 矿带特征与山羊坪矿带相似。

地层为斜长绿泥片岩、绿泥斜长角闪片岩、绢云母石英片岩、碳质绢云母片岩、磁 (赤) 铁矿等。磁铁石英岩 (磁 (赤) 铁矿) 为黑灰色, 风化面红褐色, 粒状变晶结构, 条带状构造, 条带由磁 (赤) 铁矿或含铁碳酸盐矿物与石英相间排列组成, 局部的脉石条带由角闪石、绢云母组成, 此类矿石 $FeSiO_3$ 的含量较高, 铁含量较低。

矿区地质构造特征受区域构造所控制。矿区位于五台复向斜北翼的第三级褶皱构造中, 即殷家会—宽滩复向斜北翼山羊坪—板峪复向斜。

矿区经历了多次的构造变形, 产生了复杂的褶皱构造, 次级褶皱特别发育。板峪矿区自北向南由 5 个次级褶皱所组成, 分别为 N_1 向斜、N_2 背斜、N_3 向斜、N_4 背斜、N_5 向斜。除 N_5 向斜较开阔外, 其余均为紧闭褶皱。铁矿分布在向斜构造中。矿区不仅褶皱构造复杂, 断裂构造也极为发育, 对矿体起破坏作用 (见图 5-75)。

区内的北部边缘见有吕梁期变辉绿岩脉, 对矿体有破坏作用, 岩体两侧的铁矿体有明显的围岩蚀变。如黑云母化、绿泥石化等。28 线北端出露有变辉石斜长角闪岩, 为甘泉岩体的最早期侵入岩, 已具片理、片麻理化。

区内的铁矿体分布较集中, 均产在 N_1、N_3、N_5 三个向斜构造中, 即 N_1 矿带、N_3 矿带、N_5 矿带。其中 N_1 矿带位于矿区北部, 东西长达 1700m, 宽达 300m, 在 24 线以东矿带由于受 F_3 断层的错动和变辉石斜长角闪岩侵入的影响, 使矿带北翼矿体遭到破坏, 只

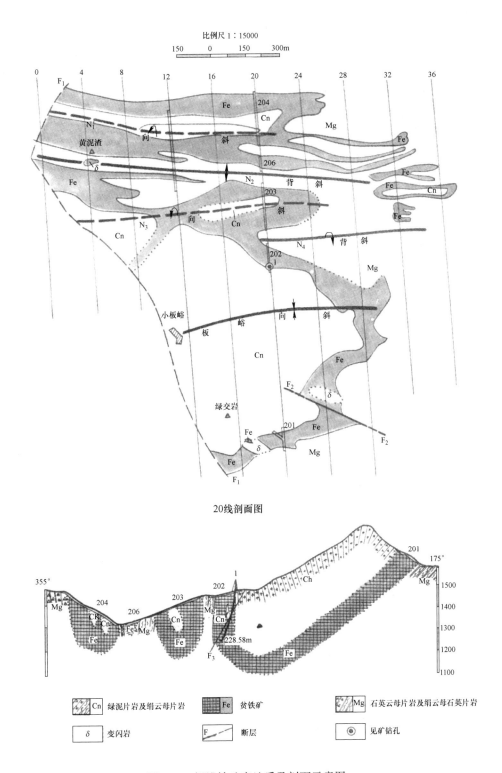

20线剖面图

图例		
Cn 绿泥片岩及绢云母片岩	Fe 贫铁矿	Mg 石英云母片岩及绢云母石英片岩
δ 变闪岩	F 断层	⊚ 见矿钻孔

图 5-75　板峪铁矿床地质及剖面示意图

保留下矿带南翼矿体。向斜槽部矿体最大埋深在 20 线，约 400m，向东西两侧矿层埋深变浅。N_3 矿带位于矿区中部，东西长达 1400m，被 F_3 断层切割，断层以东出露宽逐渐变窄，至 24 线以东向斜抬高，出露矿层底板。N_5 矿带位于矿区南部，东西长达 1000m，西宽东窄，延至 28~32 线间矿带抬高，出露矿层底板。在扬起端锯齿状褶曲发育。

矿石以条带状构造为主，块状构造较少，半自形-自形晶结构。金属矿物为磁铁矿（百分之几至 40%）、菱铁矿（10%~40%）、赤铁矿（15%~25%）、针铁矿（5%~10%）、褐铁矿（10%）、黄铁矿（3%）、磁黄铁矿（少量）、辉铜矿（少量）。

矿床成因类型属沉积变质型（鞍山式）铁矿床。

截至 2009 年 12 月 31 日，全区探获铁矿资源量 19136.77 万吨，其中表内矿 16990.84 万吨，表外矿 2145.93 万吨。全铁平均品位 27.49%，磁铁矿平均品位 11.16%，碳酸铁平均品位 4.89%，赤铁矿平均品位 10.31%，硅酸铁平均品位 1.05%。

其中磁性铁集中地段可独立圈出磁铁矿石量 122b+333 资源储量 6602.4 万吨，mFe 品位 19.42%，消耗资源储量 773.8 万吨，保有资源储量 5828.6 万吨。

依托该找矿成果，建成繁峙县滦兴铁矿、山西宝山铁矿、繁峙县鑫源铁矿、繁峙县通源铁矿等矿山。截至 2009 年 12 月 31 日，消耗资源储量 773.8 万吨。

（二）矿床勘查史

矿床发现于新中国成立之前，1942 年 5~6 月，日本人岩生周一等人对矿区进行了一般性了解，认为品位低，构造复杂，交通不便，开采困难。

1950 年 8 月，王日伦对矿石物质成分和围岩进行了野外观测和研究。

1950 年 10~11 月，李武、姜洙淇进行了初步找矿，测制 1:1 万矿体分布图，估算储量 1.26 亿吨。

1955 年，山西省工矿研究所 504 队在两条剖面上进行了拣块采样。估算储量 5500 万吨，认为品位较低，不必进行工作。

1964~1965 年，513 地质队，测制 1:5000 草图、1:2000 地质剖面，施工探槽 6 个、钻孔 1 个，估算地质储量 1.5 亿吨，提交评价简报。

1975 年冶金地质勘探公司第二勘探队，通过钻探（5 孔）、槽探发现区内菱铁矿含量较高。

1979 年 3 月~1982 年 7 月，山西地质勘探公司第二勘探队对该矿床进行详查，于 1982 年 7 月提交《山西省代县板峪铁矿区地质评价报告》，探获铁矿资源量 19136.77 万吨，其中表内矿 16990.84 万吨，表外矿 2145.93 万吨。报告于 1987 年以〔88〕晋冶勘地字 17 号通过评审，主要编写人刘凤岐等，提交铁矿资源量 6442 万吨。

六十七、山西娄烦县狐姑山铁矿

（一）矿床基本情况

矿区位于太原市娄烦县城西 18km 处，地理位置：东经 111°36′15″，北纬 38°04′50″，其间有县乡公路相通，娄烦县城距古交市约 60km，其间有省级公路相通，区内交通便利。

矿区出露地层为太古界（Ar），总体走向北西，倾向北东，略呈弧形。地层主要为吕梁群宁家湾组和袁家村组。其中袁家村组分布于矿区中、西部，为主要含铁岩相。含铁岩段：由下部和上部两层磁铁石英岩组成，即Ⅰ、Ⅱ号矿体，两者相距30~60m，北部相距较远，南部较近，夹云母片岩、斜长角闪岩、铁闪片岩。北部以云母片岩为主，南部多为斜长角闪岩和铁闪片岩，各岩性间呈过渡关系，厚100~150m（见图5-76）。

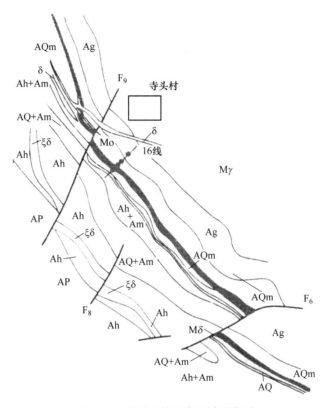

图 5-76　狐姑山铁矿床地质示意图

AQ—石英片岩；AQm—云母石英片岩；Ah—黑云斜长角闪片岩；Ag—花岗片麻岩；AQ+Am—石英云母片岩；

Mδ—斜长角闪片岩；ξδ—正长闪长岩；AP—碳质片岩；δ—闪长岩、变闪岩；

Mγ—片麻状花岗岩；Ah+Am—角闪云母片岩

褶皱以北西向高角度同斜紧密褶皱构造为主，局部伴有次一级褶皱。在狐姑山矿带与尖山矿带之间发育两个背斜和一个向斜。

断裂构造以走向北东、倾向南东的阶梯状系列正断层为特征。

矿区内岩浆岩有一定分布。整体对矿床的形成影响不大。岩体主要组成成分为变闪长岩、正长闪长岩、片麻状花岗岩。

Ⅱ号矿体（下矿层），呈层状，单斜状产于袁家村组中、下部地层中。长度620m，厚2~50m，一般16~35m，延深250~600m。矿体走向北段26°~30°，中段45°，南段50°~55°。倾向北东，倾角中部30°~55°，南、北两段55°~80°。地表向深部矿体变薄，品位变贫，且有分叉现象。

Ⅰ号矿体（上层矿），与Ⅱ号矿体近于平行产出，相距30~60m，呈似层状、透镜状。厚度品位变化较大，矿体长2500m，最厚30m，延深150~300m，由3个连续的透镜体组成（见图5-77）。

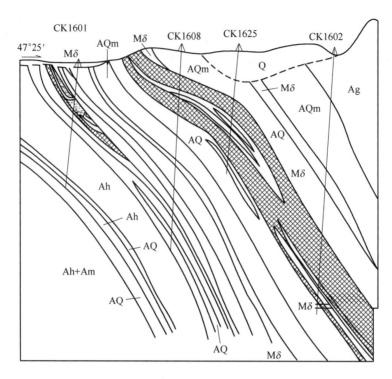

图 5-77　狐姑山铁矿区 16 勘探线剖面示意图

Q—坡积物；AQ—石英片岩；AQm—云母石英片岩；Ah—黑云斜长角闪片岩；

Ag—花岗片麻岩；Mδ—斜长角闪片岩；Ah+Am—角闪云母片岩

矿石主要为磁铁矿（37%~44%）、石英（42%~45%），次为阳起石、角闪石、铁闪石及绿泥石（13%~19%），另有少量磷灰石（0.5%~3%），以及假象赤铁矿、赤铁矿和褐铁矿。矿石呈细粒等粒结构，粒径 0.01~0.3mm，由 1~5mm 间层组成条带状构造和致密块状构造。按矿物组成可划分为石英型磁铁矿石、石英型赤铁矿石、磁铁富矿石、赤铁富矿石、闪石型磁铁矿石和闪石型赤褐铁矿石等类型。

矿床成因类型属沉积变质型（袁家村式）铁矿床。

截至 2021 年 10 月 31 日，全区累计查明资源储量 37009.30 万吨，其中狐姑山累计查明 111b+122b+333+2S22 资源储量 19338.83 万吨，狐姑山深部及外围累计查明 17670.47 万吨，无消耗资源量。矿石平均品位 TFe 33.07%，SFe$_2$ 9.74%。

依托该找矿成果，建成娄烦县盖家庄乡孔家峪铁矿、山西省娄烦县铁矿、娄烦县鲁地矿业有限公司铁矿、娄烦县麦地沟铁矿、娄烦县马家庄乡杏湾北铁矿、太原钢铁（集团）有限公司矿业分公司尖山铁矿（部分）等矿山。

截至 2009 年 12 月 31 日，累计消耗资源储量 3407.80 万吨。

（二）矿床勘查史

1951 年，薄绍宗等人在岚县进行地质调查，发现寺头附近碾沟朱砂硐铁、银矿，著有《岚县地质调查报告》。

1958 年 8~9 月，太原钢铁公司 504 地质队王浩铨等人，在该区进行普查找矿，从宁家湾村向南追索时发现此铁矿，同年转入普查勘探，完成地形地质测量 16.55km²，槽探 6632m³，浅井 842m，钻探 15 个孔（2930m），基本分析取样 342 件。1960 年提交勘探报告，获 C_2 级铁矿储量 11876 万吨，经省储委审查，由于工程控制不足，质量低，降为初勘报告。

1966 年，冶金部北京地质研究所和华北冶金地质勘探公司 513 队在草城—曲井一带进行风化壳型富铁矿调查。

1978 年 3 月，由冶金部组织湖南、中南、陕西和山西冶金地质勘探公司及冶金地质会战指挥部测绘大队等单位，在狐姑山矿区进行联合勘探。1978 年年底，完成 1∶2000 地形地质测量 9.2km²，钻孔 80 个（16241.32m），槽探 8765m³，基本分析 230 件，选矿试验样 3 件，由山西冶金地质 6 队于 1979 年 12 月提交《山西省太原市狐姑山铁矿地质勘探报告》，全国储委以全储决字〔1985〕036 号文批准铁矿表内储量 A+B+C 级 14316 万吨，D 级 3403 万吨，表内矿共 17719 万吨，批准铁矿表外储量 A+B+C 级 1681 万吨。

1980 年 3 月～1984 年 12 月冶金部第三地质勘查局 316 队对 44～92 线东部磁异常进行了详查工作，作为狐姑山铁矿勘探的补充。于 1984 年年底提交了《狐姑山南铁矿评价报告》，经冶金部山西地质勘探公司审查批准新增资源量 3080 万吨（〔85〕晋冶勘地字第 26 号）。因该报告储量计算不完全，1990 年重新编制了《山西省娄烦县罗家岔乡狐姑山矿区 44～92 线铁矿详查地质报告》，求得 D 级表内+表外铁矿石储量 1.39 亿吨，其中表内储量 1.16 亿吨。

2012 年 2 月～2018 年 12 月中国冶金地质总局第三地质勘查院断续在狐姑山矿区深部及外围进行普查工作，于 2019 年 2 月提交普查报告，新增 333 铁矿资源量 12615.26 万吨，TFe 平均品位 33.70%，mFe 平均品位 27.71%，经山西省国土资源厅验收通过。

2020 年 4 月～2021 年 9 月进一步开展了详查工作，主要完成了钻探 8278.22m，于 2021 年 11 月编制《山西省娄烦县狐姑山矿区深部及外围铁矿详查（续作）地质报告（待送审）》，初步估算控制+推断铁矿资源量 17670.47 万吨，TFe 平均品位 33.56%，mFe 平均品位 27.27%。

2020～2021 年，中国冶金地质总局第三地质勘查院对狐姑山铁矿 20～44 线深部开展普查工作，主要参与人员为裴进云、宁建国、潘益裕、周鹏、王文洲、赵文凯。2022 年提交《山西娄烦县狐姑山铁矿 20～44 线深部普查地质报告（待审）》，提交铁矿资源量 7148 万吨。

六十八、山西繁峙县平型关铁矿

（一）矿床基本情况

矿区位于繁峙和灵邱两县境内，西起繁峙平型关村，东至灵邱东长城。北至关沟，南至西沟湾。面积约 90km²。地理位置：东经 113°55′45″，北纬 39°17′30″。距 S40 灵河高速平型关西收费站运距 23km，有 071、047 乡道相通，距（北）京—原（平）铁路东庄站及 G108 国道运距 11km，有 071 乡道相通，交通便利。

区内地层为五台群石嘴亚群文溪组，包括两个岩性段。上部岩性段由石英斜长角闪岩及少量绿泥石角闪岩、黑云母角闪岩和条带状磁铁矿组成。下部岩性段为混合花岗片麻岩夹斜长角闪岩。全组地层总体走向北东，倾向北西，虽有相变，但沉积韵律较为明显，代表一套由火山喷发至绿岩碎屑沉积的沉积旋回。

矿区位于中平安—上双井复式向斜扬起端的东南翼，五台隆起与恒山隆起的构造转折端，滹沱河断裂的北东边缘。受区域变质和混合岩化作用，岩性变化大，产状复杂，但仍保留"多"字型构造体系形迹，构造线方向为北东向，从总体上看，该区由一系列平行的北东向阶梯状断裂切成一些条状岩块，其间尚发育歪曲的向斜构造，致使文溪组斜长角闪岩夹带磁铁矿以残留体形态出露于3个次级向斜中。

区内较大断裂共有7条，其中F_1和F_6为主干断裂，前者分布于矿区西北，后者分布于矿区东南，均为正断层。断层面倾向南东，对混合岩的分布具有控制作用。此外，F_2、F_3和F_7为平移断层，F_2走向北东，F_7走向北西（见图5-78和图5-79）。

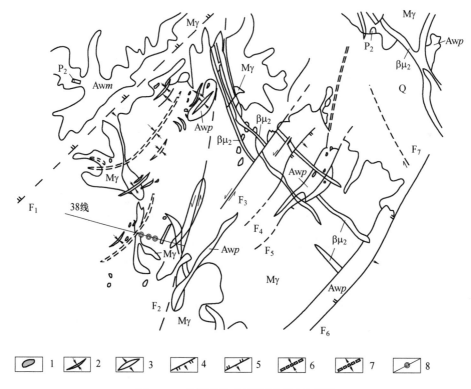

图 5-78 平型关铁矿区地质平面示意图

Q—第四系；Awm—五台群木格组；Awp—五台群铺上组；Mγ—混合花岗岩；βμ₂—吕梁期辉长辉绿岩；P₂—伟晶岩：1—铁矿体；2—实测背斜轴；3—实测向斜轴；4—正断层；5—逆断层；6—推测向斜轴；7—推测背斜轴；8—钻孔及勘探线

主要分布平型关混合花岗岩体，其矿物成分变化较大。主体部分为变斑状混合花岗岩，呈肉红色，具钾长石变斑晶，含大量条纹长石及少量斜长石、石英等，次要矿物有角闪石、绿泥石和磁铁矿。中科院贵阳地化所钾-氩法测定结果为1689Ma。

矿区东西长18km，南北宽5km，可分为东、西两部分，西部称平型关区，东部称东长城区，两区中有3个矿带，即平型关—桦皮沟—苦沱庙带、野洞沟—八亩湾—四道沟带、东长城带。各矿带均有3层以上矿体，平面上矿带呈S形展布，矿带或单独矿体均包含于混合岩体中，呈残留体出现，地表矿体长200~300m，厚数米至数十米，单层矿体厚度变化稳定，局部产状变化较大。其中野洞沟矿体规模最大，地表断续延长570m，最大

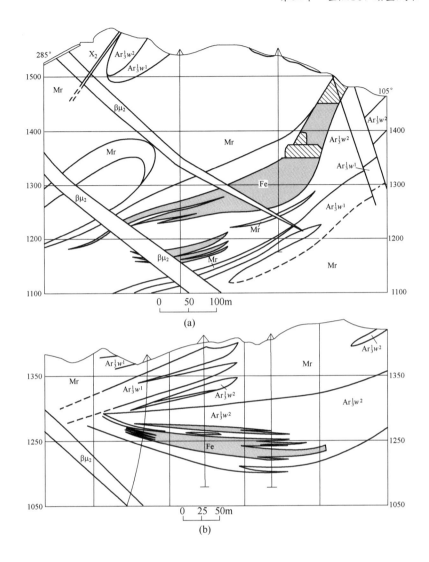

图 5-79 平型关铁矿勘探线地质剖面示意图（矿体中阴影区为采空区）

（a）38 线；（b）46 线

X_6—喜山期煌斑岩；$\beta\mu_2$—吕梁期变辉绿岩；Mr—平型关混合花岗岩；Fe—铁矿体

单层矿体长 340m，厚 32m。钻探证实深部有 2 个矿层，上层矿是野洞沟主矿体，由 10 个小矿体组成，走向长 200m，沿倾向延深 250~700m，中间伴有斜长角闪岩。矿体产于向斜东翼，沿走向有分枝、复合、膨缩等变化。单层最大厚度 51m，最小不足 5m。下层矿赋存在向斜轴部，产状平缓，钻孔控制走向长 800m，由多个铁矿透镜体组成，厚30.21~2.87m。

主要矿石矿物为磁铁矿、磁赤铁矿，其次有假象赤铁矿、褐铁矿等，脉石矿物有石英、角闪石、绿泥石、云母、石榴子石和碳酸盐矿物，另有少量黄铁矿和黄铜矿。

矿石呈自形晶粒状结构、半自形晶粒状结构、他形粒状结构、交代结构、包含结构和碎裂结构等。矿石以条带状构造为主，其次是条纹状、致密块状和角砾状构造等。

矿床成因类型属沉积变质型（鞍山式）铁矿床经花岗岩混合热液叠加改造的铁矿床。

依托该找矿成果，建成山西平型关铁矿、繁峙县平型关铁矿、繁峙县鼎泰铁矿、灵丘县荣宝铁矿、灵丘县宏金铁选厂关沟铁矿、灵丘县白崖台乡大阳坡北铁矿等矿山。

截至 2012 年 12 月 31 日，全区累计查明 122b+332+333 资源储量 10375.84 万吨，TFe品位 30.84%，消耗资源储量 2496.32 万吨。矿石中磁性铁平均含量为 27.59%，碳酸铁0.21%，硅酸铁 2.19%，褐铁矿 1.45%，属磁铁矿中磁性铁矿石。

（二）矿床勘查史

1958 年夏，长春地质学院实习队在平型关地区进行区测时首次发现该铁矿床，并对桦皮沟矿点进行检查，认为矿石品位高，含矿地层出露广泛，有进一步工作价值。

1959~1973 年，省地质局对该矿床进行了普查地质工作，并估算野洞沟、北刁洼一带铁矿远景储量 2000 万吨。

1975 年，冶金部物探公司在五台、恒山地区进行 1：5 万（成图为 1：1 万）航磁测量，发现大峪、南峪口、石河、大营和东长城等规模较大航磁异常。

1976~1977 年，山西省冶金地质勘探公司物探队，在大营—平型关一带东经 113°45′~114°30′，北纬 39°10′~39°30′范围内进行了 1：2.5 万磁法测量工作，面积 341.7km²，在平型关附近横涧—东长城一带开展 1：1 万磁法测量，面积 92.3km²。于 1981 年 8 月提交了《山西省五台地区大营—平型关测区一九七七年度物探工作总结》，共圈出磁异常 49个，其中已知矿异常 5 个，推断矿异常 39 个，未定性异常 5 个，为平型关矿区铁矿地质找矿评价提供了可靠的资料。

1976~1981 年，省冶金地质勘探公司 2 队在该区进行地质找矿评价工作，采用地质、物探、钻探相结合的综合找矿方法，1981 年 8 月，由山西省冶金地质勘探公司第二勘探队提交《山西省繁峙县—灵丘县平型关铁矿区地质评价报告》获铁矿 D 级储量 12988.33 万吨。

2009~2012 年，中国冶金地质总局第三地质勘查院在平型关东长城矿段西侧，进行了以钻探工程为主要手段的普查地质工作，提交 333 铁矿资源量 1285.4 万吨，新增资源量1148.97 万吨，经山西省国土资源厅评审通过备案。

六十九、山西娄烦县尖山铁矿

（一）矿床基本情况

矿区位于太原市娄烦县北西 19km 处，地理位置 111°36′25″，北纬 38°02′00″。南距太（原）—岚（县）公路罗家岔站 3km，有公路与矿区相连。

该区出露地层为上太古界吕梁群袁家村组中、下部地层。自下而上为：石英绢云母片岩、斜长角闪片岩、磁铁铁闪岩、第二铁矿层、石英岩和石英片岩、第一铁矿层、石英岩和石英片岩、铁闪片岩、绿泥角闪片岩、炭质片岩。

矿区由一个向斜和一个背斜组成。尖山向斜为一轴向北西西，倾向南东东，呈波状倾伏的紧密向斜构造。南翼陡，北翼较缓，两侧岩层倾角 40°~80°，轴部由 Fe_2 铁矿层、铁闪片岩、斜长角闪岩组成。西段褶皱紧密，由北西西向南东东方向撒开。该向斜为矿区主要控矿构造，延长达 3000 余米。

尖山背斜位于尖山北侧，轴向与尖山向斜近于平行，延长约2500m。两翼岩层倾角45°~75°，倾向南东东，轴部为千枚岩。东至56线被正长闪长岩截断，68线附近被黄土覆盖。尖山向斜之南，推断有一隐伏寺沟向斜存在。

F_1断层位于矿区东部，走向北西，倾角60°~70°，为一平推断层。西盘上升，东盘下降，将Fe_1铁矿层错断，北推150m。72线有3个钻孔已控制向斜北翼矿层。

岩体主要为正长闪长岩，分布于矿区东部56、68线附近，走向北西，倾角较陡，呈岩墙产出，宽约60~100m，切穿矿体。岩石呈灰白、灰红、灰绿色，中-粗粒结构，主要矿物有正长石、斜长石、角闪石，次为黑云母、辉石、榍石、磁铁矿和磷灰石等（见图5-80）。

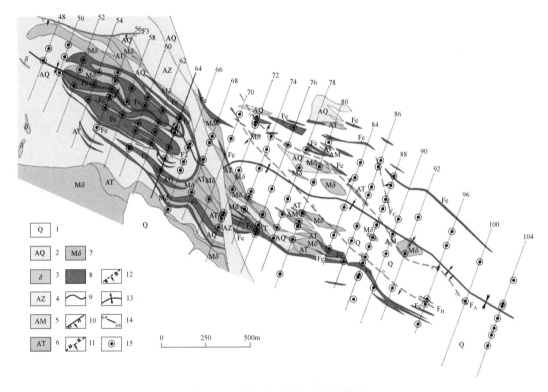

图5-80 娄烦尖山铁矿地质示意图

1—第四系黄土；2—云母石英片岩；3—闪长岩；4—正长闪长岩；5—石英绢云母片岩；6—铁闪片岩；
7—角闪片岩、斜长角闪岩；8—铁矿体；9—地质界线；10—实测正断层；11—推测逆断层；
12—推测正断层；13—向斜；14—勘探线及编号；15—钻孔

矿床主要由Fe_1、Fe_2两个矿体组成，相距10~60m，储量占全区总储量的85.5%。Fe_1矿体呈层状、透镜状产出，延长900m，厚24~170m，向斜轴部加厚。走向北西西，倾向南西或北东，倾角40°~80°，南翼较陡，北翼较缓。矿体出露地表，控制延深达400m，赋存标高1903~1300m。Fe_2矿体延长约1000m，厚70~230m，在向斜轴部厚达233m。矿体产状、埋深、赋存标高与Fe_1相同。

矿石中磁铁矿占30%~40%，石英占40%~50%，次为铁闪石、透闪石和赤铁矿，另有少量黄铁矿、褐铁矿、云母、绿泥石、阳起石、方解石和磷灰石等。磁铁矿和石英呈自形、半自形等粒或似等粒结构。矿石为条带状构造，依其物质组成可分石英型磁铁矿

（含铁闪石小于10%）和闪石型磁铁矿（含铁闪石不小于10%）。

矿床成因类型属沉积变质型（袁家村式）铁矿床。

全区铁矿石平均品位为：TFe 35.51%，S 0.02%，P 0.05%，SiO$_2$ 44%。

截至2009年12月31日，全区累计查明111b+122b资源储量31269.83万吨，其中尖山累计查明111b+122b资源储量13731.19万吨，消耗111b+122b资源储量7422.97万吨；尖山东累计查明17538.64万吨，消耗256.00万吨。

依托该找矿成果，建成尖山铁矿等矿山。

截至2009年12月31日，消耗资源储量7678.97万吨。

尖山铁矿64勘探线地质剖面示图如图5-81所示。

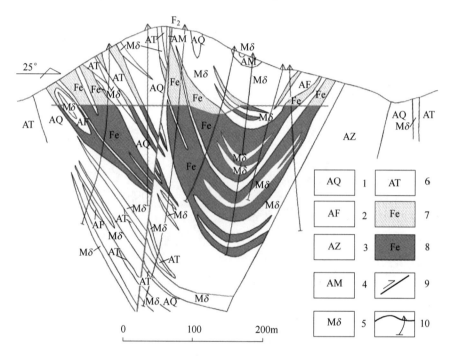

图5-81 尖山铁矿64勘探线地质剖面示意图

1—云母石英片岩；2—磁铁闪片岩；3—正长闪长岩；4—石英绢云母片岩；5—角闪片岩、
斜长角闪岩；6—铁闪片岩；7—采空的铁矿体；8—铁矿体；9—断层；10—钻孔

（二）矿床勘查史

1951年，薄绍宗等人在岚县进行地质调查，发现寺头附近铁、银矿床，著有《岚县地质调查报告》。

1958年8~9月，太原钢铁公司504地质1队王浩铨等人在此区进行普查时发现该矿床。

1959年转入勘探，同年11月提交矿区勘探总结报告，提交B+C$_1$+C$_2$级储量11200万吨。原报告B+C$_1$+C$_2$级表内外矿石储量1.02亿吨，其中B+C$_1$+C$_2$级表内磁贫矿6408万吨（其中B级外5162万吨），1963年3月，储委认为原报告采用200m×200m网度求B级的储量，工程太稀，故降为C$_1$+C$_2$级储量，保有表内磁贫矿9408万吨，其中C$_1$级表内磁贫矿 4114 万吨，表内磁贫矿 1448 万吨，表外赤贫矿 291 万吨。

1960~1961 年地质部地质科学研究院沈其韩和北京地质学院实习队在此区进行 1：5 万地质测量（成图为 1：20 万）。

1971 年，省地质局区测队进行 1：10 万地质测量（成图 1：20 万）。

1975~1976 年，南京大学胡受奚，周联之、朱景初等人在尖山一带进行富铁矿找矿研究工作，发现吕梁群地层倒转问题，提出重新划分层序建议。

1977 年，山西省冶金地质勘探公司 6 队，对尖山铁矿进行了补充勘探，勘探主管单位为山西省冶金地质勘探公司；勘探单位为山西省冶金地质勘探公司第六勘探队；队长为王继坤；技术负责为李传德、梁炎；报告编制人员有：袁长礼、余中平、韩金阁、郭新德、孙江斌、攀鹏飞、张承棣、张巍、魏广庆、李传德、梁炎、冯祝平等。于同年 10 月由李傅德、梁炎、余中平等提交了《山西省太原市尖山铁矿补充地质勘探报告》，共施工钻孔 12 个（3762.16m），槽探 3168m³。经过初勘、补勘获得 B+C+D 级矿石总储量 15804 万吨，其中表内 14620.58 万吨，表内 B 级 5236 万吨，表内 B+C 级 13888.8 万吨，全区平均全铁 34.45%，可溶铁 31.84%。

1980~1982 年，为了扩大尖山铁矿远景，延长矿山年限，山西省冶金地质勘探公司第六勘探队对尖山东进行了普查工作，1983 年 10 月韩金阁、李金秀、郭凤珍等人提交了《山西省太原市尖山东铁矿地质评价报告》，完成钻孔 41 个，总进尺为 15763.65m，槽探 12 个，浅井 11 个，获得 C+D 级铁矿石储量 20701 万吨，其中表内矿储量为 19003 万吨，表内 C 级储量为 2661 万吨。

七十、山西代县白峪里铁矿

（一）矿床基本情况

矿区位于代县新高乡，地理位置：东经 113°00′25″，北纬 38°58′30″，北距县城 14km，距（北）京—原（平）铁路线代县站 14km。

矿区出露太古界五台群金刚库组地层。金刚库组是一套陆缘-滨海相沉积的黏土、碎屑岩，经多期、多阶段的区域变质作用，形成以各类片岩为主，夹多层磁铁矿或含铁石英岩及少量变粒岩。含矿带主体岩性为斜长角闪片岩，角闪石占 35%~60%，斜长石占 20%~25%，石英占 15%~20%。

矿区处于台怀重褶复向斜外缘白峪里向斜的西端，构成矿区的主要构造为白峪里倒转向斜及与其伴生的韧性剪切带。矿体（层）赋存于倒转向斜的两翼和轴部，其形态、产状与向斜产状一致。

韧性剪切带是与褶皱构造相伴的挤压构造破碎带。其走向与地层产状一致，宽近百米，带内岩石破碎糜棱岩化，层间裂隙发育。破碎带两侧无明显位移。

断裂主要为成矿后断裂，不影响矿体的延续，对矿床的开采影响不大。

区内有少量基性岩脉岩，另有一些片麻状花岗岩，属于晚太古代侵入岩，两者均无显著围岩蚀变，对矿体影响不大（见图 5-82 和图 5-83）。

矿体由 2~10 层铁矿组成。其中稳定的矿层有 7 层，以 Fe₃、Fe₄、Fe₅ 为主要矿层。占全区总储量的 78%，矿体以层状、似层状为主，部分为透镜状，矿层与围岩同受倒转

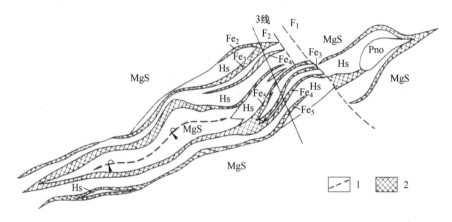

图 5-82 白峪里铁矿区地质示意图

MgS—云母石英片麻岩；Hs—角闪片岩，Pno—斜长角闪岩；1—断层；2—铁矿体

向斜控制，产状与地层产状基本一致。走向 220°~250°，倾向 310°~340°、倾角 35°~50°。矿体厚度 4~15m。

矿石矿物主要是磁铁矿，其次有假象赤铁矿、赤铁矿和褐铁矿。磁铁矿含量 21.13%~50.70%，平均 31.68%；假象赤铁矿约占 10%；赤铁矿和褐铁矿总量达 2%~3%。

矿石由自形-半自形磁铁矿与他形石英及柱状、纤维状闪石类矿物组成，粒状变晶、镶嵌变晶和纤维变晶结构。粒度大于 0.074mm 者占 74.99%，0.074~0.01mm 者占 14.71%，<0.01mm 者占 10.30%。磁铁矿与闪石类矿物组成暗色条带，石英与碳酸盐矿物组成浅色条带，构成条带状及条纹状矿石。

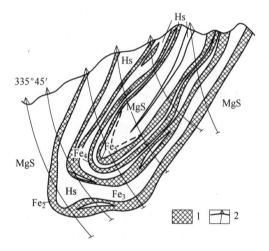

图 5-83 白峪里铁矿 3 线剖面示意图

MgS—云母石英片麻岩；Hs—角闪片岩；
1—铁矿体；2—钻孔

矿床成因类型属沉积变质型（鞍山式）铁矿床。

矿石为闪石型磁铁贫矿，全区 mFe 平均品位 22.60%，其中露采部分 mFe 平均含量 23.19%。其他组分平均含量为：CaO 3.61%，MgO 2.28%，Al_2O_3 2.38%，SiO_2 44.57%。有害组分 P 平均含量 0.03%；S 地表平均 0.031%，最高 0.042%，深部 0.25%~0.55%，平均 0.41%。

主要矿体中铁的物相分析结果表明 mFe 占比 74%，OFe 占比 4%，CFe 占比 2%，GFe 占比 20%。

截至 2009 年 12 月 31 日，全区累计查明铁矿 122b+332+333 资源储量 13817.41 万吨，消耗 483.75 万吨。

依托该找矿成果，建成东西白峪里铁矿、代县鑫旺矿业有限公司兴华铁矿等矿山。白峪里铁矿 1985 年 3 月由代县经委批准建县营矿山，规模为 20 万吨/年，并于 1987 年 8 月投产，截至 2009 年 12 月 31 日，全区累计消耗铁矿资源量 483.75 万吨。

（二）矿床勘查史

1956 年，冶金部地质局华北分局 504 队在矿区进行 1:5000 地质填图 3km²。获 C_2 级储量 5339.38 万吨，其中，表内矿 3921.2 万吨，表外储量 1418.1 万吨，1958 年 4 月提交报告，经太原钢铁公司审批，未上平衡表。

1956 年，冶金部华北分局物探队五台分队在该区进行 1:5 万磁法普查和 1:1 万磁法详查 4km²。

1960 年，省地质局 217 队在矿区边部进行地表地质工作，提交普查检查报告，获储量 737.4 万吨。

1978 年，冶金部地质会战指挥部物探队在该区重新进行 1:1 万磁法测量 4km²。

1983 年，冶金部省地质勘探公司 2 队在该区重新普查，于 1984 年 9 月提交的《山西省代县白峪里铁矿评价报告》。

1986~1987 年，冶金工业部第三地质勘查局 312 队开展了勘探工作，完成钻探 7183.16m，槽探 856.67m³。于 1990 年 12 月提交《山西省代县新高乡赵村铁矿勘探地质报告》，共获得 C+D 级 13523.69 万吨，mFe 品位 23.03%，其中 C 级 3272.93t。

七十一、山西五台县香峪铁矿

（一）矿床基本情况

香峪铁矿位于柳院乡曹沟村北—瓦厂梁村南，行政区划属山西五台县柳院乡，地理坐标：东经 113°25′~113°28′；北纬 38°56′~38°58′。

该区出露地层为太古界五台群台怀亚群柏枝岩组，滹沱群豆村亚群四集庄组及第四系地层。

柏枝岩组地层在矿区内广泛出露，其岩石组合为一套绿泥片岩，中间夹数层磁铁石英岩。滹沱群豆村亚群四集庄组地层仅在矿区的西北角有小片出露。主要岩性为变质砾岩，呈角度不整合上覆于台怀亚群柏枝岩组地层之上。第四系以黄土及坡积层为主。

区内地层呈单斜产出，褶皱构造、断裂构造均不发育。

该区位于鸿门岩复向斜次一级紧闭同斜倒转向斜的倒转翼，地层呈单斜产出，倾向 310°~330°，倾角 35°~40°，该区褶皱构造不发育，只在局部见到一些延长几米或更小的褶皱和揉皱，这些小型褶皱及揉皱规模小，对矿体只起到局部改造作用。

矿区仅见有两条规模较小的 NW 向正断层（F_1 和 F_2）和一条 NE 向的逆断层 F_3。断层为成矿后断层，但断距不大。

区内岩浆岩的种类单一，出露较少，主要为原岩是黑云奥长花岗岩的花岗片麻岩及变闪长岩，与早元古代吕梁期的岩浆活动有关，对矿体影响不大，仅变闪长岩局部切穿磁铁石英岩。

矿带特征：矿带赋存于五台群柏枝岩组石英方解石绿泥片岩中，由石英方解石绿泥片岩与磁铁石英岩互层组成。由下至上可分为 8 层铁矿和 9 层石英方解石绿泥片岩，各铁矿层的顶底板岩石均为石英方解石绿泥片岩。

矿带形态基本为一狭长的孤岛状，沿北东方向展布，与区域构造线方向一致，全长 3000m，矿带厚 320~500m，平均 430m，产状与地层产状基本一致，总体产状倾向 327°，倾角 32°~40°。

区内发现 8 条工业矿体，主矿体为Ⅱ、Ⅲ、Ⅳ、Ⅵ号矿体，最大矿体为Ⅲ号矿体。矿体的形态均为层状，似层状、互相平行产于矿带之中；矿体的顶底板围岩均为石英方解石绿泥片岩，其产状与围岩相一致。

矿石的主要化学成分是 SiO_2 46.34%、Fe_2O_3 37.16%、FeO 4.89%，其次是 CaO 4.15%，MgO 1.97%，同时含量较小的有 MnO 0.17%，Al_2O_3 0.80%及 P_2O_5 0.01%。矿石矿物主要为磁铁矿，其次有少量的赤铁矿、假象赤铁矿、针铁矿及褐铁矿，脉石矿物以石英为主，其次有少量方解石、绿泥石、云母。

矿石结构：自形-半自形粒状结构、斑状变晶结构及他形粒状变晶结构。矿石构造：微细条带状构造、条纹状构造及显微皱纹构造，条带状构造中以磁铁矿、赤铁矿、假象赤铁矿及石英构成，部分以石英为主，含少量铁矿物彼此相间形成。

矿床成因类型属沉积变质型（鞍山式）铁矿床。

截至 2009 年 12 月 31 日，累计查明 122b+333+334 资源储量 16488.23 万吨，平均品位 mFe 23.85%。

依托该找矿成果，原设置建成生产矿山，后由于位于五台山风景区边部，矿山进行了调整置换，目前资源未利用。

截至 2009 年 12 月 31 日，以往累计消耗资源储量 262.66 万吨。

（二）矿床勘查史

1957 年 7 月中旬，重工业部华北地质分局 504 队首次在该区开展了贫铁矿的调查工作，在该区测制了 1∶1 万地质示意图，并投入了部分槽探工程。

20 世纪 70 年代山西省地质局又在该区西部施工了 3 个钻孔，完成钻探工作量 946m，提交铁矿石地质储量 684 万吨。

1986 年冶金部保定物探公司和原山西冶金地质勘探公司物探队对该区进行了专题研究，于 1987 年建议进行钻探验证。

1987 年 2 月~1989 年 10 月，冶金部第三地质勘查院 311 队，在该区进行普查工作，先于 1990 年 3 月提交普查报告，后于 1992 年 10 月提交《山西省五台县香峪铁矿普查地质报告》，探明 D+E 级资源量 16488.23 万吨，其中表内 D+E 级 16191.94 万吨，TFe 28.63%，mFe 24.02%；表外 D+E 级 296.29 万吨，TFe 22.03%，mFe 16.04%。经冶金部第三地质勘查局审查批准，决议书文号"〔1992〕局地决字第 06 号"，批复资源量（D级）9893.80 万吨。

七十二、山西浮山县二峰山铁矿

（一）矿床基本情况

矿区位于浮山县东张乡李家岭村，地理位置：东经 111°00′25″，北纬 35°51′35″。北西距临汾市经230省道或528县道可至，运距50~55km，南距浮山县城运距23km，有G241国道及930县道相通，交通便利，是临汾钢铁公司重要矿物原料基地之一。

二峰山铁矿床由半山矿段、张家坡矿段、北山角矿段等组成。矿床赋存于二峰山辉石闪长岩、二长岩与中奥陶统石灰岩（大理岩）的环形接触带及其附近围岩中，受岩性及构造控制。

矿区位于二峰山穹窿状短轴背斜的西北翼，区内黄土覆盖面积达90%以上。基岩露头零散，黄土层最大厚度80m以上，与成矿有关的地层为中奥陶统峰峰组下段及上马家沟组上段，岩性为含泥质白云质灰岩，角砾状白云质灰岩夹泥质灰岩和钙质白云岩，纯灰岩不利于成矿，中奥陶统最大揭露厚度170m。

矿区处于因岩浆上拱而形成的二峰山北北东、北东向穹窿状短轴背斜的两北侧，与成矿关系密切的是褶皱构造和接触带。北东向次级侧伏背斜是直接控矿构造，主矿体即产于该背斜的西翼及轴部（见图5-84）。

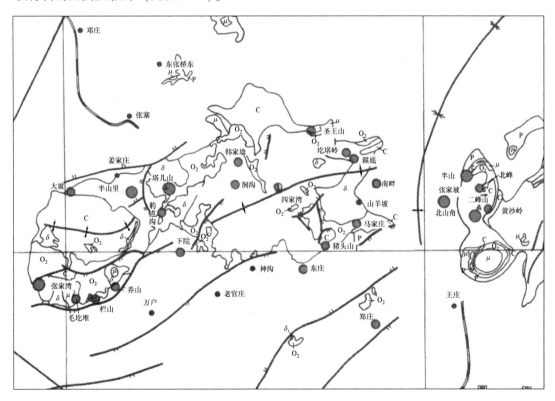

图5-84　二峰山一带矿床位置示意图

燕山期岩浆岩与中奥陶统灰岩形成的接触带，对矿床的定位、形态和规模起重要控制作用，在近倾伏端部位，矿体呈背斜状；在主要赋矿地段的次级背斜西翼，虽被顺层侵入的巨厚岩浆岩所占据，但矿体仍呈波状起伏的单斜似层状产出，并展示背斜西翼的基本构造特征（见图5-85）。

与成矿有关的岩浆岩为中生代燕山期中偏碱性闪长岩类，相邻矿区用钾-氩法测定其同位素年龄为138Ma。二峰山岩体呈松塔状、岩株状产出。主要岩石类型为闪长岩和正长

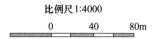

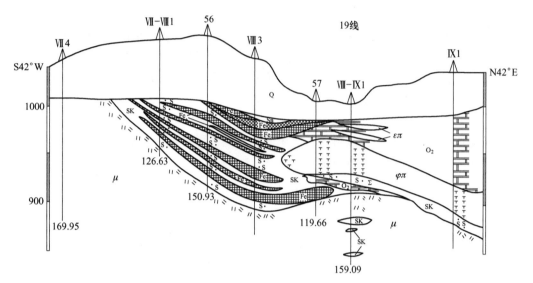

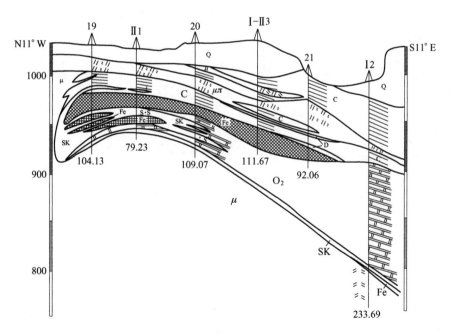

图 5-85　二峰山北山角铁矿剖面示意图

闪长岩，是该矿床的成矿母岩。岩浆沿中奥陶统不同层段侵入，形成复杂的接触带。

区内有矿体 140 余个，规模均多为小型。全区矿体以半山矿段 1 号矿体为主矿体，最具代表性，单矿体储量 3000 余万吨。1 号矿体主要产于正长闪长岩捕房体内，顶底板为蚀变正长闪长岩、矽卡岩和结晶灰岩（或大理岩）等。沿矿体延深和倾伏轴部地段，其顶板常为交代残留的结晶灰岩（或大理岩），矿体走向长 1412m，倾斜最大延深 800m，平均 332m，最大厚度 58m，一般 10~25m；埋深 0~520m，一般在 300m 以内，矿体走向 45°~50°，倾向北西，倾角 20°~45°，其空间形态呈似层状，并有宽缓波状起伏变化。

主要金属矿物为磁铁矿（占 40%~60%），次为半假象赤铁矿，偶见褐铁矿、孔雀石和黄铁矿；脉石矿物有透辉石、金云母，其次有粒硅镁石、透闪石、蛇纹石、石榴子石、方解石、绿泥石、绿帘石等。依据矿物组合可分为透辉石磁铁矿、云母磁铁矿和云母透辉石磁铁矿等。矿石结构以半自形-他形粒状结构为主，其次有网格状结构、交代残余结构、压碎结构等。矿石为块状、条带状和浸染状构造，少数为角砾状构造和粉状构造。

根据矿石的矿物成分和结构构造，大致可划分 5 种矿石自然类型：致密块状磁铁矿矿石、条带状磁铁矿矿石、浸染状磁铁矿矿石、粉末状磁铁矿矿石和角砾状磁铁矿矿石。

该矿床属接触交代（矽卡岩）型铁矿床。

全区铁矿石平均品位为：TFe 48.09%，S 0.234%，P 0.014%。矿石属半自熔性矿石，TFe/FeO 近于 3，大于 3.5 者较少，绝大部分属原生磁铁矿矿石。

截至 2009 年 12 月 31 日，全区累计查明资源储量 6700.1 万吨。

其中半山矿段累计查明 3912.83 万吨，消耗 3478.07 万吨，TFe 平均品位 48.14%；张家坡矿段累计查明 1303.27 万吨，消耗 1016.94 万吨，TFe 平均品位 40.14%；北山角矿段累计查明 1484.0 万吨。

依托该找矿成果，建成太钢集团临汾钢铁有限公司二峰山铁矿、浮山县郭家庄铁矿有限公司、浮山县峰东矿业有限公司、山西省浮山县地方国营北峰铁矿等矿山。

该铁矿主矿体划归临汾钢铁公司开发为建成太钢集团临汾钢铁有限公司二峰山铁矿所有，浅部小矿体已为当地办理小型采矿权，矿权整合前二峰山铁矿外围曾有十数个采矿权。

截至 2009 年 12 月 31 日，不包含北山角矿段，全区累计消耗资源储量 4495.01 万吨。

（二）矿床勘查史

20 世纪 20~30 年代，地学家王竹泉、新常富（E. T. Nystrom）和曹世禄等人对晋南临汾一带碱性火成岩进行过调查研究，曾发现铁矿露头。1936 年，周德忠在填制 1:20 万山西地质示意图过程中发现浮山县李家岭铁矿，认为有开采价值，著有《浮山县李家岭铁矿地质调查报告》。

1957 年，省工业厅工矿研究所普查组在区内填制 1:5 万地形地质示意图。1958~1964 年先后有省地质局 213 队、214 队，物探队、测绘队和北京地质学院实习队等单位，进行过不同程度的地质、物探和测量工作。其间，213 队和 214 队曾在矿区内几个高值磁异常部位通过槽探、钻探工程，圈定了几个小矿体提交铁矿石储量 32.9 万吨。

北山角矿段：发现于 1957 年，1959~1960 年进行普查评价，1962~1963 年勘探，1964 年 12 月提交报告，1965 年经山西省储委审批，获得 C 级储量 1484.0 万吨。

张家坡矿段：1971 年 4 月，山西省冶金地质勘探公司地质一队提交了《山西省浮山县张家坡铁矿区中间地质勘探报告》，探获铁矿资源量 763 万吨，其中 C 级 417 万吨，D 级 346 万吨。

1973 年 12 月，提交山西省冶金地质勘探公司第四勘探队《山西省二峰山铁矿张家坡矿区地质勘探总结报告》，获得 C+D 储量 1166.2 万吨。

半山矿段：1966~1974 年山西省冶金地质勘探公司第四勘探队在区内半山矿段开展普查—勘探工作。

1975 年 5 月，提交了《山西省二峰山铁矿半山矿区地质勘探总结报告》，获 B+C+D 级储量 2755 万吨，其中 B 级 880 万吨，C 级 1275 万吨，D 级 600 万吨。山西省冶金工业局审查批准了该报告（〔75〕晋冶矿字第 13 号文"批准山西省二峰山铁矿半山矿区地质勘探总结报告审查纪要"）。

1973~1980 年，山西省冶金地质勘探公司第四勘探队在矿区半山北段进行普查评价工作，1981 年 12 月提交了《山西省浮山县东张乡半山铁矿北段评价地质报告》，由山西省冶金工业厅审查批准，获 C+D 级储量 1124 万吨，其中 C 级 200 万吨，D 级 924 万吨。

1982 年在上述两报告的基础上，该队编制了《山西省二峰山铁矿半山矿区地质勘探总结报告》，由山西省冶金地质勘探公司批准。半山铁矿的总储量为 3878.91 万吨，其中 B+C 级 2400 万吨。

1987 年 1 月，该队提交《山西省二峰山铁矿半山矿区 2~6 号矿体补勘报告文字说明书》，新增储量 33.93 万吨，基本达到了控制 2~6 号小矿体产状的目的。

综上所述二峰山铁矿，历年来提交资源量：半山矿段 3878.91+33.93 万吨，张家坡矿段：1166.2 万吨，北山角矿段 1484.0 万吨，合计 6563.04 万吨。

2011 年，中国冶金地质总局第三地质勘查院对该区进行了资源量核实，其中半山矿段累计查明 3912.83 万吨，消耗 3478.07 万吨；张家坡矿段累计查明 1303.27 万吨，消耗 1016.94 万吨，TFe 平均品位 40.14%；北山角矿段累计查明 1484.0 万吨。

七十三、山西襄汾县塔儿山铁矿

（一）矿床基本情况

矿区位于曲沃、襄汾、翼城三县接壤处，地理位置：东经 111°34′40″，北纬 35°51′40″。距南同蒲铁路线张礼火车站运距 33km，距襄汾火车站运距 25km，距 G5 京昆高速襄汾收费站运距 28km。自襄汾县城经临(汾)—襄(汾)线—002 乡道—矿山公路可达，交通便利。

矿区出露地层与成矿有关者为中奥陶统下部至顶部的地层，总厚 353m。根据地层沉积旋回，区内中奥陶统可划分为 3 个组 7 个段。地层底部常具同生角砾岩，多为浑圆状、棱角状，大小不等，反映了当时的沉积旋律（见图 5-86）。

矿区内地层总体走向为 30°，倾向北西，倾角 30°~50°，由于岩浆侵位，局部形成褶皱。主体为三县寺向斜、塔儿山东坡背斜、塔儿山沟背斜。断裂接触带是主要控矿构造，位于斑状闪长岩与中奥陶统岩石的接触部位，走向北东，长 1300m，纵贯全区，倾向南东，倾角约 50°。该接触断裂带是控制主矿体分布的断裂带，成矿期和成矿后的小型裂隙发育，不同程度地破坏了矿体的完整性。

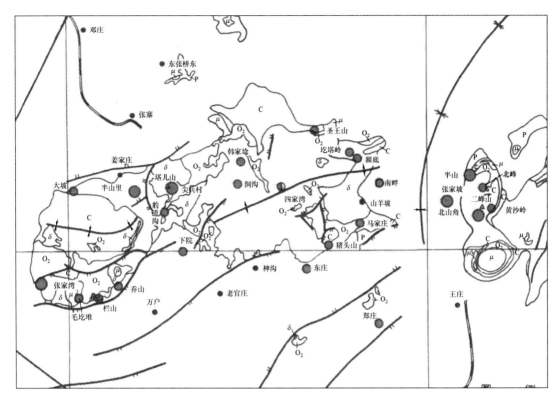

图 5-86　塔儿山一带铁矿床位置示意图

以斑状闪长岩为主,次为正长闪长岩。塔儿山岩体同位素年龄 92~138Ma,为燕山期中偏碱性中浅成侵入岩。闪长岩为复杂的岩盖,出露面积 $10km^2$。

塔儿山铁矿床由塔儿山尖兵村、塔儿山豹峪沟、塔儿山半山里等几个矿段组成。矿床位于塔儿山闪长岩体环形接触带的外接触带:矽卡岩带中。尖兵村矿段位于东侧接触带、豹峪沟矿段位于南侧接触带、半山里矿段位于西侧接触带。

矿体主要分布于斑状闪长岩与中奥陶统灰岩接触带,其次为火成岩中灰岩捕虏体或灰岩中。成矿与闪长岩及正长闪长岩有关,矿体多受中奥陶统石灰岩与燕山期闪长岩、闪长玢岩、正长闪长岩及石英闪长岩的接触带控制,且多产于小背斜两翼侵入体凹部位的环形接触带的周围及岩体沿灰岩穿插较为频繁的地段。矿体大小不一,规模一般不大,长度由几十至数百米,产状一般较缓,倾角 30°~60°,为多层成群出现。主矿体长 650m,宽70m,厚 14.76m,倾角 50°~60°,延深 450m。矿体多呈复杂或简单的透镜状、似层状。

金属矿物主要为磁铁矿,次为黄铁矿、赤铁矿,少量黄铁矿、菱铁矿、磁黄铁矿。矿石结构以半自形、他形粒状结构为主,次为交代残余结构和胶状结构。矿石构造以致密块状、稠密浸染状、稀疏浸染状和条带状为主,次为团块状、角砾状、粉末状或斑点状,偶见交错脉状。

围岩蚀变发育,以矽卡岩化为主,矽卡岩化有 3 种类型:(1) 钙镁矽卡岩化;(2) 镁矽卡岩化;(3) 钙矽卡岩化。铁矿体主要赋存于钙镁矽卡岩化的透辉石矽卡岩、金云母矽卡岩中以及镁矽卡岩化的粒硅镁石-镁橄榄石-蛇纹石矽卡岩中。蚀变较发育,主要有蛇纹石化、碳酸盐化、绿泥石化、绢云母化和黄铁矿化。

矿床成因类型为接触交代（矽卡岩）型铁矿床。

全区平均品位 TFe 41.84%，S 0.49%，P 0.016%，SiO_2 14.20%，Al_2O_3 1.22%，CaO 6.47%，MgO 10.82%。伴生组分有钴，在30%的试样中含量为0.006%~0.03%。

依托该找矿成果，建成襄汾县尖兵村铁矿（整合）、襄汾县水泉凹联营铁矿、襄汾县姜家沟六号铁矿、襄汾县东瑞矿业、襄汾县合家庄铁矿、襄汾县小神沟矿业、襄汾县建飞铁矿、襄汾县金龙矿业、襄汾县同力铁矿、襄汾县文胜梁铁矿、襄汾县半山里联营铁矿、襄汾县兴峰铁矿、襄汾县兴达铁矿、襄汾县高峰铁矿、襄汾县吕民铁矿、襄汾县半山里二号铁矿、襄汾县利国一号铁矿等矿山。

截至目前，塔儿山铁矿累计探明铁矿石储量7738.84万吨（见图5-87）。

（二）矿床勘查史

1936年，瑞典人新常富（E. T. Nysfrom）与曹世禄调查了塔儿山一带碱性与偏碱性岩，在研究论文中提到鹿顶山半圆形岩体边部有磁铁矿露头。

1954年10月，根据上述线索，林枫、孙钟灵等4人在塔儿山一带踏勘。填制1:5万地质示意图，发现三县寺、鹿顶山铁矿露头，编写了报告，认为这一带矽卡岩铁矿有进一步工作的必要。

1956年冬，薄绍宗、马晋屏、魏子彬等人在塔儿山、龙王庙一带踏勘，发现洞儿里、洞沟等处铁矿露头，1957年由马晋屏等在塔儿山普查。1958年经与地质部山西办事处协议，塔儿山勘探工作转交209队。1957年10月，山西省工业所工矿研究所提交《山西省襄汾县塔儿山铁矿地质普查检查阶段性矿体初步评价报告》，探获铁矿资源量370.88万吨。1959年12月，经省储委审批塔儿山铁矿地质勘探报告获得C+D级储量210万吨（28号决议书）。

1966年3月，冶金部华北地质勘探公司515队在取得新认识的基础上重新评价勘探，1971年9月，提交了《山西省塔儿山铁矿尖兵村矿区地质勘探中间报告》，工作范围-3~12线，同年11月，冶金部在北京组织审查、核实工业储量2800万吨。

1972~1974年进行了补充勘探，于1974年12月提交《山西省塔儿山铁矿尖兵村矿区地质勘探总结报告》，提交资源量3247万吨。其中B级储量993万吨，C级储量2041万吨，D级储量214万吨。同年由冶金部及山西省冶金局组织审查并通过。

1978年，山西省冶金地勘公司一队提交《山西省塔儿山铁矿尖兵村矿区10~1线间及豹峪沟矿区地质勘探总结报告》，豹峪沟矿段获得铁矿储量731万吨，新增铁矿石储量603万吨。

1978~1980年，为满足矿山和设计部门的需要进行了再次补勘工作，于1980年12月，提交《山西省塔儿山铁矿尖兵村矿区补充地质勘探总结报告》，新增资源量2236万吨，其中B级76万吨，C级储量956万吨，D级储量1204万吨。

1986年11月，冶金部山西地质勘探公司第一公司提交了《山西省襄汾县塔儿山铁矿半山里矿区普查工作总结》，探获铁矿A+B级储量1648.94万吨。

综上所述，塔儿山铁矿历年来提交资源量：尖兵村矿段3247+2236万吨，豹峪沟矿段：603万吨，半山里矿段1648.94万吨，合计7738.84万吨。

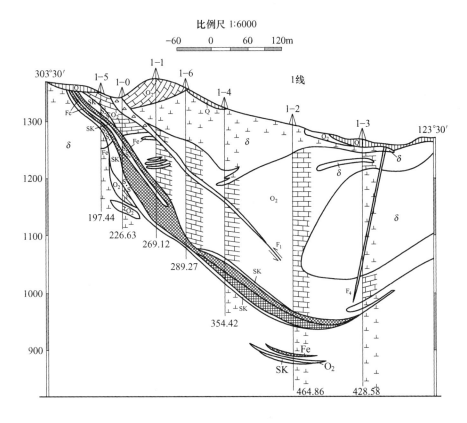

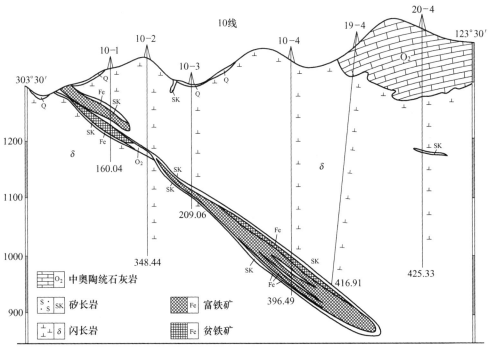

图 5-87　塔儿山尖兵村铁矿床剖面示意图

七十四、内蒙古包头市白云鄂博铁矿床

(一) 矿床基本情况

白云鄂博铁矿位于内蒙古中部的乌兰察布草原上,北距蒙古人民共和国 106km,南距包头市 149km,矿区隶属包头市,有包白公路与市区相通,有准轨铁路与京包线相连。白云鄂博铁矿是一座大型现代化露天矿山;是包钢的主要原料基地;有着得天独厚的资源优势,由西矿、东矿、主矿、东介勒格勒、东部接触带 5 个矿体组成,矿化范围达 48km²,现已发现有 71 种元素,182 种矿物,现已探明铁矿石储量 14 亿吨;稀土储量约 1 亿吨;铌氧化物储量约 660 万吨,此外,在矿体的上盘还蕴藏着丰富的富钾板岩,平均 K_2O 品位达 12.14%,目前已进行工业生产或具备生产条件的元素 15 种,有综合利用价值的元素 26 种。白云鄂博矿床的稀土储量居世界首位,在国内外具有十分重要的经济价值,资源战略价值和政治意义巨大,是包头钢铁公司的主要铁矿原料基地。

该矿区包括东矿、主矿、西矿和东介格勒和东部接触带等矿床,长 18km,宽 1～3km,面积约 54km²。出露地层主要是下元古界二道洼群、中元古界白云鄂博群和第四系,构造、岩浆岩发育。

经受吕梁运动的白云鄂博群,在区域上构成近东西向的复式向斜构造。其南为合教背斜,北为宽沟背斜。宽沟背斜南翼的次级白云向斜为主要控矿构造。

白云向斜为一轴向近东西、西端收敛翘起、向东倾伏的复式向斜构造。东起巴音博格都,西至阿布达断层消失,长约 30km。南、北两翼可见 H6、H7、H8、H9 地层和铁矿层重复出现。南翼倾角 70°～85°,深部有向南倒转趋势。北翼倾角 60°～85°。以铁矿层为标志,向斜深度由东向西为 55～900m,其中有起伏。褶曲构造影响矿体规模及产状,矿床严格受向斜构造控制。

元古代末,白云鄂博地槽回返,形成一系列叠瓦式逆(掩)断层,主要有:白云向斜北翼逆断层,呈东西向横贯矿区,东段分为两枝,断层面倾向南,倾角 80°。与 H3 和 H6、H7 地层直接接触。白云向斜南翼逆断层,轴向近东西,南倾,倾角 80°。从 H4 与 H8 之间通过,缺失 H5～H7 层位。上述两断层位于矿体两侧,未破坏矿体。

白云向斜形成后,产生一系列北东、北西向剪切和南北向张性横断裂。主要有:主矿西部横断层,不影响主矿体完整性。个别横断层破坏西矿矿体。

区内出露的花岗岩有灰白色片麻状黑云母二长花岗岩,呈脉状,东西向延长,侵入于 H3 板岩和 H8 白云岩中,属华力西晚期产物;浅灰黄色细粒似斑状黑云母花岗岩,呈岩盘、岩株状,华力西晚期侵入于矿区南部和西、北部外围。东介格勒东北部的花岗岩中,见萤石颗粒和阳起石、褐帘石细脉及透镜体。

闪长岩呈脉状或不规则状侵入于 H3 板岩中,可相变为石英闪长岩和花岗闪长岩。

中基性岩脉有辉绿岩、煌斑岩、闪长岩、闪长斑岩和钠长石岩;酸性岩脉有伟晶岩、花岗斑岩、石英斑岩和石英脉等。

岩浆活动与成矿关系密切,在花岗岩中见有绿帘石脉,表明稀土元素来自花岗岩侵入体。矿体和围岩含有大量钠矿物,对铁矿的后期改造和富集作用有影响;并含有较多萤石,表明氟化物源于花岗岩,对铁矿有富集作用。

（二）矿床地质特征

白云鄂博矿床东西长 18km，南北宽 0.5~5km（见图 5-88），由 4 种产状不同的含矿地质体组成。

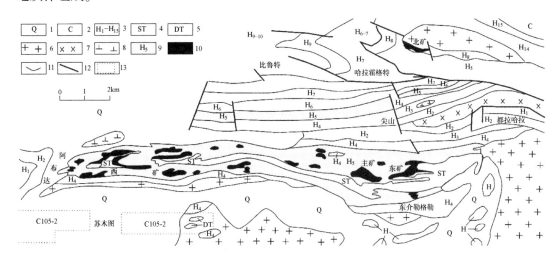

图 5-88　白云鄂博铁、铌、稀土矿区地质图（据张宗清等，2003 年）

1—第四系；2—石炭系；3—白云鄂博群；4—板岩；5—白云大理岩；6—花岗岩；7—中基性岩；
8—闪长岩；9—含矿层；10—铁矿体；11—地质界线；12—断层；13—隐伏磁异常带

（1）层状矿体：为白云鄂博矿床的主体，由含矿白云岩、铁矿层、富钾板岩组成。矿体产状与地层产状一致，同步褶皱，构成矿区向斜和苏木图向斜。

（2）含矿碳酸岩脉：多分布在宽沟背斜轴部混合片麻岩区及其两翼 H1~H4 地层中。脉体与地层走向垂直或斜交，一般宽约 2m，长数十米，分布稀疏。

（3）产于层状矿体中的后期含矿细脉：走向与层状矿石条带垂直或平行，粒度远比层状矿石粗大，细脉矿物成分与所产出的"围岩"层状矿石的矿物成分相似。产于主东铁矿体中的细脉，一般长数米，宽数厘米到 20 厘米，含块状方解石和黄河矿。脉石矿物主要为萤石、钠长石、霓石；次要矿物有重晶石、钠长石和石英等；稀土矿物有独居石和氟碳铈矿。西矿段白云岩中有含大青山矿、碳铈钠石、菱钡镁石的白云石脉；在东介勒格勒东段白云岩中，有含硅钛铈矿的方解石细脉。后期含矿细脉脉体细小，分布稀疏，且都产于层状矿层内，故统一并入层状矿体进行工业评价。

（4）白云岩和钾长板岩与海西期花岗岩接触所形成的矽卡岩矿体。

白云鄂博矿床规模巨大，由矿区向斜和苏木图向斜组成，可划分成四个大矿段。

1. 中部矿段

该矿段位于白云鄂博矿区向斜中段，东西长 3500m，南北宽 2000m。向斜核部由富钾板岩型铌稀土矿石组成；北翼由主、东铁铌稀土矿体及其下盘白云岩型铌稀土矿体组成；南翼西段地表被第四系砂砾层覆盖，属高磁区，钻探证实有含矿岩层的存在，东段为东介勒格勒铁铌稀土矿体及白云岩型铌稀土矿体。中部矿段为白云鄂博矿床的主要矿段，也是现今国家正规开采的主要矿段，由下列 5 个矿体组成。

（1）主铁矿体。走向近东西，长 1250m，最宽 514m，平均宽 245m，最大延深深度 1030m，倾向南，倾角 50°~65°，呈透镜体状，两端尖灭于白云岩中；上盘为黑云母岩、板岩，下盘为白云岩，由北而南，依次有萤石型铌稀土铁矿石（占矿石总量的 73.25%，属中贫品位铁矿石和高品位稀土矿石）、块状铌稀土铁矿石（占铁矿石储量的 9.36%，属富铁矿石）、霓石型铌稀土铁矿石、钠闪石型铌稀土铁矿石和黑云母型铌稀土铁矿石，后三者铁矿石储量分别占 8.38%、5.2% 和 3.8%，都属中贫品位铁矿石和中品位稀土矿石（见图 5-89）。

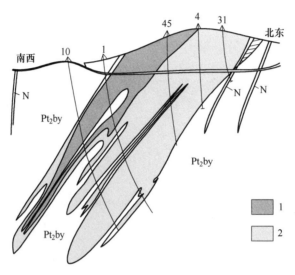

图 5-89　主矿 7 勘探线地质剖面图
Pt_2by—黑云母岩、板岩、白云岩；N—基性岩脉；1—富矿；2—贫矿

（2）东铁矿体。走向呈北东东向，长 1300m，最宽 390m，平均宽 179m，最大延伸深度 870m，倾向南，倾角 50°~65°，呈不规则透镜体状，西窄东宽；两端渐变成白云岩及板岩，上盘围岩为板岩和白云岩，下盘为白云岩，由北而南依次为萤石型铌稀土铁矿石、块状铌稀土铁矿石、钠闪石型铌稀土铁矿石和霓石型铌稀土铁矿石（见图 5-90）。各类矿石所占铁矿石储量比例分别为 19.39%、5.06%、49.21% 和 27.34%。霓石型铌稀土铁矿石除主要分布在铁矿体南部外，在北部萤石型矿石类型分布区也有两条霓石型矿石产出。

（3）东介勒格勒矿体。走向北东东，长约 1100m，宽约 250m，向北倾，倾角近 70°，位于中部矿段南翼，有大小铁矿体 19 个，最大者也只数十米长，矿石类型为白云岩型铌稀土铁矿石和白云岩型铌稀土矿石，铁、铌、稀土氧化物品位都比主、东铁矿体低，平均 Nb_2O_5 含量为 0.078%，RE_2O_3 含量为 2.35%。

（4）主、东铁矿体下盘白云岩型铌稀土矿体。东起库伦沟，西至主铁矿体北，东西长约 3500m，最宽 1175m，平均宽近 600m，向南倾斜，倾角 50°~65°。矿体以白云岩为主，局部夹石英岩、板岩和铁矿透镜体。白云岩型矿石以白云石为主，依次要矿物的含量不同又可分为纯白云岩亚型、磁铁矿亚型、钠闪石亚型、黑云母亚型和萤石亚型等。白云岩的铌稀土含量平均为：Nb_2O_5 0.079%，RE_2O_3 3.65%。磁铁矿亚型和萤石亚型矿石靠近主东铁矿体，铌稀土矿化较强，矿石多呈条带状和浸染条带状。钠闪石亚型和黑云母亚

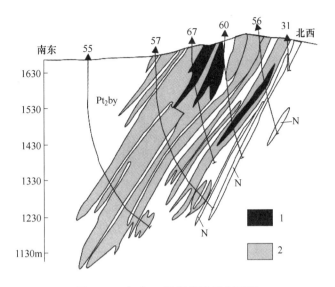

图 5-90　东矿 23 勘探线地质剖面图

Pt_2by—白云岩；N—基性岩脉；1—富矿；2—贫矿

型稀土矿化偏低，仅 2.5% 左右。各亚型的铌矿化差别不大。

（5）向斜核部矿体。主、东矿段向斜核部以富钾板岩为主，夹有白云岩、霓石岩和石英岩透镜体，东西长 3500m，南北宽 600m，倾角 50°~90°。板岩中局部有磁铁矿化、钠闪石化、霓石化和萤石化。板岩中的钾含量很高，K_2O 含量为 7%~15%，已达制钾肥指标。向斜核部各类矿石的 Nb_2O_5 含量为 0.037%~0.17%，RE_2O_3 含量为 0.23%~3.18%。

2. 西部矿段

西部矿段东西长 10km，南北宽 1km 左右，铁矿和白云岩分处南北两翼，向斜核部主要为长石板岩和黑云母岩。

西矿段共有铁矿 7 层，其中 1~6 层主要分布在白云岩层上部，7 号铁矿层产于板岩中。铁矿层呈层状、透镜状，具条带状构造。铁矿体与围岩界线不清，由品位圈定。铁矿体与白云岩互层产出，其产状、规模和形态变化与白云岩一致。铁矿石类型主要为白云石型铌稀土铁矿石和黑云母钠闪石型铌稀土铁矿石，萤石化和霓石化作用比主、东铁矿体弱。铁矿石多为中贫矿，平均 TFe 品位为 31.34%，Nb_2O_5 品位为 0.077%，RE_2O_3 品位为 1.09%。西矿段铁矿石中有许多菱铁矿层，厚数几米到 20 多米，与白云岩或磁铁矿层呈互层产出，其中铌稀土矿化与一般铁矿石一致。铁矿体产状，北翼向南倾，倾角 50°~60°。已知最大延深深度达 855m（见图 5-91）。

白云岩由东向西连续分布，宽度为 200~700m，东部宽，西部窄；东部延深深，西部翘起；东部质地较纯，西部具有较高的长石板岩、云母板岩、钠闪板岩的夹层。白云岩中的萤石含量一般比中部矿段白云岩低；稀土含量东段一般为 1.5%~2.5%，西段为0.5%~1.5%；铌含量平均接近 0.1%，局部地段铌品位达 0.2%~0.3%。

长石板岩、黑云母板岩和钠闪石板岩以向斜核部出露最多，白云岩中也夹有薄层。东部地段板岩含钾较高，9 号、10 号铁矿体上盘板岩中 K_2O 大于 9% 的岩层累计厚度为 21~

117m，其中平均含 Nb_2O_5 为 0.066%，含 RE_2O_3 为 0.146%；云母岩和钠闪板岩以西段出露较多，其中均含 Nb_2O_5 为 0.067%，含 RE_2O_3 为 0.135%。

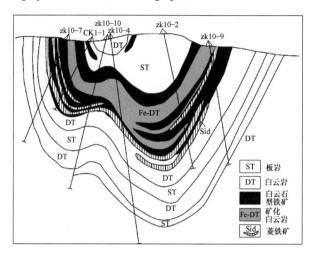

图 5-91　白云鄂博西矿区 10 勘探线剖面图

3. 东部矿段

东部矿段由矿区向斜东段北翼的白云岩及向斜核部的板岩和暗色岩系夹白云岩透镜体组成。向斜南翼地层全被海西期花岗岩侵吞，仅局部地段残存小块地层俘房体。白云岩型矿石依产出地段不同、交代蚀变作用不同和矿化强弱的差异可分为三个矿体群。

（1）菠萝头白云岩型铌稀土矿体。该矿体东西长 3000m，南北宽 70～360m，平均宽 230m，延深深度超过 800m，倾向南，倾角 50°～65°。矿体主要为白云岩型铌稀土矿石，占矿石总量的 70%；其次为萤石亚型和钠闪石亚型；矿体东南端局部有矽卡岩化。全矿体平均含 Nb_2O_5 0.097%，局部为含 Nb_2O_5 0.2%～0.3%，平均含 RE_2O_3 3%；稀土含量东端偏低，仅 1% 左右，西端较高，为 3.5%～4%；局部含磷偏高，含 P_2O_5 5%～32% 的磷矿层长达 270m，宽 25m。

（2）东部接触带矽卡岩及白云岩型铌矿体。菠萝头白云岩型铌稀土矿体向东，经过一断层冲沟后，依次分布有 1 号、2 号、3 号、4 号矽卡岩化白云岩型铌矿体，其长度分别为 820m、500m、440m 和 160m；出露宽度分别为 100m、85m、65m 和 50m。向南倾，倾角 45°～75°。下盘围岩为石英岩，偶见斜交层理的碳酸岩脉及霓长岩化带；上盘则与花岗岩直接接触。1 号矿体南侧白云岩矽卡岩化强烈，局部已构成透镜状金云母透辉石矽卡岩型矿石。白云岩中间有板岩夹层，多蚀变为钠闪石板岩、透辉石长石岩及黑云母岩。白云岩除一般含一定量磁铁矿外，还有少量萤石、钠闪石、金云母、硅镁石、透辉石、透闪石及磷灰石。1 号、2 号、3 号和 4 号矿体铌含量分别为 0.146%、0.202%、0.173% 及 0.126%；稀土含量分别为 0.99%、0.37%、0.30% 和 0.2%。铌矿物中除铌铁矿外，褐铈铌矿和铌钙矿产出较多是该矿段的特点。

（3）向斜核部暗色板岩及其中的透镜状白云岩铌稀土矿体。向斜核部的板岩、黑云母岩及暗色岩石在菠萝头矿体以南出露较宽，达 700m 左右。白云岩之上就有宽数十米、长 2000 多米的致密层状黑云母岩和斜长角闪板岩（基性火山岩层），其中夹铌稀土矿化白云岩透镜体；再往南则为碳质板岩、黑云母化板岩，也夹有弱铌稀土矿化的白云岩。板岩因部分与花岗岩直接接触，因此有些蚀变为钠闪石板岩、透闪石板岩、透辉石化板岩、斑点板岩和角岩。基性火山岩变质成斜长角闪板岩等。板岩、黑云母岩及暗色岩系中的铌稀土矿化很弱，而白云岩透镜体则尚可，含 Nb_2O_5 0.05%~0.08%，含 RE_2O_3 2.5%；也具磁铁矿化及萤石化；稀土矿物以稀土硅酸盐矿物较多，形成粗晶团块或细脉，如粗晶褐帘石团块、磷硅钙铈矿集合体和硅钛铈矿细脉等。白云岩透镜体大小不等，大的长数十米，厚数米。

4. 苏木图矿段（又称 C105-2 异常）

在西矿段以南 2km 左右有一隐伏磁异常带，编号 C105-2 异常。异常带全长 13km，宽 0.5~1km，由 4 个异常组成，经钻探验证，异常由白云岩及产于其中的铁矿层引起。含矿岩系由互层的白云岩（包括方解石大理岩）、铁矿层、钾长混合岩层和角闪斜长混合岩层等含矿岩层组成向斜核部，两翼为 H4 石英岩，向斜轴面南倾，倾角南翼为 70°~75°，北翼为 60°~65°。仅在苏木图地段有少量白云岩露头产出，矿段向西全被数十米厚的砂砾层所覆盖。

含矿岩系厚 230~400m，由 4~5 层白云岩与互层的钾长混合岩或角闪斜长混合岩层组成。白云岩单层厚 10~90m，东段以白云岩为主，西段灰岩增多；东段铌稀土矿化较强，含 Nb_2O_5 0.06%~0.3%，含 RE_2O_3 0.13%~1%，向西含量逐渐降低，含 Nb_2O_5 0.006%~0.1%，含 RE_2O_3 0.05%~0.3%；白云岩中含 P_2O_5 1%~5%，西高东低。白云岩以白云石为主，西段方解石增多，次要矿物还有磁铁矿、磷灰石、钠闪石、透闪石、透辉石和金云母等，具弱矽卡岩化。

全区矿石自然类型按矿石中有益元素和含矿岩石分为四种。

（1）铌稀土铁矿石。铌稀土铁矿石（简称铁矿石）是矿山目前开采的对象，它主要赋存在白云岩层的中上部，或处于白云岩与板岩的过渡带。矿体呈似层状和透镜状。铌稀土铁矿石以脉石矿物的不同细分为萤石型、钠闪石型、霓石型、白云石型、云母型。稀土矿化以萤石型最强，含 RE_2O_3 6%~10%，其次为霓石型，含 RE_2O_3 5%~8%；其他类型铁矿石含 RE_2O_3 1%~3%。各类型铁矿石的铌含量差别不大，平均含 Nb_2O_5 0.065%~0.15%。

（2）白云岩铌稀土矿石及白云岩铌矿石。该类矿石在矿区分布最广，矿层与地层一致，构成矿区向斜和苏木图向斜南北两翼主体。该类矿石依次要矿物含量的不同可细分为磁铁矿型、钠闪石型、萤石型、云母型、矽卡岩型。白云岩中铌稀土矿化普遍，铌矿化很均匀，一般含 Nb_2O_5 0.06%~0.27%，以 0.08%左右者最多。稀土矿化不同地段不同类型差异明显，以中部矿段为中心向西、向东均降低，由 4.02%降到 0.1%。

（3）硅酸盐岩铌稀土矿石。硅酸盐岩矿石的稀土含量几乎都在 1%以下，不能作为稀土矿石的评价指标。矿石类型细分为矽卡岩型、钾长混合岩型、长石岩型、黑云母型、霓石型。铌含量在霓石型、矽卡岩型和钾长混合岩型矿石中较高，Nb_2O_5 含量平均都在 0.1%以上；黑云母型略低；最低的是长石岩型，仅为 0.05%左右。

（4）碳酸岩脉型铌稀土矿石。碳酸岩脉主要分布在宽沟背斜轴部片麻岩带及其两翼 H1~H4 碎屑岩系中。矿石类型细分为白云石型、磁铁矿型、长石型、方解石型。该类矿石中稀土含量多为 1%~%，含铌 0.033%~0.065%。

矿石中已知的矿物有 161 种，主要含铁矿物有磁铁矿、赤铁矿、镜铁矿、磁赤铁矿、假象赤铁矿、褐铁矿、针铁矿、钎铁矿、水赤铁矿、菱铁矿、菱镁铁矿、菱铁镁矿、铁白云石等 14 种；稀土矿物有独居石、氟碳铈矿、氟碳铈钡矿等 18 种；铌矿物有铌铁金红石、铌铁矿、烧绿石、易解石等 19 种。

矿石结构有粒状变晶结构、粉尘状结构、交代结构、固溶分离结构等。矿石构造有块状构造、浸染状构造、条带状构造、层纹状构造、斑杂状构造、角砾状构造等。

（三）矿床勘查史

1927 年，中瑞科学考察团丁道衡教授发现了白云鄂博主矿。1940 年黄春江发现了东矿和西矿。

1950～1956 年，华北地质局 241 队在该区开展地质勘查工作，测有 1∶20 万地质图 10746km²，1∶5 万地质图 648km²，1∶1 万地形地质图 30km²。西矿测有 1∶2500 地形地质图 15km²，钻探 2130m，圈出工业矿体 16 个。获 C_1+C_2 级铁矿石储量 2.6 亿吨。稀土氧化物 1000 万吨。矿床成因为特种高温热液矿床，提交《西矿初步地质勘探报告》。

1957～1958 年，包钢 541 队（即内蒙古有色地质二队和包钢地质队前身）在 241 队工作的基础上，对西矿原 9、10 号矿体进行详细勘探。测有 1∶1000 地形地质图 1.31km²，钻探 4309m。获 $B+C_1+C_2$ 级铁矿储量 9863 万吨。提交《内蒙古白云鄂博铁矿 9、10 号矿体地质勘探总结报告》。于 1959 年 9 月 24 日由包钢矿山处审批，1962 年内蒙古储委〔62〕储字第（26）号函同意包钢矿山处的审批意见。

1974～1977 年，包钢地质勘探队（541 队）对主、东矿进行勘探线钻孔孔斜校正后，又进行了补充钻探工作，于 1977 年 12 月提交《白云鄂博铁矿主、东矿资源储量计算说明书》，于 1978 年 4 月 10 日由内蒙古自治区革命委员会冶金工业局审核以内冶字〔78〕146 号文件批准。

1978 年初，内蒙古冶金地质二队、三队首先对西矿进行了地质物探工作，证明铁矿受地层岩相控制，属层控矿床。

1978 年，包钢勘探队提交《9、10 号矿体地质工作报告》。

1978～1980 年，冶金部地质会战指挥部在白云地区组织内蒙古、燕郊、陕西、天津地调所等 12 个单位对西矿的中区进行了勘探，西区进行了详查，东区进行了普查。1987 年 12 月中国有色金属总公司内蒙古地质勘探公司提交了《内蒙古自治区包头市白云鄂博铁矿西矿地质勘探报告》，该报告包括详查区、勘探区和普查区的全部地质勘探成果。

2005 年 9 月，由包钢勘察测绘研究院提交了《内蒙古自治区包头市白云鄂博铁矿西矿资源/储量复核报告》国土资储备字资〔2005〕251 号。

七十五、内蒙古自治区额济纳旗蒜井子钒钛磁铁矿

（一）矿床基本情况

矿区位于金塔县 335°，方向直距 180km，行政区域划属内蒙古自治区额济纳旗管辖，地理坐标：东经 97°59′10″，北纬 41°26′24″。

区内地层划分为天山—兴安区，北山分区穹塔格—马鬃山小区。地层发育较为齐全，

除泥盆系和三叠系外，其他均有出露。大地构造处于天山—阴山型纬向构造带的北山地段，岩浆活动从华力西中期到燕山晚期为岩浆主要侵入期。岩浆喷发从奥陶纪至晚二叠世末均有。

侵入岩为酸性、中酸性、中性、基性和超基性岩均有出露，与铁矿有关的主要为华力西期基性-超基性和中性侵入岩。基性-超基性侵入岩由于晚期岩浆熔离分异作用形成钒钛磁铁矿（蒜井子、小黄山）；岩浆期后大量气液热液活动，形成部分热液型和接触交代型富铁矿，如小黑山富铁矿和涌珠泉铁矿。

矿区共圈出 4 条钒钛磁铁矿体，在蚀变辉长岩内部呈似层状和透镜状产出。除主矿体北侧围岩为黑云斜长石英变粒岩外，其余 3 条矿体围岩均为其母岩，矿体与围岩间没有明显界线。矿体长 70~225m，平均宽 1029.6m。产状 40°~45°，平均品位 TFe 23.97%，TiO 28.72%，V_2O_5 0.18%，共获得矿石储量 717 万吨。

矿石类型以浸染状矿石为主，块状矿石和条带状矿石次之。浸染状矿石，粒度变晶结构、海绵陨铁结构、浸染状构造。矿石矿物：钛磁铁矿，脉石矿物主要有普通闪石、纤闪石和磷灰石、透辉石、方解石及硬绿泥石次之；块状矿石，变余磷纤粒状结构、海绵陨铁结构、稠密浸染-块状构造，矿石矿物为钛磁铁矿；条带状矿石，磷纤粒状结构，脉状-似条带状构造，矿石矿物为褐铁矿、钛磁铁矿、钛铁矿、磁赤铁矿、褐铁矿，脉石矿物主要有方解石和纤闪石，磷灰石和绿泥石次之。

矿床为晚期岩浆熔离分异矿床，来自上地幔一定部位部分熔融分离出的、经过深源分异，初步富集了铁、钛等元素的岩浆，经后期构造热液活动富集。

（二）矿床勘查史

1990 年，冶金部西北地质勘查局五队执行"内蒙古自治区额济纳旗蒜井子钒钛磁铁矿点普查"项目。项目主要执行人为梁忠义、杨来耕。通过勘查，共提交矿石储量 717 万吨。

第三节　华东地区重点铁矿床

华东地区铁矿主要分布于山东、江西、福建、安徽、浙江、江苏，以山东、安徽两省为主，依据 2020 年全国资源储量通报，截至 2019 年年底，华东地区保有铁矿资源量 142.61 亿吨，储量超亿吨的大型铁矿有 36 处。最重要的矿集区包括长江中下游、鲁中矿集区。铁矿类型主要以沉积变质型、陆相火山岩型、接触交代热液型和岩浆型为主。

一、山东莱芜市张家洼铁矿

（一）矿床基本情况

矿床位于莱芜市城区北约 8km，隶属莱城工业园区和张家洼街道管辖。地理坐标：东经 117°34′28″~117°39′30″，北纬 36°13′45″~36°17′01″，面积 42.93km²。

矿床位于鲁中隆起（Ⅲ）泰莱凹陷（Ⅴ）东北部。区域地层有新太古界泰山岩群，古生界寒武系、奥陶系、石炭-二叠系、侏罗系、白垩系、古近系和第四系。区域内断裂构造和褶皱构造较发育，区域岩浆岩主要为燕山晚期闪长岩类杂岩体，是该区铁矿成矿母岩。

矿床大部为第四系覆盖，其下有较厚的古近系。根据钻孔资料，区内地层有奥陶系马家沟群、石炭系月门沟群本溪组、石炭-二叠系月门沟群太原组、二叠系月门沟群山西组、二叠系石盒子群、白垩-古近系官庄群常路组和第四系。

断裂有冶庄山头断裂、F_1断层、双泉官庄—小洛庄断裂和王家楼断裂。褶皱构造为矿山弧形背斜，该背斜中北部分布在矿区内，核部出露闪长岩，背斜轴向北段为北北西，中部转为北东。东翼为Ⅰ矿床，西翼为Ⅱ矿床，北部倾没端为Ⅲ矿床。

侵入岩为燕山期沂南序列东明生单元中细粒辉石闪长岩（矿山岩体）的北延部分，主要岩性为辉石闪长岩、正长闪长岩、似斑状闪长岩等（见图5-92）。

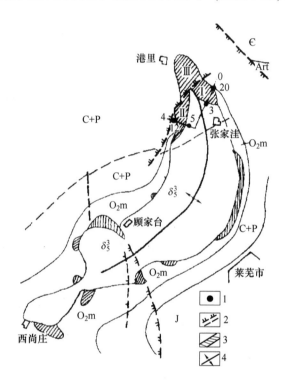

图 5-92　张家洼铁矿地质图（中国铁矿志）

J—侏罗系；C+P—石炭—二叠纪月门沟群；$O_{2-3}m$—奥陶纪马家沟群；Є—寒武系；
Art—太古界泰山群；δ_5^3—燕山期闪长岩类；Ⅰ—张家洼矿段；Ⅱ—小官庄矿段；
Ⅲ—港里矿段；1—钻孔；2—断层；3—矿体水平投影范围；4—矿山弧形背斜

矿床范围内共发现4个较大磁异常，分别为张家洼、小官庄、港里和M1磁异常。

（1）张家洼磁异常，位于矿区东北部，磁异常等值线图呈椭圆形，异常走向近北西向。以350nT等值线圈定，长约1500m，宽约1000m，异常极大值650nT，极小值250nT。异常北西部位其梯度变化较陡为0.83nT/m，南东部位梯度变化较缓为0.40nT/m。经验证，此异常为Ⅰ矿床磁铁矿体引起。

（2）小官庄磁异常，位于矿区中部，磁异常等值线图呈长椭圆形，异常走向近北东向。以300nT等值线圈定，异常长2300m，宽1200m，异常极大值600nT，极小值150nT。异常沿长轴方向其梯度变化较陡，两侧部位梯度变化较缓。经验证为Ⅱ矿床磁铁矿体引起。

（3）港里磁异常，位于矿区北部，呈椭圆形，异常走向近北北东向，长约1300m，宽约700m，异常极大值600nT。经验证此异常为普查区Ⅲ矿床磁铁矿体引起。

（4）M1磁异常，该异常位于蔡家镇以西，北东向断裂以北，ΔT正异常范围约1400m×700m，极大值108nT。结合岩矿石的磁性特征，推测为矿致异常。

张家洼矿区划为3个矿床（编号Ⅰ矿床、Ⅱ矿床和Ⅲ矿床），它们围绕矿山弧形背斜北部倾没端呈半环形分布。以F_1断层为界，背斜东翼为Ⅰ矿床；背斜西翼为Ⅱ矿床；F_1断层以北弧形背斜倾没端为Ⅲ矿床（见图5-93）。

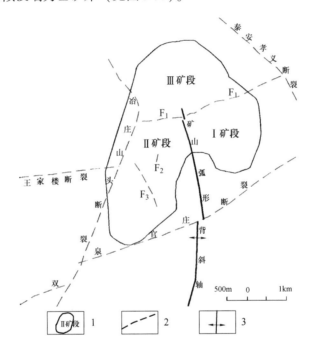

图5-93 张家洼矿床构造纲要简图
（据山东正元地质资源勘查有限责任公司，2015年）
1—各矿段投影边界；2—推断断裂；3—矿山弧形背斜

此次工作圈定磁铁矿体15个，其中Ⅰ矿床1个，Ⅱ矿床13个，Ⅲ矿床1个。主要矿体为Ⅰ、$Ⅱ_3$、$Ⅱ_4$和$Ⅱ_5$矿体；次要矿体为$Ⅲ_4$矿体；小矿体10个，为Ⅱ矿床$Ⅱ_0 \sim Ⅱ_2$、$Ⅱ_6 \sim Ⅱ_{12}$号矿体。主矿体资源量达11701.2万吨，占新增总资源量的94%。

Ⅰ矿体：位于$Ⅰ_{20} \sim Ⅰ_{23}$线，位于矿山弧形背斜的东翼，由56个钻孔控制。矿体呈透镜状，局部为马鞍状。控制矿体长1100m，倾向延深1100m，赋存标高为$-150 \sim -1100$m。矿体走向294°，倾向北东。倾角10°~75°，在-450m标高以上倾角10°~35°，向下变陡，-450m标高以下倾角45°~60°，局部倾角75°。矿体厚2.00~100.95m，平均厚度35.01m，厚度变化系数103%，矿体形态较复杂。矿石品位TFe 20.11%~63.23%，TFe平均品位37.44%，品位变化系数46%，有用组分分布均匀。

II_3 矿体：位于矿山弧形背斜的西翼，分布于 II_{11} ~ II_{27} 线间，由 98 个钻孔控制。矿体呈似层状。控制矿体长 1400m，倾向最大延深 1350m，赋存标高为 -300 ~ -1020m。矿体走向 17°，倾向北西，-400m 标高以上倾角 10° ~ 30°，-400m 标高以下 30° ~ 40°，在 II_{15} ~ II_{27} 线之间矿体倾角较稳定，II_7 线处变化较大。矿体厚 1.98 ~ 78.71m，平均厚 16.46m，厚度变化系数 108.8%，矿体形态复杂程度为复杂。TFe 品位为 21.86% ~ 67.16%，平均品位 46.68%，TFe 品位变化系数 33.20%，有用组分分布均匀。

II_4 矿体：位于 II 矿床的 II_{11} ~ II_{27} 线之间，由 98 个钻孔控制。矿体呈似层状，沿走向和倾向未封闭。矿体总体走向 17°，倾向北西，倾角 20° ~ 40°。控制矿体长 1200m，倾向延深 900m，赋存标高为 -365 ~ -1040m。矿体厚 2.28 ~ 53.58m，平均厚 15.26m，厚度变化系数 103%，矿体厚度复杂程度为复杂。TFe 品位为 20.40% ~ 64.48%，平均品位为 41.25%，品位变化系数 27.51%，有用组分分布均匀。

II_5 矿体：分布于 II_{11} ~ II_{27} 线间，由 93 个钻孔控制。矿体呈似层状，走向 17°，倾向北西，倾角 20° ~ 40°。控制矿体长 1050m，倾向延深 1400m，赋存标高为 -365 ~ -1060m。矿体厚 3.50 ~ 41.37m，平均厚 9.56m，厚度变化系数 117%，矿体厚度复杂程度为复杂。TFe 品位为 20.40% ~ 64.13%，平均品位为 41.42%，TFe 品位变化系数为 29.63%，有用组分分布均匀。

III_4 矿体：位于 III_4 ~ III_{28} 线间。矿体呈透镜状、似层状，较连续，走向近于正北，倾向东，倾角上缓下陡，16 线以北 20° ~ 35°，16 线以南 5° ~ 50°。矿体长 980m，倾向延深 830m，赋存标高为 -300 ~ -930m，20 线以北为单层，以南 2 ~ 3 层，相邻剖面对应较好。矿体平均厚度 14.99m。厚度变化系数 143%，矿体厚度复杂程度为复杂。TFe 品位为 20.17% ~ 61.48%，平均品位为 39.24%，品位变化系数为 30.53%，有用组分分布均匀。

矿石结构以半自形-他形粒状结构为主，其次有交代残余结构、压碎结构、鳞片粒状变晶结构。矿石构造主要有块状构造和浸染状构造。

矿石中金属矿物主要为磁铁矿，其次有黄铁矿、黄铜矿和赤铁矿。非金属矿物以绿帘石、蛇纹石和透辉石为主，其次为方解石、绿泥石及少量石榴子石、石英。

矿石中主要有用组分为 Fe，TFe 与 mFe 品位呈正相关关系。矿石伴生 Cu 0.03% ~ 0.50%，平均含量 0.12%；Au $0 ~ 0.2×10^{-6}$，平均含量 $0.08×10^{-6}$。II_3 矿体 Cu 和 Co 平均含量为 0.18% 和 0.02%，II_4 矿体中伴生 Cu 平均含量 0.10%，达到了综合评价的指标要求。

矿石自然类型为磁铁矿石，工业类型为需选铁矿石。

矿体产于闪长岩与石灰岩接触带中，严格受接触带构造的控制，矿床属接触交代矽卡岩型铁矿。

张家洼矿区 1970 年开始组建矿山，1985 年投产，1987 年 12 月 25 日首次取得地质矿产部颁发的采矿许可证。2010 年 9 月，中国五矿企划〔2010〕471 号批准企业改制，改制后公司名称更为鲁中矿业有限公司，生产规模 250 万吨/年。

(二) 矿床勘查史

1956 年地质部北方大队 106 物探队开展 1:5 万地面磁测，次年开展 1:1 万地面磁测。1958 年地质航测大队开展 1:10 万航磁测量，同年北京地校完成 1:1 万重力测量。

1959 年山东省地质局鲁中一队根据重力资料施工 3 个钻孔，均未见工业矿体。

1965 年，山东冶金地质勘探公司物探队和二队根据河北中关低缓磁异常找矿经验，研究以往资料开展 1：5000 地面磁测，验证 3 个磁异常均见到了工业矿体，进而拉开该区普查评价和勘探工作序幕。勘探过程中，公司一队、三队、水文队及省地质局综合一队参与会战，冶金水文队对矿区开展专门水文地质工作，根据要集中人力、物力打歼灭战，各个击破的原则，先期对 II 矿床开展勘探工作，于 1974 年 1 月二队和水文队提交了《II 矿床地质勘探总结报告》，同年 9 月冶金部批准该报告。1974 年 1 月，山东省冶金地质勘探公司第二勘探队、水文地质队提交了《山东莱芜张家洼铁矿 II 矿床地质勘探总结报告》。投入钻探工作量 65132.70m，水文地质钻探 6401.24m，基本分析 1887 件。提交 B 级储量 1861 万吨，C 级储量 4278 万吨，D 级储量 2560 万吨，B+C+D 级储量 8700 万吨，表外 B+C+D 级储量 356.52 万吨，TFe 平均品位为 46.42%。伴生铜金属量 B+C+D 级 60787.8t，Cu 平均品位 0.071%，伴生钴金属量 B+C+D 级 13611.5t，Co 平均品位为 0.015%。1975 年 1 月，冶金工业部以〔1975〕冶地字 68 号文批准该报告。该报告提交的资源量在张家洼铁矿 II 矿床平面范围内，资源量估算标高在-715m 以上，为张家洼铁矿 II 矿床建矿地质报告。

1975 年 4 月，山东省冶金地质勘探公司第二勘探队、水文地质队提交了《山东莱芜张家洼铁矿 I 矿床地质勘探报告》。投入钻探工作量 50480m/（92 孔），水文地质钻探 9810.79m，基本分析 1186 件。提交 B+C+D 级储量 4203 万吨，TFe 平均品位为 47.43%；伴生铜金属量 17584t，Cu 平均品位为 0.044%；钴金属量 6234t，Co 平均品位为 0.015%。1975 年 12 月，冶金工业部以〔1975〕冶地字 1852 号文批准了该报告。该报告提交的资源量在 I 矿床平面范围内，资源量估算标高在-730m 以上，为张家洼铁矿 I 矿床建矿地质报告。

为适应我国钢铁工业发展需要，冶金部通过山东冶金地质勘探公司指示二队加速 III 矿床地质勘探，尽早提供能满足矿山设计的地质报告，为此 1976 年公司组织水文队和一队参加 III 矿床勘探会战，并指示，地质报告由二队提交，矿区水文工作由水文队负责。III 矿床累计投入探矿钻孔 195 个，钻探工程量 103094.30m（其中包括水文、探矿综合利用工程 6517.19m），专门水文钻孔 9 个（工程量 4730.97m），合计 109611.49m，基本分析 2570 件。另外利用 I 矿床设计钻孔 6 个，工程量 3492.12m。1977 年 5 月，山东省冶金地质勘探公司第二勘探队、水文地质队提交了《山东莱芜张家洼铁矿 III 矿床地质勘探总结报告》。提交 B 级储量 1172.33 万吨，C 级储量 6881.60 万吨，D 级储量 6435.00 万吨，B+C+D 级储量 14488.93 万吨，表外 B+C+D 级储量 650.09 万吨。TFe 平均品位为 45.43%；伴生铜金属量 D 级 114338.7t，Cu 平均品位为 0.093%；伴生钴金属量 B+C+D 级 21997.4t，Co 平均品位为 0.019%。1977 年 11 月，冶金工业部储委以〔77〕冶储字第 35 号文批准了该报告。该报告提交的资源量在 III 矿床平面范围内，赋存标高在-650m 以上，为张家洼铁矿 III 矿床建矿地质报告。

2007 年 5 月，山东正元地质资源勘查有限责任公司（山东正元地质勘查院）汪云、蔡传生、徐建、王宪镇、韩智昕等人，经过梳理以往矿区资料，认为张家洼铁矿区深部及外围找矿前景巨大，申请了 2008 年、2009 年、2011 年、2012 年、2013 年山东省财政地质勘查项目。经过 5 年连续勘查投入，累计完成 1：2000 磁法剖面 83.97km，钻探

27955.60m（26个孔）。2015年提交《山东省莱芜市张家洼矿区深部及外围铁矿普查报告》。

张家洼铁矿区经过20世纪70年代铁矿勘查会战及21世纪初新一轮找矿行动，累计查明铁矿石资源储量38609.3万吨（是我国最大的矽卡岩型铁矿床）。

2016年获中国地质学会"2016年度十大地质找矿成果"。

2020年获自然资源部"2011~2020年找矿突破战略行动优秀找矿成果"。

二、山东莱芜市马庄铁矿

（一）矿床基本情况

矿区位于济南市莱芜区政府驻地北西方向2km处，行政区划属莱芜区凤城街道办事处。中心地理坐标：东经117°38′37″，北纬36°12′53″，面积5.28km²。

矿区内地层主要为奥陶系马家沟群灰岩、结晶灰岩、大理岩，石炭系月门沟群本溪组砂页岩夹炭质页岩、灰岩，古近系官庄群常路组及第四系。地层总体呈单斜产出，岩层走向北东，倾向南东，倾角40°~60°，至深部变陡，局部70°。

与成矿关系相关的为奥陶系马家沟群五阳山组、阁庄组、八陡组及石炭系本溪组。

五阳山组岩性主要为中厚层灰岩夹泥质白云质灰岩，阁庄组主要为浅灰-淡黄色泥质灰岩、泥质白云质灰岩及角砾状灰岩，厚度60~90m；八陡组顶部为灰岩、泥质白云质灰岩互层，间夹黄色泥质白云质灰岩，厚度80~121m；石炭系本溪组岩性为页岩、砂质页岩、黏土岩夹砂岩、灰岩，厚度30~50m。

矿区位于矿山弧形背斜东南翼，仅在接触带局部范围内矿体、接触带、围岩呈同步褶皱，其形式有平卧、台阶、锯齿或背斜型。矿区断裂较发育，共10条断层，断层走向以北西—北北西向为主，延深长度一般100~200m，断距均小于20m，且向深部逐渐趋于消失，对矿体形态及矿石质量影响不大。

矿区内岩浆岩为矿山岩体一部分，属燕山晚期沂南序列东明生单元（$K_1\delta Yd$）黑云母辉石闪长岩、透辉石化闪长岩和闪长岩。与大理岩呈侵入接触，是铁矿的成矿母岩，组成矿床底板。另有少量石英二长岩、闪长玢岩及煌斑岩等脉岩分布。

矿体主要产于闪长岩和大理岩接触带上，沿接触带呈扁豆状、透镜状或似层状产出，总体走向北北东，倾向南东，倾角40°~60°（见图5-94）。圈定3个矿体，主要矿体为Ⅰ-1矿体和Ⅰ-2矿体，其特征分述如下：

Ⅰ-1矿体：分布于-1~28线，走向北北东，倾向南东，倾角一般40°~50°。矿体长约1500m，倾向最大延深930m，至深部变陡。矿体厚1.98~47.07m，平均13.29m，厚度变化系数71.18%。TFe品位为20.53%~61.66%，平均为45.95%。有益伴生元素为Cu和Co，平均品位分别为0.236%和0.022%。矿体在0~-20m标高位置矿体局部变薄或尖灭，且上下矿体形态、产状存在差异，上部矿体多呈背斜褶皱、平卧褶皱；下部矿体多呈柱状，且常有分叉和锯齿。一般来说，矿体由东向西，其形态、产状渐趋稳定。总体特点是陡倾斜，垂直延深及倾斜延深大，形态复杂，产状不稳定。控矿构造为成矿前断裂和接触带复合控矿。

Ⅰ-2矿体：分布于30~51线，总体走向北东，倾向南东。矿体长约1100m，倾向延深500~600m，赋存标高250~-200m，厚2.37~26.90m，平均11.21m，厚度变化系数

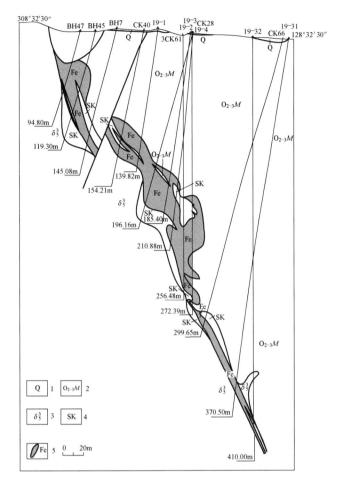

图 5-94 马庄 19 线地质剖面简图
1—第四系；2—奥陶纪马家沟群；3—闪长岩；4—矽卡岩；5—铁矿体

58.16%。TFe 品位为 27.06%~64.15%，平均为 42.47%。有益伴生元素为 Cu 和 Co，平均品位分别为 0.196% 和 0.018%。该矿体总体特点是缓倾斜，矿体形态简单，产状较稳定，矿体多在 -200m 标高自然尖灭。控矿构造为典型的接触带构造控矿。矿体在 0m 以上多有尖灭现象。

一个零星矿体赋存于 13 线深部，呈透镜状产出，规模很小，长约 50m，延深 64.5m，倾向南东，倾角约 45°，赋存标高 93~100m，控制厚度 4.85m。

矿石中矿物成分以磁铁矿为主，其次为黄铁矿、黄铜矿、斑铜矿、辉铜矿、铜蓝、赤铁矿、褐铁矿等。脉石矿物主要为蛇纹岩、方解石、次为金云母、绿泥石及少量透辉石、透闪石、石榴子石等。

矿区 TFe 品位为 20.03%~64.98%，平均 46.75%。根据物相分析矿石 TFe 中，磁铁矿含量 71%~90%，赤铁矿、褐铁矿含量 7%~27%，黄铁矿含量 0.05%。矿体品位变化总体上，垂向上上下贫而中间部位富；水平方向上自东向西呈高—低—高—低的规律变化。

Cu 含量为 0.002%~5.51%，平均为 0.185%；Co 含量为 0.13%~0.002%，平均为

0.019%；S 和 P 为矿石中的有害组分，S 含量为 0.005%~41.359%，平均为 1.486%；P 含量为 0~0.360%，平均为 0.035%。

CaO、MgO、Al_2O_3、SiO_2 是组成矿石的造渣组分，与 TFe 含量互为消长关系。CaO+MgO/（SiO_2+Al_2O_3）比值为 0.84~1.48，平均为 1.088，MgO 平均含量为 7.34%，属高镁-碱性矿石。

矿石结构以他形粒状结构为主，其次为自形-半自形粒状结构，交代残余结构和碎裂结构等。

矿石构造以块状构造为主，其次为松散状构造、浸染状构造，少量条带状构造、角砾状构造和斑杂构造等。

矿石的自然类型为磁铁矿石；工业类型为需选铁矿石。

该矿床主要受断裂、背斜、接触带等各种构造的复合部位控制，矿体主要赋存于岩体与围岩的外接触带。矿体顶板多为大理岩、结晶灰岩，个别为蚀变闪长岩及矽卡岩；矿体底板为蚀变闪长岩、透辉石矽卡岩，个别为大理岩、结晶灰岩。

矿床成因类型：与中-基性侵入岩有关的接触交代型铁矿床。

矿区于 1960 年部分投产，1962 年正式由基建移交生产，1986 年开始大量生产。另外矿山于 1985 年开始在 0~3 线间进行部分露天开采，至 1991 年露采区闭坑。闭坑后组织零星民采，一直开采至 1994 年。1990 年 8 月，马庄矿区三期工程开始建设，相继开掘 -50m 和 -100m 两条大巷工程，在 -50m 水平部分地段进行了生产勘探和资源储量升级，在 -100m 水平大巷部分进行了钻探疏干放水后进行开采。

矿山设计共分三期，分别为 1958 年、1973 年、1998 年。1998 年 4 月，由山东省冶金设计院编制的《莱芜钢铁总厂莱芜铁矿马庄矿区三期工程采矿与充填方案设计》设计开采 -50m、-100m、-150m、-200m 四个水平，设计竖分条分段采矿分段充填法、分段采矿分段充填法两种采矿方法，设计矿山规模为 45 万吨/年。近几年，马庄矿床采用多种方法进行采矿，并积极回收残柱、底柱，矿房回采率由原来的 68% 提高到 80%，矿床回采率 70%，开采贫化率也由原来的 32% 降至 20%，原矿品位大幅度提高，降低了矿石选矿成本。

目前矿区正在开采，截至 2017 年年底，矿区累计动用资源储量 2010.5 万吨。

（二）矿床勘查史

1956~1958 年，地质部在莱芜地区开展铁矿普查工作，重点是马庄地段，于 1958 年 3 月提交《山东省莱芜马庄矿区 1957 年初勘报告》，查明铁矿石储量 C 级 1088.3 万吨，D 级 57.01 万吨。

1962 年 8 月~1963 年 8 月，山东冶金地质勘探公司第二地质勘探队对马庄矿床进行第一次补充勘探，1963 年 11 月提交《山东莱芜铁矿马庄矿床补充勘探中间报告》。查明铁矿石 B+C_1+C_2 级 1890.9 万吨，该报告未予批准。

1963 年 8 月~1964 年 10 月，山东冶金地质勘探公司第二地质勘探队陈荣顺、齐心田、王永林等人对马庄、曹村两矿区进行补充勘探，投入主要工作量：钻探 26602.0m，平巷 409.0m，浅井 631m，取样 1236 件，于 1965 年 8 月提交了《山东莱芜铁矿区马庄曹村矿床地质勘探总结报告》，1966 年 4 月以"第 2 号决议书"评审，其中马庄矿床查明铁矿石储量 B+C₁+C₂ 级 2261.9 万吨。

1983 年 2 月~1985 年 9 月，冶金部山东地质勘探公司第二地质勘探队宗信德等人对马庄矿床 0m 以下矿体进行了水文地质补勘和储量升级补勘，投入主要工作量：钻探 15880m（38 个孔），基本分析样 426 件，于 1985 年 12 月提交《山东莱芜铁矿区马庄矿床 0m 以下补充勘探地质报告》，经山东省矿产储量委员会审查批准，查明 0m 以下铁矿石储量 2046.09 万吨，伴生铜金属量 2.96 万吨，伴生钴金属量 0.3 万吨。

三、山东莱州大泗河铁矿

（一）矿床基本情况

矿区位于莱州市（原为掖县）土山镇与原平度县灰卜镇交界处，地理坐标：东经 119°40′，北纬 37°01′。

矿区位于景芝大店深大断裂与潍河深断裂带的昌南地垒构造带北部，掖县复背斜北翼，地层走向与区域地层走向基本一致。地表为第四系覆盖，下伏地层包括胶东群上田家组及粉子山群张家组下部，两者为假整合过渡的一套变质岩系。受区域构造作用影响，该区花岗片麻岩大部分为碎裂岩和压碎岩，受混合岩化作用影响，形成石英斜长片麻岩或石英片岩、角闪斜长片麻岩，厚度变化较大，总的与区域地层基本一致，倾角 10°~30°。黑云母片岩沿走向及倾向岩性及厚度变化较大，该层为矿体顶板，岩石蚀变较强，以蛇纹石化透闪石化为主，滑石化、石膏化、碳酸盐化为次。含矿层位于胶东群斜长透辉岩和粉子山群云母片岩或花岗片麻岩之间层间裂隙，矿体受构造控制，某些地段矿体直接位于斜长透辉岩中，矿体与围岩界线清楚，呈似层状和透镜状，产状与地层基本一致。区内未见侵入岩出露。

矿床位于莱州复背斜北翼，地层属正常层位，产状与区域地层基本一致。倾向 NE30°~60°，倾角较缓，一般在 10°~20°。7 线为界，东部为向斜构造，西部为背斜构造。东部向斜构造，由西南向东北逐渐收敛，向斜轴则由东北向西南倾伏，倾角约 10°。西部背斜构造，据已取得钻探资料，此背斜轴大致由西南向东北倾伏，倾角亦在 10°左右。上述构造在 7 线附近呈"X"形扭曲。

区内断裂构造分为两组：（1）横断层，走向 NW40°~60°，位于 21 线附近，为平推断层，水平断距 400m 左右；（2）走向断层，走向与区域地层走向一致，分为成矿前及成矿后断层两类，成矿前断层为压扭性走向断裂，矿体的赋存部位主要受这一破碎带的控制。成矿后断层分布于矿体东南侧，为一组张扭正断层，由于这一组走向断层影响，使该区地层呈现出地堑式构造，对成矿起破坏作用。

矿体多赋存于古元古界粉子山群小宋组中，矿床自东向西分为Ⅰ、Ⅱ两个矿带，7 个铁矿体，自上而下编号为Ⅰ-1、Ⅱ-1、Ⅱ-2、Ⅱ-3、Ⅱ-4、Ⅱ-5、Ⅱ-6。矿体平均厚度 13.49m，TFe 平均品位为 32.33%。

Ⅰ矿带：长 450m，厚 8~50m，顶板埋深 75m，赋矿标高 -35~-76m，走向 57°，倾向 NW，倾角 6°~24°，TFe 平均品位为 28.50%。带内蛇纹石化明显，远离磁铁矿体蛇纹石化逐渐减弱。该矿带仅发育Ⅰ-1 矿体，赋存于矿带的中下部位。矿体中间厚两侧薄，上部厚，下部薄。

Ⅰ-1 矿体位于 31~21 勘查线之间，实际控制长度 250m，推断长度为 450m，宽 50~186m，矿体平均厚 10.18m，顶板埋深 75m，赋矿标高 -35~-76m，矿体最大延深约 220m，平均品位为 28.50%。品位变化系数为 3.61%；厚度 10.18m，厚度变化系数 39.40%。该矿体的最大特点是在走向上中间厚度较大，两侧变薄，倾向上表现为上部矿体厚度大，向下逐渐变薄，且 TFe 品位也随之降低。

Ⅱ矿带：分布在 21~22 勘探线之间，被第四系覆盖，工程控制长度为 1332m，厚 22~160m，最大厚度 285m。由 6 个矿体组成，主要为Ⅱ-1 和Ⅱ-2 矿体，其产状多为似层状或透镜状。矿体沿倾向中间厚度大，两侧厚度逐渐变薄，且分枝现象比较明显（见图 5-95），常有夹石出现，矿带内有较强的蛇纹石化，并伴随有滑石化、碳酸盐化、石膏化、磁铁矿化等。

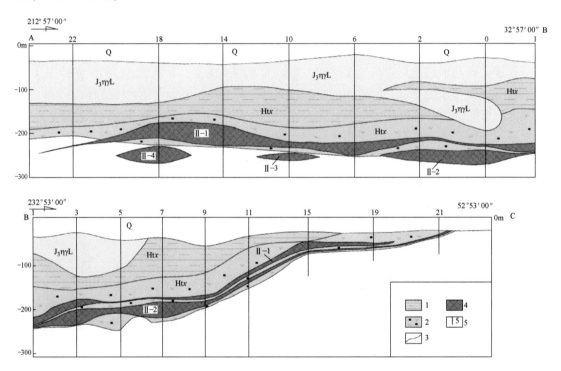

图 5-95 大涩河矿区 A-B、B-C 地质纵剖面图

1—黑云母变粒岩；2—磁铁矿化蛇纹岩；3—实测地质界线；4—磁铁矿体；5—勘查线及编号；
Htx—小宋组；J₃ηγL—玲珑序列云山单元含黑云二长花岗岩

Ⅱ-1 矿体分布在 21~22 勘查线之间。矿体长度为 2100m，宽 50~364m，矿体顶板埋深 48~305m，矿体 TFe 平均品位 32.78%，品位变化系数为 28.7%；厚度 0.60~43.03m，平均 24.73m，厚度变化系数 87.6%。矿体沿倾向中间厚度大，两侧厚度逐渐变薄，且分枝现象比较明显，常有夹石出现。

矿石结构简单，呈半自形及他形粒状结构。矿石构造主要有块状构造、条带状构造。

矿石矿物组分：金属矿物主要为磁铁矿，偶见黄铁矿；非金属矿物主要有蛇纹石、透闪石、滑石，其次为透辉石、绿帘石、碳酸盐、黑云母、绿泥石、磷灰石、石英、长石等。

矿石中除含铁以外，其他有益元素和有害元素含量都很少，磷平均含量为 0.05%，硫平均含量为 0.03%，铜含量为 0.003%～0.008%，钴含量为 0.002%～0.007%，镍含量为 0.002%～0.009%，钛含量为 0.005%～0.23%，钒含量为 0.005%～0.076%，氧化锰含量为 0.24%～0.44%。

$SiO_2+Al_2O_3$ 平均含量为 18.60%，$MgO+CaO$ 平均含量为 21.00%，通过矿石酸碱度计算，在 14 个样品中均属自熔矿石。

根据 14 个样品分析 FeO 和 TFe 结果来看，TFe/FeO 均小于 3，说明矿石属原生磁铁矿。该区矿体埋藏均在-30m 以下，未受氧化带影响。

根据矿床成因及特征认为该矿属中温热液沉积变质矿床。

21 世纪初，山东黄金下属的山东盛大矿业有限公司开始开发大浞河铁矿，为地方经济发展提供了有力的支持，有效解决了部分人员的就业问题，对当地经济、社会产生巨大效益。

（二）矿床勘查史

该铁矿是在 20 世纪 60 年全民大办钢铁时被发现的，某些地段已被群众开采利用，对促进当时工业的发展起着显著的作用。山东省冶金地质勘探公司第三勘探队首先在西铁卜矿区进行地质普查找矿工作，后来随着地质物探工作的不断深入，相继对海郑、洼子、大浞河等地异常进行钻探验证和普查评价工作，使掖县铁矿的远景储量不断扩大。

1970～1971 年，山东省冶金地质勘探公司第三勘探队根据公司指示精神，在大浞河矿区进行贫中找富，历时两年，完成主要实物工作量：地形测量 $5.5km^2$，磁法剖面测量 17 条，半定量计算剖面 11 条，单分量磁测井 7 孔，抽水试验 2 孔，水文观测 1 孔，钻探 8456.30m（33 个孔）。

1972 年 12 月，山东省冶金地质勘探公司第三勘探队提交《山东省掖县铁矿大浞河矿区普查评价总结报告》，探获工业远景三级表内铁矿石储量 2800 万吨，TFe 平均品位为 36.29%；表外铁矿石储量 1179 万吨，TFe 平均品位为 26.18%。1974 年 4 月山东省冶金地质勘探公司下达了该报告审查意见。

2002 年 6 月，山东省第一地质矿产勘查院王圣标、王德安、马永生等人进行详查工作，投入地质钻探 5245.39m（19 个孔），水文地质钻探 1128.00m（4 个孔），视电阻率联合剖面 8.35km，2003 年 8 月提交了《山东省莱州市大浞河矿区铁矿详查报告》。累计查明铁矿资源量 2948.5 万吨，伴生 Au 金属量 2055kg，Co 金属量 2283.4t。山东省国土资源厅以"鲁资储备字〔2003〕28 号"文备案。

四、山东济南市张马屯铁矿

（一）矿床基本情况

矿区位于济南市东约 5km 的张马屯村一带，行政区划隶属济南市历城区王舍人街道办事处。中心点地理坐标：东经 117°07′15″，北纬 36°42′53″，面积 $3.35km^2$。

矿区大地构造位置位于华北板块（Ⅰ）鲁西隆起区（Ⅱ）鲁中隆起（Ⅲ）泰山—济南断隆（Ⅳ）泰山凸起（Ⅴ）北部与济阳凹陷过渡地带。区域地层主要为寒武系、奥陶系、石炭系、二叠系及第四系。岩浆岩为济南岩体辉长岩、闪长岩类，矿体赋存于燕山期岩体与围岩奥陶系碳酸盐类岩石接触带及其附近。

矿区地表被第四系覆盖。根据钻孔资料揭露，矿区地层由老至新分布寒武-奥陶系九龙群崮山组、炒米店组，三山子组，奥陶系马家沟群东黄山组、北庵庄组。与成矿有关的主要为北庵庄组，岩性为白色、灰白色细-中粒大理岩、结晶灰岩，最大揭露厚度约 200m。

矿区为一较简单的单斜构造，走向北东东，倾向北北西，倾角 20°左右。据工程验证，矿区内主要发育有三条断裂构造。

F_1 断裂分布矿床东部，倾向南西，倾角 62°，上盘下降，下盘上升，断距 60~140m，平距 50~60m，该断裂把主矿体分割为东西二部分，其西部为 Ⅰ 矿体，东部为 Ⅱ 矿体（见图 5-96）。

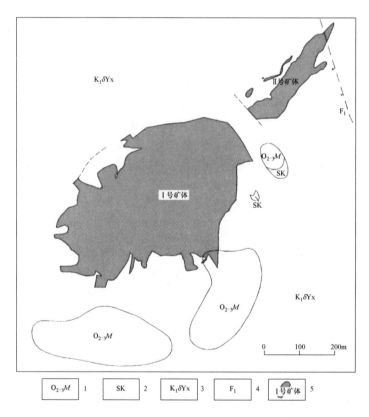

图 5-96 张马屯矿床基岩地质简图

1—奥陶纪马家沟群；2—矽卡岩；3—沂南序列西杜单元闪长岩；4—断层；5—矿体投影边界

F_2 断裂大致与 F_1 平行产出，推测长度小于 100m，最大断距 30m，对矿体有破坏作用。

F_3 断裂为隐伏断裂，推测走向北东，倾向南东，倾角 60°~70°，走向及延深长约200m，断距约 10m，对矿体有破坏作用。

矿区岩浆岩为燕山期沂南序列西杜单元闪长岩岩体（$K_1\delta Yx$），该岩体由中心至边缘可分为富橄榄辉长苏长岩、橄榄辉长苏长岩、辉长苏长岩、辉长闪长岩、闪长岩五带，其中位于岩体边缘闪长岩是该区主要成矿母岩。按其岩性情况分为二辉闪长岩、辉石闪长岩、角闪闪长岩、石英闪长岩。另外，在钻孔内见有少量煌斑岩脉。

矿床受构造、岩性及接触带产状的控制。矿床内圈定 13 个矿体，编号为 II_0、III_0、IV_0、V_0、VII_0、VIII_0、IX_0、X_0、XI_0，I 号为主矿体，II 号为次矿体，其余为零星矿体。矿体相对集中，成群出现，上下重叠分布，南北长 1550m，东西宽 100~600m。

I 矿体：分布在 4~11 线，由 54 个钻孔控制。矿体呈舒缓波状，透镜状，走向北东，倾向北西，局部地段倾向南东，矿体缓倾斜，倾角 10°~30°，总的趋势是浅部缓而深部陡。张马屯矿床经过多年开采，7 线东矿体基本开采完，7 线西矿体赋存标高为 -300~ -400m，最低至 -470m 标高（+6 线）。矿体走向长 550m 左右，斜深最大 600 余米（8 线），最小不足 190m（+5 线），一般 300~500m。矿体厚 1.52~70.73m，平均 21.68m，厚度变化系数 72.46%，矿体厚度变化中等，分枝复合现象明显。矿体 TFe 品位 40.72%~ 61.35%，平均 52.37%，品位变化系数 7.64%，矿化连续，品位分布均匀。

II 矿体：分布于 4~ -1 线，由 15 个钻孔控制，主要产于闪长岩与灰岩接触带内。矿体呈透镜状，走向北东，倾向北西，倾角 40°~60°，上部较缓，下部稍陡。矿体走向长 460m，倾向延深 100~230m，赋存标高为 -80~ -300m，西面较深，东面较浅。矿体厚 1.35~44.43m，平均厚 26.59m，矿体厚度变化系数 48.06%，厚度变化小。矿体 TFe 品位 25.12%~57.20%，平均 50.05%。品位变化系数 17.41%，矿化连续，品位分布均匀。

矿石矿物主要为磁铁矿，次为黄铁矿，微量黄铜矿。磁铁矿：黑-灰黑色，细-中粒结构，块状构造，磁铁矿含量 80% 以上，镜下为半自形粒状结构，粒度 0.044~0.25mm，大者 1.16mm。黄铁矿为半自形晶，粒度 0.35~0.02mm，大者 1.16mm，黄铁矿呈浸染状或细小脉状交代磁铁矿，有时顺磁铁矿解理交代，形成网格状结构，经微化分析，黄铁矿中含有钴。

脉石矿物有透辉石、橄榄石、透闪石、蛇纹石、绿泥石、方解石等。

矿石主要有益组分为铁，TFe 品位 45%~55%，局部 60% 以上；伴生 Co 0.015%~ 0.025%，有害组分 S 1.50%~4.50%，个别 5% 以上；由于 Co 与黄铁矿紧密共生，经选矿富集后，可综合利用。S 含量较高，达到伴生组分综合利用水平。

矿石结构主要为细-中粒结构、半自形粒状结构、网状结构。矿石构造以块状构造为主。

矿石自然类型为磁铁矿石，以原生矿石为主，局部含有少量氧化矿石。矿石工业类型属需选铁矿石。

该矿床类型为与中-基性侵入岩有关的接触交代型铁矿床。

矿床围岩主要为辉石闪长岩、蚀变闪长岩、大理岩、矽卡岩，部分为灰岩。围岩蚀变主要为矽卡岩化，生成于灰岩与闪长岩的接触带内，只有少量出现于大理岩和闪长岩体内，呈脉状或透镜状产出。此外，矽卡岩常以夹层形式出现于矿体内。

该区蚀变带可分为外蚀变带、中蚀变带、内蚀变带。

该矿床为与中-基性侵入岩有关的接触交代型矿床，燕山晚期济南辉长岩体和奥陶系马家沟群厚层灰岩接触产生交代作用是该矿床产出的基本条件。

济南钢城矿业有限公司（原张马屯铁矿）1966 年开始基建，1977 年投产，由省冶金设计院承担开采设计年产 20 万吨。1994 年 7 月由山东省冶金设计院扩产初步设计，提交

《济南钢铁总厂第3炼铁厂矿区扩产初步设计〔555-93〕工程》，设计范围以7线为界，7线以东+5~7线当时正在开采中，7线以西7~11线为主要设计范围。设计可采储量为1351万吨，设计生产能力为50万吨/年。开采方式为地下开采，开采标高-187~-360m。矿山采用竖井开拓方式、分段矿房采矿法。

矿床总的开采顺序垂直方向上由上段向下段依次开采，水平方向上由矿体上盘向下盘回采，总体由东向西逐步开采。建矿以来，大致以15m工程间距进行生产勘探坑内钻探工作，累计完成钻探工程量5818.66m。

2009年8月由山东省冶金设计研究院有限公司完成了《济南钢城矿业有限公司张马屯铁矿（扩界区）资源开发利用方案》的编制并通过评审。扩界后矿山核实资源总量1093万吨，利用原有开拓系统和生产设施，适量增加部分开采工程、坑内堵水工程，进行开采。新方案设计矿山采出资源储量781.85万吨，资源利用率71.53%。扩界后建设规模为年产原矿40万吨，新增扩界区的首采段选择为Ⅱ号矿体。开采顺序是按水平自上而下由浅入深进行，沿走向从两侧向中间（运输石门）后退式回采。

设计矿山开采产品方案：铁精矿（粉），年产铁精粉28.77万吨，精矿品位TFe 66%。设计综合利用资源/储量铁矿石中的伴生元素Co、S，在选矿过程中可综合回收，产品为硫钴精矿。其中，原采矿权区，年产铁精粉22.6万吨；扩界区新增，铁精粉6.17万吨。扩界区年产硫钴精矿0.0522万吨，硫品位36%，钴品位0.3%。

依据山东省人民政府办公厅文件《山东省人民政府办公厅关于印发济钢产能调整和山钢转型发展工作总体方案的通知》、济南市国土资源局《关于做好矿山关闭有关工作的通知》，张马屯铁矿于2017年8月31日停止生产。2017年12月，济南钢城矿业有限公司委托山东正元地质资源勘查有限责任公司编制了《山东省济南铁矿区张马屯矿床闭坑地质报告》，以文件《〈山东省济南铁矿区张马屯矿床闭坑地质报告〉矿产资源储量评审备案证明》（鲁国土资函〔2018〕294号）予以备案，查明剩余资源量728.2万吨，TFe平均品位52.75%。

（二）矿床勘查史

张马屯铁矿是济南铁矿中规模最大、水文地质条件最复杂、工作时间最长的矿区。最早于1956年由冶金部物探队十二分队发现异常。1956年10月，华北冶金地质分局502队进行了异常验证，直接转入初步勘探，主要工作集中于东矿体。1958年3月，苏联专家到矿区指导工作，提出矿区水文地质条件复杂，建议停止工作，随即冶金部地质局指示停勘。该队于1958年6月由陈荣顺主编提交了《山东省济南铁矿地质勘探总结报告》，分别对张马屯、王舍人庄、农科所矿区计算了储量，其中张马屯矿区查明铁矿石储量421万吨。

1957~1958年，华北冶金地质分局507队对济南东郊进行水文地质评价，1958年9月提交了《济南东郊铁矿水文地质勘探总结报告》。

1958年6月，山东冶金工业局第三勘探队陆盛鼎、陈荣顺、蒋徽等人在西矿体进行勘探工作，1959年7月，提交《山东省济南铁矿张马屯西矿体及农科所矿体地质勘探补充报告》，投入钻探8099.96m，取样227件，1:2000地形地质测量1.96km²。经山东省储量委员会审查，查明A_2级753721t，B级593919t，C_1级17298647t，C_2级7787316t。

1959 年后，山东省冶金地质勘探公司第三勘探队对张马屯东、西矿体进行了补充勘探，于 1960 年提交《山东省济南张马屯铁矿区及徐家庄矿区 60 年度地质勘探补充报告》，铁矿储量增加到 861 万吨。

1966 年，山东省冶金地质勘探公司第二勘探队、水文地质队陈荣顺、张长捷、王汞林等人开展张马屯矿区第四次勘探，重点对西矿体进行补充勘探，投入钻探工作量 4435m。同年 12 月钱汝根、王金顶等人提交《山东省济南铁矿区张马屯矿床地质勘探总结报告》，1967 年 3 月 23 日，以《对山东济南铁矿区张马屯矿床地质勘探总结报告审批决议书第 6 号》评审备案，查明工业矿量 1351 万吨，远景矿量 345 万吨。

1971 年年初，山东省冶金地质勘探公司一队和水文队分别对张马屯矿区地质和水文地质进行补充勘探，矿床勘探网度加密到 50m×（50～100）m，投入钻探工作量 13428m。1973 年 3 月，山东省冶金地质勘探公司第一勘探队林凤鸣、赖志和、桃云和等人提交了《山东省济南铁矿区张马屯矿床补充勘探地质总结报告》。山东省革命委员会冶金工业局以文件《转发山东济南铁矿区张马屯矿床补充勘探地质总结报告审查意见的通知》（〔1973〕鲁冶矿字 26 号）评审备案，查明铁矿石储量 B+C+D 级 2580.5 万吨，伴生钴金属量 B+C+D 级 4209.80t（Ⅰ+Ⅱ矿体）。

1979 年，山东省冶金地质勘探公司第二水文队进行基建地质勘探工作，将标高 −200m 以上地段全部加密到 50m×50m 网度，共施工 22 个钻孔，钻探工作量 8965.81m，取样 394 件，同年栾桥、孙旗军、朱虚白等人提交了《山东济南铁矿区张马屯矿床 79 年基建地质勘探总结报告》。1981 年 12 月，山东省冶金厅以《山东济南铁矿区张马屯矿床 1979 年基建地质勘探总结报告审查决议书》（〔81〕鲁冶基字第 66 号）评审备案，查明储量 B+C+D 级 2882.9 万吨，伴生钴金属量 5290.52t。

1980 年 4 月，济南张马屯铁矿通过生产勘探累计施工钻孔 17 个（3254.66m），路乃昌、王渝、潘尚银提交了《济南张马屯铁矿Ⅱ$_0$矿体生产勘探地质总结报告》，山东省冶金厅于 1980 年 8 月 5 日以《张马屯铁矿Ⅱ$_0$矿体生产勘探地质总结报告审批决议书》（〔80〕鲁冶矿字第 37 号）评审备案，查明Ⅱ$_0$矿体铁矿石储量 C+D 级 100.3 万吨；伴生钴金属量 D 级 171.8t。

五、山东东平县彭集铁矿

（一）矿床基本情况

矿区位于东平县与汶上县交界处，北部（11～31 线）隶属东平县彭集镇沙河站镇，南部（5～9 线）隶属汶上县郭仓乡。矿区地理坐标：东经 116°26′00″～116°30′00″，北纬：35°49′30″～35°52′15″。

矿区位于华北板块之鲁西断隆西缘，地处华北坳陷过渡地区，汶（上）、泗（水）断裂从矿区南侧通过。据钻孔揭露，区内地层主要为新太古界泰山岩群山草峪组和雁翎关组变质岩系；岩浆活动较频繁，从晚太古代—中生代均有岩浆侵入活动，断裂及褶皱构造较发育。

矿区为区域复式背斜次一级同斜、背斜构造，两翼倾向一致均为南西向，走向北西向。背斜两翼均由山草峪组地层组成，磁铁矿就赋存在两翼，背斜核部由雁翎关组地层组成。

矿区发育多条断裂，局部地段作为矿体边界。

矿区内侵入岩不发育，常见燕山期闪长玢岩、石英脉、伟晶岩脉。

矿区变质岩石主要为变粒岩夹磁铁石英岩，属硅铁建造，是主要含矿层位。变质岩组合以黑云变粒岩、黑云斜长片麻岩为主，夹黑云片岩，透闪片岩，磁铁角闪石英岩等，变质程度为低角闪岩相。

矿区内由西至东有 4 条平行带状磁异常展布。其中彭集磁异常强度最大，也是主矿体赋存位置。

彭集矿床位于汶上—东平成矿带北部，其范围北起栾庙，南至李官集，西到大孟村、张庄，东到吕家楼，分布在 5~31 线之间，控制长度 5000 余米。

彭集矿床（彭集、冯家庄矿段）圈定 27 个矿体，走向大于 1000m 的矿体有 7 个（1、2、3、5-1、6-3、7、11），其中彭集矿段 1、2、3、6-3、7 矿体走向长达 2200~3800m，倾斜延深均大于 600m。

6 个矿体（1、11、12、13、14、17）平均真厚度大于 10.41m，最厚达 27.41m，其他矿体平均厚度 2.01~26.65m，单孔控制最大厚度 43.60m。矿体厚度变化较小，局部变化较大，有膨胀、收缩复合现象，如 1 矿体在 17 线、21 线单孔厚度分别为 36.40m、25.60m，倾向延深有变厚的趋势。

矿体厚度在延深方向相对比较稳定且有变厚趋势，如 1 矿体在 13 线约 -200m 标高处厚度为 34.76m，下延至 -700m 标高其厚度达到 45.68m。6 矿体在 13 线 -125m 标高处厚度为 14.10m，下延至 -305m 标高厚度为 19.22m。2、3 矿体在 17 线 -270m 标高累计厚度 11.46m，而向下延至 -390m 标高增厚至 20.60m，再向下延至 -760m 标高厚度为 10.08m。1 矿体在 17 线 -25m 标高厚度为 24.01m，下延至 -730m 标高厚度增加到 36.40m，延至 21 线 -150m 标高累计厚度为 15.12m，下延至 -560m 标高厚度增加到 24.20m。

整体而论，矿体形状较简单，多呈层状、似层状，局部有分枝复合现象。矿体产状走向大致为 340°，倾向 SW，倾角为 57°~85°。

铁矿石 TFe 平均品位一般为 24.33%~32.38%，矿床 TFe 平均品位为 31.42%；铁矿石 mFe 平均品位一般为 16.03%~24.91%，矿床 mFe 平均品位为 21.92%。矿石品位（TFe）沿垂向变化不大。

主矿体特征如下：

（1）1 矿体，呈层状、似层状，分布于 5~23 线之间，赋矿标高为 -270~-770m，由 26 个见矿工程控制。矿体长约 3800m，斜深 890m。深部倾角由缓变陡，局部矿体沿走向、倾向呈现分枝复合现象。矿石 TFe 品位为 22.08%~46.39%，平均品位为 32.44%，品位变化系数为 8.57%；mFe 品位为 15.06%~36.52%，平均品位为 21.98%，品位变化系数为 9.21%。矿体厚 4.92~27.41m，平均厚 14.51m，厚度变化系数为 43.56%。

（2）2、3 矿体，呈层状、似层状，分布于 5~23 线之间，赋存标高为 -200~-790m，由 26 个见矿工程控制。矿体长约 3080m，延深 920m。向深部矿体变陡，局部呈分枝复合现象。矿石 TFe 品位为 20.47%~47.76%，平均品位为 30.35%，品位变化系数为 7.93%；mFe 品位为 15.12%~43.46%，平均品位为 22.59%，品位变化系数为 12.30%。矿体厚 2.01~17.07m，平均厚 7.98m，厚度变化系数为 60.71%。

（3）6-3 矿体，呈层状，分布于 5~17 线之间，赋存标高为 -315~-635m，由 18 个见矿工程控制。矿体长约 1800m，延深 620m。矿石 TFe 品位为 23.56%~37.19%，平均品位为 31.11%，品位变化系数为 4.61%；mFe 品位为 15.39%~29.27%，平均品位为 21.07%，品位变化系数为 10.70%。矿体厚 4.50~18.65m，平均厚 8.38m，厚度变化系数为 50.52%。

（4）7 矿体，呈层状、似层状，分布于 5~23 线之间，赋矿标高为 -255~-885m，由 33 个见矿工程控制。矿体长约 3800m，延深 1050m。矿体局部沿走向、倾向呈现分枝复合现象。矿石 TFe 品位为 22.36%~39.43%，平均品位为 31.62%，品位变化系数为 9.69%；mFe 品位为 15.02%~31.59%，平均品位为 21.89%，品位变化系数为 11.57%。矿体厚 2.11~24.87m，平均厚 7.88m，厚度变化系数为 74.64%。属于有用组分分布均匀和形态复杂程度中等的矿体。

矿石矿物主要为磁铁矿，次为赤铁矿、黄铁矿、褐铁矿、磁黄铁矿、白铁矿、黄铜矿及微量钛铁矿等。脉石矿物主要为石英、角闪石、铁闪石等，次为透闪石-阳起石、黑云母、石榴子石、透辉石、斜长石、绿泥石、绿帘石及电气石、磷灰石、金红石、褐帘石、硝石、方解石等。

矿石常具纤状粒状变晶结构和粒状变晶结构，条纹、条带状构造。矿石中 mFe、SFe、TFe 呈正相关关系，SiO_2 含量为 43.08%~45.84%，最高为 61.52%，平均为 48.96%，属富硅矿石。S、P 含量一般较低。

矿石自然类型为条纹-条带状磁铁角闪石英岩、磁铁石英角闪岩，工业类型属需选弱磁性铁矿石。

矿床属沉积变质型（鞍山式）贫矿。

该项目于 2021 年获自然资源部"2011~2020 年找矿突破战略行动优秀找矿成果"。

目前矿山正在筹建开发阶段，未来矿山生产规模为 1000 万吨/年，服务年限为 17 年，依据当时经济技术测算，矿山企业年净利润为 55253.0 万元，投资回收需要 6.9 年时间，投资利润率为 11.6%。矿山每年向国家和地方上缴税金 18151.2 万元，具有较好的经济效益和社会效益。

（二）矿床勘查史

1960~1967 年国家航测大队在该区先后进行了 1∶100 万~1∶10 万的磁法测量，1966 年 7 月发现了南起汶上，经东平至东阿，全长 50km 呈北西走向的带状磁异常带。1973 年 8 月，山东省地质局第一地质队在磁异常带的刘庄西南方向先后施工 CK1、ZK11 两钻孔，进行了检查验证工作，验证表明该磁异常带是由鞍山式铁矿引起的。

1974~1975 年山东省地质局物探队与山东省地质局第二地质队物探分队在该区进行 1∶1 万磁法测量工作，较详细地圈定了地面磁异常。

1974~1981 年，山东省地质局第二地质队对彭集铁矿开展普查及补充普查工作，投入大量钻探工作，求得铁矿石 D 级储量为 33630.95 万吨。

2009 年，山东钢铁集团矿业有限公司有偿获得国家资源项目"山东省东平县彭集铁矿详查"，并对该项目进行了公开招标，中国冶金地质总局山东正元地质勘查院中标。2009 年 10 月到 2010 年 8 月，山东正元地质勘查院对该区开展了铁矿详查工作。项目负责人卢铁元，技术负责人为刁振训，项目主要参与人员为汪云、陈守财、蒋会生、栾景文、杨正常、方传昌、王瑞海、杨留锁、肖珍容、徐建、吴振华、赵耀、田明刚、兰天、赵序峰、张启生、赵耘、李泉斌、姚淞文、亓温玲。

2010年9月，山东正元地质勘查院编制并提交《山东省东平县彭集铁矿详查报告》，2011年5月20日国土资源部矿产资源储量评审中心对该报告组织评审，2011年7月18日国土资源部出具了备案证明（国土资储备字〔2011〕125号）。评审通过的资源储量：铁矿石量21952.3万吨，平均品位TFe为31.42%，mFe为21.92%，其中控制的内蕴332经济资源量矿石量9898.9万吨，平均品位TFe为31.45%，mFe为22.08%，占总资源量的45%；推断的内蕴333经济资源量铁矿石量12053.4万吨，平均品位TFe为31.39%，mFe为21.78%。另有低品位铁矿石332+333资源量6093.8万吨，平均品位TFe为27.98%，mFe为19.08%。

六、山东临淄区王旺庄铁矿

（一）矿床基本情况

淄博市临淄区王旺庄铁矿床位于淄博市临淄城区西北17km，行政区划隶属临淄区朱台镇。中心地理坐标：东经118°13′04″，北纬36°55′28″，面积为1.568km²。

矿区地层为奥陶系马家沟群，石炭系—二叠系本溪组、太原组、二叠系山西组、二叠系石盒子群和第四系地层（见图5-97）。

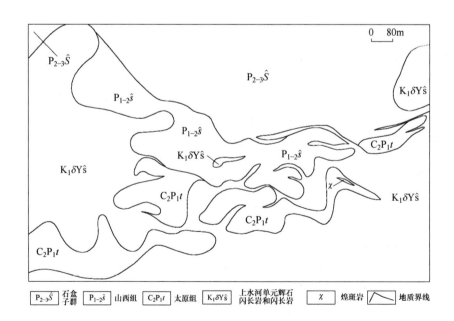

图5-97 矿区基岩地质简图

（据山东正元地质资源勘查有限责任公司，2011年修改）

马家沟群主要为碳酸盐类地层，其中与成矿关系最密切的为八陡组较纯的石灰岩。总厚度700~800m。

月门沟群包括本溪组、太原组和山西组。本溪组以铁质黏土岩、铝土页岩为主，太原组夹薄层草埠岭灰岩、徐家庄灰岩。上述灰岩及本溪底部的铁质黏土岩（局部含化学沉积铁矿）是王旺庄铁矿的主要赋矿围岩。太原组和山西组主要岩性为砂页岩及薄层石灰岩。月门沟群总厚度300m左右的石盒子群为一套陆相杂色砂页岩，侏罗系见于王旺庄铁矿北部，岩性为砾岩、砂页岩。

白垩系岩性为安山岩、安山玄武岩及安山质火山角砾岩。

第四系广泛分布，主要为洪积、坡积层及亚砂土、亚黏土，夹有砾石层，厚度一般为130~200m。

矿区构造为金岭短轴背斜，轴向45°，长20km，宽10km，核部为金岭杂岩体，两翼依次为奥陶系碳酸盐岩、石炭系及二叠系砂页岩。靠近岩体的地层产状较陡，倾角一般为30°~50°，局部60°以上。向外侧逐渐变缓，倾角一般为20°~30°。背斜的北东倾伏端地层更为平缓，倾角一般为10°~20°。王旺庄铁矿处于金岭短轴背斜的北东倾伏端。

岩体与围岩的接触带呈港湾状，矿体赋存于岩体凹陷部。接触带向北西微倾，沿接触带形成矽卡岩化、钾化、钠化蚀变带，蚀变带宽100~300m，是主要控矿构造。

矿区岩浆岩主要为沂南序列上水河单元（$K_1\delta Y\hat{s}$）闪长岩、闪长玢岩，由于蚀变作用而变为蚀变闪长岩或蚀变闪长玢岩，是主要的成矿母岩。在矿床的边缘部分见有黑云母闪长岩或辉石闪长岩。

闪长岩为灰-灰白色，半自形中细粒结构及似斑状结构，块状构造。主要矿物成分为斜长石（50%~60%）、角闪石（10%~20%），其次为钾长石、黑云母及少量石英。主要分布于岩体的边缘相，多构成磁铁矿体的直接顶底板。

矿体受岩体接触带、地层假整合面及捕房体边缘构造控制，沿接触带成群成带分布，分布范围与接触带范围一致。矿体呈近东西向展布，倾向北北西，倾角5°~10°；形态呈似层状、扁豆状、巢状。区内共圈定矿体16个，其中主矿体3个（Ⅰ、Ⅱ、Ⅲ），零星矿体13个。

Ⅰ矿体：分布于18~33线间，矿体形态呈透镜状或不规则状，矿体中有夹层，分支复合现象普遍。倾向350°，倾角5°~10°，此外4线以西倾角30°~40°。长1169m，倾向延深67~267m，埋藏深度为289~594m，赋存标高为-260~-565m。矿体厚1.74~71.17m，平均厚度为22.48m，厚度变化系数为66.79%。TFe品位为30.39%~62.77%，平均49.53%，品位变化系数为16.3%。

Ⅱ矿体：分布于18~29线间，矿体形态呈似层状或大透镜体状，矿体中有夹层和分枝复合现象（见图5-98）。倾向348°，倾角5°~10°，此外4线以西倾角30°~40°。长1048m，倾向延深72~382m，埋藏深度为254~577m，赋存标高为-225~-548m。矿体厚1.25~90.31m，平均厚度为27.49m，厚度变化系数为73.67%。TFe品位为24.99~68.80%，平均53.66%，品位变化系数为12.6%。

Ⅲ矿体：分布于12~37线间，矿体形态呈似层状、透镜状，倾向北北西，倾角5°~10°，4线以西倾角30°~40°。走向长960m，倾向延深62~243m，埋藏深度为309~478m，赋存标高为-280~-449m。矿体厚1.37~14.03m，平均厚度为2.85m，厚度变化系数为48.99%。TFe品位为30.45~65.85%，平均54.05%，品位变化系数为18.4%。

矿石矿物组成：矿石矿物主要是磁铁矿，其次有黄铁矿、磁黄铁矿、黄铜矿及少量的

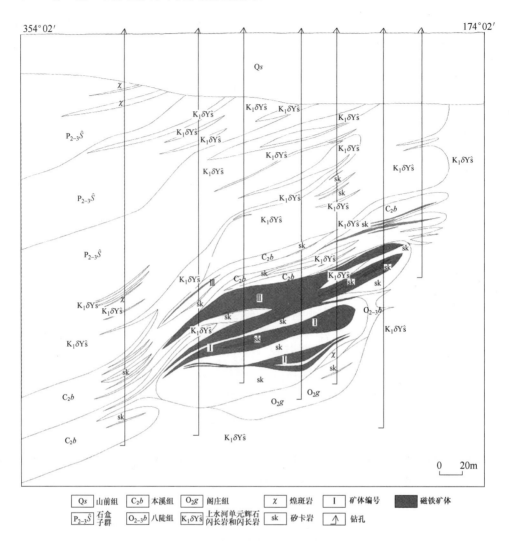

图 5-98 勘查线地质剖面简图

硫镍钴矿等。

　　磁铁矿以块状构造为主，其次为浸染状构造或条带状构造。粒径为 0.08～6.80mm，多呈他形-半自形晶粒状结构，少数板状结构、压碎结构、环带结构，常被黄铁矿包裹，并熔蚀交代，有的被黄铜矿熔蚀或被方解石沿裂隙交代。

　　黄铁矿呈浸染状构造或细脉状构造，含量一般为 1%～3%，高者 20% 以上。粒径为 0.01～7mm，多呈半自形和他形晶粒状结构，分布于磁铁矿晶粒间和裂隙中，或者呈细脉状穿切磁铁矿，有的具压碎结构，有的呈微细粒-细粒嵌布在磁铁矿晶粒间和脉石中，有的被次生黄铁矿、白铁矿和褐铁矿交代呈残余结构，可见到星点状黄铜矿和磁黄铁矿嵌布其中。

　　黄铜矿常见浸染-斑杂状构造，粒径为 0.004～2.0mm，多呈他形和半自形晶粒状分布在磁铁矿或黄铁矿晶粒之间，或呈星点状嵌布在磁铁矿、黄铁矿和脉石中，有的和黄铁矿、磁黄铁矿共生在 1 条细脉中，也有的包裹熔蚀交代黄铁矿和硫镍钴矿，还有的呈细脉状嵌布在磁铁矿晶粒间，或以粒状嵌布在透辉石晶粒间。

2001~2002 年，山东金鼎矿业有限责任公司委托山东省冶金设计院编制了《王旺庄铁矿可行性研究报告》《王旺庄铁矿矿产资源开发利用方案》和《王旺庄铁矿开采初步设计书》。设计生产能力为 50 万吨/年，设计开采范围为 16~39 线，标高为 -200~-600m，开采深度为 230~630m。设计采用地下开采，竖井+盲竖井联合开拓方案，采矿方法为分段采矿法、嗣后全尾砂胶结充填浅孔和中深孔房柱采矿法。设计矿石回采率为 78.39%，开采贫化率为 15%，选矿回收率（TFe）为 90.68%。2011 年，山东金鼎矿业有限责任公司委托山东省冶金设计院编制了《金鼎矿业有限责任公司王旺庄铁矿扩界工程矿产资源开发利用方案》，将原有生产能力扩大为 200 万吨/年，设计开采回采率为 85%。截至 2017 年 12 月 31 日，累计动用铁矿石量 1254.8 万吨，动用伴生铜金属量 454t，伴生钴金属量 420t；2017 年动用铁矿石量 200.8 万吨（采出 173.0 万吨，损失 27.8 万吨），实际开采回采率为 86.16%。

（二）矿床勘查史

1954~1955 年，重工业部地质局物探队通过 1:2000 地面磁测圈定了王旺庄异常，推断为大型磁铁矿体引起的异常。

1957~1966 年，冶金工业部地质局华北地质勘探公司 502 队和山东省冶金地质勘探公司第一勘探队先后在极大值部位施工了 6 个钻孔，除 2 个孔见到薄层零星矿体外，其余 4 个钻孔均为见矿。

1967 年，山东省冶金地质勘探公司物探队高连尚等与山东省冶金地质勘探公司第一勘探队牟昌平、于德江对以往验证资料进行综合研究并根据磁测井资料分析，提出在极大值北部设计钻孔，第四次上钻验证，圈定了Ⅰ、Ⅱ号主矿体，从而发现了王旺庄矿床。

1970~1977 年，山东省冶金地质勘探公司第一勘探队牟昌平等采用钻探进行矿床评价，于 1981 年提交了《山东省淄博市金岭铁矿王旺庄矿床地质评价总结报告》，以"〔82〕鲁冶勘地字第 42 号"文评审通过，查明 D 级储量 5063 万吨。

1984~1987 年，冶金工业部山东地质勘探公司第一地质勘探队韩友芳等进行了地质勘探工作，投入钻探工作量 18411.45m（34 孔），于 1988 年 10 月提交了《山东省淄博市金岭铁矿区王旺庄矿床勘探地质报告》。以"〔1988〕鲁矿储决字 18 号"文批准表内 B+C+D 级铁矿石储量 5300 万吨，伴生铜表内 C+D 级金属量 9308t，伴生钴表内 C+D 级金属量 6796t。

2008~2010 年，矿山依托开拓巷道进行坑内钻对矿体边部地段进行加密，投入坑内钻探工作量 3174.48m（44 个孔），扩大了矿体规模，新增铁矿石量 544.3 万吨（未上表）。

七、山东桓台县侯家庄铁矿

（一）矿床基本情况

侯家庄矿床位于淄博市桓台县城东南 10km 处，行政区划隶属桓台县果里镇。中心地理坐标：东经 118°12′11″，北纬 36°55′45″，面积 3.9032km²。

区内地层主要为奥陶系马家沟群，其次为石炭系—二叠系月门沟群（见图 5-99）。奥陶系马家沟群见有五阳山组、阁庄组和八陡组。石炭系—二叠系月门沟群见有本溪组、太原组。第四系山前组，分布全区，覆盖于基岩之上，由粉质黏土、黏土及砂质黏土夹砂砾石层组成，厚度由南向北逐渐增大。

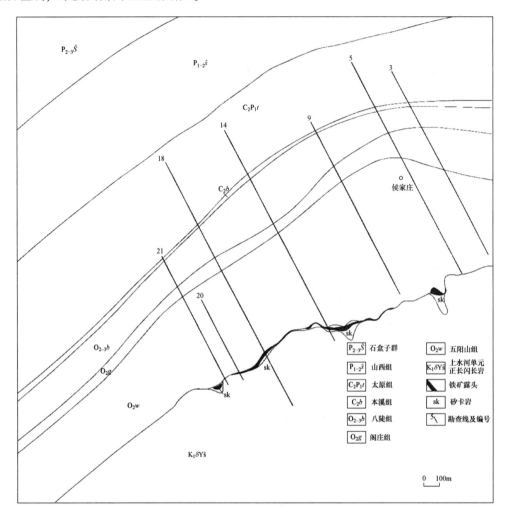

图 5-99 矿区基岩地质简图

(据山东正元地质资源勘查有限责任公司，2017 年修改)

矿床处于金岭短轴背斜的西北翼，矿区尚未发现明显的断裂构造和褶皱构造。构造形式主要表现为单斜构造和接触带构造。

区内岩层呈单斜状态，岩层倾向 330°，倾角 30°~40°，靠近岩体部位受岩体侵入拱托作用，产状有一定的起伏，局部岩层倾角 50°以上。

闪长岩与马家沟群灰岩的接触带是特殊的构造形式，灰岩与闪长岩大多呈整合接触，局部小角度斜交。矿床深部接触带沿倾斜方向在中部呈一明显的台阶状，这一形态特征横贯矿区东西，沿走向普遍存在。

区内岩浆岩主要为金岭杂岩体，属沂南序列上水河单元（$K_1\delta Y\hat{s}$），岩性为闪长岩、辉石闪长岩、二长岩和正长闪长岩。

　　侯家庄矿床由浅至深碱质交代强度逐渐减弱,范围也逐渐变窄;致使深部矿体厚度明显减小,规模远不如浅部,再向深部以至无矿。受接触带形态变化影响,该矿床具典型的莲藕式特征并呈台阶状态,陡则无矿或薄矿,而平缓处矿体相对较厚。

　　矿体赋存于闪长岩与马家沟群五阳山组、八陡组石灰岩接触带上,共圈定 5 个矿体,Ⅰ号、Ⅲ号为主要矿体,Ⅰ0、Ⅲ0、Ⅱ为零星矿体。

　　Ⅰ号矿体:分布于 1~21A 线间,由 129 个钻孔控制,矿体呈似层状或扁豆状产出。走向北东,倾向北西,倾角一般为 20°~40°,西部较陡。走向长 2150m,倾向延深 80~570m,平均 355m,赋存标高为−53~−476m。矿体厚 1.76~43.62m,平均 7.24m,厚度变化系数为 80.8%,厚度变化中等。TFe 品位为 34.57%~60.37%,平均 51.70%,品位变化系数为 7.88%,矿化连续,品位分布均匀。

　　Ⅲ号矿体:分布于 5~20 线间,由 21 个钻孔控制,矿体总体上呈扁豆状。走向北东,倾向北西,倾角为 30°~35°,产状随接触带变化而变化,局部起伏较大。走向长 1250m,倾向延深 312~788m,平均 450m,赋存标高为−125~−770m。矿体厚 1.63~18.53m,平均 7.12m,厚度变化系数为 98%,属中等变化。TFe 品位为 25%~65.80%,平均 45.72%,品位变化系数为 34%,品位分布均匀。

　　矿石矿物主要是磁铁矿,偏光显微镜下显示磁铁矿呈他形-半自形粒状,粒径为 0.05~0.4mm,其次有少量黄铁矿和黄铜矿;脉石矿物主要是透辉石、石榴子石、绿泥石、黑云母及碳酸盐类等。

　　矿石中 TFe 品位为 34.57%~60.37%,平均 47.62%,伴生有益组分为 Cu,含量一般为 0.015%~0.30%,平均 0.153%,Co 含量为 0~0.095%,平均 0.020%,并与黄铁矿、黄铜矿密切共生,经选矿富集后可综合利用。S 含量为 0.02%~0.04%,最高 3.328%。P 含量均在限度以下。

　　矿石结构为他形-半自形晶粒状结构。矿石构造以块状构造为主,并有斑杂状及条带状构造。

　　矿石自然类型以原生磁铁矿为主,约占全部矿石量的 96%,局部见氧化矿石,氧化矿石仅占 4%,氧化矿石主要分布在Ⅰ号矿体的 12A~14 线间的浅部。此外Ⅰ0 和Ⅲ0 两个零星矿体均为氧化矿石,埋深大体在−130m 标高以上。

　　按结构构造划分,矿石自然类型以致密块状矿石为主,少量浸染状、条带状矿石。矿石工业类型为需选磁性铁矿石。

　　侯家庄矿床是山东金岭铁矿主要生产矿区之一,1983 年由山东省冶金设计院完成《金岭铁矿侯家庄矿床初步设计》,以"〔1983〕鲁冶基字 86 号"文批准。设计为地下开采,竖井开拓,以阶段矿房法为主,留矿法和全面采矿法为辅,设计年产量 50 万吨,服务年限 29 年,设计回采率为 65%,贫化率为 12%,选矿回收率为 90%。

　　开采初期因侯家庄矿床Ⅰ号主矿体在 10A~19 线之间的浅部矿体与第四系土层直接接触,初步设计中提出为确保安全,提高经济效益,确定基建水平为−220m 水平,先采−160m 以下,以后再回采−160m 以上部分。2004 年,胶结充填技术已完全可以满足第四系土层下回采矿石的需要,根据矿上的开采规划安排和生产接续需要,原山东金岭铁矿组织技术人员编制了《山东金岭铁矿侯家庄矿床−160m 水平以上矿体回采初步设计》,经矿山主管部门——山东冶金工业总公司批准后实施,设计年产量 15 万吨,服务年限 16 年。

矿山1985年开始基建，1992年建成投产。矿床采用下盘竖井开拓，对角式通风，有-160m、-220m、-280m、-340m、-380m、-425m水平六条开拓大巷。目前矿区大部分已采空，只剩下边角部分。

截至2017年12月31日，矿区累计动用铁矿石量1127.5万吨，其中：采出量845.6万吨；损失量281.9万吨；动用伴生铜金属量17389t，动用伴生钴金属量2250t。

（二）矿床勘查史

侯家庄磁异常是1954年重工业部物探队在金岭矿区进行工作中所圈定的几十个磁异常之一，1955年9月重工业部华北分局502队经钻探验证为磁铁矿引起的磁异常，1956年6月转入普查工作，并于1957年12月编写了《金岭铁矿外围矿区地质勘探总结报告》，其中侯家庄地段查明铁矿石C_1级储量为853万吨，C_2级储量为375万吨，合计C_1+C_2级储量为1228万吨（未经审批）。

1960年6月~1961年2月，山东省冶金厅三队又进行了初步勘探工作，4月提交了《金岭铁矿外围侯家庄矿区地质勘探总结报告》，查明C_1+C_2级铁矿石储量为1937万吨。

1972年因国家建设需要，山东省冶金厅指示省冶金地质勘探公司一队对该区进行详细勘探，1974年初提交地质勘探总结报告，探获B+C+D级储量总计1579.48万吨。1978年9月，山东省冶金工业局组织专家审查认为，B级和C级储量区的局部地段工程控制间距过稀，要求进行加密补充勘探。

1978~1979年，山东省冶金地质勘探公司第一勘探队对侯家庄矿床进行了补充勘探，施工钻孔27个，完成钻探工程量6156.33m，采取基本分析样124个。于1979年6月重新编制提交了《山东淄博金岭铁矿侯家庄矿床地质勘探总结报告》，该报告最后查明B+C+D级铁矿石储量为1605.04万吨，B+C+D级伴生铜金属量为24041t，B+C+D级钴金属量为2162t。该报告及获得储量以"〔1979〕鲁矿储字3号"文予以审查批准。

2005~2008年，山东正元地质勘查有限责任公司（山东正元地质勘查院）承担"山东省淄博市金岭铁矿接替资源勘查"项目，主要任务是对金岭铁矿侯家庄矿区主矿体延伸部位开展找矿勘查工作。项目负责人为宋道文，主要完成人员有王道太、高建东、黄壮远、王昌伟、王洋、储照波、李仕明、徐西雷、马江全。项目完成钻探16278.23m（21孔），查明新增铁矿石推断资源量814.3万吨，TFe平均品位为45.68%，属一般富铁矿。

八、山东张店区铁山铁矿

（一）矿床基本情况

矿区位于淄博市张店区东北13km，行政区划隶属张店区中埠镇。中心地理坐标：东经118°10′30″，北纬36°53′17″，面积3.47km²。

矿床处于金岭短轴背斜的东南翼中部，矿区地层由老至新为马家沟群、月门沟群、石盒子群。马家沟群主要为碳酸盐类地层，总体厚度为700~800m。其中与成矿关系最密切的为较纯的石灰岩。

该区地质构造比较简单，为一单斜构造，地层走向北东，倾向南东，倾角为 25° ~ 50°。

区内岩浆岩主要是沂南序列上水河单元（$K_1\delta Y\hat{s}$）辉石闪长岩、黑云母闪长岩、角闪闪长岩、闪长岩。

铁山矿床矿体赋存在闪长岩与奥陶系灰岩的接触带上。总体走向北东，从南西向北东依次赋存有 Ⅰ ~ Ⅶ 号 7 个矿体，矿体倾向南东，倾角一般在 40° 左右。

整个铁山矿床，从南西向北东矿体形态由简单到复杂，产状由较平整稳定变为波状起伏，西南部 Ⅰ 到 Ⅴ 号矿体产状较稳定，仅局部有波动，至第 Ⅵ、第 Ⅶ 矿体波状起伏加剧；矿体厚度也由厚变薄，从第 Ⅰ 矿体 40m 左右变至第 Ⅶ 矿体 5m；赋存标高逐渐增加，第 Ⅰ 矿体赋存在 13.5m 以上，第 Ⅵ 矿达 -380m。各矿体呈扁豆状、凸镜状或豆荚状等不同形式产出。

Ⅰ 号矿体：呈不规则的扁豆状，在纵向上矿体中部形态简单，矿体与围岩接触界线平滑，产状较陡，一般为 70° ~ 80°。矿体厚度变化不大，矿体边缘部位厚度变化比较大，形态复杂，矿体有凸入灰岩或局部变薄、膨大等现象，产状也较为平缓。矿体走向长 115m，倾斜延伸 25 ~ 95m，平均 64m，赋存标高为 129 ~ 13.5m。矿体厚度一般为 25 ~ 40m，厚度变化较均匀。

Ⅱ 号矿体：呈不规则的扁豆状，中部产状平缓，形态简单，厚度也较均匀，矿体两端厚度变化比较大，局部有矿化不连续现象。矿体走向长 265m，倾斜延深 30 ~ 150m，平均 102m，赋存标高为 140 ~ 22m。矿体厚度一般为 16 ~ 25m。

Ⅲ 号矿体：呈扁豆状，从横剖面图上看，矿体上部形态比较简单，产状稳定，矿体深部产状变化比较大，形态复杂，矿体与围岩呈交错状，厚度也不均匀，局部有变薄、膨大现象。矿体走向长 400m，倾斜延深 0 ~ 250m，平均 120m，赋存标高为 140 ~ -135m。矿体最大厚度为 80m。

Ⅳ 号矿体：形态为扁豆体，矿体沿走向方向中间部位较厚，两头逐渐变薄。矿体走向长 350m，倾斜延深 0 ~ 195m，平均 80m，赋存标高为 130 ~ -45m。矿体最大厚度为 30m。

Ⅴ 号矿体：形态为扁豆体，中间部位产状稳定，厚度变化小，而矿体两端，矿体产状变化较大，形态不稳定，有尖灭再现现象。矿体走向长 360m，倾斜延深 0 ~ 165m，平均 75m，赋存标高为 128 ~ -250m。矿体最大厚度为 44m。

Ⅵ 号矿体：呈豆荚状。该矿体规模最大，走向长 625m，倾斜延深 80 ~ 530m，平均 400m，赋存标高为 79 ~ -413m，平均厚度为 10m。沿走向方向的变化：矿体西南部，形态简单，产状平缓，矿体波动起伏小，厚度变化均匀；东北部形态复杂，波状起伏较大。沿倾向方向的变化：矿体浅部及深部厚度较小，中间部位较厚。矿体浅部形态简单，往深部逐渐复杂，矿体形态或厚度严格受接触带形态的控制，往往随接触带形态的变化矿体变厚变薄或尖灭再现，而接触带凹陷部位则矿体变厚。

Ⅶ 号矿体：形态为透镜状。矿体走向长 550m，倾斜延深 80 ~ 160m，平均 120m，赋存标高为 29 ~ -255m，平均厚度为 5m 左右。沿走向方向：矿体西南部波状起伏较小，越往东北起伏越大，矿体形态也趋复杂。倾向方向：整个矿体从浅到深厚度不稳定，形态或厚度受接触带构造控制明显，矿体随闪长岩凸起、凹陷而变薄、变厚，在倾向上呈串珠状。

矿石矿物主要是磁铁矿，其次为黄铁矿、黄铜矿。脉石矿物有透闪石、黑云母、方解石、石英、绿泥石等。

矿石中 TFe 品位为 45.89%～64.83%，平均 57.78%；Cu 平均含量为 0.145%，Co 平均含量为 0.0224%，Cu、Co 经选矿富集后可综合利用。有害组分 S 平均含量为 1.543%，P 平均含量为 0.042%。

矿石结构为他形-半自形晶粒状结构；矿石构造以块状构造为主，并有斑杂状及条带状构造。

矿石按自然类型可分为两种矿石，即原生磁铁矿石和氧化矿石，以原生磁铁矿为主，其次为氧化矿石。矿石工业类型为需选磁性铁矿石。

铁山矿床开采史可追溯到两千多年前的春秋时期，当时齐国在此开采冶炼，史书中有"断山木，鼓山铁"的记载。1890 年曹州事件后德国侵占了胶济线，并于 1898 年对第 II 矿体进行了正规开采，其开采活动至 1914 年结束，开采量不详。1914 年第一次世界大战后日本接替德国在华权力，对矿床进行了掠夺式开采，将标高 68m 以上的矿体采掘一空，累计开采矿石 300 万吨以上。1945 年抗日战争胜利后，由于当时国民政府政治经济的崩溃，金岭铁矿陷入了无人管理的状态，开采情况也未有记载。1948 年胶济线一带解放，人民政府开始恢复该矿，矿山转入正常生产阶段。铁山矿区矿山生产分为两个阶段，矿床浅部采用凹陷式露天开采，1957 年基建，1959 年正式投产；规模为 40 万吨/年，1972 年露天开采结束，此为第一阶段；矿床深部采用阶段法坑内开采，从 1960 年基建，1966 年投产，设计规模为 30 万吨/年。露天开采时期年产量最高曾达到 130 万吨。坑内开采实际规模曾达 55 万吨/年。第 I、II、III、IV、V、VI、VII 矿体分别于 1965 年、1962 年、1986 年、1979 年、1989 年、1996 年、1997 年开采完毕，其中第 I、II 矿体为露天开采；第 III、IV 矿体露天开采最低水平为零米水平，第 VI 矿体露天开采最低水平为-45m，其余部分为坑内开采。露天开采回采率达 96.39%，坑内开采回采率达 75.33%，矿床总回采率为 87.51%，充分地利用了矿产资源。铁山矿区累计动用资源储量 2357.7 万吨。

(二) 矿床勘查史

铁山矿床发现的历史较为久远，据记载早在春秋时期已被发现并开采，因此相关地质工作在春秋时期即已开始，但无史料记载。最早有史料记载的地质调查工作始于 1918 年，日本地质工作者渡边久吉在金岭铁矿铁山区进行地质调查，并编制了山东金岭铁矿调查报告，简单说明了铁山矿床矿体产状及质量情况，初步进行了储量计算。新中国成立后，在金岭铁矿区开展了大量地质及物探工作。1950 年南京地质调查所秦香馨、杨庆如等在金岭矿区进行了 1∶5000 地质测量，在北金召、侯家庄地区进行了物探，并在北金召矿区进行了钻孔施工，从而证实了铁山外围接触变质带，确定了存在隐伏磁铁矿体。

1954 年 7 月～1954 年 11 月，重工业部地质局物探队在金岭矿区进行了磁力探矿工作，完成了铁山区磁力详查 3km^2，外围磁力普查 44.6km^2，做了 38 条精密向量剖面和 1km 的水平向量，通过以上工作，发现了铁山、辛庄、南金召、东西召口、侯家庄、王旺庄等 16 处较大磁力异常，并编制了《山东省金岭铁矿物探报告》，初步肯定了金岭矿区为一环形接触带，对每个磁力异常矿体的埋藏深度和规模做了初步推断。

1954 年 9 月，重工业部地质局华北地质勘探公司 502 地质勘探队对铁山区及其西南 10km^2 的范围进行了普查找矿工作，否定了铁山区西南及四宝山一带进一步勘探的价值，并初步掌握了铁山矿床分布规模，延长、延深、厚度变化等情况。1955年502地质勘探队在1954年工作的基础上对铁山矿床进行了详细勘探，共计完成工程量钻探5786.55m，槽探564.5m³，采样加工349个，分析检验656个，地形及地质测量1.1km²。根据当时工业指标，对各品级矿石进行了划分，并提交了《山东省金岭铁矿铁山区地质勘探总结报告》。该报告以"全国储量委员会第91号"文下达决议书，批准储量 A_2 + B + C 级8496000t，铜矿金属量为8013t。

1961年9月~1962年12月，山东省地质局第一综合地质大队，对铁山矿床深部矿体进行了补充钻探工作，完成钻探工程量3708.58m，并编制了《山东省金岭铁矿铁山矿区深部矿体钻探检查报告》。以"〔1964〕齐地字37号"文签发了审查意见，批准新增 C_1 + C_2 级储量272.9万吨，其中 C_1 级77万吨，C_2 级195.9万吨。

九、山东淄博市召口铁矿

(一) 矿床基本情况

矿床位于淄博市临淄区西北14km，行政区划隶属临淄区凤凰镇。中心地理坐标：东经118°11′44″，北纬36°53′17″，面积1.411km²。

矿床位于金岭短轴背斜中北部。矿区地层主要分布有奥陶系马家沟群五阳山组、阁庄组、八陡组、石炭系-二叠系月门沟群、二叠系石盒子群、第四系山前组。金岭镇断层由矿区东侧通过，远离矿体，对矿体无影响；土山断层在北金召矿段北部通过，地表局部可见挤压破碎带，内有构造透镜体和糜棱岩化现象，并为后期的北北东向断裂错断，通过开采发现，对矿体影响不大；矿区内未发现大的断裂构造。岩浆岩为沂南序列上水河单元（$K_1\delta Y\hat{s}$）细粒角闪闪长岩。

召口铁矿床由3个相对独立矿段组成，即北金召矿段、北金召北矿段、东召口矿段。北金召矿段由北金召Ⅰ、Ⅱ号两个矿体组成，北金召北矿段由北金召北Ⅰ号和01、02、03、04、05号矿体共6个矿体组成，东召口矿段由Ⅰ-1、Ⅰ-2、Ⅲ、Ⅳ4个矿体群14个矿体组成。其中以北金召Ⅰ号矿体为矿区主矿体。

三个矿段水平投影上呈品字形分布，矿体形态基本相同，呈透镜状，北金召矿体及北金召北矿体受闪长岩与灰岩接触带控制并赋存其中，东召口矿段矿体产于闪长岩中。各矿段矿体赋存标高为-88~-740m，矿体厚1.11~135.57m，平均20.91m，厚度变化系数为118.9%。矿体TFe品位为27.4%~69.14%，平均51.74%，品位变化系数为25.2%，有用组分分布均匀。

1. 北金召矿段

北金召矿段共分2个矿体：上部Ⅰ号矿体为主矿体，下部Ⅱ号矿体为零星矿体。

Ⅰ号矿体为北金召矿段的主矿体，矿体赋存于闪长岩与奥陶系马家沟群灰岩的接触带上，分布于N1~N8号勘查线之间，由69个钻孔及17个坑内钻控制，矿体形态呈透镜状、似层状；走向北东，倾向南东，倾角为50°~65°；走向长625m，倾向延深80~700m，平均380m，赋存标高为-68~-734m。矿体厚1.11~135.57m，平均27.56m，厚度变化系数为117.42%，矿体厚度变化大。矿体TFe品位为37.19%~69.14%，平均51.81%，品位变化系数为13.8%，有用组分分布均匀。

2. 北金召北矿段

该矿段由于岩浆岩侵入时形成的接触带构造较为复杂，因而形成的矿体也非单一，矿段内由 I 号和 01、02、03、04、05 号矿体共 6 个矿体组成，其中 I 号为主矿体。

I 号矿体由 51 个钻孔控制，赋存于闪长岩与奥陶系马家沟群灰岩的接触带上，顶板为结晶灰岩，底板为矽卡岩和闪长岩。矿体形态为似层状、透镜状，勺状；走向北东，倾向北西，倾角为 5°~45°。走向长 1290m，倾向延深 171~454m，平均 281m，赋存标高为 -80~-396m。矿体厚 1.31~53.76m，平均 14.45m，厚度变化系数为 107.9%。TFe 品位为 34.03%~62.86%，平均 51.09%，品位变化系数为 14.9%，矿化连续，有用组分分布均匀。

3. 东召口矿段

东召口矿段主矿体为 IV 号矿体；该矿体分布于 7~13 线之间，由 18 个钻孔控制，矿体呈透镜状及扁豆体状，为该矿段中质量较好的矿体。矿体走向北西，倾向南西，倾角为 5°~30°；走向长 125m，倾向延深 42~105m，平均 74.8m。赋存标高为 -224~-305m。矿体厚 1.05~54.03m，平均 25.52m，厚度变化系数为 56.5%，厚度变化中等。矿体 TFe 品位为 27.4%~55.12%，平均 51.02%，品位变化系数为 12.3%，矿化连续，TFe 有用组分分布均匀。

矿石矿物以磁铁矿为主，其次是少量的黄铜矿、黄铁矿，微量的硫钴镍矿等。脉石矿物以透辉石、金云母、蛇纹石为主，其次为绿泥石、方解石、石膏、萤石、磷灰石等。

矿石结构主要为他形-半自形粒状结构，其次为自形-半自形粒状结构、交代残余结构和镶嵌结构。矿石构造以块状构造为主，浸染状构造、条带状构造次之。

矿石自然类型按组成矿石的主要含铁矿物种类划分，矿石均为磁铁矿石。矿石自然类型按结构构造划分，属浸染状及致密块状铁矿石。矿石工业类型为需选磁性铁矿石。

山东金岭铁矿设计处于 1967 年 1 月编制了《召口矿区初步设计说明》，开采对象为东召口矿段矿体及北金召北矿段矿体，设计回采率为 80%，设计采用联合开拓，开拓方式采用下盘竖井开拓，井筒采用对角式，位于东召口矿段及北金召北矿段之间，作提升矿石、人员、材料用，两个副井各放于两个矿段两侧，1 号副井在北金召矿段西侧，2 号副井在东召口矿段南端，副井主要做通风和安全出口。主井、副井井口形状均为圆形，井径分别为 6m 和 3m。该设计经山东省冶金工业局批准作为东召口矿段与北金召北矿段联合建设的依据。

1996 年 6 月，山东金岭铁矿设计处根据自身矿山特点编制了《山东金岭矿区北金召—北金召北矿床联合开采初步设计说明书》，北金召北矿段采用中央式竖井开拓，与北金召矿段采用联合开拓，设计开采水平为 -170m、-240m、-310m、-350m、-390m、-430m，设计年产量为 50 万吨，回采率为 65%，服务年限为 23 年，开采标高为 -100~-590m，采用下盘竖井开拓，采矿方法主要是阶段矿房法，辅以留矿法、全面法。

召口矿自 1967 年投入开采，主要开采矿体为北金召矿段 I 矿体、北金召北矿段 I、05 矿体及东召口矿段的 I-1、I-2 及东召口矿段 III 矿体。其中东召口矿段 I-1、I-2、III 矿体已采空且剩余矿体自 2009 年后一直未进行开采。北金召北矿段大部已开采至 -380m 水平，仅剩西部 0~-2 线间 -310~-380m 水平少部分矿体未开采，其余已采空。北金召矿段大部已开采至 -430m 水平，仅 N6 线才开采至 -350m 水平，N6 线 -350m 以下及 N3~N5

线－430m 以下矿体未开采。截至 2017 年 12 月 31 日，矿区累计动用铁矿石量 2447.2 万吨。

(二) 矿床勘查史

1954~1955 年，原重工业部物探队圈定了北金召磁异常、北金召北磁异常、东召口磁异常。

1955 年 2 月，经重工业部华北冶金地质勘探公司 502 队钻探验证，证实北金召磁异常为磁铁矿引起，其后以 100m×50m 的工程网度进行了勘探工作，共施工钻孔 11 个，钻探工程量 2026.84m，其中 10 孔见矿，并于 1957 年 12 月提交了《金岭铁矿外围矿区地质勘探总结报告》，其中北金召地段查明 B+C$_1$ 级储量 114 万吨，TFe 品位为 51.64%，属于小型富铁矿床，并对该区矿床浅部矿体作出了评价，该报告未评审。

1960~1962 年，山东省冶金地质勘查公司第一勘探队对北金召北、东召口磁异常进行了验证，证实该异常是由接触交代矽卡岩型富铁矿引起。随后勘查单位对北金召北矿段进行了普查工作，完成钻探工程 27 个孔，计 7075.60m 工程量，采样 173 件，各种分析测试样品 365 件，地形地质测量 1.05km^2，共查明工业和远景储量 762 万吨，报告未评审。

1965 年 3 月~1965 年 8 月，山东省冶金地质勘查公司第一勘探队对东召口矿段进行了详细勘探工作，并于当年底提交了《山东金岭铁矿东召口第一矿床地质勘探总结报告》，并以"冶金工业部矿产储量委员会第 3 号决议书"批准，批准储量：工业储量 513.7 万吨，远景储量 76.2 万吨。该报告基本查明了东召口矿段的矿床规模、形态和矿石质量特征及有益成分、有害成分等，为矿山的初期基建、开拓设计提供了基础依据。

1965 年，山东省冶金地质勘查公司水文队对北金召北矿段进行了专项水文地质工作，查明该矿段水文地质条件中等—复杂。根据当时国家经济建设对富铁矿资源的迫切需要和上级大力开展富铁矿普查勘探的指示精神，经主管部门研究批准山东省冶金地质勘查公司第一勘探队于 1965~1966 年对该矿段进行了补充勘探工作，总计完成钻探 20 个孔，工作量为 5130.26m，并于 1966 年 8 月提交了《山东省金岭铁矿北金召北矿床地质勘探总结报告》，"1966 年 12 月以第 5 号决议书"批准，北金召北矿段共查明铁矿石工业储量 1020 万吨，远景储量 444 万吨，伴生铜金属量 2486 吨。该报告是北金召北矿段矿山设计、开采的地质依据。

1966 年 7 月~1966 年 8 月山东冶金地质勘探公司一队在北金召矿段沿走向施工钻孔 3 个，共计 673.09m，仅 1 孔见矿，由于找矿效果不佳，暂时停止了找矿工作。70 年代中期，山东冶金地质勘探公司一队和物探队对该地段重新开展了普查找矿工作。至 1979 年共施工了 12 个钻孔，工程量为 7682.16m，大部分钻孔见到了较理想的工业矿体，从而肯定了该矿段的工业远景，在上述工作基础上 1980 年初转入初步勘探，以 100m×100m 的网度布置工程，共施工 26 个钻孔，共计 14625.77m，基本上控制了矿体的产状形态、空间分布及矿石质量变化特征，初步圈定了矿体边界，肯定了该矿体的经济价值。1981 年转入详细勘探至 1982 年 6 月全部结束，施工 29 个探矿孔，工程量为 12139.76m，由山东省冶金地质勘探公司第一勘探队提交《山东淄博金岭铁矿区北金召矿床地质勘探总结报告》，查明储量 B+C+D 级 2401 万吨。该报告以"〔1983〕鲁冶基字 36 号"评审通过，为北金召矿段矿山设计、开采的地质依据。

1981～1982 年，金岭铁矿在东召口矿段地面进行生产勘探，施工了 8 个孔；从 1987 年开始，矿山在坑内-150～-200m 水平进行生产勘探，共施工坑道钻 234 个，工程网度基本达到 12.5m×12.5m，经过生产勘探发现矿体地质条件特别复杂，矿体形态变化较大，又因原地质勘探总结报告中使用的工业指标不符合当时的生产和技术条件。为此金岭铁矿于 1994 年提出修改工业指标的报告，于 1994 年 10 月以 "鲁矿管字第 1 号" 重新下达了该矿段的工业指标，修改后的铁矿石的工业指标与《铁、锰、铬矿地质勘查规范》DZ/T 0200—2002 附录 E 中需选铁矿石的一般工业指标相同，伴生组分铜、钴工业指标与《矿产资源综合勘查评价规范》（GB/T 25283—2010）附录 G 表 G.1 中铜、钴含量相同。金岭铁矿根据新的工业指标对该矿段地质储量重新进行了估算，并在 1996 年提交了《山东淄博金岭铁矿区东召口第一矿床储量估算说明书》，1997 年山东省矿产资源委员会审批了《山东淄博金岭铁矿区东召口第一矿床储量估算说明书》（鲁资审〔1997〕7 号），批准（至 1995 年底）动用储量 27.6 万吨，保有储量（A+B+C+D）263.9 万吨，该报告为矿山后期建设及开采提供了可靠依据。

十、山东淄博市西召口铁矿

（一）矿床基本情况

矿床位于淄博市临淄城区北约 20km，行政区属临淄区凤凰镇。中心地理坐标：东经 118°12′00″，北纬 36°52′00″，面积 1.6322km²。

矿床位于淄博断陷向斜盆地北缘，金岭短轴背斜的东北端。区内地层主要分布有奥陶系马家沟群阁庄组、八陡组、石炭—二叠系月门沟群、第四系山前组。

金岭断层自矿区东南角通过，其南起金岭，向辛庄、东召口和新立庄方向延深，北段走向 20°，倾向南东，断距 40m 左右；南段走向 350°，倾向北东，断距 34m 左右；倾角 80°～85°。该断层在 32 线和 39 线处错开了矿体，断层对矿体开采有影响。

岩浆岩主要为沂南序列上水河单元（$K_1 \delta Y\hat{s}$）闪长岩，该岩浆岩为该区的成矿母岩。据同位素年龄测定，其侵入时代为中生代燕山晚期。

西召口铁矿共圈定 5 个矿体，Ⅰ号为主矿体，0Ⅰ、0Ⅱ、0Ⅲ和 0Ⅳ号为零星矿体。

Ⅰ号矿体赋存于闪长岩体与灰岩的接触带，分布在 30～40 线。矿体西段走向北东，中部走向东西，东段走向北东，倾向南东，倾角 20°～40°。矿体走向长约 600m，斜深 270～570m，赋存标高为-260～-620m，埋深 374.42～660m。矿体厚度浅部 8～13m，中深部 15～30m，深部 1.92～6.29m，平均 8m。TFe 品位为 33.22%～55.68%，平均 48.45%。

0Ⅰ矿体分布在 36 线浅部。矿体走向近东西，倾向南，倾角 30°。矿体走向长 54m，斜深 100m，赋存标高为-132～-198m，埋深 167～235m。矿体厚 2.96～34.47m。矿体 TFe 平均品位为 45.32%，Cu 平均品位为 0.007%，Co 平均品位为 0.0086%。

0Ⅱ矿体分布在 36～38 线之间的 Ⅰ号矿体上部结晶灰岩层间裂隙面内。矿体走向近东西，倾向南，倾角 5°左右。矿体走向长约 158m，斜深 45～60m，平均 52m，赋存标高为-231～-290m，埋深 266～330m。矿体厚 1.04～10.42m，平均 5.73m。矿体 TFe 平均品位为 38.90%，Cu 平均品位为 0.002%，Co 平均品位为 0.0088%。

0Ⅲ矿体为 36-5 号钻孔单孔见矿，推断矿长、宽均为 50m，钻孔揭露矿体厚度为

12.04m。赋存于主矿体上盘 106m 处，赋存标高为 -282～-295m，埋深 327m 左右。矿体 TFe 平均品位为 35.6%，Cu 平均品位为 0.093%，Co 平均品位为 0.0063%。

0Ⅳ矿体为一零星矿体，为 138 号钻孔单孔见矿，矿体呈透镜状，根据 138 号钻孔见矿情况及物探实测 ΔZ 曲线的梯度变化，推断其走向 306°，大致倾向 NE。推断该矿体沿走向长 100m，沿倾斜方向宽 50m。矿体赋存标高为 -180.74～-184.45m，埋深 210.56m。钻孔揭露矿体厚度为 3.71m，TFe 平均品位为 52.16%，Cu 平均品位为 0.154%，Co 平均品位为 0.0033%。

矿石矿物以磁铁矿为主。脉石矿物由透辉石、透闪石、绿泥石、方解石组成。

矿石中 TFe 品位为 33.22%～54.07%，平均 48.45%；mFe 品位为 30.67%～52.94%，平均 44.85%，磁性铁占有率为 92.6%。有害组分 S 含量为 0.112%～0.116%，平均 0.114%，主要赋存于黄铁矿中；P 含量为 0.035%～0.043%，平均 0.039%，均低于工业指标。伴生元素 Cu 平均含量为 0.008%，Co 平均含量为 0.008%，未达到综合利用指标的要求。

矿石结构主要为自形-半自形粒状结构，其次为交代残余结构和镶嵌结构。矿石构造以致密块状为主，斑杂状、浸染状、条带状次之。

依据矿石的构造特点，矿石自然类型可分为致密块状矿石、浸染状矿石、条带状矿石、角砾状矿石和粉状矿石 5 种矿石类型。矿石工业类型为需选磁性铁矿石。

矿山于 1993 年 7 月基建，1995 年建成并投产。初始设计规模 10 万吨/年。根据资源及矿床开采条件等情况，于 1996 年确定扩产，并委托山东省冶金设计院按 30 万吨/年规模进行设计。同年 7 月山东省冶金设计院完成了《山东淄博市临淄顺达铁矿需扩建工程开采初步设计》。设计矿山采用中央下盘斜井（主、副井）开拓，井下盲竖井、盲斜井提升。截至 2017 年 12 月 31 日，矿区累计动用铁矿石量 509.8 万吨。

（二）矿床勘查史

1954 年，重工业部物探队在磁法探矿工作中圈定了磁异常。

1965～1966 年，山东冶金地质勘探一队对磁力异常进行了初步钻探验证。1978～1984 年，经历了普查、详查和勘探三个阶段，1984 年 11 月，该队提交了《山东省淄博金岭铁矿区西召口矿床地质勘探总结报告》（以下简称"地质总结报告"），报告查明 B+C+D 级铁矿石储量 931.8 万吨，其中Ⅰ矿体 909.0 万吨，0Ⅰ矿体 10.2 万吨，0Ⅱ矿体 9.8 万吨，0Ⅲ矿体 2.8 万吨，TFe 平均品位 43.03%。以"〔1985〕鲁矿储字 8 号文"予以批准。

十一、山东淄博市辛庄铁矿

（一）矿床基本情况

矿区西南距淄博市张店城区 16km，行政区划隶属张店区中埠镇。中心地理坐标：东经 118°10′54″，北纬 36°51′54″，面积 0.2868km²。

矿区位于金岭短轴背斜东翼，地层主要分布有奥陶系马家沟群、石炭—二叠系月门沟群。区内断裂构造主要为金岭断层和接触带构造。

金岭断层由南至北斜穿辛庄矿床，于矿床内成矿接触带的上盘围岩中通过，断层走向北东，倾向南东，倾角45°~55°，该断层对矿体没有破坏影响。

闪长岩体与奥陶系灰岩的接触带是一特殊的构造类型，其特征为一条宽阔的矽卡岩化及钾钠化蚀变带，是热液交代变质作用的产物。接触带构造的产状与围岩产状基本一致且随接触面有所变化，在矿床内总体走向北东，倾向南东，倾角45°左右。该接触带构造控制着磁铁矿体的形成与展布，是直接而有利的控矿构造。

矿区岩浆岩为沂南序列上水河单元（$K_1\delta Y\hat{s}$）闪长岩，该岩浆岩为该区的成矿母岩。

辛庄矿床共圈定3个矿体，编号Ⅰ、Ⅱ、Ⅲ号，其中Ⅲ号为主矿体。Ⅰ、Ⅱ号矿体都位于标高-160m以上，Ⅲ号矿体赋存标高为-120~-472m。3个矿体均赋存于闪长岩体与灰岩的接触带上，空间分布位置由西南至东北分别为Ⅰ、Ⅱ矿体（规模较小），而Ⅲ矿体赋存于Ⅰ、Ⅱ矿体的下部，属尖灭再现矿体。各矿体产状、形态严格受接触带构造形态控制和制约，沿接触带走向和倾向均具尖灭再现和膨大狭缩的规律和特征，接触带凹陷部位矿体厚大，凸起部位矿体变薄或尖灭，或形成无矿间隔。

Ⅲ号矿体分布在1~9线之间，由45个钻孔控制，矿体总的形态呈扁豆体。走向北东，倾向南东，倾角32°~65°，下部较缓，中部较陡。走向长696m，倾向延深168~390m，平均285m，赋存标高为-120~-472m。矿体厚1.22~88.29m，平均8.98m，厚度变化系数为155.94%。矿体TFe品位为23.66%~62.51%，平均52.03%，品位变化系数为9.08%，矿化连续，品位分布均匀。

矿石中的主要矿石矿物为磁铁矿，其次为赤铁矿、微量黄铜矿、黄铁矿、偶见斑铜矿、辉铜矿；脉石矿物有透辉石、金云母、橄榄石、蛇纹石、透闪石、阳起石、电气石、绿帘石、绿泥石、方解石等。

矿石中主要有益组分为Fe，TFe品位为45%~61%，平均52.17%。伴生有益元素Cu含量为0.005%~0.25%，平均0.069%。Co含量为0.006%~0.03%，平均0.0216%。有害元素S含量为0.1%~2.5%，平均0.807%。

矿石结构为他形-半自形粒状结构；矿石构造主要为致密块状构造，其次为斑杂状、条带状和浸染状构造。

矿石自然类型为原生磁铁矿。矿石工业类型属于需选磁性铁和炼铁用铁矿石。

辛庄矿区是山东金岭矿业股份有限公司的生产接续矿区，1961年5月由冶金部中小型矿山改造设计工作组完成《金岭铁矿辛庄矿区试验性开采初步设计》，并经冶金部批准，文号：〔1961〕冶发申设字438号。设计年产量30万吨/年。1986年由山东金岭铁矿设计处完成开采设计，设计年产矿石15万吨，于1991年开始基建，1996年建成投产。目前矿山已停产，截至2017年12月31日，矿山累计动用铁矿石量395.4万吨。

（二）矿床勘查史

辛庄矿床在1954年由重工业部物探队首先圈定了磁异常。后在1955年上半年被重工业部华北分局502队经钻探验证，证实该异常由磁铁矿引起，继而进行了评价工作，并于1957年提交了评价报告，探明C_1+C_2级储量404万吨。

1972年，为矿山开拓设计而进行的加密勘探，由山东省冶金地质勘探公司第一勘探队承担，累计查明C+D级储量345万吨，比上次减少59万吨。

1977~1978年，为扩大远景，又施工钻孔16个。1979年根据上级指示转为补充勘探和水文地质勘探工作，在此基础上，1987年5月提交了《山东省淄博金岭铁矿辛庄矿床地质勘探总结报告》。以"〔1987〕鲁矿储决字18号"文批准了表内C+D级储量607万吨，其中C级工业储量335万吨，占55.2%，D级远景储量272万吨，占44.8%；伴生Cu为D级，4511t；Co为D级，为1083t。其中，Ⅰ号矿体标高为8～-157m范围内的探明储量为83万吨，平均品位为52.199%。

2008～2009年，山东金岭矿业股份有限公司对辛庄矿区深部开展详查工作，提交了《山东省淄博市金岭铁矿区辛庄矿床深部铁矿详查报告》，在原矿体（Ⅲ矿体）底部（-400～-500m标高范围），查明铁矿石332+333资源量26.3万吨，TFe平均品位为49.14%，mFe平均品位为47.11%。报告以"鲁矿勘审金字〔2010〕25号"评审通过（评审基准日：2006年4月18日），以"鲁国土资字〔2010〕766号"文进行备案。

十二、山东淄博市尚河头铁矿

（一）矿床基本情况

矿区位于淄博市临淄区西北16km，行政区划隶属临淄区朱台镇。中心地理坐标：东经118°14′05″，北纬36°54′30″，面积2.0716km^2。

矿区位于金岭短轴背斜的北东翼北段。矿区地层主要为奥陶系马家沟群八陡组、石炭-二叠系月门沟群本溪组、太原组、山西组及二叠系石盒子群、第四系山前组。马家沟群八陡组灰岩是矿区的主要控矿围岩；本溪组与下伏马家沟群八陡组平行不整合接触，底部的紫色铁质泥岩是金岭铁矿田东北半环重要的控矿层位。

矿区内构造主要为接触带构造和假整合接触面构造。受金岭短轴背斜的控制，在岩浆岩与灰岩的接触带上，形成了较为广泛的接触带构造。矿区北部接触带走向北西，倾向北东，倾角为10°～20°，倾角向北有变陡的趋势。南部岩浆岩内灰岩呈捕房体残存，分布面积小，形态相对简单。

断裂构造不发育，在矿区西侧100m处有区内较大的金岭断层由北向南通过。该断层构成了王旺庄大型富铁矿床与尚河头矿区的自然边界，对地层及岩体有错位影响，而对矿体无破坏作用。

矿区出露的侵入岩是金岭岩体的一部分，占据矿区大部分面积，经过长期的剥蚀作用已出露地表，平面形态为椭圆形，北东方向展布，长17km，中心最大宽度为7km，面积约70km^2。根据以往工作钻孔及物探推算，岩体中心最大厚度约为2000m，向边部逐渐变薄，呈不规则的岩盖产出。岩体主要围岩为中奥陶统马家沟群八陡组、阁庄组灰岩，其次为石炭系砂页岩。西南部岩体与围岩呈整合侵入接触，而东北部比较复杂，既有整合侵入接触，也有不整合侵入接触。其主要岩性为辉石闪长岩、黑云母闪长岩、闪长岩。局部有少量煌斑岩。

矿区包括高家庄矿段、尚河头矿段和新立庄矿段。

1. 高家庄矿段

高家庄矿段矿体赋存于辉石闪长岩体外接触带、马家沟群八陡组与月门沟群本溪组平行不整合面附近，分布于1～8线之间，由8个钻孔控制，呈透镜状。矿体倾向350°，倾角30°～35°。矿体走向长514m，倾向延深102m，赋存标高为-450.73～-529.76m，埋藏深度为478.13~556.30m。矿体厚1.13~23.44m，平均8.72m，厚度变化系数为104%，厚度变化大。矿体TFe品位为21.29%~60.53%，mFe品位为14.38%~58.96%，平均品位TFe为46.63%，mFe为43.90%，品位变化系数为27%，属组分分布均匀的矿体。

2. 尚河头矿段

尚河头矿段共有矿体4个，编号为Ⅰ、Ⅱ、Ⅲ、Ⅳ，其中Ⅰ矿体为该矿段主矿体。矿层总厚度为31.37m。TFe平均品位为52.79%。矿体均为捕虏体成矿。

Ⅰ矿体：分布在1~3线，由ZK1-2、ZK1-3、ZK3-2三个钻孔控制。矿体倾向128°，倾角10°左右。矿体走向长最大150m，倾斜延深120m。矿体埋深220.50~254.12m，赋存标高为-189.40~-221.40m。矿体厚度为6.47~24.95m，平均15.71m，厚度变化系数为58.81%，厚度变化中等。矿体TFe品位为21.72%~62.89%，平均54.11%，品位变化系数为17.71%，品位分布均匀。

3. 新立庄矿段

新立庄矿段共有矿体8个，编号为Ⅰ、Ⅱ、Ⅲ、Ⅳ、Ⅴ、Ⅵ、Ⅰ01、Ⅰ02号矿体。其中Ⅱ号矿体为主矿体，其次为Ⅰ、Ⅲ、Ⅳ、Ⅴ、Ⅵ及Ⅰ01、Ⅰ02号零星矿体。各矿体在垂向分布上相隔距离均较近，呈近于平行产出，之间由矽卡岩或交代残余的蚀变闪长岩相隔。

Ⅱ号主矿体分布在8~28线及其两侧，由17个见矿钻孔控制，形态呈透镜体状。新立庄矿段8线地质剖面简图如图5-100所示。矿体总体走向北西，倾向北东，倾角为9°~33°。矿体走向长650m，倾斜延深346m，矿体埋深为240~418m，赋存标高为-210~-388m。矿体厚1.13~32.64m，平均17.54m，厚度变化系数为42%，厚度变化小。矿体TFe品位为20.70%~69.07%，平均46.79%，品位变化系数为31%；单样mFe品位为16.53%~65.24%，平均44.74%，品位变化系数为36%；有用组分分布均匀。

矿石中的矿石矿物主要为磁铁矿，其次有黄铁矿、磁黄铁矿、黄铜矿等。脉石矿物主要为透辉石、方解石、蛇纹石、石榴子石、绿帘石、绿泥石、金云母，其次有斜长石、透闪石、阳起石、黑云母等。

新立庄矿段TFe品位为20.70%~69.07%，平均48.99%；伴生有益组分为铜和钴，但在矿体中分布不均匀，个别矿体及块段中达到综合利用标准。矿石中主要有害组分为硫和磷，其中S含量为0.03%~1.28%，平均0.67%；P含量为0.001%~0.038%，平均0.042%。

尚河头矿段TFe品位为21.71%~62.89%，平均53.06%，伴生有益组分Cu未能达到综合利用指标要求，Co仅在部分块段中达到综合利用要求，有害组分S含量为0.045%~3.660%，平均1.703%。

高家庄矿段TFe品位为21.29%~60.53%，mFe品位为14.38%~58.96%，平均品位TFe为46.63%，mFe为43.90%。S平均含量为0.58%，P平均含量为0.03%，含量较低，对矿石质量无影响。Cu平均含量为0.059%，Co平均含量为0.013%，达不到综合利用指标要求。

矿石结构主要为他形-半自形粒状结构，其次为熔蚀交代作用而形成的交代残余结构或包含结构。矿石构造以块状为主，浸染状、条带状构造次之。

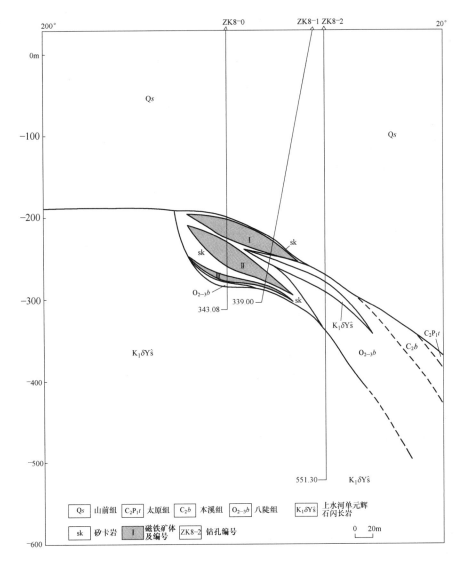

图 5-100　新立庄矿段 8 线地质剖面简图

　　矿石自然类型为浸染状及致密块状透辉石型磁铁矿石。矿石工业类型为需选磁性铁矿石。

　　矿山一直处于基建中，金润从 -305m 贯通至鲁德 -300m，鲁德与华兴贯通，共施工巷道主巷 3284m，目前三个矿井下已贯通，金润已经基本具备基建验收条件。三个矿段均未进行穿脉施工工作，三个矿段至今未开采。

（二）矿床勘查史

　　1986~1987 年，冶勘山东局一队进行了金岭岩体东北半环剩余磁异常计算和推断解释工作，编制了《山东淄博金岭铁矿区东北半环剩余磁异常计算及其解释研究报告》，其中对新立庄—后下庄一带磁异常提出应为磁铁矿所引起的初步结论。

　　新立庄铁矿普查工作于 2000 年 8 月由山东正元地质资源勘查有限责任公司首次设立

探矿权并开始实施，至 2005 年 11 月结束野外勘查工作。其间，首先进行了磁法剖面测量 2.7km、剩余异常计算 4.0km² 及资料收集和综合研究工作，在此基础上于 2003 年 5 月起开展了地质钻探工作，共施工钻孔 17 个，钻探工程量为 6901.17m，井中磁测 242 点（9孔）。2006 年 3 月，山东正元地质资源勘查有限责任公司编制了《山东省淄博市金岭铁矿区新立庄矿床普查报告》，报告以"鲁矿勘审金字〔2006〕19 号"评审通过（评审基准日：2006 年 4 月 18 日），以"鲁资金备字〔2006〕25 号"文进行备案，评审通过以下资源量：新增铁矿石 332+333 资源量 522.3 万吨，TFe 平均品位为 48.99%。

2007 年 9 月~2007 年 12 月，后下庄矿段主要开展 1∶2000 磁法面积工作 1.2km²、1∶1000 磁法剖面测量 1270m，并收集资料，进行综合研究。2008 年开展钻探工作，进行磁异常验证，该阶段主要布置普查孔，至 2008 年 6 月底，施工普查钻孔 2736.43m（8个）。自 2008 年 7 月起，转入详查工作，至 2008 年 12 月，施工钻孔 3335.31m（10个）。2009 年 2 月，邯邢冶金矿山管理局地质勘查院编制了《山东省淄博市金岭铁矿区后下庄铁矿详查报告》，报告以"鲁矿勘审金字〔2009〕12 号"评审通过，以"鲁国土资字〔2009〕394 号"进行备案，评审通过以下资源量：铁矿石 332+333 资源量 93.1 万吨，平均品位 TFe 为 48.66%，mFe 为 46.16%。

2001~2002 年，由淮阳供销合作社出资施工钻孔 2290.76m（7 个）。其中，ZK1-3、ZK3-2、ZK1-2 分别见到了 6.47m、8.25m 和 31.37m 的磁铁矿体。通过此次工作，山东正元地质资源勘查有限责任公司于 2003 年 6 月编制了《山东省淄博市金岭铁矿区尚河头矿床普查地质报告》，报告由山东省国土资源资料档案馆储量评审办公室评审通过（评审基准日：2003 年 11 月 27 日），并以"鲁资储备字〔2003〕33 号"文备案，评审通过以下资源量：查明铁矿石资源量 42.9 万吨，TFe 为 53.06%。

十三、安徽当涂县钟山铁矿

（一）矿床基本情况

矿区地理坐标东经 118°29′18″、北纬 31°30′24″，矿区位于安徽省当涂县北东 7.5km，交通方便。矿区投入的主要工作量包括钻探 1657m、井探 183.8m、槽探 1563m³。

庐枞火山岩盆地位于扬子板块西北缘，西邻郯（城）—庐（江）断裂带。盆地内断裂发育，岩浆活动频繁，矿化作用强烈，矿产资源丰富，是长江中下游地区重要的铁、硫、铜、铅、锌、明矾石等矿产地之一。

庐枞盆地东北部边缘一带出露三叠系东马鞍山组、铜头尖组、拉梨尖组及侏罗系磨山组、罗岭组火山岩盆地基底地层，盆地内侧为白垩系下统龙门院组、砖桥组火山岩盖层，整个火山岩系为粗面玄武质-玄武粗安质-粗安质-粗面质组合。庐枞盆地北部岩浆活动频繁，并产生众多火山机构。早白垩世形成的主要火山机构有小矾山破火山口，何家大、小岭隐爆角砾岩筒等。在各喷发旋回晚期形成侵入岩，岩性主要分为两类：一类是（石英）闪长玢岩，主要分布于矿区东北部；一类是（石英）正长岩、二长岩，分布于矿区东部及矿区深部。

庐枞盆地构造形迹以断裂为主，褶皱微弱。基底断裂控制了火山岩盆地的形成、演化和盆地内的成矿作用；盖层断裂极为发育，对盆地内脉状矿体（铜、铅、锌、金、银等）

的形成具有控制作用。

庐枞盆地北部矿化蚀变强，主要矿化有铁矿化、黄铁矿化、铅锌银矿化、铜矿化、明矾石化等，并形成相应的矿产，主要有龙桥、马鞭山铁矿，黄屯、何家大小岭黄铁矿，岳山铅锌银矿，矾山明矾石矿床等。

矿区出露地层为白垩系下统砖桥组下段，下部岩性为安山岩和安山角砾岩，主要呈灰或深灰色，具有变余斑状结构，块状或角砾状构造，角砾成分为安山质熔岩。矿区内褶皱构造不发育，主要构造为地层单斜构造、断裂构造和火山机体构造。岩浆岩分为潜火山岩和浅成侵入岩。潜火山岩为粗安斑岩，未见出露，据钻孔资料，其顶界面赋存标高在100m以下，波状起伏，呈岩床或岩枝侵入于砖桥喷发旋回火山岩系中。浅成侵入岩为石英正长岩—正长斑岩，在矿区北部零星出露。根据钻孔资料，正长岩（石英正长岩）主要分布在−150~−230m以下，总体上岩体侵位为南高北低。

矿体呈脉状产出，受断裂构造控制。矿体长550m，延深400m，矿体厚4~6m。平均品位：富矿为54.08%，贫矿为39.39%，含硫低于指标要求。

矿石主要结构为自形粒状-他形粒状结构，大部分赤铁矿、黄铁矿及少量磁铁矿呈半自形-他形晶产出；大部分磁铁矿呈菱形十二面体或八面体自形晶产出，磁铁矿粒径为1~7mm。矿石主要构造为块状构造、浸染状构造和角砾状构造。

工作查明该矿床为中低温热液充填交代矿床。

（二）矿床勘查史

1949年之前，英国、日本及中国的地质学者均在该区开展过地质工作，日本在该区以露天探矿法进行盗窃式开采。

1956年，冶金部804勘探队派人在当涂至芜湖间进行过小比例尺地质测量，对区域地质矿产做了初步的了解。

1957~1958年，冶金部华东矿山管理局808勘探队对该矿进行了地质勘探。由蒋志模、张永良等人编制《安徽省当涂县钟山铁矿床地质勘探总结报告书》。报告提交储量经华江分局地质局审查批准：表内B+C$_1$级铁矿石量450.2万吨，其中B级88.6万吨。伴生元素钒金属量为7855吨。

十四、安徽当涂县南山铁矿

（一）矿床基本情况

南山铁矿位于安徽省当涂县北部大小南山山麓。矿区地理坐标东经118°42′、北纬31°36′。矿区在向山硫铁矿东北1km处。

宁芜地区北起南京，南至芜湖，西以长江断裂带为界，东至丹阳—方山一线。区内印支旋回和燕山旋回构造运动强烈，成矿条件有利。南山铁矿床位于宁芜中生代陆相火山岩断陷盆地中段凹山铁矿田内。南山铁矿床位于宁芜断陷陆相火山岩盆地中段的马鞍山地区。

火山盆地基底由中三叠系周冲村组、黄马青组，晚三叠系范家塘组，早侏罗系钟山组、中侏罗统罗岭组组成，火山盆地上覆岩层为杨湾组。庐枞—繁昌—宁芜火山盆地是在三叠—侏罗纪沉积盆地基底上发展形成的，印支运动后，火山盆地构造主要受区域性断裂和基底深部构造控制。宁芜火山盆地火山建造由橄榄安粗岩系列演变成碱性岩系列，为一套造山后陆内伸展离散环境下壳幔混合源型火山岩组合，从早到晚由龙王山、大王山、姑山、娘娘山四个火山喷发旋回和多个喷发韵律组成。

大南山为主要铁矿富矿体的所在地，在矿体东北呈一贫矿出露地表，大南山之主矿体生于不具层理的凝灰岩中，矿体的顶部已被开采；铁矿体个数大小有7个，其中较大的一个产于大南山，主要矿体为富矿，为此次勘探的主要对象，矿体似一扁豆体，长约300m，南西端宽约230m，东北端宽约170m，矿体平均厚度约28m，据推断可能要大一倍左右。富矿中三氧化二铁占85%左右。矿石中几乎全部为赤铁矿。

截至2020年底，南山铁矿床（深部）累计探明资源储量8945.1万吨，保有资源储量6171.8万吨。

（二）矿床勘查史

南山铁矿为皖南当涂县重要的铁矿之一。1913~1914年，被当涂县知事谢凤冈和章炳如等合办的宝兴铁矿公司所发现，并相继发现凹山及东山等铁矿。

1929年，王恒升及李春昱二人调查京汉、粤汉铁路沿线地质矿产时，也到当涂、繁昌两地观察铁矿。

1931~1932年，谢家荣等人两次调查当涂附近的铁矿及其他地区铁矿。调查结果重点是铁矿山的矿量及其他经济情况，以备筹建钢厂。

抗日战争时期，日本对皖南地区各铁矿山进行了掠夺性的勘探及开采。解放战争时期，南山铁矿又被国民党反动派掠夺一时。

新中国成立后1955年，经重工业部地质局批准，重工业部南京地质勘探公司804队进行施工，陈茵辉、鲍学文、朱长元，黄邦基及孙德忠等人参与，并编制《安徽省当涂县南山铁矿地质勘探总结报告书》。经此次勘探，探获赤铁矿富矿432.4万吨，贫矿约69万吨，平衡表外矿量14.2万吨，硫约63222t。

十五、安徽繁昌县长龙山铁矿

（一）矿床基本情况

长龙山铁矿矿床属安徽省繁昌县桃冲镇，地理坐标为东经118°04′，北纬30°08′。该矿区东北至马鞍山铁矿90km，至芜湖市45km，至繁昌县13km。

该区大地构造位于扬子准地台（Ⅰ）、下扬子台坳（Ⅱ）、沿江拱断褶带（Ⅲ）、贵池-繁昌凹断褶束（Ⅳ）东段部位，地层区划为扬子地层区、下扬子地层分区、贵池地层小区。区内地层出露较全，褶皱、断裂构造发育，岩浆活动较强。

区域地层自志留系-第四系均有出露。构造形迹较为复杂，以北东向构造为主，褶皱为印支期和燕山期褶皱。矿区位于红花山背斜的北翼，该背斜呈箱状，总体轴线为70°~80°，略向南弯曲，两端向北翘，西段、中段走向近东西，东段被走向近南北的横断层错开，轴面向南陡倾。区域内断裂构造发育，主要断裂有三组：北东向、北西向及近南北向。区内岩浆侵入活动强烈，主要侵入岩为花岗岩类及闪长岩类。较大侵入体有滨江花岗岩、浮山钾长花岗岩等。

矿区地层为志留系高家边组、泥盆系乌桐群、石炭系黄龙组石灰岩、二叠系栖霞组石灰岩、三叠系大冶组石灰岩及第四系冲积层。火成岩为正长斑岩、煌斑岩。矿床位于红花山箱型背斜的北翼，桃冲向斜的南翼。同时断层发育。长龙山铁矿矿床矿区地质图如图5-101所示。

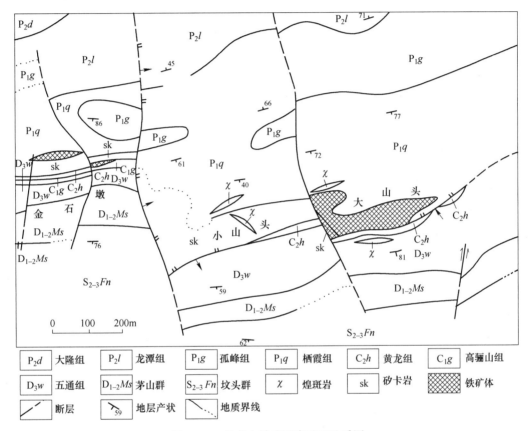

图 5-101　长龙山铁矿矿床矿区地质图

矿体产于矽卡岩与栖霞组灰岩之间。矿体形状受层间断裂控制，呈似层状，透镜状，矿体长820m，宽45m，矿石矿物主要为镜铁矿，次为磁铁矿。为交代石灰岩的镜铁矿型和交代矽卡岩的镜铁矿型两种。铁平均品位：高炉矿48.09%，平炉矿58.26%，自熔矿37.36%，贫矿36.12%。矿区水文地质特征为坚硬和半坚硬裂隙岩层中矿床。

矿体自然类型可分为赤铁镜铁矿、方解石型赤铁矿、石榴子石型赤铁矿、钙铁辉石型赤铁矿和石英型赤铁矿五种。工业类型分为富矿、贫矿和次贫矿三种。

（二）矿床勘查史

该矿床自1911年被发现后，众多中外地质学家来此矿区进行调查，如中国地质学家谢家荣、孙健初、程裕淇、陈恺、叶良辅、王恒升、李春昱、章鸿钊等，国外地质学家丁格兰、神山昌毅等均先后来此矿区，进行调查研究。

1954年，马鞍山铁厂组织桃冲勘探队，来长龙山进行地质勘查工作。

1955~1956年，冶金部地质局华东分局成立803队，继续开展地质勘查工作，并提交中间地质总结报告，报告编写人包括陈煊、张念萱、张国盛、张士钰、王增林及于德津等技术人员，并提交三年的总计矿量 A_2+B+C_1 为904万吨。

1958年，安徽冶金局第1队张念萱等人提交《安徽省繁昌县长龙山铁矿床详查地质总结报告》，主矿体在大小山头，其矿量占总矿矿量的99%。该报告经省储委复审铁矿储量 $B+C_1$ 级3135.3万吨，B级243.9万吨，其中平炉富矿456.7万吨，富炉富矿1767万吨。水文地质研究程度不够，因此该报告不能作为矿山开采设计依据，仍需补充勘探工作。

1960年，安徽省冶金工业厅地质勘探队张念萱等人提交《安徽省繁昌县长龙山铁矿地质勘探总结报告及补充报告》，该报告省储委审查批准铁矿 $B+C_1$ 级储量2387.6万吨，其中B级413.5万吨。

十六、安徽当涂县姑山铁矿

（一）矿床基本情况

姑山铁矿位于安徽省马鞍山市当涂县太白镇年陡乡境内，北距马鞍山市23km，南距芜湖市23km。矿区有专用铁路线与宁芜线接轨，紧靠矿区的县级公路与205国道相连，长江支流青山河在矿区东侧穿过，水、陆交通十分方便。

宁芜矿集区是长江中下游铁、铜成矿带中一个重要铁矿的矿集区，处于下扬子板块北缘，是一个长约60km、宽约20km、总面积约1200km^2 的继承式断陷盆地。区内共发现30余个大中小型铁矿床。

矿集区内构造格架主要是由近北西向断裂系、北东向断裂系和近东西向断裂系三个主要的深部断裂系统组成。断陷作用发生在印支及燕山褶皱的相对继承拗陷部分，地壳拗陷较强烈，中生代时火山作用强烈，形成了典型的继承式火山断陷盆地。在继承式火山岩盆地中，发育有大量的与火山-次火山作用相关的铁矿床，在其基底地层中的膏盐层为矿床形成过程中铁质的富集和转移提供了有利条件。

宁芜盆地东至方山-小丹阳断裂，西临长江断裂带，南北分别以芜湖断裂和南京—湖熟断裂为界，区内地层自上而下发育有三叠系、侏罗系、白垩系、第三系和第四系。

宁芜盆地是一个断陷型盆地，盆地由北北东向长江断裂、方山—南陵断裂及北西向南京—湖熟断裂控制，属于继承式的中生代陆相盆地。该区断裂十分发育，根据资料的综合分析可知，盆地内部构造骨架大致由北北东向、东西向和北东向断裂构成。

宁芜盆地内广泛发育白垩系陆相火山岩，火山岩由老到新分别为龙王山、大王山、姑山和娘娘山四组，形成四个火山岩旋回。宁芜地区的次火山岩主要为闪长玢岩，出露面积为0.01~10km^2，面积大小不一，岩体以超浅成相为主，侵入深度为0.5~1.5km，呈带状分布。宁芜盆地内次火山岩体广泛发育，以超浅成相侵入体为主。各个旋回的次火山岩与相对应旋回的火山岩成分相似。

矿区出露的地层有三叠系、侏罗系、白垩系、第四系。姑山矿床位于宁芜火山岩盆地南段的钟姑矿田的南部，产于NNE向姑山—钟山断裂与NWW向姑山—向阳断裂的交汇部位。矿床产于多组断裂的交汇部位，矿体围岩强烈破碎，形成较大规模的近东西向延长的角砾岩带，矿体中含大量角砾状矿石，这些都说明姑山铁矿石产于比较开放的断裂裂隙发育的构造环境。矿区侵入岩主要为辉石闪长岩，岩体出露面积约 0.3km²，岩体呈似钟状侵入于黄马青组、周冲村组地层中，岩体浅部或边部呈灰白色，似斑状、斑状结构，中心部位呈深灰色，细粒不等粒结构，岩石中主要为斜长石（>80%），少量拉长石和钠长石，暗色矿物有少量辉石，岩体浅部多受高岭土化、硅化，深部主要受碳酸盐化、轻微绿泥石化、绢云母化，后期尚有少量闪长玢岩。

主矿体产于辉长闪长岩侵入接触带内及其附近，呈似穿窿状，属岩浆期后中温热液矿床。主要矿体长 1100m，宽 880m，平均厚 60.6m，零星小矿体 41 个。

矿石常见的构造为块状构造和角砾状构造，其次为脉状构造、流动构造、骨架状构造、浸染状构造、斑状构造和气孔-晶洞构造。矿石结构主要为半自形-他形粒状结构、交代结构、放射性结构及碎裂结构。本矿床主要蚀变有硅化、碳酸盐化、高岭土化、绿泥石化等，钠长石化和绢云母化很弱，蚀变的强度因原岩成分而异，也与矿化的远近有关。

截至 2020 年底，姑山铁矿床累计探明资源储量 1.29 亿吨，保有资源储量 8478.3 万吨。

（二）矿床勘查史

1955~1957 年，华东分局 804 队进行过普查和初步勘探。

1958~1965 年，华东冶金地质勘探公司 808 队蒋志模、邱传珠及张永良等人，对该矿床进行了详细勘探工作，钻探工作量为 24874.35m，获得铁矿储量 1.28 亿吨，其中表内 B+C₁+C₂ 级共 11831 万吨。

十七、安徽当涂县和睦山铁矿

（一）矿床基本情况

和睦山铁矿床位于安徽省当涂县城南 6km 处。地理坐标东经 118°31′12″、北纬 31°21′29″。矿区面积约 3km²，其中 2/5 为稻田，其余为低山坡地，植被发育。后观音山制高点海拔 102m，平均海拔为 8~12m。青山河距矿区约 2km。在矿区北东面由南向北流过。

宁芜地区北起南京，南至芜湖，西以长江断裂带为界，东至丹阳—方山一线。区内印支旋回和燕山旋回构造运动强烈，成矿条件有利。和睦山铁矿床位于宁芜中生代陆相火山岩断陷盆地南段钟姑铁矿田内。和睦山铁矿床位于钟姑复式背斜西翼的次级褶皱——和睦山—长岭背斜北东部。

钟姑铁矿田地处宁芜矿集区南段，矿田出露的最老地层为中三叠统周冲村组，最新地层是上白垩统浦口组。区内发育闪长岩-闪长玢岩，是一套浅成、超浅成中基性-中性富碱质的次火山岩，如姑山、钟九、和睦山、青山街和白象山岩体，与矿化关系密切。矿田构造较为复杂，发育一系列近南北向褶皱和北北东向、北西西向深断裂。褶皱以钟姑复式背斜为中轴（"叶家桥—钟山—姑山"一线），近平行中轴向东西两翼各有若干次级褶皱相毗邻。北北东向断裂以姑山—钟山断裂为代表，该断裂位于钟姑背斜核部，纵切钟姑矿田，是控制矿田内火山-岩浆活动的主干断裂之一；北西西向断裂以观音山—青山街断裂为主，该断裂横贯钟姑矿田，白象山、和睦山等铁矿床受其控制。

矿区出露的三叠系地层包括中三叠统周冲村组和上三叠统黄马青组，周冲村组和黄马青组下段为主要赋矿层位。矿区褶皱和断裂构造发育，褶皱以和睦山—长岭背斜为主，断裂以后观音山断层 F_{17} 为代表。该断层系岩浆侵位引起的构造滑脱（中三叠统周冲村组与上三叠统黄马青组假整合面为滑脱面）。断层走向北西西，倾向北东，倾角为 50°~60°，断层面上擦痕倾伏角为 85°。断层破碎带宽 20~40m，前观音山出露灰岩与后观音山出露砂页岩的接触带见灰岩、砂岩和页岩角砾，角砾棱角发育，大小相差悬殊，以 1~5cm 大小的为主，角砾被硅质、铁质胶结。该断层是矿区主要导矿和容矿构造。

岩浆岩主要为闪长岩体和后期侵入的闪长玢岩脉及辉绿岩脉。闪长玢岩在矿区分布较广泛，尤其在接触带附近更为发育，常沿周冲村组与黄马青组的假整合面顺层侵入，充填于裂隙或破碎带中，多呈似层状、透镜状、脉状及其他不规则状产出。

和睦山铁矿床矿体主要赋存在闪长（玢）岩体与周冲村组地层接触带和靠近接触带的周冲村组灰岩中，其次是在黄马青组与周冲村组之间的假整合面及闪长岩体中。

和睦山矿区共包括四个矿段，而工业矿体主要产于后和睦山（1 号矿体）和后观音山（2 号矿体）两矿段。和睦山矿区 I - I′ 纵剖面图如图 5-102 所示。

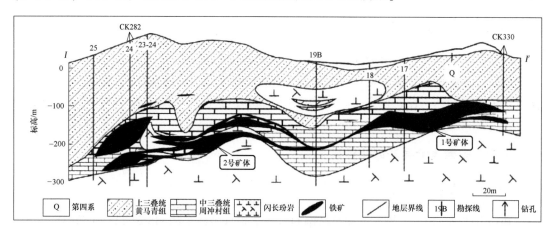

图 5-102 和睦山矿区 I - I′纵剖面图

矿化带长 1350m，矿体沿倾向最大延深 960m，最小延深 130m，平均延深 400m，矿化带长 1350m，矿体沿倾向最大延深 960m，最小延深 130m，平均延深 400m，最大厚度为 108.30m，最小厚度为 2m，平均厚度为 23m。其中后和睦山矿段地表为褐铁矿及假象赤铁矿、深部以半假象赤铁矿为主，少量磁铁矿。

矿床的矿石结构简单，分布有一定的规律性。矿石结构以半自形-他形细粒结构为主，次为骸晶状结构、自形晶结构、似海绵陨铁结构、包含结构及各种交代结构。矿石构造有稠密浸染-块状构造、浸染状构造、层纹条带、揉皱状构造、角砾状和疏松粉状构造。

（二）矿床勘查史

1957~1985 年，冶金部华东冶金地质勘探公司 808 队一直投入勘查工作。此次勘查工作参与人为刘乐山、丁木生、罗天照及付慧玲等人，提交《安徽当涂县和睦山铁矿床地质勘探报告》。历年共施工钻孔 212 个，进尺 56022.89m。报告中利用 119 个钻孔，进尺 36502.84m。探槽 43 条；土石方 8892.87m³；浅井 25 个，进尺 971.55m。历年累计投资 570 万元。探获铁矿储量 3025.52 万吨，其中 B 级储量 331.36 万吨，占 11%；C 级储量 1853.74 万吨，占 61.3%；D 级储量 840.42 万吨，占 27.7%。伴生组分地质储量五氧化二钒 38819.77 吨，钴 2255.26 吨。其中，铁表内 B+C+D 级矿石量为 2958.05 万吨，其中 B 级 327.52 万吨，C 级 1823.47 万吨，D 级 807.06 万吨；铁表外 B+C+D 级矿石量为 67.47 万吨；硫表内 D 级 34.56 万吨。

十八、安徽当涂县白象山铁矿

（一）矿床基本情况

白象山铁矿床位于安徽省当涂县城南偏东 12km，地理坐标东经 118°31′53″，北纬 31°27′34″。矿体分布面积约 1.4km²，其中 3/5 为稻田及河塘，余为山林坡地。东部谢公祠制高点海拔 262.64m，平地标高一般为 6~7m。矿区与马钢开采利用的姑山铁矿和钟山铁矿均相距 2.5km，与姑山铁矿的铁路专用线相距 2km，涂—马桥公路直穿矿区。

区域地质位置处于华中地洼区、苏鄂地洼系或秦淮弧构造系东翼之宁芜地洼南缘钟姑洼凸内，晚侏罗世至白垩纪地洼激烈期，区内褶皱断裂构造发育、岩浆活动强烈，成矿条件有利。

区域地层有白垩系、侏罗系等地层。矿区在宁芜地洼边缘，复式褶皱发育，该区褶皱以钟姑背斜为主体，长达 11km 以上。断裂构造主要由 NNE 和 NNW 向两组。岩浆岩主要为与铁矿有关的姑山—曹港—查联辉石闪长岩体、钟山—钟九钠长岩体及云楼—和睦山—龙山角闪闪长岩体等，岩体年龄为 114.9~137.5Ma，属燕山期产物。

矿区出露地层由老至新依次为三叠系中统黄马青组、侏罗系中下统象山群、白垩系下统上火山岩组、第四系坡冲积层。矿区内断裂构造发育，分为纵向断裂构造和横向断裂构造。纵向断裂构造中的船山底断裂破碎带和西部断裂带是主要的赋矿断裂带，前者出露在近背斜轴部，走向近南北，倾向南东，主要由黄马青组砂页岩角砾组成，后者走向 NWW，倾向西。横向断裂构造主要是青山街—豹子山断裂破碎带，位于矿区南部，形成稍晚。矿区内岩浆岩主要为燕山晚期的闪长岩、闪长玢岩和后期的辉绿岩脉及细晶岩脉。闪长岩体呈突出的岩株状，岩石呈灰色，斑状结构，块状构造，岩石的矿物成分主要为中-更长石。

主矿体位于闪长岩和砂页岩接触带部位的内带-正带，形态主要受背斜控制，横向呈平缓拱形，产状同围岩基本一致。矿体呈似层状，局部有膨大。根据结构构造、矿化程度将矿石分为浸染状、层纹状、块状和角砾状 4 种。前 2 种是构成主矿体的主体；角砾状矿石主要分布在砂页岩的层间破碎带、接触带和断裂构造附近。常见的矿物组合为磷灰石-钠长石-磁铁矿-阳起石（透闪石）及金云母-磁铁矿组合。矿石矿物主要为磁铁矿、假象赤铁矿、菱铁矿，脉石矿物为钠长石、石榴子石、阳起石、磷灰石、金云母、石英、碳酸盐等。矿石主要为半自形-自形细粒结构，次为填隙、交代残余结构。常见的一种亮钢灰色中细粒磁铁矿，伴有少量假象赤铁矿，与钠长石、磷灰石、石英、碳酸盐等组成条带，构成揉皱状构造或类卷曲层纹状构造。

其矿床成因类型属高温气液交代层控矿床，亦是"玢岩铁矿"中闪长岩体与周围沉积岩接触带中的铁矿床。

截至2020年年底，白象山铁矿床累计探明资源储量2.74亿吨，保有资源储量2.68亿吨。

（二）矿床勘查史

1966~1981年，矿床地质勘探工作经历了普查验证、详查评价和详细勘探三个阶段。勘查单位为冶金部安徽冶金地勘公司808队，协助单位有814队、807队、812队、811队、815队、803队。提交《当涂县白象山铁矿床评价勘探地质报告》，提交报告人员为刘从政、陆伟光、赵云佳、刘秉衡和张志忠等。通过地质勘探工作，探明铁矿储量15025万吨，其中表内B+C+D级14565万吨，伴生组分储量：五氧化二钒319680.5t，钴金属量7383t。

十九、江苏省江宁县其林山铁矿床东庄矿段

（一）矿床基本情况

其林山铁矿床位于江苏省江宁秣陵街道其林村，北距南京市19km。地理位置为东经118°47′54″，北纬31°54′18″。矿区西北部有江宁县环行公路通过，南距古雄凤凰山铁路专用线东善桥镇4.5km，位置优越，交通方便。输电线路有凤凰山高压线6600V，江宁县变电所高压线10000V，能满足照明和排灌用电。

该区大地构造位置上处于淮阳山构造体系前弧东翼与新华夏系构造的复合处，宁芜断陷盆地的北段。

区内出露地层，以中生界沉积岩、火山岩及红层为主，大部被新生界第四系所覆盖。区域构造明显受北北东及北西向两组断裂构造控制，北北东向构造有方山—淮阳断裂带（方山陶吴段），北西向构造主要有梅山—凤凰山断裂带，以及次一级淮阳断裂、后晋断裂和近东西向周村断裂及东西—北东向五库断裂。北北东向主要断裂控制着该区火山岩的分布、岩体侵入及成矿作用，形成构造岩浆成矿带。主要褶皱构造为宁芜向斜，在该区西部经过，次一级有火山短轴背斜，它们是陶吴背斜、凤凰山背斜、其林山背斜，还有梅山背斜、牛首山背斜及其间向斜构造，形成方山火山口构造。该区侵入体主要以燕山期中偏基性辉石闪长岩、辉石闪长玢岩为主，呈岩株枝、岩舌及蘑菇状产出，一般面积为1~30km^2，在龙王山喷发旋回、大王山喷发旋回的末期与铁矿形成关系密切侵入。区域矿产有梅山铁矿、吉山铁矿、牛首山铁矿、泰山铁磷矿床、静龙山铁矿。梅山铁矿和凤凰山铁矿、其林山铁矿。组成梅山—吉山铁矿田和其林山—凤凰山田。铁矿化星罗棋布，矿产资源丰富，为宁芜式陆相火山岩型富铁矿的重要产地。

矿区范围内分布地层有侏罗系下、中统象山群、侏罗系上统龙王山组、大王山组、白垩系上统前口-赤山组、第四系全新统。

矿区位于东西向和北北东向构造交叉处，为火山活动中心附近的短轴背斜。断裂构造、岩浆侵入及剥蚀作用等因素的影响，背斜形态已不完整。断裂构造区内仅东庄和马村

两矿段钻孔中见到，该断裂属燕山晚期—喜马拉雅断裂，是由白垩系上统地层堆积成岩之后形成的，它不仅破坏了地层的连续性，也破坏了矿体的连续性。

岩体为侏罗系上统大王山组剧烈火山喷发末期形成的次火山岩体，以辉石闪长岩主，在岩体顶部及其边缘相变为辉石石英闪长岩和辉石闪长玢岩。岩体受东西及北向基底断裂构造交汇处控制，呈蘑菇状，面积约30km^2。

东庄矿段为被掩覆的中型富铁矿体，赋存于辉石闪长岩与半岛状三叠系上统黄马青组底部砂页岩、含砾砂岩、角砾岩及钙质粉砂岩、泥灰岩和中下统青龙群顶部石灰岩制侵入接触带中，受接触破碎带和构造裂隙带的控制。在其上部的破碎砂页岩中和超覆的闪长岩角砾岩化带中，尚赋存有若干个与主矿体大致平行的小矿体。矿体围岩一般较明显。

经勘探工程查明，主矿体在平面上的投影为0.078km^2。长轴约400m，短轴约200m，长短轴之比为2:1。矿体东部稍厚，最厚为46m，平均厚度为22m向北西西走向仍有延展。东部被北北东向断层所错断，破坏了其完整性。矿体在剖面上的形态呈透镜状。东部中上部较厚，局部显示膨缩现象，沿倾向逐渐毒尖灭，西部中下部较厚，沿倾向急剧变薄尖灭。矿体在平面图上呈脉状，产状有所变化，走向从东到西，由81°渐变为287°，倾向由51°渐变为17°，倾角上缓下陡，东缓西陡，东部倾角为20°~55°，西部倾角为5°~85°。主矿体顶板标高由-79.32m（ZK512）到-351.56m（ZK300），高差为272.24m，底板标高由-105.27m（ZK218）到-466.16m（ZK503），高差为360.89m，在南部埋藏较浅，北部埋藏较深。主要埋藏在-100m~400m水平间。矿体埋藏最浅处为ZK512。在主矿体之上的小矿体，共有22个，一般长度为60m左右，最长为200m，最厚为20m。贫富矿兼有，部分为表外矿。

（二）矿床勘查史

1964~1965年，江苏省冶金地质勘探公司针对该矿段进行找矿评价工作，探求了工业加远景储量391.7万吨。自1971年以来，对该矿段南北部投入了少量找矿工程，发现矿体沿走向北部还有沿南部（兔子山）及沿倾向（ZK219）均有新的矿体。

1976年，江苏省冶金地质勘探公司807队，张庙贵、彭一勋、马步源、王洪生、侯绍宝、李宝龙、陈彤、何旭景等人经多次"三结合"会议确定，对东庄矿段进行了详探，在先期开采地段，探求B级储量，提高勘探程度和研究程度，于1977年4月正式提交《江苏省江宁县其林山铁矿床东庄矿段地质勘探报告书》，探获B级储量318.4万吨，C$_1$级储量527.2万吨，C$_2$级储量192.7万吨，其中富矿823.4万吨，工业储量基本上满足矿山设计的需要，提供矿山建设设计使用。

二十、江苏省江宁县凤凰山铁矿

（一）矿床基本情况

矿区位于江宁县城南15km处的凤凰山。有公路相通，矿区至宁芜铁路古雄站有铁路专用线（18.6km）相接，交通方便。

矿区处于宁芜中生代火山岩断陷盆地北缘，方山小丹阳断裂带西北侧。

矿区出露上三叠统黄马青组、侏罗系象山群及第四系堆积层（见图5-103）。上三叠统黄马青组砂页岩，分布于凤凰山西北坡，上部为紫色页岩与细砂岩互层，以页岩为主，下部夹有灰岩和白云岩，岩层走向30°~50°，倾向北西，倾角为35°~55°。侏罗系象山群与其下伏黄马青组砂页岩呈不整合接触，主要由中粒砂岩组成，夹有细砂岩、页岩，近底部有一层石英砾岩、页岩，厚320m。

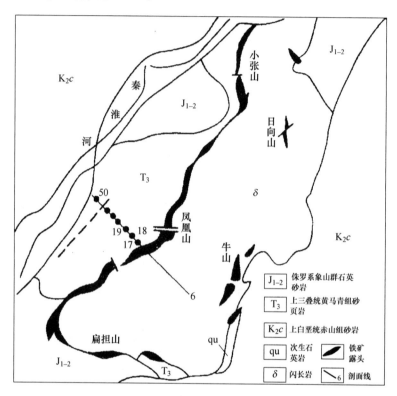

图5-103　凤凰山铁矿区地质简图（中国铁矿志）

矿区地处宁芜向斜东南翼，是一单斜构造，主要由黄马青组砂页岩及象山群砂岩组成，岩层走向30°~55°，倾向北西，倾角为35°~55°。闪长岩体侵入接触面与岩层走向大致相同，矿体即赋存于此接触破碎带中。

矿区主要断裂几乎都为逆断层，倾角较陡，为成矿后断裂。一组为走向逆断层，走向与矿体近于平行；另一组为平移逆断层，垂直或接近垂直矿体走向。

铁矿由凤凰山、癫痫山、小张山、日向山、牛山、扁担山等6个矿体组成。前3个矿体合称凤凰山矿体，为矿区主要矿体，产于闪长岩与砂页岩或灰岩的接触带上（见图5-104）。一些小矿体分别产于砂页岩、灰岩及闪长岩中。矿体呈不规则脉状、似层状，走向30°~50°，倾向北西，倾角为25°~55°，延长2700m，最大延深1500m，一般厚度为28m左右。

矿物成分以赤铁矿、假象赤铁矿、磁铁矿为主，其次有镜铁矿、褐铁矿、黄铁矿、黄铜矿。矿石呈粒状结构、镶嵌结构，致密块状、疏松状、条带状、原生角砾状和次生角砾状构造，以原生角砾状构造为主。矿石质量中等，一般富矿品位全铁为49.45%，贫矿全

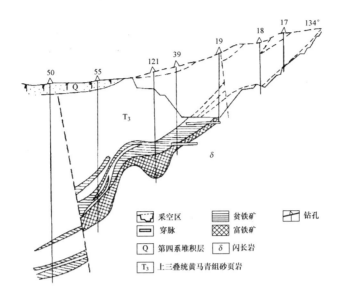

图 5-104　凤凰山铁矿 6 线剖面图（中国铁矿志）

铁为 34.52%，全矿平均全铁 43.77%、硫 0.214%、磷 0.475%、五氧化二钒 0.26%。矿床成因类型属火山热液矿床。

（二）矿床勘查史

清末（1904 年）有汉冶萍公司职员到矿调查，将矿石化验，"结果优美"，遂陈其事于当时的农商部。

民国时期，我国地质学者联合国外地质专家对该区进行了多次地质考察，并估算凤凰山铁矿量为 240 万吨。

抗日战争期间，日本人松田龟三、土田安、东中秀雄和永井鹤治等，均曾到矿区调查。

1955 年 8 月~1956 年 2 月，冶金部地质局华东分局预查队派吴祖杰、陈思松到矿区进行凤凰山铁矿床主矿体的槽探及地质测量等工作，其中槽探 1183m³，提交了《江苏省江宁县凤凰山铁矿地质勘探报告》，计算铁矿石储量为 700 万吨。

1956 年 3 月，由冶金部地质局华东分局 807 队地质技术负责人蔺雨时主持，根据上述预查队提交的《勘探设计书》，对主矿体深部进行勘探。完成岩心钻探 25541m，浅钻 586m，水文钻探 853m，槽探 12704m³，井探 286m。

1957 年，冶金部地质局华东分局 807 队李伯仁、陶雨时、陆云辉、晏才纳等人对凤凰山铁矿床进行了勘探任务，并编制《凤凰山铁矿区、凤凰山铁矿床五七年度地质勘探报告》，提交铁矿 $B+C_1+C_2$ 储量 2137.5 万吨。

1959 年 9 月冶金部地质局华东分局 807 队提交了《凤凰山铁矿地质勘探最终报告》，获得可供利用的矿石储量 3162 万吨，远景储量 515 万吨。1960 年 2 月，经江苏省矿产储量委员会批准可供利用的储量为 2928 万吨，远景储量 627 万吨。提交的伴生五氧化二钒储量 2.23 万吨，因赋存状态未查清，未予批准。

在勘探期间，蔺雨时、晏才纳等地质人员，发现凤凰山铁矿床主矿体与北部小张山矿体和西南部癞痢山矿体在地下深处是相连的，经深部钻探发现扁担山矿体和牛山矿体，此外，尚发现产于赤山组红层与岩体不整合面上的以角砾状矿石为特征的富矿，其产状随岩体古侵蚀面起伏不同而异，这表明凤凰山铁矿床在赤山组红层沉积前期，铁矿被破坏并随之堆积在附近的山麓地带。

二十一、福建省德化县阳山铁矿

(一) 矿床基本情况

阳山 (绮阳) 铁矿地理坐标：东经 118°00′18″～118°03′20″，北纬 25°32′40″～25°34′55″。

阳山铁矿及其同类型矿床 (点) 集中分布在永梅拗陷的北东缘，是省内铁矿主要成矿远景区。除阳山铁矿南部的安溪潘田铁矿、漳平洛阳铁矿等生产矿山和北部大田汤泉铁矿、银顶格铁矿等已探明为中型铁矿床之外，该区铁矿点数量多，分布广，为区内铁矿成矿预测提供了充分依据。

东矿段自下而上是一套比较连续的上古生界沉积，地表可划分为四个主要地层单位：石炭系中统阳山群组 ($C_{1-2}y$) 属陆-滨海相陆源碎屑沉积，石炭系上统船山组—二叠系下统栖霞组 (C_3c-P_1q^1) 为一套厚度变化大的浅海相碳酸盐沉积，二叠系文笔山组 (P_1w) 和加福组 (P_1j) 为一套海陆交互含炭质、薄煤层 (线) 的泥质粉砂岩沉积。

阳山矿区地质构造包括各阶段各方向的褶皱和断裂叠加、交错、比较复杂。东矿段断裂较发育，可分三组：北东向、北西向和南北向，主次较分明。阳山铁矿区地质平面图如图 5-105 所示。

东矿段岩浆岩比较单一，紧邻矿区北侧斜山—后山屋一带分布，为燕山早期黑云母花岗岩，属岩头岩体的一部分。

东矿段矿体数量多，而且成群出现，均赋存于石炭系上统船山组—二叠系下统栖霞组中厚层灰岩并已蚀变为矽卡岩的含矿层位中。矿段内较大的倒转平卧褶皱 (一背一向) 控制了含矿层位的空间分布。

根据对矿床沉积-热变改造成因的认识，结合地表矿体的揭露和典型剖面的控制结果 (见图 5-105)，显示矿区内磁铁矿体的赋存特征为：矿体呈似层状和透镜状个别呈囊状体产出；矿体呈顺层产出，其产状与含矿层顶底面基本一致；矿体受后期错断和褶曲后其产状变化与含矿层是同步的；主要矿体在含矿层内的垂向分布具有较固定的空间位置。

根据矿体赋存特征，东矿段自上而下划分 7 个稳定的磁铁矿层，编号为 Ⅱ～Ⅷ号矿层。Ⅰ号矿层赋存在西矿段二叠系栖霞组上段层位中，东矿段缺失。

各矿层中，根据工程控制和对应结果，分别圈定独立的磁铁矿体共 99 个，延续西矿段的矿体编号，遵循由西向东、由北向南、自上而下的顺序编号。

磁铁矿体均呈似层状和透镜状，形态比较简单，除厚矿体具有分支尖灭现象外，其顶底面均较规则，厚度膨胀、狭缩变化不大，属较稳定的薄层状矿体。各矿体互相重叠并基

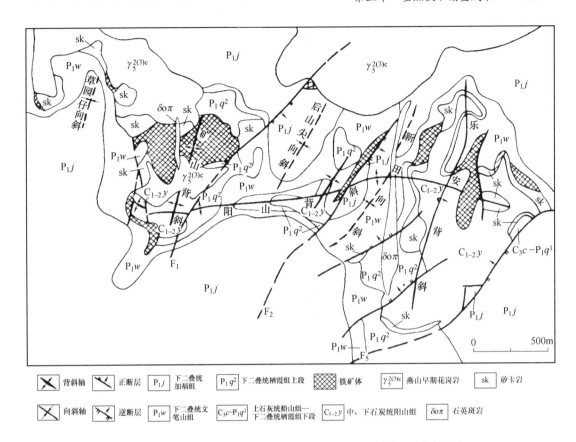

图 5-105　阳山铁矿区地质平面图（据冶金部第一地质勘查局资料简编）

本平行，矿层总体产状走向北东 25°~30°，倾向南东，属缓倾斜矿体，倾角为 0°~30°。

截至 2020 年底，阳山铁矿床累计探明资源储量 4924.5 万吨，保有资源储量 2650 万吨。

（二）矿床勘查史

阳山铁矿采掘历史较久，据史料记载于北宋开宝中期，相当于 968~976 年开始采掘，后经南宋、明、清到民国，历代采冶时兴时废。

阳山铁矿虽然开掘历史较久，但地质勘探工作较晚，新中国成立以前仅在 1941 年福建省土壤地质调查所高振西等人曾来矿区做简略地质调查，采集少量样品初步估算储量，并确定为接触变质铁矿。

1956 年，冶金部华东分局普查队工程师粟亚球等人来矿区初步踏勘，认为铅锌矿极有希望。同年底有冶金部地质局江西分局普查队来矿区做稀有放射性元素的荧光检查，未发现异常现象。

1958~1962 年，福建省冶金工业厅地质一分队和湖北勘探公司 603 队的部分施工力量配合进行矿区的初步勘探，历时 4 年，于 1962 年 8 月奉命中止勘探，并编制《绮阳铁矿地质勘探报告》，报告提交铁矿 C_1+C_2 级资源量 1900.39 万吨。

1971～1975 年，福建省地质局地质六队一中队（后改省冶金地质勘探公司一队二分队）根据省冶金工业局指示对矿区进行补充勘探。此期补勘历时 4 年，于 1975 年 8 月奉命暂停勘探，编写了《阳山铁矿地质工作小结》，此次总结提交阳山铁矿东矿段铁矿远景储量（相当于 D 级）7394.81 万吨。

1977～1982 年，冶金部第一冶金地质勘探公司第二地质勘探队对阳山铁矿区东矿段进行详细地质勘探，主要参与人员为牛广标、薄德炳、陈朝仪、罗士贵、卿晔、陈传忠、马继红、沈云程、李德雄、覃子廷、王群玉、计怡生、陈权、曾崇泽，完成岩心钻探47417.83m（160 个孔），探槽7717m（152 条），最终提交《福建省德化县阳山铁矿区东矿段详细勘探地质报告》。此次详细勘探确定东矿段为一中型磁铁矿床，获得表内磁铁矿石 3713.7 万吨，按比例探明各级储量为 B 级 435.6 万吨，C 级 1584.0 万吨，D 级 1694.1 万吨；表外磁铁矿石 2687.4 万吨，褐铁矿石 66.8 万吨，锌金属量 3796.8 吨。

二十二、福建省安溪潘田铁矿

（一）矿床基本情况

矿区位于安溪县城西北 82km，隶属感德镇潘田村。地理坐标：东经 117°48′24″，北纬 25°18′30″。

区内最低侵蚀基准面海拔标高 850m，而矿区东南侧的大格山间盆地最低侵蚀基准面标高 507.70m，高差达 342.30m。矿区至大格平距仅 4km，有利于将来矿山转入地下开采的建设。

矿区向外交通方便，其一：向南东公路经大格—长坑（或感德—剑斗）—湖头至安溪县城 82km，由安溪县城南至厦门 101km、东南经泉州至福州 316km，分别与鹰厦、南福铁路相接。其二：向西南公路至福德火车站 12km，转经福（德）—漳（平）铁路通向全国各地。

矿区位于长坑—感德复式背斜北端的西翼。出露地层有前震旦系沉积变质的云母片岩及二云母石英片岩，石炭系下统林地组碎屑岩，石炭系中统—二叠系下统黄龙—栖霞组碳酸岩及二叠系下统加福组、三叠系上统文宾山组等。

矿区为一走向北西—南东、倾向北东的单斜构造。断裂发育，已调查的断层有 28 条，其中以北西、北北西两组最为发育，北东、北北东向两组次之，北西走向延深的 F_1 和 F_3 是对矿床有影响的最重要的断层。

该区铁（锌、硫）矿体主要赋存于石炭系下统林地组和石炭系中统—二叠系下统的黄龙—栖霞组灰岩（大理岩）接触界线及其附近，主要矿体产在角岩化粉砂岩及矽卡岩中，与深部钾长花岗岩岩体未直接接触，但矿体产状具有与地层一致并与岩体顶面界线也相一致的波状起伏特征。矿床属层控+断裂+热液活动的接触交代矽卡岩型铁（锌、硫）矿床。

矿带呈北西—南东走向展布，长 2km。主要矿体呈似层状，倾向北东，倾角变化较大（0°～65°）：南矿 9 线以东为 53°～60°、以西变陡至 85°；北矿 13 线西～20 线矿体平缓为23°～30°，较陡的矿体一般是 50°～65°。矿体（层）形态：沿走向方向（纵 1）呈一开阔的凹盆，盆底在 10～14 线间；沿倾斜方向（各线）呈不对称的波浪型起伏，尤其南矿更明显。已经工程控制的矿体沿倾向延深：南矿1057.5m、北矿840.5m。反映在水平断面上，以南矿为例：矿体形态不规则，自860m水平断面往下至560m水平断面矿体逐渐变小，呈一向北西倾斜的楔形。860m、810m、760m等三个水平断面矿体完整连续，东侧被F_2断层切断，西侧被F_{12}断层切断。710m水平断面，6线未见矿体，矿体尖灭于6~7线间。660m水平断面，矿体尖灭于7线。610m水平断面，6线、7线、8线等三线均未见矿体。560m水平断面，仅于10线尚见矿体。伴生的闪锌矿层和硫铁矿层呈不规则的透镜体状、楔状嵌布于矿带中，分布在磁铁矿层的顶与底和围岩中，或与磁铁矿层呈渐变过渡关系。闪锌矿层分布范围主要在南矿，且局部含铅量较高，主矿层出现在磁铁矿层的上部。硫铁矿分布于南矿的北东和北矿18~20线间，大部分出现在磁铁矿层的下部和底板矽卡岩中。

铁矿层厚度无论沿走向或倾向变化都较大。沿走向：南矿地表，在断层F_{12}以西一般厚6~15m，以东厚20~30m，8线较薄，两边较厚，6线厚达76m；北矿地表，13~20线厚度变化范围为1~50m，沿走向矿体被F_{16}、F_{22}断层分割成几段，13~15线F_{16}断层之间，在14线最厚达38m，F_{16}与F_{22}断层间，厚度一般为20~40m。沿倾向：地表厚，深部变薄，且变化大，磁铁矿最大假厚21.27m（见于9/ZK43钻孔中），最小假厚1.18m（见于13/ZK53钻孔中），伴生的闪锌矿层假厚一般为1~4m，最薄1.19m（见于8/ZK38钻孔中），最厚17.06m（见于7/ZK2钻孔中）。硫铁矿层最小假厚1.41m，最大假厚9.05m。

矿石类型浅部矿体主要为赤褐铁矿、假象赤铁矿、磁铁矿等混合矿石，深部为高锌、高硫需选磁铁矿贫矿石，并随锌、硫含量的增高而成为单独的锌及硫铁矿体分布于铁矿上、下盘或与之对应相连。

矿石主要金属矿物以磁铁矿为主，穆磁铁矿、赤铁矿、闪锌矿、磁黄铁矿、黄铁矿次之，磁赤铁矿、菱铁矿、镜铁矿、方铅矿少量；脉石矿物以石榴石（钙铁石榴石为主，钙铝石榴石次之）、透辉石为主，石英、方解石、黑云母、绿泥石、萤石等次之。

矿床成因为热液接触交代矽卡岩型磁铁矿床。

（二）矿床勘查史

相传潘田铁矿发现于汉朝，历代都有土法开采，素以矿石质优而被中外学者所注意。围绕潘田铁矿及其外围，地质工作者对这一带就进行过不同程度的地质调查。而开展较详细的地质普查勘探工作和地球物理、化探工作始于1954年，终于1964年。

1956~1963年，华东地质局针对潘田铁矿开展了一系列地质工作，并提交了《福建安溪潘田铁矿地质勘探最终报告书》。

1981年5月，福建省冶金地质勘探公司地质二队开展了福建省安溪县潘田铁矿区物探工作，提交了《福建省安溪县潘田铁矿区年度物探工作报告》。

1974~1982年，福建省冶金地质一队一分队开展了福建省安溪县潘田铁矿区补充勘探工作，于1982年9月提交了《福建省安溪县潘田铁矿区补充勘探地质报告》，估算铁矿C+D级储量1114.24万吨（包括原304队D级储量136万吨），其中C级储量114.06吨、D级储量1000.18万吨（包括原304队136万吨）、硫铁矿D级储量43万吨（按含S量35%折算矿石量）。

二十三、江西省萍乡市上株岭铁矿

(一) 矿床基本情况

矿区位于萍乡市西北 30km 的排上乡大路里村，通铁路，与浙（杭州）—赣（萍乡）铁路线峡山站相距 17km。

矿区赋存于上泥盆统锡矿山组。锡矿山组分为小崩坡层和上株岭层两个岩性段。矿层主要产于锡矿山组上岩段、上株岭层下部。上株岭层上部为炭质页岩、砂质页岩夹绿泥石砂岩，中部为缅绿泥石砂岩、粉砂岩夹砂质页岩和钙质砂岩，下部为铁矿层，底板为含铁绿泥石砂岩或铁质砂岩。小崩坡层为石英砂岩。

矿区为一走向北东 30°~45° 的复式向斜轴面，向南东倒转，向北西倾斜。向斜次级褶皱发育，并严格控制矿体的形态和产状。

矿区发育一组区域性走向正断层，走向北东 20°~40°。倾向北西 300°~320°，倾角 60°~80°，断距 30~100m。该断层组使矿区褶皱和矿层呈阶梯式下降。其次，北东东向和北西西向剪切断层也较发育，并破坏了矿层在走向和倾向上的连续性，也使矿区构造越趋复杂。

主矿带长约 2000m，宽 200~500m，倾斜延深 100~400m，厚 1.2~3m。主矿体一层，有相变；局部 1~3 层。受构造作用影响，矿层被切割成 29 个矿块。单个矿块一般长 20~50m。矿体在平面上呈层状、似层状或扁豆状；剖面上呈钩形。

矿层走向北东 30°~60°，倾向北西，倾角 30°~60°，局部 80°；并由南向北倾伏。

矿石矿物以赤铁矿为主（占 80%），次为菱铁矿和次生褐铁矿。脉石矿物有绿泥石、石英、（铁）方解石、磷灰石、白云石、高岭土、锆石和电气石。

矿石以鲕状结构为主，球状、复鲕状结构次之。以块状、片状、胶状构造为主，条带状、角砾状及花斑状构造次之。

该矿床属沉积型铁矿床。

(二) 矿床勘查史

该矿区清朝末期曾开采过。20 世纪 50 年代先后有江西省冶金厅勘探队、地质部江西办事处萍乡地质队、萍乡钢铁厂勘探队等单位来此进行地质调查。

1959~1961 年，江西省地质局的 906 地质队 4 分队在矿区北部及大路里—河源冲进行地质勘探，获 C 级储量 142.8 万吨，D 级 125 万吨。

1961~1963 年，江西冶金地质勘探公司 612 队张华等人，对上株岭 I-VI 线地段进行补充勘探，提交《上株岭铁矿补充勘探报告书》。通过勘探，查明矿区含铁岩系为泥盆系上统浅海相砂页岩系，厚 300 余米，组成一轴向北东的倾伏倒转复式背斜，次级褶皱及断裂均甚发育；含矿 3 层，具工业价值者 1 层，赋存于含铁岩系上部上株岭层中，厚 1.5~1.8m；矿石矿物主要为赤铁矿；含矿品位含铁 40%~55%，含硫 0.05%，含磷 0.8%；矿床水文地质条件简单。经冶金地勘公司审批铁矿石储量表内 C_1+C_2 级 70.46 万吨，其中 C_1 级 13.47 万吨。

1967~1974 年，江西冶金地质勘探公司 7 队 1 分队对上株岭矿区禁山矿段和丰山矿段深部-200m 标高做补充勘探，获 C+D 级储量 559.1 万吨，其中，D 级 247.3 万吨。

第四节　中南地区重点铁矿床

中南地区铁矿主要分布于河南、湖北、湖南、广东、广西、海南，以河南、湖北、湖南三省为主，依据 2020 年全国资源储量通报，截至 2019 年底，中南地区保有铁矿资源量 81.75 亿吨，储量超亿吨的大型铁矿有 21 处。重要铁矿矿集区主要为鄂东南成矿区、许昌-霍邱成矿区、海南矿集区。铁矿类型主要以沉积型、沉积变质型、接触交代热液型为主。

该区具有经济意义的铁矿床类型主要有 3 种：

（1）沉积型铁矿。主要指"宁乡式"铁矿。主要分布于我国长江以南各地，如湖北长阳火烧坪、官庄等铁矿床。因首先发现于湖南省宁乡县，故称之为"宁乡式"铁矿。

（2）接触交代型铁矿床。主要是"大冶式"铁矿。鄂东南成矿区位于湖北省东南部的黄石、大冶、阳新、鄂州一带，面积约 4500km²。该区地处长江中下游铁-铜-金-硫-铅-锌成矿带西部，隶属扬子陆块下扬子台坪。北邻桐柏—大别隆起，南接江南台隆，西与江汉断陷接壤。

区内铁矿主要分布在鄂城—大幕山北北东向隆起带西侧，主要赋存于燕山期中酸性侵入岩与下三叠统大冶群碳酸盐岩、中—上三叠统蒲圻群砂页岩的接触带上。伴随鄂城、金山店、灵乡、铁山四大岩体及一些小岩体，铁矿床、矿点成群成带产出。矿床类型有接触交代型、岩浆热液型、火山热液型，主要为接触交代型。

截至 2020 年 12 月底，该区探明铁矿床 104 处，其中大型铁矿床有 3 处（金山店、铁山、程潮），中型 10 处。累计查明铁矿石资源储量 8.5 亿吨，其中大中型矿床资源量占 82%，分布较集中；铁矿石类型主要为磁铁矿石，易选冶利用；共伴生铜、金、银、钴、硫等多种有益组分，开发利用价值高。另外，该区也是一个铜金矿集区，区内累计查明铜金属资源储量 528 万吨，金金属量 257t。因此，鄂东南成矿区是我国为数不多的铁、铜、金富集区。

20 世纪 60 年代以来，冶金地质在该区打破了"矽卡岩矿无大矿"的认识框框的基础上，并逐渐在鄂东南地区铁矿勘查中取得重大突破，发现和扩大了程潮铁矿、张福山铁矿、刘家畈铁矿、铁山铁（铜）矿等一系列大中型矿床。累计查明铁矿石资源储量 5.83 亿吨，占该区查明资源储量的 69%，为鄂东南地区成为我国重要的铁矿生产基地做出了历史性贡献（见图 5-106）。

（3）沉积变质型铁矿。主要指"石碌式"铁矿。曾被誉为亚洲最大富铁矿的石碌大型—超大型铁矿床（也称石碌铁-钴-铜多金属矿床）则主要赋存于石碌群内、其次赋存于上覆石灰顶组中。

一、湖北建始县官店铁矿

（一）矿床基本情况

官店铁矿分布面积宽广，层位稳定，厚度较大，品位较高，是我国"宁乡式"铁矿

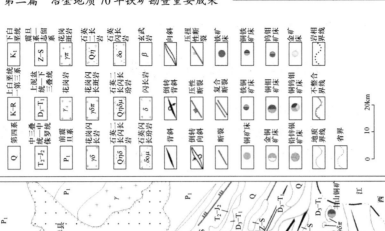

图5-106 鄂东南区域地质构造及矿产分布略图

储量较大的矿床。

矿区位于建始县城关南东 53km，从矿区官店口镇到建始县城关，有 137km 的公路与巴（东）恩（施）公路衔接。

官店铁矿分布于凉水井-大庄一带。赤铁矿沉积时的大地构造位置属于泥盆纪川湘凹陷浅海盆地。铁矿层由西向东构成北东东-南西西的狭长地带。

矿区地层从古生界到中生界有志留系、泥盆系、石炭系、二叠系、三叠系。矿区褶皱构造有长岭背斜和大庄向斜，轴向北东东—南西西，次级褶皱构造不发育（见图 5-107）。区内较大断层有凉水井正断层，走向长 9km，断层倾角为 60°～70°，垂直断距西大东小，最大断距为 450m。

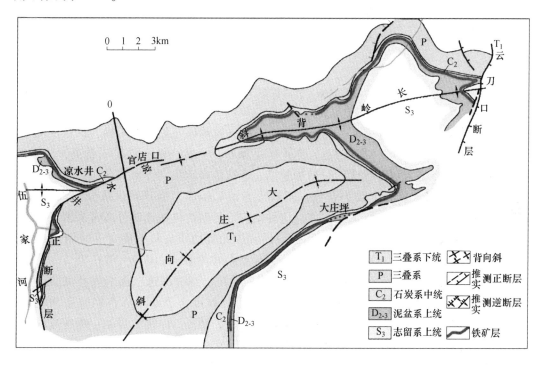

图 5-107　官店铁矿区地质简图

矿层赋存于泥盆系写经寺组底部（见图 5-108），产出层位相当于第三矿层（Fe_3）。矿层底板为砂岩，顶板为页岩。矿层走向长 14km，宽 5km，面积为 60km²，其中西部地段凉水井铁矿露头长 2300m，向东由孔家店到大庄向斜两翼，铁矿露头长 18300m。勘探区矿层厚度变化总的趋势是西厚东薄，其中凉水井地段一般厚 3.0～3.5m，40 线以东大庄地段一般厚 2～3m。矿层中的夹层仅有一层分布全区，而局部地段或无夹层，或增至 2层。全铁品位为 38.63%～58.63%（平均品位为 45.11%），磷 0.93%，硫 0.26%，酸碱度 0.45，属高磷低硫酸性铁矿石。

该区的主矿层形成于浅海盆地海侵旋回中，当时地壳颤动，海水动荡频繁，在氧化介质中形成鲕状赤铁矿，在氧化向还原变异条件下形成鲕绿泥石铁矿。在富含铁质溶液沉积过程中，显示有三次以上的海底底流侵蚀或冲刷作用，这是该区富铁矿所具有的独特特征。

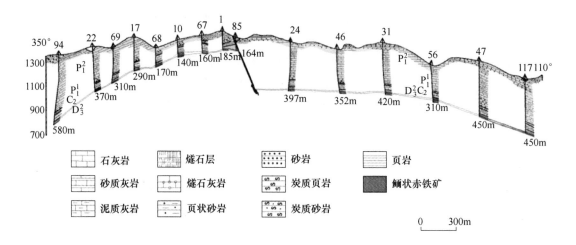

图 5-108 官店铁矿区 0 线剖面图

矿石中主要铁矿物为赤铁矿，脉石矿物有石英、胶磷矿、黏土类矿物、长石及粉砂岩屑。矿石具结核状、鲕状、豆状构造。赤铁矿呈鲕状、豆状，被赤铁矿、石英、胶磷矿、黏土类矿物或粉砂岩岩屑等组成的胶结物胶结。赤铁矿多以集合体形式存在。赤铁矿鲕粒具同心环带 1~4 层，核心少数为石英，多数为赤铁矿构成，鲕状环带成分则以胶磷矿、黏土类矿物为多，方解石、绿泥石次之，这种结构给目前的机械选矿分离带来困难。

1979 年国家地质总局矿产综合利用研究所和湖北省地质实验室提交了《湖北建始县官店高磷鲕状赤铁矿选矿试验研究》报告，对原矿品位全铁 43.03%、磷 0.88%、二氧化硅 16.69%、三氧化二铝 6.84% 的矿样，采用粗粒抛尾、细磨深选、选冶联合试验，取得了多种流程的综合对比成果，其中单一强磁流程最终粒度小于 6mm，铁回收率 90.10%，铁精矿品位全铁 48.88%、磷 0.90%，折合生铁含磷 1.73%；梯跳、强磁—螺旋流程最终粒度小于 0.15mm，铁回收率 80.05%，铁精矿品位全铁 53.03%，磷 0.87%，折合生铁含磷 1.54%；1050℃金属化磁选流程最终粒度约小于 325 目（44mm），铁回收率 85.42%，铁精矿品位全铁 96.04%，磷 0.31%，折合生铁含磷 0.30%。从上述试验结果来看，采用选冶联合金属化磁选是提高铁精矿品位较为有效的工艺流程。

截至 1991 年底，探明铁矿储量 B+C₁+C₂ 级 3.878 亿吨，其中 B+C₁ 级 2.94 亿吨。

(二) 矿床勘查史

建始县开始炼铁时间较早。据《湖北通志》载："施南府旧志云：建始县出铁。考《宋史·地理志》言：建始有广积监，铸铁钱，是施南府属之产品，惟建始最久。"

1937 年 9 月，中央研究院地质研究所先后任命李毓尧、李捷为队长，派喻德渊、许杰、吴燕生等人参加，对官店区内铁矿进行调查，汇编了《鄂西地质矿产资料》。

官店矿区较早的炼铁厂采用土法采矿炼铁始于 1944 年，新中国成立后的 1954 年铁产量增加，但总产量未超过 5t。

1955 年 12 月，冶金部地质局四川分局第五调查队陈铭嘉、郭衍等人到官店一带进行

1∶1 万地质路线普查，编写了《湖北建始官店铁矿简报》，估算铁矿远景储量为 1.8 亿吨，提出有进一步工作的必要。

1956 年 1~12 月，冶金部地质局四川分局 604 队在 601 队移交前期工作的基础上，对官店铁矿区进行地质详查，投入 1∶1 万地质测量 12km²，槽探 4850m³，浅井 632m，钻探 918m，1957 年 3 月李安全编写了《建始县官店铁矿区 1956 年地质详查报告》，获得铁矿储量 2.83 亿吨。

1956 年 8 月，苏联专家毕敏诺夫到官店矿区指导工作，对铁矿远景做了估价。

1956 年 10~12 月，604 队陈励君、郭衍、李宝山等人在官店铁矿区外围黑石板、珠珥河、三友坪、五家河等地开展 1∶5 万地质普查，1957 年 2 月陈励君编写了《湖北省建始县官店铁矿区外围地质（概略）普查报告》，估算铁矿远景储量为 5.43 亿吨，其中表内储量 5 亿吨。

1957 年 1~12 月，604 队在官店凉水井—大庄（以下简称官店）铁矿区继续开展地质详查工作，投入 1∶1 万地质测量 49km²，槽探 6124m³，浅井 514m，钻探 10277m，1958 年 3 月唐瑞才编写了《建始县官店铁矿区 1957 年地质详查报告》，获得铁矿储量 2.55 亿吨。

1957~1958 年，604 队唐瑞才、李安全、曾汝源开展地质综合研究，并先后提出了《鄂西宁乡式铁矿分布规律和勘探方法》（《全国第一届矿床会议文献汇编》，1958 年）和《湖北官店矿区的勘探网度问题》（《地质与勘探》，1959 年第 8 期），对指导矿区外围找矿，合理选择勘探网度，都有显著影响。

1957~1961 年，傅家谟在《中国南方宁乡式铁矿的层位、相和成因》的研究中，重点研究了鄂西火烧坪和官店两个地区的铁矿相，认为铁矿层大多数分布在每一个沉积旋回的中部或中下部，常常在海侵旋回中沉积，与沉积间断面有着密切的关系，其发育受地壳沉降幅度和岩相古地理环境的控制。

1957 年 4~12 月，604 队陈励君、郭衍、张福厚等人在官店矿区外围龙角坝、傅家堰、尹家村等地开展 1∶5 万地质普查，1958 年 4 月陈励君编写了《湖北省建始县官店铁矿区外围 1957 年普查地质报告》，估算铁矿远景储量 4.07 亿吨。

1958 年 4~12 月，604 队陈励君、郭衍、陈戎华等人在官店矿区外围十八革、屯堡、长潭河等地开展 1∶5 万地质普查，1959 年 1 月陈励君编写了《湖北省建始县官店铁矿区外围 1958 年度地质普查报告》，估算铁矿远景储量 4.92 亿吨。

1958 年 1 月~1959 年 4 月，604 队对官店矿区进行勘探，投入钻探 33749m，1959 年 5 月唐瑞才、杨德齐、杨希鹤编写了《湖北官店凉水井—大庄和黑石板详勘区终结地质报告》，总计获得铁矿储量 B+C_1 级 5.84 亿吨，C_2 级 1.26 亿吨，B+C_1+C_2 级合计 7.10 亿吨，其中官店详勘区 B+C_1 级占 4.55 亿吨，C_2 级 1.10 亿吨，B+C_1+C_2 级 5.65 亿吨。

1959 年 9 月地质部全国矿产储量委员会对《湖北官店铁矿区凉水井—大庄和黑石板详勘区地质报告》进行了审查，并以〔1959〕194 号文作出决议，批准官店详勘区铁矿储量 B+C_1 级 2.416 亿吨，C_2 级 2.573 亿吨，B+C_1+C_2 级合计 4.989 亿吨，同时指出对控制研究不够的地段应进行补勘。

1959 年 10 月~1961 年 5 月，604 队根据全国储委审查决议书进行补勘，在官店详勘区投入钻探 17630m，1961 年 6 月李安全编写了《湖北省建始县官店铁矿区凉水井—大庄和黑石板详勘区终结地质补勘报告》，其中在官店矿区获得铁矿储量 $B+C_1$ 级 3.33 亿吨，C_2 级 1.82 亿吨，$B+C_1+C_2$ 级 5.15 亿吨。

1962 年经林介灶、陈戎华、刘贤审查，由湖北省储委于 1962 年 3 月以〔1962〕鄂储审字 43 号文下达了《关于湖北建始县官店铁矿区凉水井和黑石板详勘区终结地质报告及补充报告》的复审及储量核实意见书。

1963 年 2 月经边效曾、王国强、徐启明复审，由地质部全国储委于 1963 年 2 月以 241 号决议书批准官店详勘区铁矿储量 $B+C_1$ 级 2.94 亿吨，C_2 级 0.938 亿吨，$B+C_1+C_2$ 级 3.878 亿吨，所提交的报告不作最终地质报告审批，应降为详细勘探中间报告。

官店铁矿区矿石含磷量较高，选矿工艺复杂、成本高，至今未进行大规模开采，仅作为炼铁配矿用进行过小规模开采。

官店铁矿区的勘查工作取得了丰硕成果，主要经验是：（1）开展区域地质普查。在 604 队建队后的前两年多时间里，完成了 1:5 万地质普查 4960km²，调查了铁矿层露头总长度达 4 万多米。（2）研究铁矿成矿规律。确认了官店富铁矿沿北东东—南西西方向呈带状展布，并结合富铁矿沉积相变特征找矿，找到了十多个大中型铁矿床。（3）优选勘探网度。在官店详勘区布置了十字形剖面，加密控矿钻孔，并以加密钻孔取得的资料为基础，研究铁矿层的厚度、品位、夹层变化特征，为优选勘探网度提供了依据。（4）确保工程质量。建立了技术工作方法和规章制度，对施工不合质量要求的钻孔及时返工，促使探矿钻孔岩心采取合格率都较高，构造钻孔能提供正确资料，从而满足编写地质报告的需要。

二、湖北五峰县龙角坝铁矿

（一）矿床基本情况

龙角坝铁矿产于官店富铁矿带东部，矿体是湖北"宁乡式"铁矿第四层矿（Fe_4）规模最大的大型铁矿床。其矿体层位固定，分布面广，但矿层厚度不大，矿石品位不高。

矿区位于五峰县城关西北 35km 处，从矿区到五峰县城关有公路相接。龙角坝铁矿由灯草坪、龙角坝、九里坪、罗强岩等矿段组成。铁矿沉积的大地构造位置属于泥盆纪川湘凹陷鄂西浅海盆地靠东偏南部位。矿区位于官店—大庄—黑石板富铁矿带东侧，为黑石板矿区第四层矿（Fe_4）向东的延深部位。矿区地层从古生代到中生代有志留系、泥盆系、石炭系、二叠系、三叠系出露。矿区构造由九里坪背斜、赵家磴向斜及灯草坪背斜组成（见图 5-109）。主要断层为龙角坝正断层，走向北东，延长 6000m，水平断距 120~160m，倾向北西，倾角为 57°。

矿区长 18km，宽 2~4km，面积约 50km²。铁矿层产于黄家磴组和写经寺组含矿层位中，该区共有三层矿（见图 5-110），各矿层主要特征如下。

第二层矿（Fe_2）赋存于黄家磴组上部。矿石由砂质鲕状赤铁矿组成。底板为石英砂岩，顶板为页岩。矿层不连续，呈小扁豆状。长度由几十米到 200m，一般厚 0.3~0.7m，最厚 1.41m，含铁品位为 30%~45%，最高 47.50%。由于矿层较薄，延深不稳定，工业意义不大。

第三层矿（Fe_3）赋存于写经寺组底部。矿石由砂质鲕状赤铁矿组成，底板为石英砂

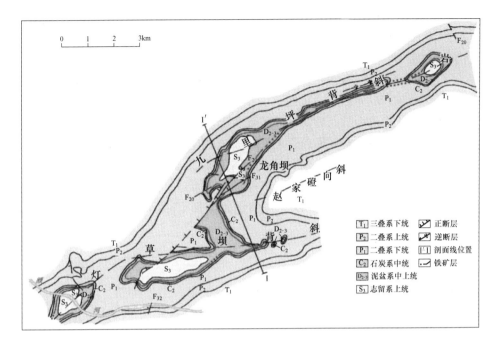

图 5-109　龙角坝铁矿区地质简图

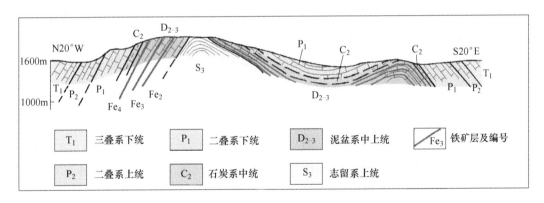

图 5-110　龙角坝 I — I′地质剖面图

岩，顶板为页岩。在罗强岩地段含矿层出露长 2750m，矿层厚度变化明显，局部呈不连续扁豆体产出，一般厚 0.7 ~ 1.0m，最厚 2.95m，矿层品位全铁最高 50.67%，平均 34.11%；二氧化硅最高 54.74%，平均 29.90%；磷最高 0.79%，平均 0.44%；硫最高 0.023%，平均 0.018%。

第四层矿（Fe_4）赋存于写经寺组上部。底板为泥质灰岩，顶板为炭质泥质砂岩。矿层沿背斜轴部呈环状出露，含矿层一般厚 5 ~ 11.25m，平均厚 7 ~ 8m。矿层的上下部矿石类型不同，上部由褐铁矿鲕绿泥石组成，一般厚 0.42 ~ 4.70m，平均厚约 1.2m，矿层品位全铁 30% ~ 45%，平均 38.37%；二氧化硅 3.84% ~ 26.54%，平均 10.84%；磷 0.68% ~ 1.62%；平均 1.02%；硫 0.25% ~ 0.68%，平均 0.33%；下部由砂质鲕状赤铁矿组成，一般厚 0 ~ 6m，平均厚 1.30m 左右，矿层品位全铁 40.95% ~ 53.29%，一般为 45% 左右；二氧化硅20%～50%，一般为25%左右；磷0.4%～0.8%，一般为0.6%左右；硫0.01%～0.02%，一般为0.015%左右。

矿石类型主要为砂质鲕状赤铁矿和菱铁矿鲕绿泥石铁矿。其中砂质鲕状赤铁矿石由赤铁矿、水针铁矿、绿泥石、黄铁矿、石英、胶磷矿、黏土类矿物等组成；菱铁矿鲕绿泥石矿石由菱铁矿、绿泥石、赤铁矿、黄铁矿、石英、胶磷矿等组成。这两类矿石均以具有粒状结构和鲕状、豆状构造为共有特征。砂质鲕状赤铁矿是在碱性氧化条件下形成，而菱铁矿鲕绿泥石铁矿则是在碱性弱还原条件下形成。该区在写经寺组上部第四层矿（Fe_4）沉积时，地壳沉降幅度相对较深，随着地壳的轻微升降活动导致的氧化与还原环境交互出现，因而产生鲕状赤铁矿与菱铁矿鲕绿石矿层的交替形成，这在第四层矿（Fe_4）的西端黑石板矿区尤为明显。截至1991年底，探明铁矿储量C_2级1.317亿吨，其中富铁矿占0.26亿吨。

（二）矿床勘查史

1957年4～12月，冶金部地质局川鄂分局604队陈励君、郭衍、陈永智等人开展长阳、五峰、巴东地区1:5万地质普查，沿矿层追索赤铁矿露头中发现龙角坝铁矿，1958年4月陈励君编写了《湖北省建始县官店铁矿区外围1957年普查地质报告》，估算龙角坝铁矿区铁矿远景储量1.26亿吨。

1959年，604队杨生尧、陈有成、杨承晏等人在龙角坝矿区开展地质详查，地表按200～400m槽探间距揭露矿层，投入1:1万地质测量50km²，1960年1月杨生尧编写了《湖北省官店铁矿区详查区及其外围详查区1959年度地质报告》，1963年5月10日经冶金部冶金地质勘探公司组织审查，批准龙角坝铁矿C_2级储量1.317亿吨，铁矿石平均品位30.95%～53.2%。其中富铁矿占0.264亿吨，矿石含铁品位45%～53.29%。

写经寺建造上部赤铁矿层的发现，不仅是找到了新的赋矿层位，而且对研究"宁乡式"铁矿的沉积环境和成因都具有指导意义。由于该区地质工作尚属初步详查阶段，工作投入较少，控制程度不够，对含矿岩系和矿层的产出特征，特别是对第四层矿（Fe_4）在鄂西浅海盆地沉积时的地质条件的研究更显得不够，现有资料和铁矿储量可作为进一步工作的依据。

三、湖北长阳县火烧坪铁矿

（一）矿床基本情况

火烧坪铁矿是分布在鄂西地区的海相沉积型高磷鲕状赤铁矿（"宁乡式"铁矿）的一个大型矿床。

矿区位于长阳县城西直距45km的高山区。海拔1300～1985m。东西长14km，南北宽1.6～2.4km，面积约20km²。矿区自东向西分为罗家冲、流沙口、蒋家坡、火烧坪、三叉溪、打磨场、小峰垭等矿段，属长阳县资丘镇和都镇湾镇管辖。矿区对外通公路，至长阳县城75km，至长江红化套码头100km。矿区南侧15km的资丘镇滨临清江，水运60km至长阳县城，105km可达清江与长江的汇合处——枝城市宜都镇。

矿床处于长阳背斜南翼。出露地层有志留系、泥盆系、石炭系、二叠系和三叠系

（见图 5-111）。鱼峡口向斜是矿区的主体构造，轴向近东西向，两翼倾角北缓南陡，北翼倾角一般为 10°～20°，南翼倾角为 30°。断裂以北东向高角度正断层最为发育，破坏了矿层的连续性。

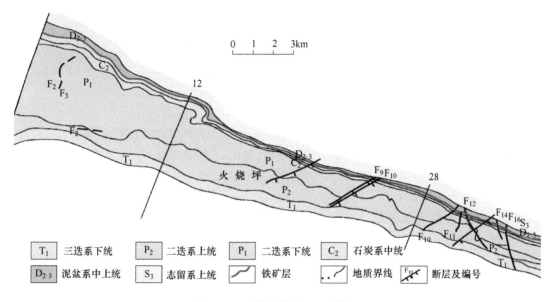

图 5-111　火烧坪铁矿区地质简图

铁矿赋存于泥盆统黄家磴组和写经寺组，共有四个含矿层。第一含矿层（Fe_1）位于黄家磴组底部砂页岩中，呈扁豆状，厚 0.3～0.8m，矿石含铁 10%～30%，矿层厚度小，品位变化大，不具工业价值。第二含矿层（Fe_2）位于黄家磴组中部砂页岩中，呈透镜状，长不超过 200m，厚 0.3～1.5m，含铁 30%～35%，此层在个别地段形成工业矿体。第三含矿层（Fe_3）位于写经寺组下部砂页岩中，由三个单层赤铁矿层与两个钙质页岩夹层构成，总厚度为 2～4m，平均为 2.4m，呈层状，沿走向长 12km，沿倾向长 1.6～2.4km，含铁品位较高，是该矿区主要工业矿体（见图 5-112）。第四含矿层（Fe_4）位于写经寺组上部，在 Fe_3 矿层之上约 20m，此层为紫色页岩夹结核状赤铁矿或透镜状菱铁矿，厚度变化大，分布零星，很少成层产出。

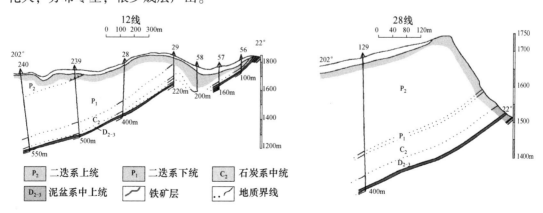

图 5-112　火烧坪矿区 12 线、28 线地质剖面图

主矿体（Fe₃）的矿石类型有鲕状赤铁矿、砾状赤铁矿和含铁介壳灰岩等三种。矿石的主要含铁矿物为赤铁矿和菱铁矿，含硅矿物主要是石英和蛋白石，含钙矿物主要是方解石，含磷矿物主要是胶磷石。矿石平均含铁 37.85%、二氧化硅 9.12%、硫 0.069%、磷 0.9%，属高磷低硫赤铁贫矿石。矿石伴生有益组分 V_2O_5，平均品位 0.056%。按矿石酸碱度划分为三类：酸性（比值 0.55）矿石占探明总储量的 20.44%，自熔性（比值 1.03）矿石占总储量的 45.68%，碱性（比值 1.31）矿石占总储量的 33.88%。鲕状赤铁矿多属酸性，砾状赤铁矿多属碱性。

（二）矿床勘查史

矿区的地质找矿工作始于 1937 年的中央研究院地质研究所湖北矿产调查队。该队李捷、许杰、吴燕生、马振图等人曾在火烧坪进行过矿产地质调查，在其所著《湖北矿产调查鄂西部分》一文中提到"龙潭和小峰垭两地铁矿较丰，构造简单，且部分可露天开采，有较大远景"。

1951 年和 1954 年杨敬之、穆恩之等人调查研究鄂西泥盆系地层，曾在该区进行调查，著有《鄂西泥盆纪地层》一文。1955 年 8～12 月，重工业部地质局武汉地质勘探公司鄂西普查组曾在长阳、巴东等县开展过大面积普查找矿工作。该组从长阳马鞍山开始，经长阳西北的小峰垭，向西经巴东的三道水、秀水沟等地而止于巴东的龙潭及长阳的石板溪。共完成 1∶1 万地质填图 857km²，在火烧坪矿区测制地质草图 15km²，于 1956 年 1 月提交由李均文、邱镇国等人编写的《鄂西长阳、巴东地区铁矿地质普查报告书》，对普查区各矿点估算了铁矿石储量，并指出下步工作意见。

1956 年初，冶金部地质局川鄂分局 601 队奉命到鄂西进行铁矿普查勘探，该队派孟邦达、陈福欣等 6 人到火烧坪踏勘后，于同年 4 月选择矿层较好、构造简单的火烧坪矿段开展详查工作，详查工作自西向东包括火烧坪矿区及其东延的青岗坪矿区。自 1956 年 4 月至 1957 年 12 月，历时一年零八个月，共完成 1∶1 万地质填图 74km²，探槽 252 个（17493m³），浅井 24 个（371m），采样 1938 个，化验元素 3761 个，绘制素描图 300 张，1957 年 12 月邝忠隆、蒋振风等人编写提交了《湖北长阳铁矿火烧坪矿区地质详查总结报告书》，对火烧坪、青岗坪矿区的储量远景作出了评价，为下一步勘探工作提供了资料依据。1956 年下半年起，矿区勘探工作从火烧坪矿段开始向东西两端逐步开展，采用加密地表槽井和深部施工钻孔对铁矿层的分布及其厚度和品位的变化进行勘查，按苏联地质专家毕敏诺夫的建议，确定采用 400m×400m 勘探网度求铁矿石 C_1 级储量。1957 年以后，601 队地质人员陈福欣等人根据已掌握的地质资料进行综合研究，认为火烧坪铁矿矿床规模大，铁矿层的厚度和含铁品位稳定，地质构造简单，进行数学分析和稀疏网度方法试验后，认为勘探网度可以放宽，即自行设计以 800m×400m 勘探网度求 C_1 级储量，以 400m×400m 或 400m×200m 勘探网度求 B 级储量。1958 年 6 月冶金部提出"加速鄂西地质勘探工作"指示后，601 队调整部署，加强力量，全面开展矿区的勘探工作，到 1959 年 8 月止，历时三年零五个月，共施工钻孔 96 个（34853m），1959 年 9 月陈福欣、辛承源等人编写提交了《长阳火烧坪铁矿区地质勘探总结报告书》。到 1963 年 1 月，601 队又先后编写提交《火烧坪铁矿储量计算补充说明》《火烧坪铁矿补充地质勘探报告》及《火烧坪铁矿储量重算说明书》，经全国储委三次审批，于 1963 年 2 月以第 255 号复审决议书批准为初勘，核准铁矿石储量15212.2万吨，其中工业储量9715.9万吨，并指出矿山设计建设前须做补勘工作。

1965~1966年，冶金部中南地质勘探公司607队根据全国储委审批意见对火烧坪矿区进行补勘工作，共补充钻孔9个（2717m），重点查明打磨场矿段的向斜构造，进一步研究了主矿体（Fe_3）的产状与分布，对全矿区水文地质条件进行了调查研究，确定为简单类型，矿坑最大涌水量每天1248.5m³。1966年7月提交了由王乐亭、徐明昌、李永康等人编写的《长阳火烧坪矿床1965~1966年补充勘探报告》。经中南冶金地质勘探公司审查批准，打磨场矿段1116.1万吨铁矿石升级为工业储量。

由于高磷赤铁矿为难选矿石，对矿床的开发利用影响较大，有关单位曾多次进行选冶试验。1959年冶金部钢铁研究院在重庆钢铁公司二号高炉进行炼铁试验，用火烧坪高磷赤铁矿石直接入炉冶炼，可得含磷量2.1%的托马斯生铁，再经转炉炼钢去磷，可回收钢渣磷肥。1960年冶金部选矿研究院对自熔性赤铁矿石采用焙烧磁选流程，入选矿石含铁43.13%、含磷0.63%，可获铁精矿含铁52.12%、含磷0.147%，回收率为84.43%。1973年湖北省地质局中心实验室和四川省地质局综合利用研究所对火烧坪的碱性矿石进行"降低碱比，不丢磷，以获得自熔性铁精矿"的选矿试验。在试验中进行了多种流程试验，均获得较好指标。采用单一重选流程可获得全铁为40.76%、含磷1.033%、碱比为1.05的自熔性铁精矿，铁的回收率为89.50%。采用磁—浮流程粗粒强磁选可获得全铁为40.20%、含磷0.86%、碱比为1.06的自熔性铁精矿。细粒浮选还可获得部分全铁为47.71%、含磷0.206%的低磷铁精矿。两部分铁精矿的铁回收率总计为92.86%。采用重—浮流程可获全铁42.69%、含磷0.906%、碱比为0.9的自熔性铁精矿，铁回收率为87.03%。

查阅《宜昌府志》发现，早在清朝乾隆五十五年（1790年）前，火烧坪就曾建厂采矿炼铁。1955年在小峰垭打磨场还有一个40人的民办小铁厂，每月采矿5000kg，可炼生铁2500kg，售给合作社。为开发鄂西铁矿，1958年5月冶金部成立鄂西矿务局，同年8月建立火烧坪铁矿，1959年矿山职工1000余人，临时工8000余人，开展矿山基建工作，曾在打磨场矿段开拓斜井和平巷，1960年因国家经济困难而停建。1963年国家规划拟建设长阳钢铁厂开采火烧坪铁矿，终因需巨大基建费用，规划未能实现。

火烧坪铁矿的发现与勘查，是我国20世纪50年代重要矿产勘查成果之一。以区域成矿条件为依据，采用地质测量与槽井探相结合的方法，追索圈定地表矿体，进一步用钻探评价矿区深部远景。在找矿方法及工作程序上均较合理，成果是显著的。

火烧坪铁矿的矿石含铁品位不高，且含磷过高，属难选矿石；矿层顶底板均为页岩，不利开采；矿区位于高山地带，对外交通条件困难。这些不利因素，在转入详细勘探之前未加以认真考虑研究，未征得设计生产部门意见，花费大量人力、物力、财力去求工业储量，积压了勘探费用，这是地质工作应吸取的一个教训。

四、湖北黄石市大冶铁矿

（一）矿床基本情况

大冶铁矿（铁山铁矿）是我国古老的铁矿之一，1950~1980年经勘查探明为一大型富铁矿床，现为武汉钢铁公司的重要矿山基地。

矿区位于湖北省黄石市西25km处的铁山，南东距大冶县城15km，属黄石市铁山镇管辖。矿区长5000m，宽500m，面积约2.5km²。矿区有专用铁路3km与武（昌）黄（石）线铁山站相接，北西经鄂州至武汉市约120km，东至黄石港与长江相通，水陆交通十分方便。

矿区位于大冶坳陷褶皱束内铁山背斜的北翼。出露地层有下三叠统大冶组灰岩、白云质灰岩。区内发育着一系列北西西向褶皱和断裂。铁山岩体沿背斜北翼断裂带分布，岩体由花岗闪长岩、石英闪长岩、辉石闪长岩组成，为燕山早期中酸性岩浆岩。矿体产于岩体与大冶组灰岩接触带（见图5-113）。接触带宽50~70m，有强烈的接触交代和热液蚀变作用。围岩蚀变有钠长石化、透辉石化、矽卡岩化、金云母化、绿帘石化、绿泥石化、碳酸盐化等，具有明显分带性。其中钙镁质矽卡岩与成矿关系密切。矿床成因类型属接触交代型铁铜矿床。

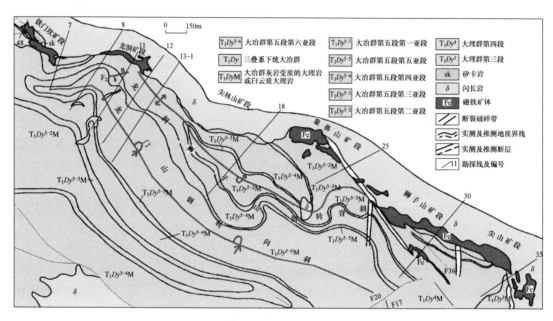

图5-113　铁山铁铜矿床地质图

矿床有6个主矿体，自西往东依次为铁门坎、龙洞、尖林山、象鼻山、狮子山、尖山矿体。除尖林山为隐伏矿体外，其余矿体均露出地表。矿体呈似层状、透镜状（见图5-114），一般倾向北东。单个矿体长480~920m，厚20~150m。矿石平均品位含铁52.13%、铜0.57%、硫2.68%、钴0.024%、磷0.04%，伴生金品位0.3~0.7g/t。

矿石类型有磁铁矿石、赤铁矿石和混合矿石三种。矿石矿物主要为磁铁矿、黄铜矿，次为赤铁矿、黄铁矿、菱铁矿、白铁矿、斑铜矿、磁黄铁矿等。钴主要以类质同象赋存于黄铁矿中。金主要以包裹金、裂隙金的形式赋存于黄铁矿、黄铜矿中。矿石具有他形粒状结构，致密块状、花斑状构造，次为蜂窝状、土状构造。

矿石可选性良好。采用浮选—磁选联合选矿流程，可获得铁精矿品位64.54%，铁回收率77.25%，铜精矿品位20.18%，铜回收率73.24%，硫、钴、金、银均可综合回收。

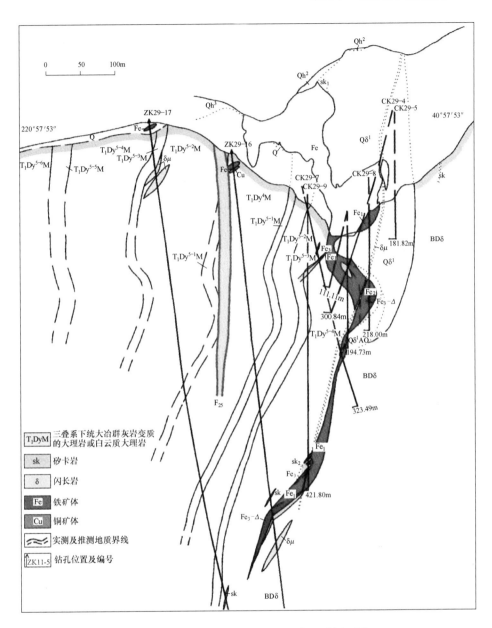

图 5-114　铁山铁铜矿 29 号勘探线地质剖面图

（二）矿床勘查史

大冶铁矿早在三国时期吴国黄武五年（226 年）就已开采，并将采铁之山命名为铁山。据南朝梁代陶弘景所纂《古今刀剑录》记述："吴国大帝孙权以黄武五年采武昌铜铁，作千口剑、万口刀，各长三尺七寸，刀方头，皆是南铜越炭作之。"当时的武昌包括今之大冶与鄂城。所指采武昌铜铁，即指大冶、鄂城等地矿山。北宋乾德五年（967 年）李煜为南唐国主时，设置大冶县。铁山为大冶县管辖，始称大冶铁矿。

大冶铁矿的矿产调查工作开展较早。辛亥革命（1911 年）前，主要是由外国矿师进行的。清朝光绪三年（1877年）6月，英国矿师郭师敦奉盛宣怀之命，前往铁山、白雉山勘查铁矿，采样化验矿石含铁量达62%，可炼优质生铁。同年11月，盛宣怀率同郭师敦等人又到大冶详查铁矿，并计划第二年设局开采。光绪十五年（1889年）11月张之洞与盛宣怀商设大冶铁矿，随即组织洋矿师到大冶铁矿扩大铁矿勘查，至1890年2月勘查结束。矿师称："大冶铁矿，百年开采亦不能尽。"1890年3月29日张之洞致电李鸿章，决定开办大冶铁矿。光绪十九年（1893年）大冶铁矿正式投产。1905年劳逸、1910年雷农、1914年丁格兰分别估算了铁山铁矿储量为1797万吨、10390万吨、3260万吨。

辛亥革命后，大冶铁矿的调查逐渐转以我国地质、矿业学家为主。1917～1919年间，高振霄、刘代屏分别到大冶调查铁矿。各自发表了《大冶铁矿视察记》（1917年）、《大冶铁矿之调查》（1918年）及《大冶铁矿最近之调查》（1919年）专题报告。1923年秋，谢家荣、刘季辰曾在鄂东南地区调查地质矿产，指出大冶铁矿为矽卡岩型铁矿，称"大冶式"铁矿。1926年，王恒升调查研究了大冶铁矿后，发表了《大冶铁矿床》专著。1928年，叶良辅、赵国宾调查了鄂东南地区金属矿产，著有《湖北阳新、大冶、鄂城地质矿产》专报。赵国宾还发表《附近鄂省东南各矿之现状》。1935年，郑厚怀、汤克诚对大冶、鄂城铁矿做了调查研究，发表了《湖北大冶铁矿矿物结合及成因》（1937年）专著。1936年夏，孙健初调查了大冶铁矿，1938年发表了《湖北大冶铁矿》一文，估算铁山铁矿储量2656万吨，并推断尖林山深部有潜伏矿体存在。调查研究大冶铁矿的学者还有王德森、饶杰吾、何铭等人，都有专著发表。这些调查研究成果，肯定了大冶铁矿的价值，加深了大冶铁矿的研究程度。

1938年10月，日本侵略军侵占了大冶铁矿。在军事侵略之前，日本曾派经济专员乐华做过长期调查，早在20世纪初，日本冈村要藏曾三次到湖北大冶等地调查矿产，先后发表了《中国湖北鄂城大冶阳新三县铁矿调查报文》（日文，1918年）、《湖北大冶铁山矿床调查报文》（日文，1919年）、《湖北省大冶阳新县西铁矿及石炭调查报文》（日文，1922年）。侵华期间，日本制铁株式会社大冶矿业所为了对大冶铁矿进行掠夺性开采，从1939年至1944年间，在铁山施工33个钻孔，估算铁矿储量4073万吨。

抗日战争胜利后，1946年马祖望、赵宗薄到大冶铁矿调查，估算铁山铁矿储量3386万吨。

新中国成立后，1950年1月湖北省工商厅正式成立地质调查所（6月后改称湖北省地质调查所）。曾派王文彬、蒋安、黄钟等人调查大冶铁矿。1950年12月组建大冶地质调查队，有王文彬、罗耀星、朱钧、伍桂等人，1951年上半年仍以调查大冶铁矿为主，由罗耀星负责铁山矿区，编有《湖北大冶铁矿初步报告》。

1951年，全国地质工作计划指导委员会派黄懿、边效曾、辛奎德到大冶组建大冶资源勘探队（1952年5月改称429队）对大冶铁矿进行勘查工作。同时派秦馨菱、曾融生开展磁法探矿。至1952年1月，大冶铁矿资源调查告一段落。

1952年5月，429队（1952年8月7日改称地质部429队）开始以大冶铁矿进行系统的普查和详细勘探。施工钻孔127个，进尺计21573m。1953年4月30日尖林山隐伏矿体钻孔见矿，确认铁山为一规模巨大的接触式高温热液充填交代矿床。1954年3月提交了黄懿、边效曾、蒋安等人编写的《湖北大冶铁山地质勘探报告》。1954年7月，全国矿产储量委员会批准了该报告，核准铁矿储量10324.8万吨，其中工业储量9903.2万吨，作为矿山设计的依据。1955 年 7 月，该队又补充提交了《湖北大冶铁矿铜钴储量报告》。铜矿储量 54.77 万吨（工业储量为 38.92 万吨），钴矿储量 19649t。

1954 年 6 月~1955 年 6 月，大冶铁矿的地质工作主要围绕矿山建设进行补充勘探。重工业部武汉地质勘探公司第二勘探队在边效曾的主持下，对铁山矿区进行补勘，完成钻探 3985m（23 个孔），修正矿区水文地质图，确定尖林山矿体东南边界、西南边界和铁门坎与龙洞矿的相连关系。1955 年 7 月，边效曾、张尊光编写了《湖北省铁山矿区铁矿补充地质勘探报告书》，获得新增铁矿储量 1038.5 万吨。

1963 年 1~11 月，武钢地质勘探队在铁山矿区象鼻山、狮子山、尖山等矿段进行补勘。施工钻探 3573m（16 个孔），获得新增铁矿储量 390.3 万吨。1964 年 2 月提交了由佟玲山等人编写的《湖北大冶铁山矿区 1963 年度补充地质勘探报告》。

1966 年 8 月~1983 年 5 月，中南冶金地质勘探公司 609 队对铁门坎矿体进行补勘。在技术负责人陈福欣的主持下，完成钻探 9126m，查明 1 号、10 号矿体形态规模，求得铁矿石储量 973.75 万吨，铜矿储量 49792t，钴矿储量 2193t。1970 年提交了《湖北省大冶铁山矿区铁门坎矿体补充勘探报告》。后几经补充勘探，1983 年 7 月万兴国、曾汝元、李惠宗等人编写了《湖北省大冶铁山矿区铁门坎矿体补充勘探报告》。累计完成钻探 31966m（83 孔），探获铁矿储量 934.62 万吨，铜矿储量 42656t，钴矿储量 1957t。1983 年 8 月，省储委批准补勘报告及提交的铁矿储量，作为老矿山改造扩建设计的地质依据。

1967 年 9 月~1985 年 7 月，609 队和 608 队对龙洞—象鼻山矿段进行深部补勘及找矿评价。共施工钻孔 58 个，进尺 35542m。其中龙洞 12831m（25 孔），尖林山—象鼻山 22711m（33 孔）。累计探明铁矿储量 1962 万吨，铜矿储量 3.23 万吨，钴矿储量 1889t，伴生金矿 5.13t、银矿 14.16t、硫矿 59.71 万吨。1985 年 12 月 608 队温带国、李致仁等人编写了《湖北大冶铁铜矿床龙洞—象鼻山矿段深部找矿评价报告》。

1989 年 6 月~1990 年 9 月，中南地质勘查局 601 队（原 608 队与 609 队于 1990 年 2 月 20 日合并改称 601 队）对铁山尖林山矿段-200~-400m Ⅲ号矿体（原 305 号矿体）进行勘探。完成施工钻孔 20 个，进尺 11068m，物探磁测井 2028m 及水文工程测井等工作。1990 年 12 月，温带国、李惠宗、张茂永等人编写了《湖北黄石市铁山铁铜矿床尖林山矿段-200~-400m Ⅲ号矿体勘探报告》。共探明铁矿储量 360.7 万吨，伴生铜矿 9049.9t、银矿 13.84t、钴矿 646.75t、硫矿 13.16 万吨。至此，大冶铁矿勘探工作基本结束。

大冶铁矿自三国时期（220~280 年）开始，历代王朝相继在这里开采利用，清光绪十六年（1890 年），清政府张之洞创办大冶铁矿，采用近代技术开采铁矿，于 1893 年正式投产。光绪二十二年（1896 年）盛宣怀接办，改为官督商办，并引进近代冶炼技术开发大冶铁矿，成为我国最早的钢铁基地。光绪二十四年（1898 年）盛宣怀将汉阳铁厂、大冶铁矿、萍乡煤矿合并，成立汉冶萍煤铁厂矿有限公司，集资商办，大冶铁矿的采矿能力有了一定提高。从光绪三十四年（1908 年）至宣统三年（1911 年），采矿年产量由 17.19 万吨增至 30.94 万吨。1938 年日本侵略军占领铁山，进行掠夺性开采，1941 年矿石年产量突破百万吨大关。沦陷的 7 年间，日本钢铁株式会社从大冶铁矿掠走铁矿石 427.76 万吨，使矿山成为一片废墟。1948 年 7 月 10 日成立华中钢铁有限公司，因无力经营，曾委托美国麦基公司设计的年产 100 万吨的钢厂一直未能正式兴建。

新中国成立后，大冶铁矿经历了矿山重建（1951~1958年）、调整（1961~1966年）、发展（1969~1979年）三个阶段。至1981年已建成矿山生产能力为年采矿石450万吨，其中东露天采区（包括象鼻山、狮子山、尖山三个阶段）250万吨，西露天采区（铁门坎矿段）100万吨，井下采区（尖林山和龙洞两矿段）100万吨，成为华中地区第一家采选联合生产的大型矿山。到20世纪80年代，大冶铁矿已发展成为一个铁、铜、钴、硫、金、银等多种矿产综合回收、高度机械化的采选联合生产矿山，选矿厂年处理矿石430万吨。大冶铁矿从1955年至1985年间，共采矿石7503.8万吨，生产铁精矿4659.4万吨，矿山铜20.54万吨，钴硫精矿81.47万吨，黄金8297.4kg，白银1428.77kg，工业总产值35.47亿元，创利润13.72亿元。1985年工业总产值7412.86万元，经济效益显著。

矿山投产前后，武钢地质队、矿山地测科先后在矿区开展了补充勘查、生产勘探及探边摸底等勘查工作。

1991年，全区累计探明铁矿资源储量16072万吨（其中工业储量15041万吨），铜矿资源储量67.64万吨（其中工业储量49.87万吨），钴矿资源储量3.15万吨。

2004年，经资源储量核实，全区累计查明各类资源储量为：铁矿石16647万吨，伴生铜643903t。其中开采消耗铁矿石12937万吨，伴生铜501216t；保有铁矿石3946万吨，伴生铜142687t。上述资源储量核实的结果已经在湖北省国土资源厅备案。

2004年，全国启动危机矿山接替资源勘查项目。中南地质勘查院在全面开展鄂东老矿山资源潜力调查的基础上，拟将该矿山作为申报项目之一。周尚国主持开展该区接替资源勘查立项论证，通过与程潮铁矿和金山店铁矿矿体的延伸情况进行对比分析，认为大冶铁矿沿倾向应该有相似的延伸深度，进而提出大冶铁矿"三台阶"控矿新理论，李朗田、王瑜等人编制提交了《湖北省黄石市大冶铁矿深部及外围铁矿普查立项申请书》，并通过了全国危矿办的审查，大冶铁矿接替资源勘查正式启动。至2007年12月，野外地质工作全面结束，完成钻探31171m。发现龙洞2号矿体和狮子山5号矿体深部（-300~-1100m）有较大延伸，并在象鼻山深部发现了401号矿体。2008年4月刘玉成等人提交了《湖北省黄石市大冶铁矿深部普查地质报告》，该报告通过了湖北省国土资源厅的评审。评审认定新增333+334类资源量：铁矿2033.28万吨、铜7.96万吨、金4.94t、银35.07t、硫71.38万吨、钴4575.09t，全铁平均品位43.83%。该项目成果被中国地质学会评为2007年度全国十大找矿成果之一，对我国危机矿山深部找矿工作起到了示范作用。

2007~2008年，受武钢矿业有限责任公司大冶铁矿的委托，中南地质勘查院对龙洞2号矿体深部和象鼻山401号矿体进行详查，完成钻探19111.57m，刘玉成等人提交了《湖北省黄石市铁山矿区龙洞—象鼻山矿段深部铁矿详查报告》。

截至2008年12月，矿区累计查明铁矿石111b+122b+333+2S22资源储量17691.5万吨。其中开采消耗111b类铁矿石13165.4万吨，保有铁矿石111b+122b+333+2S22资源储量4526.1万吨。

大冶铁矿勘查工作取得丰硕成果。其成功的基本经验是在勘查过程中重视地质研究，按照客观地质规律办事，根据矿床地质特征和具体条件，合理选用地质、物探、钻探相结合的综合勘查方法。特别是充分发挥磁法找矿的特长。不仅为正确评价矿床提供了重要依据，而且有效地发现了尖林山隐伏矿体，证实尖林山矿体与象鼻山矿体互相联接，这是我国磁法找矿史上的一个首创，也为进一步寻找隐伏矿床提供了方法和经验。在补充勘探和深部找矿过程中，开展大比例尺成矿预测，应用井中磁测方法，不断提高了预测的科学性和准确性，从而相继发现新的隐伏矿体，新增铁矿储量5712万吨，使矿床规模不断扩大。同时按照综合找矿、综合评价的原则，评价了与铁矿共生或伴生的铜、钴、硫、金、银等矿产，使一矿变多矿，提高了矿床的经济价值。危机矿山接替资源勘查主要针对矿区接触交代型铁矿床的特点，按照"接触带+综合找矿方法技术应用+成矿规律研究+钻探验证"的找矿思路，使用了"空、地、井"综合找矿技术组合，开展了高精度航空磁法、地面磁法和井中磁测工作，进行了高精度、大功率物探数据采集和深部弱信号提取；提出了"三个台阶"成矿理论和矿体侧伏规律的新认识，对深部矿体进行了空间预测，取得良好的找矿效果。实践表明，应用物探磁法找矿（包括地面和井中磁测）对寻找隐伏磁性矿体是行之有效的方法。

五、湖北鄂州市程潮铁矿

（一）矿床基本情况

程潮铁矿是一个隐伏磁铁矿床。20世纪50年代初期用地质和磁法测量发现，后经勘探，发展为一个拥有2亿吨储量的大型富铁矿，并共生有大型硬石膏矿及伴生钴、硫等矿产。现为武汉钢铁公司重要的富铁矿生产基地之一。

矿区位于鄂州市南东8km，东西长2.5km，宽1km，面积2.5km²，隶属鄂州市鄂城县泽林镇。矿区距武（昌）黄（石）铁路广山站5km，有铁路专线和公路相接，交通方便。

矿区处于大冶坳陷褶皱束鄂城背斜南翼、鄂城侵入体南缘接触带。出露地层有三叠系下统大冶组灰岩、白云质灰岩，中统蒲圻组紫色页岩。鄂城岩体由花岗岩、石英二长岩和闪长岩类组成，为燕山晚期中酸性岩浆岩（见图5-115）。矿体产于花岗岩或闪长岩与大冶组灰岩的接触带上。近矿围岩蚀变有矽卡岩化、方长石化、钠柱石化、碳酸盐化、石膏化，具明显的分带性。矿体严格受南、北两个北西西向高角度扭性主干逆断层及其派生的张性断裂破碎带和接触带控制。矿床成因类型属接触交代型铁矿床。

矿床由163个大小不等的铁矿体和136个硬石膏矿体组成。铁矿体在空间上呈叠瓦式或雁行排列（见图5-116），依次呈北西西向展布，赋存于60~1000m标高范围内。较大的铁矿矿体有Ⅱ号、Ⅲ号、Ⅵ号、Ⅶ号四个矿体，多呈透镜状、似层状，并有分枝复合现象。矿体倾向南南西，倾角为30°~47°，整个矿体向北西西倾伏4°~12°。主矿体中以Ⅵ号矿体规模最大，全长1500m，厚1.59~257.8m，平均厚72.95m，埋深585~985m，铁矿储量7825.54万吨，占矿区总储量的39%。其次是Ⅲ号矿体，长1840m，平均厚度为53.86m，铁矿储量3006.67万吨，占矿区总储量的20%。Ⅶ号矿体长1170m，厚71.18m，埋深930~1080m，铁矿储量2591.37万吨，占矿区总储量的13%。

矿石矿物主要为磁铁矿，次为赤铁矿、褐铁矿、穆磁铁矿、镜铁矿和少量黄铁矿、黄铜矿、磁黄铁矿、铜蓝、孔雀石。脉石矿物有方解石、白云石、透辉石、绿泥石、石英、钾长石、金云母、石膏等。磁铁矿具有自形-半自形粒状结构，以块状、浸染状构造为主。矿石平均品位含全铁45.05%，二氧化硅10.17%，硫2.7%，磷0.031%。属高硫低磷伴生钴的富铁矿石。钴以类质同象赋存于黄铁矿中。

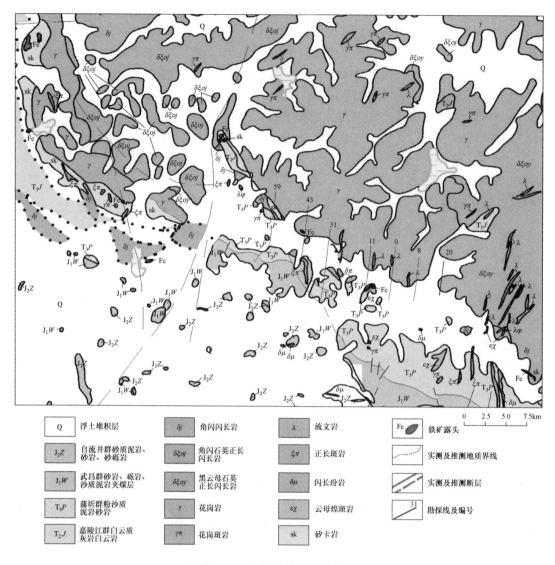

图 5-115 程潮铁矿区地质简图

图例：

Q 浮土堆积层	δj 角闪闪长岩	λ 流文岩	Fe 铁矿露头
J₂Z 自流井群砂质泥岩、砂岩、砂砾岩	δξoj 角闪石英正长闪长岩	ξπ 正长斑岩	实测及推测地质界线
J₁W 武昌群砂岩、砾岩、沙质泥岩夹煤层	δξoy 黑云母石英正长闪长岩	δμ 闪长玢岩	实测及推测断层
T₃P 蒲圻群粉沙质泥岩砂岩	γ 花岗岩	εχ 云母煌斑岩	31 勘探线及编号
T₂J 嘉陵江群白云质灰岩白云岩	γπ 花岗斑岩	sk 矽卡岩	

矿石可选性良好，入选原矿品位含铁 39.62%，经磁选—浮选联合流程，获得铁精矿含铁品位 63.24%，铁回收率 85.18%；硫精矿品位 39.47%，其中含钴 0.24%，硫回收率 88.19%。

截至 1991 年底，探明铁矿储量 20186.5 万吨，其中工业储量 13413.4 万吨、共生硬石膏矿储量 4562.8 万吨、伴生硫矿储量 204.8 万吨、伴生钴矿储量 9822t。

（二）矿床勘查史

程潮铁矿是在 1952 年 9 月由地质部 429 队王文彬等人在该区开展 1：1 万和 1：2000 地质简测时发现的。随后进行物探磁法测量，圈出了大门山、桐子山等磁异常，经钻探验证，确认大门山磁异常是由深部隐伏磁铁矿引起的，为该区找寻隐伏矿体提供了依据。

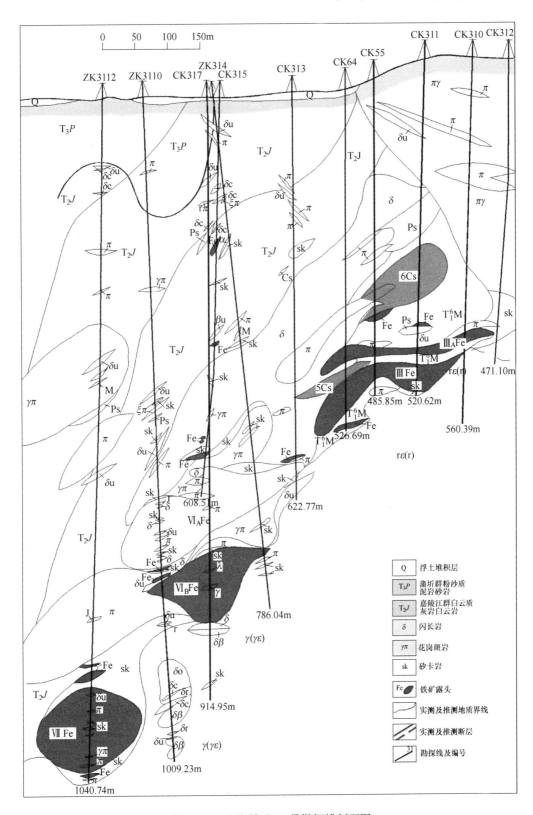

图 5-116　程潮铁矿 31 号勘探线剖面图

1953 年 4 月，地质部 429 队对该区进行普查和初步勘探，共施工钻孔 24 个，进尺 7101m，探获铁矿储量 3161 万吨，1954 年 10 月编写了《湖北省大冶铁矿地质勘探报告》（第五篇程潮铁矿区），从而肯定了程潮铁矿的工业价值。

1956~1960 年，南京地质勘探公司 805 队（后改为武汉钢铁公司地质勘探队）对程潮铁矿进行勘探，共施工钻孔 35 个，进尺 15002m，查明了 I 号和 II 号矿体，并将范围向西扩展 400m，发现新矿体 3 个和石膏矿体，基本摸清了程潮铁矿东区矿体的规模。1960 年 3 月编写了《湖北省鄂城程潮矿区地质勘探中间报告》，1962 年 1 月，经湖北省储委审查批准为初勘报告，核实铁矿储量 7928.6 万吨（工业储量 2179 万吨），硬石膏储量 845 万吨。

1963~1964 年，冶金部中南冶金地质勘探公司 609 队对程潮铁矿东区 I 号、II 号、III 号矿体进行补充勘探，共施工钻探工程 18861m（51 个孔），1964 年 12 月陈福欣、徐景富、凌发乾等人编写了《湖北省鄂城县程潮矿区地质勘探中间报告》，1965 年 1 月 23 日，经湖北省储委批准铁矿储量 5948.5 万吨（工业储量 5558.3 万吨）、石膏矿储量 295 万吨，并将报告定为《程潮铁矿东区最终储量报告》，可作为矿山设计的依据。

1965 年，606 队在鄂城岩体西南缘进行 1:1 万磁法、化探测量工作，在提交的《湖北鄂城县鄂城侵入体西南缘物化探普查找矿总结报告书》中提出程潮矿区有次级异常存在，并推断在 III 号矿体之下有一新矿体，这一认识由 1971 年 609 队施工 475 号钻孔所证实（编为 IV 号矿体）。

1972 年 6 月，609 队提交的《湖北鄂城程潮矿区 1972 年度补充地质勘探设计说明书》中指出，据物探磁异常资料分析推断，VI 号矿体分布范围东起 16 线，以北西西向延伸至 51 线以西，全长 1800m，南北宽 200~300m，位于 III 号矿体南侧下部，与 III 号矿体呈首尾交错，雁行排列，赋存标高为 -500m~-700m，经 15 线以西 CK313、CK356、CK475 及 CK514 等少数钻孔验证，该矿体确实存在。钻孔穿矿厚度为 25.42~186.24m。

1970~1973 年，中南冶勘组织以 609 队为主，会同 603 队、607 队对程潮西区 III 号、IV 号、V 号矿体和 27 号、28 号、29 号小矿体进行勘探，施工钻孔 62 个，共计进尺 35412m。在 606 队磁法测量的指导下，新发现 VI 号隐伏矿体，打开了找矿新局面。探得 III 号、IV 号、V 号主矿体及 27 号、28 号、29 号小矿体铁矿储量 5807 万吨（工业储量 2623 万吨）；同时计算了 VI 号矿体储量 2614.5 万吨，硬石膏矿储量 3045.12 万吨，1975 年 6 月提交了陈福欣、凌发乾、李惠宗等人编写的《湖北省鄂城县程潮矿区西部地质勘探总结报告》，1976 年 4 月 2 日，经湖北省储委批准该报告可作为进一步勘探的依据。

1977 年 10 月，608 队对程潮铁矿西区 III 号矿体进行补充勘探，施工钻孔 11 个，进尺 5486m。探获 III 号矿体铁矿储量 2674.24 万吨，其中工业储量 2043.97 万吨。1978 年 9 月杨昌明等人编写了《湖北省鄂城县程潮铁矿西部 III 号矿体补充地质资料》。1980 年湖北省储委批准该报告和 III 号矿体铁矿储量作为矿山设计依据。

1970~1983 年，608 队对程潮铁矿西区 VI 号矿体进行勘探，施工钻孔 15 个，进尺 13428m。

1970~1983 年，在 606 队磁异常解释的指导下，608 队和 609 队等人对程潮西区 III 号、IV 号、V 号、VI 号、VII 号矿体及一些小矿体进行评价、勘探，发现并探明 VI 号矿体铁矿储量 7825.54 万吨（工业储量 5606.19 万吨）；VII 号矿体铁矿储量 2591.37 万吨；西区

Ⅲ号矿体铁矿储量 3006.67 万吨（工业储量 2072.41 万吨）；西区 Ⅴ 号矿体铁矿储量 214.13 万吨；西区小矿体铁矿储量 500 万吨。截至 1984 年底，程潮铁矿全区（东、西矿区）总计探明铁矿储量 20186.5 万吨（工业储量 13413.4 万吨），1984 年 12 月 608 队黎胜才、范忠良、陈福欣等人编写了《湖北省鄂城县程潮矿区西部Ⅵ号矿体详细勘探地质报告》，全国储委于 1986 年 3 月批准全区铁矿储量 20186.5 万吨（工业储量 13413.4 万吨），作为矿山设计依据。至此，程潮铁矿勘探工作基本结束。

程潮铁矿的矿山建设始于 1958 年 9 月，1970 年建成正式投产。设计规模年产矿石 150 万吨，采用地下开采，用无底柱分段崩落法回采矿石。1971 年矿石产量 41.6 万吨，回采率 74.5%，贫化率 28.61%。1979 年采矿量达 70 万~80 万吨，1983 年采矿量达 100 万吨，1990 年采矿量为 93 万吨，回采率 96.9%，贫化率 24.2%。程潮选矿厂建成 4 个系列，设计规模日处理矿石量 4000t，年处理矿石量 150 万吨，采用干式磁选—湿式磁选生产流程。入选原矿品位 33.63%，选出铁精矿品位 67.51%，铁回收率 82.03%，经济技术效益逐年提高。

2003~2005 年，受武钢矿业有限责任公司程潮铁矿的委托，中南地质勘查院在程潮铁矿区 E11 线至 W49 线之间、井下 -428~-568m 中段范围内进行生产勘探，在认真分析《湖北省鄂城县程潮矿区西部Ⅵ号矿体详细勘探地质报告》提出问题的基础上，重点对物探推断的 0 线、8 线和 16 线的Ⅵ号矿体及 23 线、7 线、0 线的Ⅶ号矿体进行钻探验证，同时对 15 线至 27 线间Ⅵ号矿体的南延伸边界，也采用少量钻孔加以控制。完成的主要实物工作量为钻探 4032.85m。莫洪智等人提交了《湖北省鄂城市程潮铁矿区 -428m 至 -568m 中段生产勘探地质报告》。探获 111b+122b+2S21+2S22 类铁矿石资源储量 2140.67 万吨。此次勘查工作，对 W27 线以西的Ⅵ号、Ⅶ号铁矿体进行了重新圈定与估算，新增铁矿石资源/储量 833 万吨。

程潮铁矿是一个埋藏较深的隐伏矿床，找矿难度大。矿床勘查先后历时近半个世纪，积累了隐伏矿的找矿方法和经验。在普查找矿阶段，根据地质背景和岩矿石的物性条件，用地质测量与物探磁法测量相结合的综合方法，准确判别磁异常的性质，为钻探验证提供最佳靶区，从而成功地发现了隐伏矿体。磁法勘查对预测深部矿体位置和侧向探寻盲矿体具有独到之处，勘查工作配合地面及井中磁测，不断地提高认识程度和预测水平，为选好靶区，开展深部勘探提供了科学依据。在程潮铁矿西区深部发现了Ⅵ号及Ⅶ号两个盲矿体及一些小矿体，取得深部找矿重大突破的实践表明，根据客观地质条件，坚持方法找矿和理论找矿相结合，正确运用地质物探科研结合的综合方法，是找矿勘探取得成功的关键。

程潮铁矿勘探评价过程中的不足之处是，对铁矿石中伴生的铜、钴、镓、锗等组分赋存状态和铜、钴、硫组分的分选性还缺乏系统研究和试验，以致在不同程度上影响了勘探效果。因此，在今后的工作中应注意并克服忽视综合评价的倾向。

六、湖北黄石市金山店铁矿

（一）矿床基本情况

金山店铁矿是在 1950~1980 年运用地质物探相结合的方法进行勘查，使矿床规模由小型扩大为大型，并成为武汉钢铁公司重要的铁矿基地之一。2007~2010 年，金山店铁矿接替资源勘查作为全国危机矿山项目，由中南地质勘查院实施，新增铁矿资源量达中型规模，不仅延长了矿山服务年限，而且为鄂东地区深部找矿积累了宝贵的经验。

矿区位于大冶县北西15km。东起张敬简，西至王豹山，全长11km，宽3km，面积为33km²，包括张福山、李万隆、余华寺、王豹山等四个矿床。属黄石市大冶县金山店镇管辖。矿区距铁山至灵乡铁路的金山店车站1km，各矿床间均有公路相通，交通方便。

矿区处于大冶坳陷褶皱束保安复背斜的次级褶皱金山店背斜的南翼，金山店岩体和保安岩体南缘接触带。出露地层有三叠系下统大冶组、中统蒲圻组、上统鸡公山组，侏罗系下统武昌组，白垩系下统马架山组（粉砂岩、泥岩、安山岩、流纹岩）。金山店和保安岩体由闪长岩、石英二长岩等组成，为燕山晚期中酸性岩浆岩。区内发育着一系列北北东向背形构造，叠加北西西向断裂构造。矿床受北西西断裂带和接触带的双重控制，呈北西西向展布，成群出现（见图5-117）。

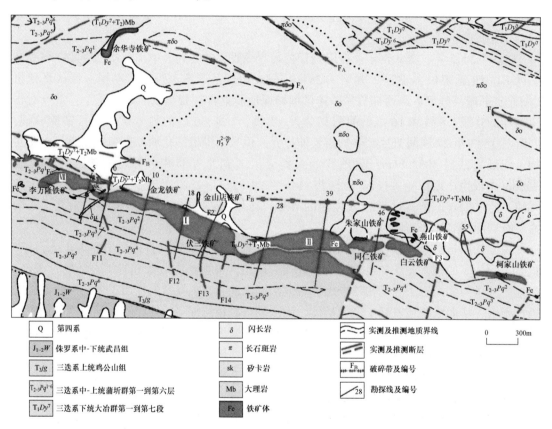

图5-117 金山店矿区地质简图

张福山、李万隆和余华寺三个矿床赋存于金山店岩体石英闪长岩与大冶组灰岩或蒲圻组砂页岩的接触带上，或赋存于岩体的捕虏体内。矿体形态产状受接触带和断裂叠加接触带控制，呈似层状、透镜状（见图5-118）。围岩蚀变以钠长石化、钠铁闪石化、钠柱石化、碳酸盐化、石膏化为特征。矿床成因类型属接触交代型（矽卡岩型）铁矿床。

王豹山矿床赋存于保安岩体南侧。矿体产于下白垩统马架山组底部含灰岩的砂砾岩层中。矿体呈似层状或透镜状沿层间整合产出，主要由燕山晚期第二阶段闪长岩侵入地层，

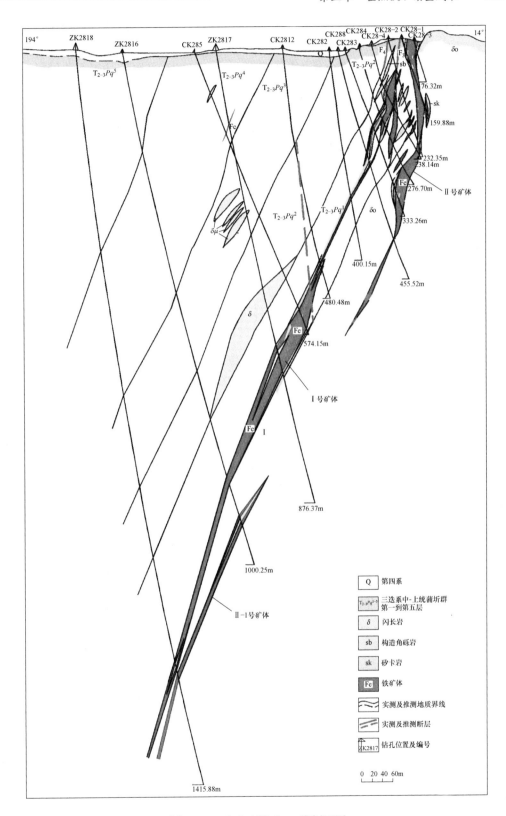

图 5-118　金山店铁矿 28 线剖面图

通过交代砾岩胶结物及矽卡岩而形成。热液蚀变主要有硅化、石榴石化、绿泥石化、碳酸盐化，矿床成因类型属以高中温热液充填成矿方式为主的火山热液型铁矿床。

截至1991年底，金山店铁矿累计探明铁矿储量12810.4万吨，其中工业储量9139.7万吨。按矿床统计，张福山矿床铁矿储量9794.9万吨（工业储量6955.0万吨），由55个矿体组成，较大规模矿体有6个，其中1号矿体规模最大，长4276m，宽179~200m，厚2.40~22.66m，全铁平均品位44.95%。李万隆矿床是张福山矿床西延的一个矿段，铁矿储量1007.5万吨（工业储量361万吨），由21个矿体组成，其中7号矿体长480m，宽300m，厚26.21m，含铁平均品位44.83%。余华寺矿床铁矿储量1490.30万吨（工业储量1417.4万吨），由9个矿体组成，其中1号矿体长600m，宽400~450m，厚20~40m。矿石含铁平均品位44.16%。王豹山矿床铁矿储量348.9万吨（工业储量273.1万吨），其主矿体长500m，宽310m，厚17~130m，矿石含铁平均品位36.73%。

全区矿石类型主要以磁铁矿石为主，矿石矿物以磁铁矿、赤铁矿为主，次为黄铁矿及少量菱铁矿、磁黄铁矿等。脉石矿物有石英、方解石、绿泥石、透辉石等。矿石结构以半自形晶细粒结构居多，构造以块状、浸染状和粉状为主。矿石平均品位含铁36.73%~44.83%，硫1.22%~3.5%，磷0.031%~0.06%。矿石为高硫低磷铁矿，含有钴、镓等有益组分。

矿石可选性良好。采用磁法选矿，入选品位35.24%，可获得铁精矿品位64.56%，回收率76.30%。王豹山矿床铁床可选性一般，铁精矿品位57.5%，回收率68.4%。

（二）矿床勘查史

金山店铁矿张福山矿床是1923~1934年期间发现的。新中国成立后，1952年5月，地质部429队先后在该区测制了不同比例尺的地形地质图，经过磁法详测和重力测量，并用钻探控制矿体，施工钻孔36个，进尺6793m，探获铁矿储量1178.65万吨，1954年11月编写了《张福山矿床勘探报告》，纳入《湖北省大冶铁矿地质勘探报告》。1961年6~10月，鄂东南物探队完成了金山店磁测工作，编写了《湖北黄石金山店地区磁测工作结果报告》。1963年3月，中南冶勘605队在该区施工钻探工程3407m，大体控制了Ⅲ号、Ⅳ号、Ⅴ号、Ⅵ号矿体，获得铁矿储量1110.1万吨。1964年崔丙等人编写了《湖北省大冶金山店矿区1963年地质报告书》。1965年，中南冶勘609队为扩大铁矿远景资源量开展了勘探工作，606队重新进行1:1万磁法和重力测量。通过此次磁法测量，将基点降低以后，发现原磁异常之南还有一圈2000nT（2000γ）的等磁力线，由此所圈出的异常超过原异常短轴的一半。据25线以西勘探结果，在2000nT（2000γ）范围的钻孔均见到矿体，所见矿体的形状、埋深、分布范围基本上与异常特点吻合。经32线高精度实测物探剖面计算处理后表明，在已探明的矿体南200~300m处，在正接触带及其附近还有一隐伏矿体存在。经CK3211、CK288等钻孔验证，均在-240m深度以下见矿（Ⅴ号、Ⅵ号矿体），穿矿厚度达60m有余。这次勘探成果使原有储量增加约9倍，1969年12月提交了由陈福欣、凌发乾、罗立钱等人编写的《湖北省大冶金山店矿区张福山矿床地质勘探报告》，1972年5月冶金部工作组现场审查，批准铁矿储量10558.9万吨（工业储量7579.5万吨），该报告可作为矿山设计依据，但要求增加钻孔控制-130m标高以上矿体。因此，1972年12月，609队再次对Ⅰ号、Ⅱ号及Ⅳ号、Ⅴ号、Ⅵ号矿体首采区进行补勘，施工钻探 7358m（26 个孔），重新计算Ⅰ号、Ⅱ号矿体铁矿储量为 9596.23 万吨，Ⅳ号、Ⅴ号、Ⅵ号小矿体铁矿储量为 180.97 万吨。1973 年 12 月提交了由陶建国、吴正扬、张树勋等人编写的《湖北大冶金山店矿区张福山矿床Ⅳ号、Ⅴ号、Ⅵ号矿体补充地质勘探说明书》，1974 年 9 月提交了由陶建国等人编写的《湖北大冶金山店矿区张福山矿床Ⅰ号、Ⅱ号矿体补充地质勘探简报》。后来发现Ⅱ号矿体形态变化较大，于 1975~1979 年再度对Ⅱ号矿体进行补勘，施工钻探工程 2598m（5 个孔），1979~1986 年，609 队和 608 队对张福山矿床东区进行了以储量升级为目的的补勘，钻探施工 55929m（102 个孔），1986 年 9月由 608 队凌发乾、罗立钱、李惠宗等人编写的《湖北省大冶县张福山铁矿东部详细勘探地质报告》，经全国储委 1988 年 9 月审查，批准铁矿储量 8664.86 万吨（工业储量 5804.22 万吨），伴生硫矿 270.72 万吨，可作为矿山设计的依据。

1952 年初，地质部 429 队对李万隆铁矿床进行了 1∶1 万地形地质测量。1965~1970年，中南冶勘 609 队和 606 队在该区开展 1∶1 万地质和物探磁法测量时，发现磁异常，1976 年 7 月至 1981 年施工钻孔 12481m（25 个孔），控制了Ⅶ号主矿体，并进行了磁测井，1981 年 11 月凌发乾、罗立钱等人编写了《湖北省大冶县金山店铁矿区李万隆矿床地质普查评价报告》，探获铁矿储量 1091.4 万吨，伴生钴矿储量 1024 吨，镓矿储量 138 吨。1986 年 5 月转入勘探，施工钻孔 12279m（24 个孔），1988 年 9 月提交了由凌发乾、李惠宗编写的《湖北省大冶县李万隆铁矿床详查地质报告》，经中南冶勘于 1989 年审查，批准铁矿储量 1007.5 万吨（工业储量 331 万吨）。

1952 年末，地质部 429 队大冶勘探组在余华寺矿床开展 1∶1 万地质测量和磁法测量，发现并圈出了余华寺磁异常。1953 年初在磁异常中心用钻探验证，见磁铁矿体厚70m，含铁品位 47%，从而发现余华寺铁矿并估算铁矿储量 17.2 万吨。1959 年 10 月，武汉钢铁公司地质勘探队在该区开展 1∶1000 及 1∶2000 地面磁测，施工钻孔 11945m（51个孔），根据物探结果，对矿床进行新的评价，1961 年提交了《余华寺矿体总结报告》，经省储委批准铁矿储量 1739 万吨。1966 年 7 月，中南冶勘 609 队在该区进行勘探，施工钻孔 6169m（19 个孔），1976 年 12 月提交了由陈福欣、罗立钱、万兴国等人编写的《湖北大冶余华寺矿区地质勘探报告》。1972 年 6 月经冶金部审查，认为勘探程度不足，需要进行补勘。1973 年 4 月至 1974 年 1 月，609 队按要求对该矿床进行补充勘探，施工钻孔 3593m（11 个孔），1974 年 7 月陈福欣、张茂永等人编写了《湖北大冶余华寺矿床补充地质勘探报告》，次年经省储委批准铁矿储量 1448.7 万吨（工业储量为 1309.6 万吨）。2011~2014 年，中南地质勘查院在余华寺铁矿区深部及外围开展铁矿普查，完成 1∶2000地质填图 3km²，1∶2000 地质剖面测量 5.5km，钻探 3850m，槽探 500m³。在 10 线施工ZK106 孔，于孔深 531.65~556.05m 见Ⅰ号磁铁矿体，见矿厚度 21.00m，TFe 平均品位45.73%。在 9 线施工 ZK096 孔，于孔深 438.40~462.60m 见Ⅰ号磁铁矿体，见磁铁矿三层，累计见矿厚度为 15.40m，TFe 平均品位 39.71%，在 8 线施工 ZK086 孔，于孔深351.70m~395.25m 见Ⅰ号磁铁矿体，累计见矿厚度为 15.82m，TFe 平均品位 35.00%。2014 年于炳飞等人编制提交了《湖北省大冶市余华寺铁矿区深部及外围铁矿普查报告》，新增 333+334 类别铁矿石资源量估算 180.9 万吨。

1957~1958 年地质部 902 航测大队和 915 物探队在王豹山矿床开展航磁和地面磁法测量时，发现了王豹山磁异常。1958 年湖北省地质局王豹山队通过槽井探，发现了王豹山铁矿体, 长 400m, 最宽处 77m, 估算铁矿储量 155.8 万吨。1959 年 11 月至 1960 年 5 月, 武钢地质队多次对该区进行磁法测量检查和地质勘探, 施工钻探 2441m, 探获铁矿储量 746.8 万吨, 1960 年 5 月段广才、佟玲山编写了《湖北省黄石市保安王豹山矿区地质勘探总结报告书》。1962 年核实储量时, 大部分储量被降级。因此 1971 年 8 月, 中南冶勘 609 队对王豹山矿床进行补勘, 施工钻孔 3263m, 1972 年 5 月陈福欣、陶建国、张祥等人编写了《湖北大冶县王豹山矿床地质勘探报告》, 经湖北省建设武钢指挥部审查, 批准铁矿储量 639.35 万吨 (工业储量 604.73 万吨)。

金山店铁矿矿山建设经历了 1958~1965 年初建阶段, 1966~1969 年复建阶段, 1970~1981 年扩建阶段。矿山采用竖井开拓、无底柱崩落法采矿, 生产规模达年产 200 万吨, 王豹山露天采场年产 30 万吨, 余华寺地下采区年产矿石 40 万吨。采用磁选+浮硫的选矿工艺, 选矿厂年生产能力为 350 万~400 万吨。从 1958 年至 1983 年, 累计采出原矿 630 万吨, 生产铁精矿 24.8 万吨 (约占武钢所用铁精矿的 11%), 除李万隆矿床目前尚未开发利用外, 金山店铁矿已建成一个大型采选联合矿山, 经济效益逐年提高。

2007~2010 年, 中南地质勘查院在该区开展了危机矿山接替资源勘查, 完成 1:1 万磁法扫面 40km², 1:2000 高精度磁法剖面测量 47.44km, 可控源音频大地电磁测深测量 1247 点, 钻探 12980m, 坑探 81.5m。通过这些工作, 在张福山矿床沿走向扩大了 I 号矿体规模, 达 1600m, 厚 2.40~22.66m, 斜深 750m, 全铁平均品位 44.95%; 新发现了 II-1 号隐伏矿体, 走向长 700m, 平均厚度为 6.25m, 斜深 750m, 全铁平均品位 55.42%。2010 年 8 月陈腊春等人提交了《湖北省大冶市金山店铁矿接替资源勘查 (张福山矿床深部普查) 报告》, 该报告通过湖北省国土资源厅评审, 评审认定 332+333 类铁矿资源量 3597.7 万吨。其中 332 类 61.6 万吨、333 类 3536.1 万吨。

接替资源勘查显示矿区深部及外围仍有较大找矿潜力。一是在张福山铁矿床多个部位揭露到深部矿体, 最深见矿标高达到-1355m。对 18 线、25 线、28 线、34 线、39 线、42 线、44 线进行磁法定量反演计算, 推断张福山矿床 I 号矿体往深部仍延续, 局部地段矿体可能延深至-1600m。二是柯家山矿床位于张福山矿床东侧, 且与其具有相似的成矿地质条件和相似的磁异常特征, 但矿床深部 (-600m 标高以下) 没有工程验证。从已有工程见矿情况及物探成果推测该区深部可能存在规模较大铁矿体。

金山店铁矿通过近半个世纪的系统勘查, 取得了丰硕的地质成果, 不仅使矿床的储量规模由小型发展成为大型铁矿床, 而且发表了多篇科研论文, 丰富了磁法找矿理论和方法。该矿勘查的主要经验之一, 就是将地质物探结合的综合方法贯穿于勘查全过程。区内四个主要矿床都是首先由航空磁测和地面磁测取得找矿标志, 进而结合地质条件分析, 最后用钻探检查磁异常而发现矿体; 为寻找深部隐伏矿体, 成功地应用了磁法测井来研究矿体空间分布规律, 预测矿体赋存部位, 追索矿体延深; 应用物探勘查成果, 通过磁测总基点的改正, 岩矿石磁参数的测定和研究及在定量解释中由米可大量板改为似二度量板的方法, 结果发现张福山矿床仍有剩余磁异常, 为深部找矿提供了重要依据; 深入对磁异常的再认识, 对次级低缓磁异常再研究, 包括应用磁模拟方法系统研究, 进一步对深部地质体推断解释。最后用钻探验证相继发现了张福山、李万隆、王豹山等深部隐伏矿体, 证实了物探推断的正确性, 从而拓宽了找矿思路。这些成果不仅使金山店铁矿跃居为鄂东地区第二大铁矿床, 而且为鄂东地区应用物探找矿提供了新的经验。

七、湖北黄石市灵乡铁矿

(一) 矿床基本情况

灵乡铁矿是一个古代矿山。1950~1970年，经勘查探明为一中型富铁矿床，是武汉钢铁公司以生产平炉矿石为主的铁矿基地。

灵乡铁矿位于大冶县城南西22km的灵乡镇周围，北东距大冶铁矿约30km。隶属黄石市大冶县灵乡镇。矿区长7km，宽3km，面积为21km²。包括狮子山、小包山、狮子北山、玉屏山、刘岱山、广山、大小脑窑和刘家畈等矿床。矿区有灵乡至铁山的铁路29km与武（昌）黄（石）铁路相接，距灵乡站3~4km。各矿床间均有公路相通，交通方便。

矿区处于大冶坳陷褶皱束毛家铺复背斜北翼次级褶皱灵乡向斜的南翼，灵乡岩体的西南部。出露地层有下三叠统大冶组灰岩、白云质灰岩，上侏罗统或下垩统马架山组火山岩系、下白垩统灵乡组砂砾岩层（见图5-119）。区内发育有一系列轴向近于东西的褶皱。灵乡岩体由闪长岩类组成，为燕山早期中酸性岩浆岩。矿体主要赋存于闪长岩与大冶组灰岩（大理岩）或马架山组火山凝灰岩的接触带上，或闪长岩内大理岩捕房体内。矿体形态以透镜状居多，一般倾向北北西，倾角为11°~70°。矿体产状受接触带和近东西向及北

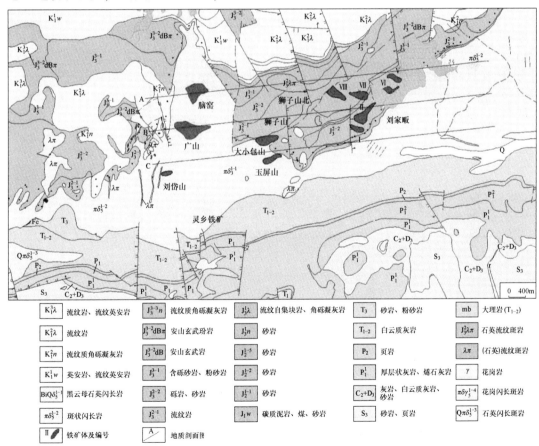

图5-119 灵乡铁矿区地质简图

东向断裂控制。围岩蚀变有硅化、绿泥石化、蛇纹石化、高岭石化、碳酸盐化等。矿床成因类型属岩浆热液型铁矿床，以充填成矿方式为主，交代成矿方式为辅。

灵乡铁矿的矿体小而分散，呈雁行排列（见图 5-120）。狮子山小包山矿床 I 号矿体长 450m，宽 55m，厚 0.94~6.75m；玉屏山矿床 I 号矿体长 414m，宽 39m，厚 20~30m，埋深 0~57m；刘岱山矿床 I 号矿体长 200m，宽 90m，厚 40m，埋深 0~72m；广山矿床有 6 个矿体，其中 I 号矿体长 850m，宽 250~325m，厚 40~87m，埋深 0~200m；大小脑窑矿床由 13 个矿体组成，其中 2 号矿体长 310m，宽 210~420m，厚 11~20m，埋深 65~223m；刘家畈矿床由 6 个矿体组成，其中 I 号矿体长 450m，宽 50~120m，厚 0.9~67m，埋深 50~150m；狮子山北矿床由 12 个矿体组成，其中 I 号矿体长 350m，宽 15~190m，厚 5~71m。

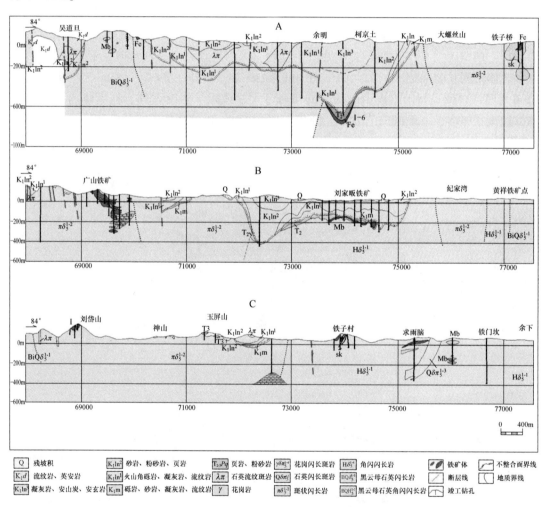

图 5-120　灵乡铁矿 A、B、C 地质剖面图

矿石类型有磁铁矿石、赤铁矿石及混合矿石三种。矿石矿物以磁铁矿为主，次为赤铁矿、褐铁矿及少量黄铁矿。脉石矿物有方解石、石英、绿泥石等。具有自形、半自形粒状结构，致密块状构造。矿石化学成分：全铁 40.69%~54.17%，二氧化硅 7.77%~

17.46%，硫 0.59%~1.96%，磷 0.014%~0.018%。矿石为低磷低硫铁矿石。

除少数平炉和高炉富矿能直接入炉外，大部分均须选矿。狮子山小包山、广山、刘家畈三个矿床的矿石入选品位分别为 46%、37%、44%，经磁选后可分别获得铁精矿品位 64%、51%、63%。选矿回收率分别为 87%、77%、87%。属可选性良好的矿石。

截至 1991 年底，已探明铁矿储量 4874.9 万吨，其中平炉矿储量 802.5 万吨，约占矿区工业储量（4078.3 万吨）的 20%。曾为武钢平炉矿生产基地，对武钢的发展起了重要的作用。

（二）矿床勘查史

灵乡铁矿传说于北宋乾德五年（967 年）南唐国主李煜设置大冶县时就已开采。其矿产调查工作开始很早，1914 年瑞典人丁格兰就曾调查灵乡铁矿，估算狮子山、玉屏山、刘岱山、广山等矿床铁矿储量为 634 万吨。1928 年春，叶良辅、赵国宾著有《湖北阳新、大冶、鄂城之地质矿产》一文，估算灵乡铁矿储量 173 万吨。1938 年初，孙健初撰著《湖北鄂城灵乡铁矿》一文，估算铁矿储量 782 万吨。与此同时，阮维周调查灵乡铁矿，估算铁矿储量 502 万吨。

1951 年，全国地质工作计划指导委员会组建大冶资源勘探队（后改为 429 队）对灵乡矿区进行普查，估算铁矿储量 700 万吨。1952 年，地质部及中南地质局相继成立。地质部 429 队为武钢寻找铁矿原料基地，拉开了系统勘查灵乡铁矿的序幕。

地质部 429 队于 1953 年对狮子山小包山矿床进行勘探，提交了《大冶铁矿地质勘探报告》（第四篇灵乡矿区）。湖北省储委审查将该报告降为初勘性质，核准铁矿储量 288.6 万吨，其中工业储量 189 万吨。以后相继进行了二次补勘和一次生产勘探。

1958 年 6 月~1960 年 6 月，武汉钢铁公司地质勘探队完成了对小包山矿床第一次补勘。施工 11 个钻孔，进尺 1324m。1960 年 6 月于治安编写了《湖北省黄石市灵乡小包山补勘报告》。1962 年 3 月湖北省储委将储量做了降级处理，核准铁矿储量 140.2 万吨（工业储量 56.4 万吨）。1964 年 7 月，冶金部冶金地质勘探公司 805 队对小包山铁矿进行了第二次补勘。施工 3 个钻孔，进尺 340m。结果使铁矿储量比 1962 年批准储量减少 31.3 万吨。张克强、杨光南等人编写了《灵乡小包山矿体钻探地质工作总结报告》。1970 年至 1971 年 12 月，武汉钢铁公司灵乡铁矿矿山部门对狮子山、小包山进行了生产勘探，提交了《小包山生产勘探报告》，武钢矿山部批准铁矿储量 456.2 万吨（工业储量 430.1 万吨）。

1952 年地质部 429 队对广山矿床开展普查。1958 年武钢地质勘探队进行勘探。1963 年 8 月提交了《湖北省大冶灵乡矿区广山矿床地质勘探报告》，1964 年经湖北省储委审查，将报告升格为详勘报告，批准铁矿储量 979.1 万吨（工业储量 255.1 万吨）。1984 年至 1985 年 2 月武钢灵乡铁矿矿山部对该矿投入生产勘探，于 1985 年 2 月提交了《广山矿床生产勘探总结报告》。同年，武钢矿山部批准该矿铁储量 649.5 万吨（工业储量 442.8 万吨）。

1951~1953 年地质部 429 队对大小脑窖矿床进行普查。探明 1 号矿体铁矿储量 116.18 万吨，1953 年 11 月提交了《大冶铁矿地质勘探报告》（第四篇灵乡矿区），1962 年经省储委审查，将其工业储量降为地质储量。1961 年，武钢地质勘探队对大小脑窖、玉屏山、狮子山进行勘查，1962 年 7 月提交了《湖北省黄石灵乡铁矿大小脑窨、玉屏山、狮子山 1961～1962 年地质工作总结》。1964 年，武钢地质勘探队改组，成立冶金部冶金地质勘探公司 805 队，继续在大小脑窨矿床施工 18 个钻孔，进尺 2724m，探获铁矿地质储量 369.5 万吨，1964 年 7 月王光明等人编写了《湖北大冶灵乡矿区大小脑窨矿体补充评价小结》。1966～1967 年，灵乡铁矿矿山部对大小脑窨进行生产勘探，探获Ⅰ号矿体铁矿储量 81.12 万吨。1970 年 11 月至 1971 年 5 月，中南冶金地质勘探公司 603 队对大小脑窨 2 号、3 号、4 号矿体进行勘探，施工 9 个钻孔，进尺 2521m，探获铁矿储量 315.16 万吨。该矿在 1961～1967 年间，由 805 队、609 队、603 队累计探明储量 685.34 万吨。1972 年 12 月至 1973 年 5 月，中南冶勘 604 队对大小脑窨进行了以储量升级为目的的补充勘探，施工 14 个钻孔，进尺 2461m，1973 年 9 月提交了向全汉、范忠良、温带国等人编写的《湖北大冶灵乡铁矿区大小脑窨矿床第三次补充地质勘探报告》，1974 年经湖北省储委审查，批准铁矿储量 665.2 万吨（工业储量 588 万吨）。

1961 年武钢地质勘探队对狮子山北矿床进行普查，1965 年 7 月，603 队对该矿床进行勘查，1972 年 1 月，604 队灵乡分队向全汉、唐若旦等人在 606 队一分队评价组的配合下，完成了地质与磁法测量，1972 年 5 月发现了Ⅰ号主矿体，钻探施工 7136m（31 个孔）。同时完成了外围普查和磁异常验证，钻探施工 1995m（10 个孔），1974 年 6 月提交了由向全汉、唐若旦、温带国等人编写的《湖北省大冶县灵乡矿区狮子山北铁矿地质勘探报告》，1975 年 6 月经省储委审查，认为报告达到初勘程度，批准铁矿储量 172.05 万吨（工业储量 128.85 万吨）。

1960 年 5 月至 1961 年 7 月，湖北省冶金厅地质队完成了对刘家畈矿床的 1∶2000 地面磁法测量，圈定了磁异常，认为是由磁性不强的矿体引起。经钻探验证发现了隐伏矿体，获得铁矿储量 305.61 万吨。1961 年武钢地质勘探队又在该区完成了 1∶5000 磁法扫面 20km^2，圈出 1 号矿体范围的低缓磁异常。1965 年 5 月至 1967 年 4 月，603 队配合 606 队进行 1∶1 万磁法、化探和自电剖面测量及不同比例尺的地质测量，在综合研究灵乡岩体北缘接触带及其外侧的低缓磁异常基础上，又进行了电法和磁测井的研究。继后，经钻探验证，发现了 2 号隐伏矿体，施工钻孔 26 个，进尺 6734m，基本查明 1 号、2 号矿体的形态产状，1967 年 6 月提交了《湖北大冶刘家畈矿区评价总结报告》。1971 年 2 月，中南冶勘批复要求进一步勘查隐伏矿体赋存构造及矿体边界，1971 年 2 月至 1973 年 8 月，603 队据批复意见再度对 1 号、2 号、4 号矿体进行勘探，共施工钻探工程 42876m（150 个孔），结果扩大了 1 号矿体延深，并新发现 5 号、6 号、7 号小矿体，1973 年 8 月陈力军、郑水生、蒲仲恒等人编写了《湖北大冶县刘家畈铁矿中间地质勘探报告》，1973 年 10 月省储委批准铁矿储量 1427.4 万吨（工业储量 1141.8 万吨）。1973 年 10～11 月，603 队按照省储委批复意见，对 2 号矿体东侧浅部矿体控制不足的地段进行补勘，新增铁矿储量 103.24 万吨，1973 年 11 月提交了《刘家畈铁矿 2 号矿体新增储量说明书》，经省储委审查批准。1973 年 1～12 月，604 队对 7 号矿体进行评价，第二年温带国编写了《湖北大冶县灵乡铁矿刘家畈 7 号矿体 1973 年度储量计算说明书》，求得铁矿地质储量 347.7 万吨。至此，灵乡铁矿勘查工作基本结束。

灵乡铁矿是武汉钢铁公司第一期工程建设中兴建以生产平炉矿为主的铁矿山。自 1958 年以来，相继对狮子山小包山、玉屏山、刘岱山、大小脑窑、广山等矿床进行开发，总设计规模为年产原矿 105 万吨。自 1958 年至 1983 年，已采原矿 930.25 万吨，生产成品矿 820.49 万吨，其中平炉矿 237 万吨，满足了武钢的需要。目前狮子山北矿床因矿体复杂，刘家畈矿床因矿山建设的外部环境制约及水库问题尚未开发。

灵乡铁矿的勘查工作，基本上是根据地质条件，按照客观规律循序渐进的。其主要成功经验是，以地质研究为基础，采用地质物探相结合方法。特别是采用地质测量和物探电法、磁法（地面、井中）的综合方法，反复研究低缓磁异常，结果成功地发现了狮子山北和刘家畈的隐伏主矿体，取得了丰硕的成果。实践表明，地质、物化探方法的综合使用，是灵乡铁矿勘查的正确途径。采用地质、物化探综合方法对寻找隐伏矿体或被掩盖的盲矿体是行之有效的。但由于矿床所处的地质条件各具特点，因此在任何情况下，都不能片面强调某一种方法，而应选择有效的方法组合，便于直接或间接提供找矿信息。

八、湖北黄梅县黄梅铁矿

（一）矿床基本情况

黄梅铁矿是一个由小型褐铁矿发展为中型菱铁矿的矿床，它的发现对鄂东地区乃至长江中下游铁矿找矿起到了积极的推动作用。

矿区位于黄梅县城东南 5km 处，矿区面积为 55km²，由马鞍山、马尾山、梅家山及笔架山四个矿段组成（见图 5-121）。区内有公路相通，京九铁路经过黄梅县，交通方便。

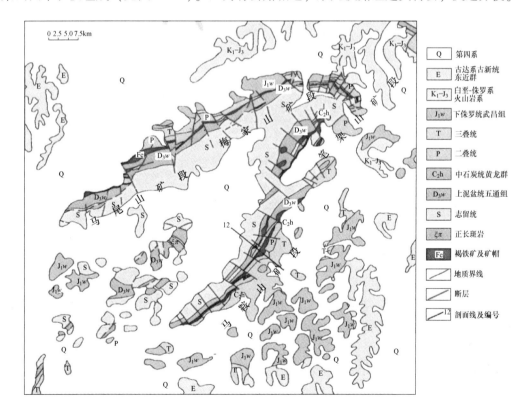

图 5-121　黄梅铁矿区地质简图

　　矿床位于淮阳山字型构造前弧附近的五里墩背斜两翼，其核部为志留系地层，两翼依次为泥盆系、石炭系、二叠系和三叠系地层。背斜轴向北东、东南翼倾角为30°～50°，控制了马鞍山、笔架山矿段的展布；北西翼倒转，倾角为30°～65°，控制了马尾山、梅家山矿段。矿区外围侏罗系灵乡群地层中见有黑云母安山岩和钠长斑岩等火山岩、次火山岩。

　　菱铁矿体分别产于黄龙组白云岩段中部与栖霞组中上部生物碎屑灰岩中，矿体多为层状、似层状，局部脉状，因后期断裂破坏和热液改造导致矿体形态复杂化，常呈透镜状分布。马鞍山矿段有40个矿体，其中Ⅰ号矿体长1100m，矿层厚1～42.21m，斜深525m，矿体上部为褐铁矿石，含铁36.53%，下部为菱铁矿石，含铁30.84%（见图5-122）。马尾山矿段有41个矿体，其中11号矿体长850m，宽110～440m，平均厚10.35m，矿体呈扁豆体，为褐铁矿矿石，含铁38.99%。

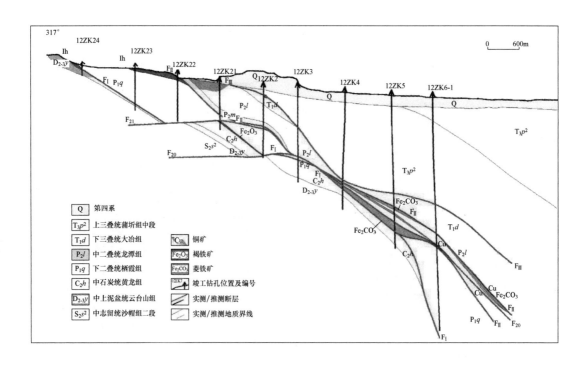

图5-122　黄梅铁矿区12号勘探线地质剖面图

　　矿石自然类型有褐铁矿矿石和菱铁矿矿石。褐铁矿矿石经磁选可获得含铁52.70%的铁精矿，回收率76.63%；菱铁矿矿石由菱铁矿、铁方解石、铁白云石、方解石等组成，具粒状结构，条带状、斑杂状构造，经焙烧磁选，可获含铁59.89%的铁精矿，回收率87.55%。

　　矿床成因类型属沉积-热液改造型。已探明铁矿储量4049.3万吨。

（二）矿床勘查史

　　黄梅铁矿是我国较早开发的一个古矿，据《明一统志》记载："黄州府黄梅县矿山，在县东南一十五里，山出铁矿，旧置炉。"又据《明实录·太祖实录》："明初洪武七年（公元1374年）黄梅冶产铁约一百三十万斤。"

黄梅铁矿浅部氧化矿石为褐铁矿（铁帽），是长江中下游规模较大的铁帽之一，1950年前，就有人到此处进行调查，多数人认为铁帽是硫化物淋滤氧化形成。

1952年，地质部中南地质局大别山普查队曾在黄梅填制1：5000地质图，提交了《大别山东段矿产普查简报》。1956年地质部902队在黄梅进行了航空磁法测量。

1958年，湖北省地质局王豹山地质队在马鞍山调查铁矿。在其提交的《马鞍山铁矿普查报告》中，计算了铁矿储量为319.9万吨。

1959~1962年，湖北省地质局黄冈地质队在马鞍山和马尾山进行普查。按照100~200m间距施工探槽，对铁帽进行揭露，完成1：2000地质草测，施工4个钻孔，求得褐铁矿储量656.45万吨，铅锌矿储量5100t，并指出铁帽是硫化物矿床的次生氧化带。分别提交了《马鞍山铁矿地质普查报告》（1958年）、《马尾山铁矿储量地质报告》（1959年）、《马鞍山多金属矿区地质普查报告》（1961年）和《黄梅地质普查报告》（1962年）。

1962~1964年，湖北省地质局801队再次评价马鞍山矿段铁帽，提出铁帽成因是多金属硫化物矿床氧化带的产物。

1973年9月，冶金部中南冶金地质勘探公司贺晋梁、孙家富、朱清泉、张国新等人组成工作组调查黄梅铁矿，提出"黄梅铁矿可在600万吨基础上翻一番"。1973年10月，中南冶勘作出了对黄梅铁矿开展详查工作的决定。详查任务由604队承担。

1973年11月，604队蔡宏宣等人编制了黄梅马鞍山—马尾山铁矿普查找矿设计，主要任务是查清马鞍山—马尾山铁矿的铁帽规模。1974年3月4日，中南冶勘以〔1974〕冶期革地字027号文批复：要求正确评价地表矿体，了解深部矿体情况，对6个主矿体作出评价。604队按批复的设计全面开展地质工作，开动5台钻机进行深部找矿，到1974年底，在铁帽深部未控制到褐铁矿体，也未见硫化物矿体。对此，杨侃、陈鼎新认真研究后，认为深部可能有菱铁矿体存在，并到正施工的钻机现场进行岩心采样。在采样过程中，工区长成鸿昱到机台检查工作，见到杨侃、陈鼎新正在采样，就顺手拿了一块标本带回604队队部（花园），交给朱清泉，安排鉴定是否有铜矿（实为少量黄铁矿）。朱清泉将带回的标本分为两块，一块送化验室分析铁的含量，发现含铁25%，并经多人重复分析，含铁均为25%~26%，肯定了分析结果，并初步认为是菱铁矿。尔后，朱清泉、王永基、杨格等人将余下的另一块标本进行火烧，出现磁铁矿，进一步肯定了菱铁矿的存在。据此，对已施工的11个钻孔的岩心重新进行全面检查，发现在与地表铁帽产状相对应的部位，岩心多已氧化为褐铁矿染，经火烧均成磁铁矿。至此，黄梅大铁帽之谜被揭开，黄梅菱铁矿被发现。

黄梅菱铁矿的发现，受到湖北省委和冶金部的重视。冶金部迅速做出加速黄梅铁矿勘探的决定。1974年9月25日，中南冶勘成立了黄梅会战指挥部，以604队为基础，调集607队、606队、605队、603队、水文队，研究所等单位，组织21台钻机，1300名职工参加黄梅铁矿会战。在对马鞍山矿段勘探的同时，对整个黄梅矿区开展普查。

马鞍山矿段勘探工作于1977年上半年结束。1977年4月提交了由徐景富、姚晓众、舒治森、杨侃、胡世祥等人编写的《湖北黄梅铁矿区马鞍山矿床地质勘探中间报告》。同年，湖北省储委批准铁矿储量 2418.3 万吨，其中 A+B+C 级 1924.1 万吨，作为设计和矿山建设的依据。

马尾山矿段从 1974 年开始普查，1979 年 1 月到 1981 年转入勘探。1982 年 2 月提交了由朱清泉、舒治森、姚晓众等人编写的《湖北黄梅县黄梅铁矿区马尾山矿床地质勘探报告》，同年 12 月，湖北省储委批准 19~32 线详勘地段储量 812.3 万吨。其中 A+B+C 级 481.3 万吨，作为矿山设计的依据。19~63 线因水文条件复杂，只作为评价区，批准 D 级储量 808.7 万吨。

1979 年，黄梅县钢铁厂开发利用黄梅铁矿，到 1990 年，共采铁矿石 43 万吨。1986 年生产铁矿石 4.5 万吨，生产生铁 9000 吨，总产值 300.75 万元，实现利润 60 万元。湖北省冶金总公司在"八五"期间筹建年开采 30 万吨矿石的矿山。

黄梅铁矿围绕着地表铁帽的成因，经过长达 20 多年的曲折探索，从评价铁帽，探索深部硫化物矿床的存在，到发现原生菱铁矿，改变了矿床成因观点，建立了以勘查资料为依据的黄梅铁矿成矿模式。并运用这一模式指导矿区勘查，使铁矿储量在原有基础上扩大了 10 倍，矿床规模达到中型以上。在黄梅菱铁矿的启发下，江西等省也相继发现了上高七宝山菱铁矿铁矿床。黄梅菱铁矿的发现说明在找矿实践中，重视矿床成因研究，不断完善成矿模式，对于发展找矿成果具有重要的积极作用。

九、湖北鄂州市磨石山铁矿

(一) 矿床基本情况

磨石山铁矿是 20 世纪 70 年代末通过磁异常查证发现的一个中型隐伏铁矿床。

矿区位于湖北省鄂州市城关东南 27km 处，距黄石市区 8km。矿区南起王家琬，北至王家边，西起懂李湾，东至鄂州市与黄石市交界处。矿区地理坐标：东经 114°59′36″，北纬 30°14′18″，矿区面积 3.86km^2。

矿区交通方便，简易公路直通矿区，距武汉—黄石高速公路入口处 9km，距黄石码头 10km。

矿区位于铁山岩体东北缘，出露地层主要有三叠系中上统蒲圻群砂页岩（见图 5-123）。矿区主要构造为北北东向展布的褶皱—上潘背斜和北西、北西西向延深的断裂。区内岩浆岩为燕山期侵入的中细粒石英闪长岩、细粒石英闪长斑岩、斑状闪长岩和细粒斑状闪长岩，属铁山岩体东北缘一部分。该区矿体赋存在岩浆岩与三叠系中上统蒲圻群第一段地层接触带外侧的层间虚脱鞍部及层间破碎带，受地层、岩性、构造、岩浆岩控制。

矿床由 8 个矿体组成，分别为 Ⅰ 号、Ⅱ 号、Ⅲ 号、Ⅳ 号、Ⅴ 号、Ⅵ 号、Ⅶ 号、Ⅷ 号矿体，主矿体有 3 个，其中 Ⅰ 号、Ⅱ 号、Ⅳ 号矿体较大。

Ⅰ 号矿体：为矿区第二大矿体，分布于 0~16 线之间。以 6 线附近为主，呈拱形的似层状（见图 5-124）。矿体产于背斜轴部及偏南翼的闪长岩与大理岩接触带或略偏外带，受接触带构造和层间破碎带控制。矿体走向长约 600m，水平宽度最大为 420m，最小为 70m，一般为 200m。沿倾向控制长度为 132~568m。矿体埋深为 217~442m，赋存标高为 −176~−389m，主要赋存在 −200~−250m。矿体总体走向北东 43°，倾向南东 137°，倾角北西翼 18°~58°，南东翼 16°~54°，轴部平缓，其中 6 线两翼倾角陡，往北东、南西两翼

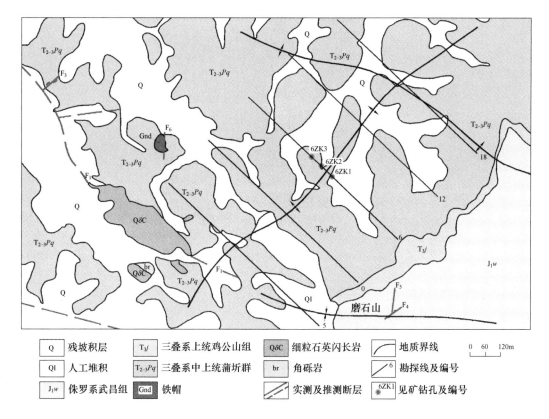

图 5-123 磨石山铁矿地质平面简图

Q	残坡积层	T₃j	三叠系上统鸡公山组	QδC	细粒石英闪长岩		地质界线
QI	人工堆积	T₂₋₃Pq	三叠系中上统蒲圻群	br	角砾岩		勘探线及编号
J₁w	侏罗系武昌组	Gnd	铁帽		实测及推测断层	6ZK1	见矿钻孔及编号

0　60　120m

倾角变缓。矿体厚度一般在轴部及两翼转弯处变厚，最大厚度为 20.94m，一般厚 9.0m，矿体厚度变化系数 V_m 为 66.85%，矿体厚度变化中等。矿体品位 TFe 14.4% ~ 60.75%，平均品位 TFe 34.28%，品位变化系数 V_c 为 36.54%，属均匀型。矿石自然类型主要为粉状磁铁矿，含少量赤铁矿。矿体中夹石主要为磁铁矿化泥灰岩、泥灰岩、磁铁矿化白云质大理岩。Ⅰ号矿体 122b+333+2S22 资源/储量为 280.6 万吨，平均品位：TFe 34.28%，mFe 25.27%，S 2.09%，P 0.066%。

　　Ⅱ号矿体：为矿区最大的矿体，分布于 10 ~ 16 线之间。矿体呈拱形的似层状，产于背斜轴部及倾伏端，受层间剥离构造控制。矿体走向长约 1260m，水平宽度最大 300m，矿体埋深为 244 ~ 392m，赋存标高为 -193 ~ -360m，一般在 -200 ~ -300m。矿体走向 NE43°，倾角 NW 翼 25°，中间 5°，SE 翼 17° ~ 20°。矿体向 NE 倾伏，倾伏角约 40°。矿体走向及倾向尚未完全控制。矿体厚度最大为 23.27m（12ZK2），平均厚度为 14.81m，厚度变化较小。矿体中夹石一般厚度为 1.20 ~ 5.32m，最大 7.96m，成分为磁铁矿化白云质大理岩、白云质大理岩。矿体顶底板均为白云质大理岩，岩石一般比较破碎。

　　矿石主要自然类型为粉状磁铁矿，夹少量浸染状磁铁矿石。Ⅱ号矿体 122b+333 资源/储量为 283.9 万吨，平均品位：TFe 35.39%，S 3.44%，P 0.042%。

　　Ⅳ号矿体：主要分布于 0 ~ 6 线之间，呈似层状产于背斜之南翼的白云质大理岩中，受层间破碎带控制。矿体走向长约 220m，水平宽度为 60 ~ 230m，矿体埋深为 235 ~ 310m，

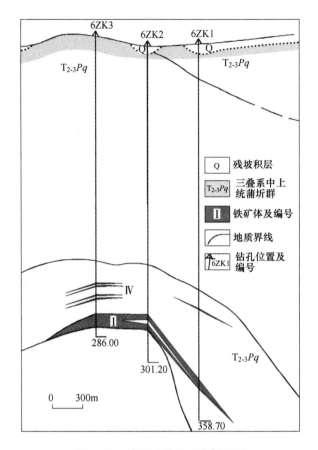

图 5-124　磨石山铁矿 6 线剖面图

赋存标高为 −177 ~ −260m。矿体走向 NE43°，倾向 SE，倾角为 17° ~ 22°，倾伏角约 10°。矿体最大厚度 22.69m，平均厚度为 12.80m，厚度变化系数为 51.85%。矿体品位 TFe 18.6% ~ 59.66%，平均品位 TFe 38.44%，矿化连续，品位变化系数为 33.33%，属均匀型。矿体中夹石主要为磁铁矿化泥灰岩、泥灰岩、白云质大理岩。Ⅳ号矿体矿石主要类型为粉状磁铁矿，含少量褐铁矿及赤铁矿。Ⅳ号矿体矿石 122b+333 资源/储量为 87 万吨，平均品位：TFe 38.44%，S 3.08%，P 0.045%。

矿区采用原矿—磨矿—粗选（浮选）—精选（浮选）—两段磁选工艺，矿石细度在小于 200 目（74μm）以下含量占 60% ~ 65% 时，铁精矿品位为 65.10%，选矿回收率 78.90%；硫精矿品位为 38.30%，选矿回收率 65.27%。

（二）矿床勘查史

区内以往工作程度较低，自 1966 年以来先后有湖北省地质局三队、中南冶金地质勘探公司 609 队、606 队、省地质局区测队等进行过 1∶1 万地质测量和磁法扫面工作。

1975 年，606 队在该区开展 1∶1 万磁法扫面工作，发现磨石山低缓磁异常的存在。但由于异常形态零乱，未引起重视。

1977 年 4 月 ~ 1983 年 12 月，湖北省冶金地质勘探队在该区开展普查工作。完成钻探

11916.01m，槽探 8070.12m³，1:2000 地质（水文）填图 5.75km²；1:2000 磁法精测剖面 16497m。提交了《湖北省鄂州市磨石山铁矿找矿评价报告》，审查储量 C_2 级铁矿石 1040.38 万吨，品位 35.04%，硫 2.32%。

2005 年 6 月～2006 年 1 月，中南地质勘查院在该区开展详查工作，完成钻探 4378.67m，1:2000 地质（水文）填图 4.6km²；1:2000 磁法精测剖面 3600m。2006 年 3 月章幼惠、左志远、王崇建等人编写提交了《湖北省鄂州市磨石山铁矿区 2～14 线铁矿详查地质报告》，2006 年 6 月湖北省国土资源厅以鄂土资储备字〔2006〕28 号文审查通过了该报告，批准该区累计探明 122b+2S22+333 资源储量 782.1 万吨，其中 122b 类 240.9 万吨。

该矿区已由地方一家企业进行地下开采。

十、湖南蓝山县太平锰铁矿

（一）矿床基本情况

湖南省蓝山县太平锰铁矿是 20 世纪 90 年代勘查发现的大型氧化锰铁矿床。矿区位于蓝山县城关镇北东约 27km 处，属蓝山县太平乡管辖，矿区范围北起太平街，南至大坪里，东起渣梨下，西到詹家坊（或称张家坊），地理位置：东经 112°18′43″～112°20′13″，北纬 25°26′30″～25°28′45″，面积 10.47km²。蓝山—嘉禾—郴州公路经过矿区南端，交通较方便。

矿区位于嶷山、香花岭、尖峰岭三个穹窿背斜之间，区域内有较广泛的堆积型锰铁矿或铁锰矿分布，除太平外，还有田心、井头、咱林坳等矿区。

矿区地层绝大部分为第四系覆盖，仅零星出露泥盆系中统棋梓桥组含锰铁白云岩、灰质白云岩（见图 5-125）。

第四系是矿区含矿地层，结核状锰铁矿和土状锰铁矿赋存其中，厚度一般为 15～30m，变化范围为 0～45.25m。矿区褶皱构造为新嘉复背斜与袁家凹向斜的过渡部位，呈一单斜构造，总体倾向北东东，倾角 35°左右。矿区主要断裂有三组，分别为红石脚—早禾压扭性断裂、茅凉亭—红家冲张扭性断裂和詹家坊—太平猪场—狮子（茶厂）张扭性断裂。矿区内未见岩浆岩，但有热液活动。矿区内基岩普遍见有白云石化、方解石化、黄铁矿化现象，偶见铅锌矿化、重晶石化。

矿区含矿层有上、下两层矿。上矿层为结核状锰铁矿，下层为土状锰铁矿（见图 5-126），与围岩无明显界线。

结核状锰铁矿由 Ⅰ-1 号、Ⅱ-1 号、Ⅲ-1 号、Ⅳ-1 号、Ⅴ-1 号五个主要矿体组成，其中 Ⅰ-1 号、Ⅱ-1 号规模较大。Ⅰ-1 号矿体分布在矿区北部，即太平猪场，白茅冲至薛家一带，呈层状、似层状、透镜体状，近水平产出，矿体东西长 1900m，南北宽 1100m，矿层厚 0.99～9.27m，平均厚 2.94m，厚度变化系数为 111%，矿石平均品位：全铁 27.12%，锰 7.46%，磷 0.109%，品位变化系数为 14%，平均含矿率 21.16%。结核状锰铁矿矿石以隐晶质胶状结构为主，次为微晶结构，以块状构造为主，次为肾状、豆状、球粒状及蜂窝状构造。矿石矿物成分主要为赤铁矿、褐铁矿、硬锰矿、软锰矿，脉石矿物主要有三水铝石和高岭土，矿石自然类型为鲕状、豆状、球粒状锰铁矿石，块状锰铁矿石和

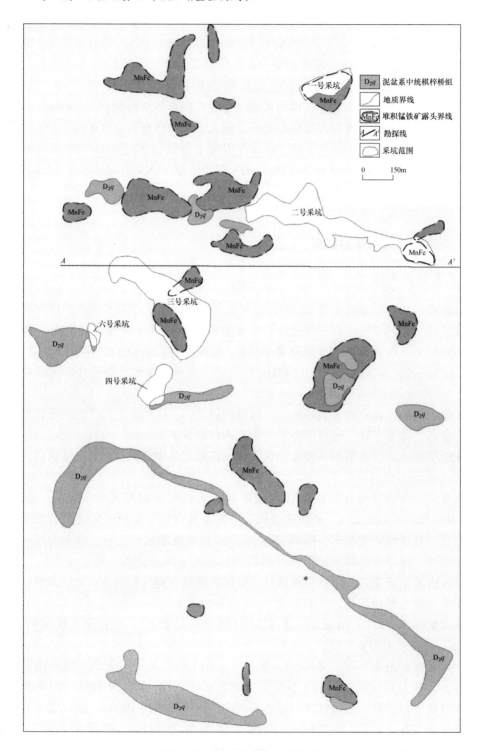

图 5-125 太平锰矿铁地质简图

树枝状锰铁矿石，工业类型属低磷低硫高铅锌氧化贫锰铁矿石。结核状锰铁矿体（层）的围岩及夹石主要为红褐色（含锰铁）黏土、亚黏土，局部见少量黑褐色黏土。顶板围岩主要为第四系上层（$Q_上$），一般厚度为 6m，一般较紧密，为红褐色黏土或含锰铁黏土。底部围岩（上、下矿层间夹层）为红褐色黏土、亚黏土或黑褐色含锰铁黏土或直接与下层矿接触，一般厚度为 1~5m，变化范围为 1~15.15m。结核状锰铁矿内夹石主要为红褐色含锰铁黏土、亚黏土，多呈透镜体状，一般厚度为 1~2m，分布范围很小。

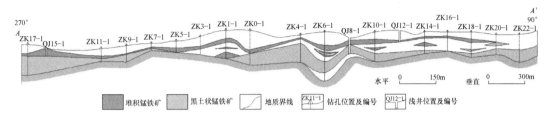

图 5-126　太平锰矿铁 A-A' 剖面图

土状锰铁矿由 I-2 号、II-2 号、III-2 号、IV-2 号、V-2 号五个矿体组成。其中 I-2 号矿体为主要矿体，分布在 I-1 结核状锰铁矿体之下，位于矿区的东北部，矿体呈层状、似层状，矿体东西长 1400m，南北宽 1200m，矿层厚 2.30~23.31m，平均厚 9.45m，厚度变化系数为 67%，平均品位：全铁 32.23%、锰 7.45%、磷 0.091%，品位变化系数为 14%，矿石以微—细粒结构为主，呈松散土状构造。主要矿物成分有褐铁矿、赤铁矿、软锰矿、硬锰矿，脉石矿物有高岭石和铝土矿等。矿石自然类型主要为土状氧化锰铁矿石，矿石工业类型属低磷低硫高铅锌氧化贫锰铁矿石。矿床的成因类型为淋滤—迁移—凝聚型矿床。土状锰铁矿的顶板为上部盖层（$Q_上$）。其底板多为棋梓桥组基岩，少量为透镜状，似层状黑褐色含锰铁黏土层。该底板黏土层一般为 1~3m，分布范围小。

（二）矿床勘查史

太平锰铁矿于 1958 年由当地群众发现，用于炼铁。20 世纪 70 年代以来也有当地村民零星开采，矿石销往省内外。

1958~1973 年，湖南省地质局 408 队及湖南省冶金地质勘探公司 238 队等曾在该区进行铅锌矿普查时，对太平—薛家 1.2km² 范围内的土状锰铁矿作了评价，采用（220~500）m×（200~300）m 的网度，用浅井控制矿体。1974 年 5 月张杨名、陈定国、所维名等人提交了《蓝山太平铅锌矿地质评价工作报告》，获得 D 级土状锰铁矿 1531 万吨（未上储量平衡表）。

1978 年 12 月~1980 年 3 月，湖南省冶金地质勘探公司 206 队陈学升等人对太平—詹家坊一带 5.4km² 范围内的锰铁矿进行普查，填制 1:5000 地质图，以（200~400）m×（100~200）m 网度施工冲击钻孔 100 个，进尺 1545m，获得 C+D 级黑土型锰铁矿 2748 万吨，堆积型锰铁矿 111 万吨（未上储量平衡表）。

1986 年，中南冶金地质勘探公司 607 队郑泽兴等人对该地区的锰铁矿做了调查，并于 1986 年 10 月 9 日提交了《湖南省蓝山县太平铁锰矿区普查简报》。在此基础上，1986 年 11 月郑泽兴、张殿春等人编制了《湖南省蓝山县太平铁锰矿普查找矿设计》，但当时未实施。

1990 年底，冶金部中南地质勘查局长沙地质调查所对 607 队 1986 年编制的设计作适当修改后，从 1991 年起由刘如章等人对该区 30km² 范围内的锰铁矿开展普查，历时两年，填制了 1∶1 万地质草图，对主要矿体以 200m×200m 网度，用冲击浅钻及浅井进行控制。1993 年刘如章、付群和、卢元良等人，选择了矿化较好的太平圩—大坪里之间的 8km² 范围，以堆积型锰铁矿为主要目标转入详查，以 100m×100m 网度求取 C 级储量。1994 年 5 月，刘如章、左桂四、蒋吉生等人提交了《湖南蓝山县太平锰铁矿详查地质报告》，求得表内 C+D 级堆积型锰铁矿净矿石储量 431.09 万吨，其中 C 级 59.24 万吨，表外 C+D 级黑土型锰铁矿储量 2021.78 万吨，另在堆积矿储量中求得伴生铅 29418 吨。报告及储量于 1994 年 8 月 31 日经中南地质勘查局审查批准。其成果获得冶金部中南地勘局找矿成果三等奖。

1992 年，由长沙地质调查所采样，经湖南省冶金工业总公司委托冶金部长沙矿冶研究院对黑土型锰铁矿做了选矿试验和物质成分研究，1992 年 9 月提交了《湖南蓝山太平黑土型锰铁矿石选矿探索性试验报告》（项目负责人：罗济民、邱熙），结论是："经分级、强磁选、还原焙烧磁选、选择性絮凝及部分联合流程试验，均不能获得理想的选别指标，尤其是锰富集甚微"，且"选矿成本高，经济上不合理"。

1996~1998 年，中南冶金地勘局委托中国矿业大学北京研究生部和北京科技大学共同对土状锰铁矿进行工业利用扩大试验，试验采用了"七五"国家攻关成果，可经济地冶炼成多种生铁产品（珠铁），从理论上初步解决了土状铁矿、锰矿的利用问题。

1997 年，长沙地质调查所重新在该区开展了详查工作，完成实物工作量（含 1991~1997 年的普、详查工作量）：1∶5000 地形地质图 7.7km²，物化探剖面 3000m，槽探 1403m³，浅井 2091m，浅钻 3819m。1998 年，按照《关于下达蓝山县太平锰铁矿矿区暂行工业指标的通知》（由湖南省矿产资源委员会 1998 年下发）的新工业指标，严启平、闻立泉、易德法等人提交了《湖南省蓝山县太平矿区锰铁矿详查地质报告》，并通过湖南省矿产资源委员会的评审认定（湘矿资决〔1998〕5 号），评审认定的资源储量如下：结核状锰铁矿表内 C+D 级储量 63.14 万吨，其中 C 级 25.53 万吨；表外 C+D 级 289.47 万吨；土状锰铁矿表内 B+C+D 级储量 1456.56 万吨，其中 B 级 197.11 万吨，C 级 576.48 万吨；表外 C+D 级 1131.61 万吨，（只对 I 号矿体计算了表内储量，其余矿体都列为表外储量）。

太平铁矿矿体埋深浅，可露天开采，目前该区正进行开发利用，采用隧道窑直接还原铁（DRI）的选冶工艺，直接得到粉末冶金级高纯铁粉及高锰渣，其中主产品（铁精矿1）铁平均品位达到 96.30%，回收率 99.98%；次产品（铁精矿2）铁平均品位 90.20%，回收率 99.89%；高锰渣锰平均品位 16.82%，回收率 99.12%。该技术可行，能耗小，成本低，利润空间大，为黑土矿工业利用提供了新的途径。

十一、湖南蓝山县毛俊锰铁矿

（一）矿床基本情况

毛俊锰铁矿区位于湖南省蓝山县城东约 27km，行政区划属永州市蓝山县毛俊乡管辖。地理位置：东经 112°17′43″~112°21′30″，北纬 25°23′15″~25°26′30″，面积 25.20km²。矿区与县城有简易公路相连，交通方便。

矿区位于南岭东西向复杂构造带与耒阳—临武南北构造的复合部位，九嶷山、香花岭、尖峰岭三个穹窿背斜之间。

矿区地层绝大部分为第四系覆盖，仅零星出露泥盆系中统黄公塘组（D_2h）的含锰铁白云岩、灰质白云岩（见图 5-127）。第四系残坡积层呈层状、似层状，总体产状近于水平，与下伏泥盆系黄公塘组灰质白云岩不整合接触，共分上、下两段，其中下段（$Q_{下}^{cld}$）为含矿层位，土状锰铁矿体赋存在其中。根据黏土和锰铁矿层的颜色、岩性等特征，将残坡积层下段（$Q_{下}^{cld}$）划分为上、中、下三部分，中部主要以黑褐色土状锰铁矿层为主，局部有少量含锰铁黏土夹层，其上、下部多见中厚层状含锰铁黏土层，厚度一般为 0 ~ 31.40m，平均厚度约 10m。矿区第四系残坡积层上段（$Q_{上}^{cld}$）上部为红（黄）褐色黏土，厚度为 0 ~ 5m，下部为红褐色含锰铁黏土层，局部出现结核状、鲕状、豆状、球粒状、肾状等锰铁矿，含矿率一般为 6% ~ 12%，含矿率低，呈透镜状产出，未形成规模矿体，该层厚 0 ~ 22.8m。

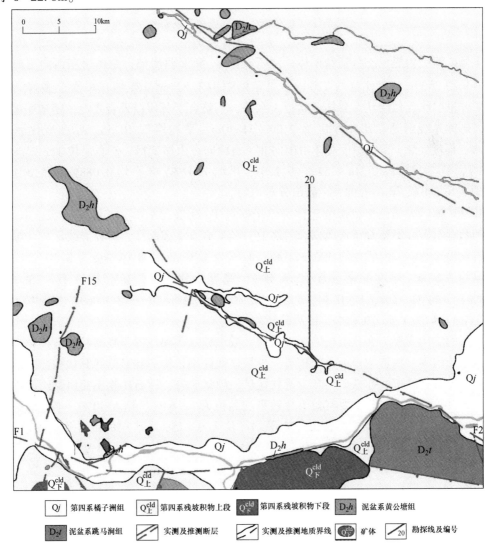

图 5-127　毛俊锰铁矿地质简图

矿区基岩主体为一单斜构造，构造位置属新嘉复背斜与袁家凹向斜过渡部位，总体倾向北东东，倾角为35°左右。矿区基岩断裂构造有近北西西向和近南北向两组，其中近南北向的有 F_8、F_{15} 两条断层，北西西向的有 3 条，分别为 F_1、F_2 和 F_3 断层，近东北向有 F_{16} 断层。矿区内未见岩浆岩，但有热液活动，基岩见有白云石化、方解石化等蚀变现象，并见有铅锌矿、辉锑矿等低温热液产物。

矿区仅分布黑色土状锰铁矿体，赋存于第四系残坡积层下段，不整合灰质白云岩之上（见图5-128）。矿体分布范围北起太平矿区，南至小富岭，东起田心，西至火市，矿区以 F2 断层所处永桥村溪沟为界分为Ⅰ号、Ⅱ号两个矿体。

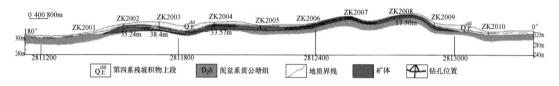

图 5-128　毛俊锰矿 20 号勘探线剖面图

Ⅰ号矿体：为黑色土状锰铁矿体，位于矿区 F_2 断层西南部，总体呈东西向展布，矿体东西长约 2500m，南北宽约 2200m，展布面积为 1.52km²。矿体在平面上表现为马蹄状。矿体呈层状、似层状，总体产状近于水平，不整合于灰质白云岩之上，随基底起伏而变化，矿体界线清楚。矿体厚度为 2.00~31.40m，平均厚约 10.55，厚度变化系数为 74.84%，厚度变化中等，厚度总体由南向北、由西向东由厚变薄，矿石品位 TFe 25.83%~47.63%，平均 34.27%，Mn 4.54%~9.22%，平均 7.09%，P 平均 0.088%。品位变化系数为 TFe 16.34%，Mn 17.02%，品位分布均匀。

Ⅱ号矿体：为黑色土状锰铁矿体，位于矿区 F_2 断层北东部，矿体呈层状、似层状，总体产状近水平，不整合于灰质白云岩之上，随基岩有一定起伏，矿体界线比较清晰。矿体东西长约 3700m，南北宽约 3000m，展布面积为 2.35km²。矿体厚度为 2.00~24.00m，平均厚约 8.53m，厚度变化系数为 68.58%，厚度变化中等。矿石品位 TFe 25.03%~44.88%，平均 31.11%，Mn 0.34%~8.92%，平均 6.72%，P 平均 0.069%，品位变化系数为 TFe 11.67%，Mn 19.66%，品位分布均匀。

矿石的结构主要为多孔疏松的泥质结构，微细粒结构和他形不规则粒状结构，少量的交代残余结构等，构造主要为土状构造，少量显微浸染状构造和显微网脉状构造。矿石矿物成分主要有针铁矿、赤铁矿，含少量软锰矿、硬锰矿等，脉石矿物主要由黏土矿物、石英、白云母等组成。矿石主要有益组分铁平均品位为 32.63%、锰 6.90%，伴生有益组分铅 0.38%、锌 0.69%，伴生有害组分 P 平均品位为 0.078%。矿层的顶板为黄褐色黏土，厚度变化不大，一般为 0.40~14.80m，平均 3.53m。矿层底板主要为黄公塘白云岩，产状近于水平，一般为 10°~25°；局部为透镜状、似层状黑褐色含锰铁黏土层，该黏土层厚 0.60~25.22m，平均厚度为 4.68m，分布范围小。矿层间夹层主要为黑褐色含锰铁黏土，含 1~4 层，厚度变化范围为 1~7.8m，平均厚度为 4.68m。矿石自然类型为土状氧化锰铁矿，矿石工业类型为低硫磷、高铅锌的氧化贫锰铁矿石。矿床成因类型为风化淋滤红土型氧化锰铁矿矿床。

（二）矿床勘查史

1964～1979年，多家地勘单位完成了矿区的区域地质调查、化探工作。

1958～1973年，湖南省地质局408队、省冶金勘探公司238队对矿区北部太平铅锌矿进行了普查评价工作。

1976～1980年，湖南省冶金勘探公司206队、地矿局409队在矿区南部蛇尾巴一带进行过初步普查工作。

1991～1998年，中国冶金地质总局中南局长沙地质调查所在矿区北部太平一带进行了锰铁矿普查、详查工作，于1998年11月提交了《湖南省蓝山县太平矿区锰铁矿详查地质报告》，1999年3月经湖南省矿资委《湘矿资决〔1998〕5号》文批准表内储量C+D级结核状锰铁矿矿石量63.14万吨，土状锰铁矿矿石量1456.56万吨；表外储量C+D级结核状锰铁矿矿石量289.47万吨，土状锰铁矿矿石量1131.61万吨。

1999～2002年，中国冶金地质总局中南地质勘查院承担了国土资源大调查项目"湖南湘南氧化锰铁矿评价"。重点对毛俊矿区锰铁矿进行了评价工作，采用浅井和浅钻对矿区主要矿体进行了稀疏控制。2005年4月提交了《湖南湘南氧化锰铁矿评价报告》，圈出5个锰铁矿体；2005年4月中国地调局委托中国冶金地质勘查工程总局审查，以中地调（冶）审字〔2005〕2号文批准毛俊矿区土状锰铁矿333+334资源量10400.13万吨，其中333资源量1439.72万吨，占总资源量的13.8%。

2005年3月～2006年12月中国冶金地质总局中南地质勘查院对蓝山县毛俊矿区锰铁矿普查阶段局部工作程度薄弱地段，开展补充地质工作并提交地质工作总结（自主资金项目批文：局办发〔2005〕32号文，野外验收批文：中冶勘地〔2007〕26号文），初步估算蓝山县毛俊矿区土状铁锰矿333+334$_1$资源总量6508.62万吨，其中333资源量1335.64万吨，占总资源量的20.52%。2006年12月～2008年5月成功进行黑土矿成型工艺试验，完成《湖南省蓝山县太平—毛俊土状铁锰矿选冶性能分析研究报告》（中冶勘地〔2006〕146号）。

2012年5月～2013年10月，中国冶金地质总局中南地质勘查院在前期普查工作的基础上，以浅钻工程为主要工作手段，配合少量浅井工程、系统取样工程，在毛俊矿区25.20km^{2}范围内开展锰铁矿详查地质工作，完成1:5000地质测量25.20km^2，2174m（116孔），浅井176m（8个），样品分析测试141件。2014年10月，严启平、黄飞等人编制提交了《湖南省蓝山县毛俊矿区锰铁矿详查阶段性成果报告》，并通过湖南省矿产资源委员会的评审认定（湘勘评审〔2014〕34号），评审认定的资源储量：土状铁锰矿矿石332+333+332$_低$+333$_低$资源量6245.2万吨，平均品位TFe 32.63%、Mn 6.90%；其中锰铁矿石资源量332类型2470.8万吨，TFe 35.73%，Mn 7.30%，占总量的39.56%；333类型3006.2万吨，TFe 34.51%，Mn 7.29%，占总量的48.14%；332$_低$+333$_低$类型768.1万吨，TFe 27.11%，Mn 5.92%，占总量的12.30%。伴生铅金属量333+333$_低$类型164315t，伴生锌金属量333+333$_低$类型198864t。

十二、湖南清水茶陵铁矿

(一) 矿床基本情况

茶陵地处湖南东部，隶属株洲市，北抵长沙，南通广东，西屏衡阳，东邻吉安。面积 2500km²，人口 59 万，辖 20 个乡镇，2 个办事处。茶陵是湘赣边境地区交通枢纽，京广、京九铁路侧翼东西，醴茶铁路、106 国道，三南公路交汇于此，周边县（市）物资多在此集散。清水铁矿位于茶陵县城东北方向 18km 的思聪街道龙溪村境内，行政隶属茶陵县思聪街道龙溪村管辖。地理坐标：东经 113°32′40″～113°33′21″，北纬 26°54′42″～26°55′24″。矿山有简易水泥公路达茶陵至潞水县级油面公路（县道 X054）相连，并与省道 S320 和国道 G106 及醴（陵）—茶（陵）准轨铁路相衔接，可抵达省内各地，区内交通方便。

矿区出露的地层简单，主要地层由新至老为泥盆系上统锡矿山组（D_3x）、石炭系下统（C）、侏罗系（J）及第四系（Q）。

矿区处于湘东新华夏构造体系的西侧，茶（陵）—永（兴）构造盆地北端，地质构造较为复杂，北东向的褶皱、断裂构造为该区的基本构造轮廓，后期北西向构造也较为发育，并改造和破坏了先期构造体系的完整性。

区内褶皱活动频繁，按其轴向主要为北东—南西向，主要褶皱有秀里坪向斜、大山岭背斜、艾家向斜、广纪岭背斜等。

矿区距邓阜仙岩体（印支期黑云母粗粒斑状花岗岩）3km，受多旋回多期次岩浆活动的影响，清水矿区东部铁矿多变质为磁铁矿。

矿区矿体分布范围受艾家向斜和广纪岭背斜等构造控制，矿层露头线分布于向斜四周的大山岭、广纪岭一带。由于断层及剥蚀的影响，露头线不太连续，其形态多围绕线形褶皱或开阔的短轴褶曲出现，亦有的矿体露头线交于断层而呈现半月形出现。矿体呈层状产于翻下段底部，严格控制在生物灰岩以下的绿泥岩上，矿床特征属"宁乡式"沉积改造型铁矿床。

该区矿体以单层状产出为主，局部夹绿泥岩扁豆体；矿层走向以 30°～50° 为主，倾向北西、南东，倾角一般为 30°～50°，部分大于 70° 直至倒转。矿体厚度变化不大，变化系数为 41%，最大 5.06m，最小 0.14m，东区 1.92m，西区 1.68m，浅部 1.85m，中深部 1.77m，平均厚度 1.79m。最大 5.60m（7～9 线 ZK2），最小 0.86m（3 线 ZK18），平均 1.79m；全铁含量平均 44.68%，最高可达 55.0%，最低则为 26.8%；磷含量 0.2%～0.6%，平均 0.51%，均超过一般工业允许范围，赋存矿物为胶磷矿；硫含量 0.004%～0.98%，平均 0.15%，在含绿泥石的矿石中较高，深部较浅部含量高。

矿石中的金属矿物主要为赤铁矿、磁铁矿、菱铁铁、褐铁矿、假象赤铁矿、镜铁矿及黄铁矿等。脉石矿物主要为绿泥石、石英、方解石、绢云母、胶磷矿等。

矿石结构以鲕状、粒状结构为主，次为交代结构。矿石构造以块状构造为主，地表见蜂窝状构造。

矿层顶板围岩为浅绿色含鲕状结构的绿泥岩，底板为深绿色、氮状结构的绿泥岩。

夹石除绿泥岩外，尚有含铁绿泥岩，个别地段出现绿泥石粉砂岩，其厚度不稳定，浅部地段一般不含夹石。

（二）矿床勘查史

从明清到民国时期，以民间开采为主，新中国成立以后主要是国家进行开采。

1952 年底，国家地质部中南地质局组建了茶陵铁矿勘探队，开始对茶陵的清水进行地质勘探。从 1952 年至 1978 年，中南地质局和冶金部地质局湖南分局 214 队，还有冶金部地质局湖南分局 232 队、冶金部地质局湖南分局茶陵队等，先后对茶陵的清水、潞水、雷龙里、排前等地进行了地质勘探。并于 1958 年，提交了《湖南茶陵清水矿地质勘探总结报告》，为茶陵的铁矿开发奠定了良好基础。

1970 年初，根据湖南省委指示，湘东铁矿开展了开发矿业工作，湖南冶金 214 队随之进行了历时五年的矿区水文和地质详细勘探工作，进一步查明了矿床的远景、构造和矿石的质量变化情况，同时提交了清水铁矿区地质勘探总结报告书。

截至 1977 年 4 月，历时 14 个月，湖南冶金 214 队野外工程结束，为拟编《湖南茶陵清水铁矿区储量升级补充勘探报告》提供了依据。

1978 年 9 月，湖南冶金 214 勘探队提交了《湖南茶陵清水铁矿区储量升级补充勘探报告》，报告编写人为李森权。补勘期间，完成钻探 122343.68m，矿心采样 188 个，加工样品 188 个。工作总投资 28.3 万元，增升 B+C$_1$ 级储量共 516 万吨，工业矿石中 B 级占 21.1%，全区工业储量 1674.32 万吨。

十三、海南昌江县石碌铁矿

（一）矿床基本情况

石碌铁多金属矿区位于海南岛中西部昌江县石碌镇，行政区划属石碌镇管辖，石碌镇是昌江县政府所在地，矿区与县城以石碌河相隔。地理坐标：东经 109°01′00″~109°05′45″，北纬 19°11′30″~19°15′00″。陆路交通十分便捷，距省会海口市 196km，距三亚市 220km，距八所港 50km。矿山有铁路专线与东方市八所港相接，并与粤海铁路相通，交通便利。

石碌铁多金属矿床位于岛北构造单元的东南地洼区雷琼地洼系琼中地穹列的西部，同时处于昌江—琼海构造带和戈枕构造带交汇处。

海南岛内地层出露较全，自中元古界长城系至第四系，除缺失南华系、蓟县系、泥盆系及侏罗系的地层外，其他地层均有出露。岩浆岩在该区广泛分布，多相侵入岩和喷出岩在海南岛大量并存出露，岩浆侵入体主要由海西—印支期和燕山期花岗岩组成。该区经历了晋宁、加里东、海西、印支、燕山和喜马拉雅运动阶段，其主要构造形迹方向为东西向、南北向、北东向、北北东向、北北西向、北西向及少量其他方向等。

矿区地层为石炭二叠系绢云母片岩、透镜状结晶灰岩、石英岩及第四系堆积层冲积层。

石碌矿区主要受轴向 NW—SE 向、局部倒转且北西处翘起和收缩、向南东处倾伏和开阔的"北一"复式向斜控制，倾伏角自西向东由 50°渐变为 20°或更小。该复式向斜自北向南由保秀向斜、三棱山向斜、北一向斜、红房山背斜、石灰顶向斜、羊角山背斜等多个次级褶皱组成。矿区内断裂构造同样发育，主要有 NW—NWW、NEE—EW 和 NNE—近

SN 向三组断裂。

　　矿区西部及侵入印支—燕山早期花岗岩为燕山晚期花岗岩、花岗闪长岩，邻近侵入体和围岩接触带的区域出现条带状和眼球状构造的片麻状混合岩。矿区还存在各种规模的白垩纪中晚期的岩墙和岩脉，主要分布在矿区东南部，由花岗斑岩、石英斑岩、闪长岩、煌斑岩和辉绿岩组成（见图 5-129）。

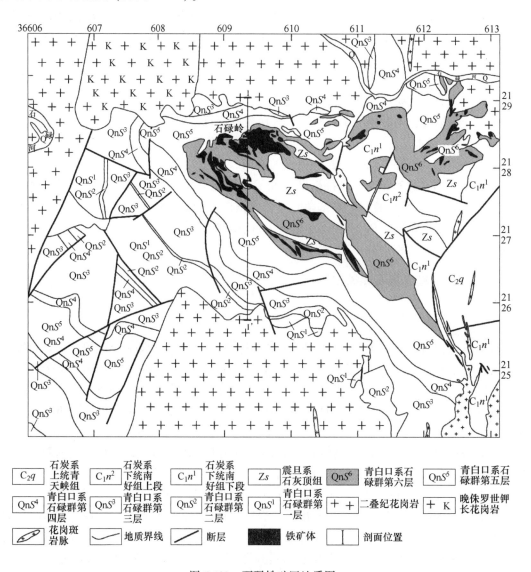

图 5-129　石碌铁矿区地质图

　　区内大小矿体有 52 处，呈东西向断续分布。西自西一矿体，东至红头山，东西长 5km。其中北一矿体为最大矿体，该矿体位于石碌市南 1.5km，地表全长 1154m，最宽 374m，最深 400m。矿床矿物有赤铁矿、磁铁矿、镜铁矿、石英、方解石、石榴子石、重晶石等。矿石的结构主要有鳞片状结构、粒状结构、致密状结构；矿石构造主要有片状构造及块状构造。矿床成因属风化坡积矿床。羊角山—石碌岭地质剖面图如图 5-130 所示。

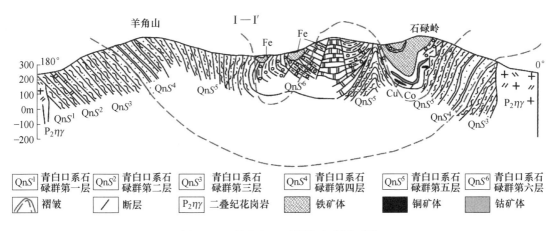

图 5-130　羊角山—石碌岭地质剖面图

截至 2020 年底，石碌铁矿床累计探明资源储量 51412 万吨，保有资源储量 26850.63万吨。

（二）矿床勘查史

石碌铁矿早在乾隆年间层进行开采，在水头村立有"严禁私采"石碑一块。新中国成立前，日寇、国民党均有勘查及开采。

1952 年，中南地质局两广地质调查所派出海南铁矿调查队，到石碌工作一月有余，并以北一矿体和枫树下矿体为中心，开展了初步的勘探。

1955 年，中南地质局 401 队张伯楷、王吉刚等人对该区开展了少量钻探，并对矿区进行了初步勘探，提交《海南岛东方县石碌铁矿地质报告》，并计算得 C_1 级铁矿储量129.54 万吨。

1955 年，中南地质局 410 队，蒋大海、王劼刚、黎荣国、周永清等人对该矿床进行了地质勘探，并提交了《海南岛东方县石碌矿区地质勘探中间报告》，通过勘探测得矿区地质图 $3.04km^2$，矿床储量 1600 万吨，原生矿蕴藏 2 亿吨，其中富矿占 70% 以上。现已探明储量 1.7 亿吨。矿区就坡积矿本身来看，已够开采条件，加上有丰富的原生矿，可在勘探区建一个新型大规模生产铁的矿山。

1975~1976 年，冶金部广东冶金地质 934 队对海南石碌铁钴铜矿区南矿段进行补勘，并提交《海南石碌铁钴铜矿区南矿段补勘储量计算说明书》。提交铁矿石资源量 1503.3万吨，报告以粤冶地字〔1979〕第 168 号被批准。

1983 年，冶金部广东冶金地质 934 队杨厚德等人对矿区北一区段进行了地质勘探，并提交了报告。经勘查，该区段有 9 个钴矿体、37 个铜矿体，主要矿体为一号钴矿体和一号铜矿体。钴矿体为一盲矿体，纵向长 1200m，宽 557m，平均厚 4.35m，主要矿物为含钴黄铁矿、含钴磁黄铁矿，品位：钴 0.308%，铜 0.75%。一号铜矿体长 440m，宽257m，厚 6.11m，品位 1.71%。钴铜矿床应与铁矿同属以沉积为主导、经受中浅程度区域变质作用改造的变质沉积矿床。累计探明表内硫化钴、铜矿石储量为 613 万吨，其中

B+C$_1$ 级为 411 万吨。金属量：钴 1165.07t，铜 69112.28t；镍 3260.17t；银 637.07t；硫 469238.68t。

十四、河南舞阳铁矿

(一) 矿床基本情况

舞阳铁矿位于华北克拉通南缘，属于华北克拉通南缘舞阳—霍邱成矿带西段的大型铁矿床。在前震旦古构造格架中，位于太华弧形构造带的西翼，并有近南北向构造带古构造的复合叠加。

铁矿床主要分布于赵案庄组和铁山庙组中褶皱轴部（特别是背斜轴部）及倾伏端和断层抬升矿体但未遭受破坏地段。主要地层为前寒武系太古界的一套区域变质岩系，总厚度达五千多米。主要岩石为巨厚的花岗质条带状混合岩和白粒岩、铁铝榴更长角闪片麻岩。

该区大部被第四系覆盖，仅南缘和西北部有大片震旦系，寒武系地层出露及前震旦系变质岩系和老第三系零星露头，并有燕山期花岗岩、花岗斑岩、闪长岩侵入穿插。新生界（Q、E、K）地层和 Z 地层之下的太华群中深变质岩系，是该区变质铁矿的含矿母岩，据区域地层对比及同位素年龄测定为 23 亿~25 亿年，可初步定为晚太古代。

区域构造线呈 NWW—SEE，向东转为 E—W 向，沿区域构造线方向的断裂、褶皱极为发育，区域性断裂控制该区的地层、岩浆岩和矿产具有明显的线性分布特征。

舞阳铁山庙式铁矿矿体自北西（尚庙）至南东向（铁山庙）延深。包括尚庙—经山寺冷岗矿段铁古坑—铁山庙—石门郭矿段。尚庙经山寺冷岗矿段矿体直接围岩为稳定的厚层状大理岩，矿体底板间接围岩为铁铝榴石斜长角闪片麻岩，顶板间接围岩为浅粒岩。矿体呈似层状、扁豆状，矿体由多个单层构成，单层厚 1.06~31.68m，总厚 4.52~82.33m。平均品位 Fe 25.81%。

矿区断裂、褶皱发育，矿体赋存于背斜核部，受次一级褶皱影响，矿体展布及产状变化大，铁古坑—铁山庙—石门郭矿段矿体直接围岩为大理岩，但不稳定，间接围岩为条带状混合岩（基体由黑云斜长片麻岩、斜长角闪片麻岩组成），如图 5-131 所示。

矿体呈似层状，长 3300m，宽 500~900m，厚 3.15~93.93m，平均厚 28.15m。平均品位 TFe 29.15%。矿区断裂构造发育。矿体赋存于复式背斜南翼，地层倾向南西，倾角为 27°~49°，矿层产状与地层一致。近东西向断裂切割石门郭与铁山庙矿体，倾向南，倾角 65°，北东向断裂穿切铁古坑矿体西侧，倾向北西，陡倾 70°。

铁山庙式铁矿矿石由磁铁矿、辉石、石英、方解石、角闪石、黑云母等矿物组成，具中-粗粒变晶结构，条带状、条纹状和块状构造。尚庙—经山寺冷岗矿段矿石类型有条带状石英-辉石-磁铁矿、块状辉石-磁铁矿和块状石英-磁铁矿；铁古坑—铁山庙—石门郭矿段矿石类型有条带状石英辉石-磁铁矿和块状辉石-磁铁矿。两矿段总条带状石英-(辉石)-磁铁矿矿石约占储量的 60%，含铁品位较高；块状石英-磁铁矿矿石较少；块状辉石-磁铁矿矿石约占储量 32%，含镁铁硅酸盐矿物含量较高，不含石英。舞阳铁矿铁山矿段 3 勘探线剖面图如图 5-132 所示。

矿山开发自 1958 年始，历经"三起三落"，1958~1960 年大炼钢铁时期，河南省冶

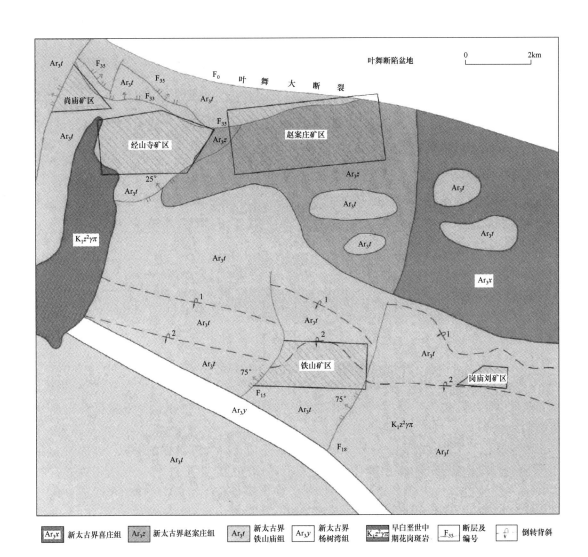

图 5-131　舞阳铁矿田矿床分布及地质简图

金厅曾在此采矿 50 万吨，而后停采；1970 年为小三线建设进行舞钢会战，成立 702 指挥所，1973 年成立舞阳钢铁公司，到 1976 年缓建；1977 年开始，按照抓钢治国精神再建，到 1979 年又调整搁浅。直到 1984 年年底冶金部决定将舞阳铁矿移交河南省，恢复建设，从而开始了舞阳铁矿开发建设的新阶段。之后，舞阳铁矿投入生产，成为河南省安阳钢铁公司自供矿的主要后备资源基地。

截至 2020 年年底，舞阳铁矿及王道行铁矿累计探明资源储量共计 5.57 亿吨，保有资源储量 2.68 亿吨。

（二）矿床勘查史

1955 年，中南地质局 461 队检查群众报矿点发现该矿床。

1956~1970 年，河南省地质局开展了数次勘查评价工作，并提交《河南省舞阳铁

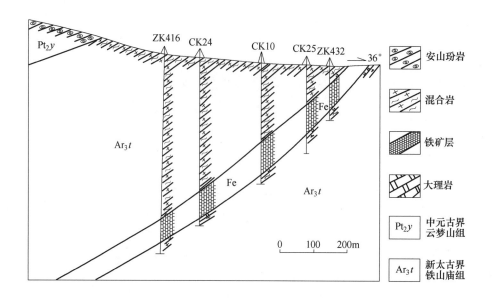

图 5-132 舞阳铁矿铁山矿段 3 勘探线剖面图

山庙矿区中间地质报告》及《河南省舞阳铁矿赵案庄矿床详勘报告储量重算补充地质报告》。

1970 年，河南建委地质勘探公司地质 9 队对王道行矿床进行详细勘探，共施工钻孔 68 个计 13160m。提交《河南省舞阳铁矿王道行矿床详勘地质报告》。全区求得铁矿石储量 B+C_1+C_2 级 2898.4 万吨，蛇纹石 1087.3 万吨，磷灰石矿物量 71.57 万吨，五氧化二钒总量 3.34 万吨。该矿床的详勘连通了西部赵案庄矿床，并与东部杨庄、下曹、余庄等矿床相衔接，使八台地区构成一个铁矿田。

1970~1971 年，由河南省冶金局第四地质队进行详细勘探工作，提交《河南省舞阳铁矿铁矿床详勘地质报告》，储量 24886.1 万吨，其中"二铁"露天矿储量 4860.4 万吨。

1973 年 3~12 月，河南省冶金局第四地质队牛英起、张源有、李建纲、金汉臣、覃显南、李建华、刘金畔、王烈、梅崇杰、陈清平等人开展"二铁"露天矿补充勘探工作，提交初审的"二铁"露天矿储量为 4428.6 万吨，与原报告数字比较稍微有变化。1974 年 7 月提交《河南舞阳铁矿铁山矿床"二铁"露天矿补充勘探地质报告》，完成钻探 9 孔进尺 1328.8m。批准储量：铁古坑段原生矿、半氧化矿、氧化矿合计 B 级 2126.6 万吨，C_1 级 746.5 万吨，全铁含量 29.08%~30.77%；铁山庙段氧化矿 B 级 1317.3 万吨，C_1 级 230.5 万吨，全铁品位 30.03%。两矿合计 B+C_1 级 4420.9 万吨。

1973~1976 年，河南省冶金局第四地质队开展赵案庄王道行矿床勘探工作，提交《河南省舞阳铁矿赵案庄王道行矿床综合勘探地质报告》。报告探获铁矿石资源量 9648 万吨，报告以省冶金局豫革地字〔1976〕203 号文获批。

十五、河南林县东冶铁矿

(一) 矿区基本情况

东冶矿区位于林县（现为林州市）河顺镇，西南距县城 15km，交通尚便利。地理坐标：东经 113°54′，北纬 36°12′。

该区在大地构造单元属于山西地台。区域出露的地层单位有前震旦系、震旦系、寒武系、奥陶系、石炭系、二叠系，第三系及第四系等地层。区域地质构造的主要特征是褶皱、断裂同时发育。前者以断裂型褶皱为特色，后者则以垂直升降差异而产生的高角度断层（主要是正断层）为特色。褶皱有傅家沟背斜、仙岩村背斜、清凉山背斜。断裂有林县正断层、东部断裂带、西部断裂带。该区所见岩浆岩主要为闪长岩类岩石，侵入时期属于燕山期。

矿区地层极为简单，除早奥陶统、中奥陶统灰岩外，即为第四系冲积、坡积层。区内大片出露为岩浆岩——闪长岩类岩石。矿区所见岩脉主要为长石——石英脉。

矿区内褶曲构造仅有龙池沟、南岭两个隐伏与角闪闪长岩之下的小向斜，而这两个小向斜恰与矿床有形影关系。断层有牧场断层、王家沟—龙池沟破裂带、路家脑小断层、南岭向斜两翼断裂带。

矿区内略具工业价值的矿床（矿体）仅有四个，即龙池沟、南岭、路家脑、牧场。

龙池沟矿体位于矿区中心部位，系四个矿体中最大者，北段走向北东45°，南段走向转为南东150°左右，整个矿体在地表出露总长度为1200m，外表形态似一新月形或不完整的弓形。路家脑矿体位于龙池沟之东南，二矿体相距0.5km。南岭矿体位于矿区西南，距龙池沟1.8km。牧场矿体位于矿区东南角，距龙池沟2km。

矿体中金属矿物主要为磁铁矿，次要有黄铁矿、假象赤铁矿，以及少量黄铜矿。脉石矿物有透辉石、透闪石-阳起石、绿泥石、方解石、磷灰石、石英等。矿石结构有自形-半自形粒状结构、压碎结构、骸晶结构。构造有致密块状构造、条带状构造。

(二) 矿床勘查史

1955~1964 年，先后有 461 队、省地质局安阳地质队、省冶金局地质勘探公司第三队和省冶金煤炭厅地质勘探队在此进行过工作。461 队纯系普查工作，投入少量钻探工作。安阳地质队所做工作基本上也属于普查工作。第三队所做工作属初勘性质。省冶金煤炭厅地质勘探队工作实为第三队工作的继续。

1959 年，河南省冶金工业局地质勘探公司第三队在该区进行勘探，提交了地质勘探报告书。

1962~1963 年，河南省冶金煤炭厅地质勘探队刘敏、杨汝烈、来增运、张于书、李景生、陈树泮、李燕然等人在该区进行了四千多米的钻探工作，1964 年提交《河南省林县东冶铁矿区地质勘探报告书》，共获取 C_1+C_2 级储量 528.36 万吨，其中 C_1 级 241.20 万吨。

十六、河南林县杨家庄铁矿

（一）矿区基本情况

矿区位于林县（现为林州市）东北21km，属横水镇管辖，东西长3km，南北宽2.4km，面积为9.2km²。各矿点之间有简易公路，交通方便。地理坐标：东经114°20′，北纬36°7′。

该区域大地构造位于华北板块晋冀联合陆块中东部，太行山复式背斜南段。区内构造发育，断裂构造主要有NE—NNE向、SN向和NW向3组，以NE向为主，褶皱构造局部发育，区内铁矿主要受EW向隐伏基底断裂与NNE向盖层构造的联合控制。岩浆岩活动频繁，成分复杂，从超基性岩至碱性岩皆有出露，其中以燕山期中性闪长岩分布最广，与安林地区铁矿成矿关系最为密切，呈似层状侵入于马家沟组灰岩，为邯邢式铁矿的成矿母岩。

区内出露地层相对简单，主要为奥陶系中统马家沟组黄褐色、砖灰色薄层状白云岩，第三系汤阴组角砾岩及第四系黄土坡积物。

该区岩浆岩包括超基性岩、中性岩和碱性岩。其岩石种类为角闪石岩、角闪闪长岩、闪长岩、闪长斑岩、斜长斑岩、石英正长斑岩及碱性正长斑岩等。

该矿区由于处于弧形褶皱带的偏西部位，其构造特征严格地受此褶皱带控制。以褶曲为主，断裂次之。该矿区由杨家庄主背斜及上台向斜组成，二者均为复式褶皱，褶曲轴向120°左右，东西纵贯此区，主褶皱一般南翼产状较平缓，北翼产状较陡，次级褶皱甚至倒转。

矿区地质构造是褶皱为主，断裂次之。杨家庄主背斜控制全区。背斜轴走向为120°左右，背斜轴部由闪长岩和角山闪长岩组成，两翼为马家沟组灰岩组成。

该铁矿为产在中奥陶统马家沟组灰岩与闪长岩侵入接触带的矽卡岩型矿床，共7个矿体，分布在汞西岭、汞西岭北、陈菜凹等。其中汞西岭北矿体稍大，其他都是小矿体。汞西岭北矿体东西长1000m，宽60m，厚0.6~43.52m。

双石脑矿段矿体位于矿段的中段和西段。矿体东端尖灭于18线和19线之间，西端尖灭于11线和10线之间。Ⅲ号矿体规模最大，控制矿体长度为400m，水平投影宽度为27~117m，呈北西西—南东东向展布。矿体厚大部位皆靠近陡接触带，沿倾向变化极大。平均品位全铁41.11%，硫0.110%。为原生磁铁矿石，品位均匀。属高炉自熔性富矿石。

矿石成分中主要金属矿物为磁铁矿，次为黄铁矿；主要脉石矿物为透辉石、透闪石、石榴石、方解石，另有少量的绿泥石等。

矿石结构为细粒半自形-自形晶粒状结构，少量为他形晶粒状结构；矿石构造为条带状构造、致密块状构造和浸染状构造。

围岩蚀变种类繁多，主要有矽卡岩化、大理岩化、碳酸盐化、绿帘石化及绿泥石化等。矽卡岩化与成矿关系极为密切。

（二）矿床勘查史

早在100多年前，该区就发现了前人开采的老硐，其开采年代无从考查。1958年后该区的矿石开采由安阳市探矿公司进行。

1958年，河南省地质局安阳地质队进行普查勘探工作。此后，河南省冶金工业局地质勘探公司第三队韩致群、乔兴盛、杨汝烈、孙金梁等人对该区进行普查找矿工作。完成钻探3530.81m。共计算储量397万吨。

截至1973年底前后，有河南省地质局普查队、豫北物探队、河南省冶金厅第一地质队、中央航测队、冶金部中南冶金勘探公司606队和602队等六个单位在该区工作过。投入了大量的地质调查、磁测、化验和钻探工作，仅钻探一项就施工钻孔179个，进尺28072.15m。其中河南省冶金厅第一地质队自1971年10月至1973年底，施工钻孔98个，进尺20476.46m。于1973年底提交了《河南省林县杨家庄矿区吴家井、汞西岭北矿段地质勘探报告》，经省局批准C级储量578.82万吨，D级88.08万吨。

1975年6月，河南省冶金厅第一地质队周超志、赵正申、李志功、张富言、赵志明、阎新民、卜惠真、吴廷运等人对双石脑工业矿段开展普查勘探。完成钻探工作量10511.73m，总投资56.22万元。1980年10月提交《河南省林县杨家庄铁矿区双石脑矿段地质勘测报告》，提交铁矿石储量经河南省冶金建材厅批准：表内C级164.02万吨；D级18.23万吨。

十七、广东省连平县大顶铁矿

（一）矿床基本情况

矿区位于连平、河源、新丰三县交界处，在连平县城东南29.5km。经22km简易公路与连平—忠信主干公路相接，由忠信经215km公路至（北）京—广（州）铁路线大坑口站。

该矿是广东省目前唯一的大型磁铁矿矿田，包括矿山头、泥竹塘、深坑、铁帽顶和蕉园等矿区，其中矿山头是大顶铁矿最重要的矿段。

矿区出露上三叠统大顶群，为一套浅海相细碎屑岩和碳酸盐岩，按岩性组合自下而上分为大顶段（T_3^{dd}）、蕉园段（T_3^j）和大往段（T_3^{dw}）。

区内构造简单，受石背穹隆制约，形成一组近东西向褶皱和断裂。泥竹塘—仙人食乳向斜是矿区主要控矿构造，轴向由北西西（泥竹塘）转北东东（矿山头）。因石背岩体侵入产生的挤压作用，形成陡而窄的小向斜，核部出露大顶段三层，两翼为大顶段二层，产状不对称，泥竹塘矿区南翼陡（65°~85°），北翼较缓；矿山头矿区则北翼陡（55°~75°），南翼较缓（40°左右）。断裂构造不发育，仅见两条成矿后断层，对矿体破坏不大。

岩浆活动较强烈，从酸性、中性到基性岩均有出露，并表现为多期、多阶段性。与成矿作用关系密切的是石背斑状黑云母花岗岩。平面上略呈北西西向拉伸的圆形，面积约25km²，向东、南、西侧缓倾隐伏延深，倾角为5°~20°。岩体分异较好，相带清楚，从中心（或深部）向边缘（或浅部）由粗粒相带过渡为中至细粒相带。

大顶铁矿区由六个小矿区组成，详列如下：

（1）矿山头矿区有4个矿体，分布于石背岩体东南缘大顶段外接蚀变带，呈似层状、透镜状北西—南东向展布，与围岩整合并同步褶曲。Ⅰ号矿体规模最大，Ⅱ号与Ⅰ号原为同一矿体，因风化剥蚀分为两个；Ⅲ号、Ⅳ号是赋存在Ⅰ号矿体上方的两个小矿体。

其中 I 号矿体探明储量占矿区总储量 96.20%, 其水平投影似向东凸出之新月形, 长 1650m, 宽 650m, 平均厚 38.9m, 呈似层状产于大顶段三层的下部, 产状与地层一致, 走向北东东, 倾向南南东, 倾角为 5°~30°。矿体内部结构复杂, 贫、富矿及夹石呈叠层状或层条状出现, 向深部延伸有分支现象。

(2) 泥竹塘矿区位于矿山头矿区北西约 500m, 主矿体长 854m, 宽 133~212m, 平均厚 18.36m, 似层状, 受岩体凹部控制, 呈轴向北西的向斜形态产出, 北东翼倾向南西, 倾角为 38°~60°; 南西翼倾向北东, 倾角 70°。

(3) 深坑矿区位于矿山头矿区南东 1km, 主矿体长 800m, 宽 500m, 平均厚 26.34m, 倾角 10°~20°, 埋深 125~330m, 呈透镜状产出。

(4) 铁帽顶矿区位于矿山头矿区北西 5km, 主矿体长 135~220m, 宽 70~283m, 厚 3.6~37m, 倾角为 28°, 埋深 103m, 呈似层状。

(5) 蕉园矿区位于矿山头矿区南西约 1.5km。主矿体长 500~530m, 宽 70~100m, 厚 1.74~2.82m, 倾角 10°~30°, 埋深 20~130m, 呈似层状。

(6) 茶场矿区主矿体为矿山头矿区 V 号矿体的东延部分, 长度大于 1000m, 平均厚 18.9m。

矿石结构以他形-半自形晶粒状为主, 少部分半自形-自形假象变晶、交代残余海绵陨铁、乳浊状和格状等结构; 矿石构造以致密块状和团块状为主, 次有浸染状、角砾状条带状和细脉浸染状等构造。

该矿床属高温热液接触交代镁矽卡岩型磁铁矿矿床。尚有沉积变质-热液叠加改造矿床及海相火山沉积热液再造矿床等成因观点。

截至 2020 年底, 大顶铁矿床矿山头及深坑矿区累计探明资源储量共计 138045.1 万吨, 保有资源储量 4768.66 万吨。

(二) 矿床勘查史

大顶铁矿究竟何时发现已无据可查。百余年来, 曾先后有忠信镇人组织土法开采、冶铁。1954 年, 人民政府在石背村和畔江正式建小型炼铁厂, 土法开采泥竹塘铁矿, 之后进行了系统勘查。

1956 年 3 月, 中南地质局 408 队 (后改为广东省地质局 704 队) 到矿区检查, 同年 4 月正式开展矿区普查。1957 年 1 月转入勘探, 同时对附近铁帽顶、泥竹塘、乳姑山矿体作初步评价, 于 1958 年提交《广东省连平县大顶高温热液接触交代砂卡岩型铁 (锡) 矿床地质勘探储量报告》。

1973 年至 1976 年 3 月, 广东冶金地质勘探公司 940 物探队, 在以石背为中心的 120km² 内开展以铁、铜为主的物化探普查找矿工作, 提出了深坑、鹿湖嶂、茶场等磁异常 20 个, 次生晕 Cu、Pb 异常 7 个。

1975 年, 冶金部物探公司航测队, 在惠北地区 10958km² 内进行 1:2.5 万航空磁测, 为扩大矿区远景及其外围普查找矿, 提供了丰富的物探资料。

1973~1975 年, 广东冶金地质勘探公司 932 队, 对深坑磁异常进行初步验证, 证实为矿致异常。之后周海等人, 对石背岩体以西磁异常进行验证并开展铁帽矿区的勘探工作。项目完成钻探 79 个孔、15038m, 槽探 6632m³, 采样 978 个。地勘费 88 万元。铁帽顶矿区有四个矿体，Ⅰ号矿体为主，长 420m，宽 70~150m，平均厚 37m。平均品位全铁42.38%、锡 0.153%、锌 0.062%。全国储委审批铁矿石 B+C+D 级储量 834 万吨，伴生锡 12410t。

1974 年 9 月，广东省冶金地质勘探公司 938 队，对石背岩体以东的磁异常进行验证并开展外围的普查找矿工作，先后评价了蕉园矿区和深坑矿区，并初步提交了两矿区评价报告和初步勘探报告。

1976~1977 年，广东冶金地质勘探公司 938 队，对矿山头、泥竹塘两矿区进行补充勘探，1977 年 9 月提交报告。1982 年按冶金部正式工业指标对原报告储量进行重算和修改，1988 年 6 月根据全国储委审查意见修改并复制《广东省连平县大顶铁矿田矿山头、泥竹塘矿区补充勘探地质报告书》。项目完成岩心钻探 17016m。铁矿体严格受矽卡岩带控制。矿山头共四个矿体，Ⅰ号矿体规模最大，长 1650m，宽 650m；泥竹塘共两个矿，1 号矿体为主，长 700m，宽 50~100m。铁矿石平均品位全铁 45.02%，伴生锡 0.126%、锌0.292%。全国储委批准 B+C+D 级铁矿石储量 11132 万吨，伴生锡 139687t、锌 311993t；报告可作矿山建设设计依据。

十八、广西鹿寨县屯秋铁矿

(一) 矿床基本情况

矿区位于鹿寨县北西，直距 39km，距柳州 85km，距湘（衡阳）—桂（南宁）铁路线鹿寨车站 55km，距洛埠车站 43km，均有公路相通。

矿区南起龙骨沟，经孤山、大石山、老虎头，北至大榕屯，南北长 9km，东西宽 2km，面积为 18km。

出露地层有寒武系下统清溪群，泥盆系中统郁江组、东岗岭组和上统融县组，石炭系下统岩关组和第四系。

与成矿有关的泥盆系中统郁江组，是赤铁矿层的赋存层位，厚 110~130m，有两个岩性段，下部为砾岩、石英砂岩，厚 15~30m；上部为砂质页岩和砂岩。

矿区为由古生代地层构成的单斜层构造，走向近南北，倾向 240°~260°，倾角为 5°~15°。局部有小褶曲。

断裂构造有北北东、北东、东西向 3 组。北北东向断裂，位于矿区东部大陡坡一带，属压扭性冲断层，长 20km，断距 500m 以上，倾向 275°~285°，倾角为 30°~45°，使清溪组与石炭系岩关组直接接触，并切断矿层。

北东向断裂为张扭性正断层，一般倾向北西，倾角为 60°~70°。其中规模大的有 5 条，长 2km，断距 50~80m；其余长 30~50m，断距 5~10m，规模小，对矿体均有破坏作用。

矿体呈层状产在泥盆系中统郁江组地层中，顶板为页岩，底板为铁质砂岩。有上、下两层矿，上矿层为主矿层，长 4800m，宽 400~1500m，厚 2.45~8.19m，平均厚 4.6m，倾向西，倾角 10°，埋深 0~117m。龙骨岭及西边沟一带为富矿体，面积为 0.82km²，厚 3~8.25m，平均厚 4.7m，TFe 品位 38%~58%，平均 48.95%。下矿层为鲕状赤铁矿矿石，仅局部可见，面积 0.08km²，平均厚 1.79m。两矿层之间夹有 1~5m 的铁质砂岩。

　　矿石的主要矿物为赤铁矿，次为石英、磷灰石、胶磷矿和黏土矿物，偶见菱铁矿和绿泥石，近地表有褐铁矿。

　　矿石主要有粒结构、碎屑结构，粒直径为 0.1 ~ 0.2mm，具块状构造和角砾状构造。矿石自然类型为赤铁矿矿石。

　　矿床成因类型属浅海相沉积赤铁矿矿床，位于江南古陆南缘，加里东运动后，泥盆纪海侵，首先沉积了郁江组碎屑岩岩系，在砂岩向页岩过渡部位形成了赤铁矿矿层。富厚矿体的展布受北东向水下洼地控制。

（二）矿床勘查史

　　1956 年，农民杨永明和杨胜德向人民政府报矿，发现屯秋矿。

　　1957 年 4 月，广西工业厅何子燧工程师做了矿区调查。

　　1957 年 7 月，地质局公平地质队在矿区开展普查工作，用探槽圈定矿体的形态、产状和规模，进一步查明了矿石的质量，估算储量 4500 万吨。

　　1972 ~ 1973 年，广西冶金地质勘探公司 270 队在矿区进行补充勘探，施工钻孔 51 个，共计 4544m，取样 377 件，主要对孤山、鸡山、小山、独山、东乡岭等矿段加密控制，除孤山和老虎头矿段变化较大，其他矿段比较稳定。采用 200m×200m 勘探网度求 B 级储量，采用 400m×400m 网度求 C_1 级储量。

　　1973 年 8 月，广西冶金地质勘探公司 270 队提交了《广西鹿寨县屯秋铁矿区孤山—东山岭区补充勘探工作报告》。经勘探，矿区以贫矿为主，间夹部分富铁矿石，其含全铁 45.3% ~ 50.2%。矿层厚度一般为 1 ~ 3m，最厚为 5.65m，块段矿石平均品位含全铁 35.93% ~ 45.6%。矿体边缘层次变多变薄变贫。补勘后提交铁矿石 B+C_1+C_2 级储量 2285.98 万吨。与原储量 2711.31 万吨对比，少了 15.69%。报告经广西冶金局 1973 年 65 号文批准。

第五节　西南地区重点矿床

　　西南地区铁矿主要分布于四川、云南、贵州、重庆、西藏，以四川、云南两省为主，依据 2020 年全国资源储量通报，截至 2019 年底，西南地区保有铁矿资源量 154.15 亿吨，储量超 10 亿吨的特大型铁矿有 5 处。重要铁矿矿集区主要为攀西地区，东川—易门地区，腾冲、綦江地区。铁矿类型主要为沉积变质型、沉积型。

一、云南腾冲县铁帽山铁矿

（一）矿床基本情况

　　矿区位于云南省腾冲县（现为腾冲市）曲石乡铁帽山一带。

　　该矿区主要含矿地层为石炭系勐洪群第三段（CMn^3）白云岩及三叠系河湾街组（T_2h）大理岩。

　　在区域上三叠系河湾街组（T_2h）地层分布范围较狭窄。其主要呈 NW—SE 向分布于褶皱核部；石炭系勐洪群地层则分布于三叠系地层两侧，分布范围相对较广。

该区矿体严格受控于花岗岩与大理岩的接触带，且矿石的矿物组合为一套矽卡岩矿物组合。因此，该区矿床成因当属矽卡岩型矿床。

此次普查共圈定工业矿体四条（段），其中Ⅰ号矿体有分层（枝）现象，Ⅱ号、Ⅲ号、Ⅳ号矿体为单层。

Ⅰ号矿体由上至下共分为四层（Ⅰ-1、Ⅰ-2、Ⅰ-3、Ⅰ-4），其中Ⅰ-1、Ⅰ-4两层矿厚度较大、品位较高。尤以Ⅰ-4规模为最大。Ⅰ-2、Ⅰ-3均为贫矿，规模也相对较小。Ⅰ号矿体为全区最大的矿体，资源量为457.32万吨，占全矿权资源量的76.2%。富矿均集中在地表及浅部，以粉状矿石为主。深部主要由贫矿组成。贫矿多呈块状。

Ⅱ号矿体分布于Ⅰ号矿体北东，由原生矿和残坡积矿组成。原生矿以贫矿为主，含有数层夹石，资源量为45.06万吨。残坡积矿的分部与原生矿紧密相连，以贫矿为主，资源量为67.22万吨。

Ⅲ号矿体分布于Ⅰ号矿体南西，走向长约800m，其中35线以西约400m长的范围位于此次探矿权以外。探矿权范围以内Ⅲ号矿体均由贫矿构成，矿体薄、品位低是该矿体的主要特征。

该区矿体分布主要有两种形式，一是直接分布于矽卡岩带内，二是分布于靠近接触带的大理岩内。二者矿体走向都基本受制于花岗岩与大理岩的接触带。矿体矿化不均匀，矿体品位、厚度变化因素除受控于构造、岩体外，后期次生因素也不可忽视。

该区矿体总的分布及变化规律为：矿体在矿区中部厚大、矿化强，而在两侧及深部矿体相对较薄、矿化弱。

Ⅰ-1、Ⅰ-2、Ⅰ-3均分布于大理岩内，由于两侧未见分布于相同位置的矿体，因此均作独立分枝进行圈定。在倾向上，由于Ⅰ-4矿体在地表矿化规模最大，因此，其与钻孔中矿化强度最大的一层矿（化）体相连，同时其产状也相互吻合（见图5-133）。

该区受到断层破坏的矿体为Ⅰ-4号矿体，在走向上，Ⅰ-4号矿体15线以东受F1切割、抬升，被剥失。在倾向上，F6在15线深部切割破坏Ⅰ-4号矿体，造成下盘矿体下降，错距约200m。

（二）矿床勘查史

2004年，中国冶金地质勘查工程总局昆明地质勘查院执行"云南省腾冲县铁帽山铁矿地质普查"项目。主要完成人员为李亚林、李昭华、曾祥发、田育云、扈雪峰、周强、杨剑波、魏平堂。通过地质勘查，铁帽山铁矿区此次探矿权范围内共探获铁矿332+333+334$_1$资源量600.15万吨，平均品位TFe 37.33%。其中富矿158.84万吨，平均品位TFe 52.28%，贫矿441.31万吨，平均品位TFe 32.98%。

二、云南晋宁县洗澡塘铁矿

（一）矿床基本情况

矿区位于晋宁县（现为晋宁区）城区140°方向约10km的洗澡塘村，行政区划隶属晋宁县上蒜乡。探矿权许可证号为T53420100502040548，面积为5.28km²，有效期限为2010年5月7日至2013年5月7日，地理坐标：东经102°39′15″～102°41′00″，北纬

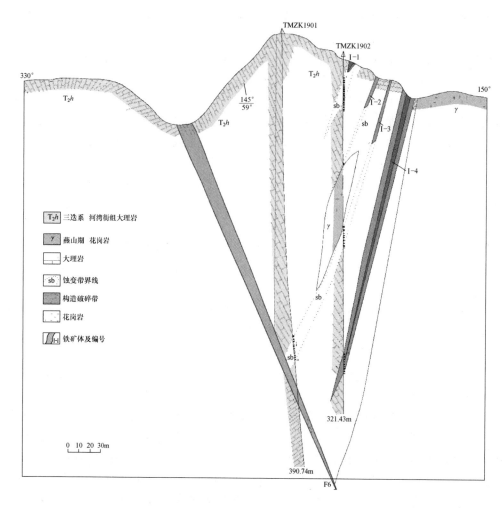

图 5-133 腾冲县铁帽山铁矿 19 号勘探线剖面图

24°34′45″~24°36′15″。

矿区在区域上位于宋家村—麻达山背斜东翼，总体呈一向东倾斜的单斜构造。地形地势西南高东北低，而地层倾向东，岩层倾向与地形坡向基本同向。

此次勘探圈定工业铁矿体 2 个（Ⅰ、Ⅱ），矿体分布于矿区东北部大凹子山 6~5 号勘探线，总体呈近南北走向（见图 5-134）。

Ⅰ号矿体：分布于矿区东北部大凹子山东部，赤铁矿（化）体呈似层状、层状产于昆阳群黑山头组（Pt_2hs）灰-灰白色石英砂岩、石英岩、硅质板岩、变质石英粉砂岩、灰-灰黑色碳质板岩、钙质板岩、赤铁矿、砂质板岩、钙质砂岩、粉砂质板岩中。由工程 CC5、TC3、TC1、TC2、XJ2、ZK0101、ZK0302、ZK004、ZK0402、PD2-CM2、PD2-CM4、PD2 控制，断续长 756m，斜深 232m。矿体厚 2.38（XJ2）~17.46m（CC5），平均 8.59m，厚度变化系数为 48.50%，该值小于 50%，矿体厚度变化较稳定，矿体连续性较好。矿石矿物主要由赤铁矿及少量褐铁矿组成，矿石品位 TFe 28.51%~56.99%，平均 TFe 48.96%，品位变化系数为 20.08%。钻孔最大控制深度为 232m（ZK004），产状与地层产

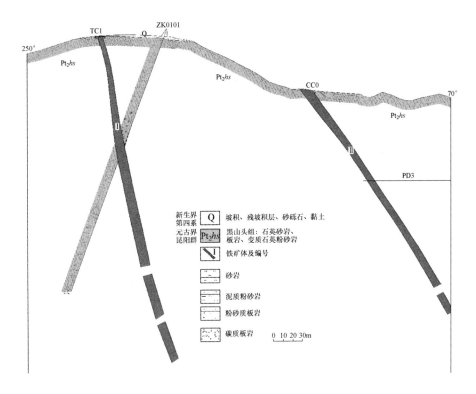

图 5-134 晋宁县洗澡塘铁矿 2 号矿区 0 号勘探线地质剖面图

状基本一致，总体走向呈 NNE—SSW 向，总体倾向 E，倾角为 45°~70°，在 3 号勘探线部位变形使矿体厚大（20.53m）。

Ⅱ号矿体：分布于矿区东北部大凹子山Ⅰ号矿（化）体东 100~400m，赤铁矿（化）体呈似层状、层状产于昆阳群黑山头组（Pt_2hs）灰-灰白色石英砂岩、石英岩、硅质板岩、变质石英粉砂岩、灰-灰黑色碳质板岩、钙质板岩、赤铁矿、砂质板岩、钙质砂岩中，产状与地层产状基本一致，总体走向呈 NE—S—SE 向，总体倾向 E，倾角为 40°~68°。由工程 BT7、BT5、CC1、CC0′、XJ1、PD1-CM3、PD1、PD4、ZK004 控制，断续长约 570m，控制最大延深 140m。矿体厚约 2.74（PD4）~10.44m（CC0），平均 7.47m，厚度变化系数为 43.55%，该值小于 50%，矿体厚度变化较稳定，矿体连续性较好。矿石矿物主要为赤铁矿、少量褐铁矿组成，矿石品位 TFe 33.39%~55.49%，平均 49.84%，品位变化系数为 19.72%，该值小于 50%，所以矿（化）体连续性好，品位分布均匀。

（二）矿床勘查史

为使云南省钢铁工业能稳步发展，云南金荣恒矿业有限公司对云南省晋宁县洗澡塘铁矿 2 号矿区（探矿证名称为云南省晋宁县上蒜乡洗澡塘村铁矿 2 号矿区）资源进行勘探，特委托中国冶金地质总局昆明地质勘查院对矿区进行地质勘探工作。主要完成人员为高占鸿、石平、李昭华、刘祥洋。项目累计投入地质勘查经费约 500 万元。

通过地质勘查，截至 2012 年 2 月 28 日，区内累计探获需选铁矿石资源量（331+332+333）共 576.45 万吨，平均品位 TFe 45.11%，S 0.052%，P 0.295%，SiO_2 21.70%。其

中探明的 331 类铁矿石 255.57 万吨，平均品位 TFe 44.77%，S 0.057%，P 0.259%，SiO_2 21.19%。控制的 332 类铁矿石 106.73 万吨，平均品位 TFe 44.56%，S 0.059%，P 0.319%，SiO_2 22.89%。推断的 333 类铁矿石 214.15 万吨，平均品位 TFe 45.79%，S 0.043%，P 0.326%，SiO_2 21.97%。矿石有害组分 P、SiO_2 含量超标，属需选赤铁矿石。

探获需选铁矿石资源量 331 占总资源量比为 44.34%，332 占总资源量比为 18.51%，331+332 占总资源量比为 62.85%，333 占总资源量比为 37.15%。

2012 年 6 月 7 日由云南省国土资源厅矿产资源储量评审中心进行评审通过，并出具评审意见，取得云国土资矿评储字〔2012〕147 号备案证明。

三、云南大关县天星堡—漂坝铁矿

（一）矿床基本情况

工作区位于云南省东北部，属昭通市大关县木杆乡元亨村委会和碉上村委会所辖，位于大关县城 0°方向，直线距离约 45km。地理坐标：东经 103°56′00″~103°59′00″，北纬 28°09′00″~28°11′30″，面积为 18.17km^2。

矿区地层出露简单，主要为三叠系下统和二叠系地层。矿区构造主要为一向斜构造，即木杆向斜。矿区位于该向斜的中南部。矿区岩浆岩以晚二叠世早期基性火山岩系玄武质熔岩为主，分布于木杆向斜的两翼。厚度变化较大，一般为 221m。其岩性主要为致密块状玄武岩、杏仁状玄武岩、斑状玄武岩，局部夹砂泥岩。与其有关的矿产主要有铁矿、铜矿、玛瑙等。

此次普查共圈定五条矿（化）体，分别为Ⅰ号、Ⅱ号、Ⅲ号、Ⅳ号、Ⅴ号矿体，该区矿体主要分布于木杆向斜两翼二叠系上统乐平组粉砂质泥岩中。Ⅰ号矿体分布于向斜西翼，Ⅱ号、Ⅲ号、Ⅳ号、Ⅴ号分布于向斜的东翼。矿体与顶底板围岩产出一致，走向与乐平组地层产状相同。

Ⅰ号矿体呈透镜状产出，地表剥土 TBT00 见矿，TTC01、TTC02 都未见矿，推测矿体长 100m，此次未做资源量估算；Ⅱ号、Ⅲ号、Ⅳ号、Ⅴ号矿体呈层状产出，规模相对较大，为此次普查的重点对象。

矿床各矿体矿化较均匀，矿体品位、厚度变化不大，受后期次生因素影响明显，矿体厚度、矿化强度受后期风化淋滤作用，局部有富化。矿体尖灭形式比较简单，沿走向矿化减弱，自然尖灭。

Ⅰ号矿体主要分布于矿区西部 0 号勘探线附近，推测矿体长 100m，地表矿体出露不完整，矿体仅出露于剥土 TBT00 处，矿体形态较为简单，呈透镜状产出，走向近北东，其倾向为 145°，倾角 22°，倾角较缓，矿体平均真厚度为 0.84m，单工程品位 TFe 30.00%~42.86%，矿体加权平均品位 TFe 37.20%。此次未进行资源量估算。

Ⅱ号矿体分布于 05Z~17Z 勘探线之间，控制矿体长 400m，地表矿体出露完整，矿体形态较为简单，呈层状产出，走向 NE，倾向为 270°~295°，倾角为 14°~28°，倾角较缓，矿体平均真厚度 1.20m，单工程品位 TFe 26.19%~48.30%，矿体加权平均品位 TFe 40.32%。此次估算资源量 32.44 万吨。

Ⅲ号矿体分布于01Z~34Z勘探线之间，控制矿体长1400m，地表矿体出露完整，矿体形态较为简单，呈层状产出，总体走向NE，倾向NW，倾角为14°~26°，倾角较缓，矿体平均真厚度1.22m，单工程品位TFe 28.01%~52.26%，矿体加权平均品位TFe 40.09%。此次估算资源量84.28万吨。

Ⅳ号矿体分布于02E~21E勘探线之间，控制矿体长1000m，地表矿体出露完整，矿体形态较为简单，呈层状产出，走向近SN，其倾向E，倾角为20°~25°，倾角较缓，矿体平均真厚度1.28m，单工程品位TFe 28.45%~54.26%，矿体加权平均品位TFe 41.55%。此次估算资源量85.35万吨。

Ⅴ号矿体大致分布于10E~26E勘探线之间，控制矿体长400m，地表矿体出露完整，矿体形态较为简单，呈层状产出，走向NE，倾向NW，倾角为24°~27°，倾角较缓，矿体平均真厚度1.21m，单工程品位TFe 33.70%~48.62%，矿体加权平均品位TFe 44.53%。此次估算资源量45.47万吨。

天星堡—漂坝铁矿区18E号、22E号勘探线剖面图如图5-135所示。

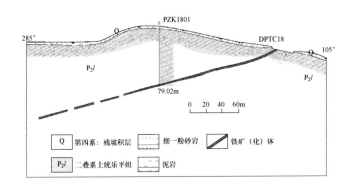

图5-135　天星堡—漂坝铁矿区18E号、22E号勘探线剖面图

（二）矿床勘查史

2004~2005年，中国冶金地质总局昆明地质勘查院受云南昭通鑫鼎实业有限责任公司委托，对大关县天星堡—漂坝铁矿进行地质普查工作。主要完成人员为叶金福、秦玉龙、潘飞、杨三元、王雄、邹少强、农廷尊。通过此次普查工作，初步圈定铁矿（化）体5个，分别为Ⅰ号、Ⅱ号、Ⅲ号、Ⅳ号、Ⅴ号矿体，估算332+333铁矿石资源量合计247.55万吨，平均品位TFe 41.44%。其中332资源量95.64万吨，333资源量151.91万吨。

四、云南省昆明市东川区萝卜地铁矿

（一）矿床基本情况

矿区位于东川区城区330°方向，直距33km的落雪大山顶部位，行政区划隶属东川区舍块乡。

矿区处于扬子板块西缘康滇地轴云南段北端的南北向小江断裂、普渡河断裂与东西向宝九断裂所夹持的中晚元古代断隆地块内，有学者定为昆阳裂谷系（会理—东川拗拉槽）。基底岩系为强烈褶曲呈一系列紧密背斜和相对开阔的向斜厚度逾万米的昆阳群浅变质岩，其上为震旦系和古生界盖层，二者呈不整合接触关系。区内地层分布以元古界地层为主，古生界以上较新地层仅在区域东侧及南侧局部地段出露。

矿区地层仅见第四系及昆阳群地层出露。区内未见大的褶皱构造，小规模挠曲发育，但总体以单斜构造为主，岩层总体产状为走向 55°～87°，倾向 SE，倾角为 45°～80°。矿区内岩浆岩发育，在矿区中部出露早元古代辉长辉绿岩，呈形态不规则的岩株、岩枝、岩脉形式侵入于早元古界岩层中。

区内赤铁矿（化）体产于灰白-浅灰-深灰-紫红色泥灰岩、角砾状泥灰岩岩层间破碎带中（见图 5-136），呈层状、似层状产出，严格受岩层、层间构造控制。由于成矿环境的稳定性和岩相的变化不大，矿体顶、底板均为泥灰岩。矿（化）体断续分布，总体分析矿体层数为一至多层。构造对矿体有一定的控制和破坏作用。辉长辉绿岩体的侵入对矿体有较大破坏作用，但同时又提供了一定的铁质来源使矿体变富。矿体沿走向和倾向上不稳定，矿体形态多为透镜状，似层状产出。此次详查初步圈定工业贫铁矿体 6 个（Ⅰ-1、Ⅰ-2、Ⅰ-3、Ⅰ-4、Ⅰ-5、Ⅰ-6）。矿化带总体呈北东—南西—近东西向分布于矿区中南部、南部。

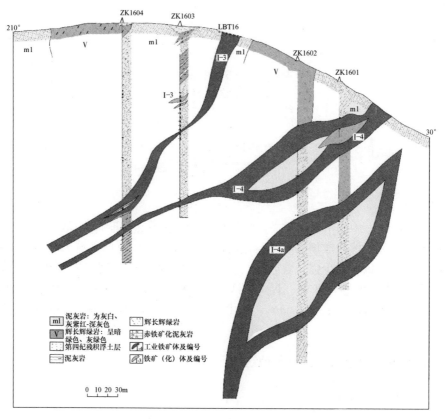

图 5-136 萝卜地铁矿 16 号勘探线平面图

其中Ⅰ-1号矿（化）体分布于矿区中东部—东北部，断续长约1200m。矿（化）带出露宽1.4（LCC15）~50m（LCC4）。赤铁矿（化）体呈似层状产于灰白、浅灰、紫红色泥灰岩中，产状与地层产状基本一致，总体走向呈NE—SW向北东端延伸出矿界，总体倾向SE，倾角为45°~70°，在红岩子4号勘探线部位受构造影响变形使矿体厚大（出露宽约50m），矿体产状局部倒转而倾向NW，但总体倾向SE。

区内铁矿石以块状为主，少量成粉末状、土状。矿石多呈黑色、深红褐色、红褐色。矿石矿物主要为赤铁矿、少许褐铁矿。

赤铁矿呈灰-深灰色，呈他形粒状-粒状结构，多呈浸染状、团块状集合体产出，少量呈似斑点状、星点状分布，在矿石中的含量为15.21%~64.1%。粒径以0.02~0.25mm为主，最大达0.4mm左右。

褐铁矿呈红褐色、红色，呈星点状、斑状散布于矿石中，集合体呈胶状，粒径为0.01~0.04mm，常与泥质物混杂产出，在矿石中的含量为2.05%~10.22%。

（二）矿床勘查史

东川地区系统的地质工作始于民国后期，孟宪民首先在矿区进行了1:5万地质填图，提交了东川早期地质调查报告。

东川矿务局223队、301队、314队（后划入西南有色地质勘查局）于1952~1955年对东川矿区的因民、落雪和汤丹矿区进行了大规模的地质勘查及物探工作。1956~1960年又完成了烂泥坪、新塘、石将军、白锡腊四个矿区的勘探，并于1955年和1957年分别提交了第一期和第二期《东川铜矿储量计算报告书》；1958~1960年开展了1:2000~1:5万化探及物探工作；1964~1972年，314队对东川矿区进行了1:5万地质填图，填图面积770km²，于1973年2月提交《东川矿区1:5万地质填图工作报告》。

1978~1980年，云南省和四川省地质局区域地质调查队在该区域进行了1:20万东川幅和会理幅区域地质矿产调查工作，建立了区内较完整的地层层序，查明了构造轮廓，对大部分矿床（点）进行了踏勘检查，系统地做了分散流、土壤金属量及重砂测量，圈出众多异常，提出了10个有利的成矿远景区，为后期找矿工作奠定了基础。

1993年，华东有色地勘局814队对东川矿区进行了1:5万重磁测量，面积为516km²，获得5个局部重磁异常区、8个重力高异常区和1个重力低异常区。

矿区地处原东川矿务局落雪矿（1坑）南部雪山，以上地质矿产工作对该区的地质认识提供了较好的基础。

矿区原地质基础工作薄弱，前期306队为办采矿证延续做过少量工作。

2009~2010年，中国冶金地质总局昆明地质勘查院针对矿区开展工作，完成钻探施工4749.14m（24孔），并编制了详查报告。报告编制人包括高占鸿、何凤吉、罗嫚钦、何向前、刘俐伶、熊桂仙、张朝辉、张廷勇、潘飞、周祥、毕晓辉、李俊、黄达新、马其英等。报告由于各种原因未送自然资源厅评审。此次详查基本圈定工业贫矿体6个，累计探获需选贫赤铁矿石资源量（2010年中国地质科学院矿产综合利用研究所对试验样品进行选矿试验研究，认为该矿石属复杂难选矿石）332+333+334共2094.04万吨，平均品位TFe 39.23%。

五、云南峨山县化念镇铁矿

(一) 矿床基本情况

矿床位于云南省峨山县化念镇一带。

矿区处于扬子准地台,滇东台褶皱带 (I_3)、昆明台褶皱束 (I_3^1)、建水台隆西侧。

矿区出露主要地层为前震旦系昆阳群富良棚组、大龙口组地层。总体呈北西、南东向展布,南西—北东由老至新排列。在北东局部有三叠系普家村组,不整合于老地层之上。还有第四系地层沿沟谷洼地分布。

化念铁矿区位于青龙寨—扬武 SN 向断裂与高寨—小维堵 EW 向断裂交汇部位,构造复杂,断裂发育,尤以 NE 向断裂发育。

区内岩浆岩主要为辉绿岩,属于晋宁期辉长—辉绿岩岩类。辉绿岩沿北西向断裂有广泛的侵入。岩脉最大规模为 400m×110m,一般大于 80m×8m,与矿体走向基本平行,空间上两者关系密切,在有辉绿岩产出的部位,基本可见规模不等、强度不均一的矿化现象。有的辉绿岩内还残存有铁矿石角砾团块,一般含铁 30%~40%,最高者达 45% 左右。局部可采或附带可采,如 1450 中段 0 线东穿脉和 1400 线中段 2 线东穿脉附近都有这种情况出现。此情况可能是这类辉绿岩侵入铁矿层部位,使其自身的边缘部分产生铁化或强铁化形成的。

矿体赋存于大龙口组下段第二岩性层第一亚段 (Ptd^{a2-1}) 粉晶灰岩中,夹持于北西向断裂 F_{1-1}、F_{1-7} 之间。主要分布于 11~17 号勘探线之间,长近 600m,宽约 300m 范围之内。地表矿体出露零星,多呈脉状、囊状,规模甚小。矿体最高出露标高为 1655m,最低标高为 850m(菱铁矿),矿体最大垂深为 805m。1320~1350m 标高(相当于当地潜水面)之上为褐铁矿,之下为菱铁矿。褐铁矿是此次储量核实的主要对象。

矿体形态复杂,分枝复合现象普遍。总体呈似层状或透镜状,沿北西向展布。与区内北西向断裂平行,与地层产状相近。倾向北东 15°~85°,倾角为 50°~80°。一般剖面上,上陡下缓,平面上中间陡两端缓。矿体向北西侧伏,侧伏角为 75°。

区内共圈定五个矿体(I 号、II 号、III 号、X 号、VI 号矿体)相互平行(见图 5-137),向上叠置,五者紧密相邻,I 号、II 号为矿区主矿体,占褐铁矿总储量的 90%。矿体沿倾斜或走向方向为自然尖灭趋势。与围岩界线总体清楚。下部与菱铁矿界线渐变过度。随潜水的波动而起伏。现将各矿体简述如下。

I 号矿体:地表断续见于 13~8 线间,最高标高为 1655m。单矿体最长 170m,单工程叠加最大厚度为 25.62m。TFe 32.5%~49.20%。1550m 标高之下为 I 号矿体稳定延深部位,在 1550m 标高处,矿体走向长 485m,矿体最大厚度为 123.87m (1500m),一般为 16.29~68.37m,单工程平均品位 TFe 为 32.48%~57.92%,氧化矿最大深度至 1312m 标高处,最大垂深为 343m。矿体平均品位 49.80%,平均厚 25.6m。1500m 标高为矿体厚大部位,1450m 标高为矿体次厚大部位,向下则分叉,渐变薄。

II 号矿体:地表出露于 3~8 号勘探线间,最高出露于 1650m,长最大 120m;厚度最大为 9.05m,一般品位 TFe 37.07%~50.10%。

在 1550~1350m 标高间矿体最大长度 535m,单工程见矿厚度 56.06m,一般为 14.0~

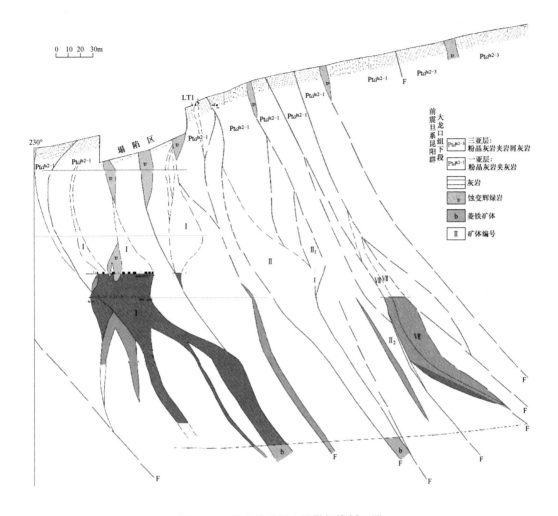

图 5-137 化念铁矿区 3 号勘探线剖面图

44.23m，平均厚 15.6m，1450m 标高为厚大矿体部位，平均品位 TFe 46.61%，氧化矿深度达 1315m 标高，矿体最大垂深为 335m。

截至 2020 年底，化念铁矿床全区累计探明资源储量 9713.17 万吨，保有资源储量 5417.1 万吨。

（二）矿床勘查史

1960~1961 年，云南冶金厅地质勘探公司 304 队在该区开展 1:1 万和 1:2000 地质测量，配合物化探方法进行铁矿普查评价。施工钻孔 31 个，圈定铁矿体 30 条，提交《峨山化念铁矿储量计算报告》。

1973 年，云南地质局 20 队（第一地质大队前身）开展普查工作，检查、修编了 1:2000 矿区地质图，并提交了地质简报。

1978~1983 年，第一地质大队进行详细普查工作。投入钻探 16722m，坑道 469m，1:2000 地形地质简测 3.86km²。初步查明了含矿层位、矿体规模、形态产状，提高了对主要褶皱、断裂构造及矿石物质成分的研究程度，初步论证了矿床成因类型。1987 年提交了《云南省峨山县化念区铁矿详细普查地质报告》。

1989 年，该矿床勘查被列为冶金部扶贫项目。1990 年 6 月，冶金部西南地质勘查局昆明地质调查所开展了以储量升级为主的勘探工作。勘探范围为 11～12 勘探线，1350m 标高以上的褐铁矿矿体。

2003 年，中国冶金地质勘查工程总局昆明地质勘查院受云南省峨山矿冶集团有限责任公司委托，进行峨山县化念铁矿 11～12 线、标高 1350m 以上的储量核实工作。主要完成人员为潘中立、苑芝成、白崇裕、叶金福、张继志、罗爱湘。

资源量核实结果如下。

（1）主区 1450m、1470m 标高以上残矿区，保有铁矿储量 317.74 万吨，TFe 44.12%。其中富矿 143.73 万吨，TFe 53.02%；贫矿 174.01 万吨，TFe 37.76%。

（2）主采区 1470m、1450～1400m 标高之间，保有铁矿储量 389.74 万吨，TFe 47.93%。B 级 238.09 万吨，富矿 198.01 万吨，TFe 53.15%；贫矿 40.08 万吨，TFe 38.64%。C 级 52.84 万吨，富矿 26.80 万吨，TFe 52.05%；贫矿 26.04 万吨，TFe_3 9.34%。D 级 98.81 万吨，富矿 25.24 万吨，TFe 52.61%；贫矿 63.57 万吨，TFe_3 6.91%。

（3）主采区 1400～1350m 标高之间，保有铁矿储量 430.02 万吨，TFe 47.41%。C 级 134.27 万吨，富矿 98.85 万吨，TFe 51.44%；贫矿 35.42 万吨，TFe 37.10%。D 级 295.75 万吨，富矿 201.42 万吨，TFe 52.39%；贫矿 94.33 万吨，TFe_3 6.41%。

2004 年 3 月 23 日云南省国土资源厅矿产资源储量评审中心对报告进行评审并出具评审意见，取得了云国土资储备字〔2004〕17 号评审备案证明。

六、云南禄劝县笔架山铁矿

（一）矿床基本情况

矿区位于昆明市北偏西 140km，云南省禄劝县与四川省会理县交界处。地理位置：东经 102°22′30″，北纬 26°16′34″，东起拉具厂，西至老马田，北靠金沙江，南至船房后山。属云南省禄劝彝族苗族自治县皎平渡镇皎平村管辖。

昆明至禄劝有两条正规公路相连：滇缅公路（70km）安丰营，经罗次、武定、禄劝到撒营盘，全程 220km；昆明经富民、禄劝到撒营盘，全程 173km。

笔架山铁矿大地构造位置处于扬子地台之川滇台背斜南部的汤郎—易门断裂、普渡河断裂及宝台厂—九龙断裂夹持的大梁子—笔架山断陷盆地（见图 5-138），属东川—会理坳拉槽构造范畴。

区内出露地层以中元古界昆阳群美党组（Pt_2m）为主。美党组（Pt_2m）为一套浅变质岩系，由钙铁质板岩、硅质板岩和石英岩化砂岩组成，其分布范围较广。

区内构造以断层构造为主，构造线主要呈北西向、北东向、东西向和南北向，其中北西向和南北向断裂形成较晚，与成矿密切相关。

区内岩浆岩活动甚为剧烈，有浅成侵入辉长辉绿岩，呈岩脉和岩枝状产出，在空间上沿晚期北西向和近南北的断裂构造侵入，其对矿体起着破坏及后期改造富集两个方面的作用。

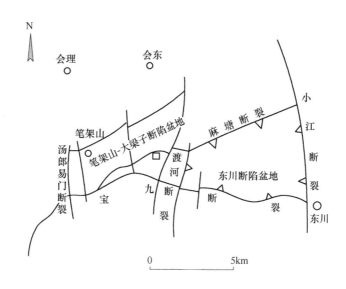

图 5-138　笔架山铁矿地质简图

　　笔架山铁矿是沉积交质型富铁矿床，主要矿体赋存于昆阳群因民组上段，变余粉砂岩中，具有以下特点：含矿层被南北向拉戛厂断裂与北西西向老马田断裂所控制。形成面积不大的断块岩层，揉皱剧烈，断层发育，基性岩浆岩活动频繁，变质改造作用强烈。矿体多、富、厚、集中，地质规律明显。

　　矿区总体为一轴向东西、枢纽近直立的紧闭背斜，地层总体走向北东—南西（局部近东西向），倾向南东，倾角较陡，一般为 79°~90°，平面上呈一蹄形展布，其北翼延伸至拉戛厂断裂而被切失，南翼延长 200m 被辉绿岩体"吞食"，深部被老马田断层所切。受南部老马田断裂的影响，1 号矿体及附近地层发生倒转。矿区内规模较大的断层有拉戛厂断层和老马田断层，这两条断层控制了矿区的边缘。其他次级断层规模相对较小，大部分切错矿体，但断距较小。区内主要出露辉长-辉绿岩，位于芭蕉箐—笔架山南北向基性岩带的南端，多呈岩株、岩脉和岩床等产出，大多沿东西向和南北向断裂分布，该区主要矿体分布于小岩体的上部外接触带中。

　　拉戛厂断裂位于矿区东部，走向北西 87°，倾角直立，局部倾北东，断裂带幅宽 10m 左右，中有扁平状角砾岩及黏土，角砾中又夹有角砾，为多期活动的剪切性断裂。

　　老马田断裂位于矿区南部，走向北西 60°，倾向北东，倾角为 51°~58°，地表出露比较清楚，其宽度为 8~15m，表现为一组 15~30m 的断裂群产出，生成时期与褶皱同期，带内由炭化碎屑角砾岩及构造泥组成。

　　矿区内出露的岩浆岩，有早期的辉绿岩及晚期的辉绿玢岩脉，对矿体起着破坏及后期改造富集两个方面的作用。

　　铁矿体赋存在昆阳群因民组含铁变余粉砂岩中，大小共有 19 个，矿体产状、形态受地层层位控制，矿石以赤-磁铁矿为主，矿区平均品位 43.68%，富矿品位为 50.73%，贫矿品位为 34.10%，富矿储量占全区储量的 57.55%，贫矿占 42.44%。

（二）矿床勘查史

1958年云南冶金局地质勘探公司313队曾进行普查评价，有少量小坑，槽探揭露认为铁矿远景有1000万吨左右。

1960年，地质局10队曾沿江边开展普查找矿，对洪门厂、笔架山进行地表浅部评价，估计远景铁矿储量551.14万吨。

1966年3月，地质局13队进行1:2.5万地质测量（87km²），提交储量129.8万吨（C₁级76.2万吨，C₂级53.6万吨）。

1966~1967年，云南冶金局地质勘探公司物探队在洪门、笔架山、中午山开展磁法详测工作，并测制1:2000地形草测图3km²，在洪门厂圈出磁异常12个，提交了报告。

1967~1970年，在原有资料基础上，云南冶金局地质勘探公司第一普查队对笔架山等矿点开展地表浅评工作。

1970~1973年，云南冶金局地质勘探公司305队江人义、黄其训等人对矿区开展地质勘探工作。施工了21个孔，总进尺4883.09m。最终提交《云南省禄劝笔架山铁矿地质勘探报告书》，报告提交铁矿储量1406.6234万吨，TFe 43.68%。其中富矿储量809.6347万吨，贫矿储量596.9887万吨。

七、云南玉溪县上厂—白马龙铁矿

（一）矿床基本情况

上厂—白马龙铁矿位于玉溪县城北西74°~81°，平距24.5km。有简易公路经洛河到玉溪，气候较昆明、玉溪寒冷，雨季长达6~8个月。

上厂铁矿矿区隶属玉溪市红塔区和峨山县，南北向延深，长约4km，宽约2km。矿区为云贵高原的山地侵蚀地形，处金沙江、红河、南盘江三水系的分水岭上，在康滇地轴南部的中间地带（见图5-139），其海拔高程为1850~2420m。

区域地层自下而上由前震旦纪昆阳群的高鲁山砂板岩组（>2000m）、玉溪灰岩及大龙口灰岩组（1200~2000m）、三家厂板岩组（4000m）和绿汁江白云岩组（1000m）构成，其间为基性辉长岩和辉绿岩侵入充填。矿区附近有大致呈南北向复式背斜，而矿区则位于此大复式背斜东翼的复向斜次级褶曲上厂—白马龙背斜上；矿区深部（1850~2370m）原生矿是由中低温热液侵入充填，形成的脉状和透镜状原生矿体，由于受到三叠纪前期地层的长期侵入夷平和三叠纪后期地层的强烈侵蚀和冰川作用，使原生脉矿的上部及附近的低凹地槽中形成大量残破积矿层，其规模与形态受最新地形的下凹形态严格控制。

区内地层主要为半变质岩石组成的昆阳系，次为矿区西北部出露的中生代红层，二者在矿区内为不整合接触或构造接触，第四纪早期形成的红土含铁矿及岩石碎块、坡积残积物和冰川作用形成的堆积物不整合覆盖于昆阳系之上，主要分布于矿区南部。第四纪溶洞堆积、河床沉积分布在矿区南部、东部的喀斯特漏斗及现代河谷中。

矿区内主要构造为南北向的上厂—白马龙背斜，是一个向北倾没、西翼陡倾、东翼平缓、轴部开阔的不对称背斜。其上普遍发育次一级褶曲构造和断裂构造。断裂构造主要分

比例尺 1：100 万

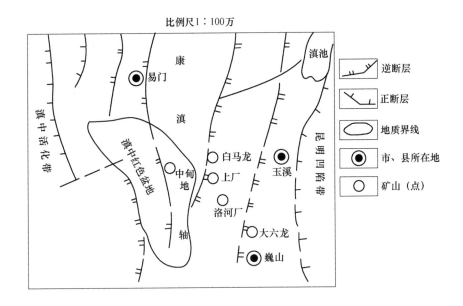

图 5-139　上厂铁矿地质构造简要图

布在产状较陡的背斜西翼，主要有北西向的 F_1、F_2、F_3、F_6 断层和近东西向的 F_7、F_8 断层。其中北西向断裂构造和褶曲多为铁质及辉绿岩充填，且其中的铁质富集所形成的矿体在沿走向与沿倾斜方向均呈 S 形展布，深部有尖灭再现的现象。

目前矿区内只发现辉绿岩，为细粒变辉绿结构。主要矿物为斜长石、辉石、石英、方解石及绿泥石等。从外观上看可分浅灰绿色辉绿岩和暗灰绿色辉绿岩两种，以前者为主。两者区别在于浅灰绿色蚀变剧烈。其交代斜长石的次生方解石、石英含量均高出暗色辉绿岩中方解石、石英含量 2 倍以上。故其呈浅色。而暗色者 MgO、FeO、Fe_2O_3 含量则较浅色多。

矿体主要分布于构造裂隙发育的陡倾斜的背斜西翼，在比较开阔的背斜轴部及缓倾斜的背斜东翼，仅见到一些零星分布的矿化现象。

矿体形态主要呈脉状、豆荚状和透镜状。其地表出露部分和矿体中部较为厚大，矿体两端和向深部逐渐变薄，呈楔形或分枝尖灭。绝大部分矿体出露地表遭受剥蚀，少数矿体局部呈盲矿体。

组成矿石的主要矿物为赤铁矿及少量的镜铁矿、褐铁矿。赤铁矿主要为粒状；镜铁矿呈细鳞片状，交代赤铁矿而成；褐铁矿呈胶状、皮壳状，是赤铁矿氧化后的产物。脉石矿物有方解石、石英，呈他形粒状、细脉状充填在矿石裂隙或孔洞中。

（二）矿床勘查史

1956～1962 年，云南地质局对上厂、白马龙铁矿进行了地质勘探工作。

1966～1969 年，西南有色局地质勘探公司 307 队对该区详细勘探，此次以钻探为主，槽探为辅，最终完成工业储量 978.02 万吨；1970 年 307 队提交了《云南省玉溪市白马龙铁矿段评价地质工作报告》，计算了白马龙铁矿段 21 号、22 号矿体 D 级储量 234.25 万吨，平均品位 52.10%。

1966 年，西南冶金地质 307 队在玉溪专区地质队和老 307 队工作的基础上，对堆积铁矿进行过勘探；同年 8 月，第一次提交了《云南省玉溪市上厂铁矿堆积矿地质勘探报告书》。1970 年该队又提交了《云南省玉溪市上厂—白马龙铁矿（脉矿）地质勘探报告书》。1974 年冶金地质 306 队提交《云南省玉溪市上厂残坡积矿床补充勘探报告书》。

1980 年 5 月，冶金地质 312 队在各地质队断续工作的基础上，再次进行原生脉矿的评价和勘探工作，历时 5 年，确立了两个标志层，弄清了矿区构造、矿体赋存条件及变化规律，并于 1986 年 6 月，提交了《云南省玉溪市上厂铁矿区铁山矿段详细勘探地质报告》。

八、云南禄丰县鹅头厂铁矿

（一）矿床基本情况

矿区位于禄丰县（现为禄丰市）城东北，直距 38km，有铁路支线与成（都）—昆（明）铁路线勒丰营站接轨，支线长 32km。

矿区出露地层主要为中元古界昆阳群浅变质的砂板岩和碳酸盐岩，鹅头厂式铁矿分布在昆阳群因民组与落雪组地层中，晋宁期的碱性玄武质次火山岩是鹅头厂式铁矿的成矿母岩和围岩（见图 5-140）。禄丰县鹅头厂铁矿床集中产出于鹅头厂背斜周围及核内部的一些张裂隙之中，严格受岩层和碱性玄武质次火山岩的联合控制。矿体顶板为落雪组碳酸盐岩、底板为碱性玄武质次火山岩。

矿区内出露的地层，主要是中元古界昆阳群浅变质的变质火山岩及砂、泥质板岩和碳酸盐岩。根据沉积层序，可划分为因民组、落雪组、鹅头厂组和绿汁江组四个组。

分布于矿区的鹅头厂背斜核部为因民组绿泥黑云母片岩、钠长石岩、钠质凝灰岩、碳酸盐岩和少量砂板岩组成的含砾火山岩层，由核部向两翼分别出露落雪组中厚层状硅化白云岩和鹅头厂组黑色炭质板岩、薄层粉砂质板岩和白云岩。背斜轴线总体呈北东东走向。

NE 向组断裂分布于鹅头厂背斜轴的两侧，有 F_1、F_2、F_3、F_4、F_5、F_6 六条，其中 F_3、F_4 逆断层是区内主要控矿断层，矿体围绕其展布，F_3 断裂在鹅头厂背斜轴的西侧，断裂带倾向 NW，倾角为 75°；F_4 断裂在鹅头厂背斜轴的东侧，断裂带倾向 NW，倾角为 80°，断层具有冲兼扭的性质。断裂破碎带为石墨化黄铁矿化板岩、白云岩和断层泥组成。片理化较发育，局部还见镜铁矿化及钠化的绿泥黑云母岩和铁矿石角砾充填其中。

EW 向组断裂分布于矿区北部、东部，有 F_7、F_8、F_9 三条，该类断裂晚于 NE 向组断裂，错断 NW 向组断裂。平移性质为主，对矿体没有影响。

矿区产出早（晋宁期）、中（澄江期）、晚（燕山期）三期辉绿岩。仅早期辉绿岩（次火山辉绿玢岩）与铁矿空间关系密切，见于 I 号矿群下盘和 II 号矿群围岩中。

矿区的围岩蚀变，其实质是一种碱交代作用，在宏观上划分为早期浅色蚀变（$Na_2O>K_2O$）与晚期深色蚀变（$K_2O>Na_2O$）。浅色蚀变是以钠长石为代表的钠化作用；深色蚀变是以黑云母—绿泥石化为代表的钾化。浅色蚀变起到排铁作用；深色蚀变起到聚铁作用，二者一并构成碱质蚀变带，其上部赋存 I 号磁铁矿体；中下部赋存 II 号赤铁矿群。其他次要蚀变尚有硅化、绢云母化、碳酸盐化、黄铁矿化等。

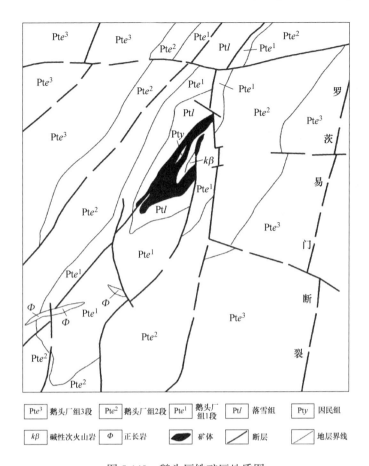

图 5-140　鹅头厂铁矿区地质图

Ⅰ号矿体为矿区主要矿体之一，受层位控制，矿体主要由赤铁矿组成，局部混有磁铁矿，矿体长 1050m。按形态和赋存部位可分为三段：北段为赋存于背斜鞍部角砾状火山杂岩层与碳酸盐岩接触带的层状、似层状矿体，走向 NE 25°，倾向 NW，倾角 20°~35°，宽 20~70m，铅垂厚度 1~22m，平均 11.83m；中段长 360m，赋存部位与前段相同，矿体的主体部分呈鞍状，且总体倾向 NE，宽 50~70m，揭露铅垂和水平厚 1~47m，平均 17.83m；南段长 490m，矿体主要赋存在背斜核部因民组顶部含砾玄武岩与落雪组下部白云岩的接触带中，矿体水平厚 3~53.5m，平均 16.59m，呈似层状，展布宽 80~150m，矿体水平厚为 7.5~11.5m。鹅头厂铁矿 6 号勘探线剖面图如图 5-141 所示。

矿区铁矿石的矿物成分简单，Ⅰ$_1$ 矿体主要由赤铁矿组成，局部混有磁铁矿，在铁矿体尖灭部位出现被铜矿体取代的现象；Ⅰ$_2$ 矿体一般在碱性玄武质火山岩与碳酸盐岩接触部位，主要由磁铁矿组成，成矿围岩为碳酸盐时有少量菱铁矿混入成菱铁-磁铁矿矿石，在 1600m 标高以下，出现铜铁矿体共生现象。矿区发现的铜矿物为孔雀石、黄铜矿。铜的载体矿物主要是黄铜矿、磁铁矿、赤铁矿，其次是黄铁矿、黑云绿泥片岩。

鹅头山罗茨矿区是昆明钢铁集团有限责任公司下属的主要生产矿山。西南地质局 527 队、原冶金部有色局勘探公司 313 队、312 队等曾对矿区多次进行普查勘探，已探明 12 个矿体（即Ⅰ号矿群 3 个，Ⅱ号矿群 8 个，Ⅲ号矿体 1 个），全区累计探明铁矿储量共

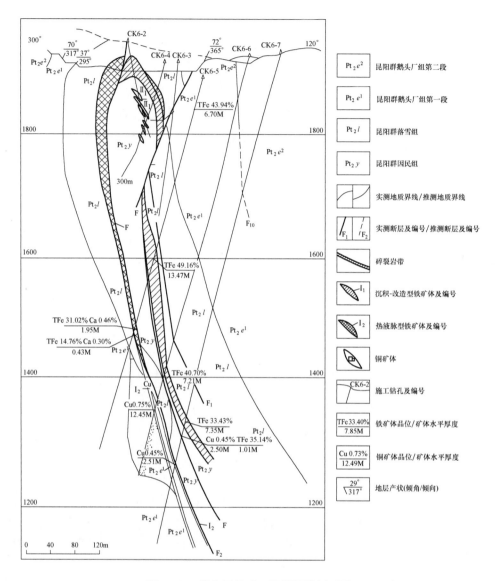

图 5-141　鹅头厂铁矿 6 号勘探线剖面图

2015.35 万吨，累计探获 C+D 级矿石量 2015.3 万吨，是一个中型的铁矿床。矿山开采由凹陷露采转入地下开采，上部露天开采于 1995 年结束，1998 年实施井下一期开采工作，并于 1999 年 3 月结束；随后进行井下二期开采工作（1800~1750m 阶段），现由中宇集团苍南矿山井巷工程公司云南工程处进行承包开采，矿山现有生产能力 20 万吨/年。

（二）矿床勘查史

20 世纪 40 年代进行过地质调查，发现了铁矿。

1958~1962 年，西南冶金地质勘探公司 313 队王智、李铁、康继英等人在原有 627 队的基础上开始勘探工作。此次对区域地质、构造、矿床评价和勘探有关各方面，做了不少工作，共提交 C_1+C_2 级铁矿石储量 803834t，提交了成套的图纸、文字、图表资料，提交报告《云南罗茨鹅头山铁矿勘探报告书》。

1966 年西南冶金地质勘探公司 313 队进行了补充勘探,并提交了报告。投入工作量岩心钻探 11552m,1∶2000 地质填图 2.44km²,获铁矿石储量 1603 万吨,其中,工业储量 1552 万吨。基本查明主矿体形态、空间分布,成为罗茨铁矿山建设的重要依据。

1968 年,昆明钢铁公司建立罗茨铁矿,逐步形成年产 25 万~30 万吨铁矿石的露采矿山。

1974~1981 年,西南冶金地质勘探公司 312 队在鹅头厂铁矿进行普查找矿和补充勘探,对南北长 1300m、东西宽 500m 范围进行系统控制,下控标高 1450m。共钻探 118 孔,进尺 40481m(含 313 队和 13 队施工的 47 个孔,9730m 进尺),1∶2000 地形地质测量 3.36km²。1982 年 11 月提交《云南省禄丰县鹅头厂铁矿区地质勘探报告》核实铁矿储量 1234 万吨,比原储量减少 369 万吨。在矿区外围新找到盲矿体,新增储量 781 万吨。1820m 标高以下探求伴生铜金属量 7933t,平均品位 Cu 0.16%。

九、贵州六盘水市观音山铁矿

(一)矿床基本情况

矿区行政区划属贵州省六盘水市水城区观音山镇管辖,地理坐标:东经 105°03′13″~105°05′25″,北纬 26°27′51″~26°30′08″。矿区位于水城区东南 25km,北东东距贵阳 247km,面积约 6km²。

矿床大地构造位于上扬子古陆块南部被动陆缘六盘水叠加褶皱带内,按地质力学构造体系划分位于黔西山字型构造前弧的西翼反射弧与威宁北西向构造的复合部位水杉背斜南东倾设端,为乌蒙山成矿带的重要组成部分。区内构造线呈北西向展布,次一级断裂呈北东向叠加其上(见图 5-142),主构造生成大致在燕山早期,次级构造生成大致在燕山晚期、喜山早期。

矿区出露地层主要为石炭系下统上司组、摆佐组,石炭系上统黄龙组灰岩、白云岩分布较为广泛。其中,石炭系下统上司组上部和摆佐组下部灰岩、白云岩为该区铁矿的含矿层,总厚约 500m。

矿区主要由水杉背斜为主体的褶皱构造组成,该背斜在矿区北西部撒开,形成一些次级背、向斜,在矿区南东部收敛成单一的主背斜。背斜轴走向为北西 310°~335°,轴面倾向北东,倾角为 70°~90°,背斜向南东倾伏,倾伏角各段不等。矿体于矿区北西部成群出现,南部则为单一矿体,且随着水杉背斜向南东倾伏而侧伏,容矿构造是伴随主背斜生成时近轴部的二序次走向断裂,矿体形态严格受构造控制。

沿水杉背斜发育的走向断裂构造 F_2、F_5、F_6、F_7、F_8、F_{11}、F_{12}、F_{13}、F_{16}、F_{17}、F_{18}、F_{19} 等,为控矿断层,表现为逆冲性质,矿体主要赋存于水杉背斜南端的层间虚脱部位,呈鞍状产出。以 F_1 为主体的北西向断裂属破坏矿体的构造。

矿体分布在长 3000m、宽 160m 的范围内,大小矿体共 12 个。Ⅰ号、Ⅱ号、Ⅲ号、Ⅳ号四个矿体呈雁行排列,北高南低,纵贯全区,构成该区矿床的基本格架。由于风化破坏剧烈,大部分矿体被浮土和转石掩盖呈隐伏产出。所有矿体均呈陡倾斜的矿脉产出,倾向北东,倾角为 70°~90°,局部为 85°~88°。菱铁矿矿石具结晶结构,互相穿插,空隙较大,易于氧化。

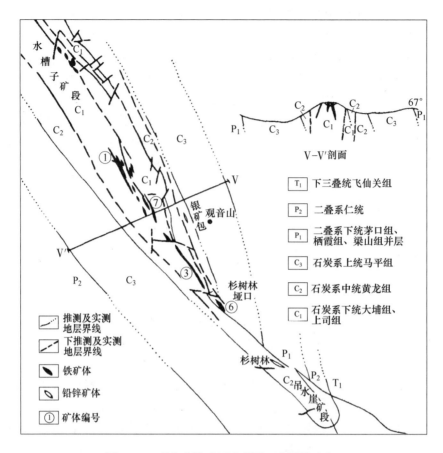

图 5-142 观音山铁矿区地质图（中国铁矿志）

（二）矿床勘查史

观音山铁矿很早就被前人发现，进行土法生产。有文献可查，从 1939 年起，先后有彭其瑞、燕树坛、刘国昌等同志调查。

1950~1958 年，西南地质调查所黔西勘探队何立贤及西南地质局 509 队曾鼎权等人，对该矿区进行了找矿勘探工作。

1959~1966 年，贵州省冶金地质二队刘湘、陈保安、王昌伟、施源等人对该矿区进行了地质勘探，于 1966 年提交了《贵州省水城观音山铁矿床地质勘探储量报告》，共探明矿体 10 个，求获铁矿石 $B+C_1+C_2$ 级表内外储量 1448.87 万吨。

1966~1982 年，贵州省冶金地质二队杨春松等人对该矿区进行了详细勘探，投入钻探 85313m，槽探 11101m³，浅井 278m，于 1982 年提交了《贵州省水城观音山铁矿床详细勘探地质报告》，共探明矿体 17 个，求获铁矿石 B+C+D 级表内外储量 2950.41 万吨，其中表内能利用铁矿石 B+C+D 级储量 2312.88 万吨。

随后由水成钢铁公司观音山铁矿对该矿山进行了两期补充勘探，通过补勘全矿区累计探明铁矿石 B+C+D 级储量 2715.05 万吨，其中表内可利用总储量 B+C+D 级 2091.78 万吨。

十、重庆巴南区接龙铁矿

(一) 矿床基本情况

重庆钢铁集团接龙铁矿位于重庆市巴南区接龙镇，距重庆市中心公路里程60km，距重庆钢铁集团公司公路里程40km。矿区地理位置坐标为东经106°46′00″~106°47′30″，北纬29°13′30″~29°18′00″，巴南—南川干线公路由矿区中部经过，另有乡村公路与矿区相接，交通便利。

接龙场背斜在大地构造单元上，位于川东弧形褶皱带南段的次级帚状分枝之中。该背斜呈南北向狭长带状，北端在巴县东温泉倾没，南端斜接于尧龙山复式大背斜之中。区内地层简单，全系沉积岩主要矿产有铁、煤、半软质黏土、砂石、白云岩及石灰石等。

区内最老地层为中上三叠统嘉陵江—雷口坡组，出露于背斜的轴部，最新地层为上侏罗系重庆统红层，分布于背斜的两翼，出露面积宽广。

矿区位于桃子荡背斜中段西翼，总体上为单斜构造，褶曲、断裂均不发育。岩层走向南北，14线以北浅部岩层倒转东倾，而深部岩层正常向西倾，因而形成宽缓的平卧褶曲形态，实质上为背斜西翼的挠曲构造，岩层倾角为20°~80°，一般为50°~70°，属陡倾岩层；14线以南岩层基本上正常倾斜，岩层倾向西，倾角为50°~60°。总体上，岩层倾角呈由南向北、由浅至深、由缓变陡趋势。由于岩层倒转的深度、角度多变，因而在横剖面上，岩层多呈弓形、S形等，但均比较舒缓，且呈规律性变化。

矿区共发现大小断裂25条，其中规模最大者走向长仅20m，断距40m，其余一般长度在150m以下，水平断距2~11m。以走向近南北者较发育，性质多为逆断层或正断层，走向近东西者次之，性质多为平移断层。断层多发育于岩层倾向转折处（平卧褶曲轴部），属褶皱的派生伴生构造。这些构造多数未影响到铁矿体，少数断层造成矿层的局部破坏，但其规模小，多局限于地表浅部，对矿床的开采不会造成大的影响。矿区褶曲主要发育在14线以北，300m标高以上地层，为一轴部近水平的倒转背斜构造，轴部以上地层倾向东，轴部以下地层倾向西，在剖面上表现为向西略凸缓弓形；14线以南除红岩山顶小范围见倒转外，均为单斜地层，岩层倾向西，深部较地表倾角稍陡。

接龙铁矿含矿岩组由田坝煤系、綦江层、岩楼山石英砂岩及珍珠冲层底部的浅色层组成。由田坝煤系至綦江层、岩楼山石英砂岩至浅色层，各由湖滨沼泽—泥炭沼泽—浅湖沉积序列构成两个不完整的旋回，其中綦江层为主要含矿层。綦江层为一套继沼泽相之后沉积的浅湖相含铁泥岩组，其下部为主矿体的赋存部位，无矿地段通常变为含铁砂岩、含直立炭条砂岩及微粒石英砂岩。主矿体主要以层状、似层状产出，其中似层状矿体有时相互叠加或以鱼贯排列的扁豆状矿体构成，局部地段因存在夹石夹层，矿体呈分枝复合状，总体上，矿体产出层位稳定，连续性好，形态简单。矿体产状与底板围岩一致，走向近南北，总体上向西倾斜，倾角为20°~80°，多数为50°~70°。矿体厚度为0.61~5.36m，厚度沿走向变化稍大，厚度变化系数为52%。

主矿体主要以单一的层状、似层状产出，似层状矿体有时由互相叠加或首尾相连的扁豆状矿体构成。另外，因矿体含夹层在风包湾与红岩之间出现互层矿。此种情形乃是矿体分枝复合现象。总的说来，矿体形态简单，连续性好，层位稳定。从矿体纵投影图上看，矿体大致为一长度很大，宽度较窄不甚规则的扁平体，其中沙坝以南面积最大，次为青龙咀至强流沟之间，最小为北部的杨家寨地段。矿体南北两端及上述矿段之间的边界凸凹不平，变化较大．而主要矿段的深部边界则较为规则。

矿石类型以菱铁矿石为主，以统计法算，占 76.92%；混合矿石次之，占 15.86%；赤铁矿石仅占 3.07%。地表及浅部还有少许褐铁矿石。

矿石的主要矿物成分为菱铁矿（次生铁矿石为褐铁矿、针铁矿），次要成分为赤铁矿、磁铁矿、菱锰矿等。脉石矿物主要为石英、炭屑（有机质）、玉髓、伊利石、泥质、镁方解石等；还见少量到偶见的副矿物如黄铁矿、白铁矿、镜铁矿、磷灰石、绿帘石、锆英石、电气石、水黑云母、黝帘石、锐钛矿、石膏等。

（二）矿床勘查史

矿区的地质调查工作经历了几上几下的历史。从 1954 年开始，先后有西南地质局江津、巴县铁矿预查队、513 队、重庆地质勘探公司、冶金川鄂地质分局 608 队及省地质局重庆队进行过程度不同的普查勘探工作，1958 年苏联专家曾下结论为储量不超过 800 万吨的小矿。

1961 年重庆队提交了勘探报告，经四川省储委核准的表内储量 832 万吨，其中 C_1 级626 万吨，C_2 级 206 万吨。

1971~1976 年，四川冶金地质勘探公司 607 队在接龙矿区共施工钻孔 194 个，工程量50000m、槽探 20000m^3、1∶2000 地形地质测量 9km^2、区域水文地质调查 47km^2。1978年 3 月，四川冶金地质勘探公司 607 队提交报告《四川省重庆市接龙铁矿区详细勘探报告》，主要参与人员：罗宾、黄保林、张达才、秦祝生、陈能乔、杨开业、项仲权、邱永树、朱应谦、王映智、唐启国、刘自强、张宜贵、王昌明、顾笑萍、朱华仁、刘平、任从农、涂荣光等。此次共探明 B+C+D 级储量 3400.9 万吨（其中表内 3314.4 万吨，表外86.5 万吨）。

随后，四川冶金地质勘探公司 607 队在接龙铁矿区茶园矿段进行调查评价，并于1979 年提交《重庆市接龙铁矿区茶园矿段评价报告》，探获铁矿石储量 109 万吨。

十一、四川武隆县铁匠沟铁矿

（一）矿床基本情况

铁匠沟矿区位于重庆市东南乌江下游，行政区隶属武隆县铁矿乡白岩村管辖，地理坐标：东经 107°25′37″~107°27′17″，北纬 29°13′33″~29°15′3″。铁矿乡红宝村采矿厂铁矿距铁矿乡政府约 4km，现有 29km 简易公路与渝湘高速公路相通，至武隆县白马乌江码头 70km。

西起矿区 11km 的和尚岩，东北至矿区 18km 的肖家沟，总长 30km、宽 5km 的范围内，都比较简单，地层全部为古生代和中生代的沉积岩，无大的构造断裂。

区域出露的最老地层为志留纪酒店垭页岩，其次为志留纪石牛栏组，志留纪韩家店页岩，中石炭纪黄龙石灰岩，二叠纪阳新组灰岩，二叠纪乐平煤系。三叠纪大冶石灰岩，中缺泥盆纪及上下石炭纪地层，该区地层主要分布在上堡背斜层的西北翼，由南向北，由老到新顺次罗列，其中以阳新灰岩和韩家店页岩，分布最为广泛。

矿体中所含的主要矿石类型为扁豆状赤铁矿，它的矿物成分以赤铁矿为主，并有少量的菱铁矿，绿泥石等矿物，含铁一般大于45%，硫、磷很低，为一种工业矿石，次要的铁矿石尚有豆状铁绿泥石，涂装赤铁矿及含菱铁矿等矿种，均属贫矿。

已经勘探的铁矿石，其储量总数为 A_2+B+C_1 级共327万吨，其中 $A_2+B_1+B_2$ 级别为5300t。

（二）矿床勘探史

重工业部重庆地质公司601队陈福鑫、李安全、吴鹏举等人于1955年提交勘探报告，查明332+333资源量636.9万吨，其中332类3642万吨，333类2727万吨；另有334类预测资源量419.6万吨。

四川冶金地质勘探公司603队潘志中于1974年作评价报告，认为铁矿产于二叠系下统铜矿层上、中、下部。中层矿呈扁豆体产出，平均厚1.8m，平均品位36.27%。报告提交储量B级2万吨、C级320.2万吨、D级279.7万吨。

十二、四川会理县凤山营铁矿

（一）矿床基本情况

凤山营铁矿区（马鞍山、凤山营及王家湾三个矿段），位于四川省会理县西南部的凤营公社境内。矿区地理坐标：东经 $102°04'40''\sim102°13'18''$，北纬 $26°29'00''\sim26°31'30''$。凤山营铁矿区马鞍山段位于矿区西南，西邻川滇公路，至成昆明永郎火车站107km；至渡口市亦有柏油公路相通。相距74km，交通方便。

矿区位于扬子准地台西缘川滇南北构造带中段，由变质的褶皱基底及盖层组成。

晋宁期造山运动形成了基底地层的东西向褶皱并发生扭转，晋宁期以后，地应力方向急剧改变，地壳抬升，海水退却，构造层的性质亦随之由地槽形的浅海相转变为滨海-陆相地台型沉积层，并且褶皱相对平缓。在东西向基地构造的基础上，发育了南北向的断裂带。

基地褶皱层为前震旦系会理群地层，是区域最老的岩系，由地槽型火山碎屑-碳酸盐浅海沉积物所组成，厚度达万米以上。早期区测将之分为河口组、力马河组、凤山营组及天宝山组。盖层为震旦系以后各时代地层，古生界地层属浅海—滨海碳酸盐沉积层，发育很不完全。区内岩浆岩活动频繁，不同时期内，从侵入岩到喷出岩，从超基性、基性到碱性，种类繁多，成矿专属性强，据区测资料，岩浆活动主要可分为三期：晋宁期、华力西期、印支期。

该区处于川滇南北构造带中部及南岭东西构造带的复合带中，东西向构造以褶皱为主，表现在作为基底的前震旦系地层的东西向褶皱，南北向构造带以断裂为主，在南北向的隆起带上断裂控制了震旦纪以后地层和岩浆岩的展布，而褶皱则显得平缓宽展。

矿区内出露前震旦系会理群上部地层，自下而上分为力马河、凤山营及天宝山三个组，其主要岩石类型各不相同。力马河组由千枚状板岩、白色石英岩组成；凤山营组主要为含泥砂的白云质灰岩、少量铁白云石及千枚岩；天宝山组则为凝灰质板岩、英安斑岩和流纹斑岩。在矿区内，除凤山营组外，其余上下两组均只部分出露。

该区岩浆岩均为中基性浅成岩脉，形态短小，平面分布比较集中，与北北东向横断层的关系甚为密切，即沿断层带派生裂隙产出或充填在断层中。常见有蚀变辉长岩、拉辉煌斑岩、闪斜煌斑岩、闪长岩及苦橄岩等。

矿区构造基本上表现为走向近东西、倾向北的单斜层，在此单斜构造的背景上发育着若干与地层走向相同，平行排列的次级短轴背向斜，构成了区内复式单斜层总体褶皱景观。

矿区断裂构造，规模最大的是南北向压性断裂，它严格地限定了区内前震旦系地层与中生代红层的接触线，并使之作南北方向展布。矿区东西两侧的小关河断层与鹿厂断层之间的凤山营组、力马河组地层的出露，显示出区内最强的断裂构造形迹。

延续稳定、密集成组出现的北北东向压扭性断裂，是区内规模仅次于南北向断裂的重要构造形迹，在地质图中鲜明地呈现出与成矿密切相关的景象。

被北北东向断裂分割的东西向压性断裂，平行成组出现在矿区的南北两侧，是区内第三种不可忽视的构造形迹。由于其产状常常与地质一致，不大容易被发现，但有可能造成较大的断距。

北西向断层，是区内较为次要的一组断裂，其构造形迹较为短小，对地层的破坏很小。

（二）矿床勘查史

1976 年以前，四川省地质局区测队完成了 1 : 20 万及 1 : 5 万区域地质测量。

1976 年 9 月，601 队在为社办工业检查褐铁矿点时在硫碘厂的浅洞中首次发现了菱铁矿。其后的两年中，606 队先后对矿区进行了 1 : 1 万地质填图及修测，矿区的评价则全部由 601 队承担。

1977 年至 1978 年两年间，同时在凤山营、王家湾、马鞍山三个矿段使用钻孔揭露，均见到菱铁矿。马鞍山 ZK704 孔见矿最好，钻厚达 120m。但当时由于地质规律不清，钻孔见矿率低。

1980 年之后，改由四川冶金地勘公司 603 队完成野外收尾工作，并于 1981 年上半年完成《四川省会理县凤山营铁矿区详细普查地质报告》，报告主要参与人员为吴树文、丁安吉、王廷山、孙香蕊。报告提交铁矿远景储量：D 级铁矿储量（表内+表外）2904.36 万吨，表内 2730.54 万吨，褐铁矿为 614.95 万吨，菱铁矿为 1815.59 万吨；表外 473.80 万吨，褐铁矿 191.73 万吨，菱铁矿 282.09 万吨。

十三、四川万源县庙沟铁矿

（一）矿床基本情况

庙沟铁矿区位于四川省达州市万源县（现为万源市）城边，矿区南东端与县城仅一河之隔。矿区范围隶属万源县。地理坐标：东经 $32°03′ \sim 32°08′$，北纬 $107°59′ \sim 108°02′$。汉渝公路和新建的襄渝铁路由矿区南缘经过，与外界相连，南至达县、重庆等地。北到陕西的汉中安康再接湖北襄阳。万源火车站与北矿区隔河相望，距达县钢铁厂沿铁路只有125km。

据1970年省地质局区测报告称万源地区所在大地构造为四川中台川北台陷二级构造单元的东北边缘褶皱带（旧称的大巴山褶皱东万源、城口褶皱带），是印支运动后发展起来旳四川盆地边缘的山前凹陷。其构造线方向受汉南—米苍山台拱所控制，呈北西—南东方向。

主要构造形态为褶皱的形式。大体可以万源县城为中心分为两个类型，即城北表现为过渡型，褶皱紧凑，地层倒转，大断裂甚多，呈线状构造出露；城南则表现为地台型，为一系列紧密的椭圆形的窄背斜和宽缓向斜所构成的箱状或隔挡式褶皱。

区内出露地层由老至新有震旦系、寒武系、奥陶系、志留系、二叠系、三叠系、白垩系。其间仅缺失泥盆系、石炭系。地层分布由北向南依序出露而逐渐变新。在万源县城附近则以上三叠系—白垩系的巨厚（>1800m）内陆河流、三角洲、沼泽相含煤砂泥岩建造与部分湖相红色砂泥岩建造沉积岩为主，仅在区域东北角有零星不明时代的小基岩体，其余无火成活动及变质现象。

万源褶皱带中的褶皱具有标准的台缘性质。多为一系列走向北西—南东向的微向南西突出的线状弧形褶曲，多为短轴背向斜，作雁行排列，具隔挡式褶皱构造特点。背斜紧密细长而不对称，北东翼缓，南西翼陡，倾角为30°~60°。轴面倾向北东，渐由北东向南西倒转。向斜一般宽缓，由北东向南西逐渐开阔。一般在主褶曲两翼次级构造发育，背斜轴部多出露三叠系地层，向斜核部多出露侏罗系地层。

在区内背斜轴部常伴随与轴线一致的逆断层，构成叠瓦式断层系。由北东向南西推覆，其幅度越向南西越小。

庙沟菱铁矿床，产于下侏罗系香溪统的中、上部。属内陆湖盆沼泽还原相沉积型菱铁矿床，通称"威远式铁矿"。

含矿岩系为一套暗色含煤与菱铁矿陆屑建造。在该区沉积厚度为230~300m，从剖面中自下而上显示出3~4个韵律构造或韵律层。

依含矿系中的各岩性，岩相具规律性的变化及其菱铁矿体旳赋存位置，自下而上划分出两个含矿层，即Ⅰ含矿层和Ⅱ含矿层。

该区菱铁矿层，明显地受层位与岩性控制，依其沉积层序、产出部位、富集程度、工业价值，以及2m采高控制诸因素，共划分为三个铁矿层。即Ⅰ、Ⅱ1、Ⅱ3，分别赋存于Ⅰ、Ⅱ含矿层中，两个含矿层在全区均较稳定存在，凡含矿层出露即见有菱铁矿的分布，只不过含矿层内的铁矿层的厚薄与岩性组合关系较复杂：（1）矿层富厚部位常为大的透镜体，或为一透镜体尚未尖灭而另一透镜体紧接加叠；（2）矿层尖灭再现频繁，常见菱铁矿呈大小不等、稀密不均、厚薄不一的透镜体或结核体分布。因此厚度小于0.2m时，人为地划作无矿床处理，实为矿层变薄或品位变低所致，故原华蓥山队把矿体变化特征描述为：所有大面积的普遍尖灭，又有小面积的突然尖灭。完全无矿或缺失比较少见。

根据野外观察和室内鉴定表明，该区菱铁矿石的原生结构主要有显微粒状镶嵌结构、他形变晶结构、微晶结构等。由于部分菱铁矿石被氧化，成褐铁矿石，致使矿石的原生结构遭受破坏，而出现有胶状结构、针状结构等。矿石中分布最广泛的构造类型有块状、层状及部分氧化矿石的蜂窝状、皮壳状等。

该区铁矿石按主要组成矿物可分菱铁矿石与褐铁矿石两种。组成矿石的矿物成分经岩矿鉴定表明较简单，主要金属矿物为菱铁矿、褐铁矿及少量或微量的针铁矿、黄铁矿，其中褐铁矿和针铁矿以铁的次生矿物出现。非金属矿物有石英（碎屑物）、方解石、白云母、斜长石等，偶见黑云母、绿泥石、夕线石、电气石、金红石等，夹石成分由泥质、碳质组成。

（二）矿床勘查史

1958~1962 年，四川省地质局开展了矿区普查、勘探工作。1961 年 2 月提交总结报告，提交 C_1+C_2 级铁矿储量 3348 万吨，其中 C_1 级 1610 万吨。

1969 年 9 月，四川冶金地质勘探公司 604 队二分队上马补课。1971 年 608 队继续补充勘探。历时五年半基本结束补勘工作，共投入钻探工作量 17798.47m（钻孔 59 个），坑探工作量 1815m，各种比例尺地形测量 60km^2，各种比例尺地质填图 36km^2，总投资 484.96 万元。获得铁矿 C 级工业储量 1279.92 万吨，D 级远景储量 72.7 万吨。1975 年 7 月提交《四川省万源县庙沟铁矿区补充勘探总结报告》，技术负责人为罗宾，报告编写人有张武定、刘世焕、刘炎江、梁生详、文方荣、付跃星、温丽婵、彭德奇、肖志华、张利相、贾极林等。

十四、西藏谢通门县江拉矿区北矿带铁矿

（一）矿床基本情况

江拉铁矿探矿权隶属西藏日喀则地区谢通门县娘热乡，勘查登记范围为东经 88°24′55″~88°27′55″，北纬 29°59′59″~30°02′29″。

矿区地层属冈底斯—腾冲地层区上石炭统昂杰组（C_3a），冈底斯构造带南亚带格强—春哲断裂带北侧，成矿区划上隶属冈底斯—念青唐古拉多金属成矿带。矿区整体上呈一单斜构造。但由于受多期构造运动和岩体的影响，断裂构造相对发育。早期构造控制成矿，晚期对矿体有一定的破坏。矿区内中酸性侵入岩大面积分布，以岩基和岩脉为主。岩浆活动时期为喜山早期。岩体的侵入主要受控于近东西向区域构造带，类型以壳源型为主。岩浆侵位产生的强烈挤压及热事件，对该区成矿物质的活化、迁移、富集及成矿物质的来源起到重要的促进作用。

矿体断续分布于东西长 1.7km、南北宽 0.5km 的范围内。矿体产于上石炭统昂杰组（C_2a）中。矿体形态较规则，在平面上均呈透镜状产出；产状与地层产状基本一致。走向 80°~110°，倾向北东或北西，倾角地表较陡为 60°~75°，深部变缓为 10°~45°。矿体规模相对较大，长一般为 190~320m，厚 8~63m；延伸钻孔已控制斜深 160m。南矿带仅 Fe_7 矿体，矿体不连续，呈鸡窝状、囊状产出。

矿石成分中金属矿物以磁铁矿为主，次之为赤铁矿；脉石矿物主要为透辉石、绿帘石、方解石、黑云母、石英、白云母、角闪石、斜长石和少量钙铁辉石等。结构主要为粒状变晶结构，其次为交代残留结构等；构造主要为块状构造、条带状构造、浸染状构造等。

（二）矿床勘查史

中国冶金地质总局西北地质勘查院执行"西藏自治区谢通门县江拉矿区北矿带铁矿详查"项目。项目负责人为蒲耀辉，主要参与人员为周喜云、仇喜超、张冬瑞、盛希亮。通过地质勘查，共圈出北矿带 6 条矿体，即 Fe_1~Fe_6 号矿体，估算资源量共获得 332+333

铁矿石资源量 954.77 万吨,332+333+334 铁矿石资源量 1007.07 万吨,矿石平均品位 TFe 38.76%。

第六节 西北地区重点矿床

西北地区铁矿主要分布于新疆、陕西、甘肃、青海、宁夏,以新疆为主,依据 2020 年全国资源储量通报,截至 2019 年底,西北地区保有铁矿资源量 56.81 亿吨,储量超亿吨的大型铁矿有 13 处。重要铁矿矿集区主要为中南部秦岭造山带内、北祁连造山带、西天山、东天山、阿尔泰山南缘等地。铁矿类型主要为沉积变质型、海相沉积型、接触交代热液型。

一、陕西略阳县杨家坝铁矿

(一) 矿床基本情况

矿区位于陕西南部,属略阳县杨家乡所辖,铜厂铁矿床是杨家坝铁矿的生产矿山,中心地理坐标:东经 106°21′,北纬 33°06′。

矿床位于松潘—甘孜褶皱系的东北端,摩天岭隆起东部勉、略、宁三角带内,出露地层主要为中上元古界碧口群,是一套变质的中-酸性、基性、超基性火山岩和沉积碎屑岩为特征的细碧角斑岩建造(见图 5-143)。局部有震旦系灰岩盖层,含矿岩系为碧口群郭家沟组,有千枚岩、页岩、炭质板岩夹白云岩,间夹少量中基性火山岩的变质岩系(绿色岩系),铁矿体赋存于中上部。区内构造为一复式背斜,次级褶皱作紧闭线状并倒转,自北而南有何家岩背斜、接官亭向斜、二里坝—铜厂背斜和鸡公石向斜。其轴向由北西渐转为东西到北东,断裂构造发育,以控制区域构造单元或与褶皱轴向平行的走向断裂规模最大,斜断层一般规模较小。区内矿产丰富,主要有铁、锰、铬、金、铜、黄铁矿、白云石和石灰石等。区内见四个铁矿床:铜厂铁矿、张家山铁矿、郭家沟铁矿、赵家山铁矿。

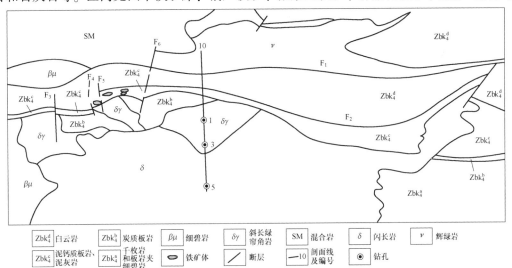

图 5-143 铜厂(杨家坝)铁矿区地质图(中国铁矿志)

铜厂铁矿由一个主矿体（Ⅰ号）和一个平行矿体（Ⅱ号）组成。主矿体长1100m，垂直平均深度为530m，平均厚32m，标高为360~1117m，为一大透镜体，受F_{12}断层控制，底盘随F_{12}断层产状变化而变化，上盘受片理构造控制。矿体向东侧伏，侧伏角为18°~20°，矿体较陡倾斜（见图5-144）。

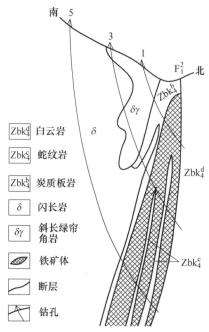

图5-144 铜厂（杨家坝）铁矿10勘探线剖面图（中国铁矿志）

矿体夹石全是由蛇纹石、透闪石、绿泥石、碳酸盐及磁铁矿组成的各种岩石，夹石平均含铁量达14.02%；矿体上盘的围岩主要是含铁透闪岩，磁铁蛇纹岩，平均含铁量12.67%；下盘为白云岩，平均含铁量7.48%。

矿石结构以他形不等粒状为主，自形晶次之，少量为网环状结构或碎裂结构；矿石构造一般比较简单，以浸染状构造为主，以块状和斑杂状构造为次，有时呈条带状构造，少量为脉状。

矿床成因是高—中温热液交代型矿床，认为矿体受闪长岩控制，围绕闪长岩体外接触带分布，是成岩后期热液交代成矿。

（二）矿床勘查史

1999年，冶金部西北地质勘查局地质勘查开发院执行"陕西省略阳县杨家坝矿区铁矿地质普查"项目。项目负责人为李延栋。通过地质勘查，全区探获122b+333资源量为470.65万吨，其中铜厂铁矿床Ⅰ号、Ⅱ号矿体合计新增122b基础储量242.78万吨。

二、陕西柞水县大西沟铁矿

（一）矿床基本情况

矿区位于陕西省柞水县东南，行政区划属于柞水县小岭镇新华村所辖。地理坐标：东经 109°14′30″~109°16′15″，北纬 33°37′00″~33°38′05″。

矿区处于秦岭褶皱系柞水—礼县华力西褶皱带中，构造形态为一由泥盆系及石炭系构成的巨大的复向斜，菜玉窑—西芦山复式向斜，主要断裂为分隔北秦岭加里东褶皱带与柞水—礼县海西褶皱带的商丹大断裂及凤镇—山阳大断裂，沿商丹深断裂及凤镇—山阳大断裂成南北两个岩带，北带为基性-超基性杂岩（秦王山岩体）、片麻状黑云母花岗岩及斑状角闪黑云母花岗岩（九华山岩基）。南带由一系列基性-酸性的小岩体组成，两者均呈东西向。地层区划属秦岭地层区，礼县—柞水分区，唐藏—山阳小区。主要分布一套厚达8000多米的海相碎屑及泥质沉积物，称之为"柞水系"。矿产主要有铁、萤石、重晶石、银、钛、铅、铜等矿种（见图5-145）。

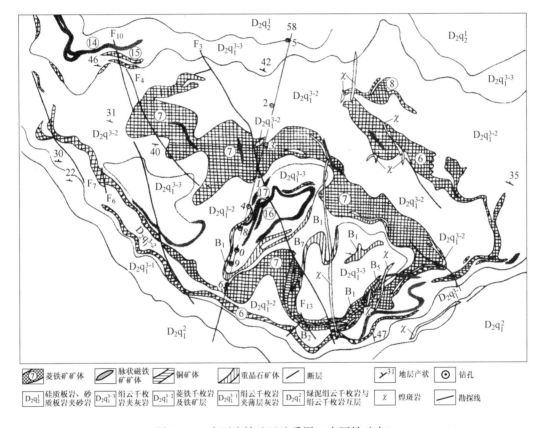

图 5-145　大西沟铁矿区地质图（中国铁矿志）

大西沟铁矿床，矿体按其产状、构造形态及矿物组合可分三类：第一类为层状菱铁矿矿体；第二类为层状重晶石磁铁矿矿体；第三类为脉状磁铁矿矿体。以第一类为主，矿体呈层状产出，层位稳定，主要产于下石炭系中下部地层—大西沟含矿岩系中，主要岩性有钙质绢云千枚岩、菱铁绢云千枚岩、磁铁重晶石绢云千枚岩及泥灰岩。顶底板围岩主要为菱铁千枚岩，局部地段或其尖部位的顶底板见有少量的泥灰岩及铁白云岩（见图5-145）。

矿体严格受地层控制，呈层状产出，与围岩呈整合关系，与地层构造变形一致。矿区探明铁矿体17个，重晶石矿体5个，铜矿体2个。按铁矿体形态、产状和矿物共生组合关系可分为层状菱铁矿矿体、层状重晶石磁铁矿矿体和脉状磁铁矿矿体，以前者为主，其储量占全区总储量的 99%。

层状菱铁矿矿体主要产于含矿岩系中部，呈层状，延深较稳定，产状与围岩一致，二者呈渐变过渡关系。有 6 号、7 号主矿体（见图 5-146）及 8 号、9 号、25 号、27 号、32 号等矿体，其中 6 号矿体长 1850m，最大厚度为 133.20m，平均 26.82m，最大斜深 1375m；7 号矿体长 2000m，厚度为 20~80m，平均 51.40m，最大厚度为 181.38m，最大斜深 870m。矿体产状：倾向北东、倾角 25°~33°。

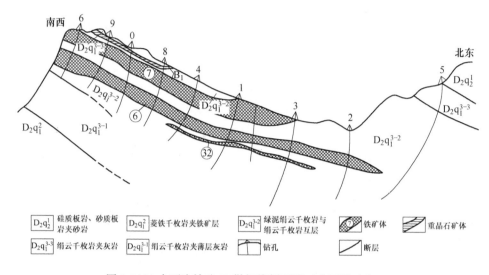

图 5-146 大西沟铁矿 58 勘探线剖面图（中国铁矿志）

层状重晶石磁铁矿矿体产于含矿岩系上部磁铁重晶石绢云千枚岩中，有 10 号、11 号、14 号、17 号等矿体，呈层状，产状与围岩一致，二者呈渐变过渡关系。矿体长 200~500m，厚度为 3.50~24.12m，斜深 100~400m。

脉状磁铁矿矿体产于断层裂隙中，个别沿片理产出，有 20 号、18 号、12 号、1 号等矿体。矿体产状：走向 120°~160°，个别为 243°，倾向北东，倾角为 25°~50°。呈脉状或细脉带产出，与围岩界线明显，个别呈渐变过渡关系，近矿围岩常发育绿泥石化。矿体长 80~400m，厚度为 1.46~24.90m，最大斜深 330m，一般为几十米至 100m。磁铁矿脉周围见有绿泥石化。

伴生铜矿体（B7、B4）及两个表外共生小矿体（B5、B8），呈似层状产于 7 号铁矿体顶板围岩或 7 号矿体中，与围岩呈整合接触。矿体长 70~400m，厚 3.96~8.11m。

伴生重晶石矿体（B1、B17）及 3 个共生小矿体，呈层状产于 B7 号铜矿体上盘磁铁重晶石绢云千枚岩中，与围岩呈整合接触。矿体长 200~380m，厚度为 3.90~39.10m，延深 400~450m。

矿石的矿物成分主要有原生金属矿物磁铁矿，其次为菱铁矿、穆磁铁矿、镜铁矿、黄铁矿，还有少量黄铜矿、磁黄铁矿等。氧化金属矿物主要为褐铁矿，其次有少量孔雀石、蓝铜矿、辉铜矿、胆矾、假象赤铁矿等；非金属矿物主要为重晶石、绢云母、石英，其次为绿泥石、铁白云石、黑云母及少量方柱石、鲕状绿泥石、钡冰长石、钠长石、高岭石等。

矿石结构为斑状变晶结构及斑状花岗变晶结构和他形粒状结构。矿石构造为条带状构造、浸染状构造、块状-团块状构造。

(二) 矿床勘查史

新中国成立以前该地区几乎是地质上的空白区，当时只有少数地质学家做过零星的地质调查，仅有赵亚增、黄汲清等人于 20 世纪 30 年代在该区附近做过少量的路线地质调查。将矿区所属地层命名为"柞水系"。

1957～1960 年，陕西省冶金局所属安康地质队、商洛地质队均先后来矿区进行过矿点检查及水化学找矿，并投入了少量的轻型山地工程。

1966～1968 年，陕西省冶金地质勘探公司 714 队派出普查分队，在凤镇—山阳大断裂两侧及九华山花岗岩南缘，面积约 1000km² 的范围内，开展以铁铜为主的综合普查工作。同时对大西沟等几个重要矿点进行了检查工作，投入了少量地表山地工程。

1967 年，陕西省冶金地质勘探公司物探水文队及 713 队根据航磁资料，配合勘探公司对航磁异常（M87～1）进行了比例尺为 1：5000 精度的磁法测量和自然电流测量工作，面积约 8.0km²。1969 年 6～7 月在评价工作中新发现了菱铁矿层，肯定了大型矿床的规模。

1969～1974 年，陕西省冶金地质勘探公司 714 队对柞水县大西沟铁矿进行了地质评价和勘探工作，勘探工作历时 5 年，在此期间，陕西省冶金地质勘探公司物探水文队、测量队、地质研究所、西北地质研究所和公司 713 队等单位参与工作并给予大力协助。主要地质勘探工作于 1974 年 7 月结束，随后提交《陕西省柞水县大西沟铁矿床地质勘探总结报告书》。历年来在该矿区担任地质技术负责人的有马立昌、周先民、姜大明、杨建琨、杨绪铮等同志。报告文字部分编写的分工如下：有关区域及矿田地质概况主要由汤正纲执笔，物化探部分由李万海执笔，水文地质部分由刘定康执笔，报告其他部分及最后修订、汇总工作由杨绪铮负责完成。

查明资源储量为 3.52 亿吨，铜资源储量 14050t，平均品位 TFe 28.01%，Cu 0.614%，属大型铁矿床。

1987 年，西北冶金地质勘探公司第六勘探队执行"陕西省柞水县大西沟铁矿床磁铁矿体补充评价"项目。项目负责人为宫本乐，主要参与人员有张恭勤、张宏发、彭世孝、尹宪辉。通过地质勘查，获得表内矿石储量：C 级 801.5 万吨，D 级 702.2 万吨，C+D 级 1008.7 万吨。其中 C 级占 C+D 级储量的 30.04%。全矿床平均品位 TFe 31.94%。表外矿石量：C 级 54.6 万吨，D 级 135.2 万吨，C+D 级 189.8 万吨。平均品位 TFe 25.02%。

三、陕西洋县桑溪乡钒钛磁铁矿

(一) 矿床基本情况

陕西洋县桑溪乡钒钛磁铁矿位于洋县县城 88° 方向，直距 48km 处，行政区划隶属洋县桑溪乡。矿床地理坐标：东经 108°02′30″，北纬 33°13′30″。

洋县桑溪乡钒钛磁铁矿的大地构造位置为汉中台凸的东北边缘，北部和东部以断裂与南秦岭加里东褶皱带相接。褶皱带的构造线从西往东由 NWW—SEE 折成 NNW—SSE 向包围台突，形似入字形构造。

区域地层由老到新的顺序为：中元古界三花石群（Pt_2Sh）、震旦系南沱组（Z_1n）、寒武系（$\in$）、下志留统（S_1）、中上志留统（S_{2-3}）、中泥盆统（D_2）、下石炭统（C_1）、中石炭统（C_2）。

区域上分布的岩浆岩主要是晋宁期晚期岩浆活动的产物，岩性有辉长岩、花岗岩等。

矿区内广泛分布赋存钒钛磁铁矿的基性岩，从区域资料看，由毕机沟矿床往西经洋县、城固到汉中一线，在覆盖层下经钻探揭露，分布有若干基性岩体。这些岩体的分布恰与汉中环形异常吻合。

钒钛磁铁矿赋存于基性岩中，毕机沟钒钛磁铁矿段在 0 剖面到 14 剖面线之间，矿段长约 1650m，最宽在 1 线附近，达 540m，13 线附近接近尖灭，宽仅 70m。矿体绝大部分受岩性控制。规模较大的矿体均呈较稳定的陡板状产出。小矿体则多为透镜体或扁豆体。从 1∶2000 地形地质图上看出，分异构造稳定的部位，矿体的形态较规则。急剧转折的部位，如 0 剖面附近，矿体产状变化大，形态也较为复杂。矿体厚度沿走向、沿倾斜基本稳定，仅在部分矿体的局部地段有急剧增厚的现象。矿区主矿体长 150～1200m，沿倾向延伸最大 625m，厚度为 1～59.33m，平均厚度为 17.72m，厚度变化系数为 24%～94%；矿石品位为 20.25%～45.4%，平均品位 TFe 28.91%，品位变化系数为 14%～36%。

矿石的矿物成分主要为磁铁矿与钛铁矿，二者往往形成连生体，构成钛磁铁矿，并含少量黄铁矿、磁黄铁矿及微量镍黄铁矿、黄铜矿；脉石矿物与近矿围岩的矿物成分相同，主要为斜长石、异剥石、斜方辉石及少量的角闪石、黑云母、橄榄石、尖晶石、黝帘石、绿帘石、阳起石、绿泥石、蛇纹石、伊丁石、滑石等。角闪石和黑云母往往沿磁铁矿颗粒边缘分布，关系密切。矿石结构几乎全为海绵陨铁结构；构造以浸染状为主。

（二）矿床勘查史

2011 年，中国冶金地质总局西北地质勘查院执行"陕西省洋县桑溪乡钒钛磁铁矿资源储量核实报告"项目。项目负责人为李会民，主要参与人员为杨涛、解新国、庞田玉、闫伟伟、张选朝。通过地质工作，估算保有 122b+333 级铁矿石资源储量 651.39 万吨，平均品位 TFe 29.32%；其中 122b 级 112.31 万吨，平均品位 TFe 28.89%；333 级 539.08 万吨，平均品位 TFe 29.41%。

四、陕西略阳县阁老岭铁矿

（一）矿床基本情况

阁老岭铁矿位于陕西省略阳县城 128°方向直距约 6.9km 处，行政区划属略阳县城关镇七里店村管辖。矿区地理坐标：东经 106°10′52″～106°13′25″，北纬 33°17′44″～33°18′35″，面积 6.40km²。

勘查区位于秦岭褶皱系摩天岭加里东褶皱带文县—勉县褶皱束东段北部、何家岩倒转复式背斜南翼。区域地层主要有太古界鱼洞子岩群（ArYd）、元古界碧口岩群（$Pt_{2-3}Bk$）、震旦系上统陡山沱组（Z_2d）和灯影组（Z_2dy）、泥盆—石炭系踏坡组（D-Ct）、略阳组（D-Cl）、志留—三叠系等。

阁老岭铁矿位于摩天岭褶皱带文县—勉县褶皱束北部、何家岩倒转背斜的南翼，属于勉略构造带，断裂发育，表现为多个时代、不同深度层次、不同构造背景下，通过不同地质作用方式形成的规模、性质、级别各异的韧性剪切带和脆性断裂。

该区域内的岩浆岩不发育，主要有万家山及周家山华力西期钾长花岗岩，呈脉状产出。

阁老岭铁矿区分布于太古界鱼洞子岩群黄家营组。按其相对集中赋存层位，分上、中、下三个含矿层。

上部含矿层为黄家营组第四岩性段，含1号、2号、3号、7号矿体，该段岩性上部为斜长角闪片岩，具条带状构造，条带有原生和次生两种，原生条带平直、细、延长远，由单一矿物角闪石组成；次生条带粗短且有分枝穿插特点，由长英质矿物组成。中部为灰黑色条带状阳起磁铁石英岩，下部为阳起斜长片岩、斜长角闪片岩。厚度为30~170m，产状10°~50°∠45°~85°。

中部含矿层为黄家营组第三岩性段，含6号、8号、10号、13号、16号、17号矿体，该段岩性主要为绢云斜长片岩、绿泥斜长片岩；该段东部混合岩化强烈，西部轻微。厚度为50~170m，产状20°~44°∠31°~82°。

下部含矿层为黄家营组第二岩性段，含4号、5号、9号、11号、12号、15号矿体，分布于张家湾—杨家湾—何家沟口—阳山里一带。上部为角闪片岩，有时在近矿围岩中含有2~3cm厚浸染状磁铁矿薄层；中部为阳起磁铁石英岩，下部为斜长角闪片岩及角闪片岩，走向上两者厚度互为消长关系，部分斜长角闪片岩中具凝灰结构。厚度为30~150m，产状13°~55°∠30°~74°。

矿石成分中矿石矿物主要为磁铁矿；脉石矿物主要为角闪石、斜长石、石英、阳起石、绿泥石、绿帘石、磷灰石等。矿石结构有不规则粒状结构、压碎结构、片粒状变晶结构、变余柱粒状结构；构造主要有条带状构造、块状构造，此外，还见有片麻状构造、浸染状构造和弱定向构造。

该矿床应属火山—沉积并经多次变质改造而成，其成因为火山沉积—变质铁矿床。

（二）矿床勘查史

2011年，中国冶金地质总局西北地质勘查院执行"陕西省略阳县阁老岭铁矿接替资源勘查"项目。项目负责人为刘小舟，主要参与人员为张定真、王和民、刘宏信、苟进昌。通过地质勘查，全区获得122b+333新增资源量矿石量399.03万吨。其中122b资源量41.19万吨，平均品位TFe 32.01%；333资源量357.84万吨，平均品位TFe 30.80%。

五、陕西洋县毕机沟钒钛磁铁矿床

（一）矿床基本情况

矿区行政区划属于洋县桑溪镇管辖，矿区中心地理坐标：东经108°02′30″，北纬33°13′30″。

涉及1:5万图幅编号为Ⅰ-48-97-A，图幅名称为饶峰幅。大地构造位置为扬子地块北缘汉中台凸的东北边缘，区域内出露的地层较齐全，从中元古界蓟县系到二叠系（P）

均有出露，铁矿分布于中元古界蓟县系西乡群（$Jxxx$）第二岩性段（$Jxxx^2$），含磁铁矿安山岩、安山玄武岩，夹少量凝灰质千枚岩。区域上分布的岩浆岩主要是晋宁晚期岩浆活动的产物，岩性有辉长岩、花岗岩等，毕机沟一带基性-超基性杂岩体为层状杂岩体，橄榄岩、橄长岩、辉长岩（浅色粗粒辉长岩、含矿钒钛磁铁矿异剥辉长岩等）及外围闪长岩间均呈渐变过渡关系。

矿区经过多年勘查，将矿床分为毕机沟矿段、周家砭矿段、崔家坪矿段和杏树岭矿段四个矿段，共圈定矿体 54 条，地表 7 线附近为苏长岩型磁铁矿，其余为辉长岩型磁铁矿，矿体呈条带状、似层状、透镜状，倾向 30°～70°，倾角为 56°～80°。

矿石的矿物主要为磁铁矿、钛铁矿，脉石矿物以角闪石和斜长石居多，其次为辉石、榍石、绿泥石、绢云母和滑石等。

矿石有用组分主要为 TFe、mFe，伴生有用组分主要为 TiO_2 和 V_2O_5，其余元素一般无工业利用价值，有害元素主要为 S 和 SiO_2。

矿石主要结构有海绵陨铁结构、填间结构、交代网格结构，矿石构造有浸染状构造、块状构造、条带状构造及团块状构造。

（二）矿床勘查史

1992 年，冶金部西北地质勘查局六队执行"陕西省洋县毕机沟铁矿床及外围普查"项目。项目负责人为董省元，主要参与人员为刘文波、李关胜、李刚、解虎正、吴小虎、李平。通过项目执行，总计获得 D+E 级矿石储量 3420.7 万吨，减去周家砭矿段前人探获的远景储量 927.4 万吨，实际新增储量 2235.2 万吨。

2017 年，中国冶金地质总局西北地质勘查院执行"陕西省洋县毕机沟钒钛磁铁矿矿区地质勘探"项目。项目负责人为魏东，主要参与人员有火兴开、王星、刘宏信、赵继宏、闫伟伟、李锦玉、郭旭飞、柳建平、胡杰、秦卫军、宫亮。通过项目执行，共估算了 48 条矿体，估算铁矿石量（采空区 + 331 + 332 + 333）6353.07 万吨，TiO_2 资源量 3238090.08t，V_2O_5 资源量 188346.27t，平均品位：TFe 26.83%，mFe 17.33%，TiO_2 5.10%，V_2O_5 0.296%。

六、甘肃镜铁山桦树沟铁矿

（一）矿床基本情况

位于酒泉市南西 40°方向 60km 处，行政区划隶属于甘肃省肃南裕固族自治县祁丰区，其地理坐标为东经 97°52′30″～97°55′15″，北纬 39°20′30″～39°22′00″。

构造带属北祁连西段，加里东褶皱带西段的桦树沟—班赛尔山复背斜中。区内出露地层以上元古界、下古生界为主，上古生界、中新生界较少，地层呈条带状分布，区内铁矿赋存于蓟县系下岩组浅变质千枚岩系中。区内侵入岩较发育，岩浆活动主要是加里东晚期。岩石类型从超基性岩到碱性岩均有出露，其中以酸性-中酸性岩体分布较广，规模也较大。区域内矿产资源较丰富，以铁、铜矿尤为突出，目前已发现的赋矿层位和含矿地质体较多，其时间跨度也较大。从前长城系—志留系；从中基性-基性-超基性岩脉；从含铜石英脉—破碎蚀变带，都有矿床（点）或矿化线索分布。沉积变质型铁矿床（点）形成最早，多属沉积变质—后期热液改造作用的产物，沉积变质型矿床（点）在空间上主要分布于中祁连加里东隆起带内，严格受特定层位（蓟县系下岩组）和特定构造（北西西向韧脆性断裂、褶皱带）的控制（见图5-147）。

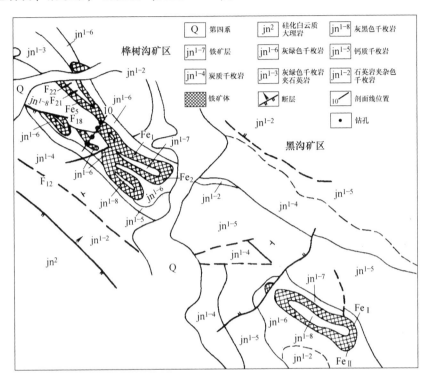

图 5-147　镜铁山铁矿区地质略图

矿床赋存于元古界镜铁山群一套浅变质杂色千枚岩中，岩石变质程度为低绿片岩相。

矿区地处北祁连加里东褶皱带西段，地层展布与区域构造线基本一致，走向多为310°~300°，倾角较陡，一般在60°以上，部分近于直立或倒转。含矿岩系（杂色千枚岩）和矿层同步形成复式向斜构造，严格控制着矿体的产出形态。向斜南翼的小褶皱，使矿体产状及向斜构造本身复杂化。

断裂构造比较发育，特别是成矿后断层对矿体有较大破坏作用。如分布在矿区西段的斜切逆断层 F_{18}，东西向延长 800~1200m，垂向断距大于 200m，向深部于向斜核部切割 Fe_2 和 Fe_5 矿体；矿区中部 F_{11}、F_{12} 正断层横穿矿区，使 Fe_5 与 Fe_1、Fe_2 矿体上、下错位 150~200m；矿区北部分布有一组规模不大的平推断层，对矿体也有明显破坏作用，如 F_{21}、F_{22} 使 Fe_5 矿体水平错位 10m 左右。

区内所见岩浆岩均属晚期浅成脉岩类，有粗、细粒辉绿岩脉及石英闪长玢岩脉，一般长数百米，厚 10~50m，主要分布于矿区北部（向斜北翼），呈岩墙或岩脉状斜切矿层或顺层产出。

矿区内由铁、铜矿体组成，出露地层均为蓟县系镜铁山群下岩组，铁矿体赋存于 $ZJxjn^{1-6}$ 和 $ZJxjn^{1-7}$ 中，主要为杂色千枚岩、灰白色石英岩、含铁碧玉岩，侵入岩主要有中酸性石英闪长斑岩脉和基性辉绿岩脉，都受到不同程度的变质。铁矿区东西长 2.5km，南北宽 0.8~1km，总面积 2.26km^2。矿区为一复式向斜构造，走向 130°~310°，自东向西倾伏，倾伏角 10°~15°，局部可达 28°。铁矿体（层）赋存于复式向斜中重复出现而成 6 条铁矿体：Fe$_I$、Fe$_{II}$（Fe$_{西III}$、Fe$_V$ 为 Fe$_I$、Fe$_{II}$ 矿体西延）、Fe$_{III}$、Fe$_{IV}$、Fe$_{VI}$、Fe$_{VII}$，分布于 2~22 线，矿体东西延续 2200m 左右。

矿石矿物主要有镜（赤）铁矿和菱铁矿，次有磁铁矿、褐铁矿和黄铁矿等；脉石矿物主要有碧玉、铁白云石（白云石）、重晶石、石英、绢云母、方解石、绿泥石、白钛石、电气石、锆石、钠长石等。

矿石呈细-中细粒的自形-他形变晶粒状结构，片状、鳞片状、包含结构、斑状结构次之，另外还有后期交代形成的网格状结构、残余、碎裂、压影破碎糜棱结构等；矿石构造以条带状或似层状为主要特征。

矿石中主要有用组分为铁，有害杂质硫、磷含量甚微，有益组分为锰，挥发组分为 CO$_2$ 及 H$_2$O，其他组分含量甚微。根据基本分析和组合分析，分为有益组分、有害组分和造渣组分。

（二）矿床勘查史

1974~1976 年，甘肃冶金地质四队对桦树沟矿区 14 线以西地段的 Fe$_5$ 和 Fe$_2$ 矿体进行了基建探矿，1976 年底提交了《桦树沟矿区西部矿体基建补充勘探施工说明书》，新增铁矿石表内储量 3983 万吨（B 级 1639 万吨，D 级 2344 万吨）。该报告未经甘肃省储委审查。在基建探矿过程中，甘肃冶金地质四队加强了矿床综合研究，认为桦树沟矿区为一完整的向斜构造，铁矿体继续向西延深，且深部有一定远景。

1982~1990 年，甘肃冶金地质五队（1985 年改为西北冶金地质五队）对桦树沟矿区 14~0 线地段矿体进行补充勘探，扩大了矿床远景储量，预计可新增铁矿石储量 1 亿吨以上。1985 年，在补充勘探的同时，于 Fe$_5$ 矿体的下盘围岩中发现了共生铜矿。截至 1990 年底，已初步控制两条平行的铜矿体，长约 900m，宽 400m，厚 10m 左右，Cu 品位 0.3%~19.4%，一般都在 1% 以上。该共生铜矿可构成中型以上规模。

1991 年，冶金部西北地质勘查局五队执行 "甘肃省肃南裕固族自治县桦树沟铁矿床西 II 铁矿体 14~6 线补充勘探" 项目。项目负责人为刘华山，主要参与人员为杨来耕、陈壁田、郑静、李英华、秦继洲、王克武。通过项目执行，补勘升级储量 1351.4 万吨，还获得伴生重晶石 996.73 万吨。发现了共生铜矿，初步估算其金属量 6.57 万吨，证实铁矿层继续向 6 线以西延深，还有扩大远景的地质条件。

随后，冶金部西北地质勘查局五队执行 "甘肃省肃南县镜铁山桦树沟铁矿补充勘探" 项目，并于 1996 年提交《甘肃省肃南县镜铁山桦树沟铁矿补充勘探铁矿勘探报告》，提交铁矿矿石量 21629 万吨，项目评审文号为储〔1997〕8 号审字 99 号。

2011 年，中国冶金地质总局西北局五队执行 "甘肃省肃南裕固族自治县桦树沟西铁铜矿区地质普查" 项目。项目负责人为张宏发，主要人员为彭世孝、尹宪辉。通过项目执行，圈定出铁矿体 8 个，主要铁矿体 6 个，共获得铁矿石 332+333+334 资源量级 1348.34 万吨。铜矿石 333+334 资源量级 256.95 万吨，铜金属量 1.98 万吨。

七、甘肃肃北县双井子铁矿

（一）矿床基本情况

矿床位于甘肃省肃北县与新疆哈密市交界地带，其地理坐标为东经95°42′19″，北纬41°57′10″。

双井子地区位于天山—内蒙古褶皱系北山褶皱带的西段，包括北天山中间隆起带和北山北海西横向斜的一部分。区内出露地层从老到新有震旦系、寒武系、石炭系、二叠系和第三系，第四系为松散堆积物，地层均呈近东西向走向分布。中性、中酸性、酸性侵入岩大面积出露，脉岩发育。

矿区圈定铁矿体21条，赋存于3个层位，分别是：第一赋矿层含火山碎屑的长英变砂岩夹薄层大理岩，共有小矿体16条，均呈透镜体或呈扁豆体产出，一般埋深0~90m，产出标高2150~2200m；第二赋矿层为透辉角闪岩夹大理岩，铁矿体于其中下部的角闪岩与大理岩间（火山沉积的过渡带）以扁豆状产出，一般埋深150~270m，产出标高1900~2150m，矿体的直接围岩绿泥石化相当发育，常形成绿泥片岩；第三赋矿层透辉角闪岩夹棕灰色变质细砂岩，矿体埋深890m以下，产出标高为1800m±。

矿石矿物主要有磁铁矿、黄铁矿、黄铜矿、闪锌矿、辉钼矿；脉石矿物主要是一些硅酸盐矿物和其蚀变产物。

矿石的结构、构造包括半自形晶结构、他形晶结构、包含结构、交代溶蚀结构等；块状构造、浸染状构造、脉状构造、次角砾状构造。

结合矿区地层、岩石组合、蚀变特征及地球物理、地球化学特征的考虑，双井子铁矿床的成因类型应属于火山沉积成矿，后期热液叠加富集类型。

（二）矿床勘查史

1987年，西北冶金地质公司五队执行"甘肃省肃北县双井子铁矿床初步勘探"项目。项目负责人为杨来耕。通过地质勘查，提交铁矿石量257.04万吨，锌矿金属量22051.54t，钼矿金属量69.71t。

八、甘肃肃北县吉勒大泉铁矿

（一）矿床基本情况

矿区位于甘肃省肃北县马鬃山镇北北西直距90km处，属肃北县管辖，涉及1∶20万图幅一幅，图幅编号为K-47-XIII（明水幅）。详查区探矿权范围地理坐标（西安80）为东经96°22′25.6″~96°23′55.6″，北纬42°26′15.7″~42°27′7″，面积1.97km²。

区内出露地层主要为石炭系，也是北山石炭系最发育的地区，贯穿图幅中部，为典型地槽相沉积，沉积巨厚。主要分布在狼娃山—白山复背斜及红石山—双沟山复向斜内，其次为第三系和第四系。

矿区位于天山兴蒙褶皱系一级构造单元内，二级构造单元为北山华力西褶皱带，狼娃山—白山复背斜的北翼。区域构造线总体呈近东西向展布。

区内侵入岩十分发育，分布广泛，约占总面积的45%。主要为华力西期花岗岩类。

自华力西中期到华力西晚期，从中基性到中酸性、酸性岩浆均有侵入，其规模由小变大，尤以中期的岩浆活动最为强烈，形成巨大的花岗岩基，构成了全区侵入岩的主体。其主要特征表现为岩浆岩脉动频繁，构成复杂的、对称性的岩体，尤以华力西中期侵入岩岩脉表现更为明显。岩石类型主要有斜长花岗岩、花岗闪长岩；其次为二长花岗岩、花岗岩、钾长花岗岩、闪长岩、辉长岩。岩体的侵位主要受控于北西西向区域主干断裂带，类型以壳源型为主。岩浆侵位产生的强烈挤压及热事件，对该区成矿物质的活化、迁移、富集及部分成矿物质的来源起到重要的促进作用。

矿体产于下石炭统白山群中部（$C_1Bs_2^1$）阳起石绿帘石片岩、绿泥绿帘石片岩及绢云母石英片岩中。一般为层状、透镜状、扁豆状，产状与围岩一致，接触界线清楚。矿层中有薄厚不等的围岩夹层。从空间分布位置上来看，矿体沿东西向呈带状分布，长达近4km，南北宽 1.4km。在测区内见有三个含铁矿层，大小 9 条铁矿体，近东西走向，倾向 $10° \sim 20°$，倾角 $55° \sim 80°$。

含铁石英岩构成的含铁矿层，一般长 $300 \sim 400m$，最长大于 1000m，厚 $20 \sim 40m$，最厚可达 90m。矿区内各矿体均产出于含铁石英岩当中。矿体总体走向北西西—近东西向，波动范围一般为 $100° \sim 120°$，矿体地表倾向北—北北东。矿体形态比较复杂，以似层状、透镜状产出，在平面图上显示平行排列，沿走向膨胀收缩、尖灭再现。

矿石成分中金属矿物主要为磁铁矿、赤铁矿，少量褐铁矿；脉石矿物主要由石英、绿泥石、绿帘石、方解石、绢云母等组成。结构主要为半自形-他形晶粒状结构；构造主要为条带状构造、稠密浸染状构造。

矿床的成因类型为沉积变质型铁矿床。

（二）矿床勘查史

2012 年，中国冶金地质总局西北局五队执行"甘肃肃北蒙古族自治县吉勒大泉铁矿详查"项目。项目负责人为王军，主要参与人员为吴江、殷开勤、刘宏信、董开伯、赵刚、常锦、史旭东、杨宪、何伟、王洋、王刚等。通过地质勘查，圈定 7 条矿体（群），估算矿区内 332+333+334 资源量共计 230.17 万吨。

九、甘肃肃北县红山铁矿

（一）矿床基本情况

红山铁矿位于北山中间隆起带双鹰山复向斜南翼的次级背斜（罗雅楚山背斜）中，地层属北山地层分区之中天山马鬃山地层小区，主要出露地层为元古宇及古生界，以中、新元古界和下古生界分布最广，并出露有少量泥盆系、二叠系和第四系。地层总体呈北西西向展布，与区域构造线基本一致。由于岩体穿插侵位和断裂发育，地层显得支离破碎，其褶皱形态不完整，许多地段呈褶断构造片岩产出。

主要地层有青白口系大豁落山群（QbD）、震旦系泽鲁木群（$Z_{1-2}Z$）、中上寒武统西双鹰山群（$\in_{2-3}X$）、下—中奥陶统罗雅楚山群（$O_{1-2}Ly$）。

该区褶皱构造表现为大型复式向斜（双鹰山复向斜），由罗雅楚山背斜和砂井子东背斜组成。罗雅楚山背斜轴部由青白口系碳酸盐岩组成，两翼由南华系冰碛砾岩、震旦系大理岩、寒武系硅质岩组成。褶皱轴迹呈 NWW 向，出露长 22km，平均宽 4km，向北西方向倾伏，东南方向撒开，红山铁矿二、四、五矿区即产于该背斜中。

砂井子东背斜轴部主要由青白口系灰色微晶白云质灰岩夹米黄色大理岩（QbD^2），两翼由青白口系米黄色厚层块状白云质大理岩，含硅质团块、条带状方解白云质大理岩（QbD^3），绢云绿泥千枚岩夹石英岩（QbD^4），寒武系砂质板岩夹硅质岩组成。

区内断裂发育，主要为近东西向，其次为北东向及北西向。东西向断裂均属走向断裂，与区域构造线方向一致，规模较大者有小泉井—黑石山—营毛沱断裂带，长 35km，沿断裂带片理化发育，有石英脉充填。在断裂面附近见有明显的断层角砾及擦痕。北东向断裂主要为 NE30° 和 NE50°~60° 两组横断层，多具平移性质，属成矿后断层，对矿体具破坏作用。北西向断层亦属平移断层，规模不大，沿断层带多有岩脉充填，断层对矿体起着破坏作用。

区内岩浆岩较发育，岩性从超基性岩—酸性岩均有，但以中酸性岩为主，主要岩性为黑云母二长花岗岩体（$D_3\eta\gamma$）、石英闪长岩（$D_1\delta o$），为志留纪、泥盆纪侵入岩。

红山铁矿分为二矿区、四矿区、五矿区，其地质特征分区描述如下。

1. 二矿区

红山铁矿二矿区沿罗雅楚山背斜的西段呈马蹄形出露，赋矿地层为青白口系大豁落山群第四岩组第二性段岩（Qbd^{4-2}），由 Fe_1、Fe_2 2 条矿体组成，其中 Fe_1 矿体地表露头呈马蹄形并向西倾伏，其南端在 13 线与 Fe_2 矿体相接，而铁矿体的北端逐渐变薄而尖灭。

Fe_1 矿体走向长 920m，呈马蹄形，总体形成一个由北西—南西方向倾伏，倾角为 20°~40°，东浅西深的似层状矿体。平均真厚度为 5.82m，厚度变化系数为 74.11%，较稳定。

Fe_2 矿体由两个次一级向斜和一个次一级背斜组成，总体走向 120°，倾角为 35°~40°，平均真厚度为 6.34m，厚度变化系数为 74.73%，厚度变化较稳定，金属矿物主要为磁铁矿，其次为少量褐铁矿和赤铁矿。矿石结构较为单一，呈半自形-他形晶粒状结构，矿石中磁铁矿多呈半自形-他形晶粒状分布。主要有害元素 S 平均含量 0.53%，P 平均含量 0.49%，属低硫高磷矿石。伴生有益组分均低于综合回收指标。

矿石成分中金属矿物主要为磁铁矿（占 30%~43%），其次为少量褐铁矿和赤铁矿。脉石矿物有透闪石（占 10%~20%）、阳起石（占 2%~15%）、黑云母（占 10%~12%）、石英（占 20%~30%）、碳酸盐、绿帘石（占 1%~2%）、斜长石（占 2%）等。矿石的结构较为单一，呈半自形-他形晶粒状结构。矿石主要构造为条带状构造，表现为磁铁矿与石英等呈相间的条带状产出，因磁铁矿含量的变化可以出现具条带—稠密浸染状构造；其次有薄层状、块状（粗条带状）、团块状、角砾状等。其中浸染状、角砾状构造的矿石多赋存于矿体的顶部，薄层状、块状构造的矿石分布于矿体中下部。

2. 四矿区

红山铁矿四矿区位于双鹰山大复式向斜北侧，铁矿分布于背斜两翼的青白口系第四岩组第二岩性段，总体呈近东西向展布，共由 4 条矿体组成。划定矿区平面范围内矿体 Fe_{1-1}、Fe_{1-2}、Fe_{3-3}、Fe_4 及 Fe_2 矿体西段长 775m。划定矿区平面范围外矿体 Fe_{3-2} 及 Fe_2 矿体东段长 285m。划定矿区平面范围内矿体以 2130m 标高至地表均有标高范围外矿体，Fe_2 矿体以 1850m 标高以下为标高范围外矿体。

Fe_1 矿体地表沿走向由 3 条独立的小矿体组成，自西向东，矿体地表出露长度分别为 100m、80m、150m。平均真厚度为 5.06m，厚度变化较稳定。总体北倾，倾角为 70°～80°，自上至下倾角变陡。

Fe_2 矿体分布于背斜北翼，长 1060m，呈似层状，平均真厚度为 8.09m，走向 120°，北倾，倾角为 70°～85°。

Fe_3 矿体分布于背斜南翼，由三条透镜状矿体组成，地表出露长度 50～100m，总体走向近东西，南倾，倾角为 60°～75°，平均真厚度为 3.60m。控制斜深 80m，2120m 高程以下自然尖灭。

Fe_4 矿体分布于背斜南翼，地表出露长度 440m，总体走向近东西，南倾，倾角为 60°～75°，平均真厚度为 8.81m。2100m 高程以下自然尖灭。

矿石成分中金属矿物主要为磁铁矿，其次为少量褐铁矿和赤铁矿；脉石矿物有石英、黑云母（含少量绢云母、绿泥石等）、方解石。矿石结构：金属矿物具半自形-他形晶粒状结构，多为他形晶粒及粒状集合体，呈稠密浸染状较均匀分布；脉石具鳞片状粒状变晶结构。矿石构造主要为板状、块状、稠密浸染状等。其中板状构造、稠密浸染状矿石多赋存于北矿段，块状构造的矿石分布于南矿段。

3. 五矿区

红山铁矿五矿区位于砂井子东背斜两翼的碎屑岩建造中，赋矿地层为青白口系大豁落山群第四岩组第二岩性段（Qbd^{4-2}），分为南北两个矿带，南矿带由 Fe_1、Fe_2、Fe_3 三条矿体组成，北矿带由 Fe_4 矿体和其他零星小矿体组成，其中只有 Fe_2 矿体和 Fe_4 部分矿体在红山铁矿五矿区详查探矿权范围内，其余矿体均在探矿权外。

Fe_2 矿体：矿体的产出标高为 2310（地表）～1950m，地表长 1650m，总体形成一个向西侧伏、东浅西深的层状矿体，平均真厚度为 6.81m，厚度变化系数为 78%，厚度变化较稳定。

从上到下，矿体水平厚度由厚变薄，自西向东，呈舒缓波状（变薄—变厚—变薄），略具膨大—缩小的特点。矿体水平厚度总体具有由厚变薄的趋势，由西向东呈逐渐由小变大的趋势。

Fe_1 矿体：矿体的产出标高为 2240（地表）～2047m，厚度变化系数为 77%。该矿体地表不连续，深部连为完整矿体。平均真厚度为 7.46m，矿体走向 310°～130°，南倾，倾角为 72°～85°。矿体东段被 F_1 断层破坏，自上而下产状由缓变陡。

Fe_3 矿体：长 546m，平均真厚度为 6.41m，厚度变化系数为 81%。走向总体呈 330°～150°，南倾，倾角变化较大，矿体形态复杂，矿体受构造影响呈褶曲状分布。

矿石成分中金属矿物主要为磁铁矿，其次为少量赤铁矿、镜铁矿、褐铁矿；脉石矿物主要由石英、方解石、黑云母、透闪石、阳起石等组成。矿石中金属矿物具半自形-他形晶粒状结构。矿石主要构造为条带状构造，表现为磁铁矿与硅质呈相间的条带状产出，磁铁矿含量的变化可以出现条带-稠密浸染状构造。

综上认为二矿区矿床成因应属热卤水喷流沉积铁矿床。

(二) 矿床勘查史

2006 年，中国冶金地质总局西北局五队执行"甘肃省肃北县红山铁矿二矿区详查"

项目。项目负责人为裴耀真，主要参与人员为张洪发、王模先、张定真、王军、曹树雄、刘宏信、庞田玉等。根据勘查成果，Fe_1 矿体 122b 储量 146.19 万吨，333 资源量 223.50 万吨，334 资源量 237.32 万吨；Fe_2 矿体 122b 储量 279.06 万吨，333 资源量 108.53 万吨。合计 122b+333+334 资源/储量 994.27 万吨。

2006 年，中国冶金地质总局西北局五队执行"甘肃省肃北县红山铁矿四矿区详查"项目。项目负责人为裴耀真，主要参与人员为张洪发、李建新、曹树雄、余家乐、丁富成、刘宏信、庞田玉。根据矿体特征，按照 TFe 20% 为边界品位，25% 为最低工业品位，圈定 4 条矿体（其中 Fe_4 矿体属表外矿），四矿区资源/储量总计 965.46 万吨。

十、新疆维吾尔自治区鄯善县多头山西Ⅱ铁矿

（一）矿床基本情况

矿床位于新疆鄯善县城东 160° 方向，直距 165km，地理坐标为东经 91°25′00″～91°30′00″，北纬 41°42′20″～41°48′30″。

矿区属塔里木板块东北边缘阿奇山—雅满苏岛弧带南缘，南邻中天山地块，北接秋格明塔什—黄山海沟带。区内地层以阿奇克库都克断裂为界，北侧为阿奇山—雅满苏地层小区，南侧为中天山地层小区，除沿沟谷分布的第四系及沿阿奇克库都克断裂南侧分布的长城系地层和区内零星分布中—下侏罗统杂色砾岩夹煤层外，均为中下石炭系地层，区域内较为明显的构造是阿奇山背斜，多头山复背斜。

区域内已发现铁矿点共 34 处，中型矿床有三处（铁岭、百灵山、赤龙峰铁矿床），小型铁矿床 8 处，矿点 23 处，储量 5209.7 万吨，其中富矿 1037.2 万吨，地质储量近 400 万吨，C+D+E 级储量共 8081.4 万吨。

矿区分东西两个矿段，东矿段为火山沉积-热液富集型，西矿段为火山沉积型铁矿，共圈定矿体 7 个，矿化体 5 个，分布于中石炭统下亚组第二岩性段蚀变安山质晶屑岩屑凝灰岩。矿体长 170～500m，厚 1.2～5.2m，控制最大斜深 100m，平均品位 33.27%～50.74%，层状分布。西矿段矿石类型为镜铁-赤铁矿石，东矿段为致密块状赤-磁铁矿石。

（二）矿床勘查史

1997 年，西北冶金地勘局地质勘查开发院五分院执行"新疆鄯善县多头山西Ⅱ铁矿及外围普查"项目。通过项目执行，共求得 D+E 级铁矿石量 490.67 万吨，其中 D 级矿石量 361.31 万吨，富矿 246.91 万吨，贫矿 114.4 万吨；E 级矿石量 129.36 万吨，富矿 111.2 万吨，贫矿 18.16 万吨。

十一、新疆哈密市雅满苏铁矿

（一）矿床基本情况

矿区位于新疆维吾尔自治区哈密市南东 155° 方向，直距 110km，属哈密市管辖。地理坐标：东经 93°51′12.82″～93°53′1.35″，北纬 41°52′27.69″～41°53′16.57″。

区域地跨海沟、岛弧，属塔里木板块的一部分，以苦水大断裂（F_1）和阿奇克库都克深大断裂为界，将区内分为三个二级构造单元：苦水大断裂（F_1）以北为秋格明塔什—黄山海沟带；苦水大断裂（F_1）与阿奇克库都克—沙泉子深大断裂（F_4）之间为阿奇山—雅满苏岛弧带；阿奇克库都克—沙泉子深大裂（F_4）以南为中天山地块。地层以石炭系为主，次为元古界蓟县系和长城系及二叠系，侏罗系零星出露（见图5-148）。雅满苏铁矿赋存下石炭统雅满苏组中基性火山岩建造中。

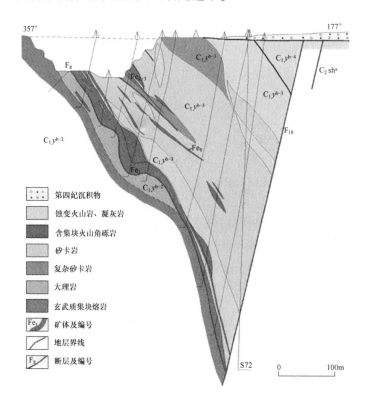

图5-148 雅满苏铁矿43线勘探线剖面图

矿石的成分主要以硅酸盐、铁的氧化物为主，其次为硫化物。矿石结构主要见自形-半自形晶粒状结构、交代结构、固溶体分离结构。矿石的构造有致密块状构造，条带（纹）状构造，浸染状构造，角砾状构造，晶洞、晶簇构造，气孔状构造。

雅满苏铁矿是火山气液交代、充填-富矿热液贯入复合成因的矿床。

（二）矿床勘查史

1997年，冶金部西北地质勘查局五队执行"新疆维吾尔自治区哈密市雅满苏铁矿床Fe_1矿体深部补勘"项目，项目负责人为张相周、张洪发，主要参与人员为杨来耕、张洪发、王兴保、刘宏信、张相周、张江。经过项目执行，求得B级矿石储量285.42万吨，200m×（90~120）m网度求得C级矿量435.56万吨，B+C级720.98万吨，占B+C+D级910.81万吨的79.16%。其中占总储量31.34%的B级储量分布在900~720m标高和39~61线之间，正置地下开采首采地段。

十二、新疆鄯善县百灵山铁矿

（一）矿床基本情况

矿区位于鄯善县南东 140° 方向，直距 144km，属鄯善县管辖，地理坐标：东经 91°17′14″~91°21′17″，北纬 41°48′20″~41°50′46″。

矿区位于塔里木板块北缘活动带阿奇山—雅满苏岛弧带西段南缘。区域地层包括分属于准噶尔地层分区和塔里木地层分区的四个地层小区，主要是石炭系、二叠系和侏罗系零星分布。南部中天山中间隆起带出露地层主要是蓟县系卡瓦布拉克群和长城系星星峡群，东北角有部分中泥盆统出露，西南角尚有未分的志留—泥盆系，另有新生界第四系分布。

铁矿床由三个工业矿体组成，分别位于百灵山复式背斜的南北两翼，Ⅰ号矿体位于复式背斜北翼，Ⅱ号矿体位于复式背斜南翼近轴部，Ⅲ号矿体位于复式背斜南翼。三个矿体分布在东西长 230m、南北宽 1800m、面积 4km² 的范围内。Ⅰ号矿体距Ⅱ号、Ⅲ号矿体 400~800m。矿体总体走向 295°，倾角较缓，为 15°~35°。

矿石中金属矿物主要为磁铁矿、假象赤铁矿，其次为磁赤铁矿、黄铁矿，局部见褐铁矿，偶见黄铜矿、孔雀石；脉石矿物主要为绿帘石、阳起石，其次为石英、绿泥石，局部在断裂构造附近尚有石榴子石，偶见方解石。

矿石有半自形-他形微细粒状、粗粒状结构；矿石的主要构造为致密块状构造，浸染状构造。

该矿床属海相火山喷发沉积-火山热液改造型矿床。

（二）矿床勘查史

1997 年，冶金部西北地质勘查局五队执行"新疆维吾尔自治区鄯善县百灵山铁矿床地质勘探"项目。项目负责人为李新辉，主要参与人员为李生全、厉小钧、刘宏信。经过地质勘查，百灵山铁矿总储量为 1306.5 万吨，其中 TFe 品位大于 50% 的富矿为 832.8 万吨，可供年产 20 万吨规模矿山服务 20 年，为新疆钢铁公司提供了一个稳定的高质量铁矿供应基地。

十三、新疆鄯善县东北岭铁矿

（一）矿床基本情况

矿区位于鄯善县城东南直距 175km 处，属鄯善县管辖。地理坐标：北岭为东经 91°34′00″~91°36′35″，北纬 41°46′20″~41°48′00″，东岭为东经 91°34′18″~91°36′28″，北纬 41°43′37″~41°45′46″。

区域属塔里木板块北缘的晚古生代阿奇山—雅满苏岛弧带，北以苦水大断裂与秋格明塔什—黄山海沟毗邻，南以阿奇克库都克深断裂与中天山地块相隔。区内出露地层主要为石炭系，见少量侏罗系、第三系等。其南中天山地块主要出露为长城系星星峡组，由各种斜长片麻岩及片岩组成；蓟县系卡瓦布拉克组由各种大理岩夹片岩、板岩组成；上志留—下泥盆统阿尔彼什麦布拉克组由各种火山碎屑岩及沉积碎屑岩组成。北部秋格明塔什—黄山海沟区，主要出露为中石炭统苦水组（C_2k），由一套类复理石的砂岩、泥岩、灰岩等组成，不同程度的糜棱岩化及混杂堆积。区内岩浆活动以华力西中期最强烈，其次为华力西早、晚期和晋宁期阿奇山—雅满苏岛弧内火山活动强烈，火山机构发育。主要有两种类型：火山穹隆（如黑尖山和赤龙峰）和破火山口（如阿奇山）。它们的分布有等距性和成群出现的特点，对区内铁矿的形成和分布有明显控制作用。

矿床地质特征分区描述如下：

1. 北岭矿区

圈定铁矿（化）体37条，其空间分布可划分为南、中、北三带。

北带分布于骆驼峰花岗岩体南接触带。矿化带断续长800m，宽100m，共赋存铁矿化体3条。矿化体呈脉状产出，与地层走向一致，长70~170m，宽0.8~1.5m；中带矿化带断续长1200m，宽50~100m，赋存铁矿化体3条。矿化体呈似脉状，延深与地层走向一致，长100~180m，宽0.8~2m；南带分布于0~66线，断续长3.3km，宽100~300m，共赋存矿（化）体31条（其中铁矿体19条）。单个矿体长83~400m，厚0.37~8.78m，呈似层状、透镜状及脉状产出，产状181°~200°∠31°~45°，多与围岩呈整合接触。

2. 东岭矿区

南北长3.4km、东西宽700m的范围内，共发现铁矿（化）体28条，围绕英安斑岩和霏细岩呈弧形展布，可分为东、西两个矿化带。西部矿化带南北断续长2.4km，东西宽700m，分布有11条铁矿（化）体（其中9条为矿体）。单个矿体长190~824m，厚0.8~4.63m；东部矿化带南北断续长1.5km，东西宽600m，分布有铁矿体15条，矿化体2条。单个矿体长135~640m，厚0.8~6.68m。

矿石类型分为两种，假象赤铁矿磁铁矿石和镜铁矿（赤铁矿）矿石。矿体直接围岩主要为安山质凝灰岩和安山质岩屑凝灰岩。

铁矿床的成因主要为海相火山-沉积型、次为后期热液充填交代型。

（二）矿床勘查史

1999年，冶金部西北地质勘查局执行"新疆维吾尔自治区鄯善县东北岭铁矿床地质普查"项目。通过地质勘查，共获得铁矿储量D+E级692.79万吨，其中D级154.9万吨。富铁矿363.25万吨，贫矿329.54万吨。各矿区储量情况为：北岭矿区贫矿E级166.47万吨，TFe平均品位34.22%，富铁矿D+E级145.10万吨，其中D级12.29万吨，TFe平均品位48.03%；东岭矿区富铁矿D+E级218.15万吨，其中D级67.78万吨，TFe平均品位48.54%，贫铁矿D+E级163.07万吨，其中D级74.83万吨，TFe平均品位32.90%。

十四、新疆哈密市磁海铁矿

（一）矿床基本情况

矿区位于新疆维吾尔自治区东部哈密市南，直距186km，地理坐标：东经93°19′48″，北纬41°08′05″。

矿床位于天山地槽褶皱系南缘之北山褶皱带西段火山沉积断陷盆地中，北与天山中间隆起带毗邻，南与塔里木地台相靠。北东东向的星星峡深大断裂带纵贯矿区北侧，东西向的依格孜塔格—头吊泉深大断裂（柳园深大断裂）从矿区南部通过，磁海铁矿床即处在这两组构造活动带的交接部位，为磁海铁矿的形成创造了良好的大地构造环境。区内出露的地层为东西展布，又由于受岩浆岩的侵入破坏，形成了不甚完整或零星分布的地质体格局，他们共同组成了构造-地层-岩浆岩带。第四系和第三系砂、砂砾石和砂黏土等广泛在区内分布，主要有蓟县系、奥陶系、奥陶—志留系和石炭系、二叠系地层零星分布，构成了区内地层体系。磁海地区岩浆活动极为强烈，自加里东期到华力西期，从超基性岩到中酸性岩，从深层侵入岩相到喷溢熔岩相均可见，而主要的岩浆活动发生在华力西晚期，即到了华力西晚期岩浆岩活动进入全盛时期，形成了区内的各类型岩浆岩。

磁海铁矿床是由众多矿体组成的一个矿带，所有矿体均为第四系和第三系覆盖，属隐伏矿床。磁海铁矿区矿带长约 1600m，宽 300～500m，沿倾斜延伸大于 900m。总体走向近东西，局部为 70°～80°，倾向北，倾角为 70°～80°，平面形态为透镜状，剖面为漏斗状，上宽下窄。矿带向西侧伏，倾伏角为 20°～30°。矿体的产状与矿带基本一致，总体走向 NEE，局部有所变化，波动范围一般为 74°±5°，水平断面上较大矿体呈舒缓波状延伸。倾向 NNW，倾角变化范围为 37°～72°，一般为 50°～70°，平均 56°。个别矿体向西略有侧伏，倾伏角小于 10°。矿体形态复杂，主要有薄板状、扁豆状、透镜状、脉状、网脉状、囊状及不规则状，并具膨大收缩、分枝复合及尖灭再现的现象。矿体长度变化范围为 25～556m，其中大矿体为 525～556m，平均 535m，小矿体为 25～358m，平均 92.98m，全区矿体长度平均 125.48m。矿体厚度变化范围为 1.841～11.58m，大矿体一般为 4.89～11.58m，平均 8.12m；小矿体为 3.0～60m，平均 4.50m；全区矿体厚度平均为 4.99m。延伸变化范围为 13～237.5m；大矿体为 209～237.5m，平均 218m；小矿体为 50～150m，平均 98.43m。

矿石主要结构类型有半自形-他形粒状结构、他形粒状结构、溶蚀结构、交代结构、文象-次文象结构。

根据矿石矿物集合体的形态和空间分布，矿石构造分为九种，主要构造类型有块状构造、角砾状构造、浸染状构造、条带条纹状构造，次要构造类型有脉状构造、网脉状构造、斑点状构造、团块状构造及斑杂状构造。

矿石矿物主要为磁铁矿，脉石矿物主要为透辉石-钙铁辉石、钙铝榴石、透闪石-阳起石、方解石、普通角闪石。

磁海铁矿床是在早二叠世北山裂陷的火山喷发-岩浆侵入背景下形成的。

（二）矿床勘查史

1999 年，冶金部西北地质勘查局五队执行"新疆维吾尔自治区哈密市磁海铁矿Ⅱ期露天采区地质勘探"项目。项目负责人为于守南，主要参与人员于守南、李秋林、杨前进、刘宏信。通过地质勘查，探获 B+C+D 级矿石量 2336.91 万吨，TFe 品位 45.74%，富矿矿石量 1422.71 万吨，TFe 品位 52.63%，占总量 60.88%，贫矿矿石量 914.20 万吨，TFe 品位 34.55%，占总量 39.12%。

十五、新疆富蕴县蒙库铁矿床

(一) 矿床基本情况

矿区位于新疆维吾尔自治区富蕴县北西直距 70km 处，地理坐标：东经 89°03′45″~89°56′15″，北纬 47°30′00″~47°32′30″。

矿区位于阿勒泰山褶皱系中段的造山带前缘喀纳斯—青河冒地槽褶皱带和克兰优地槽褶皱带的接合部位，南与准噶尔褶皱系毗邻，北与诺尔特优地槽相靠。铁矿主要赋存于泥盆系下统康布铁堡组下亚组一套中、深变质的绿色片岩相-绿帘角闪岩相岩石组合中，属地槽回返褶皱造山并伴随大规模海底火山岩浆活动条件下的低压热液区域变质岩区。区域成矿地质作用和海底火山活动提供了丰富的物质来源，为蒙库铁矿的形成创造了良好的地质条件，致使蒙库铁矿在褶皱演化过程中多阶段、多期次地形成了如今一套完整的矿体-含矿岩系（地层)-构造的自然组合或不同的地质块体，区内除新生界的第三系砂砾岩、砂质泥岩和第四系的冲积层、水积层、冲洪积层和残坡积层等广泛分布在斋桑拗陷及额尔齐斯水系谷地内，其余主要以古生界奥陶系、志留系、泥盆系、石炭系等组成区内地层体系。区内侵入岩主要为华力西期花岗岩类，印支—燕山期有少量酸性小岩体侵入（见图 5-149)。

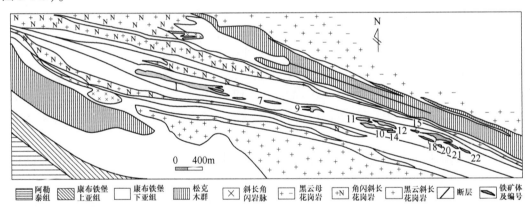

图 5-149　蒙库铁矿区地质图

矿床赋存于蒙库背斜北东翼的铁木下尔滚次级向斜构造核部及南翼，赋矿岩系为下泥盆统康布铁堡组下亚组第三层第二、三岩性段，为中-深变质的变粒岩、角闪斜长片麻岩、大理岩夹角闪石岩、磁铁石榴石岩、黑云母角闪片岩，属一套角闪岩相组合（见图 5-150)。矿区矿体长 55~1560m，厚 0.5~85.09m，平均厚 10.72m，最大延伸 450m，平均大于 100m。区内平均 TFe 品位 44.23%，其中富矿 TFe 品位 49.42%，贫矿 TFe 品位 38.47%，矿体层状产出，总体走向 300°，倾向南西，倾角为 75°~83°。

矿石结构主要为他形粒状变晶结构、不等粒结构，少量交代结构和斑状结构；矿石构造主要是致密块状构造、浸染状—稠密浸染状构造，少量条带状构造、斑杂状构造。

矿石矿物主要为：磁铁矿，次为黄铁矿，少量磁黄铁矿、赤铁矿。脉石矿物主要为：钙铁石榴子石、钙铁辉石、绿帘石，其次为方解石、角闪石、黑云母、石英，少量钠长石等，可见石墨。

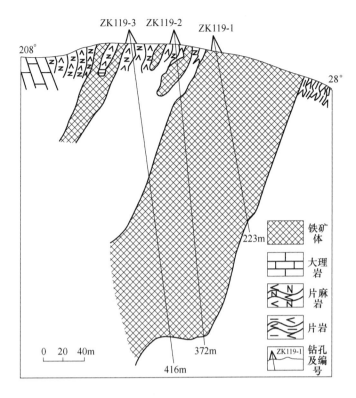

图 5-150 蒙库铁矿 119 勘探线剖面图

矿床成因为与海相火山作用有关的火山喷发—沉积受变质改造矿床。

(二) 矿床勘查史

2002 年,中国冶金地质勘查工程总局西北地质勘查院执行 "新疆维吾尔自治区富蕴县蒙库铁矿床 1~9 号铁矿体详查" 项目。项目负责人为仇仲学,主要参与人员为李秋林、刘宏信。通过地质勘查,获得铁矿石储量:C+D 级 3406.6 万吨,其中 C 级 1041.1 万吨。估算全矿床远景储量约 2 亿吨。

2006 年,中国冶金地质勘查工程总局西北地质勘查院执行 "新疆富蕴县蒙库铁矿东段乌吐布拉克铁矿地质普查" 项目。项目负责人为谢孟华、厉小钧,主要参与人员为王恩贤、闫卫军、王建业、张彬、张建新、蒲辉耀、刘晓宁、雷早田。通过地质勘查,获得铁矿 333+334 资源量 378.4 万吨,初步确定了矿床具有一定的开发价值。

十六、新疆富蕴县铁木里克铁矿床

(一) 矿床基本情况

矿区地理坐标为东经 89°12′54.8″,北纬 47°22′50.3″。

属阿尔泰褶皱系克兰华力西地槽褶皱带,一系列断层及侵入岩体分布都呈北西—南东向展布,并具有向西撒开和向东收敛的趋势,对区内的地层发育,岩浆活动和矿产分布起着重要的控制作用,矿床位于克兰地槽褶皱带麦兹复式向斜中,地层为古生界(缺失寒武系、二叠系）海相地层和新生界陆相地层。下古生要分布在北部的喀纳斯—可可托海加东褶皱带内，有中上奥陶统和中上志留统。上古生界主要分布在南部的克兰华力西褶皱带内，以泥盆系为主，有少量石炭系。

矿区内已发现铁矿体3个，铁矿体赋存于黑云变粒岩、大理岩与黑云母花岗岩的接触部位，大理岩与花岗岩体接触带形态和空间，直接决定了铁矿体的空间产出形态和位置，铁矿体主要分布在外接触带，少量穿插入内接触带。黑云母花岗岩一般距矿体15~50m。矿体南盘直接围岩为灰白色至乳白色不纯大理岩，地表风化为褐黄色。北盘直接围岩为黑云变粒岩、绿帘石化斜长角闪岩，局部为黑云斜长片麻岩和黑云母花岗岩。矿体的产出与大理岩分布密不可分，是同时期沉积形成的，而矿体的进一步富化则与岩浆岩提供的高温和部分热液作用直接相关。从而形成了沉积变质—热液改造铁矿床。矿体最长1100m，出露厚2.00~42.40m，呈似层状、囊状、透镜状。

矿石类型以透闪石磁铁矿石和透辉石磁铁矿石为主。

矿石呈中-粗粒自形晶粒状结构，磁铁矿颗粒粗大，一般为0.2~0.5mm；矿石构造以致密块状构造为主，浸染状构造和条带状构造次之。

矿石矿物绝大部分为磁铁矿，其次在深部局部地段见黄铁矿，另见极少量赤铁矿、褐铁矿；脉石矿物主要为透闪石和透辉石，其次为黑云母、石英、长石、绿帘石和石榴子石，局部见方解石等。

矿体赋存于斜长角闪岩中，直接围岩为矽卡岩化斜长角闪岩和大理岩。

铁木里克铁矿床应属海相火山喷发沉积—受变质热液改造矿床。

（二）矿床勘查史

2006年，中国冶金地质勘查工程总局西北地质勘查院执行"新疆富蕴县铁木里克铁矿床地质普查"项目。项目负责人为厉小钧、雷早田，主要参与人员为蒲耀辉、刘晓宇、张建新、王恩贤、王建业、闫卫军、张彬。通过地质勘查，全区提交铁矿333+334资源量499.2万吨。内蕴经济的推断333资源量172.8万吨；内蕴经济的预查334资源量326.4万吨。

十七、新疆富蕴县巴特巴克布拉克铁矿

（一）矿床基本情况

矿区地处新疆北部边陲的阿勒泰地区，行政区划隶属富蕴县管辖，位于富蕴县北西直距60km处，方位330°。详查区中心地理坐标：东经89°09′49″，北纬47°26′11″，面积：0.415km²。

工作区位于阿尔泰山脉（系）南部边缘山前地带——阿尔泰铁、多金属成矿带上。该带西起哈巴河县北，东至青河县，长约400km，宽约25km，呈北西—南东向带状展布。工作区位于该成矿带的中段富蕴县境内，西起阿勒泰市，东至富蕴县北，大地构造位置属阿尔泰褶皱系的Ⅱ级构造单元——克兰华力西地槽褶皱带。

区域主要出露古生界地层。下古生界主要分布在北部的喀纳斯—可可托海加里东褶皱带内，有中上奥陶统和中上志留统；上古生界主要分布在南部的克兰华力西褶皱带内，以

泥盆系为主，有少量石炭系。古生代地层均遭受不同程度的变质，以中、浅变质为主，在岩体和断层附近变质程度相对较高，为各种片岩、片麻岩和混合岩。

工作区位于阿尔泰褶皱系内，其褶皱构造、断裂构造均较发育。阿尔泰褶皱系由北而南可进一步划分出4个Ⅱ级构造单元：诺尔特褶皱带、喀纳斯—可可托海褶皱带、克兰褶皱带和额尔齐斯挤压带。勘查区位于克兰褶皱带麦兹复式向斜中。

区内岩浆岩较发育，以侵入岩为主，分布广泛，约占总面积的40%，自华力西早期到中晚期，从中基性到中酸性、酸性岩均有出露，尤以中期的岩浆活动最为强烈，形成巨大的花岗岩基，构成了全区侵入岩的主体。岩性主要为华力西期花岗岩类；印支期—燕山期有少量酸性小岩体侵入。

该区变质作用以区域变质为主，次为接触变质、混合岩化和动力变质作用。根据岩石变质程度又可分为浅变质区和中深变质区，两个区大体以蒙克木背斜轴为界，其南西为浅变质区，北东为中深变质区。工作区岩石变质以中深变质程度为主，主要岩性为浅粒岩、变粒岩等。

区域变质作用及变质热液作用与成矿关系极为密切，对成矿期后物质的活化、迁移、富集、重结晶起到重要作用，主要表现为矿物颗粒增大变粗，利于选冶和回收。

矿体赋存于下泥盆统康布铁堡组下亚组第二岩性段（$D_1k_1^2$）中，围岩主要为角闪斜长变粒岩和浅粒岩（黑云斜长变粒岩）。

矿体呈北西—南东向带状展布，分布范围长2300m，宽100~240m。地表矿体断续出露于整个矿带中。

矿区内共有铁矿体11个，编号分别为Fe_1~Fe_8及Fe_{1-3}、Fe_{1-4}、Fe_{1-5}和Fe_{3-1}，其中Fe_1、Fe_5、Fe_6、Fe_7、Fe_8、Fe_{1-3}、Fe_{1-4}、Fe_{1-5}分布在向斜北翼；Fe_2、Fe_{3-1}、Fe_4矿体分布在向斜南翼。

详查区地表出露矿体有：Fe_1、Fe_2、Fe_{3-1}、Fe_4、Fe_5、Fe_6、Fe_7、Fe_8；Fe_{1-3}、Fe_{1-4}、Fe_{1-5}为在详查过程中钻孔控制的隐伏盲矿体。

总体来看，各矿体呈似层状产出，地表单个矿体出露长105~683m，长度不等。矿体厚度在10.85~30.07m，一般在10~20m。矿体均呈北西走向，倾向南西，各矿体倾角较陡，一般都在70°以上。

矿石成分及结构构造：金属矿物主要以磁铁矿为主，其次为黄铁矿、少量磁黄铁矿、赤铁矿、偶见黄铜矿。脉石矿物主要为：钙铁石榴子石、钙铁辉石、石英、绿帘石和绿泥石，其次为方解石、角闪石、黑云母、少量钠长石等。矿石结构主要为自形-半自形粒状结构、他形粒状变晶结构、不等粒结构和交代结构、少量斑状结构。构造主要是致密块状构造、浸染状-稠密浸染状构造，其次有脉状构造，少量条带状构造、斑杂状构造。

矿床成因类型属海相火山喷发沉积—受变质热液改造矿床。

（二）矿床勘查史

2008年，中国冶金地质勘查总局西北局乌鲁木齐地质调查所执行"新疆富蕴县巴特巴克布拉克铁矿详查"项目。项目负责人为舒旭，主要人员为刘宏信、黄河、姚龙、王建军、祝超。通过地质勘查，探获铁矿石 122b+333+334 资源储量共计 2189.39 万吨。

十八、新疆富蕴县铁西铁矿

（一）矿床基本情况

铁西铁矿地处新疆北部边陲的阿勒泰地区，行政区划隶属富蕴县管辖，位于富蕴县北西 330°直距 50km 处，东侧紧靠铁木里克铁矿。极值地理坐标：东经 89°12′41″～89°13′48″，纬度 47°23′10″～47°23′52″；详查区中心地理坐标：东经 89°13′17.3″，北纬 47°23′34.4″，面积 0.675km^2。

该区属阿尔泰褶皱系 II 级构造单元克兰华力西地槽褶皱带，在地质演变过程中，经历了多期多次构造运动，形成了较为复杂的构造形迹。一系列断层以及侵入岩体分布均呈北西—南东向展布，并具有向西撒开、向东收敛的趋势，加上与之相配套的北东、北北西向断裂，在区域上总体呈现出以北西向构造为主体的构造格架。其多期多次的构造运动对区内的地层发育、岩浆活动和矿产分布起着重要的控制作用。

出露地层为古生界（缺失寒武系、二叠系）海相地层和新生界陆相地层。下古生界主要分布在北部的喀纳斯—可可托海加里东褶皱带内，有中、上志留统。上古生界主要分布在南部的克兰华力西褶皱带内，以泥盆系为主。

区内岩浆岩活动较强烈，以岩浆侵入为主。侵入岩分布广泛，约占总面积的 40%。主要为华力西期花岗岩类侵入。

该区内已知矿产有 20 多种，以稀有金属、云母、砂金最有名，其次为铁、镍、铜、铅、锌、工艺宝石和新型耐火材料蓝晶石等。

矿体均赋存于下泥盆统康布铁堡组下亚组第一岩性段（$D_1k_1^1$）中，含矿岩性为黑云变粒岩。

总共圈定 5 条矿体，总体特征为：铁矿体呈似层状、透镜状产出，沿走向及倾向变化较稳定，呈舒缓波状展布，产状变化较大；倾角 50°～85°，走向 305°～310°；矿体厚度为 1.40～13.20m。

矿石成分及结构构造：矿石矿物主要为磁铁矿，其次为黄铁矿、褐铁矿，少量磁黄铁矿、黄铜矿，偶见闪锌矿；脉石矿物主要为：透辉石、钙铁辉石、透闪石、绿帘石、白云母、绿泥石，少量阳起石，其次为方解石、石榴子石、角闪石、黑云母、石英、电气石、白云石，中更长石等。其主要结构类型为粒状变晶结构，其次为交代残留结构等；构造主要有块状构造、条带状构造、浸染状构造等。

矿床成因类型为与海相火山作用有关的火山喷发—沉积受后期热液变质改造矿床。

（二）矿床勘查史

2009 年，中国冶金地质总局西北地质勘查院执行"新疆富蕴县铁西铁矿详查"项目。项目负责人为舒旭，主要人员为刘宏信、黄河、姚龙、王建军。通过此次详查工作，全区矿体获得铁矿资源量 605.92 万吨。其中铁矿体 332 资源量 413.55 万吨，333 资源量 189.84 万吨，334 资源量 2.53 万吨。

十九、新疆哈密市沙垄铁矿

(一) 矿床基本情况

矿区极值地理坐标：东经93°04′18″~93°06′49″，北纬41°27′17″~41°28′57″。

矿区大地构造位置位于塔里木板块（Ⅰ）中天山地块（Ⅱ）天湖晚元古代坳陷（Ⅲ）的西段。该地区地层分区属天山—兴安岭地层大区、卡瓦布拉克地层小区。矿区出露地层主要为元古界蓟县系卡瓦布拉克群第二亚组（$JxKw^b$）和第四系更新统—全新统（Qp-h）。

矿区位于盐湖复式背斜的南翼，构造简单，产状较稳定，在矿区范围内表现一倾向南东的单斜构造。地层走向北东50°~70°，倾角多在60°~70°。钻探资料说明，岩层向深部没有大的变化，仍然为一向南东陡倾的单斜构造。岩层挠曲现象不明显。

断裂构造不发育，仅在矿区北西第二岩性段与第三岩性段之间有一条规模较大的走向压扭性断层（F_1），延伸到矿区外部。并且使靠近断层附近的岩层产状变化较大，部分地段形成宽约数十米的破碎带。在断层附近的岩层倾角一般为25°~85°。

岩浆岩在矿区内没有出露，但北侧有华力西期黑云母花岗岩和钾质花岗岩等酸性侵入岩体。矿区内部出露晚期花岗伟晶岩脉及少量脉石英。由于花岗岩的侵入作用使矿区内一些地段围岩发生蚀变作用，而产生一些蚀变矿物如透闪石、透辉石等。在深部许多钻孔矿层的间接顶板都有透闪石岩或透辉石岩（如ZK1901、ZK1902等），显然花岗岩的侵入活动对本矿床有着一定的改造作用。

铁矿主要赋存在第三岩性段（$JxKw^{b-3}$）石榴石黑云石英片岩与石英角闪片岩接触部位。根据铁矿体和铁矿化体产出的相对层位可划分三个含矿层位，其含矿层位较稳定，连续的石英角闪片岩可作为含矿层位对比的间接标志，含矿层位间距80~150m，呈50°~70°方向展布，断续长约13.2km，产状与地层呈整合接触，倾向140°~160°，倾角58°~65°，最大78°。

主要矿体为Ⅲ-9、Ⅲ-8、Ⅶ-2、Ⅳ-4等。其中Ⅲ-9矿体：矿体长度2480m，矿体真厚度一般0.74~23.63m，平均真厚度4.0m，厚度变化系数88.45%；矿体形态呈层状；矿体品位一般TFe 24.59%~33.16%，平均品位TFe 27.13%，品位变化系数10.5%，为贫矿铁矿石，矿体埋深0~408m，矿体控制最低标高730m（ZK1505）。

矿石成分及结构构造：金属矿物主要为磁铁矿，其次含有少量赤褐铁矿（包括假象赤铁矿）。脉石矿物主要为石英及角闪石，另含有微量的阳起石、透辉石、透闪石、绿帘石、绿泥石、黑云母、石榴石、方柱石、十字石、斜长石、榍石、电气石、磷灰石、碳酸盐等。矿石结构：为他形-半自形粒状变晶结构、柱粒状变晶结构、格状结构、斑状变晶结构、中粗粒结构等。矿石构造：矿石构造为板状构造、条带状构造及浸染状构造。

哈密市沙垄铁矿成因属于沉积变质型矿床，可能受到后期热液的改造作用。

(二) 矿床勘查史

2012年，中国冶金地质总局西北局五队执行"新疆哈密市沙垄铁矿勘探"项目。项目负责人为王军，主要参与人员为吴江、刘宏信、王洋、何伟、李治强、杨宪、史旭东、孙岩。经估算，获得工业矿体铁矿石 331+333 资源储量计 1545.99 万吨。

二十、新疆哈密市三架山南铁矿

(一) 矿床基本情况

地理坐标为：东经 94°03′00″~94°05′30″，北纬 41°14′30″~41°15′09″，中心地理坐标为东经 94°04′15″，北纬 41°14′50″，涉及 1:10 万图幅 K-46-105，矿区面积 4.14km²。

区域在大地构造位置上属中天山古板块伊犁星星峡弧盆带Ⅲ级构造单元依格孜塔格晚古生代岩浆弧，北以红柳河大断裂为界与星星峡古生代岛弧带相邻，南以茅头山大断裂为界与塔里木古板块南天山弧盆带Ⅰ、Ⅱ级构造单元印尼卡拉晚古生代裂谷相邻。

区域地层主要分布有震旦系上统白头山组、寒武系，二者呈断层接触，奥陶系、新近系、第四系。

区域经历了多次、反复的构造变动，具有复杂的演变历史。由于各地质时期所受地质应力作用方式和强弱不同，而造成了不同时期、不同方向、不同规模、不同性质的构造形迹互相迭置、互相干扰，显示出长期活动的复杂构造背景。区内构造突出的特征表现在北东向构造迭置在东西向构造之上，它既改造了东西向构造又受东西向构造的牵制、影响，加之不甚发育的北东向构造的加入，它们复合、联合的结果构成了该区构造的总貌。

区域内侵入岩极为发育，以华力西期侵入为主，并以酸性侵入岩最发育。区内石英脉较发育，基性岩脉有辉绿岩脉、辉绿玢岩脉，中性岩脉以细粒闪长岩脉、黑绿闪长岩脉为主，酸性岩脉以细粒花岗岩脉、花岗斑岩脉、细晶岩脉、花岗伟晶岩脉为主。区内已知矿产地共 7 处，包括铁、钒、磷、白云岩、食盐等 5 个矿种，其中有大型钒矿一处 (方山口)，中型铁矿床一处 (M1033)，小型磷矿床一处 (方山口)，属沉积型 (钒、磷) 及沉积变质型 (铁) 矿床，其他矿产均系矿点。

此次详查工作在勘查区内共圈出 3 条铁矿体和 3 条钒矿体，均为盲矿体，编号分别为：FeⅠ、FeⅡ、FeⅢ号铁矿体和Ⅵ、Ⅶ、Ⅷ号钒矿体。FeⅢ为主矿体，产于寒武系下统第一岩段 ($\in_1 s^1$) 磁黄铁矿化透闪石英角岩与大理岩中，钒矿体主要产于第三岩段 ($\in_1 s^3$) 中，赋矿围岩为黑色含磷钒炭质板岩，受层位控制现象明显。FeⅠ铁矿体在地表无出露，仅在钻孔中见到，为钻孔控制的盲矿体，矿体产于寒武系下统双鹰山组第三岩段 ($\in_1 s^3$) 中，赋存于大理岩及灰岩中，顶底板围岩为大理岩，矿体空间形态为"透镜状"，矿体走向 310°~130°，倾向 230°，倾角 34°。矿体由 ZK3-1 钻孔控制，矿体走向控制长度约 100m，倾向南西，属缓倾斜矿体，见矿深度 65.26~91.26m，穿矿厚度 26.00m，矿体真厚度 23.77m，TFe 品位 27.06%~34.87%，平均品位 30.15%，品位变化系数 8.48%，矿体控制标高 1175~223m。为单工程见矿，在走向、倾向上矿体两端均有钻孔控制未见矿，矿体为透镜状产出。

矿体产于寒武系下统双鹰山组第一岩段 ($\in_1 s^1$) 磁黄铁矿化透闪石石英角岩与大理岩中，顶板为磁黄铁矿化透闪石石英角岩，底板围岩为大理岩，矿体空间形态为似层状或板状，剖面形态呈"板状""透镜状"，矿体总体走向 310°~130°。

矿石成分及结构构造：铁矿的金属矿物主要以磁铁矿为主，含量一般在 25%～35%，局部高达 40% 以上，其次为磁赤铁矿、黄铁矿，含量一般不大于 1.0，最高达 5%。磁黄铁矿一般含量 1%～3%，黄铜矿局部可见，含量不大于 1%，另外在裂隙处见到氧化矿物赤铁矿、褐铁矿等。主要非金属矿物有角闪石、石英、黑云母及少量或微量斜长石、透闪石、透辉石、绿泥石、白云母、方解石、磷灰石、锆石、石榴石等。矿区矿石结构主要有自形、半自形、他形晶结构为主，其次为海绵陨铁结构、交代结构等。矿石构造主要有两种，一种是浸染状构造，另一种是浸染条带状及条带状构造。

该矿区铁矿床成因应属热卤水喷流沉积—变质型铁矿床。

（二）矿床勘查史

2013 年，中国冶金地质总局西北地质勘查院执行"新疆哈密市三架山南铁矿详查"项目。项目负责人：王军，主要参与人员：高成、舒旭、刘耀光、刘宏信。经估算，获得铁矿石资源量 332+333 资源量共计 829.98 万吨。

二十一、新疆阿克陶县孜洛依矿区铁矿

（一）矿床基本情况

勘查区行政区划隶属于新疆阿克陶县布伦口乡苏巴士村管辖。矿区地理坐标为东经 74°54′00″～75°54′50″；北纬 38°27′34″～38°28′30″，面积 2.08km²。

该区大地构造位置处于羌塘板块（Ⅰ）木吉—公格尔复合岛弧（Ⅱ）的早古生代残余弧后盆地（Ⅲ）的北部。

区域地层主要为古元古界布仑阔勒群（Pt_1Bl）、志留系未分（S）、志留系达坂沟群（$S_{2-3}D$）和第四系。区内褶皱和断裂构造发育。区内岩浆活动强烈，主要分布有海西期和燕山期花岗闪长岩和黑云花岗岩等。区内岩脉较发育，基性-超基性岩也有发现。勘查区地处西昆仑成矿带之布伦口—木吉金、铜（铁）成矿亚带的南侧，慕士塔格—公格尔成矿亚带的铁、铜多金属三级成矿带中。区域上分布有卡拉玛铜矿、卡拉库里铜矿、切列克其菱铁矿（亚星矿业）、苏巴士磁铁矿（葱岭矿业）等。根据区域地质资料：早古生代残余弧后盆地主要控制了沉积变质型菱铁矿的分布，成矿专属性明显，后期受华力西岩体热液作用富集形成铜矿，构成了铁铜多金属矿产。该区域是寻找层控碳酸盐岩型矿床（沉积—变质型菱铁矿）和变质热液型铜多金属矿的有利地段。

经过地质详查工作，在工作区内共计发现矿体及矿化体 8 条，规模较大并达到工业矿体的有 6 条，编号分别为 Fe_1、Fe_2、Fe_3、Fe_4、Fe_5、Fe_6。根据空间展布形态，可分为北部矿带和南部矿带，其中 Fe_1、Fe_2、Fe_3 分布于北部矿带。

矿石成分及结构构造：矿石矿物主要为菱铁矿，矿物含量最高达 80%，地表局部氧化成褐铁矿，其他有少量（含量不足 1%）黄铁矿，局部见有微量黄铜矿。脉石矿物主要为石英，含量 10%，云母，含量 7%，方解石、绿泥石等少量。矿石的结构主要为自形、半自形粒状结构，矿石的构造主要为块状构造、条带状构造、淋滤蜂窝状构造。

孜洛依菱铁矿床成因类型为沉积—变质层控矿床。

（二）矿床勘查史

2015年，中国冶金地质总局西北地质勘查院执行"新疆阿克陶县孜洛依矿区铁矿详查"项目。项目负责人为关键，主要参与人员为王俊涛、樊锴、高策等。通过地质勘查，圈定了6条铁矿体，控制资源/储量为1495.72万吨，TFe平均品位为36.92%。

二十二、新疆富蕴县什根特地区铁矿

（一）矿床基本情况

工作区隶属新疆富蕴县管辖，工作内面积3.84km²；地理坐标：东经89°14′00″~89°15′00″，北纬47°20′15″~47°22′00″；普查区距蒙库铁矿南东约23km处，巴利尔斯铁矿18km处。

勘查区区域位于新疆北部，大地构造上处于西伯利亚板块和哈萨克斯坦—准格尔板块汇聚地带，构造位置属西伯利亚板块（I）阿尔泰微板块（I_2）南阿尔泰晚古生代弧盆带（I_{2-2}）克兰泥盆弧后盆地（I_{2-2}^1）。区内古生代构造—岩浆作用活动强烈，变形变质明显。

区域内出露的地层主要为古生界地层，其中下古生界主要分布在北部的喀纳斯—可可托海加里东褶皱带内，有中上奥陶统和中上志留统；上古生界主要分布在南部的克兰华力西褶皱带内，以泥盆系为主，有少量石炭系。

勘查区属克兰泥盆—石炭纪弧后盆地，总体构造方向呈北西—南东向展布，区内褶皱、断裂构造较为发育。勘查区位于克兰褶皱带麦兹复式向斜西南翼。

区内褶皱为阿尔泰褶皱系，由北而南可进一步划分4个Ⅱ级构造单元：诺尔特褶皱带、喀纳斯—可可托海褶皱带、克兰褶皱带和额尔齐斯挤压带。

区内褶皱主要为克兰褶皱带麦兹复式向斜构造，该向斜为紧闭的线性倒转褶皱，轴迹长50km，呈舒缓波状延深，两翼宽10~15km。核部为中泥盆统阿勒泰组，两翼为下泥盆统康布铁堡组。轴面倾向北东，倾角65°~82°，其南东转折端位于可可塔勒铅锌矿区东南侧2km处，在转折端处有边幕式次级褶皱；北西转折端位于蒙库铁矿西侧5km处。复向斜南东翼地层层序正常，北东翼倒转。

在麦兹复式向斜中发育有次级褶皱，主要有蒙克木背斜、铁木下尔衮向斜、巴拉巴克布拉克向斜、铁热克萨依向斜等，分布在麦兹复式向斜的北东翼。与勘查区关系较为密切的主要为巴拉巴克布拉克向斜和铁热克萨依向斜。

两个Ⅱ级构造单元（喀纳斯—可可托海地槽褶皱带和克兰地槽褶皱带）的分界断裂—巴寨（沃尔腾萨依）断裂从勘查区北侧通过，次级断裂也较发育，主要呈北西—南东向分布，巴寨断裂及其次级断裂均为压扭性断裂。

断裂构造主要有3组：以北西向压扭性断裂带为主，次为北东向张扭性断裂和北北西向、近南北向扭性断裂，后者显示现代仍有活动，是地震的活动带。区内铁、多金属矿产的分布明显受构造控制，断裂构造为成矿物质提供通道及场所，褶皱构造使矿体形态复杂化。

区内岩浆岩较发育，其中以侵入岩为主，分布广泛，占总面积的40%以上，自华力西早期到华力西晚期从中基性到中酸性、酸性岩均有侵入，尤以中期的岩浆活动最为强烈，形成巨大的花岗岩基，构成了全区侵入岩的主体，岩性主要为华力西期花岗岩类；印支期~燕山期有少量酸性小岩体侵入。

区内铁矿位于麦兹复向斜的西南翼，赋矿层位为下泥盆统康布铁堡组下亚组第一岩性段（$D_1k_1^1$）和上亚组第一岩性段（$D_1k_2^1$），含矿岩性主要为黑云变粒岩、磁铁变粒岩。矿体下盘围岩中夹有灰白色至乳白色不纯大理岩，地表风化为褐黄色；上盘直接围岩为黑云变粒岩、绿帘石化斜长角闪岩，局部为黑云斜长片麻岩和黑云母花岗岩。

什根特铁矿体产于磁铁变粒岩和黑云变粒岩的互层中，该层宽 50~100m，其中矿化层厚为 24~57m，矿体近于平行分布，地表呈长条带状分布，总体走向近南北，产状较陡，近于直立略向西倾。矿体与围岩界线不清，呈渐变过渡关系，但总体产状一致。

共圈出铁矿体 13 条，矿体长 50~910m，厚度 0.47~30.81m，TFe 品位 20.55%~52.97%，平均品位 TFe 41.53%；mFe 品位 10.49%~50.37%，平均品位 29.69%。矿体呈层状、似层状、透镜状产出。根据探矿权内矿体分布情况，分为铁热克萨依矿段、科克塔尔矿段、铁西矿段 3 个铁矿段来叙述矿体地质特征。

（1）铁热克萨依矿段。铁热克萨依矿段位于勘查区西北段，矿体赋存于下泥盆统康布铁堡组下亚组第一岩性段（$D_1k_1^1$）地层中，矿体围岩为磁铁变粒岩。目前，区内圈出铁矿体 3 条编号分别为 TFe_1、TFe_2、TFe_3；另圈出铁矿化体 1 条，编号为 TFe_4。矿体均顺层产出，总体走向北西，局部有变化，波动范围一般为 120°~140°，倾向南西。矿（化）体形态较为简单，以似层状、透镜状产出为主，规模较小，单个矿体长 75~255m 不等，厚度 1.33~8.52m，TFe 品位 21.64%~33.16%，平均品位 27.29%；mFe 品位 16.77%~28.58%，平均品位 19.08%。主矿体 TFe_1 目前控制的倾向斜深已大于 200m。

（2）科克塔尔矿段。科克塔尔矿段位于勘查区东南部，矿体赋存于下泥盆统康布铁堡组上亚组第一岩性段（$D_1k_2^1$）地层中，含矿岩性为磁铁变粒岩和黑云变粒岩，磁铁变粒岩和黑云变粒岩呈互层分布，该含矿层总厚 50~100m，其中矿化层厚为 30~50m，矿体与围岩界线不清，呈渐变关系。

目前，矿段内已圈出铁矿体 7 条，编号分别为 KFe_1、KFe_2、KFe_{2-1}、KFe_3、KFe_4、KFe_5、KFe_6，其中 KFe_6 为盲矿体。7 条矿体近于平行分布，相距 18~25m，地表呈长条带状分布，总体走向近南北，产状较陡，近于直立略向西倾。矿体矿化较不均匀，薄层夹石较多，矿体形态较为复杂，形成分支分叉、尖灭再现，矿体局部见富矿团块。单个矿体长 51~380m 不等，厚度 0.47~10.97m，TFe 品位 21.16%~49.11%，平均品位 31.02%；mFe 品位 10.64%~38.06%，平均品位 21.03%。主矿体 KFe_{2-1} 目前钻探控制斜深已大于 215m。

（3）铁西矿段。铁西矿段位于勘查区中部，矿体赋存于下泥盆统康布铁堡组下亚组第一岩性段（$D_1k_1^1$）地层中，含矿岩性为黑云变粒岩，矿体下盘围岩中夹有灰白色-乳白色不纯大理岩，地表风化为褐黄色；上盘直接围岩为黑云变粒岩、绿帘石化斜长角闪岩，局部为黑云斜长片麻岩和黑云母花岗岩。由于第四系覆盖，地表矿体断续出露于整个矿带中。

铁西矿段共圈出铁矿体 6 条，编号分别为 Fe_1、Fe_2、Fe_{1-1}、Fe_{1-2}、Fe_{2-1}、Fe_{2-2}（沿用原铁西详查报告矿体编号），其中 Fe_{1-2}、Fe_{2-2} 均为隐伏矿体。整个矿段内矿体呈似层状、透镜状产出，矿体长度 50~910m，厚度 1.27~30.81m，TFe 品位一般 20.55%~52.97%，平均品位 45.24%；mFe 品位 11.23%~50.37%，平均品位 32.60%。分布于本探矿权范围

内铁西矿段矿体为 Fe_1、Fe_{1-1}、Fe_{1-2} 共 3 条,其余 Fe_2、Fe_{2-1}、Fe_{2-2} 分布于探矿权外东侧。另,在探矿权内铁西矿段的西部圈出铁矿化体 3 条,编号分别为 Fe_3、Fe_4、Fe_5。

矿石成分及结构构造:组成矿石的金属矿物主要为磁铁矿,其次为黄铁矿、褐铁矿、少量磁黄铁矿、黄铜矿,偶见闪锌矿;非金属矿物主要为:透辉石、钙铁辉石、透闪石、绿帘石、白云母、绿泥石,少量阳起石,其次为方解石、石榴子石、角闪石、黑云母、石英、电气石、白云石、中更长石等。其主要结构类型主要有粒状变晶结构,其次为交代残留结构等。矿石的构造主要有:块状构造、条带状构造、浸染状构造,其次为斑杂状构造。

初步认为铁矿成因类型应为火山喷发—沉积后期热液变质改造型矿床。

(二) 矿床勘查史

2008 年,中国冶金地质总局西北地质勘查院执行"新疆富蕴县什根特地区铁矿普查"项目。项目负责人为厉小钧,主要参与人员为杨少华、闫卫军、陈贺起、杨廷峰、韩世强等。通过地质勘查,提交铁矿 333+334 资源量 83.1 万吨,矿床全铁平均品位为 32.34%。

2016 年,中国冶金地质总局西北地质勘查院执行"新疆富蕴县什根特铁矿普查"项目。项目负责人为舒旭,主要参与人员为刘宏信、刘宁、高成、刘耀光、吴纪宁等。经估算,全矿区获得铁矿石 332+333+334 资源量共计 659.43 万吨。

2017 年,中国冶金地质总局西北地质勘查院执行"新疆富蕴县什根特铁矿详查"项目。项目负责人为常昊,主要参与人员有火兴开、张建寅、刘宏信、刘宁、高成、刘耀光、黄河。通过地质勘查,什根特铁矿探矿权内共获得 332+333 铁矿石资源量 630.20 万吨,全矿区 TFe 平均品位 41.53%,mFe 平均品位 29.69%。其中,控制的内蕴经济资源量 332 矿石量 406.16 万吨,TFe 平均品位 41.67%,mFe 平均品位 30.62%;推断的内蕴 333 经济资源量矿石量 224.04 万吨,TFe 平均品位 41.34%,mFe 平均品位 28.03%。

二十三、新疆精河县—尼勒克县哈勒尕提铁铜矿

(一) 矿床基本情况

哈勒尕提铁铜矿是 21 世纪初由中国冶金地质总局中南地质勘查院在西天山探获的一个典型矽卡岩型铁铜多金属矿床。

矿区位于新疆精河县—尼勒克县交界处,精河县城南南东 165°方向,距县城直线距离 60km,由精河县有简易公路可直达矿区,交通较便利。矿区地理坐标:东经 83°00′00″~83°05′30″,北纬 44°03′30″~44°07′00″,面积 22.20km²。矿区包括东南段的哈勒尕提铁铜矿和西北段的木祖克铅锌矿两段。

矿区出露地层为上奥陶统石灰岩,上志留统细砂岩及二叠系粗碎屑岩。区内褶皱、断层构造不发育。区内岩浆岩发育,属华力西中期侵入的大瓦布拉克岩体的一部分,主要岩性为二长花岗岩、花岗闪长岩、闪长岩。二长花岗岩在哈勒尕提铁铜矿及木祖克铅锌矿一带出露;花岗闪长岩主要分布在木祖克铅锌矿区及哈勒尕提矿区大理岩接触带深部。

矿区矿化以铁、铜为主,伴有金、银、铅、锌等,矿体分布于大瓦布拉克岩体与上奥陶统呼独克达坂组灰白色大理岩(或大理岩捕房体)接触带矽卡岩内或断裂破碎带中。目前已经发现有各类矿体 15 个(见图 5-151)。

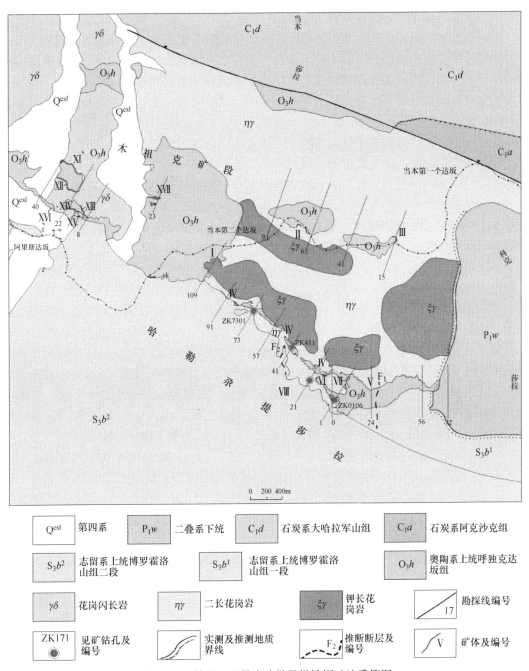

图 5-151 精河—尼勒克哈勒尕提铁铜矿地质简图

图例：

| Q^esl 第四系 | P_1w 二叠系下统 | C_1d 石炭系大哈拉军山组 | C_1a 石炭系阿克沙克组 |

| S_3b^2 志留系上统博罗霍洛山组二段 | S_3b^1 志留系上统博罗霍洛山组一段 | O_3h 奥陶系上统呼独克达坂组 |

| γδ 花岗闪长岩 | ηγ 二长花岗岩 | ξγ 钾长花岗岩 | 17 勘探线编号 |

| ZK171 见矿钻孔及编号 | 实测及推测地质界线 | F_2 推断断层及编号 | V 矿体及编号 |

其中，精河县木祖克矿段内主要有Ⅲ（铜矿）、Ⅺ（铅锌矿）、Ⅻ（铅锌矿）、ⅩⅢ（铁矿）、ⅩⅣ（铅锌矿）、ⅩⅤ（铅锌矿）、ⅩⅥ（铅锌矿）、ⅩⅦ（铜矿）8个矿体，均为矽卡岩型铅锌铜矿。尼勒克县哈勒尕提铁铜矿段内主要有Ⅰ（铜矿）、Ⅱ（铁矿）、Ⅳ（铁铜矿）、Ⅴ（铁铜矿）、Ⅵ（铁铜矿、铜锌矿）、Ⅶ（铜矿）、Ⅷ（铜矿）7个矿体，均为矽卡岩型铜铁多金属矿。主矿体为Ⅳ号铁铜矿。Ⅳ号矿体的铜金属量11.723万吨，占区内查明的铜矿金属总量14.4933万吨的80.89%；Ⅳ号矿体的铁矿石量946.78万吨，占区内

查明的铁矿石总量 1201. 78 万吨的 78. 78%。

矿区铁铜矿、铅锌矿均为矽卡岩型矿床，矿体均赋存于二长花岗岩或花岗闪长岩与大理岩接触带中的矽卡岩中，基本上矽卡岩体即为铁铜矿体或铅锌矿体。大小不等的铁铜矿体或铅锌矿，围绕着大理岩俘房体呈环带状或带状分布。离开接触带 20m 以外的围岩中，很难见到像样的工业矿体。在为数众多的矿体中，规模较大，具有工业开采意义的只有 Ⅳ 号铁铜矿体和 Ⅵ 号铁铜矿体。

Ⅳ 号铁铜矿体：分布在 13～41 线之间，矿体呈似层状、脉状分布，局部呈波状 "S" 形，在勘探线剖面上大体呈陡立的不规则 "U" 字形或 "V" 字形（见图 5-152），产于花岗闪长岩、二长花岗岩与大理岩接触带之矽卡岩中，矿体走向长 900m，控制矿体倾向延伸 330～726m，厚 0. 60～18. 63m，赋存标高在 2370～2917m。矿体总体走向，由西向东大致作 147°～126°～94° 方向延深，南北矿体倾向主体为北北东 4°～57°，倾角在 13 线北侧矿体浅部南倾，深部近直立，17 线浅部北倾，深部南倾，倾角变化范围为 50°～85°。Ⅳ 号铁铜矿 331+332+333 资源量：矿石量 957. 84 万吨，铜金属量 11. 723 万吨，平均品位 Cu 1. 22%、TFe 26. 14%、mFe 13. 52%，其中共生铁铜矿石量 512. 79 万吨，低品位铁矿石量 433. 99 万吨，铜矿石量 11. 06 万吨。矿体以铁铜共生矿，矽卡岩铜矿石（含铜矽卡岩）仅占总量的 1. 15%。

Ⅵ 号铁铜矿：分布在 1～21 线之间，矿体出露最高标高为是 2712m，工程控制最低标高为 1961m，垂直高差 751m。矿体呈似层状、脉状分布，局部呈波状 "S" 形，在勘查线剖面上大体呈陡立的不连续的分支脉状，仅 17 线、9 线呈陡立不规则 "V" 形，矿体走向长 500m，控制矿体倾向延伸 86～425m。矿体总体走向：由西向东大致沿 122° 方向延伸。倾向：北缘 NE（18°～33°）或 SSW（198°～213°）；南缘 NE18°～49° 或 SSW（205°～227°）。倾角：北缘矿体（15°～90°），南缘矿体（9°～82°）。矿体厚 0. 08～19. 82m，平均厚 2. 75m，矿体厚度变化系数 V_m 为 142. 09%，属形态复杂型。铜最低品位 Cu 0. 20%，最高 Cu 6. 82%，平均品位 Cu 0. 91%，品位变化系数 V_c 为 171. 43%，属不均匀型。TFe 最低品位 20. 06%，最高 45. 70%，平均品位 20. 59%，全铁品位变化系数 V_c 为 59. 76%，属均匀型。mFe 品位在 0. 10%～54. 50% 之间，平均品位 mFe 11. 58%。Ⅵ 号铁铜矿资源量 333 类：矿石量 255. 41 万吨，平均品位 Cu 0. 95%、TFe 21. 26%、mFe 11. 58%。铜金属量 24353t，含铜低品位铁矿石量 233. 39 万吨。锌矿石量 14. 84 万吨，锌金属量 9600t，平均品位 Zn 6. 47%。矿体以含铜低品位铁矿石为主，占 Ⅵ 号矿体总矿石量的 86. 36%，矽卡岩铜矿石占总量的 8. 15%，锌矿石占总量的 5. 49%。

铁铜矿矿石结构为他形、半自形粒状变晶结构和交代残余结构，矿石构造为块状、浸染状、微细网脉状、斑点状、星点状及团块状构造。矿石中金属矿物主要有磁铁矿、赤铁矿、褐铁矿、黄铜矿、辉铜矿、斑铜矿、铜蓝、孔雀石、自然铜、闪锌矿、辉银矿、自然金等；脉石矿物为石榴石、透辉石、方解石、绿帘石、石英、蛇纹石、绿泥石、透闪石。铁铜矿矿石自然类型主要为含铜（锌）磁赤铁矿、含铜（锌）石榴石矽卡岩、磁赤铁矿，还有少量含铜赤铁矿、含铜大理岩、含铜花岗闪长岩等，工业类型为磁赤铁铜矿石。

Ⅺ 号铅锌矿：分布于 34～40 线之间，地表断续出露长约 150m，走向延深方向 108°～142°，倾向 18°～52°，倾角 29°～52°。赋存标高：2990～3137m，埋深从地表至地下 68m。矿体呈脉状、透镜状，赋存于花岗闪长岩与 O_3h 地层接触带之间，受接触带构造控制，

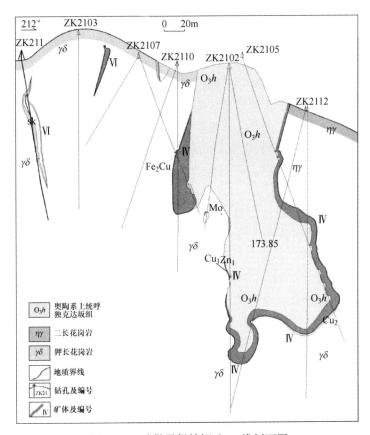

图 5-152 哈勒尕提铁铜矿 21 线剖面图

分支复合少见，间有夹石，夹石主要为矽卡岩。矿体厚度变化较大，最大厚度 18.92m，最小厚度 0.30m，平均厚度 3.69m，矿体厚度变化系数 V_m 为 190.31%，属厚度不稳定型。矿石品位最低 Pb 2.62%、Zn 1.06%，最高 Pb 10.57%、Zn 11.22%，平均品位 Pb 3.15%、Zn 2.70%，矿体品位变化系数 V_c 分别为 123.81%、125.06%，属有用组分分布较均匀型。XI铅锌矿资源/储量（333）类为 5.20 万吨。其中铅锌矿 3.43 万吨，金属量 Pb 1078t、Zn 923t，铜矿石量 1.77 万吨，金属量 Cu 117t、Ag 0.94t。平均品位：Pb 3.15%、Zn 2.70%、Cu 0.66%。铅锌矿矿石中金属矿物主要有方铅矿、闪锌矿、少量黄铁矿、赤铁矿、白铅矿、菱锌矿、异极矿等；脉石矿物以石榴石、葡萄石等变质矿物为主，其次为碳酸盐矿物和硅酸盐、铝硅酸盐矿物，包括方解石、石英、长石、绿泥石、少量白云石、斜帘石等，副矿物则以榍石为主、少量的磷灰石和白钛矿。铅锌矿矿石自然类型为石榴石矽卡岩铅锌硫化矿石。

长沙矿冶研究院对哈勒尕提铁铜矿进行了可选性实验研究，采用先浮选后磁选工艺流程，浮选精矿产率为 4.10%，铜品位 25.87%，铜回收率 82.22%，磁精矿产率为 18.20%，铁品位 68.20%，铁回收率 48.47%，产品指标较好，完全达到了可利用要求，另外金可综合回收利用。

（二）矿床勘查史

自 20 世纪 50 年代以来，先后有有色、冶金和地矿系统等多家地勘单位和科研单位在区内进行过工作。

1974年，新疆地质局区域地质调查大队四分队在精河南奈楞格勒地区进行了1：5万矿产检查时，在矿区发现了一批矽卡岩型铜、铁矿点。

1989～1991年，新疆地矿局第一区调大队完成了阿拉尔幅1：20万地质矿产图的修测及说明书的编写。系统总结了区内地层、构造、岩浆岩特征及矿产分布规律，圈定出西南果勒铜、铅、锌、钼一级成矿远景区，该矿区位于其中。同时对哈勒尕提铜矿进行了矿点检查，完成1：1万地形地质填图约15km²，非正规1：2000磁测面积0.13km²，槽探94.5m³。圈定铜矿体8个，估算铜资源远景25.65万吨，伴生组分锌7.09万吨，同时还伴生银、金和共生铁矿。

1998年，新疆地质矿产勘查开发局在该区域进行了以1：5万分散流异常查证为主要手段的大调查项目。发现了许多有价值的异常和矿化点，对哈勒尕提铜矿区东矿点进行了调查。

2004年，曹景良提出哈勒尕提为矽卡岩型铁铜矿重要找矿远景区，于2005年2月取得了"新疆精河县—尼勒克县哈勒尕铁铜矿普查"区的"矿产勘查许可证"，由此开始了该区新一轮找矿工作。

2005～2006年，中南地质勘查院对该区进行预查，刘延年任项目经理。此次工作对矿化带（体）进行了稀疏槽探工程控制，完成槽探859m³，1：1万地质修测37km²，1：5000地质修测2km²。初步圈定了哈勒尕提铁铜矿体地表分布范围，指出该区具有良好的矽卡岩型铜铁矿找矿前景。

2007～2008年，中南地质勘查院物探分院在该区开展物化探普查，完成1：5000磁法测量21.75km²；1：5000激电中梯3.8km²；1：2000磁测剖面32.71km；1：2000激电中梯剖面3km；1：2.5万土壤地球化学测量22km²。周奎等人编制提交了《新疆尼勒克县哈勒尕提矿区物化探普查报告》，为下一步工作提供了基础资料。

2007～2010年，中南地质勘查院开展哈勒尕提全矿区普查工作，对13～41线进行详查，章幼惠任项目经理。共完成槽探5788m³，钻探18177.75m，坑道1941.80m。章幼惠等人提交了《新疆尼勒克县哈勒尕提矿区Ⅳ号铁铜矿体13～41线详查报告》，于2011年6月通过了新疆维吾尔自治区矿产资源储量评审中心的评审，文号为新国土资储评〔2012〕19号，审查批准332+333类资源量：铁铜共生矿石量664.02万吨，铜金属量9.2912万吨；平均品位：铜1.40%、全铁29.81%。伴生组分（金、银、锌）资源量：金2.20t、银128.73t、锌4.8119万吨；平均品位：金0.28g/t、银16.23g/t、锌0.61%。

2011～2012年，继续开展全区普查详查工作，截至2012年8月累计完成槽探2117.8m³，钻探33988.33m，坑道1075.5m。章幼惠等人提交了《新疆精河县—尼勒克县哈勒尕提铁铜多金属矿详查报告》，于2013年8月通过了新疆维吾尔自治区矿产资源储量评审中心的评审，文号为新国土资储评〔2014〕6号，审查批准331+332+333总矿石量1270.10万吨，其中331+332+333工业品位铁矿石量520.80万吨（平均品位TFe28.16%、mFe15.08%）、331+332+333低品位铁矿石量680.98万吨（平均品位TFe23.10%、mFe11.82%）；332+333铜矿石量45.67万吨；332+333铅锌矿石量22.65万吨。铜金属量14.4933万吨，平均品位Cu1.16%；332+333铅金属量2341t，平均品位Pb

1.03%；332+333 锌金属量 12905t，平均品位 5.70%。另外，全区铁铜矿石中伴生组分 333 金属量：Au 为 2.64t、Ag 为 222.83t、Zn 为 7.3090 万吨。平均品位 Au 0.21×10⁻⁶、Ag 17.86×10⁻⁶、Zn 0.59%。铅锌矿中 333 类伴生组分金属量：Ag 为 6.76t，平均品位 29.86×10⁻⁶。

2013 年 1~12 月，通过补充详查工作使尼勒克县哈勒尕提铁铜矿区Ⅳ号铁铜矿 49~103 线和Ⅴ号铁铜矿 16~48 线达到详查程度。同时对精河县木祖克铅锌矿区进行了钻探验证、控制。经补充详查新增铜金属量（331+332+333）11361t；铁铜共生矿石量（331+332+333）92.70 万吨，铁矿石 30.25 万吨。伴生组分金金属量 252.32kg，银金属量 27.45t，锌金属量 6460t。

二十四、新疆哈密市天湖铁矿

（一）矿床基本情况

哈密天湖铁矿是新疆东天山地区的一个大型铁矿床。矿主矿体是产生前寒武系变质岩中的大型盲矿体，严格的受地层控制，顺层产出。

天湖铁矿床产出在新元古界天湖群第三组变质岩系中，铁矿体赋存于白云质大理岩内并呈层状、似层状产出；碳酸盐岩蚀变部位的部分铁矿石变富，且有黄铜矿、闪锌矿等硫化物生成。矿石组构方面，具有细-中细粒状结构、网格状结构、残余结构，层状、条带状构造。矿床成因类型属于沉积变质—区域混合岩化热液叠加改造型。

矿区内出露的地层主要为新元古宇青白口系天湖群第三岩性段，下部为黑云母石英片岩、黑云母斜长片麻岩，上部为白云石大理岩夹铁矿层。其原岩为一套互层的火山岩、凝灰岩、泥质岩、碳酸盐岩。含矿建造为是经区域变质形成的各种片岩、片麻岩、白云质大理岩。矿区内大面积元古宙花岗岩大面积分布，主要为片麻状花岗岩、二长花岗岩等。铁矿层主要呈层状、似层状赋存于白云质大理岩中。矿石具层状、条带状构造，均受层位控制；区域混合岩化形成的斜长花岗岩期后热液活动，使碳酸盐岩蚀变，使部分铁矿石变富，并生成黄铁矿、闪锌矿等硫化物。

区内火成岩以酸性侵入岩为主，部分偏碱性。区内北部为砖红色似斑状花岗岩具有不同碎裂程度的花岗闪长岩，离矿体较远。

后期岩脉在区内分 4 组：东西向有花岗岩，细晶岩脉，南北向有辉绿岩脉，北西向有闪长玢岩，北东向有细晶闪长岩脉。

区域性构造为近东西向的尖山子大断裂及其压碎带，倾向北∠50°~60°。在矿区北部有几条分支断层，向东扩张、形成宽阔的糜棱岩带。靠近矿区中部向西又派生一条斜逆断层，使西部天湖段及其含矿层位南转移 150~800m。在断层上方为均质混合岩及糜棱岩，构成顶盖结构。

横向断层规模较小，多属张性或扭性、错动矿体或被辉绿岩充填。

含矿岩系—天湖段为一套片岩片麻岩，白云石大理岩，普通受混合岩化。强烈混合岩化，在宏观上表现有伟晶长英质小脉-细脉的广泛发育，常见红长石化。微观上则以钾长石化、钠长石化和孤岛状、港湾状、蠕虫状等交代结构为其特征。局部在破碎的大理岩中，也有条带状混合岩化。

全区共发现 10 个矿体，其中，Ⅰ号矿体规模最大，其储量占总储量的 38.76%，呈似层状及大透镜状，总体走向 100°，倾向北东，倾角上缓下陡，浅部 50°～60°，深部 70°～80°（见图 5-153）。矿体长度大于 3600m，为一向东侧伏的盲矿体；矿体由上、中、下 3 层矿体组成，上矿层与中矿层相距 1.59～5.82m，中矿层与下矿层相距 3.06～10.03m，平均 7.73m；单矿层厚度 2～10m，最大厚度 24.56m，总体上中部厚，东、西两端逐渐变薄。

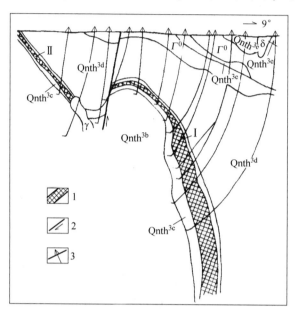

图 5-153　天湖铁矿 50 勘探线剖面图

Qnth^{3e}—绿泥斜长片岩夹白云大理岩；Qnth^{3d}—黑云斜长片岩；Qnth^{3c}—下部为片岩；上部为含矿层；
Qnth^{3b}—混合岩化黑云斜长片麻岩；Γ^0—灰色混合岩化斜长花岗岩；δ—暗绿色闪长岩
1—铁矿体；2—断层；3—钻孔

Ⅱ～Ⅹ号矿体规模较小，长 50～750m，厚度 0.3～2.73m，矿石 TFe 品位 32%～50.2%。

矿石矿物主要为磁铁矿，次为黄铁矿、磁黄铁矿，另有少量黄铜矿、闪锌矿及微量钛铁矿。脉石矿物主要为白云石、蛇纹石，次为透闪石、滑石、橄榄石、绿泥石、富铁钠闪石、方解石和透辉石。

矿石结构主要为中-细粒结构，其次为交代残余、格状、胶状、结状及压碎等结构。矿石构造有块状、条带状、浸染状、斑点状及角砾状等。

截至 2018 年底，全区累计探明资源储量 8487 万吨。

（二）矿床勘查史

1960 年，有色地质公司物探队和 704 队在该区开展 1：2.5 万地面磁法综合普查找矿时所发现该异常。随即投入大比例尺地质、磁法及重力测量。确认异常是由铁矿引起。

1960 年 5 月，704 队又相继发现Ⅱ～Ⅵ异常，并投入轻型山地工作。进行了（1：5000）～（1：2000）地形地质测量、地面磁法测量及系统的槽井工程。1964 年Ⅰ号异常钻探验证见矿后，立即转入定量评价工作。

1965~1970 年，完成矿区地质勘探。1965 年有色地质公司调集喀什 702 队、伊犁 703 队及部分 706 队人员充实 704 队。参加会战的主要地质人员有边可正、董永泉、牛广标、徐光祥、杜其芳等。1966 年冶金部系统调东北辽宁有色地质公司 101 队及 102 队 3 台全建制钻机，会同新疆地质公司组成 10 部钻机的会战。开展大规模的深部勘探评价工作。沿 I 号矿体（异常）按走向 200~300m，系统的布置实施钻探工程及相应的其他各项地质工作。至 1970 年结束勘探工作，完成岩心钻探 20537m（33 个有效孔）。通过上述工作，基本查明了 I 号矿体的规模、形态、质量等相关问题，计算了 I 号矿体的储量 10428 万吨。其中 C_1 级（工业储量）3667 万吨，C_2 级 7061 万吨。矿石中富矿为 2389 万吨，占总储量的 26%。与此同时，对 III~VI 号几个小矿体也重新进行了储量计算，结果是 370 万吨。并计算了伴生铜储量 1.33 万吨。

1971 年，704 队牛广标主笔，编写了《新疆维吾尔自治区哈密县天湖铁矿 I 号矿体地质勘探总结报告》，参加报告编写者还有杜其芳、陈植庭等。此前，1964~1967 年还提交有《哈密天湖铁矿 II 号矿体最终勘探报告》，1966~1970 年提交有《哈密天湖铁矿浅部矿地质报告》。

二十五、青海格尔木市牛苦头东铁多金属矿

（一）项目基本情况

工作区位于东昆仑山脉，行政区划属青海省格尔木市乌图美仁乡管辖。坐标范围为东经 92°07′20″~92°14′27″，北纬 36°56′50″~37°01′07″，工作区面积 54.76km²。距格尔木市约 310km，距西宁 1000km，汽车可达工作区，交通方便。

工作区地处昆北火山—侵入杂岩带西段祁漫塔格成矿带，该带北临柴达木盆地，南与昆中花岗—变质杂岩带相接。区内构造发育、岩浆活动强烈、成矿条件好、矿产丰富。区内已经发现的矿（化）点有 10 处，主要为铁多金属矿产，主要为矽卡岩型成因，据其分布特征看，矿产多分布于上奥陶统、石炭系碳酸盐岩与华力西期、印支期、燕山期中酸性岩浆岩的接触带上，并受北西西向断裂构造的明显控制。

（二）矿床勘查史

2009 年，中国冶金地质总局西北地质勘查院承担"青海省格尔木市牛苦头东铁多金属矿预查"项目。该项目以青国土资矿〔2009〕157 号文下达。

2011 年，中国冶金地质总局西北地质勘查院承担"青海省格尔木市牛苦头东铁多金属矿普查"项目，项目负责人为王建业，主要完成人员有何小会、王鹏、覃宗耀、闫晓松、梁永红、张海涛、李保辉、薛刚、亢虎祥、赵世平、武亚峰、王文豪、岳强、万飞、刘伟、张伟宏、庞田玉、闫伟伟、巨伟、孙德民、李永祖。项目以青国土资矿〔2011〕89 号文下达。项目在 C_5、C_4 异常区发现了铁矿体、并追索扩大为三个矿带，包含 22 条铁矿体。普查报告初步估算，三个矿带共提交了 334 铁矿资源量 440.20 万吨。为下步工作提供了依据。

附 表

冶金地质铁矿勘查项目成果

序号	报告成果名称	主要参与人员	提交单位	工作起止时间		报告提交时间	提交资源储量/万吨	审批情况
				起	止			
1	四川綦江县土台铁矿					1970 年前	1094	
2	四川綦江县大罗坝铁矿					1970 年前	406	
3	四川綦江铁矿白石潭矿区地质勘探工作总结报告		四川冶金一队			1964 年	305	
4	四川巴县白市驿铁矿补充勘探储量计算报告		四川冶金一大队			1963 年	184	
5	四川武隆铁矿铁匠沟矿区详细勘探总结报告		重庆地质公司 601 队			1955 年	342	
6	重庆市巫山县邓家乡铁矿					1970 年前	1102	
7	四川江津县夏坝铁矿区地质勘探储量计算报告		四川冶金一队			1963 年	180	
8	四川万源县青花铁矿初步勘探报告		四川冶勘 604 队			1967 年	228	
9	四川万源县沙滩铁矿					1970 年前	531	
10	四川万源县红旗铁矿					1970 年前	840	
11	四川峨眉县苦蒿坪铁矿					1970 年前	62	
12	贵州福泉县龙昌堡铁矿					1970 年前	289	
13	贵州贵定县观音阁铁矿					1970 年前	49	
14	贵州瓮安县新华苏家塘西坡铁矿					1970 年前	497	
15	贵州瓮安县水头坝铁矿					1970 年前	86	

序号	报告成果名称	主要参与人员	提交单位	工作起止时间		报告提交时间	提交资源储量/万吨	审批情况
				起	止			
16	贵州龙里县二比铁矿					1970 年前	8	
17	贵州清镇县卫城铝铁矿					1970 年前	240	
18	贵州清镇县麦坝铝铁矿					1970 年前	121	
19	贵州兴义县七舍雄武铁矿					1970 年前	7	
20	贵州水城县观音山铁矿床地质勘探储量报告（1964.6~1966.2）	刘湘、陈保安、王昌伟、施源	贵州有色局二队	1964 年	1966 年	1966 年	2364	
21	贵州遵义县后坝铁矿					1970 年前	226	
22	云南东川市包子铺铁矿					1970 年前	1991	
23	云南东川市落雪稀矿山铁矿					1970 年前	135	
24	云南东川市落雪大荞地铁矿					1970 年前	54	
25	云南东川白锡腊铜矿 1960 年度储量计算报告（附小水井区 1960 年度地质报告）		云南东川矿务局			1961 年	11	
26	云南马龙县牛首山铁矿					1970 年前	1249	
27	云南陆良县天花铁矿					1970 年前	500	
28	云南泸西县杨梅山铁矿					1970 年前	73	
29	云南麻栗坡县南庄铁矿					1970 年前	19	
30	云南王家滩铁矿					1970 年前	975	
31	云南安宁县八街军哨易门阱铁矿					1970 年前	1170	

序号	报告成果名称	主要参与人员	提交单位	工作起止时间		报告提交时间	提交资源储量/万吨	审批情况
				起	止			
32	云南安宁县八街铁矿小红坡矿区储量计算报告（第一期）		云南冶地311队			1962年	263	
33	云南安宁县八街小营尖山铁矿					1970年前	97	
34	云南安宁县八街杨梅山铁矿					1970年前	132	
35	云南安宁县桃源哨铁矿					1970年前	61	
36	云南晋宁县上蒜铁矿					1970年前	156	
37	云南安宁县禄裱小村铁矿					1970年前	563	
38	云南安宁县革明炉增铁矿					1970年前	39	
39	云南安宁县硪山铁矿					1970年前	33	
40	云南安宁县尧井响水铁矿					1970年前	6	
41	云南安宁县大龙硐铁矿					1970年前	4	
42	云南安宁县龙潭山铁矿					1970年前	6	
43	云南安宁县罗卜叶山铁矿					1970年前	2	
44	云南安宁县小水库铁矿					1970年前	1	
45	云南安宁县八街徒山庙铁矿					1970年前	38	
46	云南易门县东山铁矿					1970年前	5	
47	云南上厂—白马龙铁矿（脉矿）地质勘探报告		云南有色局地质勘探公司307队	1966年	1969年	1971年	2683	

序号	报告成果名称	主要参与人员	提交单位	工作起止时间		报告提交时间	提交资源储量/万吨	审批情况
				起	止			
48	云南新平县十里河铁矿					1970 年前	155	
49	云南新平县鲁奎山铁矿					1970 年前	1377	
50	云南新平县新平房铁矿					1970 年前	157	
51	云南新平县阿则铁矿					1970 年前	21	
52	云南峨山化念铁矿储量计算报告		云南冶金厅地质勘探公司 304 队	1960 年	1961 年	1961 年	50	
53	云南峨山县大鱼塘铁矿					1970 年前	6	
54	云南峨山县山后厂铁矿					1970 年前	26	
55	云南元江县甘庄铁矿					1970 年前	13	
56	云南华宁县呼它铁矿					1970 年前	42	
57	云南新平县新寨铁矿					1970 年前	139	
58	云南石屏县龙潭铁矿					1970 年前	485	
59	云南石屏县马鞍山铁矿年终报告		云南冶金307 队			1961 年	297	
60	云南石屏县落水硐铁矿年终报告		云南冶金307 队			1961 年	133	
61	云南石屏县新寨铁矿					1970 年前	136	
62	云南石屏县大湾铁矿					1970 年前	6	
63	云南石屏龙口冲铁矿最终地质报告及补充说明		云南冶金307 队			1961 年	63	

序号	报告成果名称	主要参与人员	提交单位	工作起止时间		报告提交时间	提交资源储量/万吨	审批情况
				起	止			
64	云南建水县蚂蚁铁矿					1970 年前	51	
65	云南建水县曲作冲铁矿					1970 年前	37	
66	云南建水县红水塘铁矿					1970 年前	18	
67	云南禄丰县鹅头厂铁矿区地质勘探报告		西南冶金地质勘探公司 313 队	1974 年	1981 年	1981 年	1234	
68	云南罗次鹅头厂铁矿补充勘探报告		西南冶金地质勘探公司 313 队	1962 年	1966 年	1966 年	1603	
69	云南罗次鹅头厂铁矿勘探报告	王智、李铁、康继英	西南冶金地质勘探公司 313 队	1958 年	1962 年	1962 年	1594	
70	云南禄丰县中村铁矿					1970 年前	45	
71	云南禄丰县阿勒铁矿					1970 年前	60	
72	云南禄劝县阿巧铁矿					1970 年前	178	
73	云南禄劝县洪门厂铁矿					1970 年前	136	
74	云南禄劝笔架山铁矿					1970 年前	600	
75	云南禄劝县乐业铁矿					1970 年前	15	
76	云南牟定县大湾山铁矿					1970 年前	111	
77	云南武定县大羊廊铁矿					1970 年前	100	
78	云南大姚县塔地铁矿					1970 年前	74	

序号	报告成果名称	主要参与人员	提交单位	工作起止时间		报告提交时间	提交资源储量/万吨	审批情况
				起	止			
79	云南南华县腊梅铁矿					1970 年前	7	
80	云南武定县岔河铁矿					1970 年前	24	
81	云南澜沧惠民铁矿地质普查报告		云南冶金局 305 地质队			1958 年	1093	
82	陕西略阳县接官厅铁矿					1970 年前	23	
83	陕西略阳县白果树铁矿					1970 年前	117	
84	陕西略阳县水林树铁矿					1970 年前	75	
85	陕西略阳县高家湾铁矿					1970 年前	265	
86	陕西略阳县乱石窑铁矿					1970 年前	71	
87	陕西略阳县白水江铁矿					1970 年前	19	
88	陕西略阳县郭家沟铁矿					1970 年前	145	
89	陕西略阳县阁老岭铁矿床最终地质勘探报告		西北冶勘一队			1965 年	876	
90	陕西略阳县铜厂铁矿					1970 年前	7021	
91	陕西略阳县张家山铁矿					1970 年前	123	
92	陕西宁陕县沙沟铁矿					1970 年前	197	
93	陕西丹凤县北赵川铁矿					1970 年前	13	
94	陕西丹凤县皇台铜铁矿					1970 年前	344	

序号	报告成果名称	主要参与人员	提交单位	工作起止时间		报告提交时间	提交资源储量/万吨	审批情况
				起	止			
95	陕西略阳县何家岩铁矿区鱼洞子铁矿床地质勘探最终总结报告		西北冶勘一队			1965	15446	
96	陕西略阳县柳树坪铁矿					1970 年前	230	
97	陕西岚皋县铁炉坝铁矿					1970 年前	24	
98	陕西柞水县大西沟铁矿					1970 年前	21417	
99	陕西凤县红山梁铁矿					1970 年前	55	
100	甘肃张家川县陈家庙铁矿					1970 年前	2580	
101	甘肃舟田县老红山铁矿					1970 年前	19	
102	甘肃徽县包家沟铁矿					1970 年前	84	
103	甘肃山丹县黑山铁矿普查评价报告		西北冶金六队			1963 年	56	
104	甘肃临泽县李树沟铁矿					1970 年前	4	
105	甘肃天祝县朱藏沟铁矿					1970 年前	18	
106	甘肃永登县东疙瘩铁矿					1970 年前	12	
107	甘肃天祝县黄草沟铁矿					1970 年前	14	
108	甘肃甘谷县范家寺铁矿普查评价报告		西北冶金六队			1964 年	35	
109	甘肃兰州市红古区铁成沟铁矿床初步评价报告		西北冶金六队	1960 年 8 月	1962 年 10 月	1963 年 2 月	32	西北公司〔1964〕西冶地审字 18 号

续附表

序号	报告成果名称	主要参与人员	提交单位	工作起止时间		报告提交时间	提交资源储量/万吨	审批情况
				起	止			
110	甘肃和政县铁沟铁矿					1970 年前	40	
111	青海都兰县白石崖铁矿区 1970 年评价报告		西北冶金八队			1970 年	842	
112	宁夏石嘴山市王泉沟铁矿					1970 年前	0	
113	新疆哈密天湖铁矿 I 矿体地质勘探总结		新疆有色704 队			1971 年	11116	
114	新疆哈密县黑峰山铁矿					1970 年前	83	
115	新疆和静西沟铁矿地质勘探总结报告	王士明	新疆冶金局 707 地质勘探队			1961 年	118	
116	新疆哈密县红星3 号铁矿					1970 年前	21	
117	新疆哈密县银帮山铁矿					1970 年前	9	
118	新疆和静县铁克大坂铁矿					1970 年前	100	
119	新疆塔什库尔干县切列克其铁矿					1970 年前	6930	
120	新疆托克逊县维吾尔沟口铁矿					1970 年前	84	
121	新疆托克逊县阿拉沟铁矿					1970 年前	63	
122	新疆托克逊县克尔碱铁矿					1970 年前	141	
123	河南林县东冶铁矿区地质勘探报告	刘敏、杨汝烈、来增运、张于书、李景生、陈树泮、李燕然	河南冶金地质队	1962 年	1963 年	1964 年	469	

序号	报告成果名称	主要参与人员	提交单位	工作起止时间		报告提交时间	提交资源储量/万吨	审批情况
				起	止			
124	河南林县石村矿区地质勘探报告		河南冶金三队			1961 年	316	
125	河南林县晋家庄铁矿					1970 年前	317	
126	河南林县东街铁矿					1970 年前	292	
127	河南林县杨家庄铁矿区地质勘探报告	韩致群、乔兴盛、杨汝烈、孙金梁	河南冶金二队	1958 年	1960 年	1960 年	397	
128	河南安阳县泉门铁矿					1970 年前	469	
129	河南安阳县下庄东坡十字岭矿区地质勘探报告		河南冶金一队			1960 年	137	
130	河南渑池县邵山铁矿区地质勘探总结报告		河南冶金一队			1961 年	178	
131	河南南台县杨树沟铁矿					1970 年前	232	
132	河南西峡县段树崖铁矿					1970 年前	99	
133	湖北大冶铁山矿区 1963 年补充地质勘探报告		冶金武钢地质队			1964 年	11048	
134	湖北大冶县灵乡铁矿					1970 年前	1652	
135	湖北大冶县金山店铁矿					1970 年前	13267	
136	湖北大冶县冯家山铁矿					1970 年前	170	
137	湖北黄石市肖家铺铁矿					1970 年前	95	
138	湖北邓城县陈盛铁矿					1970 年前	256	

序号	报告成果名称	主要参与人员	提交单位	工作起止时间		报告提交时间	提交资源储量/万吨	审批情况
				起	止			
139	湖北鄂城县汀祖铁矿					1970 年前	238	
140	湖北大冶刘家畈铁矿					1970 年前	741	
141	湖北阳新丰山矿区吉龙山铜矿最终地质报告		中南冶金604 队			1971 年	21	
142	湖北大冶县刘南塘铁矿					1970 年前	43	
143	湖北鄂城县陈盛大石桥一带					1970 年前	31	
144	湖北大冶县求雨脑铁矿					1970 年前	37	
145	湖北大冶县石头嘴铜铁矿					1970 年前	334	
146	湖北建始县官店铁矿区凉水井—大庄和黑石板详勘区终结地质补充报告					1962 年	54198	
147	湖北长阳火烧坪矿区补充地质勘探总结报告		湖北冶勘601 队			1962 年	15212	
148	湖北长阳青岗坪铁矿区地质勘探总结报告		中南冶勘607 队			1969 年	8346	
149	湖北长阳田家坪铁矿					1970 年前	951	
150	湖北宜昌官庄铁矿床1958 年度地质报告		湖北官庄铁矿609 队			1958 年	8598	
151	湖北宜都松木坪铁矿		中南冶勘607 队			1970 年前	1731	
152	湖北黄梅铁矿区马鞍山铁矿					1970 年前	3200	
153	湖北长阳县付家堰铁矿					1970 年前	763	

续附表

序号	报告成果名称	主要参与人员	提交单位	工作起止时间		报告提交时间	提交资源储量/万吨	审批情况
				起	止			
154	湖北建始县城关铁矿					1970年前	2558	
155	湖北宣恩县长潭河铁矿					1970年前	1410	
156	湖北鹤峰县清水涌铁矿					1970年前	1350	
157	湖北长阳县龙角坝铁矿					1970年前	13179	
158	湖北建始县十八格铁矿					1970年前	757	
159	湖北恩施县屯堡铁矿					1970年前	2487	
160	湖北建始县伍家河铁矿					1970年前	9729	
161	湖北巴东县龙坪铁矿					1970年前	8268	
162	湖北建始县尹家村铁矿					1970年前	577	
163	湖北巴东县铁厂湾铁矿					1970年前	168	
164	湖北五峰县阮家河铁矿					1970年前	1264	
165	湖北恩施县铁厂坝铁矿					1970年前	368	
166	湖南涟源县相思铁矿					1970年前	49	
167	湖南新化县圳上铁矿					1970年前	80	
168	湖南新化县锡矿山铁矿地质勘探总结报告		湖南冶金246队			1968年	1557	
169	湖南新邵县分水坳铁矿					1970年前	66	
170	湖南新邵雀塘铺铁矿区评价报告		湖南冶金234队			1959年	54	

序号	报告成果名称	主要参与人员	提交单位	工作起止时间		报告提交时间	提交资源储量/万吨	审批情况
				起	止			
171	湖南邵阳县佘湖山铁矿					1970 年前	24	
172	湖南邵东县东家冲铁矿					1970 年前	32	
173	湖南邵东县大石桥铁矿					1970 年前	405	
174	湖南双峰县测水铁矿					1970 年前	122	
175	湖南新化县洪水坪黄铁矿带褐铁矿地质勘探总结报告		湖南冶金246 队			1970 年	389	
176	湖南湘潭金坑铁矿 1961 年度报告		湖南冶金236 队			1962 年	327	
177	湖南湘潭县峡口铁矿					1970 年前	51	
178	湖南湘潭县马家桥铁矿					1970 年前	86	
179	湖南长沙县毛湖田铁矿					1970 年前	77	
180	湖南株洲市棠市铁矿					1970 年前	71	
181	湖南芷江丁家坪铁矿地质报告		湖南冶金239 队			1960 年	37	
182	湖南衡山县石湾铁矿					1970 年前	45	
183	湖南衡山县八井田铁矿					1970 年前	105	
184	湖南攸县湖厂铁矿储量报告		湖南冶金214 队			1960 年	149	
185	湖南攸县漕泊铁矿					1970 年前	356	
186	湖南攸县冲背铁矿					1970 年前	356	
187	湖南攸县排山铁矿					1970 年前	87	

序号	报告成果名称	主要参与人员	提交单位	工作起止时间		报告提交时间	提交资源储量/万吨	审批情况
				起	止			
188	湖南攸县铁矿江冲矿区地质勘探储量报告		湖南冶金214队			1961年	410	
189	湖南攸县牛岭铁矿					1970年前	87	
190	湖南攸县天仙岭铁矿					1970年前	123	
191	湖南攸县青阳观铁矿					1970年前	50	
192	湖南茶陵县雷垄里铁矿					1970年前	151	
193	湖南茶陵县西屏铁矿					1970年前	189	
194	湖南茶陵排前铁矿中间性地质报告		湖南冶金局			1968年	4623	
195	湖南茶陵潞水铁矿					1970年前	1637	
196	湖南茶陵清水铁矿					1970年前	1603	
197	湖南宁乡县陶家湾铁矿					1970年前	173	
198	湖南茶陵县汉背铁矿储量报告		湖南冶金214队			1961年	64	
199	湖南衡山县小汾圆铁矿					1970年前	98	
200	湖南新宁县清江桥铁矿					1970年前	179	
201	湖南莱阳县上堡铁矿					1970年前	28	
202	湖南汝城县大坪铁矿物探工作结果报告		湖南冶金公司			1959年	12175	
203	广西鹿寨县英山铁矿					1970年前	306	
204	广西灵川县公平铁矿					1970年前	211	

序号	报告成果名称	主要参与人员	提交单位	工作起止时间		报告提交时间	提交资源储量/万吨	审批情况
				起	止			
205	广西永福县红岭铁矿					1970 年前	30	
206	广西融安县超英铁矿					1970 年前	28	
207	广西田东县义圩铁矿					1970 年前	60	
208	广西巴马县安铁铜矿					1970 年前	8	
209	广东博罗县荔枝田铁矿					1970 年前	89	
210	广东翁源县大水坑铁矿					1970 年前	30	
211	广东清远县大罗塘铁矿					1970 年前	55	
212	广东清远县大木头安丰围铁矿					1970 年前	317	
213	广东连南县石径铁矿					1970 年前	288	
214	广东海南岛田独矿区铁矿地质勘探报告		重工地质局武汉地勘公司			1955 年	200	
215	广东龙川县梅州铁矿					1970 年前	256	
216	广东博罗县达利山铁矿					1970 年前	1207	
217	广东乐昌县西岗寨铁矿					1970 年前	31	
218	广东怀集县黄沙冲铁矿					1970 年前	3556	
219	江苏江宁县凤凰山铁矿地质勘探报告	吴祖杰、陈思松	冶金部地质局华东分局预查队	1955 年	1956 年	1956 年	700	
220	江苏凤凰山铁矿区凤凰山铁矿床1957年度地质勘探报告	李伯仁、陶雨时、陆云辉、晏才纳	冶金部地质局华东分局807队	1956 年	1957 年	1958 年	2138	

序号	报告成果名称	主要参与人员	提交单位	工作起止时间		报告提交时间	提交资源储量/万吨	审批情况
				起	止			
221	江苏南京梅山铁矿床地质勘探总结报告		江苏冶金一队			1965年	411	
222	江苏江宁县卧儿岗铁矿					1970年前	33	
223	江苏江宁县其林山铁矿					1970年前	378	
224	江苏江宁县陆郎铁矿					1970年前	39	
225	江苏江宁县吉山铁矿					1970年前	5000	
226	江苏江宁县伏牛山矿区南山铜矿					1970年前	59	
227	江苏六合县冶山铁矿北矿区地质勘探总结报告		华东冶金地勘811队			1966年	1632	
228	江苏六合县铁石岗铁矿					1970年前	280	
229	江苏利国铁矿					1970年前	1502	
230	浙江绍兴县漓渚铁矿初步地质勘探总结报告		冶金地质华东802队			1957年	900	
231	浙江吴兴县五石坞铁矿					1970年前	48	
232	浙江吴兴县妙西铁矿					1970年前	37	
233	浙江安吉县港口铁矿					1970年前	69	
234	浙江余杭县闲林埠营盘山矿区地质普查总结		冶金地质华东809队			1958年	997	
235	浙江长兴县和平铁矿					1970年前	394	
236	浙江长兴县李家巷土王洞铁矿					1970年前	6	

序号	报告成果名称	主要参与人员	提交单位	工作起止时间		报告提交时间	提交资源储量/万吨	审批情况
				起	止			
237	安徽当涂县南山铁矿地质勘探总结报告	陈茵辉、鲍学文、朱长元、黄邦基、孙德忠	重工部南京公司804队	1955年	1955年	1955年	1194	
238	安徽马鞍山市采石铁矿					1970年前	80	
239	安徽当涂县钟山铁矿床地质勘探总结报告	蒋志模、张永良	冶金华东局808队	1957年	1958年	1958年	455	
240	安徽当涂县后钟山铁矿					1970年前	13	
241	安徽当涂县青山铁矿					1970年前	140	
242	安徽当涂县博望老虎头铁矿					1970年前	20	
243	安徽当涂县钓鱼山铁矿					1970年前	137	
244	安徽当涂县黄梅山铁矿					1970年前	843	
245	安徽当涂县小丹阳铁矿					1970年前	50	
246	安徽当涂县本山铁矿					1970年前	104	
247	安徽当涂县和睦山铁矿					1970年前	2073	
248	安徽当涂县钟九铁矿					1970年前	4119	
249	安徽当涂县大金山铁矿					1970年前	39	
250	安徽当涂县大尾山铁矿					1970年前	57	
251	安徽当涂县姑山铁矿床地质勘探总结报告	蒋志模、邱传珠、张永良	华东冶地808队	1958年	1965年	1966年	11831	
252	安徽当涂县白象山铁矿					1966年	4288	
253	安徽芜湖市齐落山铁矿					1970年前	679	

序号	报告成果名称	主要参与人员	提交单位	工作起止时间		报告提交时间	提交资源储量/万吨	审批情况
				起	止			
254	安徽贵池殷家汇铜山铜矿前山矿区最终地质报告		华东地质局 324 队			1957 年	205	
255	安徽繁昌县乌山铁矿普查总结报告		南京地质公司 803 队			1957 年	6	
256	安徽繁昌县阳山、元帽山、豆府山铁矿					1970 年前	93	
257	安徽繁昌县青龙山铁矿					1970 年前	23	
258	安徽繁昌县磁墩头铁矿	韩世和	安徽冶勘 803 队			1965 年	8	
259	安徽繁昌县马厂、双岭、小虎山、花山一带铁矿					1970 年前	32	
260	安徽繁昌县小桃冲铁矿					1970 年前	75	
261	安徽繁昌县四冲、来龙山铁矿					1970 年前	12	
262	安徽繁昌县大铜山铜铁矿					1970 年前	8	
263	安徽繁昌县章家山—园墩头铁矿					1970 年前	49	
264	安徽繁昌县小克山铁矿					1970 年前	30	
265	安徽繁昌县鸡头山铁矿					1970 年前	5	
266	安徽繁昌县大学山铁矿					1970 年前	36	
267	安徽繁昌县汪家楼铁矿					1970 年前	22	
268	安徽繁昌县大小甄山铁矿					1970 年前	37	
269	安徽繁昌县阳冲一号异常铁矿					1970 年前	50	
270	安徽繁昌县青龙山矿区大元旦铁矿					1970 年前	49	

序号	报告成果名称	主要参与人员	提交单位	工作起止时间		报告提交时间	提交资源储量/万吨	审批情况
				起	止			
271	安徽繁昌县白马山铁矿					1970 年前	197	
272	安徽繁昌县长龙山铁矿中间地质总结报告（1954~1956）	陈煊、张念萱、张国盛、张士钰、王增林、于德津	冶金地质局华东803 队	1954 年	1956 年	1956 年	904	
273	安徽繁昌县长龙山铁矿床详查地质总结报告	张念萱	安徽冶金局第 1 队	1958 年	1958 年	1958 年	3135	
274	安徽繁昌县长龙山铁矿地质勘探总结报告及补充报告	张念萱	安徽省冶金工业厅地质勘探队	1960 年	1960 年	1960 年	2840	
275	安徽繁昌县铁山铁矿					1970 年前	57	
276	安徽繁昌县燕山头铁矿					1970 年前	11	
277	安徽繁昌县顺凤山铁矿					1970 年前	208	
278	安徽繁昌县洪岭冲铁矿					1970 年前	16	
279	安徽繁昌县磨平山铁矿					1970 年前	2	
280	安徽繁昌县马塘埂铁矿					1970 年前	34	
281	安徽南陵县新岭山铁矿					1970 年前	6	
282	安徽南陵县犀牛山铁矿					1970 年前	67	
283	安徽南陵县南陵铁矿					1970 年前	267	
284	安徽铜陵县叶山铁矿					1970 年前	188	
285	安徽铜陵县筲箕涝铁矿					1970 年前	253	
286	安徽铜陵县业家湾铁矿					1970 年前	52	

序号	报告成果名称	主要参与人员	提交单位	工作起止时间		报告提交时间	提交资源储量/万吨	审批情况
				起	止			
287	安徽铜陵县钟鸣舟山铁矿					1970年前	2	
288	安徽铜陵县新桥铜硫铁矿					1970年前	2487	
289	安徽铜陵县石耳山铁矿					1970年前	13	
290	安徽铜陵市虎山铜矿					1970年前	20	
291	安徽铜陵市铜官山铜矿地质报告（1957~1958）		安徽冶勘三队			1959年	3405	
292	安徽无为县石臼山铁矿					1970年前	14	
293	安徽无为县对面山铁矿					1970年前	5	
294	江苏凤凰山铁矿地质勘探最终报告		冶金部地质局华东分局807队	1959年	1960年	1960年	3677	
295	安徽无为县凤凰山铁矿					1970年前	5	
296	福建龙岩县中甲铁矿					1970年前	742	
297	福建龙岩县三坑铁矿					1970年前	22	
298	福建龙岩县下甲铁矿					1970年前	15	
299	福建龙岩县山坪头铁矿					1970年前	83	
300	福建龙岩县乌龙奇铁矿区地质详查报告		福建冶金厅地质队			1959年	45	
301	福建龙岩市竹仔板铁矿					1970年前	100	
302	福建龙岩县南坑铁矿					1970年前	6	
303	福建龙岩县天池塘铁矿					1970年前	138	

序号	报告成果名称	主要参与人员	提交单位	工作起止时间		报告提交时间	提交资源储量/万吨	审批情况
				起	止			
304	福建龙岩县青草盂钨矿					1970 年前	90	
305	福建永定县文溪铁矿					1970 年前	4	
306	福建永定县石犁三坝铁矿					1970 年前	12	
307	福建永定县田地铁矿					1970 年前	57	
308	福建武平县南安堂铁矿					1970 年前	1	
309	福建永安县西洋铁矿					1970 年前	229	
310	福建永安县大陶铁矿					1970 年前	9	
311	福建永安县界头铁矿					1970 年前	20	
312	福建三明县复兴堡后门山长安堡铁矿					1970 年前	13	
313	福建连城县苕溪铁矿					1970 年前	23	
314	福建德化县绮阳铁矿地质勘探报告		福建省冶金工业厅地质一分队	1958 年	1962 年	1963 年	1900	
315	江西萍乡市上珠岭铁矿					1970 年前	508	
316	江西萍乡市麻山铁矿					1970 年前	44	
317	江西新余县土江桥铁矿					1970 年前	71	
318	江西新余县河下铁矿					1970 年前	195	
319	江西丰城县铁岗山铁矿					1970 年前	12	
320	江西永新县乌石山铁矿					1970 年前	1724	

序号	报告成果名称	主要参与人员	提交单位	工作起止时间		报告提交时间	提交资源储量/万吨	审批情况
				起	止			
321	江西安福田心铁矿区地质勘探总结报告		江西重工局七队			1970 年	33	
322	江西宜黄县当源铁矿					1970 年前	141	
323	江西吉安县井头铁矿					1970 年前	4354	
324	山东金岭铁矿辛庄铁矿					1970 年前	405	
325	山东金岭铁矿南金召铁矿					1970 年前	198	
326	山东金岭铁矿北金召矿区					1970 年前	122	
327	金岭铁矿外围侯家庄矿区地质勘探总结报告		山东省冶金厅三队	1960 年	1961 年	1961 年	1937	
328	山东金岭铁矿肖家庄矿区					1970 年前	131	
329	山东金岭铁矿南北岭矿区					1970 年前	92	
330	山东金岭铁矿四宝山（包括军屯）					1970 年前	36	
331	山东金岭铁矿东召口第一矿床地质勘探总结报告		山东省冶金地质勘查公司第一勘探队	1965 年	1965 年	1965 年	590	冶金工业部矿产储量委员会第 3 号决议书
332	山东金岭铁矿北金召北矿床地质勘探总结报告		山东冶勘一队	1965 年	1966 年	1966 年	1464	1966 年第 5 号决议书
333	山东金岭铁矿东召口二矿床					1970 年前	272	
334	山东金岭铁矿东召口三矿床					1970 年前	25	
335	山东尚河头矿床					1970 年前	152	
336	山东淄博市金岭铁矿区王旺庄铁矿					1970 年前	462	

序号	报告成果名称	主要参与人员	提交单位	工作起止时间		报告提交时间	提交资源储量/万吨	审批情况
				起	止			
337	山东淄博市红花圈矿床					1970 年前	115	
338	山东淄博市王舍人铁矿					1970 年前	639	
339	山东济南铁矿区徐家庄铁矿					1970 年前	121	
340	山东济南铁矿区农科所铁矿					1970 年前	491	
341	山东济南铁矿区郭店铁矿					1970 年前	239	
342	山东济南东风铁矿					1970 年前	101	
343	山东济南砚池山铁矿					1970 年前	21	
344	山东济南刘长山腊山铁矿					1970 年前	13	
345	山东济南大有六山圈铁矿					1970 年前	43	
346	山东济南燕子山铁矿					1970 年前	95	
347	山东莱芜曹村铁矿					1970 年前	378	
348	山东莱芜张家洼铁矿Ⅱ矿床					1970 年前	11930	
349	山东莱芜张家洼铁矿Ⅰ矿床					1970 年前	4098	
350	山东莱芜张家洼铁矿Ⅲ矿床					1970 年前	6500	
351	山东莱芜乐疃铁矿					1970 年前	275	
352	山东莱芜姚家峪铁矿					1970 年前	27	
353	山东莱芜郭庄铁矿					1970 年前	85	
354	山东昌邑县高戈庄铁矿					1970 年前	1187	

序号	报告成果名称	主要参与人员	提交单位	工作起止时间		报告提交时间	提交资源储量/万吨	审批情况
				起	止			
355	山东昌邑坡子铁矿					1970 年前	229	
356	山东平度铁岭庄铁矿					1970 年前	134	
357	山东平度三合山铁矿					1970 年前	74	
358	山东平度周戈庄铁矿					1970 年前	24	
359	山东益都虎头山铁矿					1970 年前	21	
360	山东安邱温泉铁矿					1970 年前	82	
361	山东沂源芦芽店铁矿					1970 年前	82	
362	山东牟平自格庄铁矿					1970 年前	109	
363	山东海阳丈八石铁矿					1970 年前	46	
364	山东海阳小庵矿区					1970 年前	43	
365	山东莱阳瓦庄铁矿					1970 年前	117	
366	山东莱阳白石山铁矿					1970 年前	22	
367	山东莱阳南墅铁矿					1970 年前	72	
368	山东掖县铁矿西铁埠矿区					1970 年前	606	
369	山东烟台市祥山铁矿详细找矿总结报告		山东冶勘一队			1963 年	525	
370	山东卓山泥河铁矿					1970 年前	1896	
371	北京市延庆县营门铁矿					1970 年前	192	

序号	报告成果名称	主要参与人员	提交单位	工作起止时间		报告提交时间	提交资源储量/万吨	审批情况
				起	止			
372	北京市怀柔县西栅子铁矿详细找矿总结报告（内附补充报告）		石钢公司地质队			1959 年	70	
373	北京市密云县豆各庄铁矿					1970 年前	2165	
374	北京市密云县冯家峪—四合堂铁矿					1970 年前	6655	
375	河北迁安县前裴庄铁矿					1970 年前	4763	
376	河北迁安县二郎庙、马家山铁矿					1970 年前	2863	
377	河北迁安县大杨庄铁矿					1970 年前	719	
378	河北迁安县迁安铁矿区杏山铁矿床地质勘探总结报告	韩锡奎	冶金石景山钢铁公司			1965 年	3917	
379	河北迁安铁矿区耗子沟铁矿床地质勘探总结报告		冶金部首钢公司地勘队			1970 年	1171	
380	河北迁安县塔山铁矿					1970 年前	1714	
381	河北首钢迁安铁矿区王家湾铁矿					1970 年前	3567	
382	河北迁安县迁安铁矿区蔡园铁矿					1970 年前	4418	
383	河北大庙钒钛磁铁矿大庙及黑山区地质勘探总结报告（1954~1955）及补充资料	曹执庸、程玉明、何启昆	重工部地质局沈阳公司	1954 年	1955 年	1956 年	4350	
384	河北承德市大庙大黑山钒钛铁矿					1970 年前	39	
385	河北承德市马圈子钒钛铁矿					1970 年前	270	

序号	报告成果名称	主要参与人员	提交单位	工作起止时间		报告提交时间	提交资源储量/万吨	审批情况
				起	止			
386	河北承德市黑山钒钛铁矿					1970年前	8231	
387	河北承德市头沟钒钛铁矿					1970年前	463	
388	河北承德市马营子钒钛铁矿					1970年前	71	
389	河北承德市铁马士沟钒钛铁矿					1970年前	175	
390	河北承德市双峰寺大庙子铁矿					1970年前	106	
391	河北承德市孙营子铁矿					1970年前	213	
392	河北滦平县周台子铁矿					1970年前	1624	
393	河北青龙县豆子沟铁矿地质勘探报告		河北冶地511队			1960年	2044	
394	河北宽城县北大岭铁矿					1970年前	274	
395	河北宽城县孤山子砂铁矿					1970年前	33	
396	河北青龙县庙沟铁矿					1970年前	1121	
397	河北平泉县大庙铁矿					1970年前	142	
398	河北寿王坟矿区1956年地质勘探工作总结报告		冶金地质局东北101队			1957年	1118	
399	河北遵化县龙湾铁矿初步地质勘探及储量计算总结报告		河北冶勘公司			1959年	3964	
400	河北迁安县太平寨铁矿					1970年前	491	
401	河北遵化县双庙铁矿					1970年前	148	

序号	报告成果名称	主要参与人员	提交单位	工作起止时间		报告提交时间	提交资源储量/万吨	审批情况
				起	止			
402	河北遵化县石人沟铁矿					1970 年前	7784	
403	河北滦县司家营铁矿地质勘探总结报告		冶金地质华北分局			1959 年	42301	
404	河北关夷县辛窑铁矿地质勘探总结报告	李步云、卫令君、东鲁、萧光庆、震唐、李明、张金城、周上银、方国良、王素芬、李景昌	冶金地质华北分局	1954 年	1956 年	1957 年	2691	全国矿产储量委员会
405	河北赤城县右子房铁矿					1970 年前	19	
406	河北赤城县小营子铁矿					1970 年前	444	
407	河北赤城县黄草梁铁矿					1970 年前	129	
408	河北宣化县西葛峪铁矿					1970 年前	2487	
409	河北平山县槐树坪铁矿					1970 年前	234	
410	河北平山县下口铁矿地质勘探总结报告		河北冶金517 队			1960 年	684	
411	河北涿鹿县光禄山铁矿					1970 年前	128	
412	河北武安县矿山村铁矿					1970 年前	588	
413	河北武安县磁山铁矿					1970 年前	535	
414	河北武安县磁山西部铁矿					1970 年前	11	
415	河北武安县西石门铁矿					1970 年前	11054	
416	河北武安县玉皇庙铁矿					1970 年前	400	

序号	报告成果名称	主要参与人员	提交单位	工作起止时间		报告提交时间	提交资源储量/万吨	审批情况
				起	止			
417	河北武安县尖山铁矿玉石洼矿体地质勘探总结报告		华北冶勘518队			1968年	2688	
418	河北武安县洪山石板坡铁矿					1970年前	152	
419	河北武安县五加子铁矿					1970年前	652	
420	河北武安县洪山马家脑铁矿					1970年前	543	
421	河北武安县淮河沟铁矿					1970年前	12	
422	河北武安县郭二庄铁矿					1970年前	79	
423	河北武安县二郎靴西部铁矿					1970年前	22	
424	河北武安县二郎靴铁矿					1970年前	58	
425	河北武安县西合地铁矿					1970年前	351	
426	河北武安县团城铁矿					1970年前	693	
427	河北武安县崇义东部铁矿					1970年前	31	
428	河北武安县崇义西铁矿					1970年前	16	
429	河北武安县小汪铁矿					1970年前	548	
430	河北武安县玉泉岭铁矿矿区地质勘探总结报告储量核实说明		华北冶勘518队			1964年	191	
431	河北武安县玉泉岭塔下铁矿					1970年前	10	
432	河北武安县大贺庄铁矿（Ⅰ、Ⅱ、Ⅲ矿体）					1970年前	74	

序号	报告成果名称	主要参与人员	提交单位	工作起止时间		报告提交时间	提交资源储量/万吨	审批情况
				起	止			
433	河北武安县上白石铁矿					1970 年前	114	
434	河北武安县坦岭铁矿					1970 年前	69	
435	河北武安县刘庄铁矿					1970 年前	18	
436	河北武安县白沙铁矿					1970 年前	24	
437	河北武安县东梁庄铁矿（包括龙洞山、炉渣脑、凤凰山）					1970 年前	197	
438	河北武安县石洞、河西、岩山铁矿					1970 年前	215	
439	河北武安县固镇铁矿					1970 年前	305	
440	河北武安县固镇小南山北铁矿					1970 年前	26	
441	河北武安县杨二庄铁矿					1970 年前	2350	
442	河北武安县胡峪铁矿					1970 年前	600	
443	河北武安县锁会Ⅰ号铁矿					1970 年前	383	
444	河北武安县锁会Ⅱ号矿体					1970 年前	600	
445	河北沙河县上郑铁矿					1970 年前	856	
446	河北西郝庄铁矿6-1矿体					1970 年前	459	
447	河北沙河县綦村铁矿					1970 年前	427	
448	河北沙河县大欠铁矿					1970 年前	177	
449	山西太原市河口铁矿					1970 年前	74	

序号	报告成果名称	主要参与人员	提交单位	工作起止时间		报告提交时间	提交资源储量/万吨	审批情况
				起	止			
450	山西太原市黄台峰锰铁矿					1970 年前	52	
451	山西交城县西冶铁矿					1970 年前	107	
452	山西盂县洪庄铁矿					1970 年前	18	
453	山西忻定县金山铁矿					1970 年前	33	
454	山西五台县铺上铁矿					1970 年前	3982	
455	山西原平县郭家庄铁矿					1970 年前	18	
456	山西原平县山碰铁矿					1970 年前	1827	
457	山西宁武县榆树坪铁矿					1970 年前	15	
458	山西朔县郝家沟铁矿					1970 年前	30	
459	山西原平县章强铁矿					1970 年前	2302	
460	山西繁峙县赵村铁矿	李传德	山西省冶金厅地质勘探公司 604 队	1960 年	1960 年	1960 年	5564	
461	山西五台铁矿山羊坪矿区初步勘探地质总结报告	黄大福、王浩铨、邹培棠等	冶金部太原钢铁公司 504 队	1958 年	1958 年	1958 年	48659	
462	山西五台铁矿大明烟铁矿区详细找矿地质总结报告		冶金地质局华北分局			1958 年	6488	
463	山西代县八塔矿区铁矿					1970 年前	2550	
464	山西代县白峪铁矿					1970 年前	773	
465	山西太原市尖山铁矿					1970 年前	9461	

序号	报告成果名称	主要参与人员	提交单位	工作起止时间 起	工作起止时间 止	报告提交时间	提交资源储量/万吨	审批情况
466	山西太原市狐姑山铁矿					1970 年前	12644	
467	山西娄烦县寺头尖山东部铁矿					1970 年前	6699	
468	山西娄烦县宁家湾铁矿					1970 年前	2942	
469	山西代县板峪铁矿	李武、姜洙淇				1970 年前	14934	
470	山西代县山羊坪铁矿东部矿区1967~1968 年储量计算说明		冶金部太原钢铁公司504 队	1967 年	1968 年	1968 年	61160	
471	山西五台县北大兴铁矿					1970 年前	10	
472	山西广灵县贺家堡铁矿					1970 年前	25	
473	山西广灵县宋家峪铁矿					1970 年前	428	
474	山西广灵县六棱山铁矿					1970 年前	72	
475	山西晋城县东沟七杆铁矿					1970 年前	49	
476	山西五台县柏枝岩铁矿	唐绍武	重工业部地质局华北分局 504 队	1956 年	1957 年	1957 年	13499	
477	山西晋城县大阳铁矿区初步勘探报告		山西省冶金厅地勘公司 601 队			1961 年	14	
478	山西平顺县西安里苗菜峡铁矿					1970 年前	66	
479	山西壶关县黄家川铁矿					1970 年前	38	
480	山西顺县尚掌沟铁矿					1970 年前	18	
481	山西介休县梁家疙瘩铁矿					1970 年前	44	

续附表

序号	报告成果名称	主要参与人员	提交单位	工作起止时间		报告提交时间	提交资源储量/万吨	审批情况
				起	止			
482	山西介休县景家沟铁锰矿					1970年前	76	
483	山西阳泉市五架山铁矿					1970年前	33	
484	山西阳泉市霍树头铁矿					1970年前	24	
485	山西阳泉市张家窑铁矿					1970年前	25	
486	山西阳泉市杨树沟铁矿					1970年前	6	
487	山西盂县下王铁矿					1970年前	5	
488	山西浮山县张家坡铁矿区中间地质勘探报告		山西冶勘四队			1971年	878	
489	山西翼城县郑庄铁矿					1970年前	70	
490	山西塔儿山铁矿栏山矿区地质勘探总结报告		华北冶勘515队			1968年	88	
491	山西浮山县戳底铁矿					1970年前	296	
492	山西塔儿山铁矿尖兵村矿区					1970年前	1972	
493	山西曲沃县塔儿山豹峪沟铁矿					1970年前	408	
494	山西曲沃县塔儿山下院铁矿					1970年前	62	
495	山西曲沃县塔儿山半山里铁矿					1970年前	773	
496	山西曲沃县塔儿山张家湾铁矿					1970年前	1004	
497	山西晋南峨眉—带户头铁矿					1970年前	103	
498	山西阳泉市千亩坪粘土矿铝土矿（伴生）					1970年前	566	

序号	报告成果名称	主要参与人员	提交单位	工作起止时间		报告提交时间	提交资源储量/万吨	审批情况
				起	止			
499	山西介休县杨家山铝土矿（伴生）					1970年前	1023	
500	山西代县黑山沟钒钛磁铁矿					1970年前	681	
501	内蒙古呼和浩特市郊区大毛霍洞铁矿					1970年前	3	
502	内蒙古杭锦后旗霍各乞多金属矿区一号矿床地质勘探中间报告		内蒙古重工地勘三队			1962年	2782	
503	内蒙古巴盟中后旗西德岭铁矿					1970年前	753	
504	内蒙古白云鄂博市东介勒格勒					1970年前	1324	
505	内蒙古乌拉特前旗王城沟铁矿					1970年前	93	
506	内蒙古苏尼特右旗哈拉哈达铁矿普查勘探报告		包钢541队			1959年	123	
507	辽宁毛公堡铁矿地质勘探工作补充报告		辽宁冶勘101队			1961年	389	
508	辽宁抚顺市松岗铁矿					1970年前	63	
509	辽宁新宾县木奇东岭铁矿					1970年前	412	
510	辽宁华铜铜矿区地质勘探总结报告		辽宁冶金102队			1960年	209	
511	辽宁新金县张家沟铜矿区地质勘探工作总结报告		辽宁冶勘102队			1961年	22	
512	辽宁凤城县弟兄山铁矿					1970年前	172	
513	辽宁凤城县王家大沟铜矿					1970年前	168	

序号	报告成果名称	主要参与人员	提交单位	工作起止时间		报告提交时间	提交资源储量/万吨	审批情况
				起	止			
514	辽宁桓仁矿区 1964 年度地质勘探总结报告		辽宁冶勘 110 队			1964 年	899	
515	丹东市白房子铁矿					1970 年前	287	
516	辽宁建昌县八家子多金属矿区储量计算报告（第一期）		冶金地质局东北分局 103 队			1958 年	279	
517	辽宁建平县岳家台子铁矿					1970 年前	471	
518	辽宁阜新蒙古族自治县革命营子铁矿					1970 年前	223	
519	辽宁兴城县达子营铜矿					1970 年前	2	
520	辽宁鞍山市弓长岭铁矿床一矿区详细地质勘探总结报告	赵家华、王永治、庄仁山、关显廷、韩宗照、伏晓凯、张殿春、李新民、王行仁、孙克俭、郝云岫、张云鹏、倪善金、朴文在、李秀堂等	鞍山冶金勘探公司	1958 年	1963 年	1964 年	42388	
521	辽宁鞍山弓长岭铁矿床二矿区与老弓长岭区详细地质勘探总结报告		冶金地质局鞍山 401 队			1959 年	77357	
522	辽宁辽阳市弓长岭铁矿三矿区					1970 年前	6511	
523	辽宁辽阳市弓长岭铁矿老弓长岭区					1970 年前	7661	
524	辽宁辽阳市弓长岭铁矿床多口峪区					1970 年前	202	
525	辽宁辽阳市弓长岭铁矿哑叭岭区					1970 年前	771	

序号	报告成果名称	主要参与人员	提交单位	工作起止时间		报告提交时间	提交资源储量/万吨	审批情况
				起	止			
526	辽宁弓长岭铁矿床老岭—八盘岭矿区					1970年前	1618	
527	辽宁鞍山樱桃园铁矿床地质勘探工程总结报告	周世泰	重工鞍山地勘401队			1955年	90671	
528	辽宁鞍山樱桃园—王家堡子三矿区铁矿床地质勘探总结报告（1954~1958）	张国祯、张礼泉、王世称、甘克新、赵秀德、曾纯、李肇芬、庄仁山、姜佩林、熊光楚、李志樑、刘逢金、高香苓、姚启嵩、袁本先等	冶金地质局402队	1954年	1958年	1958年	90671	
529	辽宁鞍山眼前山至关门山铁矿床地质勘探总结报告	赵家华、袁本先、何美珠、李凤彦、庄仁山、张素云、杨宝良、马成祥、王国才、刘永玉、王修政、石维珍、赵锦章、赵德祥、赵秀德	冶金鞍钢402队	1958年	1959年	1959年	36487	
530	辽宁鞍山市关门山铁矿					1970年前	28637	
531	辽宁鞍山市砬子山铁矿					1970年前	523	
532	辽宁鞍山大孤山铁矿床地质勘探工程总结报告（附水文地质报告）（1953~1955）	陈煊、黄傅圮、黄崇香、刘连升、周世泰、杨致深、张国祯、王林芳、梁世奎	重工业部地质局401队	1953年	1955年	1955年	46300	
533	辽宁鞍山市黑石砬子铁矿					1970年前	31649	
534	辽宁东鞍山铁矿床西部矿体详细勘探地质总结报告	周世泰	鞍山冶金地质分局401队	1953年	1955年	1955年	0	全国储委批准

序号	报告成果名称	主要参与人员	提交单位	工作起止时间		报告提交时间	提交资源储量/万吨	审批情况
				起	止			
535	辽宁东鞍山铁矿床详细勘探地质总结报告（附水文地质报告）（1955～1957）	赵芳庭	冶金地质局鞍山分局	1955年	1957年	1957年	62789	
536	辽宁鞍山市东鞍山铁矿床详细勘探地质总结报告（包括西鞍山勘探部分）	赵芳庭	鞍山冶金地质分局406队	1955年	1957年	1957年	36162	
537	辽宁鞍山市小岭子铁矿					1970年前	8523	
538	辽宁鞍山市大石头铁矿					1970年前	98	
539	辽宁本溪庙儿沟铁矿铁山区地质勘查工程总结报告		重工部钢铁局本溪公司			1955年	60222	
540	辽宁本溪歪头山铁矿床地质勘探总结报告（1957～1958）		冶金鞍钢公司401队			1959年	21394	
541	辽宁本溪市梨树沟铁矿		鞍钢地质勘探公司401队			1970年前	767	
542	辽宁本溪市枣树沟铁矿					1970年前	714	
543	辽宁本溪市红旗堡子铁矿					1970年前	1127	
544	辽宁本溪市条子沟至黑石碴子铁矿					1970年前	496	
545	辽宁辽阳市银匠堡子至腰岗子铁矿					1970年前	259	
546	辽宁辽阳市盘道沟铁矿					1970年前	1245	
547	辽宁辽阳市大汪沟铁矿					1970年前	1292	
548	辽宁辽阳市大河沿铁矿					1970年前	14525	

序号	报告成果名称	主要参与人员	提交单位	工作起止时间		报告提交时间	提交资源储量/万吨	审批情况
				起	止			
549	沈阳市烟龙山至马耳岭铁矿					1970年前	3697	
550	辽宁桓仁县夹道子铁矿床地质勘探总结报告（1959~1960）		冶金鞍钢公司401队			1961年	451	
551	辽宁北票县宝国老铁矿床详细地质勘探工作总结报告（1958~1960）	徐福盛、杜振华、周世泰、周中美、史玉华、张世绵、庞永士、刘守义、董俊奎	鞍山地勘407队	1958年	1960年	1961年	6842	
552	辽宁开源县英城子铁矿					1970年前	31	
553	辽宁凤城县通远堡铁矿					1970年前	17	
554	吉林浑江大栗子铁矿床地质勘探总结报告		冶金鞍钢地勘404队			1960年	2876	
555	吉林通化七道沟铁矿床地质勘探总结报告	诸衡山、张景宣、赵芳廷、才裕民	冶金鞍钢地勘公司	1956年	1958年	1959年	741	
556	吉林东丰县和平铁矿					1970年前	462	
557	吉林和龙县官地铁矿					1970年前	436	
558	吉林和龙县鸡南铁矿					1970年前	813	
559	吉林临江县老岭铁矿区总储量计算地质总结报告		吉林冶金五队			1959年	593	
560	吉林安图县神仙洞铁矿					1970年前	31	
561	黑龙江逊克县克尔芬铁矿					1970年前	85	
562	黑龙江伊春市五星铁矿					1970年前	36	
563	黑龙江伊春市密林铁矿					1970年前	6	

序号	报告成果名称	主要参与人员	提交单位	工作起止时间		报告提交时间	提交资源储量/万吨	审批情况
				起	止			
564	黑龙江双鸭山市羊鼻山铁矿					1970年前	6161	
565	黑龙江宾县秋皮沟铁矿					1970年前	11	
566	黑龙江延寿县长寿山铁矿					1970年前	9	
567	黑龙江林口县闹枝沟铁矿					1970年前	149	
568	黑龙江海林县林海铁矿					1970年前	614	
569	黑龙江海林县奋斗铁矿					1970年前	31	
570	黑龙江海林县信号铁矿					1970年前	60	
571	黑龙江鸡东县红旗铁矿					1970年前	100	
572	黑龙江鸡西县城海铁矿					1970年前	90	
573	黑龙江鸡西市城子河铁矿					1970年前	228	
574	黑龙江阿城县苏家围子铁矿					1970年前	324	
575	黑龙江海林县长汀铁矿					1970年前	10	
576	黑龙江阿城县石发铅锌矿					1970年前	150	
577	河北迁安县杏山铁矿区东山地质工作评价报告		首钢队	1972年	1972年	1973年	348	公司初审
578	河北迁安县彭店子铁矿床普查勘探评价报告		首钢队	1972年10月	1973年11月	1974年	5664	公司初审首钢同意
579	河北迁安县迁安铁矿区柳河峪矿床地质勘探报告		首钢队	1971年3月	1971年9月	1971年	3480	首钢〔1972〕革生字228号

序号	报告成果名称	主要参与人员	提交单位	工作起止时间		报告提交时间	提交资源储量/万吨	审批情况
				起	止			
580	河北迁安县迁安铁矿区柳河峪矿床二期地质勘探报告		首钢队	1974年	1975年	1976年	6832	1975年7月首钢革基字431号
581	河北迁安县迁安铁矿区羊崖山矿床地质勘探报告		首钢队	1970年9月	1971年8月	1971年	1928	首钢〔1972〕革生字228号
582	河北迁安县迁安铁矿区蔡园铁矿床地质勘探总结报告	窦鸿泉、张建斌	首钢地质队	1971年6月	1972年10月	1972年	7805	首钢〔1973〕革生字669号
583	河北迁安县孟家沟铁矿床Ⅰ、Ⅱ号矿体地质勘探报告		首钢队	1971年9月	1972年11月	1973年	2185	首钢〔1973〕革生字669号
584	河北迁安县迁安铁矿区蔡园西沟铁矿床地质勘探总结报告	窦鸿泉	首钢队	1972年8月	1973年8月	1974年	6872	首钢公司初审
585	河北迁安县孟家沟矿床主矿体地质勘探中间报告		首钢队	1972年3月	1973年11月	1974年	11483	勘探公司初审首钢同意
586	河北迁安县尖山铁矿床地质勘探总结报告		首钢队	1973年5月	1973年11月	1974年	541	首钢公司初审
587	河北迁安县宫店子铁矿床地质勘探总结报告		首钢队	1973年9月	1974年6月	1976年	9641	勘探公司初审
588	河北迁安县塔山铁矿床初步勘探报告		首钢队	1974年	1974年	1976年	1449	勘探公司初审
589	河北迁安县白马山铁矿床地质勘探报告	刘振亚	首钢队	1973年9月	1974年	1975年	4253	首钢公司审核同意
590	河北迁安县松木庄—赤甲山铁矿床地质勘探总结报告	吴惠康、金世翔	首钢钢铁公司地质勘探队	1974年	1975年	1976年	3196	勘探公司初审
591	河北迁安县北屯南区铁矿床地质勘探总结报告		一队	1974年	1975年	1976年	3206	1977年5月勘探公司初审

续附表

序号	报告成果名称	主要参与人员	提交单位	工作起止时间		报告提交时间	提交资源储量/万吨	审批情况
				起	止			
592	河北迁安县大石河采区1976年生产扩建地质勘探报告		一队	1976年	1976年	1977年	3594	首钢生字〔1977〕644号
593	河北迁安县水厂铁矿床二期地质勘探总结报告	金世翔、刘振亚	首钢地质勘探公司第一勘探队	1976年	1977年	1979年	70878	冶金部储委〔1979〕冶储字72号
594	河北迁安县大杨庄二道内矿体地质勘探报告		一队	1976年5月	1976年10月	1979年	272	公司初审
595	河北迁安县铁矿区孟家沟矿床地质勘探总结报告		普查队	1978年	1978年	1979年	21291	1979年6月冶金部储委初审
596	河北迁安县二郎庙、马家山铁矿床1975年度补充地质勘探说明		首钢队	1975年	1975年	1977年	7282	首钢〔1976〕革基字498号
597	河北迁安县铁矿区大石河采区1979年生产扩建地质勘探补充说明		普查队	1979年3月	1979年11月	1980年	646	〔1980〕首钢计字531号
598	河北涉县符山铁矿五矿体羊三角矿体地质工作说明		518队	1971年5月	1971年7月	1972年	10	〔1978〕华冶勘地字42号批准
599	河北武安县郭家岭铁矿普查验证工作小结	刘书德	518队	1971年7月	1972年4月	1973年	18	〔1978〕华冶地字52号
600	河北武安县韩庄铁矿地质普查勘探小结		518队	1973年	1974年	1974年	25	未审批
601	河北唐县僧贯铁矿地质报告		519队	1970年8月	1971年10月	1971年10月	1663	〔1978〕华冶地字35号
602	河北武安县东梁庄矿区凤凰山矿体评价说明及万片安矿体普查验证小结		518队	1971年	1971年	1971年	326	〔1978〕华冶地字53号
603	河北沙河县纂村矿田（4733部队部分采矿点）评价说明		518队	1970年	1970年	1971年	33	未审批

序号	报告成果名称	主要参与人员	提交单位	工作起止时间		报告提交时间	提交资源储量/万吨	审批情况
				起	止			
604	河北涞水县北龙门铁矿区地质详查报告		516队	1969年7月	1971年12月	1972年	69	〔1978〕华冶勘地字34号
605	河北青龙县弯杖子铁矿普查评价报告		514队	1970年7月	1971年8月	1972年1月	648	未审批
606	河北武安县三郎靴铁矿评价勘探报告		520队	1971年12月	1972年2月	1972年	20	〔1978〕华冶勘地字74号文批准
607	河北武安县暴庄铁矿地质评价报告	王世和	518队	1970年	1972年	1972年	140	华冶地字〔1978〕48号
608	河北武安县磁山铁矿磁山村矿体地质勘探总结报告		518队			1971年	174	经〔1978〕华冶勘第字55号文件审查
609	河北武安县燕山铁矿地质评价报告	武泸	518队	1971年10月	1972年7月	1972年12月	249	华冶地字〔1978〕49号
610	河北涿鹿县孟家窑铁矿区评价报告	李亚夫、白树峯、梁文奎、许小峯、王瑞安、张文志、赫崇孝、徐新华	516队	1969年3月	1973年1月	1973年	104	〔1978〕华冶地字33号
611	河北滦县沈官营半壁店铁矿普查评价地质报告	王民生、陆树群、郑守勤、李树森、刘凤池、韩丙辉等	515队	1973年	1975年	1976年	3927	未审
612	河北卢龙县付团店铁矿评价报告	王民生、闻九一	516队	1974年	1975年	1976年	413	未审
613	河北武安县河底三号矿体评价报告	张忠志	518队	1976年10月	1977年	1977年1月	42	〔1978〕华冶勘地字78号
614	河北武安县南西庄铁矿地质勘探评价报告	张忠志	518队	1970年	1970年	1977年6月	24	〔1978〕华冶勘地字44号
615	河北武安县西寺庄铁矿一、四矿体评价勘探及Ⅳ号异常验证报告		518队	1976年	1976年	1978年	29	〔1978〕华冶勘地47号
616	河北磁县岗子窑铁矿验证评价说明	左书培	518队	1977年1月	1977年11月	1978年5月	50	〔1980〕华冶地字45号

序号	报告成果名称	主要参与人员	提交单位	工作起止时间		报告提交时间	提交资源储量/万吨	审批情况
				起	止			
617	河北武安县西高壁铁矿地质评价报告		518队	1978年1月	1978年10月	1978年11月	74	〔1980〕华冶勘地字33号
618	河北武安县胡峪东南铁矿及硬膏矿床评价地质报告	李作君等	518队	1977年	1978年7月	1978年12月	2188	邯邢基地基办水字〔1979〕1号
619	河北武安县白马寺铁矿评价和暴庄铁矿深部及外围钻探验证报告		518队	1970年	1975年	1978年12月	241	〔1980〕华冶勘地字32号
620	河北丰宁县十八台铁矿地质普查评价及外围异常验证		514队	1976年	1979年	1980年6月	1384	华北公司初审
621	河北张家口市杨家营异常区找矿评价		516队	1977年9月	1979年4月	1980年12月	1122	华北公司初审同意
622	河北滦县高家峪矿区勘探总结报告		515队	1959年	1959年	1959年	208	未审
623	河北涉县符山铁矿六矿区地质勘探总结报告		518队	1970年9月	1971年5月	1972年	507	华北公司地字〔1978〕41号
624	河北武安县镇会铁矿地质勘探总结报告一号矿体		518队	1970年1月	1971年5月	1975年	397	华冶地字〔1978〕64号
625	河北武安县河底铁矿四矿体初步地质勘探总结报告	林代荣	518队	1971年5月	1971年7月	1971年8月	124	〔1978〕华冶勘地75号
626	河北兴隆县烂石沟铁矿地质勘探总结报告		514队	1970年7月	1973年8月	1973年10月	1809	省冶金局〔1974〕冀冶矿字449号
627	河北武安县崇义西铁矿地质勘探总结报告	李景昌	518队	1971年	1973年6月	1973年	302	邯邢基地基办冶字〔1975〕13号文批准
628	河北武安县西石门铁矿详细地质勘探总结报告		518队	1972年7月	1973年12月	1973年12月	10619	冶金部冶地字〔1975〕635号
629	河北武安县五家子铁矿地质勘探总结报告	刘昌富	518队	1972年10月	1973年10月	1974年4月	860	邯邢基地基办〔1974〕38号

序号	报告成果名称	主要参与人员	提交单位	工作起止时间		报告提交时间	提交资源储量/万吨	审批情况
				起	止			
630	河北滦县张家庄铁矿补充地质报告		514 队	1972 年	1973 年	1975 年	746	省冶金局〔1975〕冀革冶矿字 369 号
631	河北武安县锁会铁矿二矿体地质勘探总结报告		518 队	1974 年 4 月	1974 年 9 月	1974 年	550	邯邢基地基办冶字〔1974〕14 号
632	河北武安县小汪铁矿地质勘探总结报告	李作君	518 队	1970 年 1 月	1972 年 10 月	1975 年 12 月	634	邯邢基地基办地字〔1976〕5 号
633	河北涉县台村铁矿地质勘探总结报告	刘怀智、周水生	518 队	1971 年	1976 年	1976 年	248	邯邢基地基办地字〔1976〕7 号
634	河北遵化县小王庄铁矿地质勘探总结报告		514 队	1973 年 1 月	1976 年 2 月	1976 年 5 月	2255	省冶金局〔1977〕冀革冶矿字 133 号
635	河北武安县西河下铁矿地质勘探总结报告	李复华	518 队	1975 年 11 月	1976 年 4 月	1978 年	47	〔1978〕华冶勘地 57 号
636	河北武安县顺义庄铁矿老虎山矿体地质勘探报告	李复华	526 队	1976 年 10 月	1977 年 3 月	1977 年 8 月	144	〔1978〕华冶勘地字 66 号
637	河北滦县张庄铁矿区Ⅲ-Ⅰ号异常地质勘探与储量计算报告及其他磁异常评价	李永贤、徐志高、陶景明、孙守信、闻久一	515 队	1973 年	1978 年	1978 年 10 月	2128	省冶金局〔1979〕冀革冶矿字 599 号
638	河北滦县张庄铁矿区南椅山Ⅱ号异常地质勘探报告补充说明	李永贤、徐志高、陶景明、孙守信、闻久一	515 队	1977 年 9 月	1978 年 7 月	1978 年	209	省冶金局〔1979〕冀革冶矿字 599 号
639	河北武安县崇义东部铁矿初步地质勘探总结报告	刘怀智	518 队	1976 年	1979 年	1979 年	1904	华北公司初审
640	河北武安县淮河沟铁矿勘探报告		520 队	1977 年 9 月	1979 年 4 月	1979 年 12 月	121	初审同意
641	河北赤城县近北庄铁矿东段地质勘探报告	张景琛、邓庆德、顾瑄、孙书秀、陈玉录、尹湘江、徐志彤、姚其俊、刘奎仁、刘培德	516 队	1977 年 6 月	1978 年 12 月	1979 年 12 月	3875	华北公司初审同意

序号	报告成果名称	主要参与人员	提交单位	工作起止时间		报告提交时间	提交资源储量/万吨	审批情况
				起	止			
642	河北滦县常峪铁矿勘探总结报告	杨子宇、张彦俊、刘凤阁、闻久一、崔胜、王作恭、吴建华、彭浩、孙新建、郑守勤、吴春、马增田、孙金旭	515 队	1971 年	1980 年	1980 年 11 月	12647	华北公司初审同意
643	河北沙河县凤凰山铁矿勘探报告		520 队	1975 年	1980 年	1980 年 12 月	1380	华北公司初审同意
644	河北武安县下团城铁矿地质勘探总结报告		518 队	1979 年 1 月	1979 年 12 月	1980 年 12 月	294	华北公司初审同意
645	河北遵化县小王庄铁矿地质勘探总结报告补充地质说明		514 队	1977 年 9 月	1978 年 4 月	1978 年 12 月	2203	冶金局〔1979〕冀革冶矿字 361 号
646	河北遵化县西铺大安乐庄铁矿地质普查评价报告		二队	1974 年	1975 年	1976 年 4 月	476	河北储委已批准
647	河北迁安县包官营铁矿床地质评价报告	庞文波、张正璧、潘金玉、徐正和、陈俊骥、崔甲利、杨长顺	冶金部冶金地质会战指挥部第一地质勘探队一分队	1974 年	1977 年	1977 年 12 月	2583	指挥部〔1978〕冶地指字 70 号
648	山西代县张仙堡矿区铁矿地质评价报告		二队	1978 年	1978 年	1988 年 12 月	2634	指挥部〔1980〕冶地指字 57 号
649	山西原平县郭家庄矿区铁矿地质评价报告		二队	1978 年	1978 年	1979 年	6118	指挥部〔1980〕冶地指字 51 号
650	山西代县八塔矿区铁矿地质评价报告		二队	1978 年	1978 年	1979 年 5 月	4904	指挥部〔1980〕冶地指字 58 号
651	河北迁安县棒锤山铁矿床地质勘探总结报告		二队	1974 年	1975 年	1975 年 7 月	2763	冶金部〔1976〕冶地字 1038 号
652	河北迁安县磨盘山铁矿床地质勘探总结报告	于年有、黄世乾、张俊明、杨超群、王兴运、智永久、肖朝会、晏汝逊	冶金部第一地质勘探队二分队	1974 年	1975 年	1976 年 1 月	6012	冶金部〔1976〕冶地字 96 号

序号	报告成果名称	主要参与人员	提交单位	工作起止时间 起	工作起止时间 止	报告提交时间	提交资源储量/万吨	审批情况
653	河北迁安县西峡口铁矿床地质勘探报告	马德民、张儒铜、常福渠、陈献策、徐身玲、杜海城、周兴义	冶金部冶金地质会战指挥部第四地质勘探队四分队	1974 年	1975 年	1978 年 4 月	3105	〔1982〕一冶地地字 94 号
654	辽宁北票县王麻子沟铁矿地质勘探报告		四队	1977 年	1978 年	1978 年 12 月	1372	指挥部〔1979〕冶地指字 136 号
655	河北迁安县棒锤山外围铁矿床补充勘探报告		一队	1974 年	1975 年	1975 年 12 月	128	未正式批文同意队的报告
656	河南孟县车轮铁矿区西部详细普查找矿地质简报		二队	1970 年 10 月	1972 年 2 月	1972 年 2 月	140	1981 年 8 月公司审批
657	山西代县黑山沟钒钛磁铁矿普查报告		二队	1970 年	1971 年	1971 年	684	〔1980〕冶勘地字 34 号
658	山西五台县铺上铁矿地质找矿报告		二队	1979 年	1980 年 4 月	1981 年	7951	未审
659	山西塔儿山铁矿张家湾矿区 Ⅱ、Ⅲ、Ⅴ、Ⅰ、Ⅳ、Ⅶ号异常验证评价总结报告		山西省冶金地勘公司一队	1968 年	1972 年	1974 年 2 月	1200	〔1980〕冶勘地字 34 号
660	山西塔儿山铁矿大坡矿区地质评价报告		山西省冶金地勘公司一队	1971 年	1973 年	1974 年 4 月	83	〔1980〕冶勘地字 34 号
661	山西塔儿山铁矿宋村Ⅲ号异常验证评价总结报告		山西省冶金地勘公司一队	1968 年	1975 年	1975 年 8 月	59	〔1980〕冶勘地字 34 号
662	山西翼城县郑庄铁矿普查评价报告		四队	1970 年	1972 年	1972 年 5 月	74	〔1980〕冶勘地字 34 号
663	山西二峰山铁矿翼城契里庄铁矿评价报告		山西省冶金地质勘探公司第四勘探队	1973 年 12 月	1976 年 7 月	1976 年 12 月	112	〔1981〕年 8 月公司审批
664	山西交城县西冶铁矿地质评价报告	李玉新、张来万、孙江斌等	山西省冶金地勘公司六队	1977 年 3 月	1977 年 12 月	1977 年 12 月	151	1981 年 8 月公司审批

序号	报告成果名称	主要参与人员	提交单位	工作起止时间		报告提交时间	提交资源储量/万吨	审批情况
				起	止			
665	山西黎城县小寨铁矿评价报告		五队	1975 年	1978 年	1979 年 11 月	5218	1981 年 8 月公司审批
666	山西黎城县彭庄铁矿评价报告		五队	1978 年	1979 年	1979 年	1038	1981 年 8 月公司审批
667	山西五台县大明烟化桥区段补充评价报告	梁炎	山西省冶金厅地勘公司六队	1974 年 6 月	1974 年 11 月	1975 年	3644	1981 年 8 月公司审批
668	山西塔儿山铁矿尖兵村矿区地质勘探中间报告	林枫、孙钟灵、薄绍宗，马晋屏、魏子彬等	冶金部华北冶金地质勘探公司 515 队	1966 年 3 月	1971 年 9 月	1971 年 9 月	2838	冶金部〔1973〕冶地 230 号
669	山西塔儿山铁矿尖兵村矿区地质勘探总结报告	林枫、孙钟灵、薄绍宗，马普屏、魏子彬等	冶金部华北冶金地质勘探公司 515 队	1972 年	1974 年 11 月	1974 年 11 月	3247	〔1975〕晋冶矿字 14 号
670	山西塔儿山铁矿豹峪沟矿区地质勘探报告		山西省冶金地勘公司一队	1967 年	1971 年	1971 年 9 月	414	未审批
671	山西塔儿山铁矿尖兵村矿区 10～18 线间及豹峪沟矿区地质勘探总结报告		一队	1973 年	1978 年 12 月	1978 年 12 月	603	〔1979〕晋冶矿字 25 号
672	山西二峰山铁矿张家坡铁矿区地质勘探总结报告		山西省冶金地质勘探公司第四勘探队	1965 年 1 月	1975 年 8 月	1976 年 6 月	1192	冶金局 1974 年 11 月初审
673	山西二峰山铁矿半山矿区地质勘探总结报告		山西省冶金地质勘探公司第四勘探队	1971 年 5 月	1975 年 8 月	1975 年	2789	〔1975〕晋冶矿字 13 号
674	山西娄烦县狐姑山铁矿地质勘探报告		山西冶金地质 6 队	1978 年 4 月	1978 年 12 月	1979 年 12 月	15292	1980 年公司初审
675	山西塔儿山铁矿尖兵村矿区补充地质勘探总结报告		山西省冶金地勘公司一队	1978 年	1980 年	1980 年 11 月	2237	〔1981〕晋冶矿字 46 号

序号	报告成果名称	主要参与人员	提交单位	工作起止时间		报告提交时间	提交资源储量/万吨	审批情况
				起	止			
676	山西太原市尖山铁矿补充地质勘探报告	袁长礼、余中平、韩金阁、郭新德、孙江斌、攀鹏飞、张承棣、张巍、魏广庆、李传德、梁炎、冯祝平	山西省冶金地质勘探公司6队	1976年4月	1977年9月	1977年9月	15804	〔1977〕晋冶矿字424号
677	内蒙古察右中旗古营子铁矿地质评价报告		二队	1972年	1973年	1974年	85	内冶地〔1973〕1号
678	内蒙古达茂旗百灵庙铁矿地质评价报告		二队	1975年	1978年	1978年	44	内冶地〔1978〕6号
679	内蒙古达茂旗合教铁矿地质普查评价报告		二队	1975年	1978年	1978年12月	53	内冶地〔1978〕5号
680	内蒙古中后旗后石兰哈达铁矿地质评价报告		二队	1976年	1978年	1978年8月	568	内冶地〔1979〕25号
681	内蒙古阿拉善左旗沙拉西列铜铁矿地质勘探报告		二队	1971年	1974年	1974年2月	210	内冶金办字〔1974〕430号
682	内蒙古达茂旗黑脑包铁矿一号矿体补充勘探报告及外围矿体评价报告		四队	1977年	1978年	1979年4月	2208	内蒙古储委1981年2月6号
683	辽宁清原县下甸子铁矿评价报告		101队	1971年5月	1971年12月	1975年9月	971	辽宁公司〔1975〕辽冶地字88号
684	辽宁锦西县钢屯北区找矿评价报告		105队	1970年	1972年	1975年7月	80	辽宁公司〔1975〕辽冶地字31号
685	辽宁本溪南芬铁矿黄柏峪区富铁矿评价报告		104队	1978年	1979年	1981年	10858	辽宁公司辽冶地质〔1981〕9号
686	辽宁本溪市欢喜岭铁矿地质评价报告		104队	1977年	1978年	1980年9月	3818	辽宁公司辽冶地发〔1980〕127号

序号	报告成果名称	主要参与人员	提交单位	工作起止时间		报告提交时间	提交资源储量/万吨	审批情况
				起	止			
687	辽宁本溪市北台北区几个异常评价报告（新榆林沟区）		辽宁冶金地质勘探公司104队	1977年	1978年	1980年9月	170	辽宁公司辽冶地发〔1980〕128号
688	辽宁丹东市白房子铁矿地质勘探报告		107队	1971年	1976年	1978年3月	708	辽宁冶金局辽冶字〔1973〕125号
689	辽宁本溪南黄铁矿二期扩建地质勘探报告		107队	1975年5月	1976年9月	1976年10月	84010	辽宁公司辽冶地发〔1976〕84号
690	辽宁本溪市贾家堡子铁矿地质勘探报告		104队	1975年	1976年	1978年11月	15193	辽宁公司辽冶地发〔1977〕73号
691	辽宁本溪市孟家堡子铁矿地质勘探报告	李修凌、吴周林、陈复君、詹锡鸿、何美珠、冯德庆、孙海贵、朱永祥、樊德州	辽宁冶金地质勘探公司104队	1977年6月	1978年10月	1979年4月	5531	辽宁公司辽冶地发〔1979〕51号
692	辽宁北票县宝国老铁蛋山铁矿床补充勘探报告	戴国泰	鞍钢地勘公司403队	1966年	1966年	1966年	3068	
693	辽宁北票县保国铁矿补充勘探报告	李广德	辽宁省冶金地质勘探公司105队	1973年2月	1973年12月	1975年	4235	辽宁冶金局辽冶字〔1974〕124号
694	辽宁北票县保国铁矿铁旦山和边家沟区补充勘探报告	李广德	辽宁省冶金地质勘探公司105队	1973年2月	1975年10月	1977年	10698	辽宁冶金局辽冶字〔1976〕64号
695	辽宁鞍山市关门山铁矿补充勘探地质报告		101队	1978年4月	1980年6月	1980年10月	54197	辽宁冶金局辽冶字〔1980〕136号
696	辽宁鞍山市小岭子铁矿床西段M2磁异常地质普查报告		403队	1976年	1977年	1977年5月	2243	鞍钢地质公司地革字〔1978〕61号
697	辽宁鞍山市黑石砬子铁矿床地质普查评价报告		402队	1968年	1970年	1970年9月	31649	鞍山公司地革发字〔1973〕36号

序号	报告成果名称	主要参与人员	提交单位	工作起止时间		报告提交时间	提交资源储量/万吨	审批情况
				起	止			
698	辽宁鞍山市黑牛庄铁矿床地质普查总结		402 队	1970 年	1971 年	1971 年 10 月	68	鞍山公司对黑牛庄进行审查
699	辽宁鞍山市小房身铁矿床矿区评价总结报告		402 队	1971 年	1972 年	1972 年 11 月	43	鞍山公司地革发字〔1973〕50 号
700	辽宁辽阳市弓长岭铁矿床多口峪区评价总结报告		404 队	1976 年	1977 年	1977 年 3 月	758	鞍山公司矿地〔1980〕50 号
701	辽宁鞍山市齐大山铁矿床深部评价报告	尚士佩	冶金地质局鞍山分局 402 队	1978 年	1980 年	1980 年 10 月	152624	鞍山公司冶地字〔1980〕113 号
702	辽宁辽阳市大汪沟铁矿区评价勘探地质总结报告	郑良华、曹景宪、孙国和、宫凌新、崔洪臣、李善通、刘生石、石维珍、王振信、王永志、吴复生、王凤玉等	402 队	1977 年	1979 年	1979 年 12 月	6937	鞍山公司地发字〔1980〕121 号
703	辽宁海城县驼龙寨铁矿床评价勘探地质总结报告		403 队	1972 年	1973 年	1973 年 10 月	2444	鞍山公司地革发字〔1974〕11 号
704	辽宁辽阳市弓长岭铁矿床三矿区地质勘探评价报告		401 队	1971 年	1972 年	1973 年 4 月	8905	鞍山公司地革发字〔1973〕118 号
705	辽宁辽阳市弓长岭铁矿床独木山—八盘岭矿区地质勘探中间地质总结报告		404 队	1972 年	1974 年	1975 年 3 月	27757	
706	辽宁辽阳市弓长岭铁矿床独木山—八盘岭矿区详细地质勘探总结报告		404 队	1972 年	1976 年	1977 年 3 月	51921	冶金部〔1978〕冶地字 274 号
707	辽宁辽阳市弓长岭铁矿床独木山—八盘岭矿区详细地质勘探报告补充说明		404 队	1978 年 3 月	1978 年 10 月	1980 年 3 月	53788	鞍山公司矿地字〔1980〕66 号

续附表

序号	报告成果名称	主要参与人员	提交单位	工作起止时间 起	工作起止时间 止	报告提交时间	提交资源储量/万吨	审批情况
708	辽宁鞍山市王家卜子铁矿区地质勘探总结报告		402队	1973年	1976年	1976年11月	73637	冶金部〔1978〕冶地字273号
709	辽宁鞍山市齐大山铁矿床地质勘探总结报告	袁本先	鞍钢地质勘探公司	1978年	1978年	1979年	154942	鞍矿1978年10月审批
710	鞍山市红旗铁矿床地质勘探总结报告（炮台山—东小寺矿段）		鞍钢地质勘探公司402队	1970年	1971年	1971年	61300	
711	辽宁鞍山市胡家庙子铁矿区地质勘探总结报告	曹景宪	鞍钢地质勘探公司402队	1972年	1974年	1974年5月	93327	鞍山公司地革发字〔1974〕35号
712	辽宁鞍山市红旗铁矿床地质勘探总结报告（炮台山—东小寺段又名胡家庙）		402队	1970年	1971年	1971年10月	111372	鞍山公司地革发字〔1972〕10号
713	辽宁鞍山市西鞍山铁矿床中间勘探总结报告（1958~1972年）	徐福盛	鞍钢地质勘探公司402队	1971年	1972年	1973年2月	66955	鞍山公司地革发〔1973〕120号
714	辽宁鞍山市西鞍山铁矿区地质勘探总结报告		鞍山冶勘403队	1977年	1978年	1978年	133696	鞍山公司地发字〔1979〕88号
715	辽宁辽阳市烟龙山铁矿床勘探报告		403队	1974年4月	1974年9月	1975年1月	1551	鞍山公司地革发字〔1975〕64号
716	辽宁辽阳市马耳岭铁矿床地质勘探总结报告		405队	1974年	1975年	1976年2月	4639	省冶金局1977年3月辽冶矿字28号
717	辽宁鞍山市獐子窝铁矿床地质勘探总结报告		402队	1971年6月	1971年11月	1971年	21	鞍山公司地革发字〔1973〕42号
718	辽宁本溪梨树沟铁矿地质勘探报告		鞍钢地质勘探公司405队	1976年	1978年	1978年12月	6436	鞍山公司地革发〔1979〕43号

序号	报告成果名称	主要参与人员	提交单位	工作起止时间		报告提交时间	提交资源储量/万吨	审批情况
				起	止			
719	辽宁鞍山市樱桃园铁矿区补充勘探说明	曹景宪	402队	1976年	1976年	1977年2月	46143	鞍山公司地革发字〔1978〕12号
720	辽宁鞍山市齐大山铁矿床王家堡子一矿区补充勘探地质报告		冶金地质局鞍山分局402队	1978年	1979年	1979年11月	17448	鞍山公司地发〔1979〕160号
721	辽宁鞍山市东鞍山铁矿补充勘探地质总结报告	王振荣	鞍钢地质勘探公司402队	1969年	1973年	1973年10月	60759	鞍山公司地革发字〔1973〕119号
722	辽宁鞍山市活龙寨铁矿床补充勘探地质总结报告		404队	1971年	1973年	1973年10月	9820	鞍山公司地革发字〔1974〕23号
723	辽宁本溪市歪头山铁矿床补充地质勘探总结报告		冶金鞍钢公司405队	1975年	1976年	1977年5月	27788	鞍山公司地革字〔1978〕59号
724	吉林盘石县明城公杜七间房一带1972年度铁矿综合普查找矿报告（地质部分）		608队	1972年1月	1972年10月	1973年	13	吉林公司〔1975〕吉冶勘地字1号
725	吉林桦甸县老牛沟铁矿区四道沟—高力屯铁矿床评价报告		604队	1970年	1971年	1973年	805	吉林公司〔1974〕吉仁勘革地字25号
726	吉林通化市大龙富山铁矿找矿评价报告		601队	1971年8月	1972年8月	1972年9月	76	吉林公司〔1973〕吉冶勘革地字1号
727	吉林浑江市头岔五岔铁矿找矿评价报告		601队	1978年	1978年	1979年11月	90	吉林公司吉冶勘地字〔1981〕17号
728	吉林抚顺县松山铁矿普查评价报告		601队	1971年4月	1971年9月	1971年12月	112	吉林公司〔1972〕吉冶勘革地字43号
729	吉林安图县神仙洞铁矿区地质工作小结		五队	1969年	1970年	1970年	13	公司〔1979〕吉冶勘地字30号

序号	报告成果名称	主要参与人员	提交单位	工作起止时间		报告提交时间	提交资源储量/万吨	审批情况
				起	止			
730	吉林柳河县柳河铁矿区初步勘探总结报告		606 队	1971 年 6 月	1972 年 11 月	1972 年 12 月	104	公司〔1974〕吉冶勘革地字 8 号
731	大栗子铁矿床地质勘探总结报告	诸衡山、施振明、赵芳廷、魏文业、张祖英、王乐亭、邢凤祥、袁再和、才玉民等	冶金部鞍钢地质勘探公司 404 队	1957 年	1964 年	1965 年	1640	
732	吉林浑江市大栗子铁矿东风区地质勘探中间报告		吉林省有色金属地质勘查局 602 队	1972 年	1974 年 6 月	1975 年	99	省冶金局〔1975〕吉冶矿字 8 号
733	吉林和龙县官地铁矿区初步勘探地质报告		605 队	1970 年 4 月	1971 年 12 月	1972 年 3 月	2826	吉林公司〔1972〕吉冶勘革生字 59 号
734	吉林浑江市大栗子铁矿区 1973 年度地质总结报告（红旗区）		吉林省有色金属地质勘查局 602 队	1973 年	1973 年	1973 年 12 月	39	公司 1973 年审查
735	吉林浑江市大栗子铁矿区（1974～1975 年）地质找矿勘探总结		吉林省有色金属地质勘查局 602 队	1974 年	1975 年	1976 年	58	公司〔1976〕吉冶勘革地字 9 号
736	吉林浑江市大栗子铁矿红旗区含锰铁矿床地质勘探总结报告		吉林省有色金属地质勘查局 602 队	1973 年	1974 年 12 月	1976 年 10 月	123	省冶金局吉冶矿字〔1977〕4 号
737	吉林浑江市大栗子矿区 1976 年度新增储量报告		吉林省有色金属地质勘查局 602 队	1976 年	1977 年 8 月	1978 年	260	公司〔1977〕吉冶勘革地字 6 号
738	吉林浑江市大栗子矿区 1977 年新增储量报告（东山区）		吉林省有色金属地质勘查局 602 队	1977 年	1978 年 2 月	1978 年 2 月	112	公司吉冶勘革地字 27 号
739	吉林浑江市大栗子矿区 1978 年新增储量报告（东山区）		吉林省有色金属地质勘查局 602 队	1978 年	1979 年 3 月	1979 年	206	公司吉冶勘〔1979〕革地字 42 号

续附表

序号	报告成果名称	主要参与人员	提交单位	工作起止时间		报告提交时间	提交资源储量/万吨	审批情况
				起	止			
740	内蒙古马鞍山铁矿1976年新增矿产储量报告（科右前旗马鞍山铁矿）		609队	1976年	1976年	1977年4月	32	公司〔1977〕吉冶勘革地字5号
741	内蒙古乌兰浩特马鞍山铁矿补充勘探总结报告（科右前旗马鞍山）		609队	1972年8月	1973年10月	1973年12月	30	吉林公司1973年审查
742	吉林东风县和平铁矿补充地质勘探报告		608队	1970年3月	1971年11月	1972年	517	省冶金局吉革冶生字〔1973〕14号
743	吉林和龙县鸡南铁矿区地质勘探总结报告		605队	1970年3月	1973年	1974年9月	587	省冶金局吉冶矿字〔1976〕15号
744	黑龙江伊春市五星铁矿地质评价报告		707队	1970年10月	1972年12月	1975年11月	35	龙冶地〔1977〕24号
745	黑龙江伊春市西林区西大坡矿区评价报告		707队	1972年4月	1974年10月	1975年12月	86	龙冶地〔1977〕25号
746	黑龙江通河县杨木顶子铁矿评价报告		706队	1971年	1972年	1973年	25	龙冶地字〔1978〕161号
747	黑龙江伊春市西林区苔青铁矿评价报告		707队	1976年4月	1978年4月	1979年12月	46	
748	黑龙江双鸭山市羊鼻山铁矿地质勘探报告（第一期）	邓翔云、何月全、张焕然、张广文、钟明治、王洪翱、高廷和、刘善芳、陈福祥等	黑龙江省冶金地质勘探公司701队	1969年9月	1973年9月	1973年11月	4142	省冶基字〔1974〕47号
749	黑龙江双鸭山羊鼻山铁矿地质勘探报告（第二期）	邓翔云、王洪翱、戴福林、张焕然、荆国章、刘善芳、王荣基、辛延生、姚文安等	黑龙江省冶金地质勘探公司701队	1973年10月	1975年12月	1976年4月	8002	省冶基字〔1976〕11号
750	黑龙江双鸭山羊鼻山铁矿床勘探报告（第三期）	邓翔云、戴福林、王瀚	黑龙江省冶金地质勘探公司701队	1976年1月	1977年9月	1978年5月	8072	省冶基字〔1978〕208号

序号	报告成果名称	主要参与人员	提交单位	工作起止时间		报告提交时间	提交资源储量/万吨	审批情况
				起	止			
751	黑龙江阿城县石发铁锌矿床地质勘探报告		703 队	1976 年 2 月	1977 年 3 月	1977 年 3 月	202	省冶基字〔1980〕1 号
752	黑龙江海林县林海铁矿Ⅰ号矿带地质勘探总结报告		702 队	1970 年	1973 年	1974 年 5 月	732	省冶基字〔1974〕351 号
753	黑龙江鸡西市城子河铁矿找矿勘探报告		702 队	1970 年 7 月	1972 年 11 月	1975 年 4 月	138	龙冶地字〔1975〕27 号
754	黑龙江阿城苏家围子铁锌钼矿床补勘说明		703 队	1974 年 4 月	1974 年 6 月	1974 年 10 月	310	
755	江苏溧阳县松岭铁矿普查评价报告		813 队	1970 年 10 月	1971 年 5 月	1971 年 12 月	21	江苏公司基冶地革生字 109 号
756	江苏溧水县小茅山矿区储量评价报告		813 队	1971 年 11 月	1972 年 8 月	1973 年 11 月	32	江苏公司苏冶地革生字 108 号
757	江苏镇江市三茅宫铁矿地质勘探结果简报		814 队	1971 年 5 月	1971 年 6 月	1972 年 1 月	3	未审批
758	江苏镇江市三摆渡铁多金属矿初步勘探结果报告		814 队	1971 年 5 月	1971 年 9 月	1972	8	未审批
759	江苏江宁县吉山铁矿床地质勘探总结报告		807 队	1970 年 8 月	1973 年 12 月	1974 年 2 月	23271	省冶金局〔1976〕冶计字 27 号
760	江苏六合县冶山铁矿北矿区 6~2 线间地质勘探报告		813 队	1971 年 9 月	1973 年 8 月	1974 年 2 月	175	省冶金局〔1974〕苏冶革生字 65 号
761	江苏江宁县伏牛山矿区南山铜矿地质勘探总结报告		江苏冶勘 810 队			1973 年	40	
762	江苏江宁县卧儿岗铁矿床地质勘探总结报告		807 队	1971 年 6 月	1974 年 3 月	1974 年 12 月	4478	未审批
763	江苏江宁县其林山铁矿床东庄矿段地质勘探报告	张庙贵、彭一勋、马步源、王洪生、侯绍宝、李宝龙、陈彤、何旭景	807 队	1970 年 11 月	1976 年 12 月	1977 年 4 月	1038	省冶金局〔1977〕冶基字 252 号

续附表

序号	报告成果名称	主要参与人员	提交单位	工作起止时间		报告提交时间	提交资源储量/万吨	审批情况
				起	止			
764	江苏六合县凡完村铁矿地质勘探总结报告		805 队	1977 年 12 月	1978 年 10 月	1978 年 12 月	78	
765	江苏六合县铁石岗铁矿地质勘探总结报告		805 队	1973 年 4 月	1975 年 8 月	1975 年 12 月	368	省冶金局〔1976〕冶基字 259 号
766	江苏江宁县其林山铁矿床东庄矿段地质勘探报告储量补充说明		807 队	1977 年 4 月	1978 年 4 月	1978 年 6 月	1106	未审批
767	江苏南京梅山铁矿第二期地质勘探报告		807 队	1978 年 8 月	1979 年 5 月	1979 年 9 月	26830	江苏公司〔1980〕苏冶地生字 17 号
768	浙江三门县邵家铁矿区地质普查评价报告		浙江地质大队	1971 年 5 月	1971 年 12 月	1972 年 6 月	2	省地质局 1973 年 10 月浙地审字 12 号
769	浙江新昌沙溪铁矿普查评价报告		浙江第四地质大队	1971 年 6 月	1972 年 6 月	1972 年 8 月	9	省地质局 1973 年 10 月浙地审字 14 号
770	浙江诸暨考老山铁矿普查报告		浙江地质大队	1972 年 6 月	1972 年 8 月	1973 年 6 月	2	省地质局浙江地审字 40 号
771	浙江绍兴娄家坞铁矿区普查评价报告		浙江地质大队	1971 年 3 月	1973 年 8 月	1973 年 11 月	86	省冶金局 1975 年 10 月浙冶审字 3 号
772	浙江三门里金铁矿区地质勘探报告		浙江地质大队	1971 年 9 月	1973 年 12 月	1974 年 12 月	50	浙冶审字 3 号
773	安徽繁昌县泥埠桥 3 号磁异常储量报告		803 队	1970 年	1971 年	1972 年	44	省冶金局 1975 年 10 月浙冶审 2 号
774	安徽繁昌县章家山铁矿储量报告		803 队	1970 年	1972 年	1972 年 10 月	54	未审批
775	安徽当涂县曹家港铁矿床评价报告		808 队	1972 年	1978 年	1978 年 6 月	2441	未审批
776	安徽嘉山县对我山铁矿地质评价报告		811 队	1970 年	1974 年	1975 年 3 月	611	未审批

| 序号 | 报告成果名称 | 主要参与人员 | 提交单位 | 工作起止时间 | | 报告提交时间 | 提交资源储量/万吨 | 审批情况 |
				起	止			
777	安徽南陵县南陵铜矿大公山矿段地质评价报告		812队	1958年	1974年	1974年3月	51	未审批
778	河北迁安铁矿区白马山铁矿床二期地质勘探总结报告	刘怀昌、卢浩钊、赵宗森、霍万富	首钢地质勘探公司	1982年	1985年	1985年	9254	
779	安徽繁昌县白马山铁矿28号矿体储量报告		803队	1970年	1976年	1976年8月	409	未审批
780	安徽当涂县钟九铁矿床地质勘探总结报告		808队	1957年	1974年	1974年12月	5612	未审批
781	安徽马鞍山市大尾山铁矿床地质勘探报告		808队	1958年	1975年	1975年8月	2149	省冶金厅初审未批
782	安徽当涂县后观音山-后和睦山矿段地质勘探报告	刘乐山	冶金部华东冶金地质勘探公司808队	1957年	1976年	1976年12月	4076	省冶金厅初审未批
783	安徽马鞍山市和尚桥铁矿大尾山矿段勘探报告		808队	1958年	1975年	1978年12月	1913	省冶金厅1978年初审尚未批复
784	安徽当涂县和睦山铁矿床地质勘探总结报告		冶金部华东冶金地质勘探公司808队	1957年	1979年	1979年12月	3858	省冶金厅〔1979〕初审未批
785	福建龙岩县中甲铁矿区补充地质勘探报告		福建省冶金地质三队	1975年6月	1976年11月	1978年10月	759	省冶金厅闽冶地〔1979〕17号
786	江西萍乡市麻山铁矿区龙福里—矿城—温泉矿段补充评价报告		七队	1972年	1973年	1973年4月	18	江西公司〔1974〕赣冶勘地字13号
787	江西萍乡市徐家冲（东瓜槽）铁矿区普查评价报告		七队	1971年4月	1972年5月	1972年6月	18	江西公司〔1974〕赣冶勘地字13号
788	江西萍乡市新圹铁矿区评价报告		七队	1972年	1972年	1973年3月	19	江西公司〔1974〕赣冶勘地字13号

序号	报告成果名称	主要参与人员	提交单位	工作起止时间		报告提交时间	提交资源储量/万吨	审批情况
				起	止			
789	江西萍乡市南坑铁矿区评价报告		七队	1970 年	1971 年 3 月	1971 年 3 月	378	江西公司〔1974〕赣冶勘地字 13 号
790	江西萍乡市上珠岭铁矿		七队、三队	1967 年	1977 年	1977 年	751	省冶金局〔1975〕赣冶基字 273 号
791	江西新余县河下铁矿区补充勘探报告		三队	1974 年	1978 年	1979 年 4 月	96	江西公司〔1981〕赣冶勘地字 155 号
792	山东莱芜温石埠铁矿普查报告		二队	1977 年 1 月	1978 年 9 月	1978 年 11 月	48	山东公司〔1979〕鲁冶勘地字 7 号
793	山东淄博市金岭铁矿南金召矿床地质评价总结报告		一队	1976 年	1979 年 9 月	1979 年 10 月	321	山东公司〔1979〕鲁冶勘地字 29 号
794	山东淄博金岭矿铁矿侯家庄—红花圈找矿评价报告		淄博队	1978 年 7 月	1979 年 1 月	1979 年	505	山东公司〔1980〕鲁冶勘地字 3 号
795	山东烟台牟平祥山铁矿 XII 号矿体地质评价报告		烟台队	1978 年 7 月	1979 年 10 月	1979 年 12 月	80	未审批
796	山东莱芜垂杨铁矿地质勘探评价报告		二队	1967 年 4 月	1978 年 6 月	1979 年	309	山东公司〔1979〕鲁冶地字 6 号
797	山东淄博黑旺铁矿孤山南段地质勘探总结报告		一队	1970 年	1975 年 3 月	1977 年	629	公司〔1977〕鲁冶矿字 1 号
798	山东烟台掖县西铁埠矿区勘探总结报告		三队	1960 年 8 月	1971 年 6 月	1971 年 6 月	817	公司 1974 年 4 月审批
799	山东莱芜张家洼铁矿 I 矿床地质勘探总结报告		山东冶勘二队	1965 年 2 月	1974 年 2 月	1975 年	4203	冶金部〔1975〕冶地字 1852 号
800	山东莱芜张家洼铁矿 II 矿床地质勘探总结报告		山东冶勘二队	1965 年 2 月	1974 年 1 月	1975 年	31740	冶金部〔1975〕冶地字 68 号
801	山东莱芜张家洼铁矿 III 矿床地质勘探总结报告		山东冶勘二队	1976 年 1 月	1977 年 5 月	1978 年	14489	冶金部〔1977〕冶储字 35 号

续附表

序号	报告成果名称	主要参与人员	提交单位	工作起止时间		报告提交时间	提交资源储量/万吨	审批情况
				起	止			
802	山东烟台大泥河初步勘探总结报告		三队	1969年6月	1971年12月	1971年12月	2800	公司〔1974〕4月审批
803	山东淄博金岭铁矿辛庄地质补充勘探总结报告		一队	1977年	1979年12月	1979年	607	未审批
804	山东淄博金岭铁矿侯家庄矿床地质补充勘探总结报告		一队	1978年1月	1979年6月	1980年	1605	〔1979〕鲁矿储字3号
805	山东淄博金岭铁矿北金召北矿床西部地段补充勘探报告		四队	1973年	1975年4月	1977年	976	未审批
806	山东烟台牟平县祥山铁矿Ⅱ、Ⅵ号矿体1973年补充勘探报告		三队	1961年4月	1974年3月	1974年3月	153	省冶金局〔1974〕鲁冶矿字8号
807	山东莱芜铁矿金牛山矿区崔家庄地段补充勘探报告		泰安队	1973年3月	1973年12月	1974年	32	〔1977〕鲁冶矿字4号
808	山东烟台牟平祥山Ⅱ、Ⅲ号矿体补充勘探报告		烟台队	1971年	1975年	1976年2月	345	冶金局〔1976〕鲁冶矿字77号
809	山东莱芜铁矿曹村铁矿区补充勘探总结报告		二队	1973年1月	1974年3月	1974年	323	公司〔1977〕鲁冶矿字3号
810	山东莱芜县温石埠铁矿补充勘探报告		二队	1972年4月	1972年9月	1972年	92	山东公司〔1973〕鲁冶矿字13号
811	山东莱芜铁矿金牛山矿区下水河地段Ⅰ、Ⅱ号矿体补充勘探报告		泰安队	1971年7月	1972年12月	1974年	49	未审批
812	河南舞阳铁矿铁矿床详勘地质报告		河南省冶金局第四地质队	1970年	1971年12月	1974年10月	24886	未审批
813	河南林县曹家庄铁矿区初勘报告		二队	1974年12月	1977年3月	1977年10月	256	公司〔1977〕豫冶地字115号

| 序号 | 报告成果名称 | 主要参与人员 | 提交单位 | 工作起止时间 | | 报告提交时间 | 提交资源储量/万吨 | 审批情况 |
				起	止			
814	河南午钢区岗庙刘铁矿床地质评价报告		四队	1976年1月	1978年4月	1978年10月	333	未审批
815	河南林县杨家庄矿区吴家井、汞西岭北矿段地质勘探报告		河南省冶金厅第一地质队	1971年10月	1973年12月	1974年1月	667	省冶金局豫革冶基字〔1974〕103号
816	河南林县石村—栗家沟铁矿区地质勘探报告		二队	1970年9月	1974年12月	1975年6月	761	省冶金局豫革冶地字〔1975〕181号
817	河南林县晋家庄铁矿区详细勘探地质报告		二队	1975年6月	1978年4月	1978年11月	339	省冶金局〔1978〕豫革冶地字485号
818	河南林县杨家庄铁矿区双石脑矿段地质勘探报告	周超志、赵正申、李志功、张富言、赵志明、阎新民、卜惠真、吴廷运	河南省冶金厅第一地质队	1975年6月	1980年9月	1980年10月	182	省冶金厅豫冶综〔1981〕320号
819	河南午钢区径山寺铁矿冷岗矿段地质勘探报告		四队	1978年1月	1978年12月	1978年12月	6003	省冶金局豫革冶地字501号
820	河南焦作九里山铁矿区补充勘探报告		十四队	1970年9月	1971年3月	1971年12月	377	省地质局1973年豫地字87号
821	河南林县东街铁矿区补充勘探报告		二队	1971年10月	1973年12月	1974年2月	364	省冶金局豫革冶地字〔1974〕234号
822	河南舞阳铁矿铁山矿床"二铁"露天矿补充勘探地质报告	牛英起、张源有、李建纲、金汉臣、覃显南、李建华、刘金畔、王烈、梅崇杰、陈清平	河南省冶金局第四地质队	1973年3月	1973年12月	1974年7月	4421	省冶金局豫革冶地字〔1974〕265269号
823	河南舞阳铁矿赵案庄王道行矿床综合勘探地质报告		四队	1973年1月	1976年1月	1976年5月	9648	省冶金局豫革地字〔1976〕203号
824	河南南台县云杨树沟铁矿补充地质勘探报告		三队	1973年	1977年	1977年12月	346	省冶金局豫革冶地字〔1977〕302号

续附表

序号	报告成果名称	主要参与人员	提交单位	工作起止时间		报告提交时间	提交资源储量/万吨	审批情况
				起	止			
825	湖北五峰黄粮坪铁矿地质普查简报（向中坪矿段）		607队	1965年	1965年	1973年	3300	〔1977〕冶勘革地148号
826	湖北大冶铁山矿区1972年度地质工作年报（龙洞尖林山深部）		609队	1970年	1972年	1973年1月	874	〔1982〕冶勘地字216号
827	湖北大冶金山店矿区柯家山矿床找矿评价报告		609队	1972年	1975年	1976年12月	499	〔1979〕冶勘地字325号
828	湖北鄂城县程潮铁矿区东部XI号矿体找矿评价小结报告		608队	1973年	1975年	1975年12月	2000	〔1978〕冶勘革地31号
829	湖北鄂城广山铁矿及其外围找矿评价报告		608队	1970年	1973年	1974年4月	126	〔1980〕冶勘地57号
830	湖北大冶金山店矿区李万隆矿体1978年度地质工作报告		609队	1977年	1978年	1978年12月	73	未审批
831	湖北随县淮河店铁矿普查评价报告		604队	1977年	1977年	1977年12月	114	〔1980〕冶勘地58号
832	湖北长阳县茅坪铁矿区地质评价报告		607队	1974年	1974年	1975年	414	〔1977〕冶勘革地147号
833	湖北五峰县谢家坪铁矿区地质勘探总局报告		607队	1971年	1972年	1972年	2993	〔1973〕冶勘革地矿1号
834	湖北巴东县龙坪铁矿区详查评价说明		608队	1965年	1970年	1971年	5050	〔1978〕冶勘革地27号
835	湖北均县银洞山矿区普查评价地质报告		605队	1969年	1972年	1975年10月	96	未审批
836	湖北大冶灵乡矿区狮子山北铁矿地质勘探报告	向全汉、唐若旦、温带国	中南冶勘603队、604队、606队	1961年	1974年1月	1975年	172	〔1954〕鄂储办25号

序号	报告成果名称	主要参与人员	提交单位	工作起止时间		报告提交时间	提交资源储量/万吨	审批情况
				起	止			
837	湖北大冶金山店矿区张敬简矿床勘探报告		609 队	1974 年	1975 年	1978 年 3 月	449	〔1978〕鄂储 30 号
838	湖北鄂城程潮矿区西部地质勘探总结报告		609 队	1970 年	1974 年	1975 年 6 月	3333	鄂储办〔1980〕2 号
839	湖北大冶刘家畈铁矿中间地质勘探报告		603 队	1971 年 12 月	1973 年 8 月	1973 年 8 月	1924	〔1973〕鄂储办 33 号
840	湖北大冶刘家畈铁矿Ⅱ号矿体新增储量说明		603 队	1973 年 8 月	1973 年 11 月	1973 年	2028	
841	安徽黄梅铁矿区马鞍山矿床地质勘探中间报告	徐景富、姚晓众、舒治森、杨侃、胡世祥等	604 队	1974 年	1976 年	1977 年 5 月	2682	〔1977〕鄂储办 8 号
842	湖北长阳石板坂铁矿区地质勘探报告		607 队	1970 年	1975 年	1975 年 3 月	4184	〔1977〕鄂储办 3 号
843	湖北鄂城程潮铁矿区西部Ⅲ号铁矿体补充勘探报告		608 队	1977 年 8 月	1978 年 6 月	1979 年 5 月	0	
844	湖北大冶铁山铁门坎矿体 1975 年度补充勘探报告		609 队	1975 年	1975 年	1976 年 1 月	714	
845	湖北大冶铁山矿区铁门坎矿体补充勘探报告		609 队	1974 年	1979 年	1979 年 1 月	778	鄂储办〔1979〕11 号
846	湖北大冶灵乡大小脑窑矿体补充勘探报告		603 队	1970 年 11 月	1971 年 6 月	1971 年 7 月	684	〔1972〕省建指 34 号
847	湖北大冶灵乡大小脑窑铁矿第三次补充勘探报告	向全汉、范忠良、温带国等	604 队	1972 年 12 月	1973 年 6 月	1974 年	665	〔1974〕鄂储办 9 号
848	湖北大冶余华寺矿床补充地质勘探报告	陈福欣、张茂永	609 队	1973	1974 年 7 月	1974 年 7 月	1448	〔1975〕鄂储办 24 号
849	湖北大冶王豹山矿床地质勘探报告	陈福欣、陶建国、张祥	609 队	1971 年	1972 年 5 月	1972 年 5 月	639	〔1972〕省建指 34 号

序号	报告成果名称	主要参与人员	提交单位	工作起止时间		报告提交时间	提交资源储量/万吨	审批情况
				起	止			
850	湖北大冶金山店矿区王豹山矿床王母尖矿体补充地质工作报告		609 队	1972 年	1972 年	1972 年 9 月	139	〔1972〕省建指 34 号
851	湖北宜都松木坪铁矿补充地质勘探报告		607 队	1972 年	1974 年	1974 年	690	〔1975〕鄂储办 26 号
852	湖北宜昌官庄矿区铁矿床补充勘探说明		607 队	1970 年	1971 年	1971 年	4019	〔1975〕冶勘革 地矿 26 号
853	湖南韶山区潭家冲铁矿评价报告		236 队	1970 年 2 月	1973 年 3 月	1974 年 8 月	46	勘探公司〔1978〕 湘冶勘地字 18 号
854	湖南攸县湖厂铁矿区（鹅里老—姚家坪）地表普查评价报告		214 队	1972 年	1972 年	1972 年	90	
855	湖南桂阳县四里铁矿地表评价报告		238 队	1977 年 9 月	1978 年 1 月	1978 年 12 月	5	湖南公司〔1981〕 湘冶勘地字 16 号
856	湖南城步周山铁矿地质评价报告		235 队	1972 年 6 月	1973 年 4 月	1975 年	27	
857	湖南新邵县分水坳铁矿补充评价报告		246 队	1970 年 6 月	1971 年 1 月	1972 年	57	
858	湖南湘潭乌石铁矿神山区矿床评价报告		236 队	1959 年	1959 年	1959 年 12 月	12	公司已审
859	湖南安化县莲花山铁矿预查评价总结报告		237 队	1958 年 7 月	1959 年 12 月	1959 年 12 月	425	公司审
860	湖南零陵县高溪市铁锰矿地质评价报告		205 队	1971 年 10 月	1972 年 5 月	1972 年 6 月	12	湖南公司〔1978〕 湘冶勘地字 15 号
861	湖南华县洪水冲七二田铁矿地质评价报告		206 队	1971 年 11 月	1972 年 10 月	1972 年 12 月	15	湖南公司〔1981〕 湘冶勘地字 19 号

序号	报告成果名称	主要参与人员	提交单位	工作起止时间		报告提交时间	提交资源储量/万吨	审批情况
				起	止			
862	湖南攸县湖厂铁矿区地质评勘报告		214 队	1974 年 6 月	1976 年 3 月	1977 年	148	冶金分储委〔1977〕湘冶储字 6 号
863	湖南攸县漕泊铁矿地质评勘报告		236 队	1971 年 5 月	1975 年 8 月	1975 年 10 月	510	冶金分储委〔1977〕湘冶储字 15 号
864	湖南茶陵排前铁矿地质勘探报告		214 队	1969 年	1971 年	1971 年 10 月	5949	
865	湖南茶陵排前铁矿区地质勘探报告		214 队	1959 年 5 月	1974 年 12 月	1975 年	1558	省储委〔1978〕湘储办字（批准 14~15 线）
866	湖南茶陵排前铁矿地质勘探报告		214 队	1959 年 5 月	1976 年 6 月	1976	4441	
867	湖南茶陵清水铁矿区秀里坪矿段地质勘探工作小结		214 队	1957 年	1971 年	1971 年 2 月	30	湖南公司〔1974〕湘冶勘地字 55 号
868	湖南祁东灵宫殿铁矿黄土岭矿区总结报告		217 队	1960 年 3 月	1960 年 8 月	1960 年 9 月	18	省储委〔1961〕黑字 61 号
869	湖南茶陵清水铁矿区地质勘探总结报告		214 队	1970 年 2 月	1974 年 12 月	1975 年 3 月	242	省储委〔1976〕湘地储字 31 号
870	湖南茶陵潞水铁矿小圹矿段储量报告		214 队	1970 年 6 月	1973 年	1974 年	77	省冶金局〔1974〕湘冶勘字 2 号
871	湖南茶陵潞水铁矿龙山岭矿段储量报告		214 队	1973 年 4 月	1973 年 9 月	1974 年	125	省冶金局〔1971〕湘冶勘字 1 号
872	湖南茶陵潞水铁矿区地质勘探总结报告		214 队	1970 年 5 月	1974 年 12 月	1976 年	1400	省储委〔1977〕湘革储字 9 号
873	湖南攸县漕泊铁矿区地质评价报告		湖南冶金 236 队			1975 年	500	
874	湖南茶陵雷垄里铁矿区地质勘探报告		214 队	1971 年 4 月	1977 年 5 月	1978 年	1293	冶金分储委〔1978〕湘冶储字第 6 号

序号	报告成果名称	主要参与人员	提交单位	工作起止时间		报告提交时间	提交资源储量/万吨	审批情况
				起	止			
875	湖南桂阳县黄沙坪铅锌矿区地质勘探报告		238 队	1974 年	1978 年	1978 年 9 月	2093	冶金分储委〔1978〕湘冶储字 8 号
876	湖南汝城大坪铁矿风光寨露采矿段勘探报告		238 队	1974 年 4 月	1975 年 5 月	1979 年	212	湖南公司〔1980〕湘冶勘地字 29 号
877	湖南武冈县南山寨铁矿勘探储量报告		235 队	1972 年 10 月	1974 年 12 月	1976 年	62	冶金分储委〔1976〕湘冶储字 2 号
878	湖南新化洪水坪矿区褐铁矿地质勘探总结报告		246 队	1966 年	1973 年	1974 年	192	冶金分储委〔1975〕湘冶储字 2 号
879	湖南新化县颜家冲铁矿地质勘探报告		246 队	1971 年 7 月	1973 年	1974 年 10 月	123	湖南公司〔1979〕湘冶勘地字 61 号
880	湖南茶陵清水铁矿区储量升级补充勘探报告		214 队	1977 年 4 月	1978 年 6 月	1979 年	2563	省储委〔1979〕湘革储决字 3 号
881	湖南冷水江市锡矿山铁矿补充地质勘探总结报告（即七里江铁矿）		246 队	1974 年	1975 年	1975 年 6 月	666	冶金分储委〔1976〕湘冶储字 3 号
882	广东阳山县瑶田铁矿区普查评价报告		932 队	1970 年 11 月	1970 年 12 月	1972 年	57	〔1978〕粤冶勘审字 16 号
883	广东韶关市白虎坳铁矿区地质普查报告		932 队	1971 年 2 月	1971 年 3 月	1971 年 6 月	2	〔1978〕粤冶勘审字 55 号
884	广东阳山县黎埠观音山横坎子雨铁矿区普查评价报告		932 队	1971 年 4 月	1971 年 6 月	1971 年 7 月	0	〔1978〕粤冶勘审字 59 号
885	广东阳山县苗竹坑铁矿区普查评价报告		932 队	1970 年 11 月	1971 年 2 月	1971 年 8 月	0	
886	广东龙门县田尾上林茶湖万洞等铁矿区地质普查报告		932 队	1971 年 6 月	1971 年 10 月	1972 年 4 月	14	
887	广东花县红岭三坑一带铁矿区普查检查报告		932 队	1972 年 3 月	1972 年 6 月	1972 年 8 月	76	

序号	报告成果名称	主要参与人员	提交单位	工作起止时间		报告提交时间	提交资源储量/万吨	审批情况
				起	止			
888	广东英德县沙口井冲角残坡积铁矿区地质普查报告		932队	1976年4月	1976年6月	1976年10月	21	
889	广东曲江县下坡铁矿区地质普查报告		932队	1976年7月	1978年5月	1978年11月	16	
890	广东惠阳天光铁矿硅石矿区地质普查报告		932队	1971年11月	1972年2月	1972年4月	27	
891	广东阳山县九龙坪铁矿深部评价报告		932队	1970年8月	1971年2月	1971年	69	〔1978〕粤冶勘审字52号
892	广东阳山县风圹铁铜矿区详细评价报告		932队	1970年9月	1971年1月	1972年	19	〔1978〕粤冶勘审字9号
893	广东连南县石径铁矿以补充地质报告		910队	1970年1月	1971年5月	1971年	14	〔1978〕粤冶勘审字39号
894	广东清远县罗圹铁矿区地质评价报告		932队	1972年4月	1972年8月	1973年	82	〔1978〕粤冶勘审字31号
895	广东英德县金门铁矿区地质普查评价报告		932队	1972年5月	1975年4月	1976年9月	1790	〔1978〕粤冶勘审字8号
896	海南昌江县军营铁矿区普查评价报告		934队	1973年11月	1978年3月	1978年6月	16	〔1978〕粤冶勘审字38号
897	广东怀集县东坑铁矿区地质勘探报告		932队	1970年4月	1971年5月	1971年5月	382	粤储决〔1977〕3号
898	广东连南县板洞铁矿区初步勘探报告		932队	1971年3月	1971年9月	1972年3月	345	〔1978〕粤冶勘审字5号
899	广东乐昌县西岗寨铁矿区地质勘探报告		932队	1969年6月	1971年1月	1973年5月	351	〔1974〕粤冶勘审字3号
900	海南石碌铁钴铜矿区南矿段补勘储置计算说明		冶金工业部广东冶金地质934队	1975年5月	1976年2月	1976年3月	1503	〔1979〕粤冶地字168号

续附表

序号	报告成果名称	主要参与人员	提交单位	工作起止时间 起	工作起止时间 止	报告提交时间	提交资源储量/万吨	审批情况
901	广东连平县大顶铁矿铁帽顶矿区地质勘探报告		932 队	1973 年	1977 年	1978 年	1014	未审批
902	广东博罗县利山铁多金属矿区补充勘探报告		932 队	1971 年 12 月	1975 年 5 月	1978 年	1235	粤冶勘地字〔1981〕210 号；穗矿字〔1981〕65 号
903	广东饶平县暗井铁矿区地质勘探报告		931 队	1976 年 7 月	1977 年 11 月	1979 年	50	〔1979〕粤冶勘审字 6 号
904	广东连平县大顶铁矿深坑区段初步勘探报告		938 队	1974 年	1974 年	1980 年 12 月	3995	公司初审同意待储委审查
905	梅县铁坑坳铁矿区初步勘探报告		931 队	1976 年 2 月	1980 年 7 月	1980 年 11 月	327	〔1982〕粤冶勘审字 13 号
906	广东梅县宝坑锰铁矿区初步勘探报告		931 队	1976 年 8 月	1980 年 11 月	1981 年 10 月	476	粤冶勘地字〔1981〕296 号
907	广东连平县大顶铁矿区矿山头上下泥竹圹矿区段补充地质勘探总结报告		938 队	1976 年 1 月	1977 年 6 月	1977 年 9 月	11284	未审批
908	广西临桂五通地区铁矿普查简报		701 队	1971 年 5 月	1971 年 9 月	1971 年 10 月	274	未审
909	广西贺县英阳关铁矿大浪矿区普查评价报告		204 队	1971 年 4 月	1976 年 4 月	1972 年 10 月	4183	〔1980〕区冶勘地字 7 号
910	广西陆州沙坡安宁上冲铁矿评价报告		273 队	1970 年 10 月	1971 年 12 月	1971 年 12 月	59	未审
911	广西贺县大浪赖村沉积变质矿区评价报告		204 队	1971 年 7 月	1976 年 12 月	1977 年 1 月	104	〔1980〕区冶勘地字 7 号
912	广西全州县安和铁矿评价报告		271 队	1974 年 1 月	1975 年 6 月	1975 年 8 月	90	〔1976〕冶地勘字 2 号

序号	报告成果名称	主要参与人员	提交单位	工作起止时间		报告提交时间	提交资源储量/万吨	审批情况
				起	止			
913	广西扶绥东罗堆积铁矿储量报告		215队	1971年6月	1971年10月	1971年12月	165	冶金局区革冶生字〔1973〕19号
914	广西陆川米场铁矿区初步勘探报告		271队	1959年1月	1959年5月	1959年5月	23	未审批
915	重庆市武隆县铁厂坡铁矿普查简报		603队	1972年	1972年	1972年5月	9	
916	重庆市武隆县铁矿矿硐坡矿区普查报告		603队	1972年6月	1972年9月	1973年1月	131	川冶地〔1976〕革6号
917	重庆市巴县鸡公台矿点普查评价报告		普查队	1971年4月	1971年10月	1972年3月	3	
918	重庆市巴县凉风垭铁矿耐火黏土矿普查评价报告		普查队	1971年4月	1972年3月	1972年4月	3	
919	重庆市武隆铁矿车盘矿区地质评价报告		603队	1971年4月	1972年11月	1973年9月	102	川冶地〔1976〕革7号
920	重庆市武隆铁矿铁匠沟矿区评价报告		603队	1971年8月	1973年12月	1974年5月	537	川冶地〔1976〕革5号
921	四川南江汇滩矿区异常验证评价报告		604队	1970年5月	1972年4月	1973年	535	
922	四川南江竹坝矿区李子垭铁矿地质报告	董金生	西南局604队	1971年5月	1974年12月	1976年	1183	
923	四川灌县七间房铁矿区地表复查工作小结		606队	1971年9月	1972年2月	1972年3月	159	
924	四川峨眉龙池万矿山铁矿勘探评价报告		609队	1972年3月	1972年11月	1972年12月	59	川冶地〔1974〕104号
925	四川甘洛马拉哈铁矿地表评价报告		609队	1972年9月	1973年2月	1973年3月	50	川冶地〔1976〕4号
926	四川万源县长石铁矿区北段评价报告		608队	1976年6月	1977年3月	1977年6月	166	川冶地〔1979〕608队批

序号	报告成果名称	主要参与人员	提交单位	工作起止时间		报告提交时间	提交资源储量/万吨	审批情况
				起	止			
927	四川昭觉县瓦卡木矿区玄武岩铁矿评价地质报告		609 队	1978 年 2 月	1979 年 1 月	1979 年 8 月	106	
928	四川德昌县巴洞钒钛磁铁矿区评价地质报告		602 队	1977 年 5 月	1979 年 3 月	1979 年 5 月	1041	
929	四川会理县顺河铁矿床地质评价报告		602 队	1976 年 9 月	1977 年 10 月	1979 年 6 月	108	
930	四川会理县白草钒钛磁铁矿区安宁村矿段深评报告		601 队	1979 年 6 月	1980 年 1 月	1980 年 1 月	13309	
931	重庆市接龙铁矿区茶园矿段评价报告		四川冶金地质勘探公司 607 队	1979 年 1 月	1979 年 9 月	1979 年 12 月	109	607 队 1980 年审批
932	四川南江县竹坝矿区宪家湾磁铁矿床验证评价报告		604 队	1970 年	1979 年	1979 年 12 月	302	604 队 1980 年审批
933	四川南江水马门磁铁矿床储量报告		604 队	1966 年 9 月	1971 年 3 月	1971 年	269	川冶地〔1974〕100 号
934	四川万源县长石铁矿区南段地质勘探报告		608 队	1975 年 5 月	1976 年 11 月	1978	533	川冶地〔1980〕地 1 号
935	四川万源县庙沟区汉王城矿段铁矿勘探中间报告		四川冶金地质勘探公司 608 队	1975 年 12 月	1977 年 12 月	1978 年 4 月	244	川储发〔1980〕5 号
936	重庆市接龙铁矿区详细勘探报告	罗宾、黄保林、张达才、秦祝生、陈能乔、杨开业、项仲权、邱永树、朱应谦、王映智、唐启国、刘自强等	四川冶金地质勘探公司 607 队	1971 年 1 月	1976 年 1 月	1978 年 3 月	3401	川储委〔1978〕5 号
937	四川喜德县松林坪磁铁矿区地质勘探报告		609 队	1974 年 7 月	1977 年 7 月	1978 年 5 月	43	川冶地〔1980〕革 109 号
938	四川喜德县朝王坪矿区铁矿勘探地质报告		609 队	1975 年 5 月	1978 年 10 月	1978 年 12 月	137	川冶地〔1980〕革地 112 号

续附表

序号	报告成果名称	主要参与人员	提交单位	工作起止时间		报告提交时间	提交资源储量/万吨	审批情况
				起	止			
939	四川会理县新铺子铁矿中间地质勘探报告		603队	1970年	1977年	1978年8月	272	川储〔1979〕9号
940	四川会理县新铺子铁矿M1盲矿地质勘探报告		603队	1978年1月	1980年1月	1980年6月	713	
941	四川万源县庙沟铁矿区补充勘探总结报告	张武定、刘世焕、刘炎江、梁生祥、文方荣、付跃星、温丽婵、彭德奇、肖志华、张利相、贾极林	四川冶金地质勘探公司608队	1969年	1975年	1975年8月	1093	省储〔1980〕5号
942	四川万源县城关铁矿区初勘总结报告		608队	1975年5月	1975年12月	1976年8月	184	川冶地〔1977〕革70号
943	贵州德江梨子水铁矿地质评价报告		一队	1971年4月	1971年10月	1971年11月	23	贵冶地〔1980〕13号
944	贵州水城杨梅燕子岩铁矿普查简报		二队	1971年7月	1971年8月	1971年12月	2	未审
945	贵州务川石朝铁矿点检查报告		一队	1971年7月	1971年11月	1972年1月	11	贵冶地审〔1980〕16号
946	贵州石阡宕门口铁矿评价报告		一队	1971年11月	1971年12月	1972年1月	25	贵冶地审〔1980〕12号
947	贵州威宁洗羊塘纸厂铁矿普查评价报告		二队	1971年11月	1971年12月	1972年	3	贵冶地审〔1980〕5号
948	贵州赫章丰家公社铁矿普查报告		二队	1968年8月	1968年10月	1972年8月	35	贵冶地审〔1980〕4号
949	贵州石阡雷神槽铁矿评价报告		一队	1971年4月	1971年9月	1972年8月	36	贵冶地审〔1980〕14号
950	贵州纳雍中岭铁矿普查评价报告		二队	1972年3月	1972年5月	1972年12月	19	贵冶地审〔1980〕19号
951	贵州思南沙坨铁矿地表评价报告		一队	1971年12月	1972年12月	1972年12月	47	贵冶地审〔1980〕10号
952	贵州思南张家寨盖槽铁矿调查报告		一队	1972年6月	1972年12月	1972年12月	13	未审

序号	报告成果名称	主要参与人员	提交单位	工作起止时间		报告提交时间	提交资源储量/万吨	审批情况
				起	止			
953	贵州贵阳市百宜铁矿储量勘探简报		三队	1971年4月	1971年7月	1972年	1	贵冶地〔1980〕18号
954	贵州瓮安观山铁矿普查勘探评价报告		一队	1970年8月	1971年7月	1971年12月	107	贵冶地审〔1980〕11号
955	贵州兴义县巴结达居铁矿普查报告		五队	1971年3月	1971年7月	1971年12月	10	贵冶地审〔1980〕8号
956	贵州兴义县七金雄武普查简报		五队	1970年7月	1971年12月	1972年1月	20	贵冶地审〔1980〕7号
957	贵州普定化处残坡积褐铁矿普查评价报告		五队	1971年10月	1971年12月	1972年1月	5	贵冶地审〔1980〕3号
958	贵州赫章妈姑鱼塘大山铁矿点储量计算		二队	1966年4月	1966年12月	1972年1月	40	贵冶地审〔1980〕15号
959	贵州水城观音山1975年度储量报告		贵州省冶金地质二队	1974年1月	1975年12月	1976年	337	
960	贵州贵定昌明区岩下公社小开田铁矿储量报告		四队	1972年1月	1972年6月	1972年7月	23	未审
961	贵州安顺梅棋扬武铁矿普查评价报告		五队	1972年3月	1972年12月	1972年12月	25	未审
962	贵州毕节金银山铁矿1971年度工作总结及1972年度工作安排意见		二队	1970年10月	1971年	1972年12月	109	贵冶地审〔1980〕20号
963	贵州天柱大河边铁钒矿评价报告		一队	1971年	1973年	1974年10月	45	贵冶地审〔1980〕9号
964	贵州福泉地松储量报告		三队	1971年8月	1971年11月	1972年	4	贵冶地革审〔1978〕2号
965	贵州福泉龙昌三岔土铁矿区储量报告		三队	1971年3月	1972年4月	1973年	68	贵冶地革审〔1978〕2号
966	贵州石阡白龙山铁矿1972年度储量报告		一队	1971年	1973年	1973年	189	贵冶地审〔1980〕1号

续附表

序号	报告成果名称	主要参与人员	提交单位	工作起止时间		报告提交时间	提交资源储量/万吨	审批情况
				起	止			
967	贵州遵义新站铁矿区普查勘探报告		三队	1971年4月	1973年5月	1976年10月	716	贵冶地审〔1980〕2号
968	贵州水城观音山铁矿勘探储量中间报告		贵州省冶金地质二队	1959年	1973年2月	1974年8月	2423	公司初审
969	贵州水城观音山铁矿床详细勘探地质报告		贵州省冶金地质二队	1959年	1981年	1982年	2950	贵冶〔1981〕252号初审
970	贵州水城观音山铁矿床1971年度储量报告		贵州省冶金地质二队	1971年1月	1971年12月	1972年1月	273	贵冶生字〔1972〕504号
971	贵州水城观音山1978年度储量计算说明（Ⅵ号吊水岩）		贵州省冶金地质二队	1976年	1978年	1979年2月	549	贵冶地革〔1979〕24号
972	云南路南县亩竹箐铁矿评价报告		307队	1973年5月	1973年10月	1974年3月	14	
973	云南王家滩铁矿区马家坟矿段勘探程度总结		昆钢地质队			1973年	2293	
974	云南马龙县纳章铁矿区九木龙潭堆积铁矿评价报告		317队	1975年	1976年	1977年12月	188	云冶地革字〔1978〕325号
975	云南陆良天花鼠腊铁矿地质评价报告		317队	1976年1月	1977年6月	1979年3月	131	云冶地资字〔1979〕11号
976	云南安宁—六街铁矿桃园哨矿床评价报告		306队	1971年	1973年	1974年7月	121	未审批
977	云南晋宁上算铁矿补充勘探报告		307队	1971年4月	1972年10月	1974年	173	云冶地资字27号
978	云南禄裱铁矿区评价报告		昆钢队	1966年	1970年4月	1972年5月	563	未审批
979	云南易门东山铁矿深部评价报告		昆钢队	1975年	1978年	1979年5月	227	云冶地资字17号
980	云南玉溪洛河铁矿评价报告		会泽队	1970年10月	1971年11月	1971年11月	140	未审批

序号	报告成果名称	主要参与人员	提交单位	工作起止时间		报告提交时间	提交资源储量/万吨	审批情况
				起	止			
981	云南剑川县建基铁矿评价报告		310 队	1970 年 8 月	1971 年 8 月	1971 年 12 月	396	西南冶地资字〔1980〕5 号
982	云南云龙县漕涧分水岭铁矿评价报告		310 队	1971 年 5 月	1972 年 4 月	1973 年 9 月	238	云冶地革字〔1976〕46 号
983	云南保山县瓦窑中和铁矿区地质评价报告		310 队	1971 年 4 月	1973 年 2 月	1973 年 9 月	133	云冶地革字〔1976〕45 号
984	云南马龙牛首山天生坝矿区 1 号矿群储量核实报告		307 队	1969 年 5 月	1973 年 6 月	1974 年 4 月	450	冶金局冶革计字〔1973〕63 号
985	云南马龙牛首山堆积矿储量计算说明		307 队	1969 年 5 月	1974 年 3 月	1975 年 8 月	2844	省储委云储决〔1978〕8 号
986	云南宜良大兑冲铁矿地质勘探报告		317 队	1976 年 1 月	1978 年 1 月	1978 年 9 月	378	省储委云储决字〔1981〕145 号
987	云南玉溪上厂铁矿残坡积矿补充勘探报告		306 队	1974 年 4 月	1974 年 12 月	1975 年 11 月	1679	冶金局冶革计字〔1976〕11 号
988	云南禄劝笔架山铁矿地质勘探报告	江人义、黄其训	云南冶金局地质勘探公司 305 队	1971 年	1973 年 3 月	1975 年 12 月	1407	省储委〔1977〕4 号
989	云南禄劝菜园子铁矿初步勘探报告		305 队	1970 年 10 月	1972 年 5 月	1976 年 12 月	226	云冶地资字〔1979〕7 号
990	云南安宁八街军哨易门阱补充勘探地质报告		306 队	1971 年 12 月	1978 年 12 月	1979 年 11 月	2000	未批
991	云南八街铁矿杨梅山矿床找矿勘探补充报告		306 队	1971 年 12 月	1977 年 12 月	1978 年	346	未审批
992	陕西洋县毕机沟钒钛铁矿中间评价报告		711 队	1969 年	1972 年	1973 年	4281	西北公司西冶地地字〔1979〕22 号
993	陕西略阳县白果树马厂铁矿床评价工作报告		711 队	1969 年	1971 年	1971 年	215	西北公司西冶地地字〔1979〕24 号

序号	报告成果名称	主要参与人员	提交单位	工作起止时间		报告提交时间	提交资源储量/万吨	审批情况
				起	止			
994	陕西宁强县雨河口菱铁矿床评价勘探工作总结报告		711 队	1967 年	1971 年	1980 年	189	未审批
995	陕西白河县松树铁矿总结报告		716 队	1977 年	1977 年	1980 年	12	西北公司西冶地地字〔1981〕26 号
996	陕西略阳水林树铁矿床勘探报告		711 队	1958 年	1973 年	1973 年	137	陕西省金局陕革冶基字〔1973〕433 号
997	陕西略阳县柳树坪磁铁矿床评价勘探总结报告		711 队	1974 年	1976 年	1977 年	271	陕西公司陕冶地革〔1977〕156 号
998	陕西略阳县高家湾铁矿床地质勘探工作总结报告		711 队	1958 年	1975 年	1976 年	140	省冶金局陕革冶矿字〔1977〕269 号
999	陕西略阳县煎茶岭铁矿④号矿体勘探工作总结报告		711 队	1978 年	1979 年	1980 年	793	未审批
1000	陕西韩城县阳山庄铁矿床地质勘探总结报告		712 队	1960 年 1 月	1977 年	1978 年	3014	省金局陕革冶矿字〔1978〕506 号
1001	陕西柞水县大西沟铁矿床地质勘探总结报告	马立昌、周先民、姜大明、杨建琨、杨绪铮	陕西省冶金地质勘探公司 714 队	1969 年	1974 年	1975 年	30203	冶金部冶地〔1976〕1022 号
1002	甘肃礼县杨家河铁矿床地质评价报告		106 队	1971 年	1972 年	1973 年 5 月	414	甘肃公司甘冶地地〔1978〕182 号
1003	甘肃文县红崖里、西沟赤铁矿地质勘探报告		106 队	1971 年	1971 年	1978 年 5 月	171	甘肃公司甘冶地地〔1979〕10 号
1004	甘肃两当县改板沟铁矿点普查评价报告		二队	1976 年	1977 年	1977 年 12 月	19	甘肃公司甘冶地地〔1979〕42 号
1005	甘肃山丹县三岔口铁矿地质评价报告		四队	1972 年 2 月	1973 年 2 月	1973 年 2 月	5	甘肃公司甘冶地地〔1974〕120 号

序号	报告成果名称	主要参与人员	提交单位	工作起止时间		报告提交时间	提交资源储量/万吨	审批情况
				起	止			
1006	甘肃山丹县黑山铁矿评价地质报告		四队	1978 年5 月	1978 年11 月	1979 年6 月	392	甘肃公司甘冶地地〔1979〕134 号
1007	甘肃金塔地区普查找矿工作总结报告		五队	1965 年6 月	1965 年10 月	1965 年	514	未审批
1008	甘肃徽县大河店包家沟铁矿勘探总结报告		106 队	1969 年	1973 年	1974 年4 月	98	甘肃公司甘冶地地〔1978〕184 号
1009	甘肃张家川县陈家庙铁铜矿床 1972年度普查评价补充勘探总结报告		二队	1971 年6 月	1972 年12 月	1973 年2 月	2615	甘肃公司 1973 年8 月
1010	甘肃张家川县陈家庙铁铜矿床 1973年度总结报告		二队	1971 年	1973 年	1974 年6 月	3269	甘肃公司甘冶地地〔1974〕119 号
1011	甘肃张家川回族自治县陈家庙铁铜矿床铁矿补勘总结报告		二队	1971 年	1975 年	1975 年12 月	3031	甘肃公司冶金局甘冶基〔1976〕154 号
1012	甘肃肃南县桦树沟铁矿床西Ⅱ矿体基建施工补充勘探说明		甘肃冶金地质四队	1974 年	1976 年	1979 年6 月	3984	甘肃公司甘冶地地〔1978〕62 号
1013	青海都兰县白石崖铁矿床评价报告		八队	1968 年	1973 年	1974 年8 月	1806	青海公司青冶煤地地字〔1977〕57 号
1014	青海都兰县西台铁矿初评报告		八队	1970 年	1972 年	1972 年12 月	177	青海公司青冶煤地地字〔1975〕123 号
1015	青海都兰县大海滩铁矿床地质评价报告		五队	1971 年	1973 年	1973 年11 月	204	青海公司青冶煤地地字〔1975〕7 号
1016	青海都兰县海寺铁矿床勘探总结报告		五队	1970 年	1972 年	1973 年4 月	581	省重工业局 1973年初审
1017	青海湟源县新民村铁矿地质勘探总结报告		五队	1972 年	1973 年	1973 年11 月	18	青海公司青冶煤地地字〔1975〕124 号

序号	报告成果名称	主要参与人员	提交单位	工作起止时间		报告提交时间	提交资源储量/万吨	审批情况
				起	止			
1018	新疆哈密县双峰山铁矿地质测量总结		704 队	1978 年	1979 年	1980 年	32	
1019	新疆哈密县天湖铁矿浅部矿床地质报告		704 队	1965 年	1966 年	1971 年	171	未审批
1020	和静县夏尔彩克铁矿		八钢队			1959 年	125	
1021	新疆哈密尾亚钛磁铁矿详细地质勘探中间报告		704 队	1960 年	1961 年	1962 年	1087	未审批
1022	内蒙古阿左旗沙拉西别铜铁矿床 5 号铁矿体补充地质勘探总结报告		宁冶地质队	1975 年	1975 年	1975 年	213	未审批
1023	山东掖县铁矿西铁埠矿区地质储量总结报告		山东冶金三队			1971 年	817	
1024	河北迁安铁矿区大杨庄矿床头道沟矿体评价报告	霍万富	首钢院普查队	1981 年 5 月	1981 年 9 月	1981 年	76	首计字〔1982〕162 号
1025	河北首钢迁安铁矿区大杨庄小岭口矿体地质勘探评价报告	张丕春	首钢院普查队	1983 年 3 月	1983 年 6 月	1984 年	297	1983 年 7 月无文号
1026	河北首钢迁安铁矿区柳河峪铁矿东西部矿体找矿评价报告	马春台	首钢院普查队	1971 年 3 月	1982 年 12 月	1983 年	7686	1983 年 4 月 18 日无文号
1027	河北迁安铁矿区杏山铁矿床深部找矿评价总结报告	高云凤	首钢院普查队	1973 年	1984 年	1984 年	9294	1984 年 12 月无文号
1028	首钢迁安铁矿区水厂铁矿床落洼矿体补充基建勘探报告	柳润丰	首钢地质勘探公司第一勘探队	1980 年	1982 年	1982 年	4585	

序号	报告成果名称	主要参与人员	提交单位	工作起止时间		报告提交时间	提交资源储量/万吨	审批情况
				起	止			
1029	河北迁安铁矿区水厂铁矿床姑子山地段地质评价报告	丛树本	首钢院普查队	1978年3月	1986年12月	1988年	16173	首勘地字〔1987〕56号
1030	河北迁安铁矿区水厂铁矿床达峪沟矿体深部地质详查报告	侯宝森、陈振泉	首钢院普查队	1987年1月	1987年7月	1989年	9915	首勘地字〔1989〕56号
1031	河北迁安矿区蔡园西沟铁矿床补充地质勘探报告	高云凤	首钢院普查队	1971年6月	1987年9月	1989年	7261	首勘地字〔1988〕57号
1032	北京怀柔马圈子铁矿详查地质报告	于芳、路铁岭	首钢地调队	1987年6月	1988年11月	1989年	2342	首勘地字〔1990〕24号
1033	福建德化阳山铁矿地质工作小结		福建省冶金地质勘探公司一队二分队	1971年	1975年	1975年	7395	
1034	内蒙古白云鄂博铁矿西矿外围C105-2异常区初评报告	成辅民	一局四队	1979年9月	1981年12月	1981年	198	冶地地字〔1982〕200号
1035	福建德化阳山铁矿东矿段详细勘探报告	牛广标、薄德炳、陈朝仪、罗士贵、卿晔、陈传忠、马继红、沈云程、李德雄、覃子廷、王群玉、计怡生、陈权、曾崇泽	冶金部第一冶金地质勘探公司第二地质期探队	1977年3月	1981年2月	1984年	3714	1989年10月26日闽储决字〔1989〕12号
1036	山羊坪矿区补充勘探地质总结报告		冶金部太原钢铁公司地质勘探队	1978年	1979年	1980年	11258	
1037	山西代县峨口铁矿山羊坪矿区补充勘探报告	刘君贵、刘芳、杨文华、刘振廷、王秉諴、韩世库、潘厚满、赵延军、雷荣珍、石延东、罗继伦、卢青娥、颜素杰	冶金部第一冶金地质勘探公司第五地质勘探队	1980年4月	1983年8月	1983年9月	26594	冶地地字〔1983〕269号

序号	报告成果名称	主要参与人员	提交单位	工作起止时间		报告提交时间	提交资源储量/万吨	审批情况
				起	止			
1038	河北涉县符山二矿体地质评价报告	梁田、郭宝元、李作君	一局518队	1983年3月	1984年9月	1984年	752	冶地总字〔1986〕1号
1039	河北武安县石板坡铁矿地质评价报告	刘昌富	一局518队	1983年3月	1984年9月	1984年	1366	一冶地总字〔1986〕37号
1040	河北赤城近北庄铁矿西段（0~14线）勘探报告	徐志彤、杨耀兴、吕海、孙书秀、张存、龙正武、刘奎仁、周在其、宋立军	一局516队	1977年6月	1985年1月	1985年	3025	1985年12月25日冀储决字〔1985〕23号
1041	河北赤城近北庄铁矿苹果园矿段勘探报告	徐志彤、杨耀兴、吕海、李琪、龙正武、刘奎仁	一局516队	1979年5月	1985年1月	1985年	1128	冶地总字〔1987〕300号
1042	河北赤城近北庄铁矿西段（14~46线）勘探报告	徐志彤、杨耀兴、吕海、孙书秀、张存、龙正武、刘奎仁、周在其、宋立军	一局516队	1977年7月	1986年3月	1986年	1633	冶地总字〔1987〕238号
1043	河北宽城娄台子铁矿评价报告	孙秀林、崔胜、张仁	一局515队	1986年3月	1987年7月	1987年	2264	冶地总字〔1988〕112号
1044	河北宽城古道沟铁矿评价报告		一局515队	1985年3月	1986年6月	1987年	1681	冶地总字〔1988〕113号
1045	河北迁西王寺峪铁矿详查报告	关异齐	一局522队	1985年3月	1988年11月	1988年	1297	冶地总字〔1989〕51号
1046	河北迁西安家峪铁矿详查报告	董武	一局522队	1984年7月	1988年12月	1988年	730	冶地总字〔1989〕68号
1047	河北迁西松树胡同铁矿详查报告	林清枚、王忠信	一局522队	1986年5月	1988年12月	1988年	559	冶地部字〔1989〕67号
1048	河北迁安河东地区铁矿详查报告	张正璧	一局一队	1987年6月	1988年2月	1989年	635	冶地总字〔1988〕353号
1049	辽宁建平深井铁矿区大南沟铁矿床详查报告	于年有	一局一队	1988年3月	1989年1月	1990年	1134	冶地总字〔1990〕86号
1050	河北迁安赵店子铁矿（10~60线）详查报告		一局一队	1987年7月	1990年8月	1990年	2181	地勘地字〔1991〕49号

序号	报告成果名称	主要参与人员	提交单位	工作起止时间		报告提交时间	提交资源储量/万吨	审批情况
				起	止			
1051	河北首钢迁安铁矿区王家湾铁矿床地质勘探总结报告	窦鸿泉、禚成方、谢坤一、方继伟、丛树木	首钢地质勘探公司	1974 年	1975 年	1975 年	1439	
1052	庞家堡铁矿最后地质勘探报告（1953~1956）	王日伦、陈晋镳、范金台、姜洙祺、曹国权、王赞化、金一萍、贺伟建	地质勘探局、重工业部钢铁工业管理局	1952 年	1956 年	1956 年	9440	
1053	河北平山王家湾铁矿详查报告	李树平	一局 520 队	1988 年 3 月	1990 年 1 月	1990 年	238	地勘地字〔1991〕50 号
1054	山西娄烦县尖山东铁矿评价地质报告	韩金阁、李金秀、郭风珍等	三局六队	1977 年	1982 年	1982 年	20701	冶晋勘地字〔1983〕2 号
1055	山西黎城县小寨铁矿勘探地质报告	冯冲林	三局五队	1975 年	1984 年	1984 年	3024	冶晋勘地字〔1987〕23 号
1056	山西代县赵村铁矿勘探地质报告	朱克胜等	三局 312 队	1980 年	1988 年	1990 年 11 月	13071	全储决字〔1991〕284 号
1057	山西代县白峪里铁矿详查地质报告	郑玉军等	三局 312 队	1983 年	1988 年	1990 年 12 月	13561	部审无批文
1058	山西繁峙县东山底铁矿评价报告	梁学明	三局一队	1984 年	1985 年	1986 年	972	冶晋勘地字〔1989〕112 号
1059	山西代县板峪铁矿区地质评价报告	刘凤岐	三局二队	1979 年	1982 年	1988 年	19137	晋冶勘地字〔1988〕17 号
1060	山西娄烦县罗家岔乡狐姑山矿区 44~92 线铁矿详查地质报告		冶金部第三地质勘查局 316 队	1980 年	1984 年	1990 年 11 月	13900	局地字〔1990〕307 号
1061	山西黎城县彭庄—水蛟铁矿普查评价报告	任喜才	三局五队	1977 年	1984 年	1985 年 1 月	5379	冶勘地地字〔1986〕26 号
1062	弓长岭铁矿床二矿区第二期地质勘探报告		东北局 404 队	1952 年	1981 年	1981 年	87093	冶储字〔1982〕85 号
1063	辽宁辽阳弓长岭铁矿老岭—八盘岭矿区富铁矿评价报告	李香棠	东北局 404 队	1961 年	1980 年	1981 年	73485	鞍地发地字〔1981〕125 号

续附表

序号	报告成果名称	主要参与人员	提交单位	工作起止时间		报告提交时间	提交资源储量/万吨	审批情况
				起	止			
1064	辽宁本溪歪头山铁矿床第二期地质勘探报告	冯树勋	冶金鞍钢公司404队	1953年	1981年	1982年	33333	冶储字〔1984〕1号
1065	辽宁鞍山西鞍山铁矿详细勘探地质报告	袁本先	鞍钢地质勘探公司403队、吉林冶金地质勘探公司607队	1977年	1983年	1983年	172860	鞍地地发字〔1983〕233号
1066	辽宁鞍山祁家沟铁矿区找矿评价地质报告	肖俊卿	东北局402队	1974年	1978年	1983年	11870	鞍地地发字〔1983〕132号
1067	张家湾铁矿床普查找矿地质总结报告	姚晓众	鞍山冶金地质勘探公司402队	1961年	1962年	1962年	7261	
1068	辽宁鞍山西大背至张家湾铁矿床找矿评价地质报告(1979~1982)	王秀珍	东北局402队	1979年	1982年	1984年	32352	鞍地地发字〔1984〕122号
1069	辽宁辽阳弓长岭铁矿床二矿区西北区补充地质勘探报告	魏国臣	东北局405队	1983年	1984年	1985年	12046	鞍地地发字〔1985〕122号
1070	辽宁灯塔县棉花堡子铁矿床评价地质报告(1977~1980)	周世泰、权贵喜、郑宝鼎	东北局405队	1977年	1982年	1985年	15464	东北地地字〔1985〕196号
1071	辽宁鞍山大孤山铁矿床详细勘探地质总结报告	张礼泉、钟守春	鞍山冶金地质勘探公司402队	1963年	1964年	1965年	26482	
1072	辽宁鞍山大孤山铁矿床小孤山矿区地质评价报告	王金广	东北局404队	1982年	1985年	1987年	9497	东北地地字〔1986〕179号
1073	辽宁鞍山大孤山铁矿床补充勘探地质报告	胡纯英	东北局404队	1952年	1984年	1983年	40251	东北地地字〔1986〕137号
1074	辽宁鞍山砬子山铁矿床地质详查报告	李秀棠	东北局404队	1969年	1985年	1987年	7728	东北地地字〔1986〕181号

序号	报告成果名称	主要参与人员	提交单位	工作起止时间		报告提交时间	提交资源储量/万吨	审批情况
				起	止			
1075	辽宁本溪北台铁矿床第二期勘探地质报告		东北局405队	1986年	1987年	1987年	15108	储决字〔1987〕143号
1076	吉林浑江板石沟铁矿床上青沟李家堡子矿区补充勘探地质报告		冶金工业部东北地质勘探公司五公司	1956年	1987年	1989年	1191	东北地地字〔1988〕171号
1077	当涂县白象山铁矿床评价勘探地质报告	刘从政、陆伟光、赵云佳、刘秉衡、张志忠	华东局808队	1966年2月	1981年6月	1983年	14565	冶储字〔1984〕4号
1078	安徽当涂县和睦山铁矿床地质勘探报告	刘乐山、丁木生、罗天照、付慧玲	冶金部华东冶金地质勘探公司808队	1957年	1984年12月	1985年	3025	冶勘字〔1985〕274号
1079	繁昌县桃冲铁矿床补充地质工作报告	周晗	华东局803队	1976年7月	1986年8月	1986年	233	冶勘地字〔1987〕274号
1080	安徽当涂县向阳西铁矿床详查报告	刘乐山	华东局808队	1985年7月	1987年5月	1987年	379	冶勘地字〔1987〕276号
1081	安徽当涂县太平山铁矿详查报告	丁木生	华东局808队	1986年	1988年	1988年	1003	冶勘地字〔1988〕324号
1082	安徽繁昌县小阳冲锌铁矿床详查地质报告	韩世和	华东局803队	1958年	1986年	1988年	129	冶勘地字〔1988〕325号
1083	繁昌县磁墩头铁矿	韩世和	华东局803队	1965年7月	1986年4月	1987年	28	冶勘字〔1986〕279号
1084	繁昌县桃冲铁矿90m水平以下补充勘探储量计算说明书		华东局803队	1983年3月	1988年9月	1989年	200	冶勘字〔1992〕279号
1085	当涂塘两铁矿床普查地质报告		华东局808队	1956年	1985年	1987年	48	冶地字〔1987〕277号
1086	福建安溪潘田铁矿补勘报告	庄炳坤	二局一队	1976年1月	1982年9月	1982年	2899	〔1986〕345号
1087	福建安溪珍地—雪山铁矿普查报告	张慷慨	二局一队	1979年7月	1982年4月	1983年	134	〔1983〕144号

序号	报告成果名称	主要参与人员	提交单位	工作起止时间 起	工作起止时间 止	报告提交时间	提交资源储量/万吨	审批情况
1088	山东莱芜铁矿顾家台矿床深部详查报告	李克忠	山东局二队	1970年	1980年	1982年	3149	1981年12月鲁冶勘地39号
1089	山东莱芜铁矿姚家岭矿床详查报告		山东局二队	1978年	1980年	1981年	264	1981年12月鲁冶勘地38号
1090	山东淄博金岭铁矿区北金召矿床勘探报告	崔汝松	山东局一队	1955年	1982年	1982年	2401	1982年12月鲁冶勘地37号
1091	山东淄博金岭铁矿区北金召北西段矿床评价地质报告	宋道文	山东局一队	1976年	1985年	1987年	606	1986年冶鲁勘地字4号
1092	山东淄博金岭铁矿区王旺庄铁矿床勘探地质报告	韩友芳	山东局一队	1957年	1987年	1989年	5300	1988年鲁矿储决字18号
1093	湖北大冶县铁山矿区铁门坎矿体补充勘探报告	万兴国、曾汝元、李惠宗	中南局609队	1966年8月	1983年7月	1984年	935	鄂储〔1983〕8号
1094	湖北大冶县铁山铁铜矿床龙洞—象鼻山矿段深部找矿评价报告	温带国	中南局608队	1967年9月	1985年12月	1985年	1954	冶勘地字〔1987〕218号
1095	湖北大冶县李万隆铁矿床详查地质报告	凌发乾	中南局608队	1976年3月	1988年9月	1989年	1007	冶勘地字〔1989〕38号
1096	四川西昌太和钒钛磁铁矿区南部详查	张子胜	西南局成调所	1977年3月	1981年8月	1981年8月	41103	川冶地部字〔1982〕43号
1097	四川会理秀水河钒钛磁铁矿区评价	梁德迪	西南局昆调所	1978年11月	1980年11月	1980年11月	9030	川冶地部字〔1982〕42号
1098	四川会理县凤山营铁矿区详细普查地质报告	吴树文、丁安吉、王廷山、孙香蕊	四川冶金地勘公司603队	1976年9月	1981年2月	1981年	2905	川冶地部字〔1982〕41号
1099	四川会理通安龙潭镜铁矿地质报告	王志成	西南局昆调所	1984年3月	1985年11月	1985年	52	西南冶地地字〔1985〕370号
1100	四川会理龙树铁矿地质报告	何胜柱	西南局昆调所	1984年4月	1985年1月	1987年	63	西南冶地地字〔1986〕260号
1101	四川会理通安红岩铁矿区地质报告	陈延爵	西南局601队	1985年3月	1987年11月	1987年	300	西南冶地地字〔1987〕310号决议书

续附表

序号	报告成果名称	主要参与人员	提交单位	工作起止时间		报告提交时间	提交资源储量/万吨	审批情况
				起	止			
1102	四川会理贡山铁矿香炉山腰棚子M64磁异常深部评价	何胜柱	西南局昆调所	1977年3月	1979年1月	1979年	592	川冶地地字〔1984〕85号
1103	四川会理贡山铁矿区鹦哥嘴矿段详细普查报告	胡传荣	西南局昆调所	1977年3月	1982年8月	1982年8月	483	西南冶地科字〔1984〕86号
1104	四川南江竹坝李子垭铁矿		西南局昆调所	1971年3月	1979年12月	1980年	1664	川储发〔1986〕33号
1105	四川南江土墙坪磁铁矿地质报告	陈继绍	西南局604队	1986年3月	1987年1月	1987年	208	西南冶地地字〔1987〕300号
1106	四川南江沙坝磁铁矿区红山矿段		西南局604队	1979年3月	1980年12月	1982	1177	西南冶地地字〔1987〕111号
1107	四川南江汇滩磁铁矿蒋家湾矿段地质报告	张启元	西南局604队	1977年11月	1980年1月	1981年	122	西南冶地地字〔1984〕69号
1108	四川南江汇滩矿区		西南局604队	1972年11月	1980年5月	1981年	108	川冶地地字〔1984〕79号
1109	四川南江水马门铁矿		西南局604队	1971年3月	1985年1月	1985年	160	川储决字〔1986〕18号决议书
1110	四川德昌兴隆含铜菱铁矿评价	张思聪	西南局水文局	1977年3月	1981年8月	1982年	475	川冶地地字〔1984〕88号
1111	甘肃肃北双井子铁矿床初步勘探报告	杨来耕	冶金工业部西北冶金地质勘探公司第五勘探队	1980年	1986年11月	1987年6月	257	1987年11月西冶地地字〔1987〕154号
1112	辽宁建平县锅底山铁矿详查地质报告	于年有、辛二利、刘永吉、柏少民、芦清娥、周瑞芳、汪晓燕、王宗兰、韩振才	冶勘一局一队	1990年5月	1991年6月	1992年	527	地勘地字〔1992〕73号
1113	河北迁安县赵店子铁矿详查地质报告	于年有	冶勘一局一队	1988年5月	1990年12月	1990年12月	3536	冀储决字〔1991〕141号
1114	辽宁喀左县豆腐房铁矿普查地质报告		冶勘一局一队	1992年5月	1993年12月	1994年	1046	地勘地字〔1994〕29号

序号	报告成果名称	主要参与人员	提交单位	工作起止时间		报告提交时间	提交资源储量/万吨	审批情况
				起	止			
1115	辽宁建平县大板沟铁矿普查地质报告		冶勘一局一队	1990年3月	1991年12月	1994年11月	1044	地勘地字〔1994〕254号
1116	辽宁凌源市庙后铁矿普查地质报告		冶勘一局一队	1993年1月	1994年10月	1994年	356	地勘地字〔1994〕256号
1117	辽宁建平县新城铁矿普查地质报告		冶勘一局一队	1991年10月	1993年1月	1994年	644	地勘地字〔1994〕255号
1118	河北怀安县寺沟铁矿普查地质报告		冶勘一局516队	1992年3月	1993年10月	1993年	179	地勘地字〔1994〕96号
1119	河北沙河县綦村矿区凤凰山铁矿勘探地质报告		冶勘一局520队	1976年3月	1980年9月	1991年	1408	冀储决字〔1991〕2号
1120	河北沙河市上郑铁矿普查地质报告		冶勘一局518队	1992年12月	1993年6月	1994年	617	地勘地字〔1994〕108号
1121	河北迁西县栗树沟铁矿普查地质报告		冶勘一局522队	1991年3月	1993年2月	1994年	808	地勘地字〔1994〕28号
1122	河北迁安铁矿区耗子沟铁矿床勘探地质报告	陈志敏、许景昌、杜润峰、陈振泉、李凤月、谢梅新、马春台等	首钢地勘院综合地调队	1989年3月	1992年7月	1992年	1788	首勘地发〔1992〕53号
1123	河北迁西县榆木岭铁矿普查地质报告		冶勘一局522队	1993年1月	1993年12月	1993年	306	地勘地字〔1993〕256号
1124	辽宁建平县牛河梁铁矿详查地质报告		冶勘一局一队	1991年4月	1992年10月	1992年	403	地勘地字〔1993〕315号
1125	福建龙岩市乌龙奇铁矿普查		冶勘一局三队	1994年1月	1994年5月	1994年	402	冶二勘技〔1994〕161号
1126	福建安溪青洋铁矿普查		冶勘二局四队	1994年1月	1994年10月	1994年	308	冶二勘技〔1994〕114号
1127	福建尤溪关兜铁矿普查评价报告	伍志芳、徐金水	福建省冶金地质三队	1977年	1978年	1978年	3	福建省冶金工业局
1128	福建安溪珍地—雪山铁矿区详查地质报告	张慷慨、黄童泰、骆昆明等	福建省冶金地质一队	1979年	1982年	1982年	134	

序号	报告成果名称	主要参与人员	提交单位	工作起止时间		报告提交时间	提交资源储量/万吨	审批情况
				起	止			
1129	福建安溪潘田铁矿区补充勘探地质报告	庄炳坤、刘树森、陈建兴等	福建省冶金地质一队	1974年	1982年	1982年	1114	福建省冶金工业总公司
1130	福建大田县菖坑梨子岬铁矿地质普查报告	苏陆省、黄永明	冶金工业部第二地质勘探公司二队	1989年	1990年	1990年	63	
1131	福建龙岩市适中乡乌龙奇铁矿床普查地质报告	王炼、许传芳、廖富光等	冶金工业部第二地质勘探公司三队	1989年	1989年	1990年	93	
1132	广东云浮县大降坪矿区狮麻坪矿段Ⅰ、Ⅲ号矿体铁矿详查地质报告	陈金标、王少怀、黄启平、陈自康等	冶金工业部第二地质勘查局地质矿产研究所	1991年	1992年	1992年	545	
1133	福建龙岩市曹溪镇中甲铁矿区东矿段3号矿体0~3线详查地质报告	蔡春荣、梁仰仁、张洪化等	冶金工业部第二地质勘查局三队	1992年	1992年	1993年	268	地二勘技〔1993〕151号
1134	福建将乐县古镛镇上湖矿区铁矿普查地质报告	周元博、黄红榕、叶家本等	冶金工业部第二地质勘查局地质矿产研究所	1993年	1993年	1993年	358	
1135	广东怀集县中洲镇滕铁铁矿区补充地质报告	陈建民、武金阳、陈自康、张祖文等	冶金工业部第二地质勘查局地质矿产研究所	1991年	1994年	1994年	505	
1136	福建安溪县青洋铁矿南区地质勘查报告	黄祖波、苏彰年	福建金闽地质矿产技术开发公司	1993年	1993年	1993年	73	
1137	福建安溪县尚卿乡青洋铁矿区地质普查报告	黄祖波、苏彰年	福建金闽地质矿产技术开发公司	1993年	1994年	1994年	86	
1138	福建龙岩市适中乡乌龙奇铁矿床普查地质报告	曾宪辉、王炼等	冶金工业部第二地质勘查局三队	1989年	1989年	1994年	237	
1139	广东云浮大降坪铁矿狮麻坪矿段详查		冶勘二局地研所	1991年7月	1992年5月	1992年10月	545	冶二勘技〔1992〕121号

序号	报告成果名称	主要参与人员	提交单位	工作起止时间		报告提交时间	提交资源储量/万吨	审批情况
				起	止			
1140	广东怀集滕铁铁矿补充地质工作		冶勘二局地研所	1991年11月	1993年3月	1994年	505	冶二勘技〔1994〕52号
1141	福建将乐上湖铁矿普查		冶勘二局地研所	1993年4月	1993年11月	1993年	590	冶二勘技〔1993〕153号
1142	山西浮山县张家坡铁矿勘探地质报告		冶勘三局314队	1965年10月	1975年11月	1991年11月	1161	晋储决字〔1991〕10号
1143	山西黎城黄崖底镇槐坪1~10线铁矿详查及10线南普查报告		冶勘三局316队	1992年1月	1993年8月	1994年1月	6450	局地字〔1994〕10号
1144	辽宁北票市王麻子沟—老虎头沟铁矿普查报告		冶勘东北局地调所	1992年5月	1992年12月	1993年2月	349	东北地地字〔1993〕84号
1145	辽宁朝阳市花姐山铁矿地质详查报告		冶勘东北局402队	1989年2月	1993年10月	1995年5月	742	东北地地字〔1995〕15号
1146	辽宁鞍山市活龙寨铁矿V1+210-XI剖面下部矿体普查		冶勘东北局403队	1979年3月	1982年9月	1994年6月	2706	东北地地字〔1995〕16号
1147	安徽当涂县油坊村铁矿床详查地质报告		冶勘华东局803队	1989年3月	1992年12月	1993年10月	514	冶勘地字222号
1148	安徽铜陵县叶家湾铁矿普查报告		冶勘华东局综合大队	1991年4月	1994年9月	1994年10月	459	冶勘地199号
1149	安徽当涂县龙山铁矿普查地质报告		冶勘华东局综合大队	1991年8月	1994年9月	1994年12	2793.4	冶勘地204号
1150	四川会东亮扣子铁矿普查地质报告		冶勘西南局601大队	1991年3月	1992年12月	1993年10月	525	局发地字〔1993〕166号
1151	云南峨山县化念铁矿11~12线首采地段勘探地质报告		冶勘西南局昆明地调所	1990年5月	1992年8月	1993年7月	2162	云储决字〔1993〕29号
1152	河北迁安铁矿区柳河峪铁矿床深部地质详查总结报告	王维生	首钢院地质调查队	1984年1月	1988年12月	1989年4月	15898	1991年12月首勘地字57号

序号	报告成果名称	主要参与人员	提交单位	工作起止时间		报告提交时间	提交资源储量/万吨	审批情况
				起	止			
1153	北京怀柔琉璃庙乡安岭西沟铁矿床地质详查报告	侯宝森、李宪君、汤绍合、杨艳忠、陈振泉、于芳、杜效明、高晓军	首钢院地质调查队	1989年9月	1990年9月	1992年5月	732	1992年6月北勘地发字42号
1154	河北迁安脑峪门东山—黄柏峪铁矿找矿评价报告		首钢院地质勘探队	1985年6月	1990年12月	1995年3月	308	1995年12月首勘总工发96号
1155	河北青龙厂房子铁矿普查		首钢院地质勘探队	1993年8月	1994年12月	1995年7月	1197	1995年10月首勘总工发54号
1156	河北青龙迎午山铁矿普查报告		首钢院地质勘探队	1993年8月	1994年12	1995年7月	577	1995年10月首勘总工发53号
1157	河北迁安县铁矿区孟家沟铁矿南段地质详查报告	许景昌、陈占泉、李振	首钢院地质调查队	1971年1月	1989年6月	1990年4月	21070	1992年6月首勘技发69号
1158	河北迁安县铁矿区北屯北铁矿北端地质详查报告		首钢院地质调查队	1990年1月	1990年12月	1991年6月	695	1992年6月首勘技发71号
1159	北京怀柔琉璃庙乡四道沟铁矿床普查报告		首钢院地质研究所	1991年4月	1993年6月	1993年11月	214	1994年2月首勘技发1号
1160	北京密云沙厂铁矿普查报告		首钢院地质研究所	1992年4月	1992年10月	1993年3月	179	1993年10月首勘技发89号
1161	北京怀柔螳螂沟铁矿普查报告		首钢院地质研究所	1991年1月	1992年6月	1993年1月	519	1993年3月首勘技发5号
1162	河北迁安护国寺铁矿详查报告		首钢院地质研究所	1986年3月	1987年12月	1994年1月	2060	1995年2月首勘总工发8号
1163	北京怀柔老公营铁矿普查报告		首钢院地质研究所	1992年6月	1994年1月	1994年3月	451	1995年5月首勘技发18号
1164	河北迁安贾合山—影壁铁矿普查报告		首钢院地质研究所	1993年8月	1994年12月	1995年7月	267	1995年10月首勘总工发52号
1165	云南富宁县牙牌铁矿普查地质报告		西南局昆明地调所	1995年4月	1996年11月	1996年	505	西南地勘局
1166	甘肃肃南县镜铁山桦树沟铁矿补充勘探铁矿勘探报告		西北地勘局五队	1982年7月	1996年1月	1996年	21629	储8号审字〔1997〕99号

序号	报告成果名称	主要参与人员	提交单位	工作起止时间		报告提交时间	提交资源储量/万吨	审批情况
				起	止			
1167	河北赤城县尤家沟铁矿详查地质报告	孙书秀、张树宝、于栋江、牛瑞宝、卢锦平、于秀斌、王秀丽	一局516队	1986年4月	1991年8月	1992年	2617	地勘地字〔1993〕214号
1168	河北迁西县榆木岭铁矿普查地质报告		一局522队	1993年1月	1993年12月	1993年	306	地勘地字〔1993〕256号
1169	福建将乐上湖铁矿普查		二局地勘院	1991年11月	1993年3月	1994年	358	地二勘技〔1993〕153号
1170	河北迁安县北屯北铁矿中间勘探报告	郑宗镰、高振琴	首钢院地质勘探队	1974年3月	1989年12月	1995年	8982	
1171	新疆维吾尔自治区鄯善县百灵山铁矿床地质勘探报告	李新辉、李生全、厉小钧、刘宏信	冶金工业部西北地质勘查局五队	1993年4月	1996年8月	1997年	1306	新资准〔1997〕19号
1172	闽西南龙岩地区镜铁矿勘查报告		冶勘二局地矿院	1998年	1998年	1998年	6	
1173	新疆阿克陶县卡拉东铁矿（契列克其）铁矿勘查		山东局四队	1999年		1999年	7730	
1174	辽宁辽阳弓长岭铁矿勘探		冶勘东北局404队	1999年		1999年	274	
1175	辽宁辽阳县三道岭铁矿普查		东北局地勘院	1999年		1999年	2208	
1176	辽宁辽阳县红旗堡子铁矿普查		东北局地勘院	1999年		1999年	2312	
1177	新疆鄯善县多头山及其外围富铁矿普查报告	张天祥、宁水清、白龙安	冶金工业部西北地质勘查局地质勘查开发院	1999年	1999年	1999年	1058	
1178	辽宁辽阳县三道岭铁矿普查		东北局地勘院	2000年		2000年	4577	
1179	辽宁辽阳县红旗堡子铁矿普查		东北局地勘院	2000年		2000年	5361	
1180	新疆阿克陶县木吉乡卡拉东铁矿普查		冶勘山东局新疆勘查院	2001年		2001年	2321	

序号	报告成果名称	主要参与人员	提交单位	工作起止时间		报告提交时间	提交资源储量/万吨	审批情况
				起	止			
1181	新疆阿克陶县布伦口乡契列克其铁矿普查		冶勘山东局新疆勘查院	2001年		2001年	7784	
1182	山西黎城县东崖底乡黄崖洞铁矿普查		冶勘三局地勘院六分院	2001年	2003年	2003年	323	
1183	河北迁安铁矿区杏山铁矿补充勘探报告		首钢地勘院			2003年	83	冀国土资备储〔2003〕30号
1184	河北迁安铁矿二马铁矿补充地质勘探		首钢院地研所	2003年1月		2003年	32	
1185	河北滦南县马城铁矿区地质普查报告		中国冶金地质总局第一地质勘查院	1971年	1977年	2003年	79214	
1186	河北滦南县马城铁矿详查地质报告	胥燕辉、崔胜、刘凤阁、陈斌、蒙永雷、胡兴优	中国冶金地质总局第一地质勘查院	2008年3月	2008年12月	2010年	104476	国土资矿评储字〔2009〕133号
1187	河北滦南县马城铁矿勘探报告	胡兴优、刘凤阁、刘大金、郭东、刘航、韦文国	中国冶金地质总局第一地质勘查院	2011年	2012年	2012年	95443	国土资矿评储字〔2012〕175号
1188	河北滦南县马城铁矿补充勘探报告	胡兴优、刘大金、刘航、孟兆涛、江飞	中国冶金地质总局第一地质勘查院	2011年	2013年	2013年	122458	国土资矿评储字〔2014〕36号
1189	河北滦南县长凝铁(金)矿普查报告	江飞、王慧博、王自学	中国冶金地质总局第一地质勘查院	2008年	2014年	2015年	64375	冀国土资储评〔2015〕88号
1190	河北滦县常峪铁矿区普查地质报告	杨子宇、张彦俊、刘凤阁、闻九一、崔胜、王作恭、吴建华、彭浩、孙新建、郑守勤、吴春、马增田、孙金旭、赵明川	中国冶金地质勘查工程总局第一地质勘查院	1971年	1980年	2003年	9989	冀国土资储审〔2003〕37号

序号	报告成果名称	主要参与人员	提交单位	工作起止时间		报告提交时间	提交资源储量/万吨	审批情况
				起	止			
1191	河北滦县常峪铁矿详查报告	赵明川、胥燕辉、崔胜、佟建伟、刘凤阁、王作功、段晓冰、焦文生、吉庆斌、刘太、王郁柏、马曙光、田会先、孙文国、许瑞华、李晓军、张金玉、徐姣艳、任志良、蒙永雷、冯少龙	中国冶金地质总局第一地质勘查院	2006年4月	2006年9月	2007年4月	12501	冀国土资储评〔2007〕72号
1192	河北滦县青龙山—庆庄子铁矿	梁敏、李振隆、张为民、张金玉等	中国冶金地质总局第一地质勘查院	2013年	2015年	2020年	20014	冀矿储评〔2020〕138号
1193	河北滦县八里桥铁矿区普查调查评价简报	刘思球	原华北冶金地质勘探公司514队	1973年10月	1974年	1975年4月	2012	
1194	河北滦县八里桥铁矿区评价简报及下步地质勘探工作设计	刘凤阁	华北冶金地质勘探公司515队			1978年9月	2053	
1195	河北滦县八里桥铁矿区找矿评价报告说明	刘凤阁	华北冶金地质勘探公司515队	1979年10月	1981年1月	1981年7月	4165	
1196	河北滦县八里桥铁矿区评价报告	刘凤阁	冶金工业部第一地质勘探公司515队	1984年	1984年	1984年12月	4280	
1197	河北滦县沈官营铁矿普查地质报告	佟建伟、胥燕辉、马凤娈	中国冶金地质总局第一地质勘查院	2001年	2002年	2003年	372	
1198	滦县油榨铁矿区远景评价报告	苑文杰、刘彦、王来文、王嘉勋、赵炳杰、马英贤等	华北冶金地质勘探公司515队	1980年3月	1980年10月	1981年4月	803	

续附表

序号	报告成果名称	主要参与人员	提交单位	工作起止时间 起	工作起止时间 止	报告提交时间	提交资源储量/万吨	审批情况
1199	河北滦县张庄铁矿Ⅲ号异常的深部验证和评价	李永贤、徐志高、陶景明、孙守信、闻久一、杨自宇	华北冶金地质勘探公司514队	1971年	1973年		746	
1200	河北滦县前所营铁矿普查评价报告	王民生、王作恭	华北冶金地质勘探公司515队	1975年	1975年	1975年	90	
1201	河北滦县睢新庄铁矿		中国冶金地质总局第一地质勘查院	2004年	2004年	2004年	237	
1202	河北迁西县马道子铁矿	陈斌、江飞、张为民、杨正宏、蒙永雷、张磊	中国冶金地质总局第一地质勘查院	2009年	2010年	2010年	197	
1203	河北迁西县洒河桥镇大关庄—大黑石铁矿详查报告	刘航、江飞、梁敏、王自学、张卫民、蒙永雷	中国冶金地质总局第一地质勘查院	2011年4月	2013年1月	2013年2月	810	
1204	河北迁西县罗屯沙涧铁矿详查报告	梁敏、蒙永雷、江飞、才智远	中国冶金地质总局第一地质勘查院	2012年	2012年	2012年6月	319	冀国土资储评〔2013〕71号
1205	河北迁西县常胜峪铁矿详查报告	梁敏、杨正宏、蒙永雷、李金柱、孟兆涛	中国冶金地质总局第一地质勘查院	2011年	2012年	2012年12月	45	冀国土资储评〔2013〕92号
1206	河北迁西县烈马峪杨树沟铁矿详查报告	梁敏、张金玉、杨正宏、吴波、王慧博	中国冶金地质总局第一地质勘查院	2012年	2012年	2012年12月	70	冀国土资储评〔2013〕93号
1207	河北遵化市东二十里铺铁矿普查报告	佟建伟、胥燕辉	中国冶金地质总局第一地质勘查院	2005年	2005年	2005年10月	35	冀国土资储评〔2005〕105号
1208	河北遵化市东二十里铺铁矿详查地质报告	徐晓波、蒙永雷	中国冶金地质总局第一地质勘查院	2010年7月	2010年11月	2011年5月	119	冀国土资储评〔2011〕97号

序号	报告成果名称	主要参与人员	提交单位	工作起止时间		报告提交时间	提交资源储量/万吨	审批情况
				起	止			
1209	河北昌黎县闫庄铁矿区详查报告	佟建伟、胥燕辉、冯庆民	中国冶金地质勘查工程总局第一地质勘查院	2004年	2004年	2004年8月	4904	
1210	刘官营铁矿普查地质报告	胥燕辉、佟建伟	中国冶金地质勘查工程总局第一地质勘查院	2004年	2006年	2006年5月	48	冀国土资储评〔2006〕168号
1211	河北昌黎县刘官营铁矿详查报告	胡兴优、李振隆、韩业尚	中国冶金地质总局第一地质勘查院	2014年	2015年	2015年	253	冀国土资储评〔2015〕59号
1212	河北卢龙县付团店铁矿北区地质普查报告		冶金工业部第一地质勘查局515队			2001年4月	97	
1213	河北卢龙县付团店铁矿勘查报告	陈斌	中国冶勘总局第一地质勘查院秦皇岛分院	2003年6月	2003年6月	2003年7月	3	
1214	河北青龙满族自治县滦鑫矿业有限公司滦鑫铁矿（扩深）详查报告	才智远、母国成、王自学、张磊、张金玉、李金柱、张卫民	中国冶金地质总局第一地质勘查院	2012年	2012年	2013年	144	秦资储评〔2013〕119号
1215	河北青龙满族自治县大宾沟铁矿详查报告	刘航、王郁柏、孙文国	中国冶金地质总局第一地质勘查院	2006年	2007年	2007年	1217	冀国土资储评〔2008〕47号
1216	青龙满族自治县天驰矿业有限公司蒲杖子铁矿蒲杖子区段补勘地质报告		中国冶金地质总局第一地质勘查院	2006年	2008年	2008年	2057	
1217	河北青龙满族自治县双山子镇狼杖子铁矿地质勘查报告		中国冶金地质总局第一地质勘查院	2005年	2005年	2005年	1171	

序号	报告成果名称	主要参与人员	提交单位	工作起止时间		报告提交时间	提交资源储量/万吨	审批情况
				起	止			
1218	河北青龙满族自治县龙兴矿业有限责任公司八道河铁矿东抹子采区深部详查地质报告	陈斌、李昭、王郁柏、孙文国	中国冶金地质总局第一地质勘查院秦皇岛分院	2006年3月	2009年9月	2009年9月	353	冀国土资储评〔2009〕48号
1219	河北抚宁县吴王庄铁矾土矿区详细找矿评价报告		华北冶金地质勘探公司515队	1982年	1982年	1982年	26	
1220	河北宽城县苇子沟乡南苇子沟铁矿地质物探普查评价报告	冯茂生、孙新建、刘凤阁、范晓明、张瑞基	冶金部第一地质勘探公司515队	1990年	1990年	1990年	135	
1221	河北宽城县山家湾子乡火石高尖铁矿地质物探普查评价报告	冯茂生、范晓昕、赵明川	冶金部第一地质勘探公司515队			1990年11月	70	
1222	河北宽城玉山矿业有限公司李家窝铺铁矿详查报告	佟建伟、段晓冰	中国冶金地质总局第一地质勘查院秦皇岛分院	2012年	2012年	2012年	4622	
1223	河北迁安市杨官营铁矿普查报告		中国冶金地质总局第一地质勘查院	2007年5月	2007年9月	2007年9月	304	国土资储备字〔2007〕304号
1224	河北迁安市杨官营铁矿（详查工作）	季文、张铁明、刘强	中国冶金地质总局第一地质勘查院	2007年	2007年	2008年	999	国土资储备字〔2008〕130号
1225	河北迁安市易家庄铁矿地质普查报告		中国冶金地质总局第一地质勘查院	2007年8月	2008年11月	2007年7月	208	冀国土资储评〔2008〕154号
1226	河北迁安市易家庄铁矿（详查工作）		中国冶金地质总局第一地质勘查院	2008年	2009年	2009年	459	冀国土资储评〔2009〕49号

序号	报告成果名称	主要参与人员	提交单位	工作起止时间		报告提交时间	提交资源储量/万吨	审批情况
				起	止			
1227	河北迁安市小邹庄铁矿（详查报告）	柳国良、张铁明、牛文学、刘强、赵树东、叶大坚、赵桂菊	中国冶金地质总局第一地质勘查院	2012 年	2012 年	2013 年	38	冀国土资储评〔2013〕237 号
1228	河北迁安市倪庄铁矿地质普查报告		中国冶金地质总局第一地质勘查院	2008 年	2008 年	2009 年 1 月	144	冀国土资储评〔2009〕53 号
1229	河北迁安市倪庄铁矿详查地质报告		中国冶金地质总局第一地质勘查院	2009 年	2009 年	2010 年	299	冀国土资储评〔2010〕105 号
1230	河北迁安市倪庄铁矿（补充详查工作）	季文、刘强、史青青、叶大坚	中国冶金地质总局第一地质勘查院	2011 年	2012 年	2012 年	110	冀国土资备储〔2012〕128 号
1231	河北迁安县河东地区铁矿地质详查报告		冶金部第一冶金地质勘探公司第一分公司			1998 年	95	未经河北省储委评审备案
1232	河北迁安市金江铁矿（详查工作）	暴林森、季文、王明、张铁明、刘晓波、叶大坚、张学文	中国冶金地质总局第一地质勘查院	2010 年	2010 年	2010 年	52	河北省国土资源厅备案
1233	河北滦县睢新庄铁矿地质详查报告	季文、陈国峰等	中国冶金地质总局第一地质勘查院	2004 年	2004 年	2004 年	237	
1234	河北遵化市东留村铁矿普查地质报告		中国冶金地质总局第一地质勘查院	2008 年		2010 年 6 月	154	冀国土资储评〔2010〕123 号
1235	河北遵化市东留村铁矿（详查工作）	季文、刘强、王明、何永红、赵树东	中国冶金地质总局第一地质勘查院	2010 年	2011 年	2012 年	469	冀国土资备储〔2012〕4 号

序号	报告成果名称	主要参与人员	提交单位	工作起止时间		报告提交时间	提交资源储量/万吨	审批情况
				起	止			
1236	河北首钢迁安铁矿区羊崖山铁矿床二期地质勘探总结报告	窦鸿泉、禚成方、谢坤一、卢浩钊、刘振亚、丛树本	首都钢铁公司地质勘探队	1982 年	1982 年	1982 年	5975	首发计字〔1983〕第 29 号
1237	河北迁安市兴云大杨庄铁矿深部详查地质报告	刘会来、王明、刘强、牛瑞川	中国冶金地质总局第一地质勘查院	2013 年 7 月	2014 年 7 月	2014 年 10 月	1239	通过河北省国土资源厅备案
1238	山西代县初裕沟—山羊坪西区铁矿普查地质报告	周德兴	冶金部第三地质矿产局	1994 年	1994 年	1994 年	22200	
1239	山西五台县柏枝岩铁矿区详细普查地质报告	侯松年	山西省冶金地质勘探公司二队	1978 年	1978 年	1981 年	17968	
1240	山西代县皇家庄砾瑶矿区铁矿详查地质报告	杜荣学、郭梅凤、王培英、陈春娥	中国冶金地质勘查工程总局第三地质勘查院	2003 年	2003 年	2004 年	1555	晋国土资储备字〔2004〕172 号
1241	山西娄烦县狐姑山矿区深部及外围铁矿详查（续作）地质报告	裴进云、宁建国、潘益裕、赵建社、贾世俊、贾士影	中国冶金地质总局第三地质勘查院	2020 年	2021 年	2022 年 8 月	17670	待送审
1242	山西娄烦县狐姑山铁矿 20~44 线深部普查地质报告	裴进云、宁建国、潘益裕、周鹏、王文洲、赵文凯	中国冶金地质总局第三地质勘查院	2020 年	2021 年	2022 年 6 月	7148	待送审
1243	山西娄烦县狐姑山铁矿深部普查地质报告	裴进云、王大龙等	中国冶金地质总局第三地质勘查院	2012 年	2018 年	2019 年	12615	山西省国土资源厅验收通过
1244	山西繁峙县—灵丘县平型关铁矿区地质评价报告		山西省冶金地质勘探公司第二勘探队	1976 年	1981 年	1981 年	12988	
1245	山西平型关东长城矿段西侧普查地质报告		中国冶金地质总局第三地质勘查院	2009 年	2012 年	2012 年	1285	山西省国土资源厅评审通过备案

续附表

序号	报告成果名称	主要参与人员	提交单位	工作起止时间		报告提交时间	提交资源储量/万吨	审批情况
				起	止			
1246	山西代县白峪里铁矿评价报告		冶金部省地质勘探公司二队	1983年	1983年	1984年	0	
1247	山西五台县香峪铁矿普查地质报告		冶金部第三地质勘查院311队	1987年	1989年	1992年	16488	局地决字〔1992〕6号
1248	山西二峰山铁矿半山矿区地质勘探总结报告		山西省冶金地质勘探公司第四勘探队			1982年	3879	山西省冶金地质勘探公司批准
1249	山西二峰山铁矿半山矿区2~6号矿体补勘报告文字说明		山西省冶金地质勘探公司第四勘探队			1978年	34	
1250	山西襄汾县塔儿山铁矿地质普查检查阶段性矿体初步评价报告		山西省工业所工矿研究所			1957年	371	省储委
1251	山西塔儿山铁矿尖兵村矿区10-1线间及豹峪沟矿区地质勘探总结报告		山西省冶金地勘公司一队	1978年	1978年	1978年	731	
1252	山西襄汾县塔儿山铁矿半山里矿区普查工作总结		冶金工业部山西地质勘探公司第一公司	1986年	1986年	1986年	1649	
1253	河北迁西县栾阳铁矿区史家庄铁矿详查地质报告	关异齐	522队	1985年	1986年	1987年	1370	冶地总字〔1988〕127号
1254	辽宁建平县富山乡牛和梁铁矿床详查地质报告	辛二利、党凤书、芦清娥、于年有	冶金部第一地质勘查局一队	1991年	1992年	1993年6月	403	
1255	河北沙河县綦村矿区凤凰山铁矿地质勘探报告		华北冶金地质勘探公司520队	1975年	1980年9月	1980年11月	1380	
1256	河北临城县柏沟铁矿	李巨宝、李爱兵	中国冶金地质总局一局520队	2008年6月	2009年4月	2009年7月	54	冀国土资备储〔2010〕11号备案

序号	报告成果名称	主要参与人员	提交单位	工作起止时间		报告提交时间	提交资源储量/万吨	审批情况
				起	止			
1257	河北临城县围场铁矿		中国冶金地质总局第一地质勘查院邢台分院	2008 年	2016 年	2016 年	80	
1258	河北邢台县北小庄石善铁矿	李军栋、霍立珍、崔凯	中国冶金地质总局第一地质勘查院邢台分院	2009 年	2011 年	2011 年 11 月	82	邢瑞丰资储审〔2012〕1 号
1259	河北宣化镇四方台铁矿最终地质勘探报告	于栋江、牛瑞宝、卢锦平、于秀斌、王秀丽	河北省冶金工业局地质勘探公司516 队	1958 年	1959 年	1959 年	527	
1260	河北宣化四方台铁矿区地质勘探补充报告	何德胜、王素芬、李景昌、刘长令、刘志敏	河北省冶金工业局地质勘探公司516 队	1959 年	1960 年	1960 年	156	
1261	河北涿鹿县口前铁矿地质评价报告	白树峯、许小峯、张海滨、谭作霖、杨长恕、纪效义、王国英、邓庆德	冶金部华北地质勘探公司516 队	1969 年 5 月	1972 年	1974 年 12 月	5914	冶金部华冶一勘局华冶勘地字〔1978〕32 号
1262	河北武安市西石门铁矿	真允庆、张永交	河北省冶金工业局地质勘探公司518 队	1959 年		1959 年	2712	
1263	河北武安县锁会铁矿床地质勘探总结报告		518 队			1971 年	454	
1264	河北武安市西石门—锁会铁矿北段		518 队	1969 年			1041	
1265	河北武安县西石门—锁会铁矿	邱晓峰	中国冶金地质总局第一地质勘查院	2007 年	2007 年	2007 年	926	
1266	河北临城县石窝铺铁矿普查地质报告	李建辉、周劲松、秦朝阳	中国冶金地质总局第一地质勘查院	2003 年	2003 年	2003 年	285	

续附表

序号	报告成果名称	主要参与人员	提交单位	工作起止时间 起	工作起止时间 止	报告提交时间	提交资源储量/万吨	审批情况
1267	武安县黑石头坡1号矿体地质勘探报告		518队	1968年	1968年	1968年	26	华冶勘地字〔1978〕46号
1268	河北沙河市上郑铁矿		518队	1959年	1993年	1993年	1691	
1269	河北武安县云驾岭铁矿补充地质工作说明	李玺安	518队	1979年	1980年	1980年	339	华北冶金地质勘探公司华冶勘地字〔1983〕82号
1270	河北武安县东梁庄铁矿凤凰山矿体	左书培	华北冶金地质勘探公司物探队	1958年	1975年	1975年	318	
1271	河北武安县西台地铁矿质勘探总结报告	李黎明	518队	1974年	1975年	1975年	448	邢基地办公室（批复）基办〔1976〕1号
1272	河北武安县北洺河钴、铁矿床地质勘探总结报告（补充报告）	李景昌	518队	1969年	1974年	1974年	7910	邯邢基地办公室文件基办〔1974〕38号
1273	河北武安县杨二庄铁矿地质勘探总结报告	张竹如	519队	1969年	1972年	1973年	3922	冶金部冶地字〔1973〕1771号
1274	河北武安市玉泉岭铁矿矿区勘探总结报告	李步云、王兰庭、李晓峰、李复晔	冶金部华北分局			1958年	534	
1275	河北邯郸市武安矿区尖山铁矿地质勘探总结报告	真允庆	518队	1958年	1959年	1959年	1858	
1276	河北武安县固镇铁矿铁矿岭矿体详细勘探及外围详细找矿地质总结报告	史庆富等					305	河北省冶金工业厅地质勘探公司冀冶勘地储字〔1964〕13号
1277	河北武安县上泉铁矿地质勘探报告		518队、517队	1959年	1966年		1146	
1278	河北武安县胡峪铁矿地质评价报告	周水生	518队	1972年	1972年	1972年	2305	经华冶勘地字〔1978〕61号文件审核

序号	报告成果名称	主要参与人员	提交单位	工作起止时间		报告提交时间	提交资源储量/万吨	审批情况
				起	止			
1279	河北武安县北洺河钴、铁矿床地质勘探总结报告		518 队	1969 年	1970 年	1970 年	9502	
1280	河北武安县尖山铁矿区云驾岭矿体评价勘探报告		518 队	1969 年			2302	
1281	河北武安县崔石门铁矿地质评价勘探报告		518 队、517 队	1965 年	1966 年	1966 年	3046	经华冶勘字〔1978〕128 号文件审查
1282	河北涉县符山铁矿六矿体地质勘探总结报告		518 队	1970 年	1971 年	1971 年	507	
1283	河北涉县符山铁矿区二、七矿体详细地质勘探总结报告	张庆林	518 队	1964 年	1964 年	1964 年	805	
1284	河北涉县符山矿区符山窑矿体地质勘探总结报告	姜义	518 队	1959 年	1960 年	1960 年	11	
1285	河北涉县符山铁矿区一、四矿体详细勘探地质总结报告	李黎明、张庆林	518 队	1962 年	1963 年	1964 年	2230	
1286	河北涉县符山铁矿第七矿体快速勘探地质总结报告	姜义		1959 年	1959 年	1960 年	204	
1287	河北涉县符山铁矿第六矿体 1960 年度地质勘探总结报	史庆富	518 队	1960 年	1960 年	1960 年	372	
1288	河北涉县符山铁矿第一、二矿体地质勘探总结报告	史庆富		1959 年	1959 年	1959 年	7000	
1289	河北涉县东梁庄铁矿	吉香阁	河北省冶金局地质勘探公司	1958 年	1958 年	1958 年	226	
1290	河北沙河县中关铁矿地质评价勘探报告		518 队	1965 年	1966 年	1966 年	3808	

序号	报告成果名称	主要参与人员	提交单位	工作起止时间		报告提交时间	提交资源储量/万吨	审批情况
				起	止			
1291	河北邢台县新城铁矿地质勘探总结报告	刘春吉	518 队	1956 年	1958 年	1958 年	110	
1292	河北沙河县东郝庄铁矿初步勘探总结报告	刘春吉	518 队、517 队	1960 年	1961 年	1962 年	119	
1293	河北邢台县新城矿区西郝庄铁矿1960 年度地质勘探工作简报	刘春吉	518 队	1959 年	1961 年	1961 年	480	
1294	河北沙河县綦村铁矿寺山后坡矿体	刘春吉、刘书德	521 队、518 队	1956 年	1964 年	1963 年	1005	
1295	河北沙河县綦村铁矿龟山矿体生产地质勘探总结报告	刘春吉、左书培	518 队	1961 年	1963 年	1963 年	235	
1296	河北武安县矿山村铁矿南部矿体地质工作简报		518 队	1968 年	1969 年	1969 年	61	经华北冶金地质勘探公司文件华冶勘地字〔1978〕127 号
1297	武安县下水头铁矿地质勘探总结报告		518 队	1969 年	1969 年	1969 年	39	华冶勘地字〔1978〕54 号
1298	河北武安县矿山村铁矿郭二庄矿体补充勘探总结报告		518 队	1959 年	1969 年	1969 年	79	华冶勘地字〔1978〕51 号
1299	河北涉县西戌北云盘路铁矿		中国冶金地质总局第一地质勘查院邯郸分院	2003 年	2005 年		9	
1300	河北涉县西戌北铁矿		中国冶金地质总局第一地质勘查院邯郸分院	2003 年	2005 年		36	
1301	山西代县初裕沟矿区铁矿普查（续作）地质报告	高少阳、倪倩、刘超、魏儒友	中国冶金地质总局第三地质勘查院	2016 年	2019 年	2019 年	20937	山西省国土资源厅评审通过

序号	报告成果名称	主要参与人员	提交单位	工作起止时间		报告提交时间	提交资源储量/万吨	审批情况
				起	止			
1302	吉林浑江市大栗子铁矿区东风铁矿深部		通化钢铁集团板石矿业有限责任公司	2010 年	2010 年		272	
1303	山东东平县彭集铁矿		山东正元地质勘查院	2009 年	2010 年	2011 年	21952	国土资储备字〔2011〕125 号
1304	山东莱芜铁矿马庄矿床补充勘探中间报告		山东冶金地质勘探公司第二地质勘探队	1962 年	1963 年	1963 年	1891	该报告未予批准
1305	山东莱芜铁矿区马庄曹村矿床地质勘探总结报告	陈荣顺、齐心田、王永林等	山东冶金地质勘探公司第二地质勘探队	1963 年	1964 年	1965 年	2262	"第 2 号决议书"评审
1306	山东莱芜铁矿区马庄矿床 0m 以下补充勘探地质报告	宗信德等	冶金部山东地质勘探公司第二地质勘探队	1983 年	1985 年	1985 年	2046	鲁矿储决字〔1986〕6 号
1307	山东掖县铁矿大泥河矿区普查评价总结报告		山东省冶金地质勘探公司第三勘探队	1970 年	1971 年	1972 年	3979	山东省冶金地质勘探公司审查
1308	山东莱州市大泥河矿区铁矿详查报告	王圣标、王德安、马永生等	山东省第一地质矿产勘查院	2002 年	2002 年	2003 年	0	鲁资储备字〔2003〕28 号
1309	山东济南铁矿张马屯西矿体及农科所矿体地质勘探补充报告	陆盛鼎、陈荣顺、蒋徽等	山东冶金工业局第三勘探队	1958 年	1959 年	1959 年	26	
1310	山东济南张马屯铁矿区及徐家庄矿区 1960 年度地质勘探补充报告		山东省冶金地质勘探公司第三勘探队	1959 年	1959 年	1960 年	861	
1311	山东济南铁矿区张马屯矿床地质勘探总结报告	陈荣顺、张长捷、王丞林、钱汝根、王金顶等	山东省冶金地质勘探公司第二勘探队	1966 年	1966 年	1966 年	1696	
1312	山东济南铁矿区张马屯矿床补充勘探地质总结报告	林凤鸣、赖志和、桃云和等	山东省冶金地质勘探公司一队和水文队	1971 年	1973 年	1973 年	2581	鲁冶矿字〔1973〕26 号

序号	报告成果名称	主要参与人员	提交单位	工作起止时间 起	工作起止时间 止	报告提交时间	提交资源储量/万吨	审批情况
1313	山东济南铁矿区张马屯矿床1979年基建地质勘探总结报告	栾桥、孙旗军、朱虚白等	山东省冶金地质勘探公司第二水文队	1979年	1979年	1979年	2883	山东省冶金厅鲁冶基字〔1981〕66号评审备案
1314	济南张马屯铁矿Ⅱ0矿体生产勘探地质总结报告	路乃昌、王渝、潘尚银		1980年	1980年	1980年	100	山东省冶金厅鲁冶矿字〔1980〕37号评审备案
1315	山东东平县彭集铁矿详查报告	卢铁元、刁振训、汪云、陈守财、蒋会生、栾景文、杨正常、方传昌、王瑞海、杨留锁、肖珍容、徐建、吴振华、赵耀、田明刚、兰天、赵序峰、张启生、赵耘、李泉斌、姚淞文、亓温玲	中国冶金地质总局山东正元地质勘查院	2009年	2010年	2010年	21952	国土资源部国土资储备字〔2011〕125号
1316	山东淄博市金岭铁矿王旺庄矿床地质评价总结报告	牟昌平等	山东省冶金地质勘探公司第一勘探队	1970年	1977年	1981年	5063	鲁冶勘地字〔1982〕42号
1317	金岭铁矿外围矿区地质勘探总结报告		重工业部华北分局502队	1956年	1957年	1957年	1228	未经审批
1318	山东金岭铁矿铁山区地质勘探总结报告		502地质勘探队	1955年		1957年	850	全国储量委员会第91号
1319	山东淄博金岭铁矿区西召口矿床地质勘探总结报告	赖志和	山东冶金地质勘探一队	1965年	1984年	1984年	932	鲁矿储字〔1985〕8号
1320	山东淄博金岭铁矿辛庄矿床地质勘探总结报告		山东省冶金地质勘探公司第一勘探队	1972年		1987年	607	鲁矿储决字〔1987〕18号
1321	山东淄博市金岭铁矿区辛庄矿床深部铁矿详查报告		山东金岭矿业股份有限公司	2008年	2009年	2009年	26	鲁国土资字〔2010〕766号

序号	报告成果名称	主要参与人员	提交单位	工作起止时间 起	止	报告提交时间	提交资源储量/万吨	审批情况
1322	山东淄博市金岭铁矿区新立庄矿床普查报告		山东正元地质资源勘查有限责任公司	2006年	2006年	2006年	522	鲁资金备字〔2006〕25号
1323	山东淄博市金岭铁矿区后下庄铁矿详查报告		邯邢冶金矿山管理局地质勘查院	2007年	2009年	2009年	93	鲁国土资字〔2009〕394号
1324	山东淄博市金岭铁矿区尚河头矿床普查地质报告		山东正元地质资源勘查有限责任公司	2001年	2002年	2003年	43	鲁资储备字〔2003〕33号
1325	山东淄博市金岭铁矿区西齐铁矿详查地质报告		冶金部山东地勘局一队	1975年	2000年	2000年	44	鲁资办审〔2000〕13号
1326	湖北鄂城县程潮矿区西部Ⅵ号矿体		中南地质勘查院	2003年	2005年	2005年	833	
1327	湖北建始县官店铁矿区外围1957年普查地质报告	陈励君、郭衍、张福厚等	冶金部地质局川鄂分局604队	1957年	1957年	1958年	12600	
1328	湖北官店铁矿区详查区及其外围详查区1959年度地质报告	唐瑞才、李安全、曾汝源	冶金部地质局川鄂分局604队	1959年	1959年	1960年	13170	1963年5月10日冶金部冶金地质勘探公司
1329	湖北长阳火烧坪铁矿区地质勘探总结报告	陈福欣、辛承源	冶金部地质局川鄂分局601队	1958年	1959年	1959年	15212	全国储委三次审批
1330	湖北长阳火烧坪矿床1965~1966年补充勘探报告	王乐亭、徐明昌、李永康	冶金部中南地质勘探公司607队	1965年	1966年	1966年	1116	
1331	湖北铁山矿区铁矿补充地质勘探报告	边效曾、张尊光	重工业部武汉地质勘探公司第二勘探队	1954年	1955年	1955年	1039	
1332	湖北大冶铁山矿区1963年度补充地质勘探报告	佟玲山	武钢地质勘探队	1963年	1963年	1964年	390	

序号	报告成果名称	主要参与人员	提交单位	工作起止时间		报告提交时间	提交资源储量/万吨	审批情况
				起	止			
1333	湖北黄石市铁山铁铜矿床尖林山矿段-200m至-400mⅢ号矿体勘探报告	温带国、李惠宗、张茂永	中南地质勘查局601队	1989年	1990年	1990年	375	
1334	湖北黄石市大冶铁矿深部普查地质报告	刘玉成	中南地质勘查院	2004年	2007年	2008年	2113	
1335	湖北黄石市铁山矿区龙洞—象鼻山矿段深部铁矿详查报告	刘玉成	中南地质勘查院	2007年	2008年	2008年	17692	
1336	湖北鄂城程潮矿区地质勘探中间报告		南京地质勘探公司805队	1956年	1960年	1960年	8774	经省储委审查批准为初勘报告
1337	湖北鄂城县程潮矿区地质勘探中间报告	陈福欣、徐景富、凌发乾	冶金部中南冶金地质勘探公司609队	1963年	1964年	1964年	6244	经省储委批准
1338	湖北鄂城县程潮矿区西部地质勘探总结报告	陈福欣、凌发乾、李惠宗	中南冶勘609队	1970年	1973年	1975年	11467	经省储委批准
1339	湖北鄂城县程潮铁矿西部Ⅲ号矿体补充地质资料	杨昌明等	中南冶勘608队	1977年	1978年	1978年	2674	湖北省储委1980年
1340	湖北鄂城县程潮矿区西部Ⅵ号矿体详细勘探地质报告	黎胜才、范忠良、陈福欣	中南冶勘608队、609队、606队	1970年	1983年	1984年	20187	全国储委于1986年3月批准
1341	湖北鄂城市程潮铁矿区-428m至-568m中段生产勘探地质报告	莫洪智等	中南地质勘查院	2003年	2005年	2005年	2141	
1342	湖北大冶金山店矿区张福山矿床地质勘探报告	陈福欣、凌发乾、罗立钱	中南冶勘609队	1965年		1969年	10559	

序号	报告成果名称	主要参与人员	提交单位	工作起止时间		报告提交时间	提交资源储量/万吨	审批情况
				起	止			
1343	湖北大冶县张福山铁矿东部详细勘探地质报告	凌发乾、罗立钱、李惠宗	609 队、608 队	1979 年	1986 年	1986 年	8665	全国储委 1988 年 9 月
1344	湖北大冶市余华寺铁矿区深部及外围铁矿普查报告	于炳飞	中南地质勘查院	2011 年	2014 年	2014 年	181	
1345	湖北大冶市金山店铁矿接替资源勘查（张福山矿床深部普查）报告	陈腊春	中南地质勘查院	2007 年	2010 年	2010 年	3598	湖北省国土资源厅评审
1346	湖北大冶铁矿地质勘探报告		地质部429 队	1953 年	1953 年	1953 年	289	
1347	湖北黄石市灵乡小包山补勘报告	于治安	武汉钢铁公司地质勘探队	1958 年	1960 年	1960 年	140	
1348	湖北小包山生产勘探报告		武汉钢铁公司	1970 年	1971 年	1971 年	456	
1349	湖北大冶灵乡矿区广山矿床地质勘探报告		武钢地质勘探队	1958 年	1958 年	1963 年	979	湖北省储委审查
1350	湖北大冶县刘家畈铁矿中间地质勘探报告	陈力军、郑水生、蒲仲恒	603 队	1971 年	1973 年	1973 年	1427	湖北省储委
1351	刘家畈铁矿 2 号矿体新增储量说明		603 队	1973 年	1973 年	1973 年	103	湖北省储委
1352	湖北大冶县灵乡铁矿刘家畈 7 号矿体 1973 年度储量计算说明	温带国	604 队	1973 年	1973 年	1974 年	348	
1353	湖北黄梅县黄梅铁矿区马尾山矿床地质勘探报告	朱清泉、舒治森、姚晓众	中南局604 队	1974 年	1982 年	1982 年	1621	鄂储〔1982〕11 号
1354	湖北鄂州市磨石山铁矿区 2~14 线	章幼惠、左志远、王崇建等	中南地质勘查院	2005 年	2006 年	2006 年	782	湖北省国土资源厅鄂土资储备字〔2006〕28 号

序号	报告成果名称	主要参与人员	提交单位	工作起止时间		报告提交时间	提交资源储量/万吨	审批情况
				起	止			
1355	湖南蓝山县太平锰铁矿详查地质报告	刘如章、左桂四、蒋吉生等	冶金部中南地质勘查局长沙地质调查所607队	1990年	1994年	1994年	2453	局地发〔1994〕115号
1356	湖南蓝山县太平矿区锰铁矿详查地质报告	严启平、闻立泉、易德法、罗济民、邱熙	中国冶金地质总局中南局长沙地质调查所	1997年	1997年	1998年	2941	湘矿资决〔1998〕5号
1357	云南腾冲县铁帽山铁矿	李亚林、李昭华、曾祥发、田育云、扈雪峰、周强、杨剑波、魏平堂	昆明地质勘查院	2004年	2004年	2004年	600	
1358	云南勐海县巴夜锰多金属矿普查报告	高儒东、武翠、李昭华、刘俐伶、熊桂仙	昆明地质勘查院	2005年	2005年	2005年	62	云国土储备字〔2010〕174号
1359	云南巴夜锰多金属矿区光头山铁矿龙帕安山矿段的详查	秦玉龙、胡永刚、石平	中国冶金地质总局昆明地质勘查院	2009年		2011年	91	
1360	云南宣威市袁家大地铁矿铁矿床	周锃杭、胡永刚、李昭华、杨今行、邓兴华、常永康、柳文、胡晓忠	中国冶金地质总局昆明地质勘查院	2008年	2008年	2008年	38	云国土资储备字〔2009〕117号
1361	云南晋宁县洗澡塘铁矿	高占鸿、石平、李昭华、刘祥洋	昆明地质勘查院	2010年	2011年	2012年	576	云国土资矿评储字〔2012〕147号
1362	云南富宁县平法钛铁矿砂矿	蒋朝恩、高儒东、胡永刚、兰义康、吴兴洪、李显成	昆明地质勘查院	2013年	2017年	2017年	616	云地工勘资矿评储字〔2018〕17号
1363	云南武定县花乔钛铁砂矿	夏国体、王朝勇、杨剑波、范礼刚、李金勇、光发才、陆继泽	昆明地质勘查院	2013年	2017年	2017年	26	云国土资矿评储字〔2017〕27号
1364	云南勐海县东河铁锰矿	秦玉龙、李振华、夏国体、黄锦旭	昆明地质勘查院	2006年	2007年	2007年	284	云国土资储备字〔2007〕59号

序号	报告成果名称	主要参与人员	提交单位	工作起止时间		报告提交时间	提交资源储量/万吨	审批情况
				起	止			
1365	云南大关县天星堡—漂坝铁矿	叶金福、秦玉龙、潘飞、杨三元、王雄、邹少强、农廷尊	昆明地质勘查院	2004 年	2005 年	2006 年	248	云国土资储备字〔2006〕34 号
1366	云南大关县山阳溪铁矿床	叶金福、秦玉龙、潘飞、杨三元、王雄、邹少强、农廷尊	中国冶金地质总局昆明地质勘查院	2004 年	2005 年	2005 年	280	云国土资储备字〔2006〕19 号
1367	云南玉龙县河西村铁矿	吴太松、吴远坤、刘俐伶、范礼刚	昆明地质勘查院	2004 年	2005 年	2005 年	119	云国土资矿评字〔2005〕15 号
1368	云南省昆明市东川区萝卜地铁矿详查	高占鸿、何凤吉、罗嫚钦、何向前、刘俐伶、熊桂仙、张朝辉、张廷勇、潘飞、周祥、毕晓辉、李俊、黄达新、马其英	中国冶金地质总局昆明地质勘查院	2010 年	2010 年	2010 年	2094	
1369	云南峨山县化念镇铁矿床	潘中立、苑芝成、白崇裕、叶金福、张继志、罗爱湘	中国冶金地质勘查工程总局昆明地质勘查院	2003 年	2003 年	2003 年	150	云国土资储备字〔2004〕17 号
1370	陕西柞水县大西沟铁矿床磁铁矿体补充评价地质报告	宫本乐、张恭勤	冶金部西北冶金地质勘探公司第六勘探队	1986 年	1987 年	1987 年	1194	
1371	甘肃肃南裕固族自治县桦树沟铁矿床西Ⅱ铁矿体 14-6 线补充勘探报告	刘华山、杨来耕、陈壁田、郑静、李英华、秦继洲、王克武	冶金部西北地质勘查局五队	1991 年	1991 年	1991 年	1351	甘储决字〔1991〕1 号总审字49 号
1372	甘肃肃南裕固族自治县桦树沟西铁铜矿区地质普查报告	张宏发、彭世孝、尹宪辉	中国冶金地质总局西北局五队	2008 年	2009 年	2011 年	1348	甘肃省自然资源厅矿产资源储量评审中心
1373	内蒙古额济纳旗蒜井子钒钛磁铁矿点普查总结报告	梁忠义	冶金部西北地质勘查局五队	1990 年	1990 年	1990 年	717	

序号	报告成果名称	主要参与人员	提交单位	工作起止时间 起	工作起止时间 止	报告提交时间	提交资源储量/万吨	审批情况
1374	内蒙古自治区额济纳旗小黑山铁矿点普查	王吉秀、张汉军、李麦换、杨海滨、王建业	冶金部西北地质勘查局五队	1991年	1991年	1991年	8	
1375	陕西洋县毕机沟铁矿及外围普查报告	董省元、刘文波、李关胜、李刚、谢虎正、吴小虎、李平	冶金部西北地质勘查局六队	1988年	1992年	1992年	2235	
1376	陕西洋县毕机沟钒钛磁铁矿区地质勘探报告	魏东、火兴开、王星、闫卫军、赵继红、刘宏信、李锦玉、吴天奇	中国冶金地质勘查总局西北地质勘查院	2015年	2015年	2017年	28723	
1377	新疆鄯善县多头山西Ⅱ铁矿及外围普查总结报告	张天祥	西北冶金地勘局地质勘查开发院五分院	1994年	1995年	1997年	491	
1378	新疆维吾尔自治区哈密市雅满苏铁矿床Fe_1矿体深部补勘地质报告	张相周、张洪发、杨来耕、王兴保、刘宏信、张江	冶金部西北地质勘查局五队	1991年	1997年	1997年	911	
1379	新疆鄯善县黑尖山铁矿床地质普查小结及深部找矿设计方案	厉小钧	冶金部西北地质勘查局五队			1993年	221	
1380	新疆鄯善县百灵山东南铁矿床地质普查报告	陈炳鈇、赵绳武、袁涛、白龙安	冶金部西北地质勘查局	1998年	1998年	1998年	267	
1381	新疆维吾尔自治区鄯善县东北岭铁矿床地质普查总结报告	白龙安、赵绳武、张云明	冶金部西北地质勘查局	1998年	1998年	1999年	693	
1382	新疆维吾尔自治区哈密市磁海铁矿Ⅱ期露天采区地质勘探报告	于守南、李秋林、杨前进、刘宏信	冶金部西北地质勘查局五队	1997年	1998年	1999年	2337	新资准〔1999〕10号
1383	新疆若羌县淤泥河铁矿床地质普查报告	白龙安、王平户、袁涛	冶金部西北地质勘查局地质勘查开发院	1999年	1999年	1999年	174	冶金部西北地质勘查局地质勘查开发院评审

序号	报告成果名称	主要参与人员	提交单位	工作起止时间		报告提交时间	提交资源储量/万吨	审批情况
				起	止			
1384	陕西略阳县杨家坝矿区铁矿地质普查报告	李廷栋	冶金部西北地质勘查局地质勘查开发院	1998年	1998年	1999年	471	
1385	新疆富蕴县蒙库铁矿床1~9号铁矿体（浅部）详查地质报告	仇仲学、李秋林、刘宏信	中国冶金地质勘查工程总局西北地质勘查院	2000年	2002年	2002年	24384	新国土资储评审〔2002〕105号；矿产资源储量认定书，新国土资储认〔2002〕163号
1386	新疆富蕴县蒙库铁矿东段乌吐布拉克铁矿普查报告	谢孟华、厉小钧、王恩贤、闫卫军、王建业、张彬、张建新、蒲辉耀、刘晓宁、雷早田	中国冶金地质勘查工程总局西北地质勘查院	2005年	2006年	2006年	378	新国土资储评〔2006〕239号
1387	新疆维吾尔自治区富蕴县巴利尔斯铁矿床2、2-1、3、4号铁矿体普查地质报告	仇仲学、厉小钧、袁涛、何英、王恩贤、李秋林、蒲耀辉	中国冶金地质勘查工程总局西北地质勘查院	2003年	2004年	2004年	134	新国土资储评审〔2004〕67号
1388	新疆富蕴县铁木里克铁矿床地质普查报告	厉小钧、雷早田、蒲耀辉、刘晓宁、张建新、王恩贤、王建业、闫卫军、张彬	中国冶金地质勘查工程总局西北地质勘查院			2006年	499	中国冶金地质勘查工程总局西北局
1389	新疆富蕴县额尔齐斯铁矿普查报告	舒旭、刘晓宁、魏东、何磊、张顶真	中国冶金地质勘查工程总局西北局乌鲁木齐地调所	2006年	2006年	2006年	145	通过初审
1390	西藏自治区亚东县春丕沟铁矿地质普查报告	赵晓强、王文学、陈建设、杨旭升	中国冶金地质总局西北地质勘查院西藏分院	2007年	2007年	2007年	61	
1391	西藏自治区谢通门县春哲铁矿资源储量核实	周喜云、仇喜超、李得俊、盛希亮	中国冶金地质总局西北地质勘查院	2008年	2008年	2009年	594	藏矿储评字〔2009〕25号

| 序号 | 报告成果名称 | 主要参与人员 | 提交单位 | 工作起止时间 | | 报告提交时间 | 提交资源储量/万吨 | 审批情况 |
				起	止			
1392	新疆哈密市双峰山铁矿详查报告	舒旭、刘宏信、姚龙、王建军	中国冶金地质勘查总局西北局乌鲁木齐地质调查所	2008年	2009年	2009年	75	通过初审
1393	新疆哈密市求方401铁矿普查报告	雷旱田、陈贺起、刘晓宇、陈冲	中国冶金地质总局西北地质勘查院	2007年	2009年	2009年	4	
1394	甘肃肃北县珊瑚井铁矿点普查地质报告	殷建民、王模先	中国冶金地质总局西北局五队	2009年	2010年	2010年	3	甘肃省自然资源厅矿产资源储量评审中心
1395	西藏自治区谢通门县江拉矿区北矿带铁矿详查报告	蒲耀辉、周喜云、仇喜超、张冬瑞、盛希亮	中国冶金地质总局西北地质勘查院	2009年	2010年	2010年	662	西藏自治区矿产资源评审中心
1396	陕西洋县桑溪乡钒钛磁铁矿资源储量核实报告	李会民、杨涛、解新国、庞田玉、闫伟伟、张选朝	中国冶金地质总局西北地质勘查院	2011年	2011年	2011年	651	陕国土资评储发〔2011〕85号
1397	陕西略阳县阁老岭铁矿接替资源勘查报告	刘小舟、张定真、王和民、刘宏信、苟进昌	中国冶金地质总局西北地质勘查院	2008年	2010年	2011年	399	陕国土资评储发〔2011〕80号
1398	甘肃肃南县石板沟铁矿区普查报告	张宏发、彭世孝、尹宪辉	中国冶金地质总局西北局五队	2009年	2009年	2011年	66	甘肃省自然资源厅矿产资源储量评审中心
1399	甘肃肃南县羊露河铁矿普查报告	王军、吴江、丁富城	中国冶金地质总局西北局五队	2009年	2010年	2011年	221	甘肃省自然资源厅矿产资源储量评审中心
1400	陕西洋县邵家沟磁铁矿详查地质报告	李会民、魏东、刘宏信、闫伟伟、贾玉成、赵继红	中国冶金地质总局西北地质勘查院	2011年	2011年	2011年	255	陕国土资评储发〔2011〕139号
1401	甘肃肃南裕固族自治县黑达坂铁矿地质普查报告	张汉军、刘尚龙、王洋	中国冶金地质总局西北局五队	2009年	2009年	2011年	143	甘肃省自然资源厅矿产资源储量评审中心

序号	报告成果名称	主要参与人员	提交单位	工作起止时间		报告提交时间	提交资源储量/万吨	审批情况
				起	止			
1402	甘肃肃南县九个青羊铁矿普查地质报告	张汉军、刘尚龙、王洋	中国冶金地质总局西北局五队	2009年	2009年	2011年	249	甘肃省自然资源厅矿产资源储量评审中心
1403	新疆哈密市沙垄铁矿勘探报告	王军、吴江、刘宏信、王洋、何伟、李治强、杨宪、史旭东、孙岩	中国冶金地质总局西北局五队	2011年	2011年	2012年	1546	甘肃省自然资源厅矿产资源储量评审中心
1404	甘肃肃北蒙古族自治县吉勒大泉铁矿详查报告	王军、吴江、董开伯、赵刚、刘宏信、史旭东、杨宪、何伟、汪洋、王刚	中国冶金地质总局西北局五队	2009年	2012年	2012年	230	甘肃省自然资源厅矿产资源储量评审中心
1405	甘肃临泽县东小口子锰铁矿资源储量核实报告	裴耀真、刘尚龙、王洋、刘宏信、富岩、岳强、殷开勤	中国冶金地质总局西北局五队	2008年	2008年	2008年	500	
1406	甘肃临泽县东小口子M2航磁异常详查地质报告	殷建民、于志峰、刘宏信	中国冶金地质总局西北局五队	2011年	2013年	2013年	106	
1407	甘肃肃南县臭水沟铁矿详查报告	张汉军、赵刚、盛明予、刘宏信	中国冶金地质总局西北局五队	2012年	2013年	2013年	146	甘肃省自然资源厅矿产资源储量评审中心
1408	新疆哈密市三架山南铁矿详查报告	王军、高成、舒旭、刘耀光、刘宏信	中国冶金地质总局西北地质勘查院	2012年	2013年	2013年	830	
1409	陕西洋县剪子沟钒钛磁铁矿普查地质报告	袁涛、常昊、杨涛、任杰、朱智华	中国冶金地质总局西北地质勘查院	2012年	2013年	2014年	0	
1410	甘肃肃南县野马台铁矿普查报告	王兴保	中国冶金地质总局西北局五队	2013年	2014年	2014年	147	甘肃省自然资源厅矿产资源储量评审中心

序号	报告成果名称	主要参与人员	提交单位	工作起止时间 起	工作起止时间 止	报告提交时间	提交资源储量/万吨	审批情况
1411	甘肃瓜州县大水峡铁矿地质普查报告	雷早田、王军、刘尚龙、吴江、张鹏立、赵刚、董开伯、常锦、甘学利、王朝晖	西北局五队	2008 年	2011 年	2012 年	95	甘肃省自然资源厅矿产资源储量
1412	甘肃瓜州县大水峡铁矿详查地质报告	雷早田、刘尚龙、何伟	西北局五队	2014 年	2015 年	2015 年	0	甘肃省自然资源厅矿产资源储量评审中心
1413	新疆阿克陶县孜洛依矿区铁矿详查核实地质报告	关键、王俊涛、樊锵、高策	中国冶金地质总局西北地质勘查院	2015 年	2015 年	2015 年	1496	
1414	甘肃金塔县M739铁矿资源储量核实报告	赵刚、杨宪、吴江、刘宏信、白天运	中国冶金地质总局西北局五队	2014 年	2016 年	2016 年	672	甘肃省自然资源厅矿产资源储量评审中心
1415	甘肃肃北蒙古族自治县四道沟铁矿资源/储量核实报告	张义斌	中国冶金地质总局西北局五队	2015 年	2016 年	2017 年	1226	甘肃省自然资源厅矿产资源储量评审中心
1416	新疆富蕴县什根特地区铁矿普查报告	厉小钧、杨少华、闫卫军、陈贺起、杨延峰、韩世强	中国冶金地质总局西北地质勘查院	2007 年	2007 年	2008 年	83	冶金地质地〔2008〕368 号
1417	新疆富蕴县什根特地区铁矿普查报告	舒旭、刘宏信、刘宁、高成、刘耀光、吴纪宁	中国冶金地质总局西北地质勘查院	2011 年	2012 年	2016 年	659	通过初审
1418	新疆富蕴县什根特铁矿详查报告	常昊、火兴开、张建寅、刘宏信、刘宁、高成、刘耀光、黄河	中国冶金地质总局西北地质勘查院	2013 年	2014 年	2017 年	630	新疆矿产资源储量评审中心
1419	甘肃肃北县红山铁矿二矿区详查地质报告	裴耀真、张洪发、王模先、张定真、王军、曹树雄、刘宏信、庞田玉、左国朝、李绍雄、吴江、程乾博、李建新、余家乐、丁富成、高会龙、阎学智、李占云、李玲艳	中国冶金地质勘查工程总局西北局五队	2004 年	2005 年	2006 年	994	

序号	报告成果名称	主要参与人员	提交单位	工作起止时间		报告提交时间	提交资源储量/万吨	审批情况
				起	止			
1420	甘肃肃北县红山铁矿四矿区详查地质报告	裴耀真、张洪发、李建新、曹树雄、余家乐、丁富成、刘宏信、庞田玉、左国朝、李绍雄、吴江、程乾博、王模先、张定真、王军、高会龙、阎学智、李占云、李玲艳	中国冶金地质勘查工程总局西北局五队	2004年	2005年	2006年	956	
1421	新疆富蕴县巴特巴克布拉克铁矿详查报告	舒旭、李新辉、刘宏信、黄河、姚龙、王建军、祝超	中国冶金地质勘查总局西北局乌鲁木齐地质调查所	2007年	2008年	2009年	2189	
1422	新疆维吾尔自治区富蕴县铁西铁矿详查报告	舒旭、刘宏信、黄河、姚龙、王建军	中国冶金地质勘查总局西北地质勘查院	2007年	2009年	2009年	606	
1423	湖南蓝山县毛俊矿区锰铁矿详查阶段性成果报告	严启平、黄飞	中南地质勘查院	2012年	2013年	2014年	6245	
1424	新疆阿克陶县主乌鲁克锰铁矿	赵德怀、毛红伟、梁东、张志新、马赓、阿生斌、彭辉波、李小飞、任强伟	中国冶金地质总局新疆地质勘查院	2020年	2020年	2021年	0	
1425	新疆尼勒克县哈勒尕提矿区Ⅳ号铁铜矿体13~41线详查报告	章幼惠等		2007年	2010年	2010年	664	新国土资储评〔2012〕19号
1426	新疆精河县—尼勒克县哈勒尕提铁铜多金属矿详查报告	章幼惠	中南地质勘查院	2011年	2012年	2014年	1202	新国土资储评〔2014〕6号
1427	新疆塔城地区拉克萨依—巴依木扎铜铁锰矿	唐小东、王长青、苏大勇、甄中尧、姬献峰、董伟、宋清川、袁清自	中国冶金地质总局新疆地质勘查院	2005年	2006年	2009年	946	

| 序号 | 报告成果名称 | 主要参与人员 | 提交单位 | 工作起止时间 | | 报告提交时间 | 提交资源储量/万吨 | 审批情况 |
				起	止			
1428	新疆塔城扎依尔地区铁铜矿	唐小东、杜继东、陈孝聪、李忠平、杨昌彬、袁清自、石学增、尹传明、杨志鹏、刘小源、吴浩、王弘毅、贾国章、王峰、刘翠、刘文琪、梁孝伟、张江、彭志新、崔艳辉、杨启玉、陈燕	中国冶金地质总局新疆地质勘查院	2009年	2011年	2013年	65	
1429	青海格尔木市牛苦头东铁多金属矿普查	王建业、何小会、王鹏、覃宗耀、闫晓松、梁永红、张海涛、李保辉、薛刚、亢虎祥、赵世平、武亚峰、王文豪、岳强、万飞、刘伟、张伟宏、庞田玉、闫伟伟、巨伟、孙德民、李永祖	中国冶金地质总局西北地质勘查院	2009年	2011年	2011年	1940	青地调〔2012〕111号
1430	辽宁鞍山市东鞍山铁矿补充勘探地质总结报告	陈子诚	吉林省冶金地质勘探公司607队	1976年	1977年	1978年	102914	
1431	辽宁鞍山市东鞍山铁矿区地质勘探总结报告	韦钧	吉林省冶金地质勘探公司603队、609队	1979年	1980年	1984年	126986	冶储字〔1984〕5号
1432	辽宁鞍山眼前山至关门山铁矿床最终勘探总结报告		冶金鞍钢402队	1962年	1966年	1966年	21110	
1433	辽宁鞍山市眼前山铁矿床二期地质勘探总结报告	郭富森、杨振清、顾帮才、张福才、依喜奎、孙彦飞、徐锡南、魏宝龙	黑龙江省冶金地质勘探702队	1976年	1976年	1976年	45865	

续附表

序号	报告成果名称	主要参与人员	提交单位	工作起止时间		报告提交时间	提交资源储量/万吨	审批情况
				起	止			
1434	辽宁鞍山市眼前山铁矿床二期勘探补充地质报告（1986~1987）	王秀珍、才玉民、李秀堂、张文祥、黄弦冬、王辽宁、陆海	冶金部东北地质勘探公司四公司	1986年	1987年	1987年	185	
1435	辽宁辽阳亮甲山二道河子铁矿床地质勘探总结报告	冯树勋、韩宗照、张广文、徐显源、韩国品	鞍山钢铁公司地质勘探公司401勘探队	1960年	1961年	1961年	683	
1436	辽宁清原县小莱河铁矿地质勘探报告	张宏业、邓延垣、纪天宪、张士权、梁继凯、李傅山、杜春辉、裴尚坤、宵树华、马耀坤、蒋振山、毕万昌、王太新、郎运良、焦永臣	辽宁省冶金地质勘探公司101队	1972年	1973年	1973年	4620	辽宁公司辽冶地发〔1976〕84号
1437	河北迁安县彭店子铁矿床评价报告	张俊明、杨锋、潘金玉、赵恒才、潘洪仁、闵海涛、杨长顺、任少裕、王澜	冶金部冶金地质会战指挥部第一地质勘探队二分队	1977年	1977年	1977年	11674	指挥部〔1978〕冶地指字70号
1438	河北迁安市棒锤山铁矿地质勘探报告	庞文波、吴德明、张俊朋、张正壁、王跃忠、张振发	冶金部冶金地质会战指挥部第一地质勘探队一分队	1974年	1975年	1975年	2729	
1439	内蒙古自治区包头市白云鄂博铁矿西矿地质勘探报告	张忠良、陈绍豪	中国有色金属总公司内蒙古地质勘探公司	1978年	1980年	1987年	74778	
1440	山西平顺县东禅村铁矿地质工作勘查简报		山西省工业厅工矿研究所541队			1954年	9	
1441	山西阳泉武家山张家井南岔口鸡窠山西式铁矿点检查情况		山西省矿建公司			1959年	73	

序号	报告成果名称	主要参与人员	提交单位	工作起止时间		报告提交时间	提交资源储量/万吨	审批情况
				起	止			
1442	山西忻县跃进公社窑头矿区踏勘简报		山西省矿建公司普查队			1960年	10	
1443	山西忻县金山铁矿普查简报	马瑞林、薄虎臣	山西省矿建公司			1959年	89	
1444	山西和顺县李阳铁矿调查报告	崔永和	山西省矿建公司			1961年	42	
1445	山西宁武县东西山铁矿复查报告		山西省工业厅工矿研究所			1953年	232	
1446	山西平顺杨威—西安里铁矿勘探报告		山西省工业厅工矿研究所			1953年	31	
1447	山西平顺县一带杨威寺头西安里铁矿预查报告	李效纲	山西省工业厅工矿研究所541队			1954年	39	
1448	山西平顺县西安里铁矿普查报告		山西省工矿研究所			1955年	160	
1449	山西盂县磨子山铁矿普查报告		山西省工矿研究所			1958年	181	
1450	山西太原市河口铁矿普查报告	马晋屏	山西省工矿研究所普查队			1958年	772	
1451	山西平顺县西安里铁矿区回采峡矿体初步勘探报告	韩洪志	山西省工矿研究所			1958年	100	
1452	山西阳泉市小河铁矿初步勘探报告	李永道	山西省矿建公司			1959年	73	
1453	山西宁武县榆树坪铁矿初步勘探报告		山西省矿建公司			1959年	6	
1454	山西阳泉市昔阳巴州矿区锰铁矿地质报告	樊邦柱、贾金海	山西省矿建公司			1959年	105	
1455	山西原平县郭家庄磁法详测及检查勘探报告		山西省矿建公司			1959年	1708	

序号	报告成果名称	主要参与人员	提交单位	工作起止时间		报告提交时间	提交资源储量/万吨	审批情况
				起	止			
1456	山西浑源（广灵区）憨崖巅铁矿普查检查报告		山西省矿建公司			1959年	1139	
1457	山西忻县凤凰山铁矿地质报告		山西省矿建公司			1959年	37	
1458	山西昔阳县巴州矿区铁锰矿地质报告	范邦助	山西省晋中市昔阳县			1959年	105	
1459	山西忻县姑姑山铁矿普查报告		山西省矿建公司普查队			1959年	10	
1460	山西阳泉市郊区杨树沟铁矿区普查报告	李永道	山西省矿建公司601队			1960年	7	
1461	山西阳泉市霍树头矿区小型铁矿勘探报告	李永道	山西省矿建公司			1960年	44	
1462	山西晋城县东沟乡七干村地质普查报告		山西省工矿研究所普查队			1958年	49	省储字〔1962〕3号
1463	山西忻县金山铁矿区普查报告	赵自西、武志	山西省矿建公司普查队			1960年	52	
1464	山西临汾西山马家庄铁矿地质勘探报告	张恒华	山西省矿建公司普查队			1960年	0	
1465	山西介休梁家圪塔铁矿南山矿区地质勘探报告	郭德法、杨丕祯	山西省矿建公司602队			1960年	44	
1466	山西灵丘县太那水铁矿区地质普查报告	杨端明	山西省矿建公司604队			1960年	51	
1467	山西朔县郝家沟铁矿普查评价报告		山西省矿建公司普查队			1960年	32	
1468	山西阳泉市大凹张家井矿区普查评价报告		山西省矿建公司			1961年	25	

续附表

序号	报告成果名称	主要参与人员	提交单位	工作起止时间		报告提交时间	提交资源储量/万吨	审批情况
				起	止			
1469	山西壶关县黄家川铁矿区普查检查地质报告	赵自西、张培林	山西省冶金厅地质勘探公司			1961 年	133	
1470	山西阳泉市五架山铁矿勘探地质报告	李永道、王天喜、杨保贵	山西省冶金厅地质勘探公司			1961 年	47	
1471	山西原平县皇家庄铁矿山Ⅱ矿区初步勘探报告	李傅德	山西省矿建公司			1961 年	3078	
1472	山西原平县皇家庄铁矿山Ⅱ矿区初步勘查补充报告	李傅德、袁长礼	山西省重工业厅地质勘探公司			1963 年	2238	
1473	山西平顺尚掌沟铁矿普查报告	魏子彬、陈亿仁、孙启发	山西省重工业厅地质勘探公司			1963 年	18	
1474	山西塔儿山铁矿栏山矿区地质勘探总结报告		华北冶金地质勘探公司515队			1968 年	88	晋冶勘字〔1980〕34 号，晋冶矿字〔1981〕148 号
1475	山西交城县狐偃山铁矿区普查报告	薄虎臣	山西省工矿研究所普查队			1956 年	128	
1476	山西交城县狐偃山西沟铁矿普查报告	梁炎、韩金阁、袁长礼等	山西省冶金地质勘探公司第六队	1971 年	1973 年	1974 年	772	1981 年 8 月公司审批
1477	山西浮山县南畔铁矿区Ⅱ号异常矿体评价报告		山西省冶金地质勘探公司一队			1966 年	69	
1478	浮山县翟底铁矿普查验证报告		山西省冶金地质勘探公司一队			1971 年	296	
1479	山西翼城县郑庄铁矿普查评价报告	韩洪志、李涌塘	山西省冶金地勘公司四队			1972 年	74	冶勘地字〔1980〕34 号
1480	交城县西冶铁矿区水泉沟矿段中间报告		山西省冶金地勘公司六队			1972 年	113	
1481	山西襄汾县大坡矿区（宋村1号异常）评价报告		山西省冶金地勘公司一队	1971 年	1973 年	1974 年4 月	83	冶勘地字〔1980〕34 号

| 序号 | 报告成果名称 | 主要参与人员 | 提交单位 | 工作起止时间 | | 报告提交时间 | 提交资源储量/万吨 | 审批情况 |
				起	止			
1482	山西襄汾县宋村Ⅲ号异常验证评价总结报告	黄登忠、丁明健、强增建等	山西省冶金地勘公司一队	1968 年	1975 年	1975 年	59	冶勘地字〔1980〕34 号
1483	山西五台县南沟—苜蓿沟赤铁矿床 1975 年度普查找矿工作总结	地质研究室	山西省冶金地勘公司地研室			1976 年	0	
1484	山西二峰山铁矿契里庄矿区评价报告	文儒宁、李世泽、李国柱等	山西省冶金地勘公司四队			1976 年	117	
1485	山西平顺县龙降沟矿区铁矿普查评价报告	赵绍西	山西省冶金地勘公司五队	1973 年	1977 年	1977 年	75	1981 年 8 月公司审批
1486	山西交城县西冶铁矿区普查检查报告	樊邦柱、梁炎、王安家	山西省重工业厅地质勘公司 601 队			1961 年	143	
1487	山西五台县刘定寺铁矿区普查评价报告	杨忠会	山西省冶金地勘公司二队			1977 年	6	
1488	山西繁峙县花子铁矿区地质普查评价报告	段五勇、陈光森、温军贵等	山西省冶金地勘公司二队			1977 年	1	
1489	山西五台县石岭铁矿区地质普查评价总结报告	董润文	山西省冶金地勘公司二队			1979 年	12	
1490	山西中村铁矿储量计算说明		山西省冶金地勘公司一队			1979 年	400	
1491	山西浮山县南庄里铁矿区评价报告	代维光、文儒宁、李国柱等	山西省冶金地勘公司四队	1967 年 10 月	1976 年 7 月	1980 年	883	1981 年 8 月公司审批
1492	山西浮山县南畔铁矿评价报告		山西省冶金地质勘探公司			1971 年	482	
1493	山西浮山县南畔桥铁矿区评价报告	代维光、文儒宁、李世泽	山西省冶金地勘公司四队			1980 年	824	1981 年 8 月公司审批

序号	报告成果名称	主要参与人员	提交单位	工作起止时间		报告提交时间	提交资源储量/万吨	审批情况
				起	止			
1494	山西繁峙县东山底铁矿区评价报告	梁学明、王福国、吴琦松	山西地勘公司一队			1988年	972	
1495	山西原平县章腔—令狐铁矿区初步评价报告	邓超、卫春华、刘跃红	山西地质公司第一队	1984年	1985年	1986年12月	1066	冶晋勘地字〔1989〕111号
1496	山西原平县章腔铁矿区普查地质报告	李映南	山西省工矿研究所			1959年	230	
1497	山西汾西县第一区东蘑菇头村铁矿调查		山西工矿研究所蒲县勘探队			1953年	600	
1498	山西代县张仙堡矿区铁矿地质评价报告		冶金部冶金地质会战指挥部第一地质勘探队			1978年	2634	冶地指地字〔1980〕57号
1499	山西平陆县靖家山矿区金铁矿地质普查报告	邓超、王福国、杜谊明	山西地质勘探公司第一分公司			1988年	9	
1500	山西五台县铺上铁矿区普查找矿地质报告	李傅德	山西省矿建公司			1959年	3982	
1501	山西五台县李家庄乡铺上铁矿普查地质报告	李兆祥	冶金部地质勘查局312队			1981年	8788	
1502	山西娄烦县米峪镇乡青阳沟铁矿概查报告	侯满柱	山西省地质勘探公司第六勘探队			1990年	0	
1503	山西1979年黑老顶铁矿验证评价储量说明		山西省冶金地勘公司			1979年	1488	
1504	山西襄汾县土地殿乡黑老顶铁矿评价报告	谭湘清	山西省地质勘探公司第一勘探队			1981年	1365	
1505	山西沁水县中村乡中村—柳铺菱铁矿普查地质报告	林建阳、蔡祖德、谭湘清	山西地质勘探公司第一勘探队			1987年	1620	

续附表

序号	报告成果名称	主要参与人员	提交单位	工作起止时间		报告提交时间	提交资源储量/万吨	审批情况
				起	止			
1506	山西汾西县它支铁矿普查地质报告	谭凤池、杜继盛、冯祝平	山西华北冶金矿产地质公司			1993年	1059	
1507	山西黎城县东崖底乡小寨矿区铁矿勘探地质报告	李永道、李涌堂、冯冲林	山西地质勘探公司第五勘探队			1983年	3021	冶晋勘地字〔1987〕23号
1508	山西黎城县小寨铁矿16~20线深部详查报告	游立辉	中国冶金地质勘查工程总局第三地质勘查院			2004年	293	
1509	山西岚县宗家沟铁矿普查报告	甄建梁、穆泣蓬、王永成	中国冶金地质总局第三地质勘查院			2005年	61	
1510	山西五台县石嘴乡西沟铁矿普查地质报告	曹国雄	中国冶金地质勘查工程总局第三地质勘查院			2006年	405	
1511	山西黎城县东崖底镇黄崖洞铁矿基建勘探地质报告	郭德法	冶金第三地质勘查局316队			1993年	3996	晋储决字〔1994〕21号
1512	山西黎城县黄崖洞铁矿20线南普查地质报告	游立辉	中国冶金地质勘查工程总局第三地质勘查院	2001年	2003年	2003年	295	晋国土资储备字〔2004〕126号
1513	山西黎城县黄崖洞铁矿20线南详查地质报告	游立辉、薛为民、李龙、廖家胜、宋振华、马慧珍、朱淑兰、赵建社	中国冶金地质勘查工程总局第三地质勘查院			2007年	739	
1514	山西应县北林庄铁矿普查地质报告	薛为民、秦永波、张勇	中国冶金地质勘查工程总局第三地质勘查院			2008年	76	
1515	山西大同市新荣区花园屯乡谢士庄村铁矿普查地质报告	李兵院、张艳平、陈伟、张庆斌、朱洪潇、魏广庆	中国冶金地质勘查工程总局第三地质勘查院			2008年	1243	

序号	报告成果名称	主要参与人员	提交单位	工作起止时间		报告提交时间	提交资源储量/万吨	审批情况
				起	止			
1516	山西原平市章腔北矿区铁矿普查地质报告	杨伟平、武俊厚、杜荣学、韩仁毅、段计平	中国冶金地质勘查工程总局第三地质勘查院			2009 年	273	晋国土资储备字〔2010〕211 号
1517	山西代县程晋铁矿普查地质报告	王亚丽、杜荣学、王永明、刘正华	中国冶金地质勘查工程总局第三地质勘查院二分院			2003 年	246	晋国土资储备字〔2003〕147 号
1518	山西代县双羊铁矿普查地质报告		中国冶金地质总局第三地质勘查院			2003 年	144	晋国土资储备字〔2003〕45 号
1519	山西代县康家沟铁矿普查地质报告	杜荣学、李长城、房继山	中国冶金地质总局第三地质勘查院			2003 年	60	晋国土资储备字〔2004〕13 号
1520	山西代县康家沟二矿铁矿普查地质报告	杜荣学、郭梅凤	中国冶金地质总局第三地质勘查院			2004 年	45	晋国土资储备字〔2004〕136 号
1521	山西代县顺峰矿业有限公司垛窝铁矿普查地质报告	杜荣学、张淳恩	中国冶金地质勘查工程总局第三地质勘查院			2004 年	207	晋国土资储备字〔2004〕107 号
1522	山西代县阳鑫铁矿普查地质报告	杜荣学、郭梅凤	中国冶金地质勘查工程总局第三地质勘查院			2004 年	204	晋国土资储备字〔2004〕249 号
1523	山西代县凤凰观铁矿地质普查报告		中国冶金地质总局第三地质勘查院忻州分院			2003 年	114	晋国土资储备字〔2003〕33 号
1524	山西代县凤凰观鑫盛铁矿详查地质报告	杜荣学、郭梅凤、秦玉萍、王永明、陈春娥、袁先伟、刘正华、李朝辉、张冬梅、张慧茹、姜继玲、邢红卫、岳爱珍、李立新、孙海燕	中国冶金地质总局第三地质勘查院忻州分院			2010 年	288	

序号	报告成果名称	主要参与人员	提交单位	工作起止时间		报告提交时间	提交资源储量/万吨	审批情况
				起	止			
1525	山西忻州市邢家山铁矿地质普查报告	杜荣学、陈文华	中国冶金地质勘查工程总局第三地质勘查院			2002年	34	晋国土资储备字〔2003〕34号
1526	山西忻州市姑山铁矿地质勘查报告	杜荣学、陈文华	中国冶金地质勘查工程总局第三地质勘查院			2002年	96	晋国土资储备字〔2003〕32号
1527	山西繁峙县杨树湾—青羊口一带铁矿普查地质报告	杜荣学、张淳恩	中国冶金地质勘查工程总局第三地质勘查院			2005年	67	晋国土资储备字〔2005〕61号
1528	山西繁峙县汊溪铁矿地质普查报告	杜荣学、袁宝勇	山西省地质局普查队			1960年	463	
1529	山西繁峙县神堂堡乡同和磁选有限责任公司大南沟铁矿普查地质报告	杜荣学、陈春娥、郭梅凤、韩丽娟、任正伟、袁宝勇、阎俊伟	中国冶金地质总局第三地质勘查院			2008年	74	
1530	山西灵丘县孤山铁矿普查地质报告	刘仲光、袁利东、支立佳、孙璞、吕晓宇	中国冶金地质勘查工程总局第三地质勘查院			2014年	537	晋国土资储备字〔2005〕3号
1531	山西代县高台庄铁矿普查地质报告	王建宏、支立佳、刘俊华、李宇飞、赵刚	中国冶金地质勘查工程总局第三地质勘查院			2014年	280	
1532	山西代县鲍家沟铁矿普查地质报告	宁建国、黄昌庆	中国冶金地质勘查工程总局第三地质勘查院			2016年	148	晋国土资储备字〔2007〕11号
1533	山西代县崔家庄铁矿普查（续作）地质报告	李沛龙、郭喜运、曹炯、原凯凯、周鹏、徐惠艳、刘强、刘洋、支元栋、郎学聪	中国冶金地质勘查工程总局第三地质勘查院			2018年	961	
1534	山西曲沃县鹿顶山铁矿普查地质报告	赵清林、黄玉春、付宝国、吴琦松、武国良	第三地质勘查院			2012年	11	

序号	报告成果名称	主要参与人员	提交单位	工作起止时间 起	工作起止时间 止	报告提交时间	提交资源储量/万吨	审批情况
1535	山西繁峙县红花沟矿区铁矿普查地质报告	郭梅凤、李小波、祁国林、段计平、杜慧峰	第三地质勘查院			2013年	266	晋国土资储备字〔2013〕171号
1536	山西代县初裕沟矿区铁矿普查地质报告	刘超、杜荣学、李建平、杜慧峰	第三地质勘查院	2012年	2013年	2014年	30000	山西省国土资源厅评审通过
1537	山西浑源县南堡铁矿普查地质报告	甄建梁、裴进云	第三地质勘查院			2014年	100	晋国土资储备字〔2014〕84号
1538	山西灵丘县古山沟铁矿普查地质报告	赵建社、裴进云、游立辉、盖万民、廖家胜	第三地质勘查院			2014年	535	晋国土资储备字〔2014〕85号
1539	山西岚县北村铁矿普查地质报告	王建宏、裴进云、朱淑兰、马慧珍、侯继伟、彭国亮、宋超、潘益裕	中国冶金地质勘查工程总局第三地质勘查院			2010年	10723	
1540	山西岚县北村铁矿普查地质报告	于志明、侯继伟、王大龙	第三地质勘查院			2014年	2297	晋国土资储备字〔2014〕103号
1541	山西盂县下石塘—车轮一带铁矿普查工作简报		山西省工矿研究所561队			1958年	37	
1542	山西盂县车轮铁矿（西部）详细普查找矿地质简报	段五勇、胡伯朴、姚明岩	山西省冶金地质勘探公司513队			1972年	140	
1543	山西盂县车轮一带铁矿普查地质报告	段晓炉、黄玉春、张海洋、刘晓斐、武国良	第三地质勘查院			2014年	214	晋国土资储备字〔2014〕102号
1544	山西塔儿山铁矿下院Ⅰ、Ⅱ号异常评价验证文字说明		山西省冶金地质勘探公司第一队			1978年	63	晋冶矿字〔1981〕148号
1545	山西晋城县大阳铁矿区初步勘探报告		山西省冶金厅地质勘探公司			1961年	107	
1546	山西代县岗上铁矿普查地质报告	高少阳	第三地质勘查院			2015年	238	晋国土资储备字〔2015〕48号
1547	云南省安宁市上凤凰铁矿、砂岩矿普查	吴元坤、秦玉龙、和星菊、武翠、刘俐伶、张朝辉、熊桂仙	中国冶金地质总局昆明院	2007年	2007年	2008年	49	

序号	报告成果名称	主要参与人员	提交单位	工作起止时间		报告提交时间	提交资源储量/万吨	审批情况
				起	止			
1548	云南省大姚县塔底铁矿地质普查	王朝勇、夏国体、田育云、张朝辉、刘俐伶、范礼刚、熊桂仙	中国冶金地质总局昆明院	2006年	2007年	2007年	72	
1549	云南省东川区包子铺铁矿北东部及外围探矿权找矿勘查	高儒东、何凤吉、黄帅科、叶金福、金学敏	中国冶金地质总局昆明院	2013年	2015年	2015年	351	
1550	云南省峨山县白花树铁矿普查	扈雪峰、冯成立、吴远坤、李亚林、田育云	冶金部昆明地质调查所	1996年	1996年	1996年	57.54	
1551	云南省峨山县稻香村铁矿普查	扈雪峰、冯成立、李亚林、吴远坤	冶金部昆明地质调查所	1997年	1997年	1997年	74	
1552	云南省华宁县母姑得铁矿概查	邹健生、邓联鹏、杨启权等	冶金部昆明地质调查所	1990年	1990年	1991年	66	
1553	云南省腾冲县冻冰河铁矿普查	曾祥发、刘建敏、秦玉龙、田育云、夏国体、徐光伦、刘利伶、张朝辉、范礼刚	中国冶金地质总局昆明地质勘查院	2005年	2005年	2005年	109	
1554	云南省腾冲县老鸦山铁矿地质普查	王朝勇、曾祥发、解亚北、田育云、刘俐伶、张朝辉	中国冶金地质总局昆明地质勘查院	2004年	2004年	2004年	72	
1555	云南省腾冲县木鱼山铁矿地质普查	王朝勇、李勤美、王筑源、李左光、刘俐伶、张朝辉	中国冶金地质勘查工程总局昆明院	2005年	2005年	2005年	74	
1556	云南省腾冲县水箐铁矿地质普查	王朝勇、李勤美、田育云、王筑源、李佐光、刘俐伶、张朝辉	中国冶金地质勘查工程总局昆明院	2004年	2005年	2005年	45	

第六章 铁矿科研成果

从东北鞍本地区到西南川滇腹地，冶金地质科研人员留下了宝贵的科研资料；从全球资源战略到矿床成因研究，冶金地质科研人员既有全局战略，也有显微视野；从方法技术研究到铁矿志书的编纂，冶金地质科研人员敢为人先，甘当人后。冶金地质70年，伴随着铁矿勘查不断深入，冶金地质在铁矿科学研究方面投入了大量的人力、物力和财力，获得了256份铁矿地质科技成果资料（详见本章后附表），提高了铁矿勘查和产业经济的技术水平，大大推动了地勘经济和各项事业的迅速发展。本书选择具有全国影响力或在冶金系统内取得过突出成就的32份成果资料进行介绍。

第一节 《中国铁矿志》

一、项目基本情况

由于铁矿石是发展钢铁工业所必需的主要矿产资源，新中国成立40多年来，铁矿勘查工作取得了巨大的成绩和丰硕的成果，积累了非常宝贵的经验，丰富了我国铁矿床的成矿地质理论，为钢铁工业生产建设作出了重大贡献。这是我国广大地质勘探工作者和矿山地质工作者的心血凝聚和共同创造的物质财富与精神财富，很有必要加以总结。

1990年5月，在北戴河召开的冶金地质发展战略研讨会上，与会专家建议全面总结铁矿地质工作经验，编写《中国铁矿志》。这个建议很快得到冶金工业部地质勘查总局的采纳和支持，并于1991年4月以冶地技发〔1991〕61号文发出了编写《中国铁矿志》的通知，决定成立编委会和主编办公室，编制本志书。

项目主编：姚培慧，副主编：王可南、杜春林、林镇泰、宋雄，编辑：汪国栋、侯庆有、刘泰兴、张旭明、于纯烈、李春兰、范若芬、丁万利，责任编辑：姚参林。撰稿人包括：于守南、于智修、马国钧、王可南、王志韬、王春生、冯冲林、冯树勋、卢和金、刘泰兴、刘振德、朱连君、孙家富、孙福来、汪国栋、沈锡其、宋雄、宋复梅、李永道、李志华、李章大、李玺安、杜春林、吴惠康、何北全、邹培棠、陈思颐、陆伟光、迟文仲、张选、张先保、张秀颖、张维根、张善庆、郑仁贤、林枫、林琦、杨胜明、周中美、周其勤、赵明昌、赵绳武、侯庆有、姚培慧、梁岩、唐仙清、袁信安、顾正乾、顾振津、贾鸿涛、徐光升、曹景宪、龚仕武、韩建范、韩洪志、董振华、舒全安、黎彤、黎乃煌。

二、项目主要成果

《中国铁矿志》是一部全面、系统反映我国铁矿资源状况，铁矿勘查、开发历史与现状的志书。

该书遵循编志的准则，广泛收集资料，尊重历史和事实，客观地反映我国铁矿勘查和开发工作的历程和成果。按照上述目的和要求，全书以铁矿地质及勘查成果为重点，结合介绍开采和利用状况；以大型和主要铁矿产地为主体，适当介绍具有特殊意义的铁矿产地；以现代地质勘查成果为基础，简要评述前人铁矿地质工作的情况。《中国铁矿志》分为三大部分：第一部分，概括了我国铁矿资源现状、古代铁矿业的开发、近代及现代铁矿地质勘查工作和进展；第二部分，综述了我国铁矿地质科学研究和地球物理勘查技术方面的应用与成果；第三部分，分省（区）阐述了铁矿资源分布及主要铁矿床，详细、系统地记述其地质特征和勘查、开发成果。

该书第一篇以"铁的地球化学性质"为开篇，遵循"铁元素—铁矿物—铁矿石—铁矿床—铁矿资源"的逻辑顺序，扼要叙述铁在地壳内及地质作用过程中的迁移、铁矿物的富集、铁矿床的形成、铁矿地质载体的赋存形式，以及铁矿资源的分布特点。我国是世界上使用铁器最早的文明古国之一。书中，依据考古发现及史料记载，追述了上自周、秦，下至明、清，历代铁矿采掘和冶铁业的兴起和盛衰，记述了明初时期我国产铁仍处于当时世界领先水平的盛况。清末民初，随着洋务运动及近代矿业的兴起，西方地质科学的引入，逐步形成和奠定了近代及现代铁矿地质勘查的基础。通过介绍若干近代铁矿山勘查与开发的史例，追索先辈找矿和开发源远流长的历史，对了解社会进步与科学技术的发展，是很有教益的。

我国现代铁矿地质勘查事业，主要是在 20 世纪 50 年代及其以后发展起来的。该篇还重点叙述了 1949 年以后铁矿地质勘查工作的发展历程和成就，当前铁矿资源开发和建设的保证程度，同时总结了铁矿勘查工作的经验与教训。我国铁矿探明储量虽居世界第三位，但铁矿资源仍嫌不足，需要继续加强铁矿地质找矿，争取新的找矿突破。总结以往铁矿勘查工作中的成败与得失，对今后的找矿工作仍具有重要的借鉴意义。

该书第二篇回顾了新中国成立 40 年中不同时期铁矿地质科学研究情况，详述了铁矿地质科学理论研究方面的成果和进展，包括"鞍山式"铁矿、矽卡岩铁矿，尤其是火山岩铁矿的基础地质及成矿理论等方面取得的多项高水平的研究成果，简要地介绍了一系列探测新技术、新方法，在解决重大地质问题、铁矿找矿及预测等方面所得的成绩。同时，还列举了 20 世纪 80~90 年代各部门铁矿科研成果获奖的项目。这对了解铁矿地质科研水平是必要的。

在铁矿勘查工作中，物探方法，尤其是磁法勘探，具有重要意义。据统计，我国航空磁测面积达 854 万平方千米，主要铁矿区（带）1∶1 万地面磁测工作面积 $16917km^2$。在各个找矿阶段广泛采用了磁法测量，通过不断提高工作精度，配合其他物探方法，形成了综合物探找矿的能力，拓宽了磁法找矿的领域岩矿石磁参数的研究与数据处理技术的发展，大大地提高了磁异常的解释水平和找矿能力。该篇介绍了各个时期磁法找矿工作的特点及成效，通过不同铁矿类型的找矿实例，体现了物探磁法技术在重要铁矿区（带）找矿及重大矿床发现中的功绩，显示了我国铁矿物探（磁法）工作的水平。

第三篇是该书的主体部分。除开篇分省（区）综述了铁矿资源及开发利用概况外，重点介绍了主要或典型铁矿床的地质特征、发现和勘查史、开采技术条件、矿床开发利用情况。书中共介绍了全国 157 处铁矿床，其中，北京市 3 处，河北 15 处，山西 11 处，内蒙古 5 处，辽宁 20 处，吉林 5 处，黑龙江 3 处，陕西 3 处，甘肃 2 处，青海 3 处，新疆 4

处，山东 10 处，江苏 5 处，浙江 2 处，安徽 10 处，福建 3 处，江西 5 处，河南 4 处，湖北 11 处，湖南 5 处，广东 5 处，广西 3 处，海南 1 处，四川 8 处，贵州 2 处，云南 8 处，西藏 1 处。宁夏和台湾地区仅有铁矿资源综述，无铁矿床实例入选。这 157 处矿床，几乎囊括了我国已知的大型矿床，部分中型矿床及少数类型特殊或在铁矿开发史上具有特殊意义的小型矿床。上述矿床，在全国及各省（区）的铁矿勘查和开发工作中具有很强的代表性。《中国铁矿志》不仅是简单记述铁矿分布的矿产志，而且是一部铁矿地质及其勘查方面的科技志。

《中国铁矿志》是我国几代铁矿地质工作者劳动成果和智慧的结晶。该书的出版无疑会起到"鉴古知今"的作用，将有助于推动铁矿勘查和开发工作的进一步发展。

第二节　全球铁矿资源分布规律与找矿战略选区研究

一、项目基本情况

中国冶金地质总局矿产资源研究院执行"全球铁矿资源分布规律与找矿战略选区研究"项目，项目研究范围：全球铁矿分布规律及重要铁矿成矿（区）带成矿地质背景、成矿条件、成矿规律（不包括中国）。起止时间：2011 年 6 月~2013 年 6 月。

目标任务：项目以现代成矿理论为指导，全面系统收集和整理全球重要铁矿成矿区的各种地质矿产资料，开展全球铁矿分布规律与重要铁矿成矿（区）带成矿地质背景、成矿条件、成矿规律综合研究，系统收集 5~10 年内全球铁矿储量、产量、供需情况，各国勘查开发程度、研究水平和找矿潜力，与我国进出口贸易的关系，我国利用境外铁矿资源的情况等方面的资料，在综合分析的基础上，评价铁矿勘查和开发条件，提出我国境外铁矿勘查、开发战略选区分级和建议，初步提出我国应对目前资源状况的策略。按统一标准，完善全球铁矿产信息库，为国家制定境外铁矿勘查、开发和资源利用战略提供科学依据，为国内企业到境外进行铁矿勘查、开发投资提供基础信息和指导。

项目负责人为：周尚国，主要参与人员为：黄费新、江淼、赵立群、曾普胜、贺元凯、李腊梅、张之武、李红、刘阳、阎浩、丁万利、黄照强、崔薇。

二、项目主要成果

（一）项目资料搜集情况

项目搜集到全球性铁矿数据库 3 个，国别或地区铁矿数据库 2 个。内容较全面的全球性或洲际性铁矿资料和报告、图件 38 份，国别资料 80 余份，矿区成矿规律和成矿预测、地质背景、资源评估和投资战略分析等一般性资料 800 余份，并对部分英语资料进行了翻译。

各专项充分利用网络平台和发挥单位间的合作，通过网络、期刊、高校数据库、国土资源部，以及中国地调局、美国地调局、德国地调局、挪威地调局等国外官方数据库，还有国内兄弟单位、项目组内部等渠道，全面收集资料并分类整理。另外，欧亚专项还通过咨询全国地质图书馆网络室渠道联系搜集国外地质官方机构考察报告和图件。非洲大洋洲专项发挥局属非洲公司和澳大利亚办事处的优势。华东有色局在纳米比亚、莫桑比克、澳大利亚等多个国家成立了公司和办事处，并在纳米比亚、莫桑比克、赞比亚、马拉维等多国持续开展国外风险勘查、矿业开发等多个项目，与当地政府和地矿主管部门保持着友好的关系，利用我局的该项优势，通过局属公司在当地搜集、购买了一些重要的资料，且根据在当地的勘查和矿业开发工作成果，取得了宝贵的第一手资料。多方式、多途径，尽量使资料收集越来越全面和完整。美洲专项详细收集了北美地台（加拿大）铁矿勘查、开发和各种研究资料，重点对北美地台构造单元中铁矿成矿地质特征与成矿规律研究。收集了南美地台各国大地构造背景、区域地层、岩浆岩、构造特征、优势矿产资源概况、典型成矿区概况等地质资料；收集了南美地台各国前寒武纪成矿区典型铁矿的地理位置、地质背景、矿产类型、矿床构造、成矿年代、成矿要素及相应矿床的资源量和经济意义等相关资料。翻译了《南美地台成矿作用》一书的铁矿部分。整理西班牙语、葡萄牙语及英语文献 260 份。

（二）资料整理

完成 5 个 ArcGis 铁矿数据库的整合工作。对搜集到的资料建立了资料目录清单，清单中除必要的题名、作者、时间、来源等信息外，还对资料的属性（全局/局部）、资料可利用性（密切相关/相关/一般）进行评价，对储量排名靠前的典型超大型铁矿床资料进行了汇总。

（三）成矿规律研究

此次研究对成矿单元级别术语进行了厘定，然后对全球铁矿成矿区进行划分，并采用中国贫铁矿的矿床级别划分方。

全球铁矿成矿区划分方案参考《世界黑色金属矿产资源》（沈承珩等）中铁矿成矿区带的划分方案，并根据项目研究对划分方案进行了改进。将全球铁矿成矿区划分为：

（1）欧亚地区：1）欧洲地台成矿区；2）印度地台成矿区；3）特提斯成矿区；4）乌拉尔—蒙古成矿区；5）西伯利亚地台成矿区；6）中朝地台成矿区。

（2）美洲地区：1）北美成矿区；2）南美地台成矿区；3）安第斯成矿区。

（3）非洲地区：1）西非成矿区；2）中非成矿区；3）南非成矿区。

（4）大洋洲地区：仅澳大利亚西部地盾一个成矿区。

相对《世界黑色金属矿产资源》，此次铁矿成矿区划分方案依据工作程度，实质性改进是：增加了西伯利亚地台成矿区，将非洲地区划分为 3 个成矿区。

（四）典型铁矿床资料搜集

典型矿床的研究成果有助于确定矿床勘查规律，总结经验，为矿产资源勘查活动提供启示与借鉴。项目首先参考中国贫铁矿级别划分方案，确定超大型（矿石储量大于 10 亿吨）、大型（矿石储量 1 亿~10 亿吨）、中型（矿石储量 1000 万~1 亿吨）、小型铁矿床（矿石储量小于 1000 万吨）的划分标准，储量未知的则划入矿点或规模未定类别。通过各种渠道搜集了大量典型矿床资料。各专项报告中还有一些其他从公开渠道或国内矿业公司在国外开展勘查工作时搜集到的一些典型铁矿床的资料。

（五）图件编制工作和铁矿数据库建设

该项工作属于项目的主要工作内容。在对全球铁矿数据库、图件和资料搜集整理的基础上，对全球铁矿成矿区进行划分的基础上，针对所有收集到的铁矿床（点）数据，利用 ArcGis 软件分别编制了全球 1∶2500 万和各大洲 1∶500 万铁矿分布规律图和大型超大型铁矿分布规律图，部分选区完成 1∶100 万及 1∶250 万铁矿分布图的编制。

全球铁矿数据库建库工作基本完成，收集了质量较高内容较详细的数据 3500 余条，只有坐标位置的铁矿床数据 1 万余条。建库工作采用了中国地质调查局发展中心提供的数据采集软件完成编制。

三、应用转化情况等相关资料

"全球铁矿资源分布规律与找矿战略选区"项目成果报告、铁矿数据库和相关图件等成果资料，已经提交给中央地勘基金管理中心存档，为国家铁矿行业战略决策提供支持，也可供国内地勘单位和企业查询，为国内企业到境外进行铁矿勘查、开发投资提供基础信息和指导。

依据项目确定的海外找矿战略选区，中国冶金质总局下属各局院进行了境外勘查和投资战略规划及前期调研工作。另外，报告已经提供给中国铝业公司、中色地科矿产勘查股份有限公司等行业内地质矿产勘查单位使用，为其了解境外铁矿资源开发现状、制定铁矿战略投资策略提供参考和借鉴。

第三节 铁矿综合信息找矿预测体系及三维立体找矿示范研究

一、项目基本情况

中国冶金地质总局矿产资源研究院执行"铁矿综合信息找矿预测体系及三维立体找矿示范研究"项目。该项目为科技部国家重点基础研究发展计划（"973 计划"）"我国富铁矿形成机制与预测研究（项目编号：2012CB416800）"项目中的第五课题"铁矿综合信息找矿预测体系及三维立体找矿示范研究（课题编号：2012CB416805）"。项目起止时间：2011 年 10 月~2016 年 10 月，项目经费 510 万元。

目标任务：结合其他课题的研究成果，完善铁矿找矿评价方法体系，建立主要类型铁矿区域地质—地球物理找矿模型和大比例尺定位预测模型；开展三维立体找矿示范，圈定找矿靶区 5~10 处，并与地勘部门、矿山企业结合进行勘查验证；为发现新的大型铁矿、富铁矿提供技术支撑。

项目负责人为：骆华宝，主要完成人员为：牛向龙、张青杉、吴华英、陈海弟、覃锋、骆华宝、戴继舒、祁民。

二、项目主要成果

通过典型矿床和矿集区的解剖研究，总结了沉积变质型、海相火山岩型、矽卡岩型、岩浆型富铁矿成矿规律、成矿模式；针对低缓重磁异常评价和矿致弱信息，建立了基于航、地、井等同源不同位置的重磁联合反演技术，航磁三维梯度反演技术等铁矿找矿技术方法体系。在此基础上建立了典型矿集区尺度和大比例尺地质—地球物理三维找矿预测模型；精细定位预测了18处铁矿找矿靶区，预测资源量135亿吨，其中富铁矿（TFe≥45%）资源量40亿吨以上。发表核心以上科研论文17篇，其中标注为第一资助的16篇，提交综合研究报告3份。

三、重要奖项或重大事件

该项目获得2019年度国土资源科学技术奖一等奖。

四、应用转化情况等相关资料

研究有效利用和融合大比例尺航磁、地磁、重力、电法、地质和矿产资料，在冀东、西天山查干诺尔、攀西地区、大冶铁矿等地开展了三维立体找矿示范和深部定位预测研究；建立了基于航、地、井等同源不同位置的重磁联合反演技术，航磁三维梯度反演技术等铁矿找矿技术方法体系。完成了预定的研究计划。研究过程中，不同程度地直接参与指导了矿区勘查实践及区域找矿部署工作。精细定位预测了18处铁矿找矿靶区，预测资源量135.18亿吨，其中富铁矿（TFe≥45%）资源量44.28亿吨。

第四节　中国铁矿资源安全保障部署研究

一、项目基本情况

"中国铁矿资源安全保障部署研究"项目为中国冶金地质总局第一地质勘查院承担的总局科研项目，项目执行时间为2020年12月~2022年10月。

目标任务：主要是针对工信部提出的至"十四五"末自产铁矿石达到45%的目标，开展中国铁矿资源安全保障部署研究，主攻沉积变质铁矿、矽卡岩及火山岩型富铁矿，优化大型铁矿资源勘查开发基地建设方案，科学提升自产铁矿石比例，提出国外铁矿权益比例建议，提高我国铁矿国际话语权，为我国开展新一轮找矿突破战略行动提出建议做好准备，为提高总局铁矿勘查开发核心竞争力做好技术支撑。

项目负责人为：胥燕辉，参加人员主要有：刘国忠、张昊、于秀斌、李继宏、刘志云、张乙飞、邱晓峰、张建寅、张月峰、吕叶辉、李帅值等。

二、取得的主要科研成果

（1）分析了国内外铁矿资源供需形势，系统梳理我国铁矿分布特征及资源潜力，尤其是可供开发利用资源现状和潜力。

（2）系统梳理了我国铁矿企业生产产能，评价国内主要勘查开发基地资源铁矿开发能力。

（3）主攻沉积变质铁矿、矽卡岩及火山岩型富铁矿，提出了提高铁矿开发集中度和生产能力、优化大型铁矿资源勘查开发基地建设方案。

（4）进行我国铁矿资源安全保障程度分析，开展中国铁矿资源安全保障部署研究。

通过优化大型铁矿资源勘查开发基地建设，确定合理开发能力，提高产业集中度，科学提升自产铁矿石比例，提出国外铁矿权益比例建议，以快速提高我国自产铁矿比例，保障我国铁矿资源安全。

第五节　铁矿资源形势与储备研究

一、项目基本情况

中国冶金地质总局矿产资源研究院执行"铁矿资源形势与储备研究"项目，该项目来源于中央地勘基金管理中心矿产地储备研究项目。起止时间：2014年1~12月。项目经费30万元。

主要目标：提出我国铁矿资源储备矿产地的规划布局和储备规模设想；提交《铁矿资源形势与储备研究》报告，为科学规划铁矿资源储备矿产地的资源结构、布局和规模提供基础，为稳步推进铁矿资源储备提供参考依据。

主要任务：分析研究国内外铁矿资源分布、特点和潜力，以及开发利用现状，国内外铁矿石消费、贸易、市场价格、供需现状及趋势，国内铁矿山企业的生产经营状况，国内钢铁企业的产能及产能结构，以及铁矿资源储备规划的依据和影响储备的因素。

项目负责人：李腊梅，主要完成人员：程春、陈群、李红、董书云。

二、项目主要成果

通过搜集与项目相关的各类资料，访谈与项目相关的各行各业的专家学者，以及国内外先进发展经验和模式等，统计并分析了国内铁矿矿业权设置情况（包括探矿权、采矿权，以及勘查投入情况和开发利用水平）、国内铁矿矿山企业生产经营状况（包括工业总产值、从业人员、矿山数量及分布、采选产能、企业缴纳相关税费情况）、国内外铁消费状况、国内外进出口贸易状况、国内外铁矿石需求，对进口铁矿石价格趋势及国内外市场供需走势、铁矿资源储备规划的依据和影响储备的因素等，提出了储备的原则，并初步提出了铁矿资源储备矿产地的规划布局和规模设想，提出了相关政策建议。

第六节　磁测空、地—井联合反演解释研究

一、项目基本情况

21世纪以来，深部找矿成了我国地质勘探的热点，我国已在大量的老矿区及外围深部找到新的大型矿床。地球物理方法技术是一种用于深部找矿的方法技术，开展地球物理深部找矿理论与关键技术的研究具有十分重要的意义，空、地—井磁测资料的联合反演是地球物理方法深部找矿的关键技术之一。为了充分利用大冶铁矿、金山店铁矿地区的航空磁测资料（大冶1：1万，金山店1：2.5万）、大比例的地面高精磁测（1：2000）和多个钻孔的三分量磁测资料，并紧密结合地质工作，尤其是钻探控制情况及对成矿规律的认识来进行综合研究，达到提高找矿效果的目的，中国冶金地质总局中南局根据中冶勘鄂发〔2006〕235号和中冶地质鄂发〔2007〕24号文件精神，下达2006~2007年度科研项目

"磁测空、地—井联合反演解释研究"计划，项目由中国冶金地质总局中南地质勘查院承担。

项目负责人为：詹应林，项目参与人为：高宝龙、陶德益、闵丹、舒秀峰、许金城。项目起止时间：2007年1月至2008年12月。

目标任务：

（1）编制一套适应新型井中三分量磁测的实时计算绘图软件，做到快速处理成图。

（2）研制出用任意三度体正演计算数值积分法，计算选择矿体在给定的井剖面中井中三分量磁场，来拟合井中磁测实测资料的软件。

（3）研制采用空、地—井磁测立体综合、点面结合，进行联合反演，能准确给出磁性体空间分布，并以三维可视化展示出被探测的结果。

研究区位于淮阳山字型构造的前弧西翼与新华夏系构造体系第二隆起带与沉降带的联合部位的鄂城—大磨山次级隆起带的北段，相当于传统构造区划的下扬子褶皱带西部大冶复式向斜构造的北翼部位，隶属于长江中下游富铁富铜成矿带的西段，包括大冶铁矿区和金山店铁矿区。区内矿产较为丰富，主要盛产铁矿（伴有钴、镓及硫），非金属矿产有硬石膏、煤、石灰石等。

根据项目工作任务书的要求，项目组对大冶铁矿区及金山店铁矿区的航磁资料进行了收集、整理、研究；对大冶铁矿3条勘探线和金山店铁矿2条勘探线完成了2.5D精细反演计算及相应的3D解释研究。

参加报告编写人员：詹应林（第一、三、四、五章），高宝龙（第一、二、三、四、五章），陶德益（第一、三、四、五章），闵丹（第二、三、四章），舒秀峰（第二、三、四章），许金城（第二、三、四章）。

二、项目研究成果

项目取得的主要成果如下：

（1）完成了一套适应新型井中三分量磁测的实时计算程序，将获得的测井实测数据经过处理、转换为五分量数据，直接可以利用Surfer等软件进行快速成图。

（2）完成了地—井磁测联合反演软件的编制；收集了大冶铁矿、金山店铁矿大量的岩矿石物性资料、航空磁测资料、地面高精度磁测资料与井中三分量磁测资料，并进行了相应的整理和分析。

（3）利用地—井磁测联合反演方法处理解释大冶铁矿、金山店铁矿的实际钻孔资料，在2.5D精细反演的基础上进行了三维反演计算，推断了深部具有盲矿体。其中大冶铁矿详查过程中，在ZK19-1-17见到厚大的磁铁矿体，就是该项目的主要成果之一。

第七节 典型铁矿区资源潜力预测与综合勘查技术示范研究

一、项目基本情况

依托国家"十一五"科技支撑项目"危机矿山接替资源勘查技术与示范研究"的课

题，中国冶金地质总局第一地质勘查院联合中国冶金地质总局保定地球物理勘查院、中国冶金矿业总公司、中钢集团天津地质研究院和海南钢铁公司执行"典型铁矿区资源潜力预测与综合勘查技术示范研究"项目。

项目批准课题研究经费 355 万元，其中国家科技支撑计划拨款 235 万元，企业配套资金 120 万元。项目起止时间为：2006 年 1 月 1 日~2009 年 12 月 31 日。

目标任务：建立冀东、海南石碌两个典型铁矿区（带）各 $100km^2$ 的航（地）磁异常数据库，提出 2~3 处供验证的铁矿找矿靶区，提交铁矿资源量 0.5 亿吨，并总结出一套有效的沉积变质型、沉积型铁矿的综合评价方法和技术。通过课题研究对缓解冀东、海南石碌地区危机矿山资源紧缺形势，增加矿山活力，维护企业和社会和谐、稳定将起到促进作用，课题研究成果可推广应用于类似条件的地区，大幅度提高多元地学信息的分析处理速度和靶区筛选的可靠性，降低铁矿勘查成本，提高找矿成功率。

项目负责人为：马曙光，主要参与人员为：张克胜、郭玉峰、王铁军、张代伦、陈淑华、闫丽香、钱芳、陈华、李勃、朱媛。

二、项目主要成果

根据研究内容和工作特点，该课题研究分为两个专题，即冀东专题和海南石碌专题，其中冀东专题主要由中国冶金地质总局第一地质勘查院与中国冶金地质总局保定地球物理勘查院共同完成，海南石碌专题主要由中国冶金矿业总公司、中钢集团天津地质研究院和海南钢铁公司共同完成。

（一）冀东地区

（1）总结冀东铁矿与地层、构造的关系，并以常峪铁矿为例，进行了冀东迁滦隆起沉积变质铁矿床变质岩原岩建造的研究。

（2）分析冀东铁矿成矿地质构造特征，绘编冀东铁矿地质构造建造图。

（3）以典型铁矿床为例，研究了冀东沉积变质型铁矿床的成矿规律，总结冀东地区与铁矿床关系密切的各类岩（矿）石的磁参数特征，为磁异常的研究解析提供了依据。

（4）在完成冀东迁滦隆起西缘约 $1500km^2$ 的航磁资料数字化和地面磁法测量 $7.07km^2$ 的基础上，建立约 $1500km^2$ 的航磁数字库。

（5）通过对磁异常进行化极、延拓处理，解译异常，提取矿质信息，预测找矿靶区 5 处（9 区），其中：马城、长凝 2 处重点找矿潜力区，杏山—脑峪门、王家湾子、东莲花院 3 处铁矿找矿潜力区，东河南寨、庙山、侯台子、忍子口 4 处铁矿找矿探索区。

（6）完成马城铁矿 $30km^2$ 的地磁资料数字化，并进行二维小波多尺度分解和约束条件下的剖面二度半人机交互正、反演拟合，预测马城铁矿矿体特征。

（7）对马城铁矿进行了工程验证，结合验证结果建立马城铁矿三维空间模型，指导找矿工作，预测资源量 16.88 亿吨。

（8）在航（地）磁解译的基础上，预测杏山等 4 处（7 区）铁矿资源量 13.94 亿吨。

（9）在综合研究冀东铁矿成矿特征和找矿手段的基础上，总结了适用于冀东沉积变质型铁矿床的综合勘查模式和关键技术。

（二）海南石碌地区

（1）在广泛搜集海南石碌铁矿地质物探等资料和实地考察、调研的基础上，综合分析海南石碌铁矿区成矿地质特征的基础上，总结成矿规律，探讨矿床成因和成矿模式，归纳控矿要素，建立多元地学数据库。

（2）以概率统计法为基本原理，以东方矿产评估软件为基础，研发了海南石碌铁矿GIS成矿预测系统，以三维立体模式展示石碌铁矿空间特征，达到成矿预测的目的，并实现三维可视化演示。

（3）指出找矿方向和靶区，预测石碌铁矿外围（E11线以西）铁矿资源潜力1亿多吨。

（4）利用搜集到的矿山2008~2009年开展的风险勘查钻探资料，对预测成果进行了验证。

（5）总结出适用于海南石碌铁矿的综合勘查技术。

第八节　鞍本地区鞍山群地层层序及鞍山式铁矿成矿规律研究

一、项目基本情况

作为鞍本地区鞍山式铁矿全部科研任务的一部分，鞍矿地质勘探公司研究室专题小组于1976~1979年开展调查研究工作，并于1977年提交《鞍本地区鞍山群地层层序及鞍山式铁矿成矿规律》研究报告，主要编写人为：周世泰，参与人为：张礼泉、李国祥、周铭浩、史雅梅、张桂珍。

鞍本地区在大地构造上属于华北地台辽东台背斜之西部，按三级构造单元来说，该区兼跨太子河凹陷之西部、铁岭—靖宇隆起之西南部，以及营口—宽甸隆起之西北部。在其内部由可再分为几个四级构造单元：辽阳向斜、本溪向斜、歪头山隆起、鞍山凸起，以及南芬凸起、连山关凸起。

该区的鞍山式铁矿产于鞍山群底层之中。该区之前震旦系地层可分为两部分，下面的称鞍山群，是该区最古老的地层；在鞍山群之上不整合的覆盖着一套以片岩、千枚岩、碳酸盐岩石为主的辽河群。

鞍山群地层在辽宁分布较广，主要分布于辽宁中部之鞍山—本溪—抚顺地区，以及辽西、辽南地区。其中以辽宁中部最为完整，而且蕴藏之铁矿也最为丰富。

燕山期构造运动在该区表现为断块构造为主。在该区形成一系列的北东向断裂。其中最大的有张台子大断裂、寒岭大断裂。

二、项目研究成果

通过对鞍山群地层的原岩，该区鞍山式铁矿的层位及分布、矿石特征和矿床特征、发育与原岩建造的关系及成因的讨论等五方面，对鞍本地区铁矿进行了系统梳理，并对该区铁矿进行了成矿预测。

鞍本地区鞍山式铁矿成矿规律主要从以下5点论述：

（1）鞍山群地层的原岩。鞍山群地层的变质岩遭受了强烈而广泛的混合岩化。据野外观察，该区几种主要变质岩在受混合岩化时的稳定性是不同的。其中最稳定的是条带状铁矿，然后依次是细粒黑云变粒岩、斜长角闪岩、黑云片岩，最易受混合岩化的是石英绿泥片岩和绢云石英绿泥千枚岩。经过野外详细调查混合岩中的大小残留体及阴影构造，即可将受混合岩化作用前的变质岩及其分布大致恢复出来。通过收集的岩石化学资料和部分地球化学资料、数学地质资料，基本可以对变质岩的原岩进行恢复。通过分析认为，该区之中鞍山群地层自下而上其原岩为：基性火山岩、泥质-粉砂质沉积岩-中酸性和基性火山岩、凝灰岩-基性火山岩。总体来说是一套沉积岩-火山岩建造。上鞍山群是一套含火山岩的沉积岩建造。

（2）该区鞍山式铁矿的层位与分布。总的来看，辽宁中部鞍山群中，鞍山式铁矿发育的总趋势是：下鞍山群铁矿少而小，中鞍山群大、中、小型矿床都有，上鞍山群均为大型矿床。

（3）该区鞍山式铁矿的矿石特征及矿床特征。通过引入"矿床结构"和"矿层密度"两个术语，将该区矿床分为3种类型：东鞍山型、弓长岭型、罗卜坎型。

（4）该区鞍山式铁矿的发育与原岩建造的关系。该区鞍山群地层按原岩建造可分为三部分：下鞍山群是基性火山岩建造，中鞍山群为沉积岩-火山岩建造，上鞍山群为含火山岩的沉积岩建造。其中含火山岩的沉积岩建造中矿层最厚、延长最大，都是大型矿床。条带状铁矿中大型矿床的出现，和沉积岩的大量出现是一致的。

（5）关于鞍山式铁矿成因的讨论。通过分析认为，鞍山式铁矿的生成和海底火山作用有成因上的联系。同时利用板块的观点进行分析，在该区附近可以识别出，郯庐断裂和太子河断裂，这两个小型古板块的边界。但由于这两个深断裂只是小型板块而不是巨大的大洋中脊，因此成矿物质有限，无法形成上湖区、拉布拉多区、哈默斯利区那样巨大的矿床。

通过对预测区进行了由大到小的4个分级，划分了歪头山—大河沿-北台区等3个一级预测区、3个二级预测区、3个三级预测区及9个四级预测区。

第九节　华北陆台北缘铁金矿产成矿规律及成矿预测研究

一、项目基本情况

1991年4月召开了科技工作会议，决定将"华北地台北缘铁金矿床成矿地质背景与成矿预测"作为冶金地质"八五"期间三大重点项目之一，纳入冶金部重点攻关项目。项目要求对该区铁金矿床成矿地质背景、时空分布规律与成矿预测开展研究。

1991年初，项目进行了第一次可行性论证。鉴于已往研究成果在说明该区复杂的构造背景方面存在着学术思想方面的缺陷和众多的分歧，需要有一个新的较为先进的学术思想指导该项目研究工作，于1992年初又进行了第二次立项论证，并通过了《华北地台北缘（中东段）铁金矿床成矿规律及成矿预测研究》论证报告。经冶金部批准实施，项目主持单位是冶金部地质勘查总局。项目负责单位是冶金部天津地质研究院，项目参加单位有冶金部首钢地质勘查院、第一地质勘查局、第三地质勘查局和东北地质勘查局。项目领导小组，组长胡桂明，副组长谢坤一，负责项目组织、协调领导工作。项目综合组，组长王守伦、以二级课题形式由天津地质研究负责，从技术方面制定规范、（对二级课题）设计审查、质量管理、技术指导，并配合二级课题开展全区综合研究工作。项目设总办公室，主任李树梁，负责项目日常工作。

"华北地台北缘"在传统构造学上所指范围很大，按任务要求工作重点是辽吉、冀北—辽西和晋北与"鞍山式"铁矿有关的早前寒武系分布区。该区范围相当于传统构造学"华北地台北缘"中东段，此次将集宁地区原划为"上集宁群"和赤峰地区零星分布的前寒武系变质岩纳入讨论范围，以保持陆台北缘演化的相对完整性和连续性。该区地理坐标大致为东经111°~127°，北纬38°~43°。

项目以板块构造和地体构造活动论思想为指导，从分析华北陆台北缘前寒武系地质构造主要特征入手，探索陆台形成与演化过程，阐明矿产分布规律。在前人工作成果基础上，采用了地质与地球物理、遥感影像特征等综合方法相结合；宏观观测与微观测试相结合；重点矿区深入解剖与区域综合对比相结合，共设置了7个二级课题，开展了广泛、深入的研究工作。

报告由王守伦、胡桂明主持编写。综合组于1994年初起草了报告提纲，组织、指导各二级课题，完成预期任务。1995年中落实了项目报告编写任务。9位同志执笔编写项目报告，分工是：前言：胡桂明；第一章：胡桂明，第二章：张国新；第三章：王西华；第四章：胡桂明；第五章：第一节：王守伦，第二节：吴惠康、王守伦，第三节：李生元、胡桂明；第四节：张祥、王守伦；第六章：张瑞华；第七章：王守伦；第八章：胡达骧；第九章：谢坤一、胡达骧；结语：王守伦。参加报告审校和编辑工作的有张瑞华、张祥、李宏臣、李跃明。

二、项目研究成果

报告运用板块构造概念类比，建立了太古宙地壳形成与演化模式；运用地体构造观点阐述了太古宙以来华北陆台北缘地体拼贴、演化（7个）阶段；在此基础上，论述了铁金矿床时空分布规律。

（1）华北陆台北缘太古宙岩群呈孤立的块体，被断裂、元古宙火山岩带、岩基带和克拉通盆地分割。时代相同或相邻的块体差别很大，各自有着不同的演化历史。无法说明它们是统一基底的出露部分，相反更多的资料表明它们是由构造原因拼贴在一起的。

（2）太古宙杂岩的主体不是层状岩石，而是以"TTG"为主体的花岗质岩石组成的岩穹和岩穹群。表壳岩以不同的尺度呈残体、残块包镶在岩穹中或残存在岩穹群之间，它们只有在同一残体内的有限范围内，可能存在有被构造改造过的层序关系。

深部分熔（或重熔）的花岗质深成岩，才是早期被保存下来的陆壳。古洋壳或镁铁质岩石只有在被上侵岩穹捕获、夹持的情况下才能被保存。这种垂向增生是太古宙地壳形成和增生的主要机制。

（3）早中晚期太古代杂岩，有相似的岩石组合。除了"TTG"岩套外，从其层状岩石包体或残块中能识别出火山岩和正常沉积岩。火山岩以基性火山岩为主，其中既有大洋拉斑玄武岩，也有钙碱质特征的拉斑玄武岩，从岩石学、岩石化学、稀土元素地球化学特征及常与陆源碎屑沉积岩伴生等分析，它们产出的环境，很类似岛弧环境。沉积岩有石英岩、铁英岩、钙硅质硅酸盐岩和大理岩。岩相学和副矿物特征表明，它们多形成于近陆的浅水环境。

上述不同阶段产出的相似岩石组合说明，早中晚太古代杂岩有相似的形成环境，即"地幔对流"的下降位置。太古宙杂岩块体规模和近等轴状形态表明，早期地幔对流很可能是强烈的、多中心的"中心式"对流。

（4）华北陆台北缘太古宙杂岩绝大部分（80%以上）是晚太古代形成的，中太古代岩石只是分散残块被包在晚太古代杂岩中。早太古代岩石更少，目前仅在冀东曹庄地区和鞍本铁架山岩体东侧见到一些碎块，它们被包在中晚太古宙杂岩中。从产状、变形变质特征，特别是包在麻粒岩相的中晚太古代岩石中的曹庄岩系说明，以花岗质深成岩为主体的新老岩群之间，与层状岩石上新下老关系不同，老岩群往往像无根残片，漂在新岩群之上。这种规模更大的深成岩体群，经底板垫托形式，托起老岩群，是垂向增生造成的。

（5）花岗质岩石被保存是由于它的低密度。它在对流下降部位形成，当对流变位时，也会由古洋壳传送，被重新赶到新的下降位置。移动过程中有可能破碎；不同方向漂来的碎块又可能拼合，之后在基底部位或周边又会有新岩体垂向增生。

这种机制可能在前太古宙时期就可能存在，也许那时分异出的花岗质岩石太小太少，且对流更为强烈，使它们停留不了多久，就会重新卷入地幔再循环，而无法保存。随着对流减慢，分异作用的累积效果越来越占优势，总有部分被保存下来，它们就是早太古代岩石。

这种过程不仅形成了"亏损"的地幔，也使得那些早太古代的岩石"母岩"无处寻觅。

（6）早太古代到晚太古代，岩块或陆核个体急骤增大，个数趋于减少，有可能是地幔降温使对流减缓，对流体个数减少，个体增大，是地幔分异累积效应所驱动的。

太古宙晚期到元古宙早期，地幔对流进一步减弱，陆核、地体、地块拼贴，出现了"线型"拼贴带和克拉通盆地。

"鞍山式"铁矿与火山活动有密切关系，又多为相对稳定的近陆浅水环境，很可能是在克拉通盆地或边缘盆地环境沉积的，虽然早中晚太古代和早元古代都有铁矿形成，但大规模聚集，与太古宙晚期至元古宙早期形成的大而稳定的地体，地块及其克拉通盆地或边缘盆地环境是分不开的。铁矿类型与盆地环境和表壳岩类型有关。金和铁的空间分布关系，也受表壳岩的类型所控制。

第十节　河北冀东迁安沉积变质铁矿井中三分量磁测磁异常综合研究

一、项目基本情况

1985~1986 年，根据"冀东迁安沉积变质铁矿井中三分量磁测磁异常综合研究设计"，首钢地质勘探公司普查队、北京地质教育中心物探系两个单位开展了冀东地区铁矿的三分量磁测磁异常研究工作。并最终提交《冀东迁安沉积变质铁矿井中三分量磁测磁异常综合研究》报告。报告主编为：王作勤、郑运华、孙喜森、蒙象平、周卫利。参与人员包括：张士英、李晓岚、尤淑文、吴宝兰、金淑菊、糕成方、谢坤一、沈佩芝、卢浩钊等。

迁安铁矿区位于河北省迁安县西部，其范围北起水厂，南至佛峪院；西以震旦系盖层为界，东至滦河。面积约为 300km^2。

结合矿区的向斜和背斜构造矿体的典型实例，拟定了理论模型计算，除对一些典型模型计算外，尚且对一些已知矿体（即向斜变种）也进行了空间磁场的理论计算，与实际矿体异常一同探讨了向斜构造和背斜构造的空间磁场分布特诊，初步总结出向斜磁性体 $\Delta T_{\perp}$ 矢量指向 "共尾性"、背斜磁性体 $\Delta T_{\perp}$ 矢量指向 "共头性" 及其矢量包线的心脏形线特征和 ΔZ 等值线具 "猴头" 磁异常特征。利用旁侧孔，根据 $\Delta T_{\perp}$ 矢量包线的旋卷方向能以单孔资料做出解释，分别确定其每一翼的赋存位置、产状。如果 $\Delta T_{\perp}$ 矢量包线的旋卷方向呈顺时针时，则磁性体位于钻孔东（右）侧，反时针时，磁性体位于钻孔西（左）侧，弯曲度大的半支，反映磁性体在近井端，缓的半支反映磁性体在远井端。利用 ΔZ、ΔT 模曲线张口配合 $\Delta T_{\perp}$ 矢量指向预报井底盲矿，估算其见矿深度。若具备多孔（至少有位于两翼旁侧孔）资料，则可根据 $\Delta T_{\perp}$ 矢量包线心脏形线及 "共尾性" 特征详细地确定向斜磁性体形状、规模及所在剖面的投影范围。在此并提出了对于向斜端头、核尾埋深及其产状的具体估算方法；同样可根据 $\Delta T_{\perp}$ 矢量包线倒心脏形线及 "共头性" 特征详细地确定背斜磁性体形状、规模及所在剖面的投影范围，提出了关于背斜核顶、翼尾埋深及其产状的估算方法。

在主视、俯视、侧视等三个方面具体讨论了空间磁场的分布特征，这为建立物理—地质模型、应用井中三分量磁测进行找矿预测提供了理论依据，应用地面和井中磁测立体综合的磁场信息，结合该区的地质资料，已初步建立起白马山、脑峪门两个铁矿床的物理—地质立体模型，并用它做出了找矿预测，指出了白马山、脑峪门两个铁矿床仍有进一步找矿前景。

二、项目研究成果

通过项目审查，认为该成果的主要贡献在以下几方面：

（1）系统总结了迁安矿区的三分量磁测井效果和经验，提供了一套用于定性、半定量、定量的资料解释方法，使三分量磁测井的解释系统更趋于完善，对三分量磁测井技术的应用起了推动作用。

（2）编制了一套单孔数据计算、绘图和解释的微型计算机程序包，从而替代了繁重的手工整理，实现迅速、简便、高效的井场及时解释。加速测井资料对探矿工程的指导作用，使工效提高 20 倍，减少了人为的错误率，为今后的磁测井数字处理、自动解释、自动成图奠定了基础。

（3）提出了建立井中磁测的物理—地质模型方法，并用于迁安地区，从而使原来的单孔解释发展到纵、横方向的多孔立体解释，起到了较好的找矿预测作用。这从国内外井中磁测的实践上，还是首创。

（4）对沉积变质铁矿床所具有的磁各向异性和一般的均匀磁化条件下的空间磁场特征做了对比研究。提供了不同条件下的井中磁异常的解释依据，使测井成果的解释更结合实际。

（5）三分量磁测井异常的研究及其在迁安矿区的应用，对指导钻探探矿发现井底、井旁盲矿体配合解决矿体的构造模式，不断扩大矿区的远景储量起到了显著的作用。

第十一节　冀东沉积变质铁矿成矿规律及综合勘查方法研究

一、项目基本情况

冀东沉积变质铁矿成矿规律及综合勘查方法研究为中国冶金地质总局第一地质勘查院承担的河北省国土资源厅专项科技研究及开发项目，项目起止时间为 2014 年 5 月~2015 年 4 月，项目资金 75 万元。

项目主要任务是：

（1）对冀东地区不同沉积变质型铁矿矿床地质特征、控矿因素、成矿作用进行深入解剖和研究，总结矿床成矿规律。

（2）总结矿床重、磁及其他地球物理异常特征，建立本区沉积变质铁矿的综合找矿模型。

（3）圈定可供验证的铁矿找矿靶区 1~2 处。

（4）对冀东沉积变质铁矿综合找矿方法进行研究，重点对重、磁找矿方法进行研究，总结有效的综合找矿方法，为沉积变质铁矿找矿突破提供理论及方法支持。

项目负责为：胥燕辉，参与人员主要有：王郁柏、李继宏、江飞、刘航、杨正宏、梁敏、胡兴优、张卫民、李晓军、张运昕、赵明川、梁田、孙文国等。

二、项目主要成果

（一）总结了区内控矿因素

结合前人研究和近年来的勘查成果，区内沉积变质铁矿的控矿因素归纳为：

（1）太古代火山喷发沉积。太古代火山活动提供了物质来源，在火山活动的间歇期和晚期，铁质、硅质大量沉淀形成 BIF。硅铁建造具有明显的旋回性和韵律性，自下至上构成一个大的火山旋回。

（2）变质作用。经区域变质，原始硅铁建造矿物成分和结构发生改变，矿石矿物由隐晶质变为显晶质、颗粒变粗，形成具有经济价值的铁矿。在高温、高压的深变质条件下，硅铁建造层产生局部塑性变形和流动，在重力分异作用下向深部聚集，使深部矿体的厚度增大，矿石品位也有一定变化。

（3）太古代深成（侵入）岩浆活动。对表壳岩和含铁建造产生熔融、侵蚀和改造作用。另一方面，以花岗质为主的穹窿属底辟侵位成因，岩浆向上拱曲会使上覆岩系向边缘滑动并聚集；后期伴随的中高温热液活动可使铁质向边缘有利部位聚集。以花岗质为主的深成岩形成古陆核，对新太古代火山沉积盆地的形成和发育产生影响。

（4）混合岩化作用。混合岩化可使矿石贫化，也可使贫铁矿石转化为富铁矿石。强烈混合岩化、混合花岗岩化及其热液交代作用对硅铁建造进行改造、叠加或破坏，可使矿石中的铁质产生转移，在有利的部位聚集形成富铁矿段、新矿体。

（5）褶皱和变形作用。褶皱变形作用使矿体形态产生复杂变化，磁铁矿受构造牵引和重力分异作用向下堆积并在向斜轴部聚集，而背斜核部矿体易被改造拉薄。在风化剥蚀过程中，背斜核部矿体不易保存。

（6）风化剥蚀作用。结晶基底形成后，除短暂沉积外基本处于隆升状态，长期遭受机械剥蚀和化学淋滤作用。隆起部位剥蚀程度高，隆起边缘或相对凹陷下降区剥蚀程度低，从而对现存矿体的分布产生影响。

（7）断裂构造控矿作用。断裂构造对铁矿的控制作用具有多重性。深大断裂形成于太古代末—古元古代，但其前身可能是古陆块的拼贴带，对太古代火山—沉积具有控制作用。区域性基底断裂带直接影响和控制基底变质岩的后期改造、分布范围、埋藏深度等一系列演化过程。断裂构造不仅对矿体具有破坏作用，但也能使基底地层下降而减小铁矿的剥蚀程度。

（二）总结了区内成矿规律

区内沉积变质铁矿围岩为古太古代—新太古代表壳岩，矿体成群成带出现，呈层状、似层状、透镜体状产出。铁矿（化）分布广泛，但规模差异较大。迁安—滦县—滦南一带是该区主要的铁矿聚集区，已探明资源量占全区的 87% 左右，与原始火山沉积和后期改造演化均有关。

（1）成矿时代和含铁层位。古太古代表壳岩保存较少，铁矿数量少、规模小。中太古代铁矿分布广泛，规模大小不等。新太古代硅铁建造形成于陆块核间边缘增生带或陆块边缘岛弧及弧后盆地、陆块裂陷带，铁矿数量少，但分布集中、矿层稳定。迁西岩群和滦县岩群是大中型铁矿的主要赋矿层位。

（2）铁矿类型和含铁建造。铁矿类型从早到晚分为杏山式、太平寨式、水厂式、石人沟式、司家营式和栅栏杖子式，含铁建造从以火山岩为主到以沉积岩为主，矿床规模由小变大；变质程度从麻粒岩相到绿片岩相；矿石粒度由中粗粒到中细粒；矿石类型由辉石磁铁石英岩向闪石磁铁石英岩转化，矿石中的硅酸盐成分增多。水厂式和司家营式是该区大中型铁矿的主要类型，分别处于两个时代的地体，厚度和延伸大的矿体均形成于火山岩与沉积岩的转换过渡期。

（3）花岗岩穹窿边缘是铁矿聚集的有利部位。花岗岩穹窿边缘受部分熔融或深成岩的侵蚀程度相对低，有利于含铁建造的大量保存，也是改造过程中再次堆积的有利部位。穹窿主体内部的表壳岩及含铁建造多以规模小的包体形式出现，含铁建造及矿体延伸短、不连续、方向各异。

（4）隆起边缘和凹陷区铁矿比较集中。隆起中心地带受剥蚀作用强，矿体规模小或不完整、方向各异；而其边缘、凹陷区和断裂构造下盘，由于剥蚀程度相对低而使铁矿得以大量保存。

（5）褶皱构造控矿的特点。不同时代、不同地区，褶皱构造控矿的特点不同。遵化—迁西成矿区大部分为中小型铁矿，呈弧形分布；迁安成矿区表现为穹窿边缘褶皱带控矿的特点；滦县—滦南成矿区，矿体多为单斜构造，但沿矿体走向存在不同程度的转折弯曲、波状起伏和倾伏。由于东西向开阔型褶皱构造的控制，矿体一般具有向南倾伏的特点，倾伏角一般在 20°~25°。

（6）断裂构造控矿的特点。区内基底断裂构造发育，多方向的断裂构造系统将基底岩石分割成不同的断块，控制矿体的埋藏深度和剥蚀程度；断裂构造产生的牵引和改造作用也造成矿体的赋存状态和产状发生变化，总的趋势是使矿体走向趋向于断裂构造走向，并在局部出现褶皱变形。

（7）硅铁建造层界面、向斜是铁矿的聚敛构造。硅铁建造层界面控制矿体的形态和产状。由于塑形变形和重力分异作用，单斜或褶皱构造形态的矿体均出现沿硅铁建造层界面向深部、向斜核部聚集的趋势，表现为浅部矿体夹石多、多薄层；向深部则夹层减少，过渡为厚大矿体。

（8）富铁矿段与混合岩化及热液交代作用有关。混合岩化及中高温热液交代作用可使铁质转移，并在有利部位再次聚集形成富铁矿段。混合岩化作用分为两期，比较强的一期发生在五台旋回。

（9）带状分布、多层产出是该区沉积变质铁矿的重要特征。单个矿体一般呈多层状产出，由主矿层和旁侧厚度不等的 2~5 个矿层组成，各层间距 5~20m。矿体沿走向出现尖灭再现、沿倾向可能存在另外的主矿层。各主矿层（矿段）的水平间距一般在 30~500m，个别近 1000m。近于平行产出的矿层与火山—沉积的多旋回有关，也可能与褶皱构造有关，如褶皱构造的两翼。

区内沉积变质铁矿经历了漫长的形成期和改造期，现存矿体尤其是规模比较大的矿体是各时期各种有利条件的集合，包括原始硅铁建造层规模大且稳定、受后期侵蚀和破坏的程度小等。不同构造区或地体的成矿特点存在一些差异，但总体上可归纳为四重成矿模式、多层找矿模型：中、新太古代硅铁建造+控矿聚敛构造（含硅铁建造层界面）+混合岩化、混合花岗岩化+中高温热液蚀变。

中、上太古界硅铁建造是找矿的基础条件，不同硅铁建造赋存的铁矿类型、规模不同；火山—沉积的多旋回形成不同的矿层，已发现的浅部矿体有可能代表某一时期形成的某一聚集层，而深部或旁侧有可能存在另外的聚集带或矿带，这为深部成矿预测提供了依据。控矿聚敛构造的含义，包括穹窿构造边缘等利于含铁建造层保留或再次堆积的部位；硅铁建造层界面控制矿体的产出及变化，趋于深部聚集；向斜核部或矿体转折端利于形成厚大的矿体等。在矿区范围内，赋矿构造具有协调一致性，反映是同一构造作用的结果，这是分析已知矿体深部和旁侧矿体分布、形态和产状的依据之一。混合岩化、混合花岗岩化和中高温热液蚀变是形成富铁矿段的主要因素之一。

（三）系统总结了区内重磁异常特征及综合找矿模型

1. 矿致磁异常标志

规则升高磁异常、具有一定的强度和面积、异常展布与变质岩地层和控矿构造一致、有明显的高强度中心、正负异常结构明显等。常见的异常形状为：条带状、椭圆状等。浅源磁异常强度高、梯度大、面积小；深源磁异常为面积大的低缓异常。叠加磁异常标志表现为：串珠状、多峰状、"A"字形、弧形、不规则状和局部畸变；垂向叠加模型表现为尖峰和低缓异常的分级。反演模型符合矿体的分布规律；并具有一定规模；且磁性参数接近于矿石的磁参数，这是区分矿与矿化的方法之一。

2. 矿致重力异常的标志

局部升高异常，且与磁异常吻合。厚大矿体部位出现等值线圈闭，中等规模的矿体则为等值线的畸变或低值圈闭，小规模的矿体基本无异常显示。重磁联合反演的密度体与磁性体基本重叠，或因存在氧化矿有一些差异。

3. 电法异常的标志

厚大矿体部位、富铁矿段出现低（高）阻高极化异常。电磁法异常反应为高低阻过渡带或梯度带，反应岩石界面，是了解硅铁建造界面的一种方法。

4. 综合找矿模型

概括为：中、上太古界硅铁建造+聚敛构造+混合岩化、混合花岗岩化+中高温热液蚀变+磁（重、电）异常。

综合找矿模型分为找矿地质条件、地质标志和综合地球物理标志两方面，前者是找矿和预测的基础；后者提供了目标域，是钻探工程布设的重要依据。

深部铁矿勘查，包括厚层覆盖下的铁矿和已知矿区深部找矿，重磁异常是主要的地球物理标志，并辅以电磁法分析深部赋矿构造。

5. 各类铁矿的磁异常差异

各类铁矿的磁异常具有相同的特征，如规则升高异常、长轴方向与地层走向一致等；但也存在一些差别，主要是由于围岩、矿（化）体叠加等情况不同。

太平寨式、水厂式铁矿的围岩磁性较强，含铁片麻岩、角闪岩、石英岩等分布广泛，形成区域性的高背景场；但由于混合岩化、花岗岩侵位，局部异常也出现低背景磁场。局部磁异常星罗棋布，比较集中的地区主要分布在迁安穹窿边缘。矿石的剩磁较强，总磁化方向变化大，正负磁异常结构复杂。

石人沟式铁矿的围岩磁性也较强，由于深成岩侵位和断裂构造发育，背景磁场也比较复杂。石人沟磁异常为负背景场中的椭圆状强磁异常；而豆子沟异常则处于高背景场中。

司家营式和栅栏杖子式铁矿的背景场变化平稳或宽缓，局部磁异常多为负或低背景场中的升高异常。第四系或长城系覆盖较厚地区，深源异常仍比较清晰完整，这是利用磁异常进行深部预测有利的一面。

大中型铁矿均有不同强度的重力异常显示，司家营、马城、长凝铁矿出现较高值的等值线圈闭部位；一些铁矿出现在高、低重力异常过渡带或异常曲线畸变部位，将异常划分尺度缩小，可出现剩余重力异常圈闭；埋藏一定深度的小型铁矿一般无重力异常反应。

（四）总结了勘查方法应用

1. 磁法

磁法是该区沉积变质铁矿勘查的首选方法。航空磁测是圈定找矿靶区的依据，规模大的矿体在条件有利的情况下可直接进行矿体的定位预测，但大多数情况下需要投入地面磁测进行查证。尤其是规模小、埋藏浅的矿体应投入面积性地面磁测。井中磁测是该区铁矿勘查的必选方法，具有寻找井旁和井底盲矿、综合解释地面磁异常、指导钻探施工的重要效果。

2. 重力测量

重力测量在覆盖区寻找大规模磁铁矿和氧化铁矿有比较好的效果，同时对了解隐伏构造、综合分析矿区成矿条件和深部预测有重要的意义。与磁异常综合解释及联合反演，对减小磁异常解释的多解性和不确定性具有重要的作用。

3. 电阻率法和激发极化法

电阻率法和激发极化法在寻找浅部厚大矿体及富铁矿体方面具有一定的效果。了解深部赋矿构造应采用 EH4 等深部探测方法。

（五）总结了有效的综合勘查方法组合

勘查方法组合可概括为：航磁异常圈定靶区＋地质分析法＋磁法（＋重力测量＋电磁法）＋钻探验证＋井中磁测（＋井中物探）。

区内沉积变质铁矿勘查的基本方法和流程可概括为：航磁异常圈定靶区—地质分析法—地面磁法—钻探验证—井中磁测。不同地区、不同类型、不同规模和埋深的铁矿，采用的方法组合不同。小规模的矿体以地质分析法和磁法为主；规模大的铁矿体、氧化矿及复杂磁异常、深源磁异常应投入重力测量。厚层覆盖区、已知矿区深部找矿、深部赋矿构造的研究应辅以电磁法等深部探测技术。

（1）太平寨式（杏山式）等一些规模小、埋藏浅的矿体，一般采用地质调查、地质分析法和较高测点密度的磁法。已知矿区深部预测应研究剩余异常，因此详细的地质调查、物性参数测定，对区分深源异常和背景场十分重要。对深源异常应投入重力剖面性测量，综合评价深部找矿远景。

（2）水厂式铁矿，应采用重磁联合测量，深部赋矿构造的研究应投入电磁法。不仅用于区分深源异常和背景场，而且利于矿体赋存形态、产状、倾伏判断。褶皱构造或深部聚敛构造是地质分析的重点之一，包括矿体的倾伏规律等；研究混合岩化、混合花岗岩化及中高温热液蚀变，预测富铁矿的赋存部位。

（3）石人沟式铁矿，一般采用地质调查、地质分析法和磁法。已知矿区深部预测应研究剩余异常，并辅以重力剖面测量。断裂构造对磁异常及矿体的控制是地质分析的重点之一。

（4）司家营式铁矿，围岩磁性较弱，局部磁异常比较清晰。对于厚层覆盖区和已知矿区深部预测，投入重、磁、电联合剖面测量很有必要。结合区域成矿规律进行地质分析、迭加异常处理，地质与物探相结合对深部矿体进行定位预测。

（5）栅栏杖子式铁矿，围岩的磁性较弱，局部异常比较清晰，对于浅部矿体采用磁法基本满足要求；对于埋藏深的铁矿，除了采用下延、化极等各种数据处理外，在地形有利部位应投入重力剖面测量，对了解赋矿构造、寻找深部规模较大的矿体有一定意义。

（六）圈定了成矿区远景区

圈定了 7 处成矿远景区，分别为遵化—迁西成矿区、栅栏杖子—迎午山成矿区、宽城—青龙成矿区、卢龙成矿区、庙沟—抚宁—昌黎成矿区、迁安成矿区、滦县—滦南成矿区。

（七）圈定了重点靶区

通过磁异常综合解释和查证，结合成矿地质条件、成矿规律分析，建议可供下步工作或验证的 3 个找矿靶区和远景地段为：青龙山西南深部和青龙山与庆庄子之间、乐亭中堡王庄、马城西侧深部和外围。

第十二节　晋北五台地区硅铁建造型铁矿资源总量预测

一、项目基本情况

山西冶金地质研究所执行"晋北五台地区硅铁建造型铁矿资源总量预测"项目，该项目由冶金部陕西地质勘探公司于 1986 年批准了专题设计（〔1986〕冶勘地字 122 号），1987 年冶金地质局将该项目列为部重点科研项目（〔1987〕冶地科字 62 号）。

山西冶金地质研究所以横向联系的形式，与中国地质大学（武汉）、中国科学院遥感应用研究所和伤害技术物理研究所合作，开展了对五台地区硅铁建造型铁资源总量预测及金矿调查的研究工作。在总结前人工作的基础上，对以往资料进行了合理的定量取值，并利用航天遥感技术，获取了全区的遥感数据。经过两年多的室外研究及利用计算机对多种数据类型的综合处理，对该区硅铁建造型铁矿的资源量及其分布做出了现有资料水平下的定量估计及解译。同时，利用遥感技术对该区金矿成矿遥感模式也做了初步研究，并从遥感地质的角度指出了相对有利的找矿靶区。

要达到铁矿资源总量预测的目的，完成的主要任务有：建立工作区地质、物探及遥感数据文件（包括航空遥感数据）；购置资源量预测的地质、物探及遥感变量，建立控制区矿床模型及相应的数字模型，物探模型及遥感模型；通过计算机完成铁矿资源量的估计及对遥感数据的处理；综合多种方法的计算结果，对最终结果进行合理的地质解译及经济评价。

课题组长为：李中生；地质顾问为：黎乃煌；数学地质顾问为：赵鹏；大遥感技术顾问为：崔承禹。报告编写成员为：李中生、温世明、邹培棠、师学勇、张士珍、武文来、张东风、李海棠、马小兵、王拽枝、金浩。

二、项目主要成果

总结国内外在矿床资源评价方面的成就和贡献，可归纳为以下几点：

（1）理论体系。整个资源评价的理论体系由"区域价值理论""分布理论""丰度理论""类比理论""误差理论"等组成。

（2）数据类型。数据是资源评价得以实现的基础，数据的可靠性程度决定资源可测结果的可靠性程度，地质现象复杂而多变的丰富内容，决定了数据类型的多样性。

（3）预测结果的表达方式。分为总和式表达和非总和式表达两种，总和式表达包括总储量、总金属量、总价值的预测，而非总和式的预测则以求百分数，而百分数及找矿概率，成矿有利度等来表示预测结果。

第十三节 山东省莱芜铁矿成矿区区域成矿模式 和资源潜力预测研究

一、项目基本情况

中国冶金地质总局山东正元地质勘查院执行"山东省莱芜铁矿成矿区区域成矿模式和资源潜力预测研究"项目。该项目根据山东省国土资源厅《关于下达 2008 年度省地质勘查项目计划的通知》（鲁国土资发〔2008〕134 号）和《关于下达 2008 年度省地质勘查项目委托书的通知》（鲁国土资字〔2008〕410 号）的要求设立，并通过山东省国土资源厅批准，批准文号为鲁国土资字〔2008〕720 号。项目实施时间：2008 年 10 月~2010 年 12 月，项目经费：40 万元。

研究区范围：包括以莱芜市莱城区内的矿山矿田（岩体）、金牛山矿田（岩体）、钢城区内的铁铜沟矿田（岩体）及泰安市岱岳区内的峤峪矿田（岩体）有关的接触交代—热液铁矿为中心的泰莱断陷盆地范围内，地理坐标：（1）东经117°15′00″，北纬36°24′00″；（2）东经 117°50′00″，北纬 36°24′00″；（3）东经 117°50′00″，北纬 36°10′00″；（4）东经 117°55′00″，北纬 36°10′00″；（5）东经 117°55′00″，北纬 36°00′00″；（6）东经117°45′00″，北纬 36°00′00″；（7）东经 117°45′00″，北纬 36°07′00″；（8）东经117°15′00″，北纬 36°07′00″。面积约 1942km^2。

目标任务：以现代成矿地质理论为指导，充分利用地质、矿产、物探、遥感等综合找矿信息，圈定找矿远景区和找矿靶区，编制成矿规律与预测图；通过成矿地质作用、成矿因素、矿床特征、区域成矿规律等研究，建立区域成矿模式；应用现代矿产资源预测评价理论与方法，评价研究区铁矿资源潜力（-1500m 以浅）。矿山岩体、峤峪岩体、金牛山岩体及铁铜沟岩体的周边地区作为本次研究重点地区。

项目负责人为：徐建，主要完成人员为：卢铁元、肖珍容、宗信德、李泉斌、方传昌、亓文玲、田明刚、赵耀。

二、项目主要成果

此次工作对区域成矿地质特征进行了总结，探讨了该地区的铁矿成矿作用和成矿规律，并在此认识的基础上进行了铁矿成矿预测，为该地区今后找矿有一定的指导作用。

（1）成矿地质特征研究：以四个矿田为单位，分别从控矿围岩、控矿构造、成矿母岩、围岩蚀变及矿化特征进行归纳总结，区分四者间差异；重点对矿体特征从不同构造类型，阐述矿体形态特征及变化，对矿石质量进行描述。

（2）成矿规律研究：在典型矿床和成矿地质特征研究基础上，对矿体形态、赋存形式、产状变化、赋存标高等进行归纳和总结，阐述了双交代渗滤作用机制以及"三位一体"成矿模式特点。

（3）根据成矿地质条件的有利程度，预测依据的充分性，资源潜力的大小和矿体埋藏深度等因素，划分了 3 类预测区，进行了成矿预测。

第十四节 山东省淄博市金岭矿区铁矿成矿规律研究

一、项目基本情况

中国冶金地质总局山东正元地质勘查院执行"山东省淄博市金岭矿区铁矿成矿规律研究"项目，该项目是山东省国土资源厅以《关于下达 2010 年度省地质勘查项目计划的通知》（鲁国土资字〔2010〕1130 号）下达给中国冶金地质总局山东局地质勘查研究项目，项目编号（鲁勘字〔2010〕142 号）。

研究区范围：位于淄博市高新区、张店区和临淄区结合部，包括金岭岩体全部及外围，由 10 个拐点组成，各拐点坐标（1980 西安坐标系）如下：（1）东经 118°05′15″，北纬 36°56′00″；（2）118°10′45″，36°56′00″；（3）118°10′45″，36°57′15″；（4）118°14′45″，36°57′15″；（5）118°14′45″，36°51′45″；（6）118°11′15″，36°51′45″；（7）118°11′15″，36°48′00″；（8）118°04′30″，36°48′15″；（9）118°04′30″，36°51′45″；（10）118°05′15″，36°51′45″。面积 166km²。

目标任务：在充分收集研究以往地质、矿产、物化遥成果，分析区内成矿地质条件和成矿规律，坚持从已知到未知的原则，以新的成矿理论为指导，以新思维提出新认识。从研究典型矿床（体）到研究区内总体及其内在联系，从研究岩体分布，侵入接触带变化特征到研究矿床（体）的分布规律与磁异常的对应关系，建立地质物探找矿模型，优选成矿靶区。项目实施时间：2010 年 11 月~2012 年 12 月。

项目负责人为：宋道文，主要完成人员为：王昌伟、李令斌、储照波、王洋、陶铸、冷莹莹、王元杰、张扬、尹友、吕孝华。

二、项目主要成果

此次研究工作较系统地收集了研究区内已有各类地质、矿产、地球物理、地球化学等资料，尤其是金岭岩体近几年来取得的铁矿勘查和研究资料，进行了较深入的综合分析和研究，取得了以下几方面成果：

（1）通过对典型矿床的控矿条件、围岩条件、构造特征、磁异常特征及金岭岩体规模、形态、产状、围岩蚀变特征，矿石质量特征，矿体规模，矿体厚度，矿体产状变化等方面分析研究，以典型矿床研究为主导，以整个矿区为单元，在总结区域地质和矿床成矿特征和磁异常特征的基础上，建立矿床模式。

（2）通过矿床控矿因素、矿床成因等方面，对有利成矿的因素和找矿标志，进行了归纳，总结了找矿标志。

（3）通过地质物探等特征分析研究，对侯家庄、王旺庄、新立庄、北金召、北金召北等矿床及王旺庄西段—东召口—矿北等区段进行了深部找矿预测，圈定了 6 个靶区。

（4）提出了缺位找矿、陡倾矿体矿床内找台阶形矿体、矿体与矿体之间找矿等几个找矿思路。

第十五节　山东莱芜地区矽卡岩铁矿成矿地质特征及找矿方向研究

一、项目基本情况

根据冶金部下达的"鲁中矽卡岩型铁矿成矿特征及找矿方向研究"的任务，1973年，桂林冶金地质研究所、山东省冶金地质勘探公司及山东冶金第二勘探队抽调专业人员组成综合研究小组，对莱芜地区的矽卡岩铁矿进行工作研究，并最终提交报告。报告主要由山东省冶金地质勘探公司综合组、第二勘探队及桂林冶金地质研究所矽卡岩铁矿专题组联合完成。参与同志还包括公司岩矿室卢心翘、杨丽诚及第二物探队物探组人员。

该区位于济南市东南约100km的莱芜县境内。莱芜盆地范围：北起温石阜、南至城子坡、西起范镇、东临孝义，总面积1575km²。

区内地层有：太古界泰山群花岗片麻岩系、下古生界碳酸岩系、上古生界砂页岩夹薄层灰岩并含煤层、中生界红色及杂色碎屑岩和安山质熔岩、新生界老第三系红色砂砾岩。区内构造以断裂为主，主要由三组构造形迹：东西向构造、弧形断裂构造、北东—北东东向构造。三组主干构造基本控制了盆地的轮廓，并为该区岩浆岩及含矿热液上升的通道，控制着岩体和矿带的展布。在盆地内部分布有矿山弧形背斜、八里沟向斜和石家泉隐伏短轴背斜。该区岩浆活动主要分为太古代岩浆活动、中生代岩浆活动、喜马拉雅山期岩浆活动。

二、项目研究成果

该报告通过对含矿岩体的深入研究、含矿蚀变带的特征总结、矿化相对富集的特征总结等，对矿床的矿液运移控制过程及矿床成因进行了分析。

综合分析，该区与成矿有关的岩浆岩为中偏基性的黑云母辉石（二辉）闪长岩–含石英正长闪长岩类杂岩体；矿化层位主要是中石炭统马家沟组灰岩（部分为中石炭统灰岩），矿床（体）受接触带控制；接触变质带上有橄榄石金云母、透辉石、方柱石、石榴石等矽卡岩矿物，且有一定的分带现象；矿体偏于外接触带，矽卡岩发育于内接触带，直接构成矿体的底板，一部分成矿体的夹石；矿石中交代残留的脉石矿物有金云母、橄榄石及碳酸盐，贫矿中有透辉石、石榴石等残留脉石矿物；矿化和典型的矽卡岩不完全一致，但两者基本属于同一构造系统控制，均是同一成矿作用过程中不同阶段的产物。因此该区矿床成因类型应属高温热液接触交代矽卡岩型磁铁矿床。

从含矿层位、构造、火成岩及矿化蚀变方面，提供找矿依据，提出该区找矿途径：（1）围绕矿化相对富集的矿山岩体开展就矿找矿；（2）对低缓磁异常进行找矿评价工作；（3）突破岩体的岩盖层下部具有深部找矿前景；（4）对火山岩覆盖地区进行找矿探索。

第十六节　霍邱李老庄 BIF 型铁矿-菱镁矿床形成机制

一、项目基本情况

中国冶金地质总局矿产资源研究院执行"霍邱李老庄 BIF 型铁矿-菱镁矿床形成机制"项目。项目研究范围：华北克拉通南缘霍邱铁矿田李老庄磁铁矿-菱镁矿床。起止时间：2019 年 6 月～2021 年 12 月。

目标任务：（1）查明李老庄 BIF 铁矿及菱镁矿矿床的成因联系和磁铁矿-菱镁矿共生机制所代表的地质意义，揭示李老庄矿床形成的构造背景和沉积环境；（2）初步确定李老庄铁矿-菱镁矿的成矿物质来源；（3）判别李老庄矿床的成因类型，建立李老庄矿床的成矿模式。

项目负责人为：黄华，主要完成人员：李怀彬、张志炳。

二、项目主要成果

（1）李老庄铁矿-菱镁矿床赋存于霍邱群吴集组的由黏土岩、杂砂岩-碳酸盐岩-玄武质火山岩变质形成的火山—沉积变质岩系中。

（2）李老庄矿床位于霍邱弧后盆地东西向海湾的湾顶位置，是整个霍邱缺氧盆地中相对还原的浅海海湾局限盆地，矿床形成罕见的"盆中盆"环境中；弧后盆地边缘接近浅海的局限海盆或封闭-半封闭浅海海湾环境。

（3）菱镁矿体呈似层状、透镜状产出，矿石呈晶质块状，具明显的次生加大及变质重结晶现象，由富 Mg^{2+} 热液交代成岩期白云岩形成，后期经历构造—热液改造。因此，李老庄铁矿—菱镁矿为沉积—变质热液改造型矿床。

（4）李老庄矿床的形成与海底热液活动有关，成矿物质主要来源于海水和海底热液的混合，基本没有受到陆源碎屑物质的混染。形成独立菱镁矿的镁质部分来源于深部的超基性岩（蛇纹岩）及富镁碳酸盐岩。

发表论文：

（1）黄华，张连昌. 安徽霍邱李老庄铁-菱镁矿床成因探讨：碳、氧同位素的指示意义 [J]. 矿物岩石地球化学通报，2020，39（6）：1312-1324.

（2）黄华. 霍邱周油坊 BIF 型铁矿地球化学及氧同位素特征 [C]// 第十五届全国矿床会议.

第十七节　鄂东铁铜矿地质研究

一、项目基本情况

鄂东成矿区地处长江中下游铁铜成矿带的西部。大地构造单元隶属于下扬子台褶带西部的鄂东褶皱束。它是扬子准地台北部的一个三级构造单元，北与淮阳隆起毗邻，南接江南台隆，西与江汉断坳接壤，东与宁芜褶皱束对应，介于它们所围限的"三角形"地块中。

鄂东地区矿产资源丰富。已探明的矿产以铁、铜为主，共生或伴生有钨、钼、铅、锌、金、银、钴、镍、镓、锗、铟、硒、碲、铀、硫、石膏等。矿床类型主要有接触交代型、接触交代—斑岩复合型、岩浆热液型和火山热液型四种成因类型，以及铁矿床、铁铜矿床、铜铁矿床、铜矿床、铜钼矿床、钨铜（钼）矿床、金铜矿床七类矿床。其特点是：矿床类型较全，数量多，规模较大，共生或伴生矿产丰富，品位较富，易选冶，分布集中。该矿区是全国为数不多的富铜富铁成矿区。

鄂东地区找矿勘探大体经历了两个阶段：一是新中国成立之前，主要由外国矿师进行的零星分散的地表地质工作；二是新中国成立后，由地矿部、武汉钢铁公司、湖北省地质局、冶金部中南冶金地质勘探公司等单位的广大地质工作者，大力开展找矿勘探和研究工作，探明了极其丰富的矿产资源，使该区成为中国重要的矿产资源基地。

20世纪50年代以来，鄂东地区进行了大量的基础地质和矿床地质工作，积累了丰富的地质资料，为了研究该区成矿系列，矿床时空和分布规律，形成系统的成矿理论和找矿方法，对该区及其他类似地区的找矿工作有所帮助，由中南冶金地质勘探公司下达"鄂东铁铜矿产地质"研究课题任务，由中南冶金地质研究所承担实施。

主要参与人员有：陈培良、舒全安、程建荣、李全洲、陈启田、王杏英、李色篆、张继文、徐柏安。

二、项目主要成果

课题组在研究过程中，运用现代成矿理论，深入研究鄂东地区铁铜矿成矿规律和成矿过程，通过大量资料的收集，分析和研究，取得以下主要成果：

（1）宏观与微观相结合，系统论述了该区地层、构造、岩浆活动、地球物理、地球化学成矿地质背景及矿床地质；在微观方面，对矿物、包裹体、微量元素、同位素、成矿机理等进行了较详细深入的研讨。

（2）地质、地球物理、地球化学相结合，系统地研究了鄂东地区重磁场特征，地球化学特征，岩矿石物理参数，并与传统地质相结合，增加了研究的深度和广度。

（3）找矿现状和预测相结合，全面论述了鄂东地区隐伏矿预测标志和方法。在找矿实例和应用效果的基础上，论述了地质、地球物理、地球化学等预测方法的基本原理和预测标志。

（4）新技术、新方法的应用，如古地磁、卫片影像特征，综合地球化学方法等。

第十八节　鄂东地区铁矿找矿选区研究

一、项目基本情况

鄂东南成矿区地处我国"十一五"找矿规划的16个重点成矿带之一的长江中下游铁铜多金属成矿带的西部，该区集中分布了若干重要的富铜富铁矿床，是我国为数不多的富铜富铁矿基地之一。

随着我国经济的快速发展，铁、铜资源形势十分严峻，作为我国重要的铁铜基地之一的鄂东南地区，经过几十年大规模开采后，传统大型矿山的资源将逐步耗竭，危机矿山众多，后备资源严重不足。因此，在鄂东南地区开展新一轮找矿（包括老矿山深边部找矿）是一项紧迫而重要的战略任务。因此，运用新理论、新方法开展鄂东南地区找矿选区研究，对找矿工作部署和进一步找矿工作具有重要意义。为此，湖北省国土资源厅、湖北省财政厅下达"鄂东地区铁矿找矿选区研究"任务（鄂土资发〔2006〕63号）。任务书编号：〔2006〕20号，项目编号：44。项目主管单位：湖北省国土资源厅。项目工作年限：2006年7月~2007年7月。项目承担单位：中国地质大学（武汉）、中国冶金地质总局中南地质勘查院、武钢集团矿业有限责任公司。项目负责人：姚书振（中国地质大学（武汉）），王泽华（中国冶勘中南局中南地质勘查院），项目顾问：王永基（中国冶勘中南局）；项目矿山负责人：匡忠祥（武钢集团矿业公司）；项目协调组领导：李纪平、姚书振、杨艺华、季翱；项目协调组成员：王泽华、周宗桂、闵厚禄；项目组成人员如下：中国地质大学（武汉）的姚书振、周宗桂、陈超、丁振举、王苹、边建华、骆地伟，宫勇军等；中南地质勘查院的王泽华、李朗田、刘玉成、戴定璇、周逵、林季仁等；武钢集团矿业公司的季翱、闵厚禄。

目标任务：研究总结鄂东地区铁矿成矿条件、矿床分布规律，建立成矿模式、找矿模型，运用已经取得的地、物、化、遥信息，预测找矿远景区，为铁矿勘查提供相当于矿床一级的找矿靶区。

工作区范围：主要工作区在鄂东南地区的鄂城—灵乡一带。北起鄂城，南到金牛—铜山口一线；东起大冶—铜山口，西到鄂城—金牛。拐点坐标大致是114°50′，30°25′；115°05′，30°20′；114°35′，30°05′；114°50′，30°00′的范围内。

根据项目任务书和设计书的工作部署，项目组人员全面收集整理分析区内矿田矿床已有的勘探与科研成果、资料；系统收集整理鄂城、铁山、金山店、灵乡岩体已有的资料，对程潮、铁山、张福山、灵乡矿田等典型矿床和侵入岩进行了现场考查。研究了典型矿床地质特征、成矿条件。

开展了航磁异常数据整理、数据处理、反演解释工作。数据整理包括对区域12幅1:5万航磁异常（纸质）图件，逐一扫描、拼接、调平、矢量化、数字化等工序，获得了测区100m×100m网格数据。数据处理工作有：常规处理：ΔH_x、ΔH_y、ΔZ分量转换；航磁异常化极；化极后上延：1km、1.5km、2km、3km、5km、10km；化极后区分深、浅源异常的匹配滤波；磁源重力异常计算；化极后垂向导数、水平导数计算。特殊处理：航磁异常模量计算；航磁异常模量垂向导数计算；航磁异常水平梯度模量计算；小波分析：1、2、3、4、5阶小波细节及逼近；反演解释工作：深部岩体界面深度反演；典型剖面接触带形态反演。利用已有勘探剖面，对程潮铁矿、铁山铁矿和张福山铁矿等接触带构造变化规律进行了研究分析；运用GeoMine3D系统进行了典型矿床（程潮铁矿、铁山铁矿和张福山铁矿）岩体接触面形态模型和矿体的空间可视化模型研究，探讨铁矿成矿条件、矿体分布规律；对程潮、陈家湾、长乐山和郭思恭等4个重点地段的地质和物探异常进行了分析研究；开展了深部资源潜力分析，提出了成矿预测的认识。

二、项目研究成果

（1）系统总结分析了程潮、铁山、张福山铁矿床和灵乡矿田铁矿床地质特征和铁矿床成矿地质条件。鄂东铁矿床是鄂东地区地质发展历史上一定阶段地质作用的产物，在鄂东铁矿床成矿过程中，燕山期岩浆活动是直接的关键的成矿因素，三叠系地层是重要的成矿因素和赋矿场所，而构造则是控制岩浆活动和成矿作用的主导因素。鄂东南地区地层发育完全，燕山期构造—岩浆—热液活动强烈，构造型式复杂，深部构造与盖层构造、区域构造与岩体接触带构造组成的立体构造网络控制了矿田、矿床的分布。铁矿成矿条件比较好。

（2）系统研究了岩体航磁异常与侵入岩体展布空间结构。对航磁异常数据进行了常规处理（如航磁异常化极，化极后上延，化极后区分深、浅源异常的匹配滤波，磁源重力异常计算等等）、特殊处理（航磁异常模量计算，航磁异常模量垂向导数计算，航磁异常水平梯度模量计算，小波分析等）；反演解释（深部岩体界面深度反演；典型剖面接触带形态反演等）。在岩体异常特征研究基础上，研究了岩体边界空间展布特征；在深部岩体界面深度反演；典型剖面接触带形态反演的基础上，建立了岩体深部模式。

（3）运用 GeoMine3D 系统进行了典型矿床（程潮铁矿、铁山铁矿和张福山铁矿）岩体接触面形态模型和矿体的空间可视化模型研究，并结合趋势面分析，研究了控矿接触带的变化规律，分析了岩体接触带构造及矿体形态、产状、空间分布特征及岩体接触面产状要素之间的联系，提出了深部找矿有利空间，为进一步深部找矿选区提供了依据。

（4）在综合研究基础上，挖掘有利找矿信息，筛选有利找矿预测区（段），提出鄂东地区铁矿找矿有利靶区：程潮铁矿深边部找矿预测区，广山—泽林—程潮铁矿找矿预测区，大冶铁矿外围长乐山找矿预测区，金山店铁矿深部及外围找矿预测区，陈家湾深部隐伏矿找矿预测区，灵乡郭思恭铁矿找矿预测区，灵乡矿田广山—脑窖一带找矿预测区，大冶灵乡余明—汪天瑞找矿预测区，磨石山铁矿西部及其外围找矿预测区等 9 个找矿有利区，并进行了资源潜力分析。

第十九节　鄂东典型铁矿区深部找矿重磁联合反演解释研究与示范

一、项目基本情况

"鄂东典型铁矿区深部找矿重磁联合反演解释研究与示范"项目为湖北省自然资源厅 2016 年科技计划项目，项目编号为 ETZ2016A02。项目管理单位为湖北省自然资源厅，承担单位为：中国冶金地质总局中南地质勘查院，项目负责人为：范志雄，综合研究人员为高宝龙、李朗田、罗恒、陈石羡、肖明顺、杨龙彬、龚强、闵丹、匡应平、荣卫鹏、邹璇、向丽萍。

目标任务：选择并建立重磁联合反演解释技术；选择在铁山岩体进行重磁联合反演解释研究，重点是开展重磁老资料二次开发、新资料收集整理，进行剖面二维、平面三维重磁联合反演解释研究，总结已知矿体对应重磁异常特征，总结二维至三维反演结果与已知矿体对应关系和规律，不断优化重磁联合反演方法，平面上圈定有利找矿部位，剖面上提出钻孔布设意见；为后续找矿项目执行提供技术支持和找矿参考；依托湖北省地质勘查基金"湖北大冶金牛火山岩盆地 1：2.5 万重磁调查"项目，在金牛火山岩盆地未知区开展重磁联合解释技术示范及推广应用；为鄂东地区下一步开展三维地质填图提供技术积累；项目起止日期为：2016 年 4 月～2017 年 4 月，经费为 25.7 万元。

项目组成员根据研究任务的需要系统收集了鄂城—金牛地区（1：20万）～（1：5万）航磁、重力资料，并开展了综合数据处理，建立了鄂城—金牛地区的基础重磁数据库；开展了重磁处理解释技术及三维重磁反演的调研；在鄂城—铁山地区开展了重磁三维反演，并结合典型剖面开展了重磁电及测井异常的综合反演解释；基于鄂城–铁山三维重磁三维反演的经验，在金牛火山岩盆地开展了三维重磁反演示范，利用重磁三维反演成果，推断了金牛火山岩深部构造格架。

二、项目研究成果

通过系统的工作和研究，取得的主要成果如下：

（1）在系统总结分析了已知大冶铁矿床、程潮铁矿床成矿地质规律及程潮、铁山等四大岩体的基础上，研究了燕山期岩浆热液活动、构造、成矿作用机理，鄂东铁矿床成矿过程中，燕山期岩浆活动是直接关键的成矿因素，鄂东南地区地层发育齐全，三叠系地层是重要的成矿因素和赋矿场所，而构造则是控制岩浆活动和成矿作用的主导因素，构造型式复杂，深部构造与盖层构造、区域构造与岩体接触带构造等组成的立体构造网络控制了矿田、矿床的分布。

（2）运用重磁联合解释技术理论和方法，系统研究了岩体重磁异常与侵入岩体展布空间结构，从平面数据处理转换手段，典型剖面正反演方法，以及三维反演体系，提供了已知的物性模型和技术支持，建立并总结了重磁平面-二维-三维立体空间物性模型系统，展示了岩体深部模式，揭示了重磁异常场源与燕山期成矿地质作用相对应的特征和规律，对铁矿床形成和赋存做出较为合理的地质解释，预测程潮与铁山岩体间碧石度向斜深部铁矿体的赋存空间和找矿前景。

（3）通过重磁联合解释技术研究，在对比分析和总结金牛火山盆地与宁芜盆地和庐枞盆地的重磁场源特征和成矿模式区别的基础上，拓展到金牛火山盆地隐伏岩体的边界圈定，探讨和展示了金牛火山盆地深部重磁场源特征与规律，研究了控矿接触带的变化规律，分析了岩体接触带构造及形态、产状、空间分布特征及之间的联系，挖掘有利找矿信息，预测深部成矿有利部位与找矿靶区，有效地展示了项目研究与示范作用，为后期开展深部找矿工作提供了方法借鉴和技术积累。

2018年12月，湖北省自然资源厅组织专家对项目进行了评审验收，专家在听取项目成果汇报，审阅资料，质询讨论后，一致同意通过验收。

第二十节 鄂东地区铁铜金银矿床成矿模式及成矿预测

一、项目基本情况

冶金部中南地质勘查局研究所执行"鄂东地区铁铜金（银）成矿模式及成矿预测"研究项目，该项目是冶金部地质勘查总局"八五"计划重点科研项目"长江中、下游铁铜金银矿床成矿规律及成矿预测"一级课题研究中的二级子课题，编号为85-07-13。

目标任务：通过铁铜金（银）成矿地质特征，控矿条件、成矿规律、综合找矿标志的深入研究，建立铁铜金（银）成矿模式及找矿模型，以指导进行找矿有望地段或矿床

（点）中-大比例尺成矿预测，预计可提供可验证的地段 2~5 处，争取铁铜金（银）找矿有所突破，储量有所增加。

研究区北起鄂州市，南止阳新县，东起鄂州市—黄石市—富池长江以南，西至金牛—保安—鄂州市一线，呈三角形地带，面积 5030.5km²。隶属于长江中、下游铁铜金多金属成矿带西段，是我国著名的铁铜金矿产资源基地。历年来共探明铁矿床 80 个；铜矿床（包括铜、铜铁、铜金、铜钨钼）44 个，获得铁矿石储量 72640.8582 万吨、铜金属量 438.8221 万吨、金 232.26t、银 2979.980t、钼 8132t、铅＋锌 50.4097 万吨、WO₃ 4.5386 万吨。"七五"期间，由于加强了隐伏矿床预测和综合利用研究，找矿工作又有了新的转机和突破，新发现金（包括铜金共生型）矿床 9 处，其中大型矿床 3 处，获金储量 98.206t，银储量 346.791t，铜储量 56.3803 万吨，再次显示了该区的找矿潜力。近年来通过区域重点地段普查和物化探的深化研究，又新发现一批找矿有望地段、矿点和异常，显示出良好的找矿前景，继续开展该区铁、铜、金（银）矿产成矿规律及找矿预测研究，具有重要理论和现实意义。

1991~1994 年，项目陆续开展野外地质调查，通过穿越剖面、矿点踏勘、异常检查、标本和样品采集，获得了大量宏观地质资料，为室内综合整理、图件编制、岩矿鉴定、化学分析，包裹体测温、同位素地球化学、数据处理等提供了扎实基础。

项目课题组长为：苏欣栋，课题组成员为：蔡贵先、孙立阳。在工作中得到了冶金部中南地质勘查局 601 队、603 队、604 队、鄂东南地质队、矿山及中南地质勘查局研究所分析室、情报室、设材科、绘画组、汽车组的大力支持。

二、项目主要成果

在完成以上工作，获得 28020 个各种数据的基础上，编写了《鄂东地区铁铜金（银）成矿模式及成矿预测》研究报告。报告中阐明了区域成矿地质背景，包括壳幔层状结构、大地构造单元演化、构造层含矿性、构造体系与成岩关系、岩浆成矿专属性及地球物理和地球化学特征等。总结了矿床类型、成矿系列、围岩蚀变等地质特征，分析了成矿条件及其机理，揭露了成矿元素迁移富集规律，建立了各级别成矿模式及找矿模型，最后进行了找矿预测，其主要成果有：

（1）首次用地球自身膨胀的理论，研究了该区域壳幔层状结构类型及其地质—地球物理—地球化学特征，并得出结论：硅镁层为地球形成时的原始地壳，硅铝层及上构造层为地球形成后膨胀增生而成，其原动力是软流层中呈塑性状态的玻璃质玄武岩有节奏的缓慢流动的结果。同时直接牵引上部岩石圈水平方向移动，促使岩石圈板块运动和板块内部产生褶皱、断裂、岩浆喷发与侵入及各种矿产形成等。

（2）用"槽—台—洼"学说大地构造理论阐明了该区及邻区大地构造单元发展、演化构造运动类型和性质、沉积环境、岩相和建造、褶皱形态和断裂特征。丰富了该区及邻区大地构造研究理论。

（3）用地质力学研究该区盖层中东西向构造、山字形构造、联合构造和新华夏构造等构造体系的发生，发展，演化、联合和复合全过程及其与成矿关系。

（4）详细研究该区岩浆活动时空关系，侵入岩体形态、产状、形成深度、剥蚀程度、构造岩相带特征，岩浆岩矿物组成及结构构造、岩石类型及其系列、岩石化学成分特征、成岩和造矿元素丰度、同位素年龄、稳定同位素、铅同位素、铷-锶同位素、稀土元素地球化学特征等。同时深入探讨岩浆起源，演化及结晶物理化学条件，最后阐明了岩浆岩成矿专属性，主要表现为以下五性：

1）"时"控性，即燕山早期主要为 Cu、Au、W、Fe，（Ag），燕山中期主要为 Fe、Cu、Au（Ag），燕山晚期仅产单一 Fe 矿。

2）"空"控性，即矿床（点）围绕侵入体分布，按其赋存构造空间则有"内位""侧位""顶位""脊位""外位"控矿多种类型。

3）"形"控性，即侵入体的形态、产状，规模，侵位深度、剥蚀程度等对矿床（体）的控制。在浅-中浅成岩相，浅-中等剥蚀的侵入岩株所控制的矿田，其矿床（体）赋存位置主要为岩体南缘中段和捕虏体中；在超浅-浅成岩筒、岩脉中，由于剥蚀浅或极浅，虽然其顶部矿体已被剥蚀掉，但沿岩筒周边环边状矿体或岩脉上、下盘矿体仍保留完整。

4）"复"控性，即不同期或同一期不同阶段侵入组成的复式岩体，伴随矿化也具有复式性或叠加性。

5）"化"控性，即大冶复向斜以北侵入岩区为富碱区，碱度（Na_2O+K_2O）大于 8，以产铁为特征伴生有 Cu、Au 和 Co；殷祖复背斜以北与大冶复向斜以南以及殷祖复背斜南翼与通山复向斜北翼的侵入岩为适度富碱为主，碱度小为 7~8，以产 Cu、Au、Mo（Ag）伴生有 Fe；近殷祖复背斜核部的侵入岩区为负碱至极贫碱性以贫碱为主，碱度为 6~7，产 W、Cu、Au。

（5）研究区域磁场、重力场等地球物理场特征，阐明其异常分布规律及地质推断解释；研究成矿元素区域地球化学场特征、确定成矿元素区域背景值及其异常上、下限，为地球化学勘查提供对比依据，具有重要实用意义。

（6）将该区矿床划分为接触交代型、中-高温热液型、构造蚀变岩型、微细浸染型、岩筒型、斑岩型、沉积改造型、变质热液型、石英脉型和岩溶型等 10 种类型，矿种有 Fe、Cu、Au、Ag 等。将该区及邻区划分为 3 个 I 级主要成矿系列和 14 个 I 级成矿亚系列，进一步深化矿床类型和成矿系列研究。

（7）系统研究典型矿床的成矿地质条件，矿体形态产状、规模、矿石类型、矿物共生组合、结构构造，矿石化学成分、伴生组分特征，同位素地球化学、包体测温及其成分、围岩蚀变及物、化探异常特征等，为进一步研究矿床地质特征提供宝贵资料。

（8）研究围岩蚀变种类及其矿物组分特征，化学成分迁移与演化规律及分带性，确定蚀变找矿标志。

（9）综合分析研究成矿条件及其机理，这包括构造条件分析、地层条件分析、岩浆侵入条件分析及成矿热液物理化学条件（温度、pH 值、E_h 值、f_{O_2}、f_{S_2}、f_{CO_2} 逸度和压力）分析、成矿元素迁移及沉淀富集条件分析等，大大丰富了岩浆期后热液成矿的理论研究。

（10）分别建立了该区壳幔层状结构综合理想成矿模式，矿床（体）空间"一体多位"定位模式、矿床（体）原生晕地球化学分带模式、隐伏矿床（体）空间找矿标志模式及吨位、品位模型，典型矿床地质—地球物理—地球化学找矿勘查模型，为成矿预测及普查找矿提供了理论依据和应用方法。其中新建立的矽卡岩铁铜（金）或铜铁（金）吨位、品位模型为我国所特有，填补了美国人 D. P. 考克斯、D. A. 辛格合著的《矿床模型》一书空白。

（11）用吨位模型预测铁矿石潜在储量 25956.17 万吨，铜金属潜在储量 119.53 万 t，金潜在储量 393.94t，银潜在储量 278.4t。据成矿最优条件及找矿标志，可划出成矿预测区 26 个，其中 Ⅰ 级区 11 个，Ⅱ 级区 6 个，Ⅲ 级区 4 个，Ⅳ 级区 5 个。总计预测储量：铁矿石 6891.85 万吨、铜金属量 31.6535 万吨、金 78.9356t、银 411.138t、MoO 947.85t、WO_3 21979t。

第二十一节　大冶铁矿深部探矿关键技术研究与应用

一、项目基本情况

大冶铁矿是我国著名的矽卡岩型铁（铜）矿床，是武钢重要的富铁矿石原料基地之一。历年来累计探明铁矿石资源/储量 1.6 亿多吨，但经过几十年大规模的开采，目前矿山保有储量严重不足，主体资源消耗殆尽，急需进行深部找矿，解决接替资源问题。为此，大冶铁矿 2004 年获批全国危机矿山接替资源勘查试点项目，接替资源勘查项目实施过程中，由于矿山经过大规模采矿，造成地形复杂，地面干扰因素多，增加了深部找矿的难度。为了提高深部找矿效果，大冶铁矿向黄石市科技局申报了黄石市科技攻关计划项目"大冶铁矿深部探矿关键技术研究与应用"，其目的是对已取得的物探成果（航磁、地面磁测、可控源音频大地电磁测深、井中磁测）资料及钻孔见矿情况，进行综合研究，寻求大冶铁矿深部隐伏矿综合找矿最佳组合技术并加以应用，进一步分析和研究矿区成矿规律，进行矿体的定位预测，为工作部署和钻探工程的布置提供依据。项目承担单位为中国冶金地质总局中南地质勘查院和武汉钢铁集团矿业有限责任公司大冶铁矿。项目负责人：刘玉成（中南地质勘查院）、梅丰（武钢集团矿业公司大冶铁矿）；项目参加人员：中南地质勘查院何春楷、刘毅、张效良、王泽华、李朗田、刘毅、周逢；武钢集团矿业公司大冶铁矿的胡承凡、虞珏、石教波、卢铁山、秦俊华、匡建辉、李沛、占浩。项目起止年限：2005 年 1 月~2007 年 5 月。

大冶铁矿区地处淮阳山字形前弧西翼、新华夏系第二隆起带次级构造鄂城—大磨山隆起带上，隶属于长江中下游铁、铜、金多金属成矿带的西段。矿区地理坐标为：东经 114°51′37″~114°55′22″，北纬 30°11′33″~30°14′14″，面积 11.83km^2。

根据项目任务书的要求，项目组收集了以往大量的地质、物探资料及矿山生产勘探资料，开展了深入细致的分析研究，总结成矿规律。开展了高精度地面磁测，共完成 1:2000 精测剖面 78.8km，1:1 万航磁测量完成 300km^2，可控源音频大地电磁测深完成 946 点，井中磁测 4289 点，磁化率测井 20081m。依托深部找矿开展工作，对取得的新的物探资料，运用最新的计算机技术，及时开展了 2.5D、3D 正、反演计，根据正、反计算成果，结合地质成矿规律，进行了成矿预测并布置了钻孔进行验证。

二、项目研究成果

项目取得的主要成果如下：

（1）通过充分收集前人资料和最新物探成果，加强成矿规律研究，特别是对接触带控矿构造的研究、对接触带形态产状及其与成矿的关系的研究，进行矿体的连接对比，从而提出了"三个台阶"成矿部位和矿体侧伏规律的新认识，对深部矿体进行了空间预测，取得良好的找矿效果。

（2）建立了接触交代型铁矿地质–地球物理找矿技术体系和找矿模型，如接触+磁异常找矿模型，接触带+次级磁异常+重力异常找矿模型等，为鄂东乃至长江中下游危机矿山铁（铜）矿深部接触接替资源第二轮找矿提供技术支撑和示范。

（3）成功地探索出在强干扰条件下的生产矿山的深部，应用"空、地、井"综合找矿技术组合方法。

（4）掌握了矿山深部弱信号提取技术，如小波分析技术等，起伏地形条件下磁法、电法数据的正、反演技术，约束条件下立体空间三维反演技术，以及井底、井旁盲矿预测及定位技术等；初步实现了高精度、大功率物探数据采集，深部找矿的物探有效探测深度达到甚至大于1000m。

2007年5月25日，黄石市科技局在中国冶金地质总局中南地质勘查院主持召开了"大冶铁矿深部探矿关键技术研究与应用"项目技术鉴定会，鉴定委员会专家一致认为该项目完成了各项规定研究内容，并取得了重要的科研成果和显著的找矿效果，经济效益和社会效益显著，总体研究水平达到国内领先水平，同意通过鉴定，并建议在鄂东地区接替资源找矿中推广应用该成果。

2008年"大冶铁矿深部探矿关键技术研究与应用"获黄石市人民政府颁发的科技进步奖一等奖、湖北省人民政府颁发的科技进步奖三等奖，湖北省科技厅认定为湖北省重大科技成果。

第二十二节　长江中下游铁铜金银矿成矿规律及成矿预测

一、项目基本情况

《长江中下游铁铜金银矿成矿规律及成矿预测》是冶金部"八五"重点科技项目，编号为85-07-13，历时5年（1991~1995）。1991年为项目论证立项阶段，1992~1995年为项目实施阶段。项目主管部门是冶金部科学技术司，主持部门是冶金部地质勘查总局（主管人员：刘益康、杨示煦、余中平、骆华宝、李树梁），项目负责单位是冶金工业部中南地质勘查局、华东地质勘查局（主管人员：王永基、秦有余、曾国梁、赵运佳、梁裕智）；参加单位有中南地质勘查局、华东地质勘查局和冶金工业部遥感中心。项目组下设综合组（组长：陈培良）。项目办公室（主任：谢立中，1992~1994年；苏长国，1995年1月~1995年12月）和五个子课题，参加人员共40多人。

项目报告由陈培良主持编写。报告编写分工是：前言；陈培良，第一章：刘绍濂、晏久平，第二章：戚学祥，第三章：陈培良、戚学祥，第四章：陈培良，第五章：刘绍濂、潘卫平。报告附图由刘云勇编绘。报告由陈培良编纂定稿。参加部分综合研究工作的有王杏英（1992~1994年）、晏久平（1992~1994年）和程建荣（1992年）。

研究区（即长江中下游成矿带）范围限定为：东起镇江东，西到湖北省梁子湖拗陷，北以襄樊—广济断裂和郯庐断裂为界，南至镇江东—茅山断裂、青阳—东至断裂、瑞安断裂和湖北境内的银山—横山断裂带，总体上沿长江两岸呈近东西向的狭长地带，总面积约为 55000km^2。

长江中下游地区是驰名中外，独具特色的铁铜金银多金属成矿带。数十年来，全国各有关地质部门、科研院所和大专院校投入了大量的地质勘查和科学研究工作。老一辈地质学家艰苦创业，做了较系统的、开拓性的地质工作，推动地质勘查和科研工作不断发展；新一代科技工作者继往开来，努力奋进，勘查与研究水平不断提高，技术方法日臻完善，取得了丰硕成果；探明铁矿储量 30 多亿吨，铜矿超千万吨，金矿近千吨，银矿数千吨，钨矿数万吨，还有钼、铅锌等；取得了一大批科研成果和专著。

该区的地质勘查和研究工作大体经历了 3 个阶段：

（1）20 世纪 50~60 年代，以岩浆热液观点和接触交代成矿理论为指导，系统研究和总结矽卡岩型 Fe、Cu 矿床的控矿条件和成矿规律，对找矿勘探工作起了重要作用。

（2）70 年代，随着地质勘查和研究工作的深入，新技术、新方法、新理论的应用，学术思想空前活跃，相继提出了同生成矿、沉积—改造型矿床、火山—次火山成矿、矿浆成矿、热沉积成矿等，形成多种观点争鸣的局面，拓宽了找矿思路，勘查工作有了新进展，新发现。

（3）80 年代以来，找矿难度越来越大，进入了新地区、新类型和隐伏矿床的勘查阶段，开展以揭示成矿环境、成矿历史演化和成矿作用内在联系为主线的综合研究工作，建立了一系列成矿系列和成矿模式，深化了对成矿带的认识，把勘查与研究工作提高到一个新的水平。

二、项目研究成果

该项目在冶金工业部有关部门的领导和支持下，在项目组和各子课题的共同努力下，在研究起点高、找矿难度大的条件下，对成矿带 Fe、Cu、Au、Ag 矿开展新一轮的综合研究工作，获得丰富的地质资料，较为系统地重新认识区域成矿特点，提出成矿预测区段，为地质勘查工作提供了依据和有关资料，全面完成了项目设置的预期目的任务。主要成果和认识有：

（1）系统分析研究构造—沉积环境及演化历史，提出成矿带的构造演化及其格局是在东西向和北东—北北东向构造为主体的基底构造背景上，经印支期的褶皱—滑脱构造带、燕山早期褶断带、燕山晚期断陷带，形成以褶皱构造为背景，东西向和北东—北北东向断裂为骨干，滑脱构造为特色，隆凹构造为分区的基本构造格局。

（2）东西向和北东—北北东向断裂系统是成矿带中控岩控矿的主干构造。东西向基底深断裂控制燕山早期岩浆侵入和成矿作用，形成 6 个东西向岩浆—成矿亚带；东西向和北东—北北东向基底深断裂控制燕山晚期火山—侵入活动和成矿作用，依据构造与岩浆活动有机联系的原则，重新厘定为三个火山盆地成矿区。

（3）滑脱构造系统是成矿带的一大构造特色，广布于成矿带中，具有多期次、多层次、多类型和多尺度的特点，是控制岩浆侵位和矿床产出的极为重要的构造型式之一。

（4）系统综合研究大量岩浆岩有关资料（包括岩体地质、同位素年龄、岩石学、岩石化学、地球化学等）基础上，划分了两种岩浆类型和三个岩浆演化系列：幔壳同熔型岩浆（扬子型）和以壳源为主的重熔型岩浆（江南型）；三个系列是扬子型燕山早期岩浆演化系列、扬子型燕山晚期岩浆演化系列和江南型燕山期岩浆演化系列。

（5）系统总结矿床地质特征，按照成矿系列、矿床类型、矿床型式的序列概念，建立5个成矿系列，即燕山早期Fe、Cu、Au多金属成矿系列、燕山晚期Fe-S-P成矿系列、江南型燕山期Ag-Pb-Zn成矿系列、沉积—改造型Fe-S-Pb-Zn-Ag成矿系列和表生氧化富集型金成矿系列。并结合成矿作用特点和成矿条件配置，进一步划分矿床类型和矿床型式。

（6）以成矿环境、成矿历史及其演化为主线，系统阐述矿化时间分布、矿化空间分布和成矿作用特点，重点建立了扬子型燕山早期成矿系列和燕山晚期成矿系列的成矿模式，表述区域成矿特点。

（7）在成矿规律与成矿模式基础上，综合运用多种技术方法的信息资料，确定找矿评价准则，建立矿床找矿模式，进行成矿预测。

第二十三节　内蒙古白云鄂博富铁矿成矿地质条件控矿因素及寻找富铁矿有利地段的研究

一、项目基本情况

1978~1981年，根据冶金部35号文件铜，"铁、铜、金等重点找矿战略区和主要矿床类型的研究"项目下达，由内蒙古公司（负责狼山群、渣尔泰群的研究）、冶金部三河会战指挥部（负责白云鄂博群的研究）和天津地质调查所（负责白云鄂博矿区的研究）共同承担专题任务。最终冶金部天津地质调查所提交了最终的《内蒙古白云鄂博富铁矿成矿地质条件控矿因素及寻找富铁矿有利地段的研究》报告。课题组长为：曾久吾、李守林，参加工作人员有：王殿惠、孟庆润、王曼祉、曲维政、宋旭春、程本生、蔡长金、张百生、肖世雄。同时天津地质调查所化验室、岩矿室、综合室、航空室、电算室均参与了项目执行，桂林地质研究所、矿冶院、地科院、华北地质矿产所、地科院力学所、湖南冶金研究所、中国科学院地质所、北京石油研究院等单位参与了本项目的相关工作。

课题组自1978年承担该专题以来，曾3次到矿区进行野外工作，进行了多项测试分析。期间小组编写了《内蒙古中部铁、铜多金属矿产的区域成矿规律及白云鄂博铁矿成矿远景的初步探讨》（1978年10月）、《关于白云鄂博铁矿成因探讨——热卤水沉积变质成矿》（1979年10月）、《白云鄂博磁铁矿成因研究》（1980年8月）、《白云鄂博铁矿含铁岩系白云岩的沉积环境及其控矿的研究》（1980年8月）等单项论文，并参加了3次全国性学术会议。

该区位于天山—阴山纬向复杂构造带的中段北缘，白云鄂博复背斜构造带中。北侧濒临内蒙古海西弧形构造带，向南越过大青山复背斜，是黄河南北向构造带，也就是处于内蒙古地轴与内蒙古海西褶皱带毗邻的过渡带内。

白云鄂博矿区主要出露元古代的白云鄂博群，太古代的二道洼群出露很少，分布于宽沟背斜核部，为一套变质较深的花岗片麻岩和混合岩。白云鄂博群是矿区主要的含矿岩系，白云鄂博式铁矿主要产在该群白云岩中，或是白云岩与富钾板岩之间的过渡带内。矿区构造可以划分为3个主要构造体系，即东西向构造、南北向构造和山字型构造。前两者横跨或直交复合，后者和前两个体系于不同部位发生重接、斜接和横跨复合，从而造成矿田的不同部位具有不同的构造特征，控制复杂多变的岩相和矿相变化。

二、项目研究成果

结合白云鄂博矿床地质特征、岩石序列、岩相古地理条件、构造演变、矿石结构构造和矿物地球化学特征，可以将矿区成岩成矿作用划分为热卤水蒸发沉积—成岩后生期、变质作用期和热液作用期。

通过总结，总结了矿床的控矿因素如下：

（1）岩石组合及层位，白云鄂博群为一套碎屑岩-泥质岩-碳酸盐岩组合，矿床产于该群白云岩中，即碳酸盐岩向泥质岩过渡的部位。

（2）岩相及岩性，白云岩是在海退旋回发展为潮上潮间泻湖相条件下沉积形成。主要工业矿体都产于蒸发白云岩中，并和白云岩的厚度成正比关系。表明蒸发白云岩具有成矿专属性。

（3）沉积古构造，铁矿严格受东西向断陷盆地控制，特别是南北向构造复合形成的水下三断次盆地，即水下构造圈闭，更有利于含矿白云岩的沉积。控制盆地的宽沟断裂及和它复合的南北向断裂，可能成为深源热卤水的通道。

（4）控矿构造：主、东、西矿均受含矿向斜控制。主矿和东矿受轴向南北的复合向斜控制和主、东矿南北向向斜、东西含矿向斜都继承沉积期主、次断陷盆地发育而成。因此在东西向和南北向褶皱中，只有继承沉积构造的褶皱（向斜）才是最好的控矿构造。

（5）高磁异常：白云鄂博铁矿主要是强磁性的磁铁矿，地磁圈闭在 2000γ。这虽然不是控矿地质条件，却是极重要而简明的找矿标志。

（6）矿点：一些重要的矿点和矿点群，也是重要的找矿标志。

最终提出在该区寻找富铁矿的有利地段主要为主、东矿深部，是一类点；西矿 9、10号矿体，属于二类点；105-2 号异常区靠近 10 号矿体部位，属于三类点。

第二十四节　宁芜火山岩区铁矿成矿地质特征及找矿方向

一、项目基本情况

根据冶金部下达的科研任务，桂林冶金地质研究所矿床室陆相火山岩铁矿组，于1973~1975 年开展调查研究工作，并于 1977 年提交《宁芜火山岩区铁矿找矿地质特征及找矿方向》研究报告。该项目是在宁芜地区南段钟姑山矿田研究工作的基础上进行的。收集了宁芜地区地质、物探和矿产资料，并进行调研、综合整理，对部分矿区（或地区）进行了地质调查研究。

宁芜地区横跨江苏和安徽两省，面积约 $2000km^2$，为中生代陆相火山岩盆地。盆地内地质构造发育，火山—侵入活动强烈，并蕴藏着丰富的以铁为主，兼有铜、黄铁矿等矿产资源，是我国一个重要铁矿基地。

盆地内除大面积第四系地层覆盖层外，主要出露为三叠系、中下侏罗统沉积层和上侏罗统—白垩系火山岩系地层，有少量第三系地层分布。

盆地的基底褶皱是由前火山岩地层（包括三叠系、中下侏罗统沉积层）构成的宁芜向斜，伴有次级背斜、向斜、短轴背斜和穹隆等。盆地内断裂发育，呈北东、北西和东西向三组断裂交切的格状构造，近等距地堑式断块。沿断裂有大规模的火山—侵入活动，构成断裂—喷发—侵入带。盆地内中生代火山活动强烈，在晚侏罗世—白垩纪有大量火山喷发，由早到晚为龙王山、大王山、姑山、娘娘山4个火山旋回。

二、项目研究成果

通过此次工作，对宁芜火山岩盆地及"宁芜式铁矿"地质特征方面，可初步归纳以下几个认识：

（1）宁芜地区是一个中生代继承性陆相火山岩盆地，又是一个断陷盆地；盆地内发育一套安山岩-粗面岩火山建造及相应的浅成-超浅成的闪长岩类侵入杂岩，并产有丰富的以铁为主，见有铜、黄铁矿等矿产资源。

（2）铁矿田（床）受"三叉一带"控制，即北东、北西和东西向三组断裂交叉部位和断裂—喷发—侵入带所控制；铁矿床受构造、岩体和地层三因素复合控制。

（3）浅成-超浅成相的富钠贫钾的（辉石）闪长（玢）岩体是本区的成矿母岩，又是重要的成矿围岩之一。

（4）铁矿有利的围岩还有安山质火山岩、上三叠统黄马青组砂页岩和中、下三叠统青龙群灰岩。

（5）围岩蚀变具有分带特点。围岩蚀变中钠长石化、方柱石化、磷灰石化、透辉石化、阳起石化、金云母化与铁矿有密切的关系。

（6）铁矿床成带分布、分段集中、成套出现。且多数分布在较大岩体的凸起部位，各亚式矿床有着各自的产出条件。

（7）"宁芜式铁矿"包括火山喷发—沉积铁矿、火山岩区气化-高温热液铁矿和火山岩区接触交代铁矿等类型。这些类型铁矿是围绕着火山—侵入活动中心出现，它们是在空间、时间和成因上互有联系的统一体。

（8）盆地内铁矿找矿大有远景，特别要加强寻找富矿的工作。

根据总结的成矿地质特征和找矿评价标志的研究，对该区提出宁芜南段钟姑山地区、宁芜中段地区、宁芜北段地区及其他地区的24个找矿远景区。其中向阳（1）、姑山—查家湾西（2）、后钟山—薛家村（6）、梅山—乌龟山（13）、其林山—方山（15）、凤凰上（6）等6个远景区，是寻找富铁矿的有利地区。

第二十五节 宁芜地区南段铁矿床成矿规律、找矿标志、找矿方向的初步探讨

一、项目基本情况

安徽省冶金地质勘探公司808队及中心实验室根据下达的1975年的科研计划，初步总结了宁芜南段以钟姑山矿田为中心的铁矿成矿规律。项目对火山—侵入及成矿作用旋回、铁矿床的成因类型、容矿构造类型、成矿规律及找矿标志、找矿方法及方向等方面进行了分析研究。

二、项目研究成果

（1）区域构造为一复式穹隆背斜构造，两组"基底"断裂把该区切割成格子形势，主要矿床位于格子交点上。

区域性复式穹隆构造，纵贯该区，北东东向长轴 25km，北西西向短轴 15km，长宽之比为 1∶1.6。轴部为青龙群，向两侧依次为黄马青组与象山群组地层。其上有次级穹隆背斜构造如当姑背斜、白象山背斜、和睦山背斜、齐落山背斜等。

燕山早期断裂构造，基本上是北北东向与北西西的共轭断裂带，前者基本上是走向断裂，但不是简单的挤压构造，往往是从受挤压始，以张告终，并多次反复活动。北西西向断裂构造则属横向断裂，如姑溪河断裂、和睦山—白象山断裂、姑山—年陡断裂、清水河断裂等。燕山晚期断裂构造，基本上是承袭早期构造线，很具特征的是在火山喷发地区，往往产生局部小断块盆地，致使火山机构得以保存。

（2）火山—侵入及成矿作用旋回。区内燕山期的火山—侵入及成矿作用，明显地可分为两个旋回，第一旋回发生在燕山早期，第二旋回发生在燕山晚期。每一旋回都由陆相火山发始，继而有次火山岩体侵入，并伴有不同类型的矿化作用。

第一旋回：燕山早期火山作用，形成下火山岩组，为中心式喷发，主要是火山碎屑岩。随后有火山颈相的安山玢岩体，在姑山沿火山管道侵入，随之有磁铁岩浆贯入。

第二旋回：侵入杂岩较早旋回，偏基性，尤其在晚期出现辉长岩体。而整个火山—侵入杂岩都以富钠为特征，故其母岩浆应为富钠玄武岩浆。此旋回的成矿作用主要形成次火山热液矿床。

（3）考虑到矿床赋存于火山岩区这样的特定的地质背景，形成于火山作用的各个阶段，表现出与火山—侵入作用息息相关的特点，所以各类矿床总称"陆相火山铁矿"，划分为 3 个模式：

1）姑山式铁矿，包括：

①火山喷发沉积矿床。形成于下火山岩组上部，即火山剧烈喷发晚期，成层状夹在火山碎屑岩之间，分布在近火山口凹地或水盆地内。

②火山喷溢堆积矿床。含矿岩浆从火山管道溢至地面形成的，分布在火山口顶部及火山锥内，特征是矿石具有熔岩外貌如有气孔构造、熔渣构造及气管构造等，有的矿石具斑状结构。

③火山岩浆贯入矿床。矿石岩浆贯入于火山机构派生的环状断裂带内形成的，矿体平面为半环状，剖面为古钟状。矿石呈铜灰色，块状构造，角砾状构造，少部分为网脉状构造，细粒-微粒-隐晶质结构，部分为斑状结构，自形-半自形粒状结构，矿石矿物以假象赤铁矿、磁铁矿、赤铁矿为主，脉石矿物为石英、磷灰石，硫化物极少。

以上 3 种类型铁矿都在姑山铁矿床出现，故可总称之"姑山式"铁矿床。

2）白象山式铁矿，为次火山热液矿床。矿床产于次级穹隆构造轴部、闪长岩体顶部突出部位与黄马青组的正接触带、外接触带的层间裂隙和断裂带内或断裂带的捕房体上，以交代黄马青组下部页岩、灰岩及青龙群上部灰岩成矿为主。这类矿床具有典型的热液矿床特征，但是它是与次火山岩有关的含矿热液，此种含矿热液的形成与岩浆成分碱度高、晚期岩浆阶段自变质作用的碱性交代作用和岩浆期后阶段的碱性交代作用有密切的成因关系。次火山岩岩体以碱度高，贫暗色矿物为特征。

　　3）后钟山式铁矿，为火山热泉沉积矿床。火山作用之后，常从火山口或旁侧裂隙内有热泉流出，由于其温度较高，硅质、铁质常以胶体形式搬运至地面凹陷沉淀下来，长石针铁矿、碧玉、黄钾铁矾相间呈微细层纹或胶状结构。热泉渗入凝灰岩中对之交代和改造，也致使有用组分集中。

　　（4）容矿构造类型——"二层楼"构造系统。空间上，上部为火山机构，下部为"基底"地层组成的复合容矿构造。剖面上形成"两层楼容矿构造组合"。

　　（5）依据成矿的规律，提出了以下找矿地段：姑山—查冢湾、太平山以北至清水河、钓鱼山以西地段、和睦山岩体西、南接触带、钟姑山岩体接触带、大青山东麓一带、年陡门—M14 异常带、火山—花山—成山的下部。

第二十六节　庐枞地区铁铜金银成矿规律及找矿预测

一、项目基本情况

　　华东地质勘查局地质研究所执行"庐枞地区铁铜金银成矿规律及找矿预测"研究课题，该课题是冶金部"八五"期间三大系列项目之一"长江中下游铁铜金银成矿规律成矿预测"系列课题中的二级课题，代号为 07-13-3。自 1992 年 1 月开始，至 1993 年 12月结束，共实施 2 年。按系列课题综合组工作会议的要求，1992 年全面搜集区内地质资料，踏勘部分矿床（点）。1992 年底，第二次综合组工作会议决定重点放在龙桥式铁矿和铜金矿床之上。

　　庐枞地区是长江中下游地区最重要的中生代火山盆地，赋存有丰富的铁、铜、金、银及硫、矾、高岭土及石膏等矿产资源，尤以铁矿、硫铁矿、铜矿最为重要。新中国成立以来，众多地勘单位在此工作，大批专家学者在此进行研究，经过数十年的努力，已取得了丰硕成果。

　　此次工作以成矿预测为目的，成矿理论方面尽可能应用最新研究成果。以新的理论，重新认识冶金部华东地质勘查局兄弟单位在该区地质勘查及研究成果，其他地勘部门及科研、教学单位在该区的工作研究成果。重点探讨了庐枞盆地形成发展的构造机制；火山盆地的沉积环境，尤其是火山槽地的分布及其与矿床的关系；断裂构造与火山岩浆及矿产之间的关系；对区内主要铁、铜、金、银矿床逐个进行了解剖，着重分析了不同矿床与火山岩浆作用，尤其是与火山喷气作用之间的关系。工作中将盆地南部作为重点研究地区，其原因：一是配合冶金部华东地质勘查局 815 队在该区进行勘查；二是盆地南部找矿至今尚未见重大突破；三是南部火山岩区的研究程度远远低于盆地北部（前人未确定南部是否存在第一、第二火山旋回期间形成的火山洼地）。

　　报告由刘闿同志主笔。刘林珍同志编绘部分图件。专题组成员：刘闿、王彪、王智勇、刘林珍、陶勇。杨世长同志校对全文并参加编排工作。王强、余金机同志编排打印全文。

二、项目主要成果

　　（1）中国东部中生代以来，北北东向断裂（平移）活动，使早期近东西向断裂复活，并产生拉张作用，导生庐枞火山岩盆地。

（2）盆地西侧（界）北北东向断裂是导铁（铜）构造，盆地南（东）侧北东东向（铜陵基底断裂）断裂构造岩浆带控制铜（金）矿床分布。

（3）北北东向断裂与近东西向（北西向）断裂的交汇处，是火山洼地发育处，也是成矿的有利地段。

（4）火山槽地中，盆地地表卤水沿裂隙向下渗透，深部岩浆巨大热能将卤水加热，产生热对流循环，热卤水与火山岩系发生水-岩交换反应，析出铁、铜、金、银等元素，形成含矿热液，热液沿通道（断裂）上升到浅部或喷出地表形成矿床的成矿机制是区内矿床形成的主要机制。

（5）矿床定位的直接因素是物理—化学环境的突变。矿液中富含的卤素均为酸性，矿液迁移过程中，温度压力的骤降，特别是遇到强碱性岩石（如灰岩、白云岩、超基性脉岩等）便发生沉淀而成矿。

（6）用上述规律，综合分析盆地中不同地段的地质成矿条件。确定盆地南西段存在第一、二旋回期火山洼地。提出两条成矿带（缺口—罗河—雨坛岗铁（铜）矿床成矿带，会宫—将军庙铜金矿床成矿带）；六个找矿靶区（龙桥—矾山、罗河—大鲍庄、义津桥—高甸铁矿找矿靶区，老桥—团山湾、井边—三官山铜金矿床找矿靶区，银龙岗—石冲铅锌银矿找矿靶区）。

第二十七节　陕西省洋县毕机沟钒钛磁铁矿的开发利用

一、项目基本情况

项目研究区位于陕南汉中地区洋县桑溪乡：东经108°02′30″，北纬33°13′30″，部分在佛坪和石泉县境内。面积约为9km²。

"陕西省洋县毕机沟钒钛磁铁矿的开发利用"项目，是由西北冶金地质勘探公司1988年立项，交由西北冶金地质勘探公司地研室承担。通过短期的室内和野外调研，编写出报告，供公司立项时参考。

该报告着重对洋县毕机沟辉长岩型钒钛磁铁矿矿床的地质特征、选矿试验、高炉冶炼、开采条件等进行了初步的整理归纳。目的在于说明该类型铁矿并非"尚难利用的铁矿资源"。通过选矿试验，可获得TFe品位60.50%，回收率为69.59%，含TiO_2 5.23%的铁钒精矿和品位为41.80%，回收率43.64%，含铁33.81%的钛铁精矿。

项目来源为西北冶金地质勘探公司，主要承担单位为西北冶金地质勘探公司地研室、编图组。项目起止时间：1987年7月~1987年11月。项目负责为潘金玉，主要参与人员包括韩建范、刘仰文、潘金玉。

二、项目研究成果

通过和攀枝花同类型铁矿比较，TiO_2含量较低；经过选矿，TiO_2又不在铁精矿中富集，故可单独入普通高炉炼铁。若配以低矿石，则炉渣中TiO_2含量将进一步降低，高炉冶炼效果更佳。从而证明，毕机沟铁矿在冶炼中会取得更好的经济技术指标。这为地质找矿和普查勘探奠定了良好的基础，排除了利用方面的障碍。

第二十八节 桦树沟铁矿床西部构造变形及矿体形态分布规律的研究

一、项目基本情况

项目研究区位于甘肃走廊南山北大河西岸,酒泉市西南,直距60km,地理坐标,东经98°03′,北纬39°22′,属于甘肃省肃南裕固族自治县祁青乡。矿区铁路至兰新铁路嘉峪关车站78km。

项目承担单位为:西北地质勘探公司地研室,执行时间为:1986~1988年。项目负责人为:高象新。

目标任务:根据1985年西北地质勘探公司审批的"桦树沟矿床西Ⅱ矿体补充勘探设计书",为满足酒钢生产和建设的需要。为配合补充勘探工作,着重对矿区西部12~6线之间的岩层层序、构造变形对矿体形态的影响进行地质综合研究,以获得较好的勘探效果和经济效果。

二、项目研究成果

项目取得的主要科研成果如下:

(1)通过野外地质调查和室内整理,已补勘工程,参考前人资料,认为桦树沟铁矿床西部仍是复式向斜构造,矿体形态随向斜基本模式变化。

(2)根据岩矿鉴定,划分地层对比,西Ⅱ矿体和Ⅴ号矿体是两个不同的矿体。

(3)根据黑龙江东风山金矿,美国霍姆斯塔克金矿类型,结合桦树沟实际地质情况,和已采金品位0.4~0.7g/t,在桦树沟寻找铁硅质建造沉积变质浸染型金矿是有希望的。

第二十九节 甘肃肃南县桦树沟铁铜矿床地质特征及成矿规律研究

一、项目基本情况

项目研究范围为桦树沟矿区。项目来源为冶金部西北地质勘查局西安地质调查所,主要承担单位为:冶金部西北地质勘查局西安地质调查所。项目起止时间:1990年1月~1991年1月,项目负责人:何昌荣。

目标任务:收集一批有关桦树沟矿区及其外围铁矿产地的地质资料;通过剖面踏勘和测制及区域地质条件分析,研究桦树沟铁铜矿床成矿地质环境,初步确定含矿建造在区域地层柱中的位置;通过了解矿床中主要微量元素的分布来研究矿床地球化学特征。

二、项目研究成果

(1)朱龙关群、镜铁山群、大柳沟群和白杨沟群为同一层位,时代上属蓟县纪。区域上位于下元古界北大河群之上,下古生界之下。

(2)朱龙关式和桦树沟式铁矿为产于同一层位的层控型铁矿,基本特征相似,主要因所处构造部位不同和后期热液改造程度不同,使矿床特征上有些差异。

（3）桦树沟矿床含矿岩系，系浊流沉积产物，形成环境为半深海-深海相。

（4）桦树沟铁矿顶、底板千枚岩，残余沉积结构，构造较明显，原岩系厚层泥岩，主要为陆源沉积。

（5）桦树沟矿床在沉积—成岩阶段之后，热液改造作用明显，并可进一步划分出镜铁矿化、菱铁矿化、重晶石矿化、金矿化、铜矿化5个亚阶段。

（6）桦树沟矿床中微量元素钡、硼、锰、铅、锌、铜、银、钼、砷、锑等元素含量较高，在矿区各地层单位中，以钡、锰、锌、铜和银在铁矿层中含量最高。

第三十节　康滇地轴铁矿类型成矿规律及远景预测

一、项目基本情况

地研所铁组根据冶金部、西南勘司及所部下达的"原滇地轴前震旦纪铁矿成矿条件、找矿标志、找矿远景"的研究课题，要求1979~1981年完成。实际上西南地质勘探公司自1970年成立后，一直研究此项专题。大致以1975年冶金系统海南富铁会议为界，在此之前，着重在"昆钢"所辖范围内工作，先后提交过王家滩矿区、军哨矿区、八街矿区、上厂矿区研究报告或工作小结。海南会议后，着眼于地轴云南段（包括哀牢山变质带）整体找富铁地质背景的研究，先后与西南地质勘探公司317队、305队和云锡队组成踏勘组，对北起金沙江，南至哀牢山进行全面踏勘，并由西南地质勘探公司先后提交了鹅头厂矿区，大龙口组菱铁矿、东川—禄劝金沙江南岸及哀牢山变质带找富铁远景的研究报告。由于找富铁的范围涉及较广，迫使西南地质勘探公司对长期有争议的昆阳群层序、含矿层位、火山岩与铁矿成因联系等问题，穿插进行研究，提出一些昆阳群层序及区域对比、含矿层位及因民组、美党组火山岩岩石学研究论文在有关会议上交流。此两大阶段的野外工作与研究成果，组成《康滇地轴铁矿类型成矿规律及远景预测》的基础。

二、项目研究成果

（1）地质背景及成矿条件、铁矿类型、矿带划分，着眼于地轴整体，但又以云南段为重点。研究范围仅涉及地轴区内生及前震旦纪外生铁矿。

（2）除地轴最北端盐井群外，将全部前震旦纪地层，系统进行对比，分为西侧板块聚合边缘的一套柱子与东侧弧后盆地的另一套柱子，两者又兼为地轴的一套完整地层柱子，体现在报告附图1：50万与1：20万图上。

（3）运用板块、裂谷理论，联系地轴实际，以古岛链、板块—地台—裂谷—新构造运动等几个阶段，阐述地轴大地构造格局的演化，把地壳运动、火山旋回、成矿背景均纳入此不同演化阶段的特定环境中去。

（4）火山岩石学的研究，是《康滇地轴铁矿类型成矿规律及远景预测》的重要内容之一。为系统化，总结了部分前人资料，但着重阐述西南地质勘探公司在东川美党组发现的火山岩及西南地质勘探公司从事多年研究的因民组火山岩（鹅头厂）、因民角砾岩等。

（5）在论述铁矿床研究成果时，重点放在四川与云南有联系的部分，放在有实际工业意义的部分。在划分单个矿床成因类型之后，划分矿带之前，《康滇地轴铁矿类型成矿规律及远景预测》使用了"成矿系列"这一概念,并增加"典型铁矿地质剖析"一章,以便在论证上"点、面"结合。同时能更好地看到地轴北段与南段在成矿条件上的相似性与差异性。

(6)在系统论证地质背景及成矿特征的前提下,提出一些找矿远景区或具备扩大远景的地段,以备今后实践的验证。

基于以上理论,提出找矿预测区:

(1)着眼于长远的找矿预测区及依据。牟定安益—二台坡钒钛磁铁矿寻找中品位铁矿石与可利用伴生元素块段的再评价与再研究工作;金平棉花地—马驹底铁矿带评价与研究工作;禄丰中兴井(67)—甘泉村航磁异常(B4)检查;卜勺—昆岗上古生代火山沉积变质磁铁矿带评价与研究工作。

(2)近期的找矿预测区及依据。近期找矿预测区的选择是按照昆钢矿山公司提出的"近(距现有矿区、选厂30~50km内)、浅(宜于露采)、易(易选矿石,目前不考虑使用菱铁矿石)、规模不限"的要求来考虑的。选择以下11个地区(段)为拟建的鹅头厂选厂服务,开展迤纳厂附近的海燕山矿点(满银沟式?)、大羊厩矿点(上厂式?)的评价工作;为王家滩矿选厂服务,开展南侧好矿阱的评价工作;为上厂铁矿服务,开展背斜轴部向南倾没端(鸡格得)及其西侧硅化、褐铁矿化带的找矿工作;为延长小营工区采铁的服务年限,应开展以铁为主包括十字村,车木河水库在内的综合找矿工作;为拟建的八街选厂服务,开展田坝风化壳型褐铁矿的评价工作;开展法古甸区富、银、铅锌矿的矿找工作;开展玉溪亮山坡南东银矿山综合找矿工作;开展石屏银厂坡富银铅锌矿找矿工作;开展麻栗树—山后厂以铁为主的综合找矿工作;开展东川滥山—白锡腊滥山式铁铜矿找矿工作;建议昆钢矿山公司开采、利用东川包子铺铁矿。

(3)解决上次露天矿山接替的建议。建议采用"南进"方案,除积极筹建鲁奎山矿山外,亚选择以下三批矿山,作为上厂矿的接替矿山。

第一批接替矿山:选择大六龙、他达、矿洞村三处。

第二批接替矿山:选择上厂西侧的贡山—小假足矿区的贡山矿段。

第三批接替矿山:选择山后的野黑阱与坟树山矿段。

第三十一节 川西南地区铁、铜、铅锌、镍成矿规律及成矿预测

一、项目基本情况

四川冶金地质科学研究所执行"川西南地区铁、铜、铅锌、镍成矿规律及成矿预测"的研究,该项工作是在编制1:20万地质、矿产图件基础上进行的。项目于1979年开始,原定计划3年完成。在1980年初,四川冶金地质科学研究所根据上级指示和科研调整精神,决定压缩时间,提出2年完成。因此,对此科研项目任务作了适当调整,并下达1980年矿床室编图专题项目任务书(川冶地〔1980〕科(息)字第2号),提出五项具体任务和六项要求。根据任务和要求,四川冶金地质科学研究所拟订了"编制川西南地区1:20万铁、铜、铅锌、镍成矿规律及成矿预测图"任务计划书。经过两年工作,完成了任务书中提出的各项任务和要求。

川西南地区铁、铜、铅锌、镍成矿规律及成矿预测的研究范围是东经 101°00′~ 104°00′,北纬 26°00′~30°00′,共有 1:20 万国际地形分幅 13 幅(永仁、会理、盐边、盐源、米易、西昌、金矿、冕宁、雷波、石棉、马边、荥经和峨眉),在四川境内实际面积约 84500km²。

该区位于扬子板块与松潘—甘孜板块接合地带,地质构造复杂,成矿条件良好,矿产资源丰富,是我国重要成矿带之一。因此,新中国成立以来在该区投入大量地质工作,现在已完成 1:20 万区域地质测量,并探明一大批包括铁、铜、铅锌、镍在内的矿床工业储量。

四川冶金地质科学研究所试用板块学说为指导,在收集资料的基础上,从时间、空间和物质成分 3 个方面进行辩证地地质矿产综合研究。为此,四川冶金地质科学研究所具体做了以下主要工作:

(1) 编制了"川西南地区 1:20 万地质图"。

(2) 编制了"川西南地区 1:20 万构造图,岩浆岩分布图,铁、铜、铅锌、镍等矿产分布图(作为编制成矿规律图、预测图的过渡性图件)。

(3) 较系统地收集了川西南地区铁、铜、铅锌、镍矿产资料,并分别填制成一览表,共计矿产地 1115 处。

(4) 编制了川西南地区不同地质时代 1:100 万岩相古地理图,共 19 幅,并标出铁、铜、铅锌、镍等外生矿产与它的关系。

(5) 编制了川西南地区的扬子板块区、松潘—甘孜板块区沉积建造,岩浆活动及与铁、铜、铅锌、镍矿时间分布图。

(6) 编制了川西南地区 1:20 万铁、铜、铅锌、镍成矿规律图和成矿预测图。划出一级预测区 23 片,二级 17 片,三级 17 片。

通过上述工作,初步恢复了川西南地区岩石圈板块演化与铁、铜、铅锌和镍成矿的关系,初步掌握了成矿规律,并提出预测。

项目编图组组长:王则江,成员:伍光谦、胡达英、周其勤、毛詠陶、刘智光、汪岸儒、黄祖国、傅君如、张慎发、龙治贵、蒋希明、王新卓。

二、项目主要成果

(1) 川西南地区铁、铜、铅锌、镍成矿规律及成矿预测专题研究成果是科研所取得的主要研究成果之一。它基本上反映和总结了川西南地区区域构造和矿产分布规律,并且在矿床成因机理方面提出了一些有进一步探讨意义的新问题,这对指导找矿工作的开展,扩大新的找矿途径,提高对区内矿产分布规律的认识将会起到积极作用。

(2) 专题总结中运用板块构造观点,阐述了区域地质构造的发生、发展和矿产分布规律,并对全区晚元古代以前建立了古板块构造格架。由于板块俯冲重熔岩浆的活动旋回,自西而东,由老至新形成了基性、中性、酸性岩带和与之相关的内生金属矿产呈带状分布的理想模式。

在一定程度上摆脱了传统观点的束缚,以较新的板块观点比较完满地解释了构造和矿产生成的内在联系。这是该报告在总结成矿规律,勇于探讨问题,提出研究课题一次很好的尝试。

(3) 对该区岩浆活动划分为三个旋回六个期次,并对晋宁—澄江期和华力西期的两大岩浆活动旋回的特征及其含矿性的南北变化等作了较深入的阐述，将西昌以北过去划为华力西期的基性岩，改划为不具有寻找钒钛磁铁矿的晋宁期产物。

（4）比较系统地总结了铁、铜、铅锌、镍的成矿规律，指出了各种矿产的重要成矿时代和重要类型。铁矿在综合前人资料的基础上对成因类型做了较详细的划分，对钒钛磁铁矿这个铁矿最佳类型的分布规律等着重做了探讨。铜矿重点论述了前震旦纪通安组沉积变质铜矿，白垩纪小坝组砂、砾岩型铜矿及与钠质火山活动有关的热液型铜矿等的分布规律。铅锌矿以天宝山、大梁子两矿床的研究为基础，提出了沉积—再造岩溶洞穴沉积成矿的新认识，这对打开思路，探讨成矿规律是有意义的。镍矿利用岩石化学成分及微量元素含量的比值等，研究了岩浆的分异程度和含矿性，并对菜子园—木古一带内生变质蛇纹岩提出了找矿方面的新认识。

（5）在系统收集总结铁、铜、铅锌、镍的成矿规律基础上，划分出各级成矿预测区共57片（其中铁矿13个、铜矿8个，铅锌20个，镍矿16个），并指出了各种矿产的重要成矿时代和矿床重要类型，从而有可能利用这些成果，使普查找矿工作能安排在最佳远景地区的最佳矿床类型上，避免工作盲目性，可作为部署普查找矿工作的参考。总结中对各种主要矿床的成因类型，分布规律和找矿远景都分别作了总结和探讨而外，并提出了一些应该深入研究的新课题。如对寻找钒钛磁铁矿方面提出了裂谷带的概念并认为裂谷带（西昌往南到渡口）是找矿最有前景的地段，铜矿除寻找沉积变质型、沉积型外，还应注意寻找与中酸性钠质火山岩有关的火山热液型铜矿，以及与基性岩有关的热液型铜矿等的找矿问题；对铅锌矿提出了沉积—再造岩溶洞穴沉积成矿的观点；镍矿方面，指出菜子园岩体的成因是否属科马提岩等。

第三十二节 《铁矿志》（上篇）

一、项目基本情况

中国冶金地质总局执行《铁矿志》（上篇）的编纂工作，该项工作由中国地质科学院资源所，项目起止时间为：2021年5月~2022年5月。

旧版《中国铁矿志》1993年12月出版至今已有近30年，30年来中国铁矿的勘查与开发、利用与保护发生了翻天覆地的变化。30年来，铁矿勘查工作取得了巨大的成绩和丰硕的成果，积累了非常宝贵的经验，丰富了我国铁矿床的成矿地质理论，为钢铁工业生产建设作出了重大贡献。这是我国广大地质勘探工作者和矿山地质工作者的心血凝聚和共同创造的物质财富与精神财富，很有必要加以总结。

中国冶金地质总局组织科技人员对《铁矿志》（上篇）部分进行编制。

项目参加人员：张昊、胥燕辉、于秀斌、李继宏、张乙飞、张月峰、韩雪、张宇、张建寅、潘北斗等。

二、项目主要成果

新编《铁矿志》是一部全面、系统反映我国铁矿资源状况，铁矿勘查、开发历史与现状的志书。

上篇以"铁的发现与用途"开篇，按照"铁元素—铁矿物—铁矿石—铁矿床—铁矿资源"的逻辑顺序，扼要叙述了铁的发现、铁矿物的物理化学特征、铁矿石地球物理、地球化学特征、铁矿石质量及铁矿资源的分布特点。

我国是世界上使用铁器最早的文明古国之一。上篇按照时间轴对我国铁矿勘查开发利用历史进行了论述，重点是新中国成立以来的铁矿地质勘查工作的发展历程及成就。鉴古知今，继往开来。我国铁矿勘查及地质科学理论研究方面取得了一系列伟大的成就，同时仍有教训与不足。总结经验教训，对今后的找矿工作具有重要的借鉴意义。

新形势下，铁矿资源勘查与开发面临着内外压力，同时也出现了方向与机遇。铁矿勘查的趋势向着更深、更系统、更绿色的方向发展，铁矿开发也朝复杂难选矿利用、低碳、铁基新材料等方向不断迈进。

附　表

冶金地质科研项目成果表

序号	报告成果名称	主要参与人员	提交单位	报告提交时间
1	邯邢地区磁铁矿床成因的几种观点		华北冶勘 518 队	
2	宁芜地区南段火山活动和火山成矿作用的初步认识		安徽公司	
3	福建省连城黄坑铁矿区物探研究报告		福建重工业厅三队	1967 年
4	临江式铁锰矿床矿石物质成分查定阶段报告		吉林冶勘公司、长地院等	1971 年 12 月
5	湖北金山店矿区磁铁矿床地质特征		中南冶勘 609 队	1972 年 8 月
6	鄂东地区铁铜矿床地质特征及找矿方向的初步认识		中南冶金研究所	1972 年 8 月
7	矿山村铁矿探采资料对比及合理勘探间距的探讨			1973 年
8	数理统计法在邯邢地区接触交代型铁矿勘探中应用的探讨		华北公司 518 队	1973 年 7 月
9	河北邯邢地区接触交代型铁矿勘探成果分析与勘探方法的探讨		华北公司 518 队	1973 年 7 月
10	鞍山—本溪地区鞍山式铁矿层序及含铁建造特征		鞍钢公司 401 队	1973 年 10 月
11	广东连平大顶铁矿选矿样中铬的赋存状态初步查定小结		中南冶地研究所	1974 年
12	鄂东地区铁铜矿床成矿规律及找矿方向		中南冶地研究所	1974 年
13	鄂东铁铜矿地质研究	陈培良、舒全安、程建荣、李全洲、陈启田、王杏英、李色篆、张继文、徐柏安	中南冶金地质研究所	1974 年

续附表

序号	报告成果名称	主要参与人员	提交单位	报告提交时间
14	鄂东矿区鄂城—大冶中生代含矿盆地地质构造特征		中南冶地研究所	1974 年
15	湖北大冶铁山矿区磁异常 1973 年研究报告		中南冶地研究所	1974 年
16	1974 年湖北黄梅马鞍山—马尾山菱铁矿成矿地质特征及找矿方向的研究报告		中南冶金地研所	1975 年
17	山东莱芜地区矽卡岩铁矿成矿地质特征及找矿方向研究报告		桂林冶金地研所，山东冶勘公司	1975 年
18	内蒙古自治区南部风化淋滤富铁矿的远景分析（根据航磁资料）		物探公司研究室	1975 年
19	河北省北部沉积变质型及风化壳富铁矿远景分析		物探公司研究室	1975 年
20	冀东铁矿成矿预测图说明书		冶金部地质会战指挥部	1975 年
21	甘肃省张家川回族自治县陈家庙铁铜矿床铁矿补充勘探总结报告书（1971~1975）		甘肃冶勘二队	1975 年
22	鄂东矿区成矿地质特征		中南冶地研究所	1975 年
23	宁芜北段铁矿成矿规律．找矿标志和找矿方向的初步认识		江苏冶勘公司	1975 年 7 月
24	宁芜地区南段铁矿床成矿规律、找矿标志、找矿方向的初步探讨		安徽省冶金地质勘探公司 808 队	1975 年 8 月
25	安徽省当涂县金中钟山矿田铁矿成矿地质特征及找矿方向研究报告		桂林地研所	1975 年 9 月
26	鞍本地区西鞍山铁矿床可风化淋滤富铁矿化的初步研究		天津冶金地质调查所鞍钢地质公司研究室	1975 年 12 月
27	河北滦县司家营—马城一带富铁矿成矿条件及其远景评价年度报告		华北公司	1975 年 12 月
28	晋北地区前寒武纪富铁矿成矿地质特征（1975 年度报告）		天津地调所	1975 年 12 月
29	宁芜火山岩地区铁矿成矿规律、找矿标志、找矿方向及找矿方法		冶金宁芜地区铁（铜）研究报告编委会	1976 年
30	我国岩浆铁矿基本特征及找矿方向		桂林冶金地研所	1976 年
31	鄂东北地区前震旦纪火山—沉积变质铁铜矿床成矿地质特征及找矿方向的研究报告		湖北冶地研究所	1976 年
32	我国上古生界地层中海相沉积（变质）—热液改造型菱铁矿床		中南冶地研究所	1976 年

序号	报告成果名称	主要参与人员	提交单位	报告提交时间
33	宁芜地区钟姑山矿田岩矿石磁异常研究报告		湖北冶地研究所	1976 年
34	宁芜地区钟姑山矿田岩矿石磁性及磁异常研究报告		湖北公司研究所	1976 年 4 月
35	河北省崇礼县天子湾—下双台一带前震旦系变质铁矿床的初步认识		华北公司	1976 年 9 月
36	白象山铁矿床成矿地质特征的初步研究		桂林地研所	1976 年 9 月
37	江西乐平众埠街表外铁锰矿石可选性试验报告		湖北公司	1976 年 9 月
38	山东省淄博市博山区铁矿资源汇编		山东冶勘公司	1976 年 10 月
39	湖北省 1∶50 万铁铜矿产图说明书		湖北冶金研究所	1976 年 10 月
40	湖北省 1∶50 万铁铜矿产成矿规律及预测图说明书		湖北公司	1976 年 10 月
41	鄂东地区中生代火山岩地质特征和成矿作用		湖北公司	1976 年 10 月
42	晋北地区前寒武纪富铁矿成矿地质特征（1976 年度报告）		天津地调所	1976 年 12 月
43	山西定襄史家岗滹沱群海相火山岩型铁矿床成矿地质特征的研究		冶金部天津地调所	1977 年
44	广东海南石碌铁矿地球化学特征及化探方法试验小结		南方富铁矿化探试验小组	1977 年
45	康滇地轴北段地质构造特征及其与铁矿分布规律的关系		四川冶勘中心实验室	1977 年
46	华北地台部分地区矽卡岩铁矿成矿特征及找矿方向研究报告		桂林冶金地质研究所	1977 年
47	太行山等地区邯邢式铁矿成矿规律和找矿方向		华北地研所河北地院	1977 年
48	铁矿探采对比总结 23 例及地质工作经验的初步总结（讨论稿）		《铁矿勘探程度经验》总结编写组	1977 年
49	辽宁鞍山市庙儿沟（南芬）磁异常的初步研究（1977 年工作小结）		冶金物探公司、鞍钢地质公司研究室	1977 年
50	辽宁鞍本地区几个深大磁异常的推断解释		冶金物探公司、鞍钢地质公司研究室	1977 年
51	鞍本地区鞍山群地层层序及鞍山式铁矿成矿规律研究	周世泰、张礼泉、李国祥、周铭浩、史雅梅、张桂珍	鞍矿地质勘探公司研究室专题小组	1977 年

序号	报告成果名称	主要参与人员	提交单位	报告提交时间
52	陕西省柞水县大西沟菱铁多金属矿床地质特征及形成条件的认识		陕西公司	1977 年 3 月
53	宁芜火山岩区铁矿成矿地质特征及找矿方向		桂林冶金地质研究所矿床室陆相火山岩铁矿组	1977 年 3 月
54	新疆阿勒泰蒙库铁矿带科研考察年度总结报告		新疆公司	1977 年 3 月
55	鄂尔多斯地台北部（内蒙古地区）前寒武系基岩埋藏深度及铁矿初步分析		内蒙古公司	1977 年 5 月
56	三度磁异常的特点以及它的一种推断解释方法		安徽公司、桂林所、北京所	1977 年 9 月
57	五峰山铁矿床地质特征及成因的初步认识		甘肃公司	1977 年 12 月
58	云南省铁矿成矿规律及预测图说明书		云南公司	1977 年 12 月
59	我国菱铁矿矿床的基本地质特征及成矿规律		桂林冶金部地研所	1978 年
60	湖北灵乡地区刘家畈式富铁矿床成矿地质条件找矿方向的研究		湖北冶地研究所	1978 年
61	晋北五台地区滹沱群富铁矿成矿地质特征		冶金部天津地调所	1978 年
62	广东海南石碌铁矿化探工作的试验效果（附 1976 年阶段小结）		冶金物探公司南方富铁化探组	1978 年
63	我国富铁矿主要含铁沉积建造类型及其特征（我国主要类型铁铜矿床成矿规律与找矿方向综合研究中间报告之六）		桂林冶金地研所	1978 年
64	我国南方铁矿产出时代，层位及成矿特征的一些认识（我国铁铜成矿规律找矿方向综合研究中间报告七）		桂林冶金地研所	1978 年
65	山西省五台南带富铁矿调查研究报告		山西冶勘地研室	1978 年
66	磁铁矿含量快速测定仪研制试验报告		武钢矿山设计研究院	1978 年
67	内蒙古中部铁铜多金属矿产的区域成矿规律及白云鄂博铁矿成矿远景的初步探讨		冶金部天津地调所	1978 年
68	湖北大冶下四房矽卡岩铜铁矿床物质成分及伴生金银钴的查定报告		中南冶地研究所	1978 年
69	湖北省几种菱铁矿床的基本地质特征及成矿规律		湖北公司	1978 年 3 月
70	湖北黄梅菱铁矿地质特征及成因探讨		湖北公司	1978 年 3 月

续附表

序号	报告成果名称	主要参与人员	提交单位	报告提交时间
71	河北省丰宁县十八台铁矿成矿地质背景和矿床地质特征		天津地调所	1978 年 3 月
72	从卫星相片信息看苏鲁皖地区构造特征及对铁矿的控制作用		冶金工业部冶金地质会战指挥部综合普查大队	1978 年 7 月
73	鞍本地区风化淋滤富铁矿研究报告（阶段总结报告）		天津地调所	1978 年 7 月
74	广东省 1∶50 万铁矿成矿规律及成矿预测图说明书		广东冶金地研所	1978 年 9 月
75	广东省 1∶50 万铁矿产分布图说明书		广东冶金研究所	1978 年 9 月
76	新疆新源—巴仑台地区富铁矿成矿条件及找矿远景科研考察年度小结文字报告		西北公司	1978 年 12 月
77	广西铁矿成矿规律成矿预测图说明书（附图及说明书在备注）		冶金部地研所广西冶勘公司	1978 年 12 月
78	冀东长凝风化壳地质特征的研究报告		华北公司	1978 年 12 月
79	广东海南石碌铁（钴铜）矿床岩组分析在地层划分上的应用		冶金部地研所岩矿室	1979 年
80	海南石碌铁（钴铜）矿床找矿规律找矿方法及找矿方向		冶金部地研所海南富铁综研队	1979 年
81	鄂东南地区三叠系含膏盐段与（内生）铁矿床成矿关系及找矿方向的初步研究		湖北冶地研究所	1979 年
82	湖北铁山矿田矽卡岩型铁矿统计预测的研究		中南冶地研究所	1979 年
83	四川省会东会理县贡山铁矿香炉山、腰棚子矿段 M64 磁异常深部价值地质报告		四川冶勘 603 队	1979 年
84	鞍本地区弓长岭铁矿二矿区含铁岩系内锆英石的标型特征		天津地调所	1979 年 2 月
85	内蒙古白云鄂博西矿低品位铁矿石选矿试验报告		天津地调所	1979 年 2 月
86	内蒙古白云鄂博矿区富钾板岩矿物组成及综合利用的可能性		天津地调所	1979 年 2 月
87	湖北铁山矿田东部矽卡岩型铁矿统计预测的研究		中南公司地研所	1979 年 3 月
88	冀东滦南地区风化淋滤型富铁矿成矿条件分析初步总结		华北公司	1979 年 3 月
89	利用航磁及其数据处理研究冀东地区基底构造和找矿远景年度报告		天津地调所	1979 年 4 月

序号	报告成果名称	主要参与人员	提交单位	报告提交时间
90	中国南方含铁建造分布图（C2）（D2）（Pt）（P2）（P1）（T1）（T2）（T3）（J1-2）		冶金部地研所，首钢地研所	1979 年 5 月
91	河南省舞阳矿区冷岗铁矿选矿试验报告		天津地调所	1979 年 5 月
92	辽西地区前震旦亚界建平群富铁矿成矿基础地质问题的研究（地层层序及含矿岩系特征部分研究工作报告）		辽宁公司	1979 年 6 月
93	五台地区中部五台群铁矿地质特征		天津地调所	1979 年 7 月
94	桂东南铁矿研究报告		广西地研所	1979 年 7 月
95	湖北铁山矿田矽卡岩型铁矿统计预测的研究		中南地研所	1979 年 10 月
96	鞍本地区鞍山群地层层序及鞍山式铁矿成矿规律		鞍山公司	1979 年 12 月
97	山东淄博金岭地区剩余磁异常找矿科研报告		冶金富矿办	1979 年 12 月
98	冀北、辽西地区海西—燕山期火山—侵入岩及其成矿特征		天津地调所	1979 年 12 月
99	井中磁场垂直分量（ΔZ）全自动连续测量试验工作报告		山东公司	1979 年 12 月
100	山东金岭地区磁测数据处理和剩余异常找矿前景探讨		鲁豫皖苏冶金地质富铁矿科研队	1979 年 12 月
101	鄂西北耀岭河群地质特征及成矿条件的研究（铁）报告		中南冶地研究所	1980 年
102	海相火山建造及其铁（铜）矿床的地质特征评价标志和找矿方向		冶金部地研所，首钢地研所	1980 年
103	鞍本地区前寒武纪硅铁建造硫同位素地质的初步研究		天津地调所	1980 年
104	内蒙古白云鄂博西矿铁矿物质成分研究报告		冶金天津地研院	1980 年
105	关于白云鄂博西矿磁性铁问题的综合报告		白云地区冶金地质会战地质指挥所	1980 年
106	湖北省鄂东南地区金山店岩体岩矿石磁参数、密度特征及磁异常研究报告		中南冶地研究所	1980 年
107	我国南方铁矿成矿规律和成矿预测		冶金部地研所	1980 年 1 月
108	内蒙古白云鄂博铁矿西矿区含矿层对比数学地质研究		天津地调所	1980 年 3 月

续附表

序号	报告成果名称	主要参与人员	提交单位	报告提交时间
109	我国铁矿区域成矿特征及找矿区划		富铁办首钢地研所	1980 年 3 月
110	白云鄂博铁矿西矿区含锰菱铁矿-菱镁铁矿成矿地质条件		冶金会战指挥部	1980 年 4 月
111	白云鄂博铁矿区铁矿统计预测报告		天津地研所	1980 年 4 月
112	冀东地区基底构造特征和找矿方向		天津地调所	1980 年 6 月
113	内蒙古白云鄂博地区航空遥感试验报告		冶金会战指挥部	1980 年 10 月
114	新疆新源县于曲克布特富铁矿含矿层位铷-锶等时线年龄测定报告		西北冶金公司	1980 年 11 月
115	山东省淄博市金岭矿区物探综合研究报告		山东公司	1980 年 11 月
116	白云鄂博群数学地质研究报告		冶金部冶金地质会战指挥部综合普查大队	1980 年 12 月
117	川西南地区铁、铜、铅锌、镍成矿规律及成矿预测	王则江、伍光谦、胡达英、周其勤、毛咏陶、刘智光、汪岸儒、黄祖国、傅君如、张慎发、龙治贵、蒋希明、王新卓	四川冶金地质科学研究所	1980 年 12 月
118	内蒙古渣尔太山地区元古代、渣尔太群地质沉积环境及有关铁、有色金属矿产的分布规律初步研究报告		内蒙古冶金地质勘探公司综合研究队	1980 年 12 月
119	安徽省主要金属矿产成矿规律及成矿预测研究		安徽冶勘地研所	1981 年
120	我国菱铁矿床成矿规律及找矿方向总结报告		中南冶地研究所	1981 年
121	福建晋江地区一带铁、铜、铅、锌、钨、钼、黄金矿产（异常）分布图附说明书		福建冶地一队	1981 年
122	西鞍山铁矿矿石物质成分研究报告		鞍山冶金地勘公司	1981 年
123	华北地台太古代硅铁建造风化壳富铁矿化形成条件的初步研究		冶金天津地调所	1981 年
124	华北地台太古代硅铁建造风化壳富铁矿化形成条件的初步研究		冶金部天津地调所	1981 年
125	冀北前震旦纪沉积变质型的形成地质条件及分布规律		冶金部北京地研所	1981 年

序号	报告成果名称	主要参与人员	提交单位	报告提交时间
126	辽宁省辽阳县大安口一带铁菱镁矿-菱铁镁矿赋存地质条件与矿物组分的科研报告		鞍山冶金地勘公司研究室	1981 年
127	内蒙古白云鄂博富铁矿成矿地质条件控矿因素及寻找富铁矿有利地段的研究	曾久吾、李守林、王殿惠、孟庆润、王曼祉、曲维政、宋旭春、程本生、蔡长金、张百生、肖世雄	冶金部天津地质调查所	1981 年
128	福建马坑铁矿西区成因矿物学研究报告		北京地研所	1981 年 1 月
129	迁安铁矿区应用地质统计学计算矿石储量中若干问题的研究	吴惠康	首钢院普查队	1981 年 2 月
130	河北迁安矿区松汀—脑峪门一带地磁异常的处理与解释研究报告	陈怀德	武汉地质学院、首钢院普查队	1981 年 2 月
131	鄂东地区上古生界菱铁矿床成矿条件及找矿方向的研究	曾孟君	中南局地研所	1981 年 2 月
132	黑龙江省及邻区（呼盟）黑色金属成矿规律与成矿预测说明书（摘要）		黑龙江省冶金地质勘探公司	1981 年 6 月
133	湖北金山店矿田矽卡岩型铁矿统计预测的研究	孙树浩	中南局地研所	1981 年 9 月
134	河北迁安矿区矿床经济评价报告		河北地质学院	1981 年 11 月
135	沉积变质类型磁铁矿床矿石磁性特征的研究——河北迁安矿床	孟凡琪	首钢院普查队、北京冶金地质研究所	1981 年 12 月
136	四川省卫星图像构造解释与全川山金，川西南铁（内生）铜矿分布关系研究报告		四川冶金地科院	1981 年 12 月
137	湖北大冶阳新地区铜矿统计预测研究	潘新根	中南局地研所	1981 年 12 月
138	山西吕梁—五台地区尖山狐姑山沉积变质铁矿床岩石磁性特征研究	郑达源	中南局地研所	1981 年 12 月
139	晋北富铁矿找矿问题的研究		山西冶金地质勘探公司地研室	1977 年
140	康滇地轴铁矿类型成矿规律及远景预测（1979～1981 年研究总结报告）		有色西南地勘公司研究所	1982 年
141	鄂东南铁铜矿床与地层		中南冶地研究所	1982 年
142	山东胶东地区粉子山群铁、铜矿床类型、成矿地质特征、找矿方向的研究		天津地调所矿床室	1982 年
143	河北迁安矿区白龙港区段变质铁矿矿石特征及其形成的地质条件		首钢勘探公司中心实验室	1982 年

序号	报告成果名称	主要参与人员	提交单位	报告提交时间
144	首钢迁安铁矿区姑子山、北屯、北屯南、蔡园西沟铁矿床磁异常研究及找矿方法分析中间报告		首钢勘探公司中心实验室	1982 年
145	鞍本地区太古界富铁矿矿地质特征及找矿方向的研究		冶金部天津地调所	1982 年
146	内蒙古白云鄂博富铁矿成矿地质条件控矿因素及寻找富铁矿有利地段的研究		冶金部天津地调所	1982 年
147	冀东前震旦纪基底构造和演化特征及其与铁矿的形成关系		冶金部北京地研所	1982 年
148	冀东前震旦含铁变质建造特征及其沉积环境		冶金部北京地研所	1982 年
149	四川省平昌县兴隆含铜菱铁矿评价地质报告		四川冶勘 602 队	1982 年
150	首钢迁安铁矿区磁铁石英岩矿体有效磁化强度的确定	姜凤翔	首钢院普查队	1982 年 1 月
151	河北迁安南区杏山—脑峪门地区地层划分与变质岩特征报告	王民	武汉地质学院	1982 年 3 月
152	鄂东北变质岩金矿找矿地质条件及找矿方向研究	吴玉晖	中南局地研所	1982 年 3 月
153	胶东地区粉子山群铁、铜矿床类型、成矿地质特征、找矿方向的研究		天津地调所	1982 年 4 月
154	内蒙古白云鄂博西矿铁、铌、稀土矿床矿石物质成分研究报告		天津地调所、北京地研所等	1982 年 6 月
155	冀东前震旦纪沉积变质型形成地质条件与成矿预测综合研究报告		冶金北京地研所	1982 年 6 月
156	应用地质统计学计算水厂铁矿北山矿体矿石储量的研究	侯景儒	首钢院、北京地质局、首钢矿山公司	1982 年 7 月
157	河北多元统计分析在建立迁安铁矿南区地层层序中的应用研究报告	侯宝森	首钢院普查队	1982 年 8 月
158	河北首钢迁安铁矿区孟家沟铁矿床经济价值地质预测报告	孙绍兴	中心实验室	1982 年 11 月
159	河北迁安铁矿区及外围成矿区划研究报告	刘熙	首钢院普查队	1982 年 12 月
160	西秦岭泥盆系铅锌矿、菱铁矿成矿地质特征及控矿因素研究报告		甘肃冶地公司检验室	1983 年

序号	报告成果名称	主要参与人员	提交单位	报告提交时间
161	湖北省鄂东铁铜成矿区卫星图像成岩成矿影像标志的研究及找矿预测		中南冶地研究所	1983年
162	鄂东金山店铁矿区张福山矿床磁模拟实验报告		中南冶金研究所	1983年
163	湖北桐柏—大悟变质岩区成矿条件及找矿方向		中南冶地研究所	1983年
164	河北迁安铁矿区东矿带地质构造特征研究报告	李志忠	首钢院普查队、武汉地院北京研究生部	1983年2月
165	河北迁安一带太古代构造演化与铁矿	谢坤一等	首钢公司	1983年10月
166	鞍本地区鞍山式铁矿地质		鞍山地质公司	1983年10月
167	河北首钢迁安铁矿区磁异常综合研究报告	刁盛昌	首钢院普查队	1983年12月
168	河北迁安铁矿区几个矿床（水厂南山、铁店山、北屯）变质岩磁性研究	孟凡琪	首钢院普查队	1983年12月
169	山西娄烦—繁峙主要硅铁建造型铁矿床及找矿远景的研究		天津地调所、山西冶地公司	1984年
170	内蒙古中部中元古界铁铜多金属层控矿床成矿地质条件及找矿远景（科研总结报告）		冶金天津地调所	1984年
171	中南区铁矿产图（1：200万）附说明书		中南冶地研究所	1984年
172	内蒙古中部中元古界铁铜多金属层控矿床成矿地质条件及找矿远景			1984年
173	辽宁省鞍山地区及清原一带前震旦岩群构造变形规律及其对铁铜矿床的生成与分布的控制作用的研究		天津地调所	1984年
174	铁山矿田1：1万成矿预测研究报告		中南冶地研究所	1984年
175	利用航磁数据处理研究鄂东南陷伏地质构造与找矿方向		中南冶勘地研所	1984年
176	首钢迁安铁矿区姑子山、北屯、北屯南、蔡园西沟铁矿床磁异常研究及找矿方法研究报告	姜凤翔	研究室，物探组	1984年4月
177	冀东迁安地块盐含铁建造及成岩实验	兰玉琦、施性明	长春地院	1984年6月
178	冀东迁安沉积变质铁矿磁异常综合研究报告	余钦范	武地院研究生部、首钢院普查队	1984年10月
179	山东金岭铁矿区王旺庄西段—北金召北西段成矿地质特征与找矿方向研究报告		冶金部山东勘探公司第一勘探队	1984年12月

序号	报告成果名称	主要参与人员	提交单位	报告提交时间
180	攀枝花—西昌地区钒钛磁铁矿共生矿成矿规律与预测研究报告		四川地质局攀西地质大队	1985 年
181	应用地质统计学计算大冶铁矿尖山（尖林山）矿体的储量		有色局北京地研所、首钢地质公司	1985 年
182	少量黄铁矿单矿物中砷、硒、碲、钨、铜、锡和铂的催化示波极谱快速测定		西南冶勘公司科研所	1985 年
183	四川省南江—旺苍地区铁矿资源开发可行性初步论证		西南冶勘公司科研所	1985 年
184	我国超基性岩体及铬铁矿的主要地质特征及找矿远景		中南冶勘地研所	1985 年
185	北京市铁矿资源概貌		首钢地勘公司	1985 年
186	杏山铁矿副矿物标型特征及矿物磁性参数研究报告	马婉仙	首钢院普查队、长春地院	1985 年 7 月
187	河北迁安铁矿区西峡口铁矿床构造模式研究报告	赵世芳	首钢院普查队	1985 年 11 月
188	山西省五台山西段变质铁矿矿田构造特征		山西冶金地质研究所	1985 年 12 月
189	山西省五台山段变质铁矿矿田构造特征	王阳湖、刘丽玲、刘新慧	山西冶金地质研究所	1985 年 12 月
190	五台西段变质铁矿田构造特征研究	黎乃煌等	三局地研所	1985 年 12 月
191	武汉钢铁公司大冶铁矿矿山地质工作经验及存在问题		北京矿产地研所武钢大冶铁矿	1986 年
192	迁西—宽城沉积变质型控矿条件及找矿远景的研究		冶金部天津地研院	1986 年
193	山西省铁矿、金矿耐火黏土矿成矿区划		山西冶地公司	1986 年
194	河北冀东迁安沉积变质型井中三分量磁测磁异常综合研究	王作勤、郑运华、孙喜森、蒙象平、周卫利、张士英、李晓岚、尤淑文、吴宝兰、金淑菊、糕成方、谢坤一、沈佩芝、卢浩钊	首钢地质公司北京地质教育中心	1986 年
195	冀东南铁（铜）成矿区成矿预测研究报告		中南冶地研究所	1986 年
196	河北迁西莲花院铁矿地质研究报告		长春地院地质系	1986 年 6 月
197	迁安水厂—宫店子铁矿床矿物标型特征的研究报告	马婉仙	长春地院、首钢院中心实验室	1986 年 7 月

序号	报告成果名称	主要参与人员	提交单位	报告提交时间
198	冀东迁安沉积变质铁矿井中三分量磁测异常综合研究报告	王作勤	首钢院普查队、北京教育中心物探系	1986 年 12 月
199	北京密怀地区沉积变质铁矿成矿区划研究报告	马国钧	首钢院普查队	1986 年 12 月
200	河北省宽城县豆子沟—北大岭沉积变质型控矿条件研究报告		冶金一公司地测综合队	1987 年
201	中国铁矿资源概况及形势分析		冶金部地质局资料馆翟永云	1987 年
202	湖北省大冶县铁山岩体重磁异常研究报告		中南冶金 606 队	1987 年
203	《鄂东南地区物探异常及物性参数数据库》研制报告		中南冶勘研究所	1987 年
204	"桦树沟铁矿床西部构造变形及矿体形态分布规律的研究" 阶段总结	高象新	西北地质勘探公司地研室	1987 年
205	陕西省洋县毕机沟钒钛磁铁矿的开发利用	韩建范、刘仰文、潘金玉	西北冶金地质勘探公司地研室、编图组	1987 年
206	河北迁安铁矿区水厂磁异常深入研究工作报告	陈德怀	首钢院普查队、武汉地院	1987 年 3 月
207	国土普查卫片京津唐地区铁资源调查应用研究报告	王西华	首钢院普查队、国土局	1987 年 3 月
208	河北迁安孟家沟一水厂铁矿地质与成因研究	刘永祥等	首钢院普查队、长春地院	1987 年 6 月
209	宁芜南段钟姑铁矿田地质/物探综合立体图说明书（地质部分）		冶金部华东冶金地质勘探公司地质研究所	1987 年 12 月
210	安徽省当涂县钟姑铁矿田磁异常特征及找矿方向研究报告		华东冶金地质勘探公司 808 队	1987 年 12 月
211	河北省迁安铁矿区水厂磁异常深入研究工作总结		首钢公司普查队，武汉地院北京研究生部	1987 年
212	山西省晋北五台地区硅铁建造型铁矿资源总量预测	李中生、温世明、邹培棠、师学勇、张士珍、武文来、张东风、李海棠、马小兵、王拽枝、金浩、黎乃煌、赵鹏、崔承禹	山西冶金地质研究所	1988 年 5 月
213	北京密云水库南区磁异常综合研究	王作勤	首钢院普查队	1988 年 9 月
214	湖北省大冶县铁山岩体东部隐伏构造及金、铁矿床成矿预测研究报告		中南冶勘 606 队	1989 年

序号	报告成果名称	主要参与人员	提交单位	报告提交时间
215	河北迁安铁矿区蔡园西沟铁矿床经济评价报告	于芳	首钢院普查队	1989 年 2 月
216	北京怀柔汤河口乡马圈子铁矿床磁异常综合研究报告	孟繁琪	首钢院普查队	1989 年 3 月
217	北京怀柔琉璃庙地区磁铁石英岩磁异常研究报告	刁盛昌	首钢院普查队	1989 年 4 月
218	北京怀柔琉璃庙乡龙潭地区磁异常研究报告	廖秋金	首钢院普查队	1989 年 11 月
219	关于报送我国钒、钛矿产资源对建设保证程度的论证报告		地矿部冶金部有色总公司	1990 年
220	湖北省鄂东地区铁矿资源现状及找矿前景		中南冶勘公司	1990 年
221	河北迁安铁矿区柳河峪铁矿床地质经济评价报告	于芳	首钢院地质调查队	1990 年 12 月
222	中南地区铁矿成矿规律及找矿预测研究		冶金部中南公司研究所	1991 年
223	新疆铁矿资源对自治区生产建设保证程度研究报告		新疆钢铁公司	1991 年 9 月
224	甘肃省肃南县桦树沟铁铜矿床地质特征及成矿规律研究 1990 年度地质工作总结	何昌荣	冶金工业部西北地质勘查局西安地质调查所	1991 年
225	中国铁矿地质工作战略部署研究报告		冶金部地质总局资料馆	1993 年
226	中国铁矿志	姚培慧、王可南、杜春林、林镇泰、宋雄、汪国栋、侯庆有、刘泰兴、张旭明、于纯烈、李春兰、范若芬、丁万利	冶金部地质总局	1993 年
227	庐枞地区铁铜金银成矿规律及找矿预测	刘闯、王彪、王智勇、刘林珍、陶勇、杨世长、王强、余金机	冶金部华东地勘公司地研所	1993 年 12 月
228	铁矿石物相分析标准物质研制		冶金部中南局研究所	1994 年
229	冀东—京北地区铁矿成矿规律及找矿方向的研究		首钢地质勘探公司	1994 年 12 月
230	鄂东地区铁铜金银矿床成矿模式及成矿预测	苏欣栋、蔡贵先、孙立阳	冶金部中南地勘局研究所	1994 年 12 月
231	云母氧化铁技术开发研究报告		冶金部第二地勘局三队	1994 年 12 月

续附表

序号	报告成果名称	主要参与人员	提交单位	报告提交时间
232	长江中下游铁铜金银矿成矿规律及成矿预测	陈培良、刘绍濂、晏久平、戚学祥、潘卫平、刘云勇、王杏英、晏久平、程建荣	冶金工业部中南地质勘查局、华东地质勘查局	1995 年
233	我国铁、锰、铬、钛、耐火黏土、菱镁矿和萤石矿产资源对 2010 年国民经济建设保证程度论证报告		地矿部，冶金部	1995 年 11 月
234	华北陆台北缘铁金矿产成矿规律及成矿预测研究	王守伦，胡桂明、张国新、王西华、吴惠康、李生元、张祥、张瑞华、胡达骧、谢坤一、李宏臣、李跃明	冶金部天津地研院	1995 年 12 月
235	中国铁、金矿产数据整理及金矿靶区圈定项目编图成果		冶金部地质勘查总局资料馆	1997 年 10 月
236	云母氧化铁技改及降低尾矿品位研究		二局地矿院	1997 年 10 月
237	天然氧化铁红改性防沉技术研究		冶金部中南地勘局研究所	1997 年 12 月
238	邯邢地区磁异常验证与找矿方向研究		冶勘一局 518 队地质部	2001 年 1 月
239	河北省迁安铁矿区铁矿成矿潜力评估研究		首钢地勘院	2003 年
240	我国铁锰铬矿产资源勘探现状、潜力及可供性分析		中国冶勘总局	2004 年 2 月
241	湖南湘南氧化铁锰矿评价成果报告		中国冶金地质勘查工程总局中南地质勘查院	2005 年 4 月
242	湖南省蓝山县太平—毛俊土状铁锰矿选冶性能分析研究报告		中国冶金地质总局中南地质勘查院	2006 年
243	鄂东地区铁矿找矿选区研究	王永基、王泽华、李朗田、刘玉成、戴定璇、周逵、林季仁	中国冶金地质总局中南地质勘查院	2007 年
244	大冶铁矿深部探矿关键技术研究与应用	刘玉成、梅丰、何春楷、刘毅、张效良、王泽华、李朗田、刘毅、周逵	中国冶金地质总局中南地质勘查院	2007 年

序号	报告成果名称	主要参与人员	提交单位	报告提交时间
245	山东省莱芜接触交代—热液铁矿成矿规律研究设计	卢铁元、肖珍容、宗信德、李泉斌、方传昌、亓文玲、田明刚、赵耀	中国冶金地质总局山东正元地质勘查院	2008年
246	磁测空、地—井联合反演解释研究	詹应林、高宝龙、陶德益、闵丹、舒秀峰、许金城	中国冶金地质总局中南地质勘查院	2008年
247	典型铁矿区资源潜力预测与综合勘查技术示范研究	马曙光、张克胜、郭玉峰、王铁军、张代伦、陈淑华、闫丽香、钱芳、陈华、李勃、朱媛	中国冶金地质总局第一地质勘查院、中国冶金地质总局保定地球物理勘查院	2009年
248	山东省莱芜铁矿成矿区区域成矿模式和资源潜力预测研究	徐建、卢铁元、肖珍容、宗信德、李泉斌、方传昌、亓文玲、田明刚、赵耀	中国冶金地质总局山东正元地质勘查院	2010年
249	山东省淄博市金岭矿区铁矿成矿规律研究	王昌伟、李令斌、储照波、王洋、陶铸、冷莹莹、王元杰、张扬、尹友、吕孝华	山东正元地质勘查院	2012年
250	全球铁矿资源分布规律与找矿战略选区研究	周尚国、黄费新、江淼、赵立群、曾普胜、贺元凯、李腊梅、张之武、李红、刘阳、阎浩、丁万利、黄照强、崔薇	中国冶金地质总局矿产资源研究院	2013年
251	铁矿资源形势与储备研究	李腊梅、程春、陈群、李红、董书云	中国冶金地质总局矿产资源研究院	2015年
252	冀东沉积变质铁矿成矿规律及综合勘查方法	胥燕辉、王郁柏、李继宏、江飞、刘航、杨正宏、梁敏、胡兴优、张卫民、李晓军、张运昕、赵明川、梁田、孙文国	中国冶金地质总局第一地质勘查院	2015年

序号	报告成果名称	主要参与人员	提交单位	报告提交时间
253	铁矿综合信息找矿预测体系及三维立体找矿示范研究	骆华宝、牛向龙、张青杉、吴华英、陈海弟、覃锋、骆华宝、戴继舒、祁民	中国冶金地质总局矿产资源研究院	2016 年
254	鄂东典型铁矿区深部找矿重磁联合反演解释研究与示范	范志雄、高宝龙、李朗田、罗恒、陈石羡、肖明顺、杨龙彬、龚强、闵丹、匡应平、荣卫鹏、邹璇、向丽萍	中国冶金地质总局中南地质勘查院	2017 年
255	霍邱李老庄 BIF 型铁矿-菱镁矿床形成机制	黄华、李怀彬、张志炳	中国冶金地质总局矿产资源研究院	2021 年
256	中国铁矿资源安全保障部署研究	刘国忠、张昊、于秀斌、李继宏、刘志云、张乙飞、邱晓峰、张建寅、张月峰、吕叶辉、李帅值	中国冶金地质总局第一地质勘查院	2022 年

第七章　冶金地质铁矿勘查 70 年大事记

1952 年 1 月，鞍山钢铁公司成立了基本建设地质处，同年 7 月 20 日基本建设地质处提交了《东鞍山钢铁矿床勘探工程报告》。

1952 年 7 月，从下半年开始，重工业部从东北抽调大批冶金地质队伍进关，开展了华北、中南、华东、西南地区以铁矿为主的地质勘探工作。

1953 年 7 月 9 日，根据鞍山钢铁公司 50 年矿石需要，由苏联专家米德耶捷夫编制了《1953~1957 年鞍钢五年地质勘探计划》。

1954 年 12 月，截至年底，共进行了 15 处铁矿地质勘探工作。

1955 年 12 月，重工业部地质局华东分局普查队发现山羊坪铁矿，后经 504 队探明是一个特大型矿床，成为太钢最重要的矿石基地。为解决石景山钢铁公司的资源问题，重工业部派地质队到冀东地区工作。

1958 年 4 月，冶金部地质局物探总队第三区队与江苏 807 队在 1957 年发现梅山磁异常基础上，开始进行钻探证，探明是一个特大型铁矿床，在冶金地质找矿史上开创了用地质物化探综合方法寻找地下隐伏盲矿的新阶段。

1959 年 1 月 1 日，《地质与勘探》第一期发表《1959 年冶金地质工作的任务》的社论，社论强调了要从我国实际出发，努力寻找富铜富铁和铝矿。

1964 年 3~6 月，冶金部地质司调集力量，组织鄂东铁铜矿会战和红旗岭会战。

1965 年 7 月，华北地勘公司 518 队在邯郸地区选择只有 860nT（860γ）的中关低缓磁异常进行钻探验证，发现 193m 厚的铁矿体，突破低缓磁异常找矿，这是冶金地质找矿史上的一大成果。

1966 年 7 月，山东冶金地质勘探公司二队对张家洼低缓磁异常进行钻探验证，第一钻见到 323m 厚铁矿体，其中大部分为平炉富矿，后来探明为一大型矿床。

1973 年 12 月 19 日，冶金部〔1973〕冶地字 2462 文借调青海第八地质勘探队参加迁滦地质会战。同时调甘肃 106 地质勘探队 450 人参加迁安地质会战。

1973 年 12 月 31 日，冶金部地质司在首钢召开设计审查会议，决定成立地质会战指挥部，负责组织冀东地质会战的各项工作。

1974 年 4 月 10 日，冶金部〔1974〕冶地字 0428 号通知，为集中力量进行以铁铜为主的找矿勘探会战，经国家经委批准成立冶金地质会战指挥部，负责冶金部指定地区会战的领导工作。

1974 年 6~12 月，先后从云南、四川、陕西、青海等省抽调力量给冶金地质会战指挥部或借调参加迁滦会战工作。

1974 年 9 月，由云南省冶金局地质勘探公司抽调部分地质勘探队伍成建制调入广东，参加大顶地区地质会战。

1975 年，根据谷牧副总理关于尽快找出富铁矿的指示，冶金部国家地质总局、中国科学院讨论研究和制定了《富铁矿科研和找矿规划》。

1975年12月，鞍山地质勘探公司404队运用518队在邯郸中关低缓磁异常区找矿经验，在地表出露的独木山、八盘岭、哑巴岭三个孤立的铁矿点进行钻探验证，探明在混合岩下面是一个隐伏相连储量达3.5亿吨的大型矿床，荣获1978年国家科学大会奖。

1976年1月，地质司组织力量编制了6个重点地区富铁矿地质工作规划，主要包括鞍本、冀东、五台、岚县、海南、鄂东、邯郸等地区。

1977年12月，在冶金部科技大会上，冶金地质会战指挥部编著的《冀东铁矿地质构造和含矿特征新认识》获得科研成果四等奖。

1978年2月28日，冶金部地质司委托山东省冶金地质勘探公司和冶金地质研究所组成苏豫皖鲁冶金地质富矿科研队，完成冶金部30项科研项目第一项"富铁矿成矿规律和找矿方向"的研究专题。

1978年7月，安徽冶金地质勘探公司完成《宁芜地区南段铁矿床成矿规律找矿标志及找矿方向的初步探讨》的报告，1978年获冶金部科技奖，1980年获中国地质科学院成果奖，1982年获国家科研自然科学三等奖。

1978年，《邯郸地区砂卡岩型铁矿及找矿研究》获国家科委集体奖。

1983年，《山西省娄烦县—繁峙主要硅铁建造型铁矿及找矿远景研究》获冶金部科技进步奖三等奖。

1984年，《山西省代县赵村铁矿勘探报告》和《山西省太原市尖山铁矿补充勘探地质报告》获冶金部找矿成果二等奖。

1985年，《晋北、冀东前寒武纪沉积变质铁矿的地质和磁磁异常特征研究》获国家科委科技进步奖三等奖。

1985年，《山西省繁峙—灵丘平型关铁矿地质评价报告》获山西省科技进步奖二等奖。

1987年，《五台县西段硅铁建造型铁矿矿床构造研究》获冶金部科技进步奖三等奖。五台西段铁矿专题组获冶金部地质科技显著贡献奖。

1987年12月31日，各公司向冶金部承包的14种矿种储量计划全面完成，其中3年来铁矿共完成11.6亿吨。

1988年10月，《冀东迁安沉积变质铁矿井中三分量磁测磁异常综合研究》和《晋北地区铁金矿床成矿规律和找矿预测》获冶金部科技进步奖。

1993年3月，《中国铁矿志》正式出版。

1998年12月，《华北陆台北缘铁金矿产成矿规律及成矿预测》获省部级科技进步奖一等奖，《长江中下游铁铜金银矿成矿规律及成矿预测》获省部级科技进步奖二等奖，《中国铁矿志》作为中国矿志系列课题成果，获省部级二等奖。

2006年8月，河北省昌黎县闫庄铁矿详查获中国钢铁工业协会中国金属学会冶金科学技术奖一等奖。

2007年10月，《河北省昌黎县闫庄铁矿区详查》获国土资源部2007年全国地质优秀找矿项目二等奖。

2008年1月，《湖北省黄石市大冶铁矿深部及外围铁矿普查》获中国地质学会评为2007年度全国十大找矿成果。

2008 年，《大冶铁矿深部探矿关键技术研究与应用》获黄石市人民政府颁发的科技进步奖一等奖、湖北省人民政府颁发的科技进步奖三等奖、湖北省重大科技成果。

2009 年 12 月 12 日，河北省政府与国土资源部联合组织召开了马城铁矿勘查成果发布会，中国冶金地质总局第一地质勘查院作为河北省滦南县马城铁矿勘查项目承担单位获河北省人民政府表彰，并奖励人民币 100 万元。

2010 年 1 月，《河北省滦南县马城铁矿详查》获 2009 年度十大地质找矿成果。

2010 年 11 月，《河北省滦县常峪铁矿详查》和《河北省滦南县马城铁矿详查》获中国冶金地质总局 "十一五" 地质找矿成果一等奖。《冀东马城特大型铁矿勘查》获中国冶金地质总局杰出贡献奖。

2012 年 11 月 2 日，河北省政府组织召开地质找矿成果发布会，中国冶金地质总局第一地质勘查院作为河北省滦南县长凝铁矿普查项目承担单位被河北省人民政府授予地质找矿成果突出单位，并奖励人民币 50 万元。

2012 年 12 月，《河北省滦南县马城铁矿详查》获 2012 年度国土资源部科学技术奖一等奖。

2013 年 1 月，《冀东青龙山—长凝一带铁矿调查》获 2012 年度十大地质科技进展。

2016 年 12 月，《山东省莱芜市张家洼矿区深部及外围铁矿普查》获 2016 年度十大地质找矿成果。

2019 年，《铁矿综合信息找矿预测体系及三维立体找矿示范研究》获 2019 年度国土资源科学技术奖一等奖。

2021 年 2 月，《河北省滦南县长凝铁矿普查》《山东省东平县彭集铁矿详查》《山东省莱芜市张家洼矿区深部及外围铁矿普查》获自然资源部 2011~2020 年找矿突破战略行动优秀找矿成果。

2021 年 12 月，冀东铁矿研究与勘查示范获中国冶金地质总局 "十二五" 以来科技创新奖一等奖。

2021 年 10 月 13 日，信物百年第 77 集《见证钢铁强国的铁矿石》，讲述人中国冶金地质总局党委书记牛建华，讲述为新中国发展建设作出突出贡献的铁矿石（大冶铁矿矿石）背后动人故事和精神传承。

2022 年 4 月，《河北省滦南县马城铁矿勘探》和《河北省滦南县长凝铁矿普查》获中国冶金地质总局 "十二五" 以来重大找矿成果。

后　记

《中国冶金地质黑色金属勘查 70 年　铁矿卷》一书，是为纪念中国冶金地质铁矿勘查工作 70 周年，由中国冶金地质总局组织编写出版的。全书以新中国成立 70 年来，特别是改革开放以来冶金铁矿勘查发展历史为主线，向广大读者展示 70 年来冶金地质铁矿勘查取得的巨大成就，以及铁矿勘查各个方面的历史回顾总结与今后展望。并以此作为冶金地质年轻一代的激励和鞭策。

本书得以出版，主要得力于冶金地质各级领导的高度重视和亲切关怀，特别是牛建华先生为本系列著作作总序；得力于历届地质司局领导的大力支持，得力于总局各处室的同志专家的积极参与和大力协作，得力于各冶金地勘局院（公司）和基层单位（包括属地化的地勘局、院、队），特别是一局和总局信息中心的大力支持、周到服务和有益建议，谨此一并致谢。

本书的顺利出版发行，充分体现了团结协作的精神，是冶金地质各级领导同志及广大干部职工集体智慧的结晶。

除主要撰稿人外，特邀专家王永基、薛友智、周尚国、田郁溟、陈军峰、张振福、屈绍东、黄树峰、李树良、王泽华、刘本浩、李博林等对本书提出了很多宝贵意见和建议。

为本书编撰提供大量而翔实资料的单位有总局信息中心、总局相关部门、一局、二局、三局、中南局、山东局、西北局、昆明院、物勘院、研究院等。

在本书出版之际，谨向上述单位和主要撰稿人、特邀专家及参与提供资料、图件的各位同志表示诚挚谢意。

本书资料和成果统计从重工业部成立开始，无论队伍何时分立合并，以在冶金队伍时间为限，本次只叙述冶金队伍成果（以时间界定为准），同一矿床在历史上曾由冶金队伍和其他地质队伍先后进行过地质勘查工作的，凡是先由其他地质队伍工作并提交了探明铁矿资源储量，后由冶金队伍继续进行工作，在统计探明铁矿资源储量时，将其他地质队伍已提交的铁矿资源储量扣除；凡是先由冶金队伍工作并已提交了铁矿资源储量，后由其他地质队伍继续工作的，均计算到冶金队伍结束工作时间为止；因而许多冶金队伍和其他地质队伍共同勘查的矿床并不能全面反映其全部成果。由于不同时期提交资源储量级别分类不一致，难以直接对应，本次统计不细分，以各级别总资源储量为主要统计对象。且本次铁矿勘查成果主要按收集的成果报告进行统计，因成果报告收集不够全，且较多报告未经正式评审。因而本书成果叙述和资源储量统计存在局限性。另外，本书涉及的大量地名已经发生变化，为尊重成果资料的完整性及对应性，均进行了保留。

由于编撰水平和经验有限，且时间比较仓促，加之档案资料收集不全，本书主要引用了部分重点铁矿勘查和科研报告资料，因而本书成果叙述不够全面、项目及参与人员等收录不全，不足之处敬请广大读者谅解。

晋燕辉

2022 年 8 月